Craftsman Air-Conditioning and Refrigerating Machinery

2025년 출제기준에 따른
국가직무능력표준(NCS)을 반영
국제(SI)단위를 변경 적용한 공조냉동 결정판

2025 최신판

공조냉동기계 기능사 [필기]

핵심이론+예상문제+CBT 기출복원 660제

공학박사/공조냉동기계기술사 **이정근** 저

본 교재의 특징

- 국가직무능력표준(NCS) 분야를 반영
- 새롭게 출제되는 국제(SI)단위로 변경
- 자주 출제되는 부분을 중점으로 쉽게 정리
- 내용과 연상되는 그림과 사진 다수 삽입

질의응답 사이트 운영
http://www.kkwbooks.com
도서출판 건기원

머리말

공조냉동은 공기조화냉동의 줄임말로 공기조화 및 냉동설비는 가정에 사용하는 에어컨을 시작으로 건물 및 상업용 빌딩의 온도, 습도, 청정도, 기류 속도, 환기 등을 실내 요구조건에 맞게 유지하기 위한 필수설비이다. 또한, 산업시설 중 업무를 위한 빌딩에는 업무의 효율성 향상을 위한 냉난방과 공기조화를 행하고 이외 생산시설 등에서는 냉동제조·저장·판매, 공조기 및 냉동기 제작·설치, 저온유통, 식품 냉동, 냉동창고, 반도체 회사, 제약회사, 식품공장, 체육시설, 데이터 센터, 의료시설 등을 포함한 소형에서 중대형 건축물까지 필수적으로 사용되고 있다.

따라서 공조냉동설비의 설치 및 설비관리, 유지보수, 점검 등의 업무를 담당할 기술인력의 수요가 증가하고 더욱이 공조냉동 기술자의 법적 선임의 근거인 1973년에 제정된 고압가스안전관리법과 더불어 2020년 6월에 공포된 기계설비법의 시행에 따라 공조냉동 기술자를 더욱 필요로 함에 따라 법적 선임 자격증인 공조냉동기계기능사의 취득이 더욱 중요해지고 있다.

이에 저자는 공조냉동기계기능사 필기시험 합격을 위해 오랜 현장에서의 실무경력과 강의 경력을 바탕으로 기존 집필교재에서 새롭게 변경된 부분과 실무에 필요한 부분을 보완하여 새롭게 교재를 집필하게 되었다.

[본 교재의 특징]은
1. 2023년 출제기준 변경에 따라 국가직무능력표준(NCS) 분야를 반영하였고
2. 기존의 공학 단위와 더불어 새롭게 출제되는 국제(SI)단위로 변경하였고
3. 시험에 자주 출제되는 부분을 중점으로 쉽게 정리하였으며
4. 본문 내용에 따른 그림과 사진을 많이 삽입하여 집필하였다.

이 교재를 집필하는 데 있어 잘못된 부분이 없도록 최대한의 노력을 기울였으나, 본의 아니게 잘못된 부분은 지속적으로 수정할 것을 약속드리며 공조냉동기계기능사를 공부하는 수험생 여러분의 100% 필기시험 합격을 기원하며 본 교재가 자격증 시험뿐만 아니라 현장에서도 필요한 교재가 되리라 확신합니다. 끝으로 본 교재가 출판되도록 도와주신 건기원에 감사를 드립니다.

공학박사/공조냉동기계기술사 이정근

직무분야	기계	중직무분야	기계장비설비·설치	자격종목	공조냉동기계기능사	적용기간	2025.1.1~2029.12.31
필기 검정 방법			객관식	문제수	60	시험시간	1시간

○ 직무내용 : 산업현장, 건축물의 실내 환경을 최적으로 조성하고, 냉동냉장설비 및 기타공작물을 주어진 조건으로 유지하기 위해 공조냉동기계 설비를 설치, 조작 및 유지보수 하는 직무이다.

주요항목	세부항목	세세항목
1. 냉동기계	1. 냉동의 기초	1. 단위 및 용어 2. 냉동의 원리 3. 기초 열역학
	2. 냉매	1. 냉매 2. 신냉매 및 천연냉매 3. 브라인 4. 냉동기유
	3. 냉동사이클	1. 모리엘 선도와 상변화 2. 카르노 및 이론 실제 사이클 3. 단단 압축 사이클 4. 다단 압축 사이클 5. 이원 냉동사이클
	4. 냉동장치의 종류	1. 용적식 냉동기 2. 원심식 냉동기 3. 흡수식 냉동기 4. 신·재생에너지(지열, 태양열 이용 히트펌프 등)
	5. 냉동장치의 구조	1. 압축기　　　　2. 응축기 3. 증발기　　　　4. 팽창밸브 5. 부속장치　　　6. 제어용 부속기기
	6. 냉동장치의 응용	1. 제빙 및 동결장치 2. 열펌프 및 축열장치
	7. 냉각탑 점검	1. 냉각탑 2. 수질관리
	8. 냉동·냉방 설비 설치	1. 냉동·냉방 장치
2. 공기조화	1. 공기조화의 기초	1. 공기조화의 개요 2. 공기의 성질과 상태 3. 공기조화의 부하
	2. 공기조화방식	1. 중앙 공기조화 방식 2. 개별 공기조화 방식
	3. 공기조화기기	1. 송풍기 및 에어필터 2. 공기 냉각 및 가열코일 3. 가습. 감습장치 4. 열교환기 5. 열원기기 6. 기타 공기조화 부속기기
	4. 덕트 및 급배기설비	1. 덕트 및 덕트의 부속품 2. 급·배기설비

주요항목	세부항목	세세항목
3. 보일러설비설치	1. 급·배수 통기설비 설치	1. 급·배수 통기설비
	2. 증기설비 설치	1. 증기설비
	3. 난방설비 설치	1. 난방방식
	4. 급탕설비 설치	1. 급탕방식
4. 유지보수공사 안전관리	1. 관련법규 파악	1. 냉동기 검사 2. 고압가스안전관리법(냉동 관련) 3. 산업안전보건법 4. 기계설비법
	2. 안전작업	1. 안전보호구 2. 안전장비
	3. 안전교육실시	1. 안전교육
	4. 안전관리	1. 가스 및 위험물 안전 2. 보일러 안전 3. 냉동기 안전 4. 공구취급 안전 5. 화재 안전
5. 자재관리	1. 측정기 관리	1. 계측기
	2. 유지보수자재 및 공구관리	1. 자재관리 2. 공구종류, 특성 및 관리
	3. 배관	1. 배관재료 2. 배관도시법 3. 배관시공 4. 배관공작
	4. 냉동장치유지 및 운전	1. 냉동장치유지 및 운전
6. 냉동설비설치	1. 냉동·냉방설비 설치	1. 냉동·냉방 배관 2. 냉동·냉방 장치 방음, 방진,지지
7. 공조배관설치	1. 공조배관설치 계획 및 설치	1. 공조배관설비
8. 공조제어설비설치	1. 공조제어설비 설치계획	1. 공조설비 제어시스템
	2. 공조제어설비 제작설치	1. 검출기 2. 제어밸브
	3. 전기 및 자동제어	1. 직류회로 2. 교류회로 3. 시퀀스회로
9. 냉동제어설비설치	1. 냉동제어설비 설치계획	1. 냉동설비 제어시스템
	2. 냉동제어설비 제작설치	1. 냉동제어설비 구성장치
10. 보일러제어설비설치	1. 보일러제어설비 설치계획	1. 보일러설비 제어시스템
	2. 보일러제어설비 제작설치	1. 보일러제어설비 구성장치

※ 자세한 출제기준은 한국산업인력공단(http://www.q-net.or.kr)에서 확인하실 수 있습니다.

차례

PART 1 냉동기계

CHATPER 01 냉동의 기초

1. 단위 ································· 12
2. 온도 ································· 12
3. 열과 비열 및 열용량 ············· 13
4. 열역학 법칙 ······················· 15
5. 일과 동력 ·························· 16
6. 현열과 잠열 ······················· 17
7. 증기의 성질 ······················· 19
8. 비중, 밀도, 비중량 및 비체적 ··· 20
9. 압력 ································· 21
10. 기체의 성질 ····················· 24
11. 열의 이동(전열) ················ 26
※ 예상문제 ···························· 28

CHATPER 02 냉매

1. 냉매(refrigerant)의 분류 ······· 39
2. 1차 냉매의 구비조건 ············ 39
3. 1차 냉매의 구성 ·················· 41
4. 냉매의 성질 ······················· 42
5. 공비 및 비공비 혼합냉매 ······· 44
6. 2차 냉매 ··························· 45
7. 냉매의 누설검사 ················· 47
8. 냉매의 상해에 대한 구급방법 · 48
9. 환경대책과 대체냉매 ··········· 48
※ 예상문제 ···························· 51

CHATPER 03 냉동사이클

1. 냉동의 개요 ······················· 62
2. 냉동능력 및 제빙능력 ·········· 63
3. 열역학적 사이클 ················· 64
4. 몰리에르 선도의 구성 ·········· 65
5. 냉동사이클 ························ 67
6. 기준 냉동사이클의 계산 ······· 69
7. 기준 냉동사이클 계산 ·········· 71
8. 냉동사이클의 변화에 따른 영향 · 72
9. 2단 압축 ··························· 74
10. 2원 냉동(2元冷凍) ············· 76
11. 다효압축 ························· 77
※ 예상문제 ···························· 78

CHATPER 04 압축기

1. 압축기의 분류 ···················· 96
2. 각 압축기의 특징 ················ 97
3. 용량제어 ··························· 106
4. 윤활장치 ··························· 108
5. 압축기에서의 계산 ·············· 111
6. 압축기 안전관리 ················· 113
※ 예상문제 ···························· 115

CHATPER 05 응축기 및 냉각탑

1. 응축방식에 따른 분류 ·········· 128
2. 냉각탑 ······························ 134
3. 응축기에서의 계산 ·············· 137
4. 응축기 안전관리 ················· 138
※ 예상문제 ···························· 140

CHATPER 06 팽창밸브

1. 팽창밸브의 원리 ················· 150
2. 팽창밸브의 종류 ················· 150
3. 팽창밸브 안전관리 ·············· 154
※ 예상문제 ···························· 155

CHATPER 07 증발기

1. 증발기의 종류 ·········· 160
2. 제상장치 ·········· 168
3. 증발기에서의 계산 ·········· 169
4. 증발기 안전관리 ·········· 171
* 예상문제 ·········· 172

CHATPER 08 부속장치

1. 수액기 ·········· 180
2. 불응축가스퍼저 ·········· 182
3. 유분리기 ·········· 183
4. 유회수 장치 ·········· 184
5. 열교환기 ·········· 184
6. 액분리기 ·········· 185
7. 액회수 장치 ·········· 186
8. 투시경 ·········· 186
9. 건조기 ·········· 187
10. 여과기 ·········· 188
* 예상문제 ·········· 189

CHATPER 09 제어용 부속기기

1. 안전장치 ·········· 194
2. 자동제어 장치 ·········· 197
* 예상문제 ·········· 200

CHATPER 10 냉동장치의 응용

1. 흡수식 냉동기 ·········· 206
2. 열펌프 ·········· 209
3. 축열장치 ·········· 211
4. 제빙 및 동결장치 ·········· 212
* 예상문제 ·········· 215

CHATPER 11 냉동·냉방설비설치

1. 냉동·냉방 설비설치 ·········· 220
2. 냉동·냉방 배관 ·········· 223
3. 냉동장치유지 및 운전 ·········· 228
4. 냉동장치시험 ·········· 232
5. 냉동장치의 점검 ·········· 235
* 예상문제 ·········· 236

PART 2 공기조화

CHATPER 01 공기조화기초 및 공조부하

1. 공기조화의 정의 ·········· 246
2. 공기의 성질과 습공기 선도 ·········· 248
3. 공기의 상태변화 ·········· 253
4. 공기조화부하 ·········· 259
* 예상문제 ·········· 264

CHATPER 02 공기조화방식

1. 조닝계획 ·········· 280
2. 공조방식의 분류 ·········· 281
* 예상문제 ·········· 290

CHATPER 03 공기조화기기

1. 공기조화설비의 구성 ·········· 295
2. 공기조화기기 ·········· 296
3. 열운반 장치 ·········· 302
4. 송풍기 ·········· 306
* 예상문제 ·········· 309

차례

CHATPER 04 덕트 및 급배기설비
1. 덕트 재료 및 구분 ········· 317
2. 급배기 환기설비 ········· 321
3. 덕트 부속품 ········· 322
4. 덕트 시공 ········· 327
★ 예상문제 ········· 332

CHATPER 05 공조배관설치
1. 공조배관설비 ········· 340
★ 예상문제 ········· 343

PART 3 보일러설비설치

CHATPER 01 보일러설비설치
1. 보일러의 설비 ········· 346
2. 난방설비 ········· 350
3. 보일러 부속장치 ········· 353
4. 급수설비설치 ········· 356
5. 급탕설비설치 ········· 359
★ 예상문제 ········· 360

PART 4 유지보수공사 안전관리

CHATPER 01 관련법규 파악
1. 냉동기 검사 ········· 370
2. 고압가스안전관리법(냉동 관련) ········· 373
3. 산업안전보건법 ········· 378
4. 기계설비법 ········· 381
★ 예상문제 ········· 386

CHATPER 02 안전관리
1. 안전 작업 ········· 397
2. 안전교육 ········· 401
3. 장치 안전관리 ········· 404
★ 예상문제 ········· 418

PART 5 자재관리

CHATPER 01 배관재료
1. 배관의 재질에 따른 분류 ········· 436
2. 배관의 구비조건 ········· 436
3. 배관의 종류 ········· 436
4. 배관 이음 ········· 443
5. 배관 부속장치 ········· 451
6. 패킹, 보온재, 도장재료 ········· 456
7. 배관 지지 ········· 460

CHATPER 02 배관공작
1. 배관용 공구 ········· 462
2. 관 절단용 공구 ········· 463
3. 관벤딩용 기계 ········· 464
4. 기타 관용 공구 ········· 465

CHATPER 03 배관도시법
1. 도면의 종류 ········· 467
2. 치수 기입법 ········· 468
3. 배관도면의 표시법 ········· 468

CHATPER 04 측정기 관리
1. 측정기 관리 ········· 473
▶ PART 5 예상문제 ········· 476

PART 6 제어설비설치

CHAPTER 01 전기 및 자동제어

1. 직류회로 ……………………………………… 492
2. 교류회로 ……………………………………… 498
3. 시퀀스 제어 ………………………………… 500
4. 시퀀스 제어의 기본 심벌 ………………… 505
5. 논리회로 ……………………………………… 506

CHAPTER 02 제어설비설치

1. 공조제어설비설치 ………………………… 507
2. 냉동제어설비설치 ………………………… 509
3. 보일러제어설비설치 ……………………… 513
▶ PART 6 예상문제 ………………………… 514

부록 1 공조냉동 관련 선도 등

1. 물(H_2O)의 포화증기표 …………………… 526
2. 암모니아(NH_3, R717)의 포화증기표 ……… 530
3. R-22의 포화증기표 ……………………… 531
4. NH_3 몰리에르 선도(공학단위) ………… 532
5. R-22 몰리에르 선도(공학단위) ………… 533
6. R-22 몰리에르 선도(SI단위) …………… 534
7. 습공기 선도(공학단위) …………………… 535
8. 습공기 선도(SI단위) ……………………… 536

부록 2 CBT 검정 기출 660제

제1회 CBT 검정 기출문제 ………………… 538
제2회 CBT 검정 기출문제 ………………… 547
제3회 CBT 검정 기출문제 ………………… 556
제4회 CBT 검정 기출문제 ………………… 566
제5회 CBT 검정 기출문제 ………………… 576
제6회 CBT 검정 기출문제 ………………… 586
제7회 CBT 검정 기출문제 ………………… 596
제8회 CBT 검정 기출문제 ………………… 605
제9회 CBT 검정 기출문제 ………………… 616
제10회 CBT 검정 기출문제 ……………… 626
제11회 CBT 검정 기출문제 ……………… 637

PART 1 냉동기계

01_ 냉동의 기초
02_ 냉매
03_ 냉동사이클
04_ 압축기
05_ 응축기 및 냉각탑
06_ 팽창밸브
07_ 증발기
08_ 부속장치
09_ 제어용 부속기기
10_ 냉동장치의 응용
11_ 냉동·냉방설비설치

CHAPTER 01

PART 1. 냉동기계

냉동의 기초

1 단위

1 단위계

(1) 절대 단위계

물리 단위계라고도 하며 우주의 어느 곳에서도 변화가 없는 질량(mass, kg)과 길이(length, m), 시간(time, sec)을 기본 물리량으로 한다.

(2) 공학 단위계

중력 단위계라고도 하며 위치에 따라 변하는 중량(힘, weight, force, kg·f)과 길이(length, m), 시간(time, sec)을 기본 물리량으로 한다.

(3) 국제(SI) 단위계

7개의 기본단위와 2개의 보조단위, 기타의 조립단위 19개로 구성되어 있으며 SI 단위는 중량으로 kg·f를 사용하지 않고 Newton(N)을 사용한다. (1kg·f=9.8N)

길이	질량	시간	전류	온도	물질의 양	광도
m (meter)	kg (kilogram)	s (second)	A (ampere)	K (kelvin)	mol (mole)	cd (candela)

2 온도

차갑고 뜨거운 정도(냉온의 정도)나 분자 운동에너지의 세기를 수치로 나타낸 것이다.

1 온도의 분류

(1) 섭씨온도(centigrade temperature)

표준 대기압에서 순수한 물의 어는점(빙점)을 0℃, 끓는점(비등점)을 100℃로 하여 이 사이를 100등분하여 하나의 눈금을 1℃로 정한 온도이다.

(2) 화씨온도(fahrenheit temperature)

표준 대기압하에서 순수한 물의 어느 어는점(빙점)을 32°F, 끓는점(비등점)을 212°F로 하여 이 사이를 180등분하여 하나의 눈금을 1°F로 정한 온도이다.

> **참고**
>
> - 섭씨온도와 화씨온도와의 관계
>
> $$\frac{°C}{100} = \frac{°F - 32}{180} \text{에서} \begin{cases} °C = \frac{100}{180}(°F - 32) = \frac{5}{9}(°F - 32) \\ °F = \frac{180}{100}°C + 32 = \frac{9}{5}°C + 32 \end{cases}$$

(3) 절대온도(absolute temperature)

분자 운동이 정지하는 온도로 자연계에서 가장 낮은 온도(절대영도)를 0으로 기준한 온도이다.

① 캘빈온도(섭씨온도에 대응하는 절대온도): $T(K) = °C + 273$

② 랭킨온도(화씨온도에 대응하는 절대온도): $R = °F + 460$

③ 캘빈온도와 랭킨온도와의 관계식: $R = 1.8 \times K$

(4) 온도의 환산

	캘빈온도(K)		섭씨온도(°C)		화씨온도(°F)		랭킨온도(R)
비등점	373K	=	100°C		212°F	=	672R
			100등분		180등분		
빙점	273K	=	0°C		32°F	=	492R
	233K	=	-40°C		-40°F	=	420R
절대0도	0K	=	-273°C		-460°F	=	0R

3 열과 비열 및 열용량

1 열(heat)

물질의 분자운동에너지의 한 형태로서 열의 출입에 따라 온도 및 상태변화를 일으키게 되며 어떤 물질이 가지고 있는 열의 많고 적음을 나타낸 것을 열량이라고 한다.

(1) 열량의 표시

① 1cal : 표준 대기압하에서 순수한 물 1g을 1°C 올리는 데 필요한 열량(CGS 단위)

② 1kcal : 표준 대기압하에서 순수한 물 1kg을 1°C 올리는 데 필요한 열량(MKS 단위)

③ 1BTU : 표준 대기압하에서 순수한 물 1Lb를 1°F 올리는 데 필요한 열량(FPS 단위)

④ 1CHU : 표준 대기압하에서 순수한 물 1Lb를 1°C 올리는 데 필요한 열량

⑤ 1Therm=100,000BTU
⑥ 1Joule=1N·m=1kgf·m

※ 열량의 환산
1kcal = 3.968BTU = 2.205CHU
$1BTU = \dfrac{1}{3.968}kcal = 0.252kcal$
1kcal = 4.19kJ = 4,186Joule
$1Joule = \dfrac{1}{4.19}cal = 0.24cal$

○ 각 열량의 환산

kcal	BTU	CHU	kJ
1	3.968	2.205	4.19
0.252	1	0.555	1.06
0.4536	1.8	1	1.89
0.238	0.9478	0.526	1

2 비열 및 열용량

(1) 비열의 정의

어떤 물질 1kg의 온도를 1℃ 올리는 데 필요한 열량(kcal/kg·℃, kJ/kg·℃, kJ/kg·K)

(2) 비열(specific heat)의 구분

① 정압비열(C_p) : 압력을 일정하게 한 상태에서 측정한 비열
② 정적비열(C_v) : 체적을 일정하게 한 상태에서 측정한 비열

> 참고
> 분자운동에너지가 크기 때문에 정압비열(C_p)이 정적비열(C_v)보다 크다.

(3) 각 물질에 따른 비열(정압비열)

① 물=1kcal/kg℃(4.2kJ/kg·K) ② 얼음=0.5kcal/kg℃(2.1kJ/kg·K)
③ 수증기=0.441kcal/kg℃(1.85kJ/kg·K) ④ 공기=0.24kcal/kg℃(1.01kJ/kg·K)

(4) 비열비(k)

정압비열(C_p)과 정적비열(C_v)과의 비로서, $C_p > C_v$ 이므로 항상 1보다 크다.

즉, 비열비 $k = \dfrac{C_p}{C_v} > 1$로 1보다 크며, 단위는 없다.

> 참고
> ■ 각 냉매에 따른 비열비와 토출가스온도
> • NH₃ : 1.313(98℃), R-22 : 1.184(55℃), R-12 : 1.136(37.8℃)
> • 비열비가 큰 가스를 압축 시 압축기 토출가스온도가 높으므로 압축기 실린더 상부에 워터자켓(water jacket)을 설치하여 수냉각시켜 압축기 토출가스온도가 높아지지 않도록 한다.

(5) 열용량(heat content)

어떤 물질의 온도를 1℃ 변화시키는 데 필요한 열량(kcal/℃)

열용량 = $G \cdot C = P \cdot V \cdot C$

G : 무게(kg)
C : 비열(kcal/kg·℃)
P : 비중(kg/l)
V : 체적(l)

4 열역학 법칙

1 열역학 제0법칙(열평형의 법칙)

온도가 다른 각각의 물체를 접촉시키면 열이 이동되어 두 물질의 온도가 같아져 열평형을 이루게 되며 이는 온도계의 온도측정의 원리가 된다.

2 열역학 제1법칙(에너지 보존의 법칙)

일(W)과 열(Q)의 환산 관계에서는 각각의 에너지 총량의 변화는 없다. 즉, 일과 열은 서로 일정한 전환 관계가 성립된다.

(1) 일과 열의 환산

$$Q = A \cdot W$$
$$W = J \cdot Q$$

- Q : 열량(kcal)
- W : 일량(kg·m)
- A : 일의 열당량(1/427kcal/kg·m)
- J : 열의 일당량(427kg·m/kcal)

(2) 엔탈피(enthalpy)

① 정의 : 어떤 물질 1kg(단위 중량)이 가지고 있는 열량의 총합(전열량, 합열량, 총열량)

$$\text{엔탈피}(i, h) = \text{내부에너지} + \text{외부에너지}$$
$$= u + APv$$
$$= u + AW$$

- $i(h)$: 엔탈피(kcal/kg)
- u : 내부에너지(kcal/kg)
- A : 일의 열당량(kcal/kg·m)
- P : 압력(kg/m^2)
- v : 부피, 비체적(m^3/kg)
- W : 일량(kg·m)

② 모든 냉매의 0℃ 포화액의 엔탈피는 100kcal/kg을 기준으로 한다.
③ 0℃ 건조공기의 엔탈피는 0kcal/kg을 기준으로 한다.
④ 열의 출입이 없는 단열변화(단열팽창)에서는 엔탈피의 변화가 없다. 즉, 단열팽창과정에서는 등엔탈피선을 따라 팽창한다.

(3) 제1종 영구기관

일정량의 에너지로 영구히 일을 할 수 있는 기관으로 실제 존재하지 않는다.

3 열역학 제2법칙(열이동의 법칙)

(1) 열은 고온에서 저온으로 이동한다.

(2) 열역학 제1법칙에는 일과 열은 서로 교환이 가능하다고 하였지만, 실제 일이 열로 교환 시에는 100% 교환이 가능하나 열을 일로 교환하는 데 있어서는 열손실이 발생하므로 100% 교환이 불가능하다. ($W \underset{}{\overset{100\%}{\rightleftarrows}} Q$)

(3) 엔트로피(entropy)

① 정의 : 일정 온도하에서 어떤 물질 1kg이 가지고 있는 열량(엔탈피)을 그때의 절대온도로 나눈 것(kcal/kg·K, kJ/kg·K)

$$\Delta s = \frac{\Delta Q}{T}$$

② 모든 냉매의 0℃ 포화액의 엔트로피는 1kcal/kg·K를 기준으로 한다.
③ 열의 출입이 없는 단열변화(단열압축)에서는 엔트로피의 변화가 없다. 즉, 단열압축 과정은 등엔트로피선을 따라 압축한다.

(4) 제2종 영구기관
열에너지의 전부를 일에너지로 100% 전환할 수 있는 기관으로 실제 존재하지 않는다.

4 열역학 제3법칙(절대0도 법칙)
자연계에서는 분자운동이 정지하므로 어떠한 방법으로도 절대온도 0도(-273.15℃) 이하의 온도를 얻을 수 없다.

5 일과 동력

1 일(work)

(1) 정의
어떤 물체에 힘을 가했을 때 움직인 거리(W : kg·m)

$$일 = 힘(kg) \times 움직인\ 거리(m)$$

(2) 일과 열은 에너지의 한 형태로 427kgf·m＝1kcal＝4.2kJ의 관계가 있다.

2 동력(power)

(1) 정의
일률, 공률이라고도 하며, 단위 시간당 한 일로 일을 시간으로 나눈 것
(Watt=J/s=N·m/s=kgf·m/s, 1kW=1kJ/s=3,600kJ/h)

$$동력 = \frac{일(kg \cdot m)}{시간(sec)} = \frac{힘(kg) \times 거리(m)}{시간(sec)}$$
$$= 힘(kg) \times 속도\left(\frac{m}{sec}\right) = 유량(kg/s) \times 거리(m)$$

(2) 동력의 구분

$$1\text{PS}(국제마력) = 75\frac{\text{kg}\cdot\text{m}}{\sec} = 75 \times \frac{1}{427} \times 3,600 = 632\text{kcal/h}$$

$$1\text{HP}(영국마력) = 76\frac{\text{kg}\cdot\text{m}}{\sec} = 76 \times \frac{1}{427} \times 3,600 = 641\text{kcal/h}$$

$$1\text{kW}(전기력) = 102\frac{\text{kg}\cdot\text{m}}{\sec} = 102 \times \frac{1}{427} \times 3,600 = 860\text{kcal/h}$$

PS	HP	kW	kg·m	kcal/h
1	0.986	0.735	75	632
1.014	1	0.745	76	641
1.36	1.34	1	102	860

> 참고
>
> 1kW = 860kcal/h = 3,600kJ/h(1Watt = 0.86kcal/h = 3.6kJ/h)

6 현열과 잠열

1 현열(sensible heat)

물질의 상태변화 없이 온도변화에만 필요한 열로 감열이라고도 한다.

$$Q_s = G \cdot C \cdot \Delta t$$

- Q_s : 현열량(kcal, kJ)
- G : 무게(kg)
- C : 비열(kcal/kg·℃, kJ/kg·K)
- Δt : 온도차(℃, K)

2 잠열(latent heat)

물질의 온도변화 없이 상태변화에만 필요한 열로 숨은열이라고도 한다.

$$Q_L = G \cdot r$$

- Q_L : 잠열량(kcal, kJ)
- G : 무게(kg)
- γ : 고유잠열(kcal/kg, kJ/kg)

3 물질의 상태변화

고체, 액체, 기체를 물질의 3태라 하며 얼음이 물로, 물이 수증기로 변화하거나, 또는 이와 반대로 상태변화 될 때는 각각의 고유잠열을 흡수하거나 방출하여야 한다.

(1) 융해잠열

고체에서 액체로 변하는 데 필요한 열

(2) 응고잠열

　　액체에서 고체로 변하는 데 필요한 열

(3) 증발(기화)잠열

　　액체에서 기체로 변하는 데 필요한 열

(4) 응축(액화)잠열

　　기체에서 액체로 변하는 데 필요한 열

(5) 승화잠열

　　고체에서 기체, 기체에서 고체로 변하는 데 필요한 열

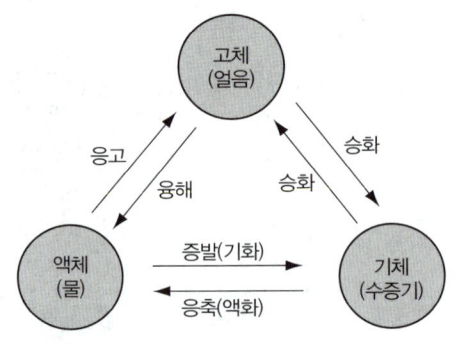

> **참고**
> ① 물의 응고잠열(얼음의 융해잠열) = 79.68kcal/kg(≒ 80kcal/kg) = 334kJ/kg
> ② 물의 증발잠열(수증기의 응축잠열) = 539kcal/kg = 2,257kJ/kg

4 상태변화에 따른 열량의 변화

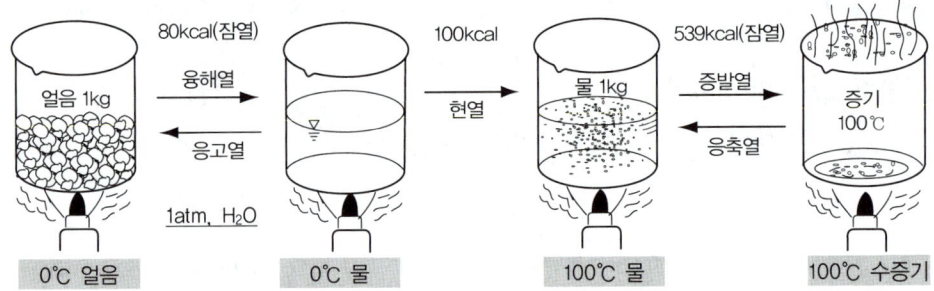

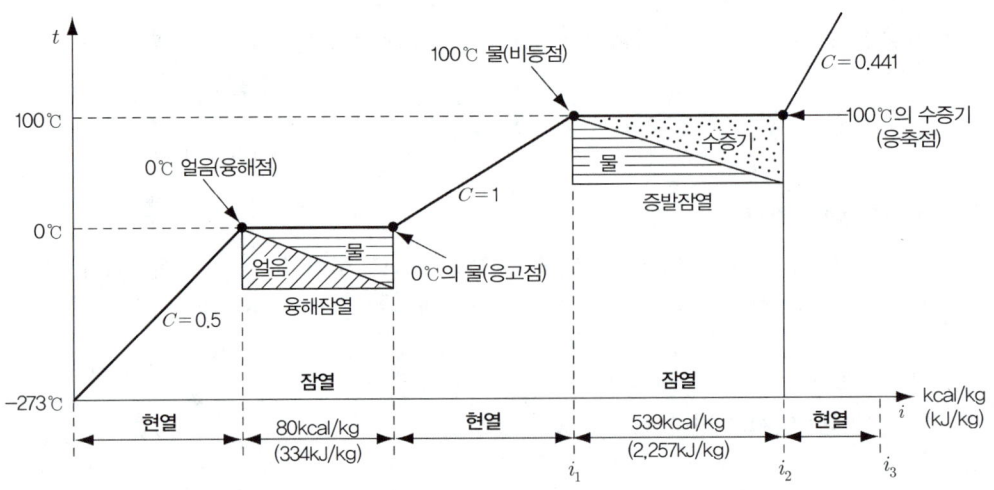

(1) 습증기의 엔탈피 = 포화액의 엔탈피 + (증발잠열 × 건조도)

$$i_x = i_1 + r \cdot x = i_1 + (i_2 - i_1)x$$

> **참고**
>
> 건조도, $x = \dfrac{i_x - i_1}{i_2 - i_1}$

(2) 건조포화증기의 엔탈피

$$i_2 = i_1 + r = i_1 + (i_2 - i_1)$$

(3) 과열증기의 엔탈피

$$i_3 = i_2 + c \cdot \Delta t = i_1 + r + c \cdot \Delta t$$

- i_1 : 포화액의 엔탈피
- i_x : 습포화증기의 엔탈피
- i_2 : 건조포화증기의 엔탈피
- i_3 : 과열증기의 엔탈피
- r : 증발잠열
- x : 건조도
- c : 과열증기의 비열

7 증기의 성질

1 포화온도와 포화압력

(1) 포화온도

어떤 압력하에서 액체가 증발하기 시작하는 온도

(2) 포화압력

포화온도에 대응하는 액체가 증발하기 시작할 때의 압력

2 포화액, 습포화증기, 건조포화증기

(1) 포화액

포화온도에 도달한 액체로 열을 가하면 온도의 상승없이 증발하기 시작하는 액

(2) 습포화증기

포화액과 포화증기가 공존하는 상태로서 냉각하면 포화액이 되고, 가열하면 건조포화증기가 되며 이 구역에서는 건조도가 존재한다.

(3) 건조포화증기

습포화증기 상태에서 액체가 전부 증발하여 액이 포함되어 있지 않은 증기

3 과냉각액, 과열증기

(1) 과냉각액

포화온도에 도달하기 전 상태로 증발하기 전의 액체

(2) 과열증기

건조포화증기에 열을 가하면 압력변화 없이 포화온도 이상으로 상승한 증기

> 참고
> - 과냉각도 = 포화온도 − 과냉각액의 온도
> - 과열도 = 과열증기온도 − 포화온도

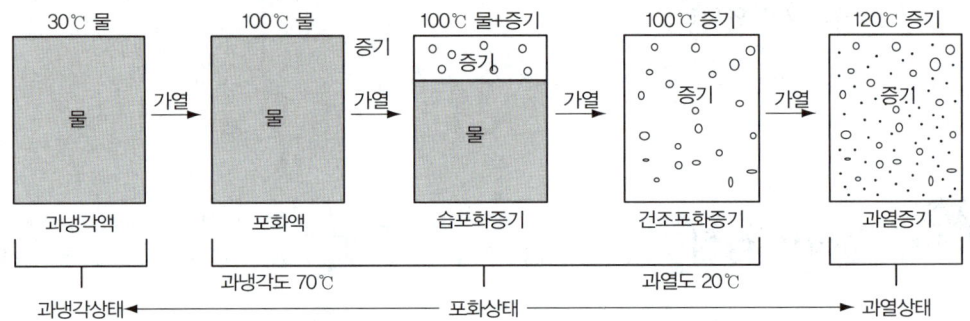

4 임계점(임계온도, 임계압력)

포화액선과 건조포화증기선이 만나는 점으로 이 상태에서는 압력을 아무리 높여도 기체를 액체로 바꿀 수 없는 한계점을 임계점이라 하고, 이때의 온도 및 압력을 임계온도, 임계압력이라 한다.

> 참고
> 물의 임계압력과 임계온도 : 218atm(22.1MPa), 374.15℃

8 비중, 밀도, 비중량 및 비체적

1 비중(specific gravity)

측정하고자 하는 액체의 비중량(밀도, 무게)과 4℃ 순수한 물의 비중량(밀도, 무게)과의 비

> **참고**
> - 비중$(S, d) = \dfrac{\gamma_\chi}{\gamma_w(1,000)} = \dfrac{측정하고자 하는 액체의 비중량}{4℃ 순수한 물의 비중량}$
> - 비중의 단위는 없지만 단위 정리상 kg/l나 g/cm³를 사용하기로 한다.

❷ 밀도(density)

단위 체적당 유체의 질량

$$밀도(\rho) = \dfrac{질량(kg)}{체적(m^3)}$$

❸ 비중량(specific weight)

단위 체적당 유체의 중량

$$비중량(\gamma) = \dfrac{중량(kg \cdot f)}{체적(m^3)} = 밀도(\rho) \times 중력 가속도(g)$$

> **참고**
> - 4℃ 순수한 물의 비중량 = 1,000kgf/m³
> - 20℃ 공기의 비중량 = 1.2kgf/m³

❹ 비체적(specific volume)

단위 질량(중량)당 유체가 차지하는 체적으로 비용적, 부피라고도 한다.

$$비체적(v) = \dfrac{체적(m^3)}{질량(kg)} - 국제(SI)단위 \qquad v = \dfrac{체적(m^3)}{중량(kgf)} - 공학(중력)단위$$

❾ 압력

❶ 압력(pressure)의 정의와 단위

단위 면적당 수직으로 작용하는 힘(kg/m²)

$$P = \dfrac{F(힘)}{A(면적)} = \gamma \cdot H$$

① 면적 : $\dfrac{kg}{m^2}$, $\dfrac{kg}{cm^2}$, $\dfrac{Lb}{in^2}$(PSI), $\dfrac{N}{m^2}$(Pa)

② 높이 : cmHg, mmHg, mH₂O(mAq), mmH₂O(mmAq), mbar(milli bar)

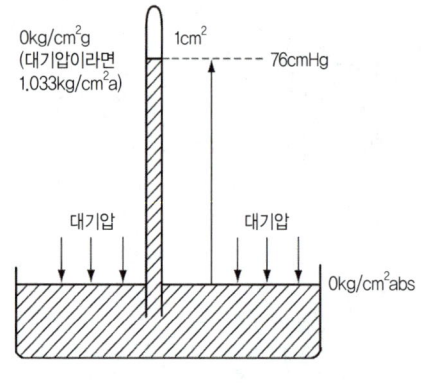

○ 토리첼리의 실험

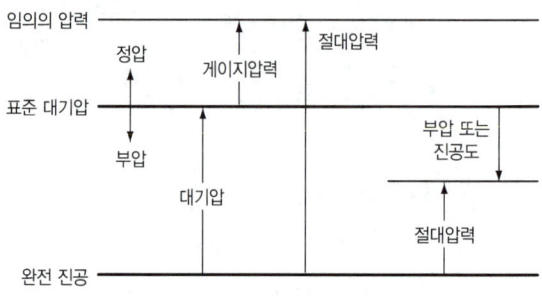

○ 게이지압력과 절대압력의 비교

2 표준 대기압(atmospheric pressure)

$$P = \gamma_{Hg} \cdot H = 1{,}000 \times S_{Hg} \times H$$
$$= 1{,}000 \times 13.596 \times 0.76$$
$$= 10{,}332 \frac{kgf}{m^2} \times \frac{1^2}{100^2} \frac{m^2}{cm^2}$$
$$= 1.033 \frac{kgf}{cm^2} \times \frac{9.8N}{1kgf} \times \frac{100^2 cm^2}{1^2 m^2} = 101{,}325 \frac{N}{m^2}(Pa) = 101kPa$$

- P : 압력(kgf/m²)
- γ : 액체의 비중량(kgf/m³)
- H : 액체의 높이(m)

■ 표준 대기압
1atm=76cmHg=30inHg=1,013mbar=1.013bar=10.33mH₂O(mAq)
=10,332mmAq=10,332kgf/m²=1.033kgf/cm²=14.7Lbf/in²
=101,325Pa=101kPa=0.1MPa

3 공학기압(at)

압력계산을 보다 쉽게 하기 위하여 표준 대기압의 1.033kg/cm²의 소수 이하를 제거한 1kg/cm²를 기준한 압력

$$1\,at = 1kg/cm^2 = 735.6mmHg = 10mH_2O = 10{,}000mmH_2O = 980mbar$$
$$= 0.98bar = 10{,}000kg/m^2 = 14.2Lb/in^2(PSI) = 98{,}088Pa$$

4 기준에 의한 압력의 구분

(1) 절대압력(absolute pressure)
① 완전진공을 0으로 기준하여 측정한 압력
② 선도나 표에서 사용하고 kg/cm²abs(ata), Lb/in²A(PSIA)로 표시

(2) 게이지 압력(gauge pressure)
① 표준 대기압을 0으로 기준하여 측정한 압력
② 압력계에서 나타내는 압력으로 kg/cm^2, kg/cmG, Lb/in^2, Lb/in^2G로 표시

(3) 진공압력(vacuum pressure)
① 표준 대기압 이하의 압력으로 부압(-압)이라 한다.
② 이 진공의 정도(대기압 이하)를 진공도라 하고, cmHgVac, inHgV으로 표시

5 압력의 환산 관계

(1) 절대압력 = 게이지압력 + 대기압
          = 대기압 - 진공압력

(2) 게이지압력 = 절대압력 - 대기압

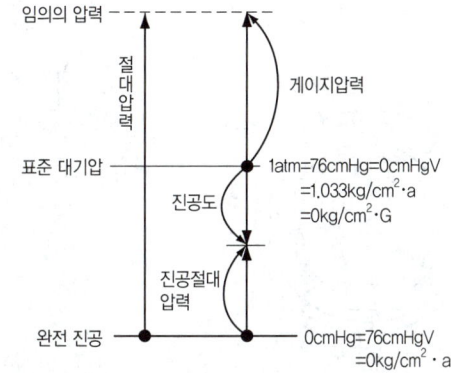

> 참고
>
> ■ $1atm = 1.033 kg/cm^2 A = 0\ kg/cm^2 G = 14.7\ Lb/in^2 A = 0\ Lb/in^2 G$
> $= 101,325 Pa(N/m^2 a) = 76 cmHg = 0\ cmHgV = 30\ inHg = 0\ inHgV$
> $= 10.33 mAq(mH_2O) = 1.013 bar$
>
> ■ 진공압을 절대압력으로 환산
>
> ① h cmHgV을 $\begin{cases} ㉠\ kg/cm^2 a로\ 환산 \quad P = 1.033 \times \left(1 - \dfrac{h}{76}\right) \\ ㉡\ kPa로\ 환산 \quad P = 101 \times \left(1 - \dfrac{h}{76}\right) \end{cases}$
>
> ② h inHgV을 $\begin{cases} ①\ kg/cm^2 a로\ 환산 \quad P = 1.033 \times \left(1 - \dfrac{h}{30}\right) \\ ②\ Lb/in^2 a로\ 환산 \quad P = 14.7 \times \left(1 - \dfrac{h}{30}\right) \end{cases}$

6 압력계의 종류

압력의 정도를 나타내는 계측기기로서 일반적으로 황동으로 된 부르동관을 사용하나 암모니아를 냉매로 사용하는 장치에서는 부식되므로 강으로 된 부르동관을 사용하여야 한다.

(1) 고압 압력계(high pressure gauge)
표준 대기압 이상의 압력을 측정하는 것으로 일반적으로 보통 압력계라고 한다.

(2) 진공 압력계(vaccume gauge)
표준 대기압 이하의 압력을 측정하는 것으로 일반적으로 진공계라고 한다.

(3) 복합 압력계(compound gauge)

표준 대기압 이상(고압)의 압력과 이하의 압력(진공)을 측정할 수 있는 것으로 진공압력은 적색의 수치(수은주) 등으로 표시되어 있다.

(4) 매니폴드 게이지(manifold gauge)

복합 압력계와 고압 압력계 두 개가 같이 붙어 있는 것으로 냉동장치에서 냉매나 오일을 충전하거나 배출할 때 서비스 밸브에 연결하여 사용한다.

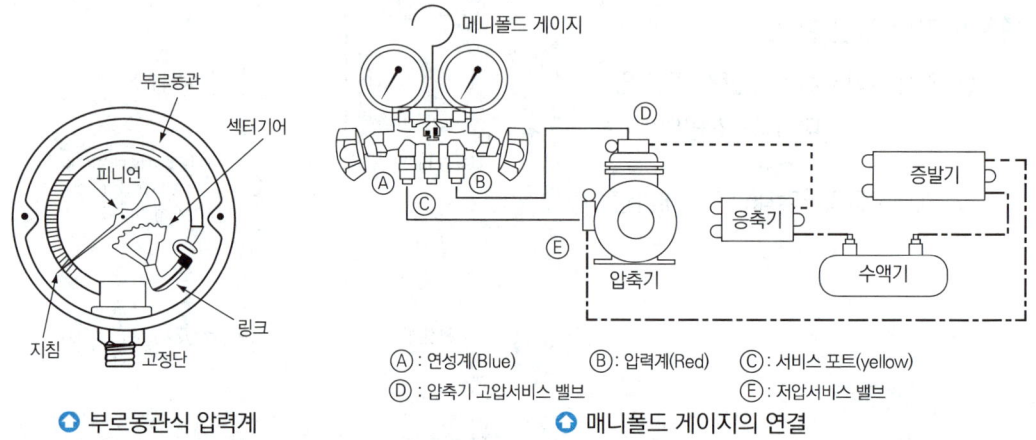

○ 부르동관식 압력계   ○ 매니폴드 게이지의 연결

10 기체의 성질

1 기체의 상태변화에 따른 법칙

(1) 보일의 법칙(Boyle's Law)

어떤 기체의 온도가 일정($T=$constant)할 때 압력과 체적(부피)은 반비례한다.

$$P_1 V_1 = P_2 V_2 \ (T=일정)$$

- P_1 : 변화 전의 절대압력
- P_2 : 변화 후의 절대압력
- V_1 : 변화 전의 체적
- V_2 : 변화 후의 체적

(2) 샤를의 법칙(Charle's Law)

어떤 기체의 압력이 일정($P=$constant)할 때 체적(부피)은 절대온도에 비례한다. 즉, 온도가 1℃ 변화함에 따라 체적은 처음 체적의 1/273만큼 변화한다.

$$\frac{V_1}{T_1} = \frac{V_2}{T_2}, \ \frac{V_1}{273+t_1} = \frac{V_2}{273+t_2}$$

- V_1 : 변화 전의 체적
- V_2 : 변화 후의 체적
- T_1 : 변화 전의 절대온도
- T_2 : 변화 후의 절대온도

(3) 보일-샤를의 법칙

일정량의 기체의 체적은 $\begin{bmatrix} \text{압력에 반비례(보일의 법칙)} \\ \text{절대온도에 비례(샤를의 법칙)} \end{bmatrix}$ 한다.

$$\frac{P_1 V_1}{T_1} = \frac{P_2 V_2}{T_2}$$

(4) 이상기체 상태 방정식

$$PV = \frac{mRT}{M} = mR'T$$

$\begin{bmatrix} P : \text{압력}(kg/m^2) \\ V : \text{체적}(m^3) \\ m : \text{가스질량}(kg) \\ T : \text{절대온도}(K) \\ M : \text{가스의 분자량}(kg) \\ R : \text{일반기체상수}(848kg \cdot m/kmol \cdot K) \\ R' : \text{가스기체상수}(R/M, kg \cdot m/kg \cdot K) \end{bmatrix}$

> **참고**
>
> ■ 일반기체상수(R)
> ① 0.082atm·l/mol·K　　② 848kg·m/kmol·K　　③ 8.314J/mol·K

2 기체의 상태변화

(1) 정압변화

　가스를 압축, 팽창시킬 때 압력을 일정하게 유지하는 변화

(2) 정적변화

　가스를 압축, 팽창시킬 때 비체적(부피)을 일정하게 유지하는 변화

(3) 등온변화

　가스를 압축, 팽창시킬 때 온도를 일정하게 유지하는 변화

$$PV^n = \text{일정}, \quad n = 1$$

(4) 단열변화

　가스를 압축 또는 팽창시킬 때 외부로부터 열의 출입이 없는 상태에서의 변화로서 실제 불가능한 변화로 일량 및 온도상승이 가장 크다.

$$PV^n = \text{일정}, \quad n = k(\text{단열지수, 비열비}) = \frac{C_p}{C_v}$$

(5) 폴리트로픽변화

　단열변화와 등온변화의 중간과정으로 가스를 압축 또는 팽창시킬 때 일부 열량은 외부로 방출되거나, 또는 가스에 공급되는 실제적인 변화이다.

$$PV^n = \text{일정}, \quad n : \text{폴리트로픽 지수}(k > n > 1)$$

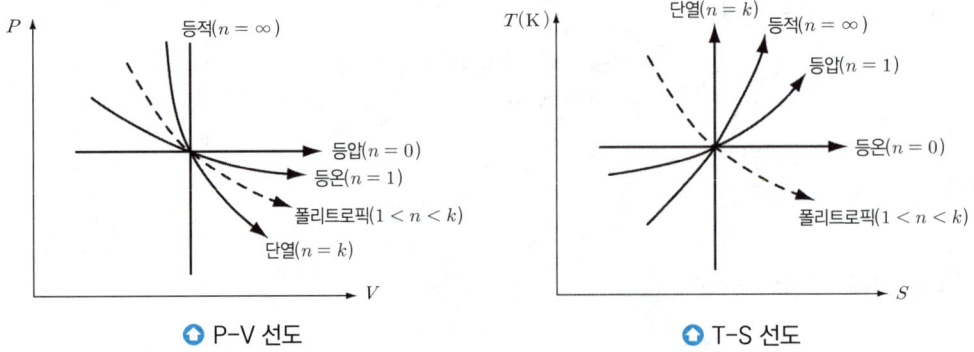

◎ P-V 선도　　　　　　　　　　◎ T-S 선도

◉ 가스압축 시 비교

구분	압력과 비체적과의 관계식	압축일량	압축가스온도
단열 압축	PV^k=일정 $(k = C_p/C_v)$	크다	높다
폴리트로픽 압축	PV^n=일정 $(k > n > 1)$	중간	중간
등온 압축	PV=일정	적다	낮다

> 📖 참고
> - 가스압축 시 소비되는 일량, 온도상승의 크기 : 단열압축 > 폴리트로픽압축 > 등온압축
> - 압축기는 폴리트로픽 변화이나 복잡하므로 이론 계산 시 단열변화(등엔트로피 변화)로 간주한다.

11 열의 이동(전열)

열역학 제2법칙에 의하여 열은 고온에서 저온으로 이동하는데 이를 전열이라 하며, 전열의 방법에는 전도, 대류, 복사가 있다.

1 전도(conduction)

고체에서 분자의 이동없이 일어나는 열의 이동

$$Q = \frac{\lambda \cdot A \cdot \Delta t}{l}$$

- Q : 열전도 열량(kcal/h, W)
- λ : 열전도율(kcal/m·h·℃, W/m·℃(K))
- A : 전열면적(m^2)
- Δt : 온도차(℃)

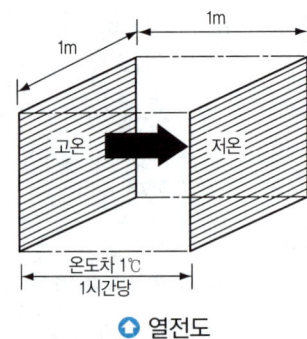

◎ 열전도

> 📖 참고
> - 열전도율(λ : kcal/m·h·℃, W/m·℃(K)) 고체와 고체 사이에서의 열의 이동속도
> - 열전도 열량은 열전도율, 전열면적, 온도차에 비례하고 고체의 두께와는 반비례한다.(푸리에의 법칙)

2 대류(convection)

유체(액체, 기체)와 고체 표면 간의 사이에서 유체의 유동에 열의 이동으로 열전달률은 전열면적, 온도차에 비례한다.
(뉴턴의 냉각법칙)

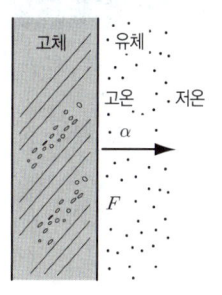

(1) 열전달

$$Q = \alpha \cdot A \cdot \Delta t$$

- Q : 열전달 열량(kcal/h, W)
- α : 열전달률(kcal/m²h℃, W/m²·℃)
- A : 전열면적(m²)
- Δt : 온도차(℃)

> **참고**
> 열전달률, 경막계수(α : kcal/m²h℃, W/m²·℃(K)) : 유체에서의 열의 이동속도

(2) 열통과

전도 및 대류 등 2가지 이상 복합하여 일어나는 열의 이동으로 열관류라고도 한다.

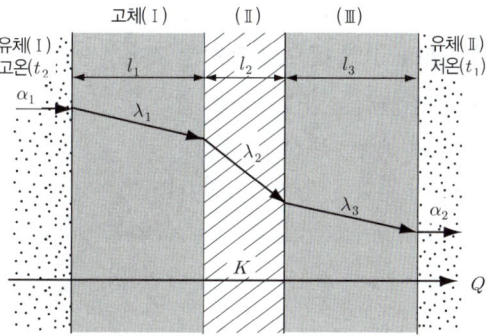

$$Q = K \cdot A \cdot \Delta t$$

- Q : 열통과 열량(kcal/h, W)
- K : 열통과율(kcal/m²h℃, W/m²℃(K))
- A : 전열면적(m²)
- Δt : 온도차(℃)

> **참고**
> - 열통과율, 열관류율(K, kcal/m²h℃, W/m²℃(K)) : 고체와 유체 사이에서의 전체적인 열의 이동 속도
>
> $$K = \frac{1}{R} = \frac{1}{\frac{1}{\alpha_1} + \frac{l_1}{\lambda_1} + \frac{l_2}{\lambda_2} + \frac{l_3}{\lambda_3} + \frac{1}{\alpha_2}}$$
>
> - R : 열저항(m²h℃/kcal, m²℃/W)
> - α : 열전달률(kcal/m²h℃, W/m²℃)
> - λ : 열전도율(kcal/mh℃, W/m℃))
> - l : 고체의 두께(m)
>
> - 열저항, $R = \dfrac{l}{\lambda}$ (m²h℃/kcal, m²℃/W)

3 복사(radiation)

태양이나 난로 주위에서 발생되는 복사열은 중간 전달매체 없이 열이 이동하는데 이와 같이 적외선(열선)에 의한 전열을 복사, 일사, 방사라고 한다. 복사열량은 다음과 같다.

$$E = \varepsilon \cdot \sigma \cdot T^4 \text{(kcal/m²h, W/m²)}$$

- ε : 복사율(방사율)
- σ : 스테판·볼츠만 상수
- T : 물체의 절대온도

CHAPTER 01 냉동의 기초 — 예상문제

01 다음 중 옳은 것은?
① 258K = −5℃
② 43°F = +12℃
③ 0°R = −462°F
④ 312K = +39℃

02 다음 온도 중 가장 높은 것은?
① 40℃
② 32°F
③ 273K
④ 460R

03 열(heat)의 뜻으로 적당한 것은?
① 차고 따뜻한 정도를 말함
② 분자의 운동에너지
③ 분자의 집합상태를 변화시키는 것
④ 어떤 물질의 온도를 1℃만큼 높이는 데 필요한 열량

04 다음의 사항 중에서 잘못된 것은 어느 것인가?
① 1BTU란 물 1Lb를 1°F 높이는 데 필요한 열량이다.
② 1kcal란 물 1kg을 1℃ 높이는 데 필요한 열량이다.
③ 1BTU란 3.968kcal에 해당된다.
④ 기체에서 정압비열은 정적비열보다 크다.

05 다음은 열과 온도에 관한 설명이다. 이 중 틀린 것은?
① 물체의 온도를 내리거나 올리는데 그 원인이 되는 것을 열이라 한다.
② 물체가 뜨겁고 찬 정도를 나타내는 것을 온도라 하며 단위로는 섭씨(℃)와 화씨(°F) 등이 사용된다.
③ 온도가 낮은 물에 손을 담그면 차게 느껴지는 것은 물의 열이 손으로 이동하기 때문이다.
④ 두 물체 사이의 온도 차이가 클수록 열의 이동이 잘 된다.

06 1kcal는 몇 kJ인가?
① 0.24
② 4.2
③ 9.8
④ 427

07 3,320kcal의 열량에 해당하는 것은?
① 1USRT
② 1,417,640kg·m
③ 19,588BTU
④ 5.86kW

> **해설**
> 1RT = 3,320kcal = 1,417,640kg·m
>   = 13,174BTU = 13,900kJ/h = 3.86kW

08 다음 중 비열의 단위에 속하는 것은?
① kJ/kg
② kcal/mh℃
③ W/m²℃
④ kcal/kg℃

09 다음 비열에 관할 설명 중 옳지 않은 것은?
① 단위는 kcal/kg℃이다.
② 물질의 비열이 크면 온도변화가 어렵다.
③ 정적비열은 정압비열보다 작다.
④ 비열비는 기체, 액체, 고체에 적용된다.

[정답] 01 ④ 02 ① 03 ② 04 ③ 05 ③ 06 ② 07 ② 08 ④ 09 ④

10 기체의 비열에 대한 설명으로 적당하지 못한 것은?
① C_p/C_v를 비열비라고 한다.
② 비열비의 값은 항상 1보다 작으며 그 값이 작을수록 토출가스 온도는 상승한다.
③ 압력을 일정하게 하고 측정한 비열을 정압비열이라고 한다.
④ 기체의 체적을 일정하게 하고 측정한 비열을 정적비열이라고 한다.

11 비열에 대한 설명으로 적당한 것은?
① 비열이 큰 물질일수록 빨리 식거나 빨리 더워진다.
② 비열을 C_p/C_v로 표시되며 그 값이 클수록 토출가스 온도가 낮아진다.
③ 물의 비열은 얼음의 비열보다 작다.
④ 어떤 물질 1kg의 온도를 1℃ 높이는 데 필요한 열량을 말한다.

12 정압비열(C_p)이 정적비열(C_v)보다 큰 이유는?
① 압력과 온도는 역비례하기 때문이다.
② 분자운동에너지가 C_p가 C_v보다 크기 때문이다.
③ 비열은 압력에만 관계가 있기 때문이다.
④ 열량과 체적은 관계없기 때문이다.

13 가스의 종류에 따라 항상 일정한 값으로 표시되는 것은?
① 비열비　　② 성적계수
③ 체적효율　④ 방열계수

14 다음 설명 중 내용이 옳은 것은?
① 정적비열은 정압비열보다 크다.
② 일의 열당량은 427kcal/kg·m이다.
③ 어떤 인위적인 방법으로도 어떤 계를 절대온도 0에 이르게 할 수 없는 것을 열역학 제2법칙이라 한다.
④ 압축가스를 외부에 일을 시키지 않고 팽창시키면 일반적으로 온도는 변화한다.

15 다음 용어 중 단위가 필요한 것은?
① 단열 압축지수　② 건조도
③ 정압비열　　　④ 압축비

16 열용량에 대한 설명으로 맞는 것은?
① 어떤 물질 1kg의 온도를 1℃ 올리는 데 필요한 열량을 뜻한다.
② 어떤 물질의 온도를 1℃ 올리는 데 필요한 열량을 뜻한다.
③ 물 1kg의 온도를 1℃ 올리는 데 필요한 열량을 뜻한다.
④ 물 1lb의 온도를 1℉ 올리는 데 필요한 열량을 뜻한다.

17 열용량의 식을 맞게 기술한 것은?
① 물질의 부피 × 밀도
② 물질의 무게 × 비열
③ 물질의 부피 × 비열
④ 물질의 무게 × 밀도

> **해설**
> 열용량= $G \cdot C$ (무게×비열)
> 엔탈피= $C \cdot \Delta t$ (비열×온도차)

[정답] 10 ② 11 ④ 12 ② 13 ① 14 ④ 15 ③ 16 ② 17 ②

18 냉동장치는 냉매의 어떤 열을 이용하여 냉동효과를 얻는가?
① 승화열　　② 기화열
③ 융해열　　④ 응고열

19 다음 설명 중 옳은 것은?
① 고체에서 기체가 될 때에 필요한 열을 증발열이라 한다.
② 온도의 변화를 일으켜 온도계에 나타나는 열을 잠열이라 한다.
③ 기체에서 액체로 될 때 제거해야 하는 열은 응축열 또는 감열이라 한다.
④ 기체에서 액체로 될 때 필요한 열은 응축열이며 이를 잠열이라 한다.

20 열에 관한 설명으로 틀린 것은?
① 승화열은 고체가 기체로 되면서 주위에서 빼앗는 열량이다.
② 잠열은 물체의 상태를 바꾸는 작용을 하는 열이다.
③ 현열은 상태변화 없이 온도변화에 필요한 열이다.
④ 융해열은 현열의 일종이며 고체를 액체로 바꾸는 데 필요한 열이다.

21 열에 관한 설명으로 틀린 것은?
① 감열은 건구온도계로서 측정할 수 있다.
② 잠열은 물체의 상태를 바꾸는 작용을 하는 열이다.
③ 감열은 상태변화 없이 온도변화에 필요한 열이다.
④ 융해열은 감열의 일종이며 고체를 액체로 바꾸는 데 필요한 열이다.

22 얼음을 이용하는 냉각방법은 다음 중 어느 것과 관계있는가?
① 융해열　　② 증발열
③ 승화열　　④ 펠티어 효과

23 35℃의 물 3m³를 5℃로 냉각하는 데 제거할 열량은?
① 60,000kcal　　② 80,000kJ
③ 90,000kcal　　④ 105,000kW

> **해설**
> $Q = G \cdot C \cdot \Delta t = (3 \times 1,000) \times 1 \times (35-5)$
> $= 90,000 \text{kcal} \times 4.19 = 377,100 \text{kJ}$

24 5℃인 450kg/h의 공기를 65℃가 될 때까지 가열기로 가열하는 경우 필요한 열량은? (단, 공기의 비열은 1.01kJ/kg℃이다.)
① 6,508kcal/h　　② 6,490kJ/h
③ 7,567kJ/h　　④ 27,216W

> **해설**
> $Q = G \cdot C \cdot \Delta t = 450 \times 1.01 \times (65-5)$
> $= \dfrac{27,270 \text{kJ/h}}{4.19} = \dfrac{6,508 \text{kcal/h}}{860} = 7.57 \text{kW}$

25 물이 얼음으로 변할 때의 동결잠열은 얼마인가?
① 80kJ/kg　　② 334kJ/kg
③ 539kJ/kg　　④ 2,257kJ/kg

26 100℃의 물의 증발, 응축잠열은 얼마인가?
① 80kcal/kg　　② 539kJ/kg
③ 539kcal/kg　　④ 639kJ/kg

[정답] 18 ② 19 ④ 20 ④ 21 ④ 22 ① 23 ③ 24 ① 25 ② 26 ③

27 4.5kg, 0℃ 얼음을 융해하여 0℃의 물로 하려면 약 얼마의 열이 필요한가? (단, 얼음은 0℃얼음이며 융해잠열은 334kJ/kg이다.)

① 320kcal ② 420kW
③ 1,500kJ ④ 1,500kW

> **해설**
> $Q = G \cdot r = 4.5 \times 80 = 360 \text{kcal} = 1,512 \text{kJ} = 420 \text{W}$

28 30℃의 물 2,000kg을 −15℃의 얼음으로 만들고자 한다. 이 경우 물로부터 빼앗아야 할 열량은 얼마인가? (단, 외부로부터 침입되는 열량은 없다.)

① 273kW ② 90,000kcal
③ 234,360kJ ④ 984,312kcal

> **해설**
> ㉠ 30℃ 물 → 0℃의 물
> $Q_1 = G \cdot C \cdot \Delta t = 2,000 \times 1 \times (30-0)$
> $= 60,000 \text{kcal}$
> ㉡ 0℃ 물 → 0℃의 얼음
> $Q_2 = G \cdot r = 2,000 \times 79.68 = 159,360 \text{kcal}$
> ㉢ 0℃ 얼음 → −15℃의 얼음
> $Q_3 = G \cdot C \cdot \Delta t = 2,000 \times 0.5 \times \{0-(-15)\}$
> $= 15,000 \text{kcal}$
> 그러므로, 총 제거열량 Q_T 는
> $Q_T = Q_1 + Q_2 + Q_3$
> $= 60,000 + 159,360 + 15,000$
> $= 234,360 \text{kcal} \times 4.2 = 984,312 \text{kJ} = 273,420 \text{W}$
> $= 273 \text{kW}$

29 습포화 증기에 관한 사항 중 올바른 것은?

① 가열하면 과열증기, 포화증기 순으로 된다.
② 냉각하면 건조포화증기가 된다.
③ 습포화증기 중 액체가 차지하는 질량비를 습도라한다.
④ 대기압하에서 습포화증기의 온도는 98℃ 정도이다.

30 액체상태로는 존재하지 않고 전부 기체로만 존재하는 증기의 형태는?

① 과냉각액, 건포화증기
② 습포화증기, 과열증기
③ 포화액, 건포화증기
④ 건포화증기, 과열증기

31 압력이 상승하면 냉매의 증발잠열은 어떻게 되는가?

① 커지고 증기의 비체적은 작아진다.
② 작아지고 증기의 비체적은 커진다.
③ 작아지고 증기의 비체적도 작아진다.
④ 커지고 증기의 비체적도 커진다.

32 과열증기에 대한 다음의 설명 중 옳은 것은 어느 것인가?

① 습포화증기에 압력을 높인 것이다.
② 습포화증기에 열을 가한 것이다.
③ 건조포화증기를 가열하여 압력을 높인 것이다.
④ 압력일정의 조건에서 포화증기의 온도를 높인 것이다.

33 임계점에 대한 설명 중 가장 적당한 것은?

① 몰리에르 선도 중에서 과열증기가 발생하는 그 순간의 점
② 액체와 증기가 서로 평형상태로 존재할 수 있는 상태
③ 그 이상의 체적에서 액체와 증기가 서로 평형으로 존재할 수 없는 상태
④ 그 이상의 온도에서 액체와 증기가 서로 평형으로 존재할 수 없는 상태

[정답] 27 ③ 28 ① 29 ③ 30 ④ 31 ③ 32 ④ 33 ④

34 기체를 액화시키는 방법으로 옳은 것은?
① 임계압력 이하로 압축한 후 냉각시킨다.
② 임계온도 이상으로 가열한 후 압력을 높인다.
③ 임계압력 이상으로 가압하고 임계온도 이하로 냉각한다.
④ 임계온도 이하로 냉각하고 임계압력 이하로 감압한다.

35 비체적에 대한 설명으로 적당한 것은?
① 단위가 없다.
② 밀도와 같은 뜻으로 사용된다.
③ 단위 중량당의 체적을 의미한다.
④ 온도가 높을수록 비체적은 작아진다.

36 비체적에 대한 설명으로 적당한 것은?
① 밀도가 커지면 비체적도 커진다.
② 비중이 클수록 비체적도 커진다.
③ 단위 체적당의 무게를 의미한다.
④ 단위로는 m^3/kg 등이 사용된다.

37 동력을 나타내는 표현으로 적당하지 않은 것은?
① 일/시간   ② kg·m/s
③ 힘×속도   ④ 힘×일/속도

> 해설
> 동력 = 힘×거리/시간(kg·m/sec)

38 20PS인 전동기가 1분 동안 하는 일의 열당량은 얼마인가?
① 12,640kJ   ② 885Watt
③ 361kcal   ④ 210.6kcal

> 해설
> 20×632/60 = 210.6kcal/min = 885kJ/min

39 1초 동안에 75kg·m의 일을 할 경우 시간당 발생하는 열량은?
① 632kJ/h   ② 632kcal/h
③ 639kcal/h ④ 860kcal/h

40 다음 중 일의 열당량은 어느 것인가?
① 427kg·m/kcal
② 1/427kcal/kg·m
③ 580kg·m/kcal
④ 1/580kg·m/kcal

41 1HP은 몇 W인가?
① 535   ② 620
③ 710   ④ 746

> 해설
> 1HP = 0.746kW = 746W
> 860kcal/h : 1kw = 641kcal/h : xkw
> $x = \dfrac{641}{860}$ = 0.745kW = 745.35W ≒ 746W

42 동력의 단위 중 그 값이 큰 순서대로 나열된 것은?
① 1kW > 1PS > 1kgf·m/sec > 1kcal/h
② 1kW > 1kcal/h > 1kgf·m/sec > 1PS
③ 1PS > 1kgf·m/sec > 1kcal/h > 1kW
④ 1PS > 1kgf·m/sec > 1kW > 1kcal/h

> 해설
> 1kW > PS > 1kgf·m/sec > 1kcal/h

[정답] 34 ③ 35 ③ 36 ④ 37 ④ 38 ④ 39 ② 40 ② 41 ④ 42 ①

43 다음 설명 중 옳은 것은?

① 1 HP는 860kcal/h이다.
② 승화열, 증발열, 융해열은 잠열이다.
③ 1kW보다 1kg의 물이 가진 증발잠열이 크다.
④ 섭씨온도 $t(℃)$와 절대온도 $T(K)$의 관계는 $T = 273 - t$이다.

44 압력에 관한 설명으로 부적당한 것은?

① 대기압의 상태를 0으로 하여 측정한 압력을 게이지 압력이라 한다.
② 절대압력은 완전진공을 기준으로 하여 측정한 압력이다.
③ 진공도는 대기압과 절대압력의 합을 의미한다.
④ 단위면적당 작용하는 힘을 압력이라 한다.

> **해설**
> 진공도 = 대기압 − 절대압력

45 압력에 대한 설명으로 부적당한 것은?

① 대기압에서 게이지압력을 더한 것을 절대압력이라 한다.
② 압력계로 측정한 압력은 게이지 압력이다.
③ 대기압은 $1.033kg/cm^2a$ 또는 수은주 76cmHg 높이에 해당한다.
④ 고도가 높은 산에 오를수록 대기압은 높아진다.

46 표준대기압에 해당되지 않는 것은?

① 760mmHg   ② $10,332mmH_2O$
③ 0.1MPa   ④ 14.2PSI

47 다음은 표준 대기압을 나타낸 것이다. 이 중 틀리게 표시된 것은 어느 것인가?

① $101,325N/m^2$ ② 101kPa
③ 1MPa   ④ $1.033kg/cm^2$

48 대기압력보다 높은 계기압력과 절대압력과의 관계는?

① 절대압력 = 대기압력 + 계기압력
② 절대압력 = 대기압력 − 계기압력
③ 절대압력 = 대기압력 × 계기압력
④ 절대압력 = 대기압력 ÷ 계기압력

49 게이지 압력에 관한 내용 중 옳지 않은 것은?

① 용기에 부착되어있는 압력계에서 지시하는 압력이다.
② 표준대기압 상태를 0으로 기준 하여 측정한 값이다.
③ 절대압력에서 표준대기압을 빼면 게이지 압력이 된다.
④ 완전진공 상태를 0으로 기준하여 측정한 값이다.

50 완전진공상태를 0으로 기준하여 측정한 압력은?

① 대기압   ② 진공도
③ 계기압력   ④ 절대압력

51 압력에 관한 다음 기술 중 올바른 것은 어느 것인가?

① $1kg/cm^2$는 수은주 76mm와 같다.
② 수은주 30mm는 $0.3kg/cm^2$와 같다.
③ $1.033kg/cm^2$은 101kPa과 같다.
④ 수주 10m는 $0.1kg/cm^2$와 같다.

[정답] 43 ② 44 ③ 45 ④ 46 ④ 47 ③ 48 ① 49 ④ 50 ④ 51 ③

52 다음 압력 중 가장 높은 압력은?
① 8.0mH₂O
② 0.82kg/cm²
③ 9,000kg/cm²
④ 500mmHg

53 압력계의 지침이 1,300kPa 이었다면 절대압력(kPa)은 얼마인가? (단, 대기압은 약 101,325Pa 이다.)
① 1,199kPa
② 1,300kPa
③ 1,401kPa
④ 102,625kPa

54 1PSI는 몇 g/cm²인가?
① 64.5g/cm²
② 70.3g/cm²
③ 82.5g/cm²
④ 98.1g/cm²

55 압력계의 지침이 9.8cmHgvac였다면 절대압력은 몇 kg/cm²·a인가?
① 0.9kg/cm²·a
② 1.3kg/cm²·a
③ 2.1kg/cm²·a
④ 3.5kg/cm²·a

해설
$$P = 1.033 \times \left(1 - \frac{h}{76}\right) = 1.033 \times \left(1 - \frac{9.8}{76}\right)$$
$$= 0.9 kg/cm^2 a$$

56 다음 내용 중 틀린 것은?
① 대기압보다 낮은 압력을 진공(vacuum)이라고 한다.
② 절대압력=대기압-진공압
③ 진공도는 %로 표시하며 대기압은 100%로 나타낸다.
④ 콤파운드 게이지에는 진공압력을 적색으로 표시한다.

57 어떤 액체에 작용하는 압력이 낮아졌을 때 증발온도는 어떻게 변하는가?
① 낮아진다.
② 높아진다.
③ 변함이 없다.
④ 낮아졌다가 높아진다.

58 "두 물질이 또 다른 물질과 열평형을 이루고 있으면 그 두 물질도 서로 열평형상태에 있다."라고 정의되는 법칙은?
① 열역학 제0법칙
② 열역학 제1법칙
③ 열역학 제2법칙
④ 열역학 제4법칙

59 80℃의 물 500kg과 30℃의 물 1,000kg을 혼합하면 몇 ℃의 물이 되겠는가? (단, 열손실은 없고 열평형의 법칙을 이용)
① 45℃
② 46.7℃
③ 50℃
④ 52℃

해설
$$t = \frac{G_1 t_1 + G_2 t_2}{G_1 + G_2}$$
$$= \frac{(500 \times 80) + (1,000 \times 30)}{500 + 1,000} = 46.7℃$$

60 20℃의 물 1ton이 들어 있는 용기에 100℃ 건포화증기(증발잠열 539kcal/kg)를 혼합시켜 60℃의 물을 만드는 데 증기 몇 kg이 필요한가? (단, 용기의 전열량은 무시한다.)
① 39kg
② 49kg
③ 59kg
④ 69kg

해설
물의 흡수열량 = 증기의 방출열량
$1,000 \times 1 \times (60-20) = G_s \times [539 + \{1 \times (100-60)\}]$
$\therefore G_s = 69kg$

[정답] 52 ③ 53 ③ 54 ② 55 ① 56 ③ 57 ① 58 ① 59 ② 60 ④

61 열역학 제1법칙을 바르게 설명한 것은?
① 열이 일로 변화하기는 쉽지만 일이 열로 변하는 것은 어렵다.
② 열은 고온에서 저온으로 이동하지만 스스로 반대방향으로 이동할 수 없다.
③ 열과 일은 상호 변환되며 이때 전환비는 항상 일정하다.
④ 어떤 방법으로도 어떤 계를 절대온도 0도에 이르게 할 수는 없다.

62 엔탈피에 대한 설명으로 적당하지 못한 것은?
① 엔탈피의 단위는 kJ/kg이다.
② 엔탈피는 내부에너지와 외부에너지로 되어 있다.
③ 물체가 갖는 모든 에너지를 열량의 단위로 나타낸 것이다.
④ 냉동에서는 모든 냉매에 대하여 0℃ 포화액의 엔탈피를 1kcal/kg으로 한다.

63 다음에서 열과 일의 관계를 바르게 나타낸 것은? (단, J=열의 일당량, A=일의 열당량, W=소요되는 일, Q=발생열량이다.)
① $Q = AW$
② $W = \dfrac{1}{J}Q$
③ $W = AQ$
④ $J = AW$

64 온도가 다른 두 물체를 접촉시키면 열은 고온에서 저온의 물체로 이동한다. 이것은 어떤 법칙인가?
① 줄의 법칙
② 열역학 제2법칙
③ 헤스의 법칙
④ 열역학 제1법칙

65 열역학 제2법칙을 바르게 설명한 것은?
① 열은 고온에서 저온으로 이동하고 그 반대로는 이동하지 않는다.
② 기체의 부피는 압력에 반비례하고 절대온도에 비례한다.
③ 열과 일은 상호 변환될 수 없다.
④ 열은 만들어지거나 없어지지 않고 형태만 변한다.

66 한 공학자가 가정용 냉장고를 이용하여 겨울에 난방을 할 수 있다고 주장하였다면 이 주장은 이론적으로 열역학법칙과 어떠한 관계를 갖겠는가?
① 열역학 제1법칙에 위배된다.
② 열역학 제2법칙에 위배된다.
③ 열역학 제1, 2법칙에 위배된다.
④ 열역학 제1, 2법칙에 위배되지 않는다.

67 엔트로피의 설명으로 틀린 것은?
① 냉동에서는 0℃ 포화액인 냉매의 엔트로피를 1kcal/kg·K로 한다.
② 단위는 kJ/kg·K이다.
③ 단열변화에서 엔트로피 값의 변화는 없다.
④ 엔트로피는 어떤 물질이 얻을 열량을 그때의 섭씨온도로 나눈 값을 말한다.

68 보일의 법칙이란?
① 온도가 일정할 때 압력이 체적에 비례한다.
② 온도가 일정할 때 압력이 체적에 반비례한다.
③ 압력이 일정할 때 체적이 온도에 반비례한다.
④ 체적이 일정할 때 압력이 온도에 반비례한다.

[정답] 61 ③ 62 ④ 63 ① 64 ② 65 ① 66 ② 67 ④ 68 ②

69 0℃, 1기압에서 4l의 기체를 등압하에서 273℃, 1atm일 때 체적(l)은?

① 4　　② 8
③ 2　　④ 12

> 해설
> $V_2 = \dfrac{V_1 T_2}{T_1} = \dfrac{4 \times (273+273)}{(0+273)} = 8l = 8L$

70 3kg/cm²·g, 8L를 2kg/cm²·g로 하였을 때 가스의 체적은 얼마인가?

① 12　　② 13
③ 17.5　　④ 18

> 해설
> $P_1 V_1 = P_2 V_2$에서
> $V_2 = \dfrac{P_1 V_1}{P_2} = \dfrac{(3+1) \times 8}{(2+1)} = 13.3L$

71 이상기체를 정압하에서 가열하면 체적과 온도의 변화는 어떻게 되는가?

① 체적증가, 온도상승
② 체적일정, 온도일정
③ 체적증가, 온도일정
④ 체적일정, 온도상승

72 보일·샤를의 법칙 설명이 틀린 것은?

① 일정량의 가스의 체적은 압력에 반비례한다.
② 일정량의 가스의 체적은 절대온도에 비례한다.
③ 보일법칙과 샤를의 법칙을 결합한 것이다.
④ 혼합기체의 전압은 성분기체의 분압의 총합과 같다.

73 보일·샤를의 법칙을 바르게 표현한 것은?

① 기체의 체적은 압력에 비례하고 절대온도에 반비례한다.
② 기체의 체적이 일정할 때 그 기체의 압력과 온도는 비례한다.
③ 기체의 체적은 압력에 반비례하고 절대온도에 비례한다.
④ 기체의 온도가 일정할 때 그 기체의 압력과 체적은 반비례한다.

74 다음 설명 중 내용이 맞는 것은?

① 1BTU는 물 1lb를 1℃ 높이는 데 필요한 열량이다.
② 절대압력은 대기압의 상태를 0으로 기준하여 측정한 압력이다.
③ 이상기체를 단열팽창시켰을 때 온도는 내려간다.
④ 보일-샤를의 법칙이란 기체의 체적은 압력에 반비례하고 절대온도에 반비례한다.

75 2ata, -73℃, 5m³의 이상기체가 있다. 지금 압력을 3ata, 온도를 27℃로 할 때 체적은 얼마인가?

① 3.5m³　　② 4.0m³
③ 4.5m³　　④ 5.0m³

> 해설
> $\dfrac{P_1 V_1}{T_1} = \dfrac{P_2 V_2}{T_2}$에서
> $V_2 = \dfrac{P_1 V_1 T_2}{P_2 T_1} = \dfrac{2 \times 5 \times (27+273)}{3 \times (-73+273)} = 5m^3$

76 등엔트로피 변화에 해당되는 것은?

① 단열변화　　② 등온변화
③ 등적변화　　④ 등압변화

77 가스압축 시 외부와의 열교환을 행하지 않고 압축하는 방식은?
① 등온변화 ② 등적변화
③ 단열변화 ④ 엔트로피변화

78 $PV^n = C$(상수), 이 식은 폴리트로픽 변화의 일반식이다. 다음 설명 중 틀린 것은?
① $n = k$일 때 단열변화
② $n = 1$일 때 등온변화
③ $n = 2$일 때 정적변화
④ $n = 0$일 때 정압변화

79 다음 그림의 $P-v$ 선도 개략도에서 단열변화를 나타내는 선은?
① ㉠
② ㉡
③ ㉢
④ ㉣

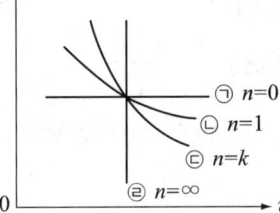

80 외부에서 열의 공급이 없어도 가스압축 시 내부에너지가 증대하는 변화는?
① 정압변화 ② 정적변화
③ 단열변화 ④ 등온변화

81 −15℃에서 건조도 0인 암모니아 가스를 교축팽창시켰을 때 변화가 없는 것은?
① 비체적 ② 압력
③ 엔탈피 ④ 온도

82 다음 중 1보다 작은 수치는?
① 폴리트로픽 지수 ② 성적계수
③ 건조도 ④ 비열비

83 단열압축, 등온압축, 폴리트로픽압축에 관한 다음 사항 중 틀린 것은?
① 압축일량은 단열압축이 제일 크다.
② 압축일량은 등온압축이 제일 작다.
③ 실제 냉동기의 압축 방식은 폴리트로픽 압축이다.
④ 압축가스 온도는 폴리트로픽 압축이 제일 높다.

84 열의 이동 3가지 기본형식이 아닌 것은?
① 전도 ② 온도
③ 대류 ④ 복사

85 고체 내부에서 이루어지는 열의 전달 형태는?
① 복사 ② 대류
③ 전도 ④ 반사

86 열전도량과 비례 관계가 아닌 것은?
① 열전도도 ② 전열벽의 두께
③ 전열면적 ④ 온도차

> **해설**
> 열전도 열량은 열전도율, 전열면적, 온도차에 비례하고 두께와는 반비례한다.

87 다음의 그림은 열흐름을 나타낸 것이다. 열흐름에 대한 용어로 틀린 것은?

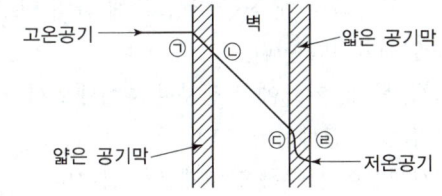

① ㉠ → ㉡ : 열전달   ② ㉡ → ㉢ : 열관류
③ ㉢ → ㉣ : 열전달   ④ ㉠ → ㉣ : 열통과

> **해설**
> • ㉠ → ㉡ : 열전달   • ㉡ → ㉢ : 열전도
> • ㉢ → ㉣ : 열전달   • ㉠ → ㉣ : 열통과(열관류)

[정답] 77 ③ 78 ③ 79 ③ 80 ③ 81 ③ 82 ③ 83 ④ 84 ② 85 ③ 86 ② 87 ②

88 열통과에 대한 설명 중 가장 바르게 설명한 것은?
① 열이 기체에서 기체로 이동하는 것이다.
② 열이 기체에서 고체로 이동하는 것이다.
③ 열이 고체 벽을 사이에 두고 유체 "A"에서 유체 "B"로 이동하는 것이다.
④ 열이 고체 벽 "A"에서 다른 고체 벽 "B"로 이동하는 것이다.

89 다음 용어와 단위의 연결이 잘못된 것은?
① 비열 – kJ/kg·℃
② 열전도율 – W/m²·℃
③ 엔트로피 – kcal/kg·K
④ 동력 – J/s

90 열통과율의 단위로서 적당한 것은?
① W/m²·K
② W/m·h·℃
③ W/m·℃
④ kJ/kg·℃

91 다음은 열이동에 대한 설명이다. 옳지 않은 것은 어느 것인가?
① 고체에서 서로 접하고 있는 물질 분자 간의 열이동을 열전도라 한다.
② 고체 표면과 이에 접한 유동 유체 간의 열이동을 열전달이라 한다.
③ 고체, 액체, 기체에서 전자파의 형태로서 에너지 방출을 열복사라 한다.
④ 열관류율이 클수록 단열재로 적당하다.

92 열의 이동에 관한 설명에서 틀린 것은?
① 유체와 고체가 접촉하여 일어나는 열의 이동을 열전달이라 한다.

② 대류는 기체나 액체같은 유체에서 주로 일어난다.
③ 온도가 다른 두 물체가 접촉할 때 고온에서 저온으로 열이 이동하는 것을 전도라 한다.
④ 물체 내부를 열이 이동할 때 전열량은 온도차에 반비례하고, 거리에 비례한다.

> **해설**
> 열전도 전열량은 온도차에 비례하고 거리(두께)에 반비례한다.

93 유체의 온도가 70℃, 고체인 관의 표면온도가 10℃, 전열면적이 2m²일 때 열전달량은? (단, 열전달 계수는 4W/m²·℃)
① 360kcal/h
② 380kcal/h
③ 413W
④ 480W

> **해설**
> $Q = \alpha \cdot A \cdot \Delta t = 4 \times 2 \times (70-10)$
> $= 480W \times 0.86 = 413 kcal/h$

94 방열벽을 통한 열통과율을 구하는 식과 단위가 옳은 것은?
① $K = \dfrac{보냉재의\ 열전도율(kJ/m^2h℃)}{보냉재의\ 두께(m)}$
② $K = \dfrac{보냉재의\ 열전도율(kcal/mh℃)}{보냉재의\ 두께(m)}$
③ $K = \dfrac{보냉재의\ 두께(m)}{보냉재의\ 열전도율(W/m^2K)}$
④ $K = \dfrac{보냉재의\ 두께(m)}{보냉재의\ 열전도율(W/m℃)}$

> **해설**
> $K = \dfrac{1}{R} = \dfrac{1}{\frac{l}{\lambda}} = \dfrac{\lambda(열전도율,\ kcal/mh℃,\ W/m℃)}{l(보냉재\ 두께,\ m)}$

[정답] 88 ③ 89 ② 90 ① 91 ④ 92 ④ 93 ④ 94 ②

PART 1. 냉동기계

냉매

냉동사이클을 순환하는 동작유체로서 저온의 열을 흡수하여 고온부로 운반, 이동시키는 순환 및 동작물질을 냉매라고 한다.

1 냉매(refrigerant)의 분류

1 1차 냉매(직접 냉매)

냉동장치 내를 직접 순환하면서 잠열상태로 열을 운반하는 냉매

예) NH_3(R-717), 프레온(R-22, R-134a, R-502, R-410A, R-404A 등), CO_2 등

2 2차 냉매(간접 냉매, 브라인)

냉동장치 밖을 순환하면서 현열상태로 열을 운반하는 냉매

예) 유기질 브라인, 무기질 브라인 등

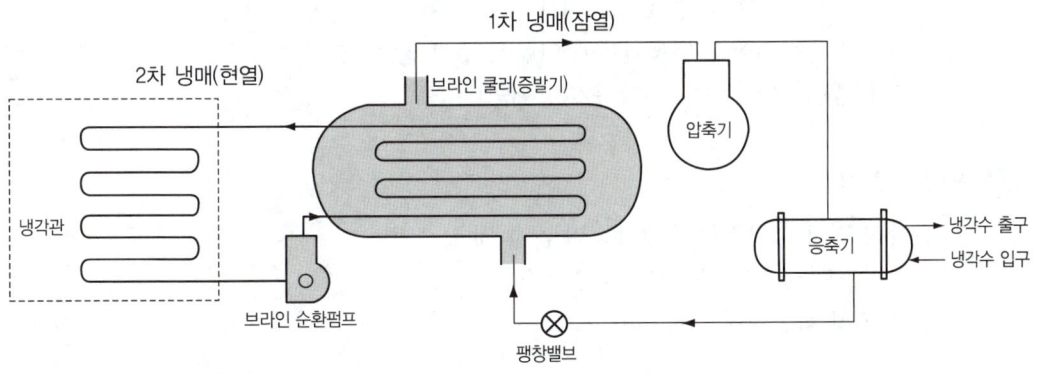

○ 간접 팽창식 냉동사이클

2 1차 냉매의 구비조건

1 물리적 조건

① 저온에서도 대기압 이상의 압력에서도 쉽게 증발할 것

> 📢 참고
>
> ■ 대기압하에서의 증발온도
> R-12 : -29.8℃ > NH_3 : -33.3℃ > R-22 : -40.8℃ > R-13 : -81.5℃

② 임계온도가 높고 상온에서 쉽게 액화할 것
③ 응고온도가 낮을 것
    $NH_3 : -77.7℃ > R-12 : -158.2℃ > R-22 : -160℃ > R-13 : -181℃$
④ 증발잠열이 클 것(1RT당 냉매 순환량이 감소한다.)
    $NH_3 : 313.5kcal/kg > R-22 : 51.9kcal/kg > R-12 : 38.57kcal/kg$
⑤ 냉매액은 비열이 작을 것(교축팽창 시 플래시 가스 발생이 감소한다.)
    $NH_3 : 1.156kcal/kg℃ > R-22 : 0.335kcal/kg℃ > R-12 : 0.243kcal/kg℃$
⑥ 비열비가 작을 것(비열비가 작을수록 압축 후 토출가스온도의 상승이 작다.)
    $NH_3 : 1.313(98℃) > R-22 : 1.184(55℃) > R-12 : 1.136(37.8℃)$
⑦ 점도와 표면장력이 작고 전열이 양호할 것
    전열이 양호한 순서, $NH_3 > H_2O >$ freon $>$ Air
⑧ 전기 절연내력이 크고 전기절연물을 침식시키지 않을 것
    $R-12 : 2.4 > R-22 : 1.3 > NH_3 : 0.83(N_2$를 1로 기준)
⑨ 누설 시 발견이 용이할 것
⑩ 가스의 비체적이 작을 것
⑪ 패킹재료에 영향이 없을 것
    ㉠ 암모니아 : 천연고무 및 석면(asbestos) 사용
    ㉡ 프레온 : 특수고무, 합성고무 사용
⑫ 윤활유와 혼합되어도 냉동작용에 영향을 주지 않을 것
⑬ 가스 비중이 작을 것(터보 압축기는 예외)

2 화학적 조건

① 화학적 결합이 안정하여 분해되지 않을 것
② 불활성이고 금속을 부식시키지 않을 것
③ 인화성 및 폭발성이 없을 것

3 기타 조건

① 독성 및 자극성과 악취가 없을 것
② 인체에 무해하고 누설 시 냉장 물품에 손상이 없을 것
③ 오존층파괴지수(ODP) 및 지구온난화계수(GWP)가 낮을 것
④ 성적계수가 크고 압축기 소요동력이 작을 것
⑤ 자동운전이 용이할 것
⑥ 가격이 저렴할 것

3 1차 냉매의 구성

1 프레온(할로카본) 냉매의 구성

(1) 탄화수소계 냉매

① 메탄계(CH_4) 냉매 : 4개의 H대신 할로겐원소(F, Cl, Br 등)와 치환된 냉매
② 에탄계(C_2H_6) 냉매 : 6개의 H대신 할로겐원소와 치환된 냉매

(2) 표기순서 : C → H → Cl → F

(3) 표기방법

① 메탄계(CH_4) 냉매-십단위 냉매

$$\underset{㉠}{C}\ \underset{㉢}{H}\ \underset{㉣}{Cl}\ \underset{㉡}{F_2}\ (R-22)$$

㉠ C의 숫자가 한 개일 때는 메탄계로서 냉매 번호는 십의 자리 수 냉매이다.
㉡ 일의 자리인 F의 수가 2개이므로 R-○②으로 표시된다.
㉢ 십의 자리인 H의 수가 1개이므로 (H수+1=1+1=2)로서 R-②②로 표시된다.
㉣ 메탄계일 때는 C 이외의 원소 수가 4개가 되도록 Cl로 맞추어 채운다.

② 에탄계(C_2H_6) 냉매-백단위 냉매

$$\underset{㉠}{C_2}\ \underset{㉢}{H}\ \underset{㉣}{Cl_2}\ \underset{㉡}{F_3}\ (R-123)$$

㉠ C의 숫자가 두 개일 때는 에탄계로서 냉매 번호는 백의 자리 수 냉매이다.
　　먼저 탄소(C)의 숫자가 2개이므로 R-①○○으로 표시된다.
㉡ 일의 자리인 F의 수가 3개이므로 R-①○③으로 표시된다.
㉢ 십의 자리는 H의 수가 1개이므로 (H수+1=1+1=2)로써 R-①②③로 표시된다.
㉣ 에탄계일 때는 C_2 이외의 원소 수가 6개가 되도록 Cl로 맞추어 채운다.

③ 각 프레온 냉매의 번호

R-11(CCl_3F), R-12(CCl_2F_2), R-13($CClF_3$), R-23(CHF_3), R-40(CH_3Cl), R-50(CH_4), R-113($C_2Cl_3F_3$), R-114($C_2Cl_2F_4$), R-134a($C_2H_2F_4$), R-152($C_2H_4F_2$) 등

2 국제적으로 통용되는 냉매 명명법

(1) CFC(염화불화탄소, Chloro Fluoro Carbon) 냉매

염소(Cl)에 따른 불소(F), 탄소(C)로 구성된 냉매로 R-11, R-12, R-113, R-114, R-115 등으로 염소(Cl)에 따른 오존층 파괴가 심하여 규제대상이다.

(2) HCFC(수소화염화불화탄소, Hydro Chloro Fluoro Carbon) 냉매

수소(H), 염소(Cl), 불소(F), 탄소(C)로 구성된 냉매로 염소가 포함되어 있어도 공기 중에

서 쉽게 분해되지 않아 CFC계 냉매에 비해 오존층에 대한 영향이 적으나 성층권의 오존을 파괴시키지 않는 것은 아니며 R-22, R-123, R-124, R-141b, R-142b 등이 있다.

(3) HFC(수소화불화탄소, Hydro Fluoro Carbon) 냉매

수소(H), 불소(F), 탄소(C)로 구성된 냉매로 염소화합물이 포함되어 있지 않아 오존층을 파괴시키지 않으며 몬트리올 의정서에 의해 규제되는 CFC 대체냉매로서 R-32, R-125, R-134a, R-143a 및 R-152a 등이 있다.

3 기타 냉매 번호

① 에탄(C_2H_6) : R-170
② 프로판(C_3H_8) : R-290
③ 부탄(C_4H_{10}) : R-600
④ 암모니아(NH_3) : R-717
⑤ 물(H_2O) : R-718
⑥ 공기(Air) : R-729
⑦ 탄산가스(CO_2) : R-744
⑧ 아황산가스(SO_2) : R-764
⑨ 에틸렌(C_2H_4) : R-1150
⑩ R-1234yf($CH_2=CFCF_3$)

4 냉매의 성질

1 암모니아

(1) 암모니아(NH_3 : R-717)의 특성

① 가연성, 폭발성, 독성(25ppm)이며 자극성의 악취가 있다.(독성 : SO_3 > NH_3 > freon)
② 대기압에서의 비등점 : -33.3℃, 응고점 : -77.7℃
③ 증발잠열과 냉동효과가 커 냉매 순환량이 감소한다.
④ 비열비(C_p/C_v)가 1.313으로 커 압축기 토출가스온도(98℃)가 높아 워터자켓(water jacket)을 설치하여 실린더를 수냉각시켜야 한다.
⑤ 동 및 동을 62% 이상 함유하는 동합금을 부식시킨다.
⑥ 패킹은 천연고무와 석면(아스베스토스)를 사용한다.
⑦ 전기절연물질을 열화, 침식시키므로 밀폐형 압축기에 사용할 수 없다.
⑧ 오일보다 가볍다.(비중의 순서 : freon > H_2O > oil > NH_3)
⑨ 윤활유와 서로 용해하지 않고 윤활유가 열화 및 탄화되므로 분리하여 배유시킨다.
⑩ 수분은 암모니아와 용해가 잘 되므로 수분이 동결되지는 않지만 수분 1% 침입 시 증발온도가 0.5℃씩 상승한다.

> **참고**
>
> ■ 유탁액(에멀전) 현상
> 암모니아에 다량의 수분과 용해하면 $NH_4(OH)$(수산화암모늄)이 생성되어 윤활유를 미립자로 분리시키고 우유빛으로 변색시키는 현상으로 윤활유의 기능이 저하된다.

2 프레온(freon)

(1) 프레온의 성질

① 열에 대하여 안정하지만 800℃ 이상의 화염과 접촉하면 맹독성 가스인 포스겐($COCl_2$) 가스가 발생한다.

② 불연성이고 독성이 없다.

③ 무색, 무취이므로 누설 시 발견이 어렵다.

④ 비열비가 작아 압축기 토출가스온도가 높지 않다.(R-12 : 37.8℃, R-22 : 55℃)

⑤ 대체로 비등점과 응고점이 낮다.(R-12 : -29.8℃(-158.2℃) > R-22 : -40.8℃(-160℃) > R-13 : -81.5℃(-181℃))

⑥ 전열이 불량하므로 핀 튜브(fin tube)를 사용하여 전열면적을 증가시킨다.

⑦ 전기 절연내력이 좋아 밀폐형 압축기의 냉매로 사용할 수 있어 소형화가 가능하다.

⑧ 마그네슘 및 마그네슘을 2% 이상 함유한 알루미늄(Al) 합금을 부식시킨다.(염화메틸(R-40) : Al, Mg, Zn과 이들 합금을 부식시킨다.)

⑨ 윤활유와의 관계
  ㉠ 윤활유와 용해도가 큰 냉매 : R-11, R-12, R-21, R-113, R-500
  ㉡ 윤활유와 용해도가 적고 저온에서 분리되는 냉매 : R-13, R-14
  ㉢ 냉매와의 용해로 윤활유의 응고온도가 낮아져 저온부에서도 윤활이 양호하다.
  ㉣ 냉매와의 용해로 윤활유의 점도가 낮아진다.
  ㉤ 냉매와의 용해로 오일 포밍 현상이 일어난다.

⑩ 수분과의 영향
  ㉠ 수분과는 용해되지 않으므로 팽창밸브를 동결 폐쇄시킨다.(팽창밸브 직전에 드라이어를 설치하여 수분을 제거한다.)
  ㉡ 산(HCl, HF)을 생성하여 금속 또는 장치의 부식이 촉진된다.
  ㉢ 동부착 현상이 일어날 수 있다.

(2) 프레온 냉동장치에서의 현상

① 오일포밍(oil foaming) 현상
  ㉠ 정의 : 프레온계 냉동장치에서 압축기가 정지하고 있는 동안 크랭크 케이스 내의 압력이 높아지고 온도가 저하하면 오일은 그 압력과 온도에 상당하는 양의 냉매를 용해하고 있다가 압축기 재기동 시 크랭크 케이스 내의 압력이 급격히 떨어지면서 오일과 냉매가 급격히 분리되어 유면이 약동하고 심한 거품이 일어나는 현상
  ㉡ 오일포밍 발생 시 현상
    ⓐ 오일 햄머링이 발생된다.
    ⓑ 응축기, 증발기로 오일이 넘어가 전열을 방해한다.
    ⓒ 크랭크 케이스 내의 오일 부족으로 활동부의 마모 및 소손을 초래한다.
  ㉢ 방지대책
    ⓐ 크랭크 케이스 내에 오일 히터(oil heater)를 설치한다.
    ⓑ 터보 냉동기 : 무정전 히터를 설치한다.

② 오일 햄머링(oil hammering) : 오일포밍 등이 발생하게 되면 실린더 내로 다량의 오일이 올라가 오일을 압축하게 되는데, 오일은 비압축성이므로 실린더 헤드(cylinder head)부에서 충격음이 발생하게 되며 이러한 현상이 심하게 되면 압축기가 손상된다.
③ 동부착(동도금) 현상(copper plating) : 프레온 냉동장치에서 수분과 프레온이 작용하여 산(HCl, HF)이 생성되고 나아가 침입한 공기 중의 산소와 반응된 다음 냉매 순환 계통 중의 동을 침식시키고 침식된 동이 냉동장치를 순환하다가 압축기 고온부(실린더, 피스톤)에 동이 부착되는 현상이다.

> 참고
>
> ■ 동부착 현상이 일어날 수 있는 조건
> ① 냉동장치 중에 수분이 많을수록
> ② 수소원자가 많은 냉매일수록 예 R-40(CH_3Cl, 메틸클로라이드)
> ③ 오일 중에 왁스(wax) 성분이 많이 함유되었을 때
> ④ 압축기의 피스톤, 실린더와 같은 고온부일수록 부착이 잘 된다.

5 공비 및 비공비 혼합냉매

1 공비(共沸) 혼합냉매

서로 다른 두 가지 이상의 프레온 냉매를 혼합하면 비등점이 일치하는 혼합냉매로 정압하에서 증발 또는 응축 중에 기체와 액체의 성분비와 온도가 변하지 않는 순수냉매와 유사한 특성을 지니는 냉매로 R-500 단위로 시작된다.

(1) R-500
  ① R-12의 능력을 개선할 때 사용한다.(약 20% 냉동능력 증가)
  ② 열에 대한 안정성이 양호하다.
  ③ 윤활유에 잘 혼합되며 절연내력이 크다.

(2) R-501
  ① R-22와 같이 오일이 압축기로 돌아오기 힘든 냉매는 R-12를 첨가하여 사용함으로써 오일을 압축기로 잘 회수할 수 있게 된다.
  ② R-12에 R-22를 20% 정도 첨가하면 냉동능력은 약 30% 정도 증가한다.

(3) R-502
  ① R-22의 능력을 개선할 때 사용된다.(약 13% 냉동능력이 증가)
  ② R-22보다 저온을 얻고자 할 때 사용된다.

(4) R-503

① R-13의 능력을 개선할 때 사용된다.
② R-13보다 낮은 온도를 얻는 데 유리하다.
③ R-13과 같이 2원 냉동장치의 저온용 냉매로 이용된다.

냉매의 번호	혼합냉매 및 조성	비등점(℃)
R-500	R-12(73.8%) + R-152(26.2%)	-33
R-501	R-12(25%) + R-22(75%)	-41
R-502	R-22(48.8%) + R-115(51.2%)	-45
R-503	R-13(59.9%) + R-23(40.1%)	-88
R-504	R-32(48.3%) + R-115(51.7%)	-57

2 비공비(非共沸) 혼합냉매

서로 다른 두 가지 이상의 프레온 냉매를 혼합하면 등압의 증발 및 응축과정에서 조성비와 온도가 변화하는 냉매이다. 이 냉매는 2상 상태에서 냉매가 누설 시 조성비가 변하게 되어 냉매 재충전 시에는 냉매를 전량 회수한 후 액체상태로 충전하여야 한다. 냉매 번호는 R-400 단위로 시작된다.

냉매 구분	명칭	화학식	용도
메탄계	R-13	$CClF_3$	특수 저온 냉매, 2원 냉동장치의 냉매
	R-22	$CHClF_2$	가정용, 산업용의 냉매로 광범위하게 사용
	R-23	CHF_3	특수 저온용 냉매, R-13, R-503 대체
에탄계	R-113	$C_2Cl_3F_3$	저용량의 패키지형 원심식 냉동기에 사용
	R-123	$CHCl_2F_3$	터보 냉동기의 냉매, R-11의 대체
	R-134a	CH_2FCF_3	자동차 에어컨, 상업용 냉장/냉동 시스템에서 R-12 대체
비공비 혼합	R-404A	125+143a+134a	중·저온 상업용 냉매, R-502 중간 대체
	R-407C	32+125+143a	R-22 냉동, 냉장, 냉방 시스템의 대체
	R-408A	22+125+143a	저온, 중온 상업용 냉장/냉동 시스템에서 R-502 대체
	R-410A	32+125	R-22 대체품(에어컨, 냉동, 냉장 시스템)
공비 혼합	R-502	22+115	저온, 중온 상업용 냉장, 냉동 시스템

6 2차 냉매

간접 냉매로 브라인(brine)이라 하며, 냉동장치 밖을 순환하면서 상태변화 없이 현열(감열)로 열을 운반한다.

1 브라인의 구비조건

① 열용량(비열)이 크고 전열이 양호할 것 ② 공정점과 점도가 낮을 것

③ 부식성이 없을 것
④ 응고점이 낮을 것
⑤ 누설 시 냉장 물품에 손상이 없을 것
⑥ pH 값이 적당할 것(7.5~8.2 정도)
⑦ 가격이 싸고 구입이 용이할 것

> **참고**
> ■ 공정점
> 서로 다른 두 가지 물질을 용해할 경우 그 농도가 증가함에 따라 동결온도가 낮아지게 되는데 어느 일정한 한계의 농도에서는 더 이상 동결온도가 낮아지지 않는 가장 최저의 온도

2 브라인의 종류

(1) 무기질 브라인

① 염화나트륨($NaCl$)
　㉠ 주로 제빙용, 냉장용, 식품냉동 등에 사용한다.
　㉡ 값은 싸나 무기질 브라인 중 부식력이 가장 크다.
　㉢ 공정점 : $-21.2℃$

② 염화마그네슘($MgCl_2$)
　㉠ 부식성은 염화칼슘보다 높고 현재는 거의 사용하지 않는다.
　㉡ 공정점 : $-33.6℃$

③ 염화칼슘($CaCl_2$)
　㉠ 일반적으로 제빙, 냉장 및 공업용으로 가장 많이 이용된다.
　㉡ 흡수성이 강하고 누설 시 식품에 접촉되면 떫은맛이 난다.
　㉢ 공정점 : $-55℃$, 사용온도 : $-32℃~-35℃$

> **참고**
> ■ 무기질 브라인의 부식성
> $NaCl > MgCl_2 > CaCl_2$

(2) 유기질 브라인

① 에틸알콜(C_2H_5OH)
　㉠ 응고점 $-114.5℃$, 비등점 $78.5℃$, 인화점 $15.8℃$이다.
　㉡ 인화점이 낮으므로 취급에 주의를 요한다.
　㉢ 비중이 0.8로서 물보다 가볍다.
　㉣ 식품의 초저온 동결($-100℃$ 정도)에 사용할 수 있다.
　㉤ 마취성이 있다.

② 에틸렌글리콜($C_2H_6O_2$)
　㉠ 응고점 $-12.6℃$, 비등점 $177.2℃$, 인화점 $116℃$이다.
　㉡ 비중이 1.1로 물보다 무거우며 점성이 크고 단맛이 있는 무색의 액체이다.
　㉢ 비교적 고온에서 2차 냉매 또는 제상용 브라인으로 쓰인다.

③ 프로필렌글리콜($C_3H_6(OH)_2$)
   ㉠ 응고점 −59.5℃, 비등점 188.2℃, 인화점 107℃이다.
   ㉡ 물보다 약간 무거우며(비중 1.04) 점성이 크고 부식성이 적으며 무색, 무독의 액체이다.
   ㉢ 분무식 식품냉동이나 약 50% 수용액으로 식품을 직접 침지한다.

3 브라인의 금속 부식 방지법

① 공기와 접촉하지 않도록 하여 산소가 브라인 중에 녹아들지 않는 순환방법을 채택한다.
② pH는 7.5~8.2 정도의 약알칼리성이 좋다.
③ 방식아연(16번 아연도금철판)을 부착한 철판을 사용한다.
④ 방청약품 사용
   ㉠ $CaCl_2$: 브라인 1l당 중크롬산소다 1.6g씩 첨가, 중크롬산소다 100g당 가성소다를 27g씩 첨가한다.
   ㉡ NaCl : 브라인 1l당 중크롬산소다 3.2g씩 첨가, 중크롬산소다 100g당 가성소다 27g씩 첨가한다.

7 냉매의 누설검사

1 암모니아(NH_3)

① 냄새(악취)
② 붉은 리트머스 시험지 → 청색으로 변색
③ 페놀프탈레인지 → 적색(홍색)으로 변색
   ④ 유황초(황산, 염산) → 백색 연기 발생
   ⑤ 네슬러시약 → 소량누설 : 황색, 다량누설 : 자색

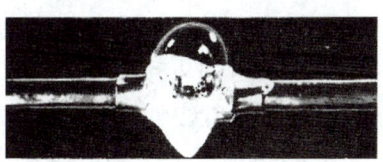

○ 비눗물 검사

2 프레온(freon)

① 비눗물 검사 → 기포 발생
② 헬라이드토치 사용 → 불꽃색의 변화
  (사용 연료 : 프로판, 부탄, 알콜 등)
   ㉠ 누설이 없을 시 → 청색
   ㉡ 소량 누설 시 → 녹색
   ㉢ 다량 누설 시 → 자색
   ㉣ 극심할 때 → 불이 꺼진다.
③ 할로겐 전자누설탐지기를 사용한다.

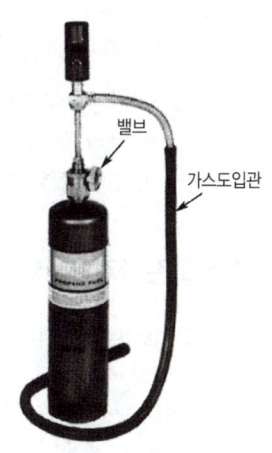

○ 헬라이드 토치

8 냉매의 상해에 대한 구급방법

1 NH₃ 냉매
① 눈에 들어간 경우 : 물로 세척한 후 2%의 붕산액으로 세척하고 유동 파라핀을 2~3방울 점안한다.
② 피부에 묻은 경우 : 물로 세척 후 피크린산 용액을 바른다.

2 프레온 냉매
① 눈에 들어간 경우 : 살균 광물유로 세척한다.(2%의 살균 광물유로 세척하거나, 5%의 붕산액으로 세척한다.)
② 피부에 묻은 경우 : 물로 세척 후 피크린산 용액을 바른다.

9 환경대책과 대체냉매

1 오존층의 파괴

(1) 오존층의 파괴 경로
① 프레온가스는 매우 안정하여 대기권에서는 분해되지 않고 성층권까지 도달된 후 태양의 자외선에 의해 분해
② 자외선에 의해 분해되면서 오존파괴의 원인이 되는 염소분자 방출
③ 염소분자는 오존의 산소원자와 결합하여 오존층 파괴
$(Cl + O_3 \rightarrow ClO + O_2,\ ClO + O \rightarrow Cl + O_2)$

(2) 오존층 파괴의 영향
① 자외선 차단 불능으로 피부암 증가
② 인체의 면역기능 약화
③ 곡물의 수확 감소

2 오존파괴지수와 지구온난화 지수

① 오존파괴지수, $ODP = \dfrac{\text{어떤 물질 1kg이 파괴하는 오존량}}{\text{CFC}-11\ 1\text{kg이 파괴하는 오존량}}$

② 지구온난화 지수, $GWP = \dfrac{\text{어떤 물질 1kg이 기여하는 온난화 정도}}{CO_2\ 1\text{kg이 기여하는 온난화 정도}}$

🔹 프레온냉매의 오존파괴지수(ODP) 및 지구온난화지수(GWP)

냉매	ODP	GWP	냉매	ODP	GWP
R-11(CFC-11)	1.0	1.0	R-22(HCFC-22)	0.05	0.34
R-12(CFC-12)	1.0	2.9	R-134a(HFC-134a)	0	0.26
R-113(CFC-113)	0.8	1.4			

3 각종 냉매의 특성

특성 \ 냉매명	암모니아	탄산가스	메틸클로라이드	R-11	R-12	R-13	R-21	R-22	R-113	R-114	R-500	아황산가스
화학식	NH_3	CO_2	CH_3Cl	CCl_3F	CCl_2F_2	$CClF_3$	$CHCl_2F$	$CHClF_2$	$C_2Cl_3F_3$	$C_2Cl_2F_4$	$CCl_2F_2 + C_2H_4F_2$	SO_2
분자량	17.03	44	50.48	137.3	120.9	104.47	102.93	86.48	187.4	170.9	99.3	64.06
비등점(℃)	-33.3	-78.5 (승화)	-23.8	23.8	-29.8	-81.5	-8.9	-40.8	47.57	3.55	-33.3	-10.0
응고점(℃)	-77.7	-56.6	-97.8	-111.1	-158.2	-181	-135	-160	-35	-94	-158.9	-75.5
임계온도(℃)	133	31	143	198	112	28.8	178.5	96	214	145.7	105.1	157.1
임계압력(kg/cm^2a)	116.5	75.3	68.1	44.65	41.4	39.4	52.7	50.3	34.8	33.2	44.4	80.26
액의 비중(30℃)(g/cc)	0.595	0.596	0.901	1.46	1.29	1.29 (-30℃)	1.36	1.177	1.56	1.44	1.14	1.35
포화증기의 비중(g/l)	0.905		2.55	5.86	6.26	6.9	4.57	4.8	7.4	7.8	5.2	3.05
액의 비열(30℃)(cal/g℃)	1.15	1.56	0.34	0.21	0.24	0.25 (-30℃)	0.26	0.34	0.22	0.24	0.29	0.32
정압비열(1atm, 30℃)(cal/g℃)	0.52	0.2	0.24	0.135	0.15	0.14 (-30℃)	0.14	0.15	0.61 (60℃)	0.16		0.15
비열비 (C_p/C_v, 1atm, 30℃)	1.31	1.3	1.2	1.13	1.136	1.17 (-30℃)	1.17	1.184	1.080 (60℃)	1.08	1.13	1.29
비등점에서의 증발열(kcal/kg)	327		102.4	43.5	39.97	35.8	57.9	55.92	35.07	32.78	49.2	93.1
-15℃에서의 증발열(kcal/kg)	313.5	65.3	100.4	45.8	38.57	25.31	60.75	52.0	39.2	34.4	46.3	94.2
열전도율(액 30℃)(kcal/mh℃)	0.43	0.075 (20℃)	0.135	0.09	0.073	0.314 (-70℃)	0.104	0.089	0.078	0.067		0.17
절연내력(질소 1기준)(23℃, 1atm)	0.83	0.88	1.06	3.1	2.4	1.4	1.3	1.3	2.6 (0.4atm)	2.8		1.90
수분의 냉매에 대한 용해도(℃)(g/100g)	89.9	0.34	0.28	0.0036	0.0026		0.055	0.06	0.0036	0.0026		22.8
가연성 유무	유	무	유	무	무	무	무	무	무	무	무	무
독성(숫자가 클수록 독성이 적고, 5A는 5보다 독성이 적다)	2	5	4	5A	6	6	4~5	5A	4~5	6	6	1
-15℃에서의 증발압력(kg/cm^2a)	2.41	23.3	1.49	0.21	1.862	13.48	0.37	3.03	0.07	0.476	2.175	0.82
30℃에서의 응축압력(kg/cm^2a)	11.895	73.34	6.66	1.30	7.58	임계점 이상	2.19	12.3	0.55	2.58	8.97	4.7

특성 \ 냉매명	암모니아	탄산가스	메틸클로라이드	R-11	R-12	R-13	R-21	R-22	R-113	R-114	R-500	아황산가스
기준 냉동사이클에서의 압축비	4.936	3.14	4.48	6.19	4.07		5.95	4.046	8.016	5.42	4.124	5.72
기준 냉동사이클에서의 냉동효과(kcal/kg)	269.03	37.9	85.43	38.57	29.52		50.94	40.15	30.9	25.13	34.86	81.31
1RT당(한국) 냉매 순환량(kg/h)	12.34	87.6	38.86	86.1	112.47		65.2	82.69	107.44	132.09	95.24	40.83
-15℃에서의 포화증기의 비체적(m^3/kg)	0.509	0.017	0.279	0.766	0.0927	0.1189	0.57	0.078	1.69	0.264	0.095	0.406
기준 냉동사이클에서의 토출가스온도(℃)	98	66.1	77.8	44.4	37.8		61.1	55	30	30	40	88.3
1RT(한국) 이론적 피스톤압출량(m^3/h) (기준 냉동사이클)	6.278	1.45	10.84	65.9	10.425		37.15	6.43	171.353	34.806		16.57
1RT(한국) 이론적 도시마력(HP)	(1.073) 1.058	1.644	1.047	0.99	1.036		1.010	1.045	1.017	1.055	1.064	1.018
성적계수 COP	4.893	3.15	5.32	5.23	4.87		5.13	4.957	5.09	4.9	4.87	5.08
사용온도 범위(℃)	저, 중	저, 중	중, 고	고	저, 고	극저온	중, 고	저, 고	고	중, 고	중, 고	중, 고

예상문제

01 냉매가 구비해야 할 물리적 조건 중 틀린 것은?
① 증발잠열과 증기, 액체의 비열이 클 것
② 증발압력과 응축압력이 적당할 것
③ 표면장력이 작을 것
④ 임계온도는 상온보다 될 수 있는 대로 높을 것

02 다음 중 냉매의 물리적 조건이 아닌 것은?
① 상온에서 임계온도가 낮을 것(상온 이하)
② 응고온도가 낮을 것
③ 증발잠열이 크고, 액체 비열이 적을 것
④ 누설 발견이 쉽고, 전열작용이 양호할 것

03 다음 중 냉매가 갖추어야 할 조건에 해당되지 않는 것은?
① 증발잠열이 클 것
② 증발압력이 낮을 것
③ 비체적이 적당히 작을 것
④ 응축압력이 적당히 낮을 것

04 프레온 냉매(할로겐화 탄화수소)의 호칭기호 결정과 관계없는 성분은?
① 수소   ② 탄소
③ 산소   ④ 불소

05 다음 중 할로겐화 탄화수소 냉매가 아닌 것은?
① R-114   ② R-115
③ R-134a   ④ R-717

06 다음 중 수소, 염소, 불소, 탄소로 구성된 냉매계열은?
① HFC 계   ② HCFC 계
③ CFC 계   ④ 할론 계

해설
HCFC(Hydro Chloro Fluoro Carbon) 냉매
수소(H), 염소(Cl), 불소(F), 탄소(C)로 구성된 냉매

07 다음 냉매 중 오존층 파괴 정도가 가장 큰 냉매는?
① R-22   ② R-113
③ R134a   ④ R-142b

해설
오존층 파괴 정도
① R-22 : 0.05   ② R-113 : 0.8
③ R134a : 0   ④ R-142b : 0.06

08 메탄계 냉매 R-22의 분자식은?
① CCl_4 ② CCl_3F
③ $CHCl_2F$ ④ $CHClF_2$

09 냉매와 화학 분자식이 옳게 짝지어진 것은?
① R113 : CCl_3F_3
② R114 : CCl_2F_4
③ R500 : $CCl_2F_2 + CH_2CHF_2$
④ R502 : $CHClF_2 + C_2ClF_5$

해설
① R-113 : $C_2Cl_3F_3$
② R-114 : $C_2Cl_2F_4$
③ R-500 : R-12(CCl_2F_2) + R-152($C_2H_4F_2$)
④ R-502 : R-22($CHClF_2$) + R-115(C_2ClF_5)

[정답] 01 ④ 02 ① 03 ② 04 ③ 05 ④ 06 ② 07 ② 08 ④ 09 ④

10 $C_2Cl_3F_3$의 냉매 호칭법은?
① R-111
② R-121
③ R-113
④ R-142

11 냉매의 명칭과 표기방법이 잘못된 것은?
① 아황산가스 : R-764
② 물 : R-718
③ 암모니아 : R-717
④ 탄산가스 : R-746

12 NH_3가 가연성 독가스임에도 불구하고 대형 냉동기에 널리 사용되고 있는 이유는?
① 증발잠열이 크고 전열작용이 양호하다.
② 수분 또는 윤활유와 잘 용해되는 성질이 있다.
③ 취급이 용이하며 누설 시 쉽게 감지할 수가 있다.
④ 비열비 k의 값이 적어서 토출가스온도가 낮다.

13 냉매 중 NH_3에 대한 설명으로 올바르지 않은 것은?
① 누설검지가 쉽다.
② 가격이 비싼 편이다.
③ 임계온도, 응고온도 등이 적당하다.
④ 가장 오랫동안 사용되어 온 냉매로 대규모 냉동장치에 널리 사용되고 있다.

14 냉매 중 NH_3에 대한 설명으로 옳지 않은 것은?
① 누설 검지가 대체적으로 쉽다.
② 응고점이 비교적 낮아 초저온용 냉동에 적합하다.
③ 독성, 가연성, 폭발성이 있다.
④ 경제적으로 우수하여 대규모 냉동장치에 널리 사용되고 있다.

15 암모니아 냉동장치의 부르동관 압력계의 재질은 무엇인가?
① 황동
② 알루미늄관
③ 청동
④ 연강

16 냉매의 비열비와 가장 관계가 깊은 것은?
① 플래시 가스
② 워터자켓
③ 오일포밍 현상
④ 에멀죤 현상

17 프레온 냉동장치에 수분이 침입하였을 경우 장치에 미치는 영향이 아닌 것은?
① 동부착 현상
② 팽창밸브 동결
③ 장치부식 촉진
④ 유탁액 현상

18 냉동장치에 수분이 침입되었을 때 에멀죤 현상이 일어나는 냉매는?
① 황산
② R-12
③ R-22
④ NH_3

19 냉매의 특성을 설명한 것 중 맞는 것은?
① NH_3는 R-22보다 열전도가 양호하다.
② NH_3는 R-22보다 배관저항이 크다.
③ NH_3는 R-22보다 내구성이 우수하다.
④ NH_3는 R-22보다 냉동효과가 작다.

[정답] 10 ③ 11 ④ 12 ① 13 ② 14 ② 15 ④ 16 ② 17 ④ 18 ④ 19 ①

20 기준 냉동사이클에서 토출가스 온도가 높은 냉매의 순서는?

① 암모니아, R-12, R-22
② R-22, 암모니아, R-12
③ 암모니아, R-22, R-12
④ R-12, 암모니아, R-22

> **해설**
> 암모니아(98℃) > R-22(55℃) > R-12(37.8℃)

21 다음 냉매 중 표준 냉동사이클에서 냉동효과가 가장 큰 것은?

① R-11 ② R-12
③ R-22 ④ 암모니아

> **해설**
> 표준 냉동사이클에서의 냉동효과
> ① R-11 : 38.57kcal/kg ② R-22 : 40.15kcal/kg
> ③ R-12 : 29.52kcal/kg ④ 암모니아 : 269kcal/kg

22 암모니아 냉매와 프레온 냉매의 설명 중 맞는 것은?

① R-12는 암모니아보다 냉동효과가 커서 일반적으로 많이 사용한다.
② R-22는 암모니아 냉동효과가 크고 안전하다.
③ R-22는 R-12에 비하여 저온용에 적합하다.
④ R-12는 암모니아에 비하여 유분리가 용이하다.

23 냉매에 대한 것 중 틀린 것은?

① 암모니아는 동 또는 동합금을 사용해도 좋다.
② R-12, R-22에는 강관을 사용해도 좋다.
③ 암모니아는 물에 잘 용해한다.
④ 암모니아액은 냉동기유보다 가볍다.

24 다음 중 프레온계 냉매의 특성이 아닌 것은?

① 화학적으로 안정하다.
② 독성이 없다.
③ 가연성, 폭발성이 없다.
④ 강관에 대한 부식성이 크다.

25 프레온계 냉매의 특성으로 거리가 먼 것은?

① 화학적으로 안정하다.
② 비열비가 작다.
③ 전기절연물을 침식시키지 않으므로 밀폐형 압축기에 적합하다.
④ 수분과의 용해성이 극히 크다.

26 압축 후의 온도가 너무 높으면 실린더 헤드를 냉각할 필요가 있다. 다음 표를 참고하여 압축 후 냉매의 온도가 가장 높은 냉매는? (단, 모든 냉매는 같은 조건으로 압축함)

냉매	비열비(k)	정압비열
R-12	1.136	0.147
R-22	1.184	0.152
NH_3	1.31	0.52
CH_3Cl	1.20	0.62

① R-12 ② R-22
③ NH_3 ④ CH_3Cl

27 다음 중 비등점이 가장 낮은 냉매는? (대기압하에서)

① R-500 ② R-22
③ NH_3 ④ R-12

> **해설**
> ① R-500 : -33.3℃ ② R-22 : -40.8℃
> ③ NH_3 : -33.3℃ ④ R-12 : -29.8℃

[정답] 20 ③ 21 ④ 22 ③ 23 ① 24 ④ 25 ④ 26 ③ 27 ②

28 다음 중 비등점이 가장 높은 것은? (단, 대기압에서)

① NH₃
② CO₂
③ R-502
④ SO₂

> **해설**
> ① SO₂ : -10℃ ② NH₃ : -33.3℃
> ③ R-502 : -45.5℃ ④ CO₂ : -76.5℃

29 NH₃, R-12, R-22 냉매의 기름과 물에 대한 용해도를 설명한 것 중 옳은 것은?

(1) 물에 대한 용해도는 R-12가 가장 크다.
(2) 기름에 대한 용해도는 R-12가 가장 크다.
(3) R-22는 물에 대한 용해도와 기름에 대한 용해도가 모두 암모니아보다 크다.

① (1), (2), (3)
② (2), (3)
③ (2)
④ (3)

30 프레온-12, 프레온-22, 암모니아의 냉매와 윤활유에 대한 용해도에 관한 것 중 옳은 것은?

① 윤활유에 대한 용해도는 R-12가 암모니아 보다 크다.
② 윤활유 용해도는 암모니아가 R-22보다 크다.
③ 물의 용해도는 R-22가 가장 크다.
④ 물의 용해도는 모두 똑같다.

31 NH₃ 냉매에 관한 설명으로 적당하지 못한 것은?

① 상온에서 물에 약 900배 정도 용해한다.
② 밀폐형 압축기에 주로 사용되며, 대용량의 냉동장치에 많이 쓰인다.
③ 대기압하의 비등점은 -33.3℃이며, 응고점은 -77.7℃이다.
④ 비열비가 커서 토출가스 온도가 높아 유분리기에서 분리된 유는 폐유시킨다

32 냉매에 대하여 다음 각 항 중 맞는 것은?

① NH₃는 물과 기름에 잘 녹는다.
② R-12는 기름과 잘 용해하나 물에는 잘 녹지 않는다.
③ R-12는 NH₃보다 전열이 양호하다.
④ NH₃의 비중은 R-12보다 작지만 R-22보다 크다.

> **해설**
> ㉠ 전열의 순서 : NH₃ > H₂O > freon > Air
> ㉡ 액 비중의 순서 : R-13 > R-22 > NH₃

33 냉매(브라인과 같은 간접냉매는 제외)에 대한 설명 중 옳다고 생각되는 것은?

① 원심냉동기용 냉매에는 압력이 높은 NH₃는 사용할 수 없다.
② 왕복동 냉동기에는 R-502를 사용할 수 없다.
③ 흡수식 냉동기에는 물을 냉매로 사용할 수 있다.
④ 일반적으로 냉동고용에 사용되는 냉매는 R-22, R-113, 암모니아이다.

34 터보 냉동기에서 사용하지 않는 냉매는?

① R-11
② R-13
③ R-114
④ R-113

35 왕복동 압축기용 냉매 중에서 토출가스온도가 가장 높은 것은?

① R-502
② R-22
③ R-12
④ R-500

> **해설**
> ① R-502 : 39℃ ② R-22 : 55℃
> ③ R-12 : 37.8℃ ④ R-500 : 40℃

[정답] 28 ④ 29 ③ 30 ① 31 ② 32 ② 33 ③ 34 ② 35 ②

36 초저온에 사용하는 냉매는?

① R-11　　　　② R-13
③ R-113　　　④ R-500

37 2원 냉동장치에 사용하는 저온측 냉매로써 옳은 것은?

① R-717　　　② R-410A
③ R-14　　　　④ R-22

38 2원 냉동방법에 많이 사용되는 R-290은 어느 것을 말하는가?

① 프로판　　　② 에틸렌
③ 에탄　　　　④ 부탄

> **해설**
> ① 프로판 : R-290　② 에틸렌 : R-1150
> ③ 에탄 : R-170　　 ④ 부탄 : R-600

39 물에 잘 녹는 냉매가 순서대로 나열된 것은?

① $NH_3 >$ R-22 $>$ R-12 $> SO_2$
② $NH_3 > SO_2 >$ R-22 $>$ R-12
③ $SO_2 > NH_3 >$ R-22 $>$ R-12
④ $SO_2 >$ R-12 $> NH_3 >$ R-22

40 프레온 냉매 중 오일의 용해도가 가장 낮은 냉매는?

① R-11　　　　② R-12
③ R-22　　　　④ R-13

41 다음은 냉매가스 중 1RT당 냉매가스 순환량이 제일 큰 것은? (단, 온도조건은 동일하다.)

① 암모니아　　② 프레온 22
③ 프레온 21　　④ 프레온 11

> **해설**
> 기준 냉동사이클 : 1RT당 냉매 순환량(kg/h)
> 암모니아(12.34)<R-22(82.69)<R-21(65.2)<R-11(86.1)

42 표준 냉동사이클에서 동일 냉동능력인 경우 흡입관의 굵기가 큰 것으로부터 작은 순으로 되어 있는 것은?

① R-12, R-717, R-22
② R-12, R-22, R-717
③ R-717, R-12, R-22
④ R-22, R-12, R-717

43 냉매와 윤활유에 대하여 설명한 것 중 옳은 것은?

① R-12의 액은 윤활유보다 비중이 크다.
② R-12와 윤활유는 혼합이 잘 안 된다.
③ 암모니아액은 윤활유보다 비중이 크다.
④ 암모니아액은 R-12보다 비중이 크다.

44 냉매가 냉동기유에 다량으로 융해되어 압축기 기동 시 크랭크 케이스 내의 압력이 급격히 낮아지면서 발생하는 현상은?

① 오일흡착 현상　　② 오일에멀젼 현상
③ 오일포밍 현상　　④ 오일캐비테이션 현상

45 오일 포밍(oil foaming) 현상을 방지하기 위해 설치해야 할 기기는?

① 크랭크축　　　　② 유압 보호 스위치
③ 가스퍼저　　　　④ 크랭크 케이스 예열기

[정답] 36 ② 37 ③ 38 ① 39 ② 40 ④ 41 ④ 42 ② 43 ① 44 ③ 45 ④

46 동부착 현상이 일어날 수 있는 원인과 관계가 먼 것은?

① 장치 내 수분이 많을 때
② 냉매와 윤활유와의 혼합이 많을 때
③ 냉매 중 수소 원자가 많을 때
④ 윤활유 성분 중 왁스분이 많을 때

47 프레온 냉동장치에서 오일 포밍 현상이 급격히 일어나면 피스톤 상부로 다량의 오일이 올라가 오일을 압축하게 되는데 이때 이상음을 발생하게 되는 것을 무엇이라 하는가?

① 에멀죤 현상   ② 동부착 현상
③ 오일 포밍 현상   ④ 오일해머 현상

48 냉매의 성질을 올바르게 설명한 것은?

① R-22가 모든 냉매 중 가장 물에 잘 녹는다.
② 전기 절연내력이 낮을수록 냉매로서 성질이 양호한 것이다.
③ NH_3 배관에는 동 및 동합금을 사용할 수 있다.
④ NH_3가 프레온계 냉매보다 비열비(k) 값이 크다.

49 전기적인 절연내력이 큰 냉매의 순으로 나열된 것은?

① NH_3 > R-11 > R-12 > R-22
② R-11 > R-12 > R-22 > NH_3
③ R-22 > R-11 > R-12 > NH_3
④ R-12 > NH_3 > R-11 > R-22

50 동일 능력을 가진 냉동장치에서 흡입관의 크기가 큰 것부터 나열된 것은?

① R-12, R-22, NH_3
② R-22, NH_3, R-12
③ R-12, NH_3, R-22
④ NH_3, R-12, R-22

해설
1RT당 압축기 흡입관의 크기
R-12 > R-22 > NH_3

51 다음 냉매 중 비체적이 큰 것부터 나열된 것은?

① NH_3, R-12, R-22
② R-12, R-22, NH_3
③ R-22, R-12, NH_3
④ R-12, NH_3, R-22

해설
-15℃ 건조포화증기의 비체적(m^3/kg)
NH_3 : 0.5087 > R-12 : 0.0927 > R-22 : 0.078

52 다음 가스 중 냄새로 쉽게 알 수 있는 것은?

① 프레온가스(R-12), 질소, 이산화탄소
② 일산화탄소, 알곤, 메탄
③ 염소, 암모니아, 메탄올
④ 아세틸렌, 부탄, 프로판

53 프레온 냉매를 사용하는 밀폐식 냉동기의 전동기가 타서 냉매가 수백도의 고온에 노출되었을 때 발생하는 유독 기체는?

① 일산화탄소   ② 사염화탄소
③ 포스겐   ④ 염소

54 프레온가스에 몇 ℃ 정도의 불꽃이 접촉하면 포스겐(Phosgene) 가스가 발생하는가?

① 500℃   ② 600℃
③ 700℃   ④ 800℃

[정답] 46 ② 47 ④ 48 ④ 49 ② 50 ① 51 ① 52 ③ 53 ③ 54 ④

55 암모니아와 프레온 냉동장치를 비교 설명한 것 중 옳은 것은?
① 압축기의 실린더 과열은 프레온보다 암모니아가 심하다.
② 냉동장치 내에 수분이 있을 경우, 장치에 미치는 영향은 프레온보다 암모니아가 심하다.
③ 냉동장치 내에 윤활유가 많은 경우, 프레온보다 암모니아가 문제성이 적다.
④ 동일 조건에서는 성능, 효율 및 모든 제원이 같다.

56 NH_3 냉동장치 배관 시 피하여야 할 금속 재료는?
① 동합금　　② 마그네슘 합금
③ 탄소강　　④ 스테인리스강

57 냉매에 관한 다음 설명 중 올바른 것은?
① 암모니아는 공기조화장치의 직접 팽창식에는 사용되지 않는다.
② 일반적으로 어떤 냉매용으로 설계된 장치에는 그대로 다른 냉매를 사용할 수 있다.
③ R-12는 화학적으로 안정하나 공기 중에 체적으로 20% 이상 함유되면 위험하다.
④ R-11은 보통 금속 또는 천연고무, 가스켓 등에 대한 침식성이 거의 없다.

58 냉동장치의 냉매계통 중에서 수분이 침입하였을 때 일어난 현상을 열거한 것 중 잘못된 것은?
① 침입한 수분이 유리하여 물방울이 되어 냉매계통을 순환하다가 팽창밸브에서 동결한다.
② 침입한 수분이 냉매나 금속과 화학반응을 일으켜 냉매계통의 부식, 윤활유의 열화 등을 시킨다.
③ 암모니아는 물에 잘 녹으므로 침입한 수분이 동결하는 장애가 적은 편이다.
④ R-12는 R-22보다 많은 수분을 용해하므로, 팽창밸브 등에서의 수분 동결의 현상이 적게 일어난다.

59 프레온 냉동장치에 대해 다음 설명 중 옳은 것은?
① 냉매가 누설하는 부위에 헬라이드(Helide) 등을 가깝게 대면 불꽃은 흑색으로 변한다.
② -50~-70℃의 저온용 배관재료로서 이음매 없는 동관을 사용한다.
③ 브라인 중에 냉매가 누설하였을 경우의 시험약품으로서 네슬러시약 용액을 사용한다.
④ 포밍(foaming)을 방지하기 위해 압축기에 오일 필터를 사용한다.

60 불연성이며 폭발성이 없고 수분을 함유하면 부식을 일으킨다. 오일(oil)과 잘 혼합하지 않으며 재료는 동 및 동합금을 사용할 수 있고 체적은 암모니아의 약 1.5배이며 NH_3와 열역학 성질이 흡사한 냉매는?
① R-22　　② CO_2
③ SO_2　　④ 메틸클로라이드

61 공비혼합냉매에 대한 설명으로 틀린 것은?
① 서로 다른 냉매를 혼합하여 결점을 보완한 좋은 냉매로 만든다.
② 적당한 비율로 혼합하여 비등점이 일치하는 혼합냉매로 만든다.
③ 공비혼합냉매를 사용하면 응축압력을 감소시킬 수 있다.
④ 공비혼합냉매는 혼합된 후 각각 서로 다른 특성을 지니게 된다.

62 다음은 공비혼합냉매의 조합에 대한 설명이다. 틀린 것은?
① R-500=R-152+R-12
② R-501=R-12+R-22
③ R-502=R-115+R-22
④ R-503=R-12+R-23

63 공비혼합냉매에 대한 설명으로 적당하지 못한 것은?
① 프레온계 냉매로만 혼합이 가능하다.
② 냉매 번호는 500 단위이다.
③ 냉동능력은 R-500의 경우 R-12보다 증가한다.
④ 2종의 프레온 냉매를 혼합하였으므로 많이 혼합된 냉매의 성질을 닮는다.

64 R-502에 관한 사항이다. 옳은 것은?
① R-152와 R-12의 공비혼합냉매이다.
② R-22와 R-115와의 공비혼합냉매이다.
③ R-23과 R-13의 공비혼합냉매이다.
④ R-12와 R-22의 공비혼합냉매이다.

65 2차 냉매의 열전달 방법은?
① 상태변화에 의한다.
② 상태변화 및 감열로 한다.
③ 잠열로 전달한다.
④ 감열로 전달한다.

66 브라인에 대한 설명으로 적당한 것은?
① 브라인의 pH 값은 약산성이 좋다.
② 브라인의 부식성을 억제하기 위하여 되도록 공기와 접촉시키지 않는 것이 좋다.
③ 무기질 브라인보다 유기질 브라인의 부식성이 더 크다.
④ 점성이 큰 브라인일수록 열용량이 커진다.

67 브라인의 성질에 맞지 않는 것은?
① 열용량이 큰 것이 좋다.
② 비열이 작은 것이 좋다.
③ 영하에서 동결되지 않는 것이 좋다.
④ 유동성이 큰 것이 좋다.

68 브라인(Brine)의 조건 중 틀린 것은?
① 부식력이 적을 것 ② 가격이 쌀 것
③ 공정점이 높을 것 ④ 열용량이 클 것

69 브라인(brine)으로서 필요한 조건이 아닌 것은?
① 비열이 클 것
② 열전도율이 좋을 것
③ 동결온도가 낮을 것
④ 증발잠열이 클 것

70 다음 브라인의 부식성 크기 순서가 맞는 것은?
① NaCl > $MgCl_2$ > $CaCl_2$
② NaCl > $CaCl_2$ > $MgCl_2$
③ $MgCl_2$ > $CaCl_2$ > NaCl
④ $MgCl_2$ > NaCl > $CaCl_2$

71 공정점이 -55℃로 얼음제조에 사용되는 무기질 브라인으로 우리나라에서 가장 일반적으로 쓰이는 것은?
① 염화칼슘 수용액
② 염화마그네슘 수용액
③ 에틸렌 글리콜
④ 에틸렌 글리콜 수용액

72 2차 냉매인 브라인을 냉동장치에 사용할 때 금속을 부식시키는 성질을 융화시키기 위해 조절해야 하는 산성도(pH)는?

① 6.7~7.5　　② 7.5~8.2
③ 8.2~8.5　　④ 8.0~9.0

73 부식력이 가장 작은 브라인은?

① pH 8인 염화나트륨　② pH 7.5인 염화칼슘
③ pH 6.5인 염화칼슘　④ pH 6.0인 염화나트륨

74 유기질 브라인으로서 마취성과 인화성이 있고, -100℃ 정도의 식품 초저온 동결에 사용되는 것은?

① 에틸알콜
② 염화칼슘
③ 에틸렌글리콜
④ 염화나트륨

75 다음 브라인(brine)에 관한 설명 중 옳은 것은?

① 식염수 브라인의 공정점보다 염화칼슘 브라인의 공정점이 높다.
② 브라인의 부식성을 없애기 위해 되도록 공기와 접촉시키지 않는 것이 좋다.
③ 무기질 브라인보다 유기질 브라인이 부식성이 더 크다.
④ 브라인은 약한 산성이 좋다.

76 다음 설명 중 옳은 것은?

(1) 브라인은 항상 잠열의 형태로 냉력(冷力)을 운반한다.
(2) 염화칼슘 브라인은 -40℃ 정도까지 사용된다.
(3) 브라인 중에 산소의 용해량이 많을수록 부식(腐蝕)은 작아진다.
(4) 염화칼슘의 방청제로 중크롬산나트륨을 사용할 수 있다.

① (1), (2)　　② (2), (3)
③ (3), (4)　　④ (2), (4)

77 다음 중 브라인의 부식성을 초래하는 인자가 아닌 것은?

① 공기와의 접촉　② pH(폐하)의 감소
③ 수분과의 접촉　④ Mg의 증가

78 염화나트륨의 브라인을 사용할 경우 방청제로서 브라인 1ℓ에 대하여 중크롬산소다 3.2g씩 첨가하고 중크롬산소다 100g마다 가성소다 몇 g을 첨가해야 하는가?

① 20g　　② 72g
③ 27g　　④ 30g

79 점성이 크고 부식성이 없는 무독·무색 액체이며, 약 50% 수용액으로 식품에 직접 분무하거나 침지할 수 있는 브라인은?

① NaCl 수용액　② 에틸렌 글리콜
③ 프로필렌 글리콜　④ 에틸알콜

80 브라인에 대한 다음 설명 중 옳은 것은 어느 것인가?

① 에틸렌 글리콜, 프로필렌 글리콜, 염화칼슘 용액은 유기질 브라인이다.
② 브라인은 냉동능력을 낼 때 잠열형태로 열을 운반한다.
③ 프로필렌 글리콜은 부식성, 독성이 없어 냉동식품의 동결용으로 사용된다.
④ 식염수의 공정점(공융점)은 염화칼슘의 공정점보다 낮다.

[정답] 72 ② 73 ② 74 ① 75 ② 76 ④ 77 ④ 78 ③ 79 ③ 80 ③

81 암모니아 냉매 누설 검사법으로 잘못된 것은?
① 불쾌한 냄새로 발견
② 황을 태우면 흰 연기 발생
③ 페놀프탈레인지는 홍색으로 변화
④ 적색 리트머스 시험지를 갈색으로 변화

82 NH_3의 누설 검사와 관련이 없는 것은?
① 붉은 리트머스 시험지를 물에 적셔 누설 개소에 대면 청색으로 변한다.
② 유황초에 불을 붙여 누설 개소에 대면 백색 연기가 발생한다.
③ 브라인에 NH_3 누설시에는 네슬러시약을 사용하면 다량 누설시 자색으로 변한다.
④ 페놀프탈렌지를 물에 적셔 누설 개소에 대면 청색으로 변한다.

83 냉매의 누설검사 방법 중 옳은 것은?
① 암모니아는 헤라이드토치 등의 불꽃색으로 조사한다.
② R-12는 페놀프탈레인지를 사용하여 조사한다.
③ R-22는 유황초를 태워 백색연기로 조사한다.
④ 암모니아는 적색 리트머스 시험지를 사용하여 조사한다.

84 NH_3(암모니아)와 접촉 시 흰 연기를 발생하는 것은?
① 아세트산
② 수산화나트륨
③ 염산
④ 염화나트륨

85 암모니아 압축기의 운전 중에 암모니아의 누설 유무를 검출하는 방법을 다음에 열거하였다. 이 중 틀린 것은?
① 특유한 냄새로 알 수 있다.
② 페놀프탈렌 액이 파랗게 변한다.
③ 황을 태우면 누설개소에 흰 연기가 일어난다.
④ 브라인(Brine) 중에 암모니아 새고 있을 때는 네슬러시약을 쓴다.

86 프레온 냉매 다량 누설 시 헬라이드 토치 불꽃 색깔은 다음 중 어느 것인가?
① 청색   ② 자색
③ 녹색   ④ 적색

87 헤라이드 토치(halide torch)를 사용하여 프레온 누설검사를 할 때 불꽃변화 상태 중 맞는 것은?
① 누설이 없을 때 - 자색
② 소량 누설할 때 - 녹색
③ 다량 누설할 때 - 청색
④ 대량 누설할 때 - 황색

88 프레온 냉매가 누설되어 사고가 발생되었을 때의 응급조치 방법이 바르지 않은 것은?
① 프레온이 눈에 들어갔을 경우 응급조치로 묽은 붕산용액으로 눈을 씻어준다.
② 프레온은 공기보다 가벼우므로 머리를 아래로 한다.
③ 프레온이 피부에 닿으면 동상의 위험이 있으므로 물로 씻고, 피크르산 용액을 얇게 뿌린다.
④ 프레온이 불꽃에 닿으면 유독한 포스겐가스가 발생하여 더 큰 피해가 발생하므로 주의한다.

[정답] 81 ④ 82 ④ 83 ④ 84 ③ 85 ② 86 ② 87 ② 88 ②

89 냉매 부족 현상을 발견하였을 때 취해야 할 최초의 중요한 일은?

① 누설 장소를 찾아 수리한다.
② 냉매의 종류를 먼저 확인한다.
③ 부족된 냉매량을 충전한다.
④ 냉동장치를 펌프 다운(pump down)한다.

90 암모니아 냉매를 취급하던 중 부주의로 인해 피부에 접촉하게 되었다. 올바른 조치방법은?

① 화상 염려가 있으므로 연고를 바른다.
② 물로 세척한다.
③ 붕대로 감는다.
④ 유동 파라핀을 바른다.

91 눈에 프레온가스가 들어갔을 때의 응급 치료법은?

① 약한 양잿물로 씻는다.
② 100% 산소로 불어 씻는다.
③ 약한 붕산수 또는 2%의 소금물로 씻는다.
④ 레몬 쥬스 또는 20%의 식초로 씻는다.

92 프레온 냉매가 누설되어 사고가 발생되었을 때의 응급조치 요령이 바르지 않은 것은?

① 프레온이 눈에 들어갔을 경우 응급조치로 묽은 붕산 용액으로 눈을 씻어준다.
② 프레온은 공기보다 가벼우므로 머리를 아래로 한다.
③ 프레온이 피부에 닿으면 동상의 위험이 있으므로 물로 씻고, 피크린산 용액을 얇게 뿌린다.
④ 프레온이 불꽃에 닿으면 유독한 포스겐가스가 발생하여 더 큰 피해가 발생하므로 주의한다.

93 공조설비에 사용되는 프레온 냉매에 의해 인체에 피해를 입는 경우가 있다. 이때 프레온 냉매액이 눈이나 피부에 닿았을 경우 조치방법으로 옳은 것은?

① 레몬쥬스 또는 20%의 식초를 바른다.
② 약한 붕산수 또는 2%의 식염수로 씻어낸다.
③ 차아황산나트륨 포화용액으로 씻어낸다.
④ 암모니아수로 상해부를 씻는다.

[정답] 89 ① 90 ② 91 ③ 92 ② 93 ②

PART 1. 냉동기계

냉동사이클

1 냉동의 개요

1 냉동(refrigeration)의 정의
일정한 공간이나 물체로부터 인위적으로 열을 제거하여 그 공간이나 물체의 온도를 주위 온도보다 낮추어 주는 조작

(1) 냉각(cooling)
　물품을 동결점 이상의 얼리지 않는 범위 내에서 온도로 낮추어 주는 조작

(2) 동결(freezing)
　물품을 동결점 이하로 낮추어 주는 조작

(3) 제빙(ice making)
　물을 동결하여 얼음의 생산하는 것

(4) 저빙(ice storage)
　생산된 얼음을 저장하는 것

(5) 냉방
　실내공기의 열을 제거하여 주위 온도보다 낮추어 주는 조작

2 냉동의 방법

(1) 자연적인 냉동방법
　물질의 자연현상을 이용하는 방법
　① 고체(얼음)의 융해잠열을 이용하는 방법
　② 액체의 증발잠열을 이용하는 방법(액화 질소 -196℃)
　③ 고체 CO_2(드라이아이스)의 승화잠열($-78.5℃$, 137kcal/kg)을 이용하는 방법
　④ 기한제(식염수+얼음)를 이용하는 방법

> **참고**
> ■ 자연적인 냉동의 특징
> ① 저온을 얻기 어렵다.　　　　② 온도조절이 어렵다.
> ③ 연속적인 냉동효과를 얻기 어렵다.　④ 다량의 물품을 냉각하기 어렵다.
> ⑤ 비경제적이다.

(2) 기계적인 냉동방법

동력, 증기, 연료 등의 에너지를 이용하여 지속적인 냉동효과를 얻는 방법
① 증기 압축식
② 증기 분사식
③ 공기 압축식(기체 팽창식)
④ 전자 냉동법(열전 냉동기) 등

2 냉동능력 및 제빙능력

1 냉동능력

증발기 내를 흐르는 냉매가 피냉각 물체로부터 단위 시간에 흡수하는 열량으로 냉동톤(RT, Refrigeration Ton)을 주로 사용하며 고압가스안전관리법에 따라 압축기 종류별로 냉동능력 산정기준이 다르다.

(1) 한국 냉동톤(RT)

0℃의 물 1ton을 24시간 동안에 0℃의 얼음으로 만드는 데 제거해야 할 열량

$Q = G \cdot r = 1,000 \times 79.68 = 79,680\,\text{kcal/day} = 3,320\,\text{kcal/h} ≒ 13,900\,\text{kJ/h} ≒ 3.86\,\text{kW}$

$1\text{RT} = 3,320\,\text{kcal/h} = 13,900\,\text{kJ/h} = 3.86\,\text{kW}$

(2) 미국 냉동톤(USRT)

32℉의 물 2,000Lb(1ton)을 24시간 동안에 32℉의 얼음으로 만드는 데 제거해야 할 열량

$1\text{USRT} = 3,024\,\text{kcal/h} = 12,670\,\text{kJ/h} = 3.52\,\text{kW}$

2 제빙능력

하루의 얼음 생산능력을 ton으로 나타낸 것으로 25℃의 원수 1ton을 24시간 동안에 −9℃의 얼음으로 만드는 데 제거해야 열량(단, 제빙과정 중의 외부 열손실은 제거열량의 20%로 함)을 냉동능력과 비교해서 나타낸 것으로 제빙장치의 제빙능력이다.

$$25℃\ 물\ \xrightarrow{①}\ 0℃\ 물\ \xrightarrow{②}\ 0℃\ 얼음\ \xrightarrow{③}\ -9℃\ 얼음$$

① $Q_1 = G \cdot C \cdot \Delta t = 1,000 \times 1 \times (25 - 0) = 25,000\,\text{kca/day} = 1,041.7\,\text{kcal/h}$
② $Q_2 = G \cdot r = 1,000 \times 79.68 = 79,680\,\text{kcal/day} = 3,320\,\text{kcal/h}$
③ $Q_3 = G \cdot C \cdot \Delta t = 1,000 \times 0.5 \times \{0 - (-9)\} = 4,500\,\text{kcal/day} = 187.5\,\text{kcal/h}$

여기에 제거열량의 열손실(열침입, 인체, 조명열 등) 20% 및 시간을 고려하면

$Q_T = \dfrac{(25,000 + 79,680 + 4,500)}{24} \times 1.2 = 5,459\,\text{kcal/h}$ 이다.

또한, 제빙능력을 냉동톤으로 환산하면 3,320kcal/h = 1RT이므로 5,459kcal/h = 1.65RT 즉, 물 1ton을 제빙하려면 1.65RT의 제빙능력을 갖는 냉동기를 사용해야 한다.

> 1제빙톤 = 1.65RT

3 열역학적 사이클

1 사이클(cycle)

유체가 임의의 상태점 A에서 출발하여 여러 가지 변화를 거쳐 다시 원상태 A로 되돌아오는 경우 유체가 행하는 연속적인 변화를 사이클이라 하며 이 사이클을 행한 유체를 동작유체라 한다.

2 카르노 사이클

이상적인 열기관 사이클로서 두 개의 등온과정과 두 개의 단열과정으로 이루어진 사이클이다.

① A → B 과정 : 등온팽창
② B → C 과정 : 단열팽창
③ C → D 과정 : 등온압축
④ D → A 과정 : 단열압축

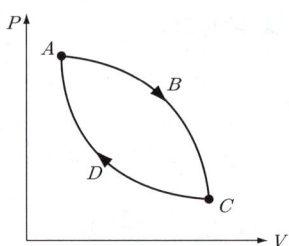

▲ 카르노 사이클의 $P-V$ 선도

> **참고**
>
> ■ 카르노 사이클에서의 열효율
>
> $$\eta = \frac{\text{유효일}}{\text{공급열}} = \frac{AW}{Q_1} = \frac{Q_1 - Q_2}{Q_1} = \frac{T_1 - T_2}{T_1}$$

3 역카르노 사이클

카르노 사이클을 역으로 행하는 이상적인 냉동사이클로 두 개의 등온과정과 두 개의 단열과정으로 이루어진 사이클이다.

① A → B 과정 : 단열압축(압축기)
② B → C 과정 : 등온압축(응축기)
③ C → D 과정 : 단열팽창(팽창밸브)
④ D → A 과정 : 등온팽창(증발기)

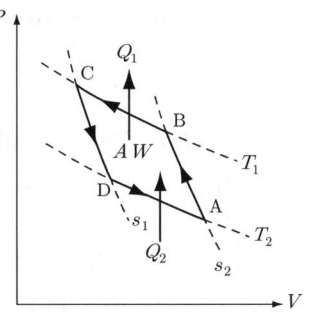

▲ 역카르노 사이클의 $P-V$ 선도

(1) 역카르노 사이클에서의 냉동기 성적계수

$$COP(\varepsilon) = \frac{Q_2}{AW} = \frac{Q_2}{Q_1 - Q_2} = \frac{T_2}{T_1 - T_2}$$

(2) 역카르노 사이클에서의 히트펌프 성적계수

$$COP_H(\varepsilon_H) = \frac{Q_1}{AW} = \frac{AW + Q_2}{AW}$$

$$= \frac{Q_1}{Q_1 - Q_2} = \frac{T_1}{T_1 - T_2} = 1 + COP_R$$

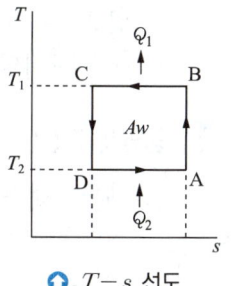

● $T-s$ 선도

몰리에르 선도(Mollier diagram)의 구성

세로축에 냉매의 절대압력(P)과 가로축에 엔탈피(i, h)의 변화를 기준으로 하여 냉매의 상태변화를 여러 가지 선으로 나타내는 $p-i(h)$ 선도로 냉동장치의 냉동효과, 압축열량, 응축열량, 성적계수 등의 계산이나 냉동장치의 운전상태를 알 수 있는 매우 중요한 선도이다.

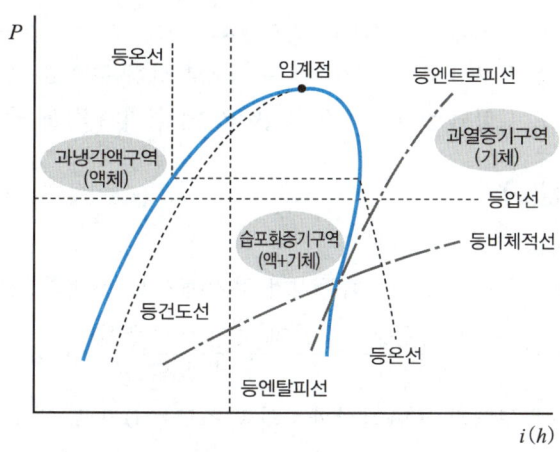

● 몰리에르 선도의 구성(암모니아)

1 포화액선과 건조포화증기선

① 포화액선 : 과냉각액 구역과 습포화증기 구역을 구분하는 선으로 포화압력에 따른 포화온도의 점들을 이은 선이다.
② 건조포화증기선 : 습포화증기 구역과 과열증기 구역을 구분하는 선으로 포화압력에 따른 습포화증기가 건조포화증기로 상태가 바뀌는 점들을 이은 선이다.

2 등압선(P : kg/cm²a, MPa, bar)

① 가로축과 평행하고 등엔탈피선과 직교한다.

② 냉매의 상태변화과정 중에서 응축과정과 증발과정 중의 절대압력을 알 수 있다.
③ 압축비를 구할 수 있다.
④ 한 선에서의 압력은 과냉각액, 습증기, 과열증기 구역에서 모두 동일하다.

3 등엔탈피선(i, h : kcal/kg, kJ/kg)

① 세로축과 평행하다.(등압선과 직교)
② 냉매상태에 따른 각각의 엔탈피를 알 수 있다.
③ 냉동효과, 응축열량, 압축열량, 플래시 가스량 등을 알 수 있다.
④ 성적계수, 건조도를 구할 수 있다.
⑤ 모든 냉매의 0℃ 포화액의 엔탈피는 100kcal/kg이다.

4 등온선(t : ℃)

① 과냉각액 구역에서는 등엔탈피선, 습포화증기 구역에서는 등압선과 일치하며 과열증기 구역에서는 우측 하단으로 급격한 하향 구배선으로 그려진다.
② 냉매의 상태변화에 따른 응축, 증발, 흡입가스, 토출가스 온도 등을 알 수 있다.

5 등비체적선(v : m³/kg)

① 과냉각액 구역에서는 존재하지 않는다.
② 습포화증기 구역에서 과열증기 구역으로 상향 구배로 그려진다.
③ 압축기로 흡입되는 냉매가스 1kg당의 체적(비체적)을 알 수 있다.

6 등건조도선(x)

① 습포화증기 구역에서만 존재한다.
② 습포화증기 중에 건조포화증기가 차지하고 있는 비를 나타낸 것이다.

$$건조도(x) = \frac{포화증기}{습증기} = \frac{플래시가스의 열량}{증발잠열} (0 \leq x \leq 1)$$

③ 과냉각액 구역과 포화액선까지의 건조도는 0이고, 건조포화증기선에서의 건조도는 1이다.
④ 습증기 구역에서 건조도가 0.14이면 습포화증기 중 증기가 14%이고, 액은 86%이다.
⑤ 플래시 가스량 및 냉동효과를 알 수 있다.

7 등엔트로피선(s : kcal/kg·K, kJ/kg·K)

① 습포화증기 구역과 과열증기 구역에서만 존재한다.
② 압축과정은 이론상 단열압축으로 등엔트로피선을 따라 압축된다.
③ 모든 냉매의 0℃ 포화액의 엔트로피는 1kcal/kg·K이다.

5 냉동사이클

1 기준 냉동사이클

냉동기의 종류나 크기에 관계없이 성능을 비교하기 위하여 제안된 기준에 의한 표준 냉동사이클로 다음과 같은 기준으로 한다.

① 응축온도 : 30℃
② 증발온도 : -15℃
③ 팽창밸브 직전의 온도 : 25℃(과냉각도 5℃)
④ 압축기 흡입가스 상태 : -15℃의 건조포화증기

> **참고**
> ■ 과열도 및 과냉각도
> ① 과열도 : 증발기 출구온도 - 증발 포화온도 ② 과냉각도 : 응축온도 - 팽창밸브 직전의 온도

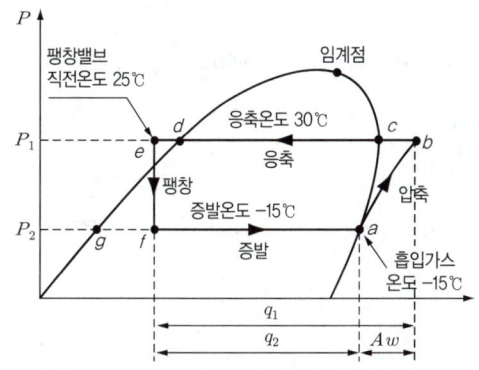
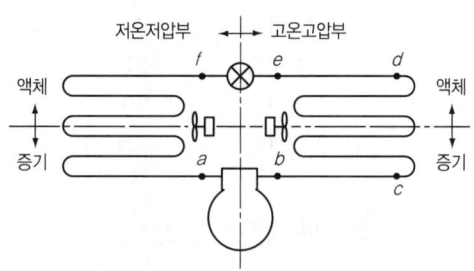

2 기준 냉동사이클의 과정의 설명

(1) 압축과정(a → b)

① a점 : 증발기 출구 또는 압축기 흡입지점으로 냉매는 저온(-15℃), 저압(P_2)의 건조포화증기상태이다.
② a-b점 : 단열압축과정으로 냉매는 건조포화증기에서 과열증기가 된다. 이 과정은 단열압축과정으로 압축기로부터 받는 일의 열량만큼의 엔탈피와 온도가 상승한다.
③ b점 : 압축기 토출 또는 응축기 흡입지점으로 고온·고압(P_1)의 과열증기상태이다.

(2) 응축과정(b → e)

① b-c : 응축기에서의 과열제거과정으로 과열증기가 액화되기 직전의 건조포화증기로 변화되는 동안 온도가 내려간다.
② c점 : 30℃의 고온 건조포화증기 상태이다.
③ c-d 과정 : 실제 가스가 액체로 응축되는 과정으로 공기 또는 물을 이용하여 잠열을 방출하여 응축시키는 과정이다.(건조포화증기 → 습포화증기 → 포화액)

④ d점 : 고온(30℃), 고압의 포화액 상태이다.
⑤ d-e 과정 : 응축기에서의 과냉각과정으로 포화액의 온도보다 5℃ 정도가 과냉각된다.
⑥ e점 : 응축기 출구 또는 팽창밸브 입구지점으로 냉매는 25℃의 과냉각된 액체상태이다.

(3) 팽창과정(e → f)
① e-f 과정 : 교축(throttling)작용에 의한 단열팽창과정으로 엔탈피의 변화는 없고, 압력과 온도(-15℃)가 떨어지며 부피와 엔트로피는 증가한다.
② f점 : 팽창밸브 출구 또는 증발기 흡입지점으로 저온(-15℃), 저압(P_2)의 포화액과 증기(플래시 가스)가 공존하는 지점이다.

(4) 증발과정(f → a)
① f-a 과정 : 냉매액이 증발기를 통과하면서 피냉각 물체로부터 열을 흡수하여 냉동의 목적을 달성한다. 냉매액이 증발하게 되는 잠열과정으로 온도는 변하지 않고, 증발기 출구지점에서 건조포화증기로 변화하여 압축기로 압축된다.

3 기준 냉동사이클에서의 상태변화

구분	압력	온도	비체적	엔탈피	엔트로피
(1) 압축과정	상승	상승	감소	증가	일정
(2) 응축과정	일정	저하	감소	감소	감소
(3) 팽창과정	감소	저하	증가	일정	증가
(4) 증발과정	일정	일정	증가	증가	증가

4 증기압축식 냉동사이클

① 압축기 : 증발기에서 증발한 저온·저압의 냉매가스를 압축기로 압축하면 고온·고압의 과열증기 상태로 토출된다.
② 응축기 : 과열증기의 냉매가스를 물 또는 공기와 열교환시켜 열을 제거하면 고온·고압의 액체가 된다.
③ 팽창밸브 : 응축된 고온·고압의 냉매액을 교축팽창시켜 저온·저압의 습포화증기로 된다.
④ 증발기 : 저온·저압의 냉매액이 냉각관(증발기)을 통과하면서 피냉각물체에서 열을 흡수하여 증발하여 냉동의 목적을 달성하고 압축기로 흡입된다.

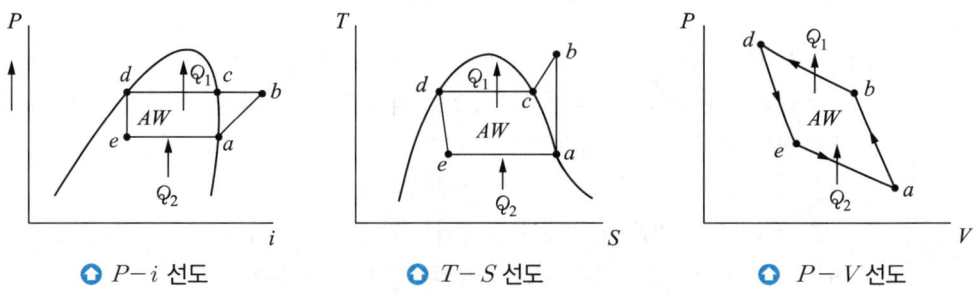

○ $P-i$ 선도　　○ $T-S$ 선도　　○ $P-V$ 선도

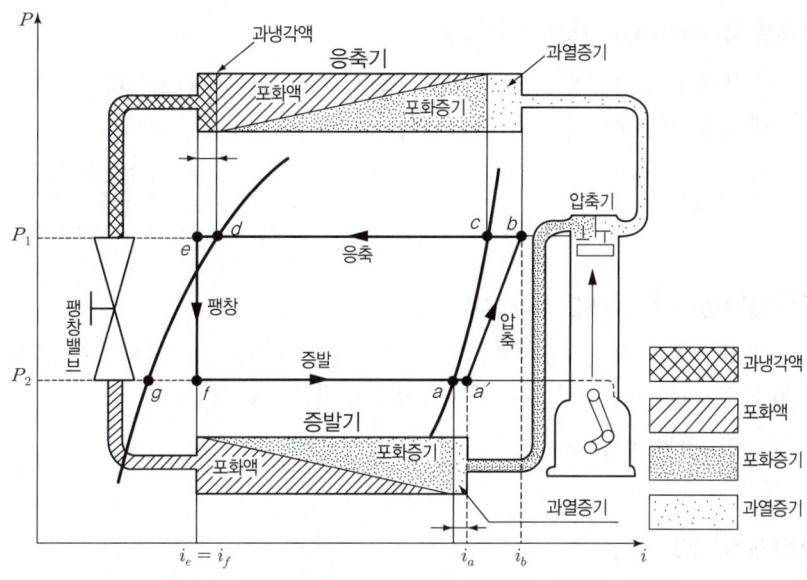

◐ $P-i$ 선도상의 냉동사이클(과열압축 과냉각 사이클)

❻ 기준 냉동사이클의 계산

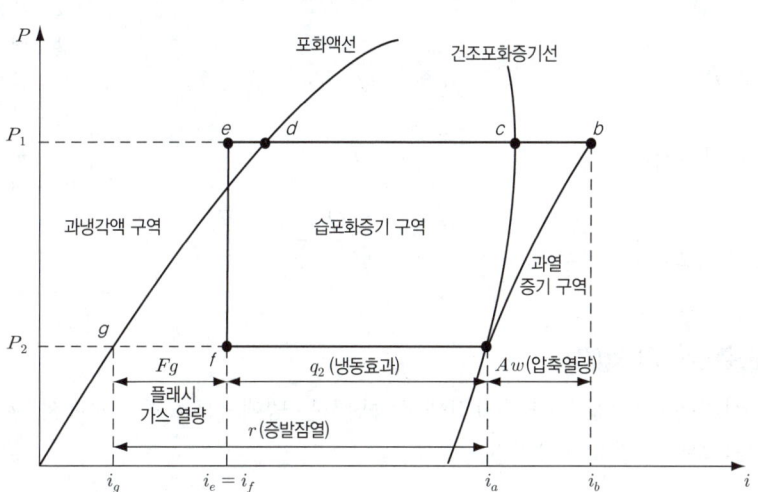

1 냉동효과(q_2 : kcal/kg, kJ/kg)

냉매 1kg이 증발기를 통과하는 동안 피냉각 물체로부터 흡수하는 열량으로 냉동력, 냉동량이라고도 한다.

$$q_2 = i_a - i_e\,(i_f) = (1-x)r$$

- i_a : 증발기 출구 엔탈피
- $i_e\,(i_f)$: 증발기 입구 엔탈피
- r : 증발잠열
- x : 건조도

2 압축일량(Aw : kcal/kg, kJ/kg)

압축기에서 저압의 냉매가스 1kg을 고압으로 상승시키는 데 소요되는 압축일을 열량으로 나타낸 값으로 압축열량이라고도 한다.

$$Aw = i_b - i_a$$

- Aw : 압축열량(일량)
- i_b : 압축기 출구 엔탈피
- i_a : 압축기 입구 엔탈피

3 응축열량(q_1 : kcal/kg, kJ/kg)

냉매 1kg이 증발기를 통과하는 동안 흡수한 열량과 압축기에서 받은 열량을 공기나 냉각수에 의해 제거하는 열량으로 응축기 방열량이라고도 한다.

$$q_1 = q_2 + Aw = i_b - i_e$$

4 성적계수(COP, ε)

냉동효과에 따른 압축열량과의 비(냉동능력과 압축기 소요동력과의 비)로 성능계수라고도 하며 성적계수(coefficient of performance)가 클수록 냉동기 성능이 우수하다.

① $P-i$ 선도상 성적계수

$$\text{COP} = \frac{q_2}{Aw} = \frac{i_a - i_e}{i_b - i_a}$$

② 이론 성적계수

$$\varepsilon_o = \frac{q_2}{Aw} = \frac{Q_2}{Q_1 - Q_2} = \frac{T_2}{T_1 - T_2}$$

③ 실제 성적계수

$$\varepsilon = \varepsilon_o \times \eta_c \times \eta_m$$

④ 히트펌프의 성적계수

$$\varepsilon_H = \frac{q_1}{Aw} = \frac{Q_1}{Q_1 - Q_2} = \frac{T_1}{T_1 - T_2}$$

- Q_1 : 응축열량
- Q_2 : 냉동능력
- T_1 : 고온 절대온도(K)
- T_2 : 저온 절대온도(K)
- η_c : 압축효율
- η_m : 기계효율

5 냉매 순환량(G : kg/h)

냉동장치에서 1시간 동안 증발기에서 증발하는 냉매량으로 증발기에서 단위 시간에 냉동사이클을 순환하는 냉매량이다.

$$G = \frac{Q_2}{q_2} = \frac{V_a \times \eta_v}{v}$$

6 냉동능력(Q_2 : RT, Watt)

냉동장치에서 냉매가 증발기에서 흡수하는 열량으로 냉동기가 단위 시간당 제거하는 열량으로 냉동톤(RT)이나 kcal/h, kJ/h, Watt 등을 사용한다.

$$Q_2 = G \times q_2 = \frac{V_a \times \eta_v}{v} \times q_2$$

$$RT = \frac{Q_2}{3,320} = \frac{V_a \times q_2}{3,320 \times v} \times \eta_v$$

- Q_2 : 냉동능력(kcal/h, kJ/h)
- q_2 : 냉동효과(kcal/kg, kJ/kg)
- V_a : 이론적 피스톤 압출량(m^3/h)
- v : 압축기 흡입증기의 비체적(m^3/kg)
- η_v : 체적효율

7 기준 냉동사이클 계산

1 NH₃ 기준 냉동사이클

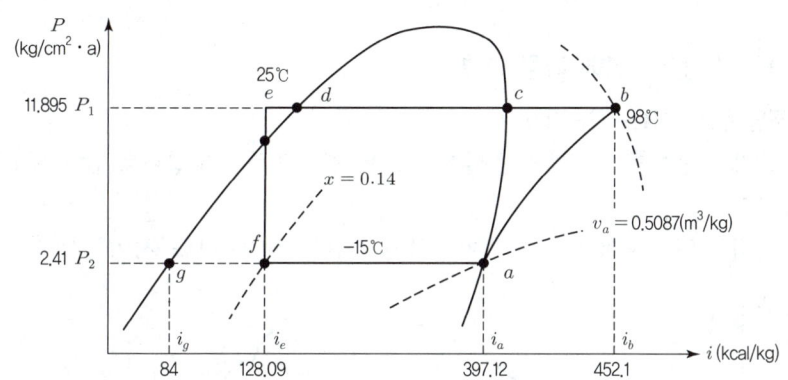

① 응축압력 : $P_1 = 11.895\text{kg/cm}^2\cdot\text{a} = 10.862\text{kg/cm}^2\cdot\text{G} = 1.08\text{MPa}\cdot\text{G}$

② 증발압력 : $P_2 = 2.41\text{kg/cm}^2\cdot\text{a} = 1.377\text{kg/cm}^2\cdot\text{G} = 0.14\text{MPa}\cdot\text{G}$

③ 압축비 : $P_r = \dfrac{P_1}{P_2} = \dfrac{11.895}{2.41} = 4.94$

④ 압축기 토출가스 온도 : 98℃ = 371K

⑤ 흡입가스 비체적 : $v_a = 0.5087\text{m}^3/\text{kg}$

⑥ 냉동효과 : $q_2 = i_a - i_e = 397.12 - 128.09 = 269.03\text{kcal/kg} = 1,127.24\text{kJ/kg}$

⑦ 압축열량 : $Aw = i_b - i_a = 452.1 - 397.12 = 54.98\text{kcal/kg} = 230.37\text{kJ/kg}$

⑧ 응축열량 : $q_1 = i_b - i_e = 452.1 - 128.09 = 324.01\text{kcal/kg} = 1,357.6\text{kJ/kg}$

⑨ 플래시 가스 열량 : $F_g = i_e - i_g = 128.09 - 84 = 44.09\text{kcal/kg} = 184.74\text{kJ/kg}$

⑩ 증발잠열 : $r = i_a - i_g = 397.12 - 84 = 313.12\text{kcal/kg} = 1,311.97\text{kJ/kg}$

⑪ 방열계수 : $C = \dfrac{q_1}{q_2} = \dfrac{324.01}{269.03} = 1.2$

⑫ 이론 성적계수 : $\varepsilon_o = \dfrac{q_2}{Aw} = \dfrac{269.03}{54.98} = 4.89$

⑬ 건조도 : $x = \dfrac{F_g}{r} = \dfrac{44.09}{313.12} = 0.14$

⑭ 1RT당 냉매 순환량 : $G = \dfrac{Q_2}{q_2} = \dfrac{3,320}{269.03} = 12.34\text{kg/h}$

⑮ 1RT당 응축열량 : $Q_1 = G \times q_1 = 12.34 \times 324.01 = 39,983\text{kcal/h} = 167,529\text{kJ/h}$

⑯ 1RT당 소요동력 : $\text{kW} = (G \times Aw) \div 860 = (12.34 \times 54.98) \div 860 = 0.79\text{kW}$

⑰ 1RT당 소요마력 : $\text{PS} = (G \times Aw) \div 632 = (12.34 \times 54.98) \div 632 = 1.07\text{PS}$

⑱ 1RT당 흡입 가스량 : $V = G \times v = 12.34 \times 0.5087 = 6.28\text{m}^3/\text{h}$

8 냉동사이클의 변화에 따른 영향

1 흡입가스의 상태변화에 따른 압축

(1) 건조압축(A → B → C → D)
① 증발기 출구에서 냉매액의 증발이 완료된 건조포화증기 상태로 압축기에 흡입되어 압축된다.
② 이론적인 압축형태로서 주로 이론적인 계산이나 기준 냉동사이클 계산 시 적용한다.

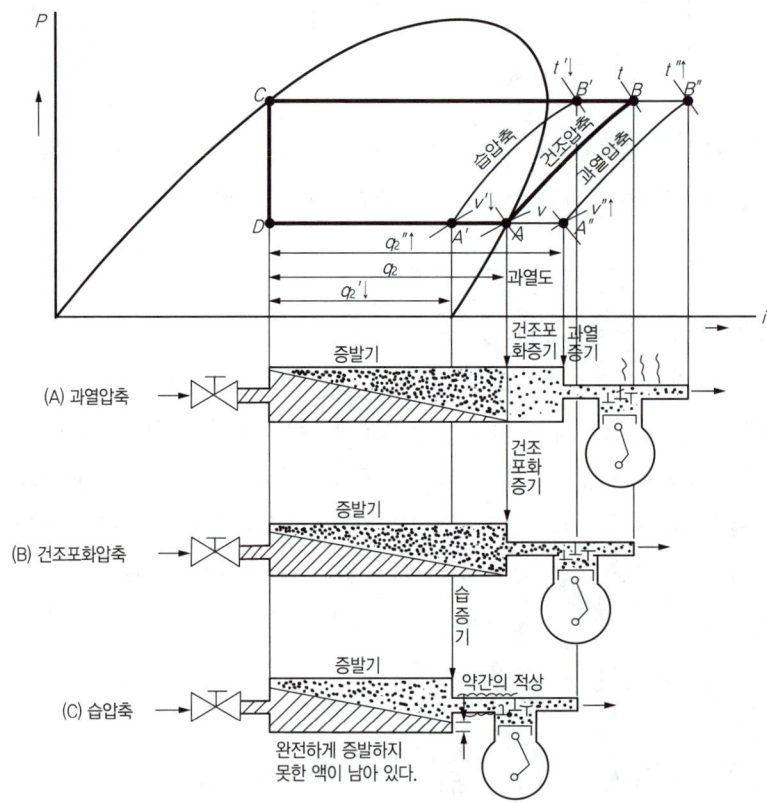

○ 흡입가스 상태에 따른 압축 후 영향

(2) 과열압축(A" → B" → C → D)
① 냉동부하 증가 및 냉매량 공급이 감소하여 증발기 출구에 이르기 전에 냉매액의 증발이 완료되고, 이후에도 계속 열을 흡수하여 압력의 변화없이 온도만이 상승한 과열증기의 상태로 압축기에 흡입되어 압축된다.
② 냉동효과는 증가하나 토출가스온도가 상승하고 압축기가 과열될 수 있다.
③ 비열비가 작은 프레온 냉동장치에는 액-가스 열교환기를 사용하여 냉동능력을 향상시킨다.

(3) 액압축(A' → B' → C → D)
① 냉동부하 감소 및 냉매량의 공급이 증가하여 증발기 출구에서도 냉매액이 전부 증발하지 못하고 액이 포함되어 압축기로 흡입되어 습압축된다.
② 냉동효과는 감소하고 액에 의해 흡입관에 서리(적상)가 생기고 심하면 액압축이 일어나 압축기가 파손될 수 있다.
③ 비열비가 큰 암모니아 냉동장치에 적용하여 냉매가스의 과열을 방지하여 압축기 토출가스의 온도상승을 방지할 수 있다.

2 증발온도(증발압력, 저압)의 변화

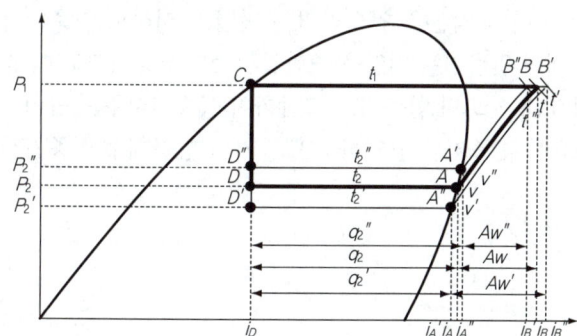

구분	증발온도 저하	증발온도 상승
압축비	증가	감소
냉동효과	감소	증가
압축일량	증가	감소
토출가스온도	상승	저하
성적계수	감소	증가

3 응축온도(응축압력, 고압)의 변화

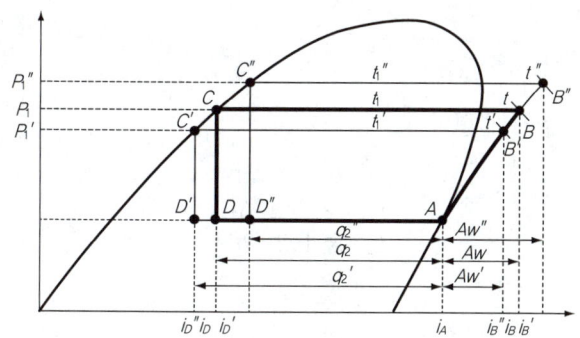

구분	응축온도 상승	응축온도 저하
압축비	증가	감소
냉동효과	감소	증가
압축일량	증가	감소
토출가스온도	상승	저하
성적계수	감소	증가

4 과냉각도의 변화

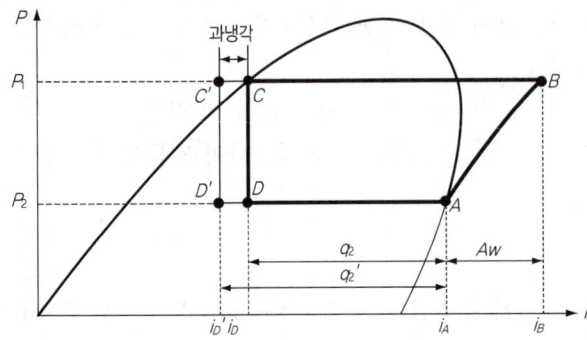

구분	과냉각도 증가	과냉각도 감소
냉동효과	증가	감소
플래시가스량	감소	증가
토출가스온도	저하	상승
성적계수	증가	감소

9 2단 압축(two stage compression)

1 채용 목적

한 대의 압축기를 이용하여 −30℃ 이하의 저온을 얻으려면 증발압력 저하로 압축비가 상승되므로 압축기를 2단으로 나누어 저단 압축기는 저압을 중간압력까지 상승시키고 이 중간압력이 된 가스를 중간 냉각기로 냉각한 후 고단 압축기로 고압까지 상승시켜주는 방식으로 체적효율 감소, 압축기 과열 및 소요동력 증가를 방지하고 냉동기의 성적계수를 증가시킨다.

2 2단 압축의 채용

① 압축비가 6 이상인 경우
② 온도
  ㉠ NH_3 : −35℃ 이하의 증발온도를 얻고자 할 때
  ㉡ freon : −50℃ 이하의 증발온도를 얻고자 할 때

3 중간압력의 결정

고단측 압축비와 저단측 압축비를 동일하게 한다.

$$\frac{P_1}{P_m} = \frac{P_m}{P_2} \text{ 이므로 } P_m = \sqrt{P_1 \times P_2}$$

P_1 : 응축 절대압력
P_m : 중간 절대압력
P_2 : 증발 절대압력

4 냉동사이클과 선도

(1) 2단압축 1단팽창

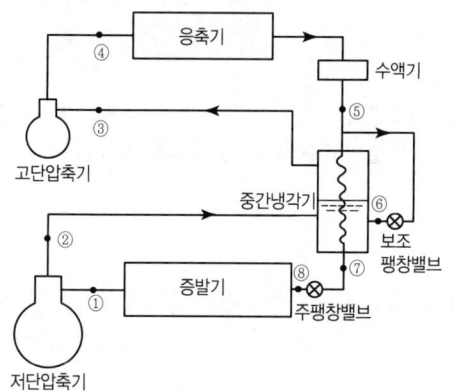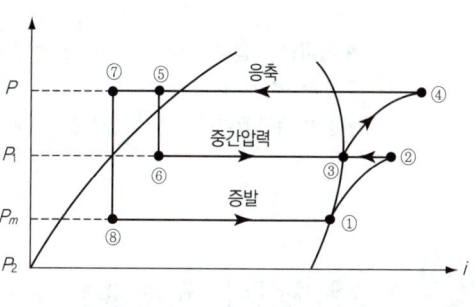

(2) 2단압축 2단팽창

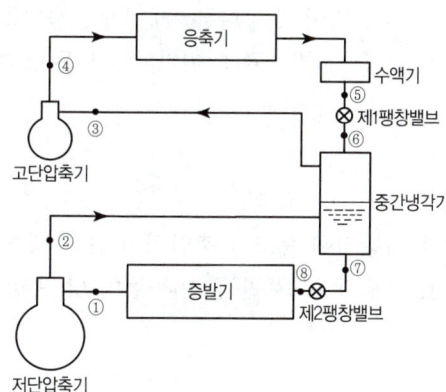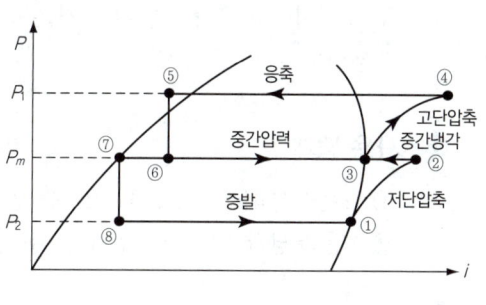

5 중간 냉각기(inter cooler)

(1) 역할
① 저단측 압축기 토출가스의 과열을 제거하여 고단측 압축기에서의 과열방지
② 증발기로 공급되는 냉매액을 과냉각시켜 냉동효과 및 성적계수 증가
③ 고단측 압축기 흡입가스 중의 액을 분리시켜 액압축을 방지

(2) 종류
① 2단압축 1단팽창에 이용 : 직접 팽창형, 액냉각형
② 2단압축 2단팽창에 이용 : 플래시형

> **참고**
> - **부스터(booster) 압축기**
>   증발압력에서 중간압력까지 압력을 상승시키기 위한 압축기로 저단측 압축기를 말하며 고단측 압축기보다 용량이 커야 한다.
> - **콤파운드 압축기(compound compressor)**
>   2단압축에서 저단측 압축기와 고단측 압축기를 1대의 압축기로 기통을 2단(저단측 기통, 고단측 기통)으로 나누어 사용한 것으로서 설치면적, 중량, 설비비 등의 절감을 위하여 채택한 방식

10 2원 냉동(2元冷凍)

1 채용 목적

하나의 단일 냉매로는 2단압축 또는 다단압축을 시켜도 냉매의 특성(극도의 진공운전, 압축비 과대) 때문에 초저온을 얻을 수 없으므로 비등점이 각각 다른 2개의 냉동사이클을 병렬로 형성시켜 고온측 증발기로 저온측 응축기를 냉각시켜 −70℃ 이하의 초저온을 얻기 위해 채용한다.

2 사용 냉매

① 고온측 냉매 : R-12, R-22 등 임계점과 비등점이 높고 응축압력이 낮은 냉매
② 저온측 냉매 : R-13, R-14, 메탄, 에탄, 에틸렌, 프로판 등 비등점이 낮은 냉매

3 냉동사이클과 선도

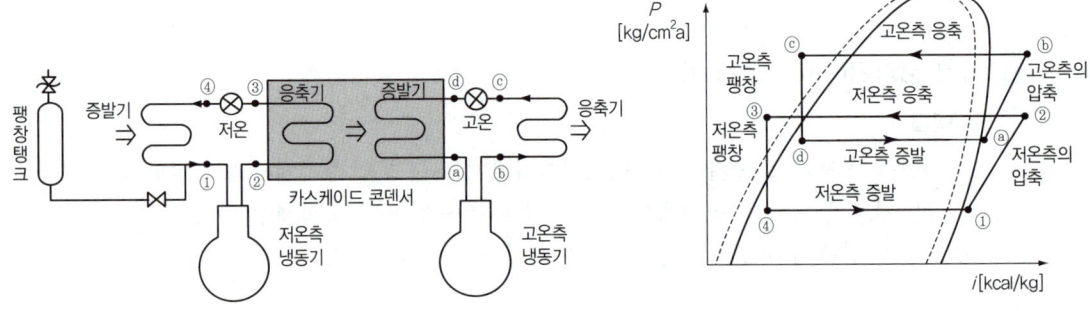

○ 2원 냉동사이클 및 $P-i$ 선도

4 카스케이드 콘덴서(cascade condenser)

2원 냉동장치에서 저온측 응축기와 고온측의 증발기를 조합하여 저온측 응축기의 열을 효과적으로 제거하여 응축액화를 촉진시키는 열교환기이다.

> **참고**
>
> ■ 팽창탱크(expansion tank)
> 2원 냉동장치 중 저온(저압)측 증발기 출구에 설치하여 장치 운전 중 저온측 냉동기를 정지하였을 경우 초저온 냉매의 증발로 체적이 팽창되어 압력이 일정 이상 상승하게 되면 저온측 냉동장치가 파손되기 때문에 설치한다.

11 다효압축

증발온도가 다른 2대의 증발기에서 나온 압력이 서로 다른 가스를 2개의 흡입구가 있는 압축기로 동시에 흡입시켜 압축하는 방식으로 하나는 피스톤의 상부에 흡입밸브가 있어 저압증기만을 흡입하고, 다른 하나는 피스톤의 행정 최하단 가까이에서 실린더 벽에 뚫린 제2의 흡입구가 자연히 열려 고압 증기를 흡입하고 고·저압의 증기를 혼합하여 동시에 압축한다.

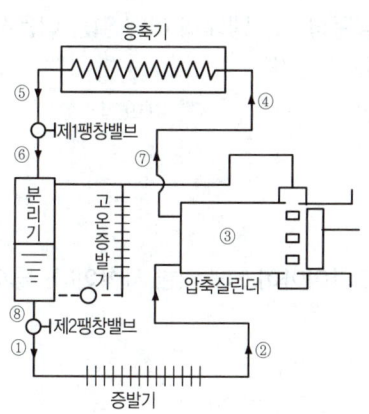
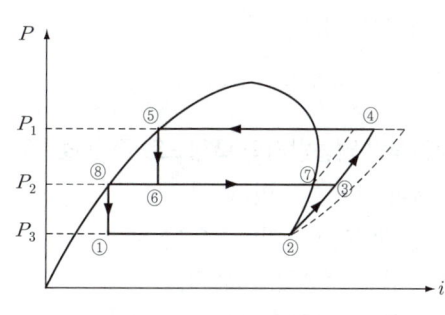

○ 다효압축의 사이클 및 $P-i$ 선도

예상문제

CHAPTER 03 냉동사이클

001 냉동의 뜻으로 올바른 것은?
① 물체를 동결온도 이하로 낮추어 유지하는 상태
② 일정한 공간이나 물체의 열을 인위적으로 제거하여 주위의 온도를 낮추는 조작
③ 얼음의 생산을 목적으로 물을 얼리는 조작
④ 대기의 물리 및 화학적인 조건을 인간의 요구에 알맞게 유지시키는 조작

002 냉동이란 저온을 생성하는 수단 방법이다. 다음 중 저온 생성 방법에 들지 못하는 것은?
① 기한제 이용
② 액체의 증발열 이용
③ 펠티어 효과(peltier effect) 이용
④ 기체의 응축열 이용

003 자연적인 냉동방법의 특징으로 틀린 것은?
① 온도조절이 자유롭지 않다.
② 얼음의 융해열을 이용할 수 있다.
③ 다량의 물품을 냉동할 수 없다.
④ 연속적으로 냉동효과를 얻을 수 있다.

004 기한제(起寒祭)란 무엇인가?
① 얼음과 식염의 혼합물
② 얼음과 암모니아의 혼합물
③ 냉동제와 식염의 혼합물
④ 얼음과 냉매와의 혼합물

005 다음 중 동력을 소비하여 냉동효과를 연속적으로 발휘하는 냉동법은?
① 얼음의 융해열을 이용하는 냉동법
② 드라이아이스(dry ice)의 승화열을 이용하는 냉동법
③ 액화가스의 증발열을 이용하는 냉동법
④ 증기 압축식 냉동법

006 얼음을 이용하는 냉각방법은 다음 중 어느 것과 관계있는가?
① 융해열   ② 증발열
③ 승화열   ④ 펠티어 효과

007 냉동장치는 냉매의 어떤 열을 이용하여 냉동 효과를 얻는가?
① 승화열   ② 기화열
③ 융해열   ④ 응고열

008 드라이아이스에 대한 사항이다. 옳지 않는 것은?
① 고체 CO_2이다.
② 대기 중에서 승화한다.
③ 물품 냉각에 주로 쓰인다.
④ 대기 중에 승화온도는 −48.5℃이다.

> **해설**
> 드라이아이스의 승화온도: −78.5℃

009 전력이 없어도 냉기를 얻을 수 있는 냉동장치는?
① 열전 냉동장치   ② 흡수식 냉동장치
③ 원심식 냉동장치 ④ 회전식 냉동장치

[정답] 001 ② 002 ④ 003 ④ 004 ① 005 ④ 006 ① 007 ② 008 ④ 009 ②

010 1냉동톤 RT에 대한 설명으로 적당한 것은?
① 3,024kJ/h의 값에 해당된다.
② 3.86W의 값에 해당된다.
③ 25℃의 물 1ton을 24시간 동안에 −9℃의 얼음을 만들 때 제거시켜야 하는 열량
④ 0℃의 물 1ton을 24시간 동안에 0℃ 얼음으로 만들 때 제거하는 열량

011 냉동톤(RT)에 대한 설명 중 맞는 것은?
① 한국 1냉동톤은 미국 1냉동톤보다 크다.
② 한국 1냉동톤은 3024kcal/h이다.
③ 제빙기가 1일 동안 생산할 수 있는 얼음의 톤수를 1냉동톤이라고 한다.
④ 1냉동톤은 0℃의 얼음이 1시간에 0℃의 물이 되는 데 필요한 열량이다.

012 냉동능력의 단위가 아닌 것은?
① kJ/s   ② W/h
③ kW   ④ kcal/h

해설
1냉동톤
1RT=3,320kcal/h=13,900kJ/h=3.86kW(kJ/s)

013 한국 1냉동톤을 미국 1냉동톤으로 환산하면 얼마인가?
① 0.911   ② 1.098
③ 1.344   ④ 1.722

해설
$\dfrac{RT3,320}{USRT3,024} = 1.098$

014 1냉동톤이란 열량 단위로 대략 다음과 같다. 옳은 것은?
① 55.3kcal/min   ② 3,860W
③ 3,900kcal/h   ④ 4,186kJ/h

015 1분간에 25℃의 순수한 물 100ℓ를 3℃로 냉각하기 위하여 필요한 냉동기의 냉동톤은?
① 0.66   ② 39.76
③ 37.67   ④ 45.18

해설
$RT = \dfrac{Q_2}{3,320} = \dfrac{100 \times 1 \times (25-3) \times 60}{3,320} = 39.76RT$

016 1제빙톤은 몇 냉동톤인가?
① 1.25RT   ② 1.45RT
③ 1.65RT   ④ 1.85RT

017 냉동사이클의 이상적인 사이클은 무엇인가?
① 역 carnot cycle   ② Kreb's cycle
③ TCA cycle   ④ Hans adolf cycle

018 역카르노 사이클은 어떤 상태변화 과정으로 이루어져 있는가?
① 2개의 등온과정, 1개의 등압과정
② 2개의 등압과정, 2개의 단열과정
③ 2개의 단열과정, 1개의 교축과정
④ 2개의 단열과정, 2개의 등온과정

해설
역카르노 사이클 : 이상적인 냉동사이클로 2개의 단열과정과 2개의 등온과정으로 구성

[정답] 010 ④ 011 ① 012 ② 013 ② 014 ② 015 ② 016 ③ 017 ① 018 ④

019 다음 그림은 카르노 사이클의 P-V선도이다. 상태 설명이 맞는 것은?

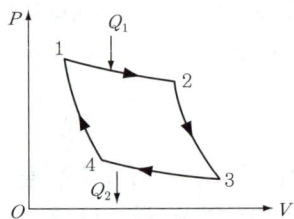

① 상태 1-2 : 등온팽창
② 상태 2-3 : 단열압축
③ 상태 3-4 : 단열팽창
④ 상태 4-1 : 등온압축

020 다음 그림과 같은 역카르노 사이클에 대한 설명을 적절하게 한 것은?

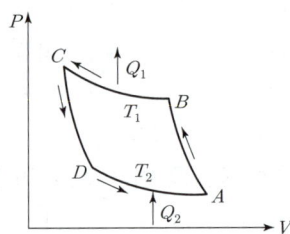

① C − D의 과정은 압축과정이다.
② B − C, D − A의 변화는 등온변화이다.
③ B − A는 냉동장치의 증발기에 해당되는 구간이다.
④ 역카르노 사이클은 1개의 단열과정과 2개의 등온과정으로 표시된다.

021 응축기 방열량을 Q_1, 응축절대온도를 T_1, 증발기 흡수열량을 Q_2, 증발 절대온도를 T_2, 압축 소요일의 열당량을 Aw로 할 때 성적계수를 나타낸 식으로 적당하지 못한 것은?

① $COP = \dfrac{Q_2}{AW}$
② $COP = \dfrac{Q_2}{Q_1 - Q_2}$
③ $COP = \dfrac{T_2}{T_1 - T_2}$
④ $COP = \dfrac{Q_2 - Q_1}{AW}$

022 냉동기의 성적계수를 구하는 공식 중 맞는 것은? (단, T_1 : 고온도 물체의 온도, T_2 : 저온도 물체의 온도)

① $\dfrac{T_1 - T_2}{T_2}$
② $\dfrac{T_1 - T_2}{T_1}$
③ $\dfrac{T_1}{T_1 - T_2}$
④ $\dfrac{T_2}{T_1 - T_2}$

023 응축온도가 13℃이고, 증발온도가 −13℃인 이론적 냉동사이클에서 냉동기의 성적계수는 얼마인가?

① 0.5
② 2
③ 5
④ 10

해설
$COP = \dfrac{T_2}{T_1 - T_2} = \dfrac{(-13+273)}{(13+273)-(-13+273)} = 10$

024 열펌프에서 압축기 이론 축동력이 3kW이고, 저온부에서 얻은 열량이 7kW일 때 이론 성적계수는 약 얼마인가?

① 1.43
② 1.75
③ 2.33
④ 3.33

해설
$COP_H = \dfrac{Q_1}{AW} = \dfrac{AW+Q_2}{AW} = \dfrac{3+7}{3} = 3.33$

[정답] 019 ① 020 ② 021 ④ 022 ④ 023 ④ 024 ④

025 가역 사이클인 냉동기의 능력이 20RT이고, 증발온도 -10℃, 응축온도 20℃에서 작동하고 있다. 이 냉동기의 이론적인 소요동력은 몇 마력인가?

① 17.74PS ② 11.98PS
③ 10.76PS ④ 9.87PS

해설

$$COP = \frac{Q_2}{AW} = \frac{T_2}{T_1 - T_2}$$

$$AW = \frac{Q_2 \cdot (T_1 - T_2)}{T_2}$$

$$= \frac{20 \times 3320 \times (293 - 263)}{263}$$

$$= 7574.14 \text{kcal/h} = 11.98 \text{PS}$$

026 외기온도 -5℃일 때 공급 공기를 18℃로 유지하는 히트펌프로 난방을 한다. 방의 총열손실이 50,000kJ/h일 때의 외기로부터 얻은 열량은 몇 kJ/h인가?

① 43,500 ② 46,048
③ 50,000 ④ 53,255

해설

히트펌프의 성적계수

$$COP_H = \frac{Q_1}{AW} = \frac{Q_1}{Q_1 - Q_2} = \frac{T_1}{T_1 - T_2}$$

$$Q_2 = Q_1 - \frac{Q_1(T_1 - T_2)}{T_1}$$

$$= 50,000 - \frac{50,000 \times (291 - 268)}{291}$$

$$= 46,048 \text{kJ/h}$$

027 $P-h$ 선도의 구성요소 설명으로 적당하지 못한 것은?

① 등비체적선은 과열증기 구간에만 존재하고 압력이 내려가면 비체적은 작아진다.
② 등압선은 횡축과 나란하며 등엔탈피선과 직교한다.
③ 등엔탈피선은 종축과 평행하며 냉매의 엔탈피 값을 표시한다.
④ 등건조도선은 습증기 구역에 존재하며 건조포화증기의 건조도는 1이다.

028 $P-h$ 선도에 관한 설명으로 적당한 것은?

① 교축팽창은 등엔탈피선으로 행하여진다.
② 등엔트로피선은 과열증기 구간에만 있다.
③ 단열 압축이란 등엔탈피선에서 이루어진다.
④ 건조도선은 과냉각액 구역과 포화액선 사이에 존재한다.

029 몰리에르 선도상에서 압력이 증대함에 따라 포화액선과 건조포화증기선이 만나는 일치점을 무엇이라고 하는가?

① 한계점 ② 임계점
③ 상사점 ④ 비등점

030 몰리에르 선도상에서 알 수 없는 것은?

① 냉동능력 ② 성적계수
③ 압축비   ④ 압축효율

031 몰리에르(Mollier) 선도에서 등온선과 등압선이 서로 평행한 구역은?

① 액체 구역
② 습증기 구역
③ 건증기 구역
④ 평행인 구역은 없다.

[정답] 025 ② 026 ② 027 ① 028 ① 029 ② 030 ④ 031 ②

032 $P-h$ 선도상의 번호 명칭 중 맞는 것은?

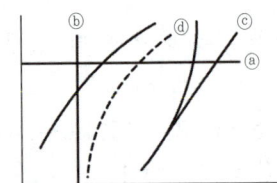

① ⓐ : 등비체적선　② ⓑ : 등엔트로피선
③ ⓒ : 등엔탈피선　④ ⓓ : 등건조도선

033 다음의 $P-h$ 선도(Mollier 선도)에서 등온선을 나타낸 선도는?

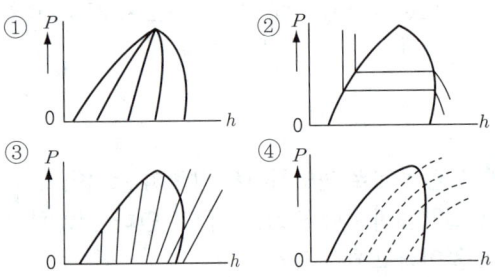

034 엔탈피 값이 가장 큰 상태는?
① 포화증기　② 습포화증기
③ 과냉각액　④ 과열증기

035 몰리에르(mollier) 선도로서 계산할 수 없는 것은?
① 냉동능력　② 성적계수
③ 냉매 순환량　④ 오염계수

036 증기 압축식 냉동기의 구성요소가 아닌 것은?
① 압축기　② 흡수기
③ 응축기　④ 팽창밸브

037 기준 냉동사이클을 몰리에르 선도상에 나타내었을 때 온도와 압력이 변하지 않는 과정은?
① 응축과정　② 팽창과정
③ 증발과정　④ 압축과정

038 -15℃에서 건조도 0인 암모니아가스를 교축 팽창시켰을 때 변화가 없는 것은?
① 비체적　② 압력
③ 엔탈피　④ 온도

039 교축팽창이 발생되면 일어나는 현상으로 맞는 것은?
① 냉매의 압력이 상승한다.
② 냉매는 습증기로 모두 변한다.
③ 냉매의 엔탈피는 변하지 않는다.
④ 냉매의 온도는 상승한다.

040 압축기가 냉매를 압축할 때 압축과정에서 변하지 않는 것은? (단, 표준 냉동사이클을 기준으로 할 것)
① 엔탈피　② 엔트로피
③ 온도　④ 압력

041 NH_3 냉매인 건조포화증기를 압축하면 어떻게 변하는가?
① 습포화증기　② 건조포화증기
③ 과열증기　④ 포화액

042 증기를 단열 압축할 때 엔트로피(entropy)의 변화는?
① 감소한다.　② 증가한다.
③ 일정하다.　④ 감소하다가 증가한다.

[정답] 032 ④　033 ②　034 ④　035 ④　036 ②　037 ③　038 ③　039 ③　040 ②　041 ③　042 ③

043 냉동사이클의 구성순서가 바른 것은?
① 압축 → 응축 → 증발 → 팽창
② 증발 → 응축 → 팽창 → 압축
③ 압축 → 응축 → 팽창 → 증발
④ 증발 → 팽창 → 응축 → 압축

044 다음 그림은 증기압축식 냉동기의 구조를 도시한 것이다. A는 무엇인가?

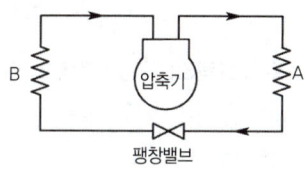

① 증발기
② 응축기
③ 감온통
④ 액분리기

045 다음의 몰리에르 선도에 나타난 곡선에 대한 설명 중 옳게 설명 되어진 것은?

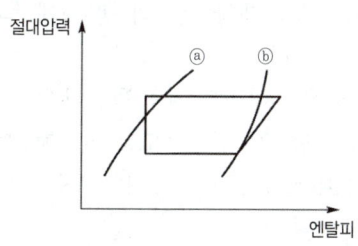

① ⓐ 과냉각액선 ⓑ 과열증기선
② ⓐ 등엔트로피선 ⓑ 포화증기선
③ ⓐ 등엔탈피선 ⓑ 등온도선
④ ⓐ 포화액선 ⓑ 포화증기선

046 습포화 증기에 관한 사항 중 올바른 것은?
① 가열하면 과열증기, 포화증기 순으로 된다.
② 냉각하면 건조포화증기가 된다.
③ 습포화증기 중 액체가 차지하는 질량비를 습도라 한다.
④ 대기압하에서 습포화증기의 온도는 98℃ 정도이다.

047 몰리에르(p-h) 선도에서 팽창밸브 통과 시 발생한 플래시 가스량을 알기 위하여 필요한 선은?
① 건조도선 ② 비체적선
③ 엔트로피선 ④ 엔탈피선

048 다음 중 용어설명이 맞는 것은?
① 건포화증기 : 습포화증기를 계속 가열하여 액이 존재하지 않는 포화상태의 가스
② 과열도 : 과열증기온도-포화액 온도
③ 포화온도 : 어떤 압력 하에서 상승하는 온도
④ 건조도 : 과열증기구역에서 액과 가스의 존재 비율

049 다음의 몰리에르 선도에 대한 설명 중 틀린 것은?
① 과열구역에서 등엔탈피선은 등온선과 직교한다.
② 습증기구역에서 등온선과 등압선은 평행한다.
③ 습증기구역에서만 등건조도선이 존재한다.
④ 비체적선은 과열증기구역에서도 존재한다.

050 $P-h$ 선도에 관한 설명으로 틀린 것은?
① 과열증기구역에서 등엔탈피선과 등온선은 수직으로 만난다.
② 습증기구역에서 등압선과 등온선은 평행한다.
③ 비체적선은 과열증기구역에서도 존재한다.
④ 습증기구역에서만 건조도선이 존재한다.

051 모든 냉매에 있어서 0℃ 포화액 엔탈피는 몇 kcal/kg인가?

① 0
② 100
③ 112
④ 269

> **해설**
> ㉠ 모든 냉매의 0℃ 포화액 엔탈피 : 100kcal/kg
> ㉡ 모든 냉매의 0℃ 포화액 엔트로피 : 1kcal/kg·K

052 포화액의 건조도는 얼마인가?

① $x=0.0$
② $x=0.1$
③ $x=0.5$
④ $x=1.0$

053 4kg의 액체와 2kg의 증기로 된 습증기의 건조도(x)의 값은?

① 0.33
② 0.43
③ 0.53
④ 0.80

054 건조도 $x=0.14$의 뜻은?

① 포화액 14%
② 포화액 41%
③ 포화증기 14%
④ 포화증기 86%

055 몰리에르(Mollier) 선도 상에서의 건조도에 관한 설명 중 옳은 것은?

① 몰리에르 선도의 포화액선 상에서 건조도는 1이다.
② 액체 70%, 증기 30%인 냉매의 건조도는 0.7이다.
③ 건조도는 습포화증기구역 내에서만 존재한다.
④ 건조도라함은 과열증기 중 증기에 대한 포화액체의 양을 말한다.

056 건조도에 대한 설명으로 적당한 것은?

① 건조도가 x일 때 $(1-x)$kg이 액이다.
② 건조포화증기의 건조도는 0이다.
③ 포화액의 건조도는 1이다.
④ 건조도가 x일 때 $(1+x)$kg이 증기이다.

> **해설**
> $x = \dfrac{증기}{액+증기} = \dfrac{2}{4+2} = 0.33$

057 표준 냉동사이클의 온도조건과 관계없는 것은?

① 증발온도 : -15℃
② 응축온도 : 30℃
③ 팽창밸브 입구에서의 냉매액 온도 : 25℃
④ 압축기 흡입가스 온도 : 0℃

058 다음 설명 중 옳지 못한 것은?

① 팽창밸브에서 팽창 전후의 냉매 엔탈피 값은 변하지 않는다.
② 단열압축은 외부와의 열의 출입이 없기 때문에 단열압축 전후의 냉매온도는 변하지 않는다.
③ 응축기 내에서 냉매가 버려야 하는 열은 현열과 잠열이다.
④ 잠열에는 응고열, 융해열, 응축열, 증발열, 승화열이 있다.

059 냉동사이클 중에서 냉장고에 해당되는 부분은?

① 수액기
② 팽창밸브
③ 증발기
④ 액분리기

[정답] 051 ② 052 ① 053 ① 054 ③ 055 ③ 056 ① 057 ④ 058 ② 059 ③

060 표준냉동사이클의 P(압력)-h(엔탈피) 선도에 대한 설명 중 틀린 것은?
① 응축과정에서는 압력이 일정하다.
② 압축과정에서는 엔트로피가 일정하다.
③ 증발과정에서는 온도와 압력이 일정하다.
④ 팽창과정에서는 엔탈피와 압력이 일정하다.

061 팽창밸브 직전의 냉매액을 과냉각시키는 이유는?
① 과열된 냉매증기의 압축을 막기 위해서이다.
② 과열도를 크게 하여 냉동능력을 증가시키기 위해
③ 플래시 가스 발생량을 줄여서 냉동능력을 증가시키기 위해서이다.
④ 과냉각도를 작게 할수록 응축온도가 높아져 동력손실이 크기 때문이다.

062 건포화증기를 압축기에서 압축시킬 경우 토출되는 증기의 양상은 어떻게 되는가?
① 과열증기   ② 과열 포화증기
③ 포화액   ④ 습증기

063 다음과 같은 $P-h$ 선도에서 온도가 가장 높은 곳은?

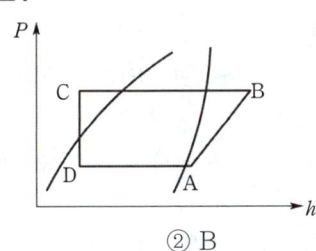

① A   ② B
③ C   ④ D

064 냉매의 특성 중 틀린 것은?
① 냉동톤당 소요동력은 증발온도, 응축온도가 변하여도 일정하다.
② 압축비가 클수록 냉매 단위 중량당의 압축일이 커진다.
③ 냉매 특성상 동일 냉동능력에 대한 소요동력이 적은 것이 좋다.
④ 압축기의 흡입가스가 과열되었을 때 냉매 1kg 당의 압축일의 열당량은 증가한다.

065 팽창변을 통하여 증발기에 유입되는 냉매액의 엔탈피를 F, 증발기 출구 엔탈피를 A, 포화액의 엔탈피를 G라 할 때 팽창변을 통과한 곳에서 증기로 된 냉매량의 계산식으로 옳은 것은?
① $\dfrac{A-F}{A-G}$ ② $\dfrac{F-G}{A-G}$
③ $\dfrac{F-G}{A-F}$ ④ $\dfrac{A-G}{F-G}$

066 어떤 냉동사이클의 증발온도가 $-15°C$이고 포화액의 엔탈피가 100kJ/kg, 건조포화증기의 엔탈피가 160kJ/kg, 증발기에 유입되는 습증기의 건조도 $x=0.25$일 때 냉동효과는?
① 15kJ/kg   ② 3kJ/kg
③ 45kJ/kg   ④ 75kJ/kg

> **해설**
> $q_2 = (1-x)r = (1-0.25) \times (160-100) = 45 kJ/kg$

067 냉동사이클의 설명으로 틀린 것은
① 증발과정은 등엔트로피과정이다.
② 응축과정은 등압과정이다.
③ 압축과정은 등엔트로피과정이다.
④ 팽창과정은 등엔탈피과정이다.

[정답] 060 ④ 061 ③ 062 ① 063 ② 064 ① 065 ② 066 ③ 067 ①

068 암모니아 냉동기의 압축기에 공랭식을 채택하지 않는 이유는?

① 토출가스의 온도가 높기 때문에
② 압축비가 작기 때문에
③ 냉동능력이 크기 때문에
④ 독성가스이기 때문에

069 암모니아 냉동장치에서 물 재킷(water jacket)을 설치하는 이유 중 옳은 것은?

① 다른 냉매에 비해 압축비가 크기 때문
② 다른 냉매에 비해 비열비가 크기 때문
③ 체적효율을 양호하게 하기 위해
④ 냉동능력을 증가시키기 위해

070 R-22를 냉매로 사용할 때 흡입증기가 어느 상태에 있을 때 성적계수가 가장 크게 나타나는가?

① 과열증기 　② 과냉각액
③ 습증기 　　④ 건포화증기

071 압축식 냉동장치에 있어 냉매의 순환경로가 맞는 것은?

① 압축기 → 수액기 → 응축기 → 증발기
② 압축기 → 팽창밸브 → 증발기 → 응축기
③ 압축기 → 팽창밸브 → 수액기 → 응축기
④ 압축기 → 응축기 → 팽창밸브 → 증발기

072 암모니아 포화액을 교축시키면 어떤 상태가 되는가?

① 습포화증기 　② 과냉각액
③ 과열증기 　　④ 건포화증기

073 다음 그림은 암모니아 $P-h(P-i)$ 선도의 어떤 사이클이다. 어떤 상태를 나타내는 사이클인가?

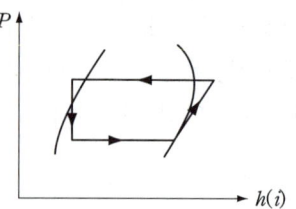

① 습냉각 　② 과열압축
③ 습압축 　④ 과냉각

074 동일 냉동기의 운전에 있어서 냉동톤당 소비동력이 가장 큰 경우는?

① 0℃를 증발온도로 하는 경우
② 5℃를 증발온도로 하는 경우
③ -5℃를 증발온도로 하는 경우
④ -25℃를 증발온도로 하는 경우

> **해설**
> 증발온도가 낮을수록 압축기 소비동력은 증가한다.

075 증발온도의 변화에 따른 비교가 맞지 않은 것은?

① 증발잠열 :
　저온(-20℃) > 중온(-10℃) > 고온(0℃)
② 냉동효과 :
　저온(-20℃) > 중온(-10℃) > 고온(0℃)
③ 토출가스온도 :
　저온(-20℃) > 중온(-10℃) > 고온(0℃)
④ 압축비 :
　저온(-20℃) > 중온(-10℃) > 고온(0℃)

[정답] 068 ① 069 ② 070 ① 071 ④ 072 ① 073 ④ 074 ④ 075 ②

076 압력이 일정한 조건하에서 냉매가 가열, 냉각에 의해 일어나는 상태변화에 대해 다음 설명 중 틀린 것은?

① 과냉각액을 냉각하면 액체의 상태에서 온도만 내려간다.
② 건포화증기를 가열하면 온도가 상승하고 과열증기로 된다.
③ 포화액체를 가열하면 온도가 변하고 일부가 증발하여 습증기로 된다.
④ 습증기를 냉각하면 온도가 변하지 않고 건조도가 감소한다.

077 증기압축 냉동사이클에서 엔트로피가 감소하고 있는 과정은 다음 중 어느 과정인가?

① 증발과정   ② 압축과정
③ 응축과정   ④ 팽창과정

해설
엔트로피 변화
① 증발과정 : 증가   ② 압축과정 : 일정
③ 응축과정 : 감소   ④ 팽창과정 : 증가

078 자켓의 우려가 있는 사이클은?

① 건식 사이클   ② 습압축 사이클
③ 과열압축 사이클   ④ 과냉각 사이클

079 증발온도와 응축온도가 일정하고 과냉각도가 없는 냉동사이클에서 압축기에 흡입되는 상태가 변화했을 때의 $P-h$ 선도 중 건조포화압축 냉동사이클은?

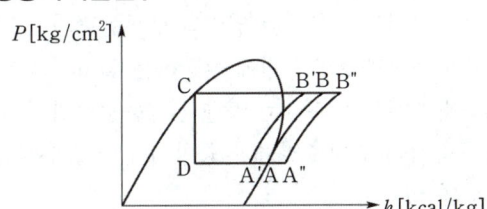

① A-B-C-D   ② A'-B'-C-D
③ A"-B"-C-D   ④ A'-B'-B"-A"

080 그림에서 습압축 냉동사이클은 어느 것인가?

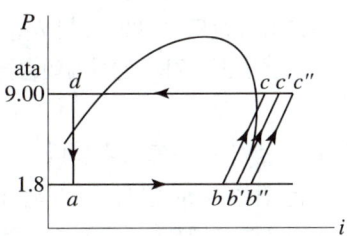

① ab'c'da   ② bb"c"cb
③ ab"c"da   ④ abcda

해설
① 건조압축 사이클
③ 과열압축 사이클
④ 습압축

081 건조포화증기를 압축하는 압축기가 있다. 고압이 일정한 상태에서 저압이 내려가면 이 압축기의 냉동능력은 어떻게 되는가?

① 증대한다.
② 변하지 않는다.
③ 감소한다.
④ 감소하다가 점차 증대한다.

082 냉동장치에서 냉매의 증발온도를 낮추기 위해서는 어떻게 하면 되는가?

① 증발압력을 높인다.
② 증발압력을 낮춘다.
③ 냉매의 순환량을 증가시킨다.
④ 팽창밸브를 많이 연다.

[정답] 076 ③ 077 ③ 078 ② 079 ① 080 ④ 081 ③ 082 ②

083 플래시 가스(flash gas) 발생 방지에 가장 효과적인 냉동사이클은?
① 건조압축 사이클 ② 과열압축 사이클
③ 습압축 사이클 ④ 과냉각 사이클

084 냉동장치의 온도 관계에 대한 사항 중 올바르게 표현한 것은? (단, 기준 냉동사이클을 기준으로 할 것)
① 응축온도는 냉각수 온도보다 낮다.
② 응축온도는 압축기 토출가스 온도와 같다.
③ 팽창밸브 직후의 냉매온도는 증발온도보다 낮다.
④ 압축기 흡입가스 온도는 증발온도보다 높거나 같다.

085 냉동사이클에서 응축온도를 일정하게 하고 압축기 흡입가스 상태를 건포화증기로 할 때 증발온도를 상승시키면 어떤 결과가 나오는가?
① 압축비 증가 ② 냉동효과 증가
③ 성적계수 감소 ④ 압축일량 증가

086 기준냉동사이클에서 증발, 응축, 팽창밸브 직전의 온도는 각각 얼마인가?
① −15℃, 30℃, 25℃
② 30℃, −15℃, 25℃
③ 25℃, 30℃, −15℃
④ −25℃, 30℃, 15℃

087 다음 중 기준냉동사이클의 온도조건과 관계가 없는 것은?
① 증발온도 : −15℃
② 응축온도 : 30℃
③ 팽창변 앞, 수액기 출구 액의 온도 : 25℃
④ 압축기 흡입가스 온도 : 0℃

088 응축온도는 일정하게 하고 증발온도가 낮아졌을 때의 현상은?
① 압축비 감소 ② 소요동력 증가
③ 성적계수 증가 ④ 체적효율 증가

089 냉동사이클에서 응축온도를 일정하게 하고 증발온도를 상승시켰을 때 일어날 수 있는 것은?
① 압축일량 증가 ② 토출가스온도 상승
③ 압축비가 증가 ④ 냉동능력 증가

090 다음 설명 중 올바른 것은?
① 압축비가 작아지면 체적효율은 작아진다.
② 습증기에 열을 가하면 포화온도에 도달하여 액화한다.
③ 포화액을 팽창밸브에서 급히 압력을 낮추면 과냉각 된다.
④ 과냉각액에 함유되어 있는 열량은 같은 압력의 포화액에 함유되어 있는 열량보다 적다.

091 기체를 액화시키는 방법으로 옳은 것은?
① 임계압력 이하로 압축한 후 냉각시킨다.
② 임계온도 이상으로 가열한 후 압력을 높인다.
③ 임계온도 이하로 냉각하고 임계압력 이상으로 가압한다.
④ 임계온도 이하로 냉각하고 임계압력 이하로 감압한다.

092 냉동장치에서 성적계수(COP)가 가지는 뜻은?
① 응축기에서 방출하는 열량과 냉동능력과의 비
② 냉동능력과 소요동력에 상당하는 열량과의 비
③ 증발기에서 흡수하는 열량과 냉동능력과의 비
④ 응축기에서 방출열량과 증발기에서 흡수열량과의 비

[정답] 083 ④ 084 ④ 085 ② 086 ① 087 ④ 088 ② 089 ④ 090 ④ 091 ③ 092 ②

093 아래 설명한 내용 중 틀린 것은?
① 증발압력이 낮아질수록 비체적은 감소한다.
② 응축압력이 높아지면 소요동력이 증대한다.
③ 0℃ 포화액의 엔트로피는 1 kcal/kg·K를 기준으로 한다.
④ 과냉각도는 냉동력 증대에 도움을 준다.

094 냉매 순환량을 옳게 설명한 것은?
① 단위시간에 응축기에서 액화되는 냉매의 양을 말한다.
② 단위시간에 압축기에서 토출하는 가스의 체적을 말한다.
③ 단위시간에 증발기에서 증발하는 냉매의 양을 뜻한다.
④ 단위시간에 압축기로 흡입되는 가스의 체적을 뜻한다.

095 냉동사이클의 변화에서 증발온도가 일정할 때 응축온도가 상승할 경우의 영향으로 맞는 것은?
① 성적계수 증대
② 압축일량 감소
③ 토출가스 온도 저하
④ 플래시 가스 발생량 증가

096 암모니아 압축기 실린더에 일반적으로 워터자켓을 사용한 이유 중 틀린 것은?
① 압축효율의 향상을 도모한다.
② 윤활유 탄화를 방지한다.
③ 밸브 스프링 수명을 연장시킨다.
④ 압축 소요일량이 커진다.

097 냉매의 일반적인 성질로서 맞는 것은?
① 흡입압력이 저하되면 토출가스 온도가 저하된다.
② 냉각수온이 높으면 응축압력이 저하된다.
③ 냉매가 부족하면 증발압력이 상승한다.
④ 응축압력이 상승되면 소요동력이 증가한다.

098 응축온도는 35℃이지만 응축기의 액출구 온도는 30℃로 온도가 내려가고 있다. 이때의 온도차를 무엇이라 하는가?
① 과열도   ② 과냉각도
③ 과포화도   ④ 과응축도

099 증발압력이 낮아질 때 일어나는 현상이 아닌 것은?
① 단위 RT당 소요동력이 증대된다.
② 냉동능력이 증가한다.
③ 압축비가 증가한다.
④ 토출가스 온도가 상승한다.

100 흡입가스 과열운전에 대한 설명 중 옳지 않는 것은?
① 팽창밸브 개도 과소
② 장치 내 냉매량 부족
③ 윤활 부족
④ 흡입관이 가늘거나 방열 불량

101 냉동사이클에서 응축기 온도와 증발기 온도가 각각 40℃, -10℃인 것과 40℃, -20℃인 것과는 어느 쪽이 이상적 성적계수가 좋은가?
① 40℃와 -10℃인 쪽이 좋다.
② 40℃와 -20℃인 쪽이 좋다.
③ 둘 다 같다.
④ 냉매에 따라 다르다.

[정답] 093 ① 094 ③ 095 ④ 096 ④ 097 ④ 98 ② 99 ② 100 ④ 101 ①

102 다음 중 옳은 것은 어느 것인가?

① 응축온도가 높아지면(증발온도 일정) COP는 증가한다.
② 팽창밸브를 조이면 냉매량이 증가한다.
③ 응축압력(증발온도 일정)이 높으면 냉매 순환량이 많아진다.
④ 냉동효과가 일정하면 압축비가 클수록 냉매순환량이 커진다.

103 냉동사이클에서 증발온도가 −15℃이고 과열도가 5℃일 경우 압축기 흡입가스온도는 몇 ℃인가?

① 5℃ ② −10℃
③ −15℃ ④ −20℃

104 다음은 R-22 표준 냉동사이클의 $P-h$ 선도이다. 압축일량은?

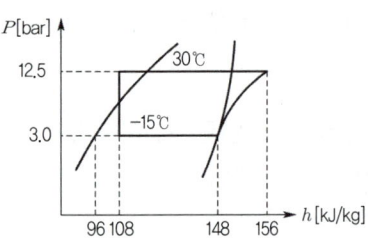

① 8kJ/kg ② 48kJ/kg
③ 52kJ/kg ④ 60kJ/kg

105 냉매의 단위 용적당의 냉동효과 q_v 와 냉매의 단위 중량당의 냉동효과 q, 냉매의 비체적 v 와의 관계식은?

① $q_v = \dfrac{q}{v} [kJ/m^3]$

② $q_v = \dfrac{q}{v} [kJ/kg]$

③ $q_v = \dfrac{v}{q} [kJ/m^3]$

④ $q_v = \dfrac{v}{q} [kJ/kg]$

> **해설**
> 단위 용적당 냉동효과
> $q_v(kJ/m^3) = \dfrac{단위\ 중량당\ 냉동효과(q : kJ/kg)}{냉매의\ 비체적(v : m^3/kg)}$

106 NH_3 기준 냉동사이클에서 냉동능력 15RT가 요구될 때 냉매의 순환량은 몇 kg/h를 필요로 하는가? (단, 냉매 1kg당 냉동능력은 269kcal/kg이다.)

① 168kg/h
② 185kg/h
③ 1,681kg/h
④ 1,867kg/h

> **해설**
> $G = \dfrac{Q_2}{q_2} = \dfrac{15 \times 3,320}{269} = 185.13 kg/h$

107 다음 $P-h$ 선도에서의 압축일량과 성적계수는 각각 얼마인가?

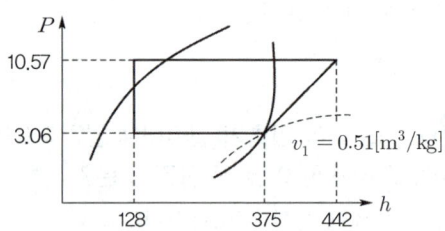

① 압축일량 : 67, 성적계수 : 4.68
② 압축일량 : 247, 성적계수 : 3.9
③ 압축일량 : 67, 성적계수 : 3.68
④ 압축일량 : 247, 성적계수 : 3.68

[정답] 102 ③ 103 ① 104 ① 105 ① 106 ② 107 ③

108 25℃의 순수한 물 50kg을 10분 동안에 0℃까지 냉각하려 할 때, 최저 몇 냉동톤의 냉동기를 써야 하겠는가? (단, 손실은 흡수열량의 25%이고 냉동톤은 한국 냉동톤으로 한다.)

① 1.53냉동톤　② 1.98냉동톤
③ 2.82냉동톤　④ 3.13냉동톤

해설

$$RT = \frac{Q_2}{3{,}320} = \frac{G \cdot C \cdot \Delta t}{3{,}320}$$
$$= \frac{50 \times 1 \times (25-0) \times 60 \times 1.25}{3{,}320 \times 10} = 2.82RT$$

109 20℃ 원수 2ton을 24시간 동안 −12℃ 얼음으로 만드는 데 냉동톤은 몇 RT인가? (단, 열손실은 20%이다.)

① 2.66RT　② 3.19RT
③ 3.14RT　④ 4.14RT

해설

$Q_1 = G \cdot C \cdot \Delta t = 2{,}000 \times 1 \times (20-0)/24$
　　$= 1{,}667$ kcal/h
$Q_2 = G \cdot r = 2{,}000 \times 80/24 = 6{,}667$ kcal/h
$Q_3 = G \cdot C \cdot \Delta t = 2{,}000 \times 0.5 \times [0-(-12)]/24$
　　$= 500$ kcal/h
$Q_T = Q_1 + Q_2 + Q_3$
　　$= \dfrac{(1{,}667 + 6{,}667 + 500) \times 1.2}{3{,}320}$
　　$= 3.19RT$

110 다음 몰리에르 선도에서 압축일량은?

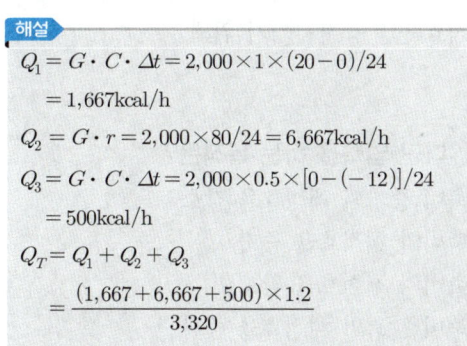

① 14,863 kg·m/kg
② 19,863 kg·m/kg
③ 21,485 kg·m/kg
④ 23,485 kg·m/kg

해설
압축일량
㉠ $AW = h_B - h_A = 452 - 397 = 55$ kcal/h
　(55kcal/kg × 4.2 = 230kJ/h ÷ 3.6 = 64Watt)
㉡ $W = J \cdot Q = 427 \times 55 = 23{,}485$ kg·m/kg
※ 1kcal = 4.2kJ

111 다음의 몰리에르(Mollier) 선도를 참고로 했을 때 2냉동톤의 냉동기 냉매 순환량은?

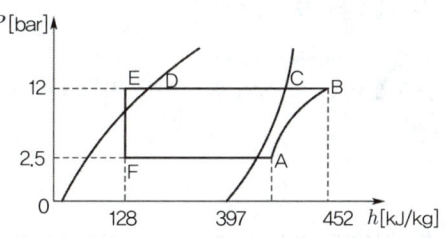

① 24.7kg/h
② 61.7kg/h
③ 103.7kg/h
④ 247kg/h

해설

$$G = \frac{Q_2}{q_2} = \frac{2 \times 3{,}320 \times 4.2}{(397-128)} = 103.7 \text{kg/h}$$

112 압축비가 얼마 이상일 때 2단 압축방식을 채용하는가?

① 5　② 6
③ 8　④ 10

[정답] 108 ③　109 ②　110 ④　111 ③　112 ②

113 다음의 R-22를 냉매로 하는 냉동장치의 운전상태를 $P-h$ 선도에 나타내었다. 이 선도에 기술한 내용 중 틀린 것은?

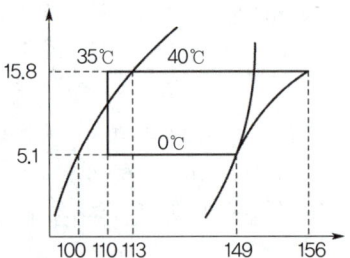

① 냉동효과는 39kcal/kg이다.
② 0℃에서 압축기로 흡입된 냉매의 압축 후의 온도는 40℃이다.
③ 압축비는 15.8/5.1로서 구할 수 있다.
④ 성적계수는 약 5.6이다.

해설
응축온도가 40℃이고, 압축 후 토출가스온도는 나타나 있지 않다.

114 다음 몰리에르 선도에서 성적계수를 구하시오.

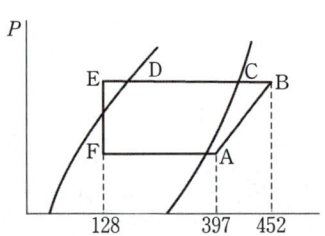

① 3.89
② 4.89
③ 5.89
④ 6.29

해설
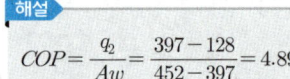
$COP = \dfrac{q_2}{Aw} = \dfrac{397-128}{452-397} = 4.89$

115 2단 압축 냉동사이클에 대한 설명으로 틀린 것은?

① 2단 압축이란 증발기에서 증발한 냉매 가스를 저단 압축기와 고단 압축기로 구성되는 2대의 압축기를 사용하여 압축하는 방식이다.
② NH_3 냉동장치에서 증발온도가 -30℃정도 이하가 되면 2단 압축을 하는 것이 유리하다.
③ 압축비가 10 이상이 되는 냉동장치인 경우에만 2단 압축을 해야 한다.
④ 최근에는 한 대의 압축기로써 각각 다른 2대의 압축기 역할을 할 수 있는 콤파운드 압축기를 사용하기도 한다.

116 2단 압축을 채용하는 목적이 아닌 것은?

① 냉동능력을 증대시키기 위해
② 압축비가 2 이상일 때 채택
③ 압축비를 감소시키기 위해
④ 체적효율을 증가시키기 위해

117 다단 압축을 하는 목적은?

① 압축비 증가와 체적효율 감소
② 압축비와 체적효율 증가
③ 압축비와 체적효율 감소
④ 압축비 감소와 체적효율 증가

118 -30℃ 이하에서는 1단 압축할 경우 다음과 같은 좋지 않은 이유 때문에 2단 압축을 행한다. 이러한 좋지 않은 이유에 해당되지 않는 것은?

① 압축기 토출 증기의 온도상승
② 압축비 상승
③ 압축기 체적효율 감소
④ 압축기 행정 체적의 증가

[정답] 113 ② 114 ② 115 ③ 116 ② 117 ④ 118 ④

119 2단 압축 시 압축일량이 가장 적게 소요되는 중간압력은? (단, P_1 : 증발압력, P_2 : 응축압력)

① $\dfrac{P_2}{P_1}$ ② $\dfrac{P_1+P_2}{2}$
③ $P_1 \times P_2$ ④ $\sqrt{P_1 \times P_2}$

120 2단 압축 냉동사이클에서 저압이 0kg/cm² 이면 고압이 16kg/cm²이면 가장 적당한 중간압력은 얼마나 되겠는가?

① $1.033 + \dfrac{16}{2}$ ② $\sqrt{1.033 \times 17.033}$
③ $\dfrac{0+16}{2}$ ④ $\dfrac{1.033 \times 17.033}{2}$

121 다단 압축 시 중간 냉각기를 사용하는 가장 큰 이유는?

① 냉각 효과를 낮춘다.
② 압축기의 크기 및 중량을 크게 한다.
③ 압축일을 감소시킨다.
④ 압축비를 증가시킨다.

122 2단 압축 냉동장치에 있어서 중간 냉각기의 역할에 관한 사항 중 틀린 것은?

① 증발기에 공급하는 액을 과냉각 시켜 냉동효과를 증대시킨다.
② 고압 압축기의 흡입가스 압력을 저하시키고 압축비를 감소시킨다.
③ 저압 압축기의 과열도를 저하시킨다.
④ 고압 압축기의 흡입가스의 온도를 내리고 냉동장치의 성적계수를 향상시킨다.

123 2단 압축장치의 중간 냉각기의 역할이 아닌 것은?

① 압축기로 흡입되는 액냉매를 방지하기 위함이다.
② 고압응축액을 냉각시켜 냉동능력을 증대시킨다.
③ 저단측 압축기 토출가스의 과열을 제거한다.
④ 냉매액을 냉각하여 그 중에 포함되어 있는 수분을 동결시킨다.

124 저단측 토출가스의 온도를 냉각시켜 고단측 압축기가 과열되는 것을 방지하는 것은?

① 부스터 ② 인터쿨러
③ 콤파운드 압축기 ④ 익스팬션 탱크

125 다음 중 2단 압축 2단 팽창 냉동사이클에서 사용되는 중간 냉각기의 형식은?

① 플래시형 ② 액냉각형
③ 직접 팽창식 ④ 저압 수액기식

126 2단 압축장치의 구성기기가 아닌 것은?

① 고단 압축기
② 증발기
③ 팽창밸브
④ 카스케이드 응축기(콘덴서)

127 2단 압축 냉동장치에서 각각 다른 2대의 압축기를 사용하지 않고 1대의 압축기가 2대의 압축기 역할을 할 수 있는 압축기는?

① 부스터 압축기
② 카스케이드 압축기
③ 콤파운드 압축기
④ 보조 압축기

[정답] 119 ④ 120 ② 121 ③ 122 ② 123 ④ 124 ② 125 ① 126 ④ 127 ③

128 2원 냉동장치의 저온측 냉매로 사용하기 부적합한 냉매는?
① R-22　　② R-13
③ R-14　　④ R-503

129 2원 냉동장치에는 고온측과 저온측에 서로 다른 냉매를 사용한다. 다음 중 저온측에 사용하기에 적합한 냉매 군은 어느 것인가?
① 암모니아, 프로판, R-11
② R-13, 에탄, 에틸렌
③ R-13, R-21, R-113
④ R-12, R-22, R-500

> **해설**
> ㉠ 고온측 냉매 : R-12, R-22 등
> ㉡ 저온측 냉매 : R-13, R-14, 메탄, 에탄, 에틸렌 등

130 2단 압축 냉동장치에 있어서 다음 설명 중 옳은 것은?
① 고단측 압축기와 저단측 압축기의 피스톤 압출량을 비교하면 저단측이 크다.
② 냉매 순환량은 저단측 압축기 쪽이 크다.
③ 2단 압축은 압축비와 관계없이 단단 압축에 비해 유리하다.
④ 2단 압축은 R-22 및 R-12에는 사용되지 않는다.

131 다음의 도표는 2단 압축 냉동사이클을 몰리에르 선도로서 표시한 것이다. 맞는 것은?

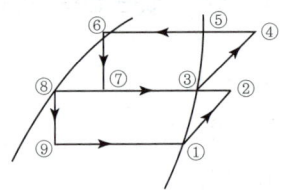

① 중간 냉각기의 냉동효과 : ③-⑦
② 증발기의 냉동효과 : ②-⑨
③ 팽창변 통과 직후의 냉매 위치 : ⑦-⑨
④ 응축기의 방출 열량 : ⑧-②

> **해설**
> ① 중간 냉각기의 냉동효과 : ③-⑦
> ② 증발기의 냉동효과 : ①-⑨
> ③ 팽창밸브 통과직후의 냉매위치 : ⑦, ⑨
> ④ 응축기의 방출열량 : ④-⑥

132 2단압축 1단팽창 사이클에서 중간 냉각기 주위에 연결되는 장치로서 적당하지 못한 것은?

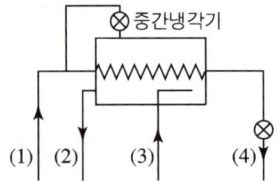

① (1) : 수액기로부터
② (2) : 고단측 압축
③ (3) : 응축기로부터
④ (4) : 증발기로

> **해설**
> (3) : 저단측 압축기로부터

133 비등점이 각각 다른 2개의 냉동사이클을 형성시켜 고온측 증발기로 저온측의 응축기를 냉각시켜 주는 냉동 방식은?
① 2원냉동
② 2단압축 1단팽창
③ 2단압축 2단팽창
④ 다효냉동

[정답] 128 ① 129 ② 130 ① 131 ① 132 ③ 133 ①

134 2원 냉동장치의 설명으로 볼 수가 없는 것은?
① -70℃ 이하의 저온을 얻는 데 사용된다.
② 비등점이 높은 냉매는 고온측 냉동기에 사용된다.
③ 저온측 압축기의 흡입관에는 팽창탱크가 설치되어 있다.
④ 중간 냉각기를 설치하여 고온측과 저온측을 열교환시킨다.

135 이원 냉동사이클에 대한 설명 중 틀린 것은?
① 다단압축 방식보다 저온에서 좋은 효율을 얻을 수 있다.
② 저온측 냉매와 고온측 냉매를 구분하여 사용한다.
③ 저온측 응축기의 열은 냉각수를 이용하여 냉각시킨다.
④ 이원냉동은 -100℃ 정도의 저온을 얻고자 할 때 사용한다.

136 가장 낮은 온도를 얻을 수 있는 냉동기는?
① R-13을 사용한 2원 냉동기
② 암모니아를 사용한 흡수식 냉동기
③ R-113을 사용한 터보 냉동기
④ 암모니아를 사용한 2단압축 냉동기

137 다음 2원 냉동법의 설명 중 맞지 않는 것은?
① 고온측과 저온측의 사용 냉매가 다르다.
② 카스케이드 응축기를 사용하여 저온측 증발기와 고온측 응축기를 열교환한다.
③ -70℃ 이하의 저온도를 얻는 데 이용하는 냉동법이다.
④ 안전장치로 팽창탱크를 사용한다.

138 2원 냉동방식에서 저온측 응축기와 고온측 증발기를 조합하여 저온측의 열을 효과적으로 제거하여 응축액화를 촉진시켜 주는 기기는?
① 카스케이드 응축기
② 부스터
③ 팽창밸브
④ 보조팽창밸브

139 2원 냉동방식에서 안전장치로써 냉동기 정지시 초저온 냉매의 증발로 인한 압력의 상승을 방지할 수 있는 것은?
① 카스케이드 콘덴서
② 팽창탱크
③ 중간 냉각기
④ 바이패스 밸브

140 증발온도가 다른 2개의 증발기에서 발생하는 냉매가스를 압축하는 다효압축 시 저압흡입구는 어디에 연결되어 있는가?
① 피스톤 상부
② 피스톤 행정 최하단 실린더 벽
③ 피스톤 하부
④ 피스톤 행정 최상단 실린더 벽

[정답] 134 ④ 135 ③ 136 ① 137 ② 138 ① 139 ② 140 ④

PART 1. 냉동기계

압축기

증발기에서 증발한 저온·저압의 냉매가스를 재사용하기 위해 압축기에 흡입시켜 응축기에서 응축액화를 쉽게 할 수 있도록 압력을 상승시켜 주며 냉매를 순환시켜 주는 기기이다.

1 압축기(compressor)의 분류

1 압축방식에 의한 분류

(1) 체적(용적)형 압축기
　① 왕복동식 : 입형, 횡형, 고속 다기통
　② 회전식(로타리식) : 고정익형, 회전익형
　③ 나사식(스크류식)

(2) 터보 압축기
　　원심식

2 밀폐구조에 의한 분류

(1) 개방형(open type)
　　압축기를 기동시켜 주는 전동기(motor)와 압축기가 분리되어 있는 구조
　① 직결 구동식 : 압축기와 전동기를 커플링(coupling)으로 직접 연결하여 구동시키는 방식
　② 벨트 구동식 : 압축기와 전동기를 벨트(velt)로 연결하여 구동시키는 방식

(2) 밀폐형(hermetic type)
　　압축기와 전동기를 하나의 하우징(housing) 안에 내장시킨 구조

● 반밀폐형 압축기　　　　　　　　● 밀폐형 압축기

① 반밀폐형 : 볼트로 조립되어 있어 분해조립이 용이하고 고·저압측에 서비스 밸브(service valve)가 부착되어 있다.
② 전밀폐형 : 하우징이 용접되어 있어 분해조립이 불가능하며 주로 저압측에 서비스 밸브가 부착되어 있다.
③ 완전밀폐형 : 하우징이 용접되어 있고 서비스 밸브 대신 서비스 니플(예비 충전구)이 부착되어 있다.

◯ 개방형 압축기와 밀폐형 압축기와의 비교

구분	개방형	밀폐형
장점	① 압축기 회전수의 조절이 용이 ② 분해조립이 가능, 수리 시 유리 ③ 타 구동원에 의해 기동 가능 ④ 냉매 및 오일충전이 가능	① 과부하 운전이 가능 ② 소음이 적음 ③ 냉매 및 오일누설이 없음 ④ 소형, 경량으로 제작비가 적음
단점	① 외형이 크고 설치면적이 큼 ② 소음이 커 고장발견이 어려움 ③ 냉매 및 오일누설 우려가 있음 ④ 제작비가 비쌈	① 타 구동원에 의한 운전이 불가능 ② 고장 시 수리가 어려움 ③ 회전수 조절이 어려움 ④ 냉매 및 오일 교환이 어려움

2 각 압축기의 특징

1 왕복동식 압축기

실린더 내 피스톤의 왕복운동에 의해 냉매가스를 압축하는 방식으로 압축능력이 크다.

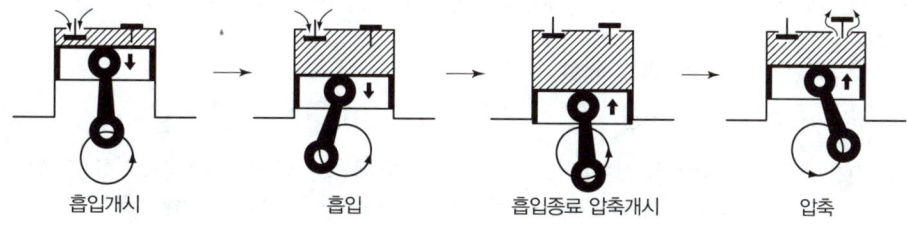

◯ 왕복동식 압축기의 압축순서

(1) 왕복동 압축기의 종류
① 입형(수직형) 압축기
  ㉠ 암모니아 및 프레온용으로 주로 단동형이다.
  ㉡ 기통수는 1~4기통이며 주로 2기통이 많이 사용된다.
  ㉢ 상부틈새(top clearance)는 0.8~1mm 정도로 작게 할 수 있어 체적효율이 양호하다.
  ㉣ NH_3용은 토출가스온도가 높아 워터자켓(water jacket)을 설치하나, 프레온용은 냉

각 핀(fin)을 부착하여 방열효율을 증대시킨다.
　　ⓓ 안전두(safety head)를 설치하여 액압축으로 인한 압축기의 파손을 방지한다.

> **참고**
> ■ 안전두(safety head)
> 실린더 상부를 스프링으로 누르고 있는 것으로 실린더 내로 이물질 또는 액 냉매 압축 시 이상 압력 상승으로 압축기가 파손되는 것을 방지한다.
>
> ■ 워터자켓(water jacket)
> 암모니아 냉동장치는 비열비가 커 압축기 실린더 상부에 냉각수를 순환시켜 압축기의 과열방지, 실린더 마모 방지, 윤활작용 불량 방지, 체적효율을 증가시킨다.

② 횡형(수평형) 압축기(horizontal type compressor)
　ⓐ 주로 NH_3용으로 복동식이며 현재 거의 사용되지 않는다.
　ⓑ 상부틈새(top clearance)가 3mm 정도로 안전두가 없는 대신 체적효율이 나쁘다.
　ⓒ 냉매의 누설방지를 위해 축상형 축봉장치(글랜드 패킹)를 사용한다.
　ⓓ 중량 및 설치면적이 크며 진동이 심하다.

③ 고속 다기통 압축기(high speed multi-cylinder compressor)
　ⓐ 대개 4, 6, 8, 12, 16기통으로 밸런스를 유지하기 위해 기통수는 짝수로 한다.
　ⓑ 회전수는 암모니아용이 900~1,000rpm, 프레온용은 1,750~3,500rpm 정도이다.
　ⓒ 실린더 직경(D)이 행정(L)보다 크거나 같다.(D≥L)
　ⓓ 유압을 이용한 언로더(un-load) 기구가 있어 용량제어가 가능하다.
　ⓔ 고속이고 밸브의 저항과 상부간극이 크므로 체적효율이 나쁘다.
　ⓕ 링 플레이트 밸브(plate valve)와 기계적 축봉장치(mechanical shaft seal)가 사용된다.
　ⓖ 실린더 라이너(cylinder liner)가 있어 분해하여 교환할 수 있다.

　◎ 고속 다기통 압축기의 장·단점

장점	단점
① 고속으로 능력에 비해 소형이다.	① 체적효율이 낮고 고진공으로 하기가 어렵다.
② 동적·정적 밸런스가 양호하여 진동이 적다.	② 고속으로 윤활유 소비량이 많다.
③ 용량제어(무부하 기동)가 가능하다.	③ 윤활유의 열화 및 탄화가 쉽다.
④ 부품의 호환성이 좋다.	④ 마찰이 커 베어링의 마모가 심하다.
⑤ 강제 급유식으로 윤활이 용이하다.	⑤ 음향으로 고장발견이 어렵다.

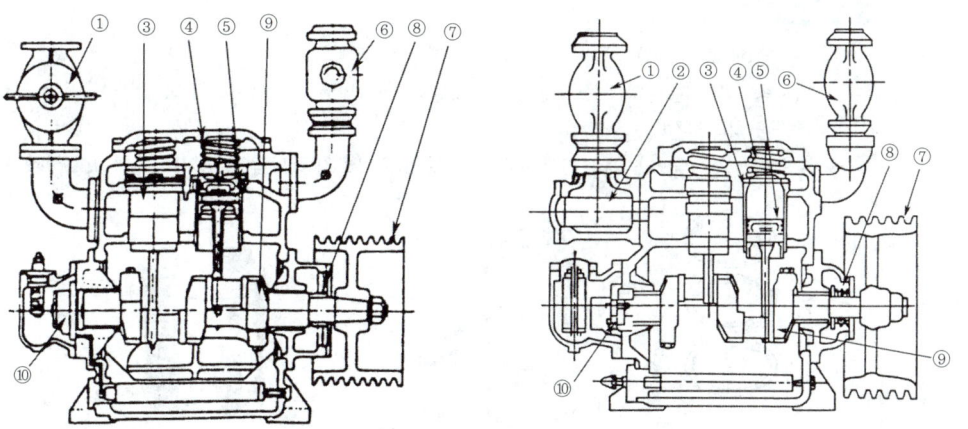

① 흡입측 개폐밸브 ② 섹션필터 ③ 실린더 라이너 ④ 안전두 헤드 스프링 ⑤ 피스톤
⑥ 토출측 개폐밸브 ⑦ V홈 풀리 ⑧ 축봉장치 ⑨ 크랭크축 ⑩ 오일펌프

(2) 왕복동 압축기의 주요 구성부품

① 실린더(cylinder) 및 본체(body)
  ㉠ 입형 중·저속 압축기는 실린더와 본체가 특수 주물로 제작되며 고속 다기통은 강력 고급주물을 사용한다.
  ㉡ 실린더 지름은 최대 300mm 정도이다.
  ㉢ 장기운전으로 실린더와 피스톤의 간격이 커지면 보링(boring)을 하여 토출가스 온도상승, 실린더 과열, 오일의 열화 및 탄화, 체적효율, 냉동능력 감소를 방지한다.

> **참고**
> ■ 클리어런스(clearance, 틈새, 간극, 공극)
> ① 상부틈새(top clearance) : 실린더 두부와 피스톤 상부 상사점 사이의 공간
> ② 측부틈새(side clearance) : 실린더 내벽과 피스톤 측부 옆면과의 공간
> ③ 클리어런스가 크면 체적효율 감소, 토출가스온도 상승, 냉동능력 감소 등의 영향이 있다.

② 피스톤(piston)
  ㉠ 고속회전으로 인한 관성력을 최소화하기 위해 중공(속이 비어있는 상태)으로 제작, 경량화한다.
  ㉡ 3~4개의 피스톤링이 있으며 그 중 최하부는 1~2개의 오일링으로 한다.
  ㉢ 피스톤링의 홈 간격은 0.03mm 정도이다.
  ㉣ 플러그형, 싱글 트렁크형, 더블 트렁크형 등이 있다.

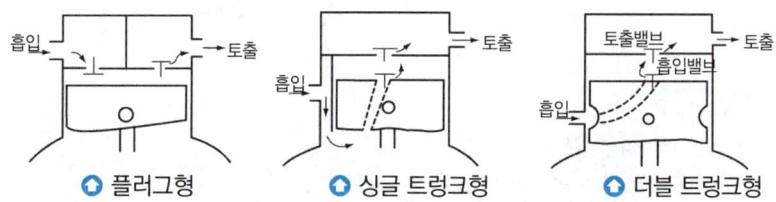

> **참고**
>
> ■ 피스톤링(piston ring)
> ① 압축링 : 피스톤 상부에 2~3개의 링으로 냉매가스의 누설을 방지하고 마찰면적을 감소시켜 기계효율을 증대시킨다.
> ② 오일링 : 피스톤 하부에 1~2개의 링으로 오일이 응축기 등으로 넘어가는 것을 방지한다.
>
>
>
> ◐ 피스톤의 구조
>
> ■ 피스톤링의 마모 시 장치에 미치는 영향
> ① 크랭크 케이스 내(저압) 압력이 상승
> ② 압축기에서 오일 부족으로 압축기 과열
> ③ 유막 형성으로 인한 응축기 및 증발기에서 전열이 불량
> ④ 체적효율 및 냉동능력 감소
> ⑤ 냉동능력당 소요동력이 증가
> ⑥ 압축기가 과열

③ 연결봉(connecting rod)

피스톤과 크랭크축을 연결하여 축의 회전운동을 피스톤의 왕복운동으로 바꾸어준다.

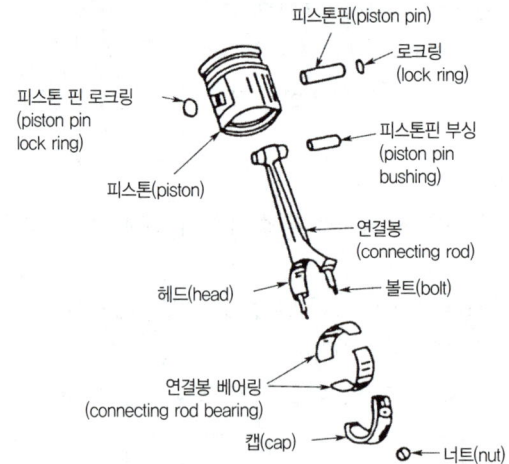

> **참고**
>
> ■ 유면계의 적정 유면
> ⓐ 정지 중 : 유면계의 2/3 정도   ⓑ 운전 중 : 유면계의 1/2~1/3 정도

④ 크랭크축(crank shaft)
　㉠ 전동기의 회전운동을 피스톤의 직선운동으로 바꾸어 주는 동력전달장치이다.
　㉡ 탄소강으로 제작되고 동적, 정적 밸런스를 유지하기 위해 균형추(관성추, balance weight)를 부착한다.
　㉢ 종류에는 대형에 사용하는 크랭크형과 피스톤 행정이 짧은 소형에는 편심형, 가정용 소형에 사용되는 스카치 요크형 등이 있다.

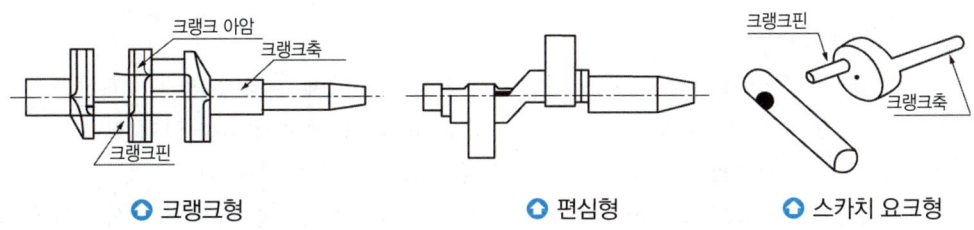

❶ 크랭크형　　　　❶ 편심형　　　　❶ 스카치 요크형

⑤ 크랭크 케이스(crank case)
　㉠ 고급 주철로 되어 있으며 윤활유가 저장되어 있고 유면계가 부착되어 있다.
　㉡ 크랭크 케이스 내의 압력은 저압이다.(단, 회전식은 고압)
⑥ 축봉장치(shaft seal)
　㉠ 크랭크 케이스의 크랭크축이 관통하는 축봉부에서 냉매나 오일의 누설 및 진공운전 시 공기의 침입을 방지하기 위해 축의 기밀을 유지하는 장치이다.
　㉡ 종류
　　ⓐ 축상형 축봉장치(stuffing box type shaft seal) : 저속 압축기에 사용하며 글랜드 패킹이라고도 한다.
　　ⓑ 기계적 축봉장치(mechanical shaft seal) : 고속 다기통에 사용한다.

(3) 압축기의 흡입 및 토출밸브
① 밸브의 구비조건
　㉠ 밸브의 작동이 경쾌하고 확실할 것
　㉡ 냉매 통과 시 마찰저항이 적을 것
　㉢ 밸브가 닫혔을 때 누설이 없을 것
　㉣ 내구성이 크고 변형이 적을 것
② 밸브의 종류
　㉠ 포펫 밸브(poppet valve) : 중량이 무겁고 구조가 튼튼하여 파손이 적어 NH_3 입형 저속에 많이 사용한다.
　㉡ 링 플레이트 밸브(ring plate valve) : 밸브시트에 있는 얇은 원판을 스프링으로 눌러 놓은 구조로 중량이 가벼워 고속 다기통 압축기에 많이 사용한다.

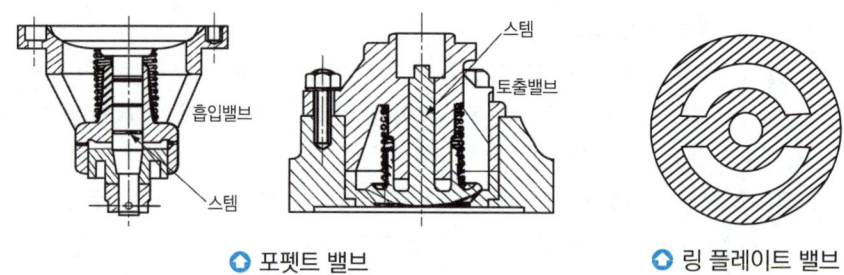

○ 포펫트 밸브 　　　　　　　　　　○ 링 플레이트 밸브

ⓒ 리드 밸브(read valve)
　ⓐ 중량이 가벼워 신속·경쾌하게 작동하며 자체 탄성에 의해 개폐된다.
　ⓑ 흡입 및 토출밸브가 실린더 상부의 밸브판에 같이 부착되어 있다.
　ⓒ 1,000rpm 이상의 Freon 소형 냉동기에 주로 사용한다.
ⓔ 와셔 밸브(washer valve) : 얇은 원판 중심에 구멍을 뚫고 고정시킨 것으로 카 쿨러에 주로 사용한다.

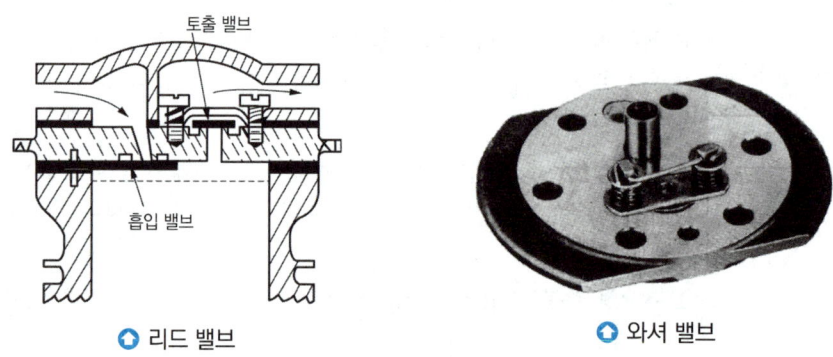

○ 리드 밸브 　　　　　　　　　　○ 와셔 밸브

(4) 서비스 밸브(service valve)
　① 냉매 및 오일의 충전이나 회수 시 이용한다.
　② 압축기 흡입측과 토출측에 주로 부착되어 있다.

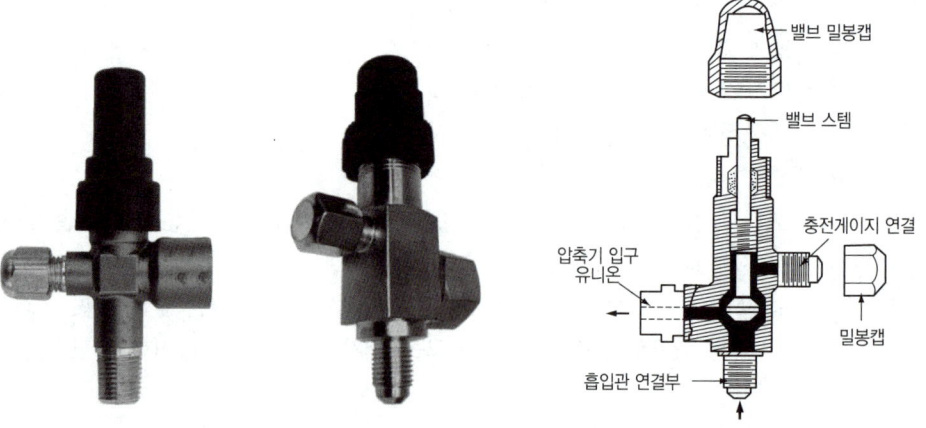

2 회전식 압축기(rotary compressor)

왕복운동을 하지 않고 로터가 실린더 내를 회전하면서 가스를 압축하는 형식으로 고정익형과 회전익형이 있으며 가정용 에어컨, 소형 공기조화용, 쇼케이스, 냉장고, 자동차 에어컨 등에 사용된다.

(1) 종류
① 고정익(날개)형 : 스프링에 의해 고정된 블레이드와 회전축에 의한 회전자와 실린더(피스톤)와의 접촉에 의해 냉매가스를 압축하는 형식
② 회전익(날개)형 : 회전 로터와 함께 블레이드(베인)가 실린더 내면에 접촉하면서 회전하여 원심력에 의해 냉매가스를 압축하는 형식

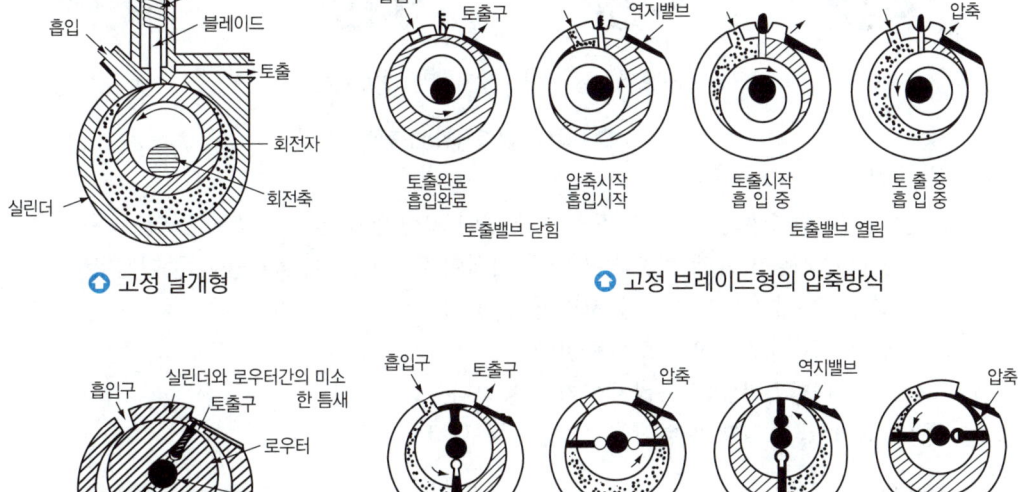

(2) 특징
① 왕복동식에 비해 부품 수가 적고 구조가 간단하다.(소형이며 경량이다.)
② 운동 부분의 동작이 단순하여 고속회전에도 진동 및 소음이 적다.
③ 잔류가스의 재팽창에 의한 체적효율의 감소가 적다.
④ 흡입밸브가 없고 토출밸브는 체크밸브로 되어 있으며 크랭크 케이스 내 압력은 고압이다.
⑤ 압축이 연속적이므로 고진공을 얻을 수 있으며 진공펌프로 많이 사용한다.
⑥ 용량제어가 어렵고 분해조립 및 정비에 특수한 기술이 필요하다.

3 스크류 압축기(screw compressor)

(1) 원리

암나사와 숫나사로 된 두 개의 로우터(헬리컬기어식)의 맞물림에 의해 냉매가스를 흡입 → 압축 → 토출시키는 방식으로 운전 및 정지 중 토출가스의 역류 방지를 위해 흡입측과 토출측에 체크밸브를 설치한다.

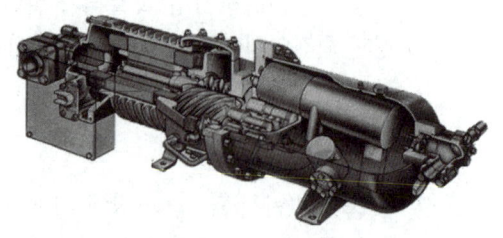

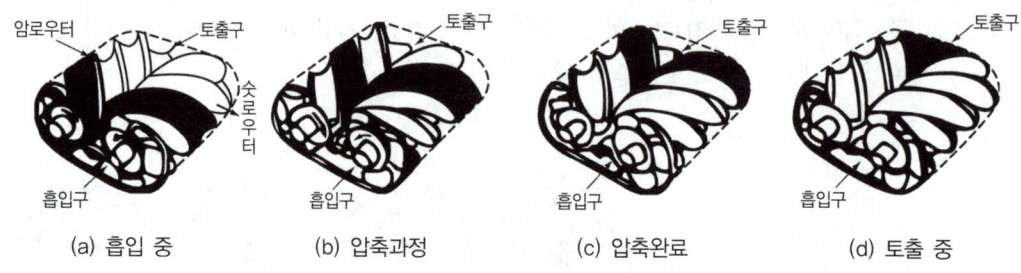

(a) 흡입 중   (b) 압축과정   (c) 압축완료   (d) 토출 중

◆ 스크류 압축기의 압축과정

(2) 장점

① 흡입 및 토출밸브가 없고 부품 수가 적어 고장률이 적고 수명이 길다.
② 냉매와 오일이 함께 토출되어 냉매 손실이 없으므로 체적효율이 증대된다.
③ 소형으로 대용량의 가스를 처리할 수 있다.
④ 맥동이 없고 연속적으로 토출된다.
⑤ 10~100%의 무단계 용량제어가 가능하다.
⑥ 액햄머 및 오일햄머 현상이 적다.

(3) 단점

① 윤활유 소비량이 많아 별도의 오일펌프와 오일쿨러 및 유분리가 필요하다.
② 3,500rpm 정도의 고속이므로 소음이 크다.
③ 분해조립 시 특별한 기술을 필요로 한다.
④ 경부하 시에도 동력 소모가 크다.

4 스크롤 압축기(scroll compressor)

(1) 원리

선회 스크롤(익)이 고정 스크롤(익)에 선회(공전)운동하여 그 사이에서 형성되는 초승달 모양의 압축공간에서 용적이 감소되면서 냉매가스를 압축하는 형식으로 선회 스크롤이 1회전하는 사이 흡입, 압축, 토출이 동시에 이루어지므로 진동 및 소음이 적고 부품 수가 왕복동식보다 적다.

○ 스크롤 압축기의 구조 및 외형

(2) 특징

① 흡입과 토출이 원활하여 토크변동이 적고, 흡입밸브나 토출밸브가 없다.
② 구조가 단순하고 크기가 작으며 부품수가 적어 고신뢰성을 가진다.
③ 고효율이고 고속회전에 적합하다.
④ 토출가스의 압력변동과 진동 및 소음이 적다.
⑤ 정지 시 고·저압차로 역회전하므로 토출측이나 흡입측에 체크밸브를 설치한다.
⑥ 비교적 액압축에 강하고, 체적효율, 기계효율이 높다.

5 원심식 압축기(centrifugal compressor)

(1) 원리

일명 터보(turbo) 압축기라고 하며 고속 회전하는 임펠러(impeller)의 원심력을 이용하여 냉매가스의 속도에너지를 압력에너지로 바꾸어 압축하는 형식으로 고속회전을 위한 증속장치가 필요하며 주로 브라인식의 수냉각용으로 대형의 냉방설비용으로 많이 사용한다.

○ 원심 압축기

(2) 특징

① 장점
　㉠ 저압의 냉매를 사용하므로 위험이 적고 취급이 용이하다.
　㉡ 마찰부가 적어 고장이 적고 마모에 의한 손상이나 성능저하가 없다.
　㉢ 회전운동이므로 동적 밸런스를 잡기가 쉽고 진동이 적다.
　㉣ 10~100%까지 광범위하게 무단계 용량제어가 가능하다.
　㉤ 수명이 길고 보수가 용이하다.
　㉥ 대형화함에 따라 냉동능력당 가격이 싸다.

② 단점
　㉠ 1단의 압축으로는 압축비를 크게 할 수 없다.
　㉡ 한계치 이하의 유량으로 운전 시 맥동(서징) 현상이 발생한다.
　㉢ 소용량에는 제작상 한계가 있어 100RT 이하에서는 가격이 비싸진다.

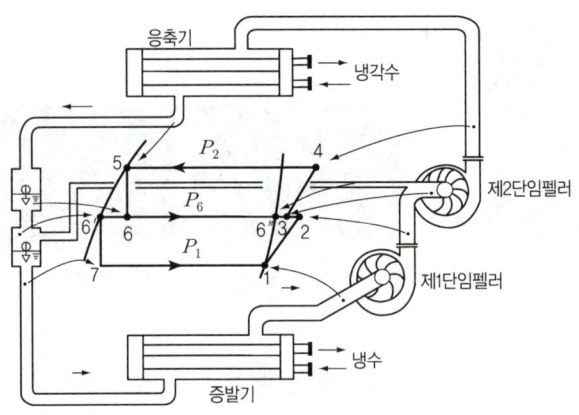

○ 2단압축 터보 냉동기의 냉동사이클

> **참고**
>
> - **맥동(서징) 현상**
>   터보 냉동기 운전 중 고압이 상승하고 저압이 저하하면 고·저압 차가 증가하여 고압측 냉매가 임펠러를 통해 저압측으로 역류하여 전류계의 지침이 흔들리고 고압이 하강하고 저압이 상승하면서 심한 소음 및 진동과 함께 베어링이 마모되는 현상
> - **추기회수장치**
>   ① 냉매 충전   ② 진공 작업
>   ③ 불응축가스 퍼지   ④ 불응축가스 중 냉매의 재생
> - **디퓨져(diffuser)**
>   운동에너지를 압력에너지로 바꾸기 위해 단면적을 점차 넓게 한 통로(노즐과 반대)

(3) 원심식 냉동기의 냉동능력

$$RT = \frac{원동기의\ 정격출력(\text{kW})}{1.2}$$

③ 용량제어(capacity control system)

부하변동에 대응하기 위하여 압축기를 단속 운전하는 것이 아니고 운전을 계속하면서 냉동기의 능력을 변화시키는 장치로 압축기 보호와 기계의 수명이 연장된다.

1 용량제어의 목적

① 부하변동에 따른 경제적인 운전을 도모한다.
② 무부하 및 경부하 기동으로 기동 시 소비전력이 적다.
③ 압축기를 보호하여 기계의 수명을 연장시킨다.
④ 일정한 냉장실온(증발온도)을 유지할 수 있다.

2 각 압축기에 따른 용량제어 방법

(1) 왕복동 압축기
① 회전수 조절(가감)법
② 바이패스 방법
③ 흡입밸브 조정에 의한 방법
④ 클리어런스 증대법
⑤ 냉각수량 조절법(응축압력 조절법)
⑥ 언로더 장치에 의해 일부 실린더를 놀리는 방법
⑦ 타임드 밸브에 의한 방법

↑ 언로더 기구

> **참고**
>
> ■ 언로더(Un-load) 장치의 구조 및 작동
> ① 구조
>
>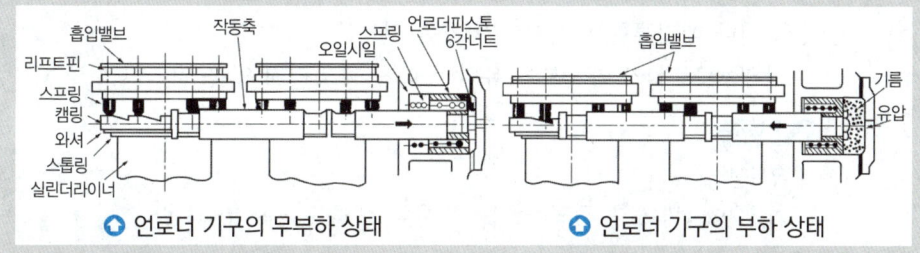
>
> ↑ 언로더 기구의 무부하 상태   ↑ 언로더 기구의 부하 상태
>
> ② 작동
> ㉠ 부하(load) 상태 : 유압이 걸린 상태
>   부하증가로 저압 상승 → 언로드용 LPS 접점이 열림 → 전자밸브 닫힘 → 언로드 피스톤에 유압이 걸림 → 압상봉이 캠링홈에 떨어진다 → 흡입밸브가 내려와 닫힘 → 부하 상태
> ㉡ 무부하(un-load) 상태 : 유압이 걸리지 않은 상태
>   부하감소로 저압 저하 → 언로드용 LPS 접점이 닫힘 → 전자밸브 열림 → 유압이 크랭크 케이스 내로 빠져 나감 → 언로드 피스톤에서 유압이 빠진다 → 압상봉이 캠링홈에서 벗어난다 → 흡입밸브가 들어 올려짐 → 무부하 상태

(2) 원심식(터보) 압축기
① 회전수 조절(가감)법   ② 바이패스법
③ 흡입, 토출 댐퍼 조절법   ④ 흡입 가이드베인의 각도 조절법
⑤ 냉각수량 조절법(응축압력 조절법)

(3) 스크류 압축기
① 슬라이드 밸브에 의한 바이패스법   ② 전자밸브에 의한 방법

(4) 흡수식 냉동기
① 발생기 공급 용액량 조절법   ② 발생기(재생기)의 공급 증기(온수)량 조절법
③ 응축수량 조절법

4 윤활장치(lubrication system)

1 윤활유의 구비조건

① 응고점 및 유동점이 낮을 것
② 인화점이 높을 것
③ 점도가 적당할 것
④ 항유화(抗油化)성이 있을 것
⑤ 불순물이 적고 절연내력이 클 것
⑥ 오일 포밍 시 소포성이 클 것
⑦ 왁스 성분이 적고 저온에서 왁스 성분이 분리되지 않을 것
⑧ 방청능력 및 냉매와의 분리성이 좋을 것
⑨ 금속이나 패킹류를 부식시키지 않을 것
⑩ 유막의 강도가 커 마찰부에 유막이 쉽게 파괴되지 않을 것

> **참고**
> ■ 유동점
> 응고점보다 약 2.5℃ 정도 높은 온도를 유의 유동이 가능한 최저의 온도

2 윤활유의 사용 목적

① 누설 우려 부분에 유막을 형성하여 냉매누설 및 공기 침입을 방지(기밀작용)
② 마찰, 마모를 방지하여 기계효율 증대(감마작용)
③ 열을 냉각시켜 기계효율을 증대(냉각작용)
④ 방청작용에 의하여 부식을 방지(방청작용)
⑤ 가스켓 및 패킹재료를 보호(패킹보호)
⑥ 슬래그·칩 등을 제거(청정작용)

3 윤활 방식

(1) 비말 급유식

크랭크 아암(crank arm)에 부착된 밸런스 웨이트(균형추)나 오일 스크레이퍼(디퍼)를 이용, 크랭크축 회전 시 오일을 쳐올려 윤활하는 방식으로 크랭크 케이스 내 유면이 항상 일정해야 하며 주로 소형에 많이 사용한다.

(2) 강제 급유식

기어 펌프(gear pump)로 오일을 가압, 강제적으로 급유하는 방식으로 주로 중·대형에 사용한다.

4 유순환 계통도

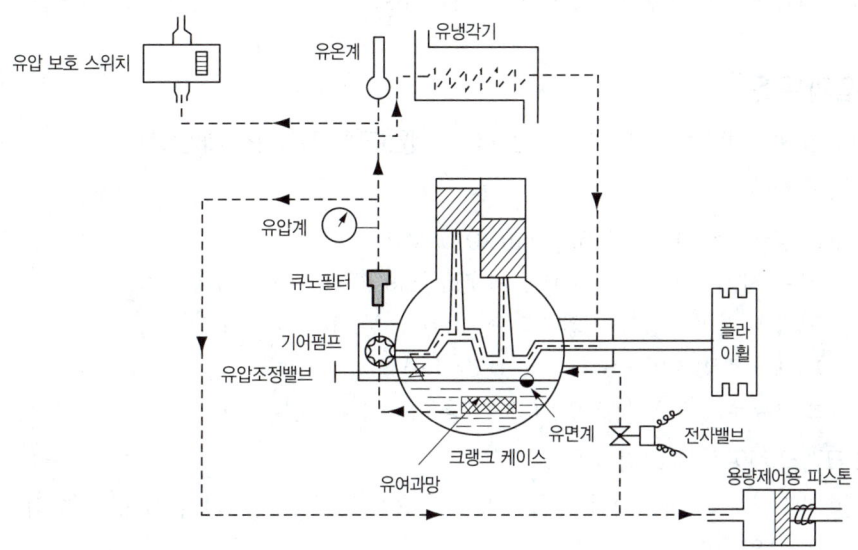

- 유순환 계통

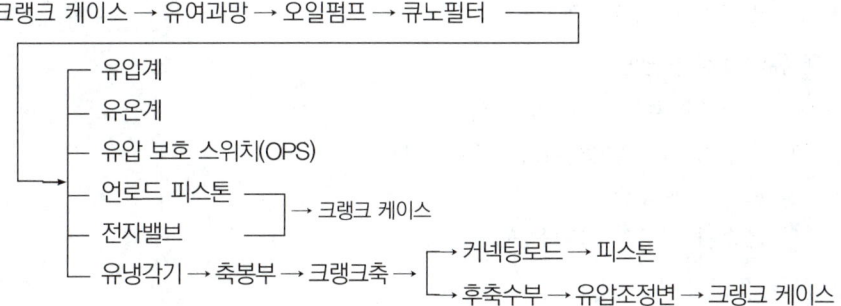

> **참고**
>
> ■ 강제 급유식에서 기어펌프를 사용하는 이유
> ① 구조가 간단하고 고장이 적다. ② 저속으로도 일정한 압력을 얻을 수 있다.
> ③ 유체의 마찰저항이 적다.   ④ 소형으로 고압을 얻을 수 있다.

5 사용 냉매에 따른 오일의 선택

(1) 암모니아(NH_3) 냉동기유

① 입형 저속(증발온도 -10℃ 이상) : 300번유
② 고속 다기통(제빙, 냉동용) : 150번유
③ 초저온 냉동기 : 90번유

(2) 프레온(freon) 냉동기유

① 저속 : 300번유(300±20초)

② 고속 : 150번유(150±10초)
③ 초저온용 : 90번유(90±10초), 서니소 4G

6 유압과 유온

① 유압계 나타나는 압력＝순수유압＋정상 저압(크랭크 케이스 내 압력)
② 정상 유압
  ㉠ 소형＝정상 저압＋0.5kg/cm^2(0.05MPa)
  ㉡ 입형 저속＝정상 저압＋$0.5 \sim 1.5 \text{kg/cm}^2$(0.05~0.15MPa)
  ㉢ 고속 다기통＝정상 저압＋$1.5 \sim 3 \text{kg/cm}^2$(0.15~0.3MPa)
  ㉣ 터보＝정상 저압＋6kg/cm^2(0.6MPa)
  ㉤ 스크류＝토출 압력(고압)＋$2 \sim 3 \text{kg/cm}^2$(0.2~0.3MPa)
③ 크랭크 케이스 내 오일의 온도
  ㉠ 암모니아 : 40℃ 이하(토출가스의 온도가 높아 윤활유의 열화 및 탄화의 우려가 있어 오일쿨러를 사용한다.)
  ㉡ 프레온 : 30℃ 이상(오일 포밍 방지를 위해 오일히터를 사용한다.)
  ㉢ 터보 : 60~70℃ 정도
④ 유압의 상승 원인
  ㉠ 유압조정밸브 개도 과소 시
  ㉡ 유온이 너무 낮을 때(점도의 증가)
  ㉢ 오일의 과충전
  ㉣ 유순환 회로가 막혔을 때
⑤ 유압이 낮아지는 원인
  ㉠ 오일 부족 시   ㉡ 유압조정 밸브의 개도 과대 시
  ㉢ 유온이 너무 높을 때(오일의 점도 저하) ㉣ 유여과망이 막혔을 때
  ㉤ 오일 중 냉매 혼입 시(오일의 온도 저하) ㉥ 오일펌프의 고장 시
  ㉦ 오일펌프 전동기의 역회전 시   ㉧ 오일안전밸브에서의 누설 시
⑥ 유온이 상승하는 원인
  ㉠ 오일 냉각기(oil cooler) 고장 시
  ㉡ 유압이 낮을 때
  ㉢ 압축기의 과열 운전 시
  ㉣ 오일 냉각기의 냉각수 통수 불량 시

> **참고**
>
> ■ 오일 안전밸브(oil relief valve)
> 유순환 계통 내에서 이상 유압 상승 시 크랭크 케이스 내로 오일을 회수하여 유압 상승으로 인한 파손 및 오일햄머 등을 방지하기 위해 큐노필터 후방에 나사로 끼워져 있다.

5 압축기에서의 계산

1 압축비(pressure ratio)

고압측 절대압력과 저압측 절대압력과의 비로 압축비가 클 때 장치에 미치는 다음과 같다.

$$P_r = \frac{P_1}{P_2} = \frac{고압측\ 절대압력}{저압측\ 절대압력} = \frac{응축기\ 절대압력}{증발기\ 절대압력}$$

> **참고**
>
> ■ 압축비가 클 때 장치에 미치는 영향
> ① 압축기 소요동력 증가 ⑤ 윤활유 열화 및 탄화
> ② 피스톤 마모 증가 ⑥ 축수하중 증가
> ③ 실린더 과열 ⑦ 체적효율, 압축효율, 기계효율 감소
> ④ 토출가스온도 상승 ⑧ 냉동능력 감소

2 압축기 피스톤 압출량

(1) 이론적 피스톤 압출량(V_a : m³/h)

① 왕복동식 압축기

$$V_a = \frac{\pi}{4} D^2 \cdot l \cdot N \cdot R \cdot 60$$

- $\frac{\pi}{4} D^2 \cdot l$: 실린더의 체적(m³)
- D : 피스톤 외경(m)
- l : 피스톤 행정길이(m)
- N : 기통수
- R : 분당 회전수(rpm)

② 회전식 압축기

$$V_a = \frac{\pi}{4}(D^2 - d^2) t \cdot R \cdot 60$$

- D : 실린더 내경(m)
- d : 피스톤의 외경(m)
- t : 실린더의 축방향 길이, 두께(m)
- R : 분당 회전수(rpm)

(2) 실제적 피스톤 압출량(V_g : m³/h)

$$V_g = V_a \times \eta_v = G \times v = \frac{Q_2}{q_2} \times v$$

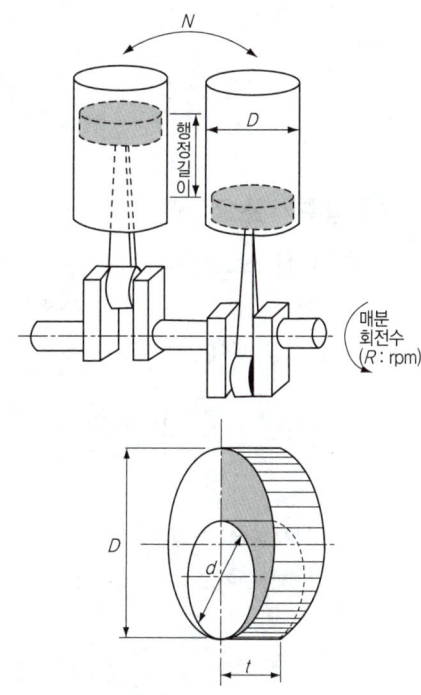

- Q_2 : 냉동능력(kcal/h, kJ/h)
- G : 냉매 순환량(kg/h)
- v : 압축기 흡입가스의 비체적(m³/kg)
- η_v : 체적효율

3 압축기에서의 3대 효율

(1) 체적효율(η_v)

$$\eta_v = \frac{\text{실제적 피스톤 압출량}(V_g)}{\text{이론적 피스톤 압출량}(V_a)} < 1$$

> **참고**
>
> ■ 체적효율이 감소하는 원인
> ① 압축비가 클수록
> ② 클리어런스가 클수록
> ③ 흡입가스가 과열 될수록(비체적이 클수록)
> ④ 압축기가 작을수록
> ⑤ 압축기의 회전수가 빨라 밸브 개폐가 확실치 못하고 마찰저항이 커질수록

(2) 압축효율(지시효율)

$$\eta_c = \frac{\text{이론상 가스를 압축하는 데 필요한 동력(이론동력, } N)}{\text{실제로 가스를 압축하는 데 필요한 동력(지시동력, } N')}$$

(3) 기계효율

$$\eta_m = \frac{\text{실제로 가스를 압축하는 데 필요한 동력(지시동력, } N')}{\text{실제 압축기를 운전하는 데 필요한 동력(축동력, } N'')}$$

4 압축기 소요동력

(1) 이론 소요동력(N)

이론적으로 가스를 압축하는 데 소요되는 동력으로 압축열량이 kcal/h일 때에는 860, kJ/h일 때에는 3,600으로 나눈다.

$$\text{kW} = \frac{G \times Aw [\text{kJ/h}]}{860 [3,600]} = \frac{Q_2 \times (i_b - i_a)}{q_2 \times 860} = \frac{V_a \times (i_b - i_a)}{v \times 860} \times \eta_v$$

(2) 지시동력(N')

실제로 가스를 압축하는 데 소요되는 동력

$$\text{kW} = \frac{\text{이론동력}(N)}{\text{압축효율}(\eta_c)} = \frac{V_a \times (i_b - i_a)}{v \times \eta_c \times 860} \times \eta_v$$

(3) 실제 소요동력(축동력 : N'')

압축기를 운전하는 데 필요한 동력(kW)

$$kW = \frac{지시동력}{기계효율} = \frac{이론 소요동력}{압축효율 \times 기계효율}$$
$$= \frac{N'}{\eta_m} = \frac{N}{\eta_c \times \eta_m}$$
$$= \frac{G(i_b - i_a)[\text{kcal/h}]}{\eta_c \times \eta_m \times 860}$$

$\begin{bmatrix} G : 냉매 순환량(\text{kg/h}) \\ Aw : 압축열량(\text{kcal/kg, kJ/kg}) \\ Q_e : 냉동능력(\text{kcal/h, kJ/h}) \\ q_2 : 냉동효과(\text{kcal/kg, kJ/kg}) \\ i_b : 압축기 토출가스 엔탈피(\text{kcal/kg, kJ/kg}) \\ i_a : 압축기 흡입가스 엔탈피(\text{kcal/kg, kJ/kg}) \\ V_a : 피스톤 압출량(\text{m}^3/\text{h}) \\ v : 흡입가스의 비체적(\text{m}^3/\text{kg}) \\ \eta_v : 체적효율 \\ \eta_c : 압축효율 \\ \eta_m : 기계효율 \end{bmatrix}$

6 압축기 안전관리

1 압축기의 안전관리

(1) 압축기 과열 원인(토출가스온도 상승 원인)

① 원인
  ㉠ 고압이 상승하였을 때
  ㉡ 흡입가스 과열 시(냉매 부족, 팽창밸브 개도 과소)
  ㉢ 윤활 불량 및 워터자켓의 기능 불량(NH_3)
  ㉣ 토출, 흡입밸브, 내장형 안전밸브, 피스톤링, 유분리기 자동반유밸브, 제상용 전자밸브 등의 누설 시

② 영향
  ㉠ 체적효율 감소로 냉동능력 감소
  ㉡ 냉동능력당 소요동력 증가
  ㉢ 윤활유 열화 및 탄화로 압축기 소손
  ㉣ 패킹 및 가스켓의 노화 촉진

(2) 토출밸브의 누설 시 장치에 미치는 영향

① 실린더 과열 및 토출가스온도 상승
② 윤활유의 열화 및 탄화
③ 체적효율 저하
④ 냉매 순환량 감소로 인한 냉동능력 저하
⑤ 냉동능력당 소요동력 증가
⑥ 축수하중 증가

(3) 피스톤링의 과대 마모 시 장치에 미치는 영향
  ① 체적효율 감소
  ② 냉매 순환량 감소로 인한 냉동능력 저하
  ③ 크랭크 케이스 내의 압력 상승
  ④ 냉동능력당 소요동력 증가
  ⑤ 윤활유의 장치 내 배출로 윤활유 부족 초래
  ⑥ 압축기 실린더의 과열로 윤활유 열화 및 탄화

(4) 액압축(liquid back)
   증발기의 냉매액이 전부 증발하지 못하고 액체상태로 압축기로 흡입되는 현상
① 원인
   ㉠ 팽창밸브의 개도가 클 때
   ㉡ 증발기 냉각관의 유막 및 적상 과대
   ㉢ 급격한 부하의 변동(부하 감소)
   ㉣ 냉매 과충전 시
   ㉤ 흡입관에 트랩 등과 같은 액이 고이는 장소가 있을 때
   ㉥ 액분리기 기능 불량
   ㉦ 기동 시 흡입밸브를 갑자기 급개했을 때
   ㉧ 압축기 용량 과대 및 증발기 용량 부족

② 영향
   ㉠ 흡입관에 적상이 심하다.
   ㉡ 토출가스 온도가 저하되며 심하면 토출관이 차가워진다.
   ㉢ 실린더가 냉각되어 이슬이 맺히거나 상이 낀다.
   ㉣ 심할 경우 크랭크 케이스에 적상이 발생하거나 액해머링이 일어나 타격음이 난다.
   ㉤ 축수하중 및 소요동력이 증가한다.
   ㉥ 압력계 및 전류계의 지침이 떨리고 압축기가 파손될 수 있다.

③ 대책
   ㉠ 흡입관에 적상이 생길 정도로 경미할 경우에는 팽창밸브를 조절한다.
   ㉡ 실린더에 적상 시 흡입 스톱밸브를 닫고 팽창밸브를 닫은 후, 정상상태가 될 때까지 운전을 한 다음 흡입 스톱밸브를 서서히 열고 팽창밸브를 재조정한다.
   ㉢ 액해머링이 일어날 경우 압축기를 정지시킨 후 워터자켓의 냉각수 드레인, 크랭크 케이스 가열(액냉매를 증발), 열교환 과정을 거쳐 재운전하며 정도가 클 경우 압축기 파손부품을 교체한다.
   ㉣ 냉매 충전량을 적정하게 하고 기동조작에 신중을 기한다.

예상문제

001 증발기에서 나온 냉매가스를 압축기에서 압축하는 이유는?
① 냉매가스의 온도를 상승시키기 위하여
② 냉매가스의 비체적을 감소시키기 위하여
③ 냉매가스를 압축하여 압력을 상승시키면 냉매액으로의 액화가 쉬우므로
④ 응축기에서 냉각수량 부족 시 수온상승을 방지하기 위하여

> **해설**
> 압축기는 압력을 상승시켜 응축 액화를 용이하게 하고 냉매를 순환시킨다.

002 다음 중 압축기에 관한 설명으로 옳은 것은?
① 습증기가 흡입되면 토출가스 온도는 내려간다.
② 압축기에서 습압축을 하는 것이 효과적이다.
③ 압축기에서는 과열압축을 하는 것이 효과적이다.
④ 냉동압축기는 냉매액을 압축하는 일을 한다.

003 냉동기의 압축기에서 일어나는 이상적인 압축과정은 다음 중 어느 것인가?
① 등온 변화
② 등압 변화
③ 등엔탈피 변화
④ 등엔트로피 변화

004 실린더 내에서 기체를 단열 압축하면 어떻게 되겠는가?
① 온도가 낮아진다.
② 비체적이 커진다.
③ 압력이 낮아진다.
④ 엔탈피가 증가한다.

005 압축기에 대하여 옳은 것은?
① 토출가스 온도는 압축기의 흡입가스의 과열도가 클수록 높아진다.
② 프레온-12를 사용하는 압축기에는 토출가스가 낮아 워터자켓을 부착한다.
③ 톱클리어런스가 클수록 체적효율이 커진다.
④ 토출가스 온도가 상승하여도 체적효율은 변하지 않는다.

006 다음 중 증기 압축식 냉동장치에 사용되는 냉동기가 아닌 것은?
① 터보식 냉동기
② 회전식 냉동기
③ 흡수식 냉동기
④ 왕복동식 냉동기

007 체적 압축식 압축기가 아닌 것은?
① 왕복동식 압축기
② 회전식 압축기
③ 흡수식 냉동기
④ 스크류 압축기

008 저압 압축기로서 대용량을 취급할 수 있는 압축기의 형식은?
① 왕복동식
② 원심식
③ 회전식
④ 흡수식

009 왕복동 압축기의 특징이 아닌 것은?
① 압축이 단속적이다.
② 진동이 크다.
③ 크랭크 케이스 내부압력이 저압이다.
④ 압축능력이 적다.

[정답] 001 ③ 002 ① 003 ④ 004 ④ 005 ① 006 ③ 007 ③ 008 ② 009 ④

010 압축기의 실린더를 냉각수로 냉각시키는 이유 중 해당되지 않는 것은?
① 윤활작용이 양호해진다.
② 체적효율이 증대한다.
③ 실린더 마모를 방지한다.
④ 응축능력이 향상된다.

011 밀폐형 압축기의 특징으로 잘못된 것은?
① 냉매의 누설이 적다.
② 소음이 적다.
③ 과부하 운전이 가능하다.
④ 냉동능력에 비해 대형으로 설치면적이 크다.

012 반밀폐형 압축기에 관한 사항이다. 틀린 것은?
① 현장 분해조립이 가능하다.
② 냉매 또는 오일의 충전 배출이 어렵다.
③ 축봉장치가 필요 없다.
④ 압축기 소음이 개방형보다 적다.

013 왕복동 압축기에서 가스를 위로 흡입하여 위로 배출하는 피스톤의 형은?
① 연결형   ② 개방형
③ 트렁크형   ④ 플러그형

014 배압이란 무엇인가?
① 배출가스   ② 용출가스
③ 흡입가스 압력   ④ 증발기 압력

015 두압이란?
① 흡입압력이다.   ② 증발기 압력이다.
③ 토출 압력이다. ④ 압축기 내부압력이다.

> **해설**
> 배압 : 흡입압력

016 다음 압축기 중 스카치요크형(scotch york type) 압축기는?
① 원심 압축기   ② 회전 압축기
③ 왕복동 압축기   ④ 스크류 압축기

> **해설**
> 왕복동 압축기의 크랭크축으로는 크랭크형, 편심형, 스카치 요크형 등이 있다.

017 왕복동 압축기를 구성하는 부속품이 아닌 것은?
① 크랭크축   ② 연결봉
③ 실린더   ④ 노즐

018 입형 암모니아 압축기의 설명 중 옳지 않은 것은?
① 탑 클리어런스가 1mm 정도이고 체적효율이 좋다.
② 실린더를 일반적으로 물로 가열시켜 주기 위한 워터자켓을 설치한다.
③ 피스톤이 길어지게 되면 더블 트렁크 타입을 채용한다.
④ 회전수는 일반적으로 250~400rpm이다.

019 프레온 냉동장치에서 압축기 가동 시 크랭크 케이스 내의 유면이 약동하고 심하게 거품이 일어나는 현상은?
① 오일해머 현상   ② 동부착 현상
③ 에멀죤 현상   ④ 오일 포밍 현상

[정답] 010 ④ 011 ④ 012 ② 013 ② 014 ③ 015 ③ 016 ③ 017 ④ 018 ② 019 ④

020 압축기의 톱클리어런스가 클 경우에 대한 설명으로 틀린 것은?
① 냉동능력이 감소한다.
② 체적효율이 저하한다.
③ 압축기가 과열된다.
④ 토출가스온도가 저하한다.

021 압축기의 상부 간격(top clearance)이 냉동장치에 어떤 영향을 주는가?
① 토출가스 온도가 낮아진다.
② 윤활유가 열화되기 쉽다.
③ 체적효율이 상승한다.
④ 냉동능력이 증가한다.

022 압축기에 관한 설명으로 옳은 것은?
① 토출가스 온도는 압축기의 흡입가스 과열도가 클수록 높아진다.
② 프레온 12를 사용하는 압축기에는 토출온도가 낮아 워터자켓(water jacket)을 부착한다.
③ 톱 클리어런스(top clearance)가 클수록 체적효율이 커진다.
④ 토출가스 온도가 상승하여도 체적효율은 변하지 않는다.

023 냉매가스 압축 시 단열압축이 행하여지는데도 토출가스의 온도가 상승하는 이유는?
① 압축일량이 열로 바뀌어 냉매에 전해지기 때문
② 주위의 열을 흡수하여 냉매가스의 온도를 높이기 때문
③ 내부 에너지를 사용하여 냉매가스의 온도를 높이기 때문
④ 압축 시 팽창된 냉매가스의 체적이 열로 바뀌기 때문

024 암모니아 냉동기의 압축기에 공냉식을 채택하지 않는 이유는?
① 토출가스 온도가 높기 때문에
② 압축비가 작기 때문에
③ 냉동능력이 크기 때문에
④ 독성가스이기 때문에

025 다음 중 암모니아 냉동장치에서 워터재킷을 설치하는 이유로서 옳은 것은?
① 다른 냉매에 비해 압축비가 크기 때문
② 다른 냉매에 비해 비열비가 크기 때문
③ 체적효율을 양호하게 하기 위해
④ 냉동능력을 증가시키기 위해

026 단별 최대 압축비를 가질 수 있는 압축기는 어떤 종류인가?
① 원심식(Centrifugal)
② 왕복식(Reciprocating)
③ 축류식(Axial)
④ 회전식(Rotary)

027 고속 다기통 압축기의 특징으로서 틀린 것은?
① 고속이므로 냉동능력에 비해 소형으로 제작이 가능하고 또한 가볍다.
② 기통수가 많으므로 실린더 지름이 작고 동적 및 정적 밸런스가 양호하며 진동이 없다.
③ 용량제어가 타기기에 비해 용이하고 자동운전이 가능하다.
④ 타기기에 비해 체적효율이 좋으며 부품의 교환이 간단하다.

[정답] 020 ④ 021 ② 022 ① 023 ① 024 ① 025 ② 026 ② 027 ④

028 고속 다기통 압축기의 특징에 들지 않는 것은?
① 고속이며 가볍게 동작을 한다.
② 체적효율이 좋다
③ 자동운전이 용이하다.
④ 윤활유 소모가 많고 진동이 적다.

029 고속 다기통 압축기에만 있는 것은?
① 피스톤링   ② 커넥팅 로드
③ 실린더 라이너   ④ 크랭크축

030 윤활작용을 하고 과량의 오일을 제거하는 역할을 하는 것은?
① 압축링   ② 오일링
③ 피스톤 핀   ④ 실린더

031 크랭크축의 대단부와 연결되어 있는 것은?
① 피스톤 핀   ② 크랭크 핀
③ 축봉장치   ④ 크랭크 케이스

032 왕복동 압축기의 크랭크 케이스 내의 압력은?
① 저압   ② 고압
③ 대기압력   ④ 진공압력

033 압축기 분해 시 가장 나중에 분해할 것은?
① 실린더 커버   ② 세프디 헤드 스프링
③ 피스톤   ④ 토출밸브

034 크랭크의 회전운동을 피스톤의 직선운동으로 바꾸기 위해 연결되는 것은?
① 커넥팅 로드   ② 축봉장치
③ 토출밸브   ④ 크랭크 케이스

035 피스톤링이 현저하게 마모되었을 때 일어나는 현상과 관계없는 것은?
① 냉동능력이 감소한다.
② 실린더 내에 윤활유가 쳐 올려진다.
③ 단위 냉동능력당 동력 소비가 적어진다.
④ 크랭크 케이스 내 압력이 높아진다.

036 압축기의 축봉장치란?
① 냉매 및 윤활유의 누설, 외기의 침입 등을 막는다.
② 축의 베어링 역할을 하며 냉매가 새는 것을 막는다.
③ 축이 빠지는 것을 막아주는 역할을 한다.
④ 윤활유를 저장하고 있는 장치다.

037 축봉장치의 역할로서 부적당한 것은?
① 냉매누설 방지   ② 오일누설 방지
③ 외기 침입 방지   ④ 전동기의 슬립방지

038 NH_3 압축기의 이상 고압 발생 시 안전을 도모하기 위하여 설치한 것은?
① 축봉장치   ② 안전두
③ 워터자켓   ④ 언로더 기구

039 압축기에서 흡입밸브와 토출밸브가 갖추어야 할 조건은 다음 중 어느 것인가?
① 통과하는 가스에 대한 저항이 작고 밸브의 동작이 확실할 것
② 밸브의 개폐에 많은 압력차(힘)가 필요할 것
③ 운동이 가벼워야 하므로 밸브의 탄력성이 클 것
④ 가벼운 충격에 쉽게 파손될 것

[정답] 028 ② 029 ③ 030 ② 031 ① 032 ① 033 ② 034 ① 035 ③ 036 ① 037 ④ 038 ② 039 ①

040 고속 다기통 압축기의 흡입·토출밸브로 사용하는 것은?
① 포핏 밸브
② 링플레이트 밸브
③ 리드 밸브
④ 와셔 밸브

041 포핏(poppet)밸브의 사용처에 관한 설명으로 가장 옳은 것은?
① 저속 압축기의 흡입밸브에 사용한다.
② 압축기의 흡입 및 토출밸브에 공용으로 사용한다.
③ 고속압축기의 흡입밸브에 사용한다.
④ 고속압축기의 토출밸브에 사용한다.

042 두께 2mm의 얇은 원판으로 되어 있으며 스프링의 도움으로 밸브 시트를 누르는 형태의 밸브는?
① 리드 밸브
② 다이어프램 밸브
③ 페드 밸브
④ 플레이트 밸브

043 냉동기유의 구비조건 중 옳지 않은 것은?
① 응고점과 유동점이 높을 것
② 인화점이 높을 것
③ 점도가 적당할 것
④ 전기절연내력이 클 것

044 냉동기용 윤활유의 필요조건에 해당되지 않는 것은?
① 냉매와 친화반응을 일으키지 않을 것
② 열안전성이 좋을 것
③ 응고성이 낮을 것
④ 비열이 클 것

045 다음 윤활유의 설명으로서 옳은 것은?
① 고속 압축기는 저속 압축기보다 점도가 높은 윤활유를 사용한다.
② 증발온도가 낮은 경우에는 증발온도가 높은 경우보다 점도가 높은 윤활유를 사용한다.
③ 후레온 냉동기는 암모니아 냉동기보다 점도가 낮은 기름을 사용한다.
④ 고속 다기통 압축기는 입형압축기에 비하여 점도가 낮은 기름을 사용한다.

046 오일압력조절밸브는 냉동장치의 어느 부분에 설치하는가?
① 오일펌프 출구
② 크랭크 케이스 내부
③ 흡입 여과망과 오일펌프 사이
④ 오일 쿨러 내부

047 다음 중 로터의 회전에 의해 가스를 흡입, 압축하는 압축기는?
① 원심식 압축기
② 회전식 압축기
③ 스크류 압축기
④ 왕복동식 압축기

048 다음 회전식(Rotary) 압축기의 설명 중 틀린 것은?
① 흡입변이 없다.
② 압축이 연속적이다.
③ 회전수가 매우 적다.
④ 왕복동에 비해 구조가 간단하다.

049 회전식 압축기의 특성에 해당되지 않는 것은?
① 조립이나 조정에 있어서 고도의 정밀도가 요구된다.
② 대형압축기와 저온용 압축기에 많이 사용한다.
③ 왕복동식보다 부품 수가 적으며, 흡입밸브가 없다.
④ 압축이 연속적으로 이루어져 진공펌프로도 사용된다.

[정답] 040 ② 041 ① 042 ① 043 ① 044 ④ 045 ④ 046 ① 047 ② 048 ③ 049 ②

050 회전식 압축기(rotary compressor)의 특징 설명으로 옳지 않은 것은?
① 왕복동식에 비해 구조가 간단하다.
② 기동 시 무부하로 가동될 수 있으며 전력 소비가 크다.
③ 잔류가스의 재팽창에 의한 체적효율 저하가 적다.
④ 진동 및 소음이 적다.

051 회전 베인형 압축기에서 회전 베인은?
① 무게에 의해서 실린더에 부착한다.
② 고압의 압력에 의해서 실린더에 부착한다.
③ 원심력에 의해서 실린더에 부착한다.
④ 스프링 힘만으로 실린더에 부착한다.

052 다음 압축기 중 진공펌프로 사용하기에 가장 적당한 것은?
① 원심식　② 회전식
③ 왕복동식　④ 스크루우식

053 회전식 압축기의 크랭크 케이스 내의 압력은?
① 고압　② 저압
③ 대기압　④ 진공압력

054 스크류 압축기에서의 가스압축 과정은?
① 흡입 → 송출 → 유휴
② 압축 → 송출 → 배기
③ 흡입 → 압축 → 송출
④ 흡입 → 배기 → 압축

055 스크류 압축기의 특징이 아닌 것은?
① 오일펌프를 따로 설치하여야 한다.
② 소형, 경량으로 설치면적이 작다.
③ 액 햄머 및 오일 햄머가 크다.
④ 밸브와 피스톤이 없어 장시간의 연속운전이 가능하다.

056 스크류 압축기의 장점이 아닌 것은?
① 흡입 및 토출밸브가 없다.
② 크랭크샤프트, 피스톤링 등의 마모 부분이 없어 고장이 적다.
③ 냉매의 압력손실이 없어 체적효율이 향상된다.
④ 고속회전으로 인하여 소음이 적다.

057 스크류 압축기의 장점이 아닌 것은?
① 흡입, 토출밸브가 없어 밸브의 마모, 소음이 없다.
② 냉매의 압력손실이 커서 효율이 저하된다.
③ 1단의 압축비를 크게 취할 수 있다.
④ 체적효율이 크다.

058 다음 사항 중 틀린 것은?
① 스크류 압축기는 토출측에 역지밸브를 설치한다.
② 암모니아의 오일탱크의 유온은 60℃ 이상을 유지해야 한다.
③ 유압이 낮아지는 원인은 유온이 높은 것을 들 수 있다.
④ 유압이 상승하는 원인은 유압조정밸브의 불량을 들 수 있다.

[정답] 050 ② 051 ③ 052 ② 053 ① 054 ③ 055 ③ 056 ④ 057 ② 058 ②

059 스크롤 압축기의 장점으로 맞는 것은?
① 토크 변동이 많다.
② 압축요소의 미끄럼 속도가 빠르다.
③ 흡입밸브나 토출밸브가 없으며 부품 수가 적다.
④ 고효율, 고소음, 고진동 및 고신뢰성을 갖는다.

060 원심식 압축기에 대한 설명 중 틀린 것은?
① 전동기로 구동되지만 증속장치가 필요하다.
② 부하가 증가하면 서징이 일어난다.
③ 기체의 맥동 현상이 없다.
④ 직접 팽창 방식이다.

061 원심 압축기에 관한 다음 설명 중 틀린 것은?
① 가스는 축방향으로 회전차(impeller)에 흡입되고 반경방향으로 나간다.
② 냉매의 유량을 가이드 베인이 제어한다.
③ 정지 중에는 윤활유 히터를 켜둘 필요가 없다.
④ 서징은 운전상 좋지 않은 현상이다.

> **해설**
> 원심 압축기는 정지 중에는 윤활유 히터를 켜 오일햄머를 방지한다.

062 터보 냉동기와 왕복동식 냉동기를 비교했을 때 터보 냉동기의 특징으로 맞는 것은?
① 회전수가 매우 빠르므로 동적 밸런스나 진동이 크다.
② 보수가 어렵고 수명이 짧다.
③ 소용량의 냉동기에는 한계가 있고 생산가가 비싸다.
④ 저온장치에서도 압축단수가 적어지므로 사용 용도가 넓다.

063 터보 압축기에만 특별히 설치된 부품은?
① 암 로우터   ② 고정날개
③ 임펠러   ④ 오일 쿨러

064 터보 압축기에서 속도가 압력으로 변하여 압축하는 기기는?
① 임펠러   ② 베인
③ 증속기어   ④ 디퓨져

065 원심 압축기의 설명 중 틀린 것은?
① 임펠러 주위에 고정된 디퓨져가 있어 가스가 그 곳에 들어가면 속도가 압력으로 변하게 되어 압축이 된다.
② 서징현상은 운전상 중요한 현상이므로 흡입온도 및 토출온도에 주의를 요한다.
③ 원심 압축기가 어떤 한계치 이하의 가스유량으로 운전되면 운전이 불안전하게 되어 진동, 소음이 발생한다.
④ 원심 압축기는 고속회전을 하기 위하여 증속장치가 필요하다.

066 원심(Turbo) 압축기의 특징이 아닌 것은?
① 임펠러(lmpeller)에 의한 압축된다.
② 보통 전동기로 구동되지만, 증속장치가 필요하다.
③ 부하가 감소되면 서징이 일어난다.
④ 주로 공기 냉각용으로 직접 팽창 방식을 사용한다.

[정답] 059 ③ 060 ④ 061 ③ 062 ④ 063 ③ 064 ④ 065 ② 066 ④

067 터보 냉동기의 특징을 설명한 것이다. 옳은 것은?
① 마찰부분이 많아 마모가 크다.
② 소용량 제작이 용이하며 가격이 싸다.
③ 저온장치에서는 압축단수가 작아지며 효율이 좋다.
④ 저압 냉매를 사용하므로 취급이 용이하고 위험이 적다.

068 원심식 압축기에 사용되는 냉매의 이상적인 구비조건은?
① 가스의 비중량이 클 것
② 가스의 비체적이 클 것
③ 활성가스일 것
④ 비열비가 클 것

069 부하가 감소되면 서징(surging) 현상이 일어나는 압축기는?
① 터보 압축기   ② 왕복동 압축기
③ 회전 압축기   ④ 스크롤 압축기

070 터보 냉동기에서 고압이 상승했을 경우 발생하는 것은?
① 서징 현상 유발   ② 압축비 감소
③ 증발온도 저하   ④ 응축온도 저하

071 원심식 냉동기의 서어징 현상에 대한 설명 중 옳지 않은 것은?
① 응축압력이 한계점 이상으로 계속 상승한다.
② 전류계의 지침이 심히 움직인다.
③ 고압이 저하하며 저압이 상승한다.
④ 소음과 진동을 수반하고 베어링 등 운동부분에서 급격한 마모현상이 발생한다.

072 터보 냉동기에서 불응축 가스퍼어져, 진공작업, 냉매충전, 냉매재생 등에 이용되는 장치는?
① 플로우트 챔버 장치
② 전동 장치
③ 엘리미네이터 장치
④ 추기회수 장치

073 터보 냉동기 윤활 사이클에서 마그네틱 플러그가 하는 역할은?
① 오일 쿨러의 냉각수 온도를 일정하게 유지하는 역할
② 오일 중의 수분을 제거하는 역할
③ 윤활 사이클로 공급되는 유압을 일정하게 하여 주는 역할
④ 윤활 사이클로 공급되는 철분을 제거하여 장치의 마모를 방지하는 역할

074 고압가스안전관리법에 의거 원심식 압축기의 냉동설비 중 그 압축기의 원동기 냉동능력 산정기준으로 맞는 것은?
① 정격출력 1.0kW를 1일의 냉동능력 1톤으로 본다.
② 정격출력 1.2kW를 1일의 냉동능력 1톤으로 본다.
③ 정격출력 1.5kW를 1일의 냉동능력 1톤으로 본다.
④ 정격출력 2.0kW를 1일의 냉동능력 1톤으로 본다.

075 냉동장치의 용량제어의 목적으로 적합하지 못한 것은?
① 냉동능력 증대   ② 경제적 운전도모
③ 압축기 보호   ④ 경부하 운전

[정답] 067 ④ 068 ① 069 ① 070 ① 071 ① 072 ④ 073 ④ 074 ② 075 ①

076 압축기의 용량제어의 목적이 아닌 것은?
① 가동 시 경부하 기동으로 동력을 증대시킬 수 있다.
② 압축기를 보호할 수 있고 기계의 수명이 연장된다.
③ 부하변동에 대응한 용량제어로 경제적인 운전이 가능하다.
④ 일정한 온도를 유지할 수 있다.

077 왕복동 압축기 용량 조절방법 중 단계적으로 조절하는 방법에 해당하는 것은?
① 클리어런스 밸브에 의해 용적효율을 낮추는 방법
② 흡입 주밸브를 폐쇄하는 방법
③ 타임드 밸브의 제어에 의한 방법
④ 회전수를 변경하는 방법

078 왕복 압축기의 용량 조정법이 아닌 것은?
① 회전수를 변경하는 방법
② 바이패스에 의해 흡입측에 복귀시키는 방법
③ 흡입 주밸브의 개도에 의한 방법
④ 토출밸브에 의한 조정방법

079 고속 다기통 압축기에서 언로더용 제어기의 부품이 아닌 것은?
① 리프트핀   ② 캠링
③ 기어펌프   ④ 언로더 피스톤

080 고속 다기통 압축기의 유압에 의해 작동하는 언로더 기구에서 흡입밸브에 직접 닿아 밀어올리는 것은 다음 중 어느 것인가?
① 요크 핀   ② 언로더 피스톤
③ 푸시로드   ④ 리프트 핀

081 터보 냉동기의 용량제어와 관계없는 것은?
① 베인 조정법
② 회전수 가감법
③ 클리어런스 조정법
④ 냉각수량 조정법

082 터보 압축기의 능력조정 방법으로 옳지 않는 것은?
① 흡입 댐퍼(Damper)에 의한 조정
② 흡입 베인(Vane)에 의한 조정
③ 바이 패스(By-pass)에 의한 조정
④ 클리어런스 체적에 의한 조정

083 윤활유의 사용 목적에 들지 않는 것은?
① 마찰·마모 방지   ② 패킹재료 보호
③ 마찰열 제거   ④ 유압 상승

084 냉동장치의 윤활을 시켜주는 이유 중 틀린 것은?
① 전열효과 증대   ② 패킹재료 보호
③ 냉매누설 방지   ④ 마찰·마모 방지

085 크랭크축의 밸런스 웨이트, 오일 디퍼를 이용하여 회전 시 오일을 튀겨서 윤활하는 방법은?
① 오일교환 급유식   ② 강제 급유식
③ 자연 급유식   ④ 비말 급유식

086 강제 급유식에 사용되는 오일펌프의 종류가 아닌 것은?
① 플런저 펌프   ② 로터리 펌프
③ 터보 펌프   ④ 기어 펌프

[정답] 076 ① 077 ① 078 ④ 079 ③ 080 ④ 081 ③ 082 ④ 083 ④ 084 ① 085 ④ 086 ③

087 강제 급유식에 기어펌프를 주로 사용하는 이유는?
① 유체의 마찰저항이 크다.
② 저속으로도 일정한 압력을 얻을 수 있다.
③ 구조가 복잡하다.
④ 대형으로만 높은 압력을 얻을 수 있다.

088 유압 압력 조절밸브는 냉동장치의 어느 부분에 설치되는가?
① 오일펌프 출구
② 크랭크 케이스 내부
③ 유여과망과 오일펌프 사이
④ 오일 쿨러 내부

089 압축기의 오일안전밸브에 관한 사항 중 옳은 것은?
① 프레온 냉동장치에만 설치한다.
② 오일펌프의 안전장치로서 과열을 방지한다.
③ 유압이 이상 고압일 때 작용하여 오일을 크랭크 케이스로 보낸다.
④ 유압이 낮아지는 것을 방지하여 압축기를 보호한다.

090 압축기의 큐노필터(Kuno filter)에 관한 설명으로 틀린 것은?
① 오일펌프 출구에 설치한다.
② 오일을 여과한다.
③ 냉동장치의 여과망 중 제일 거친 여과망이다.
④ 큐노필터를 통과한 오일을 오일쿨러, 언로우더, OPS 등에 공급한다.

091 고속 다기통 압축기 정상 운전상태에서 유압은 저압보다 얼마나 높아야 하는가?
① 0~1.5MPa   ② 1.5~3.0kg/cm^2
③ 2.5~4.0bar   ④ 3.5~5.0kg/cm^2

092 압축기 종류에 따른 정상적인 유압이 아닌 것은?
① 터보=정상 저압+6kg/cm^2
② 입형 저속=정상 저압+0.5~1.5bar
③ 고속 다기통=정상 저압+1.5~3kg/cm^2
④ 고속 다기통=정상 저압+6bar

093 압축기의 윤활유 사용이 적당하지 못한 것은?
① 입형저속 - 300번유
② 고속 다기통 - 150번유
③ 터보식 - 제조회사 지정 오일
④ 초저온용 - 300번유

094 초저온 냉동기의 냉동유로서 적당한 것은?
① 90번   ② 150번
③ 300번   ④ 250번

095 유압이 낮은 원인으로 생각할 수 없는 것은?
① 압축기의 역회전
② 유온이 낮음
③ 메탈 부분의 마모가 심함
④ 유압 조정 밸브가 너무 열려 있음

096 냉동기 오일에 관한 설명 중 틀린 것은?
① 윤활 방식에는 비말식과 강제급유식이 있다.
② 사용 오일은 응고점이 높고 인화점이 낮아야 한다.
③ 수분의 함유량이 적고 장기간 사용하여도 변질이 적어야 한다.
④ 일반적으로 고속 다기통 압축기의 경우 윤활유의 온도는 50~60℃ 정도이다.

[정답] 087 ② 088 ① 089 ③ 090 ③ 091 ② 092 ④ 093 ④ 094 ① 095 ② 096 ②

097 압축비의 설명 중 알맞은 것은?
① 고압 압력계가 나타내는 압력을 저압 압력계가 나타내는 압력으로 나눈 값
② 흡입압력이 동일할 때 압축비가 클수록 토출가스 온도는 저하한다.
③ 압축비가 적어지면 소요동력이 증가한다.
④ 응축압력이 동일할 때 압축비가 적어지면 소요동력은 감소한다.

098 압축비가 증대하였을 때의 일어날 수 있는 영향으로 볼 수 없는 것은?
① 압축일량 증대 ② 냉동능력 감소
③ 윤활유 탄화   ④ 증발온도 상승

099 압축비에 관한 설명으로 가장 옳은 것은?
① 압축비가 클수록 체적효율이 커진다.
② 압축비의 값은 1을 초과하지 않는다.
③ 압축비가 클수록 냉매 단위 용량당의 일량이 커진다.
④ 압축비가 클수록 기계일량이 작아지고 냉동능력에는 영향을 주지 않는다.

100 다음 중 압축기와 관계없는 효율은?
① 체적효율 ② 기계효율
③ 압축효율 ④ 팽창효율

101 다음 문장의 (   ) 안에 알맞은 말이 맞게 짝지워진 것은?

"체적효율은 크리어런스의 증대에 의하여 (   )한다. 또한, 압축비가 클수록 (   )하게 되며 $\frac{C_p}{C_v}$ 가 적은 냉매일수록 그 정도가 (   ). 단, 여기서 C_P는 (   ) 비열, C_v 는 (   ) 비열이다."

① 감소, 감소, 크다, 정압, 정적
② 증가, 감소, 적다, 정압, 정적
③ 감소, 증가, 크다, 정압, 정적
④ 증가, 증가, 적다, 정압, 정적

102 체적효율에 관계하는 인자와 관계가 먼 것은?
① 클리어런스
② 압축비
③ 흡입가스의 비체적
④ 비열비

103 압축기의 체적효율을 바르게 나타낸 것은?
① 이론동력/지시동력
② 지시동력/축동력
③ 실제 피스톤 토출량/이론적 피스톤 토출량
④ 지시동력/이론동력

104 압축기의 압축효율을 바르게 나타낸 것은?
① 이론동력/지시동력
② 지시동력/이론동력
③ 실제 피스톤 토출량/이론적 피스톤 토출량
④ 지시동력/축동력

105 왕복동 압축기의 기계효율(η_m)에 대한 설명으로 옳은 것은?
① $\dfrac{지시동력}{축동력}$ ② $\dfrac{이론적동력}{지시동력}$
③ $\dfrac{지시동력}{이론적동력}$ ④ $\dfrac{축동력 \times 지시동력}{이론적동력}$

[정답] 097 ④ 098 ④ 099 ③ 100 ④ 101 ① 102 ④ 103 ③ 104 ① 105 ①

106 기계효율에 대한 설명으로 옳은 것은?

① 실제로 가스를 압축하는 데 필요한 동력을 압축기를 운전하는 데 필요한 동력으로 나눈 값이다.
② 이론상 가스를 압축하는 데 필요한 동력을 실제로 가스를 압축하는 데 필요한 동력으로 나눈 값이다.
③ 압축기를 운전하는 데 필요한 동력을 실제로 가스를 압축하는 데 필요한 동력으로 나눈 값이다.
④ 이론상 가스를 압축하는 데 필요한 동력을 압축기로 운전하는 데 필요한 동력으로 나눈 값이다.

해설
$$\eta_m = \frac{\text{실제 가스 압축 동력(지시동력)}}{\text{실제 압축기 운전 동력(축동력)}}$$

107 어떤 냉동장치의 게이지압력이 고압은 6kg/cm² 저압은 60mmHgvac이었다면 이때의 압축비는 얼마인가?

① 5.8　　② 6.0
③ 7.4　　④ 8.3

해설
$$\text{압축비} = \frac{\text{고압 절대압력}}{\text{저압 절대압력}} = \frac{6+1.033}{1.033 \times \left(1 - \frac{60}{760}\right)} = 7.4$$

108 운전 중에 있는 암모니아 압축기의 압력계가 고압을 8kg/cm² 저압은 진공도 100mmHg를 나타나고 있다. 이 압축기의 압축비는?

① 약 7　　② 약 8
③ 약 9　　④ 약 10

해설
$$\Pr = \frac{P_1}{P_2} = \frac{8+1.033}{1.033 \times \left(1 - \frac{100}{760}\right)} \fallingdotseq 10$$

109 회전식 압축기의 피스톤 압출량 V를 구하는 공식은 어느 것인가? (단, D=지름[m], d=회전 피스톤의 바깥지름[m], t=기통의 두께[m], N=회전수[rpm], n=기통수)

① $V = 60 \times 0.785 \times (D^2 - d^2)tN$
② $V = 60 \times 0.785 \times D^2 \text{Ln} N$
③ $V = \frac{\pi D^2}{4} LN60n$
④ $V = \frac{\pi DL}{4}$

110 왕복동 압축기의 피스톤 송출량을 바르게 나타낸 식은?

① $15\pi D^2 LNR$　　② $60 \cdot \pi/4(D^2 - d^2)t \cdot n$
③ $60 \cdot KD^3 L/D \cdot R$　　④ $V_H - 0.08 V_L$

111 어떤 왕복동식 압축기의 실린더가 안지름 300mm, 행정 200mm, 기통수 2, 회전수가 300rpm이라면 이 압축기의 이론 피스톤 압출량은 얼마인가?

① 348m³/h　　② 479m³/h
③ 509m³/h　　④ 623m³/h

해설
$$V_a = \frac{\pi}{4} D^2 \cdot l \cdot N \cdot R \times 60$$
$$= \frac{\pi}{4} \times 0.3^2 \times 0.2 \times 2 \times 300 \times 60 = 509 \text{m}^3/\text{h}$$

112 기준 냉동사이클에서 1RT를 얻기 위하여 시간당 압축하여야 할 가스의 양(m³/h)은? (단, 냉동효과=269kcal/kg, −15℃일 때 흡입가스 비체적은 0.508m³/kg이다.)

① 6.27m³/h　　② 6.97m³/h
③ 7.52m³/h　　④ 7.89m³/h

[정답] 106 ① 107 ③ 108 ④ 109 ① 110 ② 111 ③ 112 ①

> **해설**
> ① 냉매 순환량 $G = \dfrac{Q_2}{q_2} = \dfrac{1 \times 3,320}{269} = 12.34\,\text{kg/h}$
> ② 흡입 가스량 $V = G \times v = 12.34 \times 0.508 = 6.27\,\text{m}^3/\text{h}$

113 어떤 압축기의 기통수 8, 회전수 900rpm일 때 응축온도 30℃, 증발온도 −15℃, 냉동능력 54냉동톤이라고 하면, 같은(응축온도, 증발온도) 조건하에서 기통수 2, 회전수 800rpm인 다른 압축기의 냉동능력은? (단, 기통의 크기는 같은 것임)

① 10냉동톤　　② 11냉동톤
③ 12냉동톤　　④ 13냉동톤

> **해설**
> $RT = \dfrac{G \cdot q_2}{3,320} = \dfrac{V_a \times q_2}{v \times 3,320}$
> $V_a = 0.785 D^2 \cdot l \cdot N \cdot R \times 60$이므로
> 냉동능력은 기통수(N)와 회전수(R)에 비례하므로
> $8 \times 900 : 54 = 2 \times 800 : RT$
> $RT = \dfrac{54 \times 2 \times 800}{8 \times 900} = 12 RT$
>
> **참고**
> 냉동능력 $RT = \dfrac{V_a \cdot (i_a - i_e)}{3,320 \cdot v} \times \eta_v$

114 표준사이클을 유지하고 암모니아의 순환량을 188kg/h로 운전했을 때의 소요동력은 몇 kW인가? (단, 1kW는 860kcal/h, NH₃ 1kg을 압축하는데 필요한 열량은 몰리에르 선도상에서는 56kcal/kg이라 한다.)

① 24.2kW　　② 12.1kW
③ 36.4kW　　④ 25.6kW

> **해설**
> $kW = \dfrac{AW}{860} = \dfrac{G \times Aw}{860} = \dfrac{188 \times 56}{860} = 12.2\,kW$

115 왕복동식 압축기를 기동할 때 운전 순서로 옳은 것은?

> ㉠ 흡입 정지밸브를 연다.　　㉡ 토출 정지밸브를 연다.
> ㉢ 압축기를 기동시킨다.　　㉣ 팽창밸브를 연다.

① ㉡ − ㉢ − ㉠ − ㉣
② ㉣ − ㉢ − ㉠ − ㉡
③ ㉠ − ㉣ − ㉡ − ㉢
④ ㉢ − ㉡ − ㉣ − ㉠

116 압축기 흡입밸브 쪽에 서리가 생겼다. 그 이유로서 적당한 것은?
① 부하에 비해 팽창밸브 개도가 적다.
② 부하에 비해 밸브 개도가 적정하다.
③ 부하에 비해 팽창밸브 개도가 크다.
④ 냉각수온이 낮아졌다.

117 운전 중인 압축기에서 열이 심하게 발생되고 있다. 그 이유는?
① 팽창밸브가 많이 열려 있다.
② 불응축 가스가 혼입되어 있다.
③ 축봉부가 누설되고 있다.
④ 액압축 현상이 일어나고 있다.

118 다음 중 압축기의 과열 원인이 아닌 것은?
① 냉매 부족　　② 밸브 누설
③ 공기의 혼입　　④ 부하 감소

119 압축기의 토출밸브의 누설이 생기면 어떠한 현상이 생기는가?
① 실린더가 과열된다.
② 송출가스의 온도가 낮아진다.
③ 냉동능력이 높아진다.
④ 윤활유의 변질이 적어진다.

[정답] 113 ③　114 ②　115 ①　116 ③　117 ②　118 ④　119 ①

PART 1. 냉동기계

응축기 및 냉각탑

압축기에서 토출된 고온·고압의 냉매가스를 상온 이하의 물이나 공기를 이용하여 냉매가스 중의 열을 제거하여 응축·액화시키는 장치로 과열 제거, 응축 액화, 과냉각의 3대 작용으로 이루어지며 공냉식과 수냉식, 증발식 등이 있다.

1 응축방식에 따른 분류

1 공냉식 응축기

(1) 자연 대류식
공기의 밀도, 비중량차에 의한 순환 즉, 자연대류에 의해 응축시키는 방법으로 전열이 불량하여 핀(fin)을 공기측에 부착하여 전열성능을 향상시켜 응축시킨다.

(2) 강제 대류식
팬(fan)이나 송풍기(blower)를 이용하여 강제로 공기를 불어 응축시키는 방법이다.

○ 공냉식 응축기

○ 공냉식 콘덴싱 유니트

(3) 특징
① 프레온용으로 주로 소형(0.5~50RT)에서 사용한다.
② 관으로 냉매가스를 보내고 외부의 공기와 열교환시켜 냉매가스를 응축시킨다.
③ 냉각수가 필요 없으므로 냉각수 배관 및 배수시설이 필요 없다.
④ 응축온도가 수냉식에 비해 높고 응축기 크기가 커진다.(냉매와 공기의 온도차 15~20℃ 정도, 수냉식은 7~8℃ 정도)
⑤ 열통과율 20~25kcal/m²h℃, 풍속은 2~3m/s, 전열면적은 12~15m²/RT 정도이다.
⑥ 통풍이 좋은 곳에 설치해야 한다.
⑦ 대기오염 지역에서 사용해도 냉각관의 부식이 적다.
⑧ 설치 및 고장 수리가 간단하다.

2 수냉식 응축기

(1) 응축기의 종류

① 입형 쉘 앤 튜브식 응축기(vertical shell & tube condenser)

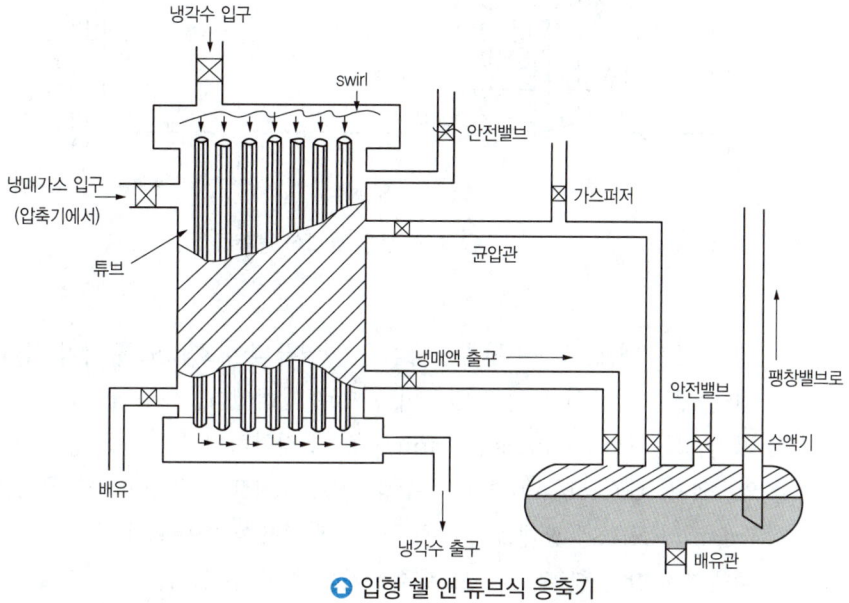

○ 입형 쉘 앤 튜브식 응축기

㉠ 특징
 ⓐ 쉘(shell) 내에 여러 개의 냉각관을 수직으로 세워 상하 경판에 용접한 구조이다.
 ⓑ shell 내 냉매, tube 내에는 냉각수가 흐른다.
 ⓒ 냉각수가 흐르는 수실 내에는 스월(swirl)이 부착되어 냉각수가 관 벽을 따라 흐른다. (유효냉각면적 증가효과)
 ⓓ 주로 대형의 NH_3 냉동장치에 사용한다.
 ⓔ 열통과율 750kcal/m^{2}h℃, 냉각수량이 20l/min·RT로 수량이 풍부하고 수질이 좋은 곳에 사용한다.

㉡ 장점
 ⓐ 대용량이므로 과부하에 잘 견딘다.
 ⓑ 운전 중 냉각관 청소가 용이하다.
 ⓒ 설치면적이 작게 들고 옥외설치가 가능하다.

㉢ 단점
 ⓐ 수냉식 응축기 중에서 냉각수 소비량이 가장 많다.
 ⓑ 냉매와 냉각수가 평행으로 흐르므로 과냉각이 어렵다.
 ⓒ 냉각관의 부식이 쉽다.

② 횡형 쉘 앤 튜브식 응축기(horizental shell and tube condenser)

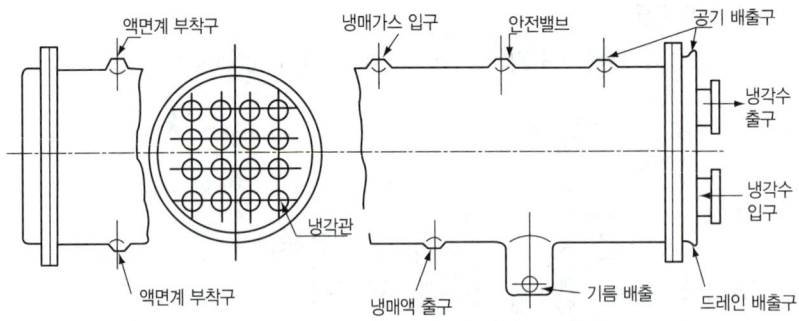

◐ 횡형 쉘 앤 튜브식 응축기

㉠ 특징
ⓐ 쉘 내에는 냉매, 튜브 내에는 냉각수가 역류되어 흐르도록 되어 있다.
ⓑ 입·출구에 각각의 수실이 있으며 판으로 막혀있다.
ⓒ 콘덴싱 유니트(condensing unit)조립에 적합하다.
ⓓ 열통과율 900kcal/m^{2}h℃, 냉각수량 12l/min·RT로 냉각탑과 함께 사용할 수 있다.
ⓔ freon 및 NH$_3$에 관계없이 소형, 대형에 사용이 가능하다.
ⓕ 수액기 역할을 할 수 있으므로 수액기를 겸할 수 있다.

㉡ 장점
ⓐ 전열이 양호하며 입형에 비해 냉각수가 적게 든다.
ⓑ 설치장소가 적게 든다.
ⓒ 능력에 비해 소형, 경량화가 가능하다.

㉢ 단점
ⓐ 과부하에 견디지 못한다.
ⓑ 냉각관이 부식하기 쉽다.
ⓒ 냉각관 청소가 어렵다.

③ 2중관식 응축기(double tube condenser)

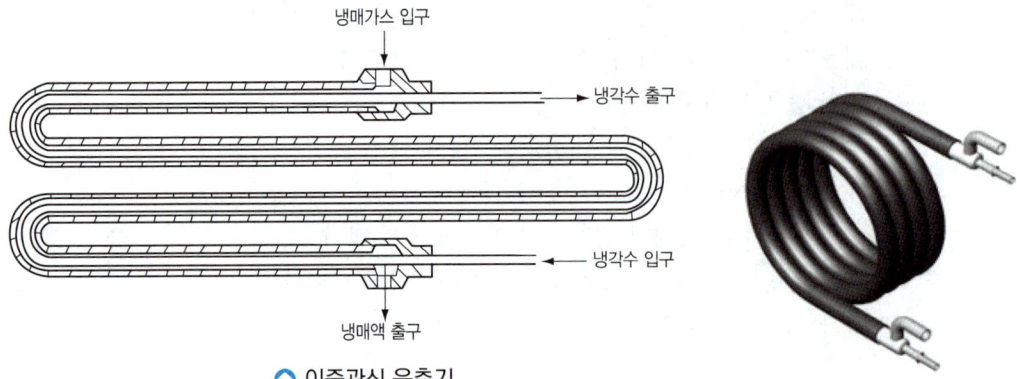

◐ 이중관식 응축기

㉠ 특징
  ⓐ 내관과 외관의 2중관으로 제작되어 중소형이나 패키지 에어컨에 주로 사용한다.
  ⓑ 내측관에 냉각수, 외측관에 냉매가 있어 역류하므로 과냉각이 양호하다.
  ⓒ 열통과율 900kcal/m²h℃, 냉각수량 10~12l/min·RT로 냉각수가 적게 든다.
㉡ 장점
  ⓐ 고압에 잘 견딘다.
  ⓑ 냉각수량이 적게 든다.
  ⓒ 과냉각이 우수하다.
  ⓓ 구조가 간단하고 설치면적이 적게 든다.
㉢ 단점
  ⓐ 냉각관 청소가 어렵다.
  ⓑ 냉각관의 부식발견이 어렵다.
  ⓒ 냉매의 누설발견이 어렵다.
  ⓓ 대형에는 관이 길어지므로 부적합하다.
④ 7통로식 응축기(7pass shell and tube condenser)

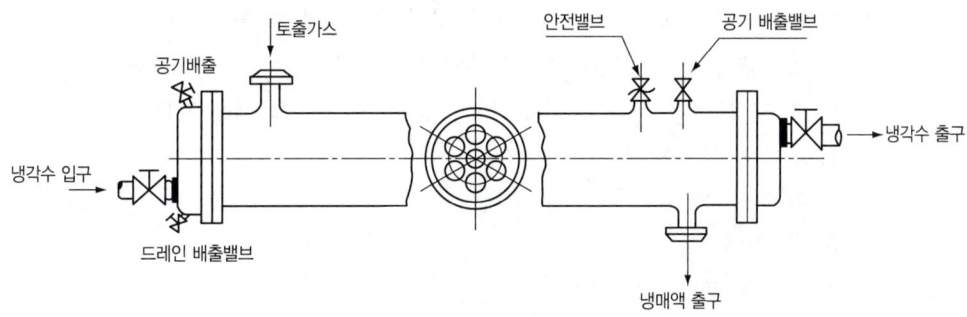

○ 7통로식 응축기

㉠ 특징
  ⓐ 1개의 쉘 내에 7개의 튜브가 내장되어 냉각수가 순차적으로 흐른다.
  ⓑ Shell 내에 냉매, tube 내에 냉각수가 흐른다.
  ⓒ NH₃ 냉동장치에 주로 사용하며, 냉동능력에 따라 적당한 대수를 조립하여 사용할 수 있다.
  ⓓ 열통과율 1,000kcal/m²h℃(1.3m/s)로 전열이 양호하며 냉각수량은 10~12l/min·RT 정도이다.
㉡ 장점
  ⓐ 전열이 가장 우수하다.
  ⓑ 벽면에 설치가 가능하여 설치면적이 적게 든다.
  ⓒ 호환성이 있어 수리가 용이하다.
  ⓓ 냉동능력에 따라 조립사용이 가능하다.

ⓒ 단점
　ⓐ 운전 중 냉각관 청소가 어렵다.
　ⓑ 구조가 복잡하여 설비비가 비싸다.
　ⓒ 압력강하 때문에 1대로 대용량의 것을 제작하기 어렵다.
⑤ 쉘 앤 코일식(지수식) 응축기(shell and coil condenser)

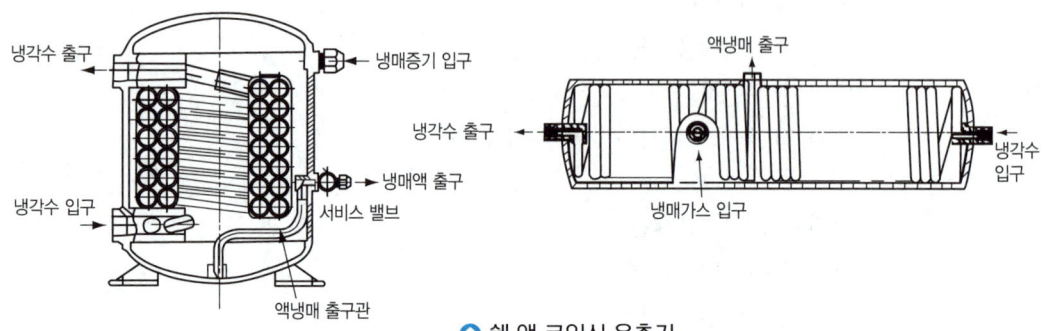

○ 쉘 앤 코일식 응축기

㉠ 특징
　ⓐ 원통 내에 나선 모양의 코일이 감겨져 있는 구조이다.
　ⓑ 쉘(shell) 내에 냉매, 코일(coil) 내에 냉각수가 흐른다.
　ⓒ 소용량의 프레온 냉동장치에 주로 사용한다.
　ⓓ 열통과율 500~900kcal/m^{2}h℃, 냉각수량은 12l/min·RT이다.
㉡ 장점
　ⓐ 소형이므로 경량화 할 수 있다.
　ⓑ 제작비가 적게 든다.
　ⓒ 냉각수량이 적게 든다.
㉢ 단점
　ⓐ 냉각관 청소가 어렵다.
　ⓑ 냉각관의 교환이 어렵다.
⑥ 대기식 응축기(atmospheric condenser)

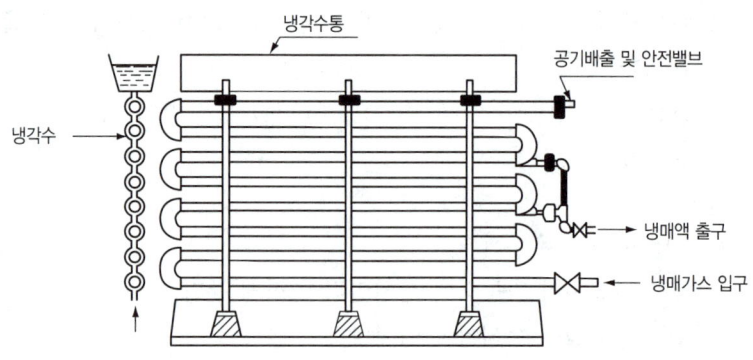

○ 대기식 응축기

㉠ 특징
ⓐ 물의 현열과 증발잠열에 의하여 냉각된다.
ⓑ 하부에 가스입구가 있고 응축된 냉매액은 냉각관 중간에서 수액기로 보내진다.
ⓒ 상부의 스프레이 노즐(spray nozzle)에 의해 냉각수가 고르게 산포된다.
ⓓ 겨울철에는 공냉식으로 사용이 가능하다.
ⓔ NH_3용 중·대형의 냉동장치에 주로 사용한다.
ⓕ 열통과율 600kcal/m^{2}h℃, 냉각수량 15l/min·RT 정도이다.

㉡ 장점
ⓐ 대기 중에 노출되어 있어 냉각관의 청소가 용이하다.
ⓑ 수질이 나쁜 곳에서도 사용이 가능하다.
ⓒ 대용량 제작이 가능하다.

㉢ 단점
ⓐ 관이 길어지면 압력강하가 크다.
ⓑ 냉각관의 부식이 크다.
ⓒ 횡형에 비해 냉각수 소비가 많다.
ⓓ 설치장소가 커야 한다.

3 증발식 응축기(eva-con, evaporative condenser)

(1) 특징

① 물의 증발잠열을 이용하므로 냉각수 소비량이 적어 냉각수량이 부족한 곳에 적합하다. (물 회수율 95%)
② 외기의 습구온도 영향을 많이 받는다.(습도가 높으면 물의 증발이 어려워 응축능력이 감소한다.)
③ 관이 가늘고 길기 때문에 냉매의 압력강하가 크다.
④ 겨울철에는 공냉식으로도 사용이 가능하다.
⑤ 주로 NH_3 냉동장치와 중형의 프레온 냉동장치에 사용한다.
⑥ 열통과율이 200~280kcal/m^{2}h℃, 전열면적 1.3~1.5m^2/RT, 순환수량 8l/min·RT 이고 보충수량은 0.1~0.16l/min·RT 정도이다.(응축온도 43℃ : 1.2m^2/RT, 35℃ : 2.8m^2/RT)
⑦ 펌프(pump), 팬(fan), 노즐(nozzle) 등의 부속설비가 많다.

◯ 증발식 응축기

(2) 장점
① 냉각수가 가장 적게 든다.
② 옥외 설치가 가능하다.
③ 냉각탑을 별도로 설치하지 않아도 된다.

(3) 단점
① 일반 수냉식에 비해 전열이 불량하다.
② 옥탑이나 지상 설치로 배관이 길어져 압력강하가 크다.
③ 청소 및 보수가 어렵다.
④ 구조가 복잡하고 설비비가 비싸다.

> **참고**
>
> ■ 엘리미네이터(eliminator)
> 냉각관에서 산포되는 냉각수의 일부가 배기와 함께 대기 중으로 비산되는 것을 방지하여 냉각수 소비량을 최소화하기 위하여 냉각탑 배기부분에 설치한다.
> ① 열통과율 가장 좋은 응축기 : 7통로식 응축기
> ② 냉각수가 가장 적게 드는 응축기 : 증발식 응축기
> ③ 대기의 습구온도에 영향을 받는 응축기 : 증발식 응축기

② 냉각탑(cooling tower)

수냉식 응축기에서 냉매를 응축액화시키고 열을 흡수하여 온도가 높아진 냉각수를 공기와 접촉시켜 물의 증발잠열을 이용하여 냉각수를 재생시키는 장치이다.

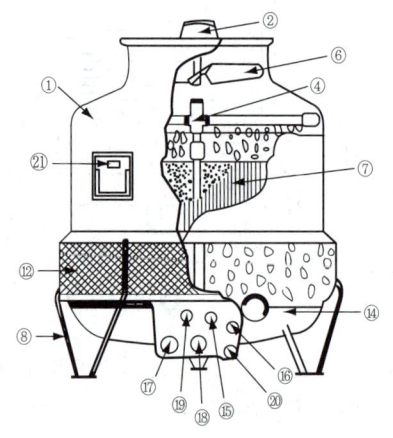

① 케이싱	② 팬 모터	③ 모터 지지대	④ 살수기	⑤ 살수관	⑥ 팬
⑦ 충전재	⑧ 다리	⑨ 사다리	⑩ 섹션 탱크	⑪ 스트레이너	⑫ 루버
⑬ 케이싱 가대	⑭ 하부 수조	⑮ 자동 급수관	⑯ 오버 플로	⑰ 순환수 출구	⑱ 순환수 입구
⑲ 수동 급수관	⑳ 드레인	㉑ 점검창	㉒ 감속기	㉓ 엘리미네이터	㉔ 턴버클

◆ 대향류형 냉각탑

1 특징

① 수원이 풍부하지 못한 곳이나 냉각수를 절약하고자 할 때 사용한다.
② 증발식 응축기(eva-con)의 원리와 비슷하다.
③ 냉각탑의 냉각효과는 외기 습구온도의 영향을 받으며 외기 습구온도는 냉각탑 출구수온보다 낮으며 냉각수는 외기 습구온도보다 낮게 냉각시킬 수 없다.

2 냉각탑의 종류

(1) 송풍방식에 따른 구분
① 흡입식 : 팬이 냉각탑의 공기 출구측에 위치해 있는 것
② 압송식 : 팬이 냉각탑의 공기 입구측에 위치해 있는 것

(2) 공기흐름에 따른 구분
① 대향류형 냉각탑(counter flow type) : 물과 공기가 서로 반대 방향으로 흐르면서 냉각되는 방식으로 냉각효율이 높고 대·소용량에 널리 사용된다.
② 직교류형(cross flow type) : 물과 공기가 서로 직각이 되어 흐르면서 냉각되는 방식으로 구조가 간단하고 보수 점검이 쉽고 여러 대를 배열하기가 용이하다.
③ 병류형 냉각탑 : 물과 공기가 같은 방향으로 흐르면서 냉각되는 방식으로 효율이 떨어져 거의 사용되지 않는다.

(3) 열전달 방법에 따른 구분
① 개방형 : 냉각수와 공기가 직접 접촉하며 냉각수의 증발이 수반되어 열교환하는 형태(대기식, 자연통풍식, 기계(강제)통풍식)
② 밀폐형 : 냉각수와 공기가 간접 접촉하여 열교환하는 형태(건식, 증발식)

3 냉각탑의 냉각능력

(1) 냉각탑에서의 제거열량

$$Q_{CT} = w \cdot C \cdot \Delta t$$
$$= w \cdot C \cdot 쿨링 렌지$$

Q_{CT} : 냉각탑의 냉각능력(kcal/h, kJ/h)
w : 냉각수 순환수량(kg/h)
C : 냉각수 비열(kcal/kg℃, kJ/kgK)
Δt : 냉각수 입출구 온도차(℃, K)

> **참고**
>
> ■ 쿨링 렌지와 쿨링 어프로치
> ① 쿨링 렌지(cooling range) : 냉각탑에서 냉각되는 온도의 정도
> = 냉각수 입구온도 − 냉각수 출구온도
> ② 쿨링 어프로치(cooling approach) : 냉각수가 최저온도에 얼마나 접근하는가의 정도
> = 냉각수 출구온도 − 냉각탑 입구 공기의 습구온도
> ③ 쿨링 렌지는 클수록, 쿨링 어프로치는 작을수록 냉각탑의 냉각능력이 우수하다.

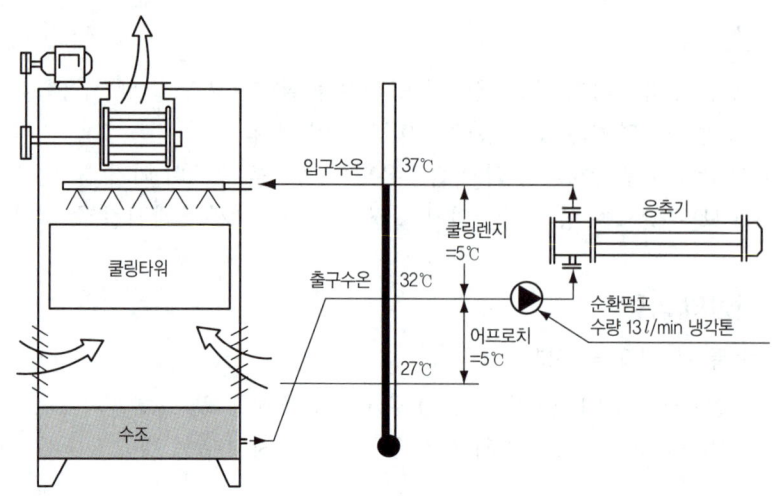

(2) 1냉각톤

① 입구 공기의 습구온도 : 27℃
② 냉각수 입구수온 : 37℃
③ 냉각수 출구수온 : 32℃
④ 냉각수 순환수량 : 13l/min·냉각톤

$$Q_{CT} = w \cdot c \cdot \Delta t = 13 \times 60 \times 1 \times 1 \times (37-32) = 3,900 \text{kcal/h} = 16,300 \text{kJ/h}$$

4 냉각탑 및 증발식 응축기의 보급수량 결정

① 냉각을 위해 소비되는 증발수량
② 캐리오버(carry over) : 송풍기나 팬(fan)에 의해 밖으로 비산되는 수량
③ 블로우 다운(blow down) : 냉각수 중 불순물에 의해 생성된 고형물 등을 드레인, 오버플로우 시키는 물의 양
④ 메이크업(make up) : 캐리오버나 블로우 다운에 의해 손실되는 수량만큼 보충시켜 주는 냉각수량

5 냉각탑 설치 시 주의사항

① 먼지가 적고 고온의 배기에 영향을 받지 않는 장소에 설치한다.
② 공기의 유통이 좋고 인접 건물에 영향을 주지 않는 장소에 설치한다.
③ 냉동기로부터 가깝고 설치 및 보수와 점검이 용이한 장소에 설치한다.
④ 팬(fan)이나 물의 낙차로 인한 소음으로 주위에 피해가 되지 않는 장소에 설치한다.
⑤ 2대 이상을 설치할 때 상호 2m 이상의 간격을 유지한다.

③ 응축기에서의 계산

1 응축열량

응축기에서 냉매가 물이나 공기를 통해서 시간당 방출하는 응축기 방열량

(1) 냉동장치에서의 계산

$$Q_1 = Q_2 + AW$$

- Q_1 : 응축열량(kcal/h, kJ/h, W)
- Q_2 : 냉동능력(kcal/h, kJ/h, W)
- AW : 압축열량(kcal/h, kJ/h, W)

(2) 방열계수에 의한 계산

$$Q_1 = Q_2 \times C$$

> **참고**
>
> 방열계수(C) : 응축기 방열량과 증발기의 흡열량과의 비
>
> $C = \dfrac{Q_1}{Q_2} = 1.2 \sim 1.3$
>
> - 냉장·공조 시 : 1.2
> - 제빙·냉동 시 : 1.3

(3) 냉매 순환량에 의한 계산

$$Q_1 = G \cdot q_1 = G(i_b - i_e)$$

- Q_1 : 응축열량(kcal/h, kJ/h)
- G : 냉매 순환량(kg/h)
- q_1 : 냉매 1kg당 응축열량(kcal/kg, kJ/kg)
- i_b : 응축기 입구 엔탈피(kcal/kg, kJ/kg)
- i_e : 응축기 출구 엔탈피(kcal/kg, kJ/kg)

(4) 수냉식 응축기에서의 계산

$$Q_1 = w \cdot c \cdot \Delta t = w \cdot c \cdot (tw_2 - tw_1)$$

- w : 냉각수량(kg/h)
- c : 냉각수의 비열(kcal/kg℃, kJ/kg℃)
- Δt : 냉각수 출입구 온도차(℃, K)

(5) 공냉식 응축기에서의 계산

$$Q_1 = G_A \cdot c \cdot \Delta t$$
$$= Q_A \cdot r \cdot c \cdot \Delta t$$
$$= Q_A \times 1.2 \times 0.24 \times \Delta t$$
$$= 0.29 \cdot Q_A \cdot \Delta t \,[\text{kcal/h}]$$
$$= 1.21 \cdot Q_A \cdot \Delta t \,[\text{kJ/h}]$$

- Q_1 : 응축열량(kcal/h, kJ/h)
- G_A : 냉각 풍량(kg/h)
- Q_A : 냉각 풍량(m³/h)
- r : 공기의 비중량(1.2kg/m³)
- c : 공기 비열(0.24kcal/kg·℃=1.01kJ/kg·℃)
- Δt : 냉각공기의 출입구 온도차(℃)

> **참고**
>
> 공냉식 응축기에서의 소요풍량(Q_A : m³/h)
>
> $Q_A = \dfrac{Q_1[\text{kcal/h}]}{0.29 \cdot \Delta t}$, $Q_A = \dfrac{Q_1[\text{kJ/h}]}{1.21 \cdot \Delta t}$

(6) 열통과율에 의한 계산

$$Q_1 = K \cdot A \cdot \Delta t_m$$

- K : 열통과율(kcal/m²h℃, W/m²K)
- A : 전열면적(m²)
- Δt_m : 냉매와 냉각수의 온도차(℃, K)
  (응축온도－냉각수 평균온도)

> **참고**
>
> ① 산술 평균 온도차(Δt_m)
>
> $$\Delta t_m = \frac{(t_1 - tw_1) + (t_1 - tw_2)}{2}$$
>
> $$= t_1 - \left(\frac{tw_1 + tw_2}{2}\right)$$
>
> - t_1 : 응축온도
> - tw_1 : 냉각수 입구온도
> - tw_2 : 냉각수 출구온도
>
> ② 대수 평균 온도차(LMTD, Logarithmic mean temperature difference)
>
> $$\text{LMTD} = \frac{\Delta t_1 - \Delta t_2}{2.3 \log \frac{\Delta t_1}{\Delta t_2}} = \frac{\Delta t_1 - \Delta t_2}{\ln \frac{\Delta t_1}{\Delta t_2}}$$
>
> - Δt_1 : 응축온도－냉각수 입구온도
> - Δt_2 : 응축온도－냉각수 출구온도
>
> ③ 냉각관의 길이(L : m)
>
> $$A = \pi \cdot D \cdot L, \quad L = \frac{A}{\pi \cdot D}$$
>
> - A : 전열면적(m²)
> - D : 냉각관의 지름(m)
> - L : 냉각관의 길이(m)

 응축온도(t_1)의 계산

$$w \cdot c \cdot \Delta t = K \cdot A \cdot \left(t_1 - \frac{tw_1 + tw_2}{2}\right) \text{에서} \quad t_1 = \frac{w \cdot c \cdot \Delta t}{K \cdot A} + \frac{tw_1 + tw_2}{2}$$

4 응축기 안전관리

1 응축압력 상승

(1) 응축압력(고압) 상승의 원인

① 응축기에 하부에 냉매액이나 오일이 고여 유효 전열면적 감소 시(균압관 불량)
② 응축기 냉각수량 부족 및 수온 상승(공랭식은 송풍량 부족 및 외기온도 상승)
③ 응축기 냉각관의 유막 및 물때 부착 시
④ 불응축가스의 장치 내 존재 시
⑤ 냉매의 과충전이나 응축부하 과대 시

(2) 응축압력 상승 시의 영향

① 압축비 증가로 소요동력 증가
② 압축기 토출가스온도 상승
③ 실린더 과열로 오일의 열화 및 탄화

④ 윤활불량으로 피스톤링 및 부품 마모
⑤ 체적효율 감소로 인한 냉동능력 감소
⑥ 축수하중 증가

(3) 응축압력 상승 방지대책
① 냉각관 세관 및 오일을 배유한다.
② 장치 내 불응축가스를 가스퍼저를 통해 퍼지한다.
③ 냉매 충전량의 적정유무와 응축 부하 정도를 점검한다.
④ 설계수량에 맞는 적정량의 냉각수를 통수시키고 냉각수 배관계통의 막힘 등을 점검한다.
⑤ 균압관의 관지름을 검토한다.

2 불응축가스

공기나 유증기 등 응축기에서 액화되지 않는 가스로 응축압력이 상승하게 된다.

(1) 불응축가스의 혼입 원인
① 냉동장치의 신설보수 후 진공작업 불충분으로 잔류하는 공기
② 냉매 및 윤활유 충전 시 부주의로 침입하는 공기
③ 순도가 낮은 냉매 및 오일 충전 시 이들에 섞인 공기
④ 저압측의 진공운전으로 침입하는 공기
⑤ 오일 탄화 시 발생하는 오일의 증기
⑥ 냉매의 화학분해 시 발생하는 산 증기(염산, 불화수소산 등)
⑦ 밀폐형의 경우 전동기 코일의 소손 등에 의해 생성된 증기

(2) 불응축가스가 장치에 미치는 영향
① 침입한 불응축가스의 분압만큼 고압 상승
② 압축비 증가로 소요동력 증가
③ 실린더 과열 및 윤활유 열화·탄화
④ 윤활불량으로 활동부 마모
⑤ 체적효율 감소, 냉동능력 감소
⑥ 축수하중 증가, 성적계수 감소

(3) 불응축가스의 혼입 확인 방법
① 압축기 운전을 정지하고 응축기 입출구 정지밸브를 닫는다.
② 냉각수의 입출구 온도차가 없어질 때까지 냉각수를 통수시켜 냉매를 최대한 응축액화시킨다.
③ 냉각수 온도에 상당하는 냉매의 포화압력과 응축압력을 비교하여 응축압력이 높으면 불응축가스가 혼입한 것이다.

CHAPTER 05 응축기 및 냉각탑 — 예상문제

01 응축기 작용에 대한 설명 중 옳은 것은?
① 액체 냉매가 응축기로 나가기 전에 약간 과열되게끔 한다.
② 응축기 내의 냉매 압력은 압축기 배출구보다 약간 고압이다.
③ 응축열량은 증발기에서 배출한 열량과 압축기에서 가해진 열량과 같다.
④ 증발기에서 흡수한 열량과 압축기에서 가해진 열량이 응축기에서 냉매로부터 배출된다.

> **해설**
> 증발능력(Q_2)+압축열량(AW)=응축열량(Q_1)

02 응축기의 냉매가스의 열이 제거되는 방법은?
① 응축과 복사   ② 승화와 휘발
③ 대류와 전도   ④ 복사와 기화

03 소형 냉동기에 사용되는 응축기의 형식은 어느 것인가?
① 수냉식   ② 공랭식
③ 증발식   ④ 2중관식

04 공냉식 응축기의 특징이 아닌 것은?
① 응축압력의 변동은 수냉식에 비해 심하다.
② 대기 오염 지역에서도 냉각관의 부식이 크다.
③ 설치 및 고장 수리가 간단하다.
④ 냉각수 배관, 펌프 시설 등이 필요 없다.

05 핀튜브에 관한 설명 중 틀리는 것은?
① 관 내에 냉각수, 관 외부에 프레온 냉매가 흐를 때 관 외측에 부착한다.
② 증발기에서 핀 튜브를 사용하는 것은 전열효과를 크게 하기 위함이다.
③ 핀은 열전달이 나쁜 측에 부착한다.
④ 관 내에 냉각수, 관 외부에 프레온 냉매가 흐를 때 관 내측에 부착한다.

06 수냉식 응축기의 응축압축에 관한 사항 중 옳은 것은?
① 수온이 일정한 경우 수량을 증가하면 응축 압력에는 영향이 없다.
② 냉각관 내의 냉각수 속도가 빨라지면 횡형 쉘 앤 튜브식 응축기의 열통과율은 커지고 응축압력에 영향을 준다.
③ 냉각수량이 풍부한 경우에는 불응축가스의 흡입영향은 없다.
④ 냉각수량이 일정한 경우에는 수온에 의한 영향은 없다.

07 입형 쉘 앤 튜브식 응축기의 장점이 아닌 것은?
① 과부하에 잘 견딘다.
② 냉각관 청소가 용이하다.
③ 과냉각이 양호하다.
④ 옥외설치가 가능하다.

08 수직형 쉘 앤 튜브 응축기의 설명이 잘못된 것은?
① 설치면적이 적어도 되며 옥외설치가 가능하다.
② 유분리기와 응축기 사이는 균압관을 설치하는 것이 좋다.
③ 대형 NH_3 냉동장치에 사용된다.
④ 응축열량은 증발기에서 흡수한 열량과 압축기의 일량의 합과 같다.

[정답] 01 ④ 02 ③ 03 ② 04 ② 05 ④ 06 ② 07 ③ 08 ②

09 프레온계 냉매용 횡형 쉘 앤 튜브(shell and tube)식 응축기에서 냉각관의 설명으로서 맞는 것은?

① 재료는 강이고 냉각수측의 전열저항에 비해 냉매측의 전열저항이 매우 크므로 외측의 전열면적을 증가시킨 핀튜브가 사용된다.
② 재료는 동이고 냉각수측의 전열저항에 비해 냉매측의 전열저항이 매우 크므로 외측의 전열면적을 증가시킨 핀튜브가 사용된다.
③ 재료는 강이고 냉각수측의 전열저항에 비해 냉매측의 전열저항이 매우 크므로 내측의 전열면적을 증가시킨 핀튜브가 사용된다.
④ 재료는 동이고 냉각수측의 전열저항에 비해 냉매측의 전열저항이 매우 크므로 내측의 전열면적을 증가시킨 핀튜브가 사용된다.

해설
동관 내에 냉각수, 외부에 냉매가 있으므로 전열저항이 큰 냉매측, 즉 관 외측에 핀튜브를 설치하여 유효 전열면적을 증가시킨다.

10 횡형 쉘 앤 튜브식 응축기에 부착하지 않는 것은?

① 역지 밸브 ② 에어벤트
③ 물 드레인 밸브 ④ 냉각수 배관 출입구

11 수액기를 겸할 수 있는 응축기는?

① 입형 쉘 앤 튜브식 응축기
② 쉘 앤 코일식 응축기
③ 횡형 쉘 앤 튜브식 응축기
④ 증발식 응축기

12 2중관식 응축기의 특징이 아닌 것은?

① 냉각수가 필요없다.
② 냉각관 부식발견이 어렵다.
③ 냉각관 청소가 곤란하다.
④ 고압에 잘 견딘다.

13 2중관식 응축기의 특징으로 볼 수가 없는 것은?

① 구조가 간단하고 값이 싸다.
② 냉각관의 청소가 어렵다.
③ 냉각수량이 비교적 적게 든다.
④ 냉각수와 냉매가 역류하므로 액의 과냉각이 잘 된다.

14 다음 중 지수식 응축기라고도 하며 나선 모양의 관에 냉매를 통과시키고 이 나선관을 구형 또는 원형의 수조에 담그고 순환시켜 냉매를 응축시키는 응축기는?

① 쉘 앤 코일식 응축기
② 증발식 응축기
③ 공랭식 응축기
④ 대기식 응축기

15 상부의 냉각수가 냉각관 표면을 적시면서 흐르기 때문에 물의 증발잠열이 냉각작용을 돕는 응축기는?

① 입형 쉘 앤 튜브식 ② 7통로식 응축기
③ 2중관식 응축기 ④ 대기식 응축기

16 수냉식 응축기의 능력을 증가시키는 방법으로 적당치 못한 것은?

① 수온을 낮춘다.
② 세척을 한다.
③ 냉각수량을 증대시킨다.
④ 유속을 2배로 한다.

[정답] 09 ② 10 ① 11 ③ 12 ① 13 ① 14 ① 15 ④ 16 ④

17 다음 응축기에 대한 설명 중 옳은 것은?
① 수냉식 응축기에서는 냉각수의 흐르는 속도가 클수록 열통과율이 크지만 부식할 염려가 있다.
② 냉각관 내에 물때가 많이 끼어도 응축효과는 변하지 않는다.
③ 응축기의 안전밸브의 최소구경은 압축기의 피스톤 압출량에 의해서 산출된다.
④ 해수를 냉각수로 사용하는 응축기에서는 동합금이 부식을 일으키기 때문에 일반적으로 배관용 탄소강관을 사용한다.

18 수냉식 응축기와 공냉식 응축기와의 중간형식으로 에바콘이라고도 불리는 응측기는?
① 냉각탑　　　　② 증발식 응축기
③ 대기식 응축기　④ 2중관식 응축기

19 다음 응축기 중 외기 습도의 영향을 받는 응축기는?
① 입형 쉘 앤 튜브식
② 이중관식
③ 증발식
④ 7통로식

20 증발식 응축기의 설명으로 부적당한 것은?
① 냉각수 소모량이 적다.
② 공냉식 응축기보다 전열 효과가 좋다.
③ 열전달률이 크다.
④ 공기의 상대습도 영향을 받지 않는다.

21 증발식 응축기에 관한 사항 중 맞는 것은?
① 응축온도는 외기의 건구온도보다 출구온도의 영향을 더 많이 받는다.
② 증발기에서 증기가 일어나는 것은 냉각이 되지 않고 있기 때문이다.
③ 응축기 냉각관을 통과하여 나오는 공기의 엔탈피는 감소한다.
④ 냉각관 내 냉매의 압력강하가 쉘 앤 튜브식(shell and tube type)에 비해 작다.

22 증발식 응축기(Eva-con) 설계 시 1RT 당 전열면적은?
① $1.3 \sim 1.5 m^2/RT$
② $3.5 \sim 4 m^2/RT$
③ $5 \sim 6.5 m^2/RT$
④ $7.5 \sim 9 m^2/RT$

23 증발식 응축기에 대한 설명 중 맞는 것은?
① 냉각수 증발속도는 팬에 의한 풍속에 비례한다.
② 응축능력은 냉각관 표면의 온도와 외기건구 온도차에 비례한다.
③ 응축기를 통과하는 공기의 엔탈피는 증가한다.
④ 엘리미네이터는 공기와 수증기 간의 비중차를 이용한 것이다.

24 에바콘(EVA-CON) 내부에 설치된 엘리미네이터의 역할은?
① 물의 증발을 양호하게 한다.
② 공기를 제거해 주는 역할을 한다.
③ 바람으로 인한 수분의 비산을 방지한다.
④ 물의 과냉각을 방지한다.

25 다음 중 "응축기"와 관계가 없는 것은?
① 헤어핀 코일　② 스월
③ 로핀 튜우브　④ 감온통

26 응축기에 관한 설명 중 옳은 것은?
① 횡형 쉘 앤 튜브 응축기와 입형 쉘 앤 튜브 응축기에서는 횡형 쉘 앤 튜브 응축기가 다량의 냉각수를 필요로 한다.
② 증발식 응축기는 다량의 물을 필요로 하기 때문에 널리 사용되지 않는다.
③ 프레온용 횡형 쉘 앤 튜브식 응축기에 핀을 붙일 때는 물속에 붙이는 것보다 냉매측에 붙이는 것이 보통이다.
④ 응축기는 수액기 밑에 설치하는 것이 좋다.

27 다음 응축기 중에서 압력강하가 가장 큰 것은?
① 2중관식 응축기 ② 증발식 응축기
③ 7통로식 응축기 ④ 공랭식 응축기

28 다음 중 대기 중의 습도가 냉매의 응축온도에 관계되는 응축기는?
① 입형 쉘 앤드 튜브 응축기
② 공냉식 응축기
③ 횡형 쉘 앤드 튜브 응축기
④ 증발식 응축기

29 열통과율이 가장 좋은 응축기는?
① 증발식
② 입형 쉘 앤 튜브식
③ 공랭식
④ 7통로식

> **해설**
> 열통과율이 좋은 순서
> 7통로식 > 입형 쉘 앤 튜브식 > 증발식 > 공냉식

30 온도가 높아진 냉각수의 열을 흡수하여 온도를 낮춘 후 다시 재사용하기 위하여 사용하는 기기는?
① 에바콘
② 냉각탑
③ 대기식 응축기
④ 2중관식 응축기

31 냉각탑에 대한 설명으로 적당하지 못한 것은?
① 냉각탑의 냉각수 회수율은 대개 95% 정도이다.
② 냉각탑에서 냉각된 냉각수온은 대기의 습구온도 보다 낮아지는 일은 없다.
③ 쿨링렌지의 값이 작을수록 응축능력은 양호해진다.
④ 수량이 풍부하지 못하거나 냉각수를 절약할 때 사용한다.

32 냉각탑에서의 손실수의 구분에 해당하지 않는 것은?
① 냉각할 때 소비한 증발수량
② 냉각수 상·하부의 온도차
③ 탱크 내의 불순물의 농도를 증가시키지 않기 위한 보급수량
④ 냉각공기와 함께 외부로 비산되는 소비수량

33 다음 냉각탑 부속품 중 엘리미네이터의 목적은?
① 물의 증발을 양호하게 한다.
② 공기를 흡수한다.
③ 물이 과냉각되는 것을 방지한다.
④ 수분이 대기 중에 방출하는 것을 방지한다.

34 다음의 설명 중 옳은 것은?
① 입구공기의 습구온도가 동일조건일 경우 어프로치(approach)가 적을수록 그 냉각탑의 능력은 저하한다.
② 입구온도의 습구온도가 동일조건일 경우 어프로치가 적은 쪽의 냉각탑의 성능이 증대한다.
③ 습구온도는 냉각탑 출구수온보다 높아지는 일이 없다.
④ 습구온도가 낮을수록 냉각탑의 성능은 저하한다.

35 다음 중 옳은 것은?
① 냉각탑의 입구수온은 출구수온보다 낮다.
② 응축기 냉각수 출구온도는 입구온도보다 낮다.
③ 응축기에서의 방출열량은 증발기에서 흡수하는 열량과 같다.
④ 증발기의 흡수열량은 응축열량에서 압축열량을 뺀 값과 같다.

36 다음 쿨링타워에 대한 설명 중 옳은 것은?
① 냉동장치에서 쿨링타워를 설치하면 응축기는 필요 없다.
② 쿨링타워에서 냉각된 물의 온도는 대기의 습구온도보다 높다.
③ 타워의 설치장소는 습기가 많고 통풍이 잘되는 곳이 적합하다.
④ 송풍량을 많게 하면 수온이 내려가고 대기의 건구·습구온도보다 낮아진다.

37 다음 중 냉각탑의 능력 산정 시 쿨링레인지의 설명이 옳은 것은?
① 냉각수 입구수온 × 냉각수 출구수온
② 냉각수 입구수온 − 냉각수 출구수온
③ 냉각수 출구온도 × 입구 공기 습구온도
④ 냉각수 출구온도 − 입구 공기 습구온도

38 냉각탑에서 쿨링 어프로치(cooling approach)란?
① 냉각수 입구온도 − 냉각수 출구온도
② 냉각수 출구온도 − 외기의 습구온도
③ 냉각수 출구온도 − 냉각수 입구온도
④ 외기의 습구온도 − 냉각수 출구온도

39 냉각탑의 능력(kcal/h)을 계산하는 식으로 바른 것은?
① 냉각수 순환수량[l/min] × 쿨링렌지
② 냉각수 순환수량[l/h] × 쿨링어프로치 × 60
③ 냉각수 순환수량[l/min] × 쿨링렌지 × 60
④ 냉각수 순환수량[l/min] × 쿨링어프로치 × 60

40 응축기에 관한 설명 중 옳은 것은?
① 입형 쉘 앤 튜브 응축기보다 횡형 쉘 앤 튜브 응축기가 다량의 냉각수를 필요로 한다.
② 증발식 응축기는 다량의 물을 필요로 하기 때문에 널리 사용되지 않는다.
③ 프레온용 횡형 쉘 앤 튜브 응축기에 핀을 붙일 때는 물측에 붙이는 것보다 냉매측에 붙이는 것이 보통이다.
④ 응축기는 수액기의 밑에 설치하는 것이 좋다.

41 쿨링타워(cooling tower)설치 위치 선정 시 주의사항 중 타당하지 않는 것은?
① 먼지가 적은 장소에 설치할 것
② 냉동기로부터 거리가 먼 장소일 것
③ 설치, 보수, 점검이 용이한 장소일 것
④ 고온의 배기 영향을 받지 않는 장소일 것

[정답] 34 ② 35 ④ 36 ② 37 ② 38 ② 39 ③ 40 ③ 41 ②

42 다음 그림($P-h$ 선도)에서 응축부하를 구하는 값으로 맞는 것은?

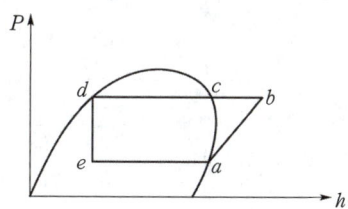

① $h_b - h_d$ ② $h_e - h_b$
③ $h_b - h_a$ ④ $h_c - h_d$

43 냉동기의 성적계수가 6.84일 때 증발온도가 -15℃이다. 이때 응축온도는?

① 15℃ ② 20℃
③ 22.7℃ ④ 37℃

해설
$6.84 = \dfrac{258}{T_1 - 258}$, $T_1 = 295.7K = 22.7℃$

44 열펌프(pump)에 있어서 증발기에서 흡입한 열량이 5,000kcal/h이고 밀폐형 압축기의 동력을 2kW할 때 응축기에서 방출하는 열량은?

① 28,200kcal/h ② 6,720kJ/h
③ 7,000kcal/h ④ 7,800W

해설
$Q_1 = Q_2 + Aw = 5,000 + (2 \times 860)$
$= 6,720kcal/h = 28,224kJ/h = 7,800W$

45 소요 냉각수량 120l/min, 냉각수 입출구 온도차 6℃인 수냉식 응축기의 응축부하는?

① 181,000kJ/h ② 50,000kW
③ 43,200kJ/h ④ 181kJ/h

해설
$Q_1 = w \cdot c \cdot \Delta t = 120 \times 60 \times 1 \times 6$
$= 43,200kcal/h = 181,000kJ/h = 50kW$

46 수냉식 응축기에서 냉각수 출입구 온도차를 5℃로 하여, 응축부하가 252,000kJ/h일 때 적당한 냉각수량은 얼마인가?

① 200l/min ② 245l/min
③ 319l/min ④ 460l/min

해설
$Q_1 = w \cdot c \cdot \Delta t$ 에서
$w = \dfrac{Q_1}{c \times \Delta t} = \dfrac{252,000}{4.2 \times 5 \times 60} = 200l/min$

47 냉방능력 1냉동톤당 10l/min의 냉각수가 사용된다. 냉각수 입구의 온도가 32℃이면 출구온도는?

① 22.5℃ ② 32.6℃
③ 38.6℃ ④ 43.5℃

48 냉동능력이 45냉동톤인 냉동장치의 수냉 셸 앤 튜브(shell and tube) 응축기에 필요한 냉각수량은? (단, 응축기 입구 온도는 23℃이며, 응축기 출구온도는 28℃라고 한다. 압축부하는 냉동부하의 0.3이다.)

① 38,844 l/h ② 33,200 l/h
③ 31,870 l/h ④ 30,250 l/h

해설
$Q_1 = Q_2 + AW = w \cdot c \cdot \Delta t$ 에서
$w = \dfrac{Q_2 + AW}{c \cdot \Delta t} = \dfrac{45 \times 3,320 \times 1.3}{1 \times (28-23)}$
$= 38,844kg/h(l/h)$

[정답] 42 ① 43 ③ 44 ④ 45 ① 46 ① 47 ③ 48 ①

49 후레온 냉동기(100RT) 횡형 응축기에서 100RT 당 매분 1,000ℓ의 냉각수가 사용된다. 응축기 입구온도를 32℃할 때 출구온도는 얼마가 되는가? (단, 응축부하는 냉동부하의 1.2배로 한다.)

① 35.7℃ ② 37.5℃
③ 38.6℃ ④ 39.4℃

해설
$Q_1 = Q_2 \cdot C = w \cdot c \cdot (tw_2 - tw_1)$
$tw_2 = \dfrac{100 \times 3{,}320 \times 1.2}{1{,}000 \times 60 \times 1} + 32 = 38.64℃$

50 암모니아 냉동기에 사용되는 수냉 응축기의 전열계수(열통과율)가 800kcal/m²h℃이며, 응축온도와 냉각수 입출구의 평균 온도차가 8℃할 때 1냉동톤당의 응축기 전열면적은?

① 0.52m² ② 0.67m²
③ 1.49m² ④ 3.7m²

해설
$Q_1 = Q_2 \cdot C = K \cdot A \cdot \Delta t_m$ 에서
$A = \dfrac{Q_2 \cdot C}{K \cdot \Delta t_m} = \dfrac{1 \times 3{,}320 \times 1.3}{800 \times 8} = 0.67 m^2$

51 암모니아 수냉식 응축기에서 다음과 같은 조건일 때 열 관류율은?

- 냉각관 두께 = 3.0mm
- 재질의 열전도율 = 40W/m℃
- 표면 열전달률 = 3,000W/m²℃(양측 같음)
- 부착물 물때 두께 = 0.2mm
- 물때의 열전도율 = 0.8W/m℃

① 1,008W/m²℃
② 988W/m²K
③ 998W/m²℃
④ 978W/m²K

해설
$K = \dfrac{1}{\dfrac{1}{\alpha_1} + \dfrac{l_1}{\lambda_1} + \dfrac{l_2}{\lambda_2} + \dfrac{1}{\alpha_2}}$
$= \dfrac{1}{\dfrac{1}{3{,}000} + \dfrac{0.003}{40} + \dfrac{0.0002}{0.8} + \dfrac{1}{3{,}000}}$
$= 1{,}008 W/m^2℃ (W/m^2 K)$

52 응축기 입구의 냉매가스 엔탈피 480kJ/kg, 응축기 출구의 냉매액의 엔탈피 220kJ/kg, 응축냉매량(냉매 순환량) 200kg/h, 응축온도 40℃, 냉각수 평균온도 30.5℃, 응축기의 전열면적 10m²일 때, 응축기와 열통과율 K는 몇 kJ/m²h℃ 정도인가?

① 956 ② 800
③ 547 ④ 258

해설
$Q_1 = G \cdot q_1 = K \cdot A \cdot \Delta t_m$ 에서
$K = \dfrac{G \cdot (i_b - i_e)}{A \cdot \Delta t_m} = \dfrac{200 \times (480 - 220)}{10 \times (40 - 30.5)} = 547$

53 수냉 응축기의 전열계수가 698W/m²℃이며 냉각수와 응축냉매와의 평균온도차가 5℃일 때 1냉동톤당의 응축기의 냉각면적(전열면적)은 대략 얼마나 되는가?

① 0.67m² ② 1.4m²
③ 2.14m² ④ 2.79m²

해설
$A = \dfrac{Q_2 \cdot C}{K \cdot \Delta t_m} = \dfrac{1 \times \left(\dfrac{3{,}320}{0.86}\right) \times 1.3}{698 \times 5} = 1.44 m^2$

[정답] 49 ③ 50 ② 51 ① 52 ③ 53 ②

54 바깥지름 54mm, 관 길이 2.66m, 관의 수 28개인 응축기의 입구 수온 22℃, 출구 수온 28℃, 응축온도 30℃, 열통과율 $K=900 kJ/m^2 h℃$일 때 응축부하 Q(kJ/h)는?

① 45,300 ② 53,700
③ 56,830 ④ 79,682

해설
$Q_1 = K \cdot A \cdot \Delta t_m = 900 \times 12.63 \times 5 = 56,830 kJ/h$
여기서, $F = \pi \cdot D \cdot l \cdot N$
$= 3.14 \times 0.054 \times 2.66 \times 28 = 12.63 m^2$
$\Delta t_m = t_1 - \left(\dfrac{tw_1 + tw_2}{2}\right) = 30 - \left(\dfrac{22+28}{2}\right) = 5℃$

55 응축압력이 이상 상승할 때의 적절한 대책이라 할 수 없는 것은?

① 불응축가스를 배출한다.
② 냉매를 추가 충전한다.
③ 냉각수량을 증가시킨다.
④ 과충전된 냉매를 뽑아낸다.

56 수냉 응축기의 능력은 냉각수 온도의 냉각수량에 의해 결정되는 데 응축기의 능력을 증대시키는 방법에 관한 사항 중 틀린 것은?

① 냉각수온을 낮춘다.
② 응축기의 냉각관을 세척한다.
③ 냉각수량을 늘린다.
④ 냉각수 유속을 줄인다.

57 응축압력이 지나치게 내려가는 것을 방지하기 위한 조치방법 중 틀린 것은?

① 송풍기의 풍량을 조절한다.
② 송풍기 출구에 댐퍼를 설치하여 풍량을 조절한다.
③ 수냉식일 경우 냉각수의 공급을 증가시킨다.
④ 수냉식일 경우 냉각수의 온도를 높게 유지한다.

58 응축압력이 저하되는 것을 방지하기 위한 방법이 아닌 것은?

① on-off 조정으로 송풍량을 조절한다.
② fan의 회전수를 조절한다.
③ 냉각수량을 증가시킨다.
④ 냉각수량을 감소시킨다.

59 냉동사이클에서 증발온도를 일정하게 하고 응축온도를 상승시켰을 경우의 상태변화로 옳은 것은?

① 소요동력 감소 ② 냉동능력 증대
③ 성적계수 증대 ④ 토출가스온도 상승

60 냉동기 운전 중 수냉식 응축기의 파열을 방지하기 위한 조치 중 해당이 없는 것은?

① 냉각수 flow 스위치(온도)
② 냉각수 flow 스위치(압력)
③ 차압스위치(differential switch)
④ 유압보호 차단장치

61 수냉식 응축기를 세정한 후 세정효과를 확인하는 방법에 해당되지 않는 것은?

① 냉각수 계통의 압력 감소
② 압축기 고압압력 감소
③ 응축기 출구 냉각수온 상승
④ 냉각수 펌프의 토출압력 상승

62 다음 중 관 세척에 염산(HCl)을 사용하는 이유로 맞지않는 것은?

① 스케일 제거 능력이 우수하다.
② 물에 대한 용해도가 적어 물 세척이 용이하다.
③ 가격이 싸 경제적이다.
④ 부식 방지제의 종류가 많다.

[정답] 54 ③ 55 ② 56 ④ 57 ③ 58 ③ 59 ④ 60 ④ 61 ④ 62 ②

63 응축기의 냉각관 청소 시기로 옳은 것은?
① 매월 1회 ② 매년 1회
③ 3개월에 1회 ④ 6개월에 1회

64 수냉식 응축기의 응축압력에 관한 설명 중 옳은 것은?
① 수온이 일정한 경우 유막, 물때가 두껍게 부착하여도 수량을 증가하면 응축압력에는 영향이 없다.
② 냉각관 내의 냉각수 속도는 열통과율에 영향을 준다.
③ 냉각수량이 풍부한 경우에는 불응축가스의 혼입영향이 없다.
④ 냉각수량이 일정한 경우에는 수온에 의한 영향은 없다.

65 냉동장치 운전에 관한 설명으로 옳은 것은?
① 흡입압력이 저하되면 토출가스 온도가 저하된다.
② 냉각수온이 높으면 응축압력이 저하된다.
③ 냉매가 부족하면 증발압력이 상승한다.
④ 응축압력이 상승되면 소요동력이 증가한다.

66 수냉식 응축기의 능력은 냉각수 온도와 냉각수량에 의해 결정이 되는 데 응축기의 능력을 증대시키는 방법에 관한 사항 중 틀린 것은?
① 냉각수온을 낮춘다.
② 응축기의 냉각관을 세척한다.
③ 냉각수량을 줄인다.
④ 냉각수 유속을 적절히 조절한다.

67 냉동장치 내에 공기가 침입하였을 때의 현상은?
① 토출압력 저하 ② 체적효율 증가
③ 냉동능력 감소 ④ 토출온도 저하

68 불응축가스가 냉동장치에 미치는 영향 중 설명이 옳지 않은 것은?
① 열교환작용을 방해하여 응축압력이 낮아진다.
② 냉동능력이 감소한다.
③ 소비전력이 증가한다.
④ 응축압력은 상승한다.

69 냉동장치 내 불응축가스가 다량 존재하고 있을 때의 영향으로 볼 수가 없는 것은?
① 응축기의 냉각수 출구온도가 높아진다.
② 고압 차단 스위치가 작동할 수 있다.
③ 저압 차단 스위치가 작동할 수 있다.
④ 유온이 상승하여 오일의 점도가 내려간다.

70 응축압력의 상승요인으로 적당한 것은?
① 냉각수량이 많을 때
② 응축기 냉각관에 스케일의 부착 시
③ 냉매가 장치 내에 적게 들어갔을 때
④ 불응축가스가 장치 내에 없을 때

71 냉동장치의 고압측 압력이 높아지는 원인이 바르게 설명된 것은?
① 응축기 냉각관의 오염이 심하다.
② 응축기의 냉각수량이 지나치게 많다.
③ 증발기의 능력이 저하하였다.
④ 실린더 워터자켓의 냉각수가 부족하다.

[정답] 63 ② 64 ② 65 ④ 66 ③ 67 ③ 68 ① 69 ④ 70 ② 71 ①

72 응축압력이 현저하게 상승되는 원인으로 옳은 것은?
① 유분리기 기능불량
② 부하의 급격한 감소
③ 전동기 벨트 이완
④ 냉각수량 과대

73 냉동장치에서 응축온도가 높을 때 장치에 미치는 영향에 들지 않는 것은?
① 냉동능력 감소
② 성적계수 향상
③ 토출가스온도 상승
④ 소요동력 증가

74 다음 중 응축압력이 높을 때의 대책이 아닌 것은?
① 가스 퍼지를 점검하고 공기를 안전하게 배출시킬 것
② 설계수량을 검토하고 막힌 곳이 없는가를 조사 후 수리할 것
③ 설계에 의한 냉각면적보다 추가하여 설치할 것
④ 소음이 발생하면 냉각수량을 보충할 것

[정답] 72 ① 73 ② 74 ④

PART 1. 냉동기계

팽창밸브

고온·고압의 냉매액을 증발기에서 증발하기가 쉽도록 교축작용에 의하여
단열팽창(교축)시켜 저온·저압으로 낮춰주는 작용을 하는 동시에
냉동부하(증발부하)의 변동에 대응하여 냉매량을 조절한다.

1 팽창밸브(expansion valve)의 원리

유체가 작은 구멍을 통과할 때 마찰 등으로 온도가 떨어지는 현상을 주울 톰슨 효과(Joule-Thomson effect)라고 한다. 이 교축(throtlling) 작용은 팽창밸브의 원리가 되며 냉동장치에서 저온을 얻기 위하여 증발기 입구에 설치하여 단열팽창시켜 압력과 온도를 강하시키며 이때 엔탈피 변화는 없다.

2 팽창밸브의 종류

1 모세관(capillary tube)

밸브가 아닌 0.8~2mm 정도의 가늘고 긴 모세관을 이용하여 모세관 전후의 압력차에 의해 팽창작용을 하며 냉매량 조절은 불가능하다.

① 모세관 전후에 밸브가 없으므로 정지 시 고·저압이 밸런스되어 기동 시 압축기의 부하가 작아진다.
② 유량조절밸브가 없으므로 냉매 충전량이 정확해야 한다.
③ 건조기와 스트레이너가 반드시 필요하다.
④ 가정용 소형 냉동기나 창문형 에어컨 등 소형에 사용한다.

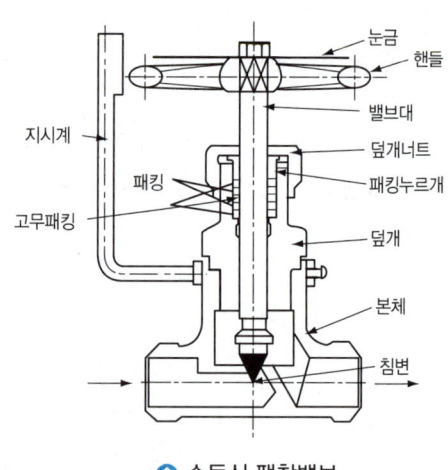

◎ 수동식 팽창밸브

> 📌 참고
> ■ 모세관의 압력강하 : 길이에 비례하고 지름에 반비례하여 압력강하가 커진다.

2 수동 팽창밸브(MEV, manual expansion valve)

① 주로 NH_3 건식 증발기에 사용된다.
② 자동 팽창밸브의 고장에 대비하여 by-pass 팽창밸브로 사용한다. 일반적으로 스톱밸브와 동일한 형태이나 침변(neddle valve)의 변화가 더욱 세밀하여 미량을 조절할 수 있으며 일반적으로 1/4회전 이상은 돌리지 않는다.

> **참고**
> ■ 팽창밸브 용량 : 변좌(밸브시트)의 오리피스 지름

3 정압식 팽창밸브(AEV, automatic expansion valve)

증발기의 내의 압력이 상승하면 닫히고 증발압력이 저하하면 열려 팽창작용을 한다.
① 증발기 내의 압력을 일정하게 유지시킨다.
② 부하에 따른 냉매량 제어가 불가능하다.(부하 변동에 반대로 작동)
③ 냉동부하의 변동이 적을 때 또는 냉수, 브라인 등의 동결 방지용으로 사용된다.

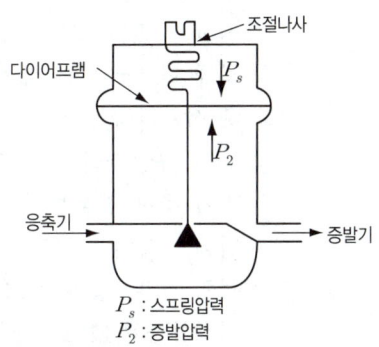

P_s : 스프링압력
P_2 : 증발압력

◎ 정압식 팽창밸브

4 온도식 자동 팽창밸브(TEV, thermal expansion valve)

증발기 출구에 감온통을 설치하여 감온통에서 감지한 냉매가스의 과열도가 증가하면 열리고 부하가 감소하여 과열도가 적어지면 닫혀 팽창작용 및 냉매량을 제어하는 것으로 가장 많이 사용한다.

(1) 특징

① 주로 프레온 건식 증발기에 사용한다.
② 냉동부하의 변동에 따라 냉매량이 조절된다.
③ 본체구조에 따라 벨로즈식과 다이어프램식이 있다.
④ 감온구 충전방식에 따라 가스충전식, 액충전식, 크로스충전식이 있다.
⑤ 팽창밸브 직전에 전자밸브를 설치하여 압축기 정지 시 증발기로 액이 유입되는 것을 방지한다.

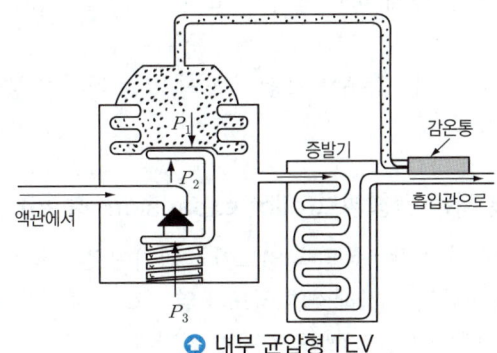

◎ 내부 균압형 TEV

(2) 종류

① 내부 균압형

　㉠ $P_1 > P_2 + P_3$ → 냉동부하 증가
　　팽창밸브 열림

　㉡ $P_1 < P_2 + P_3$ → 냉동부하 감소
　　팽창밸브 닫힘

$\begin{bmatrix} P_1 : \text{과열도에 의해 다이어프램에 전해지는 압력} \\ P_2 : \text{증발기 내 냉매의 증발압력} \\ P_3 : \text{조절나사에 의한 스프링 압력} \end{bmatrix}$

② 외부 균압형

　㉠ 설치목적 : 증발관 내의 압력강하가 크면(0.14kg/cm² 이상) 증발기 출구온도가 입구온도보다 낮아져 과열도가 감소되어 팽창밸브가 작게 열려 냉매 순환량의 감소로 인한 냉동능력의 감소를 초래하게 되므로 이를 해소하기 위해 설치한다.

　㉡ 외부 균압관의 연결 위치 : 증발기 출구 감온통의 부착위치 넘어 압축기 흡입관

　㉢ 설치 경우 : 증발기 코일 내 압력강하가 0.14kg/cm² 이상 시 채택한다.

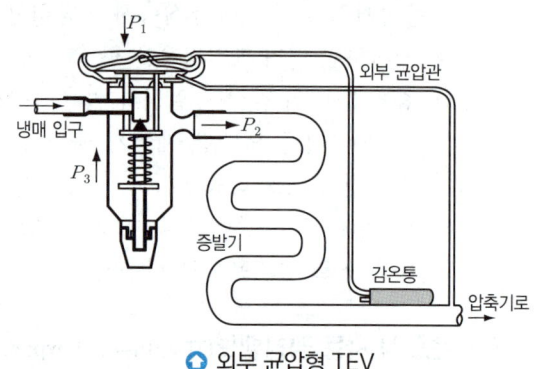

◎ 외부 균압형 TEV

> 참고
> ■ 냉매 분배기(distributor) : 직접 팽창식 증발기 입구에 설치하여 냉매공급을 균등하게 하기 위해 설치

(3) 감온통의 설치

① 증발기 출구측 가까이 흡입관과 수평으로 설치

② 흡입관경이 7/8"(20mm) 이하일 때 : 흡입관의 수직 상단
　흡입관경이 7/8"(20mm) 이상일 때 : 흡입관 수평의 45° 하단

③ 감온통의 감도를 좋게 하려면 삽입포켓을 한다.

④ 흡입관에 트랩이 있는 경우는 트랩에 고여 있는 액의 영향을 받지 않도록 트랩에서 가능한 멀리 설치할 것

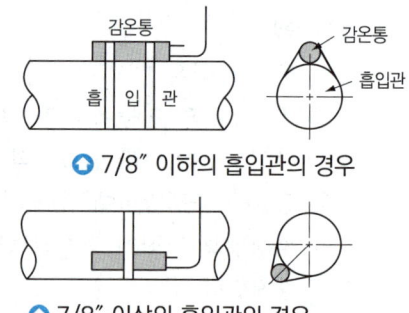

◎ 7/8" 이하의 흡입관의 경우

◎ 7/8" 이상의 흡입관의 경우

5 파일롯 온도식 자동 팽창밸브(pilot expansion valve)

증발부하가 증가하면 감온통의 과열도가 증가하여 감온통 내의 가스가 팽창되므로 Pilot 변의 다이어프램에 압력이 가해지면 밸브가 열리고 이때 작용하는 고압이 주팽창밸브 피스톤을 눌러 주팽창밸브의 변좌(밸브시트)가 열린다.

6 저압측 플로트 밸브(low side float valve)

① 만액식 증발기에 사용한다.
② 부하변동에 따른 증발기 저압측의 액면을 항상 일정하게 유지한다.
③ 밸브전에 전자변을 설치하여 냉동기 정지 시 냉매를 차단한다.
④ 액면은 쉘(shell) 지름의 5/8 정도이다.
⑤ 부하 변동에 따른 신속한 유량 제어가 가능하다.
⑥ 증발기 내에 플로트를 직접 띄우는 직접식과 별도로 플로트(부자)를 설치하여 부자를 띄우는 간접식이 있다.

7 고압측 플로트 밸브(high side float valve)

① 응축부하에 따라 응축기나 수액기의 액면을 일정하게 유지한다.
② 고압측 수액기의 액면이 높아져 플로트 밸브가 올라가면 증발기로 냉매가 공급되고 액면이 낮아져 플로트 밸브가 내려가면 냉매공급이 차단된다.
③ 고압측 수액기의 액면에 따라 작동되므로 증발부하 변동에 따른 냉매량의 조절은 불가능하다.
④ 고압측 부자변 사용 시 증발기 용량의 25%에 상당하는 액분리기를 설치할 것

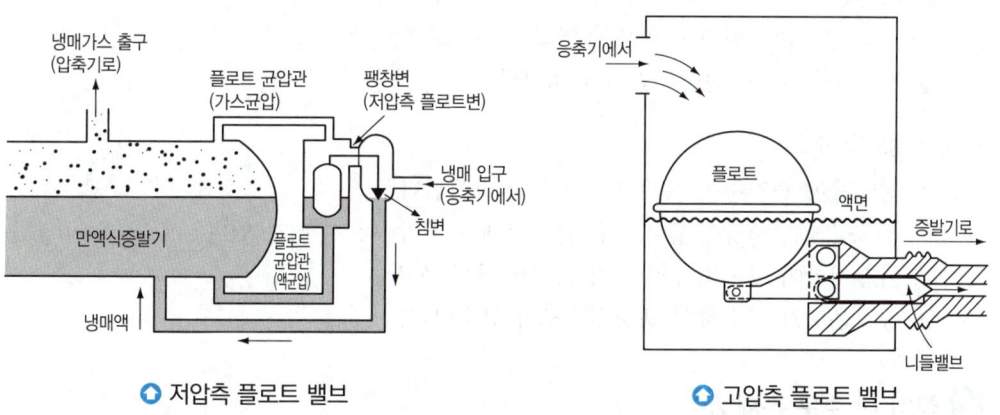

❍ 저압측 플로트 밸브　　　　❍ 고압측 플로트 밸브

> **참고**
> ■ 에어 벤트(air vent) : 플로트실 상부에 불응축가스가 고이면 플로트실의 압력이 높아져 플로트가 뜨지 않아 냉매의 공급이 곤란해지므로 불응축가스를 빠져나가게 하기 위하여 설치한다.

8 전자식 팽창밸브(EEV, electronic expansion valve)

증발기 입구 냉각관 벽과 증발기 출구 관 벽에 온도 센서를 설치하여 이들 양쪽 센서의 검출 온도차에 의하여 증발기 출구 냉매가스의 과열도를 측정하고, 이 신호에 따라 밸브를 개폐하며 증발기에 유입하는 냉매량을 피드백(feed back) 제어하여 냉매량을 정확하게 공급하는 특징이 있다. 인버터 구동 가변 용량형 공조기나 증발온도가 낮은 냉동장치에서 팽창밸브의 냉매 유량 조절 특성 향상과 유량제어 범위 확대 등을 목적으로 사용한다.

3 팽창밸브 안전관리

1 팽창밸브의 개도

(1) 밸브의 개도가 작을 경우
  ① 지나친 압력강하에 의해 증발압력이 저하된다.
  ② 증발온도가 낮아지고 압축비가 증가한다.
  ③ 냉매순환량이 감소하여 압축기로 과열증기가 흡입된다.
  ④ 압축기가 과열되고 윤활유가 열화 및 탄화된다.
  ⑤ 체적효율 감소, 냉동능력이 감소한다.

(2) 밸브의 개도가 클 경우
  ① 냉매량이 증가하여 흡입관에 적상이 발생한다.
  ② 과도하게 냉매량이 많아지면 압축기에서 액압축의 우려가 있다.
  ③ 마찰저항이 작아져 증발압력(저압)이 높아진다.
  ④ 증발온도가 상승하여 냉장실온도가 상승한다.

2 장치 내 수분 존재 시

(1) 장치 내 수분 침입의 원인
  ① 냉매충전 시 진공작업 불충분으로 잔류하는 수분
  ② 냉매나 오일 충전 시 부주의
  ③ 수리 및 정비, 설치 시 부주의
  ④ 저압측의 진공운전 시 외기 침입(개방형)
  ⑤ 수분이 혼입된 냉매나 오일 충전 시

(2) 영향
  ① 팽창밸브 동결 폐쇄(freon 장치) ② 동부착 현상 발생(freon 장치)
  ③ 유탁액 현상 발생(NH_3 장치) ④ 증발온도 상승(NH_3)
  ⑤ 배관부식과 윤활유의 열화 촉진

예상문제

01 팽창밸브의 설명으로 틀린 것은?
① 교축작용이 일어남
② 엔탈피가 일정함
③ 냉매공급량을 조정함
④ 단열압축 과정임

> **해설**
> **팽창밸브**
> 냉매공급량을 조절하며 교축작용에 따른 단열팽창과정으로 압력, 온도는 감소하고, 엔탈피는 일정하다.

02 냉동기에서 고온 냉매액을 증발기로 보낼 때 유량을 조절하는 팽창밸브는 어느 곳에 설치하여야 하는가?
① 압축기와 응축기 사이
② 응축기와 수액기 사이
③ 수액기와 증발기 사이
④ 증발기와 압축기 사이

03 팽창밸브 선정 시 고려하여야 할 사항에 속하지 않는 것은?
① 응축압력
② 냉동능력
③ 사용 냉매의 종류
④ 응축기, 증발기의 종류

04 팽창밸브에 대한 설명으로 옳은 것은?
① 압축 증대장치로 압력을 높이고 냉각시킨다.
② 액봉이 쉽게 일어나고 있는 곳이다.
③ 냉동부하에 따른 냉매액의 유량을 조절한다.
④ 플래시 가스가 발생하지 않는 곳이며 일명 냉각장치라 부른다.

05 팽창밸브와 관련이 있는 것끼리 짝지은 것은?
① 등온팽창, 부압작용
② 단열팽창, 부압작용
③ 등온팽창, 교축작용
④ 단열팽창, 교축작용

06 팽창밸브에 냉매액이 팽창할 때 냉매의 상태변화에 관한 사항으로 옳은 것은?
① 압력과 온도는 내려가나 엔탈피는 변하지 않는다.
② 압력은 내려가나 온도와 엔탈피는 변하지 않는다.
③ 온도는 변하지 않으나 압력, 엔탈피가 감소한다.
④ 엔탈피만 감소하고 압력과 온도는 변하지 않는다.

07 냉매가 팽창밸브를 통과할 때 변하는 것은?
(단, 이론상의 표준 냉동사이클)
① 엔탈피와 압력   ② 온도와 엔탈피
③ 압력과 온도   ④ 엔탈피와 비체적

08 $P-i$ 선도에서 팽창밸브 통과 시 발생한 플래시 가스(flash gas)량을 알기 위해 필요한 선은?
① 건조도선   ② 비체적선
③ 등온선   ④ 엔트로피선

> **해설**
> 건조도가 0.14이면 플래시 가스량은 14%이다.

09 팽창밸브 용량을 표시하는 것은?
① 팽창밸브 입구의 지름
② 팽창밸브 출구의 지름
③ 침변좌의 오리피스 지름
④ 침변의 크기

[정답] 01 ④ 02 ③ 03 ④ 04 ③ 05 ④ 06 ① 07 ③ 08 ① 09 ③

10 팽창밸브의 교축작용에 대한 설명으로 적당한 것은?
① 압력이 상승한다.
② 외부로부터 열 또는 일의 공급이 있다.
③ 증발기에서 증발하기 쉽도록 저온저압의 액상태로 만든다.
④ 체적이 감소하면서 온도가 급격히 낮아진다.

11 모세관 팽창밸브의 압력강하가 큰 원인은?
① 지름이 크고 길이가 짧기 때문
② 지름이 작고 길이가 짧기 때문
③ 지름이 작고 길이가 길기 때문
④ 지름이 크고 길이가 길기 때문

12 모세관을 팽창밸브로 사용하였을 때의 장점에 속하는 것은?
① 건조기가 필요하다.
② 통로폐쇄의 우려가 있다.
③ 냉매의 공급량을 조절할 수 있다.
④ 기동 시 압축기 부하가 경감된다.

13 정압식 자동 팽창밸브(AEV)는 무엇에 의해 작동 되는가?
① 증발기의 압력   ② 증발기의 온도
③ 냉매의 응축온도   ④ 냉동부하

14 정압식 팽창밸브의 설명 중 틀린 것은?
① 부하변동에 따라 자동적으로 냉매 유량을 조절한다.
② 증발기 내의 압력을 자동으로 항상 일정하게 유지한다.
③ 단일냉동 장치에서 냉동부하의 변동이 적을 때 사용한다.
④ 냉수 브라인 등의 동결을 방지할 때 사용한다.

15 다음 그림 중 정압식 자동팽창밸브를 나타내는 것은?

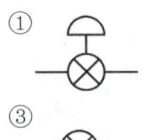
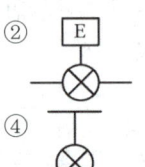

16 냉동부하의 변동이 심한 냉동장치에 적합한 팽창밸브는?
① 저압측 플로트밸브
② 온도식 자동 팽창밸브
③ 정압식 팽창밸브
④ 파일로트 전자밸브

17 온도 작동식 자동팽창밸브에 대한 설명이다. 옳은 것은?
① 실온을 서어모스탯에 의하여 감지하고 밸브의 개도를 조절한다.
② 팽창밸브 직전의 냉매 온도에 의하여 자동적으로 개도를 조절한다.
③ 증발기 출구의 냉매온도에 의하여 자동적으로 개도를 조절한다.
④ 팽창밸브를 통하는 냉매온도에 의하여 자동적으로 개도를 조절한다.

18 온도 자동 팽창밸브에서 감온통의 부착 위치는?
① 팽창밸브 출구   ② 증발기 입구
③ 증발기 출구   ④ 수액기 출구

[정답] 10 ③ 11 ③ 12 ④ 13 ① 14 ① 15 ① 16 ② 17 ③ 18 ③

19 TEV에서 감온통을 포켓에 삽입하는 이유는?
① 외기온도의 영향을 줄이고 냉매만의 과열도를 감지하기 위해서
② 증발기의 압력강하 시 압력을 상승시키기 위하여
③ 냉매순환량 감소로 인한 흡입가스의 과열을 방지하기 위해
④ 외부 균압관의 설치 대신에 냉매의 증발압력을 높이기 위해

20 온도식 자동 팽창밸브(T.E.V) 동력부에 압력을 공급하는 것은?
① 고압측 압력
② T.E.V 감온통
③ 외부 균압관
④ 팽창밸브 직전의 압력

21 감온식 팽창밸브(TEV)는 세 가지 압력에 의해 작동이 되는데 다음 중 맞는 것은?
① 증발기의 압력, 스프링 압력, 흡입관의 압력
② 증발기의 압력, 감온통의 압력, 응축압력
③ 증발기의 압력, 스프링 압력, 냉각수의 압력
④ 증발기의 압력, 스프링 압력, 감온통의 압력

22 증발기 내의 압력강하가 클 때, 증발기 출구 온도가 입구 온도보다 낮아져서 과열도가 감소하여 팽창밸브가 적게 열리고 냉매 순환량이 감소한다. 이때 적절한 대응 방법은?
① 모세관의 사용
② 감온통의 제거
③ 외부 균압형 온도식 자동 팽창밸브의 설치
④ 증발기 쪽으로 감온통 설치 위치 변경

23 증발부하가 증가되었을 때 온도식 자동 팽창밸브 내의 상태는? (P_f : 과열도에 상당하는 감온통 압력, P_e : 냉매증발압력, P_s : 스프링 압력)
① $P_f = P_e + P_s$
② $P_f > P_e + P_s$
③ $P_f < P_e + P_s$
④ $P_f = P_e - P_s$

24 온도식 자동팽창밸브에 대하여 옳은 것은?
① 증발기가 너무 길어 증발기의 출구에서 압력 강하가 커지는 경우에는 내부균압형을 사용한다.
② R-12를 사용하는 냉동기를 R-22 냉동기에 그대로 사용해도 된다.
③ 팽창밸브가 지나치게 적으면 압축기 흡입 가스의 과열도는 크게 된다.
④ 냉매의 유량은 증발기의 입구 냉매가스 과열도에 제어된다.

25 온도식 자동 팽창밸브의 작동불량 원인 중 틀린 것은?
① 감온통 내의 냉매누설
② 감온통이 흡입관에 너무 밀착
③ 내부 기구 불량
④ 동력부 냉매 사용 부적합

26 흡입관 지름이 20mm(7/8″) 이하일 때 감온통의 부착 위치는?

① 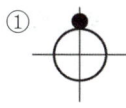 ②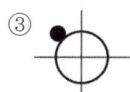
③ 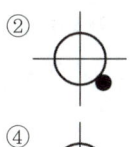 ④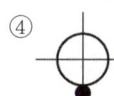

27 정압식 팽창밸브의 설명으로 틀린 것은?
① 부하변동에 따라 자동적으로 냉매유량을 조절한다.
② 증발기 내의 압력을 일정하게 유지시켜 주는 냉매유량조절밸브이다.
③ 단일 냉동장치에서 냉동부하의 변동이 적을 때 사용한다.
④ 냉수브라인 등의 동결을 방지할 때 사용한다.

28 고압측 플로우트 밸브에 관한 사항 중 잘못된 것은?
① 주로 터보 냉동기에 사용한다.
② 고압측 냉매량에 따라 작용한다.
③ 증발기에 걸리는 부하에 따라 유량을 공급한다.
④ 충전되는 냉매량이 정확할 때 작동이 잘된다.

29 만액식 증발기에 사용되는 팽창밸브는?
① 저압식 플로트밸브
② 온도식 자동 팽창밸브
③ 정압식 자동 팽창밸브
④ 모세관 팽창밸브

30 저압측 플로트 밸브에 대한 설명으로 틀린 것은?
① 주로 건식 프레온 냉각기에 사용한다.
② 증발기 내 액면을 일정하게 유지한다.
③ 대용량의 만액식 증발기에 사용한다.
④ 증발온도를 일정하게 유지할 때는 증발압력조정밸브를 겸용하는 것이 좋다.

31 팽창밸브에서 가장 많이 일어나는 고장은?
① 격막의 고장   ② 감온구의 누설
③ 스프링의 늘어남   ④ 침과 침변좌의 빙결

32 팽창밸브에 관한 설명 중 틀린 것은?
① 팽창밸브의 조절이 양호하면 증발기를 나올 때 가스 상태를 건조포화증기로 할 수 있다.
② 팽창밸브에 될 수 있는 대로 낮은 온도의 냉매액을 보내도록 하면 냉동능력이 증대한다.
③ 팽창밸브를 과도하게 조이면 증발기 내부가 저압, 저온이 되어 증발기 출구의 가스가 과열되어 압축기는 과열압축이 된다.
④ 팽창밸브를 조절할 때는 서서히 개폐하는 것보다 급히 개폐하는 것이 빨리 안정된 운전상태로 들어갈 수 있으므로 좋다.

33 팽창밸브 직전에서 냉매액을 과냉각시키는 이유는?
① 과도한 과열증기의 압축을 막기 위해서
② 과냉각도를 크게 할수록 응축온도가 높아져 동력 소비를 줄일 수 있기 때문
③ 과열도를 크게 하기 위하여
④ 플래시 가스 발생량을 줄여 냉동력을 증대하기 위하여

34 팽창밸브 직후의 냉매건조도가 0.22, 증발잠열은 400kcal/kg이라 할 때 냉동력은 얼마인가?
① 273kcal/kg   ② 312kcal/kg
③ 373kcal/kg   ④ 414kcal/kg

> **해설**
> $q_2 = (1-x)r = (1-0.22) \times 400 = 312\text{kcal/kg}$

[정답] 27 ① 28 ③ 29 ① 30 ① 31 ④ 32 ④ 33 ④ 34 ②

35 냉동장치의 계통도에서 팽창밸브에 대해서 옳은 것은?

① 압축증대장치로 압력을 높이고 냉각시킨다.
② 액봉이 쉽게 일어나고 있는 곳이다.
③ 고온도의 액이 저온도의 증발기로 흘러들어 가기 전 냉각시키려는 교축작용이다.
④ flash gas가 발생하지 않는 곳이며 일명 냉각 장치라 한다.

36 팽창밸브를 적게 열었을 때 일어나는 현상으로 옳은 것은?

① 증발압력 상승
② 토출온도 상승
③ 증발온도 상승
④ 냉동능력 상승

37 냉동장치를 운전할 때 팽창밸브를 조이면 어떤 현상이 생기는가?

① 냉동능력은 증가한다.
② 증발기의 온도는 상승한다.
③ 압축기의 토출온도는 상승한다.
④ 압축기의 흡입압력은 상승한다.

38 팽창밸브가 냉동 용량에 비하여 너무 작을 때 일어나는 현상은?

① 증발압력 상승
② 압축기 소요동력 감소
③ 소요전류 증대
④ 압축기 흡입가스 과열

[정답] 35 ③ 36 ② 37 ③ 38 ④

PART 1. 냉동기계

증발기

팽창밸브에서 교축팽창된 저온·저압의 냉매액이 피냉각물체로부터 열을 흡수하여 냉매액이 증발함으로써 실제 냉동의 목적을 이루는 열교환기의 일종이다.

1 증발기(evaporator)의 종류

1 팽창방식에 의한 분류

(1) 직접 팽창식(direct expansion evaporator)

　냉장실의 냉각관(증발관) 내에 직접 냉매를 순환시켜 피냉각물체로 부터 열을 흡수하는 방식으로 냉매의 증발잠열을 이용한다.

(2) 간접 팽창식(indirect expansion evaporator)

　냉장실의 냉각관(증발관) 내에 간접 냉매인 브라인을 순환시켜 피냉각물체로 부터 열을 흡수하며 냉매의 현열을 이용하는 형식으로 브라인식 또는 간접 냉동방식이라 한다.

(3) 직접 팽창식과 간접 팽창식의 장·단점

　① 직접 팽창식

　　㉠ 장점

　　　ⓐ 냉장실 내 온도를 동일하게 유지하였을 때 냉매의 증발온도가 높다.

　　　ⓑ 시설이 간단하다.

　　　ⓒ 냉매 순환량이 적다.

　　㉡ 단점

　　　ⓐ 냉매누설에 의한 냉장 물품의 오염 우려가 있다.(NH_3를 사용하는 경우)

　　　ⓑ 냉동기 운전정지와 동시에 냉장실의 온도가 상승한다.

　　　ⓒ 여러 냉장실을 동시에 운영할 때 팽창밸브수가 많아진다.

　② 간접 팽창식

　　㉠ 장점

　　　ⓐ 냉매누설에 의한 냉장 물품의 오염 우려가 없다.

　　　ⓑ 냉동기 정지에 따른 냉장실 온도의 상승이 느리다.

　　　ⓒ 냉장실이 여러 대라도 팽창밸브는 하나이면 되므로 능률적인 운전이 가능하다.

　　㉡ 단점

　　　ⓐ 설비가 복잡하여 시설비가 비싸다.

　　　ⓑ 순환펌프 등을 사용하므로 소요동력이 증가하여 운전비가 많이 든다.

> **참고**
>
> ■ 직접 팽창식과 간접 팽창식의 비교
>
> | 조건 | 직·팽 | 간·팽 | 조건 | 직·팽 | 간·팽 |
> |---|---|---|---|---|---|
> | 증발온도 | 고 | 저 | RT당 냉동능력 | 소 | 대 |
> | RT당 냉매 순환량 | 소 | 대 | RT당 소요동력 | 소 | 대 |
> | RT당 냉매 충전량 | 대 | 소 | 설비의 복잡성 | 간단 | 복잡 |

2 증발기 출구의 냉매상태에 따른 분류

(1) 건식 증발기(dry expansion type evaporator)
① 증발기 내 냉매액이 25%, 냉매가스가 75% 존재한다.
② 증발관 내에 냉매액보다 가스가 많으므로 전열이 불량하다.
③ 냉매액의 순환량이 적어 액분리가 불필요하다.
④ 냉매공급이 위에서 아래로 공급(down feed type)되므로 유회수가 용이하여 유회수장치가 필요없다.
⑤ NH₃ 사용 시에는 유효 전열면적을 증가시키기 위해 냉매공급을 아래에서 위로 공급(up feed type)할 수 있다.
⑥ 주로 공기냉각용으로 많이 사용한다.

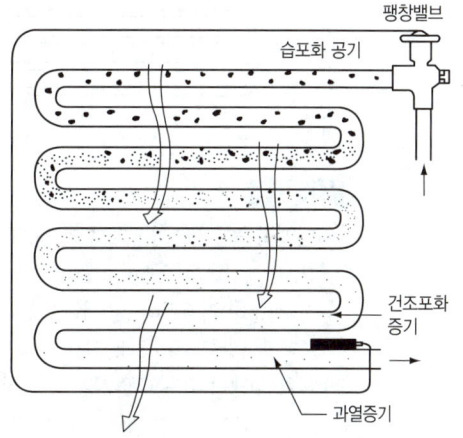

◆ 건식 증발기

(2) 반만액식 증발기(semi flooded type evaporator)
① 증발기 내 냉매액이 50%, 냉매가스가 50% 존재한다.
② 냉매액이 건식보다 많아 전열이 양호하다.
③ 냉매공급은 up feed 방식을 채택한다.
④ 프레온 냉매 사용 시 냉각관에 오일이 체류할 수 있으므로 유회수에 유의해야 한다.

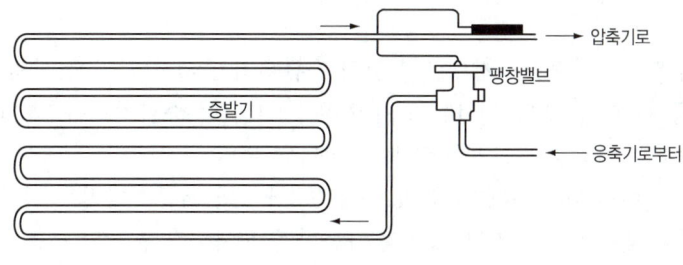

◆ 반만액식 증발기

(3) 만액식 증발기(flooded type evaporator)
① 증발기 내 냉매액이 75%, 가스가 25% 존재한다.
② NH_3 냉동장치에서는 액압축을 방지하기 위해 액분리기(accumulator)를 설치한다.
③ 프레온 냉동장치의 경우 충분한 능력의 열교환기 설치 시에는 액분리기를 설치하지 않아도 된다.
④ 프레온 냉동장치에서는 증발기 내 오일이 체류할 수 있으므로 유회수 장치가 필요하다.
⑤ 냉매액량이 많으므로 전열이 양호하다.
⑥ 액체 냉각용에 주로 사용한다.

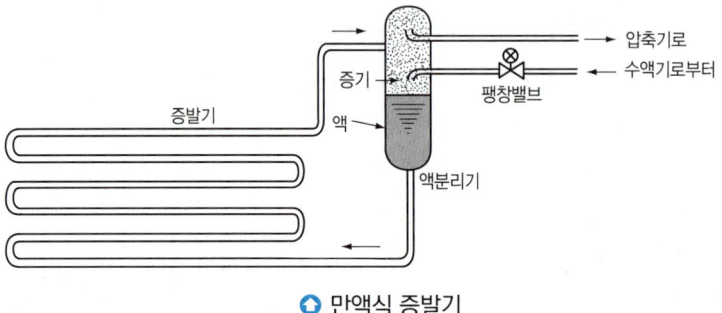

○ 만액식 증발기

> **참고**
>
> ■ 만액식 증발기에서 냉매측의 전열을 좋게 하는 방법
> ① 관이 냉매액과 접촉하거나 잠겨 있을 것 ② 관경이 작고 관 간격이 좁을 것
> ③ 관면이 거칠거나 핀(Fin)을 부착할 것   ④ 평균 온도차가 크고 유속이 적당히 클 것
> ⑤ 오일이 체류하지 않을 것
> ■ 유체(피냉각물)측의 전열을 좋게 하는 방법
> ① 관 표면이 항상 액으로 잠겨 있을 것
> ② 관경이 작고 유속은 적당할 것
> ③ 점도가 작고 난류일 것
> ④ 냉각관 표면에서 증발한 증기가 신속하게 제거될 것

(4) 액 순환식(액펌프식) 증발기(liquid pump type evaporator)
① 증발기 출구에 냉매액이 80%, 가스가 20% 존재한다.
② 액펌프를 이용하여 증발기에서 증발하는 냉매량의 4~6배의 냉매액을 강제 순환시킨다.
③ 냉매액을 강제순환시키므로 오일의 체류우려가 없고 다른 형식의 증발기보다 순환되는 냉매액이 많으므로 전열이 가장 우수하다.(타 증발기보다 약 20% 정도)
④ 증발기가 여러 대라도 팽창밸브는 하나면 된다.
⑤ 저압측 수액기(액분리기)가 있어 압축기에서의 액압축이 방지된다.
⑥ 오일의 체류우려가 없고 제상의 자동화가 용이하다.
⑦ 냉매량이 많이 소요되며 액펌프, 저압 수액기 등 설비가 복잡하다.

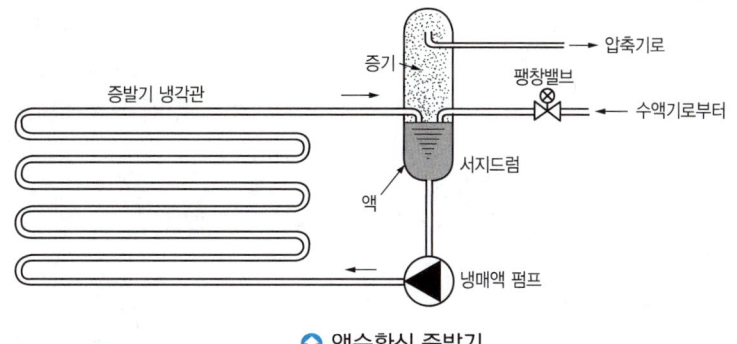

○ 액순환식 증발기

> **참고**
>
> ■ 액펌프 설치 시 주의사항
>   ① 액펌프가 저압 수액기보다 약 1.2m 정도 낮게 설치되어야 한다.(공동현상방지를 위해)
>   ② 액펌프 흡입관의 마찰저항을 줄이기 위하여 흡입관경은 충분한 것으로 한다.
>   ③ 흡입관의 저항을 고려하여 여과기를 가능하면 설치하지 않는다.
>   ④ 흡입관에 녹이나 먼지가 흡입되는 것을 방지하여 펌프의 파손을 방지한다.
> ■ 공동(cavitation) 현상
>   펌프의 흡입관에서 마찰저항이 커지면 이에 대응하는 포화온도 저하로 공동이 발생하여 펌프가 정규 pumping을 하지 못하고 소음과 진동을 수반하는 현상

3 냉각에 의한 분류

(1) 공기 냉각용 증발기

① 관 코일식 증발기(hair pin coil evaporator)
  ㉠ 증발기의 기본형으로 동관 및 강관 자체로 제작한다.
  ㉡ 핀(fin)이 부착되어 있지 않아 전열이 불량하고 관이 길어지면 압력강하가 크다.
  ㉢ 관 내에 냉매, 외측에 공기가 흐르고 모세관이나 TEV가 많이 사용된다.
  ㉣ 냉장고 및 쇼케이스(show case) 등에 많이 이용된다.

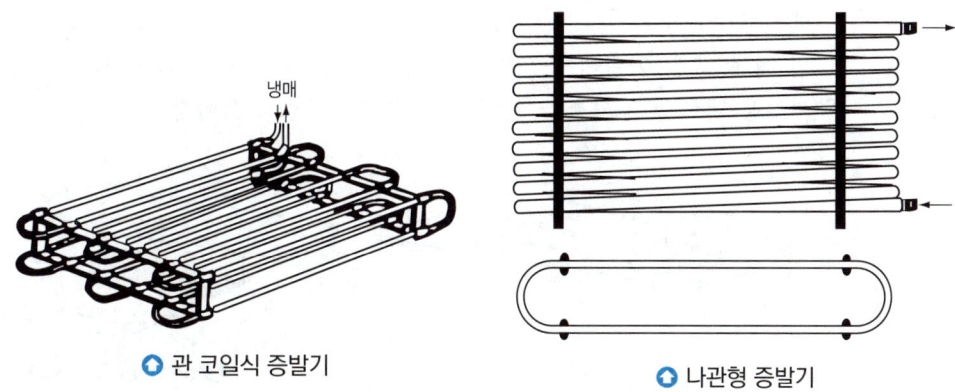

○ 관 코일식 증발기　　○ 나관형 증발기

② 멀티피드 멀티섹션 증발기(multi-feed multi-section evaprorator)
  ㉠ 카스케이드식과 비슷한 구조이다.
  ㉡ 주로 암모니아 냉매를 사용하는 공기 동결용 선반에 사용된다.

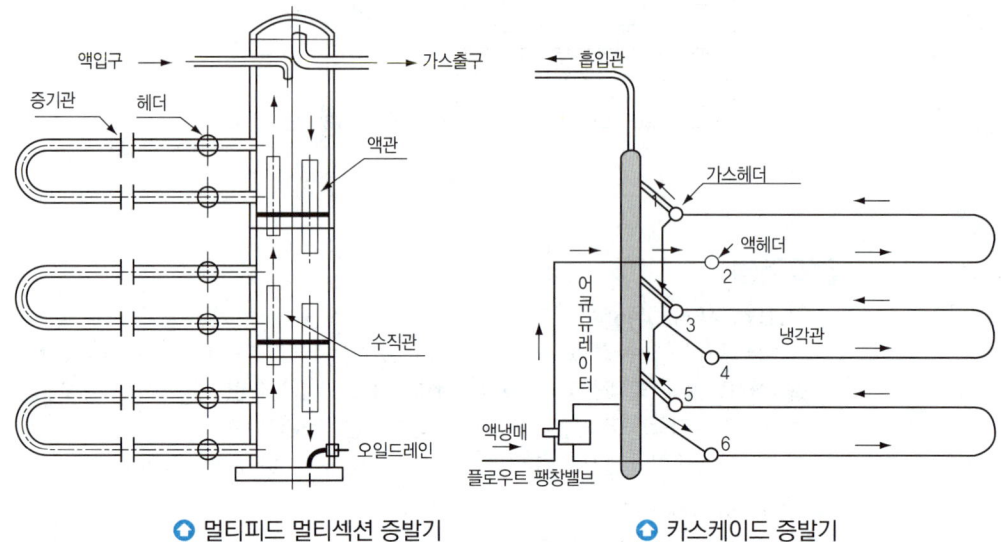

○ 멀티피드 멀티섹션 증발기   ○ 카스케이드 증발기

③ 카스케이드 증발기(cascade type evaprorator)
  ㉠ 냉매액을 냉각관 내에 순차적으로 순환시켜 도중에 증발된 냉매가스를 분리하면서 냉각한다.
  ㉡ 충분한 용량의 액분리기가 있어 압축기에서의 액압축은 방지할 수 있으나 NH_3 냉동장치에서는 과열우려가 있다.
  ㉢ 코일 내 냉매, 외측에 공기가 흐르며 플로트식 팽창밸브를 많이 사용한다.
  ㉣ 공기 동결용 선반 및 벽 코일로 제작 사용한다.
  ㉤ 냉매의 순환순서는 2 → 1 → 4 → 3 → 6 → 5이다.

④ 판형 증발기(plate type evaprorator)
  ㉠ 알루미늄(Al)이나 스테인리스(STS)판 2장을 압접하여 그 사이에 통로를 만들어 냉매가 통과하도록 한 구조이다.
  ㉡ 관 내에 냉매, 외측에 공기가 흐르며, 모세관이나 TEV를 많이 사용한다.
  ㉢ 가정용 냉장고, 쇼케이스, 콘텍트 프리저에 주로 사용한다.

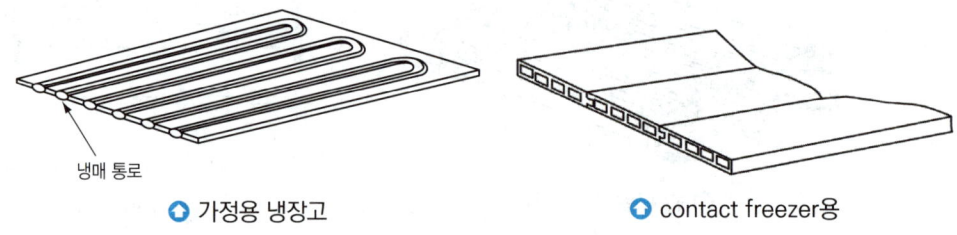

○ 가정용 냉장고   ○ contact freezer용

⑤ 핀 코일식 증발기(pinned tube type evaprorator)
  ㉠ 나관에 알루미늄핀을 부착한 코일에 송풍기를 조합한 구조이다.
  ㉡ 송풍기를 이용한 강제 대류식으로 부하변동에 신속히 대응할 수 있다.
  ㉢ 냉장실 온도와 냉매의 증발온도차를 줄일 수 있다.
  ㉣ TEV를 많이 사용하고 소형 냉동창고, 쇼케이스, 에어컨 등에 사용한다.

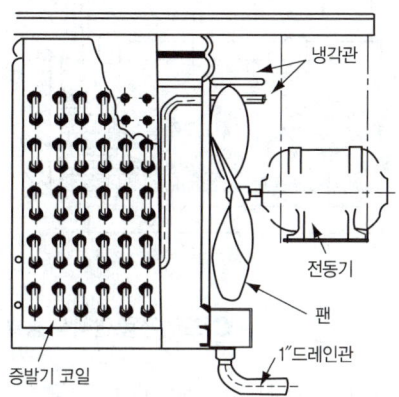

○ 직접 팽창 플레이트핀 코일식 증발기

> 참고
> ■ 유니트 쿨러(unit cooler) : 핀 코일 증발기에 팬을 설치하여 강제대류시키는 증발기

(2) 액체 냉각용 증발기
① 암모니아 만액식 쉘 앤 튜브식 증발기(NH_3 flooded shell & tube type evaporator)

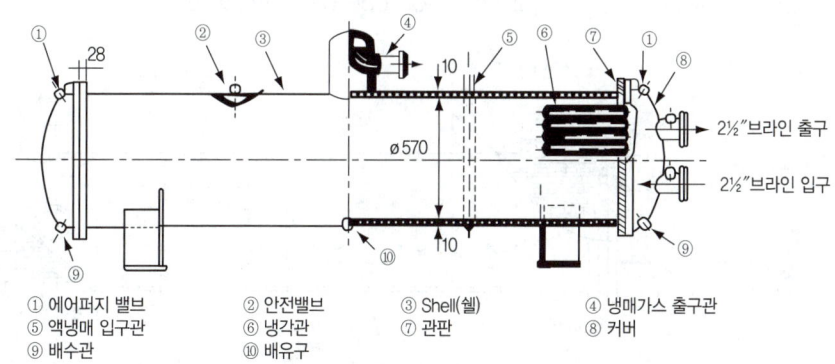

① 에어퍼지 밸브   ② 안전밸브   ③ Shell(쉘)   ④ 냉매가스 출구관
⑤ 액냉매 입구관   ⑥ 냉각관   ⑦ 관판   ⑧ 커버
⑨ 배수관   ⑩ 배유구

○ 암모니아용 만액식 쉘 앤 튜브식 증발기

  ㉠ shell 내 냉매, tube 내에는 브라인이 흐른다.
  ㉡ 플로트 밸브(float valve)를 사용하여 증발기 내의 액면을 일정하게 유지한다.
  ㉢ 압축기에서 액압축의 우려가 있으므로 액분리기를 설치한다.

ㄹ 브라인 동결로 인한 tube의 동파에 주의해야 한다.
　　ㅁ 주로 공업용 브라인 냉각장치를 사용한다.
② 프레온 만액식 쉘 앤 튜브식 증발기(freon flooded shell & tube type evaporator)

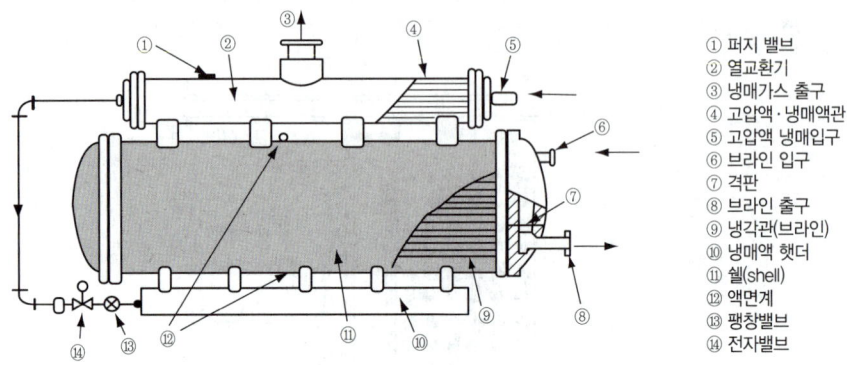

○ 프레온용 만액식 증발기

　㉠ shell 내 냉매, tube 내에는 브라인이 흐른다.
　㉡ 증발기 내의 유회수가 곤란하여 특별한 유회수 장치가 필요하다.
　㉢ shell 상부에 열교환기를 설치하여 액압축 방지와 과냉각을 증가시켜 냉동능력을 증대시켜 준다.
　㉣ shell 하부에 액 헷더를 설치하여 냉매액의 분포를 고르게 한다.
　㉤ 냉매측의 열전달이 불량하므로 로우핀튜브(low fin tube)를 사용한다.
　㉥ 브라인 또는 냉수 등의 동결로 인한 tube의 동파에 주의한다.
　㉦ 공기조화장치, 화학공업, 식품공업 등의 브라인 냉각에 사용한다.
③ 건식 쉘 앤 튜브식 증발기(dry shell & tube type evaporator)

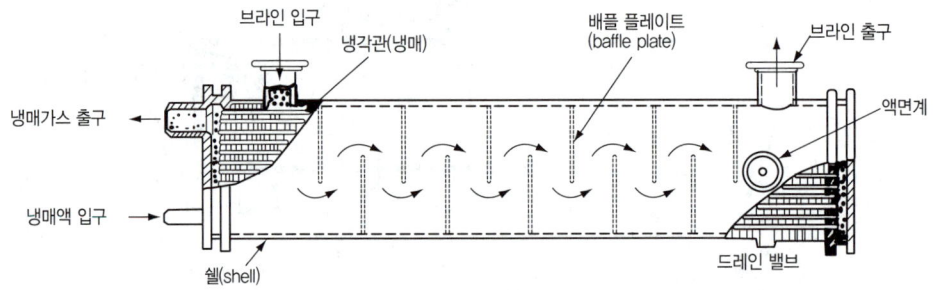

○ 건식 쉘 앤 튜브식 증발기

　㉠ shell 내 브라인이 tube 내에는 냉매가 흐른다.
　㉡ 건식으로 냉매량이 적어 열통과율이 떨어져 전열을 증가시키기 위해 인너핀 튜브(inner fin tube)를 사용한다.
　㉢ 건식이므로 냉각관의 동파위험이 없고 별도의 수액기를 필요로 하지 않는다.

② 셸 내 오일이 체류하지 않아 유회수장치를 필요로 하지 않는다.
⑩ 온도식 자동 팽창밸브(TEV)를 많이 사용한다.
⑭ 프레온용 공기조화장치의 칠링 유니트(chiling unit)에 많이 사용한다.

> **참고**
>
> ■ 브라인의 동파 방지대책
> ① 증발압력조정밸브(E.P.R)를 설치한다.　② 동결방지용 T.C를 설치한다.
> ③ 단수릴레이 설치한다.　　　　　　　　④ brine에 부동액 첨가 사용한다.
> ⑤ 냉수순환펌프와 압축기를 인터록(inter-lock) 시킨다.

④ 보데로형 증발기(baudelot type evaporator)
  ㉠ tube 내 냉매, tube 외측에 피냉각물(브라인)이 흐른다.
  ㉡ 구조는 대기식 응축기와 비슷하다.
  ㉢ 냉각관이 스테인리스로 제작되어 위생적이고 청소가 용이하다.
  ㉣ NH_3는 만액식, 프레온은 반만액식 사용하며 저압측 플로트를 사용한다.
  ㉤ 식품공업에서 물 및 우유 등을 냉각하는 데 사용한다.

⑤ 쉘 앤 코일형 증발기(shell & coil type evaporator)
  ㉠ 코일 내에 냉매, 쉘 내에 브라인이 흐른다.
  ㉡ 열통과율이 나쁘면 주로 프레온 소형 냉동장치에 사용한다.
  ㉢ 건식 증발기에 사용되며 TEV를 주로 사용한다.
  ㉣ 음료수 냉각용으로 주로 사용한다.

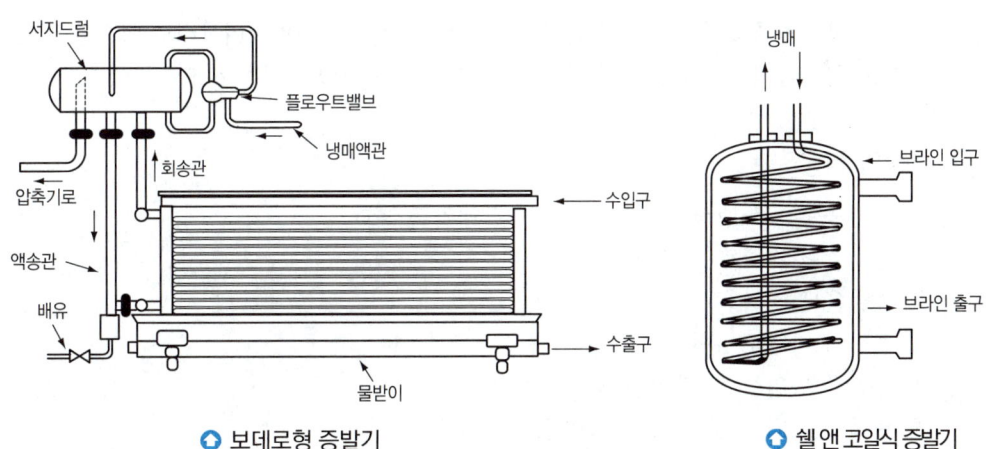

○ 보데로형 증발기　　　　　　　　　　○ 쉘 앤 코일식 증발기

⑥ 탱크형(헤링본식) 증발기(herring bone type evaporator)
  ㉠ 주로 NH_3 만액식 증발기는 제빙장치의 브라인 냉각용 증발기로 사용한다.
  ㉡ 상부에 가스헤더가 있고 하부에 액헤더가 있다.
  ㉢ 탱크 내에는 교반기(agitator)에 의해 브라인이 0.75m/s 정도로 순환한다.
  ㉣ 주로 플로트 팽창밸브를 사용하며 다수의 냉각관을 붙여 만액식으로 사용하기 때문에 전열이 양호하다.

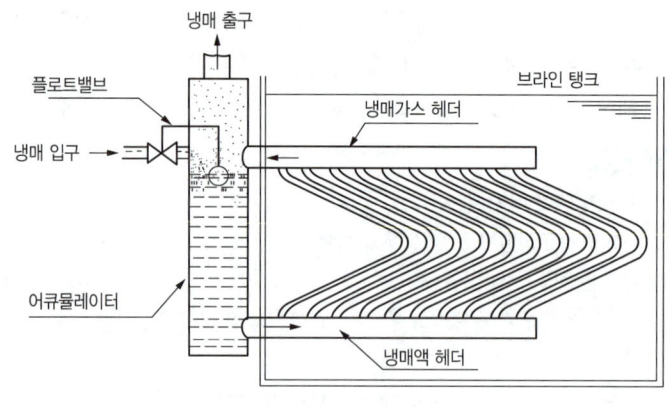

↑ 탱크형 증발기

> **참고**
> - CA 냉장(controller atmosphere storage)
>   청과물 저장 시보다 좋은 저장성을 확보하기 위해 냉장고 내의 산소를 3~5% 감소시키고, 탄산가스(CO_2)를 증가시켜 청과물의 호흡을 억제하여 신선도를 유지하기 위한 냉장법

❷ 제상장치(defrost system)

공기 냉각용 증발기에서 대기 중의 수증기가 응축 동결되어 서리상태로 냉각관 표면에 부착하는 현상을 적상(frost)이라 하며 이를 제거하는 작업을 제상(defrost)이라 한다.

1 적상의 영향

① 전열불량으로 냉장실 내 온도상승 및 액압축 초래
② 증발압력 저하로 압축비 상승
③ 증발온도 저하
④ 실린더 과열로 토출가스온도 상승
⑤ 윤활유의 열화 및 탄화 우려
⑥ 체적효율 저하 및 압축기 소요동력 증가
⑦ 성적계수 및 냉동능력 감소

2 제상 방법

① 압축기 정지 제상(off cycle defrost) : 1일 6~8시간 정도 냉동기를 정지시키는 제상
② 온공기 제상(warm air defrost) : 압축기 정지 후 fan을 가동시켜 실내공기로 6~8시간 정도 제상한다.

③ 전열 제상(electiric defrost) : 증발기에 제상용 히터를 설치하여 주기적이 시간에 제상한다.
④ 살수식 제상(water spray defrost) : 10~25℃의 온수를 살수시켜 제상한다.
⑤ 브라인 분무 제상(brine spray defost) : 냉각관 표면에 부동액 또는 브라인을 살포시켜 제상한다.
⑥ 온브라인 제상(hot brine defrost) : 순환 중인 차가운 브라인을 주기적으로 따뜻한 브라인으로 바꾸어 순환시켜 제상한다.
⑦ 핫가스 제상(hot gas defrost) : 압축기에서 토출된 고온·고압의 냉매가스를 증발기로 유입시켜 고압가스의 응축잠열에 의해 제상하는 방법으로 제상시간이 짧고 쉽게 설비할 수 있어 대형의 경우 가장 많이 사용한다.
　㉠ 소형 냉동장치에서의 제상 : 제상타이머 이용
　㉡ 증발기가 1대인 경우 제상
　㉢ 증발기가 1대인 경우 재증발 코일을 이용한 제상
　㉣ 증발기가 2대인 경우 제상
　㉤ 증발기가 2대인 경우 제상용 수액기를 이용한 제상
　㉥ 히트펌프(heat pump)를 이용한 제상방법 등이 있다.

3 증발기에서의 계산

1 냉동능력(Q_2)

증발기를 통과하여 냉매가 피냉각 물체로부터 1시간당 흡수하는 열량

(1) 냉동장치에서의 계산

$$Q_2 = Q_1 - AW$$

Q_2 : 냉동능력(kcal/h, kJ/h, W)
Q_1 : 응축열량(kcal/h, kJ/h, W)
AW : 압축열량(kcal/h, kJ/h, W)

(2) 방열계수를 이용한 계산

$$Q_2 = \frac{Q_1}{C}, \quad C = \frac{Q_1}{Q_2}$$

방열계수(C) [1.3 : 제빙, 냉동
　　　　　　 1.2 : 냉장, 공조

(3) 브라인 제거열량을 이용한 계산

$$Q_2 = G_b \cdot c \cdot \Delta t = G_b \cdot c \cdot (tb_1 - tb_2)$$

G : 브라인의 유량(kg/h)
c : 브라인의 비열(kcal/kg℃, kJ/kgK)
Δt : 브라인의 입출구 온도차(℃, K)

(4) 열통과율을 이용한 계산

$$Q_2 = K \cdot A \cdot \Delta t_m$$
$$= K \cdot A \cdot \left\{ \left(\frac{t_{b1} + t_{b2}}{2} \right) - t_2 \right\}$$

- K : 열통과율(kcal/m²h℃, W/m²K)
- F : 전열면적(m²)
- Δt_m : 산술평균온도차(℃)
- t_2 : 증발온도(℃)

> **참고**
> ■ 산술평균온도차 : 피냉각 유체(브라인)의 평균온도와 증발온도차(Δt_m)
> $$\Delta t_m = \left(\frac{\text{브라인의 입구온도} + \text{출구온도}}{2} \right) - \text{증발온도} = \left(\frac{tb_1 - tb_2}{2} - t_2 \right)$$

(5) 냉매 순환량에 의한 계산

$$Q_2 = G \times q_2 = G \times (i_a - i_e)$$
$$= \frac{V_a}{v} \times \eta_v \times (i_a - i_e)$$

- G : 냉매 순환량(kg/h)
- q_2 : 냉동효과(kcal/kg, kJ/kg)
- i_a : 증발기 출구 엔탈피(kcal/kg, kJ/kg)
- i_e : 증발기 입구 엔탈피(kcal/kg, kJ/kg)

2 냉동톤

(1) 냉동톤(RT)

$$RT = \frac{G \times q_2 [\text{kcal/h}]}{3{,}320}$$
$$= \frac{V_a \cdot (i_a - i_e)}{3{,}320 \cdot v} \times \eta_v$$

- v : 압축기 흡입가스의 비체적(m³/kg)
- V_a : 압축기 피스톤 압출량(m³/hr)
- η_v : 체적효율

(2) 고압가스안전관리법에 규정된 호칭 냉동능력과 냉매가스정수

$$RT = \frac{V}{C} = \frac{V_a \cdot (i_a - i_e)}{3{,}320 \cdot v} \times \eta_v \text{ 에서 냉매가스정수, } C = \frac{3{,}320 \cdot v}{q_2 \cdot \eta_v}$$

구분	NH₃	R-22	R-12
1기통의 체적 5000cm³ (cc) 이하	8.4	8.5	13.9
1기통의 체적 5000cm³ (cc) 초과	7.9	7.9	13.1

3 결빙시간

$$H = \frac{0.56 t^2}{-t_b}$$

- 0.56 : 결빙계수(0.53~0.6)
- t : 얼음의 두께(cm)
- t_b : 브라인의 온도(℃)

> **참고**
> 얼음의 결빙시간은 얼음 두께의 제곱에 비례하고 브라인의 온도에는 반비례한다.

4 증발기 안전관리

1 증발압력(저압) 저하의 원인
① 팽창밸브 개도 과소
② 냉매 충전량 부족
③ 증발부하 감소
④ 증발기 냉각관의 유막 및 적상
⑤ 액관의 플래시 가스 발생 시
⑥ 팽창밸브 및 액관 부속품(건조기, 여과기 등) 막힘

2 영향
① 증발온도 저하
② 압축비 증가로 압축기 소요동력 증가
③ 실린더 과열로 토출가스온도 상승
④ 오일의 열화 및 탄화
⑤ 흡입가스 비체적 상승으로 체적효율 및 냉동능력 감소
⑥ 냉매 순환량 감소로 흡입가스 과열

3 방지대책
① 팽창밸브의 개도를 조절한다.
② 증발기 적상 시 제상을 실시하고 오일을 드레인 시킨다.
③ 냉매 충전량과 부하 상태를 점검한다.
④ 액관 부속품의 관지름 및 배관계통의 막힘 등을 점검한다.
⑤ 액관 보온 및 과냉각 등으로 플래시 가스의 발생을 방지한다.

CHAPTER 07 증발기 — 예상문제

01 증발과정에서 증발압력과 증발온도는 어떻게 변화하는가?
① 압력과 온도가 모두 상승한다.
② 압력과 온도가 모두 일정하다.
③ 압력은 상승하고 온도는 일정하다.
④ 압력은 일정하고 온도는 상승한다.

[해설] 냉매가 증발기를 통과하면 이론적으로 압력과 온도는 일정하다.

02 증발기에서 냉매 변화에 관한 설명 중 가장 옳은 것은?
① 증기의 건조도가 증가한다.
② 포화액이 과냉각액으로 된다.
③ 과냉각액이 수증기로 된다.
④ 과열증기가 수증기로 된다.

03 직접 팽창식 냉동기의 이점이 아닌 것은?
① 냉동효율이 좋다.
② 같은 냉동온도에 대해서 냉내의 증발온도가 높다.
③ 구조가 간단하다.
④ 냉매량이 적어도 된다.

04 간접 팽창식과 비교한 직접 팽창식 냉동장치의 설명이 아닌 것은?
① 소요동력이 적다.
② RT당 냉매 순환량이 적다.
③ 감열에 의해 냉각시키는 방법이다.
④ 냉매의 증발온도가 높다.

05 건식 증발기의 장점을 열거한 것 중 틀린 것은?
① 냉매량이 적어도 된다.
② 기름이 증발기에 고이지 않는다.
③ 후레온 직접 팽창식 냉동장치에 사용된다.
④ 전열작용이 좋다.

06 만액식과 건식 증발기를 비교할 때 건식 증발기의 장점이 아닌 것은?
① 윤활유가 증발기 내에 괼 우려가 적다.
② 소요 냉매량이 적다.
③ 전열효과가 크다.
④ 설치가 용이하고 비용이 적다.

07 증발기의 하부에서의 공급방식에 대한 설명으로 부당한 것은?
① 냉매량이 많이 소요된다.
② 팽창밸브는 증발기 위쪽에 설치한다.
③ 냉각관에 오일이 체류할 수 있다.
④ 상부공급방식보다 열전달율이 적다.

08 만액식 증발기에서 액 냉매량은 몇 % 정도 있는가?
① 25%   ② 50%
③ 75%   ④ 100%

09 만액식 증발기에서 전열을 좋게 하는 조건 중 틀린 것은?
① 냉각관이 냉매에 잠겨 있거나 접촉해 있을 것
② 관 간격이 넓을 것
③ 유막이 존재하지 않을 것
④ 평균 온도차가 클 것

[정답] 01 ② 02 ① 03 ④ 04 ③ 05 ④ 06 ③ 07 ④ 08 ③ 09 ②

10 만액식 냉각기에 있어서 냉매측의 열전달율을 좋게 하는 것이 아닌 것은?
① 관이 액 냉매에 접촉하거나 잠겨 있을 것
② 관 간격이 작을 것
③ 유가 존재하지 않을 것
④ 관 지름이 클 것

11 액펌프 냉각 방식의 이점으로 옳은 것은?
① 리퀴드 백(liquid back)을 방지할 수 있다.
② 자동제상이 용이하지 않다.
③ 증발기의 열통과율은 타 증발기보다 양호하지 못하다.
④ 펌프의 캐비테이션 현상 방지를 위해 낙차를 크게 하고 있다.

12 다음 그림 A, B의 증발기에 관한 설명 중 맞는 것은?

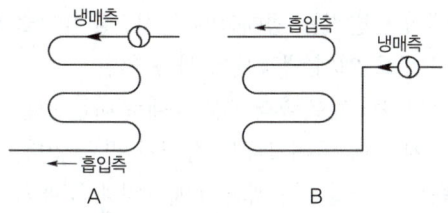

① A 건식, B는 만액식, A가 열통과율이 크다.
② A 건식, B는 만액식, B가 열통과율이 크다.
③ A 건식, B는 반만액식, B가 열통과율이 크다.
④ A, B 모두 만액식, 열통과율이 크다.

13 증발기에 대해서 다음 설명 중 틀린 것은?
① 건식 증발기에서 냉매액 공급을 상부로 하나 하부로 하나 전열효과는 같다.
② 프레온 냉매로 만액식 증발기를 사용할 수 있으나 오일(oil)을 압축기로 보내는 장치가 필요하다.
③ 만액식 증발기에서 오일(oil)이 프레온 냉매에 용해하면 냉동능력이 감퇴한다.
④ 프레온을 사용하는 건식 증발기에서는 냉매액을 하부로 공급하는 것이 보통이다.

14 다음 중 용량이 크고 액관 중에 플래시 가스의 발생이 많은 곳에 설치되어야 좋은 증발기는?
① 건식 증발기
② 냉매액 강제 순환식 증발기
③ 반만액식 증발기
④ 만액식 증발기

15 액순환식 증발기에 대한 설명 중 알맞는 것은?
① 증발기가 여러 대가 되면 팽창밸브도 여러 개가 된다.
② 전열을 양호하게 하기 위하여 공냉식에 주로 사용된다.
③ 증발기 출구에서 액이 80% 정도이고 기체가 20% 정도까지 차지한다.
④ 다른 증발기에 비해 전열작용이 50% 정도 양호하다.

16 액순환식 증발기에 대한 설명으로 적당한 것은?
① 오일이 증발기에 고이기 쉽다.
② 주로 소형 냉장고에 많이 사용된다.
③ 증발기 출구에 냉매액으로 80%가 존재한다.
④ 증발기에 액이 고여 있으므로 20% 정도 전열이 불량해진다.

[정답] 10 ④ 11 ① 12 ③ 13 ① 14 ② 15 ③ 16 ③

17 액순환식 증발기에서 냉매액 펌프의 설치 위치로 적당한 것은?
① 저압 수액기와 고압 수액기의 사이
② 증발기 출구와 압축기 사이
③ 팽창밸브와 수액기 사이
④ 저압 수액기와 증발기 입구 사이

18 액펌프식 증발기에서 저압 수액기와 액펌프 사이에는 몇 cm 정도의 낙차를 두어야 하는가?
① 10cm
② 30cm
③ 60cm
④ 120cm

19 저압 수액기와 액펌프의 설치 위치로 가장 적당한 것은?
① 저압 수액기 위치를 액펌프보다 약 1.2m 정도 높게 한다.
② 응축기 높이와 일정하게 한다.
③ 액펌프와 저압 수액기 위치를 같게 한다.
④ 저압 수액기를 액펌프보다 최소한 5m 낮게 한다.

20 저압 수액기의 액면을 액 펌프보다 1m 이상 높은 곳에서 설치하는 이유는?
① 오일 포밍(oil foaming) 방지
② 유막(oil film) 형성 방지
③ 캐비테이션(cavitation) 방지
④ 불응축 가스의 생성 방지

21 액순환식 증발기에 대한 설명 중 옳은 것은?
① 주로 소형 냉장고에 많이 사용된다.
② 오일이 증발기에 고이기 쉽다.
③ 증발기에서 나온 냉매는 완전 액상태로 압축기에 흡입된다.
④ 다른 증발기에 비하여 20% 정도 전열이 양호하다.

22 액순환식 증발기와 액펌프 사이에 반드시 부착해야 하는 것은 어느 것인가?
① 여과기   ② 전자밸브
③ 역지밸브   ④ 건조기

23 증발기의 설명 중 틀린 것은?
① 건식 증발기는 냉매량이 적어도 되는 이익이 있고, 후레온과 같이 윤활유를 용해하는 냉매에 있어서는 유가 압축기에 들어가기 쉽다.
② 만액식 증발기는 냉매측에 열전달율이 양호하므로 주로 액체 냉각용에 사용한다.
③ 만액식 증발기에 후레온을 냉매로 하는 것은 압축기에 유를 돌려보내는 장치가 필요 없다.
④ 액순환식 증발기는 액화 냉매량의 4~5배의 액을 액펌프를 이용해 강제 순환시킨다.

24 다음 설명 중 틀리는 것은?
① 후레온 만액식 증발기에 열교환기를 설치할 경우 액분리기를 설치할 필요가 없다.
② 만액기 증발기에서 증발기가 액분리기 하부에 위치한다.
③ 액순환식 증발기를 설치할 경우 액펌프와 액분리기가 필요하다.
④ 만액식 증발기의 경우 액분리기는 방열장치를 해줄 필요가 없다.

[정답] 17 ④ 18 ④ 19 ① 20 ③ 21 ② 22 ③ 23 ③ 24 ④

25 증발기의 설명으로 올바른 것은?
① 증발기 입구 냉매 온도는 출구 냉매 온도보다 높다.
② 탱크형 냉각기는 주로 제빙용에 쓰인다.
③ 1차 냉매는 감열로 열을 운반한다.
④ 브라인은 무기질이 유기질보다 부식성이 작다.

26 다음 증발기 중 공기냉각용 증발기는?
① 쉘 앤 코일형 증발기
② 캐스케이드 증발기
③ 보데로 증발기
④ 탱크형 증발기

27 다음은 핀튜브식 증발기에 대한 설명이다. 옳은 것은?
① 냉동, 냉장, 냉방용으로 주로 액순환이다.
② 소형 냉장고나 공기조화용으로 주로 건식이다.
③ 브라인 냉각용, 제빙용으로 주로 만액식이다.
④ 주로 암모니아용에 사용되며 냉장고 냉각용으로 만액식과 건식의 중간이다.

28 파이프에 핀을 부착하고 냉각관 뒤에서 바람을 불러 일으키는 증발기는?
① 관코일 증발기   ② 유닛 쿨러
③ 플레이트 증발기 ④ 액 순환식 증발기

29 유닛 쿨러(unit cooler)의 특징이 아닌 것은?
① 고내 온도를 균일하게 유지할 수 있다.
② 냉각기의 설치가 간단하다.
③ 증발온도와 고내 온도차가 크다.
④ 자연대류식 증발기보다 열통과율이 좋다.

30 유닛쿨러의 특징 중 틀린 것은?
① 열통과율은 자연 대류식보다 양호하다.
② 냉장고 내의 온도를 균일하게 유지시킬 수 있다.
③ 냉장고 내부의 온도와 증발온도의 차이가 크다.
④ 냉각기(증발기)의 설치가 비교적 간단하다.

31 일반적으로 벽코일 동결실의 선반으로 많이 사용되는 증발기 형식은?
① 헤링본식(herring-bone) 증발기
② 핀 튜브식(finned tube type) 증발기
③ 평판식(plate type) 증발기
④ 카스케이드식(cascade type) 증발기

32 프레온 건식 쉘 앤 튜브 증발기의 특징이 아닌 것은?
① 냉매 순환량이 적다.
② 냉매 유량제어가 간단하다.
③ 윤활유 회수가 용이하다.
④ 쉘 내에 냉매가 흐르므로 동파위험이 있다.

33 제빙용으로 적당한 증발기는?
① 플레이트식 증발기
② 헤링본식 증발기
③ 쉘튜브식 건식 증발기
④ 핀코일식 증발기

34 헤링 본(herring bone)식 증발기를 설명한 것 중 잘못된 것은?
① 만액식에 속한다.
② 브라인의 유동속도가 늦어도 능력에는 변화가 없다.
③ 상부에는 가스헤더 하부에는 액헤더가 존재한다.
④ 주로 NH_3용이며, 제빙용 브라인 또는 물의 냉각용에 사용된다.

[정답] 25 ② 26 ② 27 ② 28 ② 29 ③ 30 ③ 31 ① 32 ④ 33 ② 34 ②

35 탱크형 증발기에 대한 설명으로 틀린 것은?
① 만액식 증발기에 속한다.
② 상부에 가스헤더, 하부에 액헤더가 설치되어 있다.
③ 주로 NH_3용이며, 제빙장치에 많이 사용된다.
④ 브라인의 속도가 늦어도 능력의 변화가 없다.

36 액체 냉각용 냉동장치에서 브라인의 동결을 방지하기 위한 대책에 속하지 않는 것은?
① 방식 아연판 첨가사용
② 부동액 첨가
③ 증발압력 조정밸브 사용
④ 동결방지용 온도조절기 사용

37 건식 증발기를 사용한 공기 냉각장치에서 증발기로 냉매공급을 골고루하여 냉각효과를 증대시키기 위한 장치는?
① 분배기　　② 필터
③ 유닛쿨러　④ 액 펌프

38 다음 증발기에 대한 설명 중 옳은 것은?
① 증발기에 많은 성애가 끼는 것은 냉동능력에 영향을 주지 않는다.
② 냉동부하에 대해 증발기의 전열면적이 적으면 냉동능력 당의 전력 소비가 증대한다.
③ 냉동부하에 대해 냉매순환량이 작으면 증발기 출구에서 냉매가스의 과열도가 작아진다.
④ 액순환식의 증발기에서는 냉매액만이 흐르고 냉매증기는 일체 없다.

39 CA 냉장고란 무엇을 말하는가?
① 제빙용 냉동고를 CA 냉장고라 한다.
② 공조용 냉장고를 CA 냉장고라 한다.
③ 해산물 냉동고를 CA 냉장고라 한다.
④ 청과물 냉장고를 CA 냉장고라 한다.

40 동일 장치일 경우 가장 낮은 온도는?
① 피냉각 물온도
② 브라인 입구온도
③ 브라인 출구온도
④ 증발온도

41 브라인의 냉동장치 중 온도가 가장 높은 곳은?
① 증발기 입구 브라인
② 증발기 출구 브라인
③ 증발기 냉매
④ 냉장실 온도

42 증발기 내에서 냉매의 증발온도를 낮추기 위해서 어떻게 하여야 하는가?
① 증발압력을 높인다.
② 증발압력을 낮춘다.
③ 냉매의 순환량을 증가시킨다.
④ 팽창밸브를 많이 연다.

43 증발기에서 냉각이 안 되는 원인이라고 생각되는 것은?
① 디스트리뷰터에 균일하게 냉매가 통하지 않는다.
② 압축기의 토출 압력계가 고장이다.
③ 압축기의 흡입 압력계가 고장이다.
④ 흡입관에 서리가 두껍게 붙어 있다.

[정답] 35 ④　36 ①　37 ①　38 ②　39 ④　40 ④　41 ④　42 ②　43 ①

44 최근 동결실 선반으로 많이 사용되는 증발기 형은 다음 중 어느 것인가?
① 헤링본식(herring-bone)증발기
② 핀 튜브식(fined tube type)증발기
③ 평판식(plate type)증발기
④ 카스캐이드식(cascade type)증발기

45 다음 사항 중 옳은 것은?
① 증발기 내에서 냉매액은 주위의 열을 흡수하므로 코일을 흐르는 동안 온도는 상승하게 된다.
② 증발압력이 저하되더라도 냉동효과는 변하지 않는다.
③ 증발압력과 고압측의 압력과의 차이가 크면 압축비가 커지고 체적효율이 커진다.
④ 증발기 출구에 있는 냉매가스의 압력은 압축기 흡입밸브 직전의 가스 흡입압력보다 약간 높다.

46 증발기 코일에 서리가 생기는 이유는?
① 냉매가 누설되기 때문
② 공기 중의 수분이 동결되어서
③ 팽창밸브의 개도가 과대하기 때문
④ 압축기의 능력이 감퇴했기 때문

47 냉동장치의 증발기에 적상이 생기면 정상일 때와 비교하여 어떻게 변하는지 틀리는 것은?
① 저압이 높아진다.
② 고압이 낮아진다.
③ 전열이 불량하여 냉동능력이 감소한다.
④ 냉장실온이 높아진다.

48 냉동장치의 냉각기에 적상이 심할 때 미치는 영향이 아닌 것은?

① 냉동능력 감소
② 냉장고 내 온도 저하
③ 냉동능력당 소요동력 증대
④ 리키드 백 발생

49 다음 중 증발기에 대한 제상방식의 종류에 속하지 않는 것은?
① 전열 제상   ② 핫가스 제상
③ 온수살포 제상 ④ 피복제 제거 제상

50 제상 방법이 아닌 것은?
① 압축기 정지 제상 ② 핫가스 분무 제상
③ 살수식 제상   ④ 증발압력조정 제상

51 제상 시 고온가스를 보내기 위한 적절한 위치는?
① 압축기와 액분리기 사이
② 압축기와 유분리기 사이
③ 유분리기와 응축기 사이
④ 응축기 상단

52 소형 냉동장치의 핫가스 제상시 소공이 하는 역할은?
① 냉매가스가 잘 응축되지 않도록 한다.
② 안전밸브의 역할을 한다.
③ 제상 시 전열이 잘 되도록 한다.
④ 제상 작업이 용이하도록 압력을 조절한다.

53 고압가스 제상 시 사용되지 않는 기기는?
① 압축기   ② 에어커튼
③ 타이머   ④ 솔레노이드 밸브

[정답] 44 ④ 45 ① 46 ② 47 ① 48 ② 49 ④ 50 ④ 51 ③ 52 ① 53 ②

54 물 40l를 1분 동안 온도 25℃에서 5℃로 냉각시킬 때 필요한 냉동능력은 몇 RT인가?

① 800
② 241
③ 55.8
④ 14.45

> **해설**
> $Q_2 = G \cdot c \cdot \Delta t$
> $= \dfrac{(40 \times 60) \times 1 \times (25-5)}{3,320} = 14.45 \text{RT} = 55.8 \text{kW}$

55 브라인 냉각기로서 유량 200l/min의 브라인을 −16℃에서 −20℃까지 냉각할 경우, 이 브라인 냉각기에 필요한 냉동능력은 몇 kcal/h인가? (단, 브라인의 비중량은 1.25kg/l, 비열 0.65kcal/kg·℃로서 열손실은 없는 것으로 본다.)

① 28,000kcal/h
② 39,000kcal/h
③ 45,500kJ/h
④ 163,800W

> **해설**
> $Q_2 = G_b \cdot C_b \cdot \Delta t$
> $= (200 \times 1.25) \times 0.65 \times \{(-16-(-20)\} \times 60$
> $= 39,000 \text{kcal/h} = 163,800 \text{kJ/h} = 45,500 \text{W}$

56 20℃ 원수 2ton을 24시간 동안 −12℃ 얼음으로 만드는 데 냉동톤은 몇 RT인가? (단, 열손실은 20%이다.)

① 2.66RT
② 3.19RT
③ 3.14RT
④ 4.14RT

> **해설**
> 원수 2ton/24hr
> 20℃ 물 →① 0℃ 물 →② 0℃ 얼음 →③ −12℃ 얼음
> $Q_1 = G \cdot c \cdot \Delta t = 2,000 \times 1 \times (20-0)/24$
> $\quad = 1,667 \text{kcal/h}$
> $Q_2 = G \cdot r = 2,000 \times 80/24 = 6,667 \text{kcal/h}$
> $Q_3 = G \cdot c \cdot \Delta t = 2,000 \times 0.5 \times \{0-(-12)\}/24$
> $\quad = 500 \text{kcal/h}$
> $Q_T = Q_1 + Q_2 + Q_3$
> $\quad = \dfrac{(1,667+6,667+500) \times 1.2}{3,320} = 3.19 \text{RT}$

57 40RT의 브라인 쿨러에서 입구온도 −15℃일 때 브라인 유량이 0.5m³/min이라면 출구의 온도는 몇 ℃인가? (단, 브라인의 비중은 1.27, 비열은 0.66이다.)

① −20.28℃
② −16.75℃
③ −11.21℃
④ −9.72℃

> **해설**
> $Q_2 = G_b \times C \times (tb_1 - tb_2)$ 에서
> $tb_2 = tb_1 - \dfrac{Q_2}{G_b \cdot C}$
> $= (-15) - \dfrac{40 \times 3,320}{500 \times 1.27 \times 0.66 \times 60}$
> $= -20.28℃$

58 28℃의 어떤 액체 18.2m³을 4시간 동안에 0℃로 냉각하는 데 필요한 열량은 냉동톤으로 얼마인가? (단, 사용액체의 비중과 비열은 각각 0.7, 0.8이다.)

① 5RT
② 16.12RT
③ 21.48RT
④ 15.48RT

> **해설**
> $RT = \dfrac{Q_2}{3,320} = \dfrac{G_b \cdot C_b \cdot \Delta t}{3,320}$
> $= \dfrac{18.2 \times 1,000 \times 0.7 \times 0.8 \times (28-0)}{4 \times 3,320}$
> $= 21.489 \text{RT}$

[정답] 54 ④ 55 ② 56 ② 57 ① 58 ③

59 염화칼슘 브라인의 비열이 0.845, 브라인 냉각기의 입구온도 −8℃, 출구온도 −6℃, 순환량 10,000 l/h 라고 하면 하루 몇 톤의 인조량을 생산할 수 있는가? (단, 비중은 1.2이다.)

① 3.7톤 ② 4.5톤
③ 6.1톤 ④ 7.4톤

[해설]
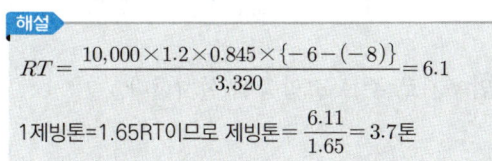

60 암모니아 냉동장치의 $P-h$ 선도에서 압축기 피스톤 토출량을 100m³/h라고 하면 냉동능력은 얼마인가? (단, 체적효율은 0.75이다.)

① 36,260kJ/h ② 36,380kJ/h
③ 40,350kJ/h ④ 43,560kJ/h

[해설]
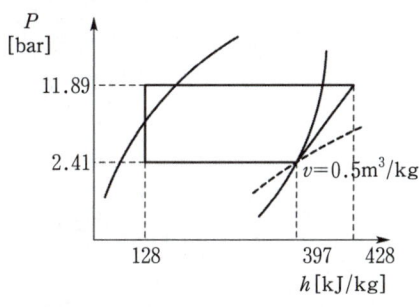

61 제빙장치에서 브라인의 온도가 −10℃이고, 결빙 소요시간이 48시간일 때 얼음의 두께는 약 몇 mm인가?

① 29.3mm ② 273mm
③ 293mm   ④ 857mm

[해설]
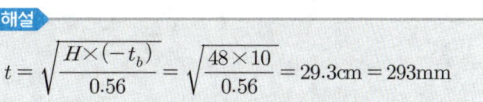

62 얼음 두께 280mm, 브라인 온도 −9℃일 때 결빙에 소요된 시간은 얼마인가?

① 약 25시간 ② 약 49시간
③ 약 60시간 ④ 약 75시간

[해설]
$$H = \frac{0.56 t^2}{-t_b} = \frac{0.56 \times 28^2}{-(-9)} = 49시간$$

63 저압부의 증발압력이 낮아질 경우 일어나는 현상은?

① 압축 소요동력 감소
② 냉동능력 감소
③ 응축압력 상승
④ 토출가스의 온도 저하

64 응축온도가 일정하고 증발온도가 높아짐에 따라 커지는 것은?

① 압축일의 열당량
② 응축기의 방출열량
③ 냉동효과
④ RT당 냉매 순환량

PART 1. 냉동기계

부속장치

1 수액기(liquid receiver)

응축기에서 나온 냉매액을 일시 저장하는 고압용기로 주로 고압측에 설치한다.

(1) 역할
① 응축기와 팽창밸브 사이에 설치하여 응축기에서 액화된 고온·고압의 냉매액을 저장하는 용기로 내용적의 3/4(75%) 이하로 충전해야 한다.
② 냉동장치를 휴지하거나, 수리 시 저압측의 냉매를 회수(펌프다운)하여 저장하는 용기이다.

(2) 수액기에 연결되는 기기
① 안전밸브   ② 가용전
③ 균압관   ④ 입·출구 밸브
⑤ 액면계   ⑥ 오일 드레인 밸브

(3) 수액기의 액면계 파손 원인
① 수액기 내부 압력의 급상승
② 부주의로 인한 외부로부터의 충격
③ 냉매의 과충전
④ 볼트 조임 시 힘의 불균형(대각선 순서로 조일 것)

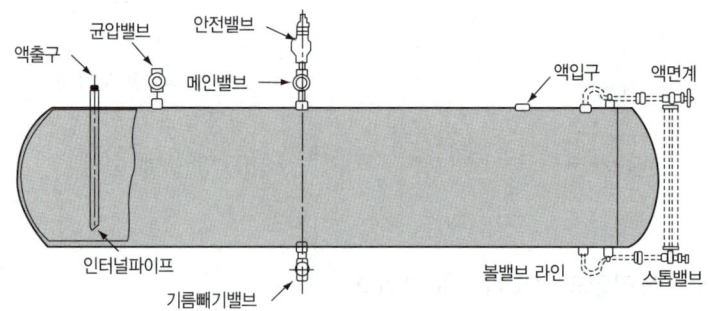

○ 대형 수액기의 구조

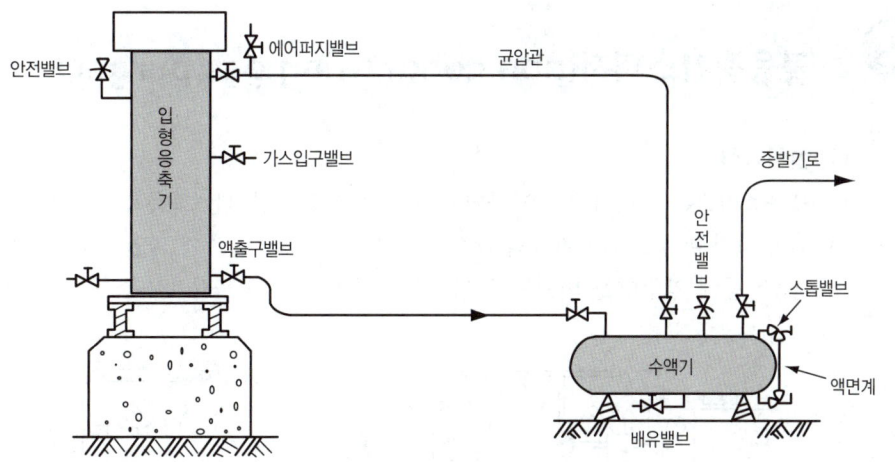

❂ 입형 응축기와 수액기 사이의 배관연결

(4) 수액기 설치 시 주의사항

① 수액기는 액냉매의 팽창성을 고려하여 용기의 크기는 충분할 것(NH_3 냉매 순환량의 1/2 이상을 충전할 수 있는 크기일 것)
② 수액기가 2대 이상이고, 직경이 다른 경우는 각 수액기의 상단을 일치시킨다.
③ 액면계는 금속제 커버로 보호한다.(파손 시 냉매의 분출방지를 위해 수동 볼밸브 또는 자동 볼밸브를 설치한다).
④ 안전밸브의 원변은 항상 열어 놓을 것
⑤ 균압관의 크기는 충분한 것으로 사용한다.
⑥ 수액기의 위치는 응축기보다 낮은 곳에 설치한다.
⑦ 용접부분 간의 거리는 판 두께의 10배 이상으로 한다.
⑧ 용접이음부에는 배관이나 기기를 접속하지 않을 것
⑨ 직사광선이나 화기를 피하여 설치할 것
⑩ 충격이 가해지지 않도록 주의할 것

> **참고**
>
> ■ 균압관
> ① 응축기와 수액기의 상부를 연결한 관으로 양측의 압력을 균일하게 하여 수액기로의 냉매유입을 원활하게 해준다.
> ② 균압관 상부에는 불응축가스를 방출시키는 에어퍼지밸브를 설치한다.
>
> ■ 균압관의 설치
> ① 응축기 상부와 수액기 상부 사이 ② 응축기와 다른 응축기 사이
> ③ 수액기와 다른 수액기 사이   ④ 압축기와 다른 압축기 사이

2 불응축가스퍼저(non condensing gas purger)

(1) 설치목적

불응축가스는 응축기에서 액화되지 않는 가스로 잔류하는 불응축가스의 분압만큼 응축압력이 상승하고 유효 전열면적의 감소로 응축능력 감소, 압축기 과열, 소요동력 증가, 냉동능력 감소 등에 악영향을 미치므로 가스퍼저를 이용하여 불응축가스를 퍼지(방출)시킨다.

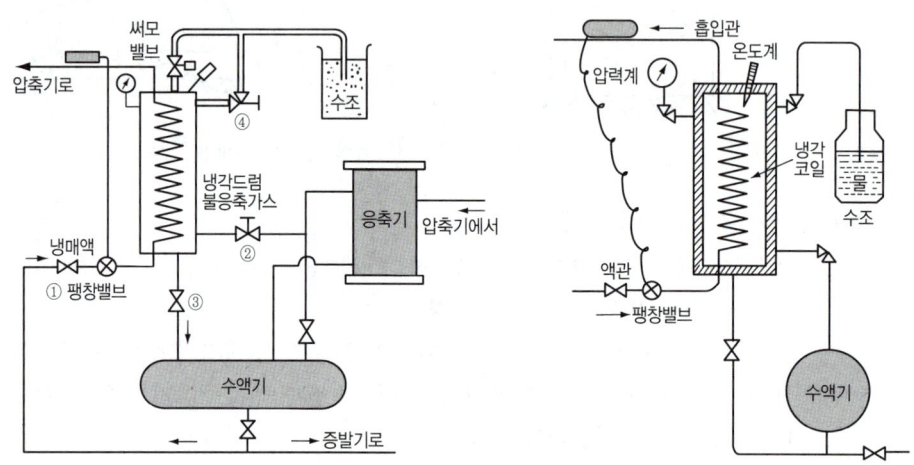

○ 요크식 가스퍼저

> **참고**
> ■ 불응축가스
> 냉동장치 중에 응축되지 않는 가스로 장치 외부에서 침입하는 공기나 윤활유 탄화에 따른 오일 가스 등을 말한다.

(2) 불응축가스가 장치 내에 존재하는 원인

① 외부적 원인
  ㉠ 장치의 신설, 수리 시 진공 건조작업 불충분 시 잔류하는 공기
  ㉡ 냉매, 오일 충전 시 부주의로 인하여 침입한 공기
  ㉢ 순도가 낮은 냉매 및 오일 충전 시 이들에 섞인 공기
  ㉣ 저압을 대기압 이하로 운전 시 축봉부 등으로의 누입된 공기 등

② 내부적 원인
  ㉠ 오일의 탄화, 열화 시 생성된 증기
  ㉡ 냉매의 화학적 변화에 의해 생성된 증기
  ㉢ 밀폐형의 경우 전동기 코일의 소손 등에 의해 생성된 증기

(3) 불응축가스 체류 장소
① 응축기 상부 및 수액기 상부의 균압관
② 증발식 응축기의 액헤더와 수액기 상부
③ 고압부 중 차가운 곳

(4) 불응축 가스퍼저의 종류
① 수동식 가스퍼저
② 요크식(수동, 자동) 가스퍼저
③ 암스트롱식(자동) 가스퍼저

유분리기(oil separator)

(1) 설치 목적
압축기에서 토출되는 냉매가스 중에는 오일이 미립자 상태로 함께 토출되는데, 오일이 응축기나 증발기로 넘어가면 전열작용을 방해하고 압축기에는 윤활유가 부족하게 되어 윤활작용이 불량해지므로 유분리기를 이용하여 냉매가스 중의 오일을 분리시켜 재사용한다.

(2) 설치하는 경우
① 만액식 증발기를 사용하는 경우
② 다량의 오일이 토출가스에 혼입되는 것으로 생각되는 경우
③ 토출가스 배관이 길어지는 경우(9m 이상)
④ 증발온도가 낮은 저온장치인 경우

(3) 설치 위치
① NH_3 냉동기 : 압축기와 응축기 사이의 응축기 가까운 곳(3/4 지점)
② 프레온 냉동기 : 압축기와 응축기 사이의 압축기 가까운 곳(1/4 지점)

(4) 오일의 처리
① NH_3 냉동기 : 분리한 오일을 배유시킨다.
② 프레온 냉동기 : 크랭크 케이스 내로 반유시킨다.

(5) 종류
① 원심분리형   ② 가스 충돌형   ③ 유속 감소형

4 유회수 장치

(1) NH₃ 경우
　　유분리기로 분리한 오일과 응축기, 수액기, 증발기 등의 드레인 밸브를 통해 나온 오일은 열화 또는 탄화될 가능성이 많으므로 일단 유류기에 받은 후 배유시킨다.

(2) 프레온의 경우
　① 자동반유장치에 의한 방법
　② 가열원에 의한 방법(대형)
　③ 열교환기를 이용하는 방법

5 열교환기(heat exchanger)

(1) 설치 목적
　① 응축기 출구의 냉매액을 과냉각시켜 팽창 시 플래시 가스량을 감소시켜 냉동효과를 증가시킨다.
　② 압축기 흡입가스를 과열시켜 압축기에서의 액압축을 방지한다.
　③ 냉동효과 및 성적계수 향상과 냉동능력이 증대된다.
　④ 프레온 만액식 증발기에서 유회수를 용이하게 하기 위해 설치한다.

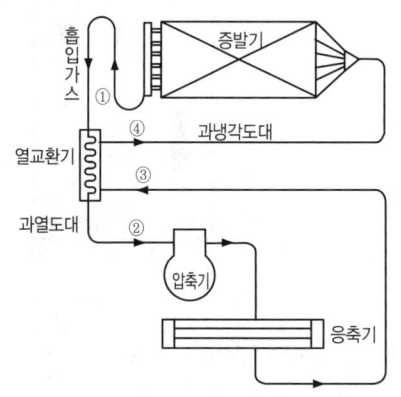
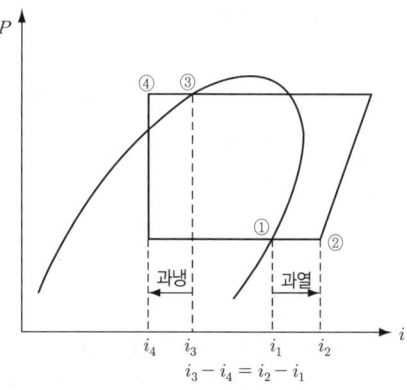

◆ 가스 열교환기의 장치도 및 $P-i$ 선도

(2) 종류
　① 관접촉식(용접식)　② 쉘 앤 튜브식　③ 이중관식

(3) 플래시 가스(flash gas)
　① 발생 원인
　　㉠ 액관이 보온없이 고온의 장소를 통과하는 경우

ⓛ 수액기나 액관이 직사광선에 노출된 경우
ⓒ 액관의 구경이 현저하게 가늘 경우
ⓔ 액관이 현저하게 입상되었거나 길 때
ⓜ 스트레이너, 드라이어 등이 막힌 경우
ⓗ 전자밸브, 스톱밸브, 드라이어, 스트레이너 등의 구경이 작은 경우
ⓢ 과도하게 응축온도가 낮아진 경우

② 영향
ⓘ 냉매 순환량 감소로 인한 냉동능력 감소
ⓛ 증발압력 저하로 압축비 상승으로 소요동력 증가
ⓒ 흡입가스 과열로 토출가스 온도 상승
ⓔ 실린더 과열로 인한 윤활유 열화 및 탄화
ⓜ 냉장실 온도 상승

③ 방지대책
ⓘ 액-가스 열교환기를 설치하여 냉매액을 과냉각시킨다.
ⓛ 냉매 배관의 길이는 짧게, 관경은 충분하게 한다.
ⓒ 주위온도가 높은 경우 보온처리를 잘한다.
ⓔ 대용량일 경우 액펌프를 설치한다.

6 액분리기(liquid separator)

(1) 설치 목적

NH₃ 만액식 증발기 또는 부하의 변동이 심한 냉동장치에서 압축기로 유입되는 가스 중의 액을 분리시켜 액유입에 의한 액압축(Liquid back)을 방지하여 압축기를 보호하며 어큐뮤레이터(accumulator), 석션트랩(suction trap), 서지드럼(surge drum)이라고도 한다.

(2) 설치 위치와 용량

① 위치 : 증발기 출구와 압축기 사이 흡입관(증발기보다 높은 위치)
② 용량 : 증발기 내용적의 20~25% 정도의 용량일 것

(3) 설치하는 경우

① NH₃ 냉동장치
② 부하변동이 심한 경우
③ 만액식 브라인 쿨러 등

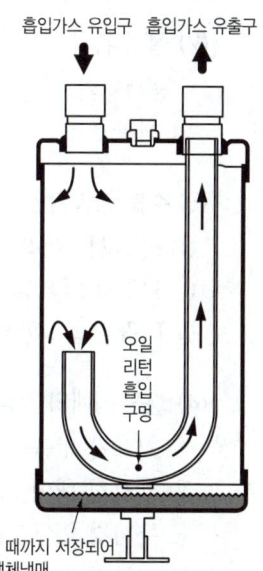

(4) 분리된 냉매의 처리방법
① 증발기로 재순환시킨다.
② 열교환기에 의해 증발시켜 압축기로 회수시킨다.
③ 액회수 장치를 이용하여 고압측 수액기로 회수한다.

7 액회수 장치(liquid return system)

(1) 설치 목적
    액분리기에서 분리된 냉매액을 액류기(액받이)로 받은 후 고압 수액기로 회수하는 장치이다.

(2) 회수 방법
  ① 수동 액회수 방법
  ② 자동 액회수 방법

8 투시경(sight glass, magic eye)

(1) 설치 목적
    냉매 중 수분의 혼입 여부와 냉매 충전량의 적정 여부를 확인하기 위해 설치한다.

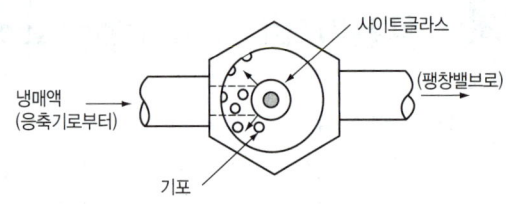
○ 사이트글라스의 구조

(2) 설치 위치
    응축기와 팽창밸브 사이의 고압의 액관

(3) 수분 침입확인(dry eye)
  ① 건조 시 : 녹색
  ② 요주의 : 황록색
  ③ 다량 혼입 : 황색

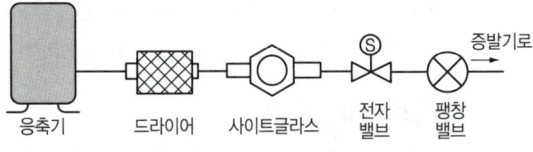
○ 고압 액관에서의 부속기기

(4) 충전 냉매의 적정량 확인(sight glass)
  ① 기포가 없을 때
  ② 투시경 내에 기포가 있으나 움직이지 않을 때
  ③ 투시경 입구측에는 기포가 있고 출구측에는 없을 때
  ④ 기포가 연속적으로 보이지 않고 가끔 보일 때

○ 투시경

⑨ 건조기(dryer, drier)

(1) 설치 목적
프레온 냉동장치에서 수분을 제거하여 팽창밸브 통과 시 수분이 팽창밸브 출구에서 동결 폐쇄되는 것을 방지한다.

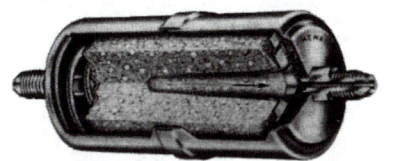

○ 필터드라이어의 내부구조   ○ 필터드라이어의 외형

(2) 설치 위치
프레온 냉동장치에서 팽창밸브 직전의 고압의 액관에 설치한다.

(3) 건조제(제습제)의 종류
① 실리카겔(SiO_2)
② 활성 알루미나겔(Al_2O_3)
③ 소바 비이드
④ 몰레큘러시브
⑤ 보오크 사이드 등

(4) 제습제의 구비조건
① 수분이나 냉매, 오일에 녹지 않을 것
② 냉매나 오일과 반응하지 말 것
③ 큰 흡착력을 장시간 유지할 수 있을 것
④ 건조도와 건조효율이 클 것
⑤ 충분한 강도를 가지고 분해되지 말 것
⑥ 안전하고 취급이 편리할 것
⑦ 가격이 저렴하고 구입이 용이할 것

10 여과기(strainer, filter)

(1) 설치 목적
냉매장치 중에 혼입된 이물질을 제거하여 기기 및 제어밸브 등의 파손을 방지한다.

(2) 설치 위치
① 압축기 흡입측　　② 팽창밸브 직전
③ 고압 액관측　　　④ 펌프 흡입측
⑤ 오일펌프 출구(큐노 필터)　⑥ 드라이어 내부
⑦ 압축기의 크랭크 케이스 내 저유통 등

(3) 여과망의 크기(mesh : 1inch당 눈금 수)
① 액관의 경우 : 80~100mesh 정도
② 가스관의 경우 : 40mesh 정도

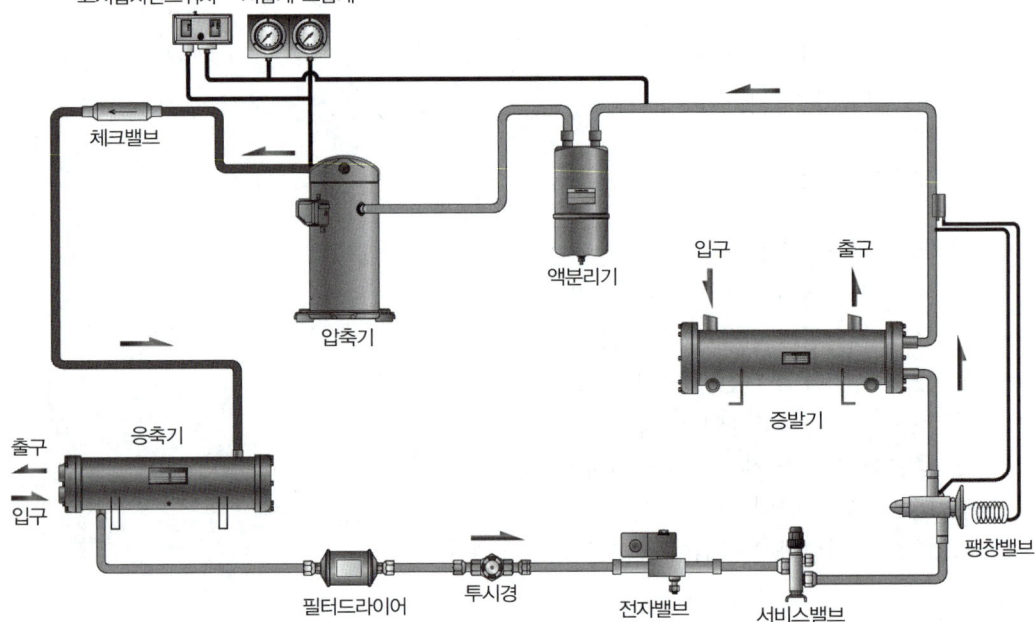

예상문제

01 냉동 부속장치 중 응축기와 팽창밸브 사이의 고압관에 설치하며 증발기의 부하 변동에 대응하여 냉매 공급을 원활하게 하는 것은?
① 유분리기　　② 수액기
③ 액분리기　　④ 중간 냉각기

02 고압 수액기에 부착되지 않는 것은?
① 액면계　　② 안전밸브
③ 전자밸브　　④ 오일드레인 밸브

> 해설
> 전자밸브는 팽창밸브 전의 고압 액관에 설치한다.

03 수액기의 부속장치 중 안전관리상 위험도가 가장 높은 기기는?
① 스톱밸브　　② 오일드레인 밸브
③ 균압관　　④ 액면계

04 암모니아 냉동장치 중 냉매를 모을 수 있는 수액기의 적당한 크기는?
① 순환 냉매량 전부　② 순환 냉매량의 1/4
③ 순환 냉매량의 1/3　④ 순환 냉매량의 1/2

05 수액기를 2대 이상 설치하는 경우 지름이 서로 다른 것을 사용할 때 어떻게 설치하면 좋은가?
① 상단을 일치시킨다.
② 하단을 일치시킨다.
③ 가운데를 일치시킨다.
④ 응축기보다 아래에 설치하면 관계가 없다.

> 해설
> 증발부하 감소 시 수액기의 냉매량이 증가하면 작은 쪽 수액기의 만액 또는 액봉현상을 피할 수 있다.

06 수액기와 응축기를 연결하고 있으며 냉매가 순조롭게 흐를 수 있도록 하는 장치는?
① 여과기　　② 균압관
③ 유분리기　　④ 수액기

07 균압관의 설치 위치로서 적당한 곳은 어디인가?
① 압축기 출구와 응축기 출구
② 응축기와 수액기
③ 수액기와 증발기 입구
④ 증발기 입구와 압축기 입구

08 수액기 취급 시 주의사항 중 옳은 것은?
① 저장 냉매액을 3/4 이상 채우지 말아야 한다.
② 직사광선을 받아도 무방하다.
③ 안전밸브를 설치할 필요가 없다.
④ 균압관은 지름이 작은 것을 사용한다.

09 수액기에 액이 충만하였을 때 취하여야 할 조치로서 맞지 않는 것은?
① 빈용기에 액 일부를 뽑아낸다.
② 운전에 이상이 없으면 그대로 운전한다.
③ 휴지 중에 증발기에 액을 보낸다.
④ 액 입구변을 닫고 액을 응축기에 고이게 한다.

[정답] 01 ② 02 ③ 03 ④ 04 ④ 05 ① 06 ② 07 ② 08 ① 09 ②

10 불응축가스에 의한 압력은?
① 응축기 내 압력이 저하된다.
② 냉매가스 압력에다 공기압력이 가산된다.
③ 냉매가스 압력에서 공기압력만큼 적어진다.
④ 위의 사항은 모두 틀린 것이다.

11 다음 중 불응축가스가 주로 모이는 곳은?
① 증발기
② 액분리기
③ 압축기
④ 응축기

12 증발식 응축기를 설치할 경우 불응축가스의 인출 위치는?
① 가스헤더
② 액헤더
③ 수액기와 가스헤더를 연결하는 균압관
④ 액헤더, 가스헤더 모두 가능

13 냉동장치 내에 불응축가스가 침입되었을 때 미치는 영향 중 틀린 것은?
① 압축비 증대
② 응축압력 상승
③ 소요동력 증대
④ 토출가스 온도 저하

14 냉동장치 내의 불응축가스가 체류하는 원인 중 틀린 것은?
① 냉동능력이 감소한다.
② 냉매 윤활유 등의 열분해에 의한 가스가 발생한다.
③ 장치를 분해, 조립하였을 때의 공기가 잔류한다.
④ 냉동장치의 압력이 대기압 이하로 운전될 경우 저압부로부터 공기가 침입한다.

15 냉동장치의 가스퍼저설치 시 불응축가스의 인출관은?
① 수액기 하부의 액관
② 응축기 직전의 토출관
③ 증발기 입구의 액헤더
④ 응축기 상부에 연결된 균압관

16 암모니아 냉동기에서 불응축가스 분리기(gas-purger)의 작용에 대한 설명 중 틀린 것은?
① 응축기에서 냉매와 같이 액화되지 않은 공기를 분리시킨다.
② 분리된 냉매가스는 압축기에 흡입된다.
③ 분리된 액체 냉매는 수액기로 들어간다.
④ 분리된 공기는 수조를 통해 대기로 방출된다.

17 유분리기의 설치 위치로서 알맞은 것은?
① 압축기와 응축기 사이
② 응축기와 수액기 사이
③ 수액기와 증발기 사이
④ 증발기와 압축기 사이

18 프레온 냉동장치에서 유분리기를 설치하는 경우가 틀린 것은?
① 만액식 증발기를 사용하는 장치의 경우
② 증발온도가 높은 저온장치의 경우
③ 토출가스 배관이 길어진다고 생각되는 경우
④ 토출가스에 다량의 오일이 섞여 나간다고 생각되는 경우

19 유분리기를 설치하는 경우가 될 수 없는 경우는?
① 토출배관이 길어지는 경우
② 저온용 냉동장치인 경우
③ 수냉식 응축기를 사용하는 경우
④ 만액식 증발기를 사용하는 경우

[정답] 10 ② 11 ④ 12 ③ 13 ④ 14 ① 15 ④ 16 ② 17 ① 18 ② 19 ③

20 증발기에서 나오는 저온의 냉매 증기와 수액기 또는 응축기에서 팽창밸브에 이르는 고온의 냉매액과의 사이에 열교환을 시키는 것 중 틀리는 것은?

① 압축기로 흡입되는 액냉매를 방지하기 위함이다.
② 고압응축액을 냉각시켜 냉동능력을 증대시킨다.
③ 흡입가스를 과열시켜 성적계수를 높인다.
④ 냉매액을 냉각하여 그 중에 포함되어 있는 수분을 동결시킨다.

21 프레온 냉동장치에 열교환기 설치목적으로 적합하지 않는 것은?

① 냉매액을 과냉각시켜 플래쉬 가스 발생 방지
② 만액식 증발기의 유회수 장치에서는 오일과 냉매를 분리
③ 흡입가스를 약간 과열시킴으로써 리키드 백 방지
④ 팽창밸브 통과 시 발생되는 플래쉬 가스량을 증가시켜 냉동효과를 증대

22 NH_3 냉동장치에서 열교환기를 설치하지 않는 이유는?

① 비열비가 높기 때문에
② 응축 압력이 낮기 때문에
③ 증발 압력이 낮기 때문에
④ 토출 온도가 낮기 때문에

23 플래시 가스의 발생 원인으로 틀린 것은?

① 관 지름이 지나치게 큰 경우
② 액관이 현저하게 입상된 경우
③ 수액기에 직사광선이 쬐었을 경우
④ 전자밸브 및 스트레이너가 막혔을 경우

24 액관 중의 플래시 가스 발생 원인으로 적당하지 못한 것은?

① 냉매 순환량에 비해 액관이 지나치게 가늘다.
② 액관에 열교환기를 설치하고 있다.
③ 방열이 안 된 액관이 온도가 높은 장소를 통과하고 있다.
④ 액관이 높게 입상되거나 스트레이너, 필터가 막혀 있다.

25 플래시 가스(flash gas)가 냉동장치의 운전에 미치는 영향 중 부적당한 것은?

① 냉동능력이 감소   ② 압축비 저하
③ 소요동력이 증대   ④ 토출가스 온도상승

26 액분리기의 설명으로 부적당한 것은?

① 흡입가스의 액냉매를 분리
② 액해머 현상을 방지
③ 열교환기가 없는 만액식 증발기 사용 시에 설치함
④ 토출가스 중의 윤활유를 분리

27 액회수 장치에서 냉매액의 회수 과정이 바른 것은?

① 액분리기 → 액류기 → 수액기
② 수액기 → 액류기 → 액분리기
③ 액분리기 → 수액기 → 액류기
④ 액받이 → 액분리기 → 수액기

28 액분리기에 설치된 플로트 스위치의 역할이 아닌 것은?

① 압축기 정지
② 전자밸브 개폐
③ 액류기를 고압으로 유도
④ 액류기를 저압으로 유도

[정답] 20 ④ 21 ④ 22 ① 23 ① 24 ② 25 ② 26 ④ 27 ① 28 ①

29 액분리기 내의 냉매액을 처리하는 방법에 속하지 않는 것은?
① 외부로 방출시키는 방법
② 증발기에 회수시키는 방법
③ 열교환시켜 압축기에 회수시키는 방법
④ 액회수 장치를 이용하여 고압 수액기로 보내는 방법

30 액분리기에서 분리된 액은 다음 장치로 이송된다. 틀린 것은?
① 재차 증발기로 갈 때가 있다.
② 열교환시켜 압축기로 갈 때가 있다.
③ 고압측 수액기로 갈 때가 있다.
④ 팽창밸브로 갈 때가 있다.

31 냉매 건조기(dryer)에 관한 설명 중 맞는 것은?
① 암모니아 가스관에 설치하여 수분을 제거한다.
② 압축기와 응축기 사이에 설치한다.
③ 프레온은 수분과 잘 용해하지 않으므로 팽창밸브에서의 동결을 방지하기 위하여 설치한다.
④ 건조제로는 황산, 염화칼슘 등의 물질을 사용한다.

32 프레온 냉동장치에서 반드시 필요한 것은?
① 워터자켓   ② 드라이어
③ 액분리기   ④ 유분리기

33 소형 냉동장치에 가장 많이 사용되는 건조제는?
① SiO_2 ② Al_2O_3
③ 소바비이드   ④ 몰레큘러시브

34 드라이어(Dryer)에 관한 사항 중 맞는 것은?
① 암모니아 가스관에 설치하여 수분을 제거한다.
② 냉동장치 내에 수분이 존재하는 것은 좋지 않으므로 냉매 종류에 관계없이 반드시 설치하여야 한다.
③ 프레온은 수분과 잘 용해하지 않으므로 팽창밸브에서의 동결을 방지하기 위하여 설치한다.
④ 건조제로는 황산, 염화칼슘 등의 물질을 사용한다.

35 액관의 필터 및 드라이어가 막혔을 때의 상태 중 맞는 것은?

> ① 드라이어 입·출구 온도차가 심하다.
> ② 드라이어가 너무 뜨겁다.
> ③ 저압이 높아진다.
> ④ 저압이 낮아진다.

① ①, ②   ② ①, ③
③ ②, ③   ④ ①, ④

36 냉동장치 액관에서 기기의 설치순서가 바르게 나열된 것은?
① 응축기 → 수액기 → 드라이어 → 사이트글라스 → 팽창밸브 → 전자밸브
② 응축기 → 수액기 → 사이트글라스 → 드라이어 → 전자밸브 → 팽창밸브
③ 응축기 → 수액기 → 드라이어 → 사이트그라스 → 전자밸브 → 팽창밸브
④ 응축기 → 수액기 → 사이트글라스 → 전자밸브 → 드라이어 → 팽창밸브

37 냉동사이클에서 액관 여과기(liquied filter) 메쉬는 보통 어느 정도인가?
① 40mesh   ② 80~100mesh
③ 150mesh   ④ 60~70mesh

[정답] 29 ① 30 ④ 31 ③ 32 ② 33 ① 34 ③ 35 ④ 36 ③ 37 ②

38 여과기가 설치되는 장소로 부적합한 곳은?
① 압축기 흡입측　② 팽창밸브 직전
③ 펌프 토출측　　④ 드라이어 내부

39 NH₃ 냉동장치에서 꼭 설치하여야 할 기기는?
① 건조기, 중간 냉각기
② 유분리기, 워터자켓
③ 수액기, 열교환기
④ 액분리기, 수냉식 응축기

40 다음 중 부속기기에 대한 설명 중 틀린 것은?
① 액분리기는 냉매 중의 윤활유를 분리시켜 준다.
② 건조기는 냉매 중의 수분을 제거시켜 준다.
③ 여과기는 냉동장치 중의 이물질을 제거시켜 준다.
④ 가스퍼저는 냉동장치의 불응축가스를 분리시킨다.

41 냉동장치의 부속기기에 대한 설명에서 잘못된 것은?
① 여과기는 냉매계통 중의 이물질을 제거하기 위해 사용한다.
② 암모니아 냉동장치의 유분리기에서 분리된 유(油)는 냉매와 분리 후 회수한다.
③ 액순환식 냉동장치에 있어 유분리기는 압축기의 흡입부에 부착한다.
④ 프레온 냉동장치에 있어서는 냉매와 유가 잘 혼합되므로 특별한 유회수장치가 필요하다.

42 다음 설명 중 옳지 않은 것은?
① 저압 수액기와 액펌프의 설치 위치는 저압 수액기를 높게 한다.
② 지름이 서로 다른 2개의 수액기를 설치할 때는 윗끝을 일치시킨다.
③ 2개의 암모니아 수액기를 병렬로 사용할 때 수액기의 지름이 다르면 액면계의 지시도가 달라진다.
④ 암모니아 냉동기에서 가스퍼저의 작용은 분리된 냉매가스를 압축기로 보낸다.

43 다음 내용 중 잘못된 것은?
① 프레온 냉매는 안전하므로 누설되어도 문제가 없다.
② 물을 냉매로 하면 증발온도를 0℃ 이하로 운전하는 것은 불가능하다.
③ 응축기 내의 불응축가스는 전열효과를 저하시킨다.
④ 2원 냉동장치는 초저온 냉각에 사용되는 것이다.

[정답] 38 ③　39 ②　40 ①　41 ④　42 ④　43 ①

PART 1. 냉동기계

제어용 부속기기

1 안전장치(safety system)

1 안전두(safety head)

(1) 역할

안전헤드, 헤드 스프링이라고 하며 압축기 실린더 헤드커버와 토출밸브 시트 사이를 강한 스프링이 누르고 있는 것으로써 실린더 내로 이물질이나 냉매액이 유입되어 압축 시 이상 압력 상승으로 인하여 압축기가 파손되는 것을 방지한다.

(2) 작동 압력 : 정상 토출압력+3kg/cm^2(0.3MPa) 정도

2 안전밸브(safety valve)

(1) 역할

압축기나 압력용기 내 냉매가스의 압력이 제한압력 이상 상승되었을 때 가스를 외부로 배출하거나 다른 쪽으로 이송하여 이상 압력으로 인한 장치의 파손을 최종적으로 방지하는 기기로서 압축기는 정지하지 않는다.

(2) 작동 압력
① 정상 고압+5kg/cm^2(0.5MPa) 이상
② 장치의 내압시험압력(TP)의 8/10배 이하

(3) 설치 위치
① 압축기 토출밸브와 토출지변(스톱밸브) 사이에 고압 차단 스위치(HPS)와 같은 위치에 설치한다.
② 압축기가 여러 대일 때는 각 압축기의 토출지변 직전에 설치한다.

(4) 종류
① 스프링식(spring type)
② 중추식(weight type)
③ 지렛대식(lever type)

○ 냉동용 스프링식 안전밸브

(5) 안전밸브 분출구경

① 압축기용

$$d_1 = C_1\sqrt{V}$$

- d_1 : 안전밸브 최소구경(mm)
- V : 압축기 피스톤 압출량(m³/h)
- C_1 : 각 냉매에 따른 정수

② 압력용기용

$$d_2 = C_2\sqrt{D \cdot L}$$

- d_2 : 안전밸브 최소구경(mm)
- D : 압력용기의 외경(m)
- L : 압력용기의 길이(m)
- C_2 : 각 냉매에 따른 정수

3 파열판(rupture disk)

① 압력용기 등에 설치하여 내부압력의 이상 상승 시 박판이 파열되어 가스를 분출한다.
② 1회용으로 한 번 파열되면 새로운 것으로 교체해야 한다.
③ 스프링식 안전밸브보다 가스분출량이 많다.
④ 주로 터보 냉동기 저압측에 설치한다.
⑤ 구조가 간단하고 취급이 용이하다.
⑥ 지지방식에 따라 플랜지형, 유니온형, 나사형이 있다.

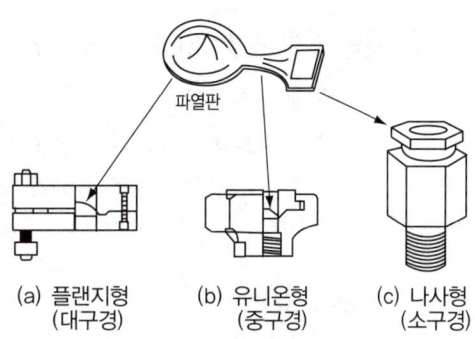

(a) 플랜지형 (대구경)　(b) 유니온형 (중구경)　(c) 나사형 (소구경)

○ 파열판의 종류

4 가용전(fusible plug)

① 프레온용 수액기나 냉매 용기의 증기부에 설치하여 화재 등으로 인한 온도상승 시 가용합금이 용융되어 가스를 분출한다.
② 가용합금의 성분은 납(Pb), 주석(Sn), 안티몬(Sb), 카드뮴(Cd), 비스무스(Bi) 등이다.
③ 용융온도는 68~75℃이다.
④ 압축기 토출가스의 영향을 받지 않는 곳에 설치한다.
⑤ 가용전의 구경은 최소 안전밸브 구경의 1/2 이상으로 한다.
⑥ 암모니아 냉동장치에서는 가용합금이 침식되므로 사용하지 않는다.
⑦ 주로 20RT 미만의 프레온용 응축기나 수액기의 상부에 안전밸브 대신 설치한다.

○ 가용전

5 고압 차단 스위치(HPS, high pressure control swith)

① 고압이 일정 이상의 압력으로 상승되면 스위치의 전기접점이 차단되어 압축기를 정지시켜 이상 고압으로 인한 장치의 파손을 방지한다.
② 압축기의 안전장치로 작동 압력은 정상 고압+4kg/cm^2 정도이다.
③ 설치 위치
　㉠ 1대의 압축기 제어 시 : 압축기 토출배관(토출밸브와 토출지변 사이)
　㉡ 여러 대의 압축기 제어 시 : 토출배관에 공동 헤더를 설치하여 제어
④ 수동 복귀형 HPS는 작동 후에 반드시 리셋트 버튼을 눌러야 한다.

6 저압 차단 스위치(LPS, low pressure control switch)

(1) 용도에 따른 구분
　① 압축기 보호용 : 저압이 일정 이하가 되면 작동하여 압축기를 정지시킨다.
　② 언로드형 : 저압이 일정 이하가 되면 전기접점이 작동하여 언로드용 전자밸브가 작동하여 유압이 언로드 피스톤에 걸려 용량제어를 한다.

(2) 설치 위치
　압축기 흡입관에 설치한다.

7 고·저압 차단 스위치(DPS, dual pressure switch)

HPS와 LPS를 하나로 조합한 것으로 고압이 일정 이상이 되거나 저압이 일정 이하가 되면 압축기를 정지시킨다.

🔵 고압 차단 스위치

🔵 고·저압 차단 스위치

🔵 유압 보호 스위치

8 유압 보호 스위치(OPS, oil pressure protection switch)

① 압축기 기동시나 운전 중 일정 시간(60~90초 정도 : time leg)에 유압이 형성되지 않거나 유압이 일정 이하로 될 경우 압축기를 정지시켜 윤활불량으로 인한 압축기의 파손을 방지한다.
② 흡입압력과 유압의 차압에 의해 작동된다.
③ 종류 : 바이메탈식, 가스통식

② 자동제어 장치

1 전자밸브(S/V, solenoide valve)

(1) 역할
① 전자석의 원리(전류에 의한 자기 작용)를 이용하여 밸브를 on-off시킨다.
② 용량, 액면, 온도제어, 액압축 방지, 제상, 냉매 및 브라인 등의 흐름을 제어한다.
③ 전자코일에 전기가 통하면 플런저가 상승하여 열리고 전기가 통하지 않으면 닫힌다.
④ 소용량에는 직동식 전자밸브를 사용하고 대용량에서는 파일롯트 전자밸브를 사용한다.

(2) 전자밸브 설치 시 주의사항
① 전자밸브의 화살표 방향과 유체의 흐름 방향을 일치시킨다.
② 전자밸브의 전자코일을 상부로 하고 수직으로 설치한다.
③ 전자밸브의 폐쇄를 방지하기 위해 입구측에 여과기를 설치한다.
④ 전자밸브에 하중이 걸리지 않도록 한다.
⑤ 전압과 용량에 맞게 설치한다.
⑥ 고장, 수리 등에 대비하여 바이패스관을 설치할 수도 있다.

2 증발압력 조정밸브(EPR, evaporate pressure regulating valve)

(1) 역할
운전 중 증발압력이 일정 이하가 되어 냉수, 브라인 등의 동결이나 압축비 상승으로 인한 영향을 방지하기 위하여 설치한다.

(2) 작동 압력
EPR 입구측 압력

(3) 설치 위치
① 증발기가 1대일 때 : 증발기 출구에 설치
② 증발기가 여러 대일 때 : 증발온도가 높은 곳에 설치하고 가장 낮은 곳에는 체크밸브를 설치한다.

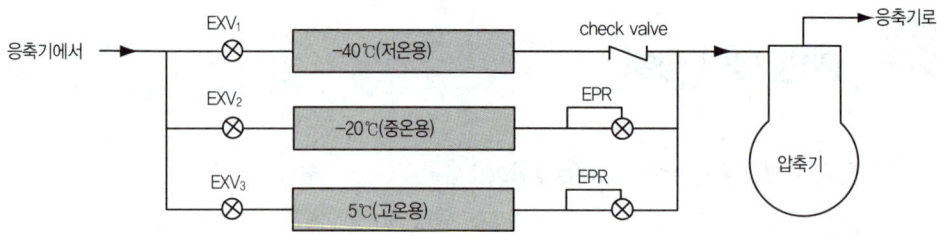

(4) 설치 경우
① 1대의 압축기로 증발온도가 서로 다른 여러 대의 증발기를 사용하는 경우
② 냉수 및 브라인의 동결 우려가 있는 경우
③ 핫가스 제상 시 응축기의 압력제어로 응축기 냉각수 동결을 방지하고자 하는 경우
④ 냉장실 내의 온도가 일정 이하로 내려가면 안 되는 경우
⑤ 피냉각 물체의 과도한 제습을 방지하고자 하는 경우

3 흡입압력 조정밸브(SPR, suction pressure regulating valve)

(1) 역할

흡입압력이 일정 이상으로 되었을 때 과부하로 인한 전동기의 소손을 방지하기 위해 설치한다.

(2) 작동 압력

SPR 출구측 압력

(3) 설치 위치

압축기 흡입관에 설치

(4) 설치 경우
① 흡입압력의 변동이 심한 경우(압축기 안정을 위해)
② 압축기가 높은 흡입압력으로 기동되는 경우(과부하 방지)
③ 높은 흡입압력으로 장시간 운전되는 경우(과부하 방지)
④ 저전압에서 높은 흡입압력으로 기동되는 경우(과부하 방지)
⑤ 고압가스 제상으로 인하여 흡입압력이 높아지는 경우(과부하 방지)
⑥ 흡입압력이 과도하게 높아 액압축이 일어날 경우(액압축 방지)

4 절수밸브, 자동 급수조절밸브(water regulating valve)

(1) 역할
① 수냉식 응축기 부하 변동에 따른 응축기 냉각수량을 제어하여 냉각수를 절약한다.
② 냉각수량 제어로 응축압력을 일정하게 유지한다.
③ 냉동기가 운전정지 중에는 냉각수를 차단하여 경제적인 운전을 도모한다.

(2) 종류
① 압력 작동식 절수밸브 : 응축압력을 검출하여 압력이 상승하면 밸브가 열려 냉각수가 통수되고 압력이 저하하면 밸브가 닫혀 냉각수 공급이 중지된다.
② 온도식 절수밸브 : 감온통이 설치되어 응축온도를 검출하여 온도상승 시 밸브가 열려 냉각수를 통수시켜 주는 구조로 되어 있다.

5 단수 릴레이

(1) 역할
① 브라인 냉각기 및 수냉각기(chiller)에서 브라인이나 냉수량의 감소 및 단수에 의한 배관의 동파를 방지하기 위해 압축기를 정지시킨다.
② 수냉식 응축기에서 냉각수량의 감소 및 단수에 의한 이상 고압 상승을 방지하기 위해 압축기를 정지시킨다.

(2) 설치 위치
브라인 및 냉수 입구측 배관에 설치

(3) 종류
단압식, 차압식, 수류식(flow switch) 등

6 온도 조절기(TC, temperature control)

(1) 역할
측온부의 온도변화를 감지하여 압축기와 응축기 등을 on-off시키는 온도 조절기로 써모스탯(thermostat)이라고도 한다.

(2) 종류
바이메탈식, 가스 압력식(감온통식), 전기 저항식 등

7 습도 조절기(humidistat)

습도의 변화에 따라 전기적 접점이 작동하여 냉각코일 및 전자밸브 등이 작동시켜 가습 및 감습장치가 작동된다.

○ 수류식

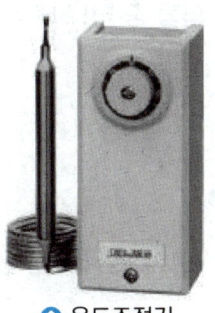
○ 온도조절기   ○ 습도조절기

예상문제

CHAPTER 09 제어용 부속기기

01 냉동용 압축기의 안전헤드(safety head)는?
① 액체 흡입으로 압축기가 파손되는 것을 막기 위한 것이다.
② 워터자켓을 설치한 실린더 헤드(cylinder head)를 말한다.
③ 토출가스의 고압을 막아주므로 안전밸브를 따로 둘 필요가 없다.
④ 흡입압력의 저하를 방지한다.

> **해설**
> 안전두는 액 유입에 따른 압축기의 파손을 방지한다.

02 안전두(safety)에 대한 설명으로 틀린 사항은?
① 작동 압력이 정상 고압+3kg/cm²이다.
② 작동 압력이 정상 고압+5kg/cm²이다.
③ 이물질 및 자켓링 시 압축기를 보호한다.
④ 스프링 압력으로 정상 압력 시에는 변형되지 않는다.

03 다음 중 보일러에 사용하는 안전밸브의 필요 조건이 아닌 것은?
① 분출압력에 대한 작동이 정확할 것
② 안전밸브의 지름과 리프트(lift)가 충분하여 분출 증기량이 많을 것
③ 밸브의 개폐 동작이 완만할 것
④ 분출 전후에 증기가 새지 않을 것

04 압축기에서 보통 안전밸브의 분출압력은 고압 차단 스위치(HPS) 작동 압력에 비하여 어떻게 조정하면 좋은가?
① 고압 차단 스위치 작동 압력보다 다소 낮게 한다.
② 고압 차단 스위치 작동 압력보다 다소 높게 한다.
③ 고압 차단 스위치 작동 압력과 같게 한다.
④ 고압 차단 스위치 작동 압력보다 낮거나 높이도 관계없다.

05 저압 차단 스위치(LPS)의 작동에 의하여 장치가 정지되었을 때 점검사항에 속하는 사항이다. 틀린 것은?
① 응축기의 냉각수 단수 여부 확인 조치
② 압축기의 용량제어 장치의 고장 여부
③ 저압측의 적상 유무확인
④ 팽창밸브의 개도 점검

06 고압측 안전장치로 사용하지 않는 것은?
① 스프링식 안전밸브 ② 플로트 안전밸브
③ HPS ④ 가용전

07 다음 중 주로 원심식 냉동기의 안전장치로 사용하며, 용기의 과열 등에 의한 이상 고압으로부터의 위해를 방지하기 위한 장치는?
① 가용전 ② 릴리프 밸브
③ 차압 스위치 ④ 파열판

08 다음 중 터보 냉동기 저압측에 설치하는 밸브는?
① fusible plug ② relief valve
③ safety valve ④ rupture disc

> **해설**
> ① 가용전 ② 릴리프밸브(방출밸브)
> ③ 안전밸브 ④ 파열판

[정답] 01 ① 02 ② 03 ③ 04 ② 05 ① 06 ② 07 ④ 08 ④

09 프레온 냉동장치에서 가용전은 어디에 설치하는가?
① 열교환기　　② 증발기
③ 수액기　　　④ 팽창밸브

10 프레온 냉동장치의 응축기나 수액기에 설치되는 가용전의 용융온도는?
① 0~35℃　　　② 68~75℃
③ 110~130℃　④ 140~210℃

11 가용전에 대한 설명으로 틀린 것은?
① 프레온 장치의 수액기, 응축기 등에 사용된다.
② 용융점은 냉동기에서 75℃ 이하에 사용된다.
③ 구성 성분은 주석, 구리, 납 등으로 되어 있다.
④ 토출가스의 영향을 직접 받지 않는 곳에 설치한다.

12 다음 냉동장치에 대한 설명 중 옳은 것은?
① 고압 차단 스위치는 조정 설정 압력보다 벨로스에 가해진 압력이 낮을 때 접점이 떨어지는 장치이다.
② 온도식 자동팽창 밸브의 감온통은 증발기의 입구 측에 붙인다.
③ 가용전은 프레온 냉동장치의 응축기나 수액기 등을 보호하기 위하여 사용된다.
④ 파열판은 암모니아 왕복동 냉동장치에만 사용된다.

13 다음 안전장치의 설명 중 옳은 것은?
① 안전밸브의 최소구경은 실린더 지름과 피스톤 행정에 관여한다.
② 가용전은 압축기의 안전두 옆에 설치하며 용융온도는 95℃ 이하이다.
③ 파열판은 터보 냉동기에는 사용하지 않는다.
④ 가용전은 높은 온도에서도 녹지 않는 것이 좋다.

14 다음 중 냉동장치에 관한 설명이 옳지 않은 것은?
① 안전밸브가 작동하기 전에 고압 차단 스위치가 작동하도록 조정한다.
② 온도식 자동 팽창변의 감온통은 증발기의 입구 측에 붙인다.
③ 가용전은 응축기의 보호를 위하여 사용한다.
④ 파열판은 주로 터보 냉동기의 저압측에 사용한다.

15 압축기 보호장치 중 고압 차단 스위치(HPS)는 정상적인 고압에 몇 MPa 정도 높게 조절하는가?
① 0.1　　② 0.4
③ 1　　　④ 2.5

16 고압 차단 스위치가 하는 역할은?
① 응축기의 고압 상승을 방지하여 냉각수 펌프의 모터를 차단 정지시킨다.
② 이상 고압이 되었을 때 주회로를 차단하여 압축기를 정지시킨다.
③ 증발기 내의 이상 고압을 방지한다.
④ 수액기 내부의 이상 고압을 방지하기 위하여 설치한다.

17 압축기가 1대일 경우 고압 차단 스위치(HPS)의 압력 인출 위치는?
① 토출 스톱 밸브 직후
② 토출밸브 직전
③ 토출밸브 직후와 토출 스톱 밸브 직전 사이
④ 고압부 어디라도 관계없다.

[정답] 09 ③　10 ②　11 ③　12 ②　13 ①　14 ②　15 ②　16 ②　17 ③

18 수동복귀형 고압 차단 스위치를 사용하는 대형 냉동기에서 운전 정지 후 압축기를 재기동 할 때, 먼저 조해야 할 사항은?
① 리머 기구를 조절한다.
② 리셋버튼을 누른다.
③ 바이메탈
④ 온도조절 나사를 우측으로 돌린다.

19 고압 개폐기의 작동압력은?
① 안전밸브의 작동압력보다 더 높게 조정한다.
② 사용하는 냉동의 최소 기밀시험압력의 80% 이하로 작동하도록 조정한다.
③ 기밀시험압력의 80% 이상으로 유지하면 좋다.
④ 내압시험압력의 80% 이하로 작동하여야 한다.

20 압축기에 설치된 안전두, 고압 차단 스위치, 안전밸브 중에서 이상 고압 발생 시 낮은 압력에서부터 작동되는 순서가 올바른 것은?
① 고압 차단 스위치 → 안전밸브 → 안전두
② 안전두 → 안전밸브 → 고압 차단 스위치
③ 고압 차단 스위치 → 안전두 → 안전밸브
④ 안전두 → 고압 차단 스위치 → 안전밸브

21 윤활유의 공급이 안 될 때 압축기를 정지하여 압축기를 보호하는 기기는?
① 유분리기   ② 유압 보호 스위치
③ 기어펌프   ④ 유분리기

22 유압 보호 스위치에만 특별히 내장된 장치는?
① 히터   ② 타임래그
③ 바이메탈   ④ 솔레노이드

23 냉동장치의 고압측에 안전장치로 사용되는 것 중 부적당한 것은?
① 스프링식 안전밸브
② 플로우트 스위치
③ 고압 차단 스위치
④ 가용전

24 냉동장치의 기기 중 직접 압축기의 보호역할을 하는 것과 관련 없는 것은?
① 안전밸브
② 유압 보호 스위치
③ 고압 차단 스위치
④ 증발압력조정밸브

25 다음 중 압축기 보호장치에 해당되는 것은?
① 냉각수 조절밸브
② 유압 보호 스위치
③ 증발 압력 조절밸브
④ 응축기용 팬 콘트롤

26 다음 사항 중 틀리는 것은?
① 유압 보호 스위치의 종류는 바이메탈식과 가스 통식이 있다.
② 단수 릴레이는 수냉응축기 및 브라인 냉각기의 단수 및 감수 시 압축기를 차단시키는 스위치이다.
③ 왕복동식 압축기 가동 시 유압 보호 스위치의 차압접점은 붙어 있다.
④ 파열판은 일단 동작된 후 내부압력이 낮아지면 가스의 방출이 정지된다.

[정답] 18 ② 19 ④ 20 ④ 21 ② 22 ② 23 ② 24 ④ 25 ② 26 ④

27 전자밸브의 용도에 관한 설명으로 틀린 것은?
① 액면제어 ② 용량제어
③ 압력제어 ④ 온도제어

28 전자밸브를 작동시키는 것은?
① 영구자석인 철심의 힘
② 흐르는 냉매의 압력
③ 흐르는 전류에 의한 자기작용
④ 전자밸브 내의 소형 전동기의 힘

29 냉동장치에서 전자밸브를 사용하는데 그 사용 목적 중 가장 거리가 먼 것은?
① 리퀴드 백 방지
② 냉매, 브라인의 흐름제어
③ 습도제어
④ 온도제어

> **해설**
> 리퀴드 백(액압축)을 방지하기 위해서는 안전두를 설치한다.

30 전자밸브(솔레노이드 밸브)에 대한 설명 중 옳은 것은?
① 전자코일에 전류가 흐르면 밸브는 닫힌다.
② 밸브를 수직으로 설치하여야 정상적인 작동을 한다.
③ 압력 스위치와 결합시켜 사용할 수 없다.
④ 작동 전자밸브에는 밸브 시트 구경의 제한이 없다.

31 전자밸브를 설치할 때 주의점을 열거하였다. 틀린 것은?
① 출입구를 잘 확인해야 한다.
② 밸브 다음에 체크밸브가 부착되었는가 확인한다.
③ 위치가 바른가를 확인한다.
④ 밸브 입구에 여과기가 설치되었는지 확인한다.

32 전자밸브의 설치 시 주의사항에 들지 않는 것은?
① 사용 전압에 유의하여야 한다.
② 플런저는 수직이 되도록 설치한다.
③ 밸브입구에 체크밸브가 설치되어야 한다.
④ 출입구를 확인하여 정확히 부착시켜야 한다.

33 냉동장치에서는 자동제어를 위하여 전자밸브가 많이 쓰이고 있는데 그 사용 예가 아닌 것은?
① 액압축 방지를 위한 액관 전자밸브
② 제상용 전자밸브
③ 용량제어의 전자밸브
④ 고수위 경보용 전자밸브

> **해설**
> 고수위 경보용 전자밸브는 보일러 제어장치이다.

34 냉동장치의 기기 중 압축기 보호역할과 직접적인 관계가 없는 것은?
① 안전밸브 ② 유압 보호 스위치
③ 고압 차단 스위치 ④ 증발압력 조정밸브

35 증발압력 조정밸브의 설치목적에 해당되지 않는 것은?
① 물, 브라인 냉각과 같이 부하가 감소되었을 때 지나치게 냉각되어 동결하는 것을 방지한다.
② 압축기로 흡입되는 가스량을 제거하며 압축기 구동용 모터의 과전류를 방지한다.
③ 냉장고에서 소정 온도 이하로 내려가면 좋지 않을 경우 증발온도를 높게 조정한다.
④ 냉장고에서 냉각코일에 의하여 과도하게 제습되는 것을 방지하기 위하여 증발온도를 높게 유지한다.

[정답] 27 ③ 28 ③ 29 ① 30 ② 31 ② 32 ③ 33 ④ 34 ④ 35 ②

36 다음 중 브라인의 동결방지 목적으로 사용되는 기기가 아닌 것은?
① 서모스탯
② 단수 릴레이
③ 흡입압력 조정밸브
④ 증발압력 조정 밸브

37 다음 중 단수 릴레이의 종류에 속하지 않는 것은?
① 단압식 릴레이
② 차압식 릴레이
③ 수류식 릴레이
④ 온도식 릴레이

38 냉동기 운전 중 증발기로부터 리키드 백으로 인하여 압축기의 흡입밸브 및 토출밸브 등의 파손을 방지하기 위해 설치하는 것은?
① 증발압력 조정밸브
② 흡입압력 조정밸브
③ 고압 차단 스위치
④ 저압 차단 스위치

39 흡입압력 조정밸브를 반드시 설치해야 할 경우가 아닌 것은?
① 흡입압력의 변동이 심한 경우
② 높은 흡입압력으로 기동되는 경우
③ 고압가스 제상시 흡입압력이 높아지는 경우
④ 저전압에서 낮은 흡입압력으로 운전되는 경우

40 흡입압력 조절밸브(SPR)에 대한 설명 중 틀린 것은?
① 흡입압력이 일정압력 이하가 될 때 작동한다.
② 저전압에서 고전압으로 운전되는 경우 설치
③ 종류에는 직동식, 외부파이롯트식, 내부파이롯트 식이 있다.
④ 흡입압력의 변동이 심할 경우에 사용한다.

41 다음 중 압력자동 급수밸브의 역할은?
① 냉각수온을 제어한다.
② 수압을 제어한다.
③ 부하변동에 대응하여 냉각수량을 제어한다.
④ 증발압력을 제어한다.

42 압력 자동급수밸브에 대한 설명 중 옳은 것은?
① 냉각수량을 감소시켜 토출가스의 온도 상승을 방지한다.
② 압축기 흡입압력의 증감에 따라 밸브 출구의 압력에 의해 작동된다.
③ 토출압력을 항상 일정하게 유지시킨다.
④ 증발기의 과열도를 일정하게 해준다.

43 브라인 동파방지 대책이 아닌 것은?
① 동결방지용 온도 조절기 사용
② 브라인 부동액을 첨가 사용
③ 응축압력 조정밸브 설치 사용
④ 단수 릴레이를 사용

44 다음 냉동장치의 제어장치 중 온도제어 장치에 해당 되는 것은?
① E.P.R
② T.C
③ L.P.S
④ O.P.S

[정답] 36 ③ 37 ④ 38 ② 39 ④ 40 ① 41 ③ 42 ③ 43 ③ 44 ②

45 다음 냉동장치에서 자동제어장치가 아닌 것은?
① T·C
② 절수밸브
③ 디스트리뷰터
④ T·E·V

46 냉동장치에 이용되는 부속기기 중 직접 압축기의 보호역할을 하는 것이 아닌 것은?
① 모세관식 팽창밸브
② 안전밸브
③ 액분리기
④ 유압 보호 스위치

47 냉동기 운전 중 수냉식 응축기의 파열을 방지하기 위한 부속기기에 해당되지 않는 것은?
① 냉각수 플로우 스위치(온도)
② 냉각수 플로우 스위치(압력)
③ 차압 스위치
④ 유압 보호장치

48 다음 사항 중 틀린 것은?
① 안전밸브가 작동하기 전에 고압 스위치가 작동하도록 조정한다.
② 온도식 자동 팽창변의 감온통은 증발기의 입구 측에 붙인다.
③ 가용전은 응축기의 보호를 위하여 사용한다.
④ 용전 파열판은 암모니아 냉동장치에서 쓸 수 없다.

[정답] 45 ③ 46 ① 47 ④ 48 ②

PART 1. 냉동기계

냉동장치의 응용

1 흡수식 냉동기

기계적인 일을 사용하지 않고 고온의 열(연소열, 온수, 수증기, 태양열 등)을 이용하여 냉방하는 것으로 서로 잘 용해되는 두 가지 물질을 사용한다. 즉, 저온상태에서는 두 물질이 강하게 용해하나 고온에서는 분리되어 그중의 한 물질이 냉매작용을 하여 냉방을 하는 것이다. 이때 열을 운반하는 물질을 냉매라 하고 이 가스를 용해하여 흡수하는 물질을 흡수제라고 한다.(흡수기 → 발생기 또는 재생기 → 응축기 → 증발기)

> **참고**
> 기체의 용해도는 온도가 낮고 압력이 높을수록 커진다.

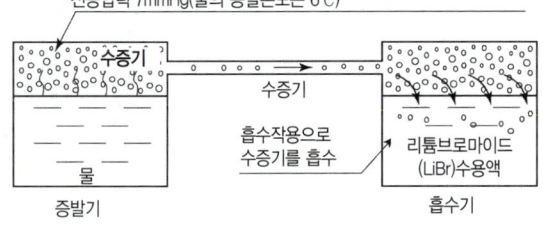

냉매	흡수제
H_2O(물)	LiBr(취화리튬)
NH_3(암모니아)	H_2O(물)

◎ 흡수식 냉동기에서 증발기와 흡수기

1 흡수식 냉동기

증기 압축식 냉동장치에서 사용하고 있는 압축기 대신 흡수기, 발생기(재생기)를 사용하는 것으로 저온에서는 서로 용해가 잘 되고 고온에서는 분리가 잘 되는 냉매와 흡수제를 사용하며 이 중 냉매가 냉방을 행하는 방식의 냉동기를 말한다.

(1) 흡수식 냉동기의 구성

① 흡수기 : 증발기에서 증발한 저온의 냉매가스를 연속적으로 흡수할 수 있도록 하는 장치로서 냉각수를 통수시켜 흡수제의 흡수능력을 증대시키고 냉매가스를 흡수한 희석용액(흡수제+냉매)은 용액펌프를 이용하여 발생기로 보낸다.

② 발생기(재생기) : 용액펌프를 통해 들어온 희석용액을 열원에 의해 가열하여 냉매와 흡수제를 분리시켜 증발된 냉매가스는 응축기로 공급하고 농흡수액은 열교환시켜 흡수기로 다시 공급된다.

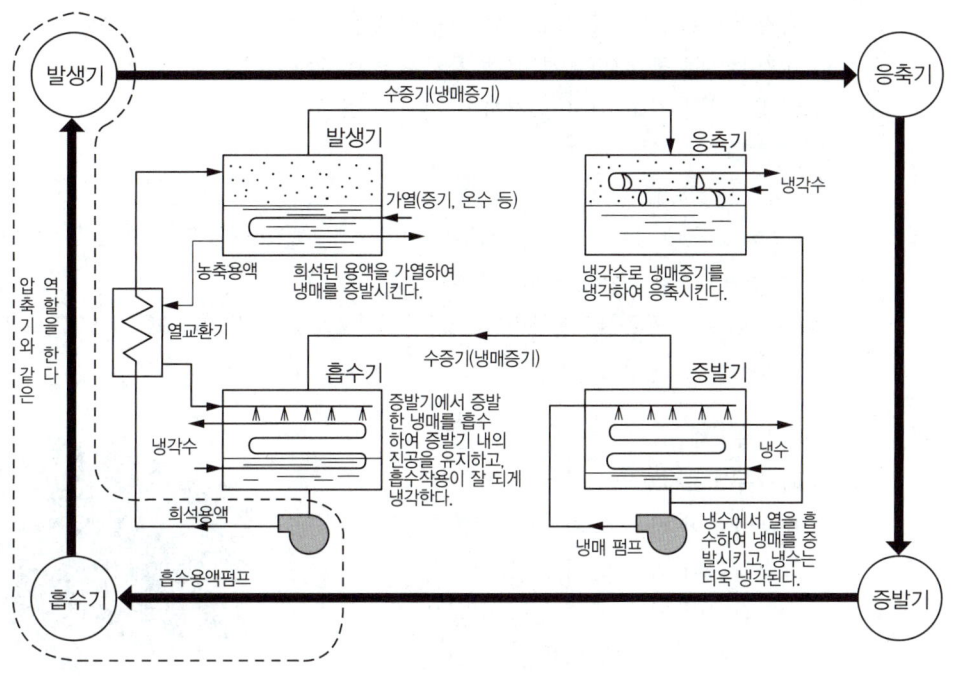

○ 흡수식 냉동기 계통도

③ 응축기 : 발생기에서 흡수제와 분리된 냉매가스는 냉각수와 열교환되어 응축액화된다.
④ 증발기 : 응축기에서 공급된 냉매가 냉수관 상부에서 산포되어 냉수로부터 열을 흡수하여 증발, 흡수제에 흡수되며 냉각된 냉수는 냉방 목적에 이용된다.
⑤ 열교환기 : 흡수기에서 희석된 용액은 용액펌프에 의해 열교환기에 공급되고 발생기에서 되돌아오는 고온의 농흡수액과 서로 열교환되어 열효율을 증대시켜준다.

> 참고
> ① 4대 구성요소 : 흡수기 - 발생기(재생기) - 응축기 - 증발기
> ② 흡수식에서 압축기의 역할을 하는 장치 : 흡수기, 발생기(재생기)
> ③ 냉매만의 순환경로 : 발생기-응축기-증발기-흡수기
> ④ 흡수제 순환경로 : 재생기(발생기) → 열교환기 → 흡수기

(2) 흡수식 냉동기의 특징

① 장점
  ㉠ 압축기가 없고 열을 이용하므로 소음, 진동이 없다.
  ㉡ 증기를 열원으로 이용할 경우 전력 소비가 작다.
  ㉢ 자동제어가 용이하며 연료비가 적게 들어 운전비가 절감된다.
  ㉣ 과부하 시에도 사고의 우려가 적다.
  ㉤ 냉동온도가 저하되어도 냉동능력 감소가 적다.

② 단점
  ㉠ 압축식에 비해 열효율이 나쁘며 중량 및 높이가 커 설치면적이 크다.

ⓒ 냉각탑 등의 부속설비가 압축식에 비해 1.5~2배 정도로 커져 설비비가 많이 든다.
　　ⓒ 냉각수온의 급냉으로 결정(結晶)사고가 발생하기 쉽다.
　　ⓔ 예냉시간이 길어 정상 운전까지 시간이 걸린다.

> **참고**
>
> - **흡수식 냉온수기**
>   흡수식 냉동기와 버너를 조합하여 재생기에서 발생하는 열을 이용하여 냉난방을 동시에 행하는 장치
> - **2중 효용 흡수식 냉동기**
>   1중 효용식에 재생기를 1개 더 추가한 것으로 2개의 재생기가 있으며 효율이 높아지고 가열량도 감소된다.

(3) 냉매와 흡수제

① 냉매의 구비조건
　ⓐ 응축압력이 너무 높지 않을 것
　ⓑ 증발압력이 너무 낮지 않을 것
　ⓒ 증발잠열이 커 냉매 순환량이 적을 것
　ⓓ 비체적은 작고 열전도율은 클 것
　ⓔ 불활성으로 금속 등과 화합하지 않고 안정할 것
　ⓕ 액상 및 기상의 점성이 작을 것
　ⓖ 독성, 자극성, 가연성, 폭발성이 없을 것

○ 흡수식 냉동기

② 흡수제의 구비조건
　ⓐ 용액의 증기압이 낮을 것
　ⓑ 농도 변화에 따른 증기압의 변화가 적을 것
　ⓒ 동일압력에서 냉매의 증발온도와 차이가 클 것
　ⓓ 재생기와 흡수기에서의 용해도차가 클 것
　ⓔ 재생에 많은 열량을 필요로 하지 않을 것
　ⓕ 점성이 작고 결정이 잘 되지 않을 것
　ⓖ 부식성이 없을 것

③ 냉매에 따른 흡수제

냉매	흡수제	냉매	흡수제
암모니아(NH_3)	물(H_2O)	염화 메틸	사염화 에탄
물(H_2O)	리튬 브로마이드, 취화 리튬(LiBr), 염화 리튬	톨루엔	파라핀유

(4) 흡수식 냉동기에서의 냉동톤

발생기(재생기)를 가열하는 열원의 1시간당 입열량 6,640kcal/h를 1냉동톤이라 한다.

$$RT = \frac{\text{발생기를 가열하는 1시간의 입열량(kcal/h)}}{6,640}$$

② 열펌프

① 전기구동 히트펌프(EHP 설비)

(1) 열펌프(heat pump) 원리

물은 높은 곳에서 낮은 곳으로 흐른다. 다만, 낮은 곳의 물을 높은 곳으로 이송시키려면 물펌프를 사용하여야 한다. 이와 마찬가지로 열도 고온에서 저온으로 이동하나 냉동기는 저온(증발기)에서 열을 흡수하여 냉매를 압축한 후 고온(응축기)에서 공기 또는 물을 이용하여 열을 버리는 것으로 열을 저온에서 고온으로 이송시키므로 물펌프와 비슷하여 이를 히트펌프라고 한다. 물펌프에서는 흡입수량과 토출수량은 같으나 냉동기에서는 압축기가 행한 일의 열량만큼 더 가산($Q_1 = Q_2 + W$)된다.

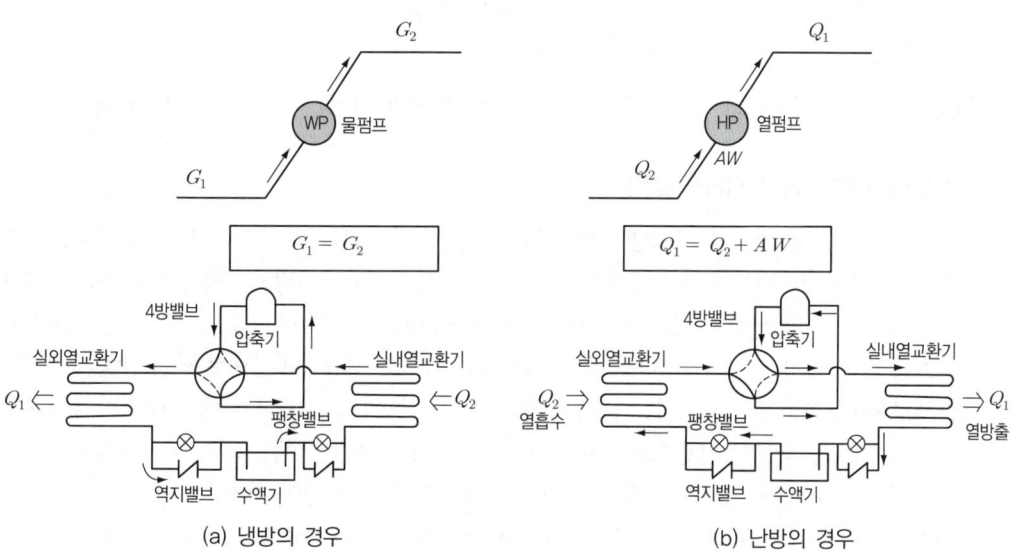

◎ 히트펌프 사이클

(2) 히트펌프 냉방 사이클

히트펌프(heat pump)는 냉동기의 원리와 같다. 냉동기는 압축기 → 응축기 → 팽창밸브 → 증발기의 4대 장치로 냉방 사이클이 구성되며 공기를 열원으로 하는 히트펌프의 냉방 사이클에서는 냉매는 증발기(실내기)에서 열을 흡수하여 증발하여 실내공기를 냉각시켜 냉방의 목적을 달성하고 압축기에서 압축된 후 응축기(실외기)에서 열을 방출하여 다시 응축되어 팽창밸브를 통해 압력과 온도가 떨어져 다시 증발기(실내기)로 유입되는 사이클이다.

(3) 히트펌프 난방 사이클

히트펌프 난방 사이클에서는 냉매의 흐름을 역으로 하여 실외에 있는 응축기(실외기)를 저온의 증발기로 역할을 바꾸어 실외의 공기에서 열을 흡수하여 압축기를 거쳐 압축된 후 실내에 있는 증발기(실내기)를 응축기로 바꾸어 여기에서 열을 방출시켜 실내 공기를 가열하여 난방하게 되는 사이클이다. 이때 냉매의 흐름을 바꾸어 주는 4방밸브(4-way valve)를 사용하며, 냉방 시에는 증발기(실내기) 역할을 하는 입구측에는 팽창밸브와 체크밸브를 각각 병렬로 설치하여 액 냉매가 팽창밸브를 통하여 증발기에 들어가도록 하고 응축기 기능을 하는 실외기에는 액냉매가 체크밸브를 통하여 유입되지 않도록 하여야 한다.

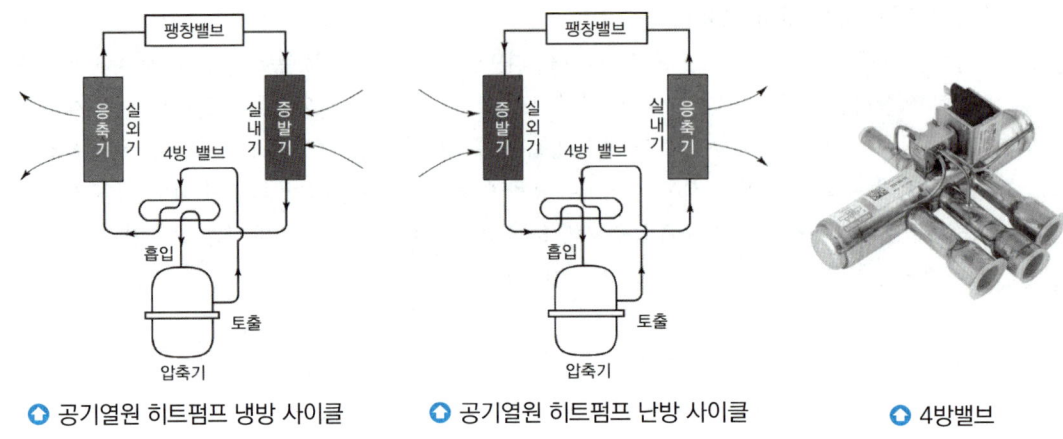

○ 공기열원 히트펌프 냉방 사이클   ○ 공기열원 히트펌프 난방 사이클   ○ 4방밸브

2 가스엔진 히트펌프(GHP 설비)

도시가스 등을 이용한 가스엔진의 동력으로 구동되는 압축기에 의해 냉매를 압축, 응축, 팽창, 증발시켜 4방밸브를 이용하여 여름에는 증발에 의한 냉방을 하고, 겨울에는 응축에 의한 방열로 난방을 한다. EHP(Electric Heat Pump)의 경우 전기를 이용한 압축기를 사용하여 전력 소비가 크나 GHP(Gas engine Heat Pump)는 가스엔진으로 직접 압축기를 구동함으로써 여름철 가스의 소비를 늘리고 전력 소비를 줄여 계절에 따른 에너지의 수급에 기여를 할 수 있다. 외기를 열원으로 하는 히트펌프의 경우 냉방 시에는 외기온도가 상승할수록 성적계수가 저하되고, 난방 시에는 외기온도의 영향을 크게 받아 외기온도가 저하될수록 효율과 난방능력이 저하되므로 GHP는 가스엔진의 배열을 회수하여 실내 증발기의 온도를 올려 난방효율을 극대화할 수 있다. 또한, 제상 시 가스배열을 이용할 수 있어 별도의 제상장치가 필요 없다.

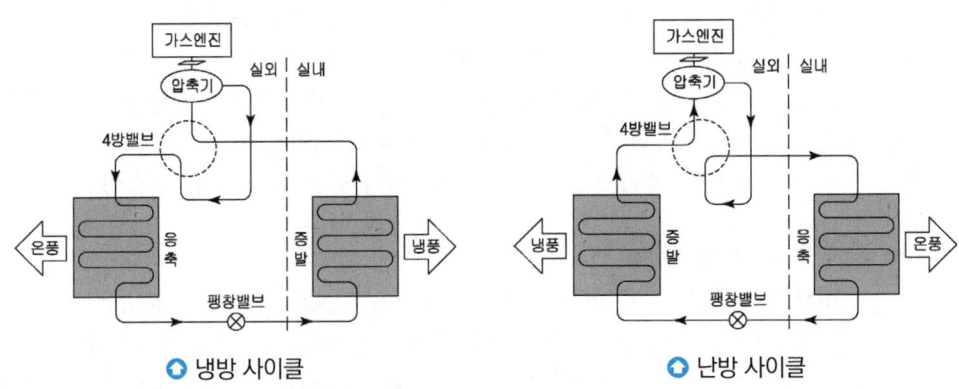

○ 냉방 사이클   ○ 난방 사이클

③ 축열장치

1 축열식 냉방설비

(1) 원리

여름철 주간에 일시적으로 집중되는 냉방 전력수요를 전력사용이 적은 심야시간(23시~09시)에 전기를 이용하여 축냉재에 냉열을 저장하였다가 이를 심야시간 이외의 시간에 냉방에 이용하는 설비로서 이러한 냉열을 저장하는 설비로 축열조, 냉동기, 브라인펌프, 냉각수펌프 또는 냉각탑 등의 부대설비가 필요하다. 빙축열은 0℃에서 물이 얼음으로 상태변화(잠열 축열)할 때 냉열을 저장하는 것으로 다른 축열방식(현열 축열)보다 작은 공간으로도 효율적으로 냉열을 저장해 둘 수 있다는 장점이 있다.

(2) 특징

① 주간과 야간의 전력수요 불균형을 해소하여 주간 전력수요를 감소시킨다.
② 값싼 심야전력을 이용할 수 있다.
③ 온도가 낮은 심야에 냉동기를 연속적으로 정격용량에서 운전함으로써 효율 향상
④ 수전설비 용량축소 및 계약전력 감소에 따른 비용이 절감된다.
⑤ 냉동기 용량을 감소시키나 축열조 및 단열공사비가 소요된다.
⑥ 펌프동력이 증가하고, 축열조에서 열손실이 발생한다.
⑦ 야간운전에 따른 인건비 등이 증가한다.

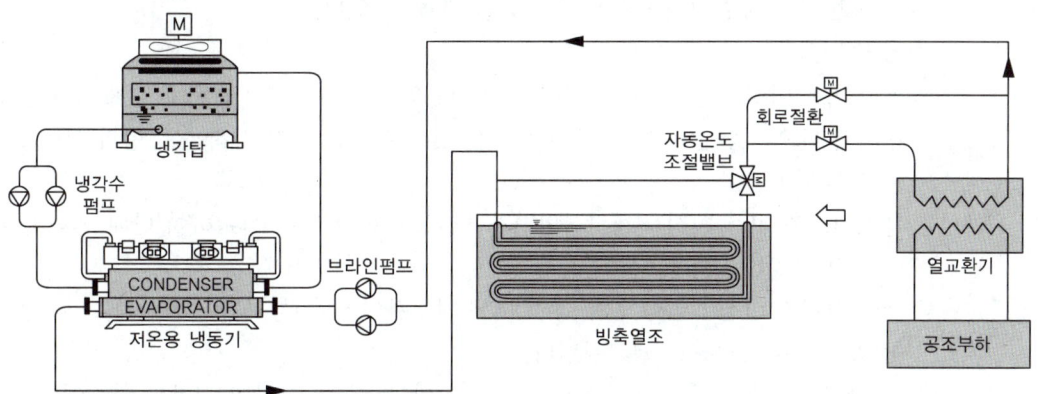

(3) 축열방식의 구분

① 빙축열식 냉방설비 : 심야시간에 얼음을 제조하여 축열조에 저장하였다가 그 밖의 시간에 이를 녹여 냉방에 이용하는 냉방설비로 작은 체적에 효율적으로 냉열을 저장하는 것이 가능한 방법이다.
② 수축열식 냉방설비 : 심야시간에 물을 냉각시켜 축열조에 저장하였다가 그 밖의 시간에 이를 냉방에 이용하는 냉방설비로 건물 기초부의 2중 슬래브 내에 물을 저장하여 축열하는 방법이 있다.

③ 잠열축열식 냉방설비 : 포접화합물(clathrate)이나 공융염(eutectic Salt) 등의 상변화 물질을 심야시간에 냉각시켜 동결한 후 그 밖의 시간에 이를 녹여 냉방에 이용하는 냉방설비

(4) 제빙방식
① 정적 제빙방식 : 축열조 내에 제빙배관을 설치하여 배관 외측 또는 내측에 얼음을 생성시키는 방식
(관외착빙형(코일형), 관내착빙형, 완전동결형, 캡슐형 등)
② 동적 제빙방식 : 축열조의 외부에서 제빙하고 그 얼음을 축열조에 옮겨 축열하는 방식
(빙박리형, 액빙수형 등)

4 제빙 및 동결장치

1 제빙장치

(1) 제빙장치의 구분
① 각빙 제조장치 : 제빙조 내에 -9℃ 정도의 염화칼슘브라인을 채우고 원료수를 담은 빙관을 넣어두면 빙관 속의 원수가 브라인에 의해 동결된다. 이때 빙관 속의 원수가 정지상태에서 동결되면 내부에 기포를 포함한 얼음이 되므로 여기에 압축공기를 불어넣어 물을 교반시켜 동결시키면 투명한 얼음을 만들 수 있다.
② 자동 제조장치
㉠ 팩 아이스 머신 : 2층으로 된 실린더 내면에 원료수를 넣고, 2층벽 내부에 냉매를 팽창시켜 나오는 얼음을 더욱 작게 쇄빙한 것으로 얼음 입자가 작아 소형의 설빙으로 사용한다.
㉡ 플레이트 아이스 머신 : 재킷식의 2중구조로 한쪽 표면에 살수하여 반대 면을 냉매에 의해 냉각하는 방식이다.
㉢ 튜브 아이스 머신 : 입형 원통 용기 내에 빙결관이 다수 설치되어 있어 쉘 측에 냉매를 공급하여 빙결관을 냉각시킨다.
㉣ 칩 아이스 머신 : 팩 아이스식과 플레이트 아이스식을 합하여 개발한 형식이다.

(2) 제빙장치의 주요기기
① 제빙탱크 : 제빙탱크의 깊이는 빙관 내부의 수면이 외부의 수위보다 25~35mm 낮게 될 때까지 넣을 수 있는 깊이로 하고, 제빙조의 깊이는 폭의 2~3배로 한다.
② 브라인 교반기 : 제빙조 중의 브라인을 적당한 속도와 일정 방향으로 순환·유동시켜 빙관 및 증발기와의 열전달을 향상시키기 위해 사용한다.
③ 빙관 : 일반적인 빙관은 135kg(290×570×1,220~1,300mm)을 사용하며 얼음의 중량은 145kg이다. 180kg용은 길이가 길 뿐이다.

④ 공기 교반 장치 : 투명빙을 만들기 위해 빙관 내로 공기를 송입하여 물을 교반하는 장치로 송풍기는 로터리식이 많이 사용되며 송풍압력은 14.7~24.5kPa 정도이다.
⑤ 양빙기 : 제빙실의 양쪽에 평행으로 설치하고 천장 주행식 크레인을 설치한다.
⑥ 용빙기 : 결빙한 빙을 제빙관에서 떼어낼 때, 관 내의 빙 표면을 녹이기 위해서 상온수 또는 온수(20~30℃ 정도)를 따뜻하게 하여 탈빙하기 쉽도록 한다.
⑦ 탈빙기 : 얼음을 빙관으로부터 탈빙시키기 위한 장치이다.
⑧ 자동 주수기 : 탈수 후 비어있는 빙관에 원료수를 일정하게 공급한다.
⑨ 저빙고 : 냉장실과 같이 냉각코일로 −2~−7℃ 정도로 냉각하고 열침입 방지를 위한 방열설비를 한다. 저빙고 수용능력 기준은 저빙실의 용적 $1m^3$당 0.75톤으로 얼음 1톤 저장을 위한 저빙실의 실제 용적은 $1.33m^3$ 정도이다.

2 동결장치

(1) 공기동결장치
정지공기동결장치라고도 하며 천장에 냉각코일과 물품 선반도 냉각관으로 만든 것으로 동결속도가 늦으며 식품의 종류에 따라서 제품의 품질이 저하될 수도 있다.

(2) 송풍동결장치
동결실 상부에 냉각코일을 집중적으로 설치하고 송풍기를 사용하여 공기가 3~5m/s로 냉각코일을 통과하게 하여 정지공기냉각보다 2~4배의 동결속도가 빠르다. 식품에 따라서 송풍공기에 의해 건조가 일어나거나 표면이 퇴색될 수도 있다.

(3) 반송풍 동결장치
공기동결식과 같으나 송풍기를 설치하여 1~2m/s의 공기를 천장 밑의 냉각관을 통하여 선반으로 순환시켜 동결속도를 정지공기에 비해 1.5~2배 정도 증가시킬 수 있다.

(4) 브라인 동결장치
식품을 직접 브라인에 침지시키거나 살포하여 동결시킨다.

(5) 접촉식 동결장치
얇은 금속관 내에 브라인이나 냉매를 통과시켜 금속판의 외면과 식품을 접촉시켜 동결하는 장치로 일반 식품 공장에 널리 사용된다.

(6) 터널식 공기 동결장치
고내에 수평·직선 이동의 컨베이어를 설치하여 식품이 컨베이어 통과하면서 동결되어 단시간 내에 대용량의 동결처리가 가능하다.

3 쇼케이스(show case)

(1) 냉동기 내장형
냉동기 및 제어기기를 내장한 것으로 공랭식의 소형의 쇼케이스가 주로 사용되며 콘센트가 있는 곳이라면 자유롭게 이동이 가능하다.

(2) 냉동기 별치형 쇼케이스
① 밀폐형 쇼케이스 : 전면이 유리로 고정되어 있어 뒤쪽 문을 열어 상품을 꺼내는 방식으로 자연 대류 방식으로 정육용에 많이 사용한다.
② 리칭형 쇼케이스 : 유리문이 붙은 쇼케이스로 손님이 문을 열어 상품을 꺼내는 방으로 강제 통풍식이며 유리의 결로방지를 위해 대용량의 결로 방지 히터를 설치해야 한다.
③ 개방형 쇼케이스 : 전면에 유리가 없어 손님이 자유롭게 상품을 꺼낼 수 있어 셀프 서비스 방식의 상점에 적합하다. 취출구에 에어커튼을 만들어 외기와의 열차단을 시켜 고내 온도를 일정하게 냉각한다.

4 기타 냉동장치

(1) 증기 분사식 냉동기
압축기 대신에 고압의 수증기를 분출하는 증기 이젝터(ejector)로 증발기 내의 압력을 낮추어 물의 일부를 증발시키는 동시에 나머지 물은 냉각이 되는데, 이 냉각된 물(냉수)을 냉동 목적에 이용한다.

(2) 전자 냉동기(열전 냉동기)
종류가 다른 두 금속을 접속하여 직류 전류를 흐르게 하면 각각의 접합부에서 열의 방출과 흡수가 일어나는 펠티어 효과(peltier effect)를 이용하는 방법으로 열을 흡수하는 저온부를 이용하여 냉동하는 방법이다.

> **참고**
> ■ 냉동용 열전 반도체 : 비스무트 텔루르, 안티몬 텔루르, 비스무트 셀렌 등

(3) 액화질소 동결장치
소모용 냉매로 −196℃의 액화질소를 식품에 직접 분사하면 갑작스런 온도 강하로 식품표면에 손상을 일으킬 수 있어 터널 내 전냉(예냉), 본냉(동결), 후냉(규온) 등 3개의 구획으로 나누어 이송시킨다.

(4) LNG 냉열이용 동결
−162℃의 저온 액화천연가스(LNG)로부터 중간냉매를 통하여 식품과 직접 접촉하는 저온공기를 만들어 식품을 동결하는 장치로 외기 흡입을 방지하고, 공기 중의 먼지를 철저히 제거하여 장치 내부에 눈이 생기는 것을 방지하여야 한다.

CHAPTER 10 냉동장치의 응용 — 예상문제

01 친화력을 가진 두 물질의 용해 및 유리 작용을 이용한 냉동기는?
① 증기 압축식 냉동기 ② 흡수식 냉동기
③ 전자 냉동기 ④ 증기 분사식 냉동기

02 반드시 가열원이 있어야 작동하는 냉동기는?
① 터보 냉동기 ② 흡수식 냉동기
③ 회전식 냉동기 ④ 왕복동식 냉동기

03 흡수식 냉동기의 특징이 아닌 것은?
① 압축기 구동용의 대형 전동기가 없다.
② 부분 부하 시의 운전 특성이 우수하다.
③ 용량제어성이 좋다.
④ 부하가 규정 용량을 초과하게 되면 상당히 위험하다.

04 증기 압축식 냉동기와 흡수식 냉동기에 대한 설명 중 잘못된 것은?
① 증기를 값싸게 얻을 수 있는 장소에서는 흡수식이 경제적으로 유리하다.
② 냉매를 압축하기 위해 압축식에서는 기계적 에너지를 흡수식에서는 화학적 에너지를 이용한다.
③ 흡수식에 비해 압축식이 열효율이 높다.
④ 동일한 냉동능력을 갖기 위해서 흡수식은 압축식에 비해 장치가 커진다.

05 다음 중 흡수식 냉동기의 특징이 아닌 것은?
① 운전 시의 소음 및 진동이 거의 없다.
② 증기, 온수 등 배열을 이용할 수 있다.
③ 압축식에 비해서 설치면적 및 중량이 크다.
④ 압축식에 비해서 예냉 시간이 짧다.

06 압축식 냉동기와 흡수식 냉동기에 대한 설명 중 잘못된 것은?
① 증기를 값싸게 얻을 수 있는 장소에서는 흡수식이 경제적으로 유리하다.
② 냉매를 압축하기 위해 압축식에서는 기계적 에너지를, 흡수식에서는 화학적 에너지를 이용한다.
③ 흡수식에 비해 압축식이 열효율이 높다.
④ 동일한 냉동능력을 갖기 위해서 흡수식은 압축식에 비해 장치가 커진다.

07 다음 중 흡수식 냉동장치의 적용대상이 아닌 것은?
① 백화점 공조용 ② 산업 공조용
③ 제빙공장용 ④ 냉난방장치용

08 흡수식 냉동기에 사용되는 흡수제의 구비조건으로 맞지 않는 것은?
① 용액의 증기압이 낮을 것
② 농도 변화에 의한 증기압의 변화가 클 것
③ 재생에 많은 열량을 필요로 하지 않을 것
④ 점도가 높지 않을 것

09 흡수식 냉동기에서 사용되는 냉매와 흡수제를 바르게 나타낸 것은?
① H_2O, LiBr ② LiBr, H_2O
③ H_2O, NH_3 ④ NH_3, LiBr

[정답] 01 ② 02 ② 03 ④ 04 ② 05 ④ 06 ② 07 ③ 08 ② 09 ①

10 흡수식 냉동장치에서 냉매와 흡수제로 틀리는 것은?
① CH_3Cl – LiBr
② NH_3 – 물
③ 물 – 황산
④ 톨루엔 – 파라핀유

11 흡수식 냉동기에 대한 설명 중 잘못된 것은?
① 흡수제는 리튬브로마이드, 냉매는 물(H_2O)의 조합으로 이루어진다.
② 발생기에는 증기에 의한 가열이 이루어진다.
③ 냉매는 리튬브로마이드, 흡수제는 물(H_2O)의 조합으로 이루어진다.
④ 흡수기에서는 냉각수를 사용하여 냉각시킨다.

12 흡수식 냉동장치에서 필요로 하지 않는 기기는?
① 재생기
② 응축기
③ 압축기
④ 용액펌프

13 흡수식 냉동기에서 압축기의 역할을 대신하는 기기는?
① 흡수기, 발생기
② 흡수기, 응축기
③ 발생기, 재생기
④ 발생기, 열교환기

14 다음은 흡수식 냉동기의 기본 회로를 골격만으로 표시한 도표이다. "A"의 위치에 있는 장치의 명칭과 기능상의 설명이 옳은 것은?

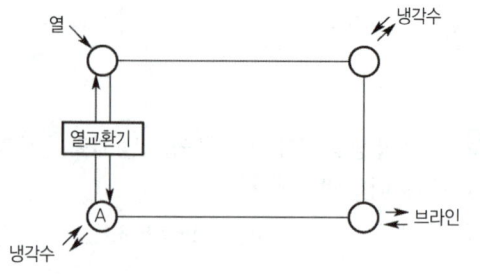

① 응축기로서 동체 상부에 위치해 있으며 약간 진공상태를 유지한다.
② 증발기이며 냉수로부터 열을 흡수하여 냉매가 증발한다.
③ 흡수기로서 이곳에서 냉매를 흡수하는 과정에서 진공을 유지한다.
④ 발생기이며 용액 중의 냉매 일부를 증발시키는 작용을 한다.

15 흡수식 냉동장치에서 냉매인 물이 5℃ 전후의 온도로 증발하고 있다. 이때 증발기 내부의 압력은?
① 약 7mmHg(933Pa)·a 정도
② 약 32mmHg(4266Pa)·a 정도
③ 약 75mmHg(9999Pa)·a 정도
④ 약 108mmHg(14398Pa)·a 정도

16 흡수식 냉동 설비에 있어 발생기를 1시간 동안에 몇 kcal의 열량으로 가열하였을 때를 1냉동톤으로 보는가?
① 1,660kcal
② 3,320kcal
③ 4,980kcal
④ 6,640kcal

17 흡수식 냉동기의 발생기(재생기)가 하는 역할을 올바르게 설명한 것은?
① 냉수 출구온도를 감지하여 부하변동에 대응하는 증기량을 조절한다.
② 흡수액과 냉매를 분리하여 냉매는 응축기로 흡수제는 흡수기로 보낸다.
③ 냉매증기의 열을 대기 중으로 방출하여 액화시킨 다음 증발기로 보낸다.
④ 응축기에서 넘어온 냉매를 이용하여 피 냉각물체로부터 열을 흡수한다.

[정답] 10 ① 11 ③ 12 ③ 13 ① 14 ③ 15 ① 16 ④ 17 ②

18 흡수식 냉동기의 성적계수를 구하는 식은?
① 냉동능력/흡수기에서의 방열량
② 용액 열교환기의 열 교환량/냉동능력
③ 냉동능력/재생기에서의 방열량
④ 응축기에서의 방열량/냉동능력

19 오존층 파괴문제 등으로 인해 냉열원 기기로서 흡수식 냉동기가 많이 채택된다. 이것의 장점이 아닌 것은?
① 구성요소 중 회전기기가 적으므로 진동 소음이 매우 적다.
② 전기사용량이 적으므로 여름철 전력수급에 유리하다.
③ 기기의 배출열량이 압축식에 비해 적으므로 냉각탑의 용량이 적다.
④ 기기 내부가 진공에 가까우므로 파열의 위험이 없어 안전하다.

20 2중 효용 흡수식 냉동기에 대한 설명 중 옳지 않는 것은?
① 단중 효용 흡수식 냉동기에 비해 효율이 높다.
② 2개의 재생기가 있다.
③ 2개의 증발기가 있다.
④ 열교환기가 추가로 필요하다.

> **해설**
> 1중 효용식에 재생기를 1개 더 추가 설치한 것으로 2개의 재생기가 있으며 효율이 좋고 열교환기가 추가로 필요하다.

21 다음 중 흡수식 냉동기의 용량제어방법이 아닌 것은?
① 구동열원 입구제어
② 증기토출 제어
③ 발생기 공급 용액량 조절
④ 증발기 압력제어

22 흡수식 냉동기의 용량제어 방법에 들지 않는 것은?
① 응축수량 조절
② 슬라이드 밸브에 의한 방법
③ 발생기 공급용액량 조절
④ 발생기의 공급 증기 및 온수량 조절

23 흡수식 냉동장치에는 안전확보와 기기의 보호를 위하여 여러 가지 안전장치가 설치되어 있다. 그 목적에 해당되지 않는 것은?
① 냉수 동결방지   ② 결정 방지
③ 모터보호   ④ 압축기 보호

24 하나의 장치에서 교환밸브를 조작하여 냉·난방 어느 것에도 사용 가능한 공기 조화용 펌프는?
① 왕복 펌프   ② 열 펌프
③ 원심 펌프   ④ 냉각 펌프

25 열펌프에 대한 설명 중 옳은 것은?
① 저온부에서 열을 흡수하여 고온부에서 열을 방출한다.
② 성적계수는 냉동기 성적계수보다 압축 소요동력만큼 낮다.
③ 제빙용으로 사용이 가능하다.
④ 성적계수는 증발온도가 높고, 응축온도가 낮을수록 작다.

[정답] 18 ③ 19 ③ 20 ③ 21 ④ 22 ② 23 ④ 24 ② 25 ①

26 다음 중 열펌프(Heat Pump)의 열원이 아닌 것은?
① 대기 ② 지열
③ 태양열 ④ 빙축열

27 열펌프(Heat Pump)의 구성요소가 아닌 것은?
① 압축기 ② 열교환기
③ 4방밸브 ④ 보조 냉방기

28 난방효율이 가장 높은 난방방식은?
① 온수 난방 ② 열펌프 난방
③ 온풍 난방 ④ 복사 난방

29 가스를 이용한 가스엔진의 동력으로 압축기를 구동시켜 냉·난방을 동시에 달성할 수 있으며 여름철 전력의 피크부하를 감소시키는 장치를 무엇이라 하는가?
① EHP ② 흡수식 냉온수기
③ GHP ④ 빙축열 설비

30 GHP는 겨울철 적절한 난방을 위해 다음 중 어떠한 열을 이용하는가?
① 가스엔진의 배열 ② 증발기의 증발잠열
③ 압축기의 발생열 ④ 수증기의 응축잠열

31 가스엔진 구동형 열펌프(GHP)의 장점이 아닌 것은?
① 폐열의 유효한 이용으로 외기온도 저하에 따른 난방능력의 저하를 보충한다.
② 소음 및 진동이 없다.
③ 제상운전이 필요없다.
④ 난방 시 기동 특성이 빨라 쾌적난방이 가능하다.

32 지열을 이용하는 열펌프(Heat Pump)의 종류가 아닌 것은?
① 엔진구동 열펌프(GHP)
② 지하수 이용 열펌프(GWHP)
③ 지표수 이용 열펌프(SWHP)
④ 지중열 이용 열펌프(GCHP)

해설
지열을 이용하는 열펌프 : 지하수 이용 열펌프, 지표수 이용 열펌프, 지중열 이용 열펌프

33 축열장치 중 수축열 장치의 특징으로 틀린 것은?
① 냉수 및 온수 축열이 가능하다.
② 축열조의 설계 및 시공이 용이하다.
③ 열용량이 큰 물을 축열재로 이용한다.
④ 빙축열에 비하여 축열 공간이 작아진다.

34 열에너지를 효율적으로 이용할 수 있는 방법 중 하나인 축열장치의 특징에 관한 설명으로 틀린 것은?
① 저속 연속운전에 의한 고효율 정격운전이 가능하다.
② 냉동기 및 열원설비의 용량을 감소할 수 있다.
③ 열회수 시스템의 적용이 가능하다.
④ 수질관리 및 소음관리가 필요 없다.

35 동결장치 상부에 냉각코일을 집중적으로 설치하고 공기를 유동시켜 피냉각물체를 동결시키는 장치는?
① 송풍 동결장치 ② 공기 동결장치
③ 접촉 동결장치 ④ 브라인 동결장치

[정답] 26 ④ 27 ④ 28 ② 29 ③ 30 ① 31 ② 32 ① 33 ④ 34 ④ 35 ①

36 피동결물을 냉각한 부동액에 넣어서 동결시키는 방법은?
① 접촉식 동결장치
② 진공 동결장치
③ 침지식 동결장치
④ 송풍 동결장치

> **해설**
> 침지식 동결장치 : 피동결물을 냉각한 부동액 중에 침지시켜 동결시키는 장치

37 제빙장치 중 결빙한 얼음을 제빙관에서 떼어 낼 때 관내의 얼음 표면을 녹이기 위해 사용하는 기기는?
① 주수조   ② 양빙기
③ 저빙고   ④ 용빙조

38 다음 중 저장품을 동결하기 위한 동결부하 계산에 속하지 않는 것은?
① 동결 전 부하   ② 동결 후 부하
③ 동결 잠열   ④ 환기부하

> **해설**
> 환기부하는 냉장고 부하에 해당된다.
>
> 📌 **참고** 동결부하의 종류
> ① 식품을 동결온도까지 냉각하는 열부하(동결 전 부하)
> ② 식품을 동결하는 열부하(동결 잠열)
> ③ 동결된 식품을 더욱 낮은 온도까지 냉각하는 열부하(동결 후 부하)

39 전자냉동은 어떠한 원리를 이용한 것인가?
① 제벡효과
② 주울톰슨효과
③ 펠티에효과
④ 증발효과

40 열전반도체인 비스무트·텔루르비스무트 셀렌이 필요한 냉동장치는?
① 공기사이클 냉동장치
② 진공냉각식 냉동장치
③ 보르텍스튜브
④ 열전냉동장치

41 다음 중 반도체를 이용하는 냉동기는?
① 흡수식 냉동기
② 전자식 냉동기
③ 증기분사식 냉동기
④ 스크류식 냉동기

42 서로 다른 금속선으로 폐회로의 두 접합점에 온도를 다르게 하였을 때 전기가 발생하는 효과는?
① Thomson 효과   ② Pinch 효과
③ Peltier 효과   ④ Seeback 효과

43 LNG 냉열이용 동결장치의 특징으로 맞지 않은 것은?
① 식품과 직접 접촉하여 급속동결이 가능하다.
② 외기가 흡입되는 것을 방지한다.
③ 공기에 분산되어 있는 먼지를 철저히 제거하여 장치 내부에 눈이 생기는 것을 방지한다.
④ 저온공기의 풍속을 일정하게 확보함으로써 식품과의 열전달계수를 저하시킨다.

[정답] 36 ③ 37 ④ 38 ④ 39 ③ 40 ④ 41 ② 42 ④ 43 ④

CHAPTER 11 냉동·냉방설비설치

PART 1. 냉동기계

1 냉동·냉방 설비설치

1 장치시공 및 설치 적합성 검토

(1) 압축기 유닛, 응축기, 증발기 설치공사

① 압축기 유닛
  ㉠ 고압가스 안전관리법 및 그 외의 관련 법규에 준하여 운전, 유지관리, 안전상에 지장이 없도록 시공한다.
  ㉡ 콘크리트 또는 강제 기초 위에 수평으로 설치한다. 방진장치를 하는 경우에도 같다.
  ㉢ 보호 계전기함 등과 같이 진동에 의해 작동에 방해될 염려가 있는 것은 방진을 고려하여 설치한다.
  ㉣ 주전동기는 에너지 효율이 좋아야 하며 소음은 KSC 4202, KSC 4204 규격에 준한다.
  ㉤ 윤활유의 냉각이 필요할 경우 유냉각기를 설치한다.
  ㉥ 압축기는 에너지 효율이 좋은 것으로 하고 7.5kW 이상인 경우 가능한 부하 제어기능을 갖추도록 한다.
  ㉦ 압축기 유닛의 진동이 건축 구조체에 영향을 미친다고 판단되면 베이스는 방진구조로 하고 압축기 유닛과 연결된 배관은 플렉시블이음을 설치하여 압축기의 진동이 냉매배관에 전달되지 않도록 한다.

② 응축기
  ㉠ 응축기에 설치되는 송풍기 또는 펌프는 효율이 높고 진동이 적으며 보수가 용이하도록 한다.
  ㉡ 콘크리트 기초 위에 앵커볼트를 견고히 매설한 후 방진장치를 설치하고 진동이 바닥 슬래브에 가능한 전달되지 않도록 설치한다.
  ㉢ 응축기가 여러 대 설치될 경우 응축기 상호 간의 간격을 충분히 유지하여 성능이 낮아지는 일이 없도록 한다.
  ㉣ 응축기의 설치위치는 풍향 및 장애물을 고려하여 설치해야 하고 배기 및 소음이 주변의 거주지역에 악영향을 미치지 않아야 한다.
  ㉤ 응축기의 운전 중량이 변경될 때에는 건축 구조물의 하중을 검토한 후 시공에 반영해야 한다.
  ㉥ 수냉식에 쓰이는 냉각탑의 설치는 공기조화설비공사의 기준에 따른다.

③ 증발기
- ㉠ 유닛쿨러의 규격은 설계도서에 의하며 냉각코일의 배열은 고효율이 되도록 하고 제상이 용이한 형태로 제작해야 한다.
- ㉡ 유닛쿨러의 설치위치는 취출공기의 방향 및 도달거리를 충분히 고려하여 공기유동이 원활하도록 한다.
- ㉢ 송풍기는 가볍고 견고해야 하고 소음이 적어야 하며 날개 및 보스의 마감은 표면동결을 유발하지 않도록 매끈하게 손질되어야 한다.
- ㉣ 냉각코일의 전면풍속이 균등하게 되도록 하고 바이패스팩터를 고려하여 제작해야 한다.
- ㉤ 유닛쿨러에 사용되는 전동기는 주위온도에 견딜 수 있는 특수한 형태의 것으로 사용하며 윤활유의 동결로 인하여 가동이 어렵거나 소손의 원인이 되지 않도록 저온용 윤활유를 사용해야 한다.
- ㉥ 유닛쿨러의 배수판은 충분한 기울기를 주며 외부 배수관과의 연결이 용이한 구조로 한다.
- ㉦ 유닛쿨러의 냉각관은 충분한 강도 및 내한성이 구비된 재질을 채택해야 한다.
- ㉧ 천장코일 방식은 적상의 무게를 견딜 수 있는 구조로 설치해야 한다.
- ㉨ 판형 증발기는 분해 및 조립과 검사 및 유지보수가 용이해야 한다.

(2) 실외기(응축기) 설치장소 선정 시 유의사항
① 실외기 공기 흡입에 영향을 주지 않는 곳
② 실외기 흡입구측에 습구온도가 상승하지 않는 곳
③ 송풍기 토출측에 장애물이 없는 곳
④ 토출되는 공기가 천장에 부딪혀 공기 흡입구에 재순환 되지 않는 곳
⑤ 온풍이 배출되는 배기구와 멀리 떨어져 있는 곳
⑥ 기온이 낮고 통풍이 잘 되는 곳
⑦ 실외기 응축기 팬의 반향음이 발생되지 않는 곳
⑧ 산성, 먼지, 매연 등의 발생이 적은 곳

(3) 냉방설비 중 증발기 및 응축기 배관 연결 시 유의 사항
① 배관경은 도면상에 기재된 관경에 맞추어 시공한다.
② 용량제어형의 경우 부하감소 시 냉동유의 회수에 대해 적절한 유속이 확보되게 배관한다.
③ 최단거리로 배관하며 되도록 굴곡을 피한다.
④ 배관 후 냉매누설이 없는지 확인한다.
⑤ 지구온난화지수 및 오존층 파괴가 적은 신냉매 적용을 검토한다.
⑥ 장치소음에 대비하여 민원이 생기지 않는 장소를 선택하고 필요시 방음 및 차음처리 한다.
⑦ 여름철 직사일광을 피하고 적절한 위치에 실외기를 배치한다.

2 장치설치 적합성 검토

(1) 장치 검토사항

① 제작 공정표 : 중간 검사일, 반입 예정일

② 제작 사양
  ㉠ 용량 확인(부하 계산서와 제작도면의 냉방능력 확인)
  ㉡ 냉매 및 응축기 입출구 온도(설계도서와 일치 여부)
  ㉢ 냉수 및 냉각수의 입출구 온도(설계도서와 일치 여부)
  ㉣ 전기 용량(설계도서와 일치 여부)
  ㉤ 방진의 적정성 여부(종류, 변위량, 위치, 계산서)
  ㉥ 장비 크기(장비 반입구 확인)
  ㉦ 냉각수 유량 및 관경 확인

③ 중간 검사
  ㉠ 승인조건과 사양의 적합성 여부
  ㉡ 사용 자재

④ 반입 설치
  ㉠ 제작도면과 일치 여부
  ㉡ 타 공정과의 연계성(건축, 전기 등)
  ㉢ 설치상태 : 방진 및 외관 검사(도장, 단열 등)
  ㉣ 연도 크기 및 경로 확인

⑤ 시운전
  ㉠ 냉수 및 냉각수 입출구 온도
  ㉡ 정격부하 및 가변부하시험
  ㉢ 소음상태 확인
  ㉣ 자동제어와 연계성 확인

⑥ 준공 서류
  ㉠ 성능 및 시험 성적서
  ㉡ 품질 보증서
  ㉢ 운전 및 유지보수 지침서

(2) 설치 체크리스트에 의한 검사항목

① 냉동기(냉방기)의 명판 데이터는 시방서와 일치하는가?
② 기초의 수평은 잘 되어 있는가?
③ 진동방지를 위한 방진장치가 설치되어 있는가?
④ 설치된 냉동기의 부품은 손상된 부분이 없는가?
⑤ 배관과의 연결부는 완전한가?
⑥ 냉매 배관의 구배는 적절한가?

3 냉각탑 설치 적합성 검토

(1) 냉각탑 설치장소 선정 시 유의 사항
  ① 공기 흡입에 영향을 주지 않는 곳
  ② 냉각탑 흡입구 측에 습구온도가 상승하지 않는 곳
  ③ 송풍기 토출 측에 장애물이 없는 곳
  ④ 토출되는 공기가 천장에 부딪혀 공기 흡입구에 재순환되지 않는 곳
  ⑤ 온풍이 배출되는 배기구와 멀리 떨어져 있는 곳
  ⑥ 기온이 낮고 통풍이 잘 되는 곳
  ⑦ 냉각탑 반향음이 발생되지 않는 곳
  ⑧ 산성, 먼지, 매연 등의 발생이 적은 곳

(2) 냉각탑 배관 시 유의사항
  ① 배관경은 도면상에 기재된 관경에 맞추어 시공한다.
  ② 냉각수펌프가 냉각탑 수조의 운전수위 이하에 설치되어 있는 것을 확인한 후에 배관 시공한다.
  ③ 냉각탑 입구 배관에는 수량 조절용 밸브를 설치한다.
  ④ 배관은 중량이 냉각탑에 걸리지 않도록 냉각탑 이외의 장소에 지지한다.
  ⑤ 냉각탑 운전수위보다 높은 위치의 배관, 특히 수평 배관은 짧게 한다.(펌프 운전 시 공기가 들어가며 펌프 정지 시 오버플로의 원인이 됨)
  ⑥ 2대 이상을 병렬로 운전할 경우 수위를 동일하게 유지하기 위해 균압관을 설치한다.
  ⑦ 반드시 오버플로 또는 드레인(drain) 배관을 시행한다.
  ⑧ 보급수 배관에는 밸브를 설치한다.
  ⑨ 동절기 동결방지를 위해 배관 아래의 장소에 물을 뺄 수 있는 장치를 설치한다.

2 냉동·냉방 배관

1 개요

냉동기의 압축기, 응축기, 팽창밸브, 증발기 등을 연결하여 냉동사이클을 구성하며 냉매를 운반하는 배관으로 다음과 같이 4부분으로 나눌 수 있다.
① 흡입가스배관(저압) : 증발기 → 압축기
② 토출가스배관(고압) : 압축기 → 응축기
③ 액배관(고압) : 응축기 → 팽창밸브
④ 액배관(저압) : 팽창밸브 → 증발기

2 냉동에 사용되는 배관의 구비조건

① 냉매나 윤활유의 화학적 및 물리적 작용에 의하여 열화되지 않을 것
② 냉매의 종류에 따른 사용금지 재료
  ㉠ 암모니아 : 동 및 동합금 사용금지
  ㉡ 프레온 : 2% 이상의 Mg을 함유한 Al합금 사용금지
  ㉢ 염화메틸(R-40) : Al 및 Al합금 사용금지
③ 냉매의 압력이 $10kg/cm^2$를 넘는 배관에는 주철관을 사용하면 안 된다.
④ 온도가 -50℃ 이하의 저온에 노출되는 배관 : 2~4%의 니켈을 함유한 강관, 18-8스테인리스 또는 이음매 없는 동관을 사용한다.
⑤ 증발기에서 압축기 또는 압축기에서 응축기 사이에는 충분한 내압강도를 갖는 플렉시블 튜브(가요관)를 사용한다.
⑥ 배관용 탄소강관(흑관)은 저압측에 사용될 수 있지만 고압측에는 사용할 수 없는 냉매도 있다.
⑦ 관의 외면이 물에 접촉되는 부분의 배관에는 순도 99.8% 미만의 Al을 사용하지 않을 것(단, 내식처리를 실시한 경우에는 제외)

명칭	기호(KS)	암모니아	메틸클로라이드	프레온
배관용 탄소강 강관	SPP	○	○	○
압력 배관용 탄소강 강관	SPPS	○	○	○
배관용 스테인리스 강관	STS27T	○	○	○
저온 배관용 강관	SPCT	○	○	○
이음매 없는 동관	C100D	×	○	○
탈산 동관		×	○	○
이음매 없는 알루미늄관	ALIP	-	×	○

3 배관 시공상 주의사항

① 장치의 기기 및 배관은 완전한 기밀을 유지하고 충분한 내압강도를 가질 것
② 사용하는 배관재료는 각각의 용도, 냉매의 종류, 온도에 의하여 선택한 것일 것
③ 냉매 배관 내에 냉매가스의 유속 및 압력손실 값은 다음 표를 기준으로 할 것
④ 기기 상호 간에 연결하는 배관은 최단거리로 할 것
⑤ 굴곡부는 가능한 적게 하고 곡률반경은 크게 할 것
⑥ 온도변화에 의한 배관의 신축을 고려할 것
⑦ 배관의 곡관부는 가능한 없게 하고 경사는 크며 관경은 충분한 크기로 하고, 직선으로 설치해야 한다.
⑧ 수평배관에는 냉매가 흐르는 방향으로 1/200 정도의 구배의 하향경사로 한다.
⑨ 유회수가 용이하도록 하고 배관 중에는 불필요하게 오일이 체류하지 않도록 할 것
⑩ 통로를 횡단하는 배관은 바닥에서 2m 이상 높게 매어달거나 견고한 보호커버를 설치하여 바닥 밑에 매설할 것

4 냉매별 배관 시공 시 유의할 사항

(1) 프레온 냉매

① 흡입관

㉠ 냉매 가스 중의 윤활유가 회수될 수 있는 속도이어야 하며 압축기를 향하여 1/200의 하향경사를 둘 것

㉡ 과도한 압력손실이나 소음이 발생하지 않도록 20m/s 이하의 속도로 제한 할 것

㉢ 관경의 결정은 가스의 유속과 압력손실에 의해서 결정된다.

㉣ 압축기가 증발기의 상부에 위치하고 입상관이 길 경우에는 약 10m마다 중간트랩을 설치하여 윤활유가 증발기로 역류하지 않도록 할 것

㉤ 압축기가 증발기 하부에 위치할 경우에는 정지 중에 증발기 내의 액냉매가 압축기로 유입되지 않도록 증발기 출구에 역트랩을 설치한 후 증발기 상부보다 높게 입상시켜 (150mm 정도) 배관할 것

㉥ 흡입관상에는 불필요한 트랩이나 곡부를 설치하지 말 것(재기동 시 액압축 방지)

㉦ 두 갈래의 흐름이 합류하는 곳은 "T"이음을 하지말고 "Y"이음을 할 것

㉧ 각 증발기에서 흡입주관으로 들어가는 관은 반드시 주관의 위로 접속할 것

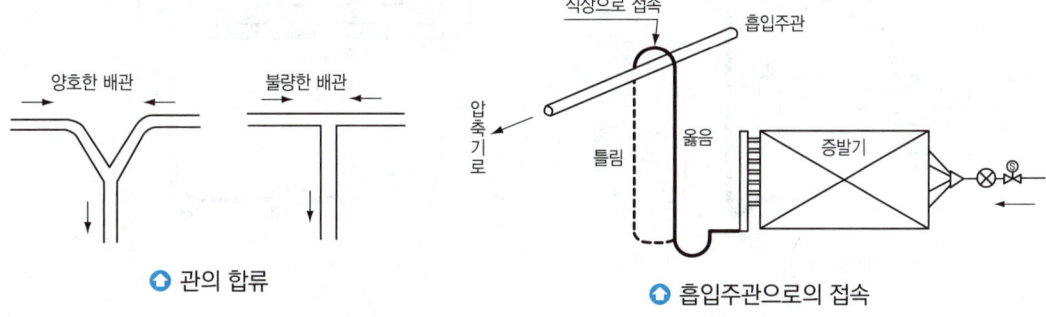

◆ 관의 합류 ◆ 흡입주관으로의 접속

② 토출관

㉠ 압축기와 응축기가 같은 위치에 있는 경우 일단 수직 상승관을 설비한 다음 하향구 배한다.(압축기 정지 중 응축된 냉매가 압축기로 역류를 방지)

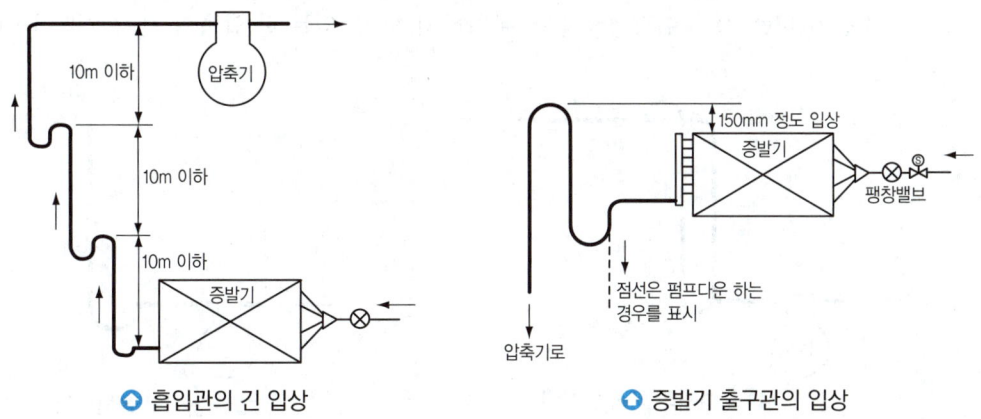

◆ 흡입관의 긴 입상 ◆ 증발기 출구관의 입상

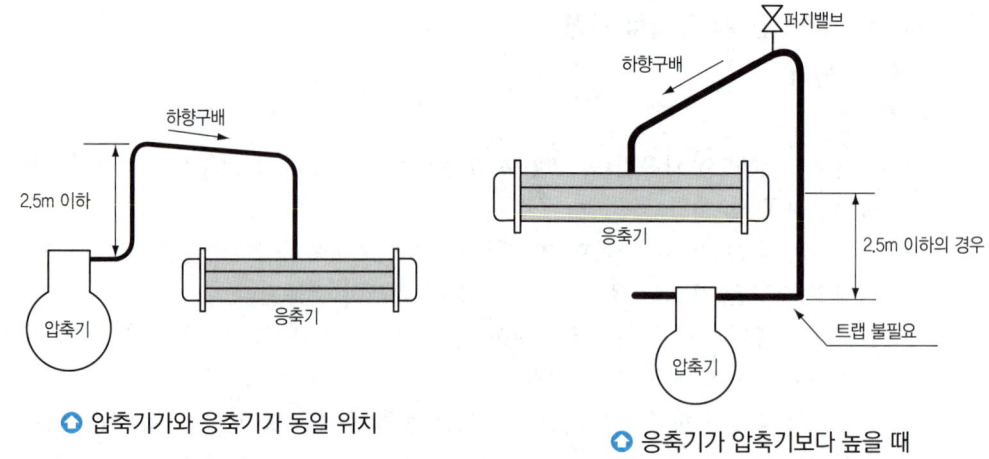

㉠ 입상관의 길이가 길어질 경우 10m마다 중간트랩을 설치하여 배관 중의 오일이 압축기로 역류되는 것을 방지한다.

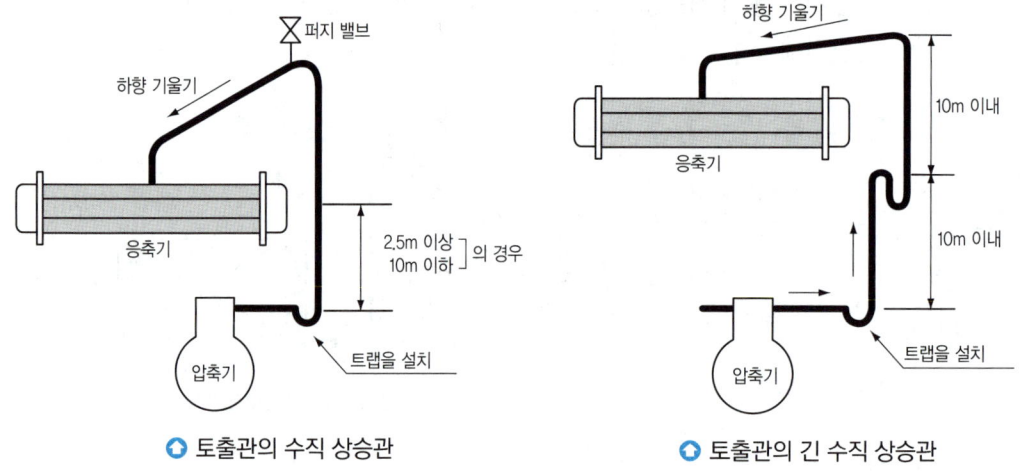

㉡ 압축기에 광범위한 용량조절장치가 있을 경우 수직 상승관의 유속을 확보하기 위하여 이중 입상관을 사용한다.(오일 회수 용이)
㉢ 소음기(머플러)는 수직 상승관에 부착하되 될 수 있는 한 압축기 근처에 부착한다.

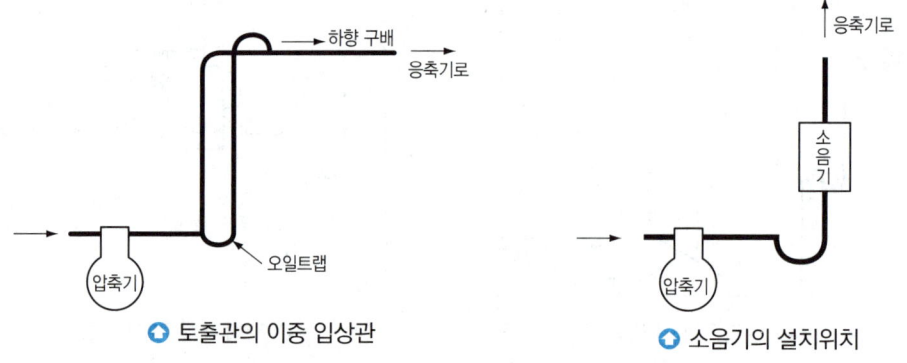

ⓜ 2대 이상의 압축기가 각각 독립된 응축기를 갖고 있을 때는 토출관 중 응축기 가까운 곳에 토출관과 같은 치수 또는 그 이상의 굵기를 갖는 균압관을 설치한다.

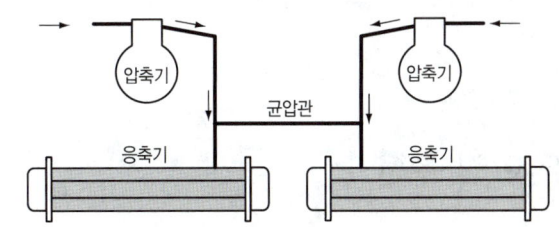

● 압축기가 응축기 상부에 있는 경우

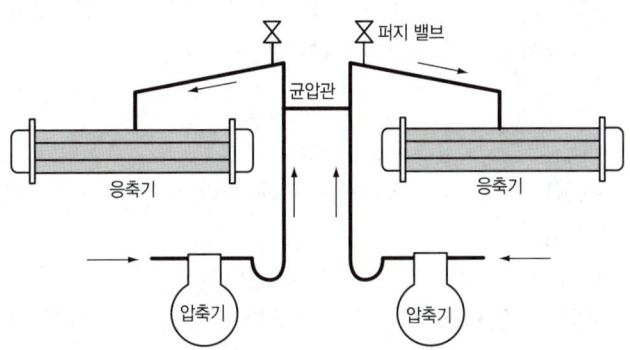

● 압축기가 응축기 하부에 있는 경우

ⓑ 토출가스관은 보통 1℃ 정도의 압력강하로서 관경을 설정한다.

(2) 암모니아 냉매

① 흡입관
  ㉠ 액압축의 방지를 위해 불필요한 굴곡부 및 트랩을 설치하지 않는다.
  ㉡ 액분리기에서 압축기를 향하여 1/100 정도의 하향 기울기를 한다.

● 암모니아 배관의 기울기

| 구분 | 흡입관 | 토출관 | 액관 ||
			응축기에서 수액기까지	수액기에서 팽창밸브까지
기울기 (구배)	1/100 (증발기 측에서 하향 구배)	1/100 (압축기 측에서 하향 구배)	1/50 (응축기 측에서 하향 구배)	1/100

  ㉢ 액압축 방지를 위해 흡입관상에 충분한 용량의 액분리기를 설치하고 냉매제어의 안정화를 기하기 위해 자동 액회수장치를 설치하여 준다.

② 토출관
　㉠ 응축기를 향하여 하향기울기로 하며 냉매가 역류되지 않도록 한다.
　㉡ 토출관의 합류는 Y형으로 접속한다.

③ 냉동장치유지 및 운전

냉동장치를 운전하는 경우에는 장치의 구조, 배관계통, 전기결선 취급방법을 잘 알아둔 다음 운전에 임해야 한다. 그리고 운전 조건을 잘 확인해 두는 것도 중요하다. 이 때문에 설계도면이나 취급 설명서 등이 항상 비치되어 있어야 한다.

1 운전 준비

① 압축기의 유면을 점검한다.(모터는 필요에 따라 그 베어링의 유면을 점검한다.)
② 냉매량을 확인한다.
③ 응축기, 유냉각기의 냉각수 출구 밸브를 연다.
④ 압축기의 흡입측 스톱밸브 및 토출측 스톱밸브를 완전히 연다.(단, 저압측에 액냉매가 고여있을 경우 흡입측 스톱밸브를 닫아 둔다.)
⑤ 압축기를 여러번 손으로 돌려서 자유롭게 움직이는가를 확인한다.
⑥ 운전 중에 열어두어야 할 밸브는 전부 열어 놓는다.
⑦ 액관 중에 있는 전자밸브의 작동을 확인한다.
⑧ 벨트 장력(직선과 장력 등)의 상태를 점검한다.(직결인 경우 커플링을 점검한다.)
⑨ 전기결선, 조작 회로를 점검하여 절연 사항을 측정해 둔다.
⑩ 냉각수 펌프를 운전하여 응축기 및 실린더 자켓의 통수를 확인한다.
⑪ 각 전동기에 대하여 수초간격으로 2~3회 전동기를 기동, 정지시켜서 기동상태(전류와 압력), 회전방향을 확인해 둔다.

2 운전 개시

① 냉각수 펌프를 기동하여 응축기 및 압축기의 실린더 워터자켓에 통수한다.
② 냉각탑(쿨링타워)을 운전한다.
③ 응축기 등 수배관 내의 공기를 방출시킨다.
④ 증발기의 송풍기 또는 냉수(브라인) 순환펌프를 운전한다.
⑤ 압축기를 기동하여 흡입측 스톱밸브를 서서히 연다.(이때 압축기에서 노크(knock) 소리가 나면 즉시 밸브를 닫는다.)
⑥ 수동팽창밸브의 경우에는 팽창밸브를 서서히 열어 규정 개도까지 연다.(자동인 경우 밸브 앞에 있는 수동밸브를 완전히 열어준다.)

⑦ 압축기의 유압을 확인하여 조정을 한다. 유압은 흡입압력＋순수 적정유압으로 하고 제조회사의 취급 설명서를 참조하여 조정한다.
⑧ 운전상태가 안정 되었으면 전동기의 전압, 운전전류를 확인한다.
⑨ 압축기의 크랭크 케이스 유면을 자주 체크한다.
⑩ 응축기 또는 수액기 액면에 주의한다.
⑪ 응축기 또는 수액기에서 팽창밸브에 이르기까지의 액배관에 손을 대보아 현저한 온도 변화(온도 저하)가 있는 개소가 없나 확인한다.
⑫ 투시경(sight glass)이 있을 때는 기포가 발생되지 않나 확인한다.
⑬ 팽창밸브의 상태에 주의하여 소정의 흡입압력, 적당한 과열도가 되도록 조정한다.
⑭ 토출가스압력을 점검하여 필요에 따라 냉각수량, 냉각수 조절밸브를 조정한다.
⑮ 증발기에서의 냉각상태, 적상상태, 냉매의 액면 등을 점검한다.
⑯ 고저압스위치, 유압 보호 스위치, 냉각수 압력스위치 등의 작동을 확인하여 필요에 따라 조정한다.
⑰ 유분리기의 기능을 점검한다.

3 운전 정지

① 팽창밸브 직전의 밸브(수액기 출구변)를 닫는다. 저압이 정상적인 운전 압력보다 1~1.5kg/cm² 정도 내려갔을 때 압축기의 흡입측 스톱밸브를 닫고 전동기를 정지시킨다. (이때, freon 냉매의 경우 0.1kg/cm², NH₃는 0kg/cm² 이하가 되어서는 안 된다.)
② 압축기가 완전 정지한 후 토출측 스톱밸브를 닫는다.
③ 유분리기의 반유밸브를 닫는다.(정지 중 분리기 내에 응축한 냉매가 압축기로 돌아오는 것을 방지하기 위한 조작이다.)
④ 응축기, 실린더 워터자켓의 냉각수를 정지시킨다.(겨울철에 동파의 위험성이 있을 때는 기내의 물을 드레인시킨다.)

4 기동과 정지 시 주의할 점

(1) 기동 시 주의사항
① 토출밸브는 반드시 열려 있을 것
② 흡입밸브를 조작할 때에는 신중을 기할 것
③ 팽창밸브 조정에 신중을 기할 것
④ 안전밸브의 원변은 열려 있는가 확인할 것
⑤ 이상음에 신경을 쓸 것

(2) 운전 중 주의사항
① 액을 흡입하지 않도록 한다.(NH₃는 약간 습압축)
② 흡입가스가 과열되지 않도록 한다.(freon은 5℃ 정도 과열압축)
③ 압력계, 전류계 지시에 주의한다.

④ 토출가스 온도가 현저히 높지 않도록 한다.(NH_3는 120℃ 이하)
⑤ 유분리기, 응축기, 증발기의 배유를 확인한다.
⑥ 응축기의 수량 및 냉각관의 청결상태 확인한다.
⑦ 불응축가스 방출한다.
⑧ 윤활상태 및 유면을 점검한다.
⑨ 누설 유무 및 진동을 확인한다.

(3) 장시간 정지 시의 조치
① 수액기 출구밸브를 닫는다.(저압측 냉매를 전부 수액기에 회수한다.)
② 팽창밸브를 닫는다.
③ 저압이 $0.1kg/cm^2$ 정도일 때 흡입지변을 닫는다.
④ 압축기를 정지시킨다.(전원 S/W 차단)
⑤ 압축기 회전이 완전히 정지하면 토출지변을 닫는다.
⑥ 브라인 펌프 등을 정지하고 유분리기 자동반유밸브를 닫는다.
⑦ 냉각수 공급을 차단한다.
⑧ 겨울철 동파의 위험이 있을 때는 수배관 내의 물을 드레인시킨다.

(4) 정전 시 조치사항
① 주전원 스위치(main switch)를 차단시킨다.
② 수액기 출구밸브를 닫는다.
③ 흡입측 스톱밸브를 닫는다.
④ 압축기가 완전 정지하면 토출측 스톱밸브를 닫는다.
⑤ 냉각수 공급을 차단한다.

5 냉동기의 운전 전 준비사항

① 압축기의 유면을 점검한다.
② 응축기의 액면계 등으로 냉매량을 확인한다.
③ 응축기, 유냉각기의 냉각수 출입구 밸브를 연다.
④ 압축기의 흡입측, 토출측 정지밸브를 완전히 연다.(단, 흡입측에 액냉매가 고여 있을 경우 흡입측 스톱밸브를 닫아둔다.)
⑤ 압축기를 손으로 3~4번 돌려준다.(자유롭게 돌아가는가 확인)
⑥ 운전 중에 열어두어야 할 밸브를 전부 연다.
⑦ 액관 중에 있는 전자밸브의 작동을 확인한다.
⑧ 벨트나 커플링의 연결상태를 점검한다.(직선과 장력)
⑨ 전기결선 조작회로를 점검하고 절연저항을 측정해 둔다.
⑩ 냉각수 펌프를 운전하여 응축기 및 실린더 워터자켓의 통수를 확인한다.
⑪ 각 전동기에 대하여 수초 간격으로 2~3회 전동기를 기동, 정지시켜 기동상태(전류와 전압)와 회전 방향을 확인해 둔다.

> **참고**
>
> ■ 이중 입상관
> 프레온 냉동장치의 흡입 및 토출관에서 냉매의 유속이 낮아지게 되면 흡입관에서의 오일 회수가 어려워지며, 특히 언로더(부하경감장치)가 설치되어 있는 경우 언로더 작동 시 냉매유속이 감소하여 오일 회수가 어려워지므로 그림과 같이 이중 입상관을 설치하여 최소부하 시 오일이 트랩에 고여 굵은 관을 막아 A관만으로 가스가 통과하여 적은량의 오일을 회수하고, 최대부하 시 A 및 B 배관을 통해 오일을 회수한다.
>
>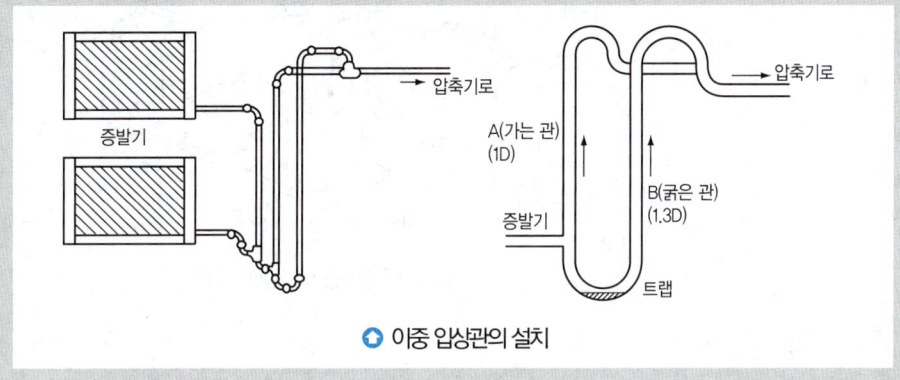
>
> ○ 이중 입상관의 설치

6 펌프다운과 펌프아웃

(1) 펌프다운(pump down)

　냉동장치의 저압측 냉매를 응축기나 고압 수액기 등의 고압측으로 냉매를 이송하여 저압측의 점검이나 수리 등을 위하여 실시한다.
① 냉동장치의 저압측을 수리하기 위하여
② 장시간 정지 시 저압측으로부터 냉매의 누설을 방지하기 위하여
③ 기동 시 압축기의 액압축 방지 및 경부하 기동을 위하여
④ 오일 포밍을 방지하기 위하여(프레온 냉동장치)

(2) 펌프아웃(pump out)

　냉동장치의 고압측의 누설이나 이상 발생 시 고압측의 냉매를 저압측(증발기, 저압 수액기)으로 이송시켜 고압측을 점검, 수리하기 위하여 실시한다.

7 냉매충전 및 회수

(1) 냉매 충전(charge)방법
① 압축기 흡입측 서비스밸브로 충전하는 방법
② 압축기 토출측 서비스밸브로 충전하는 방법
③ 액관으로의 충전방법
④ 수액기로 충전하는 방법

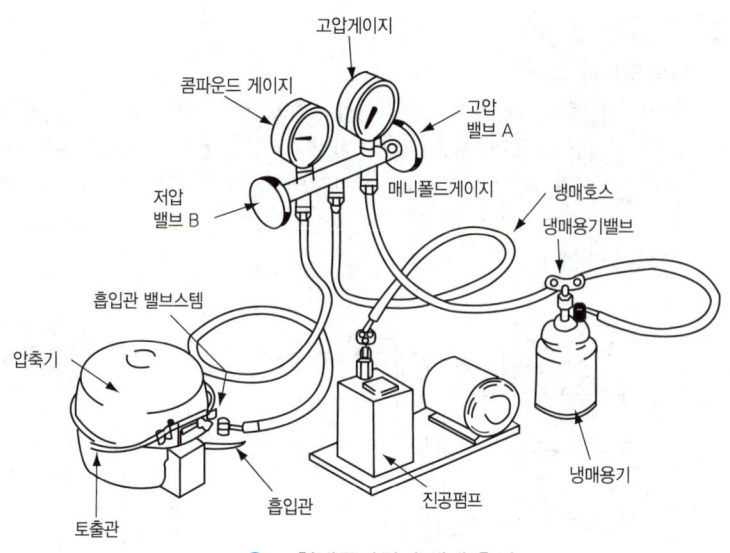

◎ 소형냉동장치의 냉매 충전

> **참고**
>
> ■ 빈용기의 충전 가능량
>
> 충전 가능량(kg), $G = \dfrac{V(용기\ 내용적)}{C(충전상수)}$ ⎡ G : 냉매의 중량(kg)
> V : 용기의 내용적(L)
> C : 냉매의 충전 상수
>
> ※ 냉매 충전 상수(C)
>
> | 냉매 | 상수 | 냉매 | 상수 | 냉매 | 상수 |
> |---|---|---|---|---|---|
> | R-12 | 0.86 | R-22 | 0.98 | NH₃ | 1.86 |
> | R-13 | 1.00 | R-502 | 0.93 | 프로판 | 2.35 |

4 냉동장치시험

1 시험의 종류

① 내압시험 ② 기밀시험 ③ 누설시험 ④ 진공시험
⑤ 냉매충전 ⑥ 냉각시험 ⑦ 방열시험 ⑧ 해방시험

2 각 시험방법

(1) 내압시험(물 또는 오일 등의 액을 가압하여 시험)
 ① 내압시험은 압축기, 냉매 펌프, 윤활유 펌프 및 압력용기(수액기), 부스터 등의 배관을 제외한 장치에 실시하는 액압시험으로 기기의 내압강도를 확인하기 위해 실시한다.
 ② 시험압력은 최소 누설시험압력의 15/8배 이상의 압력으로 실시한다.(기밀시험압력의 1.5배)

③ 시험방법은 피시험 품종에 오일이나 물을 채워서 공기를 완전히 배제한 후 액압을 서서히 가하면서 피시험품의 각 부에 이상이 없는 것을 확인한다. 액압은 그 최고압력을 1분 이상 유지한 후 압력을 시험압력의 8/10까지 저하시켜 용접 이음 및 기타 이음매의 전장에 걸쳐 둥근해머로 타격한다.
④ 이때 피시험품의 누설, 변형, 파괴 등이 없을 때에만 합격으로 간주한다.
⑤ 내압시험은 제작회사에서 행한다.

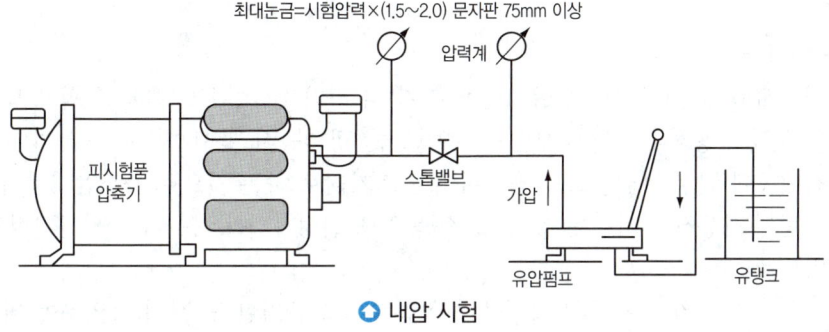

◐ 내압 시험

(2) 기밀시험

① 내압시험에 합격한 압축기, 부스터, 냉매펌프, 압력용기, 밸브 등 배관을 제외한 구성부품이 모두 조립된 상태에서 내압강도의 확인에 이어 그 기밀성능을 확인하기 위하여 실시한다.
② 기밀시험은 누설의 확인이 용이하도록 가스압 시험으로 한다.
③ 시험에 사용하는 압축가스는 공기 또는 불연성 가스인 질소(N_2), 이산화탄소(CO_2)를 사용하고 산소 또는 독성가스는 사용하지 않는다.(NH_3는 CO_2 가스를 피하고 프레온은 공기를 피한다.) 공기압축기를 사용하여 압축공기를 공급하는 경우에는 1회에 $3kg/cm^2$ 이상이 넘지 않도록 서서히 압력을 올리도록 하며 온도는 140℃ 이하가 되도록 한다.
④ 시험압력을 최소 누설압력의 5/4배 이상의 압력으로 한다.
⑤ 시험은 피시험품 내의 가스를 시험압력에 유지한 후 수중에 넣거나 외부에 발포액 등을 도포하여 기포 발생 유무에 따라 누설이 없는 것을 합격으로 한다.
⑥ 기밀시험은 제작회사에서 행한다.

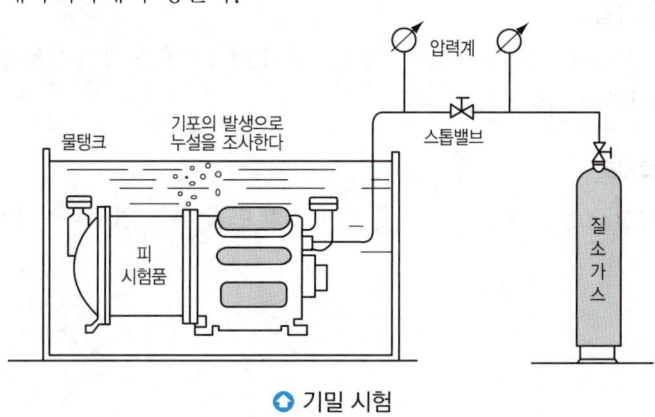

◐ 기밀 시험

○ 내압 및 기밀시험 압력

냉매	내압시험		기밀시험	
	고압	저압	고압	저압
NH_3	$30kg/cm^2$	$15kg/cm^2$	$20kg/cm^2$	$10kg/cm^2$
R-22	$30kg/cm^2$	$15kg/cm^2$	$20kg/cm^2$	$10kg/cm^2$
R-12	$24.75kg/cm^2$	$15kg/cm^2$	$16.5kg/cm^2$	$10kg/cm^2$

(3) 누설시험

① 내압시험 및 기밀시험에 합격한 압축기, 부스터, 냉매펌프, 윤활유 펌프 및 압력용기 등 전체 냉동설비의 냉매배관 공사완료 후, 방열공사 및 냉매충전을 하기 전 냉동장치 전계통에 걸쳐 누설개소를 점검하여 완전기밀로 하는 것으로 가스압시험이다.

② 시험에 사용하는 가스는 공기, 질소 등의 불연성가스를 사용하고 기밀시험과 같은 방법으로 행한다.

③ 시험은 냉매가스 계통의 압력을 시험압력으로 유지한 후 장치의 외부에 발포액 등을 도포하여 기포의 발생 유무로 누설을 확인하고 누설이 없는 것을 합격으로 한다.

(4) 진공시험

① 누설시험이 끝난 후 냉매 충전 전에 배기밸브나 배유밸브를 열어 장치 내의 가스를 배출하는 동시에 이물질이나 수분을 제거하고 장치의 누설 여부를 테스트하기 위한 시험이다.

② 진공펌프나 장치 내의 압축기를 사용한다.

③ 760mmHgVac까지 가능한 한 진공시킨 후 24시간 방치 후 5mmHg 이하의 압력 상승이면 합격으로 간주한다.(온도변화를 고려한다.)

(5) 냉각시험(냉각운전, 시운전)

무부하 상태에서 일정 시간 내에 설계온도까지 냉각되는지의 여부를 측정하는 시험으로 설계온도까지 냉각되면 합격이다.

(6) 방열시험

냉각시험에서 요구하는 소정의 온도까지 냉각되었을 때 운전을 정지하고 온도상승의 정도를 확인하는 시험이다.

(7) 해방시험

일정시간 운전 후 압축기 습동부에 대한 마찰상태, 기계의 수명연한 등을 측정하는 시험이다.

5 냉동장치의 점검

1 정기적인 점검사항

(1) 주 1회 점검
  ① 압축기의 유면 점검
  ② 유압 점검
  ③ 압축기를 정지 후 축봉부에서의 오일의 누설 여부 확인
  ④ 장치 전체의 이상 유무 확인
  ⑤ 운전기록을 조사하여 이상변화 유무 확인

(2) 월 1회 점검
  ① 전동기의 윤활유 점검
  ② 벨트장력 점검조정
  ③ 풀리 및 플렉시블 커플링의 이완상태 점검
  ④ 토출압력 점검 및 흡입압력 점검
  ⑤ 냉매누설 검지
  ⑥ 안전장치 작동확인
  ⑦ 냉각수 오염상태 확인

(3) 년 1회 점검
  ① 응축기의 냉각관 청소
  ② 전동기의 베어링 점검
  ③ 벨트의 마모 여부 확인 및 교환
  ④ 압축기를 분해 점검(5,000~8,000시간마다 오버홀 실시)
  ⑤ 드라이어 및 건조제 점검 교환
  ⑥ 냉매계통의 필터 청소
  ⑦ 안전밸브 점검(압축기 최종단에 설치된 것을 6개월에 1회 이상 점검 실시)
  ⑧ 제어기기의 절연저항 및 작동상태 확인

예상문제

01 공랭식 응축기의 실외기 설치장소 선정 시 유의사항 중 틀린 것은?
① 실외기 공기 흡입에 영향을 주지 않는 곳
② 실외기 흡입구측에 습구온도가 상승하지 않는 곳
③ 기온이 낮고 통풍이 잘 되는 곳
④ 토출되는 공기가 천장에 부딪혀 공기 흡입구에 재순환 되는 곳

[해설] 토출되는 공기가 응축기로 재순환되면 응축능력이 떨어진다.

02 냉각탑 배관 시 유의사항이다. 틀린 것은?
① 반드시 오버플로 또는 드레인(drain) 배관을 시행한다.
② 냉각수 펌프가 냉각탑 수조의 운전수위 이상에 설치되어 있는 것을 확인한 후에 배관 시공한다.
③ 냉각탑 입구 배관에는 수량 조절용 밸브를 설치한다.
④ 2대 이상을 병렬로 운전할 경우 수위를 동일하게 유지하기 위해 균압관을 설치한다.

03 고압 액배관 위치는?
① 증발기에서 압축기까지
② 압축기에서 응축기까지
③ 응축기에서 팽창밸브까지
④ 팽창밸브에서 증발기

[해설] 고압 액관 : 응축기-수액기-팽창밸브

04 다음과 같은 냉동기의 냉매 배관도에서 고압 액 냉매 배관은 어느 부분인가?

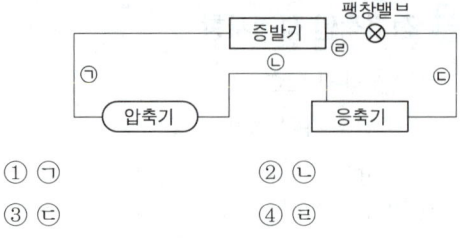

① ㉠   ② ㉡
③ ㉢   ④ ㉣

05 냉매에 따른 배관 재료를 선택할 때 옳지 못한 것은?
① 염화메틸 – 이음매 없는 알루미늄관
② 프레온 – 배관용 스테인리스 강관
③ 암모니아 – 압력배관용 탄소강 강관
④ 암모니아 – 저온배관용 강관

06 냉동장치에 설치하는 압력계에 관한 다음 설명 중 올바른 항이 모두 조합된 것은?

㉠ 진공부의 눈금은 불필요하다.
㉡ 압력계의 장착부는 검사수리 등을 위하여 떼어내기 좋도록 장착한다.
㉢ 압력계의 장착부는 냉매가스가 누설되지 않도록 용접한다.
㉣ 압력계는 냉매가스의 작용에 견디는 것일 것

① ㉠, ㉡   ② ㉡, ㉢
③ ㉢, ㉣   ④ ㉡, ㉣

07 암모니아 냉매 배관을 설치할 때 시공방법으로 틀린 것은?
① 관이음 패킹재료는 천연고무를 사용한다.
② 흡입관에는 U트랩을 설치한다.
③ 토출관의 합류는 Y접속으로 한다.
④ 액관의 트랩부에는 오일 드레인 밸브를 설치한다.

[정답] 01 ④ 02 ② 03 ③ 04 ③ 05 ① 06 ④ 07 ②

08 냉동장치의 배관공사에서 옳지 않은 것은?
① 두 계통의 토출관이 합류하는 곳은 Y형 접속으로 한다.
② 압축기 토출관의 수평부분은 응축기를 향해 상향 구배를 한다.
③ 응축기와 수액기의 균압관은 압력을 같게 하기 위한 것이다.
④ 압력 손실은 되도록 작게 하기 위해 굴곡부의 갯수를 적게 한다.

09 암모니아 냉동장치를 정지할 때 증발기의 냉매 입구 지변을 닫은 후 증발기 내의 냉매를 펌프 아웃 한 다음 수액기 출구지변을 닫는다. 야기 될 수 있는 안전상의 위험성은?
① 오일 포오밍(oil foaming) 현상
② 액봉 현상
③ 액 햄머 현상
④ 헌팅(hunting) 현상

10 액봉에 의한 사고를 방지할 수 있는 방법으로 적당한 것은?
① 안전두를 설치한다.
② 전자밸브 폐쇄 시 다른 쪽의 스톱밸브는 개방한다.
③ 안전밸브를 설치한다.
④ 배관 내 액이 잔류되지 않도록 밸브를 조작한다.

11 정전 시 가장 먼저 조치해야 할 사항은?
① 주전원 스위치를 끊는다.
② 모터 기동스위치를 끊는다.
③ 흡입밸브를 잠근다.
④ 수액기 토출밸브를 닫는다.

12 다음의 내용 중 잘못 설명된 것은?
① CFC 후레온 냉매는 안전하므로 누출되어도 환경에 전혀 문제가 없다.
② 물을 냉매로 하면 증발온도를 0℃ 이하로 운전하는 것은 불가능하다.
③ 응축기 내에 들어있는 불응축가스는 전열효과를 저하시킨다.
④ 2원 냉동장치는 초저온 냉각에 사용되는 것이다.

13 냉동장치를 장시간 운전정지할 때 증발기 중의 냉매를 수액기에 저장하는 조작은?
① 펌프 아웃   ② 펌프 다운
③ 가스퍼저   ④ 핫가스 제상

14 암모니아가스 또는 탄산가스 300kg을 용적 50ℓ 용기에 충전하기 위해서 적어도 몇 개의 용기가 필요한가? (단, 충전상수는 1.86이다.)
① 10개   ② 12개
③ 14개   ④ 16개

> **해설**
> 1개 용기 충전 가능량
> $G = \dfrac{V(\text{용기 내용적})}{C(\text{충전상수})} = \dfrac{50}{1.86} = 26.88\,kg$
> 필요 용기수 $= \dfrac{300}{26.88} = 11.16 = 12$개

15 냉매를 용기에 뽑아낼 때 주의사항이다. 맞는 것은?
① 암모니아와 후레온은 같은 용기를 사용해도 무방하다.
② 충전 후는 저울로 중량을 측정하여 최대 충전량 이하인 것을 확인한다.
③ 용기의 암모니아 용기에는 충전이 1kg에 대하여 0.86ℓ이다.
④ 전 중량은 최대 충전량보다 약간 넘도록 한다.

[정답] 08 ② 09 ② 10 ④ 11 ① 12 ① 13 ② 14 ② 15 ②

16 프레온 냉매 용기의 색깔은?
① 초록색　　　② 붉은색
③ 노란색　　　④ 회색

> **해설**
> 프레온 냉매 용기는 회색으로 하며, 1회용 소형 용기는 냉매별로 별도의 색으로 지정되어 있다.

17 백색으로 표시되는 고압가스 용기는 어느 것인가?
① 염소　　　② 질소
③ 산소　　　④ 암모니아

18 냉동장치의 누설시험에 사용하는 것으로 적합한 것은?
① 물　　　② 질소
③ 오일　　　④ 산소

19 냉동설비의 설치공사 완료 후에는 시운전 또는 기밀시험을 실시하여 정상인 것을 확인한 후 고압가스를 제조하여야 한다. 시운전이나 기밀시험에 사용할 수 없는 것은?
① 공기　　　② 산소
③ 질소　　　④ 탄산가스

20 암모니아를 냉매로 하는 냉동설비의 시운전에 사용해서는 안 되는 기체는?
① 질소　　　② 아르곤
③ 암모니아　　　④ 산소

21 냉동설비를 시설할 때 다음 중 작업순서를 옳게 연결된 것은?

[보기]
㉠ 냉각운전　㉡ 냉매누설 확인　㉢ 누설시험
㉣ 진공시험　㉤ 배관의 방열공사

① ㉣ - ㉤ - ㉢ - ㉡ - ㉠
② ㉢ - ㉣ - ㉡ - ㉤ - ㉠
③ ㉢ - ㉤ - ㉣ - ㉡ - ㉠
④ ㉣ - ㉡ - ㉢ - ㉤ - ㉠

22 냉동장치 설치 후 먼저 하는 시험은?
① 진공시험　　　② 내압시험
③ 누설시험　　　④ 냉각시험

23 냉동장치 내압시험의 설명으로 적당한 것은?
① 물을 사용한다.　② 공기를 사용한다.
③ 질소를 사용한다.　④ 산소를 사용한다.

24 냉동기의 정상적인 운전상태를 파악하기 위하여 운전관리상 검토해야 할 사항이 아닌 것은?
① 윤활유의 압력, 온도 및 청정도
② 냉각수 온도 또는 냉각 공기 온도
③ 정지 중의 소음 및 진동
④ 압축기용 전동기의 전압 및 전류

25 냉동장치 운전 중 안전상 별로 위험이 없는 경우에 해당되는 것은?
① 액면계 파손 시 볼밸브가 작동불량인 경우
② 고압측에 안전밸브가 설치되지 않는 경우
③ 수액기와 응축기를 연락하는 균압관의 스톱 밸브를 닫지 않았을 경우
④ 팽창밸브 직전에 전자밸브가 있는 경우 압축기 출구 밸브를 닫고 장시간 운전했을 경우

[정답] 16 ④　17 ④　18 ②　19 ②　20 ④　21 ②　22 ③　23 ①　24 ③　25 ③

26 냉동장치를 정상적으로 운전하기 위한 것이 아닌 것은?

① 이상 고압이 되지 않도록 주의한다.
② 냉매 부족이 없도록 한다.
③ 습압축이 되도록 한다.
④ 각부의 가스 누설이 없도록 유의한다.

27 압축기 벨트 장력이 너무 강할 경우 일어나는 현상이 아닌 것은?

① 소요전류의 증대
② 벨트의 발열로 인한 소모 증대
③ 축동력 증대
④ 토출가스 온도상승

28 압축기의 운전 중 이상음이 발생하는 원인이 아닌 것은?

① 기초 볼트의 이완
② 토출 밸브, 흡입 밸브의 파손
③ 피스톤 하부에 다량의 오일이 고임
④ 크랭크 샤프트 등의 마모

29 냉동장치의 운전상태에 관한 사항이다. 옳은 것은?

① 증발기 내의 냉매는 피 냉각물체로부터 열을 흡수함으로써 증발기 내를 흘러감에 따라 온도가 상승한다.
② 응축온도는 냉각수 입구온도보다 약간 높다.
③ 크랭크 케이스 내의 유온은 흡입가스에 의하여 냉각되므로 흡입가스 온도보다 낮아지는 경우도 있다.
④ 압축기 토출 직후의 증기온도는 응축과정 중의 냉매 온도보다 낮다.

30 다음 중 냉동장치의 부속기기에 대한 설명에서 잘못된 것은?

① 여과기는 팽창밸브 직전에 부착하고 가스 중의 먼지를 제거하기 위해 사용한다.
② 암모니아 냉동장치의 유분리기에서 분리된 유(油)는 유류(油留)로 보내 냉매와 분리 후 회수한다.
③ 액순환식 냉동장치에 있어 유분리기는 압축기의 흡입부에 부착한다.
④ 프레온 냉동장치에 있어서는 유와 잘 용해되므로 특별한 유회수장치가 필요하다.

31 냉동기 운전 중 토출압력이 높아져 안전장치가 작동할 때 점검하지 않아도 되는 것은?

① 계통 내에 공기혼입 유무
② 응축기의 냉각수량, 풍량의 감소 여부
③ 토출배관 중의 밸브 잠김 이상 여부
④ 냉매액이 넘어오는 유무

32 냉동기를 운전하기 전에 준비해야 할 사항 중 틀린 것은?

① 압축기 유면 및 냉매량을 확인한다.
② 응축기, 유냉각기의 냉각수 입·출구변을 연다.
③ 냉각수 펌프를 운전하여 응축기 및 실린더 자켓의 통수를 확인한다.
④ 암모니아 냉동기의 경우는 오일히터를 기동 30~60분 전에 통전한다.

33 냉동장치 가동 시 주의사항으로 옳지 않은 것은?

① 토출지변은 반드시 열려 있을 것
② 팽창밸브 조정은 신중을 기할 것
③ 안전밸브 원변은 반드시 닫을 것
④ 흡입지변은 천천히 조작할 것

[정답] 26 ③ 27 ④ 28 ③ 29 ② 30 ③ 31 ④ 32 ④ 33 ③

34 NH₃ 냉동기 운전에 관한 설명 중 가장 위험한 사항은?
① 액 해머가 일어났을 때
② 냉각수 출구온도가 상승하였을 때
③ 응축압력이 상승했을 때
④ 증발기에 적상이 끼었을 때

35 다음 사항 중 가장 위험한 것은 어느 것인가?
① 운전 중 냉매를 보충하는 경우
② 냉매가 누설된 경우
③ 불응축 가스를 배제하는 경우
④ 안전밸브의 원밸브를 닫은 채로 운전하는 경우

36 리퀴드 백 현상의 원인으로 볼 수가 없는 것은?
① 급격한 부하의 변동
② 증발기에 서리가 많이 끼어 있을 때
③ 증발압력이 높아 졌을 때
④ 압축기의 회전수 증대

37 압축기의 운전 중 이상음이 발생하고 있다. 그 원인에 대한 설명 중 바른 것은?
① 과열증기를 흡입하고 있다.
② 기름이 더럽게 오염되고 있다.
③ 팽창밸브 직전의 액냉매가 과냉각되어 있다.
④ 피스톤 상부에 다량의 기름이 고여 있다.

38 압축기의 흡입압력이 너무 낮다. 원인으로 옳지 않은 것은?
① 흡입 여과기가 막혀 있다.
② 냉매 충전량이 부족하다.
③ 액관에 플래시 가스가 발생한다.
④ 팽창밸브가 많이 열려 있다.

39 다음의 내용 중 잘못 설명된 것은 어느 것인가?
① 프레온 냉매는 안전하므로 누설되어도 큰 문제는 없다.
② 물을 냉매로 하면 증발온도를 0℃ 이하로 운전하는 것은 불가능하다.
③ 응축기 내에 들어있는 불응축가스는 전열효과를 저하시킨다.
④ 2원 냉동장치는 초저온 냉각에 사용되는 것이다.

40 냉동장치의 운전 중 액압축을 방지하는 방법으로 적절한 것은?
① 냉동능력이 큰 압축기를 선정한다.
② 흡입관의 구경은 작은 것은 선택한다.
③ 흡입관 중에 굴곡부 등 트랩을 설치하지 않는다.
④ 액분리기의 유속을 가능한 빠르게 유지한다.

41 냉동기의 저압측 압력이 낮아지면 어떤 현상이 일어나겠는가?
① 흡입가스의 밀도가 커진다.
② 압축기의 체적효율이 증가한다.
③ 단위시간당 배출되는 가스량이 감소한다.
④ 냉매 순환량이 증가한다.

> **해설**
> 압력이 낮아지면 비체적이 증가하여 실제 단위시간당 배출되는 가스중량은 감소한다.

42 냉동기 운전 중에 액해머(liquid hammer)가 일어날 때 나타나는 현상으로 옳은 것은?
① 흡입압력이 현저하게 저하한다.
② 압축기의 토출압력이 갑자기 높아지고 압력계의 바늘이 진동한다.
③ 토출관이 차갑게 된다.
④ 토출온도가 현저하게 높아지고 실린더가 과열된다.

[정답] 34 ① 35 ④ 36 ④ 37 ④ 38 ④ 39 ① 40 ③ 41 ③ 42 ③

43 냉동장치 운전 중 리키드햄머(liquid hammer)가 일어나는 경우에는 여러 가지 현상이 일어난다. 다음 중 옳은 것은?
① 토출관이 차가워진다.
② 흡입 압력이 현저하게 저하한다.
③ 압축기 토출 압력이 낮아진다.
④ 토출 온도가 현저하게 높아지고 실린더가 탄다.

44 냉동장치 운전 중 액 해머 현상이 일어나는 경우 정상운전으로 회복시키기 위한 조치로 제일 먼저 해야 할 것은?
① 토출밸브를 닫는다.
② 흡입밸브를 연다.
③ 안전밸브를 연다.
④ 압축기를 정지시킨다.

45 압축기 토출압력이 현저하게 낮아지는 원인 중 옳은 것은?

┌─────────────────────────────────┐
│ ㉠ 냉각수량이 너무 많다. ㉡ 팽창밸브의 폐쇄 │
│ ㉢ 냉각수온의 상승   ㉣ 토출변의 누설 │
│ ㉤ 냉매의 부족   │
└─────────────────────────────────┘

① ㉠, ㉢, ㉣
② ㉠, ㉢, ㉤
③ ㉡, ㉣, ㉤
④ ㉠, ㉣, ㉤

46 압축기의 토출압력이 현저히 상승하는 이유는?
① 토출밸브의 누설
② 흡입밸브의 누설
③ 흡입가스의 과열
④ 냉매 속에 공기가 혼입

47 냉동장치의 냉매가 부족할 때 일어나는 현상은?
① 토출압력이 높아진다.
② 흡입가스가 과열된다.
③ 흡입관에 서리가 많이 붙는다.
④ 전동기의 전류가 증가한다.

48 냉매의 부족을 발견하였을 때 취하여야 할 최초의 중요한 일은?
① 냉매의 종류를 확인
② 냉동장치를 펌프다운
③ 누설장소를 찾고 수리
④ 냉매의 충전

49 냉동장치에서 냉매가 적정량보다 부족할 경우 제일 먼저 해야 할 일은?
① 냉매의 배출
② 누설 부위 수리 및 보충
③ 냉매의 종류를 확인
④ 펌프다운

50 다음은 압축기의 과열 운전되는 원인을 기술한 것이다. 이중 틀린 것은?
① 압축비 증대   ② 윤활유 부족
③ 냉동부하의 감소   ④ 방사선 검사

51 다음 중 압축기의 토출압력이 지나치게 높아지는 원인으로 맞게 설명된 것은?
① 냉동부하가 감소하였을 때
② 응축기의 냉각수량이 부족할 때
③ 응축기의 냉각수량이 과대할 때
④ 팽창밸브가 막혔을 때

[정답] 43 ④ 44 ④ 45 ④ 46 ④ 47 ② 48 ③ 49 ② 50 ③ 51 ②

52 암모니아와 프레온 냉동장치를 비교 설명한 다음 사항 중 옳은 것은?
① 압축기의 실린더 과열은 프레온보다 암모니아가 심하다.
② 냉동장치 내에 수분이 있을 경우, 그 정도는 프레온보다 암모니아가 심하다.
③ 냉동장치 내에 윤활유가 많을 경우, 프레온보다 암모니아가 문제성이 적다.
④ 위의 사항에 관계없이 동일 조건하에서는 성능, 효율 및 모든 제원이 같다.

53 암모니아 압축기의 운전을 시작할 때 다음 중 가장 마지막으로 행하는 것은?
① 수액기 출구밸브를 연다.
② 바이패스 밸브를 닫는다.
③ 전동기 스위치를 넣는다.
④ 흡입압력이 규정압력 이하까지 저하되면 팽창밸브를 연다.

54 프레온 냉동장치에 대한 설명 중 옳은 것은?
① 냉매가 누설하는 부위에 헬라이드(Helide) 등을 가깝게 대면 불꽃은 흑색으로 변한다.
② -50~-70℃의 저온용 배관재료로서 이음매 없는 동관을 사용한다.
③ 브라인 중에 냉매가 누설하였을 경우의 시험약품으로서 네슬러시약 용액을 사용한다.
④ 포밍(foaming)을 방지하기 위해 압축기에 오일필터를 사용한다.

55 냉동장치를 운전 중 수액기의 게이지 글라스에 기포가 생기는 이유로서 가장 적당한 것은?
① 자동 폐지변이 충분히 작동하지 않는 경우
② 자동 폐지변이 전혀 작동하지 않는 경우
③ 증발기 내의 압력이 증가한 경우
④ 응축기에서 응축하는 액화온도가 낮고 수액기의 온도가 높을 때에 수액기 속의 액의 일부가 증발할 경우

56 압축기에 성애가 생겼을 때 원인은?
① 압축비가 높다.
② 냉매가 부족하다.
③ 액을 흡입했다.
④ 유압이 낮아진다.

57 압축기 운전 중 또는 가동 후 90초 정도에서 전동기가 정지하였을 경우 대책이 아닌 것은?
① 유압을 조정한다.
② 윤활유를 보급한다.
③ 액흡입을 방지한다.
④ 팽창밸브를 잠근다.

58 압축기의 토출관이 새고 있을 때 어떤 현상이 일어나는가?
① 냉동능력의 증가
② 체적효율의 감소
③ 응축압력의 상승
④ 냉매 속에 공기의 혼입

59 고압가스 용기의 밸브가 얼었을 때 가열 방법은?
① 자연적으로 녹을 때가지 기다린다.
② 직화열로 조심스럽게 가열한다.
③ 끓는 물로 신속히 녹인다.
④ 열습포나 40℃ 이하의 온수로 녹인다.

[정답] 52 ① 53 ④ 54 ② 55 ④ 56 ③ 57 ④ 58 ② 59 ④

60 다음 [보기] 중 암모니아 냉동장치 운전을 정지하는 순서로 올바르게 나열한 것은?

[보기] ㉠ 응축기 액출구 밸브를 닫는다.
　　　 ㉡ 전동기 스위치를 끈다.
　　　 ㉢ 압축기 토출밸브를 닫는다.
　　　 ㉣ 압축기 흡입밸브를 닫는다.

① ㉠→㉡→㉣→㉢
② ㉠→㉣→㉡→㉢
③ ㉢→㉣→㉠→㉡
④ ㉢→㉠→㉡→㉣

61 압축기 운전 중 이상음이 발생하였다. 다음 중 틀리는 것은?

① 액햄머
② 기초 볼트의 이완
③ 흡입, 토출변의 파손
④ 피스톤링의 마모

62 다음 NH₃ 냉동기 운전에 관한 설명 중 가장 위험한 것은?

① 액햄머 현상이 일어나고 있다.
② 압축기 냉각수온이 높아지고 있다.
③ 냉동장치에 수분이 들어 있다.
④ 증발기에 적상이 과도하게 끼어 있다.

63 냉동장치의 장기간 정지 시 운전자의 조치사항으로서 옳지 않는 것은?

① 냉각수는 다음에 사용 시 필요함으로 누설되지 않게 밸브 및 플러그의 잠금상태를 확인하여 잘 잠가 둔다.
② 저압측 냉매를 전부 수액기에 회수하고, 수액기에 전부 회수할 수 없을 때는 냉매 통에 회수한다.

③ 냉매계통 전체의 누설을 검사하여 누설가스를 발견했을 때에는 수리해 둔다.
④ 압축기의 축봉장치에서 냉매가 누설될 수 있으므로 압력을 걸어 둔 상태로 방치해서는 안 된다.

[정답] 60 ② 61 ④ 62 ① 63 ①

PART 2 공기조화

01_공기조화기초 및 공조부하
02_공기조화방식
03_공기조화기기
04_덕트 및 급배기설비
05_공조배관설치

CHAPTER 01

PART 2. 공기조화

공기조화기초 및 공조부하

1 공기조화의 정의

공기조화란 실내 또는 특정 장소의 공기의 온도, 습도, 청정도, 기류속도 등을 실내의 사람 또는 물품 등의 사용 목적에 가장 적합하게 조정하는 것이다.

1 공기조화의 분류

(1) 보건용 공조

쾌감용 공조라고도 하며 실내의 사람을 대상으로 쾌적한 환경을 유지하여 인체의 건강, 위생 및 근무환경을 향상시키는 것을 목적으로 하며 주택, 사무실, 오피스텔, 백화점, 병원, 호텔, 극장 등에 적용한다.

(2) 산업용 공조

제품의 생산 및 보관 등을 위하여 실내조건을 사용 목적에 가장 적합하게 유지하여 제품의 품질향상, 생산성 향상, 불량률 감소, 제조원가를 절감하며 제약공장, 섬유공장, 반도체공장, 연구소, 전산실(전자 계산실), 창고 등에 적용한다.

2 실내 환경기준

구분	기준
부유 분진량	$1m^3$당 0.15mg 이하
일산화탄소(CO) 함유량	10ppm 이하(1백만분의 10 이하, 0.001% 이하)
이산화탄소(CO_2) 함유량	1,000ppm 이하(1백만분의 1,000 이하, 0.1% 이하)
온도	17℃~28℃ 이하
상대습도(RH)	40%~70% 이하
기류속도	0.5m/s 이하

(1) 온도(temperature)

공동주택, 학교(교실)의 냉난방설비 용량계산을 위한 실내 온습도 기준이다.

용도 \ 구분	난방 건구온도(℃)	냉방 건구온도(℃)	냉방 상대습도(%)
공동주택, 학교, 관람집회시설	20~22	26~28	50~60
사무소	20~23	26~28	50~60
수영장	27~30	27~30	50~70

① 효과(작용)온도(OT, operative temperature)

실내기류와 습도의 영향을 무시하고 기온(t_a)과 주위 벽의 평균 복사온도(t_w)의 종합효과를 고려하여 체감을 나타낸 체감온도이다. ($\text{OT} = t_a + t_w/2$)

② 유효온도(ET, effective temperature)

상대습도가 100%이고 0m/s의 정지된 기류상태일 때의 온도와 같은 온도로 느껴지는 온도, 습도, 기류를 조합하여 수치화한 것으로 인체가 느끼는 쾌적온도의 지표로서 야글루(Yaglou) 선도에 의하여 알 수 있다. 실효온도, 감각온도라고도 한다.

> **참고**
> - 수정유효온도(CET)의 4요소 : 온도, 습도, 기류, 복사열
> - 신유효온도(NET)의 4요소 : 유효온도에 착의상태를 고려한 온도로 실온 25℃, 상대습도 50%, 기류 0.15m/sec를 기준으로 함
> - 인체 대사량(met) : 인체의 신진대사열량(1met = 58.2W/m^2 = 50kcal/m^2h)
> - 의복의 열저항 값(clo) : 피부 표면으로부터 착의 표면까지의 열저항 값
> - 실내온도의 측정 : 바닥에서 1.5m 높이인 호흡선에서 측정

(2) 습도(humidity)

공기의 습한 정도는 일반적으로 상대습도로 나타내며 경우에 따라 습구온도 및 절대습도로도 나타낸다. 일반적으로 상대습도는 미생물의 활동을 방지하기 위하여 50% 정도가 적당하다.

(3) 청정도(cleanless)

실내 오염물질을 허용한도 이하로 유지하기 위하여 신선한 공기를 유입하여 실내공기를 희석 또는 교환시켜야 한다. 이때 공기 중의 오염물질의 제거를 위하여 에어필터를 사용한다.

> **참고**
> - 클린룸(clean room) : 온도, 습도, 청정도, 기류분포, 속도, 압력 등을 규정된 범위 내로 제어하는 특수한 공간으로 산업용 클린룸(ICR)과 부유물질과 세균, 미생물 등을 제한시킨 바이오 클린룸(BCR) 등이 있음
> - 1클래스(1class) : 1ft^3의 공기 체적 중 0.5μm 크기 이상의 미립자 수로 클린룸의 청정도 표시에 사용

(4) 기류속도(air movement)

실내에서의 적당한 공기의 유동을 위하여 일반적으로 난방 시 0.13~0.18m/s, 냉방 시 0.1~0.25m/s의 범위가 좋다.

3 불쾌지수(discomfort index)

$$DI = 0.72(t+t') + 40.6$$

$\begin{bmatrix} t : \text{건구온도} \\ t' : \text{습구온도} \end{bmatrix}$

> **참고**
>
> ■ 불쾌지수에 따른 쾌감상태
>
> | 불쾌지수(DI) | 쾌감 상태 |
> |---|---|
> | 85 이상 | 매우 견디기 어려운 무더위(참을 수 없을 정도) |
> | 80 이상 | 대부분 불쾌감을 느낌(더워서 땀이 남) |
> | 75 이상 | 반 이상 불쾌감을 느낌(약간 더운 정도) |
> | 70 이상 | 일부 불쾌감을 느낌(불쾌감을 느끼기 시작) |
> | 70 미만 | 쾌적함을 느낌 |

2 공기의 성질과 습공기 선도

지구상의 공기는 질소(78%), 산소(21%)를 주성분으로 하고 기타(1%) 아르곤(Ar), 이산화탄소(CO_2), 네온(Ne), 헬륨(He) 등으로 평균 분자량은 약 29g/mol(29kg/kmol)이다.

1 공기의 종류

(1) 건조공기(dry air)

수증기를 전혀 포함하지 않은 건조한 공기로 자연적으로는 존재하지 않는다.
① 0℃ 건조공기의 엔탈피 : 0kJ/kg
② 건조공기의 비중량, 밀도(γ, ρ) : 20℃일 때 1.2kgf/m³(0℃일 때 1.293kgf/m³)
③ 건조공기의 비체적(v) : 20℃일 때 v=0.83m³/kg
④ 건조공기의 정압비열 : C_p=0.24kcal/kg℃=1.01kJ/kgK
⑤ 0℃ 물의 증발잠열 : r=597.5kcal/kg=2,501kJ/kg
⑥ 건조공기의 가스정수 : R=29.27kg·m/kg·K=0.287kJ/kg·K

(2) 습공기(moist air)

수증기가 포함된 공기로서 지구(대기)에 있는 모든 공기는 습공기이다.

구분	설명
상태	건공기 + 수증기 = 습공기
압력	P_a(건조공기의 분압) + P_v(수증기의 분압) = P(습공기의 전압)
체적	V_a(건조공기의 체적) + V_v(수증기의 체적) = V(습공기의 체적)
무게	1kg(건조공기의 무게) + $x$kg(수증기의 무게) = $(1+x)$kg′(습공기의 무게)

(3) 포화공기(saturated air)

건조공기 중에 포함되는 수증기량은 공기의 압력과 온도에 따라 최대 한계가 있는 데 어떤 압력과 온도에 따른 최대 한도의 수증기를 포함한 공기를 포화공기라 한다. 즉, 건조공기에 더 이상 수증기가 함유될 수 없는 공기이다.

(4) 무입공기(霧入空氣 : fogged air)

포화공기에 수증기를 가해 주면 그 여분의 수증기가 온도가 내려가 수증기를 응축하여 미세한 물방울이나 안개 상태로 공중에 떠돌아 다니는 안개 낀 공기이다.

2 공기의 상태량

(1) 건구온도(DB, t, ℃ : dry bulb temperature)

일반적인 온도를 측정할 때 열을 감지하는 감열부가 건조한 상태에서 측정하는 보통의 온도이다.

(2) 습구온도(WB, t', ℃ : wet bulb temperature)

온도계의 감열부를 천으로 감싼 다음 모세관 현상에 의하여 물을 흡수하여 감열부가 젖은 상태에서 측정한 온도이다.

(3) 노점온도(DP, t'', ℃ : dew point temperature)

공기의 온도가 낮아지면 습공기 중의 수증기가 공기로부터 분리되어 이슬이 맺히기(응축이) 시작할 때의 온도로 이때 절대습도는 감소한다.

(4) 수증기 분압(P_v, mmHg, kPa)

습공기(건조공기+수증기) 중에 수증기가 차지하는 부분압력 $P_v(P_w)$을 말하며 포화공기의 수증기 분압은 P_s로 나타낸다.

① $P_v = P_s$일 때 포화공기
② $P_v < P_s$일 때 불포화공기
③ $P_v = 0$일 때 건조공기

(5) 절대습도(x, kg/kg' : specific humidity)

공기 중의 수증기량을 알기 위한 것으로 습공기 중에 포함되어 있는 수증기의 중량을 건조공기의 중량으로 나눈 것으로 건조공기 1kg'에 대한 수증기 중량 $x$kg을 나타낸다.

$$x = 0.622 \frac{P_v}{P - P_v}$$

$$= 0.622 \frac{\varphi P_s}{P - \varphi P_s}$$

- P : 대기압($P_a + P_v$)
- P_a : 건공기 분압
- $P_v(P_w)$: 수증기 분압

(6) 상대습도(φ, % : relative humidity)

습공기의 수증기의 분압(P_v)과 그 온도의 있어서 포화공기에서의 수증기 분압(P_s)과의 비를 백분율로 나타낸 것으로 1m³의 습공기 중에 함유된 수분의 중량(γ_v)과 이와 동일 온도의 1m³의 포화 습공기에 함유되어 있는 수분의 중량(γ_s)과의 비이다.

$$\varphi = \frac{P_v}{P_s} \times 100$$

$$= \frac{\gamma_v}{\gamma_s} \times 100(\%)$$

- P_v : 습공기의 수증기 분압
- P_s : 동일온도 포화 수증기압
- γ_v : 습공기의 1m³중에 함유된 수분의 중량
- γ_s : 동일온도 포화공기 1m³중에 함유된 수분의 중량

> **참고**
> 상대습도가 0%이면 건조공기이며 100%이면 포화공기이다.

(7) 비교습도, 포화도(SD, φ_s, % : saturation degree)

습공기에서의 절대습도(x_v)와 동일 온도의 포화습공기에서의 절대습도(x_s)와의 비이다.

$$\varphi_s = \frac{x_v}{x_s} \times 100(\%)$$

- x_v : 습공기의 절대습도(kg/kg')
- x_s : 동일온도 포화습공기의 절대습도(kg/kg')

(8) 부피(v, m³/kg' : specific volume)

건조공기 1kg'속에 포함되어 있는 습공기의 비체적이다.

(9) 엔탈피(h, i, kcal/kg, kJ/kg, : enthalpy)

단위 중량의 습공기가 갖는 열량의 총합을 말하며 건구온도 0℃, 절대습도 0kg/kg' 상태에서의 공기의 엔탈피는 0kcal/kg이다.

※ 습공기의 엔탈피 = 건조공기 엔탈피(현열) + 수증기 엔탈피(현열+잠열)

$$h = (c_{pa} \cdot t) + x(r + c_{pw} \cdot t)$$
$$= (0.24 \cdot t) + x(597.5 + 0.441 \cdot t)[\text{kcal/h}]$$
$$= (1.01 \cdot t) + x(2,501 + 1.85 \cdot t)[\text{kJ/h}]$$

- c_{pa} : 공기의 비열
- r : 0℃에서의 물의 증발잠열
- c_{pw} : 수증기의 비열
- x : 습공기의 절대습도

(10) 현열비(SHF, sensible heat factor)

습공기 전열량(q_T)에 대한 현열량(q_S)의 비로서 실내로 취출되는 공기의 상태변화를 알 수 있다.

$$SHF = \frac{\text{현열}}{\text{전열}} = \frac{\text{현열}}{\text{현열}+\text{잠열}} = \frac{q_s}{q_s + q_L} = \frac{q_T - q_L}{q_T}$$

> **참고**
>
> ① 현열, $q_S = G \cdot C \cdot \Delta t = \gamma(\rho) Q \cdot C \cdot \Delta t$
> $= 1.2 \times Q \times 0.24 \times \Delta t \fallingdotseq 0.29 Q\Delta t \,[\text{kcal/h}]$
> $= 1.21 Q\Delta t \,[\text{kJ/h}] = 0.34 Q\Delta t \,[\text{Watt}]$
>
> ② 잠열, $q_L = G \cdot r \cdot \Delta x = \gamma(\rho) Q \cdot r \cdot \Delta x$
> $= 1.2 \times Q \times 597.5 \fallingdotseq 717 Q\Delta x \,[\text{kcal/h}]$
> $= 3{,}001 Q\Delta x \,[\text{kJ/h}] = 834 Q\Delta x \,[\text{Watt}]$
>
> ③ 전열, $q_T = $ 현열 + 잠열
> $= G(h_2 - h_1) = \gamma(\rho) Q(h_2 - h_1) \,[\text{kcal/h, kJ/kg}]$
>
> ※ 1kcal/h = 4.2kJ/h, 1W(J/s) = 0.86kcal/h = 3.6kJ/h
>
> - G : 송풍량(kg/h)
> - Q : 송풍량(m³/h), $G = \gamma Q = \rho Q$
> - C : 공기의 정압비열
> - γ, ρ : 비중량, 밀도(1.2kg/m³)
> - r : 0℃의 물의 증발잠열
> - Δt : 온도차(℃)
> - Δx : 절대습도차(kg/kg')

(11) 열수분비(u, moisture ratio)

공기 중의 수분량(절대습도)의 변화량에 따른 엔탈피 변화량으로 증기 가습 시 중요한 요소이다.

$$u = \frac{\text{엔탈피 차}}{\text{절대습도 차}} = \frac{h_2 - h_1}{x_2 - x_1}$$

3 습공기 선도

습공기의 열역학적 상태량을 선도로 나타내어 공기의 상태변화와 공조부하계산 등을 목적으로 만들어진 선도를 습공기 선도라고 한다.

(1) 습공기 선도의 종류

① $h - x$ 선도

엔탈피와 절대습도를 기준하며 이론적인 계산에 가장 많이 사용된다.

② $t - x$ 선도(캐리어 선도)

건구온도와 절대습도를 기준하며 $h - x$ 선도와 비슷한 점이 많으나 실용상 편리하도록 간략하게 되어 있으며 계산에 의해 열수분비를 구해야 한다.

③ $t-h$ 선도

건구온도와 엔탈피를 기준하며 공기와 수증기의 변화를 동시에 나타내며 실용적인 각종 계산에 사용되고 물과 공기의 상태가 잘 나타나 있어 물과 공기가 접촉하면서 변화하는 경우의 해석에 편리하며 공기 중에 물을 분무하는 공기세정기나 냉각탑 등의 해석에 이용된다.

(2) 습공기($h-x$) 선도의 구성

표준대기압 상태에서 습공기의 성질을 표시하고 건구온도, 습구온도, 노점온도, 상대습도, 절대습도, 수증기 분압, 엔탈피, 비체적, 현열비, 열수분비 등으로 구성되어 있다.

① 습공기 선도에서의 각 상태점

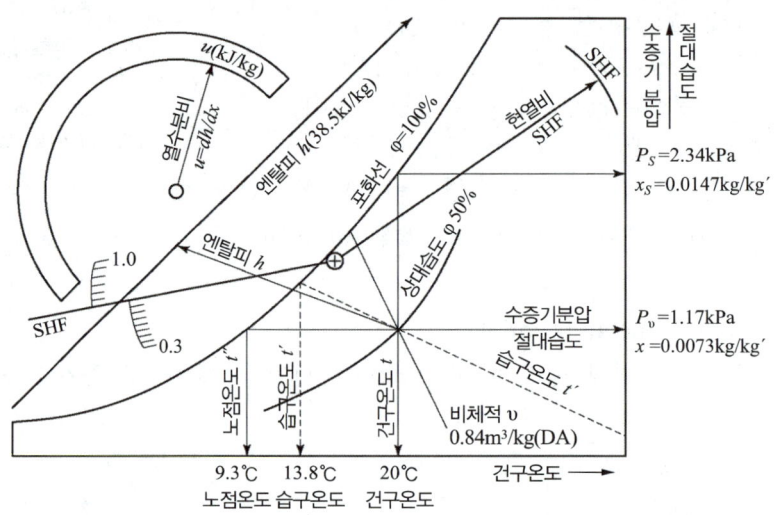

○ 습공기($h-x$) 선도의 구성

구분	기호	단위	구분	기호	단위
건구온도	DB, t	℃	수증기 분압	P_v	kPa, mmHg
습구온도	WB, t'	℃	엔탈피	h, i	kJ/kg, kcal/kg
노점온도	DP, t"	℃	비체적	v	m³/kg
절대습도	x	kg/kg'	열수분비	u	kJ/kg, kcal/kg
상대습도	φ	%	현열비	SHF	-

③ 공기의 상태변화

1 습공기 선도의 변화

0 – 1 : 가열(현열)
0 – 2 : 냉각(현열)
0 – 3 : 등온가습
0 – 4 : 등온감습(등온제습)
0 – 5 : 가열가습
0 – 6 : 냉각가습(단열가습)
0 – 7 : 냉각감습(냉각제습)
0 – 8 : 가열감습

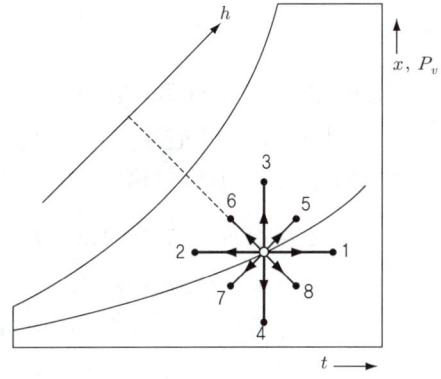

상태	건구온도	절대습도	상대습도	엔탈피
가열(0 → 1)	상승	일정	감소	상승
냉각(0 → 2)	감소	일정	상승	감소
등온가습(0 → 3)	일정	상승	상승	상승
등온감습(0 → 4)	일정	감소	감소	감소
가열가습(0 → 5)	상승	상승	상승	상승
냉각가습(0 → 6)	감소	상승	상승	일정
냉각감습(0 → 7)	감소	감소	감소	감소
가열감습(0 → 8)	상승	감소	감소	일정

2 공기의 상태변화와 계산

(1) 단열혼합

상태가 다른 두 공기를 혼합하였을 때 혼합된 공기의 상태 값을 구하고자 할 때 외기를 ①, 외기 도입량을 Q_1으로 하고, 실내 환기를 ②, 실내 환기량을 Q_2라고 하면 혼합공기 ③의 상태에서의 온도(t), 절대습도(x), 상대습도(ϕ), 엔탈피(h) 등은 다음과 같이 구할 수 있다.

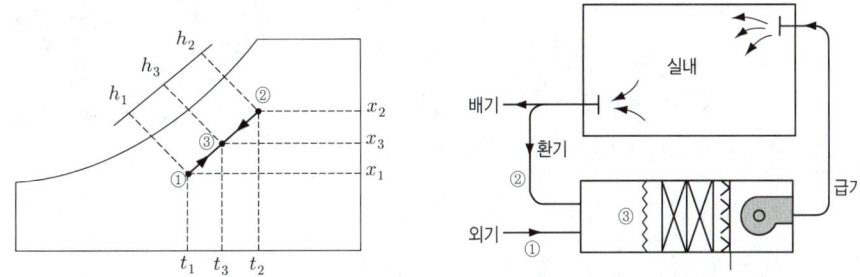

○ 단열혼합시 습공기 선도와 계통도

> **외기와 실내공기 혼합 시 각종 상태점**
>
> ① 건구온도, $t_3 = \dfrac{Q_1 t_1 + Q_2 t_2}{Q_1 + Q_2}$ ② 절대습도, $x_3 = \dfrac{Q_1 x_1 + Q_2 x_2}{Q_1 + Q_2}$
>
> ③ 상대습도, $\phi_3 = \dfrac{Q_1 \varphi_1' + Q_2 \varphi_2'}{Q_1 + Q_2}$ ④ 엔탈피, $h_3 = \dfrac{Q_1 h_1 + Q_2 h_2}{Q_1 + Q_2}$

(2) 가열 및 냉각 시 열량계산

절대습도의 변화없이 가열 또는 냉각 시 온도만 변화하는 현열변화로 다음과 같이 구할 수 있다.

$$q_s = G(h_2 - h_1) = 1.2Q(h_2 - h_1)$$
$$= 0.29 Q \Delta t \text{ [kcal/h]}$$
$$= 1.21 Q \Delta t \text{ [kJ/h]} = 0.34 Q \Delta t \text{ [W]}$$

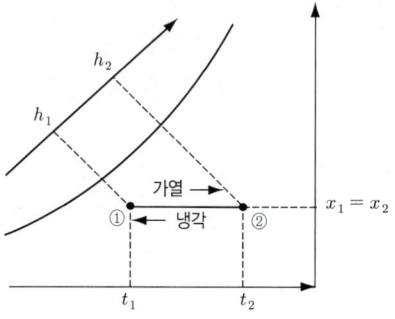

(3) 가습 및 감습 시 열량계산

건구온도의 변화없이 가습 또는 감습 시 절대습도만 변화하는 잠열변화로 다음과 같이 구할 수 있다.

① 가습 또는 제습열량

$$q_L = G(h_2 - h_1) = 1.2Q(h_2 - h_1)$$
$$= 717 Q \Delta x \text{ [kcal/h]}$$
$$= 3{,}001 Q \Delta x \text{ [kJ/h]} = 834 Q \Delta x \text{ [W]}$$

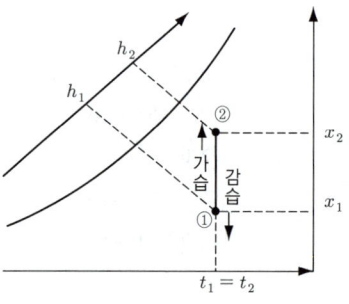

② 가습 또는 제습량 시 열량계산

$$L = G(x_2 - x_1) = \gamma(\rho) Q \cdot (x_2 - x_1) = 1.2 Q(x_2 - x_1) \text{ [kg/h]}$$

(4) 냉각감습, 가열가습 시 열량계산

습공기의 건구온도와 절대습도가 변화하게 되므로 현열량과 잠열량의 합으로 구할 수 있다.

① 열량

$$q_T = q_s + q_L$$
$$= G(h_2 - h_1) + G(h_3 - h_2)$$
$$= G(h_3 - h_1) = 1.2Q(h_3 - h_1)$$

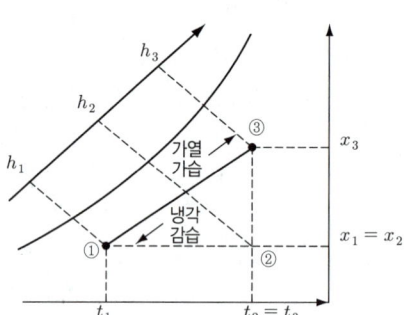

② 가습(제습)량

$$L = G(x_3 - x_1) = 1.2Q(x_3 - x_1) \text{ [kg/h]}$$

(5) 가습

가습이란 절대습도를 상승시키는 것으로 순환수, 온수, 증기 등을 이용하는 방법 등이 있으며 각각의 가습방법에 따라 상태변화가 틀리게 된다.

① 순환수 분무가습(단열가습, 세정) : 냉각가습되며, 등엔탈피선을 따라 변화(20℃ 물 = 20kcal/kg)
② 온수 분무가습 : 냉각가습되며, 열수분비선을 따라 변화(80℃ 물 = 80kcal/kg = 334kJ/kg)
③ 증기 가습 : 가열가습되며, 가습효율이 가장 좋으며 열수분비선을 따라 변화
$$(100℃ \ 증기 = 597.5 + (0.441 \times 100) = 641.5 \text{kcal/kg} = 2,686 \text{kJ/kg})$$

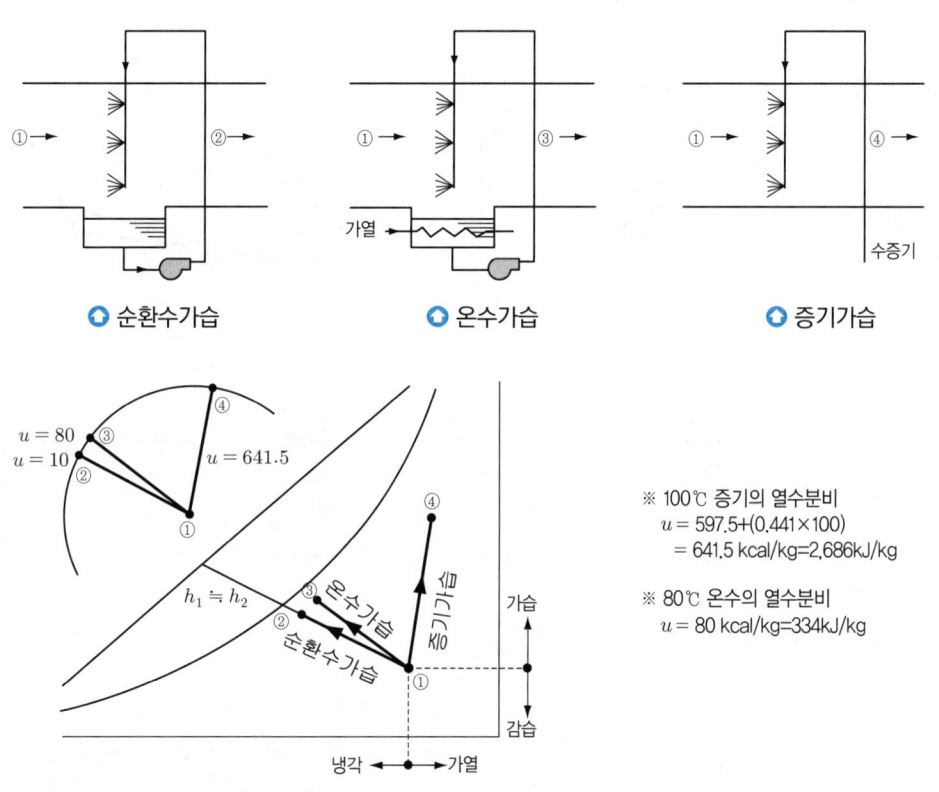

● 순환수가습　　● 온수가습　　● 증기가습

※ 100℃ 증기의 열수분비
$u = 597.5 + (0.441 \times 100)$
$= 641.5 \text{ kcal/kg} = 2,686 \text{kJ/kg}$

※ 80℃ 온수의 열수분비
$u = 80 \text{ kcal/kg} = 334 \text{kJ/kg}$

> **참고**
>
> ■ 공기세정기에서의 포화효율
>
>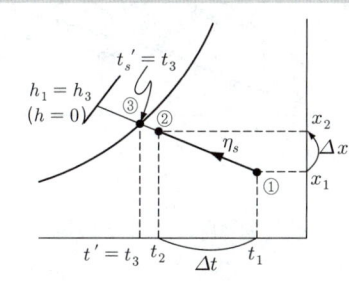
>
> ● 공기세정기의 경우
>
> $$\eta_s = \frac{t_1 - t_2}{t_1 - t_3(t_s)} = \frac{x_1 - x_2}{x_1 - x_3}$$

(6) 감습(제습)

감습이란 절대습도를 낮추는 것으로 일반적으로 냉각코일을 이용하여 공기 중의 수증기를 응축시켜 냉각, 제습시키는 방법을 많이 이용하고 있다. 그 밖에도 화학약품인 실리카겔이나 활성알루미나, 아드소올 등의 고체 흡착제를 이용하는 방법과 염화리튬, 트리에틸렌글리콜 등의 액체 흡수제를 사용하는 방법이 있다.

3 장치에서의 상태변화에 따른 습공기 선도의 변화

(1) 공기 혼합 → 냉각제습 : (여름철)

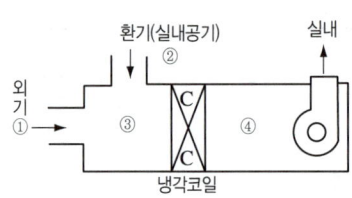 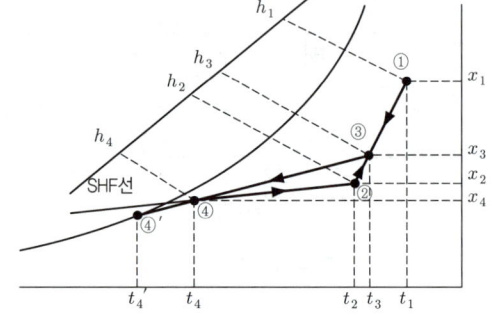

상태	건구온도	절대습도	상대습도	엔탈피
외기혼합(① → ③)	감소	감소	감소	감소
환기혼합(② → ③)	증가	증가	증가	증가
냉각제습(③ → ④)	감소	감소	증가	감소

(2) 공기 혼합 → 냉각 → 재열(여름철)

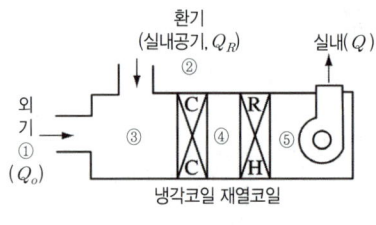 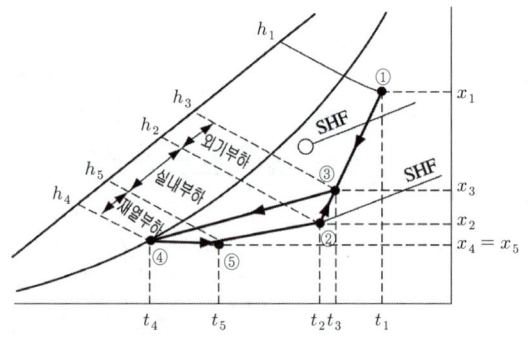

상태	건구온도	절대습도	상대습도	엔탈피
냉각제습(③→④)	감소	감소	증가	감소
재열(④→⑤)	증가	일정	감소	증가

① 각 부하의 계산
  ㉠ 외기부하(q_o)
  $$q_o = G(h_3 - h_2) = 1.2\,Q(h_3 - h_2) = G_o(h_1 - h_2)$$
  $$= 1.2\,Q_o(h_1 - h_2)\,[\text{kcal/h, kJ/h}]$$
  ㉡ 실내부하(q_R)
  $$q_R = G(h_2 - h_5) = 1.2\,Q(h_2 - h_5)\,[\text{kcal/h, kJ/h}]$$
  ㉢ 재열부하(q_{RH})
  $$q_{RH} = G(h_5 - h_4) = 1.2\,Q(h_5 - h_4) = 0.24\,G(t_5 - t_4) = 0.29\,Q(t_5 - t_4)\,[\text{kcal/h}]$$
  $$= 1.21\,Q(t_5 - t_4)\,[\text{kJ/h}] = 0.34\,Q(t_5 - t_4)\,[\text{W}]$$
  ㉣ 냉각코일부하(q_{cc}) = 외기부하 + 실내부하 + 재열부하
  $$q_{cc} = G(h_3 - h_2) + G(h_2 - h_5) + G(h_5 - h_4)$$
  $$= G(h_3 - h_4) = 1.2\,Q(h_3 - h_4)\,[\text{kcal/h, kJ/h}]$$
  ㉤ 냉각코일에 의한 감습량
  $$L = G(x_3 - x_4) = 1.2\,Q(x_3 - x_4)\,[\text{kg/h}]$$
  ㉥ 실내 송풍량
  $$G(\text{kg/h}) = \frac{q_s(\text{kcal/h})}{0.24(t_2 - t_5)} \qquad Q(\text{m}^3/\text{h}) = \frac{q_s(\text{kcal/h})}{0.29(t_2 - t_5)}$$
  $$Q(\text{m}^3/\text{h}) = \frac{q_s(\text{kJ/h})}{1.21(t_2 - t_5)} \qquad Q(\text{m}^3/\text{h}) = \frac{q_s[\text{W}]}{0.34(t_2 - t_5)}$$

(3) 외기 예냉 → 공기 혼합 → 냉각제습 : (여름철)

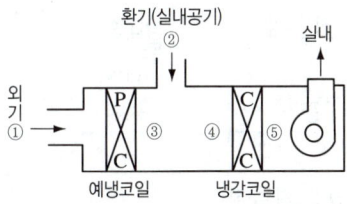
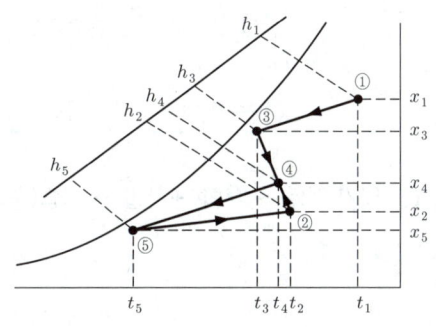

상태	건구온도	절대습도	상대습도	엔탈피
외기 예냉(①→③)	감소	감소	증가	감소
혼합(③→④←②)	–	–	–	–
냉각제습(④→⑤)	감소	감소	증가	감소

(4) 공기 혼합 → 가열 : (겨울철)

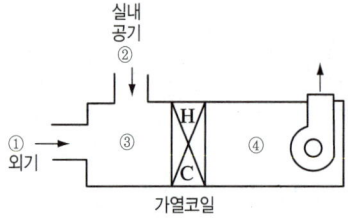 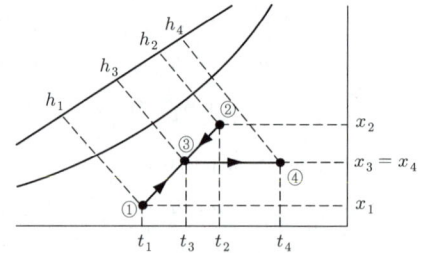

상태	건구온도	절대습도	상대습도	엔탈피
외기혼합 ① → ③	증가	증가	-	증가
환기혼합 ② → ③	감소	감소	-	감소
가열 ③ → ④	증가	일정	감소	증가

(5) 공기 혼합 → 가열 → (온수분무)가습 : (겨울철)

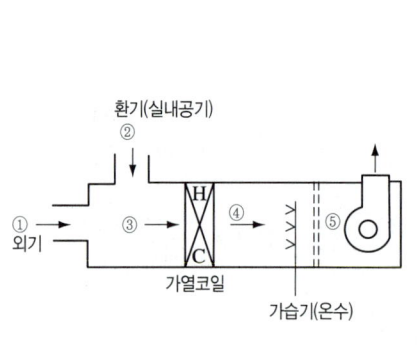 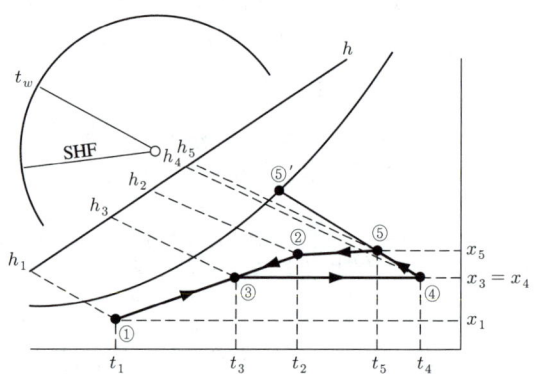

상태	건구온도	절대습도	상대습도	엔탈피
가열 (③ → ④)	증가	일정	감소	증가
가습 (④ → ⑤)	감소	증가	증가	증가

(6) 외기 예열 → 혼합 → 가열 → 가습(증기가습) : (겨울철)

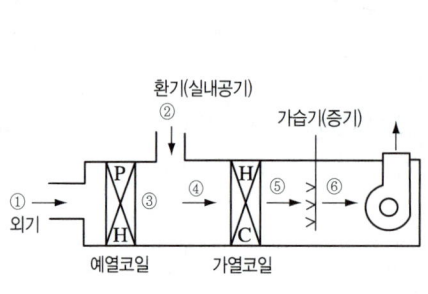 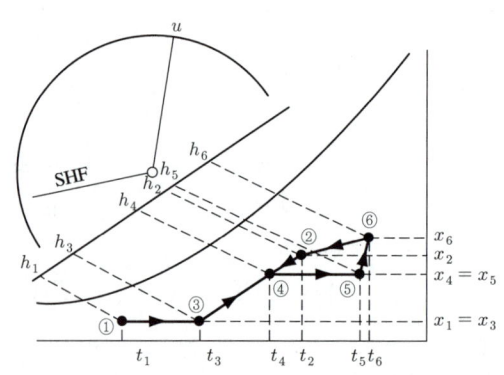

상태	건구온도	절대습도	상대습도	엔탈피
예열(① → ③)	증가	일정	감소	증가
혼합(③ → ④ ← ②)	-	-	-	-
가열(④ → ⑤)	증가	일정	감소	증가
가습(⑤ → ⑥)	증가	증가	증가	증가

4 공기조화부하

공조부하란 공조하고자 하는 실내를 일정한 온도 및 습도로 유지하기 위하여 그 실내공간을 통해 냉방 시에는 외부에서 침입한 열량 및 수분을 제거하거나 난방 시에는 손실된 열량 및 수분을 공급하여야 한다. 이와 같이 냉방 시에 냉각·감습하는 열 및 수분의 양을 냉방부하, 난방 시에 가열·가습하는 열을 난방부하라 한다. 이때 실내온도에 변화를 주는 열량을 현열부하(sensible heat load)라 하고 실내습도를 변화시키는 수분량을 열량으로 환산한 것을 잠열부하(latend heat load)라 한다.

1 냉방부하

구분		부하의 발생 요인	열의 종류	해당 번호
실내 취득부하	외부 취득열량	벽체를 통한 취득열량(외벽, 지붕, 내벽, 바닥, 문 등)	현열	③④⑩⑪
		유리창을 통한 취득열량 (복사열, 전도열)	현열	①②
		극간풍(틈새바람)에 의한 취득열량	현열, 잠열	⑨
	실내 취득부하	인체의 발생열량	현열, 잠열	⑤
		조명의 발생열량	현열	⑥
		실내기구의 발생열량	현열, 잠열	⑦, ⑧
기기(장치) 취득부하		송풍기에 의한 취득열량	현열	⑫
		덕트로 부터의 취득열량	현열	⑬
재열부하		재열에 따른 취득열량	현열	⑭
외기부하		외기의 도입에 의한 취득열량	현열, 잠열	⑮

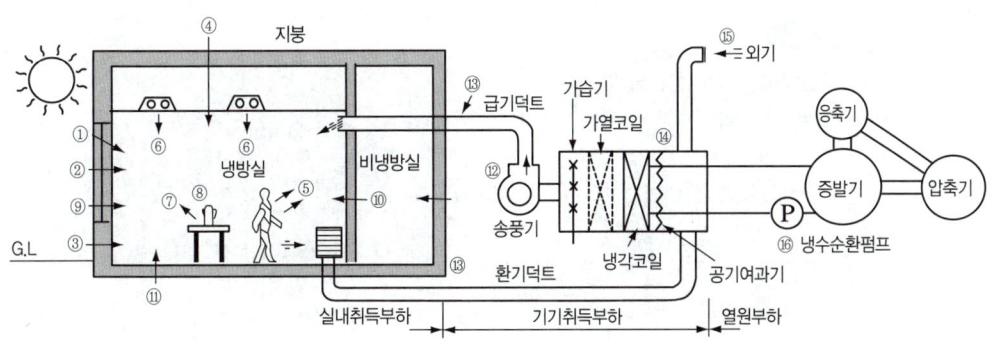

(1) 벽체 부하

① 복사열의 영향을 받는 경우(외벽, 지붕)

$$q = K \cdot A \cdot \Delta t_e$$

- q : 외벽, 지붕으로 부터의 취득열량(kcal/h, W)
- K : 구조체의 열통과율(kcal/m²h℃, W/m²K(℃))
- A : 구조체의 면적(m²)
- Δt_e : 상당외기온도차(℃, K)

> **참고**
>
> ■ 상당외기온도차(ETD, Equivalent Temperature Difference)
> 일사를 받는 외벽이나 지붕과 같이 열용량을 갖는 구조체를 통과하는 열량을 산출하기 위하여 외기온도나 태양의 일사량을 고려하여 정한 온도인 상당외기온도와 실내온도의 차이다.

② 복사열의 영향을 받지 않는 경우(내벽, 천장, 바닥)

$$q = K \cdot A \cdot \Delta t$$

- q : 내벽으로 부터의 취득열량(kcal/h, W)
- K : 구조체의 열통과율(kcal/m²h℃, W/m²K(℃))
- A_g : 구조체의 면적(m²)
- $\Delta t(t_o - t_r)$: 실내외 온도차(℃, K)

(2) 유리창 부하

① 유리창의 일사열량

$$q_{GR} = I_{GR} \cdot A_g \times k_s$$

- q_{GR} : 유리창에서의 태양복사에 의한 취득열량 (kcal/h, W)
- I_{GR} : 표준 일사열량(kcal/m²h, W/m²)
- A_g : 유리창의 면적(m²)
- k_s : 차폐계수

② 유리창의 통과(전도)열량

$$q = K \cdot A_g \cdot \Delta t$$

- q : 유리창의 취득열량(kcal/h, W)
- K : 유리창의 열통과율(kcal/m²h℃, W/m²K(℃))
- A_g : 유리창의 면적(m²)
- $\Delta t(t_o - t_r)$: 실내외 온도차(℃, K)

(3) 극간풍(틈새바람) 부하

① 현열부하

$$q_S = 0.24\, G\Delta t = 0.29\, Q\Delta t \ [\text{kcal/h}]$$
$$= 1.21\, Q\Delta t \ [\text{kJ/h}] = 0.34\, Q\Delta t \ [\text{W}]$$

② 잠열부하

$$q_L = 597.5\, G\Delta x = 717\, Q\Delta x \ [\text{kcal/h}]$$
$$= 3{,}001\, Q\Delta x \ [\text{kJ/h}] = 834\, Q\Delta x \ [\text{W}]$$

- G : 극간풍량(kg/h)
- Q : 극간풍량(m³/h)
- C : 공기의 비열(kcal/kg℃, kJ/kgK)
- r : 0℃의 물의 증발잠열(kcal/kg, kJ/kg)
- $\Delta t(t_o - t_r)$: 실내외 온도차(℃, K)
- $\Delta x(x_o - x_r)$: 실내외 절대습도차(kg/kg')

> **참고**
>
> ■ 극간풍량(m³/h) 산출방법
> ① 환기횟수법 　　$Q = n \times V \ [\text{m}^3/\text{h}]$　　n : 환기 횟수(회/h)　V : 실의 용적(m³)
> ② 틈새길이법 (크랙법)　$Q = Q' \times l \ [\text{m}^3/\text{h}]$　Q' : 틈새 길이당 풍량(m³/m·h)　l : 틈새 길이(m)
> ③ 면적법　　$Q = Q_i \times A \ [\text{m}^3/\text{h}]$　Q_i : 단위 면적당 침입외기량(m³/m²·h)　A : 창문 면적(m²)

(4) 인체 부하

① 현열부하

q_S = 1인당 현열량 × 재실 인원수

② 잠열부하

q_L = 1인당 잠열량 × 재실 인원수

(5) 조명 발생 부하

① 백열등인 경우

1kW = 860kcal/h, 1W = 0.86kcal/h = 3.6kJ/h

② 형광등인 경우

안정기 발열량을 20% 고려하여

1kW = 860 × 1.2 ≒ 1,000kcal/h, 1W = 1kcal/h = 4.2kJ/h

(6) 기구 발생 부하

실내에서 운전되는 전동기와 전동기에 의해 구동되는 기기의 발열량과 전기, 가스 등을 사용하는 기구에 의한 열량으로 커피포트, TV, 복사기 및 OA기기 등으로 현열과 수증기 발생에 의한 잠열이 있다.

(7) 기기취득 부하

송풍기와 덕트로부터의 취득부하로 실내 취득 현열부하의 약 15% 정도로 한다.

(8) 재열 부하

재열기에서 가열되는 열량만큼 냉각코일에서 더 냉각시켜야 하므로 재열부하는 냉방부하에 속한다.

$q_S = 0.24 G \Delta t = 0.29 Q \Delta t$ [kcal/h]
  $= 1.21 Q \Delta t$ [kJ/h] $= 0.34 Q \Delta t$ [W]

- G : 공기량(kg/h)
- Q : 공기량(m³/h)
- Δt : 재열기 출·입구 온도차(℃)

(9) 외기부하

① 현열부하

$q_S = 0.24 G_o \Delta t = 0.29 Q_o \Delta t$ [kcal/h]
  $= 1.21 Q_o \Delta t$ [kJ/h] $= 0.34 Q_o \Delta t$ [W]

- G_o : 외기 도입량(kg/h)
- Q_o : 외기 도입량(m³/h)
- $\Delta t(t_o - t_r)$: 실내외 온도차(℃, K)
- $\Delta x(x_o - x_r)$: 실내외 절대습도차(kg/kg')

② 잠열부하

$q_L = 597.5 G_o \Delta x = 717 Q_o \Delta x$ [kcal/h]
  $= 3,001 Q_o \Delta x$ [kJ/h] $= 834 Q_o \Delta x$ [W]

> **참고**
>
> ■ 송풍량(Q : m³/h)의 계산 : $Q = \dfrac{q_s(\text{kcal/h})}{0.29 \cdot \Delta t}$, $Q = \dfrac{q_s(\text{kJ/h})}{1.21 \cdot \Delta t}$, $Q = \dfrac{q_s(\text{W})}{0.34 \cdot \Delta t}$
>
> ※ 실내 현열부하(q_s) = 실내취득 현열부하 + 기기 취득부하(송풍기, 덕트부하)
>
> ■ 냉방부하와 기기용량
>
> ① 실내취득부하 ┐
> ② 기기취득부하 ┘ ─ 송풍량 결정 ┐
> ③ 재열부하 ──────────────┤ 냉각코일부하 ┐
> ④ 외기부하 ──────────────┘   ├ 냉동기 용량
> ⑤ 냉수펌프 및 배관부하 ─────────────────┘

2 난방부하

우리나라의 겨울에는 실내에서 실외로 열손실이 발생하고 건조하여 실내를 일정한 온도 및 습도로 유지하기 위해서는 손실된 열량이나 수분을 보충하여야 한다. 이때 부하계산은 냉방부하에서보다 더욱 간단하다. 그것은 태양열의 일사부하나 인체부하, 조명부하, 기구부하 등은 난방부하를 줄이는 요인으로 일반적으로 난방부하 계산에는 포함시키지 않는다.

구분		부하의 발생요인	열의 종류
실내 손실부하	외부 손실열량	벽체를 통한 손실열량(외벽, 지붕, 내벽, 바닥, 유리창, 문 등)	현열
		틈새바람(극간풍)에 의한 손실열량	현열, 잠열
기기손실부하		덕트에서의 손실열량	현열
외기부하		외기의 도입(환기)에 의한 손실열량	현열, 잠열

(1) 벽체부하

① 외벽, 지붕, 유리창에서의 손실열량

$$q = K \cdot A \cdot \Delta t \times k$$

q : 손실열량(kcal/h, W)
K : 열통과율(kcal/m²h℃, W/m²K(℃))
A : 면적(m²)
$\Delta t(t_r - t_o)$: 실내외 온도차(℃, K)
k : 방위계수

> **참고**
>
> ■ 방위계수(k) : 외기를 접하는 부분에서 방위에 따라 일사나 바람의 정도를 고려한 계수
>
> | 방위 | 동·서 | 남 | 북 | 남동·남서 | 북동·북서 | 지붕 |
> |---|---|---|---|---|---|---|
> | 방위계수 | 1.1 | 1.0 | 1.2 | 1.05 | 1.15 | 1.2 |

② 내벽, 문, 바닥에서의 손실열량

$$q = K \cdot A \cdot \Delta t$$

q : 손실열량(kcal/h, W)
K : 열통과율(kcal/m²h℃, W/m²K(℃))
A : 면적(m²)
Δt : 인접실과의 온도차(℃, K)

> **참고**
> 인접실과의 온도차(Δt)에서 중간에 비공조실이 있을 경우에는 실내·외 온도차의 1/2로 한다.

(2) 틈새바람(극간풍) 부하

① 현열부하

$$q_S = 0.24\,G\Delta t = 0.29\,Q\Delta t\,[\text{kcal/h}]$$
$$= 1.21\,Q\Delta t\,[\text{kJ/h}] = 0.34\,Q\Delta t\,[\text{W}]$$

- G : 극간풍량(kg/h)
- Q : 극간풍량(m³/h)
- $\Delta t(t_r - t_o)$: 실내외 온도차(℃)
- $\Delta x(x_r - x_o)$: 실내외 절대습도차(kg/kg′)

② 잠열부하

$$q_L = 597.5\,G\Delta x = 717\,Q\Delta x\,[\text{kcal/h}]$$
$$= 3{,}001\,Q\Delta x\,[\text{kJ/h}] = 834\,Q\Delta x\,[\text{W}]$$

> **참고**
> ■ 틈새바람(극간풍)을 줄일 수 있는 방법
> ① 회전문을 설치한다. ② 에어커튼을 설치한다.
> ③ 2중문을 설치한다.(내측에는 수동문 설치) ④ 2중문 중간에 컨벡터(대류형 방열기)를 설치한다.

(3) 덕트에서의 손실열량

실내 손실 현열부하의 10% 정도로 인체, 조명, 기기부하를 고려하지 않았으므로 무시하는 경향이 있다.

(4) 외기부하

① 현열부하

$$q_S = 0.24\,G_o\Delta t = 0.29\,Q_o\Delta t\,[\text{kcal/h}]$$
$$= 1.21\,Q_o\Delta t\,[\text{kJ/h}] = 0.34\,Q_o\Delta t\,[\text{W}]$$

- G_o : 외기 도입량(kg/h)
- Q_o : 외기 도입량(m³/h)
- $\Delta t(t_o - t_r)$: 실내외 온도차(℃, K)
- $\Delta x(x_o - x_r)$: 실내외 절대습도차(kg/kg′)

② 잠열부하

$$q_L = 597.5\,G_o\Delta x = 717\,Q_o\Delta x\,[\text{kcal/h}]$$
$$= 3{,}001\,Q_o\Delta x\,[\text{kJ/h}] = 834\,Q_o\Delta x\,[\text{W}]$$

> **참고**
> ■ 난방부하와 기기용량
> ① 실내손실부하 ┐
> ② 기기손실부하 ┼ 송풍량 결정 ┐
> ③ 외기부하   ┘   ├ 가열코일부하 ┐
> ④ 배관부하 ───────────────┘   └ 보일러 용량(정격출력)

CHAPTER 01 공기조화기초 및 공조부하

예상문제

001 공기조화의 목적에 대하여 바르게 설명한 것은?
① 공기의 습도, 온도만을 조절한다.
② 공기의 습도, 청정도, 압력을 조절한다.
③ 공기의 청정도, 기류, 음향을 조절한다.
④ 공기의 청정도, 습도, 기류, 온도를 조절한다.

002 병원 건물의 공기조화 시 가장 중요시해야 할 사항은?
① 공기의 청정도
② 공기, 소음
③ 기류속도
④ 온도, 압력조건

003 공기조화에 관한 설명으로 틀린 것은?
① 공기조화는 일반적으로 보건용 공기조화와 산업용 공기조화로 대별된다.
② 공장, 연구소, 전산실 등과 같은 곳은 보건용 공기조화이다.
③ 보건용 공조는 실내 인원에 대한 쾌적 환경을 만드는 것을 목적으로 한다.
④ 산업용 공조는 생산공정이나 물품의 환경조성을 목적으로 한다.

004 쾌감용 공기조화에 해당하는 것은?
① 제품창고
② 전자 계산실
③ 전화국
④ 학교

005 공업공정 공조의 목적에 대한 설명으로 적당하지 않은 것은?
① 제품의 품질 향상
② 공정속도의 증가
③ 불량률의 감소
④ 신속한 사무환경 유지

006 실내공기의 오염도를 나타내는 척도로서 탄산가스 함유량이 잘 쓰인다. 그 이유는?
① 탄산가스는 악취를 풍기므로
② 탄산가스는 유독하므로
③ 탄산가스량에 비례하여 오염량이 변화하므로
④ 탄산가스는 검출이 용이하므로

007 실내의 환경기준으로 올바르지 않은 것은 다음 중 어느 것인가?
① 부유 분진량 : $1.5mg/m^3$ 이하
② 일산화탄소 함유량 : 10ppm 이하
③ 탄산가스 함유량 : 1,000ppm 이하
④ 상대습도 : 40~70% 이하

008 냉방을 하는 경우 일반적으로 거실의 실내온도는 몇 ℃로 하는가?
① 18~22
② 23~25
③ 25~28
④ 29~32

009 겨울 난방에 적당한 건구온도는 몇 ℃인가? (단, 재실자가 보통 옷차림 상태에서 가벼운 작업을 할 경우이다.)
① 10~15
② 15~17
③ 20~22
④ 27~30

010 일상생활에서 적당한 실온과 상대습도는?
① 20~26℃, 70~30%
② 25~30℃, 10~30%
③ 20~26℃, 10~30%
④ 27~30℃, 70~30%

[정답] 001 ④ 002 ① 003 ② 004 ④ 005 ④ 006 ③ 007 ① 008 ③ 009 ③ 010 ①

011 다음 설명 중 틀린 것은?
① 지구상에 존재하는 모든 공기는 건조공기로 취급된다.
② 공기 중에 수증기가 많이 함유될수록 상대습도는 높아진다.
③ 지구상의 공기는 질소, 산소, 알곤, 이산화탄소 등으로 이루어졌다.
④ 공기 중에 함유될 수 있는 수증기의 한계는 온도에 따라 달라진다.

012 다음 공기의 성질에 대한 설명 중 틀린 것은?
① 최대한도의 수증기를 포함한 공기를 포화공기라 한다.
② 습공기의 온도를 낮추면 물방울이 맺히기 시작하는 온도를 그 공기의 노점온도라고 한다.
③ 건조공기 1kg에 혼합된 수증기의 질량비를 절대습도라 한다.
④ 우리 주변에 있는 공기는 대부분의 경우 건조공기이다.

013 공기조화에서 "ET"는 무엇을 의미하는가?
① 인체가 느끼는 쾌적온도의 지표
② 유효습도
③ 적정 공기속도
④ 적정 냉난방 부하

014 습도 100%, 기류 0m/s인 경우의 기온 값으로 나타낸 것으로 옳은 것은?
① 유효온도
② 장치노점온도
③ 절대습도
④ 포화도

015 유효온도에 관한 것 중 옳지 않은 것은?
① 감각온도라고 한다.
② 온도, 습도, 기류의 3가지 요소를 1개의 지수로 나타낸 것이다.
③ 습도 100%, 기류 0m/sec인 경우의 값을 말한다.
④ 온습도, 오염도가 적당한 조합을 이룬 상태의 기온값을 말한다.

016 실내에 있는 사람이 느끼는 더위, 추위의 체감에 영향을 미치는 수정유효온도의 주요 요소는?
① 기온, 습도, 기류, 복사열
② 기온, 기류 불쾌지수, 복사열
③ 기온, 사람의 체온, 기류, 복사열
④ 기온, 주위의 벽면온도, 기류, 복사열

017 불쾌지수를 옳게 표시한 식은 어느 것인가?
① 불쾌지수=0.52{(건구온도)+(습구온도)}+40.6
② 불쾌지수=40.6{(건구온도)+(습구온도)}+0.52
③ 불쾌지수=0.72{(건구온도)+(습구온도)}+40.6
④ 불쾌지수=40.6{(건구온도)+(습구온도)}+0.72

018 불쾌지수가 커지는 경우의 공기변화 중 직접적인 관계가 없는 것은?
① 건구온도의 상승 ② 습구온도의 상승
③ 절대습도의 상승 ④ 비체적의 상승

019 우리나라 사람의 체감으로 약간 덥다고 느끼는 불쾌지수는?
① 65 이상 ② 75 이상
③ 80 이상 ④ 85 이상

[정답] 011 ① 012 ④ 013 ① 014 ① 015 ④ 016 ① 017 ③ 018 ④ 019 ②

020 인체의 신진대사량과 방열량과의 관계에 대한 다음 설명 중 옳지 않은 것은?
① 신진대사량 = 전체 방열량인 경우 체온은 일정하다.
② 신진대사량 > 전체 방열량일 경우 더위를 느낀다.
③ 신진대사량 < 전체 방열량일 경우 추위를 느낀다.
④ 신진대사량과 전체 방열량은 어떠한 관계도 없다.

021 다음 설명 중 잘못된 것은?
① 포화공기의 온도를 습공기의 노점온도라 한다.
② 공기 중의 수증기가 응축하기 시작하는 온도를 노점온도라 한다.
③ 노점온도는 절대습도에 의해 정해지며 포화공기 중의 절대습도가 클수록 높아진다.
④ 습구온도는 보통 건구온도보다 높다.

022 다음은 습공기의 상태를 표시하는 용어들이다. 이중 단위가 틀리게 되어 있는 것은?
① 상대습도 : kg/kg'
② 수증기 분압 : mmHg
③ 엔탈피 : kJ/kg
④ 비체적 : m^3/kg

023 다음은 습공기의 상태를 나태내는 용어이다. 용어에 대한 단위가 잘못되어 있는 것은?
① 노점온도 : ℃
② 비체적 : m^3/kg
③ 절대습도 : %
④ 엔탈피 : kJ/kg

024 습공기의 온도를 낮게 하여 일정한 온도에 도달하면 공기 중의 수증기가 응축하여 이슬이 맺히기 시작한다. 이때의 온도를 무슨 온도라고 하는가?
① 습구온도   ② 건구온도
③ 노점온도   ④ 절대온도

025 다음은 공기 선도상에서 상태점 A의 노점온도는 몇 ℃인가?

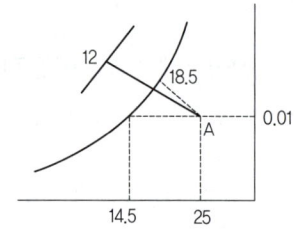

① 12℃   ② 14.5℃
③ 18.5℃   ④ 25℃

026 냉각코일을 통과하는 공기가 완전히 열교환 하여 코일의 평균 표면온도의 포화상태가 되었다고 할 때 이 평균 표면온도를 무엇이라 하는가?
① 유효온도   ② 바이패스온도
③ 장치노점온도   ④ 설계온도

027 실내 상태점을 통과하는 현열비선과 포화곡선과의 교점이 나타내는 온도로 취출 공기가 실내 잠열부하에 상당하는 수분을 제거하는 데 필요한 코일 표면온도는?
① 코일 장치노점온도
② 바이패스 온도
③ 실내 장치노점온도
④ 설계온도

028 다음은 건구온도 27℃ 상대습도 70% 일 때를 습공기 선도에 나타낸 것이다. 이 중 틀리게 설명되어 있는 것은 어느 것인가?

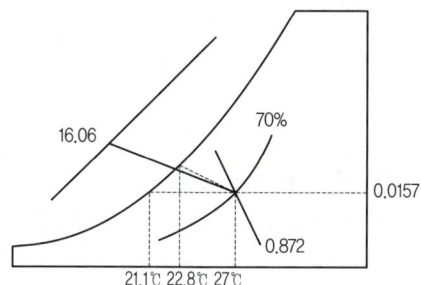

① 엔탈피 : 16.06kJ/kg
② 습구온도 : 21.1℃
③ 비체적 : 0.872m³/kg
④ 절대습도 : 0.0157kg/kg'

해설
노점온도 : 21.1℃, 습구온도 : 22.8℃, 건구온도 : 27℃

029 대기압이 760mmHg일 때 온도 30℃의 공기에 함유되어 있는 수증기 분압이 42.18mmHg이었다. 이때 건공기의 분압은 얼마인가?
① 717.82mmHg   ② 727.46mmHg
③ 745.35mmHg   ④ 760mmHg

해설
건공기 분압=대기압-수증기 분압
= 760 - 42.18 = 717.82mmHg

030 상대습도(φ)가 100%인 상태는 무엇을 의미하는가?
① 노점온도
② 건구온도가 100℃
③ 습구온도가 100℃
④ 절대습도가 0%

031 어느 공기의 상대습도가 100%일 때 동일하지 않은 온도는?
① 건구온도   ② 습구온도
③ 효과온도   ④ 노점온도

032 상대습도 φ와 절대습도 x의 관계식을 옳게 나타낸 것은? (단, P : 습공기의 전압, P_a : 건공기의 분압, P_s : 포화증기의 수증기 분압)

① $x = 0.622 \dfrac{\varphi P_a}{P - \varphi P_s}$

② $x = 0.622 \dfrac{\varphi P_s}{P - \varphi P_s}$

③ $x = 0.622 \dfrac{P - \varphi P_s}{\varphi P_s}$

④ $x = 0.622 \dfrac{P - \varphi P_s}{\varphi P_a}$

033 압력 760mmHg, 온도 18℃의 대기가 수증기 분압 9.5mmHg일 때 대기 1kg 중에 포함되어 있는 수증기 중량은?
① 0.0777kg/kg'   ② 0.00787kg/kg'
③ 0.0125kg/kg'   ④ 0.622kg/kg'

해설
$x = 0.622 \times \dfrac{9.5}{760 - 9.5} = 0.00787$kg/kg'

034 상대습도에 대한 설명으로 맞는 것은?
① 단위 중량의 건조공기 중에 함유된 수증기의 중량
② 습공기 중에 함유된 수분량과 건조공기 중량과의 비
③ 습공기의 비중량과 그것과 같은 온도의 포화습공기 비중량과의 비
④ 포화증기압을 증기압으로 나눈 값을 말한다.

[정답] 028 ② 029 ① 030 ① 031 ③ 032 ② 033 ② 034 ③

035 상대습도(φ)을 옳게 표시한 것은?

① $\varphi = \dfrac{수증기압}{포화수증기압} \times 100$

② $\varphi = \dfrac{포화수증기압}{수증기압} \times 100$

③ $\varphi = \dfrac{수증기중량}{포화수증기압} \times 100$

④ $\varphi = \dfrac{포화수증기중량}{수증기중량} \times 100$

036 상대습도 60%, 건구온도 25℃인 습공기의 수증기 분압은 얼마인가? (단, 25℃ 포화 수증기 압력은 23.8mmHg이다.)

① 14.28mmHg ② 9.52mmHg
③ 0.02mmHg   ④ 0.013mmHg

해설
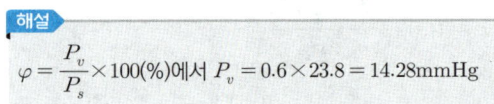
$\varphi = \dfrac{P_v}{P_s} \times 100(\%)$에서 $P_v = 0.6 \times 23.8 = 14.28\text{mmHg}$

037 다음 그림에서 A점의 상대습도는 몇 %인가?

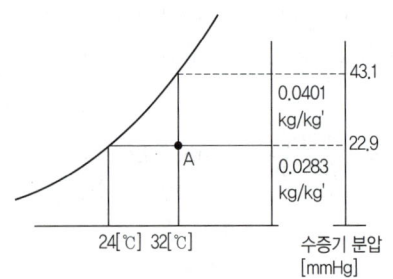

① 53 ② 58
③ 63 ④ 68

해설
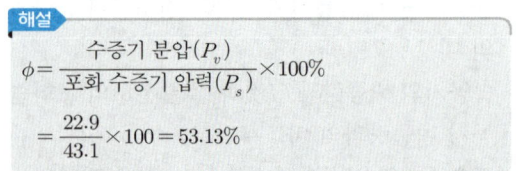
$\phi = \dfrac{수증기 분압(P_v)}{포화 수증기 압력(P_s)} \times 100\%$
$= \dfrac{22.9}{43.1} \times 100 = 53.13\%$

038 습공기 절대습도와 그와 동일온도의 포화 습공기 절대습도와의 비로 나타내며 단위는 %로 나타내는 것은?

① 절대습도   ② 상대습도
③ 비교습도   ④ 관계습도

039 다음 설명 중 틀린 것은?

① 불포화상태에서의 건구온도는 습구온도보다 높게 나타난다.
② 공기에 가습, 감습이 없어도 온도가 변하면 상대습도는 변한다.
③ 습공기 절대습도와 포화습공기 절대습도와의 비를 포화도라 한다.
④ 습공기 중에 함유되어있는 건조공기의 중량을 절대습도라 한다.

040 다음 중 실내로 취출되는 공기의 상태변화는 어떠한 선을 따라서 변하는가?

① 현열비선   ② 엔탈피선
③ 열수분비선   ④ 습구온도선

041 다음 현열비에 대한 설명 중 옳은 것은?

① 공기선도상에서 기울기가 클수록 현열비 값은 작다.
② 잠열이 없이 현열만으로 이루어져 있는 부하의 현열비는 0이다.
③ 잠열이 클수록 현열비는 커진다.
④ 현열비의 단위는 kcal/kg이다.

042 실내 냉방부하 중에서 현열부하 2,500kJ/h, 잠열부하 500kJ/h일 때 현열비는?

① 0.2   ② 0.83
③ 0.90 ④ 0.93

[정답] 035 ① 036 ① 037 ① 038 ③ 039 ④ 040 ① 041 ① 042 ②

043 다음의 공기선도에서 ②에서 ①로 냉각, 감습을 할 때 현열비(SHF)의 값을 구하면 어떻게 표시되는가?

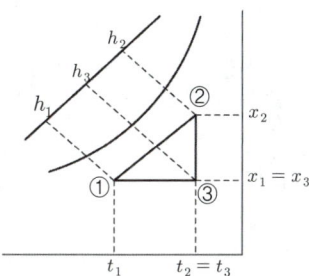

① $SHF = \dfrac{h_2 - h_3}{h_2 - h_1}$ ② $SHF = \dfrac{h_3 - h_1}{h_2 - h_1}$

③ $SHF = \dfrac{h_2 - h_1}{h_3 - h_1}$ ④ $SHF = \dfrac{h_3 + h_1}{h_2 + h_1}$

044 습공기를 절대습도의 변화 없이 가열하거나 냉각하면 실내 현열비(SHF)의 변화는 어떻게 되는가?

① SHF=0 선상을 이동한다.
② SHF=0.5 선상을 이동한다.
③ SHF=1 선상을 이동한다.
④ SHF는 나타나지 않는다.

045 수분량(절대습도)의 변화량에 따른 전열량의 변화량으로서 맞는 것은?

① 현열비 ② 열수분비
③ 포화도 ④ 상대습도

046 열수분비(moisture ratio)에 대한 관계식으로 옳은 것은?

① $\dfrac{x}{x_s} \times 100$ ② $\dfrac{h_2 - h_1}{x_2 - x_1}$

③ $\dfrac{P_w}{P_s} \times 100$ ④ $\dfrac{q_S}{q_S + q_L}$

047 건구온도 20℃, 절대습도 0.008kg/kg(DA)인 공기의 비엔탈피?

① 4.8kcal/kg   ② 4.85kJ/kg
③ 9.65kcal/kg ④ 20kJ/kg

해설
습공기 엔탈피 = $0.24t + x(597.5 + 0.441t)$
= $(0.24 \times 20) + [0.008 \times \{597.5 + (0.441 \times 20)\}]$
= 9.65kcal/kg = 40.5kJ/kg

048 다음 중 습공기 선도의 종류에 속하지 않는 것은? (단, h는 엔탈피, x는 절대습도, t는 건구온도, P는 압력을 각각 나타낸다.)

① $h-x$ 선도 ② $t-x$ 선도
③ $t-h$ 선도 ④ $P-h$ 선도

049 공기선도에서 나타낼 수 없는 것은?

① 절대습도 ② 상대습도
③ 노점온도 ④ 엔트로피

050 실내온도 측정용 서모스탯의 설치 위치는 어디가 좋은가?

① 냉난방기 설치 위치
② 호흡선
③ 창문 옆
④ 무릎선

해설
실내온도검출기(thermostat)의 설치는 사람의 호흡선인 방바닥으로부터 1.5m 정도이다.

[정답] 043 ② 044 ③ 045 ② 046 ② 047 ③ 048 ④ 049 ④ 050 ②

051 공기선도의 도표 설명 중 맞는 것은?

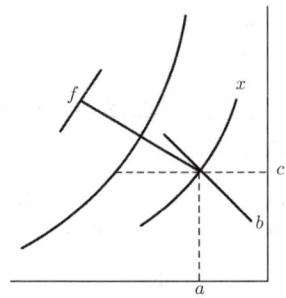

① 도표 중 f 점은 습공기의 습구온도를 표시한다.
② 도표 중 c 점을 습공기의 노점온도를 표시한다.
③ 도표 중 곡선 x 는 습공기의 절대습도를 읽는 점이다.
④ 도표 중 직선 b 는 습공기의 비체적을 읽는 선이다.

052 판넬 난방에서 실내 주변의 온도 $t_w = 25°C$, 실내공기의 온도 $t_o = 15°C$라고 하면 실내에 있는 사람이 받는 감각온도는?
① 15 ② 20
③ 25 ④ 10

053 습구온도 30°C인 공기 20kg과 습구온도 15°C인 공기 40kg을 혼합하면 몇 도인가?
① 27°C ② 23°C
③ 25°C ④ 20°C

> 해설
> $$\frac{(20 \times 30) + (40 \times 15)}{20 + 40} = 20°C$$

054 건구온도 $t_1 = 39°C$, 엔탈피 $h_1 = 13.9kJ/kg$의 공기 40kg과 건구온도 $t_2 = 37°C$, 엔탈피 $h_2 = 23.7kJ/kg$의 공기 10kg을 혼합하였을 때 혼합공기의 엔탈피는 몇 kJ/kg인가?
① 11.6 ② 14.1
③ 15.9 ④ 16.3

> 해설
> $$h_3 = \frac{Q_1 h_1 + Q_2 h_2}{Q_1 + Q_2} = \frac{(40 \times 13.9) + (10 \times 23.7)}{40 + 10}$$
> $$= 15.9 kJ/kg$$

055 그림과 같이 공기가 상태변화를 하였을 때 바르게 설명한 것은?

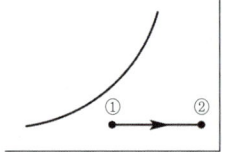

① 절대습도 증가 ② 상대습도 감소
③ 수증기 분압 감소 ④ 현열량 감소

056 바이패스 팩터(by-pass factor)란?
① 냉각 또는 가열코일과 접촉하지 않고 그대로 통과하는 공기의 비율
② 신선한 공기와 순환공기의 비율
③ 송풍공기 중에 있는 습공기의 비율
④ 흡입공기 중에 있는 습공기의 비율

057 공기조화기에 있어 바이패스 팩터(by-pass factor)가 작아지는 경우에 해당되는 것은?
① 전열면적이 클 때
② ADP가 높아질 때
③ 송풍량이 클 경우
④ 냉수량이 적을 경우

[정답] 051 ④ 052 ② 053 ④ 054 ③ 055 ② 056 ① 057 ①

058 공기조화기에 의하여 냉방 사이클을 행하는 경우 선도상에 상태변화를 표시할 때 그림에서 가습냉각 변화를 나타내는 선분은?

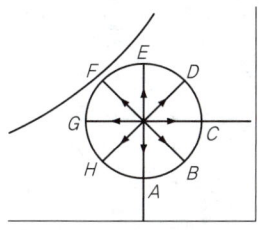

① $\overline{KB}$ ② $\overline{KD}$
③ $\overline{KF}$ ④ $\overline{KH}$

059 건구온도 30℃, 상대습도 50%인 습공기 500m³/h를 냉각코일에 의하여 냉각한다. 냉각코일의 표면온도는 10℃이고 바이패스 팩터가 0.1이라면 냉각된 공기의 온도(℃)는 얼마인가?

① 10 ② 12
③ 24 ④ 28

해설
$CF = 1 - BF = \dfrac{30-x}{30-10}$ 에서
$30 - \{(1-0.1) \times (30-10)\} = 12℃$

060 외기온도 30℃, 환기온도 25℃인 공기를 각각의 비율이 1:3으로 혼합해서 냉각코일 통과 시 바이패스 팩터가 0.2이다. 이때 출구의 공기온도는? (단, 코일표면의 온도는 12℃이다.)

① 18.85℃ ② 16.85℃
③ 14.93℃ ④ 12.85℃

해설
혼합공기온도, $t_3 = \dfrac{(30 \times 1) + (25 \times 3)}{1+3} = 26.65$
$BF = \dfrac{x-12}{26.5-12}$ 에서 $x = 0.2 \times (26.65-12) + 12$
$= 14.93℃$

061 5℃인 450kg/h의 공기를 65℃가 될 때까지 가열기로 가열할 때 필요한 열량으로 틀린 것은?

① 1,633BTU/h ② 6,480kcal/h
③ 7,534Watt   ④ 27,270kJ/h

해설
$q = 450 \times 0.24 \times (65-5) = 6,480$kcal/h
$= 25,713$BTU/h $= 27,216$kJ/h $= 7,560$W
$q = 450 \times 1.01 \times (65-5) = 27,270$kJ/h $= 7,575$kW

062 다음의 공기조화장치에 관한 설명 중 옳은 것은?

① 냉각코일을 통과시킬 경우 공기는 온도와 습도가 조정된다.
② 냉각코일을 통과시키면 공기는 온도만 낮아진다.
③ 가열코일을 통과시키면 공기는 습도만 낮아진다.
④ 가열코일을 통과시키면 공기는 온도와 습도가 조정된다.

063 습공기의 상태변화에 관한 설명 중 틀린 것은?

① 습공기를 가열하면 건구온도와 상대습도가 상승한다.
② 습공기를 냉각하면 건구온도와 습구온도가 내려간다.
③ 습공기를 노점온도 이하로 냉각하면 절대습도가 내려간다.
④ 냉방할 때 실내로 송풍되는 공기는 일반적으로 실내공기보다 냉각 감습되어 있다.

해설
습공기를 가열하면 건구온도는 상승하고 상대습도는 내려간다.

064 공기를 가열했을 때 감소되는 것은 어느 것인가?
① 절대습도 ② 엔탈피
③ 상대습도 ④ 비체적

065 습공기의 상태량에 관한 설명으로 옳지 않은 것은?
① 습공기를 가열하거나 냉각해도 가습하거나 감습하지 않은 이상 상대습도가 일정하다.
② 습공기를 노점온도 이하로 냉각시키면 절대습도가 낮아진다.
③ 습공기를 냉각하여 노점온도 이하로 그온도가 내려가면 상대습도가 100%가 된다.
④ 습공기를 가열하여 그 온도를 상승시키면 상대습도가 낮아진다.

> [해설] 습공기를 가열하면 상대습도는 감소하고, 냉각하면 증가한다.

066 냉각코일 중 건코일에 습공기가 통과될 때 변화가 없는 것은?
① 엔탈피 ② 상대습도
③ 절대습도 ④ 습구온도

067 습공기의 상태변화에 관한 다음 설명 중 맞는 것은?
① 습공기를 가열하면 상대습도가 올라간다.
② 습공기를 가습하면 상대습도가 올라간다.
③ 습공기를 냉각하면 상대습도가 내려간다.
④ 습공기를 노점온도 이하로 냉각하면 절대습도가 올라간다.

068 다음 그림 ⓐ~ⓓ는 습공기 선도상에 나타낸 공기조화 과정의 기본형이다. 다음을 그림의 상태와 맞추어 나열한 것은?

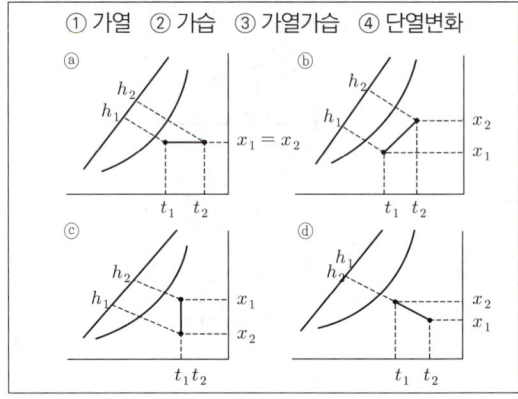

① 가열 ② 가습 ③ 가열가습 ④ 단열변화

① ⓐ - ①, ⓑ - ②, ⓒ - ③, ⓓ - ④
② ⓐ - ①, ⓑ - ③, ⓒ - ②, ⓓ - ④
③ ⓐ - ④, ⓑ - ③, ⓒ - ②, ⓓ - ①
④ ⓐ - ②, ⓑ - ③, ⓒ - ④, ⓓ - ①

069 다음은 풍량을 계산하는 공식이다. 이 식 중 q는 무엇인가?

$$Q = \frac{q}{1.21(t_i - t_d)}$$

① 전체손실부하 ② 잠열부하
③ 현열부하 ④ 온도부하

070 난방공조에 있어서 실내온도가 23℃, 현열량 4.65kW이고, 풍량이 2,400kg/h이면 코일 출구의 온도는?
① 28.95℃ ② 29.91℃
③ 30.42℃ ④ 36.52℃

> [해설] $q_s = G \cdot C \cdot (t_d - t_i)$ 에서
> $t_d = \dfrac{q_s}{G \times C} + t_i = \dfrac{4.65 \times 3,600}{2,400 \times 1.01} + 23 = 29.91℃$

[정답] 064 ③ 065 ① 066 ③ 067 ② 068 ② 069 ③ 070 ②

071 실내취득현열량 $q_s = 8720W$, 실내온도 26℃, 취출온도 16℃일 때 송풍량은?

① 3,107m³/h   ② 3,107kg/h
③ 3,633m³/h   ④ 3,633kg/h

> **해설**
> $q_s = G \cdot C \cdot \Delta t$에서
> $G = \dfrac{8,720 \times 3.6}{1.01 \times (26-16)} = 3,107 kg/h = 2,578 m^3/h$

072 100명을 수용하는 극장에서 외기를 이용하여 실온을 22℃로 유지하고자 한다. 이때 송풍량은? (단, 외기는 10℃, 1인당 현열 발열량은 58W/인로 한다.)

① 1,410m³/h   ② 1,447m³/h
③ 1,736m³/h   ④ 1,920m³/h

> **해설**
> $G = \dfrac{100 \times 8,720 \times 3.6}{1.01 \times (26-16)} = 3,107 kg/h = 2,578 m^3/h$

073 공기조화를 하는 경우 수분을 제거하는 방법 중 옳은 것은?

① 코일의 표면온도를 노점온도 이하로 낮추어 실내공기를 통과시킨다.
② 코일의 표면온도를 습구온도 이하로 낮추어 실내공기를 통과시킨다.
③ 코일의 표면온도를 건구온도 이하로 낮추어 실내공기를 통과시킨다.
④ 코일의 표면온도를 100℃ 이상으로 높여 실내공기를 통과시킨다.

074 순환수 분무에 대한 설명 중 옳지 않은 것은?

① 단열변화   ② 증발냉각
③ 습구온도 일정   ④ 상대습도 일정

075 다음 공기조화 과정을 잘못 설명된 것은?

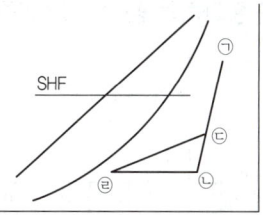

① SHF선과 ㉣-㉡선은 평행하다.
② ㉢점은 외기 ㉠과 환기 ㉡를 혼합한 상태점이다.
③ ㉣-㉡과정은 실내로 송풍하여 실내부하를 제거하는 과정이다.
④ ㉢-㉣과정은 냉각기의 냉각가습 과정이다.

076 다음은 여름철 공기조화 과정을 선도로 나타낸 것이다. 이 중 실내로 송풍되는 공기의 상태점은 어느 곳인가?

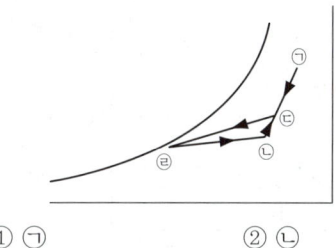

① ㉠   ② ㉡
③ ㉢   ④ ㉣

077 다음 그림은 공기조화기 내부에서의 공기의 변화를 나타낸 것이다. 이 중에서 냉각코일에서 나타나는 상태변화는 공기 선도상 어느 점을 나타내는가?

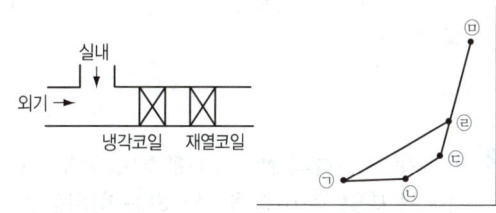

① ㉠-㉡   ② ㉡-㉢
③ ㉣-㉠   ④ ㉣-㉤

[정답] 071 ② 072 ② 073 ① 074 ④ 075 ④ 076 ④ 077 ③

078 다음은 여름철 공조를 위한 장치의 구성이다. 공조기를 통과하는 공기의 상태변화로 틀린 것은?

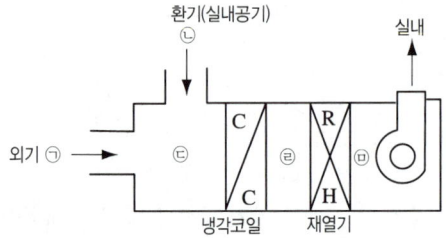

① ㉠-㉢ : 외기의 건구온도가 저하한다.
② ㉡-㉢ : 환기의 엔탈피가 상승한다.
③ ㉢-㉣ : 혼합공기의 상대습도가 저하한다.
④ ㉣-㉤ : 혼합공기의 절대습도 변화는 없다.

079 다음의 선도의 설명으로 올바른 것은?

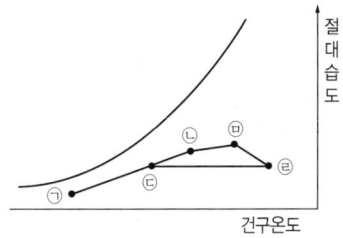

① 여름철 공조선도를 나타낸 것이다.
② 겨울철 공조선도를 나타낸 것으로 가열, 가습 과정으로 이루어져 있다.
③ 공기는 가습 후 가열과정을 거쳐 실내로 송풍된다.
④ ㉣번은 실내로 공조된 공기가 송풍되는 지점이다.

080 사무실 건물의 공기조화를 행할 경우 전체 열부하에서 제일 큰 비중을 차지하는 항목은?
① 벽, 창, 천장 등에서 침입하는 열과 일사에 의해 유리창을 투과하여 침입하는 열
② 재실자로부터의 발생열과 조명기구로부터의 발생 열
③ 일사에 의해 유리창을 투과하여 침입하는 열과 재실자로부터의 발생 열
④ 문을 열 때 들어오는 열과 문틈으로 들어오는 열

081 다음 내용 중에서 잘못된 것은?
① 벽이나 유리창을 통해 실내로 들어오는 열은 잠열과 감열이 있다.
② 창문의 틈새로 들어오는 공기가 가지고 들어오는 열은 잠열과 감열이다.
③ 여름철에 실내의 인체에서 발생하는 열은 잠열과 감열이다.
④ 실내의 발열기구(형광등, 조리기구 등)에서 발생하는 열은 잠열과 감열이다.

082 인체로부터의 발생열량에 대한 설명 중 틀린 것은?
① 인체 발열량은 사람의 활동상태에 따라 달라진다.
② 식당에서 식사하는 인원에 대해서는 음식물의 발열량도 포함시킨다.
③ 인체 발생열에는 감열과 잠열이 있다.
④ 인체 발생열은 인체내의 기초대사에 의한 것이므로 실내온도에 관계없이 일정하다.

083 냉방부하 계산시 사용하는 일사의 영향을 고려한 외기온도를 무엇이라 하는가?
① 유효온도   ② 상당외기온도
③ 습구온도   ④ 절대온도

[정답] 078 ③ 079 ② 080 ① 081 ① 082 ④ 083 ②

084 외벽체로부터 취득열량을 산출하는 식으로 옳은 것은?

① $q = K \cdot (1/\Delta te \cdot A)$
② $q = K \cdot \Delta te \cdot A$
③ $q = K \cdot A \cdot (1/\Delta te)$
④ $q = K \cdot \Delta te \cdot (1/A)$

085 다음 [보기]에서 관련된 것끼리 바르게 연결된 사항은?

[보기 A]
ⓐ 열교환기의 전열계산
ⓑ 일사를 받지 않는 벽의 전열계산
ⓒ 일사를 받는 벽의 전열계산

[보기 B]
㉠ 상당 외기 온도차
㉡ 대수 평균 온도차
㉢ 벽면 양쪽 공기의 단순 온도차

① ⓐ - ㉢, ⓑ - ㉡, ⓒ - ㉠
② ⓐ - ㉡, ⓑ - ㉢, ⓒ - ㉠
③ ⓐ - ㉠, ⓑ - ㉢, ⓒ - ㉡
④ ⓐ - ㉡, ⓑ - ㉠, ⓒ - ㉢

086 사무실 서쪽벽의 면적이 50m², 벽의 열통과율이 2.5kJ/m²h℃, 실내의 온도가 10℃이고 외기의 온도가 30℃일 때 이 서쪽벽을 통하여 시간당 얼마의 열이 침입했는가?

① 1,000kW ② 1,500kcal
③ 2,000W ④ 2,500kJ

해설
$q = K \cdot A \cdot \Delta t = 2.5 \times 50 \times (30-10)$
$= 2,500 kJ/h = 694W = 0.694kW = 595kcal$

087 외기온도가 32.3℃, 실내온도가 28℃이고, 일사를 받는 벽의 상당 외기 온도차가 22.5℃, 벽체의 열관류율이 3.49W/m²℃일 때 벽체의 단위 면적당 이동하는 열량은?

① 78.5W ② 78.5kcal/h
③ 67.5kJ/h ④ 96.9kJ/h

해설
$q = K \cdot A \cdot \Delta t_e = 3.49 \times 1 \times 22.5 = 78.5W$
$= 283kJ/h = 67.5kcal/h$

088 형광등의 1kW의 발열량은?

① 860kcal/h ② 860kJ/h
③ 1,000kcal/h ④ 1,200W

089 40W짜리 형광등 10개를 조명용으로 사용하는 어떤 사무실이 있다. 이때 조명기구로부터의 취득 열량은 얼마인가?

① 200kcal/h ② 344kcal/h
③ 400kcal/h ④ 688kcal/h

해설
$0.04 \times 10 \times 1,000 = 400 kcal/h = 16,800 kJ/h$

참고 조명부하
① 형광등 1kW = 1,000kcal/h
② 백열등 1kW = 860kcal/h

090 다음 방법들은 극간풍의 풍량을 계산하는 방법이다. 옳지 않은 것은?

① 환기 횟수에 의한 방법
② 극간 길이에 의한 방법
③ 창 면적에 의한 방법
④ 재실 인원수에 의한 방법

[정답] 084 ② 085 ② 086 ④ 087 ① 088 ③ 089 ③ 090 ④

091 송풍 공기량을 Q[m³/h], 외기 및 실내 온도를 각각 t_o, t_i ℃라 할 때 침입외기에 의한 현열부하[kJ/h]를 구한 공식은?

① $0.336\,Q(t_o - t_i)$ ② $834\,Q(t_o - t_i)$
③ $1.21\,Q(t_o - t_i)$ ④ $0.29\,Q(t_o - t_i)$

> **해설**
> $q_s = 0.288\,Q\Delta t$ [kcal/h] $= 1.21\,Q\Delta t$ [kJ/h]
> $\quad = 0.336\,Q\Delta t$ [W]

092 다음 틈새바람에 의한 손실열량 중 잠열부하(kJ/h)는?

① $0.288\,Q(t_o - t_i)$ ② $1.21\,Q(t_o - t_i)$
③ $834\,Q(x_o - x_i)$ ④ $3001\,Q(x_o - x_i)$

> **해설**
> $q_L = 717\,Q(x_o - x_i)$ [kcal/h] $= 3{,}001\,Q(x_o - x_i)$ [kJ/h]
> $\quad = 834\,Q(x_o - x_i)$ [W]

093 틈새바람을 줄이는 방법으로서 옳지 않은 것은?

① 회전문을 설치한다.
② 이중문 중간에 강제대류 컨벡터를 설치한다.
③ 에어커튼을 사용한다.
④ 실내의 압을 부압으로 하며 실내의 온도를 높여준다.

094 겨울 환기로 인한 난방부하는 얼마나 되는가? (단, 외기온도 −1℃, 실내온도 18℃, 실용적 336m³, 환기횟수 : 1.5회/hr)

① 11,606kcal/h ② 3,224kJ/h
③ 2,770W   ④ 3.24kW

> **해설**
> $q_s = 1.2 \times (1.5 \times 336) \times 1.01 \times 19 = 11{,}606$ kJ/h
> $\quad = 2{,}770$ kcal/h $= 3{,}224$ W

095 은행의 실내 체적이 730m³이고 공기가 1시간에 40회 비율로 틈새 바람에 의해 자연 환기될 때 풍량(m³/min)을 구한 것 중 옳은 것은?

① 310 ② 325
③ 450 ④ 486

> **해설**
> 환기량 = 환기횟수 × 실내 체적 = $n \cdot V$
> $\quad = \dfrac{40 \times 730}{60} = 486.67$ m³/min

096 다음 용어의 조합 중 틀린 것은?
① 인체의 발생열 − 현열, 잠열
② 극간풍에 의한 열량 − 현열, 잠열
③ 외기 도입량 − 현열, 잠열
④ 조명부하 − 현열, 잠열

097 냉방부하의 취득열량에는 현열부하와 잠열부하가 있다. 잠열부하를 포함하는 것은?
① 덕트로부터의 취득열량
② 인체로부터의 취득열량
③ 벽체의 전도에 의해 침입하는 열량
④ 일사에 의한 취득열량

098 다음 중 냉방부하 계산 시 현열부하에만 속하는 것은?
① 인체 발생열 ② 기구 발생열
③ 송풍기 발생열 ④ 틈새바람에 의한 열

[정답] 091 ③ 092 ④ 093 ④ 094 ④ 095 ④ 096 ④ 097 ② 098 ③

099 냉동기의 용량 결정에 있어서 실내취득열량이 아닌 것은?
① 벽체로부터의 열량
② 인체발생열량
③ 기구발생열량
④ 덕트로부터의 열량

100 냉각코일 또는 에어와셔의 용량으로 감당해야 할 부하에 포함되지 않는 것은?
① 실내취득열량   ② 기기취득열량
③ 외기부하   ④ 펌프, 배관부하

101 다음 내용의 ( ) 안에 들어갈 용어로서 모두 옳은 것은?

> 송풍기 송풍량은 (㉮)이나 기기취득부하에 의해 구해지며 (㉯)는(은) 이들 열 부하 외에 외기부하나 재열부하를 합해서 얻어진다.

① ㉮ 실내취득열량   ㉯ 냉동기용량
② ㉮ 냉각탑방출열량 ㉯ 배관부하
③ ㉮ 실내취득열량   ㉯ 냉각코일용량
④ ㉮ 냉각탑방출열량 ㉯ 송풍기부하

102 냉각코일부하에 냉수배관을 통한 배관부하와 냉수펌프부하를 고려하여야 하는 것은?
① 냉방부하   ② 냉동기 용량
③ 펌프 및 배관부하 ④ 냉각탑 용량

103 다음 글 중에서 틀리는 것은?
① 벽을 통해 실내로 들어오는 열은 감열뿐이다.
② 유리창의 유리를 통해 실내로 들어오는 열에는 잠열도 포함되어 있다.
③ 창문 등의 틈새에서 실내로 들어오는 공기가 갖고 들어오는 열은 감열과 잠열이다.
④ 실내의 발열기구류에서 발생하는 열은 감열뿐이라고 할 수 없다.

104 냉방 시 공조기의 송풍량 계산과 관계있는 것은?
① 송풍기와 덕트로부터 취득열량
② 외기부하
③ 펌프 및 배관부하
④ 재열부하

105 다음 중 난방부하를 줄일 수 있는 요인이 아닌 것은?
① 극간풍에 의한 잠열
② 태양열에 의한 복사열
③ 인체의 발생열
④ 기계의 발생열

106 난방부하계산에서 송풍량을 구하는 공식은?
① 송풍량=실내취득열량+기기내 취득열량
② 송풍량=실내취득열량+재열량
③ 송풍량=실내취득열량+외기 부하
④ 송풍량=재열 부하+외기 부하

107 건축적 측면에서 에너지 절약방법이 아닌 것은?
① 외벽부분의 단열화   ② 창유리 면적의 증대
③ 틈새바람의 기밀화   ④ 건물표면의 축소

해설
창유리의 면적을 증대시키면 유리창을 통한 부하가 증가하여 에너지 손실이 더욱 발생한다.

[정답] 099 ④ 100 ④ 101 ③ 102 ② 103 ② 104 ① 105 ① 106 ① 107 ②

108 인체활동 시의 대사를 표시하는 단위는?
① RMR
② BMR
③ MET
④ CET

> 해설
> ① 에너지 대사율(RMR, relative metabolic rate)
> ② 기초대사율(BMR, basal metabolic rate)
> ③ 인체대사량(MET, Metabolic Equivalent Task)
> ④ 수정유효온도(CET, corrected effective temperature)

109 극간풍 풍량을 산출하는 방법 중 옳지 않은 것은?
① 환기횟수에 의한 방법
② 창문 면적에 의한 방법
③ 창문 틈새길이에 의한 방법
④ 창문의 대각선 길이에 의한 방법

110 환기횟수는 어떻게 결정되는가?
① $\dfrac{\text{매시간 환기량}}{\text{실내 면적}}$
② $\dfrac{\text{매시간 환기량}}{\text{실내 용적}}$
③ $\dfrac{\text{실내 면적}}{\text{매시간 환기량}}$
④ $\dfrac{\text{실내 용적}}{\text{매시간 환기량}}$

> 해설
> 매시간당 환기량 = 환기횟수 × 실내 용적이므로
> 환기횟수 = $\dfrac{\text{매시간 환기량}}{\text{실내 용적}}$

111 오전 중에 냉방부하가 최대가 되는 조닝(zoning)은 어느 방향인가?
① 동
② 서
③ 남
④ 북

112 냉방부하 중 가장 큰 값을 차지하는 것은?
① 인체 내에서 발생하는 열량
② 벽을 통해 실내로 들어오는 열량
③ 형광등의 발열량
④ 태양의 일사량

113 현열부하 및 잠열부하가 되는 부하는?
① 유리창을 통한 일사량
② 외벽의 손실열량
③ 인체부하
④ 형광등 발열부하

114 난방부하 계산 시 여유율을 고려하여 계산에 포함하지 않는 부하는?
① 유리를 통한 전도열
② 도입 외기부하
③ 조명부하
④ 벽체의 축열부하

115 난방부하 계산 시 방위에 따른 손실열량을 보정하는 데 따른 방위계수가 큰 순서로 옳은 것은?
① 북 – 동 – 서 – 남
② 북 – 남 – 동 – 서
③ 동 – 남 – 북 – 서
④ 남 – 북 – 동 – 서

116 다음은 난방부하의 원인이다. 이중 해당되지 않는 것은?
① 외벽을 통한 열손실
② 옥외에서 끌어들인 환기
③ 옥내에서 작동하는 냉장고
④ 창문 등 틈을 통해서 들어오는 침입공기

[정답] 108 ③ 109 ④ 110 ② 111 ① 112 ④ 113 ③ 114 ③ 115 ① 116 ③

117 난방부하 설명 중 옳지 않은 것은?

① 건물의 난방 시에 실내의 인원 또는 기구의 발생열량은 난방 개시시간을 고려하여 무시해도 좋다.
② 외기부하는 난방부하 계산과 마찬가지로 현열부하와 잠열부하로 나누어 계산해야 한다.
③ 난로 면의 열통과에 의한 손실열량은 적으므로 무시해도 좋다.
④ 건물의 벽체는 바람을 통하지 못하게 하므로 건물벽체에 의한 손실열량은 무시해도 좋다.

118 면적이 100m²이고, 열통과율이 3W/m²K인 서쪽 외벽을 통한 손실열량은 얼마인가? (단, 실내공기와 외기의 온도차는 20℃이고, 방위계수는 동쪽 1.05, 서쪽 1.05, 남쪽 1.0, 북쪽 1.1이다.)

① 3,714W ② 5,000W
③ 6,300W ④ 7,600W

해설
$q = K \cdot A \cdot \Delta t \times 방위계수$
$= 3 \times 100 \times 20 \times 1.05$
$= 6,300W$

[정답] 117 ④ 118 ③

PART 2. 공기조화

공기조화방식

1 조닝계획

1 조닝 및 존

건물의 방위, 부하특성, 운전시간 등에 따라 건물을 몇 개의 공조계통으로 구분하여 공조방식을 결정하는 것을 조닝(zoning)이라고 한다. 또한, 건물을 분할한 각각의 구역을 존(zone)이라고 한다.

그림은 태양의 일사를 고려하여 동서남북의 외부 존과 내부 존으로 구성한 것으로 일사는 동측 존에서 08시, 남측 존에서는 12시, 서측은 오후 4시가 각각 최대부하가 된다.

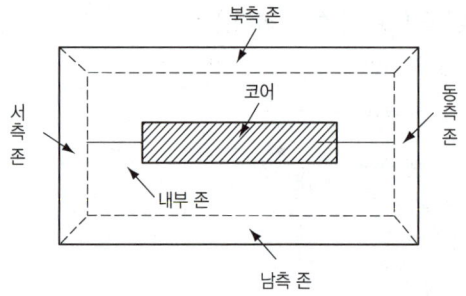

> **참고**
> - 외부 존(perimeter zone) : 건물의 외부는 태양에 의한 일사나 외기온도에 의한 영향이 크다.
> - 내부 존(interior zone) : 건물의 내부는 일사의 의한 열취득이나 열손실이 적어 부하의 변동이 크지 않으므로 주로 조명이나 재실인원에 의한 냉방부하를 주로 처리한다.

2 조닝의 필요성

① 각 구역의 온·습도 조건 유지
② 합리적인 공조시스템 적용
③ 에너지 절약 등

❷ 공조방식의 분류

구분	열매체에 의한 분류	방식
중앙식	전공기 방식	단일덕트 방식(정풍량, 변풍량) 2중덕트 방식 멀티존 방식 각층 유닛 방식 덕트 병용 패키지 방식
	수 방식	팬코일 유닛(FCU) 방식
	수-공기 방식 (공기-수 방식)	팬코일 유닛 방식(덕트병용) 유인 유닛 방식 복사 냉난방 방식
개별식	냉매 방식	룸 쿨러 방식 패키지 유닛 방식 멀티 유닛 방식 열펌프 유닛 방식

1 설치 위치에 따른 분류

(1) 중앙식

중앙 기계실에 보일러나 냉동기를 설치하고 2차측에 설치한 공조기를 통하여 각 실을 공조하는 방식으로 대형건물에 적합하다.

장점	단점
① 실내 오염이 적다. ② 외기(대기)냉방이 쉽다. ③ 유지관리가 쉽다.	① 열운송 동력이 많이 든다. ② 개별 제어성이 좋지 않다. ③ 기계실 및 배관, 덕트의 설치면적이 필요하다.

(2) 개별식

냉동기를 내장한 패키지 유닛을 필요한 장소에 설치하여 공조하는 방식이다.

장점	단점
① 개별 제어성이 좋다. ② 덕트가 필요 없다. ③ 증설, 이동이 용이하다. ④ 설비비가 적게 든다.	① 외기냉방이 어렵다. ② 대규모에는 부적당하다. ③ 소음과 진동이 발생한다. ④ 분산배치에 따른 유지관리가 어렵다.

2 열매체에 의한 분류

(1) 전공기(덕트) 방식

단일덕트 방식은 중앙의 공기조화기로 온습도를 조절하고 여름에는 냉풍, 겨울에는 온풍을 덕트를 통해 각 실내로 공급하는 것으로 모든 냉난방부하를 공기로만 처리하는 방법이다. 이 방식은 부하변동이 적고 엄밀한 온습도를 요구하지 않는 사무소 건물이나 병원 등의 내부 존, 높은 청정도가 요구되는 병원 수술실, 극장, 스튜디오 등에 적용된다.

장점	단점
① 송풍량이 많아서 실내공기의 오염이 적다. ② 중간기에 외기냉방이 가능하다. ③ 중앙 집중식이므로 운전, 보수, 관리가 용이하다. ④ 취출구의 설치로 실내 유효면적이 증가한다. ⑤ 소음이나 진동이 전달되지 않는다. ⑥ 실에 수배관이 없어 누수의 우려가 없다.	① 덕트 치수가 커져 설치공간이 크다. ② 냉·온풍 운반에 따른 송풍기 소요동력이 크다. ③ 대형의 공조 기계실이 필요하다. ④ 개별제어가 어렵다. ⑤ 설비비가 많이 든다.

① 단일덕트 방식

중앙 공조기에서 조화된 냉온풍의 공기를 1개의 덕트를 통해 실내로 공급하는 방식

㉠ 정풍량(CAV, constant air volume) 방식 : 실내 취출구를 통하여 일정한 풍량으로 송풍온도 및 습도를 변화시켜 부하에 대응하는 방식이다.

[특징] • 급기량이 일정하여 실내가 쾌적하다.
• 변풍량에 비하여 에너지 소비가 크다.
• 각 실의 개별제어가 어렵다.
• 존의 수가 적은 규모에서는 타방식에 비해 설비비가 싸다.

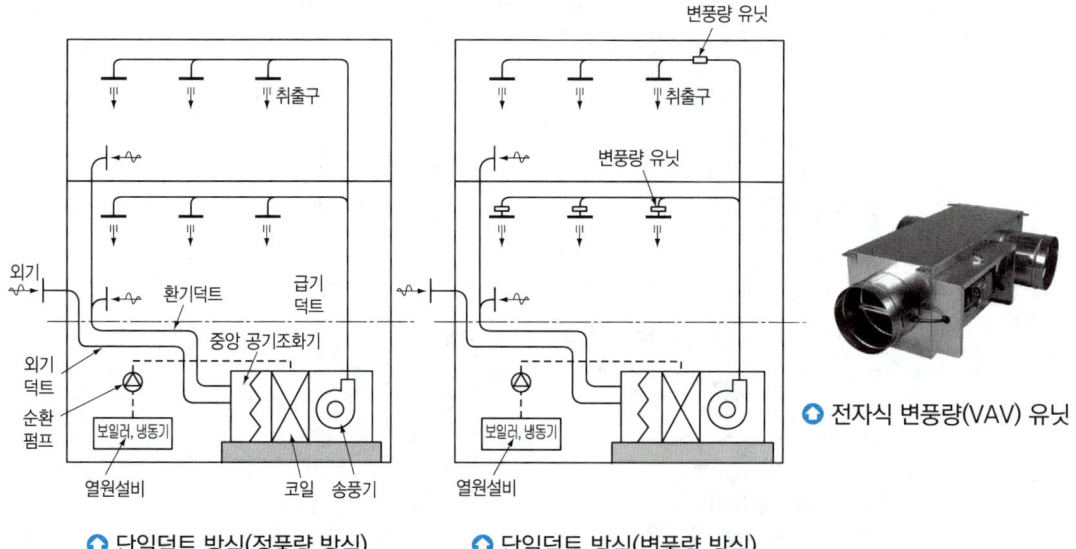

🔵 단일덕트 방식(정풍량 방식) 🔵 단일덕트 방식(변풍량 방식) 🔵 전자식 변풍량(VAV) 유닛

㉡ 변풍량(VAV, variable air volume) 방식 : 각 실 또는 존마다 부하변동에 따른 송풍온도는 일정하게 유지하고 부하변동에 따른 취출풍량을 조절하는 변풍량(VAV) 유닛을 설치하여 공조하는 방식이다.

[특징] • 개별제어가 용이하다.
• 타방식에 비해 에너지가 절약된다.
• 공조기 및 덕트 크기가 적어도 된다.
• 실내공기의 청정도가 떨어진다.
• 운전 및 유지관리가 어렵다.
• 설비비가 많이 든다.

② 2중덕트(double duct) 방식

중앙 공조기에서 냉풍과 온풍을 동시에 만들고 각각의 냉풍덕트와 온풍덕트를 통해 각 실 또는 각 존까지 공급하여 혼합챔버(mixing box)에 의해 혼합시켜 공조하는 방식이다.

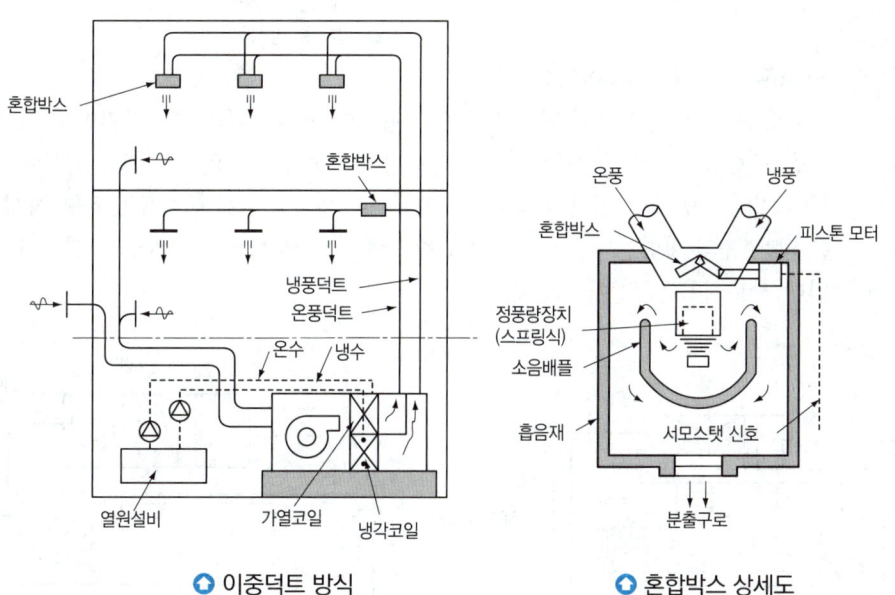

◎ 이중덕트 방식   ◎ 혼합박스 상세도

장점	단점
① 부하에 따른 각 실의 개별제어가 가능하다. ② 계절별로 냉난방 변환 운전이 필요 없다. ③ 실의 설계변경이나 용도변경에도 유연성이 있다. ④ 부하변동에 따라 냉온풍의 혼합 취출로 대응이 빠르다. ⑤ 실내에 유닛이 노출되지 않는다.	① 냉·온풍의 혼합에 따른 에너지손실이 가장 크다. ② 혼합상자에서 소음과 진동이 발생한다. ③ 덕트 스페이스가 크고 설비비가 많이 든다. ④ 여름에도 보일러를 운전할 필요가 있다. ⑤ 실내습도의 완전한 제어가 어렵다.

③ 멀티 존(multi-zone) 방식

2중덕트 방식을 변형시킨 것으로 중앙 공조기에서 냉풍과 온풍의 혼합공기를 존의 수만큼 만들어 각각 댐퍼로 제어하면서 하나의 덕트로 각 존에 공급하는 방식이다.

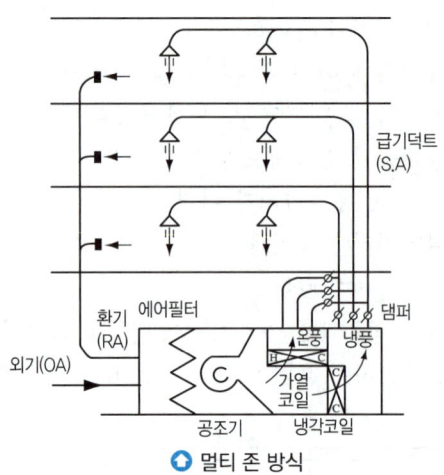

○ 멀티 존 방식

④ 각층 유닛 방식(step system)

각층 또는 각 존마다 유닛을 설치하고 옥상이나 기계실의 중앙장치에서 적당한 온도로 조정한 외기(1차 공기)를 공급하고 각 유닛에서는 송풍기에 의하여 흡입한 실내공기(2차 공기)를 코일에서 냉각·가열한 다음 1차 공기와 혼합해서 덕트를 통해 공급하는 방식이다. 이 방식은 많은 층의 대형, 중규모 이상의 고층 건축물 등의 방송국, 백화점, 신문사, 다목적 빌딩, 임대 사무실 등에 많이 사용된다.

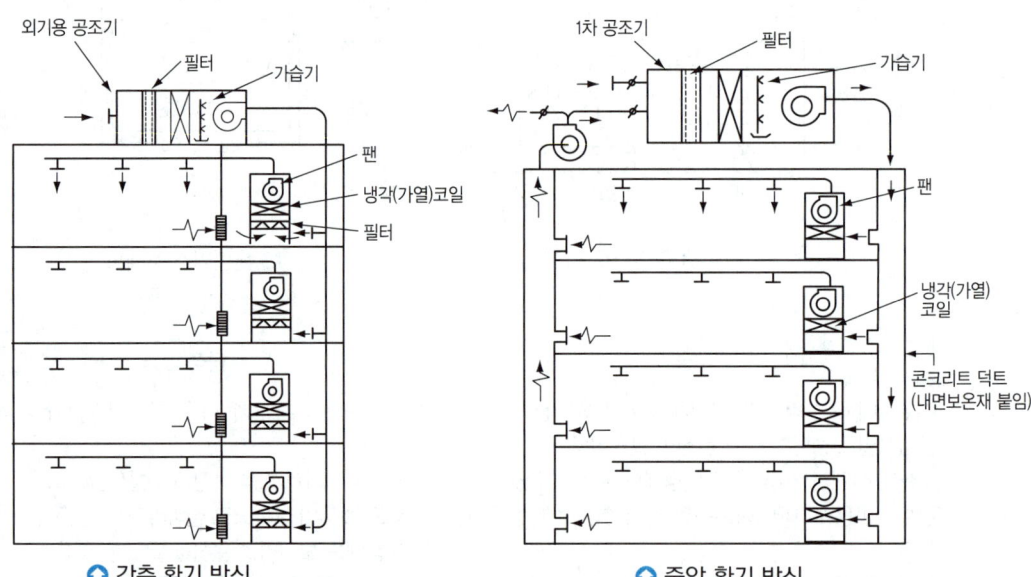

○ 각층 환기 방식   ○ 중앙 환기 방식

장점	단점
① 각 층마다 부하변동에 대응할 수 있다. ② 각층 및 각 존별로 부분 부하운전이 가능하다. ③ 기계실의 면적이 작고 송풍동력이 적게 든다. ④ 환기덕트가 필요 없어도 되므로 덕트 스페이스가 적게 든다.	① 각 층마다 공조기를 설치하므로 설비비가 많이 든다. ② 공조기의 분산배치로 유지관리가 어렵다. ③ 각층의 공조기 설치로 소음 및 진동이 발생한다. ④ 각층에 수배관을 함으로써 누수의 우려가 있다.

⑤ 덕트 병용 패키지 방식

　각 층에 있는 패키지공조기로 냉온풍을 만들어 덕트를 통해 실내로 송풍하는 방식으로 패키지 내에는 증발기(직접 팽창코일)에 의해 냉풍이 만들어지고 응축기는 옥상의 냉각탑으로부터 공급되는 냉각수에 의해 냉각되며 가열코일은 보일러에서 온수 또는 증기가 공급되거나 전열코일에 의해 온풍이 만들어지는 것으로 중소 규모의 건물에 많이 이용된다.

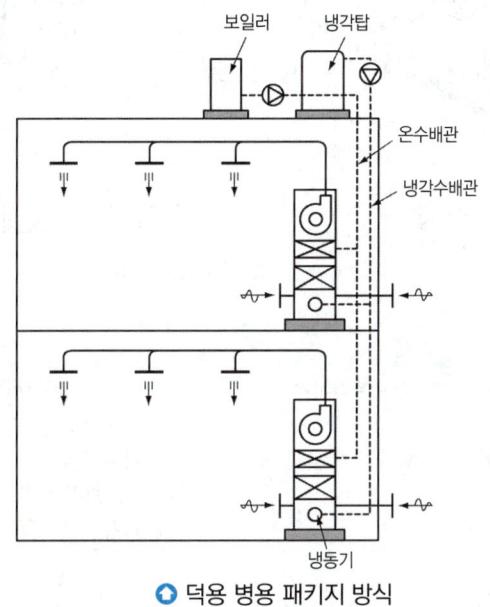

◆ 덕용 병용 패키지 방식

(2) 수방식(배관 방식)

　냉난방부하를 냉온수로만 처리하는 방식으로 펌프와 배관을 이용하므로 덕트의 설치가 필요 없으며 주로 실내에 설치된 팬코일 유닛을 이용한다. 이 방식은 주로 사무소 건물의 외주부용 등 재실인원이 적고 틈새바람이 많은 곳에 주로 사용하는 방식이다.

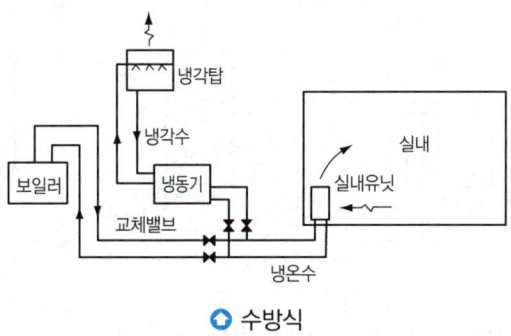

◆ 수방식

① 팬코일 유닛(FCU) 방식

　팬코일 유닛(FCU, fan coil unit)은 냉각·가열코일, 송풍기, 공기 여과기를 케이싱 내 수납한 것으로 기계실에서 냉·온수를 코일에 공급하여 실내공기를 팬으로 코일에 순환시켜 부하를 처리하는 방식으로 주로 외주부에 설치하여 콜드 드래프트(cold draft)를 방지한다.

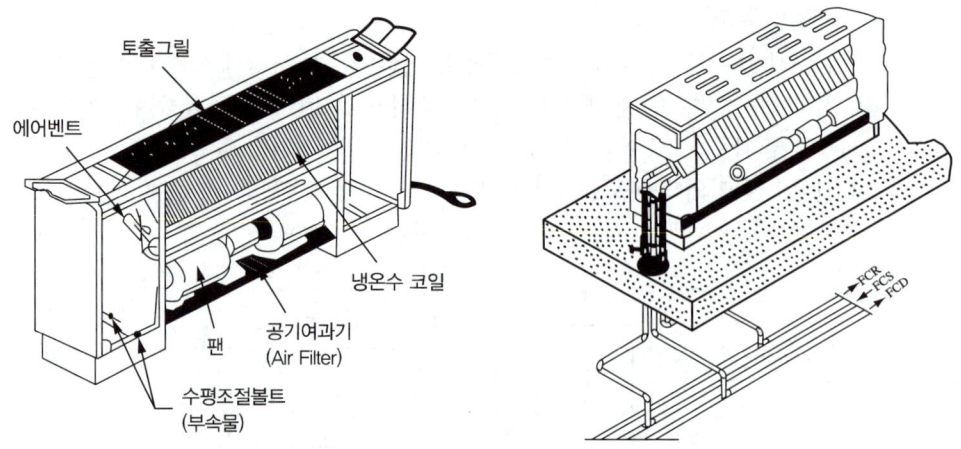

● 팬코일 유닛(FCU)

장점	단점
① 덕트를 설치하지 않으므로 설비비가 싸다. ② 각 실의 개별제어가 가능하다. ③ 증설이 간단하고 에너지 소비가 적다.	① 외기 도입이 어려워 실내공기의 오염우려가 있다. ② 수배관으로 누수 우려가 있고 분산배치로 유지관리가 어렵다. ③ 송풍량이 적어 고성능필터를 사용할 수 없다. ④ 외기 송풍량을 크게 할 수 없다.

(3) 공기-수(물) 방식(덕트-배관 방식)

전공기방식과 수방식의 단점을 보완한 것으로 냉난방부하를 공기와 물에 의하여 처리하는 방식이다. 이 방식은 주로 사무소, 병원, 호텔 등 다실 건물의 외주부 존에 적용한다.

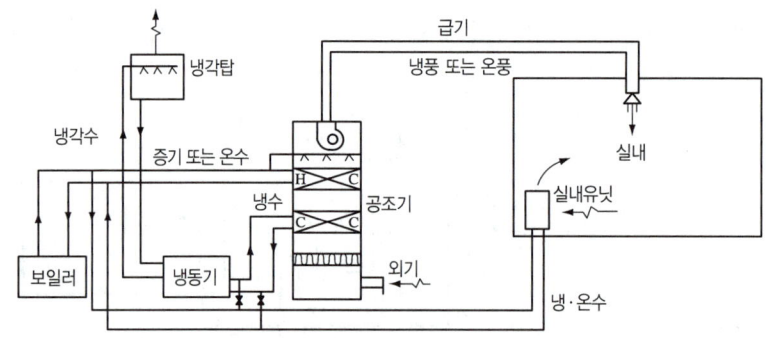

① 덕트병용 팬코일유닛 방식(덕트병용 FCU 방식)

냉난방부하를 덕트와 배관의 냉온수를 이용하여 처리하는 방식으로 대규모 빌딩에 주로 이용하며 내부존 부하는 공기방식(취출구), 외부존은 수방식(팬코일 유닛)을 이용하여 처리한다.

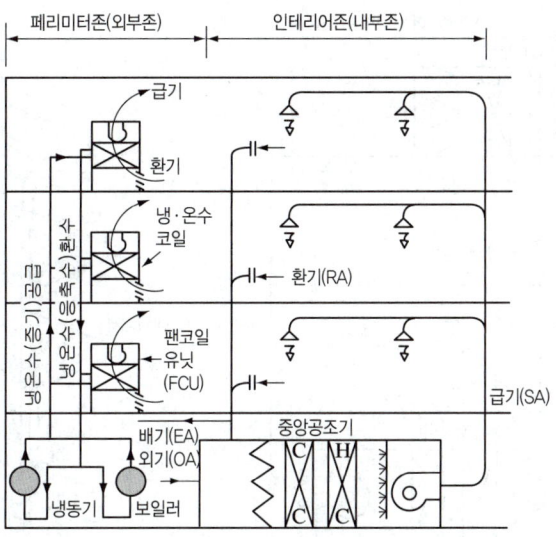

○ 덕트병용 팬코일유닛 방식

장점	단점
① 실내 유닛은 수동제어할 수 있어 개별제어가 가능하다. ② 유닛을 창문 아래에 설치하여 콜드 드래프트를 줄일 수 있다. ③ 전공기에서 담당할 부하를 줄일 수 있으므로 덕트의 설치공간이 작아도 된다. ④ 부분사용이 많은 건물에 경제적인 운전이 가능하다.	① 수배관으로 인한 누수의 우려가 있다. ② 도입 외기량 부족으로 실내공기의 오염의 우려가 있다. ③ 유닛 내에 있는 팬으로부터 소음이 발생한다.

② 유인 유닛(induction unit) 방식

실내에 유인 유닛을 설치하고 중앙 공조기로부터 공조된 1차 공기를 고속덕트를 통해 각 실의 유인 유닛으로 송풍하면 1차 공기가 유닛의 노즐을 통과할 때 실내공기(2차 공기)를 유인하여 취출되는 것으로 개별제어 용이하여 사무실, 호텔, 병원 등의 고층 건물의 외주부에 적합하다. 유인비(1차+2차/1차 공기)는 3~4 정도이다.

장점	단점
① 개별제어가 가능하다. ② 고속덕트 사용으로 덕트 스페이스를 작게 할 수 있다. ③ 중앙 공조기는 1차 공기만 처리하므로 크기를 작게 할 수 있다. ④ 유인 유닛에는 동력(전기)배선이 필요없다.	① 수배관을 해야 하므로 누수우려가 있다. ② 송풍량이 적어 외기냉방 효과가 적다. ③ 유닛의 설치에 따른 실내 유효공간이 감소한다. ④ 유닛 내 여과기가 막히기 쉽다. ⑤ 유닛은 값이 비싸고 소음이 있다.

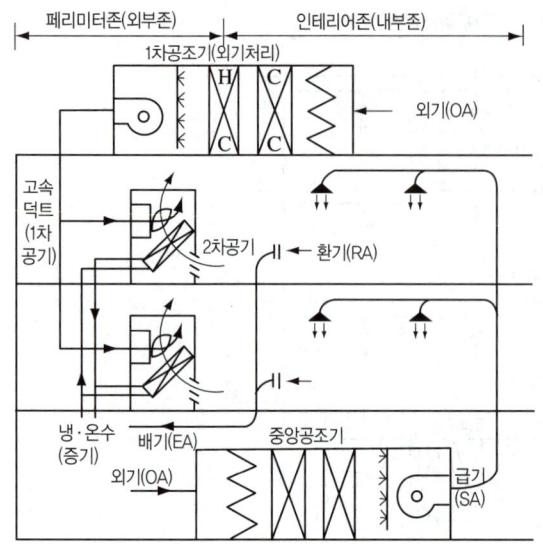
○ 유인 유닛 방식(외부존) + 단일덕트 방식(내부존)

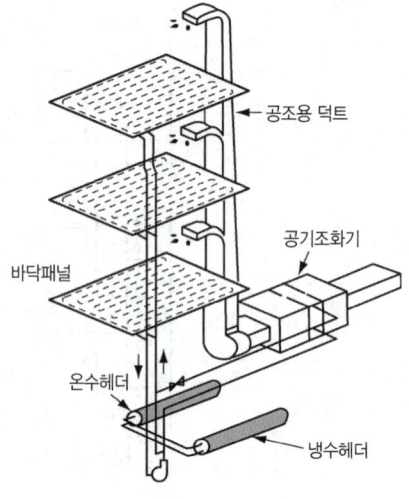
○ 복사 냉난방 방식

③ 복사 냉난방 방식(panel air system)

중앙 기계실에서 온수 또는 냉수를 바닥이나 벽 패널에 공급하고 또한 덕트를 통해 냉온풍을 송풍하여 겨울에는 복사난방, 여름에는 복사냉방을 행하는 공조방식이다.

장점	단점
① 현열부하가 큰 경우에 효과적이다. ② 쾌감도가 높고 외기 부족현상이 적다. ③ 건물의 축열을 기대할 수 있다. ④ 유닛을 설치하지 않아 실내 바닥의 이용도가 좋다. ⑤ 덕트 스페이스 및 열운반 동력을 줄일 수 있다.	① 냉방 시 결로우려가 있어 잠열부하가 큰 곳에는 부적당하다. ② 열손실 방지를 위해 단열시공을 완벽히 하여야 한다. ③ 수배관의 매립으로 시설비가 많이 든다. ④ 실내 방의 변경 등에 의한 융통성에 없다. ⑤ 중간기에 냉동기의 운전이 필요하다.

> **참고**
>
> 천장이 높은 방, 조명부하가 많은 방, 겨울철 윗면이 차가워지는 방에 채택한다.
> ■ 운송동력이 큰 순서 : 전공기방식 〉 공기-수방식 〉 수방식

(4) 개별식(냉매 방식)

냉동사이클을 이용한 개별방식으로 실외측에 응축기, 실내측에 증발기를 설치하여 냉방하고 4방 밸브를 이용하여 냉매 흐름을 전환시켜 열펌프로 사용하면 겨울에도 난방하거나 별도로 가열코일을 설치하여 난방 할 수 있는 방식이다.

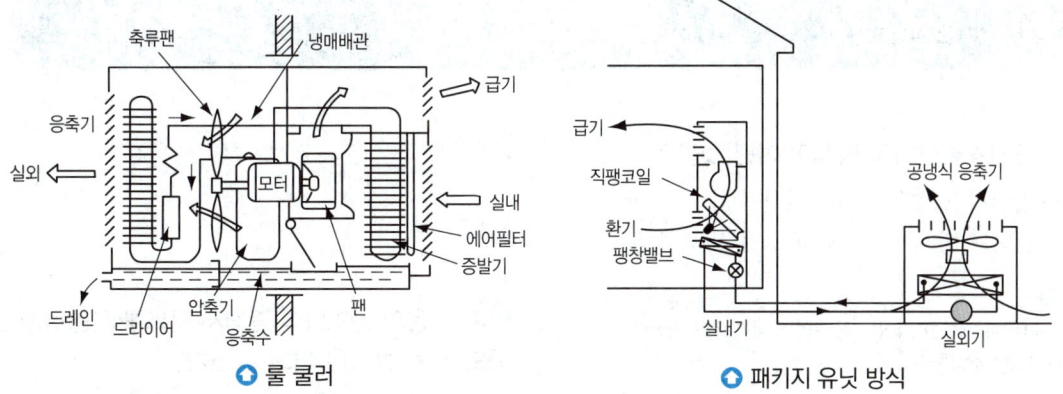

◐ 룸 쿨러　　　　　　　　◐ 패키지 유닛 방식

① 룸 쿨러(room cooler) 방식

　소형 밀폐형 압축기와 응축기, 냉각코일, 송풍기 등을 케이싱 내에 수납하여 창문에 설치하거나 받침대 위에 놓아서 작은방을 냉방하는 방식이다.

② 패키지 유닛(package unit) 방식

　냉동기, 냉각코일, 공기여과기, 송풍기, 자동제어기기 등을 케이싱 내장한 것으로 직접 유닛을 실내에 설치하여 공조하는 방식으로 개별제어가 쉽고 소규모에 적합하다.

③ 멀티 유닛(multi unit) 방식

　1대의 응축기(실외기)로 여러 대의 냉각코일(실내기)을 운영하는 방식으로 실외기의 설치면적을 줄일 수 있어 최근 많이 사용하고 있다.

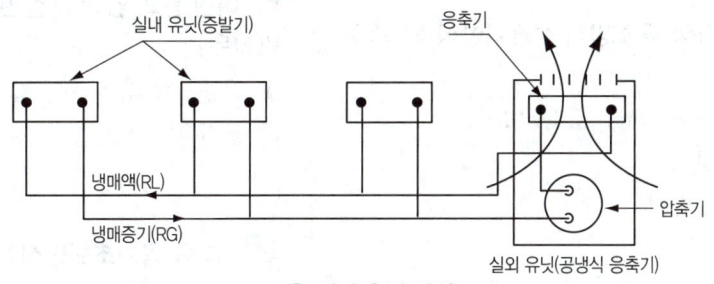

◐ 멀티 유닛 방식

④ 열펌프 유닛 방식(수열원 밀폐식)

　압축기가 내장된 열펌프(heat pump) 유닛으로 운전하는 데 냉방 운전 시에는 냉각수에서 열을 흡수하고 난방 운전 시에는 냉각수에서 열을 방출하여 운전되며 공동의 수배관을 하나의 시스템으로 운전하여 냉방기기 운전이 많을 때에는 냉각탑에서 열이 방출되고 난방기기 운전이 많을 때에는 보조 열원을 이용하여 작동된다.

[특징] • 열 회수가 이루어져서 에너가 절약된다.
- 열 회수 운전을 이용하며 대형의 보일러가 필요 없다.
- 중앙 기계실에 냉동기가 필요하지 않아 설치면적이 작아도 된다.
- 각 유닛마다 실온으로 자동적으로 개별제어를 할 수 있다.
- 하층이 상점가이고 상층이 아파트인 경우 열 회수가 효과적이다.
- 사무소, 백화점 등에 적합하다.

예상문제

01 공기조화설비의 방식이 아닌 것은?
① 리버스리턴 방식 ② 인덕션 유닛 방식
③ 단일덕트 방식 ④ 팬코일 유닛 방식

해설
역환수(리버스리턴) 방식은 온수의 균등분배를 위한 온수 배관방식에 해당한다.

02 공기조화에서 건물을 내주부와 외주부로 나누어 별개의 송풍 계통으로 하는 방식은?
① 복사패널 방식
② 듀얼 콘듀트 방식
③ 조우닝 방식
④ 멀티 존 유닛 방식

03 다음 중앙식 공조방식(전공기방식)에 속하는 것은?
① 패키지 유닛(package unit) 방식
② 유인 유닛 방식
③ 팬코일 유닛 방식
④ 2중덕트 방식

해설
① 패키지 유닛 방식 : 냉매방식
② 유인 유닛 방식 : 수방식
③ 팬코일 유닛 방식 : 수방식

04 다음의 공조방식 중 전공기 방식이 아닌 것은?
① 정풍량 단일덕트 방식
② 유인 유닛 방식
③ 변풍량 단일덕트 방식
④ 이중덕트 방식

해설
유인 유닛 방식 : 수방식

05 다음의 공조방식 중에서 덕트를 사용하지 않아도 되는 방식은 어느 것인가?
① 각층 유닛 방식
② 복사 냉난방 방식
③ 2중덕트 방식
④ 팬코일 유닛 방식

06 다음 중 공기조화방식 중에서 보일러로부터 증기 또는 온수나 냉동기로 부터 냉수를 객실에 있는 유니트로 공급시켜 냉난방을 하는 것으로 덕트 스페이스가 필요없고, 각 실의 제어가 쉬워서 주택, 여관 등과 같이 재실인원이 적은 방에 적용한 방식은?
① 전공기방식 ② 전수방식
③ 공기수방식 ④ 냉매방식

07 다음 공기조화방식에서 전수방식은?
① 단일덕트방식 ② 유인유닛방식
③ 팬코일유닛방식 ④ 복사냉난방방식

08 다음과 같은 공기조화방식의 분류 중 공기-물 방식이 아닌 것은?
① 인덕션 유닛 방식
② 팬코일 유닛 방식
③ 복사 냉난방 방식
④ 멀티존 유닛 방식

[정답] 01 ① 02 ② 03 ④ 04 ② 05 ④ 06 ② 07 ③ 08 ④

09 공기조화방식의 중앙식 공조방식에서 수-공기방식에 해당되지 않는 것은?
① 패키지 방식(덕트병용)
② 팬코일 유닛 방식(덕트병용)
③ 유인 유닛 방식
④ 복사 냉난방 방식(덕트병용)

10 공기조화기의 열운반 방법에 따른 분류에서 공기와 물에 의한 방식이 아닌 것은?
① 단일 덕트 재열 방식 ② 각층 유닛 방식
③ 복사 냉난방 방식   ④ 패키지 방식

11 다음 공기조화방식 중에서 개별식 공조방식에 속하는 것은?
① 단일덕트 방식   ② 유인 유닛 방식
③ 패키지 유닛 방식 ④ 복사냉난 방식

12 공기조화 방식 중에서 팩케이지 유닛-식은 다음 중 어떤 방식에 속하는가?
① 전공기 방식 ② 냉매 방식
③ 전수 방식   ④ 공기-물 방식

13 전공기 공조방식의 장점이 아닌 것은?
① 외기 냉방이 가능하다.
② 청정도 제어가 용이하다.
③ 동절기 가습이 용이하다.
④ 개별제어가 가능하다.

14 전공기 방식에 대한 설명 중 잘못된 것은?
① 공기-물방식에 비해 에너지 절약면에서 유리하다.
② 실내공기의 오염이 작다.
③ 외기냉방이 가능하다.
④ 열운송을 위한 에너지가 크다.

15 냉·난방에 필요한 전 송풍량을 하나의 주덕트만으로 분배하는 방식은?
① 단일 덕트 방식
② 이중 덕트 방식
③ 멀티존 유니트 방식
④ 팬코일 유니트 방식

16 다음 중 공기조화설비에서 단일덕트 방식의 장점에 들지 않는 것은?
① 덕트가 1계통이므로 시설비가 적게 들고 덕트 스페이스도 적게 차지한다.
② 냉풍과 온풍을 혼합하는 혼합상자가 필요 없으므로 소음과 진동도 적다.
③ 냉·온풍의 혼합손실이 없으므로 에너지가 절약적이다.
④ 덕트 스페이스를 크게 차지한다.

17 단일덕트 정풍량 방식의 특징으로 옳은 것은?
① 각 실마다 부하변동에 대응하기가 곤란하다.
② 외기도입을 충분히 할 수 없다.
③ 냉풍과 온풍을 동시에 공급할 수가 있다.
④ 변풍량에 비하여 에너지 소비가 적다.

18 각 실의 부하변동에 따라 풍량을 제어하여 실내온도를 유지하는 공조방식은?
① 2중 덕트 방식
② 유인 유닛 방식
③ 변풍량 단일덕트 방식
④ 단일덕트 재열 방식

[정답] 09 ① 10 ④ 11 ③ 12 ② 13 ④ 14 ① 15 ① 16 ④ 17 ① 18 ③

19 다음의 공기조화 방식은 단일덕트 변풍량 방식에 대한 설명이다. 이 방식과 거리가 먼 것은?
① 정풍량 방식에 비해서 설비비가 적다.
② 다른 방식에 비해 에너지 효과가 좋다.
③ 각 실의 실온을 개별적으로 제어할 수 있다.
④ 대규모일 때 덕트와 공조기의 용량은 동시 사용률을 고려해서 정풍량 방식의 80% 정도 작게 할 수 있다.

20 VAV 공조방식에 관한 다음 설명 중 옳지 않은 것은?
① 각 방의 온도를 개별적으로 제어할 수가 있다.
② 동시 부하율을 고려하여 용량을 결정하기 때문에 설비가 크다.
③ 연간 송풍동력이 정풍량 방식보다 적다
④ 부하의 증가에 대해서 유연성이 있다.

21 대규모 빌딩에서 조운(zone)수가 많을 때 공조방식으로 적당한 것은?
① 단일덕트 방식
② 이중덕트 방식
③ 패키지 방식
④ 팬코일 유닛 방식

22 공기조화방식 중 혼합 체임버(chamber)를 설치해서 냉풍과 온풍을 자동적으로 혼합하여 공급하는 것은?
① 멀티존 덕트 방식
② 재열 방식
③ 팬코일 유닛 방식
④ 이중덕트 방식

23 2중덕트 방식에 대한 설명 중 잘못된 것은?
① 실의 냉난방 부하가 감소되어도 취출공기의 부족 현상이 없다.
② 실내습도의 완전한 조절이 가능하다.
③ 부하특성이 다른 다수의 실에 적용할 수 있다.
④ 설비비 및 운전비가 많이 든다.

24 다음은 이중덕트 방식에 대한 설명이다. 옳지 않은 것은?
① 중앙식 공조방식으로 운전 보수관리가 용이하다.
② 실내부하에 따라 각 실 제어나 존(Zone)별제어가 가능하다.
③ 열매가 공기이므로 실온의 응답이 아주 빠르다.
④ 단일덕트 방식에 비해 에너지 소비량이 적다.

25 공조방식 중 각층 유닛 방식의 특징으로 틀린 것은?
① 각 층의 공조기 설치로 소음과 진동의 발생이 없다.
② 각 층별로 부분 부하운전이 가능하다.
③ 중앙기계실의 면적을 적게 차지하고 송풍기 동력도 적게 든다.
④ 각층 슬래브의 관통 덕트가 없게 되므로 방재상 유리하다.

26 다음 중 중앙 공기조화 방식으로 각 실내의 온도조절이 가장 잘 되는 방식은?
① 멀티존 유니트 방식
② 패케이지 방식
③ 팬코일 유니트 방식
④ 단일덕트 방식

[정답] 19 ① 20 ② 21 ② 22 ④ 23 ② 24 ④ 25 ① 26 ③

27 다음의 특징을 갖는 공조방식으로 옳은 것은 어느 것인가?

① 개별제어가 용이하다.
② 외기도입이 어려워 실내공기의 오염 우려가 있다.
③ 외주부에 설치하여 콜드 드래프트를 방지한다.

① FCU 방식　　② VAV 방식
③ 2중덕트 방식　④ 패케이지 방식

28 코일, 팬, 필터를 내장하는 유닛으로서, 여름에는 코일에 냉수를 통과시켜 공기를 냉각, 감습하고 겨울에는 온수를 통과시켜 공기를 가열하는 공기조화 방식은?

① 덕트병용 패키지 공조기 방식
② 각층 유닛 방식
③ 유인 유닛 방식
④ 팬 코일 유닛 방식

29 다음 중 팬코일 유니트 방식을 채용하는 이유로 부적당한 것은?

① 개별제어가 쉽다.
② 환기량 확보가 쉽다.
③ 운송 동력이 적게 소요된다.
④ 중앙 기계실의 면적을 줄일 수 있다.

30 팬코일 유닛(Fan Coil Unit)방식의 장점으로 옳지 않은 것은?

① 개별제어가 가능하다.
② 증설이 비교적 간단하다.
③ 전공기 방식에 비해 반송동력이나 열의 반송을 위한 공간이 작아도 된다.
④ 팬코일 유닛의 송풍기 압력이 높기 때문에 성능이 좋은 필터를 사용할 수 있다.

31 팬코일 유닛 방식(fan coil unit system)의 특징을 설명한 것이다. 바르지 않는 것은?

① 고도의 실내 청정도를 높일 수 있다.
② 부하 증가 시 유닛 증설만으로 대처할 수 있다.
③ 다수 유닛이 분산 설치되어 관리보수가 어렵다.
④ 각 유닛마다 조절할 수 있어 개별제어에 적합하다.

32 팬코일 유닛과 관계가 없는 것은?

① 송풍기　　② 에어필터
③ 냉온수코일　④ 가습기

해설
팬코일 유닛에는 가습기가 설치되어 있지 않다.

33 겨울철 창가의 냉기가 취출기류에 밀려 내려가서 바닥면을 따라 거주영역에 흘러 들어가는 현상을 무엇이라 하는가?

① 콜드 드래프트　② 온도 쇼크
③ 오토 마이징　　④ 조우닝

34 1차 공조기로부터 보내온 고속공기가 노즐 속을 통과할 때의 유인력에 의하여 2차 공기를 유인하여 냉각 또는 가열하는 방식을 무엇이라고 하는가?

① 패케이지 방식　② FCU방식
③ 유인유닛방식　④ 바이패스방식

35 유인유닛방식에서 2차 공기란 무엇인가?

① 실내로부터 유인되는 공기
② 하부의 노즐에서 취출되는 공기
③ 외부에서 들어오는 공기
④ 합계공기라고도 한다.

[정답] 27 ① 28 ④ 29 ② 30 ④ 31 ① 32 ④ 33 ① 34 ③ 35 ①

36 중앙 기계실에서 온수 또는 냉수를 파이프로 보내어 겨울에는 복사난방 여름에는 복사냉방을 행하는 공기조화방식은?
① 단일덕트식
② 이중덕트식
③ 패널식
④ 2차 송풍식

37 파이프 코일을 바닥이나 천장에 설치하고 냉수 또는 온수를 보내어 냉난방을 하는 방식을 무엇이라고 하는가?
① 전 공기방식
② 패키지 유닛 방식
③ 유인 유닛 방식
④ 복사냉난방 방식

38 복사 냉·난방 방식의 장점이 아닌 것은?
① 쾌감도가 높고 외기 부족 현상이 적다.
② 바닥 이용도가 높다.
③ 덕트 스페이스 및 물 운반 동력을 줄일 수 있다.
④ 시설비가 적게 든다.

39 개별 공조방식의 특징이 아닌 것은?
① 국소적인 운전이 자유롭다.
② 실내에 유닛의 설치면적을 차지한다.
③ 외기냉방을 할 수 있다.
④ 취급이 간단하다.

> **해설**
> 외기 도입을 위한 덕트가 설치되어 있지 않아 외기냉방을 할 수 없다.

40 다음 중 개별식 공조방식의 장점이 아닌 것은?
① 소규모의 공기조화에서는 설비비가 적게 든다.
② 덕트 스페이스를 요하지 않는다.
③ 대부분 공조기가 소형이므로 소음이 적다.
④ 설치 이동이 용이하므로 이미 건축된 건물에 적합하다.

41 다음 공기조화방식 중 각 실내의 온도조절이 가장 잘되는 방식은?
① 멀티존 유닛 방식
② 패키지 방식
③ 팬코일 유닛 방식
④ 단일덕트 방식

42 1대의 응축기로(실외기)로 여러 대의 냉각코일(실내기)을 운영하는 방식으로 실외기의 설치면적을 줄일 수 있어 많이 사용되는 형식을 무엇이라 하는가?
① 룸쿨러 방식
② 패키지 유닛 방식
③ 멀티 유닛 방식
④ 히트펌프 방식

43 다음 공조방식 중 운송동력의 소요량이 큰 순서대로 되어 있는 것은?
① 전공기 방식 > 수방식 > 공기-수방식
② 전공기 방식 > 공기-수방식 > 수방식
③ 공기-수방식 > 수방식 > 전공기 방식
④ 수방식 > 공기-수방식 > 전공기 방식

[정답] 36 ③ 37 ④ 38 ④ 39 ③ 40 ③ 41 ② 42 ③ 43 ②

PART 2. 공기조화

공기조화기기

1 공기조화설비의 구성

1 열원(냉원)장치

공기를 가열하거나 냉각하기 위해 열원을 만드는 장치로 보일러, 냉동기, 흡수식 냉온수기, 냉각탑, 빙축열설비, 지열장치, 히트펌프 등이 있다.

2 공기조화장치(AHU, air handling unit)

공기에 포함된 먼지를 여과하고, 온도 및 습도를 조절하는 장치로 공기 여과기, 냉각코일(C/C), 가열코일(H/C), 공기 세정기(가습기) 등으로 구성된다. (에어필터 → 냉각코일 → 가열코일 → 가습기)

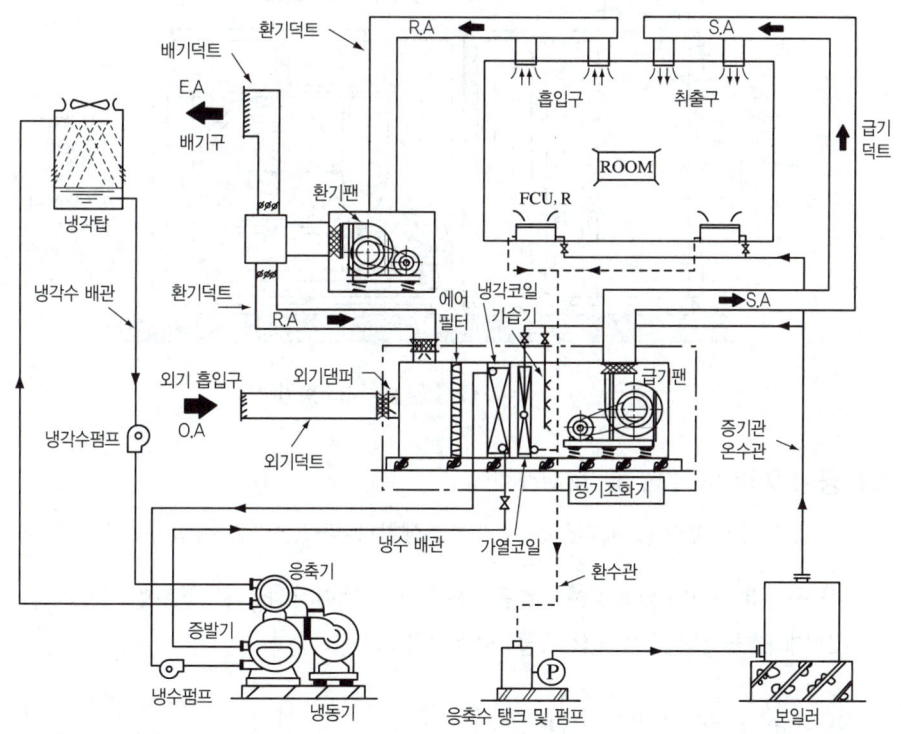

○ 공기조화 계통도

3 열운반 장치

보일러나 냉동기 등의 열원장치에서 발생한 냉·온수나 냉·온풍을 급기, 환기, 배기하기 위한 설비로 송풍기, 덕트, 냉·온수펌프, 배관 등이 있다.

4 자동제어장치

실내의 온도 및 습도, 기류속도 등을 제어하기 위하여 기기의 운전 및 정지, 냉온수량 및 송풍량 조절을 경제적으로 하기 위하여 각종 설비를 자동으로 작동시키기 위한 장치이다.

2 공기조화기기

공기조화기에 공기 여과기 → 공기 냉각기 → 공기 가열기 → 가습기와 송풍기를 내장하거나 외부에 설치하고 배관과 덕트를 연결한 것으로 설치장소의 여건에 따라 다양하게 제작할 수 있다.

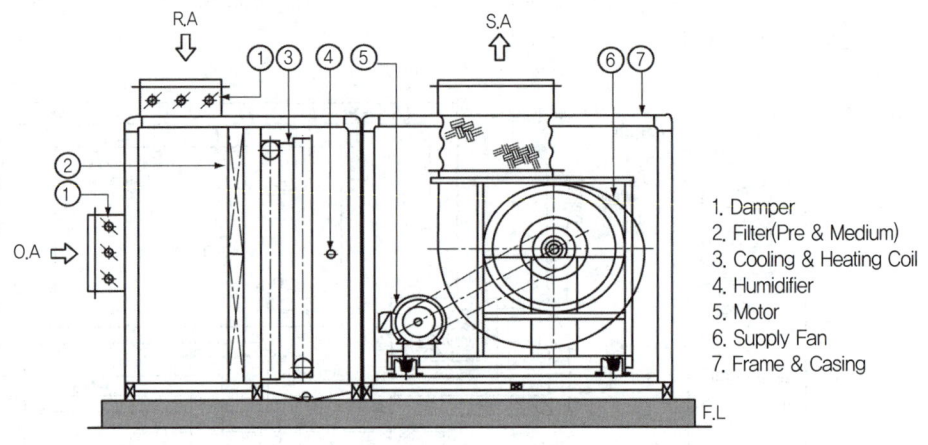

○ 수평형 공기조화기(AHU)

1 공기 여과기(A/F, air filter)

공기 중의 먼지를 제거하는 공기정화장치로 세균, 냄새, 아황산가스 등도 제거할 수 있다.

(1) 공기 여과기의 성능 : 여과효율, 통과저항(압력강하), 보진(포집) 용량 등
(2) 여과효율(포집효율, 집진효율, 오염제거율)

$$\eta = \frac{C_1 - C_2}{C_1} \times 100\% = \left(1 - \frac{C_2}{C_1}\right) \times 100\%$$

C_1 : 필터 입구 공기의 먼지 농도
C_2 : 필터 출구 공기의 먼지 농도

(3) 여과효율의 측정방법

① 중량법

비교적 큰 입자를 대상으로 하며 필터에서 제거되는 먼지의 중량으로 결정한다.

② 비색법(변색도법, NBS법)

비교적 작은 입자를 대상으로 하며 공기를 여과지에 통과시켜 그 오염도를 광전관으로 측정하는 것으로 일반적으로 중성능 필터인 공조용 에어필터의 효율을 나타낼 때 사용한다.

③ DOP법(계수법)

고성능(HEPA) 필터를 측정하는 방법으로 일정한 크기의 시험입자를 사용하여 먼지의 입경과 개수를 계측하여 사용한다.

(4) 성능에 따른 에어필터의 종류

① 프리 필터(pre filter)

특수합성섬유, 금속 등의 여과재를 각종 프레임에 장착하여 가장 널리 사용하는 1차 필터로서 공기조화기, 공기청정기, 탈취기 등을 사용하는 일반 빌딩, 산업체에서 전처리용 필터로 $10\mu m$ 이하의 분진을 포집하는 필터이다.

② 미디엄 필터(medium filter)

유리섬유를 사용하여 여러 가지 형태로 제작한 필터로서 $1\mu m$ 이상의 분진을 처리하여 기계장치의 보호와 실내 청정도를 높이는 데 사용하는 중성능 필터이다.

③ 고성능(HEPA, high efficiency perticulate air) 필터

$0.3\mu m$ 입자를 99.97% 이상의 포집효율을 가진 고효율 필터로 무균실에 사용하는 필터로 효율이 떨어지는 프리필터를 전단에, 고성능 필터나 초고성능(ULPA) 필터, 전기식 필터 등은 송풍기의 출구측에 설치한다.

④ 초고성능(ULPA, ultra low penetration air) 필터

$0.15\mu m$ 입자를 99.999% 이상의 포집효율로 반도체 공장 등 $0.1\mu m$의 먼지까지 제거하여 완전 무균에 가까운 조건을 갖는 초고성능 필터이다.

(5) 각종 에어필터의 특징

① 유닛형

여재에 의하여 공기 중의 먼지를 여과, 포집하는 것으로 여재를 적당한 크기의 패널 형태의 유닛으로 제작한 것으로 여재의 섬유 굵기, 충전밀도 등에 의해 성능이 좌우된다.

종류	설명
건식	글라스 화이버, 비닐 스폰지, 부직포 등의 여재 사용
점착식	커퍼울, 알루미늄울 등의 여재에 기름을 부착한 것
고성능 필터	글라스 화이버, 아스베스토스 화이버를 여재로 한 것
활성탄 필터	흡착작용에 의하여 냄새 및 아황산가스 등의 유해가스를 제거

② 연속형(자동 회전형)

제진효율은 떨어지나 취급이 간편하고 교환이 용이하여 공조용에 많이 사용한다.

종류	설명
건식 권취형 (roll filter)	두루마리형으로 감긴 여재를 사용하는 것으로 필터의 효율저하에 따라 타이머 또는 차압 스위치에 의해 롤이 회전한다.
습식 멀티패널형 (multi panel filter)	회전 롤러에 부착된 다수의 망상의 패널을 하부에 설치된 기름탱크에 통과시켜 세정하면서 계속 사용한다.

③ 전기식

먼지를 전리부의 전장 내에 통과 대전시켜 집진부의 전극에 흡인 부착시키는 것으로서 집진효율이 높고 미세한 먼지나 세균도 제거할 수 있어 정밀기계실, 병원, 고급빌딩이나 백화점 등에 사용한다.

종류	설명
세정식	집진부를 물로 씻어내서 먼지를 제거
응집식	집진전극에 응집하여 입자가 커져서 박리된 먼지를 권취형필터로 포집
유전체식	권취형 필터에 유전체인 여재를 사용하여 집진부로 한 것

2 열교환기

(1) 공기 냉각코일(cooling coil)

① 냉각코일(coil)의 종류

종류	설명
냉수코일	냉동기에 의해 냉각된(5~10℃) 냉수를 냉각코일에 통과시켜 공기를 냉각
직접 팽창코일 (DX코일)	관 내에 냉매를 직접 팽창시켜 그 냉매의 증발잠열을 이용하여 공기를 냉각시키는 것으로 냉동장치의 증발기에 해당된다.

② 냉수코일의 설계기준

㉠ 코일 내 유속은 1m/s 전후로 한다.
㉡ 코일의 통과풍속을 2~3m/s 정도로 한다.
㉢ 공기와 물의 흐름은 대향류(역류)가 되도록 한다.
㉣ 물과 공기의 대수평균온도차(LMTD)를 크게 한다.
㉤ 냉수의 입·출구 온도차를 5℃ 정도로 한다.
㉥ 코일의 설치는 수평으로 해야 한다.

③ 냉수코일에서 바이패스 팩터와 콘텍트 팩터

㉠ 바이패스 팩터(BF, by-pass factor): 냉온수코일 및 공기세정기에서 공기가 통과할 때 코일에 접촉하지 않고 그대로 통과하는 공기의 비율로서 BF가 작을수록 코일의 성능이 우수하다.

ⓒ 콘텍트 팩터(CF, contact factor) : 공기가 코일에 완전히 접촉하는 공기의 비로서 CF = 1−BF이다.

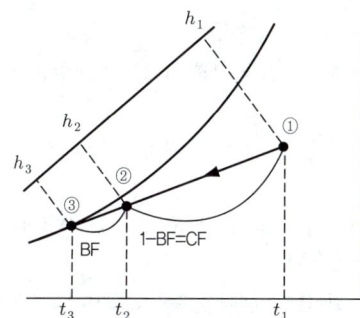

$$BF = \frac{t_2 - t_3}{t_1 - t_3} = \frac{h_2 - h_3}{h_1 - h_3} = \frac{x_2 - x_3}{x_1 - x_3}$$

$$CF = 1 - BF = \frac{t_1 - t_2}{t_1 - t_3} = \frac{h_1 - h_2}{h_1 - h_3} = \frac{x_1 - x_2}{x_1 - x_3}$$

ⓒ 바이패스 팩터가 작아지는 경우
ⓐ 코일이 열수가 많을 때
ⓑ 코일 간격이 작을 때
ⓒ 전열면적이 클 때
ⓓ 장치노점온도(ADP)가 높을 때
ⓔ 송풍량이 적을 때
ⓕ 냉수량이 적을수록(간접냉매방식)

④ 냉수코일의 설계기준
㉠ 코일에서의 순환수량

$$w = \frac{q_{cc}}{C \times \Delta t}\,[\text{kg/h}]$$

q_{cc} : 냉각코일부하(kJ/h)
w : 순환수량(kg/h)
C : 비열(kJ/kg℃)
Δt : 입출구 온도차(℃)

㉡ 코일에서의 필요 열수

$$N = \frac{q_{cc}}{K \times A \times MTD \times C_{ws}}$$

q_{cc} : 냉각코일부하(W)
A : 코일의 정면면적(m²)
K : 열관류율(W/m²K)
MTD : 대수평균온도차(℃)
C_{ws} : 습윤면 보정계수

> 참고
>
> ■ 대수평균온도차(LMTD, Logarithmic Mean Temperature Difference)
>
> $$MTD = \frac{\Delta t_1 - \Delta t_2}{\ln\frac{\Delta t_1}{\Delta t_2}} = \frac{\Delta t_1 - \Delta t_2}{2.3\log\frac{\Delta t_1}{\Delta t_2}}$$
>
> Δt_1 : 입구측 공기와 물의 온도차(℃)
> Δt_2 : 출구측 공기와 물의 온도차(℃)
>
>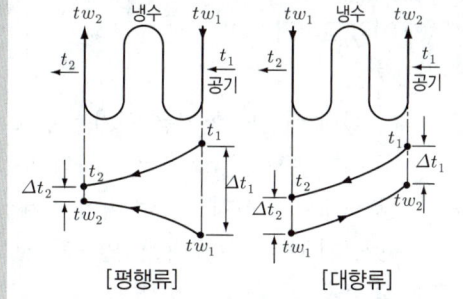
>
> [평행류] [대향류]

(2) 공기 가열코일(heating coil)
① 가열코일(coil)의 종류

종류	설명
온수코일	40~60℃의 온수를 관 내에 통과시켜 공기를 가열하며 냉수코일과 겸용으로 사용하면 냉·온수 코일이라 한다.
증기코일	관 내에 0.1~2kg/cm^{2}의 증기를 공급하여 증기의 응축잠열을 이용하여 가열하며 온수코일보다 열수는 적다.
전열코일	코일 내에 전열선이 들어있어 전기히터에 의하여 공기를 가열하며 소형 패키지 또는 항온 항습기 등에 많이 사용한다.
냉매코일	열펌프를 사용하며 공기 측 코일을 공랭식 응축기로 하여 냉매의 응축열량을 공기에 주게 된다.

② 온수 코일의 설계
    ㉠ 온수코일의 통과풍속은 2~3.5m/s로 한다.
    ㉡ 유량 및 온도제어는 2방(2-way)밸브나 3방(3-way)밸브로 한다.

③ 증기 코일의 설계
    ㉠ 증기코일은 열수가 적으므로 코일 전면풍속은 3~5m/s로 한다.
    ㉡ 사용 증기압은 0.1~2kg/cm^2 정도이다.
    ㉢ 증기트랩의 용량은 피크 시 응축수량의 3배 이상으로 한다.
    ㉣ 응축수 배출을 위한 배관은 1/50~1/100의 순구배로 한다.

④ 코일의 동결방지
    ㉠ 외기댐퍼와 송풍기를 인터록(inter lock)한다.(송풍기 정지 시 외기댐퍼를 닫는다.)
    ㉡ 외기댐퍼는 충분한 기밀을 유지하도록 한다.
    ㉢ 온수코일은 야간의 운전 정지 중에도 순환펌프를 운전하여 물을 유동시킨다.
    ㉣ 운전 중에는 전열교환기를 사용하여 외기온도를 1℃ 이상 예열하여 도입한다.
    ㉤ 외기와 환기가 충분히 혼합되도록 한다.
    ㉥ 증기코일은 0.5kg/cm^2(atg) 이상의 증기를 사용하고 코일 내에 응축수가 고이지 않도록 한다.

(3) 전열 교환기
① 기능
    ㉠ 실내 배기와 환기용 외기를 온도 및 습도 즉, 전열(현열+잠열)을 열교환한다.
    ㉡ 외기부하를 감소시켜 기기의 용량이 작게 설계되어 운전경비가 절약된다.
    ㉢ 열교환기 설치로 설비비와 기계실 스페이스가 많이 든다.
    ㉣ 공기 대 공기(공대공) 열교환기로 회전식과 고정식이 있다.

② 종류
    ㉠ 고정식 : 석면으로 만든 박판 등의 소재에 흡수재로 염화리튬을 침투시킨 판을 사용하여 전열을 열교환한다.

ⓒ 회전식 : 벌집 모양의 로터를 회전시키면서 윗부분으로 외기가 통하고 아래쪽으로 배기가 통하면서 외기와 배기의 온도 및 습도(현열 및 잠열)를 열교환한다.

3 가습 및 감습장치

(1) 가습기(humidifier)의 종류

종류	설명
수분무식	물 또는 온수를 직접 공기 중에 분무하는 방식으로 가습량이 많지 않고 제어의 범위가 넓고 장치가 간단하다.(원심식, 초음파식, 분무식)
증기식 (발생식, 공급식)	공기 중에 직접 증기를 분무하는 것으로 가습능력이 가장 좋으나 소음발생 및 화상의 우려가 있다(전열식, 전극식, 적외선식, 노즐 분무식, 과열증기식)
기화식	흡습성, 건조성이 높은 소재를 물로 적시고 표면에 바람을 불어 수분을 증발시켜 공기를 가습한다.(회전식, 모세관식, 적하식)

① 원심식 : 모터로 고속회전반을 돌리고 그 힘으로 물을 빨아올려 회전반에 공급하면 얇은 수막이 형성되어 안개형태로 비산되어 공기를 가습한다.
② 초음파식 : 초음파 진동자의 진동에 의해 수면에서 수 μm의 작은 물방울이 발생되어 공기를 가습하며 가정이나 규모가 작은 전산실이나 사무실 등에 사용한다.
③ 분무식 : 0.1MPa 이상의 압력으로 물을 분무노즐을 통해 직접 분무하는 방식이다.
④ 전열식(가습팬) : 물탱크(수조)에 전열히터를 사용하여 물을 가열하여 증발시키는 것으로 효율이 나쁘고 응답속도가 느리다.

(2) 공기세정기(AW, air washer)

공기세정기는 공기에 물을 분사시켜 공기 중의 먼지나 수용성 가스도 일부 제거하므로 공기를 세정하고 냉수나 온수와 직접 접촉하여 열교환하여 공기를 냉각, 감습 또는 가열, 가습한다. 주로 공기세정기는 가습을 목적으로 사용된다.

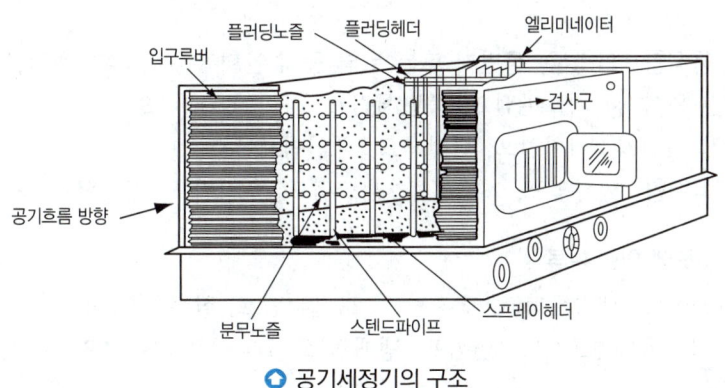

○ 공기세정기의 구조

① 루버(louver) : 유입되는 공기의 흐름을 일정하게 정류하여 물방울과의 접촉효율을 향상시킨다.

② 분무 노즐(spray nozzle) : 스텐드파이프에 부착되어 1.5~2kg/cm² 정도의 물을 미세하게 분무한다.
③ 엘리미네이터(eliminator) : 분무된 물이 공기와 함께 비산되는 것을 방지한다.
④ 플러딩 노즐(flooding nozzle) : 엘리미네이터에 부착된 먼지를 세정한다.

(3) 감습, 제습장치(de-humidifier)

종류	설명
냉각식	일반적으로 사용하는 방법으로 냉각코일을 이용하여 습공기를 노점온도 이하로 냉각하여 제습하는 방법
압축식	공기를 압축하여 감습시켜야 하므로 설비비와 소요동력이 커 일반적으로 사용하지 않음
흡수식	① 액체(흡수식) 제습장치 : 염화리튬, 트리에틸렌글리콜 등 ② 고체(흡착식) 제습장치 : 실리카겔, 활성알루미나, 제올라이트, 몰레큘러시브, 아드소올 등

 ## 3 열운반 장치

1 펌프(pump)

(1) 펌프구조에 의한 분류

① 터보형 : 케이싱 내 임펠러를 회전시켜 액체를 이송
  ㉠ 원심펌프(볼류트, 터빈펌프)
  ㉡ 사류펌프
  ㉢ 축류펌프
  ㉣ 라인펌프
② 용적형 : 피스톤, 플런저 또는 로터 등의 압력작용에 의해 액체를 이송
  ㉠ 왕복식 : 피스톤펌프, 플런저펌프, 다이어프램펌프 등
  ㉡ 회전식 : 기어펌프, 나사펌프, 베인펌프 등
③ 특수형 : 와류펌프, 기포펌프, 제트펌프, 수격펌프, 점성펌프 등

(2) 용도에 의한 분류

① 물펌프 : 냉각수펌프, 냉수펌프, 보급수펌프, 살수용 펌프
② 기타 유체펌프 : 브라인펌프, 냉매펌프, 오일펌프(기어펌프), 용액펌프 등

2 각 펌프에 대한 특성

(1) 원심펌프(centrifugal pump)

복류펌프라고도 하며 임펠러에 흡입된 물은 축과 직각의 복류방향으로 토출된다.

① 안내날개에 의한 분류
- ㉠ 볼류트 펌프 : 안내날개(guide vane)가 없으며 일반적으로 15~20m 이하의 저양정용이다.
- ㉡ 터빈(디퓨져)펌프 : 안내날개(guide vane)가 있고 일반적으로 20m 이상의 고양정용이다.

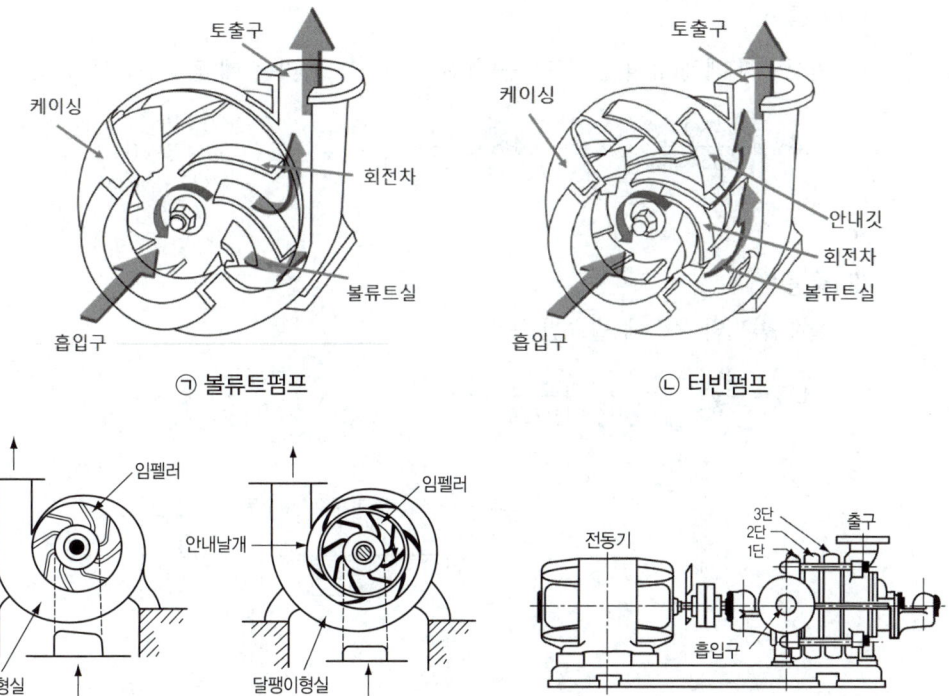

② 흡입에 의한 분류
- ㉠ 단흡입펌프 : 회전차의 한쪽에서만 유체를 흡입
- ㉡ 양흡입펌프 : 회전차의 양쪽에서 유체를 흡입

③ 단수에 의한 분류
- ㉠ 단단펌프 : 펌프 1대에 회전차 1개를 갖는 펌프
- ㉡ 다단펌프 : 펌프 1대에 회전차 여러 개를 축에 배치하여 직렬로 연결한 펌프

(2) 사류펌프

임펠러에서 나온 액체의 흐름이 축에 대하여 비스듬히 나오는 펌프로 비교적 중양정에 적합하다.

(3) 축류펌프

임펠러에서 나오는 액체의 흐름이 축방향으로 나오는 펌프로 비교적 저양정에 적합하다.

(4) 라인펌프

배관 라인 중에 설치하는 펌프로서 액체의 순환을 위해 사용한다.

3 펌프의 소요동력

(1) 수동력

일정량의 액체(유량)를 일정 높이(전양정)까지 올리는 데 필요한 이론동력

$$kW = \frac{\gamma \cdot Q \cdot H}{102 \times 60} \qquad PS = \frac{\gamma \cdot Q \cdot H}{75 \times 60}$$

- γ : 비중량(kgf/m^3)
- ρ : 밀도(kg/m^3)
- Q : 유량(m^3/min)
- H : 전양정(mH$_2$O)
- η_p : 펌프효율

(2) 축동력

실제 펌프의 운전에 필요한 동력

$$kW = \frac{수동력}{효율} = \frac{\gamma \cdot Q \cdot H}{102 \times 60 \times \eta_p} \qquad W = \frac{\rho \cdot Q \cdot H}{60 \times \eta_p}$$

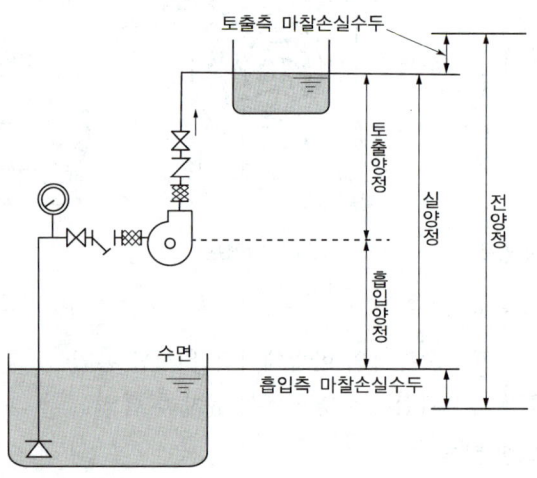

> 참고
> - 실양정 = 흡입양정 + 토출양정
> - 전양정 = 실양정 + 배관손실수두

4 펌프의 상사법칙

펌프의 회전수를 변화시켰을 때 회전수 변화에 따른 유량, 양정, 축동력의 변화를 나타낸다.

$$Q_2 = Q_1\left(\frac{N_2}{N_1}\right),\ H_2 = H_1\left(\frac{N_2}{N_1}\right)^2,\ kW_2 = kW_1\left(\frac{N_2}{N_1}\right)^3$$

$\begin{bmatrix} Q_1,\ Q_2 : 유량 \\ H_1,\ H_2 : 양정 \\ kW_1,\ kW_2 : 축동력 \\ N_1,\ N_2 : 회전수 \end{bmatrix}$

5 공동(cavitation) 현상

흡입양정이 크거나 회전수가 고속일 경우 등에 흡입관의 마찰저항 증가에 따른 압력강하로 수중에 함유되고 있던 기체가 분리되어 작은 기포가 다수 발생하게 되는 현상으로 기포의 발생과 소멸이 반복되어 펌프에 소음 및 진동이 발생하고 심하면 임펠러를 침식시킨다.

(1) 원인
① 흡입관에서의 공기 누입 시
② 유체의 온도가 높을 때
③ 흡입관의 마찰저항이 클 때
④ 펌프의 설치위치가 수원보다 높을 때
⑤ 흡입관경이 작고 길이가 길 때
⑥ 유속이 빠르고 흡입양정이 클 때

(2) 방지대책
① 흡입관경을 크게 하고 길이를 짧게 한다.
② 펌프의 설치위치를 낮추어 흡입양정을 짧게 한다.
③ 펌프의 회전차를 수중에 잠기게 한다.
④ 펌프의 회전수를 낮추어 속도를 작게 한다.
⑤ 양흡입 펌프를 사용한다.

> **참고**
>
> ■ 펌프의 연결
> ① 유량 부족 시 : 2대 이상의 펌프를 병렬로 연결하면 유량이 증가
> ② 양정 부족 시 : 2대 이상의 펌프를 직렬로 연결하면 양정이 증가

5 송풍기(blower)

1 송풍기의 분류

(1) 원심식

다익형(실로코형), 터보형, 리밋로드형, 플레이트형, 익형(에어포일형) 등

(2) 축류형

프로펠러형, 베인형 등

> **참고**
>
> ■ 배출압력에 따른 분류
> ① 팬(fan) : 0.1 kgf/cm^2(1,000mmAq, 10kPa) 미만
> ② 블로워(blower) : 0.1~1 kgf/cm^2(1,000~10,000mmAq, 10~100kPa) 미만
> ③ 압축기(compressor) : 1 kgf/cm^2(10,000mmAq, 100kPa) 이상

2 송풍기의 특징

(1) 다익형(sirocco fan)

시로코 팬이라고도 하며 다수의 날개가 회전 방향으로 굽은 전곡형으로서 동일 용량에 비해 회전수가 적고 저속덕트용으로 많이 사용한다.
① 풍량이 많고 풍압은 낮다. ② 큰 동력이 필요하다.
③ 효율이 낮다. ④ 제작비가 싸다.

(2) 터보형(turbo fan)

회전 방향의 뒤쪽으로 굽은 후향 날개형으로 고속으로에서도 정숙한 운전된다.
① 풍압이 높다. ② 대형이며 가격이 비싸다.
③ 효율이 높다. ④ 고속회전으로 소음이 크다.

(3) 플레이트형(plate fan)

방사형 날개로 평판, 전곡형으로 자기청소의 특성이 있으나 효율과 소음은 떨어진다.
① 풍량이 비교적 적다. ② 풍압이 비교적 낮다.
③ 효율이 좋다. ④ 플레이트의 교체가 쉽다.

(4) 익형 송풍기(air foil fan)

날개차가 후곡형인 터보형과 다익형을 개량한 것으로 박판을 접어서 유선형으로 제작한 것으로 고속회전이 가능하며 효율이 좋고 소음이 적다.

◐ 다익형 송풍기　　　　◐ 터보형 송풍기　　　　◐ 축류형 송풍기

(5) 축류형(axial fan)

프로펠러형으로 기체를 축방향으로 송풍하며 낮은 풍압에 많은 풍량 공급이 가능하여 냉각탑 및 환기 및 배기용으로 사용한다.

① 풍압은 낮다.　　　　② 풍량이 많다.
③ 효율이 좋다.　　　　④ 소음 발생이 심하다.

> **참고**
> - 송풍기의 풍량 제어방법(소요동력이 적게 소요되는 순서)
>   ① 송풍기의 회전수 변화　② 가변피치 제어　③ 흡입 베인의 조절　④ 흡입 및 토출댐퍼의 개도조절

3 송풍기 소요동력

(1) 공기동력

$$kW = \frac{Q \cdot P(\text{mmAq})}{102 \times 60} \qquad PS = \frac{Q \cdot P}{75 \times 60} \qquad W = \frac{Q \cdot P(\text{Pa})}{60}$$

- Q : 풍량(m^3/min)
- P : 풍압(정압)(mmAq, Pa)
- η_f : 송풍기 효율(정압 효율)

(2) 축동력

$$축동력 = \frac{공기동력}{효율} \qquad kW = \frac{Q \cdot P(\text{mmAq})}{102 \times 60 \times \eta_f} \qquad W = \frac{Q \cdot P(\text{Pa})}{60 \times \eta_f}$$

> **참고**
> 송풍기의 결정 : 송풍량과 정압이 덕트설계에 의해 계산되면 선정한다.

4 송풍기의 상사법칙

송풍기의 회전수를 변화시켰을 때 회전수 변화비에 따른 풍량은 정비례, 풍압은 2승, 축동력은 3승에 비례한다.

구분	공식	설명
풍량	$Q_2 = Q_1 \left(\dfrac{N_2}{N_1}\right) \cdot \left(\dfrac{D_2}{D_1}\right)^3$	풍량은 회전수에 정비례, 임펠러 지름의 3승에 비례한다.
풍압	$P_2 = P_1 \left(\dfrac{N_2}{N_1}\right)^2 \cdot \left(\dfrac{D_2}{D_1}\right)^2$	풍압은 회전수의 2승에 비례, 임펠러 지름의 2승에 비례한다.
동력	$kW_2 = kW_1 \left(\dfrac{N_2}{N_1}\right)^3 \cdot \left(\dfrac{D_2}{D_1}\right)^5$	동력은 회전수의 3승에 비례, 임펠러 지름의 5승에 비례한다.

여기서, Q_1, Q_2 : 풍량, P_1, P_2 : 풍압(정압), kW_1, kW_2 : 축동력, N_1, N_2 : 회전수

5 송풍기 크기에 따른 번호

(1) 원심형 송풍기

$$No(\#) = \frac{임펠러\ 지름(mm)}{150}$$

(2) 축류형 송풍기

$$No(\#) = \frac{임펠러\ 지름(mm)}{100}$$

6 송풍기의 특성곡선

송풍기의 특성을 하나의 선도로 나타낸 것으로 횡축을 풍량, 종축을 풍압, 효율, 동력으로 하여 풍량에 따라 이들의 변화과정을 나타낸 곡선으로 압력(정압)곡선과 저항곡선의 교점을 운전점으로 한다.

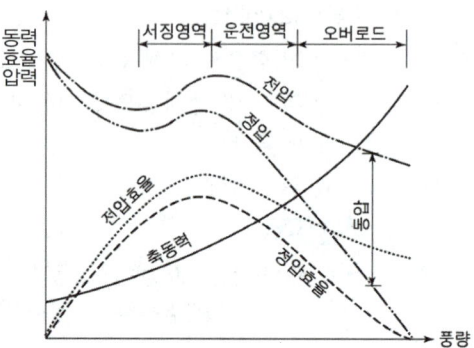

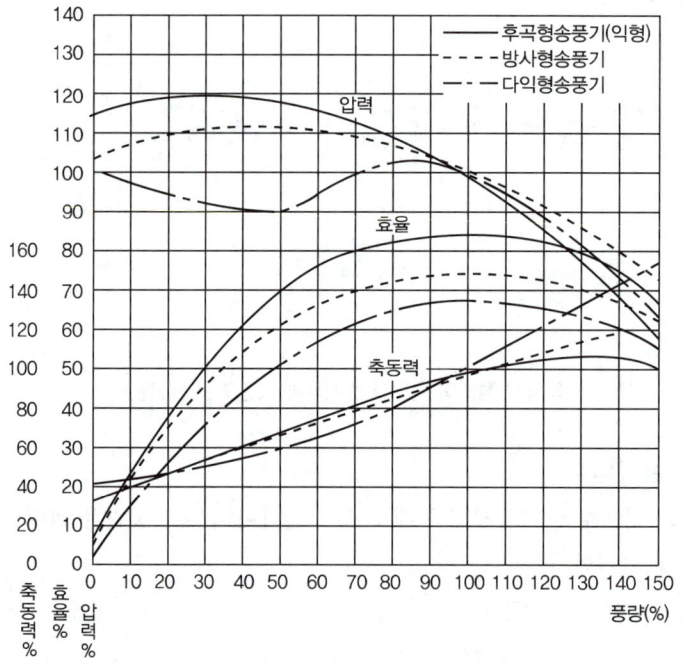

○ 송풍기의 특성곡선

7 서징(맥동) 현상

송풍기(blower)나 펌프(pump) 운전 중에 풍량(유량)과 풍압(양정)이 변화되어 한숨을 쉬는 것과 같은 상태가 되며 펌프인 경우 입구와 출구의 연성계, 압력계, 전류계의 지침이 주기적으로 흔들리는 동시에 송출유량이 변화되는 현상이다.

CHAPTER 03 공기조화기기 — 예상문제

01 공기조화설비의 4대 구성요소 중 옳지 않은 것은?
① 공기조화기 ② 열원장치
③ 자동제어장치 ④ 공기가열기

02 공기조화설비의 구성을 나타낸 것 중 관계가 없는 것은?
① 열원장치 : 가열기, 펌프
② 공기처리장치 : 냉각기, 에어필터
③ 열운반장치 : 송풍기, 덕트
④ 자동제어장치 : 온도조절장치, 습도조절장치

03 공조설비비 중 차지하는 비율이 가장 큰 것은?
① 냉동기 설비 ② 공기조화기 및 덕트
③ 보일러 설비 ④ 냉각탑 설비

04 공기조화설비의 구성 중 열원장치에 해당되지 않는 것은?
① 보일러 ② 냉동기
③ 냉각탑 ④ 공기조화기

05 보통의 유닛형 공기조화기(에어핸드링 유닛) 내의 구성을 공기의 흐름 방향 순서에 따라 연결한 것 중 옳게 조합된 것은?
① 냉온수코일 → 에어필터 → 팬 → 가습기
② 에어필터 → 냉온수코일 → 가습기 → 팬
③ 팬 → 가습기 → 에어필터 → 냉온수코일
④ 냉온수코일 → 가습기 → 에어필터 → 팬

06 에어필터(air filter)의 제진효율에 관한 식으로 올바른 것은? (단, 입구측의 공기 중의 먼지농도 : C_1, 출구측 먼지농도 : C_2이다.)
① 제진효율 $= \dfrac{C_2}{C_1} \times 100$
② 제진효율 $= \dfrac{C_1}{C_2} \times 100$
③ 제진효율 $= \left[1 - \dfrac{C_2}{C_1}\right] \times 100$
④ 제진효율 $= \left[1 - \dfrac{C_1}{C_2}\right] \times 100$

07 HEPA 필터의 성능시험 방법으로 적당한 것은?
① 중량법 ② 변색도법
③ DOP법 ④ 여과법

08 먼지의 포집효율의 측정법에서 필터의 상류와 하류에서 흡입한 공기를 각각 여과지에 통과시켜 그 오염도를 광전관으로 측정하는 것은?
① 중량법 ② 액체법
③ 비색법 ④ DOP법

09 공기정화장치인 에어필터에 대한 설명으로 틀린 것은?
① 유닛형 필터는 유닛형의 틀 안에 여재를 고정시킨 것으로 건식과 점착식이 있다.
② 고성능의 HEPA 필터는 포집률이 좋아 클린룸이나 방사성 물질을 취급하는 시설 등에서 사용된다.
③ 롤형 필터는 포집률은 높지 않으나 보수관리가 용이하므로 일반공조용으로 많이 사용된다.
④ 포집률의 측정법에는 계수법, 비색법, 농도법, 중량법으로 4가지 방법이 있다.

[정답] 01 ④ 02 ① 03 ② 04 ④ 05 ② 06 ③ 07 ③ 08 ③ 09 ④

10 에어필터의 선정 및 설치에 관한 설명한 것이다. 잘못된 것은?
① 공조기 내의 에어필터는 송풍기의 흡입측, 코일의 앞쪽에 설치한다.
② 고성능의 HEPA 필터나 전기식 필터는 송풍기의 출구측에 설치한다.
③ 고성능의 HEPA 필터를 사용하는 경우는 프리필터를 설치하는 것이 좋다.
④ 성능 표시로서 포집효율은 측정방법에 따라 계수법 > 비색법 > 중량법 순으로 나타낸다.

11 공기 여과기의 분류에 해당하지 않는 것은?
① 건식 공기 여과기
② 습식 공기 여과기
③ 점착식 공기 여과기
④ 가스 중력 집진기

12 공기 중의 냄새나 유해가스의 제거에 유효하게 사용되는 필터는?
① 초고성능 필터   ② 자동식 롤 필터
③ 전기 집진기   ④ 활성탄 필터

13 공기조화기에서 사용하는 에어필터 중에서 병원의 수술실이나 클린룸 시설에 가장 적합한 필터는?
① 롤 필터   ② 프리 필터
③ HEPA 필터   ④ 활성탄 필터

14 클린룸의 청정도 조건을 나타내는 class는 어느 크기(μm)의 입자를 기준으로 나타내는가?
① 0.1   ② 0.3
③ 0.5   ④ 1

15 공기 중의 미세먼지 제거 및 클린룸에 사용되는 필터는?
① 여과식 필터   ② 활성탄 필터
③ 초고성능 필터   ④ 자동감기용 필터

16 공기조화장치 중에서 온도와 습도를 조절하는 것은?
① 공기 여과기   ② 열교환기
③ 냉각코일   ④ 공기 가열기

17 냉수코일에 대한 설명 중 옳지 않은 것은?
① 물의 속도는 일반적으로 1m/s 전후이다.
② 코일을 통과하는 공기의 풍속은 7~8m/s 정도이다.
③ 입구 수온과 출구수온의 차이는 일반적으로 5℃ 전후이다.
④ 코일의 설치는 관이 수평으로 놓이게 한다.

18 공기 가열 및 냉각코일에 관한 설명으로 옳지 않은 것은?
① 관 재료는 동관과 강관, 핀 재료로는 알루미늄판, 동판 등을 사용한다.
② 설치목적에 따라 예열·예냉코일, 가열·냉각코일로 분류할 수 있다.
③ 고압증기를 사용하는 가열코일은 신축을 고려할 필요없이 직관으로 사용한다.
④ 직접 팽창코일을 사용하는 경우는 균일 분배를 위한 분배기를 사용한다.

19 다음 중 공기 가열코일의 종류가 아닌 것은?
① 전열 코일   ② 건 코일
③ 증기 코일   ④ 온수 코일

[정답] 10 ④　11 ④　12 ④　13 ③　14 ③　15 ③　16 ③　17 ②　18 ③　19 ②

20 온수 및 증기코일의 설계에 대한 설명 중 틀린 것은?

① 온수코일의 헤더 상부에는 공기배출 밸브를 설치한다.
② 증기코일의 전면풍속은 6~9m/s 정도로 선정한다.
③ 온수코일의 유량제어는 2방 또는 3방밸브를 쓴다.
④ 증기코일은 온수에 비하여 열 회수를 작게 할 수 있다.

21 난방공조에서 실내온도(코일의 입구온도)가 23℃, 현열량 16,800kJ/h, 풍량이 2,400kg/h이면 코일의 출구온도는?

① 16℃ ② 30℃
③ 20℃ ④ 33℃

해설
$$t_2 = t_1 - \frac{q}{GC} = 23 + \frac{16,800}{2,400 \times 1.01} = 30℃$$

22 열교환기에서 냉수코일 출구측의 공기와 물의 온도차를 6℃ 냉수코일 입구측의 공기와 물의 온도차를 16℃라고 하면 대수 평균 온도차(℃)는 약 얼마인가?

① 2.67 ② 8.37
③ 10.0 ④ 10.2

해설
$$LMTD = \frac{\Delta t_1 - \Delta t_2}{\ln \frac{\Delta t_1}{\Delta t_2}} = \frac{16-6}{\ln \frac{16}{6}} = 10.2℃$$

23 공기조화기의 냉각코일 용량을 구할 때 관계가 없는 것은?

① 송풍량 ② 재열부하
③ 외기부하 ④ 배관부하

24 석면으로 만든 박판 등의 소재에 흡수재로 염화리튬을 침투시킨 판을 사용하여 현열과 잠열을 동시에 열교환하는 공기 대 공기 열교환기는?

① 판형 열교환기
② 쉘 엔드 튜브형 열교환기
③ 히트 파이프형 열교환기
④ 전열 교환기

25 벌집모양의 로터를 회전시키면서 위 부분으로 외기를 아래쪽으로 실내 배기를 통과하면서 외기와 배기의 온도 및 습도를 교환하는 열교환기는?

① 고정식 전열교환기 ② 현열교환기
③ 히트 파이프 ④ 회전식 전열교환기

26 현열교환기에 대한 설명으로 잘못된 것은?

① 보건용 공조로 사용한다.
② 연도 배기가스의 열회수용으로 사용한다.
③ 회전형과 히트파이프가 있다.
④ 산업용 공조에 주로 사용한다.

해설
현열교환기 : 배기의 열회수를 위해 도입 외기를 가열하는 것으로 보일러 연도 배기가스의 열회수, 공업용 가열로의 열회수용으로 쓰이며 회전용과 히트파이프가 있다.

27 가습효율이 100%에 가까우며 무균이면서 응답성이 좋아 정밀한 습도제어가 가능한 가습기는?

① 물분무식 가습기 ② 증발팬 가습기
③ 증기 가습기 ④ 소형 초음파 가습기

[정답] 20 ② 21 ② 22 ④ 23 ④ 24 ④ 25 ④ 26 ① 27 ③

28 가습방식에 따른 분류로 수분무식 가습기가 아닌 것은?
① 원심식 ② 초음파식
③ 모세관식 ④ 분무식

29 물탱크에 증기코일 또는 전열히터를 사용해 물을 가열 증발시켜 가습하는 것으로 패키지 등의 소형 공조기에 사용되는 가습 방법은?
① 수 분무에 의한 방법
② 증기 분사에 의한 방법
③ 고압수 분무에 의한 방법
④ 가습 팬에 의한 방법

30 수조 내의 물이 진동자의 진동에 의해 수면에서 작은 물방울이 발생되어 가습되는 가습기의 종류는?
① 초음파식 ② 원심식
③ 전극식 ④ 진동식

31 물과 공기의 접촉면적을 크게 하기 위해 증발포를 사용하여 수분을 자연스럽게 증발시키는 가습방식은?
① 초음파식 ② 가열식
③ 원심분리식 ④ 기화식

32 가습팬에 의한 가습장치의 설명으로 틀린 것은?
① 온수가열용에는 증기 또는 전기 가열기가 사용된다.
② 가습장치 중 효율이 가장 우수하다.
③ 응답속도가 느리다.
④ 패키지 등의 소형 공조기에 사용한다.

33 온수의 물을 에어와셔 내에서 분무시킬 때 공기의 상태는?
① 습구온도 강하
② 건구온도 일정
③ 습구온도 일정, 건구온도 강하
④ 습구온도 상승, 건구온도 상승

34 공기조화 과정 중에서 80℃의 온수를 분무시켜 가습하고자 한다. 이때의 열수분비는 몇 kcal/kg인가?
① 30 ② 80
③ 539 ④ 640

35 기류 속에 혼입된 물방울을 제거하기 위하여 냉각코일이나 에어와셔 출구 쪽에 설치하는 기기는?
① 엘리미네이터 ② 루버
③ 플러딩 노즐 ④ 바이패스 댐퍼

36 공기 세정기(air washer)의 작용을 옳게 설명한 것은?
① 공기 중의 먼지나 매연 제거
② 가는 물방울 제거
③ 풍량 조절
④ 온도와 습도조절

37 에어워셔(air washer)에서 수공기비란?
① $\dfrac{수량}{공기량}$ ② $\dfrac{공기량}{수량}$
③ $\dfrac{1-수량}{공기량}$ ④ $\dfrac{1-공기량}{수량}$

[정답] 28 ③ 29 ④ 30 ① 31 ④ 32 ② 33 ③ 34 ② 35 ① 36 ④ 37 ①

38 냉각코일에서 기류로 인해 비산하는 물방울 또는 에어와셔에서 분무된 물방울을 기류에서 제거하는 기기는?
① 엘리미네이터(eliminator)
② 에어 필터(air filter)
③ 레지스터(register)
④ 멀티 패널(multi panel)

39 공기에서 수분을 제거하여 습도를 조정하기 위해서는 어떻게 하는 것이 옳은가?
① 공기의 유로 중에 가열코일을 설치한다.
② 공기의 유로 중에 공기의 노점온도보다 높은 온도의 코일을 설치한다.
③ 공기의 유로 중에 공기의 노점온도와 같은 온도의 코일을 설치한다.
④ 공기의 유로 중에 공기의 노점온도보다 낮은 온도의 코일을 설치한다.

40 다음 감습장치에 대한 내용 중 옳지 않은 것은?
① 압축 감습장치는 동력 소비가 작은 편이다.
② 냉각 감습장치는 노점온도 제어로 감습한다.
③ 흡수식 감습장치는 흡수성이 큰 용액을 이용한다.
④ 흡착식 감습장치는 고체 흡수제를 이용한다.

41 다음 중 습공기로부터 습기를 제거하는 방법을 고르면?

> ㉠ 온도를 낮추어서 응축시킨다.
> ㉡ 가열하여 건조시킨다.
> ㉢ 화학약품을 사용한다.
> ㉣ 초음파로 분해시킨다.

① ㉠, ㉣
② ㉠, ㉢
③ ㉡, ㉣
④ ㉢, ㉣

42 실리카겔, 활성알루미나 등의 고체를 사용하여 공기의 수분을 제거하는 감습 방법은?
① 냉각감습
② 압축감습
③ 흡수감습
④ 흡착감습

43 흡수식 감습장치에서 수분을 제거하는 데 주로 사용하는 제습제는?
① 아드소올
② 염화리튬
③ 실리카겔
④ 활성 알루미나

44 다음 중 펌프의 종류에서 작동 부분이 왕복운동을 하는 왕복식 펌프는?
① 벌류트 펌프
② 기어 펌프
③ 플런저 펌프
④ 베인 펌프

45 펌프 중에 작용이 단속적이고 송수량을 일정하게 하기 위하여 공기실을 장치할 필요가 있는 것은?
① 치차펌프
② 원심펌프
③ 축류펌프
④ 왕복펌프

46 회전 시 둘레에 고정 안내깃이 있는 펌프는?
① 터빈펌프
② 볼류트펌프
③ 프로펠러펌프
④ 축류펌프

47 다음 펌프 중에서 비속도가 가장 작은 펌프는?
① 축류펌프
② 사류펌프
③ 벌류트펌프
④ 터빈펌프

> **해설**
> 비교회전도(비속도)의 크기
> 축류펌프 > 사류펌프 > 볼류트펌프 > 터빈펌프

[정답] 38 ① 39 ④ 40 ① 41 ② 42 ④ 43 ② 44 ③ 45 ④ 46 ① 47 ④

48 펌프라 함은 필요한 양의 액체를 요구하는 높이까지 승압하는 기계이다. 여기서 요구하는 높이란?

① 전양정　　② 송출양정
③ 실양정　　④ 압력계수두

49 펌프의 토출측 및 흡입구에서 압력계의 바늘이 흔들리는 동시에 유량이 감소되는 것은?

① 공동현상(Cavitation)
② 맥동현상(Surging)
③ 수격작용(Water Hammer)
④ 진동현상(Vibration)

50 수량 2,000*l*/min, 양정 50m, 펌프효율 65%의 펌프의 소요 축동력은 몇 kW인가?

① 23kW　　② 24kW
③ 25kW　　④ 26kW

해설
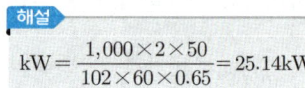
$$kW = \frac{1{,}000 \times 2 \times 50}{102 \times 60 \times 0.65} = 25.14 kW$$

51 12kW 펌프의 회전수가 800rpm인 경우 토출량이 1.5m³/min일 때, 펌프의 토출량을 1.8m³/min으로 하기 위하여 회전수를 어떻게 변화시키면 되는가?

① 850rpm　　② 960rpm
③ 1,025rpm　　③ 1,365rpm

52 다음 펌프에 관한 설명 중 부적당한 것은?

① 양수량은 회전수에 비례한다.
② 양정은 회전수에 제곱에 비례한다.
③ 축동력은 회전수의 3승에 비례한다.
④ 토출 속도는 회전수의 제곱에 비례한다.

53 풍량 500m³/min, 정압 50mmAq, 회전수 400rpm의 특성을 갖는 송풍기의 회전수를 500rpm으로 하면 동력은 몇 kW가 되는가? (단, 정압효율은 50%이다.)

① 12　　② 16
③ 20　　④ 24

해설
㉠ 400rpm일 때 소요동력
$$kW = \frac{QP}{102 \times 60 \times \eta} = \frac{500 \times 50}{102 \times 60 \times 0.5} = 8.17 kW$$
㉡ 500rpm일 때 소요동력
$$kW_2 = kW_1\left(\frac{N_2}{N_1}\right) = 8.17 \times \left(\frac{500}{400}\right)^3 = 15.96 kW$$

54 펌프에서 물의 온도가 높아지면 펌프의 흡입측에서 물의 일부가 증발하여 기포가 발생해 임펠러를 거쳐 넘어가면 압력상승과 격심한 음향, 진동이 일어나는 현상은?

① 캐비테이션　　② 서징
③ 수격작용　　④ 와류

55 펌프의 캐비테이션 발생에 따라 일어나는 현상이 아닌 것은?

① 소음과 진동이 생긴다.
② 깃에 대한 침식이 생긴다.
③ 토출량, 양정, 효율이 점차 증가한다.
④ 심하면 양수불능의 원인이 된다.

56 캐비테이션 방지책으로 잘못 서술하고 있는 것은?

① 단흡입을 양흡입으로 바꾼다.
② 수직축 펌프를 사용하고 회전차를 수중에 완전히 잠기게 한다.
③ 펌프의 설치 위치를 낮춘다.
④ 펌프 회전수를 빠르게 한다.

[정답] 48 ① 49 ② 50 ③ 51 ② 52 ④ 53 ② 54 ① 55 ③ 56 ④

57 펌프의 보수 관리 시 점검사항 중 맞지 않는 것은?
① 윤활유 작동 확인
② 축수 온도 확인
③ 스타핑 박스의 누설 확인
④ 다단펌프에 있어서 프라이밍 누설 확인

58 송풍기 중에서 원심식 송풍기가 아닌 것은?
① 다익 송풍기   ② 터보 송풍기
③ 프로펠러 송풍기   ④ 익형 송풍기

59 환기 공조용 저속덕트 송풍기로서 저항변화에 대해 풍량, 동력변화가 크고 정속운전에 사용하기 알맞은 것은
① 시로코 팬   ② 축류 송풍기
③ 에어포일 팬   ④ 프로펠러형 송풍기

60 날개가 회전방향으로 굽은 전곡형으로서 다른 형에 비하여 많은 풍량과 정압을 얻을 수 있으므로 환기설비나 공조기의 리턴팬 등 저속덕트용 송풍기로 사용되는 것은?
① 터보형 송풍기   ② 다익형 송풍기
③ 관류형 송풍기   ④ 축류형 송풍기

> **해설**
> 다익형(시로코팬): 효율은 그다지 높지 않고 풍량과 동력의 변화가 비교적 많으며 환기·공조 저속덕트용으로 주로 사용되는 송풍기

61 다음 중 고속에서도 비교적 정숙한 운전을 할 수 있는 것은?
① 다익 송풍기   ② 리밋 로드 송풍기
③ 터보 송풍기   ④ 관류 송풍기

62 송풍기 오버로드(over load)가 일어나는 요인은?
① 송풍량이 과잉될 때   ② 송풍량의 과소
③ 송풍량이 적당할 때   ④ 부하 감소

63 일반적으로 원심 송풍기에 사용되는 풍량제어방법이 아닌 것은?
① 회전수 제어   ② 베인 제어
③ 댐퍼 제어   ④ on-off 제어

64 다음은 VAV(가변 풍량 방식) 공기조화 방식에 사용 가능한 송풍기의 풍량제어 방식이다. 동력 절감량과 제어범위상 가장 우수한 특성을 지닌 것은?
① 가변 피치 제어   ② 흡입 베인 제어
③ 회전수 제어   ④ 댐퍼 제어

65 공기조화기의 송풍기의 축동력을 산출할 때 필요한 값과 거리가 먼 것은?
① 송풍량   ② 현열비
③ 송풍기 전압효율   ④ 송풍기 전압

66 송풍기의 축동력 산출 시 필요한 값이 아닌 것은?
① 송풍량   ② 덕트의 단면적
③ 전압효율   ④ 전압

67 팬의 효율을 표시하는 데 있어서 사용되는 전압효율에 대한 올바른 정의는?
① $\dfrac{축동력}{공기동력}$ ② $\dfrac{공기동력}{축동력}$
③ $\dfrac{회전속도}{송풍기크기}$ ④ $\dfrac{송풍기크기}{회전속도}$

[정답] 57 ④ 58 ③ 59 ① 60 ② 61 ③ 62 ① 63 ④ 64 ③ 65 ② 66 ② 67 ②

68 팬의 효율을 표시하는 데 사용되는 정압효율에 대한 올바른 정의는?
① 팬의 축동력에 대한 공기의 저항력
② 팬의 축동력에 대한 공기의 정압동력
③ 공기의 저항력에 대한 팬의 축동력
④ 공기의 정압동력에 대한 팬의 축동력

69 송풍기의 회전수가 $N \to N_1$으로 변할 때 송풍기의 상사법칙에 의한 정압의 변화를 나타낸 식은? (여기서 N: 회전수, P: 정압)
① $P_1 = (N_1/N)P$
② $P_1 = (N_1/N)^2 P$
③ $P_1 = (N/N_1)P$
④ $P_1 = (N/N_1)^2 P$

70 송풍량이 360 m³/min인 팬을 540 m³/min로 송풍하려면 회전수와 동력은 각각 약 몇 배로 증가되는가?
① 회전수 : 1.5배, 동력 : 3.4배
② 회전수 : 1.0배, 동력 : 1.5배
③ 회전수 : 1.0배, 동력 : 3.4배
④ 회전수 : 1.5배, 동력 : 1.5배

> **해설**
> $Q_2 = Q_1 \left(\dfrac{N_2}{N_1}\right)$ 에서
> ① $N_2 = \dfrac{Q_2 N_1}{Q_1} = \dfrac{540}{360} N_1 = 1.5 N_1$
> ② $kW_2 = kW_1 \left(\dfrac{N_2}{N_1}\right)^3 = 1.5^3 kW_1 = 3.4 kW_1$

71 송풍기의 풍량을 증가하기 위해 회전속도를 변경시킬 때 다음 상사법칙에 대한 설명 중 옳은 것은?
① 소요동력은 회전수의 제곱에 비례한다.
② 소요동력은 회전수의 3제곱에 비례한다.
③ 정압은 회전수의 3제곱에 비례한다.
④ 정압은 회전수의 제곱에 반비례한다.

72 200rpm으로 운전되는 송풍기가 4kW의 성능을 나타내고 있다. 회전수를 250rpm으로 상승시키면 동력은 몇 kW가 소요되는가?
① 5.5   ② 7.8
③ 8.3   ④ 8.8

73 원심식(다익형) 송풍기의 표시방법에는 날개의 지름(mm)을 다음 어느 숫자로 나눈 값이 송풍기의 번호가 되는가?
① 100   ② 120
③ 150   ④ 200

74 원심 송풍기의 번호가 NO.2일 때 깃의 지름은 얼마인가? (단, 단위는 mm)
① 150   ② 200
③ 250   ④ 300

> **해설**
> $NO = \dfrac{\text{깃 지름}}{150}$
> 깃 지름 $= 2 \times 150 = 300 mm$

75 축류형 송풍기의 크기는 송풍기의 번호로 나타내는데 회전날개의 지름(mm)을 얼마로 나눈 것을 번호(NO)로 나타내는가?
① 100   ② 150
③ 175   ④ 200

[정답] 68 ② 69 ② 70 ① 71 ② 72 ② 73 ③ 74 ④ 75 ①

PART 2. 공기조화

덕트 및 급배기설비

1 덕트 재료 및 구분

덕트(duct)는 공기를 수송하는 데 사용하는 것으로 주로 공기조화나 급배기·환기를 위해 사용하는 것으로 공조설비 중 가장 큰 설비비를 차지한다.

1 덕트의 재료

일반적인 덕트의 재료는 아연도금강판, 아연도금철판(KS D3506) 등이 가장 많이 사용되고 있으며 일명 함석이라고 한다.

(1) 재료에 따른 구분
 ① 아연도금강판(함석) : 강도가 크며 가공이 쉽고, 가격이 싸 가장 많이 사용되는 재료로 부식성이 적은 일반 공조용 및 환기용 덕트, 공조기 케이싱, 풍량조절댐퍼, 급배기용 루버, 덕트 행거 등에 사용
 ② 열연압연, 냉간압연 박강판 : 고온의 공기 및 가스가 통과하는 덕트, 방화댐퍼, 연도
 ③ 알루미늄판 : 골판으로 성형하여 플렉시블 덕트에 사용
 ④ 글라스울 : 단열성이 좋아 덕트의 단열재 및 흡음재로 사용(fiber glass duct)

(2) 덕트의 판 두께

판 두께 및 호칭 번호 (mm)	저속덕트(15m/s 이하)		고속덕트(15m/s 이상)	
	장방형 덕트 장변(mm)	원형(스파이럴) 덕트 직경(mm)	장방형 덕트 장변(mm)	원형(스파이럴) 덕트 직경(mm)
0.5(#26)	450 이하	450 이하	–	200 이하
0.6(#24)	450~750	450~750	–	200~600
0.8(#22)	750~1,500	750~1,000	450 이하	600~800
1.0(#20)	1,500~2,250	1,000 초과	450~1,200	800~1,000
1.2(#18)	2,250 초과	–	1,250~2,250	–

2 덕트의 구분

(1) 풍속에 따른 덕트의 구분
  ① 저속덕트 : 주덕트의 풍속이 15m/s 이하이고 주로 각형 덕트를 사용
  ② 고속덕트 : 주덕트의 풍속이 15m/s 이상이고 주로 원형 덕트를 사용

(2) 사용목적에 따른 구분
  ① 급기덕트(SA, supply air duct) : 공조기에 나온 공기를 실내로 공급하는 덕트
  ② 배기덕트(EA, exhaust air duct) : 실내의 오염된 공기를 외부로 배출하는 덕트
  ③ 환기덕트(RA, return air duct) : 실내의 공기를 공조기로 환기하여 보내는 덕트
  ④ 외기덕트(OA, out air duct) : 신선한 외기를 공조기로 도입하는 덕트

(3) 덕트 형상에 따른 구분
  ① 정방형 덕트 : 정사각형의 모양으로 제작한 덕트
  ② 장방형 덕트 : 직사각형의 모양으로 제작한 덕트
  ③ 원형 덕트 : 원형의 모양으로 제작한 덕트
  ④ 스파이럴(나선형) 덕트 : 원형으로 철판을 띠 모양의 나선형으로 제작한 덕트
  ⑤ 플렉시블 덕트 : 주름 모양의 신축성이 있어 덕트에서 취출구 연결 시 사용하는 덕트

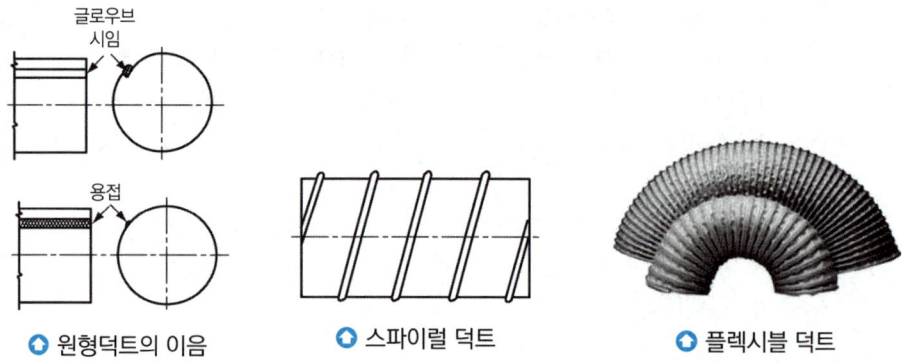

○ 원형덕트의 이음   ○ 스파이럴 덕트   ○ 플렉시블 덕트

3 덕트의 각종 계산

(1) 풍량과 풍속 등

① 덕트 내 풍량과 풍속

$$Q = AV = \frac{\pi}{4}D^2 V, \quad V = \frac{4Q}{\pi D^2}$$

- Q : 풍량(m^3/sec, CMS)
- A : 단면적(m^2)
- D : 덕트 안지름(m)
- V : 풍속(m/s)

② 연속의 정리

덕트 내에 연속으로 유체가 흐를 때는 각 단면을 통해 통과하는 유체의 질량은 변화가 없다. 즉, 유입량과 유출량은 변화가 없다.

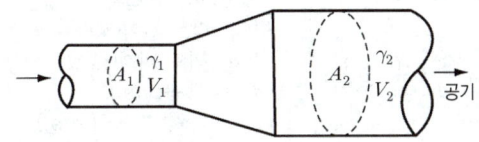

유입량 = 유출량
$Q_1 = Q_2$
$A_1 \cdot V_1 \cdot \gamma = A_2 \cdot V_2 \cdot \gamma$

(2) 베르누이 방정식

덕트 내 공기는 에너지 보존의 법칙에 의하여 각 지점에서의 공기가 가지고 있는 각각의 에너지는 합은 변화가 없다.

압력에너지(P) + 속도에너지(V) + 위치에너지(Z) = 0

① 압력으로 표시

$$P_1 + \frac{V_1^2}{2g} \cdot \gamma + Z_1 \cdot \gamma = P_2 + \frac{V_2^2}{2g} \cdot \gamma + Z_2 \cdot \gamma$$

- P_1, P_2 : 단면 ①, ②의 압력(kgf/m^2)
- V_1, V_2 : 단면 ①, ②의 속도(m/s)
- Z_1, Z_2 : 단면 ①, ②의 위치(m)
- γ : 공기의 비중량(kgf/m^3)

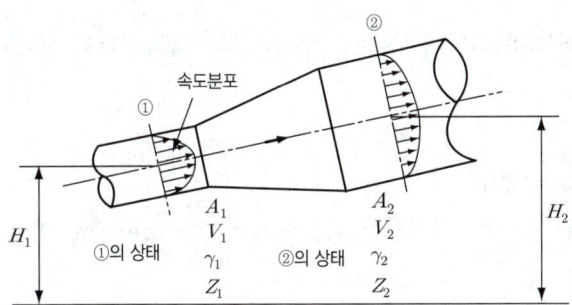

② 수두로 표시

$$\frac{P_1}{\gamma} + \frac{V_1^2}{2g} + Z_1 = \frac{P_2}{\gamma} + \frac{V_2^2}{2g} + Z_2$$

③ 전압, 정압, 동압

㉠ 전압(P_T) = 정압(P_S) + 동압(P_v)

㉡ 정압(P_S) : 공기가 벽에 정지한 상태의 압력

ⓒ 동압(P_v) : 공기의 흐르는 속도를 환산한 압력

$$P_v = \frac{V^2}{2g}\gamma = \left(\frac{V}{4.04}\right)^2 [\text{mmAq}], \ P_v = \frac{V^2}{2}\rho [\text{Pa}]$$

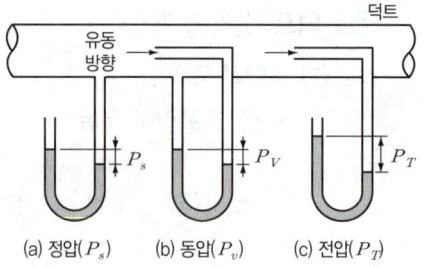

(a) 정압(P_s) (b) 동압(P_v) (c) 전압(P_T)

> 참고
> ■ 덕트의 정압 측정 : 마노미터(mano meter)

(3) 덕트의 마찰저항 등

① 직관덕트에서의 마찰손실(압력강하)

$$\Delta P = \lambda \cdot \frac{l}{d} \cdot \frac{V^2}{2g} \cdot \gamma [\text{mmAq}], \ \Delta P = \lambda \cdot \frac{l}{d} \cdot \frac{V^2}{2}\rho [\text{Pa}]$$

- λ : 마찰손실계수
- l : 덕트 길이(m)
- d : 덕트 내경(m)
- v : 풍속(m/s)
- g : 중력 가속도(m/s^2)
- γ : 비중량(kgf/m^3)

② 국부저항 마찰손실(압력강하)

덕트의 굴곡부, 분기부, 단면변화부 등에서 와류발생에 의한 총 마찰손실

$$\Delta P = \zeta \cdot \frac{V^2}{2g}\gamma [\text{mmAq}], \ \Delta P = \zeta \frac{V^2}{2}\rho [\text{Pa}]$$

ζ : 국부저항계수

③ 각형 덕트에서 원형 덕트로의 환산

$$de = 1.3\left\{\frac{(a \times b)^5}{(a+b)^2}\right\}^{\frac{1}{8}}$$

- de : 원형 덕트 상당지름
- a : 장변
- b : 단변

> 참고
> ■ 덕트 상당 길이(상당장) : 국부저항치와 동일한 마찰손실을 갖는 동일 크기의 직관덕트의 길이

4 덕트의 설계

(1) 정압법(등마찰손실법)
 ① 덕트의 단위 길이당 마찰(압력)손실($R = 0.1\text{mmAq/m} = 1\text{Pa/m}$)을 일정하게 하는 방법
 ② 덕트마찰저항선도나 덕트 메이저(duct measure) 등을 이용한 치수결정이 쉬움
 ③ 말단으로 갈수록 풍량과 풍속이 감소되어 소음의 문제가 적음
 ④ 취출구에서의 압력이 각각 다르게 되어 조정이 어려움

(2) 등속도법(정속법)
 ① 덕트의 각 부분에서의 풍속을 일정하게 하도록 방법
 ② 구간별로 마찰손실을 구하여야 함
 ③ 풍량분배가 일정하지 않아 구간이 복잡하지 않은 덕트에 이용
 ④ 일정 이상의 풍속이 요구되는 분체수송이나 공장의 환기 등에 사용

(3) 정압재취득법

각 취출구 또는 분기부 직전의 정압이 일정하게 되도록 하는 방법

2 급배기 환기설비

1 환기

실내 재실자로부터 발생한 오염물질(탄산가스, 먼지, 담배연기, 땀에 의한 수증기 등)을 자연 또는 기계적으로 배기하고 신선한 공기를 실내에 공급하는 설비이다.

2 환기방법

(1) 자연환기

공기의 온도에 따른 비중(량)차를 이용한 환기방식으로 풍압을 이용하는 방식, 온도차를 이용하는 방식, 풍압과 온도차를 병용하는 방식이 있다.(제4종 환기)

(2) 기계환기

송풍기 등의 기계적인 힘을 이용하여 강제로 환기하는 방식
① 제1종 환기(병용식) : 급기팬 + 배기팬(보일러실, 병원 수술실 등)
② 제2종 환기(압입식) : 급기팬 + 배기구(실내 정압, 반도체 공장, 무균실 등)
③ 제3종 환기(흡출식) : 급기구 + 배기팬(실내 부압, 화장실, 주방, 차고 등)

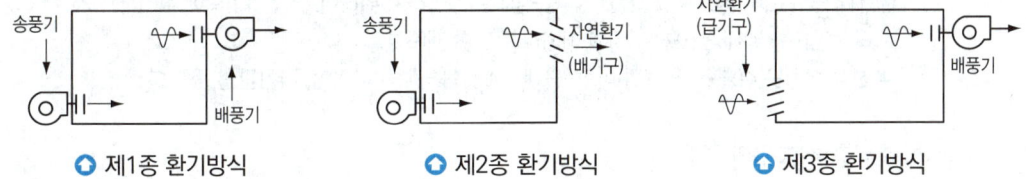

○ 제1종 환기방식　　　○ 제2종 환기방식　　　○ 제3종 환기방식

3 송풍량과 환기량

(1) 송풍량

각 실의 실내 현열부하와 기기 취득 현열부하에 의하여 송풍량을 산출할 수 있다.

① 송풍량(공학단위)

$$G(\text{kg/h}) = \frac{q_s(\text{kcal/h})}{0.24 \times \Delta t} \qquad Q(\text{m}^3/\text{h}) = \frac{q_s(\text{kcal/h})}{0.29 \times \Delta t}$$

$\begin{bmatrix} q_s : \text{현열부하} \\ G : \text{송풍량(kg/h)} \\ Q : \text{송풍량(m}^3/\text{h)} \\ \Delta t : \text{취출 온도차(℃)} \end{bmatrix}$

② 송풍량(SI단위)

$$Q(\text{m}^3/\text{h}) = \frac{q_s(\text{kJ/h})}{1.21 \times \Delta t} \qquad Q(\text{m}^3/\text{h}) = \frac{q_s(\text{Watt})}{0.34 \times \Delta t}$$

(2) 환기량(외기 도입량)

$$Q = \frac{M}{C - C_o} \times 10^6$$

- Q : 환기량(m^3/h, CMH)
- M : 오염가스 발생량(m^3/h)
- C : 실내 허용농도, 서한도(ppm)
- C_o : 외기의 CO_2 함유량(ppm)

> 참고
> - 서한도 : 환기계획 시 실내 허용 오염도의 한계

3 덕트 부속품

1 덕트 부속품

(1) 취출구(diffuser) 및 흡입구

① 취출구의 구분

구분	설명	종류
축류형	기류의 방향이 취출구에서 변화하지 않고 축방향으로 토출	노즐형, 펑커루버형, 베인격자형, 라인형, 다공판형 등
복류형	기류의 방향이 취출구와 같은 방향이 아닌 수평, 방사형으로 토출	아네모스탯형, 팬형 등

> 참고
> - ① 취출구(diffuser) : 조화된 공기를 실내로 공급하기 위하여 천장이나 벽에 설치하는 개구부
>   ② 흡입구 : 실내공기를 환기 및 배기하기 위한 개구부
> - 천장 설치용 취출구 : 펑커루버형, 아네모스탯형, 팬형, 라인형, 다공판형 등

② 축류형 취출구의 특징

　㉠ 노즐형(nozzle diffuser)
　　ⓐ 구조가 간단하고 도달거리가 길다.
　　ⓑ 다른 형식에 비해 소음발생이 적다.
　　ⓒ 천장이 높은 경우에도 효과적이다.
　　ⓓ 방송국, 스튜디오, 극장, 로비, 공장 등에 사용한다.

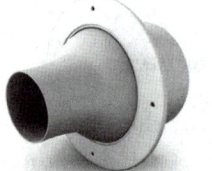

○ 노즐형

　㉡ 펑커루버형(punka diffuser)
　　ⓐ 선박의 환기용으로 제작된 것이다.
　　ⓑ 목이 움직이게 되어 취출기류의 방향을 바꿀 수 있다.
　　ⓒ 토출구에 달려있는 댐퍼에 의해 풍량조절이 가능하다.
　　ⓓ 공장, 주방, 버스 등의 국소(spot)냉방에 주로 사용한다.

○ 펑커루버형

ⓒ 베인격자형(vane slit type)
  ⓐ 그릴(grill) : 고정베인형으로 날개가 고정되고 있고 셔터가 없는 것
  ⓑ 유니버셜(universal) : 가동베인형으로 날개 각도를 변경할 수 있고 셔터가 없는 것
  ⓒ 레지스터(register) : 가동베인형으로 그릴 뒤에 풍량조절을 위한 셔터가 부착된 것

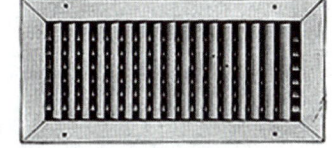

ⓔ 라인형(line type)
  선(line)의 개념을 통한 실내 인테리어와 조화시키기 좋은 것으로서 외주부 천장 또는 창틀 위에 설치하여 출입구의 에어커튼 역할 및 외부존의 냉난방부하를 처리한다. 종류로는 브리즈 라인형, T라인, 캄라인형, 슬롯형 등이 있다.

ⓕ 다공판형(multi vent type)
  ⓐ 철판에 다수의 구멍을 뚫어 취출구로 한 것이다.
  ⓑ 확산성능은 우수하나 소음이 크다.
  ⓒ 도달거리가 짧고 드래프트가 방지된다.
  ⓓ 공간 높이가 낮거나 덕트 공간이 협소할 때 적합하다.
  ⓔ 항온 항습실, 클린룸 등에서 사용한다.

③ 복류형 취출구의 특징
  ㉠ 아네모스탯형(anemostat type)
    팬형의 단점을 보완한 것으로 여러 개의 원형 또는 각형의 콘(cone)을 덕트 개구단에 설치하고 천장 부근의 실내공기를 유인하여 취출기류를 충분하게 확산시키는 우수한 성능의 취출구로서 확산반경이 크고 도달거리가 짧아 천장 취출구로 가장 많이 사용된다.
  ㉡ 팬형(pan type)
    천장의 덕트 개구단 아래쪽에 원형 또는 원추형의 팬을 매달아 여기에 토출기류를 부딪치게 하여 천장면을 따라서 수평·방사상으로 공기를 취출하는 것이다.

🔼 라인형　　🔼 아네모스탯형　　🔼 팬형

> **참고**
> ■ 스머징(smudging) 현상
> 천장 취출구에서 취출기류나 유인된 실내 공기 중에 함유된 먼지 등으로 취출구 주위의 천장면이 검게 더러워지는 현상으로 취출구 주위에 안티스머징링을 설치하여 이를 방지한다.

④ 취출구의 허용 토출풍속

취출구에서의 풍속이 너무 빠르면 소음이 발생하므로 토출풍속을 제한한다.

실의 용도		허용 토출풍속(m/s)
방송국		1.5~2.5
주택, 아파트, 교회, 극장, 호텔, 고급 사무실		2.5~3.75
개인 사무실		4.0
영화관		5.0
일반 사무실		5.0~6.25
상점(백화점)	2층 이상	7.5
	1층	10

⑤ 취출에 관한 용어

㉠ 1차 공기 : 취출구로부터 토출된 공기
㉡ 2차 공기 : 취출공기(1차 공기)로 유인된 공기
㉢ 최소도달거리 : 취출구에서 토출기류의 풍속이 0.5m/s로 되는 위치까지의 거리
㉣ 확산반경 : 복류 취출구에서 도달거리에 상당하는 것
㉤ 강하거리 : 수평으로 취출된 공기가 어느 거리만큼 진행했을 때의 기류 중심선과 취출구 중심과의 거리

> **참고**
>
> ■ 드래프트(draft)
> 실내기류와 온도에 따라서 인체의 어떠한 부분에 과도한 차가움이나 뜨거움을 느끼게 되는 것으로 드래프트라고 하고, 특히 겨울철 창문을 따라서 존재하는 냉기가 토출기류에 의하여 밀려 내려와서 바닥을 따라 거주구역으로 흘러들어 오는 콜드 드래프트(cold draft)가 문제가 된다.
> ■ 콜드 드래프트(cold draft) 발생 원인
> ① 인체 주위의 공기온도가 너무 낮을 때 ② 인체 주위의 기류속도가 클 때
> ③ 인체 주위의 습도가 낮을 때 ④ 주위 벽면의 온도가 낮을 때
> ⑤ 겨울철 창문의 틈새를 통한 극간풍이 많을 때

⑥ 흡입구의 종류와 특징

㉠ 도어그릴(door grill) : 문 하부에 부착되는 고정식 베인 격자형의 흡입구
㉡ 루버(louver)형 : 큰 가로 날개가 바깥쪽의 아래로 경사지게 고정되어 외부에서의 비나 눈의 침입을 방지하고 외부에서는 안이 들여다 보이지 않고 새나 벌레, 곤충류의 침입을 방지하기 위해 철망이 붙여져 있다.
㉢ 머쉬룸(mush room)형 : 극장 등의 바닥 좌석 밑에 설치하여 바닥면의 오염공기 및 먼지를 흡입하도록 한 것으로 필터나 코일을 오염시키므로 사용 시에는 먼지를 침전시킬 수 있는 구조로 하여야 한다.

◎ 도어그릴

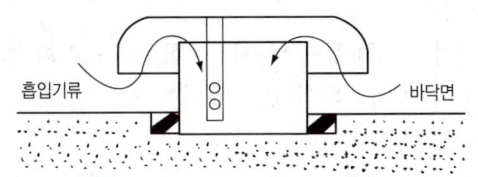

○ 머쉬룸형

⑦ 흡입구의 허용풍속

보통 거주구역 가까이 설치되므로 흡입구에서 발생하는 소음 문제나 흡입풍속이 너무 빠르면 드래프트를 느끼게 되므로 흡입풍속이 너무 크지 않도록 하여야 한다.

흡입구의 위치	허용 토출풍속(m/s)
거주구역의 상부에 있을 때	4 이상
거주구역내에 있고 좌석에서 멀 때	3~4
거주구역 내에 있고 좌석에서 가까울 때	2~3
도어그릴 또는 벽 설치용 그릴	3
주택	2
공장	4 이상

(2) 댐퍼(damper)

덕트를 통과하는 공기량을 조절하거나 폐쇄하는 기구

① 풍량조절 댐퍼(VD, volume damper)

  ㉠ 단익(버터플라이) 댐퍼 : 댐퍼의 날개가 1개로 되어있으며 소형 덕트의 개폐용으로 사용

  ㉡ 다익(루버) 댐퍼 : 2개 이상의 날개를 갖는 것으로 대형 덕트나 공조기에 사용

  ㉢ 베인 댐퍼 : 송풍기의 흡입구에 설치되어 송풍기의 흡입량을 세밀하게 조절

② 스플리트 댐퍼(SD, split damper)

덕트의 분기점에 설치하여 풍량을 분배하는 댐퍼이다.

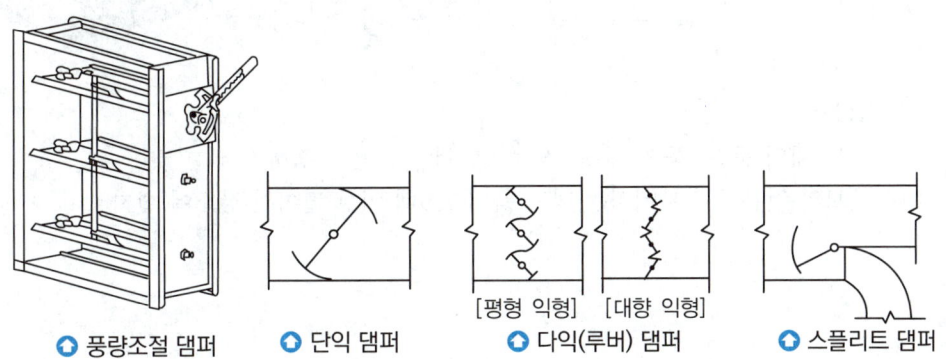

○ 풍량조절 댐퍼　　○ 단익 댐퍼　　[평형 익형] [대향 익형] ○ 다익(루버) 댐퍼　　○ 스플리트 댐퍼

③ 방화댐퍼(FD, fire damper)

실내의 화재 발생으로 화염이 덕트를 통하여 다른 방화구역으로 화재가 확산되는 것을 방지하는 댐퍼로 형상에는 다수의 날개로 되어 있는 루버형, 슬라이드, 피봇(pivot)형이 있다

④ 방연댐퍼(SD, smoke damper)

실내의 화재발생 시 실내 연기 감지기로 화재의 초기 시 발생한 연기를 탐지하여 댐퍼를 자동으로 폐쇄시켜 타 방화구역으로 연기가 침입하는 것을 방지하는 댐퍼이다.

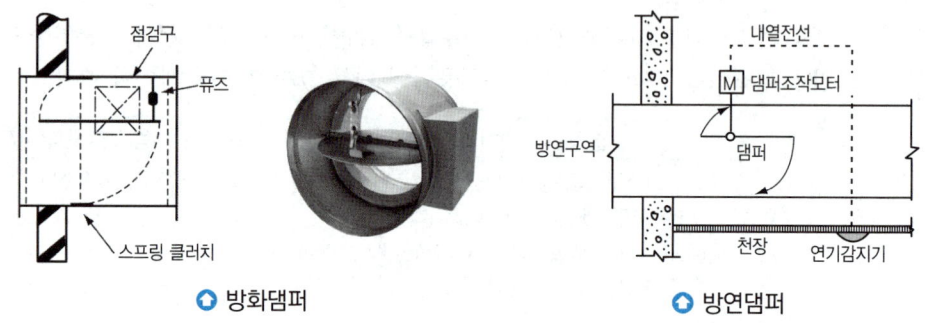

❂ 방화댐퍼　　　　　　　　　❂ 방연댐퍼

(3) 점검구(access door)

공조기 내부기기의 작동 상황이나 덕트 내에 설치되어 있는 댐퍼 및 코일, 팬 등의 점검이나 수리 등을 위하여 설치하는 것으로 설치장소로는 방화댐퍼의 퓨즈를 교체할 수 있는 곳, 풍량조절댐퍼의 점검 및 조정할 수 있는 곳, 말단 코일이 있는 곳, 덕트의 말단(먼지의 제거가 가능한 곳), 에어챔버가 있는 곳 등이며 공조기의 주요부분에도 설치한다.

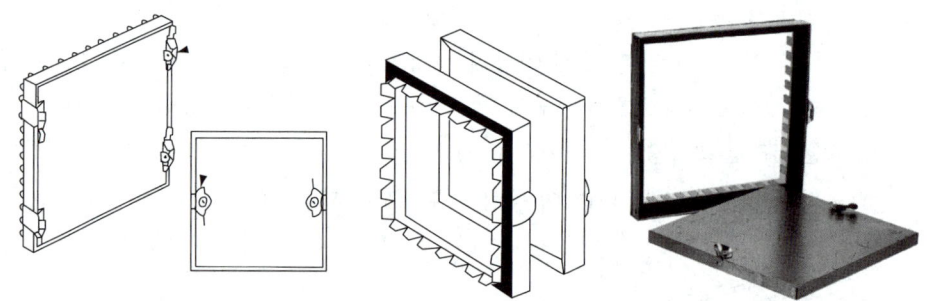

(4) 측정구

① 덕트 내의 풍량, 풍속, 온도, 압력, 먼지량 등을 측정하기 위한 것
② 엘보와 같은 곡관부에서는 덕트 폭의 7.5배 이상 떨어진 장소에 설치

4 덕트 시공

1 덕트의 이음

(1) 각형덕트의 이음

① 각형덕트 : 덕트의 각의 이음은 1개소 이상으로 하며 피치버그 이음, 보턴펀치스냅 이음 또는 더블코너 이음으로 하고, 덕트의 평판의 이음은 그루브 이음, 스탠딩 이음 등으로 한다.

> **참고**
> - 심(seam) : 길이 방향의 이음새
> - 슬립(slip) : 가로 방향의 이음새(SMACNA 공법)

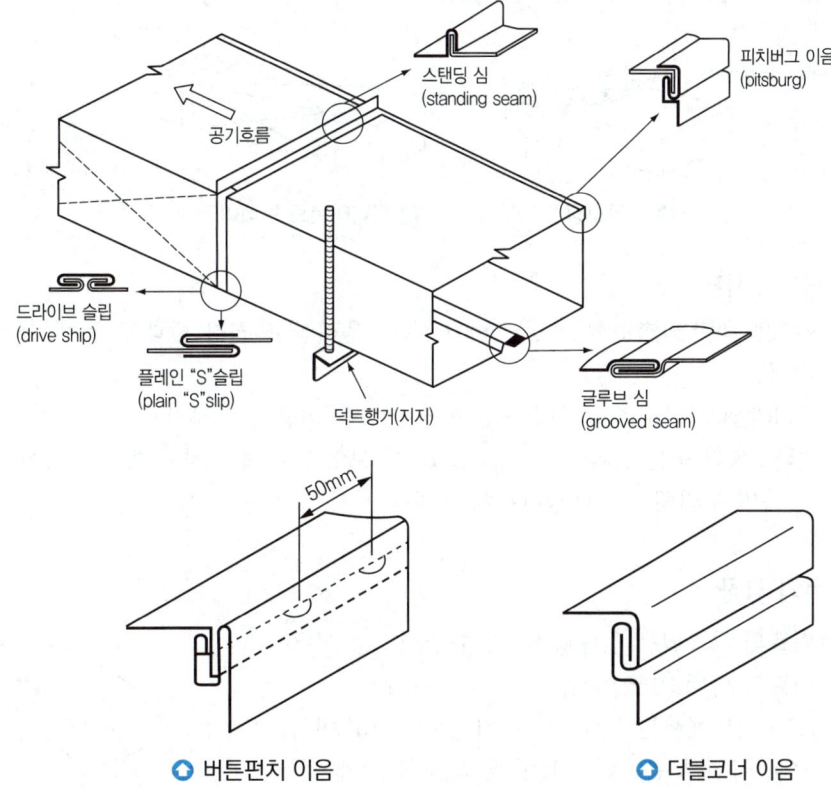

○ 버튼펀치 이음   ○ 더블코너 이음

② 원형덕트 : 길이방향 이음은 그루브 이음으로, 나선형 덕트는 나선형 로크 이음으로 한다. 접음 폭은 4.8mm 이상으로 하고, 그 피치는 덕트의 호칭치수가 100mm 이하이면 100mm 이하, 100 초과 1,000mm 이하이면 150mm 이하로 한다.

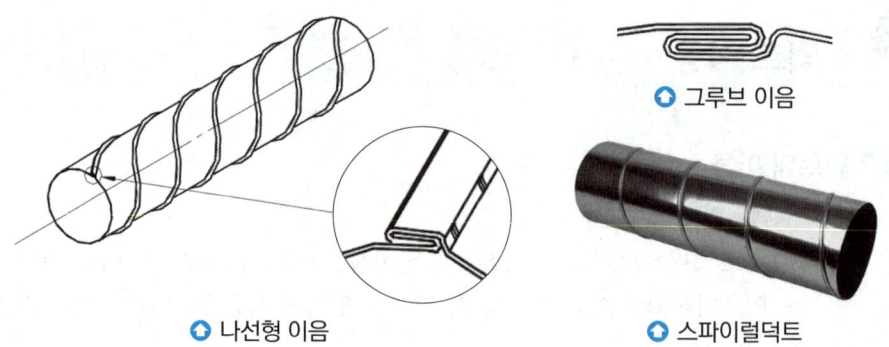

○ 나선형 이음   ○ 스파이럴덕트

(2) 덕트의 보강
① 앵글 보강 : 장변 1,000mm 이상의 덕트에 사용
② 다이아몬드 브레이크 : 장변 450mm 이상의 덕트에 사용하여 보강
③ 보강립(rip) : 장변 450mm 이상의 덕트에 사용하여 보강

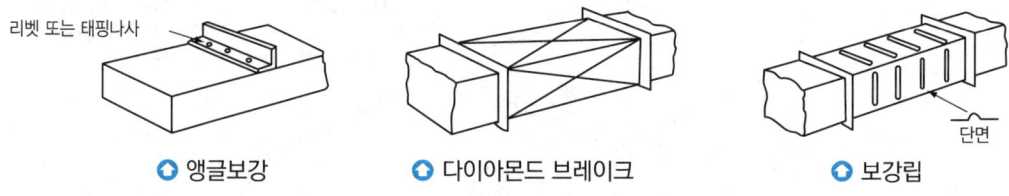

○ 앵글보강   ○ 다이아몬드 브레이크   ○ 보강립

(3) 덕트의 지지
① 행거에 의한 방법 : 형강(앵글)에 덕트을 올려놓고 천장 슬래브 등에 환봉을 매달아 지지
② 행거레일에 의한 방법 : 형강대신 행거 레일을 이용하여 지지
③ 기타 : 평판 또는 철판을 D슬립, S슬립의 모양으로 접은 것을 행거로 하여 이것을 덕트의 측벽에 리벳이나 태핑나사에 의하여 지지

2 덕트의 시공

① 덕트의 아스펙트비(종횡비, 장변/단변) : 4 이내
② 덕트의 확대 : 15° 이하, 축소 : 30° 이내
   (고속덕트에서는 확대 : 8° 이하, 축소 : 15° 이하)
③ 덕트 굽힘부 곡률반경(R/a)은 되도록 크게 하면 좋으나 일반적으로 1.5~2.0 정도로 한다.
④ 가이드 베인(guide vane, turning vane)의 설치
   ㉠ 곡률 반경비(R/a)가 덕트 장변의 1.5배 이하
   ㉡ 확대 및 축소 시 : 상기 각도 이상 시
   ㉢ 곡부의 기류를 세분해서 생기는 와류를 적게 하며 곡부의 내측에 설치하는 것이 적

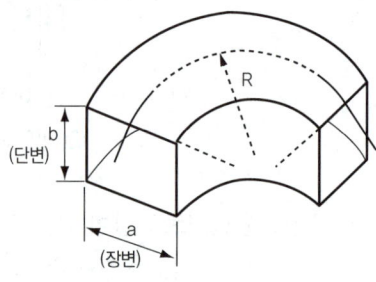

합하다.

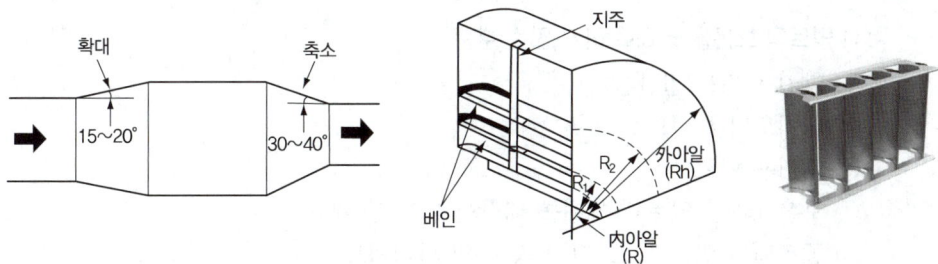

⑤ 덕트관로에 코일 부착 시
  ㉠ 확대각은 30° 이내, 축소각은 45° 이내로 한다.
  ㉡ 굽힘 직후에 코일을 설치할 때에는 가이드 베인을 설치한다.(확관 금지)

> **참고**
> ■ 아스펙트비(종횡비, 장방비, aspect ratio) : 장방형 덕트에 있어서 장변을 단변으로 나눈 값

3 송풍기와 덕트의 접속

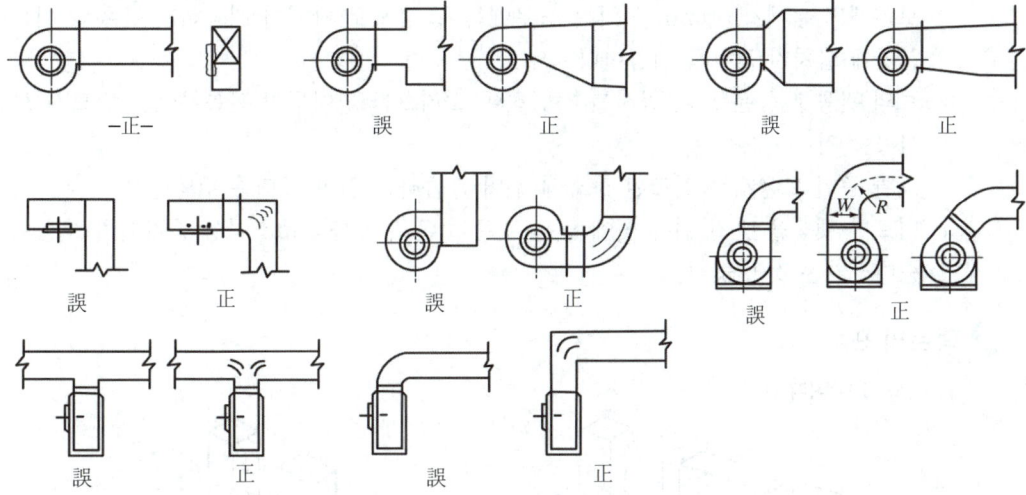

> **참고**
> ■ 캔버스 이음(canvas joint) : 송풍기에서 발생한 진동이 덕트에 전달되지 않도록 하는 이음

4 덕트의 소음 방지대책

① 덕트의 도중에 흡음재 내장
② 송풍기 출구에 플리넘 챔버 설치
③ 댐퍼나 취출구에 흡음재 부착
④ 덕트 도중에 흡음장치(셀형, 플레이트) 설치

5 덕트의 보온

(1) 덕트의 보온을 필요로 하지 않는 부분
① 환기용 덕트(일반환기)
② 외기도입용 덕트
③ 배기용 덕트
④ 보온효과가 있는 흡음재를 내장한 덕트 및 챔버
⑤ 공조되어 있는 실 및 그 천장 속의 환기덕트
⑥ 덕트 보온효과가 있는 소음기 및 소음엘보
⑦ 옥내외에 노출된 배연덕트
⑧ 단독으로 방화구획된 샤프트 내의 배연덕트

(2) 결로방지

주방 및 주차장 등 습도가 높은 곳을 지나는 덕트는 방로피복을 하여야 한다.

(3) 시공상의 주의사항
① 보온재를 붙일 경우에는 붙이는 면을 깨끗이 한 후 붙인다.
② 보온재의 두께가 50mm를 넘는 경우에는 두 층으로 나눠서 시공하되 종횡의 이음이 한곳에 합치지 않도록 시공한다.
③ 보의 관통부 등은 보온 공사를 감안하여 슬리브를 넣어두며 관통부에는 반드시 보온 시공할 것
④ 보관 중인 보온재는 건조된 장소에 두어 흡습하는 일이 없도록 주의한다.
⑤ 덕트가 햇빛을 받기 쉬운 곳에 있는 것은 보온 두께를 5mm 이상 증가시켜 보온력을 증대시키는 것이 좋다.

6 덕트의 표시

(1) 덕트의 단면표시

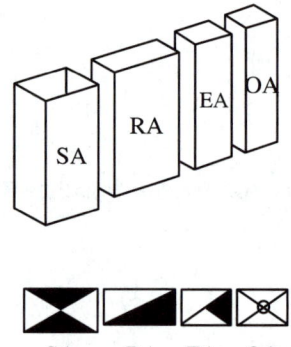

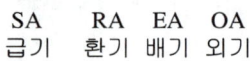
SA RA EA OA
급기 환기 배기 외기

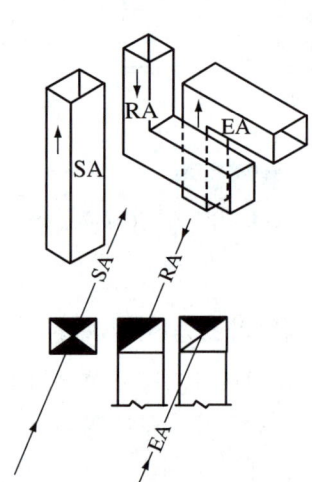

(2) 덕트의 도시기호

기호	명칭	기호	명칭
	급기덕트(각형, 원형)	T.V	터닝(가이드) 베인
	환기덕트(각형, 원형)		원형 디퓨저
	배기덕트(각형, 원형)		각형 디퓨저
	외기덕트(각형, 원형)		레지스터 및 그릴
V.D	풍량조절댐퍼		덕트 소음기
F.D	방화댐퍼		에어바 및 챔버
F.V.D	풍량조절 및 방화댐퍼	M.F.V.D	전동방화댐퍼
M.V.D	전동풍량조절댐퍼	E.G	배기그릴
	캔버스 이음	S.R	급기 레지스터
	플렉시블 덕트	E.R	배기 레지스터
S.D	분할댐퍼		디퓨저

CHAPTER 04 덕트 및 급배기설비

예상문제

01 덕트의 재료로서 가장 많이 이용되는 것은?
① 아연도금강판   ② 알루미늄판
③ 염화비닐판   ④ 스테인리스강판

02 다음 덕트 재료 중에서 고온의 공기 및 가스가 통과하는 덕트 및 방화댐퍼, 보일러의 연도 등에 가장 많이 사용되는 재료는?
① 열간 압연 강판   ② 동관
③ 알루미늄판   ④ 염화비닐

03 다음 중 온도가 높은 공기의 수송에 가장 부적합한 덕트용 재료는?
① 냉간압연강판   ② 경질염화비닐판
③ 알루미늄판   ④ 글라스울판

04 저속덕트의 긴 변이 750mm를 초과하고 1,500mm 이하일 때 덕트의 판두께로 적당한 것은?
① 0.6mm   ② 0.8mm
③ 1.0mm   ④ 1.2mm

05 고속덕트와 저속덕트의 기준이 되는 것은?
① 10m/s   ② 15m/s
③ 30m/s   ④ 25m/s

06 저속덕트의 이점에 속하지 않는 것은?
① 덕트 소음이 적다.
② 덕트 스페이스가 적게 된다.
③ 설비비가 싸다.
④ 덕트에서의 저항이 적다.

07 신선한 외기를 공기조화기(AHU)로 공급하는 덕트를 무엇이라 하는가?
① 급기덕트(SA)   ② 배기덕트(EA)
③ 환기덕트(RA)   ④ 외기덕트(OA)

08 원형덕트로 가장 많이 사용하는 덕트의 형상은?
① 플렉시블덕트   ② 스파이럴덕트
③ 저속덕트   ④ 장방형 덕트

09 주름 모양으로 신축성이 있어 덕트에서 취출구를 연결할 때 가장 많이 사용하는 것은?
① 터닝베인   ② 댐퍼
③ 플렉시블덕트   ④ 디퓨져

10 지름 50cm인 덕트 내의 풍속이 7.5m/sec일 때 풍량은 약 몇 m³/h인가?
① 3750   ② 5300
③ 8960   ④ 9650

해설
$Q = \dfrac{\pi}{4} \times 0.5^2 \times 7.5 \times 3{,}600 = 5{,}299 \text{m}^3/\text{h}$

11 시간당 10,000m³의 공기가 지름 100cm의 원형 덕트 내를 흐를 때 풍속은 얼마인가?
① 1.5m/s   ② 2.5m/s
③ 3.5m/s   ④ 4m/s

해설
$V = \dfrac{4Q}{\pi D^2} = \dfrac{4 \times 10{,}000}{3.14 \times 1^2 \times 3{,}600} = 3.5 \text{m/s}$

[정답] 01 ① 02 ① 03 ② 04 ② 05 ② 06 ② 07 ④ 08 ② 09 ③ 10 ② 11 ③

12 13,500m³/h의 풍량을 나타낸 것으로 맞는 것은?
① 225CMM
② 225CMS
③ 13,500CMM
④ 13,500CMS

> 해설
> 13,500m³/h(CMH)=225m³/min(CMM)
> =3.75m³/sec(CMS)

13 덕트에서의 마찰손실에 대한 설명 중 잘못된 것은?
① 덕트의 지름에 반비례한다.
② 덕트의 길이가 길면 커진다.
③ 덕트 속에 공기의 속도가 커지면 증가한다.
④ 공기의 비중량이 클수록 작아진다.

> 해설
> 덕트 저항은 공기의 비중량이 클수록 커진다.

14 유체의 속도가 10m/s일 때 이 유체의 속도수두는 얼마인가? (단, 지구의 중력가속도는 9.8m/s² 이다.)
① 2.26m   ② 3.19m
③ 5.10m   ④ 10.2

15 덕트설계 시 고려사항으로 거리가 먼 것은?
① 송풍량
② 덕트방식과 경로
③ 덕트 내 공기의 엔탈피
④ 취출구 및 흡입구 수량

16 단위 길이에 대한 압력손실이 일정하게 될 수 있도록 덕트 치수를 정하는 방법은?
① 등속도법   ② 정압법
③ 정압 재취득법   ④ 전압법

17 환기의 필요성으로 볼 수 없는 것은?
① 체취
② 습도증가
③ 탄산가스 증가
④ 외기온도 증가

18 다음 환기에 대한 설명으로 틀린 것은?
① 실내의 오염공기를 신선공기로 희석하거나 확산시키지 않고 배출한다.
② 실내에서 발생하는 열이나 수증기를 제거한다.
③ 실내압력을 +압력상태로 유지시키면서 환기하는 방식이 제3종 환기법이다.
④ 재실자의 건강, 안전, 쾌적성, 작업능률을 향상시킨다.

19 자연환기의 방식으로 해당되지 않는 것은?
① 송풍기를 이용하는 방식
② 온도차를 이용하는 방식
③ 풍압을 이용하는 방식
④ 풍압과 온도차를 이용하는 방식

20 다음 기계환기 중 1종 환기(병용식)로 맞는 것은?
① 강제급기와 강제배기
② 강제급기와 자연배기
③ 자연급기와 강제배기
④ 자연급기와 자연배기

[정답] 12 ① 13 ④ 14 ③ 15 ③ 16 ② 17 ④ 18 ③ 19 ① 20 ①

21 건물의 화장실, 탕비실, 소규모 조리장의 환기 설비에 적당한 기계환기 방식은?
① 제1종 환기　② 제2종 환기
③ 제3종 환기　④ 제4종 환기

22 기계 환기는 팬의 위치와 송기, 배기 형식에 따른 다음 종류가 있다. 해당되지 않는 것은?
① 병용식　② 압입식
③ 흡출식　④ 압출식

23 다음 중 환기의 효과가 가장 큰 환기법은?
① 제1종 환기　② 제2종 환기
③ 제3종 환기　④ 제4종 환기

24 가정의 주방이나 가스 레인지 상부측 후드를 이용하여 배기하는 환기법은?
① 국부환기, 제3종 환기
② 전체환기, 제3종 환기
③ 국부환기, 제2종 환기
④ 전체환기, 제2종 환기

25 화재발생 시 연기를 방연구획 등의 건축물의 일정한 구획 내에 가둬놓고 이것을 건물에서 배출하는 설비는?
① 환기설비　② 급기설비
③ 통풍설비　④ 배연설비

26 저속덕트의 경우 단위 길이당 마찰손실(Pa/m)로서 일반적인 설계 사용값은?
① 1　② 0.3
③ 0.1　④ 0.01

> **해설**
> 등마찰손실법에서 덕트의 단위 길이당 마찰손실 설계값은 0.1mmAq/m(1Pa/m) 정도이다.

27 덕트 상당장이란 무엇인가?
① 덕트의 실제길이를 말한다.
② 덕트의 길이를 원형덕트로 환산한 것이다.
③ 덕트계통에서 국부 저항 손실을 같은 저항값을 갖는 직선덕트의 길이로 환산한 것이다.
④ 덕트의 직경을 20cm로 환산한 덕트 길이다.

28 원형덕트의 지름을 사각덕트로 변형시킬 때, 원형덕트의 d 와 사각덕트의 긴 변 길이 a 및 짧은 변 길이 b 의 관계식을 나타낸 것 중 옳은 것은?

① $d = \left[\dfrac{a \times b^5}{(a \times b)^2}\right]^{1/8}$

② $d = 1.3 \times \left[\dfrac{a^5 \times b}{(a+b)^2}\right]^{1/8}$

③ $d = 1.3 \times \left[\dfrac{(a \times b)^5}{(a+b)^2}\right]^{1/8}$

④ $d = \left[\dfrac{a^5 \times b}{(a+b)^2}\right]^{1/8}$

29 덕트의 아스팩트(aspect)비는 보통 얼마로 하는가?
① 2 : 1 이하가 바람직하나 4 : 1을 넘지 않는 범위로 한다.
② 4 : 1 이하가 바람직하나 8 : 1을 넘지 않는 범위로 한다.
③ 6 : 1 이하가 바람직하나 12 : 1을 넘지 않는 범위로 한다.
④ 8 : 1 이하가 바람직하나 16 : 1을 넘지 않는 범위로 한다.

[정답] 21 ③　22 ④　23 ①　24 ①　25 ④　26 ③　27 ③　28 ③　29 ②

30 덕트의 설계 시 주의할 사항 중 틀린 것은?
① 곡부분은 될 수 있는 대로 큰 곡률 반지름을 취한다.
② 덕트의 확대 부분의 각도는 될 수 있으면 20° 이하로 한다.
③ 덕트의 축소 부분의 각도는 될 수 있으면 45° 이내로 한다.
④ 덕트 단면의 장방비(aspect ratio)는 될 수 있는 대로 10 이상으로 한다.

31 덕트 치수를 결정하는 데 있어서 유의해야 할 사항으로 잘못된 것은?
① 덕트는 굴곡은 1.5~2.0으로 한다.
② 덕트의 확대부 각도는 30° 이하, 축소부는 60° 이하가 되도록 한다.
③ 동일풍량의 경우, 가장 표면적이 적은 것은 원형덕트이고, 다음이 정방형 덕트이다.
④ 건축적인 사정으로 장방형 덕트를 사용하는 경우에도 종횡비는 4이하로 하는 것이 좋다.

32 덕트의 곡률 반지름(R)과 긴 변의 길이(a)에 대한 비로서 가장 알맞는 것은?
① 1.0~1.5 ② 1.5~2.0
③ 2.0~2.5 ④ 2.5~3.0

33 대형덕트에서 덕트의 강도를 높이기 위해 덕트의 옆면 철판에 주름을 잡아주는 것은?
① 보강 바 ② 다이아몬드 브레이크
③ 보강 앵글 ④ 슬립

34 다음 중 소음의 단위는?
① cd ② Hz
③ ppm ④ dB

35 덕트의 용도별 허용 소음치인 NC(Noise Criterion)의 평균치(dB)가 은행 및 우체국에 가장 적당한 것은?
① 10 ② 20
③ 40 ④ 80

36 덕트의 소음 방지법이 아닌 것은?
① 송풍기 출구 부근에 플리넘 챔버를 장치한다.
② 덕트의 접속에 시임 대신 다이아몬드 브레이크를 만든다.
③ 댐퍼와 분출구에 코르크판을 부착한다.
④ 덕트의 도중에 흡음재를 내장한다.

37 덕트의 열손실 방지를 위해 반드시 보온을 필요로 하는 부분은?
① 환기 덕트 ② 외기 덕트
③ 배기 덕트 ④ 급기 덕트

38 환기를 계획할 때 실내 허용 오염도의 한계를 말하며 %나 ppm으로 나타내는 용어는?
① 불쾌지수 ② 유효온도
③ 쾌감온도 ④ 서한도

39 실내 필요 환기량을 구하는 식은 어느 것인가? (단, Q : 필요 환기량, K_p : 실내오염 허용치, K_o : 오염발생지의 실외농도이다.)
① $Q = \dfrac{K_p - K_o}{M}$
② $Q = \dfrac{M}{K_p - K_o}$
③ $Q = M(K_p - K_o)$
④ $Q = M + (K_p - K_o)$

[정답] 30 ④ 31 ② 32 ② 33 ② 34 ④ 35 ③ 36 ② 37 ④ 38 ④ 39 ②

40 공연장의 건물에서 관람객이 500명이고 1인당 CO_2 발생량이 $0.05m^3/h$일 때 환기량(m^3/h)인가? (단, 실내 허용 CO_2 농도는 600ppm, 외기 CO_2 농도는 100ppm이다.)

① 30000 ② 35000
③ 40000 ④ 50000

> **해설**
> $$Q = \frac{M}{C - C_o} = \frac{500 \times 0.05}{0.0006 - 0.0001} = 50,000 m^3/h$$
> 또는, $Q = \frac{500 \times 0.05}{600 - 100} \times 10^6 = 50,000 m^3/h$

📝 **참고** 600ppm = 0.06% = 0.0006

41 실내에 설치하여 난방, 환기 및 냉방의 공기를 토출하는 기구는?

① 디퓨저(diffuser)
② 레지스터(register)
③ 댐퍼(damper)
④ 후드(hood)

42 온수 베이스보드 난방(hot-water base board heating)에서 가열면의 공기유동을 조절하기 위한 장치는?

① 라지에터(radiator)
② 드레인 밸브(drain valve)
③ 댐퍼(damper)
④ 서모스탯(thermostat)

43 다음 중 축류 취출구의 종류가 아닌 것은?

① 펑커루버
② 베인격자 취출구
③ 슬롯 취출구
④ 팬형 취출구

44 취출 기류의 방향조정이 가능하고 댐퍼가 있어 풍량조절이 가능하나 공기저항이 크며 공장, 주방 등의 국소냉방에 적합한 것은?

① 다공판형   ② 베인격자형
③ 펑커루버형 ④ 아네모스탯형

45 다음 취출구 중 내부유인성능을 가지고 있으며 취출온도차를 크게 반영할 수 있는 것은?

① 아네모스탯형 취출구
② 라인형 취출구
③ 노즐형 취출구
④ 유니버설형 취출구

46 공기조화용 취출구 종류에서 원형 또는 원추형 팬을 달아 여기에 토출기류를 부딪치게 하여 천장면에 따라서 수평판 사이로 공기를 내보내는 구조로 되어 있고 유인비 및 소음 발생이 적은 취출구는?

① 팬형   ② 웨이형
③ 아네모스텟형 ④ 라인형

47 다음 중 라인형 취출구에 해당되지 않는 것은?

① 캄 라인형   ② 슬롯 라인형
③ T-바형   ④ 노즐형

48 다음 중 조명부하를 쉽게 처리할 수 있는 취출구는?

① 아네모스텟   ② 축류형 취출구
③ 웨이형 취출구 ④ 라이트 트로퍼

[정답] 40 ④ 41 ① 42 ③ 43 ③ 44 ③ 45 ① 46 ① 47 ④ 48 ④

49 공기조화용 취출구 종류 중 판에 일정한 크기의 구멍을 뚫어 토출구를 만들었으며 천장설치용으로 적당하며, 확산효과가 크기 때문에 도달거리가 짧은 것은?

① 아네모스탯(annemostat)형
② 라인(line)형
③ 팬(pan)형
④ 다공판(multi vent)형

50 건물의 종류에 따른 취출구의 허용풍속을 나타낸 것 중 틀린 것은?

① 방송국 : 1.5~2.5m/s
② 영화관 : 5.0m/s
③ 일반 사무실 : 9.5m/s
④ 백화점 : 7.5m/s

51 공기조화용 흡입구의 일반 공장 내에서는 허용 풍속은 얼마인가?

① 2m/s 이상   ② 3m/s 이상
③ 4m/s 이상   ④ 5m/s 이상

52 다음 댐퍼 중 대형 덕트에 사용하는 것은?

① 루버댐퍼   ② 다익댐퍼
③ 베인댐퍼   ④ 볼륨댐퍼

53 루버댐퍼에 관한 설명 중 옳은 것은?

① 취출구에 설치하여 풍량조절
② 덕트 도중에서의 풍량조절
③ 분기점에서의 풍량조절
④ 다른 구역으로 연기의 침투를 방지

54 덕트의 분기점에서 풍량을 조절하기 위하여 설치하는 댐퍼는?

① 방화 댐퍼   ② 스플릿 댐퍼
③ 볼륨 댐퍼   ④ 터닝 베인

55 공기조화용 덕트 부속기기의 댐퍼 종류에서 주로 소형 덕트의 개폐용으로 사용되며 구조가 간단하고 완전히 닫았을 때 공기의 누설이 적으나 운전 중 개폐 조작에 큰힘을 필요로 하며, 날개가 중간정도 열렸을 때 와류가 생겨 유량 조절용으로 부적당한 댐퍼는?

① 버터플라이 댐퍼   ② 평행익형 댐퍼
③ 대향 익형 댐퍼   ④ 스프릿 댐퍼

56 덕트설비에 사용되는 댐퍼의 용도를 나타낸 것이다. 옳지 않은 것은?

① 버터플라이 댐퍼 – 대형 덕트의 개폐용
② 볼륨 댐퍼 – 덕트의 풍량조절용
③ 스플릿 댐퍼 – 분기부의 풍량 배분용
④ 방화 댐퍼 – 화재 시 화염의 침입 방지용

57 공기조화용 덕트 부속기기에서 실내에 설치된 연기감지기로 화재 초기에 발생된 연기를 탐지하여 덕트를 폐쇄시키므로 다른 구역으로 연기의 침투를 방지해 주는 부속기기는 무엇인가?

① 방연 댐퍼   ② 챔버
③ 방화 댐퍼   ④ 풍량조절 댐퍼

58 다음 댐퍼 중 기본적인 기능이 다른 하나는?

① 버터플라이 댐퍼   ② 루버 댐퍼
③ 대향익형 루버 댐퍼 ④ 피봇 댐퍼

> **해설**
> 피봇(pivot) 댐퍼 : 방화댐퍼

[정답] 49 ④ 50 ③ 51 ③ 52 ② 53 ① 54 ② 55 ① 56 ① 57 ① 58 ④

59 다음 중 풍량 조절용 댐퍼가 아닌 것은?
① 버터 플라이 댐퍼 ② 베인 댐퍼
③ 루버 댐퍼 ④ 릴리프 댐퍼

60 덕트의 부속품에 대한 설명이다. 잘못된 것은?
① 소형의 풍량 조절용으로는 버터플라이 댐퍼를 사용한다.
② 공조덕트의 분기부에는 베인형 댐퍼를 사용한다.
③ 화재시 화염이 덕트 내에 침입하였을 때 자동적으로 폐쇄되도록 방화댐퍼를 사용한다.
④ 화재의 초기시 연기감지로 다른 방화구역에 연기가 침입하는 것을 방지하는 방연댐퍼를 사용한다.

61 격자형 취출구에서 풍량을 조절하기 위한 댐퍼나 셔터가 있는 것은 무엇이라 하는가?
① 그릴 ② 루버
③ 레지스터 ④ 그리드

62 공기세정기에서 유입되는 공기를 정류시키기 위한 것은?
① 루버 ② 댐퍼
③ 분무노즐 ④ 엘리미네이터

63 축류 취출구 중심부터 취출기류의 평균 유속이 0.25m/s 정도되는 점까지의 거리를 무엇이라 하는가?
① 도달거리 ② 강하거리
③ 거주영역 ④ 확산 반지름

64 취출구 공기도달거리가 3/4지점에 이르렀을 때 공기속도로 적당한 것은?
① 0.2 ② 0.25
③ 1.2 ④ 1.5

65 덕트 취출의 최소 도달거리라는 것은 취출구에서 취출한 공기가 진행해서 취출기류의 중심선상의 풍속이 몇 m/s된 위치까지의 거리인가?
① 0.1 ② 0.5
③ 1.0 ④ 2.0

66 겨울철 창문의 창면을 따라서 존재하는 냉기가 토출기류에 의하여 밀려 내려와서 바닥을 따라 거주구역으로 흘러들어와 인체의 과도한 차가움을 느끼는 현상을 무엇이라 하는가?
① 쇼크 현상 ② 콜드 드래프트
③ 도달거리 ④ 확산 반경

67 다음 중 콜드드래프트의 원인으로 아닌 것은?
① 인체 주위의 온도가 너무 낮을 때
② 주위 벽면의 온도가 너무 낮을 때
③ 창문의 틈새가 많을 때
④ 인체 주위 기류속도가 너무 느릴 때

68 건축물의 출입구로부터 들어오는 침입외기에 의한 콜드 드래프트의 영향을 줄이기 위한 방법 중 부적당한 것은?
① 천장 노즐로서 온풍을 바닥면에 도달시킨다.
② 바닥면을 패널 히팅으로 한다.
③ 에어커튼을 설치하여 출입구의 틈새바람을 방지한다.
④ 출입구에 자동개폐의 이중문을 설치한다.

[정답] 59 ④ 60 ② 61 ③ 62 ① 63 ① 64 ② 65 ② 66 ② 67 ④ 68 ④

69 다음 취출에 관한 용어 설명 중 틀린 것은?

① 1차 공기 : 취출구로부터 취출된 공기
② 2차 공기 : 1차 공기로부터 유도되어 운동하는 실내의 공기
③ 내부유인 : 취출구의 내부에 실내공기를 흡입해서 이것과 취출 1차 공기를 혼합해서 취출하는 작용
④ 유인비 : 덕트 단면의 장변을 단변으로 나눈 값

70 공기조화용 덕트 부속기기 덕트 내의 풍속(풍량) 온도, 압력, 먼지 등을 측정하기 위하여 측정구를 설치한다. 이와 같은 측정구는 엘보와 같은 곡관부에서 덕트 폭의 몇 배 이상 떨어진 장소에서 설치하는가?

① 7.5배 이상　　② 8.5배 이상
③ 9.5배 이상　　④ 6.5배 이상

71 송풍기의 진동이 덕트나 장치에 전달되는 것을 방지하기 위하여 송풍기 흡입측과 토출측에 설치하는 것을 무엇이라 하는가?

① 캔버스 이음　　② 플리넘 쳄버
③ 익스팬더　　④ 홀메탈

72 천장이나 덕트 내에 설치되어 있는 주요 요소에 설치하여 댐퍼의 점검이나 조정 및 청소 등을 위하여 설치하는 것은?

① 점검구　　② 측정구
③ 그릴　　④ 댐퍼

73 덕트의 주요 요소의 점검이나 조정을 위하여 점검구(access door)를 설치하는데 설치장소로서 부적당한 것은?

① 방화 댐퍼의 퓨즈를 교체할 수 있는 곳
② 풍량조절 댐퍼의 점검 및 조정할 수 있는 곳
③ 코일이 있거나 에어챔버가 있는 곳
④ 덕트의 중간

74 다음은 댐퍼의 종류에 따른 약자이다. 이 중 틀린 것은?

① VD : 풍량조절댐퍼
② SD : 전동풍량조절댐퍼
③ FD : 방화댐퍼
④ SFD : 방연방화댐퍼

75 다음은 덕트의 부속기구들의 약자이다. 틀린 것은?

① 터닝베인 : TV
② 배기그릴 : EG
③ 급기레지스터 : ER
④ 분할 댐퍼 : SD

76 다음은 공조덕트를 나타내는 도시기호이다. 이중 틀린 것은?

① 급기덕트, SA
② 환기덕트, RA
③ 외기덕트, OA
④ 배기덕트, EA

해설
외기덕트 :

[정답] 69 ④　70 ①　71 ①　72 ①　73 ④　74 ②　75 ③　76 ③

PART 2. 공기조화

공조배관설치

 공조배관설비

1 공조배관 계통도

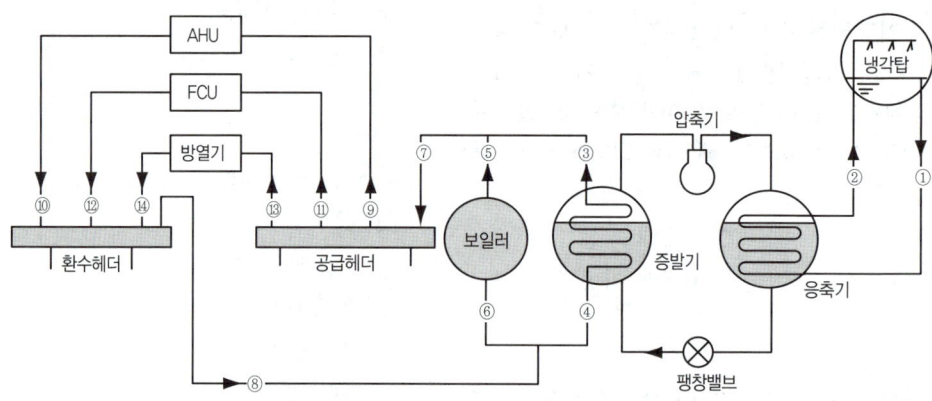

① 냉각수 공급관   ② 냉각수 환수관   ③ 냉수 공급관   ④ 냉수 환수관
⑤ 온수 공급관   ⑥ 온수 환수관   ⑦ 냉온수 공급관   ⑧ 냉온수 환수관
⑨ 냉온수 공급관   ⑩ 온수 환수관   ⑪ FCU 공급관   ⑫ FCU 환수관
⑬ 온수 공급관   ⑭ 온수 환수관

(1) 응축기 냉각탑 주변 배관

① 냉각수 공급관(CS, condenser supply pipe)

응축기에서 냉매의 열을 제거하는 물을 냉각수라 하고 냉각수를 재사용하기 위하여 냉각탑으로 순환시켜 열을 방출하는데 이때 냉각탑에서 응축기로 공급되는 냉각수관을 냉각수 공급관이라 한다.

② 냉각수 환수관(CR, condenser return pipe)

응축기에서 열을 제거하여 온도가 상승한 냉각수가 냉각탑으로 되돌아가는 관

(2) 증발기와 냉각코일 주변 배관

① 냉수 공급관(CWS, chillde water supply pipe)

냉동기의 증발기에서 냉매에 의하여 냉각된 물은 냉수라 하고 증발기에서 목적지(코일, 유닛 등)로 냉수를 공급하는 관을 냉수 공급관이라 한다.

② 냉수 환수관(CWR, chillde water return pipe)
　공조기의 냉수코일이나 팬코일 유닛 등에서 냉방의 목적을 달성하고 다시 증발기로 되돌아오는 관

(3) 보일러와 가열코일 및 방열기 주변 배관
① 온수 공급관(HWS, hot water supply pipe)
　온수 보일러에서 발생한 온수를 공조기의 가열코일 및 가습기나 온수 방열기 등에 온수를 공급하는 관

② 온수 환수관(HWR, hot water return pipe)
　공조기의 가열코일이나 방열기에서 열을 방출하고 보일러로 다시 되돌아오는 관

③ 증기 공급관(SS, steam supply pipe)
　증기 보일러에서 발생한 증기를 공조기의 가열코일 및 증기 가습기나 실내에 설치된 증기 방열기 등에 증기를 공급하는 관

④ 증기 환수관(SR, steam return pipe)
　공조기의 가열코일 및 증기 가습기나 실내에 설치된 증기 방열기에서 열을 방출하고 보일러로 다시 되돌아오는 응축수 환수관

(4) 냉온수 공급관 및 환수관
① 냉온수 공급관(CHS, chilled & hot water supply pipe)
　하나의 관으로 냉방 또는 난방을 동시에 하고자 할 때 냉수 또는 온수를 전환하여 사용하여 목적지로 공급하는 관

② 냉온수 환수관(CHR, chilled & hot water return pipe)
　냉난방을 위하여 공급된 냉온수가 다시 보일러나 냉동기로 되돌아오는 관

(5) 팬코일 유닛 주변배관
① 팬코일 유닛 공급관(FCS, fan coil unit supply pipe)
　냉온수 헤더에서 냉난방을 위하여 설치된 팬코일 유닛(FCU)에 냉온수가 공급되는 관

② 팬코일 유닛 환수관(FCR, fan coil unit return pipe)
　팬코일 유닛에서 냉난방의 목적을 달성하고 되돌아 가는 관

③ 팬코일 유닛 배수관(FCD, fan coil unit drain pipe)
　팬코일 유닛에서 냉방 시 공기 중의 수증기가 응축되며 이 응축수를 배수하는 관

2 공조설비 도시기호

명칭	기호	명칭	기호
급수관	—•—	난방 온수 공급관	— HWS —
급탕관	—••—	난방 온수 환수관	— HWR —
환탕관	—•••—	냉온수 공급관	— CHS —
배수관	— D —	냉온수 환수관	— CHR —
오수관	— S —	냉수 공급관	— CWS —
통기관	----- V -----	냉수 환수관	— CWR —
폐수관	— W —	냉각수 공급관	— CS —
정수관	— + —	냉각수 환수관	— CR —
급수 펌핑관	— P — • —	팬코일유닛 공급관	— FCS —
급탕 보급수관	—◉—	팬코일유닛 환수관	— FCR —
우수 배수관	— RD —	팬코일유닛 배수관	— FCD —
지역 난방 공급관	— DHWS —	팬코일유닛 역환수관	— FCRR —
지역 난방 환수관	— DHWR —	팽창관	----- E -----
중온수 공급관	— MTWS —	펌프 배수관	— PD —
중온수 환수관	— MTWR —	스프링클러 배관	— SP —
증기 공급관	— SS —	옥내소화전 배관	— H —
증기 환수관(응축수관)	----- SR -----	옥외소화전 배관	— OH —
저압 증기 공급관(0.35kg/cm^2)	—⫽ SS ⫽—	연결 송수관	— C —
저압 증기 환수관(0.35kg/cm^2)	--⫽-- SR --⫽--	시수관	— CW —
중압 증기 공급관(2kg/cm^2)	—⫽⫽ SS ⫽⫽—	냉매 액관	— RL —
중압 증기 환수관(2kg/cm^2)	--⫽⫽-- SR --⫽⫽--	냉매 가스관	— RG —
고압 증기 공급관(5kg/cm^2)	—⫽⫽⫽ SS ⫽⫽⫽—	가스관, 압축공기관	— G —, — CA —
고압 증기 환수관(5kg/cm^2)	--⫽⫽⫽-- SR --⫽⫽⫽--	산소 및 질소공급관	— OX —, — N —

CHAPTER 05 공조배관설치

예상문제

01 냉동기의 증발기에서 공조기의 코일로 공급되는 것은?
① 냉매   ② 냉수
③ 냉각수   ④ 냉풍

02 다음 중 냉각탑과 응축기 사이에 순환되는 물의 명칭은?
① 정수   ② 냉각수
③ 응축수   ④ 온수

03 공기조화기 내에 설치되어 있는 냉각코일이나 팬코일 유닛 등에서 냉방을 목적을 달성하고 다시 냉동기의 증발기로 되돌아오는 관(CWR)을 무엇이라 하는가?
① 냉각수 환수관
② 냉수 환수관
③ 냉온수 환수관
④ 팬코일 유닛 공급관

04 다음은 공기조화 배관설비와 관련된 약자이다. 이 중 틀린 것은 어느 것인가?
① 냉각수 공급관 : CS
② 냉각수 환수관 : CR
③ 냉온수 공급관 : HWS
④ 냉수 공급관 : CWS

05 응축기에서 냉매의 열을 제거한 후 온도가 상승한 물을 재사용하기 위하여 냉각탑으로 공급하는 관의 명칭은 어느 것인가?
① 냉각수 공급관(CS)
② 냉수 공급관(CWS)
③ 온수 공급관(HWS)
④ 냉온수 공급관(CHS)

06 여름철 팬코일 유닛(FCU)에서는 냉수가 공급되어 냉방되는데 이때 공기 중의 수증기가 응결된다. 이 응결된 물은 기기의 하부에 고이게 되는데 이를 배수하기 위한 배관으로서 적당한 것은?
① FCS   ② FCR
③ FCD   ④ CHR

07 팬코일 유닛에 연결되는 배관과 관계가 없는 것은?
① FCS   ② FCR
③ FCU   ④ FCD

08 다음은 공기조화기 연결배관 중 가열코일에 연결되는 배관의 표시로 맞는 것은?
① ─ CS ─   ② ─ CWS ─
③ ─ FCS ─   ④ ─ HWS ─

09 냉동기의 증발기에서 냉매에 의해 냉각된 물을 (①)라 하고, 증발기에서 냉수코일이나 유닛 등으로 공급하는 관을 (②), (③)이라 한다. ( ) 안에 들어갈 적당한 용어는 어느 것인가?
① ① 냉각수, ② 냉각수 공급관, ③ CWS
② ① 냉온수, ② 냉온수 공급관, ③ CHR
③ ① 냉수, ② 냉수 공급관, ③ CWS
④ ① 냉수, ② 냉수 공급관, ③ HWR

[정답] 01 ② 02 ② 03 ② 04 ③ 05 ① 06 ③ 07 ③ 08 ④ 09 ③

10 "응축기에서 냉매에 의해 가열된 물을 (   )라 하고, 이를 재활용하기 위하여 쿨링타워로 순환시켜 열을 방출한다. 이때 쿨링타워에서 응축기로 공급되는 배관을 (   ), 쿨링타워로 되돌아오는 관을 (   )라 한다." 다음 중 (   )에 맞는 것은?
① 냉각수, 냉각수 공급관, 냉각수 환수관
② 냉온수, 냉온수 공급관, 냉온수 환수관
③ 냉수, 냉수 공급관, 냉수 환수관
④ 온수, 온수 공급관, 온수 환수관

11 다음 중 공기조화 설비의 배관에 해당되지 않는 것은?
① 냉수공급관 ② 급탕공급관
③ 온수공급관 ④ 냉온수공급관

12 다음은 보일러나 냉동기 및 냉온수기에서 발생된 냉온수가 공급되어지는 곳이 아닌 것은?
① FCU   ② AHU
③ 방열기   ④ 유인유니트

13 공기조화를 위한 배관 시스템 중 개방회로로 구성된 계통은?
① 난방용 온수 순환계통
② 저압 진공환수 증기계통
③ 터보 냉동기 냉수 순환계통
④ 냉각수 순환계통

[정답] 10 ① 11 ② 12 ③ 13 ④

PART 3

보일러설비설치

01_보일러설비설치

PART 3. 보일러설비설치

보일러설비설치

1 보일러의 설비

1 보일러의 구성요소
① 본체
　연소실의 연소열을 받아 동(드럼) 내의 물, 열매체를 가열하여 온수나 증기를 발생시키는 부분(동체, 수관군, 연관군)
② 연소장치
　연료를 연소시키기 위한 장치로 화염 및 고온의 연소가스를 발생시킴(연소실, 연도, 연돌, 연소장치)
③ 부속장치
　보일러를 효율적이고 안전하게 유지하기 위한 장치(급수장치, 급유장치, 통풍장치, 송기장치, 안전장치, 분출장치, 계측장치, 폐열회수장치, 자동제어장치 등)

> **참고**
> ■ 폐열회수장치 : 배기가스의 여열을 이용하여 열효율을 높이기 위한 장치
> ① 과열기 : 보일러의 포화증기를 압력변화 없이 온도만 상승시키기 위한 장치
> ② 재열기 : 고압 증기터빈을 돌리고 나온 증기를 다시 재가열하여 적당한 온도의 과열증기로 만든 후 저압 증기터빈을 돌리게 한 장치
> ③ 절탄기(이코노마이저) : 배기가스의 여열을 이용하여 급수를 예열하는 장치
> ④ 공기 예열기 : 배기가스의 여열을 이용하여 연소용 공기를 예열시키는 장치
> ■ 인젝터 : 보일러에서 발생한 증기를 이용하여 급수하는 급수 보조장치

2 각종 보일러의 특징
(1) 노통 보일러
　본체 내부에 노통(연소실)을 설치하여 물을 가열하는 보일러로서 노통이 1개인 코르니쉬 보일러와 노통이 2개인 랭커셔보일러가 있다.
① 장점
　㉠ 관수의 보유수량이 많아 부하변동에 큰 영향이 없다.
　㉡ 구조가 간단하여 취급이 쉽고 청소, 검사, 수리가 용이하다.
　㉢ 급수처리가 까다롭지 않고 수명이 길다.
　㉣ 수면이 넓어 기수공발이 적다.

② 단점
  ㉠ 보유수량에 비해 전열면적이 적어 열효율이 낮다.
  ㉡ 예열부하가 커 증기발생이 느려 부하에 대응하기 어렵다.
  ㉢ 내분식으로 연료의 질이나 연소공간의 확보가 어렵다.
  ㉣ 보유수량이 많아 폭발 시 피해가 크다.

(2) 입형 보일러

수직으로 세운 드럼 내에 연관 또는 수관이 있는 수직형 보일러로 소규모 난방에 주로 사용하며, 패키지형 보일러로 되어 있다.

① 장점
  ㉠ 설치면적이 작다.
  ㉡ 취급이 용이하고 수처리가 필요 없다.

② 단점
  ㉠ 용량이 작고 사용압력이 낮다.
  ㉡ 효율이 낮다.

(3) 노통 연관 보일러

내분식으로 노통보일러와 연관보일러의 장점을 취한 것으로 구조가 치밀하며 콤팩트(compact)한 구조로서 전열면적이 커 증기발생이 빠르고 효율이 좋아 난방용, 산업용 등에 사용된다.

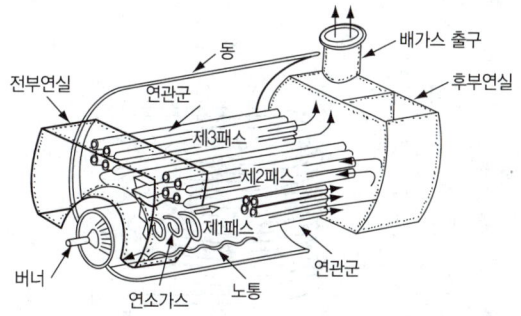 

○ 노통 연관 보일러

① 장점
  ㉠ 내분식이므로 열손실이 적다.
  ㉡ 콤팩트한 구조로 전열면적이 크고 증발능력이 좋다.
  ㉢ 보유수량에 비해 전열면적이 커 열효율이 좋다.(80~85% 정도)

② 단점
  ㉠ 구조상 고압, 대용량에 적합하지 않다.
  ㉡ 구조가 복잡하여 청소, 수리 및 급수처리가 까다롭다.
  ㉢ 증발속도가 빨라 스케일(scale)의 부착이 쉽다.

(4) 수관 보일러

외분식으로 상하부의 드럼에 고압에 잘 견디는 다수의 수관을 연결한 것으로 전열면적이 크고 효율이 가장 좋은 고압 대용량 보일러로서 산업용으로 많이 사용된다.

① 장점
  ㉠ 고온·고압의 증기 발생으로 열의 이용도가 높다.
  ㉡ 외분식으로 연소상태가 좋고 효율이 가장 좋다.
  ㉢ 전열면적에 비해 보유수량이 적어 증기의 발생속도가 빠르다.
  ㉣ 보유수량이 적어 파열 시 피해가 적다.
  ㉤ 외분식으로 연료에 질에 따른 영향이 적다.

② 단점
  ㉠ 구조가 복잡하여 청소, 검사, 수리가 어렵다.
  ㉡ 스케일의 장애가 커 완벽한 급수처리를 하여야 한다.
  ㉢ 외분식으로 외벽을 통한 열손실이 크다.
  ㉣ 부하변동에 따른 압력변화가 크다.
  ㉤ 제작이 어렵고 가격이 비싸다.

○ 수관 보일러

(5) 관류 보일러

초임계 압력하에서 증기를 얻을 수 있는 보일러로서 하나의 긴 관으로 구성되며 드럼이 없고 보유수량이 적어 증기발생이 빠른 보일러이다. 일종의 강제 순환식으로 관 하나에서 가열, 증발, 과열이 동시에 일어나는 형식이다.

① 장점
  ㉠ 순환비(급수량/증기량)가 1로서 드럼이 필요 없다.(단관식)
  ㉡ 무동형으로 고압이며 증기의 열량이 크다.
  ㉢ 전열면적이 크고 효율이 좋으며 증기 발생시간이 짧다.

② 단점
  ㉠ 완벽한 급수처리를 하여야 한다.
  ㉡ 급수의 유속을 일정하게 유지해야 한다.
  ㉢ 부하변동에 대한 적응력이 적다.
  ㉣ 완전한 연소제어 및 온도제어장치를 설치해야 한다.

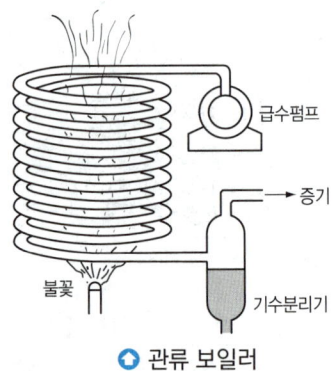
○ 관류 보일러

(6) 주철제 보일러

주물로 제작한 것으로 전열면적이 비교적 큰 형식의 저압용 보일러로서 여러 개의 섹션(section)을 용량에 알맞게 조립하여 사용한다.

① 장점
　㉠ 주물제작으로 복잡한 구조도 제작이 가능하다.
　㉡ 섹션의 증감으로 용량조절이 용이하다.
　㉢ 조립식으로 반입 및 해체가 용이하다.
　㉣ 저압($1kg/cm^2$ 이하)이므로 파열 시 피해가 적다.
　㉤ 전열면적이 크고 효율이 좋다.
　㉥ 내식성 및 내열성이 좋다.
② 단점
　㉠ 내압에 대한 강도가 약하다.(인장, 충격, 열충격 등)
　㉡ 고압 및 대용량으로는 부적당하다.
　㉢ 열에 의한 부동팽창으로 균열이 생기기 쉽다.
　㉣ 구조가 복잡하여 청소, 검사 및 수리가 어렵다.

○ 주철제 보일러

3 보일러의 용량

보일러의 용량표시는 정격부하(최대연속부하)상태에서 단위 시간당 증발량(kg/h, ton/h)으로 표시하며 일반적으로 상당 증발량을 사용한다.

> **참고**
> ■ 보일러 크기 표시
> ① 정격용량 ② 정격출력 ③ 전열면적 ④ 상당 증발량 ⑤ 보일러 마력

(1) 상당 증발량(Ge)

환산 증발량, 기준 증발량이라고도 하며 시간당 실제 보일러의 발생열량을 표준 대기압에서 100℃의 포화수가 100℃의 건조포화증기로 증발하는 능력으로 환산하여 1시간당 증발량을 표시한다.

$$G_e = \frac{G_a(h_2 - h_1)}{539[2,257]}$$

G_e : 상당 증발량(kg/h)
G_a : 실제 증발량(kg/h)
h_2 : 발생증기의 엔탈피(kcal/kg[kJ/kg])
h_1 : 급수의 엔탈피, 온도(kcal/kg[kJ/kg])

(2) 보일러 마력(B-HP)

① 표준대기압에서 100℃의 포화수 15.65kg을 1시간에 100℃의 건조포화증기로 바꿀 수 있는 능력
② 상당 증발량이 15.65kg인 보일러의 능력
③ 정격 출력으로 8,435kcal/h인 보일러의 능력

$$B-HP = \frac{G_e}{15.65} = \frac{G_a(h_2-h_1)[kcal/h]}{15.65 \times 539} = \frac{G_a(h_2-h_1)[kcal/h]}{8,435} = \frac{G_a(h_2-h_1)[kJ/h]}{35,300}$$

(3) 보일러 열효율(η)

보일러에서 유효하게 이용된 열(유효열)과 공급된 열(입열)과의 비로 높을수록 성능이 우수한 보일러이다.

$$\eta = \frac{\text{유효열}}{\text{입열}} = \frac{\text{발생 증기의 보유열}}{\text{연료의 연소열}}$$
$$= \frac{G_a(h_2 - h_1)}{G_f \cdot H_l} \times 100\%$$
$$= \frac{G_e \times 539[2,257]}{G_f \cdot H_l} \times 100\%$$

- G_e : 상당 증발량(kg/h)
- G_a : 실제 증발량(kg/h)
- h_2 : 발생증기의 엔탈피(kcal/kg[kJ/kg])
- h_1 : 급수의 엔탈피, 온도(kcal/kg[kJ/kg])
- G_f : 연료 소비량(kg/h)
- H_l : 연료의 저위발열량(kcal/kg[kJ/kg])

(4) 보일러 용량(정격출력)

보일러 용량(정격출력) = 난방부하 + 급탕부하 + 배관부하 + 예열(시동)부하
상용출력 = 난방부하 + 급탕부하 + 배관부하

> **참고**
>
> ■ 부하의 구분
>
> | 구분 | 설명 |
> |---|---|
> | 난방부하 | 난방을 위한 증기나 온수의 열량으로 가열코일의 용량 또는 방열기의 용량으로 나타낼 수 있다. |
> | 급탕부하 | 급탕을 위해 가열해야 할 열량 |
> | 배관부하 | 배관 내의 온수의 온도와 배관 주위 공기와의 온도차에 따른 손실열량 |
> | 예열(시동)부하 | 냉각된 보일러를 운전온도가 될 때까지 가열하는 데 필요한 열량으로 보일러, 배관 등 철과 장치 내 보유하고 있는 물을 가열하는 데 필요한 열량 |

2 난방설비

1 난방설비의 개요

일반적으로 가정용 난방방식에는 가정에 각각 설치된 보일러를 이용한 개별난방방식, 중앙기계실에 보일러 등을 설치하고 여기에서 발생하는 증기나 온수 등을 각 가정에 전달하는 중앙난방방식이 있다. 일반적으로 가정의 난방은 복사난방 방식을 사용하고 있다.

2 난방방식의 분류

구분		설명	종류
중앙난방	직접난방	실내에 방열장치를 설치하여 온수나 증기를 공급하여 난방	증기난방, 온수난방, 복사난방
	간접난방	중앙 기계실에서 가열된 공기를 덕트를 통해 실내로 송풍하여 난방	공기조화 히트펌프난방
개별난방		열원기기를 실내에 설치하여 난방	난로, 스토브 등
지역난방		대규모의 지역 내에 고효율의 열원설비 및 발전설비를 설치하여 난방하는 방식	

3 증기난방

증기난방은 증기보일러에서 발생한 증기를 배관을 통하여 각 실에 설치된 방열기로 공급하여 증기가 응축수로 되면서 발생하는 증기의 응축잠열을 이용하여 난방하는 방식이다.

(1) 증기난방의 장·단점

장점	단점
① 증기 보유열이 커 열운반 능력이 크다.	① 방열기 온도가 높아 화상의 우려가 있다.
② 열용량이 작아 예열시간이 짧다.	② 먼지 등의 상승으로 쾌감도가 떨어진다.
③ 난방개시가 빠르고 간헐운전이 가능하다.	③ 증기량 제어가 어려워 방열량(온도) 조절이 어렵다.
④ 방열기 면적 및 관경이 작아도 된다.	④ 증기보일러 취급에 따른 기술이 필요하다.
⑤ 온수난방에 비해 시설비가 적게 든다.	⑤ 응축수관에서 부식과 한냉 시 동결의 우려가 있다.

(2) 증기난방의 구분

구분	방식	설명
증기압력	고압식	증기의 압력 $1.0kg/cm^2$ 이상($1{\sim}3kg/cm^2$ 정도)
	저압식	증기의 압력 $1.0kg/cm^2$ 미만($0.1{\sim}0.35kg/cm^2$ 정도)
배관방식	단관식	증기관과 응축수관이 동일하게 하나로 구성
	복관식	증기관과 응축수관이 별개로 구성
공급방식	상향식	증기 공급 주관을 최하층으로 배관하여 상향으로 공급
	하향식	증기 공급 주관을 최상층에 배관하여 하향으로 공급
환수배관방식	건식	응축수 환수관이 보일러 수면보다 위에 위치
	습식	응축수 환수관이 보일러 수면보다 아래에 위치
응축수 환수방식	중력 환수식	응축수 자체의 중력에 의하여 환수(중·소규모)
	기계 환수식	펌프에 의하여 응축수를 보일러에 급수(보일러 위치가 높을 때)
	진공 환수식	진공펌프로 응축수를 환수하고 펌프에 의해 보일러에 급수

4 온수난방

온수난방은 온수보일러에서 발생한 온수를 배관을 통해 각 실에 설치된 방열기로 순환시켜 온수의 온도가 낮아지면서 발생되는 현열(감열)을 이용하여 난방하는 방식이다.

(1) 온수난방의 장·단점

장점	단점
① 방열기 온도가 낮아 실내 상하 온도차가 적어 쾌감도가 좋다.	① 열용량 커 예열시간이 길다.
② 중앙에서 온수 온도제어에 따른 방열량(온도) 조절이 용이하다.	② 수두에 제한에 따라 건축물의 높이에 제한을 받는다.
③ 열용량이 커 실온의 변동이 적고 동결우려가 적다.	③ 보유열량이 적어 방열면적 및 관 지름이 크다.
④ 보일러 취급이 용이하며 안전하다.	④ 설비비가 비싸다.

(2) 온수난방의 구분

구분	방식	설명
순환방식	자연 순환식(중력식)	온수의 비중차를 이용하여 순환
	강제 순환식(펌프식)	순환펌프를 사용하여 강제로 온수를 순환
온수온도	고온수식	온수온도가 100℃ 이상(보통 100~150℃ 정도, 밀폐식)
	저온수식	온수온도가 100℃ 미만(보통 80~95℃ 정도)
배관방식	단관식	온수 공급관과 환수관이 동일하게 하나로 구성
	복관식	온수 공급관과 환수관이 별개로 구성
	역환수관식 (리버스리턴)	각 방열기로 공급되는 공급배관과 환수배관의 길이(마찰저항)를 같게 하여 온수가 균등하게 공급
공급방식	상향식	온수 공급관을 최하층으로 배관하여 하향으로 공급
	하향식	온수 공급관을 최하층으로 배관하여 상향으로 공급

5 복사난방

건축물의 바닥, 천장, 벽 등에 온수코일을 매립하여 증기나 온수를 순환시켜 발생하는 복사(방사)열에 의해 난방하는 방식으로 패널 난방(panel heating)이라고도 한다.

(1) 복사난방의 장·단점

장점	단점
① 복사열에 의한 난방으로 쾌감도가 좋다. ② 높이에 따른 실내온도의 분포가 균일하다. ③ 대류작용에 따른 바닥 먼지의 상승이 적다. ④ 방열기가 필요 없어 바닥의 이용도가 좋다. ⑤ 상하 온도차가 적어 천장이 높은 실에 적합하다. ⑥ 실내온도가 낮아도 난방효과가 있으며 손실열량이 적다.	① 예열시간이 길어 부하에 대응하기 어렵다. ② 방수층 및 단열층 시공 등 설비비가 비싸다. ③ 배관매립으로 보수, 점검이 어렵고 누설발견이 어렵다. ④ 표면부(모르타르층)에서 균열이 발생한다.

(2) 복사난방의 설계상 주의사항

① 가열면(콘크리트 바닥) 표면 허용 최고온도 : 31℃ 정도
② 매설 배관의 관경 : 15~20A의 동관, XL관, PPC관, PB관 등
③ 배관 피치 : 200~300mm 정도
④ 매설 깊이 : 바닥 매설 배관 위 몰탈 두께는 관 위에서 표면까지 관경의 1.5~2배 이상
⑤ 배관 길이 : 배관 회로 하나의 길이는 50m 이하
⑥ 온수의 온도차(온도 강하) : 6~8℃(콘크리트 바닥기준, 온수온도 38~55℃)

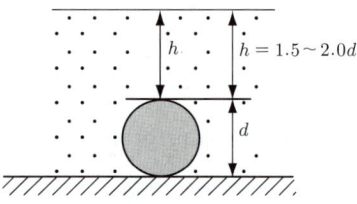

> **참고**
> - 평균복사온도(MRT, mean radiant temperature)
>   복사난방의 설계 시 방을 구성하는 각 벽체의 표면온도를 평균하여 복사난방의 쾌감 기준으로 하는 온도

6 온풍난방

열원장치에 의해 가열된 온풍을 직접 실내에 공급하는 난방으로 온풍로를 사용하는 방식과 유닛히터를 사용하는 방식이 있으며 직접 온풍을 실내에 공급하거나 덕트를 통하여 공급한다.

장점	단점
① 열용량이 적어 예열시간이 짧고 간헐운전이 가능하다.	① 공기를 강제적으로 보내므로 소음 발생이 크다.
② 신선한 외기 도입으로 환기가 가능하다.(덕트 설치 시)	② 실내 온도분포가 좋지 않아 쾌적성이 떨어진다.
③ 송풍온도가 높아 덕트를 소형으로 할 수 있다.	③ 덕트나 연도의 과열에 따른 화재에 우려가 있다.
④ 설치가 간단하며 설비비가 싸다.	

7 지역난방

일정 지역 내에 대규모 고효율의 열원 플랜트에서 생산된 열매(증기, 온수)를 지역 내 대단위 아파트, 공공시설, 주택, 사무실 등에 공급하여 효율적인 에너지 사용을 도모하는 난방방식이다.

3 보일러 부속장치

1 방열기

실내에 설치하여 증기의 잠열 및 온수의 현열을 방출함으로써 실내를 난방하는 기기

(1) 방열기의 종류

① 주형 방열기(cloumn radiator) : 2주형, 3주형, 3세주형, 5세주형의 4종류가 있다.
② 벽걸이형 방열기(wall radiator) : 벽체에 걸어 사용하는 방열기로서 횡형과 종형이 있다.
③ 길드형 방열기(gilled radiator) : 1m 정도의 주철제로 된 파이프에 전열면적을 증가시키기 위하여 핀을 부착한 방열기
④ 대류형 방열기 : 핀튜브형의 가열코일이 대류작용에 의해서 난방을 행하는 것으로 콘벡터(convector)와 높이가 낮은 베이스 보드형 히터(base board heater)가 있다.

⑤ 관 방열기 : 나관의 상태로 되어 있으며 고압에 잘 견딘다.
⑥ 팬코일 유닛(FCU) : 공기 여과기, 팬 및 가열코일을 내장하여 강제 대류식으로 열을 방출
⑦ 유니트 히터 : 온수나 증기를 코일에 통과시키고 팬을 설치하여 온풍을 공급하는 강제 대류식 방열기이다.

○ 유니트 히터

(2) 방열기의 설치
① 외기에 접한 창문 아래쪽에 설치한다.
② 벽에서 50~60mm, 바닥에서 100~150mm 정도 떨어지게 설치한다.

(3) 방열기의 도시기호

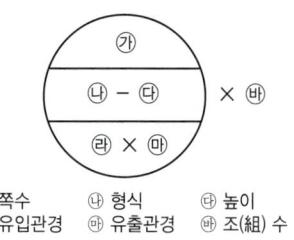

㉮ 쪽수   ㉯ 형식   ㉰ 높이
㉱ 유입관경 ㉲ 유출관경   ㉳ 조(組) 수

구분	종별	기호
주형	2주형	II
	3주형	III
세주형	3세주형	3(3C)
	5세주형	5(5C)
벽걸이형(W)	횡형	W-H
	종형	W-V

(4) 방열기의 표준 방열량

열매	표준 방열량 (kcal/m²h[W/m²])	방열계수 (열관류율)	표준상태에서의 온도(℃)		온도차(℃)
			열매온도	실내온도	
증기	650[756]	8	102	18.5	83.5
온수	450[523]	7.2	80	18.5	61.5

(5) 상당방열면적(EDR)

난방부하에 상당하는 방열기의 면적

$$EDR = \frac{난방부하}{방열기\ 방열량}$$

(6) 방열기 쪽수(절수, 섹션수)

$$쪽수 = \frac{난방부하}{EDR \times 쪽당면적 \times 방열기\ 방열량}$$

> 참고
> 난방부하=EDR×방열기 방열량

2 증기트랩(steam trap)

증기 배관의 말단이나 방열기 환수구에 설치하여 증기관이나 방열기에서 발생한 응축수를 배출하여 열손실 방지와 배관에서의 수격작용 및 부식을 방지한다.

종류	작동 원리	종류
기계식 트랩	증기와 응축수의 비중(비중량, 밀도)차를 이용	버킷(관말) 트랩 플로트(다량) 트랩
온도조절식 트랩	증기와 응축수의 온도차를 이용	바이메탈 트랩 벨로즈 트랩
열역학적 트랩	증기와 응축수의 열역학적 성질을 이용	오리피스 트랩 디스크 트랩

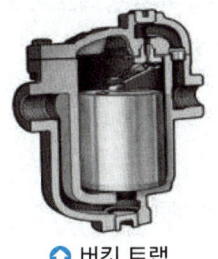
◆ 버킷 트랩

◆ 플로트 트랩

◆ 열역학적 트랩

◆ 디스크트랩

3 팽창탱크(ET, expansion tank)

온수보일러에서 온수의 팽창에 따른 이상 압력의 상승을 흡수하여 장치나 배관의 파손을 방지하는 것으로 사용온도에 따라 개방식(85~95℃)과 밀폐식(100℃ 이상)이 있다.

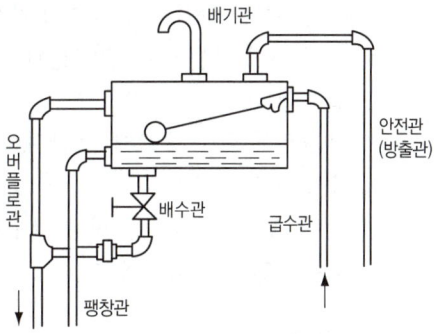
◆ 개방형 팽창탱크

(1) 팽창탱크의 설치 목적
① 온수의 팽창에 따른 배관의 파손을 방지한다.
② 배관 내 온수의 온도와 압력을 일정하게 유지한다.
③ 온수의 배출을 방지하여 열손실을 방지한다.
④ 보일러나 배관에 물을 보충한다.

(2) 팽창탱크의 설치 위치
① 개방형 : 최고층의 방열기나 방열면보다 1m 이상 높게 설치
② 밀폐형 : 설치 위치에 제한이 없다.

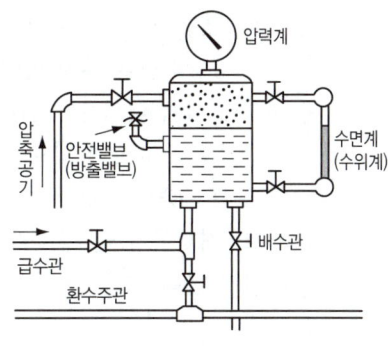
◆ 밀폐형 팽창탱크

4 급수설비설치

1 급수설비의 개요

급수설비는 건축물의 위생기구나 필요장치에 물을 공급하는 설비로 사용 목적에 맞는 수압을 유지하고 위생적으로 물을 공급하여야 한다.

2 급수방식

(1) 수도직결방식

도로 등에 매설되어 있는 수도본관의 급수압력을 그대로 이용하는 방식으로 소규모에 적합한 방식이다.(수도본관 → 지수전 → 양수기(수도미터) → 급수전)
① 설비비가 싸고 유지관리가 용이하다.
② 급수오염이 가장 적어 위생적이다.
③ 급수압이 한정되어 있어 급수 높이가 낮다.
④ 정전 시에도 급수가 가능하나 단수 시에는 급수 불가능하다.

(2) 고가수조(옥상탱크)방식

수도본관의 물을 저수조에 저장한 후 양수펌프로 건물 옥상이나 높은 곳에 설치한 고가수조에 양수하고 고가수조 하부에 연결된 급수관을 통하여 하향급수하는 방식으로 일반적으로 가장 많이 사용한다.(수도본관 → 저수조 → 양수펌프 → 양수관 → 옥상탱크 → 급수관 → 급수전)
① 대규모에 급수 수요에 적합하다.
② 수압이 일정하다.
③ 정전, 단수 시에도 일정량 급수가 가능하다.
④ 급수오염의 우려가 있다.

(3) 압력탱크 방식

압력탱크에서 공기를 압축·가압하여 그 압력에 의해 물을 필요한 장소에 공급하는 방식으로 고가수조설치가 어렵거나 국소적으로 높은 급수압이 필요한 곳에 설치한다.(수도본관 → 저수조 → 양수펌프 → 압력탱크 → 급수관 → 급수전)
① 탱크의 설치 위치에 제한이 없다.
② 국부적으로 고압이 필요한 경우 적합하다.
③ 많은 저수량을 확보할 수 없어 정전이나 펌프 고장 시 급수가 중단된다.
④ 최고, 최저차가 커 급수압이 일정하지 않다.
⑤ 시설비(압력탱크, 공기 압축기 등)가 많이 든다.

(4) 펌프직송방식(탱크없는 부스터 방식)

수도본관의 물을 저수조에 저장한 후 저수조에 저수된 물을 급수(부스터)펌프를 이용하여 건물 내의 사용처로 급수하는 방식이다. 급수관 내의 압력 또는 유량을 감지하여 펌프의 대수 또는 회전수를 제어하여 급수량을 조절한다.(수도본관 → 저수조 → 부스터펌프 → 급수관 → 급수전)

① 옥상탱크가 필요 없다.
② 수질의 오염우려가 없다.
③ 펌프의 대수제어, 회전수제어로 유량 및 압력조절이 가능하다.
④ 펌프의 제어로 에너지가 절약된다.
⑤ 자동제어 등 설비비가 비싸다.

3 급수배관방식

① 상향배관방식 : 수도직결방식, 압력수조방식, 펌프직송방식에 채택하는 배관방식으로 아래에서 위로 급수하는 방식이다.
② 하향배관방식 : 고가수조방식에 사용되는 방식이다.
③ 혼합배관방식 : 상향, 하향배관방식을 혼합한 방식으로 저층은 상향이며 저층 이상은 하향으로 배관하는 방식이다.

4 오배수설비

(1) 배수의 종류
① 일반(잡)배수 : 요리실, 욕조, 세척 싱크와 세면기 등에서 배출되는 물
② 오수 : 수세식 화장실의 대·소변기 등에서의 나오는 배수
③ 특수배수 : 병원, 연구소, 공장 등과 같이 특수한 물질을 제거해야 하는 배수
④ 우수 : 지붕이나 마당에 떨어지는 빗물의 배수

(2) 배수 방식
① 분류식 : 오수만을 정화처리 하여 공공하수도에 방류하고 잡배수, 우수는 그대로 배수하는 방식
② 합류식 : 오수와 잡배수를 모아 동일 배수계통으로 배수하는 방식

5 통기설비

(1) 통기관의 목적
① 트랩 내 봉수파괴 방지
② 배수의 흐름을 원활
③ 배수관 내의 악취제거 및 청결유지

(2) 통기관의 종류
 ① 각개 통기관
　위생기구마다 각각 통기관 설치가 가장 이상적이나 설비비가 비싸고, 통기관 접속은 배수관경 이상(32mm 이상)으로 한다.
 ② 루프(회로, 환상) 통기관
　2개 이상 8개 이내의 트랩을 보호하고 통기관은 배수 수평지관과 통기 수직관 중 작은 것의 1/2 이상(40mm 이상)으로 한다. 통기관 길이는 7.5m 이내로 한다.
 ③ 신정 통기관
　배수 수직관의 끝을 축소하지 않고 그대로 옥상에 개구한 통기관으로 지붕 또는 옥상에서 0.15m 이상 올려 개구하며 이때 인접 건물의 개구부가 있을 경우 개구부 상단보다 0.6m 올리거나 수평으로 3m 이상 떨어져서 개구한다.
 ④ 도피 통기관
　입상관까지의 거리가 긴 경우 루프 통기관의 효과를 높이기 위해 설치된 통기관
 ⑤ 습식, 공용, 결합 통기관 등

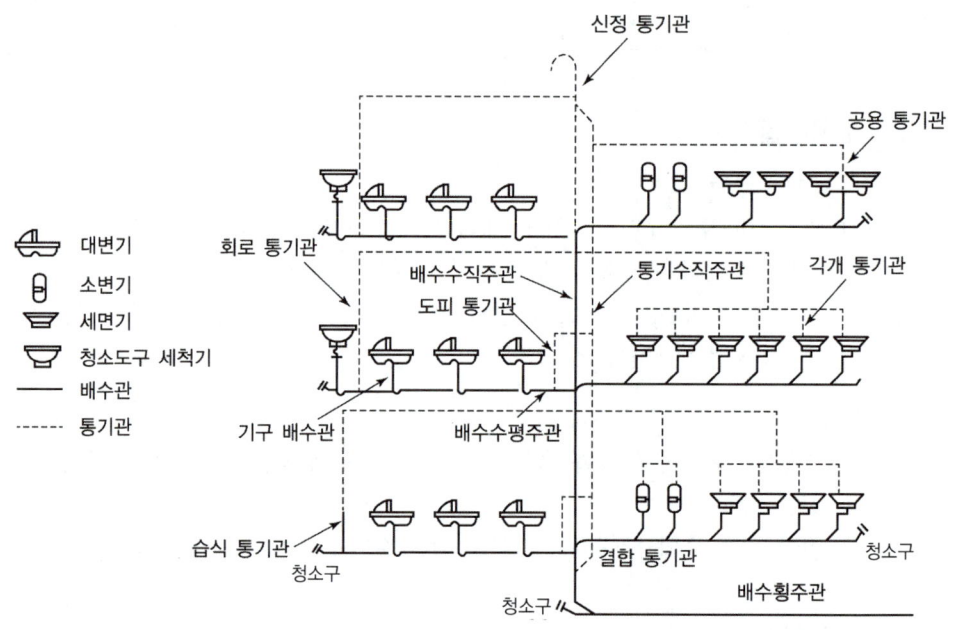

◎ 오배수 통기배관

5 급탕설비설치

1 급탕설비의 개요

가스 및 전기 등을 열원으로 하여 물을 가열하여 온수를 만들어 양변기 등을 제외한 모든 위생기구에 공급하는 설비를 급탕설비라고 하며 음료용, 목욕용, 세정용, 소독용 등의 용도로 사용한다.

2 급탕방식에 따른 분류

(1) 개별식(국소식) 급탕법

급탕개소가 분산되어 있는 경우 각각 단독으로 급탕설비를 설치하는 방식으로 순간 온수기(즉시 탕비기), 저장식 탕비기, 기수 혼합식 탕비기 등이 있다.

(2) 중앙식 급탕법

건물 전체에 걸쳐 급탕을 공급하는 대규모 급탕방식으로 기계실 등 일정한 장소에 가열장치, 온수탱크, 순환펌프 등을 설치하고 순환배관을 통해 온수를 공급하는 방식으로 직접 가열식, 간접 가열식이 있다.

(3) 직접 가열식과 간접 가열식의 특징

① 직접 가열식 : 보일러와 저탕탱크 내의 물을 직접 가열하는 것으로 열효율이 높다.
② 간접 가열식 : 저탕조 내에 가열코일을 설치하고, 이 코일에 증기 또는 고온수를 공급하여 탱크 내의 물을 간접적으로 가열하는 방식으로 대규모 급탕설비에 적합하다.

(4) 급탕방식의 분류

① 배관방식의 분류 : 단관식, 복관식
② 공급방식의 분류 : 상향식, 하향식, 상·하향식
③ 순환방식의 분류 : 자연 순환식(중력식), 강제 순환식(펌프식)

예상문제

CHAPTER 01 보일러설비설치

01 보일러의 3대 구성요소가 아닌 것은?
① 보일러 본체 ② 연소장치
③ 부속품과 부속장치 ④ 분출장치

02 보일러의 배기가스 여열을 이용하여 보일러 급수를 가열하며 연탄이나 기타 연료를 절약하여 보일러 효율을 높이는 데 폐열회수 기구는?
① 과열기 ② 재열기
③ 절탄기 ④ 공기예열기

03 보일러에서 공기예열기 사용 시 이점을 열거한 것 중 틀린 것은?
① 열효율 증가 ② 연소 효율 증대
③ 저질탄 연소 가능 ④ 노내 온도 저하

04 보일러의 급수보조 장치로서 보일러에서 발생한 증기를 이용하여 급수를 행하는 장치를 무엇이라 하는가?
① 인젝터 ② 급수펌프
③ 기수분리기 ④ 급수처리장치

05 설치면적이 작으며 구조가 간단하고 취급이 용이하나 비교적 효율이 낮은 보일러는?
① 연관 보일러 ② 입형 보일러
③ 수관 보일러 ④ 노통연관 보일러

06 동일한 용량의 다른 보일러에 비해 전열면적이 크고 기동시간이 짧으며 고압증기를 만들기 쉬워서 대용량에 적합한 것은?
① 주철제 보일러 ② 입형 보일러
③ 노통 보일러 ④ 수관 보일러

07 다음은 노통연관식 보일러의 특징을 열거한 것이다. 옳지 않은 것은?
① 부하변동에 따른 압력변동이 적다.
② 크기에 비하여 전열면적이 작다.
③ 보유수량이 크므로 기동시간이 약간 길다.
④ 분할반입이 불가능하다.

08 다음 수관식 보일러에 대한 설명으로 틀린 것은?
① 부하변동에 따른 압력변화가 크다.
② 급수의 순도가 낮아도 스케일 발생이 잘 안 된다.
③ 보유수량이 적어 파열 시 피해가 적다.
④ 고온 고압의 증기발생으로 열의 이용도를 높였다.

09 주철제 보일러의 특징이 아닌 것은?
① 내식성 및 내열성이 좋다.
② 내압강도 및 열충격에 강하다.
③ 복잡한 구조도 제작이 용이하다.
④ 조립식으로 반입 또는 해체가 용이하다.

10 드럼이 없이 수관만으로 되어 있으며 가동시간이 짧으며 과열되어 파손되어도 비교적 안전한 보일러는?
① 주철제 보일러 ② 관류 보일러
③ 원통형 보일러 ④ 노통연관식 보일러

[정답] 01 ④ 02 ③ 03 ④ 04 ① 05 ② 06 ④ 07 ② 08 ② 09 ② 10 ②

11 난방방식의 분류에서 간접난방에 해당하는 것은?
① 온수난방　② 증기난방
③ 복사난방　④ 히트펌프난방

12 증기난방에 대한 설명 중 거리가 먼 것은?
① 방열기의 방열면적이 적어진다.
② 열용량이 적어 공급 정지 시 바로 냉각된다.
③ 부식이 적다.
④ 동결 파손 위험이 적다.

13 증기난방 설비에서 일반적으로 사용 증기압이 어느 정도부터 고압식이라고 하는가?
① $0.1kg/cm^2$　② $0.5kg/cm^2$
③ $1kg/cm^2$　③ $5kg/cm^2$

14 증기난방에서 스팀헤더(steam header)를 사용하는 이유는?
① 보내는 증기를 오래 저장하기 위해서
② 증기압력을 보충하기 위해서
③ 증기를 각 계통별로 송기하기 위해서
④ 증기관 내의 응축수 발생을 줄이기 위해서

15 증기난방의 환수관 배관방식에서 환수주관을 보일러 수면보다 높은 위치에 배관하는 것은?
① 진공 환수식　② 강제 환수식
③ 습식 환수식　④ 건식 환수식

16 다음 중 증기난방 설비와 관계없는 것은?
① 신축곡관　② 에어벤트
③ 인라인펌프　④ 감압밸브

17 다음은 온수난방과 증기난방을 비교한 것 중 온수난방의 특징이 아닌 것은?
① 예열시간이 길다.
② 난방부하에 따른 온도조절이 용이하다.
③ 냉각시간이 길다.
④ 동일 방열량에서는 관지름을 직계할 수 있다.

18 온수난방의 특징 설명으로 틀린 것은?
① 장치의 열용량이 크므로 예열시간이 길다.
② 배관 열손실이 적고 연료의 소비량이 적다.
③ 온수용 주철 보일러는 수두제한 때문에 고층에서는 사용할 수 없다.
④ 트랩이나 기구장치 등이 필요하다.

19 온수난방에 관한 설명 중 틀린 것은?
① 상향 공급식만 사용된다.
② 중력식 순환방식도 사용된다.
③ 고온식은 밀폐팽창탱크 시스템을 사용한다.
④ 단관식에는 주관과 방열기는 병렬로 이어져 있다.

20 온수난방의 구분에서 저온수식의 온수온도는 몇 ℃ 미만인가?
① 100　② 150
③ 200　④ 250

21 증기난방과 온수난방을 비교한 것 중 맞는 것은?
① 쾌적도에서는 온수난방이 좋다.
② 온수난방이 증기난방보다 부식이 크다.
③ 증기난방은 현열을 이용하고 온수난방은 잠열을 이용한다.
④ 증기난방은 예열 및 냉각이 늦으며 동결위험이 적다.

[정답] 11 ④　12 ③　13 ③　14 ③　15 ④　16 ③　17 ④　18 ④　19 ①　20 ①　21 ①

22 역환수(reverse return)방식을 채택하는 이유로 가장 적합한 것은?
① 환수량을 늘리기 위하여
② 배관으로 인한 마찰저항이 균등해지도록 하기 위하여
③ 온수 귀환관을 가장 짧은 거리로 배관하기 위하여
④ 열손실을 줄이기 위하여

23 건물의 바닥, 천장, 벽 등에 온수를 통하는 관을 매설하여 방열면으로 사용하며 아파트, 주택 등에 적당한 난방방법은?
① 복사난방　　② 증기난방
③ 온풍난방　　④ 전기히터난방

24 다음 난방설비에 관한 설명 중 옳지 않은 것은?
① 증기난방의 방열기는 주로 열의 복사작용을 이용하는 것이다.
② 온수난방은 주택, 병원, 호텔 등의 거실에 적합한 난방방식이다.
③ 증기난방은 학교, 사무소와 같은 건축물에 사용할 수 있는 난방방식이다.
④ 전기열에 의한 난방은 편리하지만, 경제적이지 못하다.

25 복사난방에 관한 설명 중 맞지 않는 것은?
① 복사난방은 주야를 계속 난방해야 하는 곳에 유리하다.
② 단열층 공사비가 많이 들고 배관의 고장 발견이 어렵다.
③ 대류 난방에 비하여 설비비가 많이 든다.
④ 방열체의 열용량이 적으므로 외기온도에 따라 방열량의 조절이 쉽다.

26 주택, 아파트 등에 적당한 난방방법은?
① 저압증기난방　　② 복사난방
③ 온기난방　　　　④ 열풍난방

27 다음의 난방방식 중 방열체가 필요 없는 것은?
① 온수난방　　② 증기난방
③ 복사난방　　④ 온풍난방

28 간접난방(온풍난방)에 관한 설명으로 옳지 않은 것은?
① 연소장치, 송풍장치 등이 일체로 되어 있어 설치가 간단하다.
② 예열부하가 거의 없으므로 기동시간이 아주 짧다.
③ 방열기기나 배관 등의 시설이 필요 없으므로 설비비가 싸다.
④ 실내 층고가 높을 경우에도 상하의 온도차가 적다.

29 온풍난방에 대한 설명으로 옳지 않은 것은?
① 예열시간이 짧고 간헐 운전이 가능하다.
② 가스연소로 덕트나 연도의 과열에 따른 화재우려가 없다.
③ 설치가 간단하여 전문 기술자를 필요로 하지 않는다.
④ 송풍온도가 고온이 되므로 덕트를 소형으로 할 수 있다.

30 난방효율이 가장 좋은 난방 방식은?
① 증기난방　　② 열펌프난방
③ 복사난방　　④ 온수난방

[정답] 22 ② 23 ① 24 ① 25 ④ 26 ② 27 ④ 28 ④ 29 ② 30 ②

31 방열기 호칭법에서 가장 상단에 표시되는 것은?
① 유입관의 크기 ② 유출관의 크기
③ 절(section) 수 ④ 방열기의 종류와 높이

32 종형 벽걸이 23쪽짜리 방열기를 설치하려고 할 때의 도면 표시기호로 맞는 것은? (단, 유입측 관지름 25A, 유출측관지름 20A로 한다.)

① 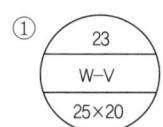   ②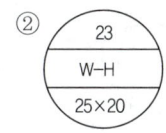

③ 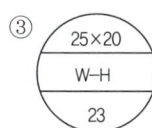   ④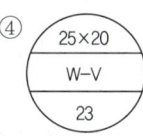

33 방열기의 EDR이란 무엇을 뜻하는가?
① 최대방열면적 ② 표준방열면적
③ 상당방열면적 ④ 최소방열면적

34 저온수 난방방식의 방열기 표준방열량으로 옳은 것은?
① $0.523kW/m^2$ ② $450W/m^2$
③ $523W/m^2$ ④ $650kcal/m^2h$

35 어떤 실의 난방부하가 5,000kcal/h일 때 저압증기 방열기의 방열 면적은 몇 m²인가?
① 4.5   ② 6.6
③ 7.7   ④ 8.8

해설
$$EDR = \frac{난방부하}{방열기 방열량} = \frac{5,000}{650} = 7.69m^2$$

36 증기난방에 공기 가열기를 설치하고자 할 경우에 증기관과 환수관 사이에 설치하기에 알맞은 트랩은?
① 열동증기 트랩
② 플로우트 트랩
③ 충동용 트랩
④ 밸 트랩

37 다음 직접난방에 관한 관계 중 옳은 것은 어느 것인가?

> ㉠ 복사난방 - 패널   ㉡ 증기난방 - 팽창탱크
> ㉢ 온수난방 - 응축수 펌프 ㉣ 온풍난 - 덕트

① ㉠, ㉡   ② ㉡, ㉣
③ ㉢, ㉠   ④ ㉣, ㉠

38 냉각된 보일러를 운전온도가 될 때까지 가열하는 데 필요한 열량으로 보일러, 배관 등 철과 장치 내 보유수량을 가열하는 데 필요한 부하를 무엇이라 하는가?
① 예열부하   ② 배관부하
③ 급탕부하   ④ 난방부하

39 보일러에서의 상용출력이란?
① 난방부하
② 난방부하+급탕부하
③ 난방부하+급탕부하+배관부하
④ 난방부하+급탕부하+배관부하+예열부하

40 온수 보일러에만 설치된 부속장치는?
① 팽창탱크   ② 안전밸브
③ 공기 빼기 밸브   ④ 압력계

[정답] 31 ③ 32 ① 33 ③ 34 ③ 35 ③ 36 ① 37 ④ 38 ① 39 ③ 40 ①

41 다음 중 증기난방장치와 관계없는 것은?
① 트랩   ② 감압밸브
③ 응축수 탱크   ④ 팽창탱크

42 공기조화시스템의 열원장치 중 보일러에 부착되는 안전장치가 아닌 것은?
① 감압밸브   ② 안전밸브
③ 저수위 경보장치   ④ 화염검출기

43 진공 환수식 증기난방법에서 저압 증기 환수관이 진공펌프의 흡입구보다 저 위치에 있을 때 응축수를 끌어올리기 위해 설치하는 시설을 무엇이라 하는가?
① 리프트 피팅
② 진공펌프 배관
③ 버큠(vaccum) 브레이커
④ 역압 방지기

> **해설**
> 리프트 피팅의 흡상 높이는 1.5m 이내로 한다.

44 보일러의 수위는 수면계의 어느 정도가 적당한가?
① 1/4   ② 1/2
③ 1/3   ④ 1/5

45 보일러의 부속장치에서 댐퍼의 설치목적으로 틀린 것은?
① 주연도와 부연도가 있을 경우 가스흐름을 전환한다.
② 배기가스의 흐름을 조절한다.
③ 통풍력을 조절한다.
④ 열효율을 조절한다.

46 증기보일러 및 온수온도가 120℃를 넘는 온수보일러에서 최대 연속증발량보다 많은 취출량을 갖는 경우에 설치해야 할 부속기는?
① 안전밸브   ② 체크밸브
③ 릴리프관   ④ 압력계

47 보일러에 사용되는 압력계로 가장 널리 사용되는 것은?
① 진공 압력계
② 부르동관 압력계
③ 공기 압력계
④ 마노미터

48 다음 중 개방식 팽창탱크와 관계가 없는 것은?
① 팽창관   ② 릴리프관
③ 배기관   ④ 압축공기관

> **해설**
> 압축공기관은 밀폐형 팽창탱크에 필요하다.

49 공기조화기의 열원장치에 사용되는 온수보일러의 밀폐형 팽창탱크에 설치되지 않는 부속설비는?
① 배기관   ② 압력계
③ 수면계   ④ 안전밸브

50 다음 중 보일러수로서 적당한 것은?
① pH 7   ② pH 10
③ pH 12   ④ pH 14

[정답] 41 ④ 42 ① 43 ① 44 ② 45 ④ 46 ① 47 ② 48 ④ 49 ① 50 ③

51 증기 배관의 말단이나 방열기 환수구에 설치하여 증기관이나 방열기에서 발생한 응축수 및 공기를 배출하여 수격작용 및 배관의 부식을 방지하는 장치는?
① 공기빼기밸브(AAV)
② 신축이음(EXP)
③ 증기트랩(ST)
④ 팽창탱크(ET)

52 연도나 굴뚝으로 배출되는 배기가스에 선회력을 부여함으로써 원심력에 의해 연소가스 중에 있는 입자를 제거하는 집진기는?
① 세정식 집진기　② 싸이크론 집진기
③ 전기 집진기　　④ 자석식 집진기

53 증기난방에서 사용되는 부속기기인 감압밸브를 설치하는 데 있어서 주의사항이 아닌 것은?
① 감압밸브는 가능한 사용장소에 가까이 설치한다.
② 감압밸브로 응축수를 제거한 증기가 들어오지 않도록 한다.
③ 감압밸브 앞에는 반드시 스트레이너를 설치하도록 한다.
④ 바이패스는 수평 또는 위로 설치하고 감압밸브의 구경과 동일 구경으로 한다.

54 복사난방의 파이프 매설식 패널을 이용하는 경우 파이프 매설 깊이는 깊을수록 이상적이지만 비경제적이다. 따라서 콘크리트나 몰탈 내에 매립하는 경우 배관 위 표면에서 몰탈 바닥면까지의 두께는 관 외경의 최소 몇 배 이상으로 하는 것이 이상적인가?
① 0.5배 이상　② 1.0배 이상
③ 1.5배 이상　④ 2.0배 이상

55 보일러를 단기간 정지했을 경우에 사용하는 보존법은?
① 건조 보존법　② 만수 보존법
③ 밀폐 보존법　④ 석회 보존법

56 다음 중 보일러의 부하를 계산하는데 필요한 요소가 아닌 것은?
① 난방부하　　② 급탕 및 급기부하
③ 예열부하　　④ 신선공기부하

57 고저가 있는 넓은 지역에 산재해 있는 건물을 일괄하여 난방하고자 할 때 알맞은 방식은 어느 것인가?
① 저압증기난방　② 고압증기난방
③ 온수난방　　　④ 고온고압 온수난방

58 온수난방에 설치되는 팽창탱크에 대한 설명으로 틀린 것은?
① 팽창된 물을 밖으로 배출하여 장치를 안전하게 유지한다.
② 운전 중 장치 내 압력을 소정의 압력으로 유지하고, 온수온도를 유지한다.
③ 운전 중 장치 내의 온도상승에 의한 물의 체적팽창과 압력을 흡수한다.
④ 개방식은 장치 내의 주된 공기배출구로 이용되고, 온수보일러의 도피관으로도 이용된다.

59 간접 가열식 급탕설비의 가열관으로 가장 적당한 것은?
① 알루미늄관　② 강관
③ 주철관　　　④ 동관

[정답] 51 ③ 52 ② 53 ② 54 ③ 55 ② 56 ④ 57 ④ 58 ① 59 ④

60 다음은 보일러의 수압시험을 하는 목적이다. 부적합한 것은?
① 균열의 유무를 조사
② 각종 덮개를 장치한 후의 기밀도 확인
③ 이음부의 누설 정도 확인
④ 각종 스테이의 효력을 조사

61 다음 중 보일러 스케일 방지책으로 적합하지 않은 것은?
① 청정제를 사용한다.
② 급수 중의 불순물을 제거한다.
③ 보일러 판을 미끄럽게 한다.
④ 수질분석을 통한 급수의 한계값을 유지한다.

62 난방부하가 12,600kJ/h인 온수난방시설에서 방열기의 입구 온도가 85℃, 출구온도가 25℃, 외기온도가 −5℃일 때, 온수의 순환량은 얼마인가? (단, 물의 비열은 4.2kJ/kg℃이다.)
① 50kg/h   ② 75kg/h
③ 150kg/h   ④ 450kg/h

해설
$$G = \frac{Q}{C \cdot \Delta t} = \frac{12,600}{4.2 \times (85-25)} = 50 \text{kg/h}$$

63 다음에서 보일러 용량을 표시하지 않는 것은?
① 사용 증기량   ② 본체 전열면적
③ 상당 증발량   ④ 보일러 마력

64 온수 보일러의 출력표시 단위로 틀린 것은?
① Watt   ② kcal/kg
③ kcal/h   ④ kJ/h

65 대기압 하에서 100℃의 포화수를 100℃의 건포화증기로 만들 수 있는 보일러의 증발량은?
① 상당 증발량
② 실제 증발량
③ 정미 증발량
④ 보일러 증발량

66 다음 공식 중 상당 증발량은? (단, G_a : 실제 증발량(kg/h), h_2 : 발생증기의 엔탈피(kJ/kg), h_1 : 급수의 엔탈피(kJ/kg))
① $\dfrac{G_a(h_2 - h_1)}{539 \times 4.2}$
② $\dfrac{G_a(h_2 - h_1)}{539}$
③ $\dfrac{G_a(h_2 - h_1)}{539 \times 증발전열면적}$
④ $\dfrac{G_a(h_2 - h_1)}{연료소비량 \times 저위발열량}$

해설
③ 전열면 상당 증발률
④ 보일러 열효율

67 상당 증발량이 2,500kg/h이고, 급수온도가 30℃, 발생증기의 엔탈피가 635.2kcal/kg일 때 실제 증발량은 몇 kg/h인가?
① 2,048
② 2,148
③ 2,249
④ 2,227

해설
$$G_a = \frac{G_e \times 539}{h_2 - h_1} = \frac{2500 \times 539}{635.2 - 30} = 2,227 \text{kg/h}$$

[정답] 60 ④ 61 ③ 62 ① 63 ④ 64 ② 65 ① 66 ① 67 ④

68 보일러의 증발량이 20ton/h이고 본체 전열면적이 400m²일 때 이 보일러의 증발률은 얼마인가?

① 30kg/m²h   ② 40kg/m²h
③ 50kg/m²h   ④ 60kg/m²h

해설
$$\frac{실제\ 증발량(G_a)}{전열면적(A)} = \frac{20,000}{400} = 50kg/m^2h$$

69 보일러의 열출력이 150,000kcal/h, 연료소비율이 20kg/h이면 연료의 저위발열량이 10,000kcal/kg이라면 보일러의 효율은 얼마인가?

① 0.05   ② 0.70
③ 0.75   ④ 0.80

해설
$$\eta = \frac{Q}{G_f \cdot H_l} = \frac{150,000}{20 \times 10,000} = 0.75$$

70 연도나 굴뚝에서 배출되는 배기가스에 선회력을 부여함으로써 원심력에 의해 연소가스 중에 있던 입자를 제거하는 집진기는?

① 세정식 집진기
② 사이크론 집진기
③ 전기 집진기
④ 원통·다관형 집진기

71 증기 배관 내의 수격작용(water hammering)을 방지하기 위한 기술 중 적당한 것은?

① 감압 밸브를 설치한다.
② 가능한 한 배관에 굴곡부를 많이 둔다.
③ 가능한 한 배관의 관지름을 크게 한다.
④ 배관 내 증기의 유속을 빠르게 한다.

72 다음 중 급수방식에 해당하지 않는 것은?

① 수도직결방식   ② 고가수조방식
③ 팽창탱크방식   ④ 압력탱크방식

73 급수배관에서 수격작용을 방지하기 위해 설치하는 것은?

① 공기실   ② 신축이음
③ 스톱 밸브   ④ 체크 밸브

74 급수방식에 관한 설명으로 옳은 것은?

① 압력수조방식에는 수수조를 설치하지 않는다.
② 펌프직송방식은 유지·관리가 가장 용이한 방식이다.
③ 고가수조방식은 급수압력이 일정하다는 장점이 있다.
④ 수도직결방식은 일반적으로 중·고층의 건물에 사용된다.

75 플러시 밸브 또는 급속 개폐식 수전 사용시 급수의 유속이 불규칙하게 변해 생기는 작용은 무엇인가?

① 수격작용   ② 수밀작용
③ 파동작용   ④ 맥동작용

76 벽 관통 배관 시 미리 슬리브를 넣어 두면 좋은 점은?

① 관통부 배관의 내구성을 증가시킨다.
② 관 재료가 훨씬 덜 든다.
③ 외관상 좋고 접합부가 강하다.
④ 후일 관 교체 시 편리하고 관 신축에도 무리가 없다.

[정답] 68 ③ 69 ③ 70 ② 71 ③ 72 ③ 73 ① 74 ③ 75 ① 76 ④

77 급탕설비에 관한 설명으로 옳지 않은 것은?
① 배관방식은 2관식과 3관식이 있다.
② 급탕방식은 국소식과 중앙식이 있다.
③ 급탕순환방식은 중력식과 강제식이 있다.
④ 중앙식 가열장치는 직접가열식과 간접가열식이 있다.

78 급탕설비의 가열방식에 관한 설명으로 옳지 않은 것은?
① 직접 가열식은 간접가열식보다 열효율이 높다.
② 직접 가열식은 보일러 안에 스케일 부착의 우려가 있다.
③ 간접 가열식은 일반적으로 규모가 큰 건물의 급탕에 사용된다.
④ 직접 가열식에서 가열보일러는 난방용 보일러와 일반적으로 겸용하여 사용된다.

79 배수배관에 통기관을 설치하는 목적과 가장 관계가 먼 것은?
① 배수의 흐름을 원활하게 한다.
② 관 내의 기압을 높여 악취를 배출한다.
③ 배수계통 내의 공기의 흐름을 원활하게 한다.
④ 자기사이펀 작용, 유도사이펀 작용 등으로부터 봉수를 보호한다.

80 통기관의 종류 중 2개 이상인 기구트랩의 봉수를 모두 보호하기 위해 설치하는 것으로 최상류의 기구배수관이 배수수평지관에 접속하는 위치의 직하에서 입상하여 통기수직관 또는 신정통기관에 접속하는 것은?
① 습통기관　　② 루프통기관
③ 각개통기관　　④ 결합통기관

[정답] 77 ① 78 ④ 79 ② 82 ②

PART 4

유지보수공사 안전관리

01_관련법규 파악
02_안전관리

CHAPTER 01

PART 4. 유지보수공사 안전관리

관련법규 파악

1 냉동기 검사

1 고압가스 냉동제조의 시설·기술·검사 기준〈시행규칙 별표 7, 개정 2022.1.21.〉

1. 시설기준

(1) 배치기준

압축기·기름분리기·응축기 및 수액기와 이들 사이의 배관은 인화성물질 또는 발화성물질(작업에 필요한 것은 제외한다)을 두는 곳이나 화기를 취급하는 곳과 인접하여 설치하지 않을 것

(2) 가스설비기준

① 냉매설비(제조시설 중 냉매가스가 통하는 부분을 말한다. 이하 같다)에는 진동·충격 및 부식 등으로 냉매가스가 누출되지 않도록 필요한 조치를 할 것
② 냉매설비의 성능은 가스를 안전하게 취급할 수 있는 적절한 것일 것
③ 세로방향으로 설치한 동체의 길이가 5m 이상인 원통형 응축기와 내용적이 5천L 이상인 수액기에는 지진 발생 시 그 응축기 및 수액기를 보호하기 위하여 내진성능 확보를 위한 조치를 할 것

(3) 사고예방설비기준

① 냉매설비에는 그 설비 안의 압력이 상용압력을 초과하는 경우 즉시 그 압력을 상용압력 이하로 되돌릴 수 있는 안전장치를 설치하는 등 필요한 조치를 마련할 것
② 독성가스 및 공기보다 무거운 가연성가스를 취급하는 제조시설 및 저장설비에는 가스가 누출될 경우 이를 신속히 검지하여 효과적으로 대응할 수 있도록 하기 위하여 필요한 조치를 마련할 것
③ 가연성가스(암모니아, 브롬화메탄 및 공기 중에서 자기 발화하는 가스는 제외한다)의 가스설비 중 전기설비는 그 설치장소 및 그 가스의 종류에 따라 적절한 방폭성능을 가지는 것일 것
④ 가연성가스 또는 독성가스를 냉매로 사용하는 냉매설비의 압축기·기름분리기·응축기 및 수액기와 이들 사이의 배관을 설치한 곳에는 냉매가스가 누출될 경우 그 냉매가스가 체류하지 않도록 필요한 조치를 마련할 것
⑤ 냉매설비에는 긴급사태가 발생하는 것을 방지하기 위하여 자동제어장치를 설치할 것

(4) 피해저감설비기준

① 독성가스를 사용하는 내용적이 10,000L 이상인 수액기 주위에는 액상의 가스가 누출될 경우에 그 유출을 방지하기 위한 조치를 마련할 것
② 독성가스를 제조하는 시설에는 그 시설로부터 독성가스가 누출될 경우 그 독성가스로 인한 피해를 방지하기 위하여 필요한 조치를 마련할 것

(5) 부대설비기준

냉동제조시설에는 이상사태가 발생하는 것을 방지하고 이상사태 발생 시 그 확대를 방지하기 위하여 압력계·액면계 등 필요한 설비를 설치할 것

(6) 표시기준

냉동제조시설의 안전을 확보하기 위하여 필요한 곳에는 고압가스를 취급하는 시설 또는 일반인의 출입을 제한하는 시설이라는 것을 명확하게 알아볼 수 있도록 경계표지, 식별표지 및 위험표지 등 적절한 표지를 하고 외부인의 출입을 통제할 수 있도록 경계책을 설치할 것

2. 기술기준

(1) 안전유지기준

① 안전밸브 또는 방출밸브에 설치된 스톱밸브는 그 밸브의 수리 등을 위하여 특별히 필요한 때를 제외하고는 항상 완전히 열어 놓을 것
② 냉동설비의 설치공사 또는 변경공사가 완공되어 기밀시험이나 시운전을 할 때에는 산소 외의 가스를 사용하고 공기를 사용하는 때에는 미리 냉매설비 중의 가연성가스를 방출한 후에 실시해야 하며 그 냉동설비의 상태가 정상인 것을 확인한 후에 사용할 것
③ 가연성가스의 냉동설비 부근에는 작업에 필요한 양 이상의 연소하기 쉬운 물질을 두지 않을 것

(2) 점검기준

안전장치(액체의 열팽창으로 인한 배관의 파열방지용 안전밸브는 제외) 중 압축기의 최종단에 설치한 안전장치는 1년에 1회 이상, 그 밖의 안전밸브는 2년에 1회 이상 조정을 하여 고압가스설비가 파손되지 않도록 적절한 압력 이하에서 작동이 되도록 할 것. 다만, 고압가스특정제조허가를 받아 설치된 안전밸브의 조정주기는 4년(압력용기에 설치된 안전밸브는 그 압력용기의 내부에 대한 재검사 주기)의 범위에서 연장할 수 있다.

(3) 수리·청소 및 철거기준

가연성가스 또는 독성가스의 냉매설비를 수리·청소 및 철거할 때에는 그 작업의 안전 확보를 위하여 필요한 안전수칙을 준수하고 수리 및 청소 후에는 그 설비의 성능유지와 작동성 확인 등 안전 확보를 위하여 필요한 조치를 마련할 것

1 냉동기 제조의 시설·기술·검사기준〈시행규칙 별표 11, 개정 2019.10.31.〉

1. 시설기준
(1) 냉동기를 제조하려는 자는 이 별표의 기술기준에 따라 냉동기를 제조하기 위하여 필요한 제조설비를 갖출 것
(2) 냉동기를 제조하려는 자는 이 별표의 검사기준에 따라 냉동기를 검사하기 위하여 필요한 검사설비를 갖출 것

2. 기술기준
(1) 냉동기의 설계는 그 냉동기의 안전성을 확보하기 위하여 사용하는 고압가스의 종류·압력·온도 및 사용환경에 따라 적합하도록 할 것
(2) 냉동기의 재료는 그 냉동기의 안전성을 확보하기 위하여 사용하는 고압가스의 종류·압력·온도 및 사용환경에 적절한 것일 것
(3) 냉동기의 두께는 그 냉동기의 안전성을 확보하기 위하여 그 냉동기에 사용한 재료, 그 냉동기 내의 고압가스의 종류·압력·온도 및 사용환경에 적합한 것일 것
(4) 냉동기의 구조는 그 냉동기의 안전성 및 편리성을 확보하기 위하여 그 냉동기 내의 고압가스의 종류·압력·온도 및 사용환경에 적합한 것일 것
(5) 냉동기의 가공은 그 냉동기의 기계적 강도 및 안전성을 확보하기 위하여 그 냉동기의 재료·두께 및 구조에 따라 적절한 방법으로 할 것
(6) 냉동기의 용접은 그 냉동기 이음매의 기계적 강도를 확보하기 위하여 그 냉동기의 재료·구조 및 냉동기 내의 가스의 종류에 따라 적절한 방법으로 할 것
(7) 냉동기의 열처리는 그 냉동기의 안전성을 확보하기 위하여 필요한 경우 그 냉동기의 재료·두께 및 가공방법에 따라 적절한 방법으로 할 것
(8) 냉동기는 그 냉동기의 재료, 사용하는 가스의 종류 및 사용하는 환경에 따라 그 냉동기의 안전성을 확보하기 위하여 필요한 적절한 성능을 가지는 것일 것

❷ 고압가스안전관리법(냉동 관련)

1 안전관리자의 자격과 선임 인원〈시행령 별표 3, 개정 2021. 12. 7.〉

시설 구분	저장 또는 처리능력	선임 구분	
		안전관리자의 구분 및 선임인원	자격 구분
냉동 제조 시설	냉동능력 300톤 초과(프레온을 냉매로 사용하는 것은 냉동능력 600톤 초과)	안전관리 총괄자 : 1명	
		안전관리 책임자 : 1명	공조냉동기계산업기사
		안전관리원 : 2명 이상	공조냉동기계기능사 또는 한국가스안전공사가 산업통상자원부장관의 승인을 받아 실시하는 냉동시설안전관리 양성교육을 이수한 자(이하 "냉동시설안전관리자 양성교육이수자"라 한다.)
	냉동능력 100톤 초과 300톤 이하(프레온을 냉매로 사용하는 것은 냉동능력 200톤 초과 600톤 이하)	안전관리 총괄자 : 1명	
		안전관리 책임자 : 1명	공조냉동기계산업기사 또는 현장실무 경력이 5년 이상인 공조냉동기계기능사
		안전관리원 : 1명 이상	공조냉동기계기능사 또는 냉동시설안전관리자 양성교육이수자
	냉동능력 50톤 초과 100톤 이하(프레온을 냉매로 사용하는 것은 냉동능력 100톤 초과 200톤 이하)	안전관리 총괄자 : 1명	
		안전관리 책임자 : 1명	공조냉동기계기능사 또는 현장실무 경력이 5년 이상인 냉동시설안전관리자 양성교육이수자
		안전관리원 : 1명 이상	공조냉동기계기능사 또는 냉동시설안전관리자 양성교육이수자
	냉동능력 50톤 이하(프레온을 냉매로 사용하는 것은 냉동능력 100톤 이하)	안전관리 총괄자 : 1명	
		안전관리 책임자 : 1명	공조냉동기계기능사 또는 냉동시설안전관리자 양성교육이수자
냉동기 제조시설		안전관리 총괄자 : 1명	
		안전관리 부총괄자 : 1명	
		안전관리 책임자 : 1명	일반기계기사·용접기사·금속기사·화공기사 또는 공조냉동기계산업기사
		안전관리원 : 1명 이상	공조냉동기계기능사

2 냉동능력 산정기준〈시행규칙 별표 3, 개정 2022.1.21〉

(1) 원심식 압축기를 사용하는 냉동설비는 그 압축기의 원동기 정격출력 1.2kW를 1일의 냉동능력 1톤으로 보고 흡수식 냉동설비는 발생기를 가열하는 1시간의 입열량 6,640kcal를 1일의 냉동능력 1톤으로 보며 그 밖의 것은 다음 산식에 의한다.

$$R = \frac{V}{C}$$

R : 1일의 냉동능력(단위 : 톤)
V : 다단압축방식 또는

다원냉동방식에 의한 제조설비는 다음 ①의 산식에 의하여 계산된 수치, 회전피스톤형 압축기를 사용하는 것은 다음 ②의 산식에 의하여 계산된 수치, 스크류형 압축기는 다음 ③의 산식에 의하여 계산된 수치, 왕복동형 압축기는 다음 ④의 산식에 의해 계산된 수치, 그 밖의 것은 압축기의 표준회전속도에 있어서의 1시간의 피스톤압출량 (단위 : m^3)

① $V_H + 0.08 V_L$
② $60 \times 0.785 tn(D^2 - d^2)$
③ $K \times D^3 \times \frac{L}{D} \times n \times 60$
④ $0.785 \times D^2 \times L \times N \times n \times 60$

위 식에서 V_H, V_L, t, n, D, d, K, L 및 N은 각각 다음의 수치를 표시한다.
- V_H : 압축기의 표준회전속도에서 최종단, 최종원의 기통의 피스톤 압출량(m^3/h)
- V_L : 압축기의 표준회전속도에서 최종단, 최종원 앞의 기통의 피스톤 압출량(m^3/h)
- t : 회전피스톤의 가스압축부분의 두께(m)
- n : 회전피스톤의 1분간의 표준회전수(스크류형의 것은 로우터의 회전수)
- D : 기통의 안지름(스크류형은 로우터의 직경)(m)
- d : 회전피스톤의 바깥지름(m)
- K : 치형의 종류에 따른 계수
- L : 로터의 압축에 유효한 부분의 길이 또는 피스톤의 행정(m)
- N : 실린더 수
- C : 냉매가스의 종류에 따른 수치(상수)

위 표에서 규정하지 아니한 냉매가스의 C값은 다음의 계산식에 의한다.

$$C = \frac{3320 \cdot V_A}{(i_A - i_B) \cdot \eta_V}$$

위 식에서 V_A, i_A, i_B 및 η_V 는 각각 다음의 수치를 표시한다.
- V_A : $-15°C$에서의 그 가스의 건포화증기의 비체적(단위 : m^3/kg)
- i_A : $-15°C$에서의 그 가스의 건포화증기의 엔탈피(단위 : kcal/kg)
- i_B : 응축온도 30°C, 팽창밸브직전의 온도가 25°C일 때 해당 액화가스의 엔탈피(단위 : kcal/kg)
- η_V : 압축기 기통 1개의 체적에 따른 체적효율로서 기통 한 개의 체적이 5000cm^3 이하인 경우에는 0.75, 5000cm^3를 초과하는 경우에는 0.8로 한다.

(2) 냉동설비가 다음 각 항에 해당하는 경우에는 (1)에 따라 산정한 각각의 냉동능력을 합산한다. 다만, 바목에만 해당하는 경우에는 합산하지 않을 수 있다.
① 냉매가스가 배관에 의하여 공통으로 되어 있는 냉동설비
② 냉매계통을 달리하는 2개 이상의 설비가 1개의 규격품으로 인정되는 설비 내에 조립

되어 있는 것(unit형의 것)
③ 2원(元) 이상의 냉동방식에 의한 냉동설비
④ 모터 등 압축기의 동력설비를 공통으로 하고 있는 냉동설비
⑤ 브라인(brine)을 공통으로 사용하고 있는 2개 이상의 냉동설비(브라인 중 물과 공기는 포함하지 아니한다.)
⑥ ①부터 ⑤까지에도 불구하고 동일 건축물에서 동일 냉매를 사용하는 동일 용도(건축물의 냉·난방용과 그 외의 용도로 구분한다)의 냉동설비

3 용기 등의 표시〈시행규칙 별표 24, 개정 2019.5.21〉

(1) 용기에 대한 표시

1) 용기의 각인
① 용기제조업자의 명칭 또는 약호
② 충전하는 가스의 명칭
③ 용기의 번호
④ 내용적(기호 : V, 단위 : L)(액화석유가스용기는 제외한다)
⑤ 초저온용기 외의 용기는 밸브 및 부속품(분리할 수 있는 것에 한한다)을 포함하지 아니한 용기의 질량(기호 : W, 단위 : kg)
⑥ 아세틸렌가스 충전용기는 ⑤의 질량에 용기의 다공물질·용제 및 밸브의 질량을 합한 질량(기호 : TW, 단위 : kg)
⑦ 내압시험에 합격한 연월
⑧ 내압시험압력(기호 : TP, 단위 : MPa)(액화석유가스용기 및 초저온용기는 제외한다)
⑨ 최고충전압력(기호 : FP, 단위 : MPa) : 압축가스를 충전하는 용기 및 초저온용기에 한정한다)
⑩ 내용적이 500L를 초과하는 용기에는 동판의 두께(기호 : t, 단위 : mm)
⑪ 충전량(g) : 납붙임 또는 접합용기에 한정한다.

2) 용기의 도색 및 표시
 용기제조자 또는 수입자는 다음의 방법에 따라 용기의 외면에 도색을 하고 충전하는 가스의 명칭을 표시할 것. 다만, 수출용 용기의 경우에는 도색을 하지 않을 수 있고, 스테인리스강 등 내식성 재료를 사용한 용기의 경우에는 용기 동체의 외면 상단에 10cm 이상의 폭으로 충전가스에 해당하는 색으로 도색할 수 있다.

① 가연성가스 및 독성가스의 용기

가스의 종류	도색의 구분	가스의 종류	도색의 구분
액화석유가스	밝은 회색	액화암모니아	백색
수소	주황색	액화염소	갈색
아세틸렌	황색	그 밖의 가스	회색

② 의료용 가스용기

가스의 종류	도색의 구분	가스의 종류	도색의 구분
산소	백색	질소	흑색
액화탄산가스	회색	아산화질소	청색
헬륨	갈색	싸이크로프로판	주황색
에틸렌	자색	그 밖의 가스	회색

③ 그 밖의 가스용기

가스의 종류	도색의 구분	가스의 종류	도색의 구분
산소	녹색	소방용 용기	소방법에 의한 도색
액화탄산가스	청색	그 밖의 가스	회색
질소	회색		

(2) 용기부속품에 대한 표시

1) 부속품제조업자의 명칭 또는 약호
2) (6)의 규정에 의한 부속품의 기호와 번호
3) 질량(기호 : W, 단위 : kg)
4) 부속품검사에 합격한 연월
5) 내압시험압력(기호 : TP, 단위 : MPa)
6) 용기종류별 부속품의 기호
  ① 아세틸렌가스를 충전한는 용기의 부속품 : AG
  ② 압축가스를 충전하는 용기의 부속품 : PG
  ③ 액화석유가스 외의 액화가스를 충전하는 용기의 부속품 : LG
  ④ 액화석유가스를 충전하는 용기의 부속품 : LPG
  ⑤ 초저온용기 및 저온용기의 부속품 : LT

(3) 냉동기에 대한 표시

1) 냉동기제조자의 명칭 또는 약호
2) 냉매가스의 종류
3) 냉동능력(단위 : RT). 다만, 압력용기의 경우에는 내용적(단위 : L)을 표시하여야 한다.
4) 원동기 소요전력 및 전류(단위 : KW, A). 다만, 압축기의 경우에 한한다.
5) 제조번호
6) 검사에 합격한 연월(年月)
7) 내압시험압력(기호 : TP, 단위 : MPa)
8) 최고사용압력(기호 : DP, 단위 : MPa)

(4) 특정설비에 대한 표시

1) 냉동용 특정설비

① 압축기·응축기 및 증발기의 경우에는 제3호에서 규정하고 있는 냉동기에 대한 표시 기준을 준용한다. 이 경우 압축기의 냉동능력은 RT 또는 m^3/hr로 표시할 수 있다.
② 압력용기의 경우에는 가목에서 규정하고 있는 특정설비에 대한 표시기준을 준용한다.

2) 그 밖의 특정설비

① 제조자의 명칭 또는 약호 ② 검사에 합격한 연월
③ 질량(기호 : W, 단위 : kg) ④ 내압시험에 합격한 연월
⑤ 내압시험압력(기호 : TP, 단위 : MPa) ⑥ 특정설비별 기호 및 번호
　㉠ 아세틸렌가스용 : AG 　㉡ 압축가스용 : PG
　㉢ 액화석유가스용 : LPG 　㉣ 저온 및 초저온가스용 : LT
　㉤ 그 밖의 가스용 : LG

4 검사기관의 기술인력, 검사장비 및 자산 등〈시행규칙 별표 36, 개정 2022.1.21〉

검사 구분	기술 인력	검사 장비
• 냉동기(냉동용 특정설비포함)검사, 건축물의 냉·난방용 냉동제조시설(가연성 가스 또는 독성 가스 외의 가스를 냉매로 사용하는 것만을 말한다)의 정기 검사	• 공조냉동기계산업기사 이상의 자격을 소지한 사람으로서 가스 관계 업무에 5년 이상 또는 가스 관계검사업무에 3년 이상의 실무경력이 있는 사람 1명 이상 • 공조냉동기계기능사 이상의 자격을 소지한 사람으로서 가스 관계 업무에 5년 이상 또는 가스 관계 검사업무에 3년 이상의 실무경력이 있는 사람 3명 이상	• 내압시험설비, 기밀시험설비, 분동식표준압력계, 표준이 되는 온도계, 안전밸브시험설비, 냉매가스누출검지기, 가스누출검지경보장치의 성능시험설비, 공기호흡기 또는 송기식마스크, 회전측정기, 절연저항측정기, 초음파두께측정기, 부식측정설비, 도막측정기, 침투탐상시험설비, 자분탐상시험설비, 누출부분검사용거울, 검사장비운송전용차량, 안전모 등 안전작업장비와 그 밖에 시험설비, 계측기기류 및 작업공구류

5 전기설비의 방폭성능기준

(1) 내압(耐壓)방폭구조(표시방법 : d)

방폭전기기기의 용기 내부에서 가연성가스의 폭발이 발생할 경우 그 용기가 폭발압력에 견디고 접합면, 개구부 등을 통하여 외부의 가연성가스에 인화되지 아니하도록 한 구조

(2) 유입(油入)방폭구조(표시방법 : o)

용기 내부에 절연유를 주입하여 불꽃·아아크 또는 고온발생부분이 기름 속에 잠기게 함으로써 기름면 위에 존재하는 가연성가스에 인화되지 아니하도록 한 구조

(3) 압력(壓力)방폭구조(표시방법 : p)

용기 내부에 보호가스(신선한 공기 또는 불활성가스)를 압입하여 내부압력을 유지함으로

써 가연성가스가 용기 내부로 유입되지 아니하도록 한 구조

(4) 안전증(安全增)방폭구조(표시방법 : e)
정상 운전중에 가연성가스의 점화원이 될 전기불꽃·아아크 또는 고온부분 등의 발생을 방지하기 위하여 기계적·전기적 구조상 또는 온도상승에 대하여 특히 안전도를 증가시킨 구조

(5) 본질안전(本質安全)방폭구조(표시방법 : ia 또는 ib)
정상 시 및 사고(단선, 단락, 지락 등) 시에 발생하는 전기불꽃·아크 또는 고온부에 의하여 가연성가스가 점화되지 아니하는 것이 점화시험, 기타방법에 의하여 확인된 구조

(6) 특수(特殊)방폭구조(표시방법 : s)
(1)~(5)에서 규정한 구조 이외의 방폭구조로서 가연성가스에 점화를 방지할 수 있다는 것이 시험, 기타방법에 의하여 확인된 구조

3 산업안전보건법

1 목적〈개정 2020. 5. 26.〉

이 법은 산업안전 및 보건에 관한 기준을 확립하고 그 책임의 소재를 명확하게 하여 산업재해를 예방하고 쾌적한 작업환경을 조성함으로써 노무를 제공하는 사람의 안전 및 보건을 유지·증진함을 목적으로 한다.

2 정의
① "산업재해"란 노무를 제공하는 사람이 업무에 관계되는 건설물·설비·원재료·가스·증기·분진 등에 의하거나 작업 또는 그 밖의 업무로 인하여 사망 또는 부상하거나 질병에 걸리는 것을 말한다.
② "중대재해"란 산업재해 중 사망 등 재해 정도가 심하거나 다수의 재해자가 발생한 경우로서 고용노동부령으로 정하는 재해를 말한다.
③ "사업주"란 근로자를 사용하여 사업을 하는 자를 말한다.
④ "근로자대표"란 근로자의 과반수로 조직된 노동조합이 있는 경우에는 그 노동조합을, 근로자의 과반수로 조직된 노동조합이 없는 경우에는 근로자의 과반수를 대표하는 자를 말한다.
⑤ "도급인"이란 물건의 제조·건설·수리 또는 서비스의 제공, 그 밖의 업무를 도급하는 사업주를 말한다. 다만, 건설공사발주자는 제외한다.
⑥ "수급인"이란 도급인으로부터 물건의 제조·건설·수리 또는 서비스의 제공, 그 밖의 업무를 도급받은 사업주를 말한다.

3 중대재해의 범위

① 사망자가 1명 이상 발생한 재해
② 3개월 이상의 요양이 필요한 부상자가 동시에 2명 이상 발생한 재해
③ 부상자 또는 직업성 질병자가 동시에 10명 이상 발생한 재해

4 정부의 책무

① 산업 안전 및 보건 정책의 수립 및 집행
② 산업재해 예방 지원 및 지도
③ 「근로기준법」에 따른 직장 내 괴롭힘 예방을 위한 조치기준 마련, 지도 및 지원
④ 사업주의 자율적인 산업 안전 및 보건 경영체제 확립을 위한 지원
⑤ 산업 안전 및 보건에 관한 의식을 북돋우기 위한 홍보·교육 등 안전문화 확산 추진
⑥ 산업 안전 및 보건에 관한 기술의 연구·개발 및 시설의 설치·운영
⑦ 산업재해에 관한 조사 및 통계의 유지·관리
⑧ 산업 안전 및 보건 관련 단체 등에 대한 지원 및 지도·감독
⑨ 그 밖에 노무를 제공하는 사람의 안전 및 건강의 보호·증진

5 사업주 등의 의무

① 이 법과 이 법에 따른 명령으로 정하는 산업재해 예방을 위한 기준
② 근로자의 신체적 피로와 정신적 스트레스 등을 줄일 수 있는 쾌적한 작업환경의 조성 및 근로조건 개선
③ 해당 사업장의 안전 및 보건에 관한 정보를 근로자에게 제공

6 근로자의 의무

근로자는 이 법과 이 법에 따른 명령으로 정하는 산업재해 예방을 위한 기준을 지켜야 하며 사업주 또는 근로감독관, 공단 등 관계인이 실시하는 산업재해 예방에 관한 조치에 따라야 한다.

7 안전보건관리책임자

① 사업장의 산업재해 예방계획의 수립에 관한 사항
② 안전보건관리규정의 작성 및 변경에 관한 사항
③ 안전보건교육에 관한 사항
④ 작업환경측정 등 작업환경의 점검 및 개선에 관한 사항
⑤ 근로자의 건강진단 등 건강관리에 관한 사항
⑥ 산업재해의 원인 조사 및 재발 방지대책 수립에 관한 사항
⑦ 산업재해에 관한 통계의 기록 및 유지에 관한 사항
⑧ 안전장치 및 보호구 구입 시 적격품 여부 확인에 관한 사항

⑨ 그 밖에 근로자의 유해·위험 방지조치에 관한 사항으로서 고용노동부령으로 정하는 사항

8 관리감독자의 업무

① 사업장 내 관리감독자가 지휘·감독하는 작업과 관련된 기계·기구 또는 설비의 안전·보건 점검 및 이상 유무의 확인
② 관리감독자에게 소속된 근로자의 작업복·보호구 및 방호장치의 점검과 그 착용·사용에 관한 교육·지도
③ 해당 작업에서 발생한 산업재해에 관한 보고 및 이에 대한 응급조치
④ 해당 작업의 작업장 정리·정돈 및 통로 확보에 대한 확인·감독
⑤ 사업장의 다음 각 목의 어느 하나에 해당하는 사람의 지도·조언에 대한 협조
⑥ 위험성평가에 관한 다음 각 목의 업무
  ㉠ 유해·위험요인의 파악에 대한 참여
  ㉡ 개선조치의 시행에 대한 참여
⑦ 그 밖에 해당 작업의 안전 및 보건에 관한 사항으로서 고용노동부령으로 정하는 사항

9 안전관리자의 업무

① 산업안전보건위원회 또는 안전 및 보건에 관한 노사협의체에서 심의·의결한 업무와 해당 사업장의 안전보건관리규정 및 취업규칙에서 정한 업무
② 위험성평가에 관한 보좌 및 지도·조언
③ 안전인증대상기계등과 자율안전확인대상기계등 구입 시 적격품의 선정에 관한 보좌 및 지도·조언
④ 해당 사업장 안전교육계획의 수립 및 안전교육 실시에 관한 보좌 및 지도·조언
⑤ 사업장 순회점검, 지도 및 조치 건의
⑥ 산업재해 발생의 원인 조사·분석 및 재발 방지를 위한 기술적 보좌 및 지도·조언
⑦ 산업재해에 관한 통계의 유지·관리·분석을 위한 보좌 및 지도·조언
⑧ 법 또는 법에 따른 명령으로 정한 안전에 관한 사항의 이행에 관한 보좌 및 지도·조언
⑨ 업무 수행 내용의 기록·유지
⑩ 그 밖에 안전에 관한 사항으로서 고용노동부장관이 정하는 사항

10 안전보건총괄책임자의 직무

① 위험성평가의 실시에 관한 사항
② 작업의 중지
③ 도급 시 산업재해 예방조치
④ 산업안전보건관리비의 관계수급인 간의 사용에 관한 협의·조정 및 그 집행의 감독
⑤ 안전인증대상기계 등과 자율안전확인대상기계 등의 사용 여부 확인

11 관리감독자의 업무

① 관리감독자가 지휘·감독하는 작업과 관련된 기계·기구 또는 설비의 안전·보건 점검 및 이상 유무의 확인
② 관리감독자에게 소속된 근로자의 작업복·보호구 및 방호장치의 점검과 그 착용·사용에 관한 교육·지도
③ 해당 작업에서 발생한 산업재해에 관한 보고 및 이에 대한 응급조치
④ 해당 작업의 작업장 정리·정돈 및 통로 확보에 대한 확인·감독
⑤ 사업장의 다음 각 목의 어느 하나에 해당하는 사람의 지도·조언에 대한 협조
⑥ 위험성평가에 관한 다음 각 목의 업무
  ㉠ 유해·위험요인의 파악에 대한 참여
  ㉡ 개선조치의 시행에 대한 참여
⑦ 그 밖에 해당 작업의 안전 및 보건에 관한 사항으로서 고용노동부령으로 정하는 사항

12 안전관리자

① 사업주는 사업장에 안전에 관한 기술적인 사항에 관하여 사업주 또는 안전보건관리책임자를 보좌하고 관리감독자에게 지도·조언하는 업무를 수행하는 사람(안전관리자)을 두어야 한다.
② 안전관리자를 두어야 하는 사업의 종류와 사업장의 상시근로자 수, 안전관리자의 수·자격·업무·권한·선임방법, 그 밖에 필요한 사항은 대통령령으로 정한다.
③ 고용노동부장관은 산업재해 예방을 위하여 필요한 경우로서 고용노동부령으로 정하는 사유에 해당하는 경우에는 사업주에게 안전관리자를 제2항에 따라 대통령령으로 정하는 수 이상으로 늘리거나 교체할 것을 명할 수 있다.
④ 대통령령으로 정하는 사업의 종류 및 사업장의 상시근로자 수에 해당하는 사업장의 사업주는 제21조에 따라 지정받은 안전관리 업무를 전문적으로 수행하는 기관에 안전관리자의 업무를 위탁할 수 있다.

4 기계설비법

이 법은 기계설비산업의 발전을 위한 기반을 조성하고 기계설비의 안전하고 효율적인 유지관리를 위하여 필요한 사항을 정함으로써 국가경제의 발전과 국민의 안전 및 공공복리 증진에 이바지함을 목적으로 한다.

1 기계설비의 범위

구분	내용
1. 열원설비	건축물 등에서 에너지를 이용하여 열매체를 가열, 냉각하기 위하여 설치된 기계·기구·배관 및 그 밖에 성능을 유지하기 위한 설비
2. 냉난방설비	건축물 등에서 일정한 실내온도 유지를 위하여 설치된 기계·기구·배관 및 그 밖에 성능을 유지하기 위한 설비
3. 공기조화·공기청정·환기설비	건축물 등에서 온도, 습도, 청정도, 기류 등을 조절하기 위하여 설치된 기계·기구·배관 및 그 밖에 성능을 유지하기 위한 설비
4. 위생기구·급수·급탕·오배수·통기설비	건축물 등에서 위생과 냉수·온수 공급, 오배수(汚排水), 오배수관 통기(通氣) 등을 위하여 설치된 기계·기구·배관 및 그 밖에 성능을 유지하기 위한 설비
5. 오수정화·물재이용 설비	건축물 등에서 오수를 정화하여 배출하거나 정화된 물을 재이용하기 위하여 설치된 기계·기구·배관 및 그 밖에 성능을 유지하기 위한 설비
6. 우수배수설비	건축물 등에서 빗물을 외부로 배출하기 위하여 설치된 기계·기구·배관 및 그 밖에 성능을 유지하기 위한 설비
7. 보온설비	건축물 등에 설치된 기계·기구·배관 및 그 밖에 성능을 유지하기 위한 설비의 보온, 보냉, 결로 및 동결 방지 등을 위하여 설치된 설비
8. 덕트(duct)설비	건축물 등에 설치된 기계·기구·배관 및 그 밖에 성능을 유지하기 위한 설비의 풍량 등을 조절하고 급기(給氣)·배기 및 환기 등을 위하여 설치된 설비
9. 자동제어설비	건축물 등에 설치된 기계·기구·배관 및 그 밖에 성능을 유지하기 위한 설비의 감시, 제어·관리 및 통제 등을 위하여 설치된 설비
10. 방음·방진·내진 설비	건축물 등에 설치된 기계·기구·배관 및 그 밖에 성능을 유지하기 위한 설비의 소음, 진동, 전도 및 탈락 등을 방지하기 위하여 설치된 설비
11. 플랜트설비	건축물 등에서 생산물의 제조·생산·이송 및 저장이나 오염물질의 제거 및 저장 등을 위하여 설치된 기계·기구·배관 및 그 밖에 성능을 유지하기 위한 설비
12. 특수설비	가. 건축물 등에서 냉동·냉장, 항온·항습, 특수청정, 생활폐기물 집하 및 이송, 전자파 차단 등을 위하여 설치된 기계·기구·배관 및 그 밖에 성능을 유지하기 위한 설비 나. 청정실(실내공간의 오염물질 등을 없애거나 줄이기 위하여 공기정화시설 등의 설비가 설치된 방), 자동창고(물건이 나가고 들어오는 모든 일을 컴퓨터가 자동적으로 제어하고 관리하는 창고), 집진기(먼지를 모으는 기기), 무대기계장치, 기송관(압축공기를 써서 물건을 운반하는 기계) 등의 설비와 그 설비를 위하여 설치된 기계·기구·배관 및 그 밖에 성능을 유지하기 위한 설비

2 기계설비기술자의 범위

등급	기술·기능 분야
1) 기술사	건축기계설비·기계·건설기계·공조냉동기계·산업기계설비·용접·소음진동
2) 기능장	배관·에너지관리·판금제관·용접
3) 기사	일반기계·건축설비·건설기계설비·공조냉동기계·설비보전·메카트로닉스·용접·소음진동·에너지관리·신재생에너지발전설비(태양광)
4) 산업기사	건축설비·배관·정밀측정·건설기계설비·공조냉동기계·생산자동화·판금제관·용접·소음진동·에너지관리·신재생에너지발전설비(태양광)
5) 기능사	온수온돌·배관·전산응용기계제도·정밀측정·공조냉동기계·설비보전·생산자동화·판금제관·용접·특수용접·에너지관리·신재생에너지발전설비(태양광)

3 기계설비의 착공 전 확인과 사용 전 검사 대상 공사

대통령령으로 정하는 "기계설비공사"란 다음에 해당하는 건축물 또는 시설물에 대한 기계설비공사를 말한다.

기계설비의 착공 전 확인과 사용 전 검사의 대상 건축물 또는 시설물〈개정 2021. 2. 2.〉

1. 용도별 건축물 중 연면적 1만제곱미터 이상인 건축물(창고시설은 제외)
2. 에너지를 대량으로 소비하는 다음 각 목의 어느 하나에 해당하는 건축물
   가. 냉동·냉장, 항온·항습 또는 특수청정을 위한 특수설비가 설치된 건축물로서 해당 용도에 사용되는 바닥면적의 합계가 500제곱미터 이상인 건축물
   나. 아파트 및 연립주택
   다. 바닥면적의 합계가 500제곱미터 이상인 건축물
     1) 목욕장
     2) 놀이형 시설(물놀이를 위하여 실내에 설치된 경우로 한정) 및 운동장(실내에 설치된 수영장과 이에 딸린 건축물로 한정)
   라. 바닥면적의 합계가 2천제곱미터 이상인 건축물 : 기숙사, 의료시설, 유스호스텔, 숙박시설
   마. 바닥면적의 합계가 3천제곱미터 이상인 건축물 : 판매시설, 연구소, 업무시설
3. 지하역사 및 연면적 2천제곱미터 이상인 지하도상가

4 기계설비 유지관리에 대한 점검 및 확인 등

① 대통령령으로 정하는 일정 규모 이상의 건축물 등에 설치된 기계설비의 소유자 또는 관리자(관리주체)는 유지관리기준을 준수하여야 한다.
② 관리주체는 유지관리기준에 따라 기계설비의 유지관리에 필요한 성능을 점검하고 그 점검기록을 작성하여야 한다.
③ 관리주체는 작성한 점검기록을 대통령령으로 정하는 기간(10년) 동안 보존하여야 하며 특별자치시장·특별자치도지사·시장·군수·구청장이 그 점검기록의 제출을 요청하는 경우 이에 따라야 한다.
④ "대통령령으로 정하는 일정 규모 이상의 건축물 등"이란 다음 각 호의 건축물, 시설물 등을 말한다. 〈개정 2021. 2. 2.〉

대통령령으로 정하는 일정 규모 이상의 건축물 등

1. 용도별 건축물 중 연면적 1만제곱미터 이상의 건축물(공동주택 및 창고시설은 제외)
2. 공동주택 중 다음 각 목의 어느 하나에 해당하는 공동주택
   가. 500세대 이상의 공동주택
   나. 300세대 이상으로서 중앙집중식 난방방식(지역난방방식을 포함)의 공동주택
3. 다음 각 목의 건축물 등 중 해당 건축물 등의 규모를 고려하여 국토교통부장관이 정하여 고시하는 건축물 등
   가. 「시설물의 안전 및 유지관리에 관한 특별법」에 따른 시설물
   나. 「학교시설사업 촉진법」에 따른 학교시설
   다. 「실내공기질 관리법」에 따른 지하역사 및 지하도상가
   라. 중앙행정기관의 장, 지방자치단체의 장 및 그 밖에 국토교통부장관이 정하는 자가 소유하거나 관리하는 건축물 등

5 기계설비유지관리자의 선임

① 관리주체가 기계설비유지관리자를 선임하는 경우 그 선임기준은 다음과 같다.

1. 용도별 건축물 선임대상	선임자격	선임인원	2. 공동주택 선임대상	선임자격	선임인원
가. 연면적 6만m² 이상	특급	1	가. 3천세대 이상	특급 책임	1
	보조	1		보조	1
나. 연면적 3만m² 이상 연면적 6만m² 미만	고급 책임	1	나. 2천세대 이상 3천세대 미만	고급 책임	1
	보조	1		보조	1
다. 연면적 1만5천m² 이상 연면적 3만m² 미만	중급 책임	1	다. 1천세대 이상 2천세대 미만	중급 책임	1
라. 연면적 1만m² 이상 연면적 1만5천m² 미만	초급 책임	1	라. 500세대 이상 1천세대 미만	초급 책임	1
			마. 300세대 이상 500세대 미만으로서 중앙집중식 난방방식(지역난방방식을 포함)의 공동주택	초급 책임	1

② 관리주체는 기계설비유지관리자를 선임하는 경우 다음 각 호의 구분에 따른 날부터 30일 이내에 선임해야 한다.
  ㉠ 신축·증축·개축·재축 및 대수선으로 기계설비유지관리자를 선임해야 하는 경우: 해당 건축물·시설물 등의 완공일
  ㉡ 용도변경으로 기계설비유지관리자를 선임해야 하는 경우: 용도변경 사실이 건축물관리대장에 기재된 날
  ㉢ 기계설비유지관리업무를 위탁한 경우로서 그 위탁 계약이 해지 또는 종료된 경우: 기계설비 유지관리업무의 위탁이 끝난 날

기계설비유지관리자의 자격 및 등급

1. 일반기준
  가. 기계설비유지관리자는 책임기계설비유지관리자와 보조기계설비유지관리자로 구분하며 책임기계설비유지관리자는 자격 및 경력 기준에 따라 특급·고급·중급·초급으로 구분한다. 이 경우 실무경력은 해당 자격의 취득 이전의 실무경력까지 포함한다.
  나. 국토교통부장관은 경력, 자격·학력 및 교육을 다음의 구분에 따른 점수 범위에서 종합평가하여 그 결과에 따라 등급을 특급·고급·중급·초급으로 조정하여 산정할 수 있다.
    1) 실무경력: 30점 이내
    2) 보유자격·학력: 30점 이내
    3) 교육: 40점 이내
2. 세부기준

구분		자격 및 경력 기준		종합평가 결과에 따른 등급 산정
		보유자격	실무경력	
가. 책임기계설비유지관리자	1) 특급	가) 기술사		제1호 목에 따라 특급으로 산정된 기계설비유지관리자
		나) 기능장	10년 이상	
		다) 기사	10년 이상	
		라) 산업기사	13년 이상	
		마) 특급 건설기술	10년 이상	

	2) 고급	가) 기능장	7년 이상	제1호 나목에 따라 고급으로 산정된 기계설비유지관리자
		나) 기사	7년 이상	
		다) 산업기사	10년 이상	
		라) 고급 건설기술인	7년 이상	
	3) 중급	가) 기능장	4년 이상	제1호 나목에 따라 중급으로 산정된 기계설비유지관리자
		나) 기사	4년 이상	
		다) 산업기사	7년 이상	
		라) 중급 건설기술인	4년 이상	
	4) 초급	가) 기능장		제1호 나목에 따라 초급으로 산정된 기계설비유지관리자
		나) 기사		
		다) 산업기사	3년 이상	
		라) 초급 건설기술인		
나. 보조기계설비유지관리자	기계설비기술자 중 기계설비유지관리자에 필요한 자격을 갖추었다고 국토교통부장관이 정하여 고시하는 사람			

6 벌칙

(1) 1년 이하의 징역 또는 1천만원 이하의 벌금

① 착공 전 확인을 받지 아니하고 기계설비공사를 발주한 자 또는 사용 전 검사를 받지 아니하고 기계설비를 사용한 자

② 등록을 하지 아니하거나 같은 조 제2항에 따른 변경등록을 하지 아니하고 기계설비성능점검 업무를 수행한 자

③ 거짓이나 그 밖의 부정한 방법으로 등록을 하거나 변경등록을 한 자

④ 기계설비성능점검업 등록증을 다른 사람에게 빌려주거나, 빌리거나, 이러한 행위를 알선한 자

(2) 500만원 이하의 과태료

① 기계설비 유지관리기준을 준수하지 아니한 자
② 기계설비 점검기록을 작성하지 아니하거나 거짓으로 작성한 자
③ 기계설비 점검기록을 보존하지 아니한 자
④ 기계설비유지관리자를 선임하지 아니한 자

(3) 100만원 이하의 과태료

① 착공 전 확인과 사용 전 검사에 관한 자료를 특별자치시장·특별자치도지사·시장·군수·구청장에게 제출하지 아니한 자
② 점검기록을 특별자치시장·특별자치도지사·시장·군수·구청장에게 제출하지 아니한 자
③ 유지관리교육을 받지 아니한 사람을 해임하지 아니한 자
④ 신고를 하지 아니하거나 거짓으로 신고한 자
⑤ 유지관리교육을 받지 아니한 사람
⑥ 신고를 하지 아니하거나 거짓으로 신고한 자
⑦ 서류를 거짓으로 제출한 자

예상문제

01 냉동제조 시설기준에 대한 설명에서 잘못된 것은?
① 제조시설 외부에는 보기 쉬운 곳에 경계표지를 설치할 것
② 냉매가 독성가스일 때는 흡수장치 또는 중화설비를 갖출 것
③ 냉매설비에는 압력계를 설치할 것
④ 안전밸브는 떼고 붙일 수 없는 구조로 확실하게 고정 설치할 것

02 냉동제조시설의 안전관리규정 작성 유형에 대한 설명 중에서 잘못된 것은?
① 안전관리자의 직무, 조직에 관한 사항을 규정할 것
② 종업원의 교육 및 훈련에 관한 사항을 규정할 것
③ 종업원의 후생복지에 관한 사항을 규정할 것
④ 외부 하청업자의 안전관리규정 적용에 관한 사항을 규정할 것

03 고압가스 안전관리법에 의하면 냉동기를 사용하여 고압가스를 제조하는 자는 안전관리자를 해임하거나, 퇴직한 때에는 지체 없이 이를 허가 또는 신고 관청에 신고하고, 해임 또는 퇴직한 날로부터 며칠 이내에 다른 안전관리자를 선임하여야 하는가?
① 7일 ② 10일
③ 20일 ④ 30일

04 다음 중 냉동제조시설에서 안전관리자의 직무에 해당하지 않는 것은?
① 안전관리 규정의 시행
② 냉동시설 설계 및 시공
③ 사업소의 시설 안전유지
④ 사업소 종사자 지휘 감독

05 고압가스 안전관리법에서 안전관리자의 구분으로 해당되지 않는 것은?
① 안전관리 총괄자 ② 안전관리 책임자
③ 취급 책임자 ④ 안전관리원

06 냉동제조시설의 냉동능력이 50톤 초과 100톤 이하(프레온을 냉매로 사용하는 것은 냉동능력 100톤 이하)라면 안전관리자의 선임인원으로 틀린 것은?
① 안전관리 총괄자 : 1인
② 안전관리 부총괄자 : 1인
③ 안전관리 책임자 : 1인
④ 안전관리원 : 1인 이상

07 냉동기 제조시설의 안전관리자의 선임 인원수로 틀린 것은?
① 안전관리 총괄자 : 1인
② 안전관리 부총괄자 : 1인
③ 안전관리 책임자 : 1인
④ 안전관리원 : 2인 이상

08 공조냉동기계기능사 자격증 취득자를 채용하지 않아도 되는 것은?
① R-11을 냉매로 사용하는 원심 증기 냉동기 300RT
② R-12를 냉매로 사용하는 왕복동 냉동기 300RT
③ NH_3를 냉매로 사용하는 스크류식 냉동기 300RT
④ H_2O를 냉매로 사용하는 흡수식 냉동기 300RT

[정답] 01 ④ 02 ④ 03 ④ 04 ② 05 ③ 06 ③ 07 ④ 08 ④

09 냉동제조시설이 적합하게 설치 또는 유지·관리되고 있는지 확인하기 위한 검사의 종류가 아닌 것은?

① 중간검사 ② 완성검사
③ 불시검사 ④ 정기검사

10 냉동능력 산정식인 $R = \dfrac{V}{C}$ 식에서 R은 냉동능력, V는 시간당 피스톤 압출량이다. C는 다음 중 어느 식에 해당되는가? (단, v_a = 흡입가스 비체적 m³/kg, q = 냉동력 kcal/kg, η_v = 체적효율이다.)

① $C = \dfrac{v \times q}{3,320 \times v_a}$ ② $C = \dfrac{v \times q}{3,320 \times v_a} \times \eta_v$

③ $C = \dfrac{v \times q}{v_a} \times \eta_v$ ④ $C = \dfrac{3,320 \times v_a}{q \times \eta_v}$

11 원심 압축기의 구동동력이 240kW라고 하면 이 냉동장치의 법정 냉동능력은 얼마인가?

① 100냉동톤 ② 150냉동톤
③ 200냉동톤 ④ 250냉동톤

12 고압가스 안전관리법에 의한 냉동기의 냉동능력 산정기준 중 1일의 냉동능력 1냉동톤 기준으로 틀린 것은?

① 원심식 압축기 : 원동기 정격출력 1.2kW
② 흡수식 냉동설비 : 발생기를 가열하는 1시간당 입열량 3,320kcal
③ 왕복동식 압축기 : 피스톤 압출량/냉매 정수
④ 회전식 압축기 : $R = \dfrac{V}{C}$

13 암모니아 냉동장치에서 실린더 직경 150mm, 행정이 90mm, 회전수 1170rpm, 기통수 6기통일 때 법정 냉동능력(RT)은? (단, 냉매상수는 8.40이다.)

① 98.2 ② 79.7
③ 59.2 ④ 38.9

> **해설**
> $RT = \dfrac{V}{C} = \dfrac{\frac{\pi}{4} \times 0.15^2 \times 0.09 \times 6 \times 1,170 \times 60}{8.4}$
> $= 79.7 RT$

14 고압가스 냉동 제조시설에서 냉동능력의 합산 기준에 대한 설명이다. 틀린 것은?

① 냉매가스가 배관에 의하여 공통으로 되어 있는 냉동설비
② 냉매계통을 달리하는 2개 이상의 설비(2원 이상의 냉동설비)가 1개의 규격품으로 인정되는 설비내에 조립되어 있는 것
③ 모터 등 압축기의 동력설비를 공통으로 하고 있는 냉동설비
④ 물을 공통으로 하고 있는 2 이상의 냉동설비

15 냉동장치의 냉매설비 기밀시험은?

① 설계압력 이상
② 설계압력 미만
③ 설계압력 1.5배 이상
④ 설계압력 1.5배 미만

16 냉동제조의 시설기준 및 기술기준에서 냉매설비는 설계압력 이상으로 행하는 (①)에, 냉매설비 중 배관외의 부분은 설계압력의 1.5배 이상의 압력으로 행하는 (②)에 합격한 것이어야 하는가?

① 기밀시험, 내압시험
② 내압시험, 기밀시험
③ 기밀시험, 누출시험
④ 기밀시험, 최고충전압력

[정답] 09 ③ 10 ④ 11 ③ 12 ② 13 ② 14 ④ 15 ① 16 ①

17 냉동기 제조의 시설기준 중 갖추어야 할 설비가 아닌 것은?
① 프레스설비　② 용접설비
③ 제관설비　④ 누출방지설비

18 냉동기 검사에 합격한 냉동기에는 다음 사항을 명확히 각인한 금속박판을 부착하여야 한다. 각인할 내용에 해당되지 않는 것은?
① 냉매가의 종류
② 냉동능력(RT)
③ 냉동기 제조사의 명칭 또는 약호
④ 냉동기 운전조건(주위온도)

19 고압가스 안전관리법에서 규정한 용어를 바르게 설명한 것은?
① "저장소"라 함은 산업통상자원부령이 정하는 일정량 이상의 고압가스를 용기나 저장탱크로 저장하는 일정한 장소를 말한다.
② "용기"라 함은 고압가스를 운반하기 위한 것(부속품을 포함하지 않음)으로써 이동할 수 있는 것을 말한다.
③ "냉동기"라 함은 고압가스를 사용하여 냉동을 하기 위한 모든 기기를 말한다.
④ "특정설비"라 함은 저장탱크와 모든 고압가스 관계 설비를 말한다.

20 가연성가스의 화재, 폭발을 방지하기 위한 대책으로 틀린 것은?
① 가연성가스를 사용하는 장치를 청소하고자 할 때는 지연성가스로 한다.
② 가스가 발생하거나 누설할 우려가 있는 실내에서는 환기를 충분히 시킨다.
③ 가연성가스가 존재할 우려가 있는 장소에서는 화기 엄금한다.
④ 가스를 연료로 하는 연소설비에서는 점화하기 전에 누설유무를 반드시 확인한다.

21 가연성 가스 냉매설비에 설치하는 방출관의 방출구 위치 기준으로 옳은 것은?
① 지상으로부터 2m 이상의 높이
② 지상으로부터 3m 이상의 높이
③ 지상으로부터 4m 이상의 높이
④ 지상으로부터 5m 이상의 높이

22 다음은 특정설비별 기호 및 약호이다. 틀린 것은?
① 아세틸렌가스용 : AG
② 압축가스용 : PG
③ 액화석유가스용 : LPG
④ 저온 및 초저온 가스용 : LG

23 독성가스 위험표지에 대하여 바르게 설명한 것은?

독성가스 누설 주의 부분

① 문자는 가로로만 쓸 수 있다.
② 위험표지에는 다른 법령에 의한 지시사항 등을 적을 수 없다.
③ 문자는 30m 떨어진 위치에서도 알 수 있어야 한다.
④ 위험표지의 바탕색은 백색, 글씨는 흑색, 주의는 적색으로 한다.

24 독성가스를 식별조치할 때 표지판의 가스 명칭은 무슨 색으로 하는가?
① 흰색　② 노란색
③ 적색　④ 흑색

> **해설**
> 독성가스 식별조치
> 바탕색 : 백색, 글씨 : 흑색, 가스명칭 : 적색

25 가스누설 검지경보장치의 경보 농도값으로 틀린 것은?

① 가연성가스 : 폭발 상한계의 1/4 이하의 값
② 가연성가스 : 폭발 하한계의 1/4 이하의 값
③ 독성가스 : 허용농도 이하의 값
④ 암모니아를 실내에서 사용하는 경우 : 50ppm

26 암모니아의 경우 가스 누설검지경보장치의 검지에서 발신까지 걸리는 시간은 경보농도의 1.6배에서 보통 몇 초 이내이어야 하는가?

① 10초　　② 20초
③ 30초　　④ 60초

27 피뢰기가 구비해야 할 성능조건으로 옳지 않은 것은?

① 반복 동작이 가능할 것
② 견고하고 특성변화가 없을 것
③ 충격방전 개시전압이 높을 것
④ 뇌 전류의 방전능력이 클 것

> **해설**
> 피뢰기의 구비조건
> ㉠ 반복 동작이 가능할 것
> ㉡ 구조가 견고하며 특성이 변화하지 않을 것
> ㉢ 점검, 보수가 간단할 것
> ㉣ 충격방전 개시전압과 제한전압이 낮을 것
> ㉤ 뇌전류의 방전능력이 크고, 속류의 차단이 확실하게 될 것

28 다음 중 독성가스를 냉매로 하는 수액기 주위에 방류둑 설치는 내용적이 몇 l 이상인가?

① 5,000　　② 10,000
③ 15,000　　④ 20,000

> **해설**
> ㉠ 고압가스 일반제조시설 : 가연성 및 산소의 액화가스 저장능력이 1,000톤 이상일 때(독성가스는 5톤 이상)
> ㉡ 냉동제조시설에서의 방류둑 설치기준 : 독성가스를 냉매로 하는 수액기의 내용적이 10,000l 이상인 것

29 냉동제조 시설에 설치된 밸브 등을 조작하는 장소의 조도는 몇 LUX 이상인가?

① 50　　② 100
③ 150　　④ 200

30 가연성 및 독성인 냉매설비에서 냉동능력 1RT당의 강제 통풍능력으로 옳은 것은?

① 냉동능력 1RT 당 $0.5m^3/min$
② 냉동능력 1RT 당 $1m^3/min$
③ 냉동능력 1RT 당 $1.5m^3/min$
④ 냉동능력 1RT 당 $2m^3/min$

31 냉매설비와 화기설비의 이격거리 기준에 있어 화기설비의 종류에 해당되는 않는 것은?

① 제1종 화기설비　　② 제2종 화기설비
③ 제3종 화기설비　　④ 제4종 화기설비

32 화기설비의 종류 중 제2종 화기설비에 해당되는 것은?

① 전열면적 $14m^2$를 초과하는 온수보일러
② 정격열출력 300,000kcal/h 초과 500,000 kcal/h 이하인 화기설비
③ 전열면적 $8m^2$를 초과하는 온수보일러
④ 정격열출력 300,000kcal/h 이하인 화기설비

[정답] 25 ④ 26 ④ 27 ③ 28 ② 29 ③ 30 ④ 31 ④ 32 ②

33 다음은 흡수식 이외의 냉동설비 안전장치에 대한 설명이다. 설명 중 틀린 것은 어느 것인가?
① 원심식 압축기에는 토출되는 압력을 올바르게 검지할 수 있는 위치에 고압차단장치 및 안전밸브를 부착하여야 한다.
② 쉘형 응축기 및 수액기에는 안전밸브를 부착할 것
③ 원심식 냉동설비의 쉘형 증발기에는 안전밸브 또는 파열판을 부착할 것
④ 액봉에 의하여 현저히 압력상승의 우려가 있는 부분에는 안전밸브, 파열판 또는 압력릴리프 장치를 부착할 것

34 20톤 이상의 흡수식 냉동설비의 안전장치 중 발생기의 고압부에 부착하여야 하는 것이 아닌 것은?
① 가용전 ② 고압차단스위치
③ 파열판 ④ 안전밸브

35 압력용기에 부착하는 안전밸브의 분출압력은 고압부에서는 당해 냉동설비 고압부의 상용압력의 (　)의 압력 이하, 저압부에 있어서는 당해 냉매설비는 저압부의 상용압력의 (　)의 압력 이하의 압력이 되도록 설정하여야 한다. (　)안에 알맞은 것은?
① 1.05배, 1.1배 ② 1.05배, 1.15배
③ 1.1배, 1.15배 ④ 1.1배, 1.2배

36 응축기 유니트와 증발기 유니트가 냉매배관으로 연결된 것으로 1일 냉동능력이 20톤 미만인 공조용 팩키지에어콘 등을 말하는 것은?
① 분리형 냉동기 ② 일체형 냉동기
③ 유니트 쿨러   ④ 콘덴싱 유니트

37 고압가스 용기의 밸브가 얼었을 때 가열 방법은?
① 자연적으로 녹을 때까지 기다린다.
② 직화열로 조심스럽게 가열한다.
③ 끓는 물로 신속히 녹인다.
④ 열습포나 40℃ 이하의 온수로 녹인다.

38 가스 용접장치에 대한 안전수칙으로 틀린 것은?
① 가스용기의 밸브는 빨리 열고 닫는다.
② 가스의 누설검사는 비눗물로 한다.
③ 용접 작업 전에 소화기 및 방화사 등을 준비한다.
④ 역화의 위험을 방지하기 위하여 역화방지기를 설치하여 역화를 방지한다.

39 압력계에 관한 설명 중 틀린 것은?
① 정기적으로 점검할 것
② 사용자가 보기 좋도록 안면에 설치할 것
③ 사용가스에 적합할 것
④ 가스의 흡입과 배제는 천천히 한다.

> **해설**
> 압력계는 사용자의 눈높이보다 약간 높게 설치

40 다음 가스용기 밸브 중 충전구 나사를 왼나사로 정한 것은 어느 것인가?
① N_2O ② C_2H_2
③ CO_2 ④ O_2

> **해설**
> ① 왼나사 : 가연성가스(NH_3, CH_3Br 제외)
> ② 오른나사 : 기타 가스

[정답] 33 ① 34 ① 35 ① 36 ② 37 ④ 38 ① 39 ② 40 ②

41 다음은 가연성가스 및 독성가스의 용기의 도색의 구분이다. 틀린 것은?
① 암모니아-백색　② 아세틸렌-황색
③ 질소-회색　　　④ 프레온-연두색

42 충전용기를 차량에 적재 운반할 때 당해 차량에 기재할 경제표시의 내용은?
① "위험"　　　　② "고압가스"
③ "요주의"　　　④ "위험 고압가스"

43 암모니아 용기에 표시하는 문자로 옳은 것은?
① 독　　　　　　② 연
③ 독, 연　　　　④ 독성가스

44 암모니아 가스의 제독제는?
① 물　　　　　　② 가성소다
③ 탄산소다　　　④ 소석회

45 다음 가스 중 냄새로 쉽게 알 수 있는 것은?
① 프레온가스(R-12), 질소, 이산화탄소
② 일산화탄소, 아르곤, 메탄
③ 염소, 암모니아, 메탄올
④ 아세틸렌, 부탄, 프로판

46 가연성가스가 있는 고압가스 저장실 주위에는 화기를 취급해서는 안 된다. 이때 화기를 취급하는 장소와 몇 m 이상의 우회거리를 두어야 하는가?
① 1　　　　　　② 2
③ 7　　　　　　④ 8

47 저장탱크의 가스방출관 위치로 옳은 것은?
① 지상에서 2m　② 지상에서 10m
③ 지상에서 5m　④ 지상에서 15m

48 암모니아 부르동관의 압력계 재질은 무엇인가?
① 황동　　　　　② 알루미늄관
③ 청동　　　　　④ 연강

49 압축 또는 액화 그 밖의 방법으로 처리할 수 있는 가스의 체적이 1일 100m^3 이상인 사업소는 표준압력계를 몇 개 이상 비치해야 하는가?
① 1개　　　　　② 2개
③ 3개　　　　　④ 4개

50 신규 검사에 합격된 냉동용 특정설비의 각인 사항과 그 기호의 연결이 올바르게 된 것은?
① 용기의 질량 : TM
② 내용적 : TV
③ 최고 사용 압력 : FT
④ 내압 시험 압력 : TP

51 냉동설비의 설치공사 후 기밀시험 시 사용되는 가스로 적합하지 않은 것은?
① 공기　　　　　② 산소
③ 질소　　　　　④ 아르곤

52 액화가스의 저장탱크에는 그 저장탱크 내용적의 몇 %를 초과하여 충전하면 안 되는가?
① 90%　　　　　② 80%
③ 75%　　　　　④ 70%

[정답] 41 ④　42 ④　43 ③　44 ①　45 ③　46 ②　47 ③　48 ①　49 ②　50 ④　51 ②　52 ①

53 냉동설비에 설치된 수액기의 방류둑 용량에 관한 설명으로 옳은 것은?

① 방류둑 용량은 설치된 수액기 내용적의 90% 이상으로 할 것
② 방류둑 용량은 설치된 수액기 내용적의 80% 이상으로 할 것
③ 방류둑 용량은 설치된 수액기 내용적의 70% 이상으로 할 것
④ 방류둑 용량은 설치된 수액기 내용적의 60% 이상으로 할 것

> **해설**
> 방류둑의 용량
> ㉠ 액화산소의 저장탱크 : 저장능력 상당용적의 60%
> ㉡ 2기 이상의 저장탱크를 집합 방류둑 내에 설치한 저장탱크 : 저장탱크 중 최대저장탱크의 저장 능력 상당적에 잔여 저장탱크 총 저장능력 상당용적의 10% 용적을 가산
> ㉢ 냉동설비 수액기 : 방류둑내에 설치된 수액기 내용적의 90% 이상의 용적일 것

54 냉동제조시설 중 압축기 최종단에 설치한 안전장치의 작동 점검실시 시 기준으로 옳은 것은?

① 3월에 1회 이상   ② 6월에 1회 이상
③ 1년에 1회 이상   ③ 2년에 1회 이상

55 냉동제조시설이 적합하게 설치 또는 유지·관리되고 있는지 확인하기 위한 검사의 종류가 아닌 것은?

① 중간검사   ② 완성검사
③ 불시검사   ④ 정기검사

56 냉동제조 시설의 안전관리규정 작성 요령에 대한 설명 중 잘못된 것은?

① 안전관리자의 직무, 조직에 관한 사항을 규정할 것
② 종업원의 훈련에 관한 사항을 규정할 것
③ 종업원의 후생복지에 관한 사항을 규정할 것
④ 사업소시설의 공사·유지에 관한 사항을 규정할 것

57 전기설비의 방폭성능 기준 중 용기 내부에 보호가스를 압입하여 내부압력을 유지함으로써 가연성 가스가 용기 내부로 유입되지 아니하도록 한 구조를 말하는 것은?

① 내압방폭구조   ② 유입방폭구조
③ 압력방폭구조   ④ 안전증방폭구조

58 방폭 전기기기를 선정할 경우 중요하지 않은 것은?

① 대상가스의 종류
② 방호벽의 종류
③ 폭발성 가스의 폭발 등급
④ 발화도

> **해설**
> 방폭 전기설비 선정 시 중요사항
> 대상가스의 종류, 폭발성 가스의 폭발 등급, 발화도

59 방폭 전기기기의 구조별 표시방법 중 "e"의 표시는?

① 안전증 방폭구조   ② 내압 방폭구조
③ 유입 방폭구조   ④ 압력 방폭구조

60 가연성 냉매가스 중 냉매설비의 전기설비를 방폭구조로 하지 않아도 되는 것은?

① 암모니아   ② 노말부탄
③ 에탄   ④ 염화메탄

> **해설**
> 방폭구조로 하지 않아도 되는 가스 : 암모니아, 브롬화 메탄

[정답] 53 ① 54 ③ 55 ③ 56 ③ 57 ③ 58 ② 59 ① 60 ①

61 산업안전보건법의 제정 목적이 아닌 것은?
① 산업재해방지
② 쾌적한 작업환경조성
③ 근로자의 안전과 보건유지증진
④ 산업안전보건에 관한 정책수립

62 산업재해를 맞게 표현한 것은?
① 산업재해는 사고의 일종이다.
② 산업재해란 산업체에서 일어난 사고이다.
③ 산업재해는 산업체에서 야기된 인적, 물적 손실을 말한다.
④ 산업재해는 인명 피해만을 수반하는 재해이다.

63 안전관리의 목적을 올바르게 나타낸 것은?
① 기능향상을 도모한다.
② 경영의 혁신을 도모한다.
③ 기업의 시설투자를 확대한다.
④ 근로자의 안전과 능률을 향상시킨다.

64 산업안전 보건 개선계획에 포함되어야 할 중요한 사항이 아닌 것은?
① 안전보건 관리체제 ② 안전보건교육
③ 근로자 배치 ④ 시설

65 안전점검의 종류에 대한 설명이 바르지 않은 것은?
① 정기점검은 작업 전에 실시하는 점검이다.
② 수시점검은 작업 전, 작업 중, 작업 후에 수시로 실시하는 점검이다.
③ 임시점검은 일상 발견 시 또는 재해 발생 시 실시하는 점검이다.
④ 특별점검은 기계기구의 신설, 변경, 수리 등에 의해 부정기적으로 실시하는 점검이다.

66 일정기간마다 정기적으로 점검하는 것을 말하며, 일반적으로 매주 또는 매월 1회씩 담당 분야별로 당해 분야의 작업책임자가 점검하는 것은?
① 계획점검 ② 수시점검
③ 임시점검 ④ 특별점검

67 다음 중 재해발생의 3요소가 아닌 것은?
① 교육 ② 인간
③ 환경 ④ 기계

68 재해방지의 기본원리인 도미노(domino) 이론의 5단계 중 재해 제거를 위해 가장 중요하다고 할 수 있는 요인은?
① 가정 및 사회적 환경의 결함
② 개인적 결함
③ 불안전한 행동 및 상태
④ 사고

> **해설**
> 하인리히의 도미노 이론(사고 발생) 5단계
> ㉠ 1단계 : 사회적 환경과 유전적 요소
> ㉡ 2단계 : 개인적인 성격의 결함
> ㉢ 3단계 : 불안전한 행동과 불안전한 상태(인적 원인과 물적 원인)
> ㉣ 4단계 : 사고
> ㉤ 5단계 : 재해

69 다음 중 안전관리 규정에 포함되어야 할 사항이 아닌 것은?
① 사고 및 재해에 대한 조치
② 안전표지
③ 재해 cost 분석방법
④ 보호구 관리

[정답] 61 ④ 62 ③ 63 ④ 64 ③ 64 ① 66 ① 67 ① 68 ③ 69 ③

70 안전사고 조사는 사고의 재발을 방지하는 것 외에 무엇을 하기 위함인가?
① 사고 발생자의 규명
② 관련자의 책임 소재 규명
③ 재산 및 인명의 피해 정도의 파악
④ 불안전한 상태와 행동의 사실 발견

71 사업주의 안전에 대한 책임에 해당되지 않는 것은?
① 안전기구의 조직
② 안전활동 참여 및 감독
③ 사고 기록조사 및 분석
④ 안전방침 수립 및 시달

72 사고의 본질적인 특성에 대한 설명으로 올바르지 못한 것은?
① 사고의 시간성　② 사고의 우연성
③ 사고의 정기성　④ 사고의 재현 불가능성

> **해설**
> 사고의 본질적 특성
> ㉠ 사고의 시간성　㉡ 사고의 우연성
> ㉢ 필연성 중 우연성　㉣ 사고의 재현 불가능성

73 재해의 직접적인 원인에 해당되는 것은?
① 불안전한 상태　② 기술적인 원인
③ 관리적인 원인　④ 교육적인 원인

> **해설**
> 산업재해의 원인은 불안전 행동(인적 원인)과 불안전한 상태(물적 원인)는 직접적인 원인이 되며 안전보건 관리상의 원인은 간접적인 원인이다.

74 다음 중 안전사고의 가장 큰 요인은?
① 불안전한 조건　② 사회적 결함
③ 불안전한 행동　④ 개인적 결함

75 산업재해의 발생 원인별 순서로 맞는 것은?
① 불안전한 상태 > 불안전한 행위 > 불가항력
② 불안전한 행위 > 불안전한 상태 > 불가항력
③ 불안전한 상태 > 불가항력 > 불안전한 행위
④ 불안전한 행위 > 불가항력 > 불안전한 상태

76 재해발생의 원인 중 간접 원인으로서 안전관리 조직 결함, 안전수칙 미제정, 작업준비 불충분 등은 다음 중 어느 요인에 해당하는가?
① 신체적 원인　② 정신적 원인
③ 교육적 원인　④ 관리적 원인

77 다음 중 정신적인 재해의 원인에 해당되는 것은?
① 불안과 초조
② 수면부족 및 피로
③ 안전의식 및 교육불량
④ 난청 및 시각장애

78 안전관리자를 위한 교육 내용이 아닌 것은?
① 안전관계법규　② 화재나 비상시의 임무
③ 보호구 수선방법　④ 직업병과 환경

79 산업안전 표시 중 다음 그림이 나타내는 의미는?
① 부식성 물질 경고
② 낙하음 경고
③ 방사성 물질 경고
④ 몸균형 상실 경고

> **해설**
> 부식성 물질 경고 표지
> 신체나 몸체에 떨어짐으로써 그 신체나 물체를 부식시키는 물질이 있는 장소(바탕은 노란색, 부호 및 그림은 검정색)

[정답] 70 ④　71 ③　72 ③　73 ①　74 ③　75 ②　76 ④　77 ①　78 ③　79 ①

80 안전관리자의 직무에 해당하지 않는 것은?
① 산업재해 발생의 원인조사 및 재발방지를 위한 기술적 지도, 조언
② 안전에 관한 조직편성 및 예산책정
③ 안전에 관련된 보호구의 구입 시 적격품 선정
④ 당해 사업장 안전교육 계획의 수립 및 실시

> **해설**
> 안전관리자의 직무
> ㉠ 안전보건관리규정에서 정한 직무
> ㉡ 안전에 관련된 보호구의 구입 시 적격품 선정
> ㉢ 안전교육계획의 수립 및 실시
> ㉣ 사업장 순회점검, 지도 및 조치의 건의
> ㉤ 산업재해 발생의 원인조사 및 조치의 건의
> ㉥ 안전에 관한 사항을 위반한 근로자에 대한 조치의 건의

81 재해 통계 공식에 맞지 않는 것은?
① 강도율 = $\dfrac{근로손실일수}{연\ 근로시간수} \times 1,000$
② 연천인율 = $\dfrac{재해자\ 수}{연\ 평균\ 근로자\ 수} \times 1,000,000$
③ 빈도율 = $\dfrac{재해건수}{연\ 근로시간수} \times 1,000,000$
④ 재해율 = $\dfrac{재해건수}{연\ 근로시간수} \times 100$

> **해설**
> $\dfrac{재해자\ 수}{연\ 평균\ 근로자\ 수} \times 1,000$

82 사람이 평면상으로 넘어졌을 때의 재해를 무엇이라고 하는가?
① 추락　　　② 전도
③ 비래　　　④ 도괴

83 재해 형태에서 물건에 끼워지거나 말려든 상태를 무엇이라고 하는가?
① 추락　　　② 충돌
③ 협착　　　④ 전도

84 근로자가 안전하게 통행할 수 있도록 통로에는 몇 럭스 이상의 조명시설을 해야 하는가?
① 10　　　② 30
③ 45　　　④ 75

85 안전표시를 하는 목적이 아닌 것은?
① 작업환경을 통제하여 예상되는 재해를 사전에 예방함
② 시각적 자극으로 주의력을 키움
③ 불안전한 행동을 배제하고 재해를 예방함
④ 사업장의 경계를 구분하기 위해 실시함

86 안전에 관한 정보를 제공하기 위한 안내표지의 구성색으로 맞는 것은?
① 녹색과 흰색　　　② 적색과 흑색
③ 노란색과 흑색　　④ 청색과 흰색

87 다음 중 산업안전 표지의 색과 표시하는 의미가 서로 맞게 되어있는 것은?
① 적색 : 진행표시　　② 황색 : 금지표시
③ 청색 : 지시표시　　④ 녹색 : 권고표시

> **해설**
> ① 금지표지 : 적색　② 경고표지 : 황색
> ③ 지시표지 : 청색　④ 안내표지 : 녹색

88 안전보건표지에서 비상구 및 피난소, 사람 또는 차량의 통행표지의 색채는?
① 빨강　　　② 녹색
③ 파랑　　　④ 노랑

[정답] 80 ② 81 ② 82 ② 83 ③ 84 ④ 85 ④ 86 ① 87 ③ 88 ②

89 특히 위험한 장소의 출입은?
① 근로자만이 출입한다.
② 사용자만이 출입한다.
③ 안전관리자만이 출입한다.
④ 불필요한자만이 출입한다.

90 기계설비의 안전 조건에 들지 않는 것은?
① 구조의 안전화
② 설치상의 안전화
③ 기능의 안전화
④ 외형의 안전화

> **해설**
> 기계설비의 안전화를 위한 고려사항
> ㉠ 외관상의 안전화 ㉡ 기능적 안전화
> ㉢ 구조부분의 안전화 ㉣ 작업의 안전화
> ㉤ 보수유지의 안전화 ㉥ 표준화

91 기계설비에서 일어나는 사고의 위험점이 아닌 것은?
① 협착점 ② 끼임점
③ 고정점 ④ 절단점

> **해설**
> 기계설비에서 일어나는 사고의 위험요소들의 위험점 : 협착점, 끼임점, 절단점, 물림점, 접선 물림점, 회전 말림점

92 기계설비법의 제정 목적이 아닌 것은?
① 기계설비의 안전하고 효율적인 유지관리
② 국민의 안전 및 공공복리 증진
③ 기계설비산업의 발전을 위한 기반을 조성
④ 기계설비에 관한 정책수립

93 기계설비법에서 대통령령으로 정하는 기계설비의 범위의 해당하지 않는 것은?
① 냉동설비
② 위생기구·급수·급탕·오배수·통기설비
③ 냉난방설비
④ 공기조화·공기청정·환기설비

94 건축물 등에서 에너지를 이용하여 열매체를 가열, 냉각하기 위하여 설치된 기계·기구·배관 및 그 밖에 성능을 유지하기 위한 설비를 무엇이라 하는가?
① 냉난방설비
② 열원설비
③ 공기조화·공기청정·환기설비
④ 플랜트설비

95 기계설비법에서 정한 기계설비기술자의 범위에 해당하지 않는 기술·기능 분야 자격증은?
① 공조냉동기계기능사
② 특수용접기능사
③ 가스기능사
④ 에너지관리기능사

96 기계설비법에서 1년 이하의 징역 또는 1천만원 이하의 벌금에 해당되지 않는 것은?
① 착공 전 확인을 받지 아니하고 기계설비공사를 발주한 자 또는 사용 전 검사를 받지 아니하고 기계설비를 사용한 자
② 등록을 하지 아니하거나 같은 조 제2항에 따른 변경등록을 하지 아니하고 기계설비성능점검업무를 수행한 자
③ 거짓이나 그 밖의 부정한 방법으로 등록을 하거나 변경등록을 한 자
④ 기계설비유지관리자를 선임하지 아니한 자

[정답] 89 ③ 90 ② 91 ③ 92 ④ 93 ① 94 ② 95 ③ 96 ④

PART 4. 유지보수공사 안전관리

안전관리

1 안전 작업

1 안전 보호구

(1) 보호구의 구비조건
 ① 착용이 간편할 것
 ② 작업에 방해를 주지 않을 것
 ③ 유해, 위험요소에 대한 방호가 완전할 것
 ④ 재료의 품질이 우수할 것
 ⑤ 구조 및 표면가공이 우수할 것
 ⑥ 외관상 보기가 좋을 것

(2) 보호구의 관리
 ① 정기적인 점검 관리
 ② 청결하고 습기가 없는 곳에 보관할 것
 ③ 항상 깨끗이 보관하고 사용 후 세척하여 둘 것
 ④ 세척 후에는 완전히 건조시켜 보관할 것
 ⑤ 개인 보호구는 관리자 등이 일괄 보관하지 말 것

(3) 보호구의 종류와 성능
 1) 안전모
  물체의 낙하, 비래 또는 추락에 의한 위험을 방지 또는 경감하거나 감전에 의한 위험을 방지하기 위한 것
 ① 안전모의 취급
  ㉠ 모자와 머리 끝부분까지의 간격은 25mm 이상 되도록 헤모크를 조정한다.
  ㉡ 턱끈을 반드시 조여 매고 올바른 착용법에 따라 쓴다.
  ㉢ 내장이 땀이나 기름 등으로 더러워지므로 월 1회 정도는 세척하도록 한다.
  ㉣ 낡았거나 손상된 것은 교체하며 개인별 전용으로 한다.
  ㉤ 화기를 취급하는 곳에서 모자와 몸체의 차양이 셀룰로이드로 된 것을 사용하여서는 안 된다.
  ㉥ 산이나 알칼리를 취급하는 곳에서는 펠트나 파이버 모자를 사용해야 한다.

② 안전모의 각 부품에 사용하는 재료의 구비조건
  ㉠ 쉽게 부식하지 않는 것
  ㉡ 피부에 해로운 영향을 주지 않는 것
  ㉢ 사용 목적에 따라 내열성, 내한성 및 내수성을 가질 것
  ㉣ 충분한 강도를 가질 것
  ㉤ 모체의 표면색은 밝고 선명할 것(빛의 반사율이 가장 큰 백색이 좋다.)
  ㉥ 안전모의 모체, 충격 흡수 라이너 및 착장제의 무게는 0.44kg을 초과하지 않아야 한다.

2) 안전화
  물체의 낙하, 충격, 날카로운 물체로 인한 위험으로부터 발 또는 발등을 보호하거나 감전이나 정전기의 대전을 방지하기 위한 것

① 안전화의 취급
  ㉠ 창에 징을 박는 것은 위험하다.(못에 의한 감전 재해 또는 걸을 때 징에서 발생하는 불꽃에 의한 화재폭발 위험)
  ㉡ 고열물 접촉이나 열원에 주의한다.(꿰맨 실이 끓어진다.)
  ㉢ 가죽의 손상을 방지하기 위한 주의사항
    ⓐ 탄닌무두질 가죽에는 산화철(녹)의 접촉을 피한다.
    ⓑ 가성소다의 침투를 방지한다.(가성소다 함유 절삭유 등)
    ⓒ 땀에 젖은 안전화는 즉시 말린다.(땀 속의 염분과 황산 등이 가죽에 악영향)
    ⓓ 젖은 안전화는 그늘에서 말리고 완전히 마르기 전에 구두약을 칠해둔다.

② 안전화의 성능조건
  ㉠ 내마모성   ㉡ 내열성   ㉢ 내유성   ㉣ 내약품성

3) 안전대(안전벨트)
  추락에 의한 위험을 방지하기 위해 로프, 고리, 급정지기구와 근로자의 몸에 묶는 띠 및 그 부속품을 말한다.

① 안전대용 로프의 구비조건
  ㉠ 부드럽고 되도록 매끄럽지 않을 것
  ㉡ 충격에 견디는 충분한 인장 강도를 가질 것
  ㉢ 완충성이 높을 것
  ㉣ 내마모성이 클 것
  ㉤ 습기나 약품류에 잘 손상되지 않을 것
  ㉥ 내열성이 높을 것

4) 보호장갑
  전기에 의한 감전 또는 용접작업에 의한 화상 등을 방지하기 위한 것
① 회전하는 기계작업, 목공작업 등을 할 때에는 장갑을 착용하지 않도록 한다.

② 화학 물질 등을 취급할 때에는 화학 약품에 대한 내성이 강한 것을 사용한다.
③ 손이나 손가락이 상하기 쉬운 작업을 할 때는 작업에 적당한 토시, 벙어리 장갑을 사용하도록 한다.

5) 보안경

날아오는 물체에 의한 위험 또는 위험물, 유해광선에 의한 시력장해를 방지하기 위한 것

① 보호안경
  ㉠ 연마작업의 불꽃과 미세한 분진, 절삭작업, 선반작업의 칩 또는 화학약품의 비래물로부터 눈을 보호하는 것
  ㉡ 유리보호안경(강화유리렌즈 보호안경)과 플라스틱의 재질의 플라스틱 보호안경이 있다.

② 차광안경
  ㉠ 눈에 대하여 해로운 자외선 및 적외선 또는 강렬한 가시광선(이하 "유해광선"이라 한다)이 발생하는 장소에서 눈을 보호하기 위한 것
  ㉡ 아크용접, 가스용접, 열절단, 로주위작업 및 기타 유해광선이 발생하는 작업에 사용한다.

③ 도수렌즈 보호안경
  시력교정과 눈보호기능을 겸한 보안경이다.

6) 보안면

용접 시 불꽃 또는 날카로운 물체에 의한 위험을 방지하기 위한 것

① 용접용 보안면
  ㉠ 아크용접 및 가스용접, 절단 작업 시에 발생하는 유해한 자외선, 가시광선 및 적외선으로부터 눈을 보호한다.
  ㉡ 용접광 및 열에 의한 화상 또는 가열된 용재 등의 파편에 의한 화상의 위험에서 용접자의 안면, 머리부분 및 목부분을 보호하기 위한 것

② 일반 보안면
  ㉠ 일반작업 및 점용접 작업 시 발생하는 각종 비산물과 유해한 액체로부터 얼굴을 보호한다.
  ㉡ 눈부심을 방지하기 위해 적당한 보안경 위에 겹쳐 사용한다.
  ㉢ 점용접, 비산물이 발생하는 철물기계작업, 연마, 광택, 철사의 손질, 그라인딩 작업, 가루나 분진이 발생하는 목재가공작업, 고열체 및 부식성 물질의 조작 및 취급 작업 시 사용한다.

7) 작업복
① 옷에 끈이 있는 것은 기계작업 시 착용하지 않는다.
② 주머니는 가급적 수가 적은 것이 좋다.
③ 정전기가 발생하기 쉬운 섬유질의 옷을 피한다.

④ 자주 세탁하여 입도록 한다.
⑤ 상의가 옷자락 밖으로 나오지 않도록 한다.
⑥ 화학적 성질에 대한 작업에는 화약약품에 내성이 강한 것을 착용한다.
⑦ 직종에 따라 여러 색채로 나누는 것도 효과적이다.

8) 마스크
① 방진 마스크
분진이 호흡기를 통하여 인체에 유입되는 것을 방지하기 위한 것
㉠ 여과효율이 좋을 것
㉡ 흡배기 저항이 적을 것
㉢ 사용적(유효공간)이 적을 것
㉣ 중량이 가벼울 것
㉤ 시야가 넓을 것(하방시야 60° 이하)
㉥ 안면 밀착성이 좋을 것
㉦ 피부접촉 부위의 고무질이 좋을 것
㉧ 사용 후 손질이 간단해야 한다.

② 방독 마스크
㉠ 연결관의 유무에 따라 직결식과 격리식으로 나누며 모양에 따라 전면식, 반면식, 구명기식(구편형)이 있다.
㉡ 방독 마스크를 과신하지 말 것
㉢ 수명이 지난 것을 절대 사용하지 말 것
㉣ 산소 결핍(일반적으로 16%를 기준) 장소에서는 사용하지 말 것
㉤ 가스의 종류에 따라 용도 이외의 것을 사용하지 말 것

③ 송풍 마스크
산소가 결핍된 곳이나 유해물질의 농도가 짙은 곳에서 사용한다.

9) 방음 보호구
소음으로부터 청력을 보호하기 위한 것(귀마개, 귀덮개)
① 휴대하기에 편리하고 귓구멍에 알맞은 것을 사용한다.
② 손질이 쉽고 깨끗하여야 한다.
③ 내열, 내습, 내한, 내유성이 있어야 한다.
④ 오랜 시간 착용해도 압박감이 없어야 한다.
⑤ 피부를 자극하지 않고 쉽게 파손되지 말아야 한다.
⑥ 반차음(半遮音)된 것을 사용한다.

> 참고
> ■ 귀마개를 착용하여야 하는 용접 : 플래시 버트 용접

2 안전교육

1 안전관리

인간 생활의 복지 향상을 위하여 재해로부터 인간의 생명과 재산을 보호하기 위한 계획적이고 체계적인 제반 활동을 말한다.

> **참고**
>
> ■ 안전관리의 목적
> ① 인명의 존중　② 사회복지의 증진　③ 생산성의 향상　④ 경제성의 향상

2 재해의 원인분석

(1) 직접 원인

① 인적 원인(불안전한 행동)
　㉠ 위험장소 접근　　　　　　　㉡ 안전장치의 기능 제거
　㉢ 복장, 보호구의 잘못 사용　　㉣ 기계, 기구의 잘못 사용
　㉤ 운전 중인 기계장치의 손질　㉥ 불안전한 조작
　㉦ 불안전한 상태 방치　　　　　㉧ 위험물의 취급 부주의
　㉨ 불안전한 자세, 동작　　　　　㉩ 감독 및 연락 불충분

② 물(物)적 원인(불안전한 상태)
　㉠ 물(物) 자체의 결함　　　　　㉡ 안전, 방호장치의 결함
　㉢ 복장, 보호구의 결함　　　　　㉣ 물(物)의 배치 및 작업장소 결함
　㉤ 작업환경의 결함　　　　　　　㉥ 생산공정의 결함
　㉦ 경계표지, 설비의 결함

(2) 간접 원인(관리적 원인)

① 기술적 원인
　㉠ 건물, 기계장치의 설계불량　㉡ 구조, 재료의 부적합
　㉢ 생산공정의 부적합　　　　　　㉣ 점검, 정비, 보존불량

② 교육적 원인
　㉠ 안전지식의 부족　　　　　　　㉡ 안전수칙의 오해
　㉢ 경험, 훈련의 미숙　　　　　　㉣ 작업방법의 교육 불충분
　㉤ 유해, 위험작업의 교육 불충분

③ 신체적 원인
　㉠ 피로, 수면 부족　　　　　　　㉡ 시력 및 청각기능 이상
　㉢ 근육운동의 부적합　　　　　　㉣ 육체적 능력초과

④ 정신적 원인
　㉠ 안전의식의 부족　　　㉡ 주의력 부족
　㉢ 방심 및 공상　　　　㉣ 개성적 결함 요소
　㉤ 판단력 부족 또는 그릇된 판단
⑤ 작업관리상 원인
　㉠ 안전관리조직의 결함　　㉡ 안전수칙 미제정
　㉢ 작업준비 불충분　　　㉣ 인원배치 부적당
　㉤ 작업지시 부적당

(3) 재해예방 4원칙
① 손실우연의 원칙 : 손실은 사고 발생 시의 조건 및 상황에 따라 달라지므로 손실은 우연성에 의해 결정된다.
② 예방가능의 원칙 : 재해는 원칙적으로 원인만 제거되면 예방이 가능하다.
③ 원인연계의 원칙 : 재해는 여러 요소들이 복합적으로 작용하여 재해를 유발시킨다.
④ 대책선정의 원칙 : 재해의 원인이 각기 다르므로 원인을 정확히 규명해서 대책을 선정, 실시해야 한다.

3 재해의 발생형태

① 추락 : 사람이 건축물, 비계, 기계, 사다리, 경사면, 나무 등에서 떨어지는 것
② 전도 : 사람이 평면상으로 넘어졌을 때(과속, 미끄러짐 포함)
③ 충돌 : 사람이 정지물에 부딪친 경우
④ 낙하, 비래 : 물건이 주체가 되어 사람이 맞는 경우
⑤ 붕괴, 도괴 : 적재물, 비계, 건축물 등이 무너진 경우
⑥ 협착 : 물건에 끼워진 상태, 말려든 상태
⑦ 감전 : 전기 접촉이나 방전에 의해 사람이 충격을 받은 경우
⑧ 폭발 : 압력의 급격한 발생 또는 개방으로 폭음을 수반한 팽창이 일어난 경우
⑨ 파열 : 용기 또는 장시간 물리적인 압력에 의해 파열된 경우
⑩ 화재 : 화재로 인한 경우
⑪ 무리한 동작 : 무거운 물건을 들다 허리를 삐거나 부자연한 자세 또는 동작의 반복으로 상해를 입은 경우
⑫ 이상온도 접촉 : 고온이나 저온에 접촉한 경우
⑬ 유해물 접촉 : 유해물 접촉으로 중독이나 질식된 경우

4 안전점검

(1) 안전점검의 목적
① 기계, 기구 및 설비의 안전확보
② 기계, 기구 및 설비의 안전상태 유지와 관리

③ 안전한 작업방법 유지 및 관리
④ 효율적인 생산관리로 생산성 향상

(2) 안전점검의 종류
① 수시점검(일상점검) : 현장에서 매일 안전성을 유지하기 위하여 작업 시작전, 작업중 또는 작업 종료시에 실시하는 점검
② 정기점검 : 주기적으로 일정한 기간을 정하여 정기적으로 실시하는 점검
③ 특별점검 : 기계, 기구 및 설비를 신설, 이전, 변경하거나 고장 시에 실시하는 점검
④ 임시점검 : 기계, 기구 및 설비의 이상 발견 시 임시로 실시하는 점검

5 안전보건 표지의 분류

분류	종류	색채
① 금지표지	출입금지, 보행금지, 차량통행금지, 사용금지, 탑승금지, 금연, 화기금지, 물체이동금지	적색에 흑색부호 • 바탕 : 흰색, 기본모형 : 빨간색 • 관련부호 및 그림 : 검정색
② 경고표지	인화성물질경고, 산화성물질경고, 폭발물경고, 독극물경고, 부식성물질경고, 방사성물질경고, 고압전기경고, 매달린물체경고, 낙하물체경고, 고온경고, 저온경고, 몸균형상실경고, 레이저광선경고, 유해물질경고, 위험장소경고	황색에 흑색부호 • 바탕 : 노랑색 • 기본모형, 관련부호 및 그림 : 검정색
③ 지시표지	보안경 착용, 방독마스크 착용, 방진마스크 착용, 보안면 착용, 안전모 착용, 귀마개 착용, 안전화 착용, 안전장갑 착용, 안전복 착용	청색에 백색부호 • 바탕 : 파란색 • 관련그림 : 흰색
④ 안내표지	녹십자표시, 응급구호표시, 들것, 세안장치, 비상구, 좌측비상구, 우측비상구	녹색에 백색부호 • 바탕 : 녹색 • 관련부호 : 흰색

6 안전관리자의 구분

(1) 안전관리 총괄자

당해 사업소의 대표자로서 당해 사업소의 안전에 대한 업무를 총괄 관리한다.

(2) 안전관리 부총괄자

당해 사업소의 시설을 직접 관리하는 최고 책임자(안전관리부서의 부서장급)로서 안전관리 총괄자를 보좌하여 당해 가스시설의 안전을 직접 관리한다.

(3) 안전관리 책임자

안전관리 업무에 있어서 실질적인 핵심역할을 하는 자로서 안전관리 부총괄자(부총괄자가 없는 경우에는 안전관리 총괄자)를 보좌하여 사업장의 안전에 대한 기술적인 사항을 관리하는 외에 안전관리원을 지휘, 감독한다.

(4) 안전관리원

안전관리 책임자의 지시에 따라 실질적인 안전관리를 위한 실무작업을 수행한다. 안전관리 책임자 및 안전관리 부책임자가 안전관리자의 자격을 가지고 있는 경우에는 안전관리 책임자를 겸할 수 있다.

3 장치 안전관리

1 가스용접장치

① 용접 착수 전에는 소화기 및 방화사 등을 준비하도록 한다.
② 작업 전에 안전기와 산소 조정기의 상태를 점검한다.
③ 기름 묻은 옷은 인화의 우려가 있으므로 절대 입지 않도록 한다.
④ 역화(逆火)하였을 때는 산소밸브를 먼저 잠그도록 한다.
⑤ 역화의 위험을 방지하기 위하여 안전기(역화방지기)를 사용하도록 한다.
⑥ 밸브를 열 때는 용기 앞을 피하도록 한다.
⑦ 아세틸렌 사용압력을 $1.3kg/cm^2$ 이하로 한다.
⑧ 호스는 아세틸렌에 대하여 $2kg/cm^2$, 산소는 절단용이 $15kg/cm^2$의 내압에 합격한 것을 사용하여야 한다.
⑨ 산소 용기는 산소가 $120kg/cm^2$ 이상의 고압으로 충전되어 있는 것이므로 용기가 파열되거나 폭발하지 않도록 용기에 심한 충격이나 마찰을 주지 않도록 한다.
⑩ 발생기에서 5m 이내 또는 발생기실에서 3m 이내의 장소에서 담배를 피우거나 불꽃이 일어날 행위는 엄금하도록 한다.
⑪ 토치 점화 시에는 조정기의 압력을 조정하고 먼저 토치의 아세틸렌 밸브를 연 다음 산소밸브를 열어 점화시키고 작업 후에는 산소 밸브를 먼저 닫고 나서 아세틸렌 밸브를 닫도록 한다.
⑫ 가스의 누설검사는 비눗물을 사용하도록 한다.
⑬ 유해가스, 연기, 분진 등의 발생이 심할 때는 방진 마스크를 착용하도록 한다.
⑭ 작업 후 화기나 가스의 누설 여부를 살핀다.
⑮ 이동 작업이나 출장 작업 시에는 용기에 충격을 주지 않도록 주의한다.
⑯ 작업하기 전에 주위에 가연물 등 위험물이 없는지 살펴보도록 한다.
⑰ 압력 조정기를 산소 용기에 바꾸어 달 경우에는 반드시 조정 핸들을 풀도록 한다.
⑱ 작업장의 환기가 잘되게 한다.
⑲ 용접 이외의 목적, 즉 통풍이나 조연 등에 산소를 사용해서는 안 된다.
⑳ 충전된 산소병에 햇빛이 직사되면 압력이 상승하여 위험하므로 산소병은 직사광선을 피하도록 한다.
㉑ 산소병을 뉘어 놓지 않도록 하며 부득이한 경우에는 감압밸브에 나무를 받쳐 놓도록 한다.

㉒ 토치는 작업의 규모와 성질에 따라서 선택한다.
㉓ 가스용기의 밸브는 천천히 열고 닫도록 한다.
㉔ 토치 내에서 소리가 날 때나 과열되었을 때는 역화에 주의하도록 한다.
㉕ 충전용기는 빈용기와 구별하여 안전한 장소에 저장 하도록 한다.
㉖ 고무호스와 아세틸렌병의 조임쇠는 황동재료를 사용하고 구리는 절대로 사용하지 않도록 한다.
㉗ 산소용 호스와 아세틸렌 호스는 색이 구별된 것을 사용하도록 하며 고무호스를 사람이 밟거나 차가 그 위를 지나가지 않도록 한다.

> **참고**
> ① 산소 용기의 누설검사 : 비눗물
> ② 각 호스의 색깔 : 산소-녹색, 아세틸렌-적색
> ③ 아세틸렌 가스 발생기 : 주수식, 투입식, 침지식

(1) 토치의 취급상 주의점

① 분해를 자주하면 나사산이 마모되어 가스가 새든지 고장이 나므로 특별한 경우를 제외하고는 분해하지 않는다.
② 기름이나 그리스를 바르지 않는다.(발화위험)
③ 팁의 점화는 용접용 라이터를 사용한다.
④ 토치가 과열되었을 때는 아세틸렌가스를 멈추고 산소가스만을 분출시킨 상태로 물속에서 식힌다.
⑤ 팁을 소제할 경우에는 반드시 팁클리너(tip cleaner)를 사용한다.
⑥ 가스가 분출되는 상태로 토치를 방치하지 않도록 한다.
⑦ 팁을 바꿀 때는 반드시 가스밸브를 잠그고 한다.
⑧ 점화가 불량할 때는 고장난 곳을 점검하고 수리한 다음 사용한다.
⑨ 토치나 팁을 작업대 등 지정된 장소에 놓으며 땅 위에 직접 놓아서는 안 된다.

> **참고**
> 팁이 막히거나 과열되면 역화가 일어난다.

(2) 압력 조정기(regulator) 취급상 주의점

① 가스 조정기는 신중히 다룬다.
② 산소 용기에는 그리스나 기름 등를 접촉시키지 않는다.(기름 묻은 장갑 사용금지)
③ 밸브는 개폐를 신중하게 한다.
④ 조정기는 사용 후에 조정나사를 늦추어서 다시 사용할 때 가스를 한꺼번에 흘러 나오는 것을 방지하도록 한다.
⑤ 산소 용기에서 조정기를 떼어 놓을 때는 반드시 압력조정핸들을 풀어 놓는다. 그렇지 않고 밸브를 열면 조정기가 파손될 염려가 있다.
⑥ 다른 가스에 사용했던 조정기를 사용하면 위험하다.

> **참고**
> 기름이 묻었을 경우 사염화탄소(CCl₄)로 세척

(3) 산소 용기의 취급상 주의점

용기는 본체, 밸브, 캡의 세 부분으로 되어 있는 이음매 없는 강철제 용기로서 녹색이다.
① 운반할 경우에는 반드시 캡을 씌운다.
② 산소 용기의 표면온도가 40℃ 이상 되지 않도록 하며 직사광선을 피한다.
③ 겨울철에 용기가 동결될 때는 직화로 녹이지 말고 40℃ 이하의 더운물에 녹인다.
④ 조정기의 나사는 홈을 7개 이상 완전히 막아 넣는다.
⑤ 밸브 개폐 시 용기 앞에서 열지 말고 옆에서 열도록 한다.(안전밸브 작동 시 위험)
⑥ 가스의 누설검사는 비눗물을 사용한다.
⑦ 기름 묻은 손으로 용기를 만져서는 안 된다.(산소는 산화력이 커 인화된다.)
⑧ 사용이 끝났을 때는 밸브를 닫고 규정된 위치에 놓는다.
⑨ 운반 중 굴리거나 넘어뜨리거나 또는 던지거나 해서는 안 된다.
⑩ 높은 곳을 운반하기 위하여 크레인 등을 사용할 경우에는 금망이나 철제함에 안전하게 격납하여 운반한다.
⑪ 적재할 때는 구르지 않도록 받침목 등을 사용한다.
⑫ 세워놓고 사용할 때는 쇠사슬로 묶는 등 전도 방지대책을 세운다.
⑬ 충전용기(1/2 이상 충전된 것)와 빈용기는 구분하여 보관한다.

(4) 아세틸렌 용기의 취급상 주의점

용해가스로서 15℃에서 15.5kg/cm²(1.55MPa) 이하의 압력으로 이음매 있는 강철제 용기로서 황색이다.
① 용기의 스핀들 부분에서 가스가 누설되면 용기밸브를 조심스럽게 꼭 잠가야 한다.
② 용기는 주의 깊게 취급하며 충돌이나 충격을 주지 않는다.
③ 밸브의 개폐는 조심스럽게 하고 밸브를 1½ 회전 이상 돌리지 않는다.
④ 용기가 가열되어 새는 것을 방지하기 위해서는 화기 부근에는 절대로 두지 않는다.
⑤ 가스 조정기나 용기의 밸브에 호스를 연결시킬 때는 바르게 한다.
⑥ 용기 저장소는 화기 없는 옥외로서 환기가 잘 되는 구조이어야 한다.
⑦ 용기 저장소는 온도가 40℃ 이하로 유지한다.
⑧ 가스 용접기나 가스 절단기에 점화시킬 때에는 팁의 끝을 아세틸렌 용기와 반대 방향으로 해야 한다.
⑨ 용기가 발화되면 긴급조치한 후 전문가의 의견을 듣도록 한다.
⑩ 아세틸렌이 급격히 분출될 때는 정전기가 발생되어 사람에게 해로우므로 급격히 분출시키지 않도록 한다.

> **참고**
> 아세틸렌 용기를 눕혀 사용하면 아세톤이 흘러나와 위험하다.

2 전기용접장치

① 용접 작업 시에는 보호 장비를 착용하도록 한다.(유해광선, 연기, 감전, 화상)
② 작업 전에 소화기 및 방화사를 준비한다.(화재위험)
③ 시설물을 접지로 이용할 경우에는 반드시 시설물의 크기를 고려하도록 한다.
④ 피용접물은 코드로 완전히 접지시킨다.
⑤ 우천 시에는 옥외작업을 하지 않는다.(감전예방)
⑥ 장시간 작업할 경우에는 수시로 용접기를 점검하도록 한다.(과열로 인한 재해방지)
⑦ 용접봉을 갈아 끼울때는 홀더의 충전부가 몸에 닿지 않도록 한다.
⑧ 용접봉은 홀더의 클램프로부터 빠지지 않도록 정확히 끼운다.
⑨ 가스관 및 수도관 등의 배관은 이를 접지로 사용하지 않도록 한다.
⑩ 1차 및 2차 코드의 벗겨진 것은 사용을 금하도록 한다.
⑪ 홀더는 항상 파손되지 않은 안전한 것을 사용하도록 한다.
⑫ 헬멧 사용 시에는 차광 유리가 깨어지지 않도록 보호하여야 한다.
⑬ 작업장에서는 차광막을 세워 아크가 밖으로 새어 나가지 않도록 한다.
⑭ 정격 사용률을 엄수하여 과열을 방지한다.
⑮ 반드시 용접이 끝나면 용접봉을 빼어 놓는다.
⑯ 작업자는 용접기 내부에 손을 대지 않도록 한다.
⑰ 작업장 주위에는 인화물질이 없도록 사전에 조치하여야 한다.
⑱ 작업을 중단할 경우에는 전원을 끄거나 커넥터를 풀어두며 전압이 걸려 있는 홀더를 버려 두지 않는다.
⑲ 기계의 땅 표면에서 약간 높게 하여 습기의 침입을 방지한다.
⑳ 2차측 단자의 한쪽과 기계의 외부상자는 반드시 접지를 확실히 한다.
㉑ 절대로 물기가 있거나 땀에 젖은 손으로 작업해서는 안 된다.
㉒ 감전의 우려가 있는 탱크 속이나 협소한 곳에서는 반드시 전격방지기를 설치한 용접기를 사용한다.
㉓ 작업장의 환기가 좋지 않으면 가스 중독 또는 진폐증 등 질병의 원인이 되기 쉬우므로 통풍을 해야 한다.

3 보일러 안전관리

(1) 보일러 사고의 구분

1) 파열 사고
① 압력초과
② 저수위(이상감수)
③ 과열

2) 미연소가스 폭발사고
　연소실 내 미연소가스 체류 시 점화에 따른 폭발

(2) 보일러 사고의 원인

　1) 제작상 원인

　　① 재료불량　　　　　　　　　② 구조 및 설계불량
　　③ 강도불량　　　　　　　　　④ 용접불량
　　⑤ 부속기기 설비 미비 등

　2) 취급상 원인

　　① 압력초과　　　　　　　　　② 저수위
　　③ 과열　　　　　　　　　　　④ 역화
　　⑤ 부식　　　　　　　　　　　⑥ 미연소가스 폭발 등

(3) 각종 사고의 발생원인과 대책

　1) 압력초과

　　① 원인
　　　　㉠ 안전장치의 작동 불량　　　㉡ 압력계의 기능 이상
　　　　㉢ 저수위　　　　　　　　　　㉣ 급수계통의 이상
　　　　㉤ 수면계의 기능 이상

　　② 대책
　　　　㉠ 안전장치의 작동시험 및 점검　㉡ 압력계의 작동시험 및 점검
　　　　㉢ 항시 상용수위의 유지관리 철저　㉣ 펌프 및 밸브류의 누설점검
　　　　㉤ 수면계의 작동시험 및 점검

　2) 저수위(이상 감수)

　　① 원인
　　　　㉠ 수면계 수위의 오판　　　㉡ 수면계 주시 태만
　　　　㉢ 급수계통의 이상　　　　　㉣ 분출계통의 누수
　　　　㉤ 증발량의 과잉

　　② 대책
　　　　㉠ 수면계 연락관 청소 및 기능점검　㉡ 수면계의 철저한 감시
　　　　㉢ 상용수위의 유지　　　　　　　　㉣ 수저분출 밸브의 누설점검
　　　　㉤ 펌프 및 밸브류의 기능점검 및 누설점검

　3) 과열

　　① 원인
　　　　㉠ 저수위 시(이상 감수)　　㉡ 전열면의 국부 가열 시
　　　　㉢ 관수의 농축 시　　　　　㉣ 관수의 순환 불량 시
　　　　㉤ 스케일의 생성 시

② 대책
- ㉠ 상용수위의 유지
- ㉡ 연소장치의 개선, 분사각 조절
- ㉢ 분출을 통한 관수의 한계 pH 값 유지
- ㉣ 전열의 확산 및 순환펌프의 기능점검
- ㉤ 급수처리 철저 및 적기의 분출

4) 역화(미연소가스의 폭발)
① 원인
- ㉠ 프리퍼지의 부족
- ㉡ 점화 시 착화가 늦은 경우
- ㉢ 과다한 연료공급
- ㉣ 흡입통풍의 부족
- ㉤ 압입통풍의 과대
- ㉥ 공기보다 연료의 공급이 우선된 경우
- ㉦ 연료의 불완전연소 및 미연소

② 대책
- ㉠ 점화 시 송풍기 미작동일 때 연료 누입 방지
- ㉡ 착화장치의 기능점검
- ㉢ 적절한 연료공급
- ㉣ 흡입(유인)통풍의 증대
- ㉤ 댐퍼의 개도를 적절히 조절
- ㉥ 공기의 공급이 우선될 것
- ㉦ 연료의 과대 공급방지 및 연소장치의 개선

(4) 보일러의 정지순서

1) 일반적인 정지순서
① 서서히 연소율을 낮춘다.
② 연료공급을 중지한다.
③ 연소용 공기공급을 중단한다.
④ 버너와 송풍기의 모터를 정지한다.
⑤ 급수를 행한다.
⑥ 주증기밸브를 차단한다.

2) 비상시 정지순서
① 연료공급을 차단
② 연소용 공기공급을 차단
③ 버너와 송풍기의 모터 정지
④ 급수가 필요시 급수하고 수위 유지
⑤ 주증기밸브를 닫음

(5) 보일러 보수관리사항

① 드럼의 불순물을 제거한다.
② 부식검사를 해야 한다.
③ 내화재를 점검해야 한다.
④ 수압검사를 해야 한다.
⑤ 안전밸브를 점검해야 한다.
⑥ 압력계, 수압계를 점검해야 한다.
⑦ 수면계를 점검해야 한다.
⑧ 송풍기를 점검해야 한다.
⑨ 버너를 점검해야 한다.
⑩ 제어회로를 점검해야 한다.

4 냉동기 안전관리

(1) 냉동기 점검 일반
① 압축기의 안전밸브를 점검한다.
② 응축기 액면계의 냉매량을 점검한다.
③ 증발기의 냉각 상황, 서리부착 상황, 냉매 액면 등을 점검한다.
④ 전동기의 회전 방향 등을 점검한다.
⑤ 전기장치 차단기의 작동 유무 및 저항치 등을 점검한다.
⑥ 가스누설검사를 한다.
⑦ 제어계통을 점검한다.
⑧ 진동, 소음의 유무를 점검한다.
⑨ 안전장치를 점검한다.
⑩ 압력계를 점검한다.

(2) 공기조화기 점검 일반
① 송풍기의 회전 방향과 윤활유의 주유상태를 점검한다.
② 전동기의 진동을 점검한다.
③ 공기 냉각 및 가열코일의 노후화를 점검한다.
④ 에어필터를 점검한다.
⑤ 드레인 팬의 상태를 점검한다.
⑥ 가습기를 점검한다.
⑦ 공기조화기의 본체를 점검한다.

5 공구취급 및 기타 안전관리

(1) 각종 공구의 취급

1) 망치(해머) 작업
① 손잡이에 금이 갔거나 해머 머리가 손상된 것은 사용하지 않는다.
② 장갑을 낀 손이나 기름이 묻은 손으로 작업하지 않는다.
③ 사용할 때 처음과 마지막에는 힘을 너무 가하지 않는다.
④ 해머를 휘두르기 전에 반드시 주의를 살핀다.
⑤ 사용 중에도 자주 해머의 상태를 조사한다.
⑥ 불꽃이 생기거나 파편이 생길 수 있는 작업에서는 반드시 보호안경을 써야 한다.
⑦ 좁은 곳에나 발판이 불안한 곳에서 해머작업을 해서는 안 된다.
⑧ 해머 자루는 전문적인 기술자가 교환해야 한다.
⑨ 재료나 물체의 요철이나 경사진 면은 특별히 주의하여야 한다.
⑩ 해머는 사용 중에 수시로 확인한다.
⑪ 해머의 공동 작업 시에는 호흡에 맞추어야 한다.
⑫ 열처리(담금질)된 것을 해머로 때리면 튀기 쉽고 부러진다.

2) 드라이버 작업
① 대가 구부러졌거나 끝이 무딘 것을 사용하지 않는다.
② 자루가 망가졌거나, 불안전한 것을 사용하지 않는다.
③ 드라이버 날끝이 용도에 맞는 것을 사용한다.(+, −드라이버나 크기에 주의)
④ 드라이버의 날끝은 편평한 것이어야 하고 이가 빠지거나 둥글게 된 것은 사용하지 않는다.
⑤ 나사를 죌 때 날끝이 미끄러지지 않게 수직으로 대고 한 손으로 가볍게 잡고 작업한다.

3) 정 작업
① 정의 머리가 둥글게 된 것이나 찌그러진 것은 사용하지 않는다.
② 처음에는 가볍게 때리고 점차 타격을 가하여야 한다.
③ 기름 묻은 정은 사용하지 말며 보호안경을 써야 한다.
④ 철재를 절단할 때에는 철편이 튀는 방향에 주의하며 끝날 무렵에는 힘을 빼고 천천히 쳐서 끝내야 한다.
⑤ 표면의 단단한 열처리 부분을 정으로 깎지 않는다.

4) 렌치 또는 스패너 작업
① 스패너에 너트를 깊이 물리고 조금씩 앞으로 당기는 식으로 풀고 조인다.
② 무리하게 힘을 주지 말고 조심스럽게 사용한다.
③ 스패너가 벗겨졌을 때를 대비하여 주위를 살핀다.
④ 너트에 맞는 것을 사용한다.
⑤ 스패너와 너트 사이에는 다른 물건을 끼우지 않는다.
⑥ 양구 스패너 두개를 연결하여 사용해서는 안 된다.
⑦ 가급적 손잡이가 긴 것을 사용한다.

5) 줄 작업
① 줄 작업의 높이는 작업자의 팔꿈치 높이로 하는 것이 좋다.
② 작업자세는 허리를 낮추고 몸의 안정을 유지하며 전신을 이용한다.
③ 칩은 브러시로 제거한다.
④ 줄의 균열(crack) 유무를 확인한다.
⑤ 줄은 손잡이가 정상인 것만을 사용한다.
⑥ 땜질한 줄은 사용하지 않는다.
⑦ 줄로 다른 물체를 두들기지 않도록 한다.
⑧ 손잡이가 빠졌을 때에는 주의해서 잘 꽂아 사용한다.
⑨ 줄은 다른 용도로 사용하지 않는다.
⑩ 줄질에서 생긴 가루는 입으로 불지 않는다.

6) 쇠톱 작업
① 톱날을 틀에 장치하고 2~3회 사용한 다음, 재조정을 하고 작업한다.

② 쇠톱의 손잡이와 틀의 선단을 견고하게 잡고 똑바로 작업한다.
③ 톱날은 잘 부러지지 않는 탄력성이 있는 톱날을 쓰는 것이 좋다.
④ 톱에 힘을 가할 때는 천천히 고르게 한다.
⑤ 얇은 판(박판)을 절단할 때는 목재 사이에 얇은 판을 끼워 틈을 30° 정도 경사시켜 절단하면 안전하다.

7) 드릴 작업
① 옷소매가 늘어지거나 머리카락이 긴 채로 작업하지 않는다.
② 시동 전에 드릴이 올바르게 고정되어 있는지 확인한다.
③ 장갑을 끼고 작업하지 않는다.
④ 드릴을 끼운 후에는 척렌치를 빼도록 한다.
⑤ 드릴 회전 중에는 칩(chip)을 입으로 불거나 손으로 털지 않도록 한다.
⑥ 전기드릴을 사용할 때에는 반드시 접지(earth)시킨다.
⑦ 가공 중 드릴 끝이 마모되어 이상음 발생 시에는 드릴을 연마하거나 교체 사용한다.
⑧ 먼저 작은 구멍을 뚫은 다음 큰 구멍을 뚫도록 한다.
⑨ 얇은 판에 구멍을 뚫을 때는 나무판을 밑에 바치고 구멍을 뚫도록 한다.

8) 연삭(grinding) 작업
① 안전커버(cover)를 떼고서 작업해서는 안 된다.
② 숫돌바퀴에 균열이 있는가 확인한다.
③ 숫돌차의 과속회전은 파괴의 원인이 되므로 유의한다.
④ 숫돌차의 표면이 심하게 변형된 것은 반드시 수정해야 한다.
⑤ 받침대(rest)는 숫돌차의 중심선보다 낮게 하지 않는다.
⑥ 숫돌차의 주면과 받침대와의 간격은 3mm 이내로 유지해야 한다.
⑦ 숫돌바퀴가 안전하게 끼워졌는지 확인한다.
⑧ 플랜지의 조임 너트를 정확히 조이도록 한다.
⑨ 숫돌차의 측면에서 서서히 연삭해야 한다.
⑩ 작업시작 전에 1분 이상 공회전시킨 후 정상 회전속도에서 연삭한다.(숫돌 교체 시는 3분 이상 시운전 할 것)
⑪ 회전하는 숫돌에 손을 대지 않는다.
⑫ 작업 완료 시나 잠시 자리를 뜰 때에는 반드시 스위치를 끈다.
⑬ 플랜지는 반드시 숫돌차 지름의 1/3 이상 되는 것을 사용하되 양쪽 모두 같은 크기로 한다.
⑭ 부시의 구멍은 숫돌바퀴의 바깥둘레와 동심이어야 하며 숫돌바퀴의 측면에 대해 직각이어야 한다.
⑮ 숫돌바퀴의 구멍과 축과의 틈새는 0.05~0.15mm 정도로 한다.

(2) 기타 안전관리

1) 크레인
① 크레인에 과부하방지장치·권과방지장치·비상정지장치 및 브레이크장치 등 방호장치를 부착하고 유효하게 작동될 수 있도록 미리 조정하여 두어야 한다.
② 권과방지장치는 훅·버킷 등 달기구의 윗면(그 달기구에 권상용 도르래가 설치된 경우에는 권상용 도르래의 윗면)이 드럼·상부도르래·트롤리프레임 등 권상장치의 아랫면과 접촉할 우려가 있는 때에는 그 간격이 0.25m 이상이 되도록 조정하여야 한다.
③ 크레인의 방호장치
  ㉠ 권과방지장치 : 크레인이 지정거리에서 권상을 정지시키는 방호장치
  ㉡ 과부하방지장치 : 크레인 사용 시 하중이 초과할 경우 리미트스위치에 의해 권상을 정지시키는 장치
  ㉢ 해지장치 : 와이어로프가 후크에서 이탈하는 것을 방지하는 장치

2) 컨베이어
① 컨베이어 등을 사용하여 작업을 하는 때
  ㉠ 원동기 및 풀리 기능의 이상 유무
  ㉡ 이탈 등의 방지장치 기능의 이상 유무
  ㉢ 비상정지장치 기능의 이상 유무
  ㉣ 원동기·회전축·기어 및 풀리 등의 덮개 또는 울 등의 이상 유무
② 컨베이어의 안전장치
  ㉠ 이탈 및 역주행(역회전)방지 장치
  ㉡ 비상정지 장치 : 컨베이어 등에 근로자의 신체의 일부가 말려드는 등 근로자에게 위험을 미칠 우려가 있는 때 및 비상시에는 즉시 컨베이어 등의 운전을 정지시킬 수 있는 장치
  ㉢ 덮개 또는 울을 설치

3) 공기압축기를 가동하는 때 점검사항
① 공기저장 압력용기의 외관 상태
② 드레인밸브의 조작 및 배수
③ 압력방출장치의 기능
④ 언로드밸브의 기능
⑤ 윤활유의 상태
⑥ 회전부의 덮개 또는 울
⑦ 그 밖의 연결 부위의 이상 유무

4) 지게차를 사용하여 작업을 하는 때 점검사항
① 제동장치 및 조종장치 기능의 이상 유무
② 하역장치 및 유압장치 기능의 이상 유무

③ 바퀴의 이상 유무
④ 전조등·후미등·방향지시기 및 경보장치 기능의 이상 유무

5) 구내운반차를 사용하여 작업을 하는 때 점검사항
① 제동장치 및 조종장치 기능의 이상 유무
② 하역장치 및 유압장치 기능의 이상 유무
③ 바퀴의 이상 유무
④ 전조등·후미등·방향지시기 및 경음기 기능의 이상 유무
⑤ 충전장치를 포함한 홀더 등의 결합상태의 이상 유무

6) 기계설비에서 일어나는 사고의 위험요소들의 위험점
　협착점, 끼임점, 절단점, 물림점, 접선 물림점, 회전 말림점

6 전기 및 화재 안전관리

(1) 전기 안전관리

1) 전기의 위험성
　전기재해 중 가장 빈도수가 높은 것은 감전재해(전격, electric shock)이다. 감전이란 인체의 일부 또는 전체에 전류가 흐를 때 근육의 수축, 호흡곤란, 심실세동 등으로 인하여 사망하거나 추락, 전도 등 2가지 재해를 유발하는 현상이다.

① 감전에 영향을 미치는 요인
　㉠ 통전전류의 크기　　　　㉡ 통전시간
　㉢ 통전경로　　　　　　　㉣ 전원의 종류(교류가 더 위험) 등

② 전격 전류의 크기에 따른 영향

종류	전류치	감전의 현상(인체에 대한 전류의 영향)
1. 최소감지전류	1~2mA 정도	전류의 흐름(짜릿함)을 느끼는 정도
2. 고통한계전류	7~8mA 정도	전류의 흐름에 따른 고통을 참을 수 있는 한계 전류
3. 이탈가능전류	8~15mA 정도	안전하게 스스로 접촉된 전원으로부터 떨어질 수 있는 최대 한도의 전류(참을 수 없을 정도로 고통스럽다.)
4. 이탈불능전류	15~50mA 정도	전격을 받았음을 느끼면서도 스스로 그 전원으로부터 떨어질 수 없는 전류(근육의 수축과 신경이 마비되고 신체를 움직일 수 없다.)
5. 심실세동전류	50~100mA 정도	심장의 기능을 잃게 되어 전원으로부터 떨어져도 수분 이내에 사망한다.

2) 감전 방지
① 전기설비의 점검 철저
② 전기기기 및 장치의 점검

③ 전기기기에 위험표시
④ 유자격자 이외는 전기 기계 및 기구의 접촉금지
⑤ 안전관리자는 작업에 대한 안전교육 시행
⑥ 사고 발생 시의 처리 순서를 미리 작성하여 둘 것
⑦ 설비의 필요한 부분에는 보호접지 실시
⑧ 충전부가 노출된 부분에는 절연 방호구 사용
⑨ 고전압 선로 및 충전부에 근접하여 작업하는 작업자에게 보호구 지급

> **참고**
> 감전사고 발생은 습도가 높은 여름철에 많이 발생한다.

3) 전기화재의 원인
전기에 의한 발열체가 발화원(점화원)으로 된 화재를 총칭하며 단락, 스파크, 누전, 지락, 접촉부의 과열, 절연 열화에 의한 발열, 과전류 등의 순서로 원인이 된다.

① 단락 : 2개 이상의 전선이 서로 접촉하는 현상으로 많은 전류가 흐르게 되어 배선에 고열이 발생하며 단락 순간에 폭음과 함께 녹아 버리는 것으로 단락된 순간의 전압은 1,000~1,500A 정도가 되며 단락방지를 위해서는 퓨즈, 누전 차단기 등을 설치한다.

> **참고**
> ■ 퓨즈(fuse) : 과전류 차단(재료 : 납, 주석, 아연, 알루미늄)

② 혼촉 : 고압선과 저압 가공선이 병가된 경우 접촉으로 인한 것과 변압기의 1, 2차 코일의 절연파괴로 인하여 발생된다.
③ 누전 : 전류가 설계된 부분 이외로 흐르는 현상으로 누전 전류는 최대 공급 전류의 1/200을 넘지 않도록 규정하고 있다.
④ 지락 : 누전 전류의 일부가 대지로 흐르게 되는 것으로 보호접지를 의무화하고 있다.

> **참고**
> ■ 누전과 지락의 방지대책
>   ① 절연 열화의 방지
>   ② 과열, 습기, 부식의 방지
>   ③ 충전부와 금속체인 건물의 구조재, 수도관, 가스관 등과의 이격
>   ④ 퓨즈, 누전 차단기 설치

4) 정전기
① 정전기의 위험성 및 유해작용
  ㉠ 전격의 위험   ㉡ 생산 장해
  ㉢ 정전기 방전 불꽃에 의한 화재 및 폭발
② 정전기 재해의 방지대책
  ㉠ 접지 및 본딩   ㉡ 도전성 향상

ⓒ 보호구의 착용(정전화, 정전 작업의)　　② 제전기 사용
　　⑩ 가습(상대습도 70% 이상으로 유지)　　⑭ 유속제한 및 정치시간 확보
　　ⓢ 대전체의 정전차폐

> **참고**
> - 접지공사의 목적 : 화재방지, 감전방지, 기기손상방지
> - 접지와 본딩
>   ① 접지 : 물체에 발생한 정전기를 접지극(동판 등)을 통해 대지로 누설시켜 정전기의 대전을 방지
>   ② 본딩 : 금속물체 간(배관의 플랜지나 레일의 접속 부분)에서 절연상태로 되어 있는 경우에 이 사이를 동선 등으로 접속하는 것

(2) 화재 안전관리

1) 연소(화재)의 3요소

연소란 가연물이 공기 중의 산소와 산화반응을 하여 빛과 열을 수반하는 현상으로 가연물+산소공급원+점화원의 3요소가 필요하다.

① 가연물

연소가 가능한 산화하기 쉬운 물질로 가연물의 구비조건은 다음과 같다.
　ⓐ 연소열(발열량)이 많을 것　　ⓑ 열전도율이 작을 것
　ⓒ 산화되기 쉬울 것　　　　　　② 산소와의 접촉면적이 클 것
　⑭ 건조도가 양호할 것　　　　　⑩ 활성화에너지가 작을 것

② 산소

공기 중에 산소는 체적비 21%, 질량비로 23.2%가 존재한다.

③ 점화원

점화원 또는 착화원으로는 화기, 전기불꽃, 정전기불꽃, 마찰열, 충격에 의한 불꽃, 고열물, 산화열 등이 있다.

2) 인화점과 발화점

① 인화점 : 외부의 점화원에 의하여 연소할 수 있는 최저의 온도
② 발화점(착화점) : 외부의 직접적인 점화원 없이 스스로 연소할 수 있는 최저의 온도

> **참고**
> 착화점 및 발화점이 낮을수록 위험하다.

> **참고**
> - 연소(폭발)범위
> 가연성가스가 연소하는 데 있어 가연성가스와 공기(산소)의 경우 혼합기체에 점화원을 주었을 때 연소(폭발)가 일어날 수 있는 혼합가스의 농도 범위(부피%)를 말한다. 낮은 쪽의 한계를 하한, 높은 쪽의 한계를 상한이라 하며 연소범위가 넓을수록 위험하다.

3) 소화
① 소화방법
　㉠ 냉각소화(물 소화약제) : 물 등의 액체의 증발잠열을 이용하여 냉각시키는 방법
　㉡ 질식소화(CO_2, 할로겐 소화약제) : 공기 중의 산소공급을 차단하여 산소농도를 감소시켜 소화하는 방법
　㉢ 제거소화(가연물 제거) : 가스의 밸브를 차단하거나 산림화재의 경우 수목을 제거하는 방법 등으로 가연물을 제거하여 소화하는 방법
　㉣ 화학 소화(부촉매 효과) : 연소의 연쇄반응을 억제하여 소화하는 방법으로 불꽃연소에는 매우 효과적이지만 특별한 경우를 제외하고는 표면연소에는 효과가 없다.
　㉤ 희석소화 : 4류 위험물의 수용성 가연물질인 알콜, 에테르, 에스테르 등과 같이 화재 시 다량의 물을 방사하여 가연물의 연소농도를 낮추어 화재를 소화하는 방법

② 화재의 분류 및 소화방법

분류	A급 화재	B급 화재	C급 화재	D급 화재	E급 화재
명칭	일반화재	유류, 가스화재	전기화재	금속화재	가스화재
가연물	목재, 종이, 섬유	유류, 가스	전기	Mg분, Al분	가스, LPG, LNG
주된 소화효과	냉각효과	질식효과	질식, 냉각효과	질식소화	
적응 소화약제	① 포말 ② 분말 ③ 강화액 ④ 산알칼리	① 포말 ② 분말 ③ 강화액 ④ CO_2 ⑤ 할로겐	① 분말 ② CO_2 ③ 강화액 ④ 할로겐 ⑤ 유기성	① 건조사 ② 팽창질석 ③ 팽창진주암	① 분말 ② CO_2 ③ 할로겐
구분색	백색	황색	청색	-	황색

CHAPTER 02 안전관리

예상문제

001 사업주는 그 작업조건에 적합한 보호구를 동시에 작업하는 근로자의 수 이상으로 지급하고 이를 착용하도록 하여야 한다. 이때 적합한 보호구 지급에 해당되지 않은 것은?
① 보안경 : 물체가 날아 흩어질 위험이 있는 작업
② 보안면 : 용접 시 불꽃 또는 물체가 날아 흩어질 위험이 있는 작업
③ 안전대 : 감전의 위험이 있는 작업
④ 방열복 : 고열에 의한 화상 등의 위험이 있는 작업

해설
안전대(안전벨트) : 높이 또는 깊이 2m 이상의 추락할 위험이 있는 장소에서의 작업

002 호구 선정 조건에 해당되지 않는 것은?
① 종류 ② 형상
③ 성능 ④ 미(美)

003 안전 보호구의 점검과 관리에서 옳지 않은 것은?
① 보호구는 항상 건조시켜 보관한다.
② 청결하고 습기가 없는 장소에 보관한다.
③ 사용 목적에 부합되고 품질이 양호한 것만 골라 보관한다.
④ 부식성, 유해성, 인화성 등과 혼합하여 보관하지 않는다.

004 작업 시에 입는 작업복으로서 부적당한 것은?
① 주머니는 가급적 수가 적은 것이 좋다.

② 정전기가 발생하기 쉬운 섬유질 옷의 착용을 금한다.
③ 옷에 끈이 있는 것은 기계작업을 할 때는 입지 않는다.
④ 화학약품 작업 시는 화학약품에 내성이 약한 것을 착용한다.

005 기계설비의 안전한 사용을 위하여 지급되는 보호구를 설명한 것이다. 이 중 작업조건에 따른 적합한 보호구로 올바른 것은?
① 용접시 불꽃 또는 물체가 날아 흩어질 위험이 있는 작업 : 보안면
② 물체가 떨어지거나 날아올 위험 또는 근로자가 감전되거나 추락할 위험이 있는 작업 : 안전대
③ 감전의 위험이 있는 작업 : 보안경
④ 고열에 의한 화상 등의 위험이 있는 작업 : 방화복

006 보호구가 바르게 연결된 것은?
① 아크 용접 – 실드 헬멧
② 폐수 맨홀 청소 – 방진 마스크
③ 용광로 – 안전대
④ 2m의 작업 – 고열복

007 [보기]의 작업에 알맞는 보호구는?

[보기]
1. 점용접 작업
2. 비산물이 발생하는 철물기계 작업
3. 연마 광택 철사의 손질, 그라인딩 작업

① 보안면 ② 안전모
③ 안전대 ④ 방진 마스크

[정답] 001 ② 002 ④ 003 ③ 004 ④ 005 ① 006 ① 007 ①

008 작업조건의 적합한 내용과 보호구와의 연계가 올바르지 못한 것은?

① 높이 또는 깊이 1m 이상의 추락할 위험이 있는 장소에서의 작업 : 안전대
② 물체의 낙하·충격, 물체에의 끼임, 감전 또는 정전기의 대전에 의한 위험이 있는 작업 : 안전화
③ 물체가 떨어지거나 날아올 위험 또는 근로자가 감전되거나 추락할 위험이 있는 작업 : 안전모
④ 용접 시 불꽃 또는 물체가 날아 흩어질 위험이 있는 작업 : 보안면

> **해설**
> 높이 또는 깊이 2m 이상의 추락할 위험이 있는 장소에서의 작업 : 안전대

009 작업장에서 계단을 설치할 때 폭은 몇 m 이상으로 하여야 하는가?

① 0.2 ② 1
③ 2   ④ 5

> **해설**
> 산업안전기준에 관한 규칙 제24조(계단의 폭)
> 사업주는 계단을 설치하는 때에는 그 폭을 1m 이상으로 하여야 한다.

010 사다리 구조의 안전요건 중 틀린 것은?

① 튼튼한 구조로 할 것
② 재료는 현저한 손상, 부식 등이 없는 것으로 할 것
③ 폭은 20cm 이하로 할 것
④ 미끄러움 방지장치를 부착할 것

011 추락을 방지하기 위해 작업발판을 설치해야 하는 높이는 몇 m 이상인가?

① 2 ② 3
③ 4 ④ 5

> **해설**
> 작업 위치의 높이가 2m 이상일 경우에는 작업발판을 설치하거나 안전대를 착용하게 하는 등 위험방지를 위하여 필요한 조치를 할 것(산업안전기준에 관한 규칙)

012 머리의 부상이 심할 때의 응급치료에 있어서 좋은 방법은 무엇인가?

① 머리를 아주 높게 해 준다.
② 머리를 낮게 해 준다.
③ 수평상태로 둔다.
④ 머리를 약간 높이 들어준다.

013 다음은 호흡용 보호구이다. 이에 해당되지 않는 것은?

① 방진 마스크   ② 방수 마스크
③ 방독 마스크   ④ 송기 마스크

014 산소가 결핍되어 있는 장소에서 사용되는 마스크는?

① 송풍 마스크   ② 방진 마스크
③ 방독 마스크   ④ 특급 방진 마스크

015 다음 마스크 중 공기 중에 부유하는 유해한 미립자 물질을 흡입함으로써 건강 장해의 우려성이 있는 경우 사용하는 것은?

① 방진 마스크   ② 방독 마스크
③ 방수 마스크   ④ 송기 마스크

016 공조냉동기능사가 해머 작업을 할 때 소음을 방지하기 위해 착용하는 것은?

① 귀마개   ② 보안경
③ 안전모   ④ 방독마스크

[정답] 008 ① 009 ② 010 ③ 011 ① 012 ④ 013 ② 014 ① 015 ① 016 ①

017 다음 중 보호용구가 잘못 연결된 것은?
① 고열물 – 안전화
② 하역작업 – 안전모
③ 가스취급 – 호흡보호구
④ 유해광선 – 보호안경

018 독성가스의 제독작업에 필요한 보호구가 아닌 것은?
① 안전화 및 귀마개
② 공기 호흡기 또는 송기식 마스크
③ 보호장화 및 보호장갑
④ 보호복 및 격리식 방독 마스크

019 다음 보호구 안전관리사항 중 적합하지 않은 것은?
① 송풍 마스크는 산소가 결핍된 곳이나 유해물의 농도가 짙은 곳에서 사용한다.
② 차광안경은 가시광선을 약하게 하며, 고열발광을 관측할 수 있게 한다.
③ 방독 마스크는 가스의 농도가 짙은 곳에서 사용한다.
④ 방진 마스크는 안면에 밀착성이 좋아야 한다.

020 차광 안경의 렌즈색으로 적당한 것은?
① 적색   ② 자색
③ 갈색   ④ 청색

021 안전모 사용 시 주의사항으로 옳지 않은 것은?
① 턱끈을 반드시 조여 맨다.
② 되도록 공용으로 사용한다.
③ 월 1회 정도 세척한다.
④ 올바른 착용 방법으로 사용한다.

022 다음 안전모의 취급안전관리 사항 중 적합하지 않는 것은?
① 화기를 취급하는 곳에서 모자의 몸체의 차양이 셀룰로이드로 된 것을 사용해야 한다.
② 산이나 알칼리를 취급하는 곳에서는 파이버모자를 사용한다.
③ 안전모는 각 개인별 하나씩 사용한다.
④ 모자와 머리 끝부분과의 간격은 25mm 이상이 되도록 해모크로 조정한다.

023 안전모의 취급 안전관리 사항 중 적합하지 않는 것은?
① 산이나 알카리를 취급하는 곳에서는 펠트나 파이버모자를 사용해야 한다.
② 화기를 취급하는 곳에서는 몸체와 차양이 셀룰로이드로 된 것을 사용하여서는 안 된다.
③ 월 1회 정도로 세척한다.
④ 모체와 착장제의 땀 방지대의 간격은 5mm 이하로 한다.

> **해설**
> 모체와 착장제의 땀 방지대의 간격은 25mm 이상으로 한다.

024 안전모와 안전벨트의 용도는?
① 감독자 용품의 일종이다.
② 추락재해 방지용이다.
③ 전도 방지용이다.
④ 작업능률 가속용이다.

025 산소 부족 시 신체 중 가장 큰 피해를 입는 곳은?
① 뇌   ② 폐
③ 간장   ④ 피부

[정답] 017 ① 018 ① 019 ③ 020 ④ 021 ② 022 ① 023 ④ 024 ② 025 ①

026 방독 마스크를 사용해서는 안 되는 산소농도는 몇 % 이하인가?
① 16 ② 18
③ 20 ④ 21

027 산업보건 기준에서 산소결핍이라 함은 산소농도가 몇 % 미만인 상태를 말하는가?
① 20% ② 19%
③ 18% ④ 17%

028 가스용접기의 밸브가 얼었을 때는 더운물로 적시어 녹인다. 이때 사용되는 물의 온도는 몇 ℃ 이하인가?
① 40 ② 50
③ 60 ④ 80

029 아세틸렌 용기의 사용설명에 대한 내용으로 적절치 못한 것은?
① 화기나 열기를 멀리한다.
② 충돌이나 충격을 주면 안 된다.
③ 용기 저장소는 옥외의 환기가 안되는 곳이어야 한다.
④ 가스 조정기나 용기의 밸브에 호스를 연결시킬 때는 바르게 한다.

030 가스용접에서 산소 및 아세틸렌 등의 용기취급에 대한 안전관리사항 중 적합하지 않은 것은?
① 산소 용기의 표면온도가 40℃ 이상 되지 않도록 한다.
② 산소밸브 개폐 시 용기 옆에서 열지 말고 앞에서 열도록 한다.
③ 아세틸렌 용기의 조정핸들은 $1\frac{1}{2}$ 회전 이상 돌리지 않는다.
④ 아세틸렌 용기의 저장고 온도는 35℃ 정도로 유지한다.

031 아세틸렌 용접장치를 사용하여 금속의 용접·용단 또는 가열작업을 하는 때에는 게이지압력이 얼마를 초과하는 압력의 아세틸렌을 발생시켜 사용하여서는 안 되는가?
① $1.0kg/cm^2$ ② $1.3kg/cm^2$
③ $2.0kg/cm^2$ ④ $15.5kg/cm^2$

해설
아세틸렌 용접장치를 사용하여 금속의 용접·용단 또는 가열작업을 하는 때에는 $1.3kg/cm^2G$를 초과하는 압력의 아세틸렌을 발생시켜 사용하여서는 안 된다.

032 가스용접 작업 시의 주의사항이 아닌 것은?
① 용기밸브는 서서히 열고 닫는다.
② 용접 전에 소화기 및 방화사를 준비한다.
③ 용접 전에 전격방지가 설치 유무를 확인한다.
④ 역화방지를 위하여 안전기를 사용한다.

해설
가스용접기에는 역화방지기를 설치하며, 전기용접기에는 전격방지기를 설치한다.

033 가스용접에서 토치의 안전관리 사항 중 잘못 설명한 것은?
① 사용 후 기름 및 그리스로 닦아서 잘 보관한다.
② 팁의 점화는 용접용 라이터를 사용한다.
③ 팁을 청소할 경우에는 반드시 팁 클리너를 사용한다.
④ 가스가 분출되지 않는 상태로 토치를 방치하지 않도록 한다.

[정답] 026 ① 027 ③ 028 ① 029 ③ 030 ② 031 ② 032 ③ 033 ①

034 가스용접 작업에서 일어나는 재해가 아닌 것은?
① 화재
② 전격
③ 폭발
④ 중독

035 산소병 운반 취급상 가장 위험한 것은?
① 기름 묻은 손으로 운반한다.
② 산소병을 뉘어서 운반한다.
③ 캡을 씌워서 운반한다.
④ 손의 보호를 위해 장갑을 낀다.

036 다음 중 가스용접 작업 시 가장 많이 발생되는 사고는?
① 가스누설에 의한 폭발
② 자외선에 의한 망막 손상
③ 누전에 의한 감전사고
④ 유해가스에 의한 중독

037 산소 용접 시 사용하는 조정기의 취급에 대한 설명 중 틀린 것은?
① 작업 중 저압계의 지시가 자연 증가 시 조정기를 바꾸도록 한다.
② 조정기는 정밀하므로 충격이 가해지지 않도록 한다.
③ 조정기의 수리는 전문가에 의뢰하여야 한다.
④ 조정기의 각부에 작동이 원활하도록 기름을 친다.

038 산소-아세틸렌 용접 시 역화의 원인으로 틀린 것은?
① 토치 팁이 과열되었을 때
② 토치에 절연장치가 없을 때
③ 사용가스의 압력이 부적당할 때
④ 토치 팁 끝이 이물질로 막혔을 때

039 가스용접 작업 시의 주의사항이 아닌 것은?
① 용기밸브는 천천히 열고 닫는다.
② 용접 전에 소화기 및 방화사를 준비한다.
③ 용접 전에 전격방지기 설치 유무를 확인한다.
④ 역화방지를 위하여 안전기를 사용한다.

040 아세틸렌 발생기 종류가 아닌 것은?
① 주수식
② 침지식
③ 투입식
④ 주입식

041 공조실에서 가스용접을 하던 중 산소 조정기에서 자연발화가 되었다. 그 원인은?
① 불똥이 조정기에 튀었을 때
② 직사광선을 받을 때
③ 급격히 용기밸브를 열었을 때
④ 산소가 새는 곳에 기름이 묻어 있을 때

042 산소 아세틸렌 용접장치에서 ㉠ 산소호스와 ㉡ 아세틸렌호스의 색깔로 맞는 것은?
① ㉠ 적색, ㉡ 흑색
② ㉠ 적색, ㉡ 녹색
③ ㉠ 녹색, ㉡ 적색
④ ㉠ 녹색, ㉡ 흑색

043 가스용접 작업의 안전사항에 해당되지 않는 것은?
① 기름 묻은 옷은 인화의 위험이 있으므로 입지 않도록 한다.
② 역화하였을 때에는 산소밸브를 좀더 연다.
③ 역화의 위험을 방지하기 위하여 역화 방지기를 사용하도록 한다.
④ 밸브를 열 때는 용기 앞에서 몸을 피하도록 한다.

[정답] 034 ② 035 ① 036 ① 037 ④ 038 ② 039 ③ 040 ④ 041 ④ 042 ③ 043 ②

044 산소용접 중 역화되었을 때 조치 방법으로 옳은 것은?
① 아세틸렌 밸브를 즉시 닫는다.
② 토치 속의 공기를 배출한다.
③ 팁을 청소한다.
④ 산소압력을 용접조건에 맞춘다.

045 아세틸렌의 누설검지법으로 가장 적당한 것은?
① 비눗물　　② 촛불
③ 산소　　　④ 프레온

046 가연성가스의 화재, 폭발을 방지하기 위한 대책으로 틀린 것은?
① 가연성가스를 사용하는 장치를 청소하고자 할 때는 지연성가스로 한다.
② 가스가 발생하거나 누설할 우려가 있는 실내에서는 환기를 충분히 시킨다.
③ 가연성가스가 존재할 우려가 있는 장소에서는 화기를 엄금한다.
④ 가스를 연료로 하는 연소설비에서는 점화하기 전에 누설유무를 반드시 확인한다.

047 다음 중 전기용접 시 발생하는 유해 광선은?
① 자외선　　　② 적외선
③ 레이저 광선　④ 감마선

048 용접작업 시 보안경은 매우 중요한 보호용구로 200~400A 미만의 아크용 절단 시 사용되는 차광번호는?
① 4　　　② 6~8
③ 9~10　④ 1.5~3

049 교류 용접 시 표시란에 AW200이라고 표시되어 있을 때 200은 무엇을 나타내는가?
① 정격 1차 전류값　② 정격 2차 전류값
③ 1차 전류 최대값　④ 2차 전류 최대값

050 교류 아크 용접기에서 감전을 방지하기 위해 전격방지기를 사용하는데 전격 방지기는 무엇을 조정하는가?
① 1차측 전류　② 2차측 전류
③ 1차측 전압　④ 2차측 전압

051 아크 용접작업 시 인적 피해로 볼 수 없는 것은?
① 감전으로 인한 사고
② 과대전류에 의한 용접기의 소손
③ 스패터 및 슬랙에 의한 화상
④ 유해가스에 의한 중독

052 아크용접작업 기구 중 보호구와 관계없는 것은?
① 용접용 보안면　② 용접용 앞치마
③ 용접용 홀더　　④ 용접용 장갑

053 전기용접 작업 시 주의사항 중 맞지 않는 것은?
① 눈 및 피부를 노출시키지 말 것
② 우천 시 옥외 작업을 가능한 하지 말 것
③ 용접이 끝나고 슬랙 작업 시 보안경과 장갑은 벗고 작업할 것
④ 홀더가 가열되면 자연적으로 열이 제거될 수 있도록 할 것

[정답] 044 ① 045 ① 046 ① 047 ① 048 ③ 049 ② 050 ④ 051 ② 052 ③ 053 ③

054 전기용접 작업할 때에 안전관리 사항 중 적합하지 않은 것은?
① 우천 시에는 옥외작업을 하지 않는다.
② 피 용접물은 완전히 접지시킨다.
③ 옥외용접 시에는 헬멧이나 핸드실드를 사용하지 않아도 된다.
④ 용접봉은 홀더로부터 빠지지 않도록 정확히 끼운다.

055 다음 중 교류 아크용접기의 감전방지장치로 옳은 것은?
① 접지
② 리밋트 스위치
③ 누전 차단기
④ 자동 전격 방지기

056 전기 용접 시 전격을 방지하는 방법으로 틀린 것은?
① 용접기의 절연 및 접지상태를 확실히 점검할 것
② 가급적 개로전압이 높은 교류용접기를 사용할 것
③ 장시간 작업 중지 때는 반드시 스위치를 차단시킬 것
④ 반드시 주어진 보호구와 복장을 착용할 것

> **해설**
> 개로전압을 필요 이상 높지 않게 하고, 자동 전격방지기를 설치 할 것

057 다음 전기 감전 방지법 중 틀린 것은?
① 홀더의 절연 커버가 파괴되었을 때에는 즉시 새것으로 교환한다.
② 습기가 있는 장갑, 작업복, 신발은 착용하지 않는다.
③ 접지 클램프는 용접물의 최대 위치에 연결한다.
④ 홀더에 용접봉을 꽂은 채 방치하지 않는다.

058 전기 용접기에 의한 감전사망의 위험성은 체내를 통과한 다음 어느 것에 의해서 결정되는가?
① 속도치
② 전류치
③ 수용치
④ 주행치

059 냉동장치에서 안전상 운전 중에 점검해야 할 중요사항에 해당되지 않는 것은?
① 흡입압력과 온도
② 유압과 유온
③ 냉각수량과 수온
④ 전동기의 회전 방향

060 냉동기 운전 중 토출압력이 높아져 안전장치가 작동하거나 냉매가 유출되는 사고 시 점검하지 않아도 되는 것은?
① 계통 내에 공기혼입 유무
② 응축기의 냉각수량, 풍량의 감소 여부
③ 응축기와 수액기간, 균압관의 이상 여부
④ 흡입관 여과기 막힘 유무

061 냉동기의 운전 중 점검해야 할 사항이 아닌 것은?
① 냉매누설 유무 확인
② 액압축 상태 확인
③ 벨트의 장력상태 확인
④ 윤활상태 및 유면 확인

[정답] 054 ③ 055 ④ 056 ② 057 ③ 058 ② 059 ④ 060 ④ 061 ③

062 보일러의 안전한 운전을 위하여 근로자에게 보일러의 운전방법을 교육하여 안전사고를 방지하여야 한다. 다음 중 교육내용에 해당되지 않는 것은?
① 가동 중인 보일러에는 작업자가 항상 정위치를 떠나지 아니할 것
② 압력방출장치·압력제한스위치·화염검출기의 설치 및 정상 작동 여부를 점검할 것
③ 압력방출장치의 개방된 상태를 확인할 것
④ 고저수위조절장치와 급수펌프와의 상호 기능 상태를 점검할 것

063 보일러 점화시 역화와 폭발을 방지하기 위해서 제일 먼저 조치해야 할 것은?
① 예열상태의 점검
② 급수밸브의 개방상태 점검
③ 댐퍼의 개방과 가스의 분출상태 점검
④ 과열기의 작동 점검

064 보일러 운전 중 가장 주시해야 할 사항으로 옳지 못한 것은?
① 연소상태   ② 수면
③ 압력   ④ 온도

065 보일러 연소장치에서의 역화 원인이 아닌 것은?
① 점화 시 착화가 늦어진 경우
② 압입통풍이 지나치게 큰 경우
③ 장치 내에 미연소가스가 체류할 경우
④ 연료보다 공기를 먼저 공급한 경우

066 다음 중 파열 사고의 원인이 아닌 것은?
① 고수위   ② 저수위
③ 압력초과   ④ 과열

067 보일러의 파열 사고 중 구조상의 결함에 의한 것이다. 다음 중 구조상의 결함에 해당되지 않는 것은?
① 취급 불량   ② 설계 불량
③ 재료 불량   ④ 공작 불량

068 다음 중 보일러 파열로 인하여 위험을 초래하는 현상과 관계없는 것은?
① 구조가 불량할 때
② 연료선택 부주의로 증발량이 높을 때
③ 구성재료가 불량할 때
④ 제한 압력을 초과해서 사용할 때

069 다음 중 매연 발생의 원인과 관계없는 것은?
① 통풍력이 부족하거나 과대할 때
② 연소실 온도가 높을 때
③ 연소실 용적이 작을 때
④ 공급된 연료와 공기가 잘 혼합이 안 될 때

070 보일러에 사용되는 압력계로 가장 널리 사용되는 것은?
① 진공 압력계   ② 부르동관 압력계
③ 공기 압력계   ④ 마노미터

071 보일러 수위가 낮아지는 원인에 해당되지 않는 것은?
① 급수계통의 이상   ② 분출계통의 누수
③ 증발량의 감소   ④ 환수배관의 누수

[정답] 062 ③ 063 ③ 064 ④ 065 ④ 066 ① 067 ① 068 ② 069 ② 070 ② 071 ③

072 가스보일러의 점화전 주의사항 중 연소실 용적의 약 몇 배 이상의 공기량을 보내어 충분히 환기를 행해야 하는가?
① 2
② 4
③ 6
④ 8

073 가스 보일러 점화 시 주의사항 중 맞지 않는 것은?
① 연소실 내의 용적 4배 이상의 공기로 충분히 환기를 행할 것
② 점화는 3~4회로 착화될 수 있도록 할 것
③ 갑작스런 실화 시에는 연료공급을 즉시 차단할 것
④ 점화 버너의 스파크 상태가 정상인가 확인할 것

074 기수 공발(carry over)이란 무엇인가?
① 수면에서 많은 거품이 생기는 현상
② 증기와 함께 물방울이 수면에서 튀어오르는 현상
③ 증기에 물방울이 혼입되어 운반되는 현상
④ 응축수가 증기의 유속으로 관 내벽을 치는 현상

075 보일러 버너 연소시 방폭문을 설치하는 이유는 무엇인가?
① 연소의 촉진
② 역화로 인한 폭발의 방지
③ 연료 절약
④ 화염의 검출

076 보일러 점화 전에 프리퍼지를 해야 하는 이유는 무엇인가?
① 통풍력을 조절하기 위하여
② 가스폭발을 방지하기 위하여
③ 연소효율을 좋게 하기 위하여
④ 점화를 용이하게 하기 위하여

077 사용 중인 보일러의 점화 전 일반 준비사항으로 옳지 않은 것은?
① 수면계 수위를 확인할 것
② 압력계 기능을 확인할 것
③ 연료가 석탄일 경우에는 오일펌프와 프리히터를 작동시킬 것
④ 댐퍼, 안전밸브, 급수 장치를 조절할 것

078 보일러의 점화 시에는 노내 가스 폭발과 저수위 사고가 일어나기 쉽기 때문에 점검준비를 완전하게 해야한다. 점검사항 중 틀린 것은?
① 통풍장치 점검
② 연소장치 점검
③ 급수계통 점검
④ 보일러통 내 스케일 점검

079 보일러 사용 중에 돌연히 비상사태가 발생해서 긴급하게 운전정지를 하지 않으면 안 된다고 판단했을 때의 순서로 맞는 것은?

[보 기]
㉠ 연료의 공급을 중지한다.
㉡ 연소용 공기공급을 중지한다.
㉢ 댐퍼는 개방한 채로 두고 취출송풍을 가한다.
㉣ 급수를 시킬 필요가 있을 때는 급수를 보내고 수위 유지를 도모한다.
㉤ 주증기밸브를 닫는다.

① ㉠ - ㉡ - ㉢ - ㉣ - ㉤
② ㉠ - ㉡ - ㉣ - ㉢ - ㉤
③ ㉠ - ㉡ - ㉤ - ㉣ - ㉢
④ ㉠ - ㉡ - ㉤ - ㉢ - ㉣

[정답] 072 ② 073 ② 074 ③ 075 ② 076 ② 077 ③ 078 ④ 079 ③

080 증기 보일러에는 몇 개 이상의 안전밸브를 설치해야 되는가?
① 1 ② 2
③ 3 ④ 4

081 보일러의 안전수위에 대한 설명 중 올바른 것은?
① 사용 중 유지해야 할 최고 수면
② 사용 중 유지해야 할 최저 수면
③ 사용 중 유지해야 할 중간 수면
④ 최고 부하 시 유지해야 할 적정 수위

082 보일러 사고원인 중 취급상의 원인이 아닌 것은?
① 저수위 ② 압력초과
③ 구조불량 ④ 급수처리 불량

083 보일러 취급자의 부주의로 인하여 생기는 사고 원인은?
① 구조상의 결함 ② 증기 발생 압력과다
③ 재료의 부적당 ④ 설계상의 결함

084 보일러 취급 시 주의사항이다. 옳지 않은 것은?
① 보일러의 수면계 수위는 중간 위치를 기준 수위로 한다.
② 점화 전에 미연소가스를 방출시킨다.
③ 연료계통의 누설 여부를 수시로 확인한다.
④ 보일러 저부의 침전물 배출은 부하가 가장 클 때 하는 것이 좋다.

085 보일러 내부의 수위가 내려가 과열되었을 때 응급조치 사항 중 타당하지 않는 것은?

① 보일러의 운전을 정지시킬 것
② 급수밸브를 열어 급히 다량의 물을 공급할 것
③ 댐퍼 및 재를 받는 곳의 문을 닫을 것
④ 연료의 공급밸브를 중지하고 댐퍼와 1차 공기의 입구를 차단할 것

086 보일러 점화 직전 운전원이 반드시 제일 먼저 점검해야 할 사항은?
① 공기온도 측정
② 보일러 수위 확인
③ 연료의 발열량 측정
④ 연소실의 잔류가스 측정

087 보일러가 부식하는 원인으로 부적당한 것은?
① 보일러수가 pH가 저하
② 수중에 함유된 산소의 작용
③ 수중에 함유된 암모니아의 작용
④ 수중에 함유된 탄산가스의 작용

088 보일러의 수위는 수면계의 어느 정도가 적당한가?
① 1/4 ② 1/2
③ 1/3 ④ 1/5

089 공구와 그 사용법을 바르게 연결한 것은?
① 바이스 – 암나사 내기
② 그라인더 – 공작물 연마
③ 리머 – 공작물을 고정
④ 핸드 탭 – 구멍 내면 다듬질

> **해설**
> ① 바이스 : 공작물 고정 ③ 리머 : 구멍 내면 다듬질
> ④ 핸드 탭 : 암나사 내기

[정답] 080 ② 081 ② 082 ③ 083 ② 084 ④ 085 ② 086 ② 087 ③ 088 ② 089 ②

090 다음 중 공구별 역할을 바르게 나타낸 것은?
① 펀치 : 목재나 금속을 자르거나 다듬는다.
② 니퍼 : 금속편을 물려서 잡고 구부리고 당긴다.
③ 스패너 : 볼트나 너트를 조이고 푸는 데 사용한다.
④ 소켓렌치 : 금속이나 가스켓류 등에 구멍을 뚫는다.

091 관 작업 공구 사용 시의 사항 중 맞지 않는 것은?
① 파이프 리머(pipe reamer) 사용 시 관 안쪽에 생기는 거스러미 제거 시 손가락에 주의해야 한다.
② 스패너 사용 시 볼트에 적합한 것을 사용해야 한다.
③ 쇠톱 절단 시 당기면서 절단한다.
④ 리드형 나사절삭기 사용시 죠(jaw)부분을 렌치로 고정시킨 다음 작업에 임한다.

092 해머 작업 시 안전작업에 위배되는 것은?
① 장갑을 끼지 않고 작업
② 해머 작업 중에는 해머 상태 확인
③ 해머 공동작업은 호흡을 맞출 것
④ 열처리된 것은 강하게 때릴 것

093 정 작업을 할 때 강하게 때려서는 안 될 경우는 어느 때인가?
① 전 작업에 걸쳐
② 작업 중간과 끝에
③ 작업 처음과 끝에
④ 작업 처음과 중간에

094 다음은 렌치나 스패너 사용법을 기입한 것이다. 적합하지 않은 것은?
① 해머 대용으로 사용하지 않는다.
② 너트에 맞는 것을 사용한다.
③ 파이프 렌치를 사용할 때는 정지 장치를 확실히 한다.
④ 스패너나 렌치는 뒤를 밀어서 돌려야 한다.

095 수공구 사용방법 중 옳은 것은?
① 스패너는 깊이 물리고 바깥쪽으로 밀면서 풀고 죈다.
② 정작업 시 끝날 무렵에는 힘을 빼고 천천히 타격한다.
③ 쇠톱 작업 시 톱날을 고정한 후에는 재조정을 하지 않는다.
④ 장갑을 낀 손이나 기름 묻은 손으로 해머를 잡고 작업해도 된다.

096 다음 드릴 작업 중 유의할 사항으로 틀린 것은?
① 작은 공작물이라도 바이스나 크램을 사용한다.
② 드릴이나 소켓을 척에서 해체시킬 때에는 해머를 사용한다.
③ 가공 중 드릴절삭 부분에 이상음이 들리면 작업을 중지하고 드릴을 바꾼다.
④ 드릴의 착탈은 회전이 멈춘 후에 한다.

097 다음은 줄을 사용할 때의 주의점 중 틀린 것은?
① 반드시 자루를 끼워서 사용할 것
② 해머 대용으로 사용하지 말 것
③ 땜질한 줄은 부러지기 쉬우므로 사용하지 말 것
④ 줄의 눈이 막힌 것은 손으로 털어 사용할 것

[정답] 090 ③ 091 ③ 092 ④ 093 ③ 094 ④ 095 ② 096 ② 097 ④

098 공구의 취급에 관한 설명 중 옳지 않은 것은?
① 드라이버에 망치질을 하여 충격을 가할 때에는 관통 드라이버를 사용하여야 한다.
② 손망치는 타격의 세기에 따라 적당한 무게의 것을 골라서 사용하여야 한다.
③ 나사 다이스는 구멍에 암나사를 내는 데 쓰고, 핸드탭은 암나사를 내는 데 사용한다.
④ 파이프 렌치의 입에는 이가 있어 상처를 주기 쉬우므로 연질 배관에는 사용하지 않는다.

099 쇠톱틀과 톱날을 이용하여 각재를 절단할 때의 요령 중 옳지 않은 것은?
① 각재와 톱날 간의 절삭속도는 5~15°로 한다.
② 밀 때에는 힘을 주고 당길 때는 힘을 주지 않는다.
③ 적당량 절삭 후 방향을 바꾸어가며 절단한다.
④ 톱날의 왕복횟수는 분당 50~60회가 알맞다.

100 공조실에서 파이프 배관작업 시 수동용 나사절삭기를 사용하여 나사작업할 경우 가장 많이 상처입는 신체 부분은?
① 손가락부분
② 발부분
③ 팔부분
④ 허벅지부분

101 장갑을 끼고 할 수 있는 작업은?
① 연삭작업
② 드릴작업
③ 판금작업
④ 밀링작업

102 다음은 드릴작업에 대한 내용이다. 틀린 것은?
① 드릴 회전 시에는 테이블을 조정하지 않는다.
② 드릴을 끼운 후에 척 렌치를 반드시 뺀다.
③ 전기드릴을 사용할 때에는 반드시 접지(earth)시킨다.
④ 공작물을 손으로 고정 시는 반드시 장갑을 낀다.

103 수공구 작업에서 재해를 가장 많이 입는 신체 부위는?
① 손
② 머리
③ 눈
④ 다리

104 공구취급 안전관리 내용 중 작업 시 해야 할 안전수칙에 위배되는 것은?
① 손잡이가 빠졌을 때에는 조심하여 끼운다.
② 절삭분은 브러시로 제거한다.
③ 줄은 경도가 높고 취설이 커서 잘 부러지므로 충격을 주지 않는다.
④ 줄 작업의 높이는 작업자의 어깨높이로 하는 것이 좋다.

105 그라인더 작업의 안전수칙에 위배되는 것은?
① 숫돌차의 옆면에 붙여있는 종이는 떼어 내어 측면을 사용하도록 한다.
② 그라인더 커버가 없는 것은 사용을 금한다.
③ 연마할 때는 너무 강하게 누르지 말고 가볍게 접촉시킨다.
④ 숫돌은 작업시작 전에 결함유무를 확인한다.

106 연삭작업 시 유의 사항으로 옳지 않은 것은?
① 숫돌바퀴에 균열이 있는가 확인한다.
② 보호안경을 써야 한다.
③ 연삭숫돌 작업 시는 작업 시작 전에 15분 이상 시운전을 한 후 이상이 없을 때 작업한다.
④ 회전하는 숫돌에 손을 대지 않는다.

> **해설**
> 숫돌은 작업 개시 전 1분 이상, 숫돌 교환 후 3분 이상 시운전한다.

[정답] 098 ③ 099 ③ 100 ① 101 ① 102 ④ 103 ① 104 ④ 105 ① 106 ③

107 공기압축기를 가동하는 때의 시작전 점검사항에 해당되지 않은 것은?
① 공기저장 압력용기의 외관상태
② 드레인밸브의 조작 및 배수
③ 압력방출장치의 기능
④ 비상정지장치 및 비상하강방지장치 기능의 이상유무

> **해설**
> 비상정지장치 및 비상하강방지장치 기능의 이상 유무 : 고소작업대를 사용하여 작업을 하는 때 사전 점검사항

108 컨베이어 등을 사용하여 작업할 때 작업 시작 전 점검사항이다. 해당되지 않는 것은?
① 원동기 및 풀리 기능의 이상 유무
② 이탈 등의 방지장치기능의 이상 유무
③ 비상정지장치 기능의 이상 유무
④ 작업면의 기울기 또는 요철 유무

> **해설**
> 고소작업대를 사용하여 작업을 하는 때
> ㉠ 비상정지장치 및 비상하강방지장치 기능의 이상 유무
> ㉡ 과부하방지장치의 작동 유무(와이어로프 또는 체인구동방식의 경우)
> ㉢ 아웃트리거 또는 바퀴의 이상 유무
> ㉣ 작업면의 기울기 또는 요철 유무

109 화물을 벨트, 로울러 등을 이용하여 연속적으로 운반하는 컨베이어의 방호장치에 해당되지 않는 것은?
① 이탈 및 역주행 방지장치
② 비상정지장치
③ 덮개 또는 울
④ 권과방지장치

110 크레인의 방호장치로서 와이어로프가 후크에서 이탈하는 것을 방지하는 장치는?
① 과부하방지장치
② 권과방지장치
③ 비상정지장치
④ 해지장치

> **해설**
> 해지장치 : 와이어로프가 후크에서 이탈하는 것을 방지하는 장치

111 중량물을 운반하기 위하여 크레인을 사용하고자 한다. 크레인의 안전한 사용을 위해 지정거리에서 권상을 정지시키는 방호장치는?
① 과부하방지장치   ② 권과방지장치
③ 비상정지장치   ④ 해지장치

> **해설**
> 권과방지장치 : 크레인이 지정거리에서 권상을 정지시키는 방호장치

112 구내 운반차를 사용하여 운반작업을 하고자 한다. 사전 점검사항에 해당되지 않는 것은?
① 제동장치 및 조정장치 기능의 이상 유무
② 바퀴의 이상 유무
③ 와이어로프 등의 이상 유무
④ 충전장치를 포함한 홀더 등의 결합상태의 이상 유무

113 접지공사의 목적으로 올바른 것은?
① 전류변동방지, 전압변동방지, 절연저하방지
② 절연저하방지, 화재방지, 전압변동방지
③ 화재방지, 감전방지, 기기손상방지
④ 감전방지, 전압변동방지, 화재방지

[정답] 107 ④ 108 ④ 109 ④ 110 ④ 111 ② 112 ③ 113 ③

114 전기 스위치 조작시 오른손으로 해야 하는 이유는?
① 심장에 전류가 직접 흐르지 않도록 하기 위하여
② 작업을 손쉽게 하기 위하여
③ 스위치 개폐를 신속히 하기 위하여
④ 스위치 조작 시 많은 힘이 필요하므로

> **해설**
> 통전경로가 양손(왼손과 오른손) 사이가 될 때 심장이 가운데 있어서 제일 위험할 것 같으나 전류는 저항이 적은 표피쪽으로 흐르고 신체 내부에 있는 심장부위 경로는 거리관계상 저항이 약간 많은 분포가 되므로 전류가 적게 흐르게 된다.

115 전기 사고 중 감전의 위험인자를 설명한 것이다. 이 중 옳지 않은 것은?
① 전류량이 클수록 위험하다.
② 통전시간이 길수록 위험하다.
③ 심장에 가까운 곳에서 통전되면 위험하다.
④ 인체에 습기가 없으면 저항이 감소하여 위험하다.

116 다음 중 합선 위험의 요소에 해당되지 않는 것은?
① 방전전류의 크기
② 통전경로
③ 통전 시 전선의 굵기
④ 통전전류의 종류

117 감전의 위험성에 대한 내용으로 틀린 것은?
① 통전의 위험도에서 전기 기구는 오른손으로 사용하는 것보다는 왼손으로 사용하는 것이 안전하다.
② 저압 전기라도 인체에 흐르는 전류의 양이 크면 위험하므로 조심해야 한다.
③ 전압이 동일한 경우 교류는 직류보다 위험하며 교류인 경우 주파수에 따라 위험성이 다르다.
④ 감전은 전류의 크기, 통전시간, 통전경로, 전원의 종류에 따라 그 위험성이 결정된다.

118 감전사고와 관계없는 것은?
① 인체의 저항
② 인체에 가해지는 전압
③ 기기의 전격전류
④ 인체에 흐르는 전류

119 다음 중 계절적으로 전기감전 사고가 가장 많은 계절은?
① 봄
② 여름
③ 가을
④ 겨울

120 2개 이상의 전선이 서로 접촉되어 폭음과 함께 녹아 버리는 현상은?
① 혼촉
② 단락
③ 누전
④ 지락

121 전기 기구에 사용하는 퓨즈(Fuse)의 재료로 부적당한 것은?
① 납
② 주석
③ 아연
④ 구리

122 전류의 값이 고통의 한계값을 넘어 더욱 증가하게 되면 통전경로의 근육이 수축현상을 일으키며 신경이 마비된다. "신체의 운동을 자유롭게 할 수 없는 마비한계"의 전류는 몇 mA 정도인가?
① 1
② 7~8
③ 10~15
④ 20~40

[정답] 114 ① 115 ④ 116 ③ 117 ① 118 ③ 119 ② 120 ② 121 ④ 122 ④

123 전기용 고무장갑은 몇 V 이하의 전기회로 작업에서의 감전 방지를 위해 사용하는 보호구인가?
① 7000V ② 12000V
③ 17000V ④ 20000V

124 다음 중 감전 시 조치사항 중 잘못된 것은?
① 병원에 연락한다.
② 감전된 사람의 발을 잡아 도전체에서 떼어낸다.
③ 부근에 스위치가 있으면 즉시 끈다.
④ 전원의 식별이 어려울 때는 즉시 전기부서에 연락한다.

125 정전기의 예방 대책으로 적당하지 않은 것은?
① 설비 주변에 적외선을 쪼인다.
② 설비 주변의 공기를 가습한다.
③ 설비의 금속 부분을 접지한다.
④ 설비에 정전기 발생 방지 도장을 한다.

126 다음 중 정전기 방전의 종류가 아닌 것은?
① 불꽃 방전 ② 연면 방전
③ 분기 방전 ④ 코로나 방전

> **해설**
> 정전기 방전은 주로 대기 중에 발생하는 기중방전과 대전물체 표면을 따라 발생하는 연면방전으로 대별되며, 기중방전에는 코로나방전, 브러쉬방전, 불꽃방전이 있다.

127 다음 중 연소의 3요소가 맞는 것은?
① 가연물, 산소공급원, 열
② 가연물, 산소공급원, 빛
③ 가연물, 산소공급원, 공기
④ 가연물, 산소공급원, 점화원

128 연소에 미치는 영향으로 잘못 설명된 것은?
① 온도가 높을수록 연소속도가 빨라진다.
② 입자가 작을수록 연소속도가 빨라진다.
③ 촉매가 작용하면 연소속도가 빨라진다.
④ 산화되기 어려운 물질일수록 연소속도가 빨라진다.

129 연소의 위험과 인화점, 착화점의 관계가 잘못된 것은?
① 인화점이 낮을수록, 연소의 위험이 크다.
② 착화점이 높을수록, 연소의 위험이 크다.
③ 산소농도가 높을수록, 연소의 위험이 크다.
④ 연소범위가 넓을수록, 연소의 위험이 크다.

130 다음 빈칸에 알맞는 말로 연결된 것은?

> 외부의 점화원에 의해서 인화될 수 있는 최저의 온도를 (㉠)이라 하고, 외부의 직접적인 점화원이 없이 축적에 의하여 발화되고 연소가 일어나는 최저의 온도를 (㉡)이라 한다.

① ㉠ 누전, ㉡ 지락
② ㉠ 지락, ㉡ 누전
③ ㉠ 인화점, ㉡ 발화점
④ ㉠ 발화점, ㉡ 인화점

131 휘발유, 벤젠 등 액상 또는 기체상의 연료성 화재는 무슨 화재로 분류되는가?
① A급 ② B급
③ C급 ④ D급

[정답] 123 ① 124 ② 125 ① 126 ③ 127 ④ 128 ④ 129 ② 130 ③ 131 ②

132 목재화재 시에는 물을 소화제로 이용하는데 주된 소화효과는?
① 제거 효과
② 질식 효과
③ 냉각 효과
④ 억제 효과

133 소화제로 물을 사용하는 이유로 가장 적당한 것은?
① 산소를 잘 흡수하기 때문에
② 증발잠열이 크기 때문에
③ 연소하지 않기 때문에
④ 산소와 가열물질을 분리시키기 때문에

134 소화효과에 대한 설명으로 잘못된 것은?
① 산소 공급 차단은 제거 효과이다.
② 물을 사용하는 소화는 냉각 효과이다.
③ 불연성 가스를 사용하는 것은 질식 효과이다.
④ 할로겐 및 알칼리 금속을 첨가하여 불활성화시키는 것은 억제 효과이다.

135 다음 중 전기로 인한 화재 발생시의 소화물로서 가장 알맞은 것은?
① 모래
② 포말
③ 물
④ 탄산가스(CO_2)

136 B급 화재(유류)에 가장 적합한 소화기는?
① 산알칼리 소화기
② 강화액 소화기
③ 포말 소화기
④ 방화수

137 다음 중 A, B, C급 화재에 공용으로 사용하는 소화기로 적당한 것은?
① 포말소화기
② 분말소화기
③ 수용액(물)
④ 건조사(모래)

138 연료계통의 화재 발생 시 가장 적합한 소화작업에 해당되는 것은?
① 물을 붓는다.
② 산소를 공급해 준다.
③ 점화원을 차단한다.
④ 가연성 물질을 차단한다.

139 화상을 당했을 때 응급처치로 적당한 것은?
① 곧바로 잉크를 바른다.
② 곧바로 머큐롬을 바른다.
③ 곧바로 찬물에 담갔다가 아연화연고를 바른다.
④ 곧바로 위생붕대로 환부를 감고 찬물을 살포한다.

[정답] 132 ③ 133 ② 134 ① 135 ④ 136 ③ 137 ② 138 ④ 139 ③

PART 5

자재관리

01_배관재료
02_배관공작
03_배관도시법
04_측정기 관리

PART 5. 자재관리

배관재료

1. 배관의 재질에 따른 분류

① 철금속관 : 강관, 주철관, 스테인리스강관
② 비철금속관 : 동관, 연(납)관, 알루미늄관
③ 비금속관 : PVC관, PB관, PE관, PPC관, 원심력 철근콘크리트관(흄관), 석면시멘트관(에터니트관), 도관 등

2. 배관의 구비조건

① 관 내 흐르는 유체의 화학적 성질
② 관 내 유체의 사용압력에 따른 허용압력(최고사용압력)
③ 유체의 온도에 따른 열 영향
④ 유체의 부식성에 따른 내식성
⑤ 열팽창에 따른 신축흡수
⑥ 관의 외압에 따른 영향 및 외부 환경조건
⑦ 관의 중량과 수송조건 등

3. 배관의 종류

1 강관(steel pipe)

강관은 일반적으로 건축물, 공장, 선박 등의 급수, 급탕, 냉난방, 증기, 가스배관 외에 산업설비에서의 압축 공기관, 유압배관 등 각종 수송관으로 또는 일반 배관용으로 광범위하게 사용된다.

(1) 제조방법에 의한 분류
① 이음매 없는 강관(seamless pipe) ② 단접관
③ 전기저항 용접관 ④ 아크용접관

(2) 재질상 분류

① 탄소강 강관   ② 합금강 강관   ③ 스테인리스 강관

(3) 강관의 특징

① 연관, 주철관에 비해 가볍고 인장강도가 크다.
② 관의 접합방법이 용이하다.
③ 내충격성 및 굴요성이 크다.
④ 주철관에 비해 내압성이 양호하다.

(4) 강관의 종류와 용도

종류	KS명칭	KS규격	사용온도	사용압력	용도 및 기타사항
배관용	(일반)배관용 탄소강관	SPP	350℃ 이하	10kg/cm² (1MPa) 이하	사용압력이 낮은 증기, 물 기름, 가스 및 공기 등의 배관용으로 일명 가스관이라 하며 아연(Zn) 도금 여부에 따라 흑강관과 백강관(400g/m²)으로 구분된다. 25kg/cm²의 수압시험에 결함이 없어야 하고 인장강도는 30kg/mm² 이상이어야 한다. 1본(本)의 길이는 6m이며 호칭지름 6~500A까지 24종이 있다.
	압력배관용 탄소강관	SPPS	350℃ 이하	10~100kg/cm² (1~10MPa) 이하	증기관, 유압관, 수압관 등의 압력배관에 사용, 호칭은 관 두께(스케줄 번호)에 의하며 호칭지름 6~500A(25종)
	고압배관용 탄소강관	SPPH	350℃ 이하	100kg/cm² (10MPa) 이상	화학공업 등의 고압배관용으로 사용, 호칭은 관 두께(스케줄 번호)에 의하며 호칭지름 6~500A (25종)
	고온배관용 탄소강관	SPHT	350℃ 이상	–	과열증기를 사용하는 고온배관용으로 호칭은 호칭지름과 관 두께(스케줄 번호)에 의함
	저온배관용 탄소강관	SPLT	0℃ 이하	–	물의 빙점 이하의 석유화학공업 및 LPG, LNG, 저장탱크배관 등 저온배관용으로 두께는 스케줄 번호에 의함
	배관용 아크용접 탄소강관	SPW	350℃ 이하	10kg/cm² (1MPa) 이하	SPP와 같이 사용압력이 비교적 낮은 증기, 물, 기름, 가스 및 공기 등의 대구경 배관용으로 호칭지름 350~2,400A(22종), 외경×두께
	배관용 스테인리스강관	STS	-350~350℃	–	내식성, 내열성 및 고온배관용, 저온배관용에 사용하고 두께는 스케줄 번호에 의하며 호칭지름 6~300A
	배관용 합금강관	SPA	350℃ 이상	–	주로 고온의 배관용으로 두께는 스케줄번호에 의하며 호칭지름 6~500A
수도용	수도용 아연도금강관	SPPW	–	정수두 100m 이하	SPP에 아연도금(550g/m²)를 한 것으로 급수용으로 사용하나 음용수배관에는 부적당하며 호칭지름 6~500A
	수도용 도복장강관	STPW	–	정수두 100m 이하	SPP 또는 아크용접 탄소강관에 아스팔트나 콜타르, 에나멜을 피복한 것으로 수도용으로 사용하며 호칭지름 80~1,500A(20종)

종류	KS명칭	KS규격	사용온도	사용압력	용도 및 기타사항
열전달용	보일러 열교환기용 탄소강관	STH	-	-	관의 내외에서 열교환을 목적으로 보일러의 수관, 연관, 과열관, 공기예열관, 화학공업이나 석유공업의 열교환기, 콘덴서관, 촉매관, 가열로관 등에 사용, 두께 1.2~12.5mm, 관 지름 15.9~139.8mm
	보일러 열교환기용 합금강강관	STHB(A)	-	-	
	보일러 열교환기용 스테인리스강관	STS×TB	-	-	
	저온 열교환기용강관	STLT	-350~0℃	15.9~139.8mm	빙점 이하의 특히 낮은 온도에 있어서 관의 내외에서 열교환을 목적으로 열교환기관, 콘덴서관에 사용
구조용	일반구조용 탄소강관	SPS	-	21.7~1,016mm	토목, 건축, 철탑, 발판, 지주, 비계, 말뚝, 기타의 구조물에 사용, 관 두께 1.9~16.0mm
	기계구조용 탄소강관	SM	-	-	기계, 항공기, 자동차, 자전거, 가구, 기구 등의 기계부품에 사용
	구조용 합금강강관	STA	-	-	자동차, 항공기, 기타의 구조물에 사용

(5) 스케줄 번호(schedule no) : 관의 두께를 표시

$$Sch-No = \frac{P}{S} \times 10$$

P : 최고사용압력(kg/cm^2)
S : 허용응력(kg/mm^2) = 인장강도/안전율(4)

참고
스케줄 번호(Sch-No)는 5S, 10S, 20S, 40S, 80S, 120S, 160S 등이 있다.

(6) 강관의 표시방법

강관의 표시방법은 다음과 같고 관 끝면의 형상은 300A 이하는 PE(plain end)로 하고 350A 이상에서는 PE를 표준으로 하고 있으나, 주문자의 요구에 의해 BE(beveled end)로 할 수 있다.

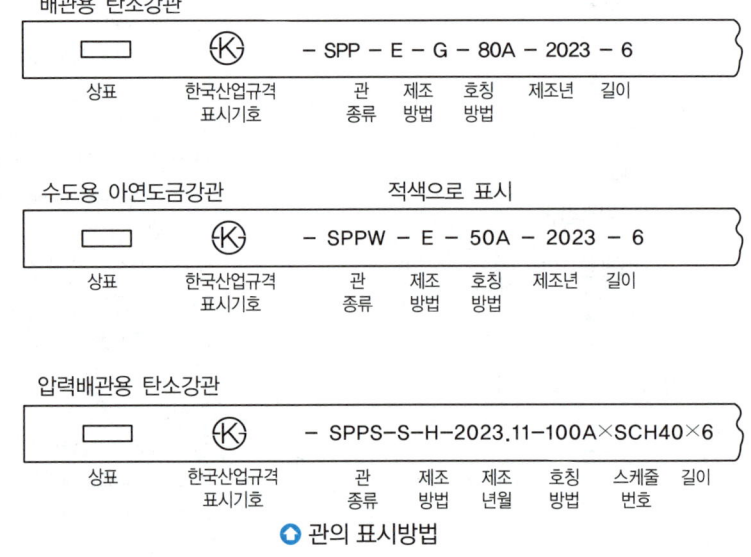

◐ 관의 표시방법

● 제조방법에 따른 기호

기호	용도	기호	용도
E	전기저항 용접관	E-C	냉간가공 전기저항용접관
B	단접관	A-C	냉간가공 아크 용접관
A	아크용접관	S-C	냉간가공 이음매 없는 관
S-H	열간가공 이음매 없는 관	E-G	열간가공·냉간가공 이외의 전기저항용접관
E-H	열간가공 전기저항용접관		

2 주철관(cast iron pipe)

주철관은 순철에 탄소가 일부 함유되어 있는 것으로 내압성, 내마모성이 우수하고 특히, 강관에 비하여 내식성, 내구성이 뛰어나 수도용 급수관(수도본관), 가스 공급관, 광산용 양수관, 화학공업용 배관, 통신용 지하 매설관, 건축설비 오배수 배관 등에 광범위하게 사용한다.

(1) 제조방법에 의한 분류
① 수직법 : 주형을 관의 소켓 쪽 아래로 하여 수직으로 세우고 용선을 부어 제조
② 원심력법 : 금형을 회전시키면서 쇳물을 부어 제조

(2) 재질상 분류
① 보통 주철관 : 내구성과 내마모성은 고급 주철관과 같으나 외압이나 충격에 약하고 무름
② 고급 주철관 : 주철 중의 흑연함량을 적게 하고 강성을 첨가하여 금속조직을 개선한 것으로 기계적 성질이 좋고 강도가 크다.
③ 구상흑연(덕타일) 주철관 : 양질의 선철에 강을 배합한 것으로 주철 중의 흑연을 구상화(球狀化)시켜서 질이 균일하고 치밀하며 강도가 크다.

(3) 압력에 따른 분류
① 고압관 : 정수두 100mH$_2$O 이하
② 보통압관 : 정수두 75mH$_2$O 이하
③ 저압관 : 정수두 45mH$_2$O 이하

(4) 주철관의 특징
① 내구력이 크다.
② 내식성이 커 지하 매설 배관에 적합하다.
③ 다른 배관에 비해 압축강도가 크나 인장에 약하다.(취성이 크다.)
④ 충격에 약해 크랙(creak)의 우려가 있다.
⑤ 압력이 낮은 저압(7~10kg/cm^2 정도)에 사용한다.

3 스테인리스 강관(stainless steel pipe)

상수도의 오염으로 배관의 수명이 짧아지고 부식의 우려가 있어 스테인리스강관의 이용도가 증가하고 있다.

(1) 스테인리스 강관의 종류
① 배관용 스테인리스 강관(STS○○○TP, KS D 3576)
② 보일러, 열교환기용 스테인리스 강관(STS○○○TB, KS D 3577)
③ 위생용 스테인리스 강관(STS○○○TBS, KS D 3585)
④ 배관용 아크용접 대구경 스테인리스 강관(STS○○○TPY, KS D 3588)
⑤ 일반 배관용 스테인리스 강관(STS○○○TPD, KS D 3595)
⑥ 스테인리스제 주름관(FMP, KS D 3628)
⑦ 기계 구조용 스테인리스 강관(STS○○○TK, KS D 3536)

(2) 스테인리스 강관의 특징
① 내식성이 우수하고 위생적이다.
② 강관에 비해 기계적 성질이 우수하다.
③ 두께가 얇아 가벼워서 운반 및 시공이 용이하다.
④ 저온에 대한 충격성이 크고 한랭지 배관이 가능하다.
⑤ 나사식, 용접식, 몰코식, 플랜지이음 등 시공이 용이하다.

4 동관(copper pipe)

동은 전기 및 열전도율이 좋고 내식성이 뛰어나며 전연성이 풍부하고 가공도 용이하다. 판, 봉, 관 등으로 제조되어 전기재료, 열교환기, 급수관, 급탕관, 냉매관, 연료관 등 널리 사용되고 있다.

(1) 동관의 분류

구분	종류	비고
사용된 소재에 따른 분류	인탈산 동관	일반 배관재로 사용
	터프피치 동관	순도 99.9% 이상으로 전기기기 재료
	무산소 동관	순도 99.96% 이상
	동합금관	용도 다양
질별 분류	연질(O)	가장 연하다
	반연질(OL)	연질에 약간의 경도 강도 부여
	반경질(1/2H)	경질에 약간의 연성 부여
	경질(H)	가장 강하다
두께별 분류	K-type	가장 두껍다
	L-type	두껍다.
	M-type	보통
	N-type	얇은 두께(KS 규격은 없음)

구분	종류	비고
용도별 분류	워터 튜브(순동제품)	일반적인 배관용(물에 사용)
	ACR 튜브(순동제품)	열교환용 코일(에어콘, 냉동기)
	콘덴서 튜브(동합금 제품)	열교환기류의 열교환용 코일
형태별 분류	직관(15~150A=6m), 200A 이상=3m)	일반 배관용
	코일(L/W : 300mm B/C : 50, 70, 100m P/C=15, 30m)	상수도, 가스 등 장거리 배관
	PMC-808	온돌난방 전용

(2) 동관의 특징
① 전기 및 열전도율이 좋아 열교환용으로 우수하다.
② 전·연성 풍부하여 가공이 용이하고 동파의 우려가 적다.
③ 내식성 및 알카리에 강하고 산성에는 약하다.
④ 무게가 가볍고 마찰저항이 적다.
⑤ 외부충격에 약하고 가격이 비싸다.
⑥ 아세톤, 에테르, 프레온가스, 휘발유 등 유기약품에 강하다.

5 연관(lead pipe)

일명 납(Pb)관이라 하며, 연관은 용도에 따라 1종(화학공업용), 2종(일반용), 3종(가스용)으로 나눈다.

6 알루미늄관(Al관)

은백색을 띠는 관으로 구리 다음으로 전기 및 열전도성이 양호하며 전연성이 풍부하여 가공이 용이하다. 건축재료 및 화학공업용 재료로 널리 사용되고 알루미늄은 알칼리에는 약하고 해수, 염산, 황산, 가성소다 등에 약하다.

7 합성수지관(plastic pipe)

합성수지관은 석유, 석탄, 천연가스 등으로부터 얻어지는 에틸렌, 프로필렌, 아세틸렌, 벤젠 등을 원료로 만들어진 관이다.

(1) 경질염화비닐관(PVC, poly viny-chloride pipe)
염화비닐을 주원료로 압축가공하여 제조한 관으로 다양하게 사용된다.
① 장점
  ㉠ 내식성이 크고 산·알카리, 해수(염류) 등의 부식에도 강하다.
  ㉡ 가볍고 운반 및 취급이 용이하며 기계적 강도가 높다.
  ㉢ 전기절연성이 크고 마찰저항이 적다.
  ㉣ 가격이 싸고 가공 및 시공이 용이하다.
② 단점
  ㉠ 열가소성수지이므로 열에 약하고 180℃ 정도에서 연화된다.

ⓒ 저온에서 특히 약하다.(저온취성이 크다.)
　　ⓒ 용제 및 아세톤 등에 약하다.
　　ⓔ 충격강도가 크고 열팽창이 커 신축이 유의한다.

(2) 폴리에틸렌관(PE관, poly-ethylene pipe)
에틸렌에 중합체, 안전체를 첨가하여 압출 성형한 관으로 화학적, 전기적 절연 성질이 염화비닐관보다 우수하고 내충격성이 크고 내한성이 좋아 −60℃에서도 취성이 나타나지 않아 한냉지 배관으로 적합하나 인장강도가 작다.

(3) 폴리부틸렌관(PB관 : poly-buthylene pipe)
폴리부틸렌관은 강하고 가벼우며, 내구성 및 자외선에 대한 저항성, 화학작용에 대한 저항 등이 우수하여 온수온돌의 난방배관, 음용수 및 온수배관, 농업 및 원예용배관, 화학배관 등에 사용된다. 나사 및 용접배관을 하지 않고 관을 연결구에 삽입하여 그래프링(grapring)과 O-링에 의해 쉽게 접합할 수 있다.

(4) 가교화 폴리에틸렌관(XL관, cross-linked polyethylene pipe)
폴리에틸렌 중합체를 주체로 하여 적당히 가열한 압출성형기에 의하여 제조되며 일명 엑셀파이프라고도 하며 온수·온돌 난방코일용으로 가장 많이 사용되고 특징은 다음과 같다.
① 동파, 녹 발생 및 부식이 없고 스케일 발생이 없다.
② 기계적 성질 및 내열성, 내한성 및 내화학성이 우수하다.
③ 가볍고 신축성이 좋으며, 배관 시공이 용이하다.
④ 관이 롤(Roll)로 생산되고 가격이 싸고 운반이 용이하다.

(5) PPC관(polypropylen copolymer pipe)
폴리프로필렌 공중합체를 원료로 하여 열변형 온도가 높아 폴리에틸렌파이프(X-L)의 경우처럼 가교화처리가 필요 없다. 시멘트 등의 외부자재와 화학작용 및 습기 등으로 인한 부식이 없고 굴곡가공으로 시공이 편리하다. 녹이나 부식으로 인한 독성이 없어 많이 사용된다.

8 원심력 철근 콘크리트관(흄관)
원통으로 조립된 철근형틀에 콘크리트를 주입하여 고속으로 회전시켜 균일한 두께의 관으로 성형시킨 것으로 상하수도, 배수관에 사용된다.

9 석면 시멘트관(에터니트관)
석면과 시멘트를 1 : 5~1 : 6 정도의 중량비로 배합하고 물을 혼합하여 롤러로 압력을 가해 성형시킨 관으로 금속관에 비해 내식성이 크며 재질이 치밀하여 강도가 강하다. 특히, 내알카리성이 우수하여 수도용, 가스관, 배수관, 공업용수관 등의 매설관에 사용된다.

10 도관(陶管)
점토를 주원료로 하여 반죽한 재료를 성형 소성한 것으로 소성시 내흡수성을 위해 유약을 발라 표면을 매끄럽게 한다.

4 배관 이음

1 철금속관 이음

(1) 강관 이음
강관의 이음 방법에는 나사 이음, 용접 이음, 플랜지 이음 등이 있다.

① 나사 이음

배관에 숫나사를 내어 부속 등과 같은 암나사와 결합하는 것으로 이때 테이퍼 나사는 1/16의 테이퍼(나사산의 각도는 55°)를 가진 원뿔나사로 누수를 방지하고 기밀을 유지한다.

㉠ 사용 목적에 따른 분류
ⓐ 관의 방향을 바꿀 때 : 엘보, 벤드 등
ⓑ 관을 도중에 분기할 때 : 티, 와이, 크로스 등
ⓒ 동일 지름의 관을 직선 연결할 때 : 소켓, 유니온, 플랜지, 니플(부속연결) 등
ⓓ 지름이 다른 관을 연결할 때 : 레듀셔(이경소켓), 이경엘보, 이경티, 부싱(부속연결) 등
ⓔ 관의 끝을 막을 때 : 캡, 막힘(맹)플랜지, 플러그 등
ⓕ 관의 분해, 수리, 교체를 하고자 할 때 : 유니온, 플랜지 등

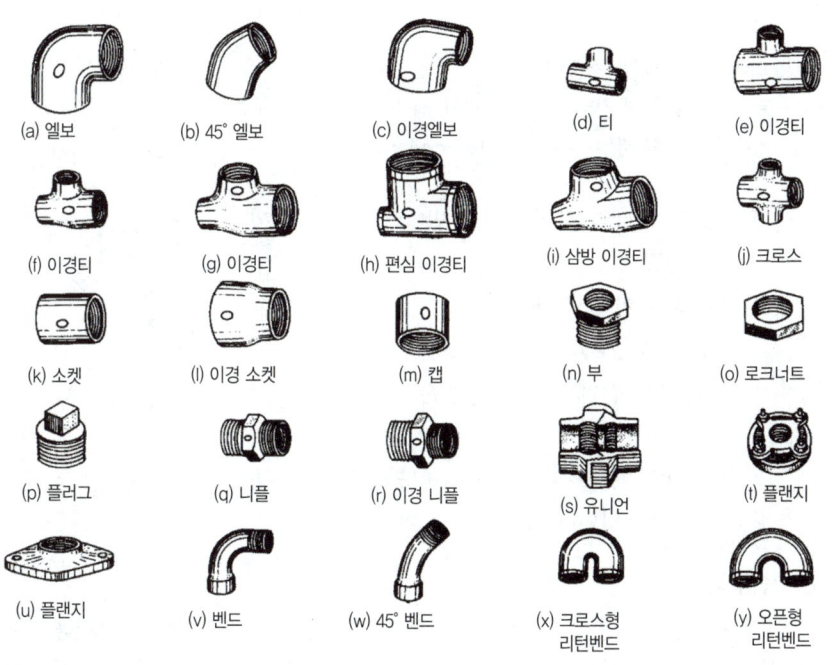

◎ 강관 이음쇠의 종류

ⓛ 이음쇠의 크기 표시

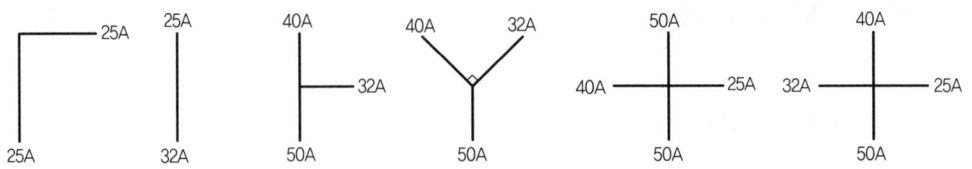

ⓒ 배관길이 계산
  ⓐ 직선배관길이 산출: 배관 도면에서의 치수는 관의 중심에서 중심까지를 mm 나타내는 것을 원칙으로 하며 특히, 정확한 치수를 내기 위해서는 부속의 중심에서 단면까지의 중심길이와 파이프의 유효나사길이 또는 삽입길이를 정확히 알고 있어야 정확한 치수를 구할 수 있다.

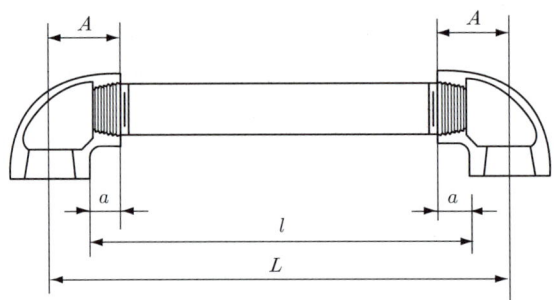

파이프의 실제(절단)길이
- 부속이 동일한 경우 $l = L - 2(A - a)$
- 부속이 다를 경우 $l = L - \{(A - a) + (B - b)\}$

- L : 파이프의 전체길이
- l : 파이프의 실제길이
- A : 부속의 중심길이
- a : 나사 삽입길이

  ⓑ 45° 관에서의 길이 산출방법: 파이프의 실제(절단)길이
    - 45° 파이프 전체길이
      $L' = \sqrt{2} \cdot L = 1.414 \times L$
    - 파이프 실제길이(동일부속)
      $l = L' - 2(A - a)$
    - 파이프 실제길이(부속이 다를 때)
      $l = L' - [(A - a) + (B - b)]$

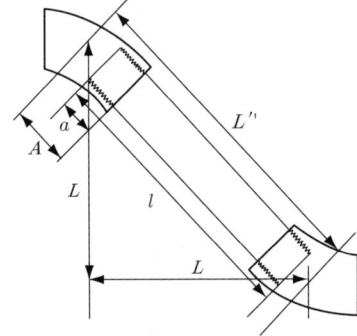

② 용접 이음

전기용접과 가스용접 두 가지가 있으며 가스용접은 용접속도가 전기용접보다 느리고 변형이 심하다. 전기용접은 지름이 큰 관을 맞대기 용접, 슬리브 용접 등을 사용하며 모재와 용접봉을 전극으로 하고 아크를 발생시켜 그 열(약 6,000℃)로 순간에 모재와 용접봉을 녹여 용접하는 야금적 접합법이다.

㉠ 맞대기 용접: 관 끝을 우측 그림과 같이 베벨가공한 다음 관을 롤러 작업대 또는 V블록 위에 올려놓고 양쪽 관 끝의 루트 간격을 정확히 잡은 후 이음 개소의 관의 안지름과 관축이 일치되게 조정하여 검사한 후 3~4개 부위를 가접한 다음 관을 회전시키면서 아래 보기 자세로 용접한다.

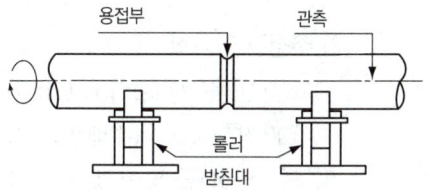

◆ 맞대기 용접

㉡ 슬리브 용접: 주로 특수 배관용 삽입 용접 시 이음쇠를 사용하여 이음하는 방법이다. 압력배관, 고압배관, 고온 및 저온배관, 합금강 배관, 스테인리스강 배관의 용접이음에 채택되며 누수의 염려가 없고 관지름의 변화가 없는 것이 특징이다.

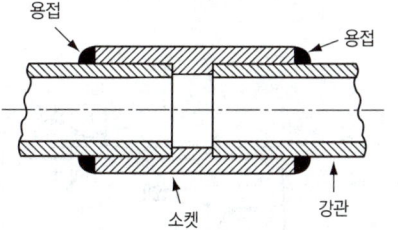

◆ 슬리브 용접

> **참고**
> 슬리브의 길이는 관경의 1.2~1.7배 정도이다.

③ 플랜지 이음

㉠ 관의 보수, 점검을 위하여 관의 해체 및 교환을 필요로 하는 곳에 사용한다.
㉡ 관 끝에 용접 이음 또는 나사 이음을 하고 양 플랜지 사이에 패킹(packing)을 넣어 볼트로 결합한다.
㉢ 플랜지를 결합할 때에는 볼트를 대칭으로 균일하게 조인다.
㉣ 배관의 중간이나 밸브, 펌프, 열교환기 등의 각종 기기의 접속을 위해 많이 사용한다.
㉤ 플랜지에 따른 볼트 수는 15~40A : 4개, 50~125A : 8개, 150~250A : 12개, 300~400A : 16개가 소요된다.
㉥ 플랜지 면의 모양에 따른 종류 및 용도

플랜지 종류	호칭압력(kg/cm^2)	용도
전면 시트	16 이하	주철재 및 구리 합금재
대평면 시트	63 이하	부드러운 패킹을 사용 시
소평면 시트	16 이상	경질의 패킹을 사용 시
삽입형 시트	16 이상	기밀을 요하는 경우
홈꼴형 시트	16 이상	위험성 있는 배관 및 매우 기밀을 요구 시

> **참고**
> ■ 용접 이음의 장점
> ① 나사 이음보다 이음부의 강도가 크고 누수의 우려가 적다.
> ② 두께의 불균일한 부분이 없어 유체의 압력손실이 적다.
> ③ 부속사용으로 인한 돌기부가 없어 피복(보온)공사가 용이하다.
> ④ 중량이 감소되고 재료비 및 유지비, 보수비가 절약된다.
> ⑤ 작업의 공정 수가 감소하고 배관상의 공간효율이 좋다.

(2) 주철관 이음쇠

① 소켓 이음(socket joint, hub-type)

주로 건축물의 배수배관의 지름이 작은 관에 많이 사용된다. 주철관의 소켓(hub) 쪽에 삽입구(spigot)를 넣어 맞춘 다음 마(yarn)를 단단히 꼬아 감고 정으로 다져 넣은 후 충분히 가열되어 표면의 산화물이 완전히 제거된 용용된 납(연)을 한 번에 충분히 부어 넣은 후 정을 이용하여 충분히 틈새를 코킹한다.

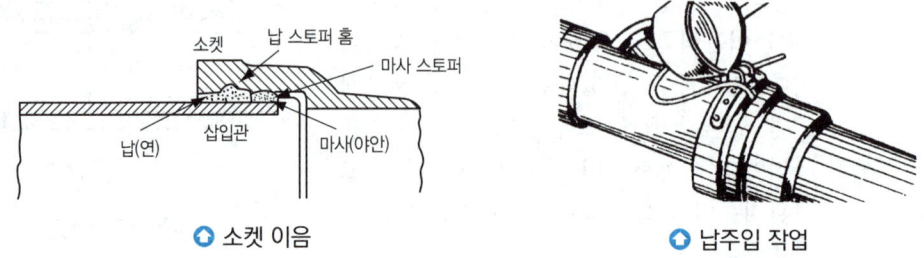

○ 소켓 이음   ○ 납주입 작업

② 노허브 이음(no-hub joint)

소켓(허브) 이음의 단점을 개량한 것으로 스테인리스 커플링과 고무링만으로 쉽게 이음할 수 있는 방법으로 시공이 간편하고 경제성이 커 현재 오배수관에 많이 사용하고 있다.

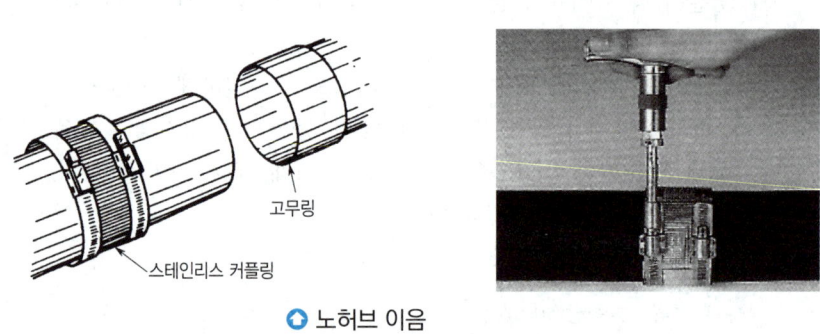

○ 노허브 이음

③ 플랜지 이음(flange joint)

플랜지가 달린 주철관을 플랜지끼리 맞대고 그 사이에 패킹을 넣어 볼트와 너트로 이음한다.

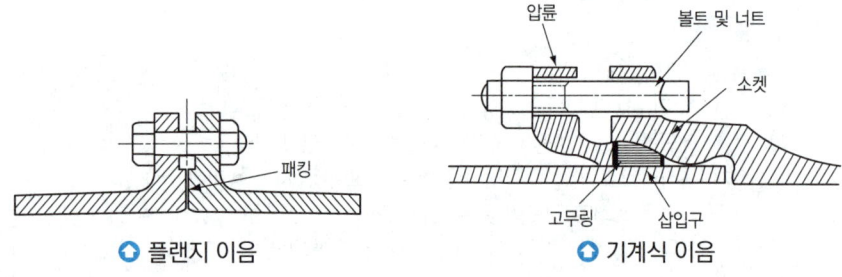

○ 플랜지 이음   ○ 기계식 이음

④ 기계식 이음(mechanical joint)

고무링을 압륜으로 죄어 볼트로 체결한 것으로 소켓 이음과 플랜지 이음의 특징을 채택한 것이다.

> **참고**
> ■ 기계식 이음의 특징
> ① 수중 작업이 가능하다.
> ② 고압에 잘 견디고 기밀성이 좋다.
> ③ 간단한 공구로 신속하게 이음이 되며 숙련공을 요하지 않는다.
> ④ 지진 기타 외압에 대하여 굽힘성이 풍부하므로 누수되지 않는다.

⑤ 타이톤 이음(tyton joint)

고무링 하나만으로 이음이 되고 소켓 내부에 홈은 고무링을 고정시키고 돌기부는 고무링이 있는 홈 속에 들어맞게 되어 있으며 삽입구 끝은 테이퍼로 되어 있다.

⑥ 빅토릭 이음(victoric joint)

특수모양으로 된 주철관의 끝에 고무링과 가단 주철제의 칼라(collar)를 죄어 이음하는 방법으로 배관 내의 압력이 높아지면 더욱 밀착되어 누설을 방지한다.

2 비철금속관 이음

(1) 동관 이음

동관 이음에는 납땜 이음, 플레어 이음, 플랜지(용접) 이음 등이 있다.

① 납땜 이음(soldering joint)

확관된 관이나 부속 또는 스웨이징 작업을 한 동관을 끼워 모세관 현상에 의해 흡인되어 틈새 깊숙히 빨려드는 일종의 겹침 이음이다.

② 플레어 이음(flare joint)

동관 끝부분을 플레어링 공구(flaring tool)에 의해 나팔 모양으로 넓히고 압축이음쇠를 사용하여 체결하는 압축 이음 방법으로 지름 20mm 이하의 동관에 사용되며 기계의 점검 및 보수 등을 위해 분해가 필요한 장소나 기기를 연결하고자 할 때 이용된다.

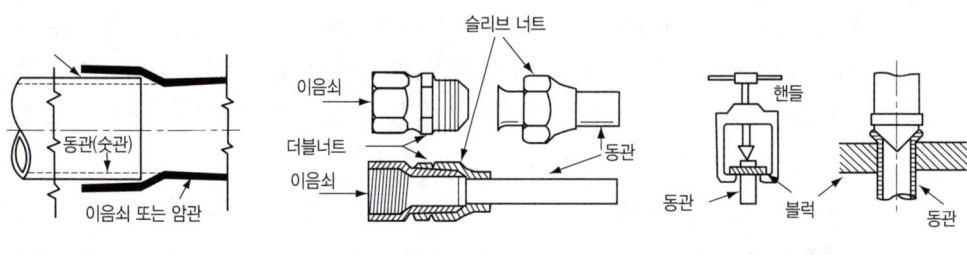

○ 납땜(스웨이징) 이음   ○ 압축(플레어) 이음 방법   ○ 플레어링 공구에 의한 작업

③ 플랜지 이음(flange joint)

관 끝이 미리 꺾어진 동관을 용접하여 끼우고 플랜지를 양쪽을 맞대어 패킹을 삽입 후 볼트로 체결하는 방법으로서 재질이 다른 관을 연결할 때에는 동절연플랜지를 사용하여 이음을 하는데 이는 이종 금속 간의 부식을 방지하기 위하여 사용된다.

(2) 연(납)관 이음

연관의 이음 방법으로는 플라스턴 이음, 살올림 납땜 이음, 용접 이음 등이 있다.

(3) 스테인리스강관 이음

① 나사 이음(screw joint)

일반적으로 강관의 나사 이음과 동일하다.

② 용접 이음(welding joint)

용접방법에는 전기용접과 불활성가스 텅스텐아크용접법(TIG)이 있다.

③ 플랜지 이음(flange joint)

배관의 끝에 플랜지를 맞대어 볼트와 너트로 조립한다.

④ 몰코 이음(molco joint)

스테인리스 강관 13SU에서 60SU를 이음쇠에 삽입하고 전용 압착공구를 사용하여 접합하는 이음 방법으로 급수, 급탕, 냉난방 등의 분야에서 나사 이음, 용접 이음 대신 단시간에 배관할 수 있는 배관 이음이다.

⑤ MR조인트 이음쇠

관을 나사가공이나 압착(프레스)가공, 용접가공을 하지 않고 청동 주물제 이음쇠 본체에 관을 삽입하고 동합금제 링(ring)을 캡 너트(cap nut)로 죄어 고정시켜 접속하는 방법이다.

3 비금속관 이음

(1) 경질염화비닐관(PVC관)

① 냉간 이음

냉간 이음은 관 또는 이음관의 어느 부분도 가열하지 않고 접착제를 발라 관 및 이음관의 표면을 녹여 붙여 이음하는 방법으로 TS식 조인트(taper sized fitting)를 이용한다. 가열이 필요 없으며 시공 작업이 간단하여 시간이 절약된다. 또한, 특별한 숙련이 필요 없고 경제적 이음 방법으로 좁은 장소 또는 화기를 사용할 수 없는 장소에서 작업할 수 있다.

② 열간 이음

열간 접합을 할 때에는 열가소성, 복원성 및 융착성을 이용하여 접합하는 방법이다.

③ 용접 이음

염화비닐관을 용접으로 연결할 때에는 열풍 용접기(hot jet gun)를 사용하며 주로 대구경관의 분기접합, T접합 등에 사용한다.

(2) 폴리 에틸렌관(PE관)

폴리 에틸렌관은 용제에 잘 녹지 않으므로 염화 비닐관에서와 같은 방법으로는 이음이 불가능하며 테이퍼조인트 이음, 인서트 이음, 플랜지 이음, 테이퍼코어 플랜지 이음, 융착슬리브 이음, 나사 이음 등이 있으나 융착 슬리브 이음은 관 끝의 바깥쪽과 이음 부속의 안쪽을 동시에 가열, 용융하여 이음하는 방법으로 이음부의 접합강도가 가장 확실하고 안전한 방법으로 가장 많이 사용된다.

(3) 철근 콘크리트관(흄관)
① 모르타르 접합(mortar joint) ② 칼라 이음(compo joint)

(4) 석면 시멘트관(에터니트관)
① 기볼트 이음(gibolt joint) ② 칼라 이음(collar joint)
③ 심플렉스 이음(simplex joint)

4 신축이음(expansion joint)

철의 선팽창계수 α는 1.2×10^{-5} m/m℃로 강관의 경우 온도차 1℃일 때 1m당 0.012mm만큼 신축이 발생하므로 직선거리가 긴 배관에 있어서 관 접합부나 기기의 접속부가 파손될 우려가 있어 이를 미연에 방지하기 위하여 신축이음을 배관의 도중에 설치하는 것이다. 일반적으로 신축이음은 강관의 경우 직선길이 30m당, 동관은 20m마다 1개 정도 설치한다.

> **참고**
>
> ■ 선팽창길이(Δl, m)
>
> $\Delta l = \alpha \cdot l \cdot \Delta t$
>
> α : 선팽창계수(m/m·℃)
> l : 관의 길이(m)
> Δt : 관내외 온도차(℃)

(1) 루프형 신축이음(loop type)

신축곡관, 만곡관이라고도 하며 강관 또는 동관 등을 루프 모양으로 구부려서 그 휨에 의하여 신축을 흡수하는 것으로 특징은 다음과 같다.

[특징] ① 고온 고압의 옥외 배관에 설치한다.
② 설치장소를 많이 차지한다.
③ 신축에 따른 자체 응력이 발생한다.
④ 곡률반경은 관 지름의 6배 이상으로 한다.

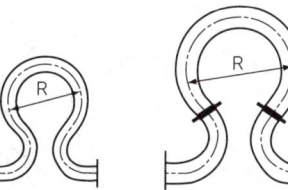

○ 루프형 신축이음

(2) 미끄럼형 신축이음(sleeve type)

본체와 슬리브 파이프로 되어 있으며 관

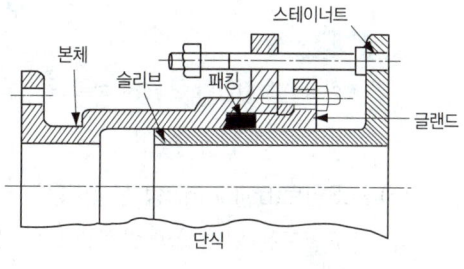

○ 슬리브형 신축이음

의 신축은 본체속의 미끄럼하는 슬리브관에 의해 흡수된다. 슬리브와 본체 사이에 패킹을 넣어 누설을 방지하고 단식과 복식의 두 가지 형태가 있다.

(3) 벨로즈형 신축이음(bellows type)

인청동제, 스테인리스재질로 주름을 잡아 신축을 흡수하는 형태로 일반적으로 급수, 급탕, 냉난방배관에 많이 사용되는 신축이음으로 일명 팩리스(packless) 신축이음이라고도 한다.

[특징] ① 설치공간을 많이 차지하지 않는다.
② 고압배관에는 부적당하다.
③ 신축에 따른 자체 응력 및 누설이 없다.
④ 주름의 하부에 이물질이 쌓이면 부식의 우려가 있다.

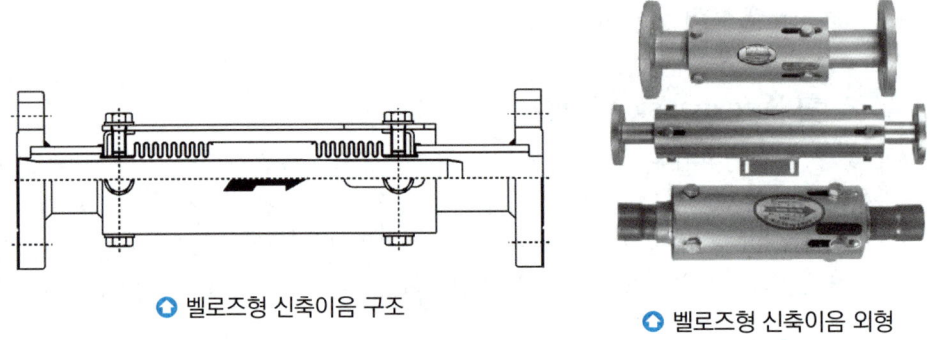

● 벨로즈형 신축이음 구조   ● 벨로즈형 신축이음 외형

(4) 스위블형 신축이음(swivle type)

회전이음, 지블이음, 지웰이음이라 하며 두 개 이상의 나사엘보를 사용하여 이음부 나사의 회전을 이용하여 배관의 신축을 흡수하는 것으로 주로 온수 또는 저압의 증기난방 등의 방열기 주위 배관용으로 사용된다.

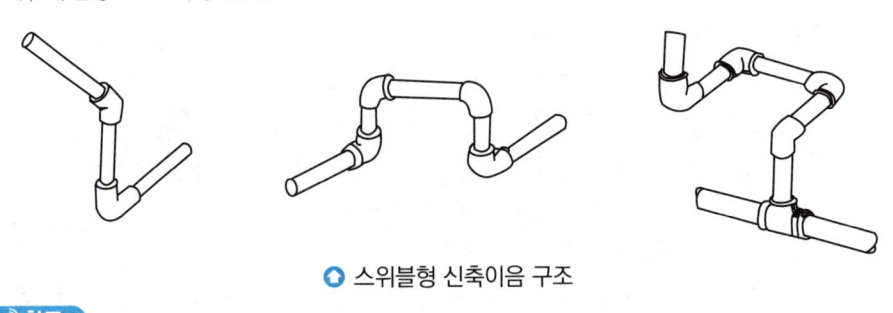

● 스위블형 신축이음 구조

> 🔊 참고
> ■ 신축 허용길이가 큰 순서 : 루프형 > 슬리브형 > 벨로즈형 > 스위블형

(5) 볼조인트(ball joint)형 신축이음

볼조인트는 평면상의 변위뿐만 아니라 입체적인 변위까지 흡수하므로 어떠한 신축에도 배관이 안전하며 설치공간이 적다.

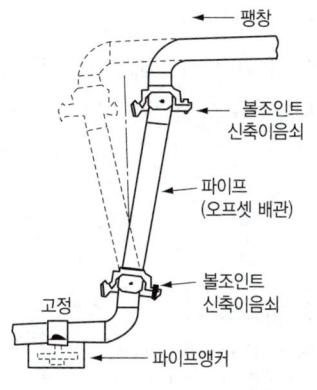
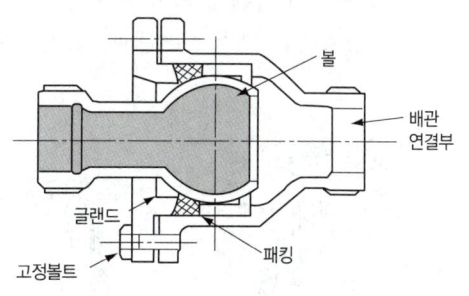

● 볼조인트 신축이음쇠를 이용한 오프셋 배관   ● 볼조인트 신축이음쇠 구조

5 플렉시블 이음(flexible joint)

펌프나 압축기 등에서 발생하는 진동이 굴곡이 많은 곳이나 연결배관에 전달되지 않도록 하여 배관이나 기기의 파손을 방지하기 위하여 기기의 전후에 주로 설치하여 사용한다.

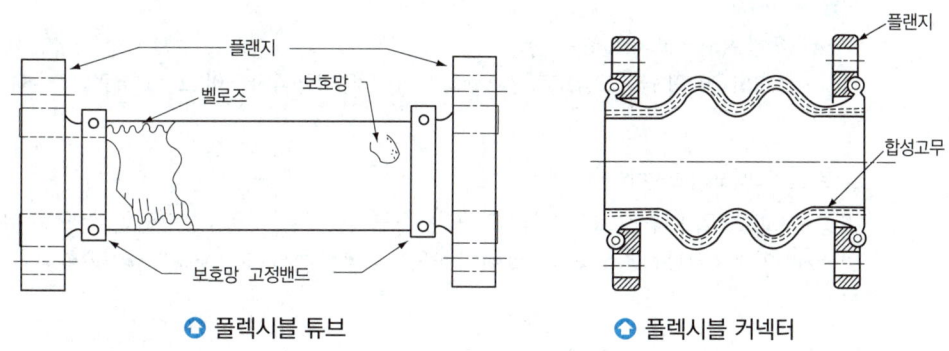

● 플렉시블 튜브   ● 플렉시블 커넥터

5 배관 부속장치

1 밸브

유체의 유량조절, 흐름의 단속, 방향전환, 압력 등을 조절하는 데 사용한다.

(1) 정지밸브

밸브(valve, 변)는 유체의 유량을 조절, 흐름을 단속, 방향을 전환, 압력 등을 조절하는 데 사용하는 것으로 재료, 압력범위, 접속방법 및 구조에 따라 여러 종류로 나눈다.

① 게이트밸브(gate valve)

유체의 흐름을 차단(개폐)하는 대표적인 밸브로서 밸브를 완전히 열면 마찰저항이 적고 개폐시간은 길다. 슬루스밸브(sluice valve), 사절변이라고도 한다.

② 글로브밸브(glove valve)

디스크의 모양이 구형이며 유체가 밸브시트 아래에서 위로 평행하게 흐르므로 유체의 흐름 방향이 바뀌게 되어 유체의 마찰저항이 크게 된다. 글로브밸브는 유량조절이 용이하고 마찰저항은 크며 스톱밸브, 옥형변이라고도 한다.

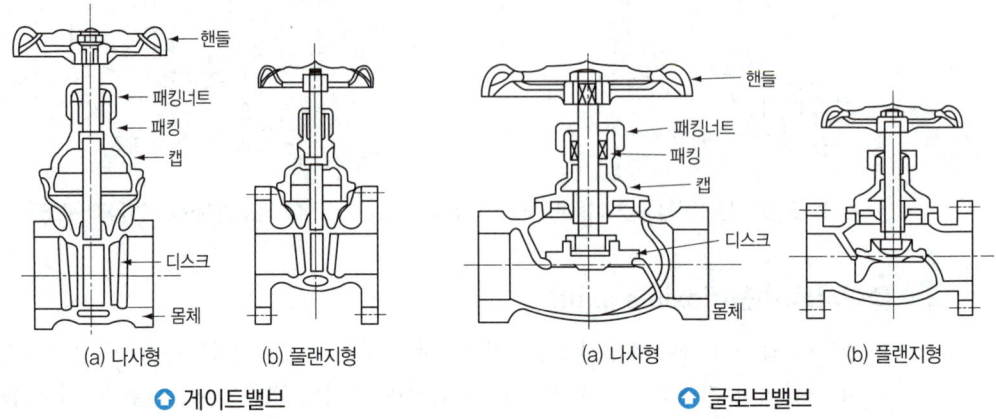

○ 게이트밸브　　　　　　　　○ 글로브밸브

> 참고
>
> ■ 니들밸브(neddle valve, 침변)
> 　디스크의 형상이 원뿔 모양으로 유체가 통과하는 단면적이 극히 작아 고압 소유량의 조절에 적합하다.

③ 앵글밸브(angle valve)

글로브밸브의 일종으로 유체의 입구와 출구의 각이 90°로 되어 있는 것으로 유량의 조절 및 방향을 전환시켜 주며 주로 방열기의 입구 연결밸브나 보일러 주증기밸브로 사용한다.

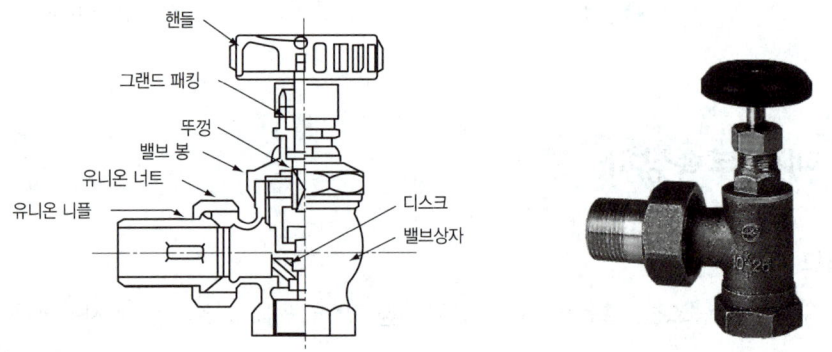

④ 역류방지밸브(check valve)

유체를 흐름 방향을 한 쪽으로만 흐르게 하여 역류를 방지하는 역지변, 체크밸브라고 하며 밸브의 구조에 따라 다음과 같이 구분할 수 있다.

　㉠ 스윙형(swing type) : 마찰저항이 적고 수직, 수평배관에 사용한다.
　㉡ 리프트형(lift type) : 마찰저항이 크고 수평배관에만 사용한다.

ⓒ 풋형(foot type) : 펌프 흡입관 선단에 여과기와 체크밸브를 조합하여 흡입측 물의 역류를 방지한다.
ⓓ 해머리스형 체크밸브(hammerless type) : 완폐형 체크밸브로 스모렌스키 체크밸브라고도 하며 펌프 출구에 설치하여 역류 및 수격작용 발생을 방지하고 바이패스 기능도 가능하다.

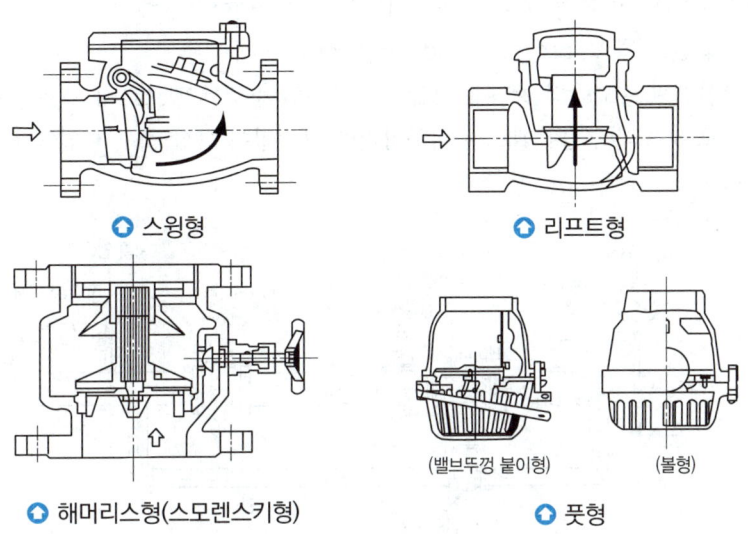

○ 스윙형　　○ 리프트형
○ 해머리스형(스모렌스키형)　　○ 풋형

⑤ 볼밸브(ball valve)
　구의 형상을 가진 볼에 구멍이 뚫려 있어 구멍의 방향에 따라 개폐 조작이 되는 밸브이며 90° 회전으로 개폐 및 조작도 용이하여 게이트밸브 대신 많이 사용된다.

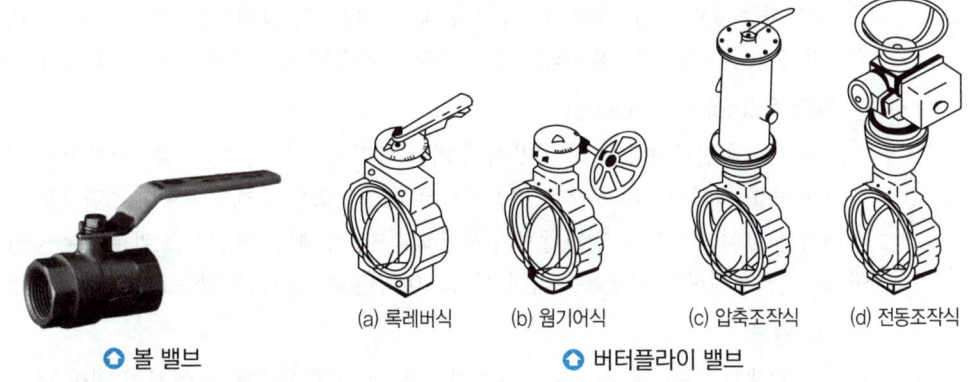

○ 볼 밸브　　(a) 록레버식　(b) 웜기어식　(c) 압축조작식　(d) 전동조작식
○ 버터플라이 밸브

⑥ 버터플라이 밸브(butterfly valve)
　일명 나비밸브라 하며 원통형의 몸체 속에 밸브봉을 축으로 하여 원형 평판이 회전함으로써 밸브가 개폐된다. 밸브의 개도를 알 수 있고 조작이 간편하며 경량이고 설치공간을 작게 차지하므로 설치가 용이하다. 작동방법에 따라 레버식, 기어식 등이 있다.

⑦ 콕(cck)
　콕은 로타리(rotary)밸브의 일종으로 원통 또는 원뿔에 구멍을 뚫고 축을 회전으로 개폐

하는 것으로 플러그밸브라고도 하며 1/4(90°) 회전으로 급속한 개폐가 가능하나 기밀성이 좋지 않아 고압 대유량에는 적당하지 않다.

(2) 조정밸브

조정밸브는 배관계통에서 장치의 냉온열원의 부하증감 시 자동으로 밸브의 개도를 조절하여 주는 밸브류를 말하는 것으로 다음과 같은 종류가 있다.

① 감압밸브(PRV, pressure reducing valve)

감압밸브는 고압의 압력을 저압으로 유지하여 주는 밸브로서 사용유체에 따라 물과 증기용으로 분류되며 감압밸브는 입구압력에 관계없이 항상 출구의 압력을 일정하게 유지시켜 준다.

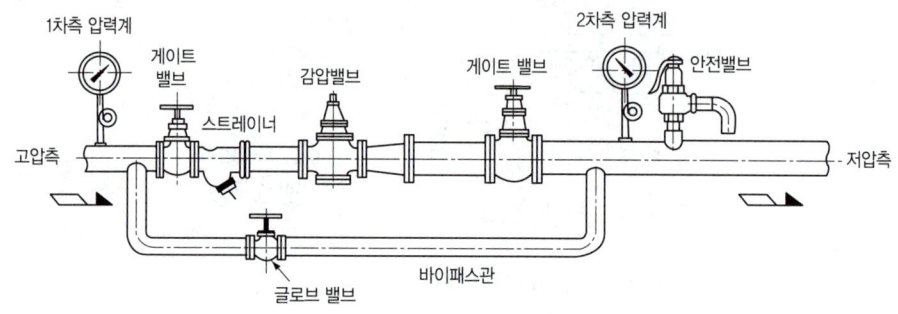

◎ 감압밸브 주위 배관

② 안전밸브(safety valve)

고압의 유체를 취급하는 고압용기나 보일러, 배관 등에 설치하여 압력이 규정한도 이상으로 되면 자동적으로 밸브가 열려 장치나 배관의 파손을 방지하는 밸브로서 스프링식과 중추식, 지렛대식이 있으며 일반적으로 스프링식 안전밸브를 가장 많이 사용한다.

③ 전자밸브(solenoid valve)

전자코일에 전류를 흘려서 전자력에 의한 플런저가 들어 올려지는 전자석의 원리를 이용하여 밸브를 개폐시키는 것으로 일반적으로 15A 이하는 솔레노이드의 추력으로 직접 밸브를 개폐하는 방식의 직동형 전자밸브가 사용되지만, 유체의 차압이 큰 관로에는 차압을 이용하여 밸브를 개폐하는 파일롯트식이 사용되며 단순히 밸브를 ON-OFF시킬 수 있다.

④ 전동밸브

㉠ 이방밸브(2-way valve) : 기기의 부하에 따른 유량을 제어하기 위한 밸브로서 밸브의 개도조절이 가능하여 유량을 제어할 수 있다.

㉡ 삼방밸브(3-way valve) : 3개의 배관에 접속하는 밸브로서 유입관에서 유출관의 방향이 2개 이상이 될 때 유량을 한 방향으로 차단하거나 분배하고자 할 때 사용한다.

⑤ 공기빼기밸브(AAV, air vent valve)

배관이나 기기 중의 공기를 제거할 목적으로 사용되며 유체의 순환을 양호하게 하기 위하여 기기나 배관의 최상단에 설치한다.

⑥ 온도조절밸브(TCV, temperature control valve)

열교환기나 급탕탱크, 가열기기 등의 내부온도를 감지하여 일정한 온도로 유지시키기 위하여 증기나 온수 공급량을 자동적으로 조절하여 주는 자동밸브이다.

⑦ 정유량 조절밸브

팬코일 유니트나 방열기 등에 온수를 공급하면 복잡한 배관계에서는 각 기기의 위치에 따라 압력이 변하여 공급되는 유량이 다르게 되므로 열량이 불균형이 일어나 냉난방의 불균형이 일어난다. 이때 각 배관계통이나 기기로 일정량의 유량이 공급되도록 하는 자동밸브이다.

⑧ 차압조절밸브(differential pressure control valve)

공급배관과 환수배관 사이에 설치하여 공급관과 환수관의 압력차을 일정하게 유지시켜주는 밸브이다. 과도한 차압 발생으로 인한 펌프의 과부하나 고장을 방지하기 위하여 차압에 따라 일정한 순환유량이 확보되도록 유지시킨다.

⑨ 차압유량조절밸브(differential pressure& flow control valve)

지역난방이나 대규모 주거단지의 난방 시스템에서 부하변동에 따라 차압이 증가하면 관내 소음 발생의 원인이 되고, 과소가 되면 유량이 감소하면 난방이 부족하게 되므로 공급관과 환수관의 차압을 감지하여 압력변화에 따른 유량변동을 일정하게 하는 자동밸브이다.

(3) 냉매용 밸브

냉매 스톱밸브는 글로브밸브와 같은 밸브 몸체와 밸브시트를 가진 것으로서 암모니아용과 프레온용이 있다.

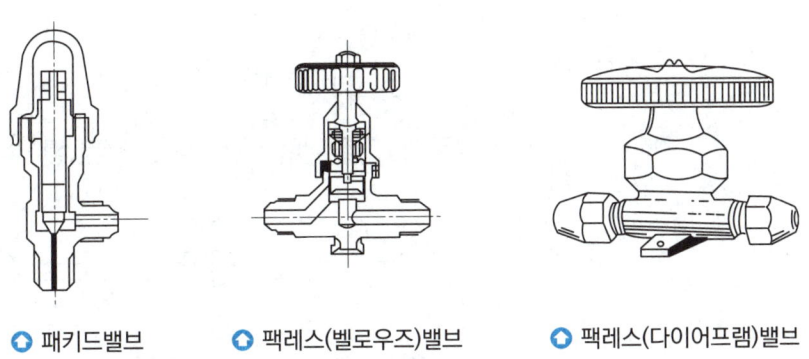

○ 패키드밸브　　○ 팩레스(벨로우즈)밸브　　○ 팩레스(다이어프램)밸브

① 패키드밸브(packed valve)

밸브 스템(봉)의 둘레에 석면, 흑연패킹 또는 합성고무 등을 채워 글랜드로 죔으로써 냉매가 누설되는 것을 방지하며 안전을 위하여 밸브에 뚜껑을이 씌워져 있고 밸브를 조작할 때에는 이 뚜껑을 열고 조작한다.

② 팩레스밸브(packless valve)

팩레스밸브는 글랜드패킹을 사용하지 않고 벨로우즈나 다이어프램을 사용하여 외부와 완전히 격리하여 누설을 방지하게 되어있다.

③ 서비스밸브(srvice valve)

냉동장치에서 냉매나 오일을 충전하거나 배출하기 위하여 사용하는 밸브이다.

2 여과기(strainer)

배관에 설치하는 자동조절밸브, 증기트랩, 펌프 등의 앞에 설치하여 유체 속에 섞여 있는 이물질을 제거하여 밸브 및 기기의 파손을 방지하는 기구로서 모양에 따라 Y형, U형, V형 등이 있으며 몸통의 내부에는 금속제 여과망(mesh)이 내장되어 있어 주기적으로 청소를 해 주어야 한다.

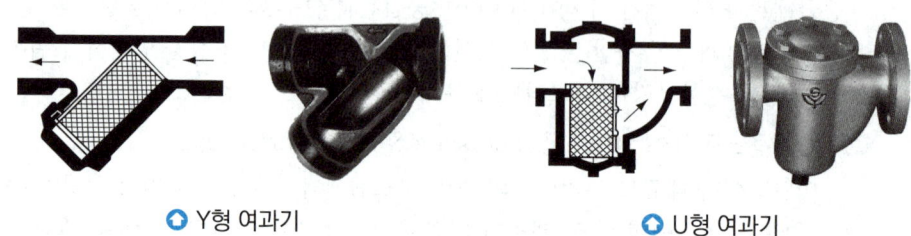

◆ Y형 여과기   ◆ U형 여과기

3 바이패스장치

바이패스장치는 배관계통 중에서 증기트랩, 전동밸브, 온도조절밸브, 감압밸브, 유량계, 인젝터 등과 같이 비교적 정밀한 기계들이 고장과 일시적인 응급사항에 대비하여 비상용 배관을 구성하는 것을 말한다.

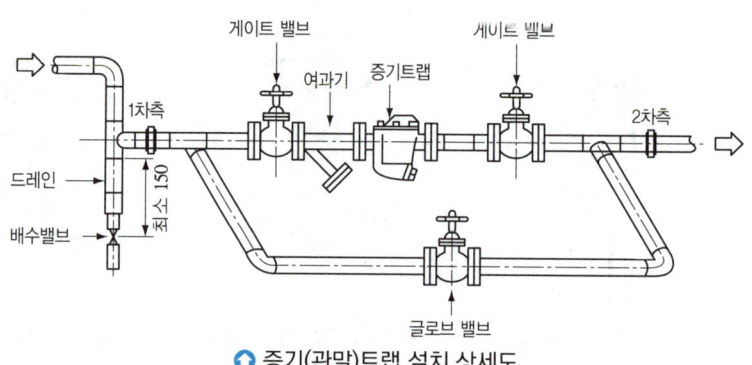

◆ 증기(관말)트랩 설치 상세도

6 패킹, 보온재, 도장재료

1 패킹(packing)

이음부나 회전부에서의 기밀을 유지하기 위한 것으로 나사용, 플랜지, 글랜드 패킹 등이 있다.

(1) 나사용 패킹

① 페인트 : 페인트와 광명단을 혼합하여 사용하며 고온의 기름배관을 제외하고는 모든 배관에 사용할 수 있다.
② 일산화연 : 냉매배관에 많이 사용하며 빨리 고화되어 페인트에 일산화연을 조금 섞어서 사용한다.
③ 액상합성수지 : 화학약품에 강하고 내유성이 크며 내열 범위는 -30~130℃ 정도로 증기, 기름, 약품배관 등에 사용한다.

(2) 플랜지 패킹

① 고무 패킹
 ㉠ 탄성이 우수하고 흡수성이 없다.
 ㉡ 산알카리에 강하나 열과 기름에 침식된다.
 ㉢ 천연고무는 100℃ 이상의 고온배관에는 사용할 수 없고 주로 급수, 배수, 공기 등에 사용할 수 있다.
 ㉣ 네오프렌의 합성고무는 내열 범위가 -46~121℃로 증기배관에도 사용된다.
② 석면 조인트 시트 : 광물질의 미세한 섬유로 450℃까지의 고온배관에도 사용된다.
③ 합성수지 패킹 : 가장 많이 사용되는 것은 테프론(teflon)으로 약품이나 기름에도 침식되지 않으며 내열 범위는 -260~260℃이지만 탄성이 부족하여 석면, 고무, 금속 등과 조합하여 사용된다.
④ 금속 패킹 : 납, 구리, 연강, 스테인리스강 등이 있으며 탄성이 적어 누설의 우려가 있다.
⑤ 오일시트 패킹 : 식물성 패킹으로 한지를 일정한 두께로 겹쳐서 내유 가공한 것으로 내열도는 낮으나 펌프, 기어박스 등에 사용된다.

(3) 글랜드 패킹

밸브의 회전부분에 사용하여 기밀을 유지하는 역할을 한다.
① 석면 각형 패킹 : 석면을 각형으로 짜서 흑연과 윤활유를 침투시킨 것으로 내열, 내산성이 좋아 대형밸브에 사용한다.
② 석면 야안 패킹 : 석면실을 꼬아서 만든 것으로 소형밸브에 사용한다.
③ 아마존 패킹 : 면포와 내열고무 콤파운드를 가공하여 성형한 것으로 압축기에 사용한다.
④ 몰드 패킹 : 석면, 흑연, 수지 등을 배합 성형하여 만든 것으로 밸브, 펌프 등에 사용한다.

2 보온재(단열재)

단열이란 열절연이라고도 하며 기기, 관, 덕트 등에 있어서 고온의 유체에서 저온의 유체로 열이 이동되는 것을 차단하여 열손실을 줄이는 것으로 안전사용온도에 따라 보냉재(100℃ 이하) 보온재(100~800℃), 내화재(800~1,200℃), 내화 단열재(1,300℃ 이상), 내화재(1,580℃ 이상) 등의 재료가 있다.

(1) 보온재의 구비조건
① 열전도율이 작을 것
② 안전사용온도 범위에 적합할 것
③ 부피, 비중이 작을 것
④ 불연성이고 내흡습성이 클 것
⑤ 다공질이며 기공이 균일할 것
⑥ 물리·화학적 강도가 크고 시공이 용이할 것

(2) 보온재의 분류
① 유기질 보온재
  ㉠ 펠트 : 양모펠트와 우모펠트가 있으며 아스팔트로 방습한 것은 −60℃ 정도까지 유지할 수 있어 보냉용에 사용하고 곡면부분의 시공이 가능하다.
  ㉡ 코르크 : 액체, 기체의 침투를 방지하는 작용이 있어 보냉, 보온효과가 좋다. 냉수, 냉매 배관, 냉각기, 펌프 등의 보냉용에 사용된다.
  ㉢ 텍스류 : 톱밥, 목재, 펄프를 원료로 해서 압축판 모양으로 제작한 것으로 실내벽, 천장 등의 보온 및 방음용으로 사용한다.
  ㉣ 기포성 수지 : 합성수지 또는 고무질 재료를 사용하여 다공질 제품으로 만든 것으로 열전도율이 극히 낮고 가벼우며 흡수성은 좋지 않고 굽힙성은 풍부하다. 불에 잘 타지 않으며 보온성, 보냉성이 좋다.

② 무기질 보온재
  ㉠ 석면(石綿) : 아스베스트질 섬유로 되어 있으며 400℃ 이하의 파이프, 탱크, 노벽 등의 보온재로 적합하다. 400℃ 이상에는 탈수·분해하고 800℃에서는 강도와 보온성을 잃게 된다. 석면은 사용중 잘 갈라지지 않으므로 진동을 발생하는 장치의 보온재로 많이 사용된다.
  ㉡ 암면(rock wool, 岩綿) : 안산암, 현무암에 석회석을 섞어 용융하여 섬유 모양으로 만든 것으로 비교적 값이 싸지만 섬유가 거칠고 꺾어지기 쉽고 보냉용으로 사용할 때는 방습을 위해 아스팔트 가공을 한다.
  ㉢ 규조토 : 규조토는 광물질의 잔해 퇴적물로서 규조토에 석면 또는 삼여물을 혼합하여 만든 것으로 물반죽하여 시공하며 다른 보온재에 비해 단열효과가 낮으므로 다소 두껍게 시공한다. 500℃ 이하의 파이프, 탱크, 노벽 등에 사용하며 진동이 있는 곳에 사용을 피한다.
  ㉣ 탄산마그네슘($MgCO_3$) : 염기성 탄산마그네슘 85%와 석면 15%를 배합하여 물에 개어서 사용할 수 있고, 250℃ 이하의 파이프, 탱크의 보냉용으로 사용된다.
  ㉤ 규산칼슘 : 규조토와 석회석을 주원료로 한 것으로 열전도율은 0.04kcal/mh℃로서 보온재 중 가장 낮은 것 중의 하나로 사용온도 범위는 600℃까지이다.
  ㉥ 유리섬유(glass wool) : 용융상태인 유리에 압축공기 또는 증기를 분사시켜 짧은 섬유 모양으로 만든 것으로 흡수성이 높아 습기에 주의하여야 하며 단열, 내열, 내구성이 좋고 가격도 저렴하여 많이 사용한다.

- ⓐ 폼그라스(발포초자) : 유리분말에 발포제를 가하여 가열 용융한 뒤 발포와 동시에 경화시켜 만들며 기계적 강도와 흡습성이 크며 판이나 통으로 사용하고 사용온도는 300℃ 정도이다.
- ⓑ 펄라이트 : 진주암, 흑요석(화산암의 일종) 등을 고온가열(1,000℃)하여 팽창시킨 것으로 가볍고 흡습성과 열전도율은 작으며 내화도가 높고 사용온도는 650℃이다.
- ⓒ 실리카화이버 : SiO_2를 주성분으로 압축 성형한 것으로 안전사용온도는 1,100℃로 고온용이다.
- ⓓ 세라믹화이버 : ZrO_2를 주성분으로 압축 성형한 것으로 안전사용온도는 1,300℃로 고온용이다.

③ 금속질 보온재

금속 특유의 열반사특성을 이용한 것으로 대표적으로 알루미늄박이 사용된다.

> **참고**
>
> ■ 배관 내 유체의 용도에 따른 보온재의 표면색
>
> | 종류 | 식별색 | 종류 | 식별색 |
> |---|---|---|---|
> | 급수관 | 청색 | 증기관 | 백색(적색) |
> | 급탕, 환탕관 | 황색 | 소화관 | 적색 |
> | 온수 난방관 | 연적색 | | |

3 도장재료

(1) 광명단 도료

연단에 아마인유를 혼합한 것으로 밀착력 및 풍화에 강해 녹을 방지하기 위하여 많이 사용하며 페인트 밑칠 및 다른 착색도료의 초벽으로 사용한다.

(2) 산화철 도료

산화 제2철에 보일유나 아마인유를 섞어 만든 도료로서 도막이 부드럽고 가격은 저렴하나 녹 방지효과는 불량하다.

(3) 알루미늄 도료(은분)

알루미늄 분말에 유성 바니스를 섞어 만든 도료로서 은분이라고도 하며 방청효과가 좋으며 열을 잘 반사한다. 수분 및 습기 방지에 양호하여 내열성이 좋고 주로 백강관이나 난방용 주철제 방열기의 표면 도장용으로 많이 사용한다.

(4) 타르 및 아스팔트 도료

콜타르나 아스팔트는 파이프 벽면과 물과의 사이에 내식성의 도막을 형성하여 물과의 접촉을 막아 부식을 방지한다.

(5) 합성수지 도료 등

7 배관 지지

1 행거(hanger)

천장 배관 등의 하중을 위에서 걸어 당겨(위에서 달아 매는 것) 받치는 지지구이다.
① 리지드 행거(riged hanger) : I빔에 턴버클을 이용하여 지지한 것으로 상하 방향에 변위가 없는 곳에 사용
② 스프링 행거(spring hanger) : 턴버클 대신 스프링을 사용한 것
③ 콘스탄트 행거(constant hanger) : 배관의 상하이동에 관계없이 관 지지력이 일정한 것으로 충추식과 스프링식이 있다.

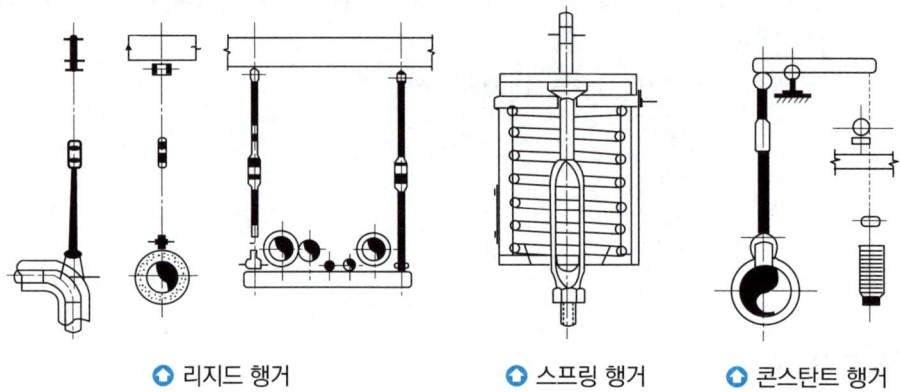

◎ 리지드 행거   ◎ 스프링 행거   ◎ 콘스탄트 행거

2 서포트(support)

바닥 배관 등의 하중을 밑에서 위로 떠받치는 주는 지지구이다.
① 파이프 슈(pipe shoe) : 관에 직접 접속하는 지지구로 수평배관과 수직배관의 연결부에 사용된다.
② 리지드 서포트(rigid support) : H빔이나 I빔으로 받침을 만들어 지지한다.
③ 스프링 서포트(springvmffo support) : 스프링의 탄성에 의해 상하 이동을 허용한 것이다.
④ 롤러 서포트(roller support) : 관의 축 방향의 이동을 허용한 지지구이다.

◎ 파이프 슈

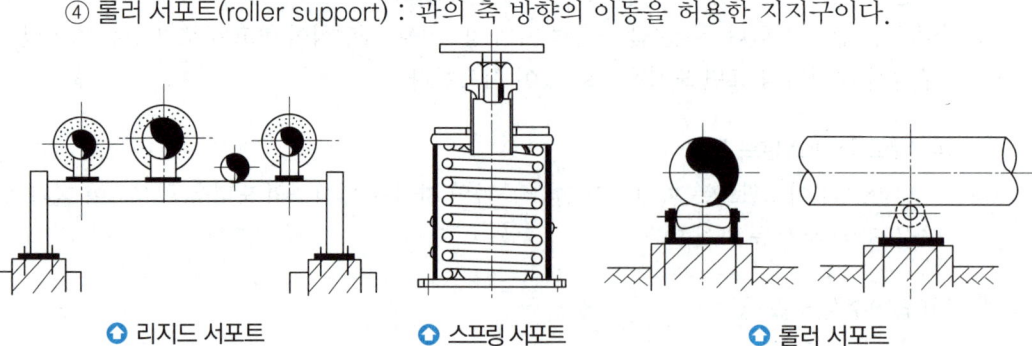

◎ 리지드 서포트   ◎ 스프링 서포트   ◎ 롤러 서포트

3 리스트레인트(restraint)

열팽창에 의한 배관의 상하·좌우 이동을 구속 또는 제한하는 것이다.
① 앵커(anchor) : 리지드 서포트의 일종으로 관의 이동 및 회전을 방지하기 위해 지지점에 완전히 고정하는 장치이다.
② 스톱(stop) : 배관의 일정한 방향과 회전만 구속하고 다른 방향은 자유롭게 이동하게 하는 장치이다.
③ 가이드(guide) : 배관의 곡관부분이나 신축 조인트부분에 설치하는 것으로 회전을 제한하거나 축방향의 이동을 허용하며 직각 방향으로 구속하는 장치이다.

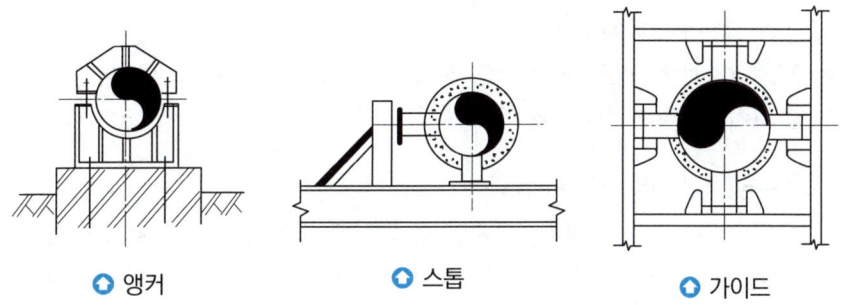

◆ 앵커　　◆ 스톱　　◆ 가이드

4 브레이스(brace)

펌프, 압축기 등에서 발생하는 기계의 진동, 서징, 수격작용 등에 의한 진동, 충격 등을 완화하는 완충기이다.

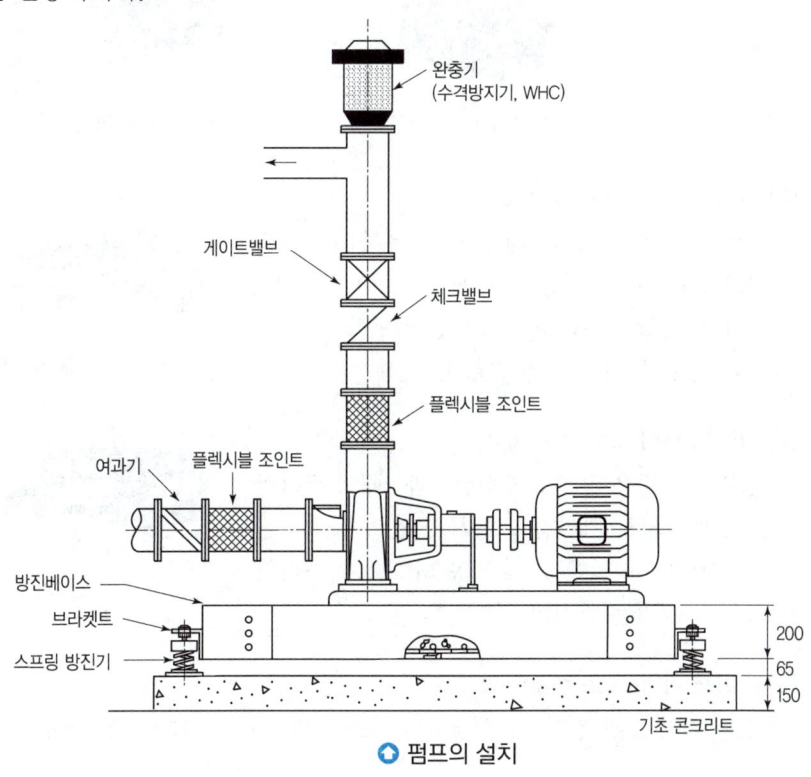

◆ 펌프의 설치

PART 5. 자재관리

배관공작

1 배관용 공구

(1) 파이프 바이스(pipe vise)
  ① 역할 : 관의 절단, 나사 작업 시 관이 움직이지 않게 고정한다.
  ② 크기 : 고정 가능한 파이프 지름의 치수

(2) 수평(탁상) 바이스(bench vice)
  ① 역할 : 관의 조립 및 열간 벤딩 시 관이 움직이지 않도록 고정한다.
  ② 크기 : 조우(jew)의 폭

○ 파이프 바이스　　　　○ 수평 바이스

(3) 파이프 렌치(pipe wrench)
  ① 역할 : 관의 결합 및 해체 시 사용하는 공구로 200mm 이상의 강관은 체인식 파이프 렌치(chain pipe wrench)를 사용한다.
  ② 크기 : 입을 최대로 벌려 놓은 전장

○ 파이프 렌치

(4) 파이프 커터(pipe cutter)
  강관의 절단용 공구로 1개의 날과 2개의 롤러의 것과 3개의 날로 되어진 두 종류가 있으며 날의 전진과 커터의 회전에 의해 절단되므로 거스러미(burr)가 생기는 단점이 있다.

○ 파이프 커터

(5) 파이프 리머(pipe reamer)
  수동 커터로 관 절단 시 발생하는 거스러미(burr)를 제거하는 공구이다.

(6) 수동식 나사 절삭기(die stock)

관의 끝에 나사를 절삭하는 공구로 오스타형, 리드형의 두 종류가 있다.

① 오스타형 : 4개의 체이서(다이스)가 한 조로 되어 있으며 8~100A까지 나사절삭이 가능하다.

② 리드형 : 2개의 체이서(다이스)에 4개의 조우(가이드)로 되어 있고, 8~50A까지 나사절삭이 가능한 가장 일반적으로 사용하는 수공구이다.

(7) 동력용 나사 절삭기

동력을 이용하는 나사절삭기는 작업 능률이 좋아 최근에 많이 사용된다.

① 다이헤드식 나사 절삭기 : 다이헤드에 의해 나사가 절삭되는 것으로 관의 절삭, 절단, 거스러미 제거 등을 연속적으로 처리할 수 있어 가장 많이 사용된다.

② 오스터식 나사 절삭기 : 수동식의 오스타형 또는 리드형을 이용한 동력용 나사절삭기로 주로 소형의 50A 이하의 관에 사용된다.

③ 호브식 나사 절삭기 : 나사절삭 전용 기계로서 호브(hob)를 저속으로 회전시켜 나사를 절삭하는 것으로 50A 이하, 65~150A, 80~200A의 3종류가 있다.

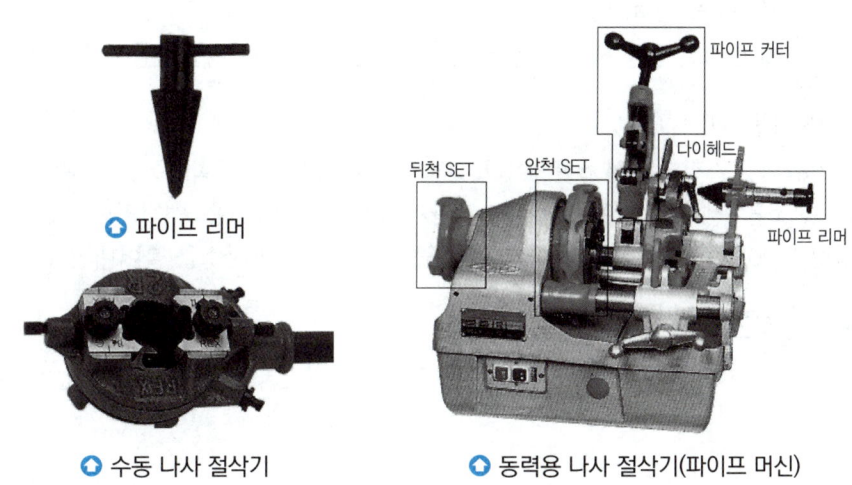

○ 파이프 리머
○ 수동 나사 절삭기
○ 동력용 나사 절삭기(파이프 머신)

② 관 절단용 공구

(1) 쇠톱(hack saw)

관 및 공작물의 절단용 공구로서 200mm, 250mm, 300mm의 3종류가 있다.

> **참고**
> - 크기 : 피팅홀(fitting hole)의 간격
> - 재질별 톱날의 산 수
>
> | 톱날의 산 수(inch당) | 재질 | 톱날의 산 수(inch당) | 재질 |
> |---|---|---|---|
> | 14 | 동합금, 주철, 경합금 | 24 | 강관, 합금강, 형강 |
> | 18 | 경강, 동, 납, 탄소강 | 32 | 박판, 구조용강관, 소경합금강 |

(2) 기계톱(hack sawing machine)

활 모양의 프레임에 톱날을 끼워서 크랭크 작용에 의한 왕복 절삭운동과 이송운동으로 재료를 절단한다.

(3) 고속 숫돌 절단기(abrasive cut off machine)

두께가 0.5~3mm 정도의 얇은 연삭원판을 고속으로 회전시켜 재료를 절단하는 기계로 강관용과 스테인리스용으로 구분하며 숫돌 그라인더, 연삭절단기, 커터 그라인더라고도 하고 파이프 절단공구로 가장 많이 사용한다.

(4) 띠톱 기계(band sawing machine)

모터에 장치된 원동 풀리를 동종 풀리와의 둘레에 띠톱날을 회전시켜 재료를 절단한다.

(5) 가스 절단기

강관의 가스절단은 산소절단이라고 하며 산소와 철과의 화학반응을 이용하는 절단방법으로 산소-아세틸렌 또는 산소-프로판가스의 불꽃을 이용하여 절단 토치로 절단부를 800~900℃로 미리 예열한 다음 팁의 중심에서 고압의 산소를 불어내어 절단한다.

(6) 강관 절단기

강관의 절단만을 하는 전문 절단기계로 선반과 같이 강관을 회전시켜 바이트로 절단하는 것이다.

3 관벤딩용 기계(bending machine)

수동벤딩과 기계벤딩으로 구분하며 수동벤딩에는 수동 로울러나 수동벤더에 의한 상온 벤딩을 냉간 벤딩이라 하고 800~900℃로 가열하여 관 내부에 마른모래를 채운 후 벤딩하는 것을 열간벤딩이라 한다. 그리고 기계 벤딩용 기계에는 다음과 같은 종류가 있다.

> **참고**
> - 열간벤딩 시 가열온도
>   강관 벤딩 시 : 800~900℃ 정도, 동관 벤딩 시 : 600~700℃ 정도

(1) 램식(ram type)

유압을 이용하여 관을 구부리는 것으로 유압식으로 현장용이다. 수동식은 50A, 동력식은 100A 이하의 관을 상온에서 구부릴 수 있다.

(2) 로터리식(rotary type)

관에 심봉을 넣어 구부리는 것으로 공장 등에 설치하여 동일 치수의 모양을 다량 생산 할 때 편리하다. 상온에서도 단면의 변형이 없고 두께에 관계없이 어느 관이라도 가공할 수 있으며 굽힘반경은 관지름의 2.5배 이상이어야 한다.

(3) 수동 롤러식

32A 이하의 관을 구부릴 때 관의 크기와 곡률반경에 맞는 포머(former)를 설치하고 롤로와 포머 사이에 관을 삽입하고 핸들을 서서히 돌려 180°까지 자유롭게 구부릴 수 있다.

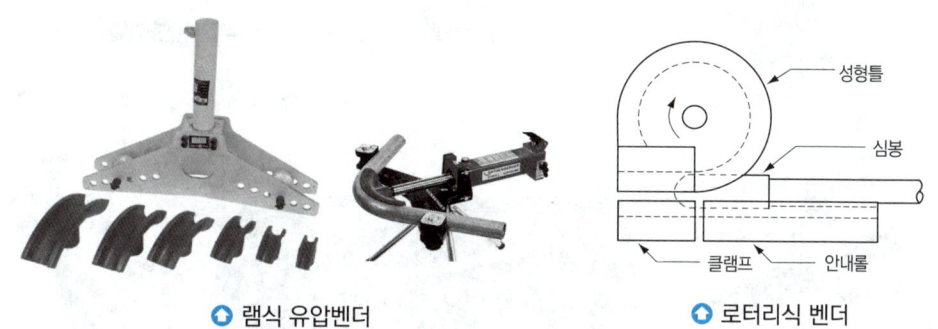

◎ 램식 유압벤더 ◎ 로터리식 벤더

> **참고**
>
> ■ 굽힘 작업 시 주의사항
> ① 관의 용접 선이 위에 오도록 고정 후 벤딩한다.
> ② 냉간 벤딩 시 스프링백 현상에 유의하여 조금 더 구부린다.
> ※ 스프링백(spring back) : 재료를 구부렸다가 힘을 제거하면 탄성이 작용하여 다시 펴지는 현상
> ■ 곡관(벤딩)부의 길이산출
>
> $$l = 2\pi r \frac{\theta}{360} = \pi D \frac{\theta}{360}$$
>
> r : 곡률반지름
> θ : 벤딩각도
> D : 곡률지름
>
>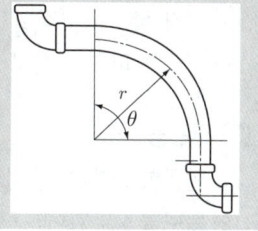

④ 기타 관용 공구

(1) 동관용 공구

① 토치램프 : 납땜, 동관접합, 벤딩 등의 작업을 하기 위한 가열용 공구이다.

② 튜브벤더 : 동관 굽힘용 공구
③ 플레어링툴 : 20mm 이하의 동관의 끝을 나팔형으로 만들어 압축 접합 시 사용하는 공구
④ 사이징툴 : 동관의 끝을 원형으로 정형하는 공구
⑤ 익스팬더(확관기) : 동관 끝의 확관용 공구
⑥ 튜브커터 : 동관 절단용 공구
⑦ 리머 : 튜브커터로 동관절단 후 관의 내면에 생긴 거스러미를 제거하는 공구
⑧ 티뽑기 : 동관 직관에서 분기관을 성형 시 사용하는 공구

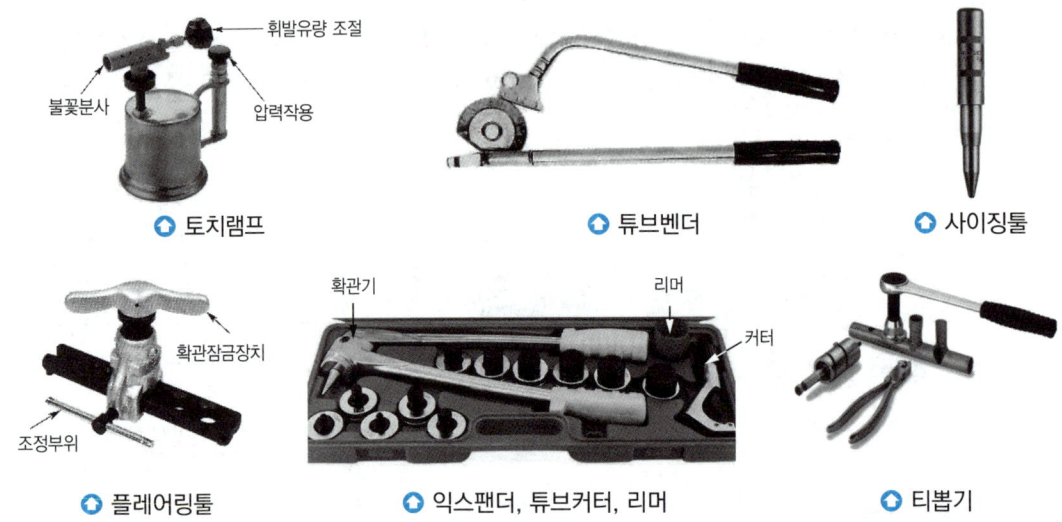

(2) 주철관용 공구
① 납 용해용 공구 셋 : 냄비, 파이어 포트(fire pot), 납물용 국자, 산화납 제거기 등
② 클립(clip) : 소켓접합 시 용해된 납 주입 때 납물의 비산을 방지
③ 코킹 정 : 소켓접합 시 얀(yarn)을 박아 넣거나 납을 다져 코킹하는 정
④ 링크형 파이프 커터 : 주철관 전용 절단공구

(3) 연관용 공구
① 연관톱 : 연관 절단 공구(일반 쇠톱으로도 가능)
② 봄보올 : 주관에 구멍을 뚫을 때 사용
③ 드레서 : 연관 표면의 산화피막 제거
④ 벤드벤 : 연관의 굽힘작업에 이용
⑤ 턴핀 : 관 끝을 접합하기 쉽게 관 끝 부분에 끼우고 마아레드로 정형한다.
⑥ 마아레트 : 나무 망치
⑦ 토치 램프 : 가열용 공구

PART 5. 자재관리
배관도시법

1 도면의 종류

(1) 평면 배관도(plane drawing)
배관장치를 위에서 아래로 내려보고 그린 도면이다.

(2) 입면 배관도(side view drawing)
배관장치를 측면에서 보고 그린 도면이다. (3각법에 의함)

(3) 입체 배관도(isometric piping drawing)
입체공간을 X축, Y축, Z축으로 나누어 입체적인 형상을 평면에 나타낸 도면으로 일반적으로 Y축에는 수직배관을 수직선으로 그리고 수평면에 존재하는 X축과 Z축을 120°로 만나게 선을 그어 그린 그림이다.

(4) 부분 조립도(Isometric each drawing)
입체(조립)도에서 발췌하여 상세히 그린 도면으로 각부의 치수와 높이를 기입하며 플랜트 접속의 기계 및 배관 부품과 플랜지면 사이의 치수도 기입하는 것으로 스풀 드로잉(spool drawing)이라고도 한다.

(5) 계통도(flow diagram)
입상관(立上管)이나 입하관(立下管) 등 수직관이 많아 평면도로서는 배관계통을 이해하기 힘들 경우 관의 접속관계 등 계통을 쉽게 이해하기 위해 그린 그림이다.

(6) 공정도(blok diagram)
제작 공정과 제조의 상태를 표시한 도면으로 특히, 제조 공정도를 플랜트 공정도라 한다.

(7) 배치도(plot plan)
건물의 대지 및 도로와의 관계나 건물의 위치나 크기, 방위, 옥외 급배수관 계통 및 장치들의 위치 등을 나타낸다.

❷ 치수 기입법

(1) 치수 표시
치수는 mm를 단위로 하되 치수선에는 숫자만 기입한다.

> **참고**
>
> ■ 강관의 호칭지름(A : mm, B : inch)
>
> | 호칭지름 | | 호칭지름 | | 호칭지름 | |
> |---|---|---|---|---|---|
> | A(mm) | B(inch) | A(mm) | B(inch) | A(mm) | B(inch) |
> | 6A | 1/8" | 32A | 1 1/4" | 125A | 5" |
> | 8A | 1/4" | 40A | 1 1/2" | 150A | 6" |
> | 10A | 3/8" | 50A | 2" | 200A | 8" |
> | 15A | 1/2" | 65A | 2 1/2" | 250A | 10" |
> | 20A | 3/4" | 80A | 3" | 300A | 12" |
> | 25A | 1" | 100A | 4" | 350A | 14" |

(2) 높이 표시
① GL(ground level) 표시 : 지면의 높이를 기준으로 하여 높이를 표시한 것
② FL(floor level) 표시 : 층의 바닥면을 기준으로 하여 높이를 표시한 것
③ EL(elevation line) 표시 : 배관의 높이를 관의 중심을 기준으로 표시한 것
④ TOP(top of pipe) 표시 : 관의 윗면까지의 높이를 표시한 것
⑤ BOP(bottom of pipe) 표시 : 관의 아래면까지의 높이를 표시한 것

❸ 배관도면의 표시법

(1) 배관의 도시법
관은 하나의 실선으로 표시하며 동일 도면에서 다른 관을 표시할 때도 같은 굵기선으로 표시함을 원칙으로 한다.

① 유체의 종류, 상태 및 목적표시의 도시기호
　다음과 같이 인출선을 긋고 그 위에 문자로 표시한다.

● 유체의 종류와 기호 및 도시법

유체의 종류	기호
공기	A
가스	G
유류	O
수증기	S
물	W
증기	V

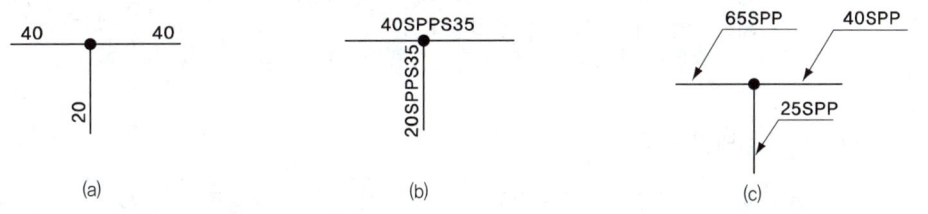

② 유체에 따른 배관의 도색

유체의 종류	도색	유체의 종류	도색
물	청색	증기	암적색
공기	백색	산·알칼리	회보라색
가스	황색	전기	연한 주황
기름	어두운 주황		

③ 관의 굵기와 재질의 표시

관의 굵기를 표시한 다음 그 뒤에 종류와 재질을 문자기호로 표시한다.

④ 관의 접속 및 입체적 상태

접속상태	실제 모양	도시기호	굽은 상태	실제 모양	도시기호
접속하지 않을 때			파이프 A가 앞쪽 수직으로 구부러질 때(오는 엘보)		
접속하고 있을 때			파이프 B가 뒤쪽 수직으로 구부러질 때(가는 엘보)		
분기하고 있을 때			파이프 C가 뒤쪽으로 구부러져서 D에 접속될 때		

> **참고**
>
> ■ 배관의 평면도에 따른 관의 표시

	정투영도	각도
관 A가 화면에 직각으로 바로 앞쪽으로 올라가 있는 경우		
관 A가 화면에 직각으로 반대쪽으로 내려가 있는 경우		
관 A가 화면에 직각으로 바로 앞쪽으로 올라가 있고 관 B가 접속하고 있는 경우		
관 A로부터 분기된 관 B가 화면에 직각으로 바로 앞쪽으로 올라가 있으며 구부러져 있는 경우		
관 A로부터 분기된 관 B가 화면에 직각으로 반대쪽으로 내려가 있고 구부러져 있는 경우		

[비고] 정 투영도에서 관이 화면에 수직일 때, 그 부분만을 도시하는 경우에는 다음 기호에 따른다.

⑤ 관의 이음방법 표시

이음 종류	연결방법	도시기호	예시	이음 종류	연결방식	도시기호
관이음	나사형			신축이음	루프형	
	용접형(땜형)				슬리브형	
	플랜지형				벨로우즈형	
	소켓형(턱걸이형)				스위블형	

⑥ 밸브 및 계기의 표시방법

종류	기호	종류	기호
글로브밸브		일반조작밸브	
게이트(슬루우스)밸브		전자밸브	
역지밸브(체크밸브)		전동밸브	
Y-여과기 (Y-스트레이너)		도출밸브	
앵글밸브		공기빼기밸브	
안전밸브(스프링식)		닫혀 있는 일반밸브	
안전밸브(추식)		닫혀 있는 일반콕크	
일반콕크(볼밸브)		온도계, 압력계	
버터플라이밸브 (나비밸브)		감압밸브	
다이어프램밸브		봉함밸브	

⑦ 배관의 말단표시 기호

막힘(맹) 플랜지		나사캡		용접캡		플러그	

⑧ 관지지 기호 등

명칭		기호	관지지 기호		
			관지지	설치 예	기호
자동공기빼기 밸브		A.A.V	앵커		
신축이음	벨로즈형 단식		가이드		G
	벨로즈형 복식		슈		

명칭	기호	관지지 기호		
		관지지	설치 예	기호
나사식		행거		●— H
플랜지		스프링 행거		●— SH
맞대기 용접		바닥지지		■— S
소켓용접 (턱걸이)		스프링지지		■— SS

(2) 도면 표시법

① 복선 표시법

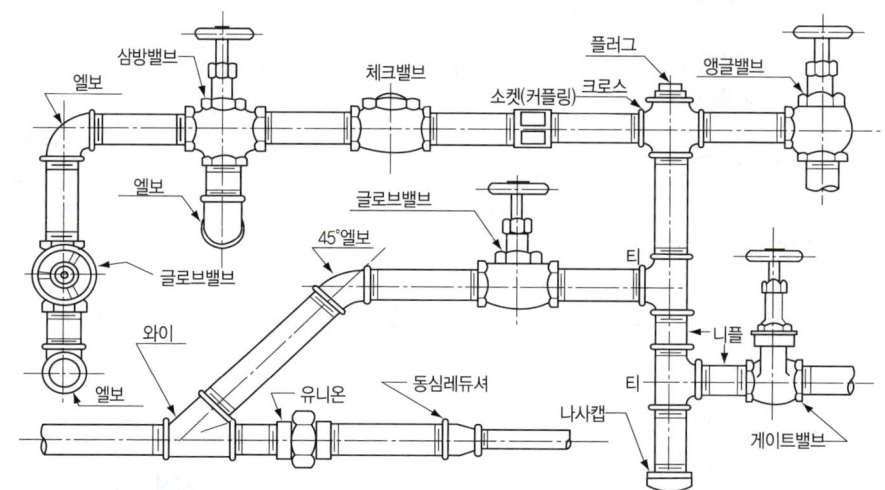

② 단선 표시법

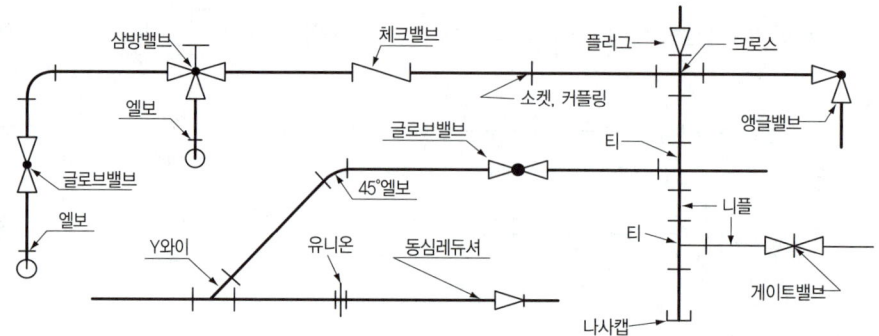

PART 5. 자재관리

측정기 관리

1 측정기 관리

1 용어정리

(1) 교정(calibration)

　　교정(calibration)은 규정된 조건하에서 측정기 또는 계측 시스템이 지시하는 값과 표준기에 의하여 실현된 값 사이의 관계를 정하는 일련의 작업이다.

(2) 검정(verification)

　　검정(verification)은 상거래를 계량에 의하여 하는 경우에 사용하는 특정 계량기에 대하여 국가 공권력으로 강제 검사를 하는 제도로 지정된 요건이 충족되었음을 입증하는 증거의 조사 및 제시에 의하여 확인하는 제도이다. 검정의 결과에 따라 영업 재개, 보정 실시, 수리, 등급 강등 또는 폐기한다.

(3) 계량(計量, measuring)

　　계량(計量, measuring)은 상거래 또는 거래 증명에 사용하기 위하여 어떤 양의 값을 결정하기 위한 일련의 작업(전기, 수도, 가스 등)이다.

2 교정의 종류

종류	용도
정기 교정	제품 생산, 품질 관리, 시험 검사 용도 등으로 사용되는 측정기는 등록 관리 후 주기적으로 교정을 실시한다.
사용 전 교정	측정기 동작상에는 문제가 없으나 사용 시기가 분명하지 않아 사용 전에 반드시 교정을 실시한다.
교정 불필요	측정기의 용도상 교정이 요구되지 않는 경우로서 사용자의 일상 점검으로 대체한다.
초기 교정	측정기가 치수의 변화가 없는 경우로 주기적인 교정이 불필요하고 최초 1회에 한하여 교정을 실시한다.
제한 교정	다목적 측정용으로 기능 및 사용 범위 등에서 제한적으로 사용한다.
사용자 교정	사용자가 기준 시료에 의하여 사용 시 자체 교정하는 측정기이다.

3 측정기 설치

(1) 압력계

　　절대압은 절대진공을 기준으로 하여 측정한 압력, 게이지압은 대기압을 기준으로 하여 측정한 압력으로 냉동공조에서 취급하는 물이나 증기 등의 높은 압력은 게이지압을 사용한다. 공업용 압력측정은 측정범위에 따라 다이어프램, 부르동관, 벨로우즈 등의 탄성감압소자가 사용된다. 정밀도는 ±0.5~2.5% 정도이다.

방식	종류	측정 범위
탄성 이용	부르동관	0.5~50MPa
	벨로우즈	1~100MPa
	다이어프램	0.1~50kPa
전기소자 이용	반도체	-1~5,000kPa
	정전용량	
액체기둥 이용	U자관	~2mHg
진공상태 이용	피라니 진공계	10^{-4}~2mHg

(2) 온도계

온도계를 측정 원리에 의하여 분류하면 다음과 같다.

매체	원리	종류
열팽창 이용	체적변화	수은, 바이메탈 온도계
	팽창압력	압력 온도계
열기전력 이용	열기전력	열전 온도계
금속의 저항변화 이용	전기저항	저항 온도계
온도 방사 에너지 이용	전방사 에너지	방사 고온계
	가시 에너지	광고온계, 광전관 온도계

(3) 유량계

용적식 유량계는 유입구와 유출구와의 유체의 압력 차에 따라서 회전하는 회전자가 케이스 사이에 일정한 용적의 공간에 흐르는 통과량을 알기 위한 것이며 유량계는 다음과 같다.

방식	원리	종류
속도식	유속을 측정하는 방식	차압식
		면적식
		피토관식
		전자 유량계
질량식	유체 밀도에 관계없이 단위 시간에 흐르는 유체의 질량	질량식 유량계
용적식	유량의 실제 적산 유량 방식	치차식
		루트식

4 소모품 관리

(1) 소모품 MSDS 적용

MSDS(material safety data sheet)는 물질안전보건자료라고 하며 화학 물질의 유해·

위험성, 구성성분의 함유량, 응급조치요령, 취급 방법 등을 설명하는 자료를 말하며 화학제품의 안전사용을 위한 정보자료이다. 화학물질의 폭발적인 사용량 증가와 유해성 자료의 부실로 인한 근로자의 사고예방과 사고 시 신속하게 대처하기 위하여 유지보수업무에서 종합적, 체계적인 화학물질 관리가 필요하다.

(2) MSDS 작성 및 내용
MSDS의 작성 주체는 화학물질 또는 화학물질을 함유한 물질을 제조, 수입, 사용, 운반 또는 저장하는 사업주이다. 취급 근로자가 쉽게 볼 수 있는 장소에 비치 또는 게시하도록 산업안전보건법에 규정하고 있다.

(3) MSDS 자료 게시 및 비치
① 게시 내용
  ㉠ 독성에 대한 정보
  ㉡ 물리 화학적 특성
  ㉢ 폭발 및 화재 시 대처 방법
  ㉣ 응급조치요령

② 게시 및 비치방법
  ㉠ 취급 근로자가 쉽게 보거나 접근할 수 있는 장소
  ㉡ 취급 근로자가 MSDS를 쉽게 확인할 수 있는 전산화를 구축하여야 함

③ 게시 장소
  ㉠ 대상 화학 물질을 취급하는 작업 공정 장소
  ㉡ 안전사고 또는 직업병 발생 우려가 있는 장소
  ㉢ 사업장 내 근로자가 가장 보기 쉬운 장소

(4) MSDS 자료에 포함되는 정보

항목	정보
화학제품과 회사에 대한 정보	제품명, 제품의 권고 용도와 사용상의 제한
유해·위험성 정보	유해·위험성 분류, 예방 조치 문구를 포함
응급 조치 요령	눈에 접촉 시, 피부 접촉 시, 흡입 시 조치 사항 포함
폭발·화재 시 대처 방법	화재 진압 시 착용할 보호구 및 예방 조치
누출 사고 시 대처 방법	인체 보호를 위한 조치 사항, 정화 및 제거 방법
취급 및 저장 방법	안전 취급 요령, 저장 요령
노출 방지 및 개인 보호구	노출 기준, 적절한 공학적 관리
물리 화학적 특성	외관, 냄새, 인화점, 인화 또는 폭발 상한·하한, 자연 발화
안정성 및 반응성	화학적 안정성, 유해 반응의 가능성, 피하여야 할 조건
독성에 대한 정보	노출 경로에 대한 정보, 단기 및 장기 노출
환경에 미치는 영향	수생, 육생, 생태 독성 잔류성과 분해성, 생물 농축성
폐기 시 주의 사항	폐기 방법, 폐기 시 주의사항
운송에 필요한 정보	유엔(UN) 번호, 유엔 적정 운송명, 운송 시 위험 등급
법적 규제 현황	산업 안전 보건법에 의한 규제, 유해 화학 물질 관리법
기타 참고 사항	자료의 출처, 최초 작성 일자, 개정 횟수 및 최종 개정 일자

PART 5 자재관리 — 예상문제

001 냉동 배관재료로서 갖추어야 할 조건으로 부적당한 것은?
① 가공성이 좋아야 한다.
② 관내 마찰저항이 작아야 한다.
③ 내식성이 작아야 한다.
④ 저온에서 강도가 커야 한다.

002 강관의 특징 중 맞지 않는 것은?
① 연관, 주철관에 비해 가볍고 인장강도가 크다.
② 내 충격성, 굴요성이 크다.
③ 관의 접합작업이 용이하다.
④ 가스배관으로 사용이 불가능하다.

003 다음 중 강관의 종류와 KS규격 기호를 짝 지은 것으로 알맞은 것은?
① SPHT : 고압 배관용 탄소강 강관
② SPPA : 고압 배관용 탄소강 강관
③ SPPS : 압력 배관용 탄소강 강관
④ STHA : 저온 배관용 탄소강 강관

004 배관용 탄소강관의 사용압력은 몇 이하인가?
① 0.1MPa   ② 1MPa
③ 1kg/cm^2 ④ 10MPa

005 LPG 탱크용 배관, 냉동기 배관 등의 빙점 이하의 온도에서만 사용되며, 두께를 스케줄 번호로 나타내는 강관의 KS 표시기호는?
① SPP   ② SPA
③ SPLT   ④ STLT

006 압력이 10~100kg/cm^{2}이고 350℃ 이하에서 유압관, 수압관 보일러 증기관에 사용하는 KS 배관 기호는?
① SPPH   ② SPA
③ SPW   ④ SPPS

007 SPPS-38은 관의 표시법 중 무엇을 의미하는가?
① 압력배관용 탄소강관이며 최저 인장강도 38 kg/mm^2 이하이다.
② 배관용 탄소강관이며 최저 인장강도 38kg/mm^2 이하이다.
③ 압력배관용 탄소강 강관이며 최고 인장강도 38kg/mm^2 이하이다.
④ 배관용 탄소강관이며 최고 인장강도 38kg/mm^2 이상이다.

008 다음 중 관의 두께를 표시하는 것은 어느 것인가?
① 지름   ② 안지름
③ 곡률 반지름   ④ 스케줄 번호

009 다음 중 스케줄 번호를 옳게 나타낸 공식은? (단, 사용압력 P[kg/cm^2], 허용압력 S [kg/mm^2])
① $10 \times \dfrac{S}{P}$ ② $100 \times \dfrac{P}{S}$
③ $10 \times \dfrac{P}{S}$ ④ $\dfrac{P}{10} \times S$

[정답] 001 ③ 002 ④ 003 ③ 004 ② 005 ③ 006 ④ 007 ① 008 ④ 009 ③

010 사용압력 120kg/cm², 허용응력 30kg/mm² 인 압력 배관용 탄소강 강관의 스케줄(schadule) 번호는?
① 30
② 40
③ 100
④ 120

011 강관은 흑관과 백관으로 나뉜다. 백관은 흑관과 같은 재질이지만 관 내·외면에 Zn 도금을 하였다. 그 이유는?
① 부식 방지를 위해서
② 외관상 좋게 하려고
③ 내마모성의 증대를 위해서
④ 내충격성의 증대를 위해서

012 300A 강관을 B(inch) 호칭으로 지름을 표시하면?
① 2B
② 4B
③ 10B
④ 12B

013 동파이프에 대한 KS 규정 중 두께가 가장 두꺼운 형(type)은?
① K형
② L형
③ M형
④ N형

014 다음은 동관에 관한 설명이다. 틀린 것은?
① 전기 및 열전도율이 좋다.
② 가볍고 가공이 용이하며 동파되지 않는다.
③ 산성에는 내식성이 강하고 알칼리성에는 심하게 침식된다.
④ 전연성이 풍부하고 마찰저항이 적다.

015 강관용 이음쇠를 이음방법에 따라 분류한 것이 아닌 것은 어느 것인가?
① 용접식
② 압축식
③ 플랜지식
④ 나사식

016 다음 중 배관의 방향을 바꿀 때 필요한 관 이음 재료는?
① 유니온
② 니쁠
③ 플러그
④ 벤드

017 다음에서 분해조립이 가능한 배관 연결 부속은?
① 부싱, 티이
② 플러그, 캡
③ 소켓, 엘보우
④ 플랜지, 유니온

018 다음 배관용 연결 부속 중 분해 조립이 가능하도록 하려면 무엇을 설치하면 되는가?
① 엘보, 티
② 리듀셔, 부싱
③ 유니언, 플랜지
④ 캡, 플러그

019 다음은 관 연결용 부속을 사용처별로 구분하여 나열하였다. 잘못된 것은 어느 것인가?
① 관 끝을 막을 때 : 레듀셔, 부싱, 캡
② 배관의 방향을 바꿀 때 : 엘보, 벤드
③ 관을 도중에 분기할 때 : 티, 와이, 크로스
④ 동경관을 직선 연결할 때 : 소켓, 유니온, 니쁠

020 다음과 같이 25A×25A×25A의 티이에 20A관을 직접 A부에 연결하고자 할 때 필요한 이음쇠는 어느 것인가?
① 유니언
② 니플
③ 이경부싱
④ 플러그

[정답] 010 ② 011 ① 012 ④ 013 ① 014 ③ 015 ② 016 ④ 017 ④ 018 ③ 019 ① 020 ③

021 다음은 배관 상당길이에 대한 설명이다. 맞지 않은 것은?

① 압력저항이 있는 압력손실에서 냉매의 유량은 점도에 따라 달라진다.
② 유동저항을 갖는 동일 치수의 직관길이를 정하여 관상당길이라 한다.
③ 배관상당길이＝배관길이＋밸브이음쇠등의 상당길이
④ 실제로 배관을 설치할 때에는 사용되는 관이음쇠, 벨브 등의 저항치를 관상당 길이에서 제외한다.

022 배관의 중심선 간의 길이 : L, 관의 길이 : l, 조인트의 중심선에서 단면까지의 치수 : A, 나사의 길이 : a, 다음 그림을 보고 L의 길이를 구하는 공식은?

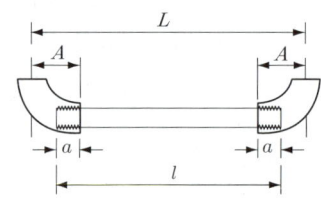

① $L = A + 2(l-a)$ ② $L = l + 2(A-a)$
③ $L = l + 2(a-A)$ ④ $L = a + 2(l-A)$

023 다음 그림과 같이 15A 강관을 45° 엘보우 나사연결할 때 연결부분의 실제 소요 길이는 얼마인가? (단, 엘보우 중심길이 21mm, 나사물림 길이 13mm이다.)

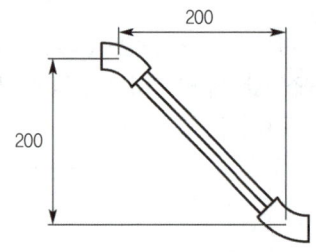

① 255.8mm ② 266.8mm
③ 274.8mm ④ 282.8mm

해설

$L = 200 \times \sqrt{2} = 200 \times 1.414 = 282.84mm$

여기서, 45° 배관의 전체(중심)길이
$l = L - 2(A-a) = 282.84 - \{2 \times (21-13)\}$
$\quad = 266.84mm$

024 배관의 중간이나 밸브 및 각종 기기의 접속 보수점검을 위하여 관의 해체 교환시 필요한 부속품은?

① 플랜지   ② 소켓
③ 밴드   ④ 바이패스관

025 주로 구경이 큰 관이나 제수 밸브, 펌프, 열교환기, 각종 기기의 접속 및 해체 교환을 필요로 하는 곳에 많이 사용하는 강관 이음 형식은 어느 것인가?

① 나사 이음   ② 플랜지 이음
③ 용접 이음   ④ 플레어 이음

026 가스관의 플랜지접합 시공 시 주의사항으로 맞지 않는 것은?

① 고정 후 나사산이 1~2산 남는 것이 좋다.
② 플랜지 볼트 구멍을 맞추기 위해 먼저 구멍 위치를 정한다.
③ 스패너로 대각선 방향으로 천천히 조인다.
④ 어느 하나를 완전히 조인 후 차례로 조인다.

027 용접접합을 나사접합에 비교한 것 중 옳지 않은 것은?

① 누수가 적고 보수에 비용이 절약된다.
② 유체의 마찰손실이 많다.
③ 배관상으로 공간 효율이 좋다.
④ 접합부의 강도가 크다.

[정답] 021 ④ 022 ② 023 ② 024 ① 025 ② 026 ④ 027 ②

028 관 접합부의 수밀, 기밀유지와 기계적 성질 향상, 작업공정 감소의 효과를 얻을 수 있는 접합은?
① 용접접합　　② 플랜지접합
③ 리벳접합　　④ 소켓접합

029 관의 용접 접합 시 이점이 아닌 것은?
① 돌기부가 없어서 시공이 용이하다.
② 접합부의 강도가 커서 배관용적을 축소할 수 있다.
③ 관 단면의 변화가 많다.
④ 누설의 염려가 없고 시설 유지비가 절감된다.

030 다음 가스용접의 장점 중 틀린 것은?
① 응용범위가 넓다.
② 설비 비용이 싸다.
③ 유해광선의 발생이 적다.
④ 가열범위가 넓다.

031 가스용접에서 용제(flux)를 사용하는 이유는?
① 모재의 용융 온도를 낮게 하기 위하여
② 용접 중 산화물 중의 유해물을 제거하기 위하여
③ 침탄이나 질화작용을 돕기 위하여
④ 용접봉의 용융속도를 느리게 하기 위하여

032 용접 접합을 나사 접합에 비교한 것 중 옳지 않은 것은?
① 누수의 우려가 적다.
② 유체의 마찰 손실이 많다.
③ 배관상으로 공간 효율이 좋다.
④ 접합부의 강도가 크다.

033 용접은 다음 어느 접합법에 속하는가?
① 기계적 접합법　　② 야금적 접합법
③ 화학적 접합법　　④ 역학적 접합법

034 다음은 주철관의 용도를 열거한 것이다. 아닌 것은?
① 급수관용　　② 배수관용
③ 난방코일용　　④ 통기관용

035 파이프 내의 압력이 높아지면 고무링은 더욱더 파이프 벽에 밀착되어 누설을 방지하는 접합방법은?
① 기계적 접합　　② 플랜지 접합
③ 빅토릭 접합　　④ 소켓 접합

036 주철관의 소켓 접합 시 얀을 삽입하는 이유는?
① 납의 이탈 방지　　② 누수 방지
③ 외압 완화　　④ 납의 양 절약

037 수중에서도 접합이 가능하며 이음부가 다소 구부러져도 물이 새지 않는 주철관의 이음법은?
① 소켓이음(Socket joint)
② 기계식 이음(Mechanical joint)
③ 타이톤 이음(Tyton joint)
④ 빅토릭 이음(victoric joint)

038 다음 중 주철관의 접합에 사용되지 않는 접합법은 어느 것인가?
① 플랜지 접합　　② 플레어 접합
③ 기계적 접합　　④ 소켓 접합

[정답] 028 ① 029 ③ 030 ④ 031 ② 032 ② 033 ② 034 ③ 035 ③ 036 ② 037 ② 038 ②

039 주철관의 소켓 접합 시 납물이 비산하여 몸에 튀면 매우 해롭다. 이때 비산을 방지하기 위해 암관의 둘레에 끼우는 기구는 무엇인가?
① 드레서   ② 벤드벤
③ 바이스   ④ 클립

040 내식성과 내열성이 좋으므로 화학 공장의 특수 배관용이나 저온배관용으로 사용되는 배관은?
① 주철관   ② 납관
③ 스테인리스강관 ④ 합성수지관

041 냉동장치의 배관에서 진동이 심한 곳에 설치하는 것은?
① 동관   ② 강관
③ 금속가요관   ④ 스테인리스관

042 다음 동파이프에 대한 설명으로 틀린 것은?
① 가공이 쉽고 얼어도 다른 금속보다 파열이 쉽게 되지 않는다.
② 내식성이 좋으며 수명이 길다.
③ 연관이나 철관보다 운반이 쉽다.
④ 마찰저항이 크다.

043 동관접합의 종류로 적합하지 못한 것은?
① 나사 접합   ② 납땜 접합
③ 용접 접합   ④ 플레어 접합

044 지름 20mm 이하의 동관을 이음할 때 또는 기계의 점검, 동관의 보수, 기타 관을 떼어내기 쉽게 하기 위한 이음 방법은?
① 플레어 이음 ② 슬리브 이음
③ 플랜지 이음 ④ 사이징 이음

045 지름이 같은 연질 동관을 이음쇠를 쓰지 않고 확관해 납땜 또는 경납땜하여 접합하는 이음 방식은 다음 중 어느 것인가?
① 스웨이징(swaging) ② 플레어(flare)
③ 플랜지(flange)   ④ 용접(welding)

046 급수배관에 있어 한쪽에는 동관배관과 다른 한쪽에는 암나사인 밸브를 연결하고자 할 때 사용하는 동관부속으로 옳은 것은?
① 동어댑터(C×M)   ② 동절연유니온
③ 동어댑터(C×F)   ④ 동레듀셔

047 배관설비에 있어서 유속을 V, 유량을 Q라고 할 때 관지름 d를 구하는 식은 다음 중 어떤 것인가?
① $d = \sqrt{\dfrac{\pi V}{Q}}$ ② $d = \sqrt{\dfrac{4Q}{\pi V}}$
③ $d = \sqrt{\dfrac{\pi V}{4Q}}$ ④ $d = \sqrt{\dfrac{Q}{\pi V}}$

048 안지름이 500mm인 관 속을 매초 2m의 속도로 유체가 흐를 때 단위 시간당의 유량은 얼마인가?
① $0.39 m^3/h$ ② $23.4 m^3/h$
③ $524.3 m^3/h$ ④ $1,404 m^3/h$

049 다음은 손실수두를 가져오는 원인을 열거한 것이다. 이 중에서 아닌 것은?
① 밸브와 콕에 의한 손실
② 관외에서 발생하는 마찰손실
③ 관의 굴곡에 의한 손실
④ 관의 단면이 축소 또는 확대될 때

[정답] 039 ④ 040 ③ 041 ③ 042 ④ 043 ① 044 ① 045 ① 046 ① 047 ② 048 ④ 049 ②

050 강관 신축이음은 직관 몇 m마다 설치하는가?
① 10m   ② 20m
③ 30m   ④ 40m

051 배관의 신축이음 중 고압에 잘 견디며 건물의 옥외배관 신축이음으로 가장 좋은 것은 어느 것인가?
① 신축곡관 이음   ② 슬리브형 이음
③ 벨로스형 이음   ④ 스위블형 이음

052 열팽창이나 진동을 흡수하여 부분적인 응력이 집중되지 않도록 신축이음 부속품을 사용한다. 특히, 고압배관에 적당한 신축이음 부속품은?
① 벨로우즈형   ② 스위블형
③ 슬리브형   ④ 루우프형

053 루프형 신축이음의 곡률 반지름은 관지름의 몇 배 이상이 가장 적당한가?
① 1배   ② 2배
③ 4배   ④ 6배

054 다음은 신축이음에 관한 설명이다. 틀린 것은?
① 2개 이상의 엘보를 사용하여 관을 접합하는 이음이 슬리브형 신축이음이다.
② 루프형은 응력을 수반하나 고압에 잘 견뎌 고압증기의 옥외 배관에 사용된다.
③ 벨로스형은 설치면적이 크지 않고 응력도 생기지 않는다.
④ 슬리브형은 50A 이하의 것은 나사결합식이고, 65A 이상의 것은 플랜지 결합식이다.

055 배관길이 20m의 증기난방 배관에서 통기 전, 통기 후의 관 온도를 각각 10℃, 105℃로 하면 배관길이는 몇 mm 늘어나는가? (단, 선팽창계수는 1.2×10^{-5}으로 한다.)
① 22.8mm   ② 6.8mm
③ 7.8mm   ④ 12.8mm

해설
$$\Delta l = \alpha \cdot l \cdot \Delta t = 1.2 \times 10^{-5} \times 20 \times (105-10)$$
$$= 0.0228m = 22.8mm$$

056 배관계통에서 펌프나 압축기의 진동을 배관에 연결시키지 않기 위하여 설치하는 부품은?
① 익스펜숀 조인트
② 플렉시블 조인트
③ 후렌지 조인트
④ 턱걸이 이음(Saucet joint)

057 유체의 저항이 적어서 대형 배관용으로 사용되는 밸브는?
① 글로우브밸브   ② 슬루스밸브
③ 체크밸브   ④ 안전밸브

058 유로를 급속히 여닫이 할 때 쓰이는 밸브는?
① 글로우브밸브   ② 콕
③ 슬루스밸브   ④ 체크밸브

059 유체의 역류를 방지하기 위하여 사용하는 밸브는?
① 슬루스밸브   ② 앵글밸브
③ 첵크밸브   ④ 게이트밸브

[정답] 050 ③ 051 ① 052 ④ 053 ④ 054 ① 055 ① 056 ② 057 ② 058 ② 059 ③

060 패킹이 없고 벨로우즈 또는 다이어프램을 사용한 밸브는?

① 앵글밸브(Angle valve)
② 팩레스밸브(Packless valve)
③ 팩키드밸브(Packed valve)
④ 플로우트밸브(Float valve)

061 다음은 각종 밸브의 종류와 용도와의 관계를 연결한 것이다. 잘못된 것은?

① 글로브밸브 – 유량 조절용
② 체크밸브 – 역류 방지용
③ 안전밸브 – 이상 압력 조정용
④ 콕 – 유로의 완만한 개폐

062 다음은 체크밸브에 관한 설명이다. 잘못된 것은?

① 리프트식은 수직배관에만 쓰인다.
② 스윙식은 수평, 수직배관 어느 곳에나 쓰인다.
③ 체크밸브는 유체의 역류를 방지한다.
④ 펌프배관에 사용되는 풋밸브도 체크밸브에 속한다.

063 방열기 및 배관 중 높은 곳에 설치하는 밸브는?

① 안전 밸브   ② 감압 밸브
③ 온도조절 밸브   ④ 에어벤트 밸브

064 배관 내의 밸브, 게이지, 기기 등의 앞에 설치되어 관내의 불순물을 제거하는 데 사용하는 배관 부속으로서 여과기라고도 하는 것은?

① 트랩(trap)
② 플러그밸브(plug valve)
③ 콕(cock)
④ 스트레이너(straniner)

065 관 또는 용기 내의 압력이 규정한도를 초과하지 않도록 하기 위해 보일러나 압력용기 등에 설치하는 밸브는?

① 감압밸브(Pressure Reducing Valve)
② 온도조정밸브(Temperature Control Valve)
③ 안전밸브(Safety Valve)
④ 게이트밸브(Gate Valve)

066 고압배관과 저압배관의 사이에 설치하고 고압측의 압력변동에 관계없이 또는 저압측의 사용량에 관계없이 밸브의 리프트를 자동적으로 제어하여 유량을 조정해서 저압측의 압력을 항상 일정하게 유지시키는 밸브는?

① 게이트밸브   ② 체크밸브
③ 감압밸브   ④ 온도조절밸브

067 다음 배관재료에서 열응력 요인이 아닌 것은?

① 열팽창에 의한 응력
② 냉간 가공에 의한 응력
③ 안전밸브의 분출에 의한 응력
④ 용접에 의한 응력

068 증기난방 배관에서 증기트랩을 사용하는 목적은?

① 관 내의 공기를 배출하기 위해서
② 관 내의 압력을 조절하기 위해서
③ 관 내의 증기와 응축수를 분리하기 위해서
④ 배관의 신축을 흡수하기 위해서

[정답] 060 ② 061 ④ 062 ① 063 ④ 064 ④ 065 ③ 066 ③ 067 ③ 068 ③

069 다음 트랩의 종류 중 증기 트랩이 아닌 것은?
① 버킷 트랩   ② 벨로스 트랩
③ U트랩   ④ 플로트 트랩

070 다량 트랩이라고도 하는 것은 무엇인가?
① 열동식 트랩   ② 버킷 트랩
③ 플로트 트랩   ④ 충동 증기 트랩

071 부력에 의해 밸브를 개폐하여 간접적으로 응축수를 배출하는 구조를 가진 트랩으로 상향식과 하향식으로 구분되는 것은?
① 열동식 트랩   ② 플로우트 트랩
③ 버킷 트랩   ④ 충격식 트랩

072 배수트랩의 설치목적은 무엇인가?
① 악취, 유해가스의 실내 역류방지
② 배수관의 파손방지
③ 배수관 내에 체류된 찌꺼기 제거
④ 통기관의 보호

073 다음은 배수 트랩의 종류와 주요 용도와의 관계를 열거한 것이다. 잘못된 것은?
① P트랩 : 위생도기용
② 그리스 트랩 : 지방분 관 내 부착방지
③ U트랩 : 건물 내 바닥배수용
④ 드럼 트랩 : 개숫물 배수장용

074 개스킷 재료가 갖추어야 할 조건이 아닌 것은?
① 유체에 의해 변질되지 않을 것
② 열변형이 용이할 것
③ 충분한 강도를 가질 것
④ 유연성을 유지할 수 있을 것

075 배관의 부식방지를 위하여 사용되어지는 도료가 아닌 것은?
① 광명단   ② 알루미늄
③ 산화철   ④ 석면

076 나사용 패킹의 종류가 아닌 것은?
① 페인트   ② 고무패킹
③ 일산화연   ④ 액상합성수지

077 탄성이 크고 약품에 침식되지 않으며 냉매, 온수, 기름, 증기 배관에 사용되는 패킹은?
① 합성수지 패킹   ② 석면 조인트 시트
③ 금속 패킹   ④ 고무 패킹

078 보온재의 구비조건이 아닌 것은?
① 열전도가 적을 것
② 비중이 크고 강도가 있을 것
③ 내구력이 있을 것
④ 시공이 용이할 것

079 보온재나 보냉재의 단열재는 무엇을 기준으로 구분하는가?
① 사용압력   ② 내화도
③ 열전도율   ④ 안전사용 온도

080 다음 중 유기질 피복제가 아닌 것은?
① 펠트   ② 코르크
③ 기포성 수지 ④ 규조토

[정답] 069 ③ 070 ③ 071 ② 072 ① 073 ③ 074 ② 075 ④ 076 ② 077 ④ 078 ② 079 ④ 080 ④

081 아스팔트로 방습한 것은 −60℃까지 유지할 수 있어 보냉용으로 사용되는 보온재는?
① 펠트　　　　② 석면
③ 규조토　　　④ 그라스울

082 냉수·냉매의 배관, 냉각기 펌프 등의 보냉용으로 쓰이는 보온재료는?
① 펠트　　　　② 석면
③ 규조토　　　④ 콜크

083 다음 중 양모나 우모를 사용한 피복재료이며, 아스팔트로 방습피복한 보냉용 또는 곡면의 시공에 사용되는 것은?
① 펠트　　　　② 콜크
③ 기포성 수지　④ 암면

084 불에 잘 타지 않으며 보온성, 보냉성이 좋고, 흡수성은 좋지 않으나 굽힘성이 풍부하여 유기질 보온재로 많이 사용하는 것은?
① 펠트(felt)　　② 코르크(cork)
③ 기포성 수지　④ 탄산마그네슘

085 다음은 석면 보온재에 관한 설명이다. 틀리게 설명한 것은?
① 아스베스트 섬유질로 되어있다.
② 400℃ 이하의 보온재료로 적합하다.
③ 진동이 생기면 갈라지기 쉬우므로 탱크, 노벽의 보온에 적합하다.
④ 800℃에서는 강도와 보온성을 잃게 된다.

086 암면에 대한 설명 중 옳지 않은 것은?
① 안산암, 현무암 등의 석회석에 점토를 섞어서 용융시켜 섬유모양으로 만든 것이다.

② 400℃ 이하의 관, 덕트, 탱크 등의 보온에 사용한다.
③ 석면에 비하여 섬유가 곱다.
④ 저온에서 사용할 경우 아스팔트를 첨가해 성형한다.

087 무기질 보온재로서 원통상으로 가공하며 400℃ 이하의 파이프, 덕트, 탱크 등의 보온보냉용으로 사용하는 것은?
① 규조토　　　② 글라스울
③ 암면　　　　④ 경질 폴리우레탄 폼

088 다음 보온재 중 사용온도가 가장 낮은 것은?
① 스티로폼　　② 암면
③ 글라스울　　④ 규조토

> **해설**
> ① 스티로폼 : 70℃ 이하　② 암면 : 400℃ 이하
> ③ 글라스울 : 400℃ 이하　④ 규조토 : 500℃ 이하

089 다음 중 불에 잘 타지 않으며 보온성, 보냉성이 좋고 흡수성은 좋지 않으나 굽힘성이 풍부한 유기질 보온재는?
① 기포성수지　② 콜크
③ 우모펠트　　④ 유리섬유

090 방청도료 종류 중 은색 페인트라고도 하며 수분이나 습기의 방지에 좋고, 내열성도 우수한 방청도료는?
① 광명단 도료　② 산화철 도료
③ 합성수지 도료　④ 알루미늄 도료

[정답] 081 ① 082 ④ 083 ① 084 ③ 085 ③ 086 ③ 087 ③ 088 ① 089 ① 090 ④

091 부식을 방지하기 위해 페인팅을 하는데 다음 중 연단에 아마유를 배합한 것으로 녹스는 것을 방지하기 위하여 사용되는 도료의 막이 굳어서 풍화에 대해 강하고 다른 착색 도료의 초벽(under coating)으로 우수한 도료는?
① 알루미늄 도료 ② 광명단 도료
③ 합성수지 도료 ④ 산화철 도료

092 관의 벽면과 물 사이에 내식성의 도막을 만들어 물과 접촉을 막기 위하여 쓰는 도료는?
① 합성수지 도료 ② 알루미늄 도료
③ 산화철 도료   ④ 콜타르 및 아스팔트

093 암거 내에 증기난방 배관 시공을 하고자 할 때 나관상태라면 관 표면에 무엇을 발라 주는가?
① 콜타르   ② 시멘트
③ 테플론 테이프 ④ 석면

094 배관의 중량을 천장이나 기타 위에서 매다는 방법으로 배관을 지지하는 장치는?
① 서포트(Support) ② 앵커(Anker)
③ 행거(Hanger)   ④ 브레이스(Brace)

095 펌프, 압축기 등에서 발생하는 배관계 진동을 억제하는 데 사용하는 지지구는?
① 리스트레인트   ② 행거
③ 턴버클   ④ 브레이스

096 앵커, 스톱, 가이드 등과 같이 열팽창에 의한 배관의측면 이동을 구속 또는 제한하는 역할을 하는 지지구를 무엇이라고 하는가?
① 리스트레인트(restraint)
② 브레이스(brace)
③ 행거(hanger)
④ 서포트(support)

097 관의 절단공구가 아닌 것은?
① 파이프 커터   ② 고속 숫돌 절단기
③ 체인식 파이프 렌치 ④ 쇠톱

098 다음 중 파이프렌치의 크기를 표시한 것은?
① 호칭 번호
② 최소로 물릴 수 있는 관의 지름
③ 사용할 수 있는 최대의 관을 물릴 때의 전 길이
④ 조우를 맞대었을 때의 전 길이

099 관의 절단 후 절단부에 생기는 버르(거스러미)를 제거하는 공구는?
① 파이프 리머   ② 파이프 커터
③ 쇠톱   ④ 오스터

100 다이헤드를 이용한 동력 나사 절삭기로 할 수 없는 작업은?
① 파이프 벤딩   ② 파이프 절단
③ 나사 절삭   ④ 리머 작업

101 동관을 열간 벤딩하고자 할 경우 가장 적절한 가열온도는 몇 ℃인가?
① 200~300   ② 600~700
③ 900~1,200   ④ 1,500~1,800

> **해설**
> ㉠ 동관 벤딩 시 온도 : 600~700℃
> ㉡ 강관 벤딩 시 온도 : 800~900℃

[정답] 091 ② 092 ④ 093 ① 094 ③ 095 ④ 096 ① 097 ③ 098 ③ 099 ① 100 ① 101 ②

102 지름 20mm 이하의 동관을 구부릴 때는 동관전용 벤더가 사용되며 최소곡률 반지름은 관지름의 몇 배인가?

① 1~2배　　② 2~3배
③ 4~5배　　④ 6~7배

103 다음 곡률지름 $D = 200$mm일 때 180° 곡선 길이는 얼마인가?

① 630mm　　② 315mm
③ 275mm　　④ 157mm

> [해설]
> $l = \pi D \dfrac{\theta}{360} = 3.14 \times 200 \times \dfrac{180}{360} = 314$mm

104 용접 강관을 벤딩할 때 구부리고자 하는 관을 바이스에 어떻게 물려야 되나?

① 용접선을 안쪽으로 향하게 한다.
② 용접선을 바깥쪽으로 향하게 한다.
③ 용접선을 중간에 놓는다.
④ 용접선은 방향에 관계없이 물린다.

105 다음 중 강관용 공구가 아닌 것은?

① 파이프 바이스　　② 파이프 커터
③ 드레서　　④ 동력 나사절삭기

106 동관접합과 관계가 없는 공구는?

① 플레어 공구(flaring tool)
② 익스펜더(expander)
③ 오스타(oster)
④ 사이징 툴(sizing tool)

107 동관 작업용 공구에서 사이징 툴(sizing tool)을 사용하는 작업은?

① 동관 끝을 원형으로 교정한다.
② 관을 구부린다.
③ 동관의 관 끝을 오무린다.
④ 동관의 관 끝을 넓힌다.

108 다음 중 건물의 바닥면을 기준으로 배관의 높이를 사용하는 기호는?

① EL　　② GL
③ UL　　④ FL

109 유체의 종류를 기호로 표시한 것 중 잘못된 것은?

① 공기 - A　　② 가스 - G
③ 유류 - O　　④ 수증기 - W

110 아래 도면은 파이프의 굵기 및 종류를 나타낸 것이다. 40A가 뜻하는 것은?

① 파이프의 종류
② 인장강도
③ 파이프의 지름
④ 위쪽에 기입될 때는 종류, 아래쪽일 때는 지름이다.

111 다음 그림 기호 중 게이트 밸브를 나타내는 것은?

① 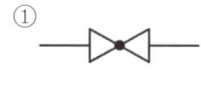　　②
③ 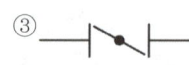　　④

[정답] 102 ③　103 ②　104 ②　105 ③　106 ③　107 ①　108 ④　109 ③　110 ③　111 ④

112 다음 KS 배관 도시 기호 중 팽창이음을 표시하는 기호는?

① ──┤├── ② ──▭── 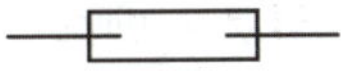
③ 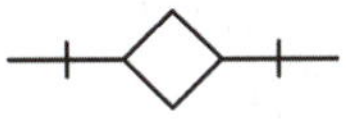 ──┤◇├── ④ ──▷──

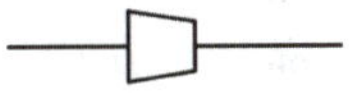

113 다음 그림 기호는 관의 어떤 결합방식을 표시하는가?

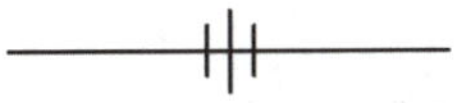

──┤├──

① 용접식
② 플랜지식
③ 유니언식
④ 턱걸이식

114 다음 도시기호 중 안전밸브는 어느 것인가?

① 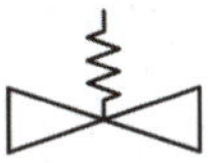 ②  ③  ④

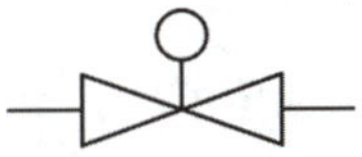

115 다음 도시기호 중 용접이음 티는?

① ──▷◯◁── ② ──•◯•── 
③ 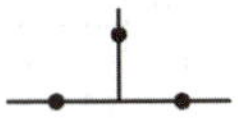 ──┬── ④ ──◯┤├──

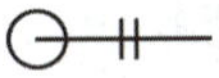

116 플랜지 이음용 글로브밸브의 배관 도시기호로 옳은 것은?

①  ②  ③  ④

117 다음 중 관 지지용 앵커(Anchor)의 KS의 도시기호는?

① ──⊗── ② ──●── H
③ ──■── SS ④ ═══ G

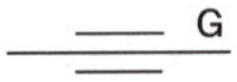

118 밸브에 대한 도시기호 중 다음 그림과 같은 것은?

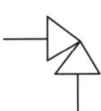

① 앵글밸브
② 체크밸브
③ 일반 콕
④ 공기빼기 밸브

119 다음 보기와 같은 도시기호는 무엇을 나타내는가?

① 슬로우스밸브
② 글로우브밸브
③ 다이어프램밸브
④ 감압밸브

120 다음 중 플랜지 이음 기호는?

① ──●── ② ──┼── 
③  ──┤├── ④ ──⊃──

121 다음 그림 기호가 나타내는 관의 끝부분 표시방법은?

──□

① 막힌 플랜지
② 용접식 캡
③ 체크 포인트
④ 앵글 밸브

[정답] 112 ② 113 ③ 114 ① 115 ③ 116 ① 117 ① 118 ① 119 ③ 120 ③ 121 ③

122 관 끝부분 표시방법 중 용접식 캡을 나타낸 것은?

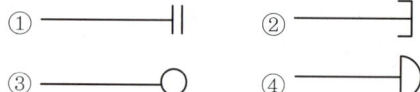

123 다음 배관 이음 중 유니온(union) 이음은?

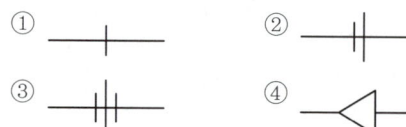

124 오는 엘보우를 나사 이음으로 표시한 것은?

125 다음 밸브의 도시기호 중 항시 닫혀있는 밸브는?

126 다음 그림과 같은 배관 기호는?
① 감압밸브
② 안전밸브
③ 볼밸브
④ 전동기 구동밸브

127 다음 중 용접 이음 콕은?

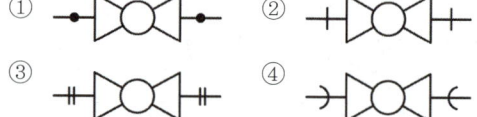

128 다음의 그림 기호가 나타내는 밸브는?
① 게이트 밸브
② 글로브 밸브
③ 체크 밸브
④ 앵글 밸브

129 가는 엘보우(Turned down Elbow)의 플랜지 이음 기호는?

130 밸브 기호 중에서 연결이 잘못된 것은?

131 그림은 무엇을 표시하는가?
① 팽창 조인트 플랜지
② 유니온(UNION)
③ 오리피스
④ 슬리이브(Sleeve)

132 다음 도시기호는 무엇을 뜻하는가?

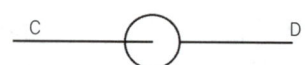

① 파이프 C가 앞으로 구부러져 D에 접속했을 때
② 파이프 C가 뒤로 구부러져 D에 접속했을 때
③ 파이프 C가 위로 구부러져 D에 접속했을 때
④ 파이프 C가 아래로 구부러져 D에 접속했을 때

[정답] 122 ④ 123 ③ 124 ① 125 ② 126 ② 127 ① 128 ③ 129 ① 130 ④ 131 ③ 132 ②

133 파이프 이음에서(부싱)의 이음 표시는?

① 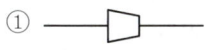 ②

③ ──✕╫✕── ④ ──●╫●──

134 다음 배관 도시법에서 파이프의 접속상태를 나타낸 것이다. 이 중에서 설명이 틀린 것은 어느 것인가?

① ──●── 의 기호는 파이프 A가 자기 앞쪽으로 수직하게 구부러져 이어진 것이다.
② ──○── 의 기호는 파이프 B가 뒤쪽으로 수직하게 구부러져 이어진 것이다.
③ ──○── 의 기호는 파이프 C가 뒤쪽으로 구부러져 D에 접속되어 있다.
④ ──●── 의 기호는 파이프가 서로 접속되어 있지 않다.

135 다음 중 신축 조인트의 도시기호가 맞지 않는 것은?

① 루프형
② 벨로우즈형
③ 스위블형
④ 슬리브형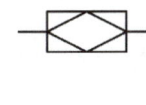

136 다음에 도시한 관 이음을 나타낸 입체도에서 평면도를 올바르게 표시한 것은?

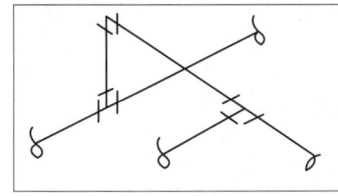

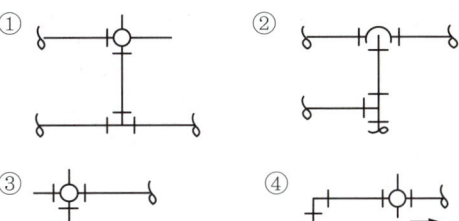

137 물질안전보건자료(MSDS)의 게시사항으로 틀린 것은?
① 독성에 대한 정보
② 물리 화학적 특성
③ 폭발 및 화재 시 대처 방법
④ 응급조치 및 소화요령

138 MSDS 자료에 포함되는 정보에 해당되지 않는 것은?
① 폭발·화재 시 대처 방법
② 취급 및 운반 방법
③ 누출 사고 시 대처 방법
④ 물리 화학적 특성

[정답] 133 ① 134 ④ 135 ④ 136 ② 137 ④ 138 ②

PART 6

제어설비설치

01_전기 및 자동제어
02_제어설비설치

CHAPTER 01

PART 6. 제어설비설치

전기 및 자동제어

1 직류회로

1 전기와 물질

모든 물질은 매우 작은 분자 또는 원자의 결합으로 되어 있고 이들 원자는 원자핵과 그 주위를 돌고 있는 전자로 구성되어 있다. 원자핵은 양전기를 가진 양자와 전기적인 성질이 없는 중성자로 구성되어 있다.

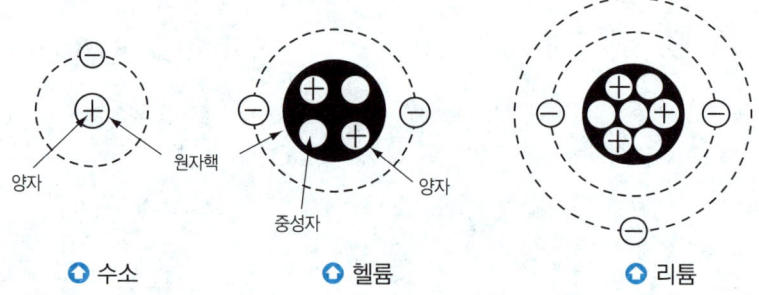

- 수소
- 헬륨
- 리튬

2 전자와 양자 등

(1) 전자와 양자

① 양자는 양전기(+), 전자는 음전기(−)를 가지고 있으며 같은 종류의 전기는 서로 반발하고 다른 종류의 전기는 서로 잡아당겨 흡인한다.
② 전자의 질량 : 9.109×10^{-31}kg
③ 양자의 질량 : 1.672×10^{-27}kg(전자의 1,840배)
④ 전자와 양자의 전기량 : 1.602×10^{-19}C
⑤ 자유전자 : 원자의 궤도에서 최외각을 돌고 있는 전자

(2) 전하와 전기량

대전된 물체가 가지고 있는 전기를 전하라 하고 전하가 가지고 있는 전기의 양을 전기량(전하)이라 한다. 기호는 Q, 단위는 C(coulomb)로 나타낸다.

3 전압과 전류, 저항

(1) 전류
① 전류 : 전기의 흐름, 즉 전자의 이동이다.
② 전류의 세기
  ㉠ 단위 시간당 이동한 전기의 양으로 기호는 I, 단위는 A(ampere)라 한다.
  ㉡ 1A : 1초 동안에 1C의 전기량이 이동했을 때의 전류의 크기

$$I = \frac{Q}{t}[A], \quad Q = I \cdot t[C]$$

- I : 전류(A)
- Q : 전기량(C)
- t : 시간(sec)

(2) 전압
① 전류 : 회로에 전류가 흐르기 위해서는 전기적인 압력이 필요한데 이 전기적인 압력을 전압이라 하며 기호는 V, 단위는 V(volt)로 나타낸다.
② 기전력 : 전압을 연속적으로 만들어 주는 힘이다.
③ 전위차 : 1C의 전기량이 두 점 이를 이동하여 1J의 일을 할 때 전위차는 1V이다.

$$V = \frac{W}{Q} = \frac{W}{I \cdot t}[V], \quad W = Q \cdot V[J]$$

- V : 전압(V)
- Q : 전기량(C)
- W : 일량(J)

(3) 저항
전기회로에 전류가 흐를 때 전류의 흐름을 방해하는 것으로 기호는 R, 단위는 Ω (ohm)으로 나타낸다.

(4) 콘덕턴스
저항의 역수로 전류의 흐르는 정도를 나타내며 기호는 G, 단위는 ℧(mho), G(siemens), $\Omega-1$로 나타낸다.

4 옴의 법칙

전기회로에 흐르는 전류는 전압에 비례하고 저항에 반비례한다.

$$I = \frac{V}{R}[A], \quad V = I \cdot R[V], \quad R = \frac{V}{I}[\Omega]$$

5 저항의 접속

(1) 직렬접속
각 저항에 흐르는 전류 I는 모두 같다.
① n개의 합성저항은 $R_n = R_1 + R_2 + R_3 + \cdots\cdots$
② 동일한 저항 n개를 직렬로 접속하면 합성저항은 $R_n = n \cdot R$
③ 각 저항에 가해진 전압강하는 저항에 비례한다.

$$I = \frac{V}{R}$$

$$V_1 = IR_1 = \frac{R_1}{R}V = \frac{R_1}{R_1+R_2}V[V]$$

$$V_2 = IR_2 = \frac{R_2}{R}V = \frac{R_2}{R_1+R_2}V[V]$$

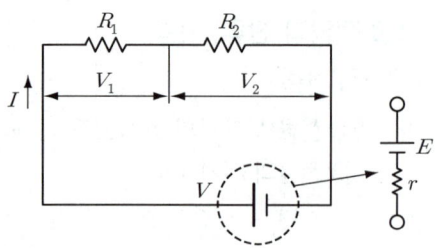

(2) 병렬접속

각 저항에 흐르는 전압 V는 모두 같다.

① 합성저항

$$R = \frac{1}{\frac{1}{R_1}+\frac{1}{R_2}+\frac{1}{R_3}+\cdots}$$

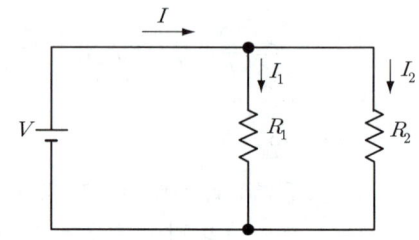

② 동일한 저항 n개를 병렬로 접속하면 합성저항은 $R_n = \frac{R}{n}$

③ 각 저항에 흐르는 전류

$$I_1 = \frac{V}{R_1} = \frac{R_2}{R_1+R_2} \cdot I, \quad I_2 = \frac{V}{R_2} = \frac{R_1}{R_1+R_2} \cdot I$$

(3) 직·병렬접속

합성저항 R은

$$R = R_1 + \frac{1}{\frac{1}{R_2}+\frac{1}{R_3}} = R_1 + \frac{R_2 R_3}{R_2+R_3}$$

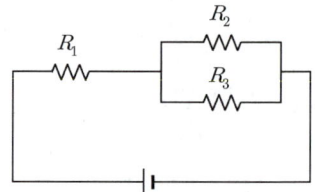

6 전위의 평형

(1) 전위의 평형

전기회로에서 두 점 사이에 0인 경우, 이때 두 점의 전위가 평형되었다고 한다.

(2) 휘스톤 브리지(wheatstone bridge)

검류계 G의 지시계가 0이면 브리지가 평형되었다고 하며, c, d점 사이의 전위차는 0이다. 이때 평형조건은 다음과 같다.

$$PR = QX(\text{마주 보는 변의 곱은 서로 같음})$$

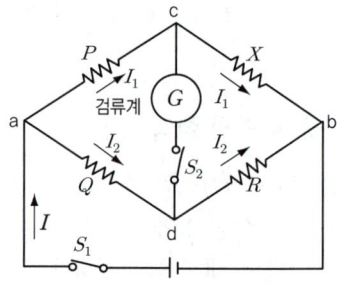

(3) 전위차계

전위차를 표준전지의 기전력과 비교함으로써 전압을 측정하는 계기가 전위차계이며, 전위차계를 사용하면 전류를 흘리지 않고 정밀한 전압 측정이 가능하다.

> **참고**
> ① 검류계 : 미소한 전류를 측정하기 위한 계기로 브리지회로 등에 사용
> ② 전위차계 : 0.1Ω 이하의 저저항 측정
> ③ 휘트스톤 브리지 : 0.1~105Ω의 중저항 측정
> ④ 메거 : 106Ω의 이상의 고저항 측정(절연저항 측정)

7 전류계와 전압계

(1) 전류계
 ① 전류를 측정하는 기기를 전류계라 하며 측정대상 회로와 직렬로 접속한다.
 ② 분류기 : 전류의 측정범위를 확대하기 위해 병렬로 접속한 저항

(2) 전압계
 ① 전압을 측정하는 기기를 전압계라 하며 측정대상 회로와 병렬로 접속한다.
 ② 배율기 : 전압의 측정범위를 확대하기 위해 직렬로 접속한 저항

8 키르히호프의 법칙

(1) 제1법칙(전류 평형의 법칙)

회로망 중의 임의의 한 점에서 흘러들어오는 전류와 나가는 전류의 대수합은 0이다.

$$I_1 + I_2 + I_3 + I_4 + \cdots I_n = 0, \quad \sum I = 0$$

다음 그림에서

$$I_1 + I_3 = I_2 + I_4, \quad I_1 + I_3 - I_2 - I_4 = 0$$

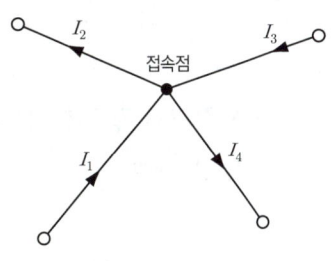

(2) 제2법칙(전압 평형의 법칙)

회로망 중의 임의의 폐회로의 기전력의 대수합과 전압강하의 대수합은 같다.

$$E_1 + E_2 + E_3 + \cdots + E = IR_1 + IR_2 + IR_3 + \cdots + IR_n$$

또는, $\sum E = \sum IR$

다음 그림에서 $E_1 - E_2 = I_1 R_1 - I_2 R_2$

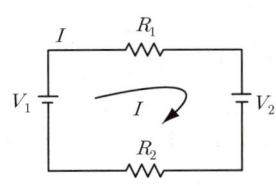
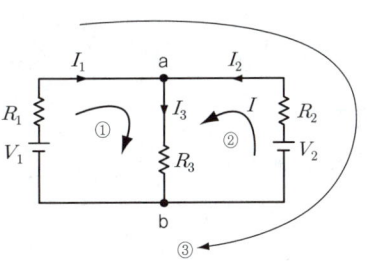

9 전력과 열량

(1) 전력

1초 동안에 전기가 하는 일의 양을 전력이라 하며 기호는 P, 단위는 W(watt)로 나타낸다.

$$P = V \cdot I = I^2 \cdot R = \frac{V^2}{R} [W]$$

(2) 전력량

일정한 시간 동안 전기가 하는 일의 양을 전력량이라 하며 기호는 W-h(kW-h), 단위는 J(Joule)로 나타낸다. 옴의 법칙 $V = I \cdot R$에서 유도한다.

$$W = P \cdot t = V \cdot I \cdot t = I^2 \cdot R \cdot t [J]$$

(3) 전류의 발열(줄의 법칙)

① 열량 : 저항 $R(\Omega)$에서 $I(A)$의 전류가 $t(\sec)$동안 흐를 때 열량

$$H = I^2 Rt [J], \quad H = 0.24 I^2 Rt [cal] \qquad (1J = 0.24cal)$$

② 전열기 용량과 물 가열량

$$860 P\eta t = mc(t_2 - t_1) = 0.24 I^2 Rt \times 1{,}000 [kcal] \qquad (1cal = 4.19J)$$

10 전기저항 및 저항의 온도계수

(1) 고유저항

전류의 흐름을 방해하는 물질의 고유한 성질을 고유저항, 저항률이라 하며 기호는 ρ, 단위는 $\Omega \cdot m$로 나타낸다.

$$\rho = \frac{R(\Omega) \cdot A(m^2)}{l(m)} = \frac{R \cdot A}{l} [\Omega \cdot m]$$

ρ : 고유저항($\Omega \cdot m$)
R : 저항(Ω)
A : 도체의 단면적(m^2)
l : 도체의 길이(m)

(2) 도체의 저항

도체의 저항은 물체의 고유저항(ρ)과 도체의 길이(l)에 비례하고, 단면적(A)에 반비례한다.

$$R = \rho \frac{l}{A} [\Omega]$$

(3) 도전율

고유저항의 역수로 물질 내의 전류가 흐르기 쉬운 정도를 나타내며 기호는 σ, 단위는 ℧/m로 나타낸다.

(4) 저항의 온도계수

온도변화에 의한 저항의 변화를 비율로 나타낸 것을 저항의 온도계수라 하며 기호는 α, 단위는 1/℃로 나타낸다.

$$R_2 = R_1 + \alpha R_1(t_2 - t_1)$$
$$= R_1\{1 + \alpha(t_2 - t_1)\}$$

- α : t_1에서의 온도계수
- t_1 : 처음 온도
- t_2 : 변화 후 온도
- R_1 : 처음 저항
- R_2 : 변화 후 저항

11 각종 법칙과 효과

(1) 플레밍의 왼손 법칙
전동기에 관한 법칙(힘, 자계, 전류의 방향)

(2) 플레밍의 오른손 법칙
도체 운동에 의한 유도 기전력의 방향 결정(발전기)

(3) 암페어의 오른나사 법칙
전류에 의한 자계의 방향을 결정하는 법칙

(4) 렌츠의 법칙
자속변화에 의한 유도 기전력의 방향 결정

(5) 패러데이의 전자유도 법칙
① 유도 기전력의 크기는 코일을 지나는 자속의 매초 변화량과 코일의 자속에 비례한다.
② 전기분해 시 석출되는 물질의 양은 전기당량에 비례한다.
③ 패러데이의 법칙 : 전해액에 전류가 흘러 화학변화를 일으키는 현상을 전기분해라 하고 이 전기분해에 관한 실험을 패러데이의 법칙이라 한다.
  ㉠ 전기분해에 의해서 석출되는 물질의 양은 전해액을 통과한 총전기량에 비례한다.
  ㉡ 전기량이 일정할 때 석출되는 물질의 양은 화학당량에 비례한다.
④ 연(납) 축전지 : 2차 전지의 대표적인 것으로 납(연) 축전지는 (+)극에 PbO_2(이산화납), (−)극에는 Pb(납)을 전극으로 하고 전해액은 비중 1.20의 묽은 황산(H_2SO_4)을 쓴다.
  ㉠ 양극 : 이산화납(PbO_2)
  ㉡ 음극 : 납(Pb)
  ㉢ 전해액 : 묽은 황산(H_2SO_4)
  ㉣ 화학 반응식

$$\underset{(이산화납)}{\underset{양극(+)}{PbO_2}} + \underset{(황산)}{\underset{전해액}{2H_2SO_4}} + \underset{(납)}{\underset{음극(-)}{Pb}} \underset{방전}{\overset{충전}{\rightleftarrows}} \underset{(황산납)}{\underset{양극(+)}{PbSO_4}} + \underset{(물)}{\underset{물}{2H_2O}} + \underset{(황산납)}{\underset{음극(-)}{PbSO_4}}$$

(6) 제벡 효과(seebeck effect)

다른 종류의 금속선으로 된 폐회로의 두 접점에 온도를 달리하면 열기전력이 발생한다. 이는 열전대 온도계의 원리가 된다.

(7) 펠티어 효과(peltier effect)

다른 종류의 금속으로 된 회로에 전류를 통하면 각 접속부에서 열을 흡수하거나 발생한다. 이는 전자 냉동기의 원리가 된다.

교류회로

1 정현파 교류

(1) 파형과 정현파 교류

전압, 전류 등이 시간의 흐름에 따라 변화하는 모양을 파형이라 하고 다음과 같이 시간의 변화에 따라 크기와 방향이 주기적으로 변화하는 전압, 전류를 정현파(사인파) 교류라 한다.

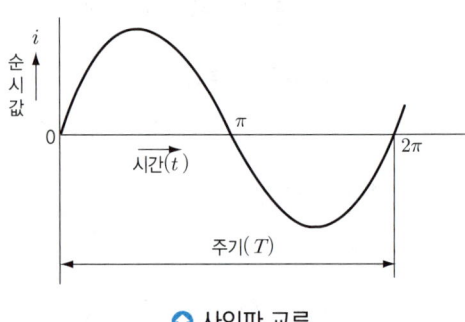

◯ 사인파 교류

(2) 주기와 주파수 등

① 주기 : 1사이클의 변화에 요하는 시간을 주기라 하고 기호는 T, 단위는 S(sec)로 나타낸다.
② 주파수 : 1초 동안에 반복되는 사이클의 수를 주파수라 하며 우리나라 주파수는 60Hz를 사용한다.
③ 각속도 : 어떤 물체가 1초 동안 회전한 각도를 각속도라 하고 $\omega(\text{rad/s})$로 나타낸다.
④ 각주파수 : 어떤 한 점이 1초 동안 몇 회전하였는가를 나타내는 것으로 $\omega(\text{rad/s})$로 나타낸다.

$$T = \frac{1}{f},\ \omega = \frac{2\pi}{T} = 2\pi f [\text{rad/s}]$$

$\begin{bmatrix} T : 주기(S) \\ f : 주파수(Hz) \end{bmatrix}$

2 교류의 표시

(1) 순시값

교류의 임의의 시간에 있어서 전압 또는 전류의 값

$$v = V_m \sin\omega t = \sqrt{2}\, V\sin\omega t [\text{V}]$$
$$i = I_m \sin\omega t = \sqrt{2}\, I\sin\omega t [\text{A}]$$

$\begin{bmatrix} v : 전압의\ 순시값(V) \\ V_m : 전압의\ 최대값(V) \\ \omega : 각주파수(\text{rad/s}) \\ t : 시간(s) \\ V : 실효값(V) \\ I : 실효값(A) \\ i : 전류의\ 순시값(A) \\ I_m : 전류의\ 최대값(A) \end{bmatrix}$

(2) 최대값

순시값 중에서 가장 큰 값

$$V_m = \sqrt{2} \cdot V [V]$$
$$I_m = \sqrt{2} \cdot I [A]$$

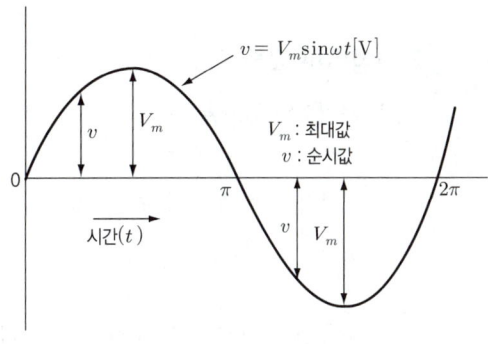

○ 순시값의 최대값

(3) 평균값

교류의 순시값이 0이 되는 시점부터 다음의 0으로 되기까지의 양(+), 순시값의 반주기에 대한 순시값의 평균값이다.

$$V_a = \frac{2}{\pi} V_m = 0.637 \cdot V_m [V]$$

$\begin{bmatrix} V_a : \text{전압의 평균값(V)} \\ I_a : \text{전류의 평균값(A)} \end{bmatrix}$

$$I_a = \frac{2}{\pi} I_m = 0.637 \cdot I_m [A]$$

(전파정류일 때)

(4) 실효값

일반적으로 사용되는 값으로 각 순시값의 제곱에 대한 1주기의 평균의 제곱근을 실효값이라고 한다. 일반적으로 표시되는 전압 및 전류는 실효값을 나타내며 정현파 교류에서 전압에 대한 실효값 V와 V_m 사이는 다음과 같다.

실효값, $V_m = \sqrt{(\text{순시값})^2 \text{의 합의 평균}}$

- 정현파 교류에서 실효값

$$V = \sqrt{\frac{V_m^2}{2}} = \frac{V_m}{\sqrt{2}} = 0.707 \cdot V_m [V]$$

$$I = \sqrt{\frac{I_m^2}{2}} = \frac{I_m}{\sqrt{2}} = 0.707 \cdot I_m [A]$$

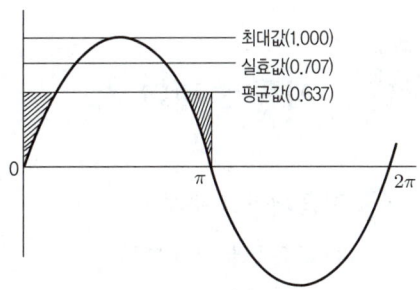

3 교류전력

(1) 유효전력(평균전력)

① 전원에서 부하로 실제 소비되는 전력 소비전력

$$P = V \cdot I \cdot \cos\theta = I^2 R [W]$$

② 역률($\cos\theta$)은 1보다 작으며 역률개선을 위해 콘덴서를 사용한다.

4 비정현파 교류

(1) 파형률 및 파고율

① 파형률 : 실효값과 평균값과의 비   　파형률 = $\dfrac{실효값}{평균값}$

② 파고율 : 교류의 최대값과 실효값과의 비   　파고율 = $\dfrac{최대값}{실효값}$

파형	최대값	실효값	평균값	파형률	파고율
정현파	V_m	$\dfrac{V_m}{\sqrt{2}}$	$\dfrac{2V_m}{\pi}$	1.11	1.414
삼각파	V_m	$\dfrac{V_m}{\sqrt{3}}$	$\dfrac{V_m}{\pi}$	1.155	1.732
구형파	V_m	V_m	V_m	1	1

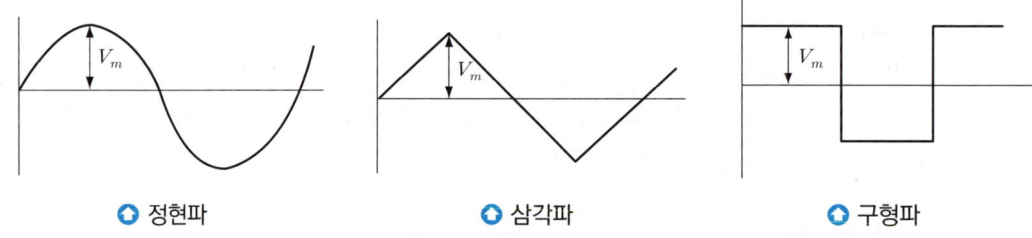

🔵 정현파　　🔵 삼각파　　🔵 구형파

3 시퀀스 제어

1 자동제어의 분류

(1) 목표값에 의한 분류
① 정치제어 : 일정한 목표값을 유지하는 것으로 프로세스제어, 자동조정이 정치제어에 해당된다.(예 연속식 압연기)
② 추종제어 : 미지의 시간적 변화를 하는 목표값에 제어량을 추종시키기 위한 제어로 서보기구가 이에 해당된다.(예 대공포의 포신)
③ 비율제어 : 둘 이상의 제어량을 소정의 비율로 제어하는 것
④ 프로그램제어 : 목표값이 미리 정해진 시간적 변화를 하는 경우 제어량을 그것에 추종시키기 위한 제어(예 열차·산업로봇의 무인운전)

> **참고**
> ■ 시퀀스 제어(sequence control)
> 미리 정해진 순서에 따라 각 단계가 순차적으로 진행되는 제어
> (예 전기세탁기, 자동 전기밥솥, 무인 커피판매기, 네온사인 등)
> 검출 → 비교 → 판단 → 조작

(2) 제어량에 의한 분류
① 프로세스제어 : 제어량이 온도, 압력, 유량 및 액면 등과 같은 일반 공업량일 때의 제어량으로 한다. (예 석유공업, 화학공업)
② 서보기구 : 물체의 위치, 방위, 자세 등 기계적 변위를 제어량으로 한다.
③ 자동조정 : 전압, 전류, 주파수, 회전속도, 장력 등을 제어량으로 한다.

(3) 제어동작에 의한 분류
① 연속제어
  ㉠ 비례제어(P동작) : 조작량을 목표값과 현재 위치와의 차에 비례한 크기가 되도록 서서히 조절하는 제어방법으로 잔류편차(off-set)가 발생하는 제어
  ㉡ 적분제어(I동작) : 잔류편차를 제거하기 위한 제어
  ㉢ 미분제어(D동작) : 오차가 커지는 것을 미연에 방지하고 진동을 억제하는 제어
  ㉣ 비례적분제어(PI동작) : 간헐현상이 있는 제어
  ㉤ 비례적분미분제어(PID동작)
② 불연속제어
  ㉠ 2위치 제어(on-off 제어)
  ㉡ 다위치 제어
  ㉢ 불연속 속도동작

2 용어의 정의
① 시퀀스 제어 : 미리 정해 놓은 순서에 따라 제어의 각 단계를 순차적으로 진행하는 제어
② 접속도 : 장치 및 기구, 부품 간의 상호 전기적인 접속관계를 나타낸 도면
③ 시퀀스도 : 자동제어 회로의 동작순서를 알기 쉽게 그린 접속도
④ 논리 회로도 : OR, AND, NOT gate 등을 사용하여 나타낸 회로도로서 전기 계전기 회로 또는 무접점 회로에 사용된다.
⑤ 타임차트 : 시간의 변화에 따라 각 계전기의 접점 등의 변화상태를 시간 순서대로 on, off 또는 H, L 또는 1, 0 등의 출력으로 나타낸 접속도
⑥ 자기회로 : 계전기가 여자된 뒤에 동작기능이 계속 유지되는 것
⑦ 인터록 : 두 계전기의 동작을 관련시켜 운용할 때 하나의 계전기가 동작하면 다른 계전기는 동작하지 않도록 하는 것

3 제어요소

(1) 수동 조작 스위치
수동 동작에 의해 제어장치로 신호를 넣어주는 기구

① 복귀형 수동 스위치

사람이 손으로 누르는 동안에만 회로를 유지하고 놓으면 즉시 원상태로 되돌아오는 스위치(예 푸시 버튼 스위치, 전기 계산기의 키보드 등)

② 유지형 수동 스위치

일단 수동 조작하면 다시 복귀시킬 때까지 그대로 상태를 유지하는 스위치
(예 양쪽 버튼 스위치, 나이프 스위치, 텀블러 스위치, 셀렉터 스위치 등)

③ 접점의 종류
   ㉠ a접점 : 조작하고 있는 중에만 닫혀있고 조작 전에는 열려있는 접점(NO)
   ㉡ b접점 : 조작하는 동안에는 열려있고 조작 전에는 늘 닫혀있는 접점(NC)
   ㉢ c접점 : 절환접점으로 a접점과 b접점을 공유한 접점(NO+NC)

○ a접점   ○ b접점   ○ c접점

(2) 검출 스위치
제어대상의 상태나 변화를 검출하기 위한 것으로 위치, 압력, 온도, 액면, 전압 등의 제어량 검출에 이용한다.

① 리미트 스위치(limit switch) : 캠(cam) 또는 도그(dog)라고 하는 물체의 뾰족한 부분을 이용하여 정해진 위치를 검출하는 스위치
② 플로트 스위치(float switch) : 액체의 부력작용으로 플로트(float)를 이용하여 액면을 확인하는 스위치

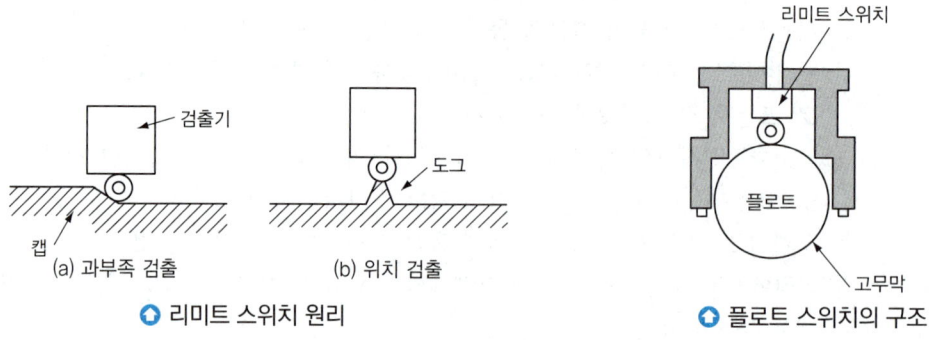

○ 리미트 스위치 원리   ○ 플로트 스위치의 구조

(3) 릴레이(electro magnetic relay)

① 전자 계전기라고 하며 전자력에 의해 접점이 개폐되는 원리를 이용한 것으로 전원에 의해 전류가 코일에 흐르면 코일이 여자되어 a는 닫히고 b는 열린다.
② 전원(코일)접점과 a접점 2개, b접점 2개로 구성된 8핀 릴레이와 a접점 3개, b접점 3개로 구성된 11핀 등이 있다.

○ 릴레이 구조   ○ 릴레이 외관   ○ 내부 결선도

① 2-7 : 코일 접점 ② 1-3 : a접점 ③ 1-4 : b접점
④ 8-6 : a접점 ⑤ 8-5 : b접점

(4) 타이머(time lag relay)

① 입력신호를 받아 설정시간 만큼 지난 뒤 출력신호를 나타내는 계전기이다.
② 동작방법에 의한 분류
  ㉠ 한시동작 순시복귀 접점 : 동작의 지연기능
  ㉡ 순시동작 한시복귀 접점 : 복귀의 지연기능

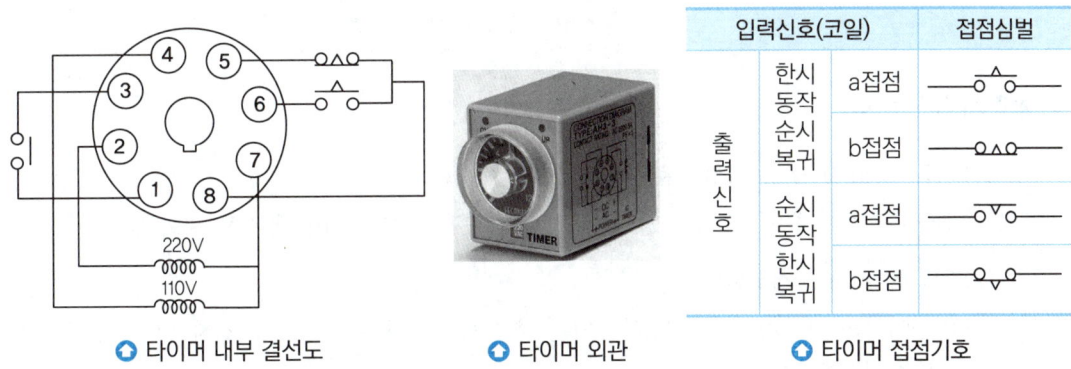

○ 타이머 내부 결선도   ○ 타이머 외관   ○ 타이머 접점기호

(5) 전자 개폐기(magnetic switch)

전자력에 의해 접점이 개폐되는 전자 접촉기(magnet contact)와 과전류에 의해 동작하는 과부하 계전기(overload relay)로 구성된 개폐기로서 전동기 제어 등의 전력제어 기구로 많이 사용한다.

① 전자 접촉기(MC, MS) : 고정철심에 감겨 있는 코일에 전원이 가해지면 전자력이 발생하여 가동철심을 흡인한다. 이때 접점은 닫히고 전원이 차단되면 접점은 스프링에 의해 원위치로 복귀한다. 전원, 주접점 3개, 보조접점(각 a접점, b접점 2개) 4개가 있다.
② 열동형 과부하계전기(THR) : 전류의 흐름에 따른 열발생 효과에 의해 동작하는 계전기로 전동기 등에서 과전류가 흐르면 내부히터가 가열되어 바이메탈에 열이 전달되고 바이메탈이 휘어져 변형되면 접점이 열린다.(수동복귀 b접점)

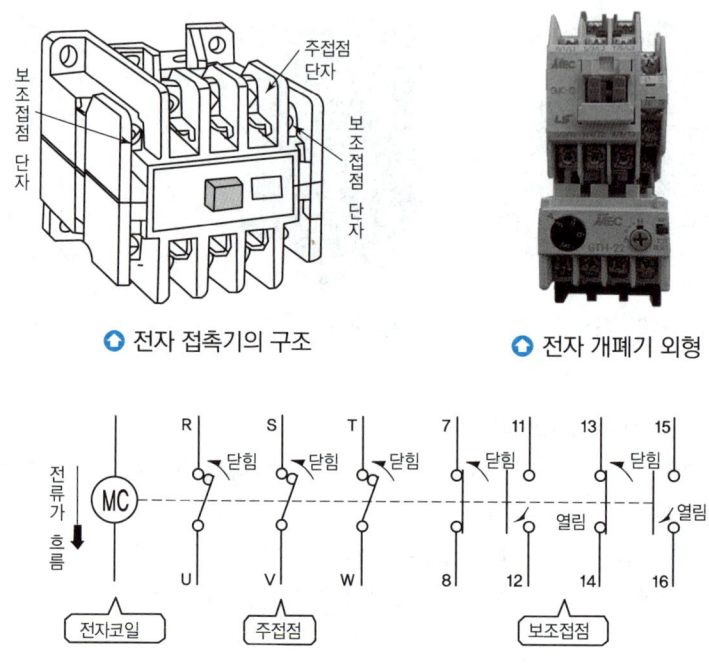

○ 전자 접촉기의 구조　　　　○ 전자 개폐기 외형

○ 전자 접촉기의 동작 시 기호

4 시퀀스 회로

(1) 자기유지(self-holding) 회로

　한 번 신호를 주면 off 신호를 줄 때까지 주어진 신호를 계속 유지하는 회로

(2) 인터록(inter-lock) 회로

　2개 이상의 계전기가 동시에 작동되는 것을 방지하기 위한 회로로 전자밸브나 전동기의 정·역전 회로에 이용된다.

(3) 플리커(flicker) 회로
① 시간적으로 변화하지 않는 일정한 입력신호를 단속 신호로 변환하는 회로
② 경보용 부저신호 및 교대점멸 등에 많이 사용된다.

④ 시퀀스 제어의 기본 심벌

번호	명칭	심벌 a 접점	심벌 b 접점	적요
1	접점(일반) 혹은 수동 접점			텀블러스위치, 토클스위치와 같이 조작을 가하면 그 상태를 유지하는 접점
2	수동조작 자동복귀 접점			푸시버튼스위치와 같이 손을 떼면 복귀하는 접점
3	기계적 접점			리미트스위치와 같이 접점의 개폐가 전기적 이외의 원인에 의해서 이루어지는 것이 쓰인다.
4	조작스위치 잔류 접점 (복귀형 수동 스위치)			
5	계전기 접점 또는 보조 스위치 접점			
6	한시(限時)동작 접점			타이머와 같이 일정 시간 후 동작하는 접점
7	한시복귀 접점			
8	수동복귀 접점			열동계전기와 같이 인위적으로 복귀시키는 것으로 전자석으로 복귀시키는 것도 포함된다.
9	전자 접촉기 접점			혼동될 우려가 없는 경우에는 5와 같은 심벌을 쓸 수 있다.

5 논리회로

명칭	시퀀스 회로	논리회로	진리표
AND 회로		$X = A \cdot B$ 입력신호 A, B가 동시에 1일 때만 출력신호 X가 1이 된다.	A B X 0 0 0 0 1 0 1 0 0 1 1 1
OR 회로		$X = A + B$ 입력신호 A, B 중 어느 하나라도 1이면 출력신호 X가 1이 된다.	A B X 0 0 0 0 1 1 1 0 1 1 1 1
NOT 회로		$X = \overline{A}$ 입력신호 A가 0일 때만 출력신호 X가 1이 된다.	A X 0 1 1 0
NAND 회로		$X = \overline{A \cdot B}$ 입력신호 A, B가 동시에 1일 때만 출력신호 X가 0이 된다.(AND 회로의 부정)	A B X 0 0 1 0 1 1 1 0 1 1 1 0
NOR 회로		$X = \overline{A + B}$ 입력신호 A, B가 동시에 0일 때만 출력신호 X가 1이 된다. (OR 회로의 부정)	A B X 0 0 1 0 1 0 1 0 0 1 1 0

PART 6. 제어설비설치

제어설비설치

1 공조제어설비설치

1 공조제어설비 설치계획 수립순서

건물 전체 조건 파악 → 설비개요 파악 → 설치계획 조건 결정 → 제어항목, 기능 결정 → 제어 시스템 제어방식 결정 → 설비계통과 일치 확인

2 공조제어설비 설치계획 일반

① 공기조화기 덕트 외부에 외기, 급기, 환기, 혼합, 배기 구분
② 공기조화기 덕트 내에 조절댐퍼, 냉·온수용 코일, 필터, 가습기, 급배기 팬 설치
③ 외기덕트 인입구에 온도 및 습도 감지기 설치
④ 조절댐퍼 구동용 모터 드라이브 설치
⑤ 혼합공기와 급기덕트가 만나는 믹싱챔버에 온도 감지기(TD, temperature detector) 설치
⑥ 필터 전후 단에 압력 스위치(PS, pressure switch) 설치
⑦ 냉난방 코일에 공급되는 냉·온수배관에 냉·온수 조절용 제어밸브와 제어밸브 구동용 모터 드라이브(MD, modulating drive) 설치
⑧ 가습기에 공급되는 증기배관에 습도 조절용 제어밸브와 구동용 모터 드라이버 설치
⑨ 급기 및 환기용 팬 전후 단에 공기 흐름 스위치 설치
⑩ 급기 및 환기덕트에 온도 및 습도 감지기 설치
⑪ 환기덕트에 화재 감지용 연기감지기(SD, smoke detector) 설치 및 급기팬과 연동 제어

3 공조제어설비 시스템 파악

DDC방식의 공기조화기 자동제어 계통도로서 송풍량을 일정하게 하고 냉·난방밸브의 개도를 조절하여 토출공기 온도를 변화시키는 정풍량 방식(CAV)으로 외기덕트 및 환기덕트에 설치된 온습도 센서에 의해 온습도를 검출하여 엔탈피 제어를 하고 급기덕트에 설치된 온습도 센서는 실내로 공급되는 공기의 온습도를 검출하여 토출공기의 상태를 감시한다.

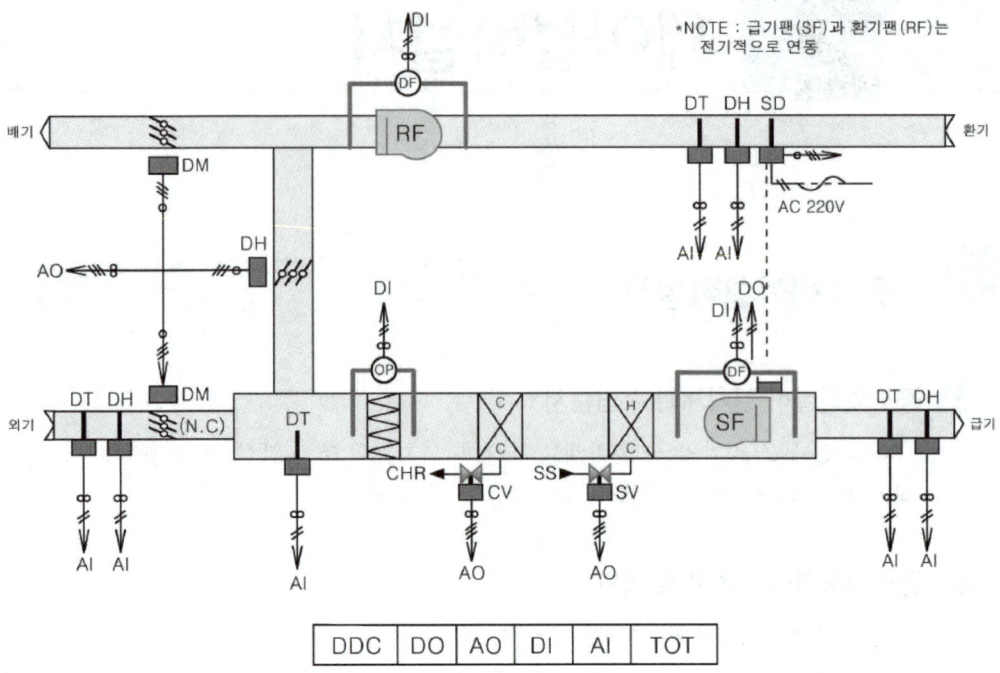

① 중앙 감시반에서 급기팬(SF)을 기동시키면 공조가 시작된다.
② 공조기 내 밸브제어는 아래와 같다.
  ㉠ 냉난방밸브 : 환기덕트에 설치된 온도 감지기의 검출온도에 의해 냉난방밸브(CCV, HCV)를 비례제어하여 실내 온도를 일정하게 유지시킨다.
  ㉡ 가습밸브 : 환기덕트에 설치된 습도 감지기의 검출습도에 의해 가습밸브를 on-off 제어하여 실내 습도를 일정하게 유지시킨다.
③ 공조기 내 댐퍼제어는 아래와 같다.
  ㉠ 환절기 시 : 외기, 배기, 환기댐퍼는 엔탈피 제어에 의한 상호 연동 비례제어를 유지한다.
  ㉡ 동하절기 : 외기, 배기댐퍼는 최소 개도치로 열어두고 환기댐퍼는 역동작 상태로 둔다.
  ㉢ 워밍업 시 : 외기, 배기댐퍼는 full close, 환기댐퍼는 full open되어 실내 일정온도에 도달 시까지 유지 후 동절기 동작을 취한다.
  ㉣ 환절기 외기냉방 시 환기덕트에 설치된 온·습도 감지기와 외기에 설치된 외기 온·습도 감지기의 엔탈피를 연산 비교하여 외기 엔탈피가 실내 엔탈피보다 낮을 경우 엔탈피 제어(환절기 댐퍼제어)로 실내 상태를 쾌적하게 유지시킨다.
  ㉤ 환기덕트에 설치된 이온화 연감지기는 연기가 감지되면 급기팬을 정지시키고 중앙 감시반에 화재경보 신호를 보낸다.
④ 급기팬 정지 시 아래와 같이 Normal 상태를 유지한다.

㉠ 환기-Off　　　　　　　　　㉡ 냉방밸브-Colsed
　　　㉢ 난방밸브-Colsed　　　　　　㉣ 가습밸브-Colsed
　　　㉤ 외기댐퍼-Colsed　　　　　　㉥ 배기댐퍼-Colsed
　　　㉦ 혼합댐퍼-Open　　　　　　 ㉧ 동파방지용 전기코일-ON
　⑤ 중앙 감시반에서는 아래사항을 관제한다.
　　　㉠ 급기팬 기동/정지 및 운전 상태 감시
　　　㉡ 환기팬 기동/정지 및 운전 상태 감시
　　　㉢ 필터 차압 감시
　　　㉣ 화재 경보 감시
　　　㉤ 환기 온·습도 감시
　　　㉥ 환기 CO_2 농도 감시
　　　㉦ 혼합기 온도 감시
　　　㉧ 급기 온도 감시

2 냉동제어설비설치

1 냉동기계통의 시스템 파악 및 설치계획

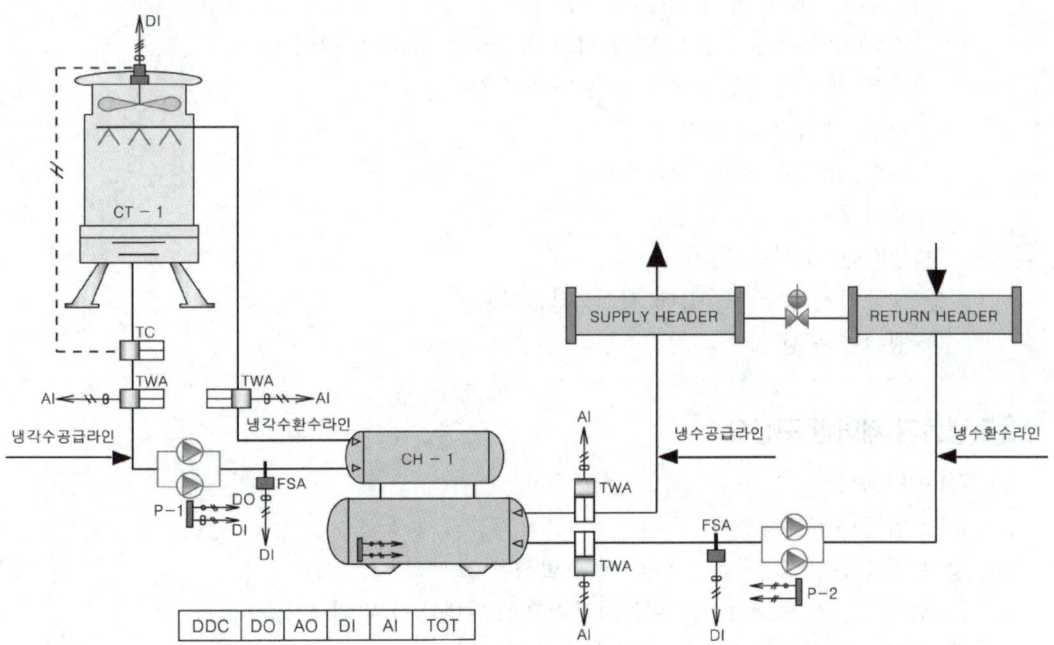

① 냉동기의 기동/정지는 냉동기기 부속 조작반(CCP, chiller control panel)에서 직접 조작하는 것이 원칙이며 빌딩자동제어시스템에서 운전상태를 확인하거나 비상시 운전/정지를 할 수 있게 한다.
② 냉동기의 운전은 냉수펌프, 냉각수펌프, 냉각탑, 팬이 동작한 후에 기동시켜야 하며 정지 시에는 반대 순서로 동작시켜야 한다.
③ 냉동기는 냉수펌프, 냉각수펌프, 냉각탑 팬과 연동 운전시켜야 한다.
④ 냉동기가 3대 이상인 경우에는 부하(칼로리)에 의한 대수제어를 해야 한다.
⑤ 냉각수 팽창탱크가 저수위 경보를 나타낼 때는 냉동기를 정지해야 한다.
⑥ 냉각탑은 실외에 설치되므로 겨울에는 전기히터로 가열하여 어는 것을 방지해야 한다.
⑦ 냉각탑의 팬도 냉각수 온도(28~32℃)를 유지하여 과냉각을 방지해야 한다.(돌아오는 온도와 4~5℃ 정도의 차이가 적정하다.)
⑧ 중앙 감시반에서는 아래 사항을 관제한다.
　㉠ 냉방순환펌프 기동/정지
　㉡ 냉방순환펌프 상태 감시
　㉢ 냉수 출구온도 감시
　㉣ 냉수 환수온도 감시
　㉮ 외기 온·습도 감시
⑨ 냉각탑은 냉각수의 수질보호를 위한 장치가 설치되어 있어야 한다.(전기 전도도 감지기, 강제 블로우 장치, 약액주입장치)
⑩ 냉수와 냉각수는 유량을 변화 시키지(블로우 장치) 않아야 한다.
⑪ 냉동기 계통의 자동제어 사항은 다음과 같다.
　㉠ 냉수, 냉각수 온도 감시
　㉡ 냉수, 냉각수 펌프 상태 감시
　㉢ 냉수 차압
　㉣ 냉각탑 팬 기동/정지
　㉮ 냉동기 이상 경보, 상태 감시, 긴급정지
　㉯ 냉수량 측정

2 냉동기 제어반 구성요소

① 메인 전원
② 전압 및 전류 측정기
③ 부저 : 장치 중 작동 유무와 이상 발생을 표시
④ 램프 : 장치 중 작동 유무를 시각적으로 나타내기 위해 사용
⑤ 압력 스위치 : 압축기를 제어하기 위해 사용
⑥ 마그네틱 컨텍터(MC) : 제어하고자 하는 장치의 on/off를 하기 위해 사용

⑦ 릴레이(Ry) : 전자 계전기로 전자석에 의해 철편의 흡인력을 이용하여 접점을 개폐하는 기능을 가진 기기로서 제어하고자 하는 장치의 전류를 통하고 차단하기 위해 사용
⑧ 열동형 과전류 계전기(THR) : 써머 릴레이로 설정치 이상의 전류가 흐르면 접점을 동작시키는 계전기로 전동기의 과부하 보호에 사용
⑨ 온도 스위치 : 온도설정을 통하여 장치의 on/off를 하기 위해 사용
⑩ on/off 스위치 : 시작 또는 정지, 장치를 on/off하기 위해 사용
⑪ 토글 스위치 : 시작 또는 정지, 장치를 on/off하기 위해 사용
⑫ 온도 표시부 및 DC전원 입력부

3 냉동기 제어

(1) 냉동기의 개별제어

일반 공조에서는 냉각부하가 계절 및 외기 조건에 의해 크게 변화되므로 용량제어의 범위가 큰 냉열원이 요구된다. 따라서 냉동기의 대수운전과 개별용량제어를 병용하는 것이 효과적이다.

① 터보 냉동기

개별용량제어에 가장 일반적인 것은 압축기 흡입베인제어로 용량 제어범위는 보통 40~100%이다.

② 흡수식 냉동기

개별용량제어는 증기밸브제어에 의한 종류와 흡수제 용액제어에 의한 종류 그리고 이 두 가지를 조합한 기기가 있는데 증기밸브 제어와 흡수제 용액제어를 조합한 것이 가장 많이 사용된다. 흡수식 냉동기는 기동/정지의 조작이 자동으로도 가능하나 기동 시간이 길기 때문에 대수제어에는 부적당하지만 용량제어범위가 20~100% 정도로 넓어서 보통 기저 부하용으로 사용하는 것이 좋다.

(2) 냉동기의 대수제어

냉동기 시스템의 대수제어는 실내 또는 외기부하량과 냉동기의 출력이 일치하도록 냉동기 운전대수를 제어하는 것을 말한다. 특히 냉동기 시스템의 대수제어는 직접 냉수코일 특성에 관련되기 때문에 그 특성에 맞는 열량 즉, 냉수 순환량과 냉수 온도를 공급하는 것이 중요하다. 따라서 냉동기 대수제어 이외에는 냉동기 개별 용량제어, 냉수펌프제어, 냉수 급수/환수 헤더 차압 제어 등을 함께 고려해야 한다. 다음과 같은 대수제어 방식을 통하여 냉동기 부하의 20% 정도의 에너지 절감이 가능하다.

① 열량(칼로리)에 의한 제어

부하계통으로 흐르는 냉수유량 및 급수측과 환수측의 온도를 검출하여 부하량을 구하고 그 부하량에 맞도록 냉동기의 운전 대수를 제어하는 것으로 가장 정확한 제어가 가능하다. 이 방식은 유량이 정상시보다 적을 경우(저부하 운전 시) 유량계의 정도가 나빠지므로 계측

열량의 정도도 나빠진다. 따라서 정밀한 유량계의 선정(레인지 어빌리티가 큰)이 필요하다. 그리고 냉동기를 병렬로 배치했을 경우 대수 절환 시 냉수 공급측과 환수측의 온도변화에는 시간적 지연이 있으므로 타이머 등에 의한 대수 절환 신호의 유지회로가 필요하다. 그러나 열량을 직접 연산하기 때문에 시운전 또는 장비 점검 시 대수제어 계통의 조정이 용이하여 가장 많이 사용되고 있다.

② 온도차에 의한 제어

부하계통을 흐르는 냉수유량이 일정하거나 단계적으로 변화하는 조건의 냉동기 시스템에서 냉수의 공급측과 환수측의 온도차에 의하여 간접적으로 부하량을 구하여 그 부하량에 적합하도록 냉동기의 운전 대수를 제어한다. 온도차에 의한 제어에서 부하측 계측의 경우에는 계측이 부적합하다. 적용범위는 냉동기측 계측으로만 한하며 냉동기 배치 및 냉수펌프 운전방법에 의하여 대수증감 온도차 설정값이 다르다. 냉수량이 일정하거나 단계적으로 변화할 때 이론상으로는 온도차에 의한 제어로 충분히 제어가 가능하다. 그러나 보통 냉수공급 및 환수헤더의 차압이 변화하기 때문에 냉수유량은 일정하지 않다.

③ 환수온도에 의한 제어

환수온도에 의한 냉동기 대수제어는 공급 냉수량이 일정하거나 단계적으로 변화하고 냉동기 출구온도가 일정한 조건을 갖는 시스템에서 환수온도를 계측하여 간접적으로 냉수코일 부하를 구하여 냉동기 대수제어를 한다. 대수증감 환수온도 설정값은 냉동기 배치 및 펌프의 운전방법에 따라 다르다. 냉수량이 일정하고 단계적으로 변화하거나 냉동기 냉수 출구 온도가 일정한 경우 이론상으로는 환수온도에 의한 제어로 충분히 제어 가능하지만 보통 냉수 공급 및 환수헤더의 차압이 변화하여 일정하지 않고 냉동기 출구온도가 변한다. 이 방식은 냉동기 대수가 적고 대수제어의 정도 요구가 높지 않은 경우에만 이용 가능하다.

④ 유량에 의한 제어

유량에 의한 제어는 부하량의 변화와 유량의 변화가 같은 비율로 변화하는 경우에 이용 가능하나 일반적으로 직선관계가 아니기 때문에 대수제어 방식으로는 부적합하다.

4 냉동기 제어항목

(1) 제어항목

냉동기 제어반에서 모든 것을 처리하지만 냉수 및 냉각수 순환펌프의 기동/정지제어와 냉동기 기동/정지제어 및 냉각수 온도제어 등을 검토한다.

(2) 감시항목

① 냉수, 냉각수 온도 감시
② 냉수, 냉각수 펌프 상태 감시
③ 냉동기 이상 경보, 상태 감시, 긴급정지
④ 냉수량 측정

3 보일러제어설비설치

1 보일러제어설비의 설치계획

① 보일러의 운전은 원칙적으로 별도의 현장 제어반에서 직접 조작할 수 있도록 설계해야 하며 자동제어와 연결은 비상시 보일러 정지 기능만을 고려한다.
② 보일러는 환기 송풍기와 연동한다.
③ 응축수의 온도는 85℃를 유지해야 한다.
④ 보일러의 급수는 수위 조절기를 이용하여 펌프를 가동시키며 이때 응축수 탱크의 수위가 낮을 때에는 급수펌프를 정지시키고 응축수를 보충해야 한다.
⑤ 응축수 수조의 보급수 제어는 전동 2방변이나 2위치 제어밸브를 사용하며 고수위 또는 저수위를 감시해야 한다.
⑥ 열교환기는 온도제어를 하여 항상 온수가 일정한 온도로 공급되도록 한다.
⑦ 증기공급밸브는 온수순환펌프와 연동하고 펌프 정지 시 밸브는 닫아야 한다.
⑧ 팬코일용 열교환기는 외기보상에 의한 밸브 조작이 필요하며 이때 최소 PI(비례, 적분) 제어를 해야 한다.
⑨ 열교환기는 온수, 환수, 급수온도 감시를 통해 밸브 및 펌프의 이상을 감지한다.

2 보일러제어설비의 자동제어

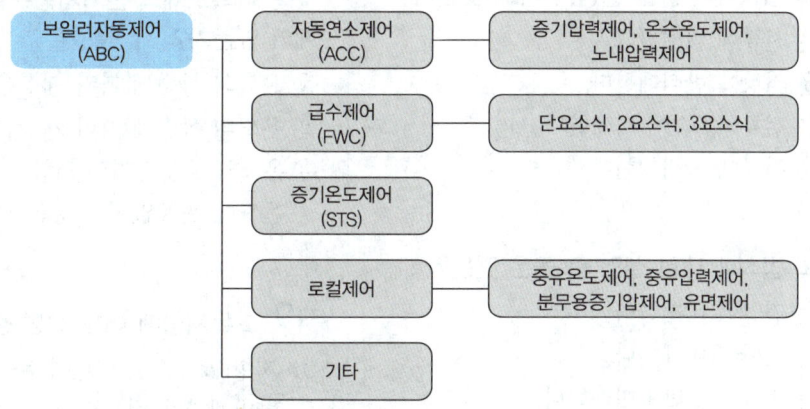

3 보일러제어설비 제어와 조작량 관계

제어량	조작량	제어량	조작량
증기압력	연료량과 공기량	보일러 수위	급수량
증기온도	과열 저감기의 수량 또는 전열량	노내압력	송풍량 또는 배출가스량
온수온도	연료량과 공기량	공연비	연료량과 공기량

예상문제

PART 6 제어설비설치

01 어떤 도체가 t[sec] 동안에 Q[C]의 전기량이 이동하면 이때 흐르는 전류 I[A]는?
① $I = \dfrac{Q}{t}$ ② $I = \dfrac{t}{Q}$
③ $I = Qt$ ④ $I = \dfrac{1}{Q \cdot t}$

02 다음 설명 중 틀린 것은?
① 전위차가 높을수록 전류는 잘 흐르지 않는다.
② 물체의 마찰 등에 의하여 대전된 전기를 전하라 한다.
③ 1초 동안에 1C의 전기량이 이동하면 전류는 1A이다.
④ 전기의 흐름을 방해하는 정도를 나타내는 것을 전기저항이라 한다.

03 옴의 법칙에서 옳은 설명은 어느 것인가?
① 전압은 전류에 비례한다.
② 전압은 저항에 반비례한다.
③ 전압은 전류의 2승에 비례한다.
④ 전압은 전류에 반비례한다.

04 옴의 법칙에 대한 설명 중 옳은 것은?
① 전류는 전압에 비례한다.
② 전류는 저항에 비례한다.
③ 전류는 전압의 2승에 비례한다.
④ 전류는 저항의 2승에 비례한다.

05 저항이 50Ω인 도체에 100V의 전압을 가할 때, 그 도체에 흐르는 전류는 몇 A인가?
① 0.5A   ② 2A
③ 5000A   ④ 5A

06 일정 전압의 직류 전원에 저항을 접속하고 전류를 흘릴 때 이 전류의 값을 50% 증가시키면 저항값은 약 몇 배로 되는가?
① 0.12   ② 0.36
③ 0.67   ④ 1.53

> **해설**
> $R = \dfrac{V}{I} = \dfrac{1}{1.5} = 0.67$

07 전기저항에 관한 설명 중 틀린 것은?
① 전류가 흐르기 힘든 정도를 저항이라 한다.
② 도체의 길이가 길수록 저항이 커진다.
③ 저항은 도체의 단면적에 반비례한다.
④ 금속의 저항은 온도가 상승하면 감소한다.

08 금속도체의 전기저항은 일반적으로 어떤 관계가 있는가?
① 온도의 상승에 따라 저항은 증가한다.
② 온도의 상승에 따라 저항은 감소한다.
③ 온도의 상승에 따라 저항은 증가 또는 감소한다.
④ 온도에 관계없이 저항은 일정하다.

09 고유저항에 대한 설명 중 맞는 것은?
① 저항(R)는 길이(l)에 비례하고 단면적(A)에 반비례한다.
② 저항(R)는 단면적(A)에 비례하고 길이(l)에 반비례한다.
③ 저항(R)는 길이(l)에 비례하고 단면적(A)에 비례한다.
④ 저항(R)는 단면적(A)에 반비례하고 길이(l)에 반비례한다.

[정답] 01 ① 02 ① 03 ① 04 ① 05 ② 06 ③ 07 ④ 08 ① 09 ①

10 M.K.S 단위계에서 고유저항의 단위는?
① Ω/cm
② Ω·m
③ μΩ·cm²
④ Ω·m/m²

11 전력의 단위는?
① C
② A
③ V
④ W

> 해설
> ① 전하량(C) ② 전류(A)
> ③ 전압(V) ④ 전력(W)

12 어떤 도체의 저항이 4Ω이라 할 때 이 도체의 컨덕턴스 G는 몇 ℧인가?
① 0.25
② 0.5
③ 1
④ 4

> 해설
> 컨덕턴스$(G) = \dfrac{1}{저항(R)} = \dfrac{1}{4} = 0.25[℧]$

13 교류회로의 역률은?
① $\dfrac{(전류 \times 전압)}{유효전력}$
② $\dfrac{유효전력}{(전압 \times 전류)}$
③ $\dfrac{피상전력}{(전압 \times 전류)}$
④ $\dfrac{무효전력}{(전류 \times 전압)}$

> 해설
> 역률 $= \dfrac{소비전력}{전원입력} = \dfrac{유효전력}{피상전력} = \dfrac{유효전력}{전압 \times 전류}$

14 다음 역률에 대한 설명 중 잘못된 것은?
① 전력과 피상전력과의 비이다.
② 저항관이 있는 교류회로에서는 1이다.
③ 유효전류와 전전류의 비이다.
④ 값이 0인 경우는 없다.

> 해설
> 유효전력(전력)은 일반적으로 피상전력보다 작다. 따라서 역률은 대체로 1보다 작지만 전압과 전류의 위상이 맞을 때는 1이 된다. 역률은 최고가 1이고 최저는 0이다.

15 최대값이 1mA인 사인파 교류 전류가 있다. 이 전류의 파고율은 얼마인가?
① 1.14
② 1.414
③ 1.71
④ 3.14

> 해설
> 파고율 $= \dfrac{최대값}{실효값} = \dfrac{I_m}{\frac{I_m}{\sqrt{2}}} = \sqrt{2} = 1.414$

16 정현파 교류에서 최대값은 실효값의 몇 배인가?
① 2
② $\sqrt{2}$
③ $\sqrt{4}$
④ $\dfrac{1}{2}$

> 해설
> 정현파 교류에서의 최대값 = 실효값 $\times \sqrt{2}$

17 접합점의 온도를 달리하여 전기가 흐르는 현상은?
① 전자 효과
② 제벡 효과
③ 펠티어 효과
④ 줄 톰슨 효과

18 다음 중 펄스파형은?

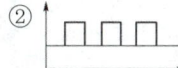

[정답] 10 ② 11 ④ 12 ① 13 ② 14 ④ 15 ② 16 ② 17 ② 18 ②

19 "회로내의 임의의 점에서 들어오는 전류와 나가는 전류의 총합은 0이다." 이것은 무슨 법칙에 해당하는가?
① 키리히호프의 제1법칙
② 키리히호프의 제2법칙
③ 줄의 법칙
④ 앙페르의 오른나사법칙

20 다음에 해당하는 법칙은?

> 들어오는 전류와 나가는 전류의 대수합은 0이다.

① 쿨롱의 법칙
② 옴의 법칙
③ 키르히호프의 제1법칙
④ 줄의 법칙

21 두 자극 사이에 작용하는 힘의 크기는 두 자극 세기의 곱에 비례하고 두 자극 사이의 거리의 제곱에 반비례하는 법칙은?
① 옴의 법칙
② 쿨롱의 법칙
③ 패러데이의 법칙
④ 키르히호프의 법칙

22 전자 유도 현상에서 유도 기전력에 관한 법칙은 어느 것인가?
① 렌츠의 법칙
② 암페어의 법칙
③ 패러데이의 법칙
④ 쿨롱의 법칙

23 코일의 감긴 수와 전류와의 곱을 무엇이라 하는가?
① 기자력
② 기전력
③ 전자력
④ 역률

> **해설**
> 기자력 = 권수×전류 ($F = n \cdot I$)

24 60Hz의 전원에 접속된 4극 3상 유도 전동기에서 슬립이 0.04일 때의 회전속도는 몇 rpm인가?
① 1,800
② 1,728
③ 1,700
④ 1,642

25 출력이 5kW인 직류전동기의 효율이 80[%]이다. 이 직류 전동기의 손실은 몇 W인가?
① 1250
② 1350
③ 1450
④ 1550

> **해설**
> 손실=공급(소비)전력 - 출력
> 소비전력 = $\dfrac{출력}{효율} = \dfrac{5 \times 1,000}{0.8} = 6,250\,W$
> ∴ 손실 = $6250 - (5 \times 1000) = 1,250\,W$
> 또는 총소비전력 $6250 \times 0.2 = 1,250\,W$

26 유도 전동기를 기동하기 위해서 Y를 Δ로 전환하였을 때 토크는 몇 배가 되는가?
① 1/3배
② $1/\sqrt{3}$ 배
③ $\sqrt{3}$ 배
④ 3배

27 그림에서 전류 I는 몇 A인가?
① 6A
② 7A
③ 8A
④ 11A

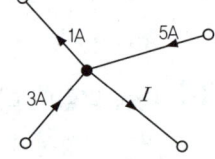

28 저항 2Ω의 도체에 2.5A의 전류가 흐를 경우 1초간에 발생한 열량은 몇 cal인가?

① 1cal ② 3cal
③ 5cal ④ 7cal

29 다음 중 저항 2Ω의 양단에 걸리는 전압강하 V는?

① 2
② 4
③ 6
④ 10

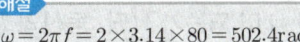

> **해설**
> $R = R_1 + R_2 + R_3 = 2 + 3 + 5 = 10Ω$
> $20 = I_0 R$ 에서 $I_0 = \dfrac{20}{R} = \dfrac{20}{10} = 2A$
> $V_1 = I_0 R_1 = 2 \times 2 = 4V$

30 기전력이 1.5V이고 내부저항이 6Ω인 건전지에 9Ω의 부하저항을 접속할 때 부하저항 양단의 전압강하는 몇 V인가?

① 0.9 ② 1.5
③ 3   ④ 4.5

> **해설**
> $I_0 = \dfrac{V_0}{R_0} = \dfrac{1.5}{6+9} = 0.1A$
> $V_1 = I_0 \times R_1 = 0.1 \times 6 = 0.6V$
> $V_2 = I_0 \times R_2 = 0.1 \times 9 = 0.9V$

31 전동기의 회전 방향과 관계있는 법칙은?

① 렌츠의 법칙   ② 패러데이의 법칙
③ 플레밍의 왼손법칙 ④ 키르히호프의 법칙

32 다음 중 전류에 의한 자계의 방향을 결정하는 법칙은?

① 렌츠의 법칙
② 비오사바르의 법칙
③ 암페어의 오른나사 법칙
④ 플레밍의 오른손 법칙

33 코일을 지나가는 자속이 변화하면 코일에 기전력이 발생한다. 이때 유도되는 기전력의 방향을 결정하는 법칙은?

① 렌츠의 법칙
② 플레밍의 왼손 법칙
③ 키르히호프의 제 2 법칙
④ 플레밍의 오른손 법칙

34 주파수 80Hz의 사인파 교류의 각속도는?

① 160.2rad/sec   ② 251.2rad/sec
③ 461.2rad/sec   ④ 502.4rad/sec

> **해설**
> $\omega = 2\pi f = 2 \times 3.14 \times 80 = 502.4 \text{rad/sec}$

35 주기 $T = 0.002s$의 교류 사인파에서 주파수 f(Hz)는 얼마인가?

① 400Hz ② 500Hz
③ 600Hz ④ 700Hz

36 그림과 같은 회로에서 저항 R_1에 흐르는 전류 I_1은 몇 [A]인가?

① $I_1 + I_2$

② $\dfrac{R_2}{R_1 + R_2} \times I$

③ $\dfrac{R_1}{R_1 + R_2} \times I$

④ $\dfrac{R_1 R_2}{R_1 + R_2} \times I$

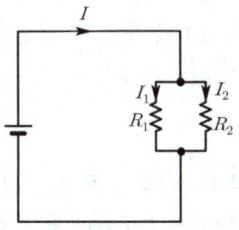

[정답] 28 ② 29 ② 30 ① 31 ③ 32 ③ 33 ① 34 ④ 35 ② 36 ②

37 변압기를 V 결선했을 때의 전용량은 변압기 1대의 용량의 몇 배인가?

① $\sqrt{2}$ ② $\sqrt{3}$
③ $2\sqrt{2}$ ④ $2\sqrt{3}$

> **해설**
> 단상 변압기 2대를 V 결선했을 때의 전용량은 1대 용량은 $\sqrt{3}$ 이다.

38 상용 주파수 60Hz인 교류주기(sec)는?

① 0.017 ② 0.02
③ 0.04 ④ 0.08

> **해설**
> 주기$(T) = \dfrac{1}{\text{주파수}(f)} = \dfrac{1}{60} = 0.017$

39 20℃에서 4Ω의 동선이 온도 80℃로 상승하였을 때 저항은 몇 Ω이 되는가? (단, 동선의 저항온도계수=0.00393이다.)

① 3.94 ② 4.94
③ 5.94 ④ 6.94

> **해설**
> $R_2 = R_1\{1+\alpha(t_2-t_1)\}$
> $= 4\times\{1+0.00393\times(80-20)\}$
> $= 4.94\,\Omega$

40 저항계수가 0.0039에서 상온 20℃이다. 온도가 40℃일 때 동선의 저항은 어떻게 되는가?

① 4% 증가 ② 8% 증가
③ 12% 감소 ④ 4% 감소

41 직류 전동기는 자장 중에서 도체에 전류를 흘리면 그 도체에 힘이 작용한다는 것은 누구의 법칙을 직접 응용한 것인가?

① 플레밍의 왼손 법칙
② 가우스의 법칙
③ 스토크스의 법칙
④ 패러데이의 법칙

42 전기량이 일정할 때 석출되는 물질의 양은 화학당량에 비례한다는 법칙은?

① 줄의 법칙
② 패러데이의 법칙
③ 키르히호프의 법칙
④ 비오사바르의 법칙

43 30V을 가하여 20C의 전기량을 2초간 이동시켰다. 이때 전력은 얼마인가?

① 200J ② 250J
③ 280J ④ 300J

> **해설**
>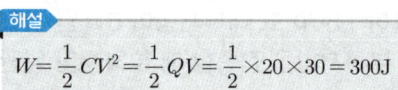

44 압축기 구동 전동기로 흐르는 전류가 5A이고 전압이 100V일 때 전동기의 소비전력은 몇 W인가?

① 4 ② 20
③ 250 ④ 500

> **해설**
>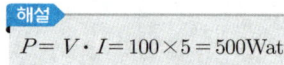

45 60Hz의 전원에 접속된 4극 3상 유도 전동기에서 슬립이 0.04일 때의 회전속도는 몇 rpm인가?

① 1,800 ② 1,728
③ 1,700 ④ 1,642

46 유도 전동기를 기동하기 위해서 △를 Y로 전환하였을 때 토크는 몇 배가 되는가?

① 1/3배 ② 1/$\sqrt{3}$ 배
③ $\sqrt{3}$ 배 ④ 3배

47 20Ω의 저항의 100V의 전압을 가하면 몇 A의 전류가 흐르겠는가?

① 0.3 ② 5
③ 2 ④ 50

48 도선에 전류가 흐를 때 발생하는 열량으로 옳은 것은?

① 전류의 세기에 비례한다.
② 전류의 세기에 반비례한다.
③ 전류의 세기의 제곱에 비례한다.
④ 전류의 세기의 제곱에 반비례한다.

> 해설
> 전류의 발열(줄의 법칙)
> $H = I^2 Rt$[cal], $H = 0.24 I^2 RT$[J]

49 저항이 5Ω이 도체에 2A 전류가 1분간 흘렀을 때 발생하는 열량은 몇 J인가?

① 50 ② 100
③ 600 ④ 1,200

> 해설
> $H = I^2 Rt = 2^2 \times 5 \times 60 = 1,200 J$

50 1kW의 전열기를 정격 상태에서 1시간 동안 사용한 경우 발열량(kcal)은 얼마인가?

① 754 ② 785
③ 835 ④ 864

51 60Hz, 6극인 교류발전기의 회전수는 몇 rpm인가?

① 1,200 ② 1,500
③ 1,800 ④ 3,500

> 해설
> $H = I^2 RT = 2^2 \times 5 \times 60 = 1,200 J$

52 전압을 측정하는 계기의 명칭은 무엇인가?

① ampere meter ② volt meter
③ watt meter ④ clamp meter

53 다음 중 전압계의 측정범위를 넓히기 위해서 사용되는 것은?

① 분류기 ② 휘트스톤 브리지
③ 배율기 ④ 변압기

54 전류계의 측정범위를 넓히는 데 사용되는 것은?

① 배율기 ② 분류기
③ 역률기 ④ 용량분압기

55 납축전지의 전해액에는 어떤 것이 사용되는가?

① 염산 ② 묽은 황산
③ 질산 ④ 물

56 전기 기구에 사용하는 퓨즈(fuse)의 재료로 부적당한 것은?

① 납 ② 주석
③ 아연 ④ 구리

[정답] 46 ① 47 ② 48 ③ 49 ④ 50 ④ 51 ① 52 ② 53 ③ 54 ② 55 ② 56 ④

57 멀티테스터로 측정할 수 없는 사항은?
① 교류전압(AC V)
② 직류전압(DC V)
③ 교류전류(AC A)
④ 직류전류(DC A)

58 저항이 250Ω이고 40W인 전구가 있다. 점등시 전구에 흐르는 전류는 몇 A인가?
① 0.16
② 0.4
③ 2.5
④ 6.25

해설
$P = VI = I^2R$ 에서 $I = \sqrt{\dfrac{40}{250}} = 0.4A$

59 100V, 200W인 가정용 백열전구가 있다. 전압의 평균값은 몇 V인가?
① 약 60
② 약 70
③ 약 90
④ 약 100

해설
$V_m = \dfrac{2}{\pi} V_m = \dfrac{2}{\pi} \cdot \sqrt{2} V$
$= 0.637 \times \sqrt{2} \times 100 = 90V$

60 다음 중 온도를 전압으로 변환시키는 요소는?
① 차동 변압기
② 벨로스
③ 열전대
④ 광전기

61 주어진 입력신호가 동시에 가해질 때만 출력이 나오는 회로를 무슨 회로라 하는가?
① AND
② OR
③ NOT
④ NAND

62 다음 중 입력신호가 0이면 출력이 1이 되고 반대로 입력이 1이면 출력이 0이 되는 회로는?
① AND 회로
② OR 회로
③ NOR 회로
④ NOT 회로

63 다음 그림과 같은 회로는 무슨 회로인가?
① AND 회로
② OR 회로
③ NOT 회로
④ NAND 회로

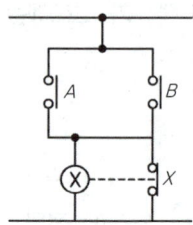

64 다음 논리 기호의 논리식으로 적절한 것은?
① $A \cdot B$
② $A + B$
③ $\overline{A \cdot B}$
④ $\overline{A + B}$

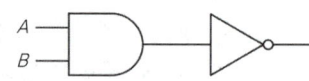

65 서로 다른 금속선으로 폐회로의 두 접합점의 온도를 다르게 하였을 때 전기가 발생하는 효과는?
① Thomson 효과
② Pinch 효과
③ Peltier 효과
④ Seeback 효과

66 전기회로 중 입력신호가 전부 1일 때 출력신호가 1이 되는 회로는 무슨 회로인가?
① AND
② OR
③ NOR
④ NOT

67 접합점의 온도를 달리하여 전기가 흐르는 현상은?
① 전자 효과
② 제벡 효과
③ 펠티어 효과
④ 줄 톰슨 효과

[정답] 57 ④ 58 ② 59 ③ 60 ③ 61 ① 62 ④ 63 ② 64 ③ 65 ④ 66 ① 67 ②

68 다음 그림에서 전류 I 값은 몇 [A]인가?

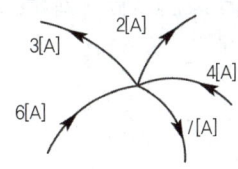

① 5
② 10
③ 15
④ 20

69 복귀형 수동 스위치의 a 접점기호는?

①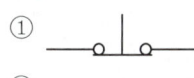
②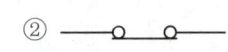
③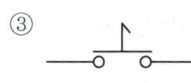
④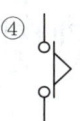

70 다음 중 계전기 b접점을 나타낸 것은?

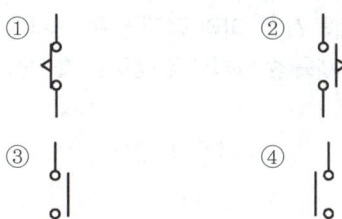

71 그림은 8핀 타이머의 내부 회로도이다. ⑤, ⑧접점을 표시한 것은 무엇인가?

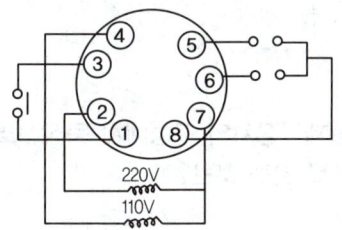

72 시퀀스도란 무엇인가?
① 부품의 배치, 배선 상태를 구성에 맞게 그린 것이다.
② 동작 순서대로 알기 쉽게 그린 접속도를 말한다.
③ 기기 상호간 및 외부와의 전기적인 접속관계를 나타낸 접속도를 말한다.
④ 전기 전반에 관한 계통과 전기적인 접속 관계를 단선으로 나타낸 접속도이다.

73 유접점 시퀀스의 특징으로 틀리는 것은?
① 수명이 길다.
② 소비전력이 많다.
③ 작동 속도가 늦다.
④ 장치 외형이 크다.

74 시퀀스 제어에 사용되는 무접점 릴레이의 특징으로 틀린 것은?
① 작동 속도가 빠르다.
② 온도 특성이 양호하다.
③ 장치의 소형화가 가능하다.
④ 진동에 의한 오작동이 적다.

75 접점의 종류가 아닌 것은 무엇인가?
① a접점
② b접점
③ c접점
④ d접점

76 무접점 제어회로의 특징과 관계가 적은 것은?
① 동작 속도가 빠르다.
② 별도의 전원이 필요하다.
③ 고빈도 사용이 가능하다.
④ 소형화에 불리하다.

[정답] 68 ① 69 ① 70 ④ 71 ① 72 ② 73 ① 74 ② 75 ④ 76 ④

77 자기유지(self holding)란 무엇인가?
① 계전기 코일에 전류를 흘려서 여자시키는 것
② 계전기 코일에 전류를 차단하여 자화 성질을 잃게되는 것
③ 기기의 미소 시간 동작을 위해 동작되는 것
④ 계전기가 여자된 후에도 동작 기능이 계속해서 유지되는 것

78 냉동기를 운전하기 위하여 자기 유지회로를 구성하고자 할 때 반드시 필요로 하는 제어기는?
① 전자밸브   ② 릴레이
③ 팽창밸브   ④ 보호 계전기

79 가정용 백열전등의 점등스위치는 어떤 스위치인가?
① 복귀형 스위치   ② 검출 스위치
③ 리미트 스위치   ④ 유지형 스위치

80 전자밸브는 다음 어느 동작에 해당되는가?
① 비례동작   ② 적분동작
③ 미분동작   ④ 2위치동작

81 시퀀스 제어가 아닌 것은?
① 자동 세탁기
② 가정용 전기 냉장고
③ 자동 전기밥솥
④ 네온사인

82 불연속 제어에 속하는 것은?
① ON-OFF 제어   ② 서보 제어
③ 폐회로 제어   ④ 시퀀스 제어

> **해설**
> 불연속 제어 : 2위치(ON-OFF) 제어, 다위치 제어, 불연속 속도동작

83 목표값이 정해져 있고 입출력을 비교하여 신호 전달경로가 반드시 폐루프를 이루고 있는 제어를 무엇이라 하는가?
① 비율차동 제어   ② 조건 제어
③ 시퀀스 제어   ④ 피드백 제어

84 가정용 세탁기나 커피자동판매기는 어느 제어에 속하는가?
① on-off 제어   ② 시퀀스 제어
③ 공정 제어   ④ 서보 제어

85 네온싸인, 세탁기 등 미리 정해 놓은 순서에 따라 제어의 각 단계를 순차적으로 행하는 제어를 무엇이라 하는가?
① 공정 제어   ② 비공정 제어
③ 시퀀스 제어   ④ 되먹임 제어

86 시퀀스 제어장치의 구성으로 가장 거리가 먼 것은?
① 검출부   ② 조절부
③ 피드백부   ④ 조작부

87 자동제어장치의 구성에서 동작신호를 만드는 부분으로 맞는 것은?
① 조절부   ② 조작부
③ 검출부   ④ 제어부

[정답] 77 ④ 78 ② 79 ④ 80 ④ 81 ② 82 ① 83 ④ 84 ② 85 ③ 86 ③ 87 ①

88 off-set을 제거하기 위한 제어법은?
① 비례 제어   ② 적분 제어
③ ON-OFF 제어   ④ 미분 제어

89 시간적으로 변화하지 않는 일정한 입력신호를 단속 신호로 변환하는 회로는?
① 선택회로   ② 플리커회로
③ 인터록회로   ④ 자기유지회로

90 다음 중 프로세스 제어에 속하는 것은?
① 전압   ② 전류
③ 유량   ④ 속도

91 목표값이 미리 정해진 시간적 변화를 하는 경우 제어량을 그것에 추종시키기 위한 제어는?
① 프로그램 제어 ② 정치 제어
③ 추종 제어   ④ 비율 제어

92 공기조화기의 자동제어 시 제어요소가 바르게 나열된 것은?
① 온도제어 – 습도제어 – 환기제어
② 온도제어 – 습도제어 – 압력제어
③ 온도제어 – 차압제어 – 환기제어
④ 온도제어 – 수위제어 – 환기제어

93 보일러의 자동 제어에서 제어량에 따른 조작량의 대상으로 옳은 것은?
① 증기온도 : 연소가스량
② 증기압력 : 연료량
③ 보일러 수위 : 공기량
④ 노내압력 : 급수량

해설

제어량에 따른 조작량

제어량	조작량
과열증기 온도	전열량
보일러 수위	급수량
증기압력 제어	연료량, 공기량
노내압력 제어	연소가스량, 송풍량

[정답] 88 ② 89 ② 90 ③ 91 ① 92 ① 93 ②

부록 1

공조냉동 관련 선도 등

1_물(H_2O)의 포화증기표
2_암모니아(NH_3, R-717)의 포화증기표
3_R-22의 포화증기표
4_NH_3 몰리에르 선도(공학단위)
5_R-22 몰리에르 선도(공학단위)
6_R-22 몰리에르 선도(SI단위)
7_습공기 선도(공학단위)
8_습공기 선도(SI단위)

1 물(H_2O)의 포화증기표

(1) 온도 기준

온도 (℃)	포화압력 kg/cm²·a	mmHg	비체적(m³/kg) v_f	v_g	엔탈피(kcal/kg) h_f	h_g	h_{fg}	엔트로피(kcal/kg·K) s_f	s_g
0	0.006228	4.58	0.0010002	206.3	0.00	597.1	597.1	0.0000	2.1860
2	0.007194	5.29	0.0010001	179.9	2.01	598.0	596.0	0.0073	2.1733
4	0.008289	6.10	0.0010000	157.2	4.02	598.9	594.9	0.0145	2.1609
6	0.009530	7.01	0.0010001	137.7	6.03	599.8	593.8	0.0218	2.1488
8	0.010932	8.04	0.0010002	120.9	8.04	600.7	592.6	0.0289	2.1367
10	0.012513	9.20	0.0010004	106.4	10.04	601.5	591.5	0.0361	2.1250
12	0.014292	10.5	0.0010006	93.79	12.04	602.4	590.4	0.0431	2.1134
14	0.016290	12.0	0.0010008	82.86	14.04	603.3	589.3	0.0501	2.1022
16	0.018529	13.6	0.0010011	73.34	16.04	604.1	588.1	0.0570	2.0910
18	0.021034	15.5	0.0010015	65.05	18.03	605.0	587.0	0.0639	2.0800
20	0.023830	17.5	0.0010018	57.80	20.03	605.9	585.9	0.0708	2.0693
21	0.014292	10.5	0.0010006	93.79	12.04	602.4	590.4	0.0431	2.1134
22	0.026948	19.8	0.0010023	51.46	22.02	606.8	584.8	0.0776	2.0587
23	0.028637	21.1	0.0010025	48.59	23.02	607.2	584.2	0.0810	2.0535
24	0.030415	22.4	0.0010027	45.90	24.02	607.6	583.6	0.0843	2.0483
25	0.032291	23.8	0.0010030	43.37	25.02	608.1	583.1	0.0876	2.0431
26	0.034266	25.2	0.0010033	41.01	26.01	608.5	582.5	0.0910	2.0380
27	0.036347	26.7	0.0010035	38.79	27.01	608.9	581.9	0.0943	2.0330
28	0.038536	28.3	0.0010038	36.70	28.01	609.4	581.4	0.0976	2.0280
29	0.040838	30.0	0.0010041	34.75	29.01	609.8	580.8	0.1009	2.0231
30	0.043261	31.8	0.0010044	32.91	30.00	610.2	580.2	0.1042	2.0182
31	0.045807	33.7	0.0010048	31.18	31.00	610.7	579.7	0.1075	2.0133
32	0.048482	35.7	0.0010051	29.55	32.00	611.1	579.1	0.1108	2.0085
33	0.051292	37.7	0.0010054	28.02	33.00	611.5	578.5	0.1141	2.0037
34	0.054240	39.9	0.0010058	26.58	33.90	611.9	578.0	0.1174	1.9990
35	0.057337	42.2	0.0010061	25.23	34.99	612.4	577.4	0.1207	1.9943
36	0.060585	44.6	0.0010064	23.95	35.99	612.8	576.8	0.1239	1.9896
37	0.063990	47.1	0.0010068	22.75	36.99	613.2	576.2	0.1271	1.9849
38	0.067561	49.7	0.0010071	21.61	37.98	613.7	575.7	0.1303	1.9803
39	0.071301	52.4	0.0010075	20.54	38.98	614.1	575.1	0.1335	1.9758
40	0.075220	55.3	0.0010079	19.53	39.98	614.5	574.5	0.1367	1.9713
42	0.083620	61.5	0.0010087	17.68	41.97	615.4	573.4	0.1430	1.9624
44	0.092813	68.3	0.0010095	16.02	43.97	616.2	572.2	0.1493	1.9536
46	0.10287	75.7	0.0010103	14.55	45.96	617.1	571.1	0.1555	1.9449
48	0.11384	83.7	0.0010112	13.22	47.95	617.9	570.0	0.1617	1.9364
50	0.12581	92.5	0.0010121	12.04	49.95	618.8	568.8	0.1680	1.9281
55	0.16054	118.1	0.0010145	9.572	54.94	620.8	565.9	0.1834	1.9078
60	0.20316	149.4	0.0010171	7.673	59.94	622.9	563.0	0.1984	1.8883
65	0.25506	187.6	0.0010198	6.198	64.93	625.0	560.0	0.2133	1.8695
70	0.31780	233.8	0.0010228	5.043	69.93	627.0	557.1	0.2280	1.8514
75	0.39313	289.2	0.0010258	4.132	74.94	629.1	554.1	0.2424	1.8340
80	0.48297	355.3	0.0010290	3.407	79.95	631.1	551.1	0.2568	1.8173
85	0.58947	433.6	0.0010324	2.828	84.96	633.0	548.1	0.2708	1.8011
90	0.71493	525.9	0.0010359	2.360	89.98	635.0	545.0	0.2847	1.7855
95	0.86193	634.0	0.0010397	1.982	95.00	636.9	541.9	0.2985	1.7705
96	0.89416	657.7	0.0010404	1.915	96.01	637.4	541.4	0.3012	1.7675
97	0.92738	682.1	0.0010412	1.851	97.01	637.7	540.7	0.3039	1.7646
98	0.96161	707.3	0.0010419	1.789	98.02	638.1	540.1	0.3066	1.7617
99	0.99689	733.3	0.0010427	1.730	99.03	638.5	539.4	0.3093	1.7588
100	1.03323	760.0	0.0010435	1.673	100.04	638.8	538.8	0.3120	1.7559
101	1.0704	787.0	0.0010443	1.618	101.05	639.1	538.1	0.3147	1.7531
102	1.0929	815.2	0.0010451	1.565	102.06	639.5	537.4	0.3173	1.7502
103	1.1485	844.2	0.0010458	1.514	103.06	639.9	536.8	0.3200	1.7477
104	1.1889	874.5	0.0010464	1.466	104.06	640.3	536.2	0.3227	1.7446
105	1.2318	906.1	0.0010474	1.419	105.07	640.7	535.6	0.3255	7.7419
106	1.2758	938.4	0.0010482	1.375	106.07	641.1	535.0	0.327.3	1.7392
107	1.3201	971.6	0.0010490	1.333	107.08	641.4	534.3	0.328.4	1.7364
108	1.3654	1003.6	0.0010499	1.281	108.08	641.8	533.7	0.3312	1.7337
109	1.4126	1040.0	0.0010507	1.250	109.09	642.1	533.0	0.3339	1.7310

온도 (℃)	포화압력 kg/cm²·a	비체적(m³/kg)		엔탈피(kcal/kg)			엔트로피(kcal/kg·K)	
		v_f	v_g	h_f	h_g	h_{fg}	s_f	s_g
110	1.4609	0.0010515	1.210	110.12	642.5	532.4	0.3388	1.7283
115	1.7239	0.0010558	1.036	115.18	644.4	529.2	0.3519	1.7151
120	2.0245	0.0010603	0.8916	120.25	646.1	525.9	0.3648	1.7023
125	2.3666	0.0010649	0.7704	125.33	647.9	522.5	0.3776	1.6899
130	2.7544	0.0010697	0.6681	130.42	649.5	519.1	0.3903	1.6678
135	3.1923	0.0010746	0.5819	135.54	651.2	515.6	0.4029	1.6661
140	3.6848	0.0010798	0.5087	140.64	652.8	512.1	0.4153	1.6547
145	4.2369	0.0010850	0.4462	145.80	654.3	508.5	0.4276	1.6436
150	4.8535	0.0010906	0.3926	150.92	655.8	504.9	0.4308	1.6328
155	5.5401	0.0010962	0.3466	156.05	657.2	501.2	0.4518	1.6222
160	6.3021	0.0011021	0.3069	161.26	658.6	497.3	0.4638	1.6119
165	7.1454	0.0011081	0.2725	166.47	659.9	493.4	0.4757	1.6018
170	8.0759	0.0011144	0.2427	171.68	661.1	489.5	0.4875	1.5919
175	9.1000	0.0011208	0.2168	176.93	662.3	485.4	0.4992	1.5822
180	10.224	0.0011275	0.1940	182.18	663.4	481.2	0.5108	1.5727
185	11.455	0.0011343	0.1739	187.46	664.4	477.0	0.5223	1.5633
190	12.799	0.0011415	0.1564	192.78	665.4	472.6	0.5337	1.5541
195	14.263	0.0011489	0.1410	198.11	666.3	468.1	0.5450	1.5450
200	15.856	0.0011565	0.1273	203.49	667.0	463.5	0.5564	1.5361
205	17.584	0.0011644	0.1152	208.89	667.7	458.8	0.5677	1.5273
210	19.456	0.0011726	0.1043	214.32	668.3	454.0	0.5789	1.5185
215	21.479	0.0011811	0.09470	219.76	668.8	449.1	0.5900	1.5098
220	23.660	0.0011900	0.08610	225.29	669.2	443.9	0.6011	1.5012
225	26.009	0.0011992	0.07841	230.84	669.5	438.7	0.6121	1.4927
230	28.534	0.0012087	0.07150	236.41	669.7	433.3	0.6231	1.4842
235	31.242	0.0012187	0.06528	242.06	669.7	427.7	0.6341	1.4757
240	34.144	0.0012291	0.05969	247.72	669.7	421.9	0.6451	1.4673
245	37.248	0.0012399	0.05464	253.45	669.4	416.0	0.6561	1.4589
250	40.564	0.0012512	0.05606	259.23	669.1	409.9	0.6671	1.4505
255	44.099	0.0012630	0.04590	265.09	668.6	403.5	0.6780	1.4420
260	47.868	0.0012755	0.04215	270.97	668.0	397.0	0.6889	1.4335
265	51.877	0.0012886	0.03272	276.90	667.2	390.3	0.6998	1.4249
270	56.137	0.0013023	0.03560	282.98	666.3	383.3	0.7107	1.4163
275	60.660	0.0013168	0.03274	289.10	665.1	376.0	0.7216	1.4075
280	65.456	0.0013321	0.03013	295.30	663.8	368.5	0.7326	1.3987
285	70.537	0.0013483	0.02772	301.53	662.3	360.7	0.7437	1.3898
290	75.915	0.0013655	0.02553	307.99	660.5	352.5	0.7547	1.3807
295	81.602	0.0013838	0.02350	314.44	658.5	344.1	0.7657	1.3714
300	87.611	0.0014036	0.02163	320.98	656.3	335.3	0.7769	1.3620
305	93.96	0.0014247	0.01990	327.55	653.8	326.3	0.7881	1.3523
310	100.65	0.0014475	0.01831	334.47	651.1	316.6	0.7995	1.3424
315	107.70	0.0014720	0.01684	341.45	648.0	306.5	0.8111	1.3322
320	115.14	0.0014992	0.01546	348.72	644.5	295.8	0.8229	1.3216
325	122.96	0.0015289	0.01418	356.22	640.7	284.5	0.8350	1.3106
330	131.20	0.0015619	0.01298	363.97	636.4	272.4	0.8474	1.2991
335	139.88	0.0015989	0.01185	372.10	631.6	259.5	0.8603	1.2870
340	148.98	0.0016408	0.01079	380.59	626.1	245.5	0.8737	1.2740
345	158.56	0.0016895	0.009776	389.8	619.9	230.0	0.8877	1.2599
350	168.63	0.0017468	0.008811	399.3	612.4	213.0	0.9026	1.2445
355	179.23	0.001815	0.007869	409.8	603.5	193.7	0.9188	1.2272
360	190.40	0.001907	0.006937	421.8	592.9	171.1	0.9370	1.2072
365	202.19	0.002031	0.00599	435.7	579.2	143.5	0.9581	1.1829
370	214.68	0.002231	0.00499	453.1	560.1	107.0	0.9845	1.1509
374.15	225.65	0.00318	0.00318	505.6	505.6	0	1.0642	1.0642

(2) 압력 기준

압력 (kg/cm²·a)	포화온도 (℃)	비체적(m³/kg)		엔탈피(kcal/kg)			엔트로피(kcal/kg·K)	
		v_f	v_g	h_f	h_g	h_{fg}	s_f	s_g
0.01	6.700	0.0010001	131.6	6.73	600.1	593.4	0.0243	2.1447
0.02	17.202	0.0010013	68.25	17.24	604.7	587.4	0.0611	2.0843
0.03	23.771	0.0010027	46.50	23.79	607.5	583.7	0.0835	2.0495
0.04	28.641	0.0010040	35.43	28.65	609.6	581.0	0.0997	2.0248
0.05	32.55	0.0010052	28.70	32.55	611.3	578.8	0.1126	2.0058
0.06	35.82	0.0010064	24.17	35.81	612.7	576.9	0.1233	1.9904
0.07	38.66	0.0010074	20.90	38.64	613.9	575.3	0.1324	1.9773
0.08	41.16	0.0010073	18.43	41.14	615.0	573.9	0.1404	1.9661
0.09	43.41	0.0010003	16.50	43.38	616.0	572.6	0.1474	1.9561
0.10	45.45	0.0010101	14.94	45.41	616.8	571.4	0.1538	1.9473
0.12	49.05	0.0010117	12.58	49.00	618.4	569.4	0.1650	1.9320
0.14	52.17	0.0010311	10.89	52.12	619.4	567.6	0.1747	1.9192
0.16	54.93	0.0010144	9.602	54.87	620.8	565.9	0.1832	1.9081
0.18	57.41	0.0010157	8.597	57.35	621.8	564.5	0.1907	1.8983
0.20	59.66	0.0010169	7.787	59.60	622.7	563.1	0.1974	1.8895
0.22	61.73	0.0010180	7.121	61.67	623.6	562.0	0.2036	1.8817
0.24	63.65	0.0010191	6.562	63.59	624.4	560.8	0.2094	1.8746
0.26	65.43	0.0010201	6.088	65.37	625.2	559.8	0.2147	1.8679
0.28	67.10	0.0010211	5.678	67.03	625.8	558.8	0.2196	1.8619
0.30	68.67	0.0010220	5.323	68.60	626.5	557.9	0.2241	1.8561
0.4	75.41	0.0010261	4.065	75.35	629.2	553.9	0.2437	1.8328
0.5	80.86	0.0010296	3.299	80.81	631.4	550.6	0.2592	1.8145
0.6	85.45	0.0010327	2.781	85.41	633.2	547.8	0.2721	1.7997
0.7	89.45	0.0010356	2.408	89.43	634.8	545.4	0.2832	1.7872
0.8	92.99	0.0010381	2.124	92.98	636.2	543.2	0.2930	1.7764
0.9	96.18	0.0010405	1.903	96.19	637.4	541.2	0.3017	1.7670
1.0	99.09	0.0010428	1.725	99.12	638.5	539.4	0.3096	1.7586
1.03323	100.00	0.0010435	1.673	100.04	638.8	538.8	0.3120	1.7559
1.1	101.76	0.0010448	1.578	101.81	639.5	537.7	0.3168	1.7509
1.2	104.25	0.0010468	1.454	104.32	640.4	536.1	0.3234	1.7440
1.3	106.56	0.0010486	1.350	106.65	641.3	534.6	0.3296	1.7376
1.4	108.74	0.0010505	1.259	108.86	642.1	533.2	0.3355	1.7317
1.5	110.79	0.0010523	1.180	110.92	642.8	531.9	0.3408	1.7262
1.6	112.73	0.0010538	1.110	112.89	643.5	530.7	0.3453	1.7211
1.8	116.33	0.0010570	0.9953	116.53	644.8	528.3	0.3553	1.7117
2.0	119.62	0.0010600	0.9018	119.86	646.0	526.1	0.3638	1.7033
2.2	122.64	0.0010627	0.8249	122.92	647.0	524.1	0.3715	1.6957
2.4	125.46	0.0010653	0.7603	125.84	648.0	522.2	0.3788	1.6888
2.6	128.08	0.0010679	0.7054	128.45	648.9	520.4	0.3854	1.6824
2.8	130.55	0.0010702	0.6581	130.98	649.7	528.7	0.3917	1.6765
3.0	132.88	0.0010725	0.6170	133.36	650.5	517.1	0.3975	1.6710
4	142.92	0.0010828	0.4709	143.63	653.7	510.0	0.4225	1.6482
5	151.11	0.0010918	0.3818	152.04	656.1	504.1	0.4425	1.6305
6	158.08	0.0010998	0.3215	159.25	658.1	498.8	0.4592	1.6158
7	164.17	0.0011070	0.2779	165.60	659.7	494.1	0.4737	1.6034
8	169.61	0.0011139	02449	171.26	661.0	489.8	0.4866	1.5927
9	174.53	0.0011202	0.2191	176.45	662.2	485.8	0.4981	1.5831
10	179.04	0.0011262	0.1981	181.19	663.2	482.0	0.5086	1.5745
11	183.20	0.0011318	0.1806	185.55	664.1	478.5	0.5182	1.5667
12	187.08	0.0011373	0.1662	189.67	664.8	475.2	0.5271	1.5595
13	190.71	0.0011425	0.1540	193.53	665.5	472.0	0.5353	1.5528
14	194.13	0.0011476	0.1436	197.18	666.1	468.9	0.5430	1.5466

압력 (kg/cm²·a)	포화온도 (℃)	비체적(m³/kg)		엔탈피(kcal/kg)			엔트로피(kcal/kg·K)	
		v_f	v_g	h_f	h_g	h_{fg}	s_f	s_g
15	197.36	0.0011524	0.1344	200.53	666.6	466.0	0.5504	1.5408
16	200.43	0.0011571	0.1263	203.93	667.1	463.0	0.5574	1.5353
17	203.36	0.0011618	0.1190	207.10	667.5	460.4	0.5640	1.5302
18	206.15	0.0011662	0.1126	210.14	667.9	457.7	0.5703	1.5253
19	208.82	0.0011706	0.1067	213.04	668.2	455.1	0.5763	1.5206
20	211.38	0.0011749	0.1015	215.82	668.5	452.7	0.5820	1.5161
22	216.23	0.0011832	0.09249	221.12	668.9	447.8	0.5927	1.5077
24	220.75	0.0011914	0.08490	226.13	669.3	443.1	0.6027	1.5000
26	224.98	0.0011992	0.07843	230.82	669.5	438.7	0.6120	1.4927
28	228.97	0.0012067	0.07285	235.27	669.7	434.4	0.6208	1.4859
30	232.75	0.0012141	0.06800	239.51	669.7	430.2	0.6292	1.4795
32	236.34	0.0012215	0.06373	243.65	669.7	426.1	0.6370	1.4734
34	239.76	0.0012286	0.05996	247.43	669.7	422.2	0.6446	1.4677
36	243.03	0.0012356	0.05658	251.20	669.5	418.3	0.6517	1.4622
38	246.16	0.0012425	0.05354	254.77	669.4	414.6	0.6586	1.4569
40	249.17	0.0012492	0.05079	258.25	669.2	410.9	0.6652	1.4518
42	252.07	0.0012560	0.04830	261.64	668.9	407.3	0.6716	1.4469
44	254.86	0.0012626	0.04603	264.93	668.7	403.7	0.6776	1.4422
46	257.56	0.0012693	0.04394	268.08	668.3	400.3	0.6835	1.4376
48	260.17	0.0012760	0.04202	271.16	668.0	396.8	0.6892	1.4332
50	262.70	0.0012826	0.14026	274.15	667.6	393.5	0.6947	1.4288
55	268.69	0.0012986	0.03640	281.37	666.5	385.2	0.7078	1.4185
60	274.29	0.003147	0.03312	288.24	665.3	377.0	0.7201	1.4088
65	279.54	0.0013306	0.03036	294.73	663.9	369.2	0.7316	1.3995
70	284.48	0.0013466	0.02795	300.93	662.4	361.5	0.7426	1.3907
80	293.62	0.0013786	0.02404	312.65	659.1	346.4	0.7627	1.3740
90	301.91	0.0014114	0.02095	323.51	655.4	331.9	0.7812	1.3583
100	309.53	0.0014452	0.01845	333.84	651.3	317.5	0.7985	1.3434
110	316.57	0.0014801	0.01640	343.62	647.0	303.4	0.8147	1.3289
120	323.14	0.0015176	0.01465	353.44	642.2	288.7	0.8305	1.3148
130	329.29	0.0015568	0.01315	362.83	637.0	274.2	0.8456	1.3008
140	335.08	0.0015994	0.01185	372.21	631.5	259.3	0.8604	1.2867
150	340.55	0.0016461	0.01068	381.6	625.4	243.8	0.8751	1.2725
160	345.74	0.0016975	0.009629	391.2	618.8	227.6	0.8900	1.2577
170	350.66	0.001755	0.008687	400.6	611.3	210.7	0.9047	1.2424
180	355.35	0.001820	0.007800	410.6	602.8	192.2	0.9200	1.2259
190	359.82	0.001903	0.006967	421.4	593.3	171.9	0.9363	1.2079
200	364.09	0.002004	0.00616	433.0	582.0	149.0	0.9540	1.1878
210	368.16	0.002141	0.00537	446.1	567.8	121.7	0.9739	1.1638
220	372.04	0.002385	0.00449	464.3	548.1	83.8	1.0011	1.1310
225.65	374.15	0.00318	0.00318	505.6	505.6	0	1.0642	1.0642

② 암모니아(NH₃, R717)의 포화증기표

온도 (℃)	압력(kgf/cm²a)·(게이지진공 cmHg) 절대	게이지	밀도(kg/m³) 액	증기	엔탈피(kcal/kg) 액	증기	증발열 (kcal/kg)	엔트로피(kcal/kg·K) 액	증기
−70	0.11156	67.79 (cmHg)	725.32	0.11096	25.558	376.361	350.803	0.68617	2.41299
−65	0.15936	64.28	719.66	0.15497	30.861	378.528	347.667	0.71195	2.38222
−60	0.22334	59.57	713.88	0.21252	36.082	380.651	344.569	0.73672	2.35328
−58	0.25434	57.29	711.54	0.23999	38.160	381.488	343.328	0.74642	2.34218
−56	0.28886	54.75	709.18	0.27032	40.236	382.316	342.080	0.75602	2.33134
−54	0.32719	51.93	706.81	0.30372	42.312	383.136	340.824	0.76554	2.32075
−52	0.36967	48.81	704.42	0.34042	44.389	383.948	339.559	0.77496	2.31039
−50	0.41662	45.36	702.02	0.38066	46.469	384.752	338.283	0.78432	2.30026
−48	0.46839	41.55	699.61	0.42470	48.551	385.547	336.995	0.79360	2.29036
−46	0.52536	37.36	697.18	0.47278	50.637	386.332	335.695	0.80282	2.28067
−44	0.58792	32.75	694.75	0.52518	52.728	387.108	334.380	0.81197	2.27119
−42	0.65647	27.71	692.31	0.58219	54.822	387.874	333.052	0.82106	2.26191
−40	0.73144	22.20	689.86	0.64410	56.921	388.631	331.709	0.83009	2.25282
−38	0.81326	16.18	687.40	0.71120	59.025	389.377	330.352	0.83906	2.24392
−36	0.90240	9.62	684.94	0.78381	61.134	390.114	328.979	0.84798	2.23520
−34	0.99932	2.49 (cmHg)	682.46	0.86225	63.248	390.839	327.591	0.85685	2.22666
−33.337	1.03323	0.000 (kgf/cm²)	681.64	0.88958	63.950	391.078	327.128	0.85977	2.22387
−32	1.1045	0.071	679.98	0.94687	65.367	391.555	326.187	0.86565	2.21829
−30	1.2185	0.185	677.49	1.0380	67.491	392.259	324.768	0.87441	2.21008
−28	1.3418	0.309	674.98	1.1360	69.621	392.952	323.331	0.88311	2.20203
−26	1.4750	0.442	672.47	1.2412	71.755	393.634	321.879	0.89177	2.19413
−24	1.6186	0.585	669.95	1.3541	73.895	394.305	320.410	0.90037	2.18638
−22	1.7732	0.740	667.42	1.4750	76.040	394.964	318.924	0.90892	2.17878
−20	1.9394	0.906	664.87	1.6043	78.190	395.611	317.420	0.91743	2.17131
−18	2.1177	1.085	662.32	1.7424	80.346	396.246	315.900	0.92588	2.16398
−16	2.3089	1.276	659.75	1.8897	82.507	396.868	314.361	0.93430	2.15678
−14	2.5136	1.480	657.16	2.0468	84.674	397.479	312.805	0.94266	2.14970
−12	2.7324	1.699	654.57	2.2140	86.846	398.076	311.230	0.95098	2.14275
−10	2.9660	1.933	651.95	2.3919	89.024	398.661	309.637	0.95925	2.13591
−8	3.2150	2.182	649.32	2.5808	91.207	399.232	308.025	0.96749	2.12919
−6	3.4803	2.447	646.68	2.7814	93.396	399.790	306.393	0.97568	2.12257
−4	3.7624	2.729	644.01	2.9940	95.592	400.334	304.742	0.98382	2.11606
−2	4.0621	3.029	641.33	3.2193	97.793	400.864	303.071	0.99193	2.10966
0	4.3802	3.347	638.63	3.4578	100.000	401.379	301.379	1.00000	2.10335
2	4.7175	3.684	635.91	3.7100	102.214	401.881	299.667	1.00803	2.09713
4	5.0746	4.041	633.17	3.9766	104.433	402.367	297.933	1.01602	2.09101
6	5.4524	4.419	630.40	4.2581	106.660	402.837	296.178	1.02397	2.08497
8	5.8516	4.818	627.62	4.5551	108.893	403.292	294.400	1.03189	2.07902
10	6.2731	5.240	624.81	4.8683	111.132	403.731	292.599	1.03977	2.07314
12	6.7178	5.685	621.98	5.1984	113.379	404.154	290.775	1.04762	2.06735
14	7.1863	6.153	619.13	5.5460	115.632	404.560	288.928	1.05543	2.06162
16	7.6797	6.646	616.25	5.9119	117.893	404.948	287.055	1.06321	2.05597
18	8.1986	7.165	613.35	6.2968	120.160	405.319	285.158	1.07096	2.05038
20	8.7441	7.711	610.42	6.7014	122.435	405.671	283.236	1.07868	2.04486
25	10.229	9.196	602.98	7.8048	128.157	406.469	278.312	1.09783	2.03130
30	11.900	10.867	595.37	9.0503	133.928	407.142	273.213	1.11681	2.01806
35	13.770	12.737	587.56	10.453	139.753	407.680	267.927	1.13563	2.00510
40	15.856	14.822	579.56	12.029	145.634	408.073	262.439	1.15429	1.99235
45	18.171	17.138	571.34	13.798	151.578	408.311	256.733	1.17282	1.97978
50	20.732	19.699	562.89	15.780	157.589	408.380	250.792	1.19124	1.96732
55	23.556	22.523	554.18	18.002	163.674	408.268	244.594	1.20956	1.95493
60	26.659	25.626	545.19	20.491	169.843	407.958	238.115	1.22782	1.94256
65	30.059	29.025	535.89	23.280	176.107	407.433	231.327	1.24604	1.93014
70	33.773	32.740	526.23	26.409	182.478	406.672	224.194	1.26426	1.91761
80	42.221	41.188	505.65	33.892	195.616	404.344	208.728	1.30090	1.89194
90	52.161	51.128	482.88	43.476	209.444	400.708	191.265	1.33819	1.86487
100	63.770	62.736	456.96	56.060	224.265	395.337	171.072	1.37687	1.83532
110	77.250	76.217	426.11	73.371	240.628	387.412	146.785	1.41824	1.80134
120	92.867	91.834	386.21	99.661	259.784	374.980	115.196	1.46526	1.75827
130	111.063	110.029	320.33	153.965	286.997	349.970	62.973	1.53052	1.68672

③ R-22의 포화증기표

온도 (℃)	압력(kgf/cm²a)·(게이지진공 cmHg)		밀도 (kg/m³)		엔탈피 (kcal/kg)		증발열 (kcal/kg)	엔트로피 (kcal/kg·K)	
	절대	게이지	액	증기	액	증기		액	증기
−100	0.01996	74.53 (cmHg)	1568.3	0.11780	72.831	138.090	65.259	0.87608	1.25298
−90	0.04841	72.44	1542.8	0.27072	75.759	139.245	63.487	0.89252	1.23916
−80	0.10512	68.27	1516.8	0.55920	78.589	140.407	61.818	0.90757	1.22762
−75	0.14951	65.00	1503.6	0.77699	79.973	140.987	61.015	0.91464	1.22256
−70	0.20826	60.68	1490.3	1.0585	81.339	141.566	60.227	0.92144	1.21791
−65	0.28464	55.06	1476.7	1.4162	82.691	142.143	59.452	0.92801	1.21363
−60	0.38230	47.88	1463.1	1.8642	84.030	142.715	58.686	0.93436	1.20968
−58	0.42823	44.50	1457.6	2.0721	84.562	142.943	58.381	0.93684	1.20819
−56	0.47849	40.80	1452.0	2.2978	85.093	143.170	58.077	0.93929	1.20674
−54	0.53337	36.77	1446.4	2.5425	85.623	143.396	57.773	0.94172	1.20534
−52	0.59318	32.37	1440.8	2.8072	86.151	143.621	57.469	0.94412	1.20398
−50	0.65821	27.58	1435.2	3.0931	86.679	143.845	57.166	0.94649	1.20266
−48	0.72880	22.39	1429.5	3.4014	87.206	144.068	56.862	0.94883	1.20138
−46	0.80528	16.77	1423.8	3.7333	87.732	144.289	56.557	0.95115	1.20014
−44	0.88797	10.68	1418.1	4.0899	88.258	144.510	56.252	0.95345	1.19893
−42	0.97723	4.12 (cmHg)	1412.3	4.4727	88.783	144.729	55.946	0.95572	1.19776
−40.818	1.03323	0.000 (kgf/cm²)	1408.9	4.7118	89.093	144.858	55.765	0.95706	1.19708
−40	1.0734	0.040	1406.5	4.8829	89.308	144.947	55.639	0.95798	1.19662
−38	1.1769	0.144	1400.7	5.3219	89.833	145.163	55.330	0.96021	1.19551
−36	1.2881	0.255	1394.8	5.7910	90.358	145.378	55.020	0.96243	1.19444
−34	1.4073	0.374	1388.9	6.2917	90.883	145.591	54.708	0.96463	1.19339
−32	1.5350	0.502	1382.9	6.8256	91.409	145.803	54.394	0.96681	1.19237
−30	1.6715	0.638	1376.9	7.3940	91.936	146.013	54.077	0.96897	1.19137
−28	1.8172	0.784	1370.9	7.9987	92.463	146.221	53.758	0.97112	1.19041
−26	1.9727	0.939	1364.8	8.6411	92.991	146.427	53.436	0.97326	1.18947
−24	2.1383	1.105	1358.7	9.3231	93.520	146.631	53.112	0.97538	1.18855
−22	2.3144	1.281	1352.6	10.046	94.050	146.833	52.784	0.97748	1.18765
−20	2.5014	1.468	1346.4	10.812	94.581	147.033	52.452	0.97958	1.18678
−18	2.6999	1.667	1340.1	11.623	95.114	147.231	52.117	0.98166	1.18592
−16	2.9103	1.877	1333.8	12.481	95.649	147.427	51.778	0.98373	1.18509
−14	3.1330	2.100	1327.5	13.387	96.185	147.620	51.435	0.98580	1.18427
−12	3.3685	2.335	1321.1	14.344	96.723	147.811	51.088	0.98785	1.18347
−10	3.6173	2.584	1314.6	15.354	97.264	147.999	50.736	0.98989	1.18269
−8	3.8799	2.847	1308.1	16.419	97.806	148.185	50.379	0.99193	1.18193
−6	4.1567	3.123	1301.5	17.541	98.351	148.368	50.017	0.99396	1.18118
−4	4.4482	3.415	1294.9	18.723	98.898	148.548	49.650	0.99598	1.18045
−2	4.7549	3.722	1288.2	19.967	99.448	148.725	49.277	0.99799	1.17973
0	5.0774	4.044	1281.5	21.276	100.000	148.899	48.899	1.00000	1.17902
2	5.4161	4.383	1274.7	22.652	100.555	149.070	48.515	1.00200	1.17832
4	5.7715	4.738	1267.8	24.098	101.113	149.237	48.124	1.00400	1.17764
6	6.1442	5.111	1260.8	25.617	101.675	149.402	47.727	1.00599	1.17697
8	6.5346	5.501	1253.8	27.213	102.239	149.562	47.323	1.00798	1.17630
10	6.9434	5.910	1246.7	28.888	102.807	149.719	46.912	1.00997	1.17565
12	7.3710	6.338	1239.5	30.645	103.378	149.872	46.494	1.01195	1.17500
14	7.8179	6.785	1232.3	32.489	103.953	150.022	46.069	1.01393	1.17436
16	8.2848	7.252	1224.9	34.423	104.531	150.167	45.635	1.01590	1.17373
18	8.7721	7.739	1217.5	36.451	105.114	150.307	45.194	1.01788	1.17310
20	9.2804	8.247	1210.0	38.577	105.700	150.444	44.744	1.01985	1.17248
25	10.647	9.613	1190.7	44.353	107.183	150.764	43.580	1.02478	1.17095
30	12.156	11.123	1170.8	50.850	108.694	151.051	42.357	1.02971	1.16943
35	13.819	12.785	1150.1	58.162	110.235	151.301	41.067	1.03464	1.16790
40	15.643	14.609	1128.6	66.401	111.807	151.510	39.703	1.03958	1.16636
45	17.638	16.605	1106.0	75.706	113.415	151.672	38.257	1.04454	1.16479
50	19.815	18.782	1082.3	86.249	115.063	151.779	36.716	1.04953	1.16315
55	22.185	21.152	1057.1	98.253	116.756	151.823	35.067	1.05457	1.16143
60	24.758	23.725	1030.3	112.02	118.501	151.790	33.288	1.05967	1.15959
70	30.566	29.533	969.68	146.64	122.199	151.419	29.220	1.07021	1.15536
80	37.356	36.322	893.89	196.63	126.338	150.403	24.065	1.08160	1.14974
90	45.289	44.256	780.60	284.37	131.536	147.868	16.332	1.09548	1.14046
96.15	50.863	49.830	513.0	513.0	140.186	140.186	0.0	1.11852	1.11852

④ NH₃ 몰리에르 선도(공학단위)

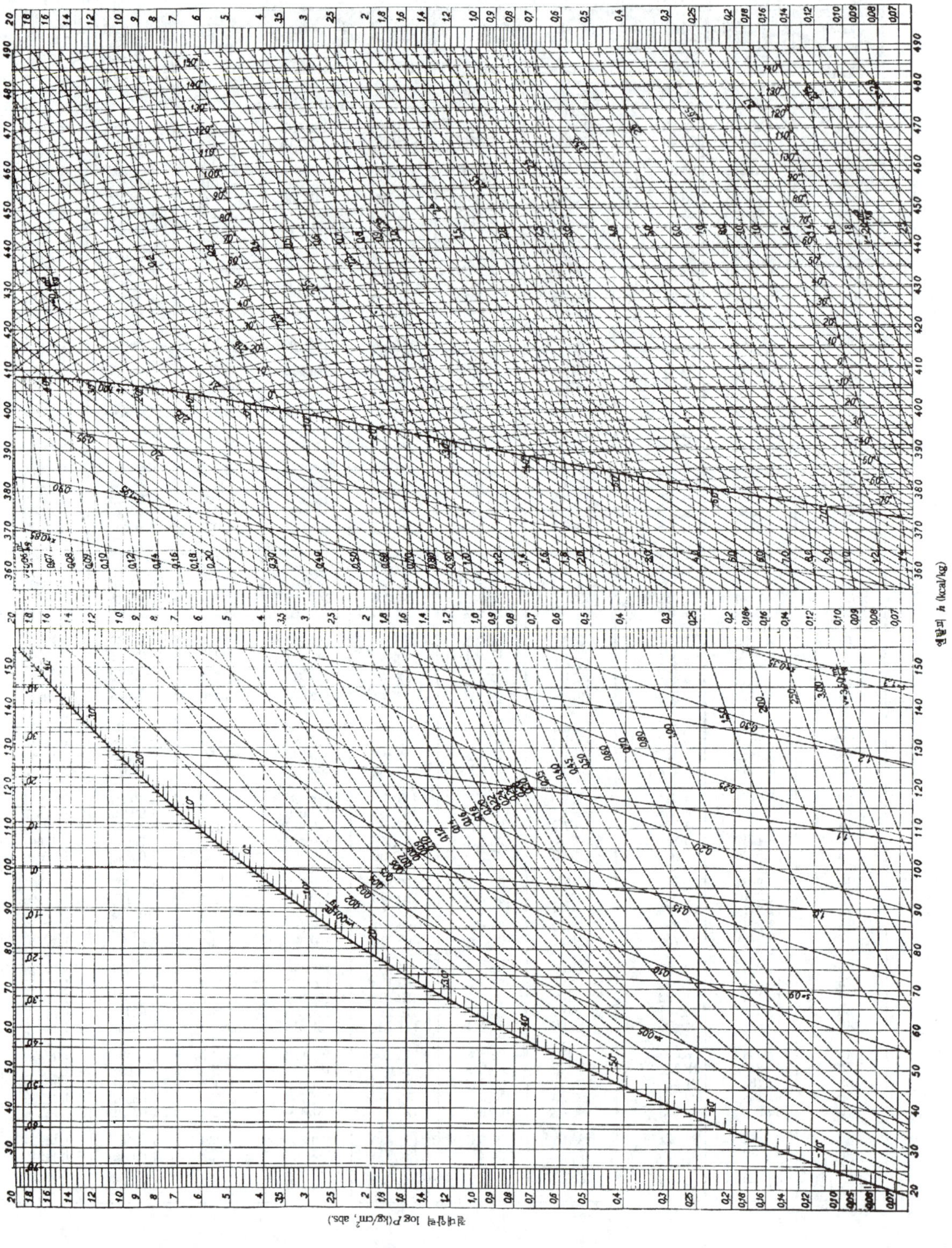

⑤ R-22 몰리에르 선도(공학단위)

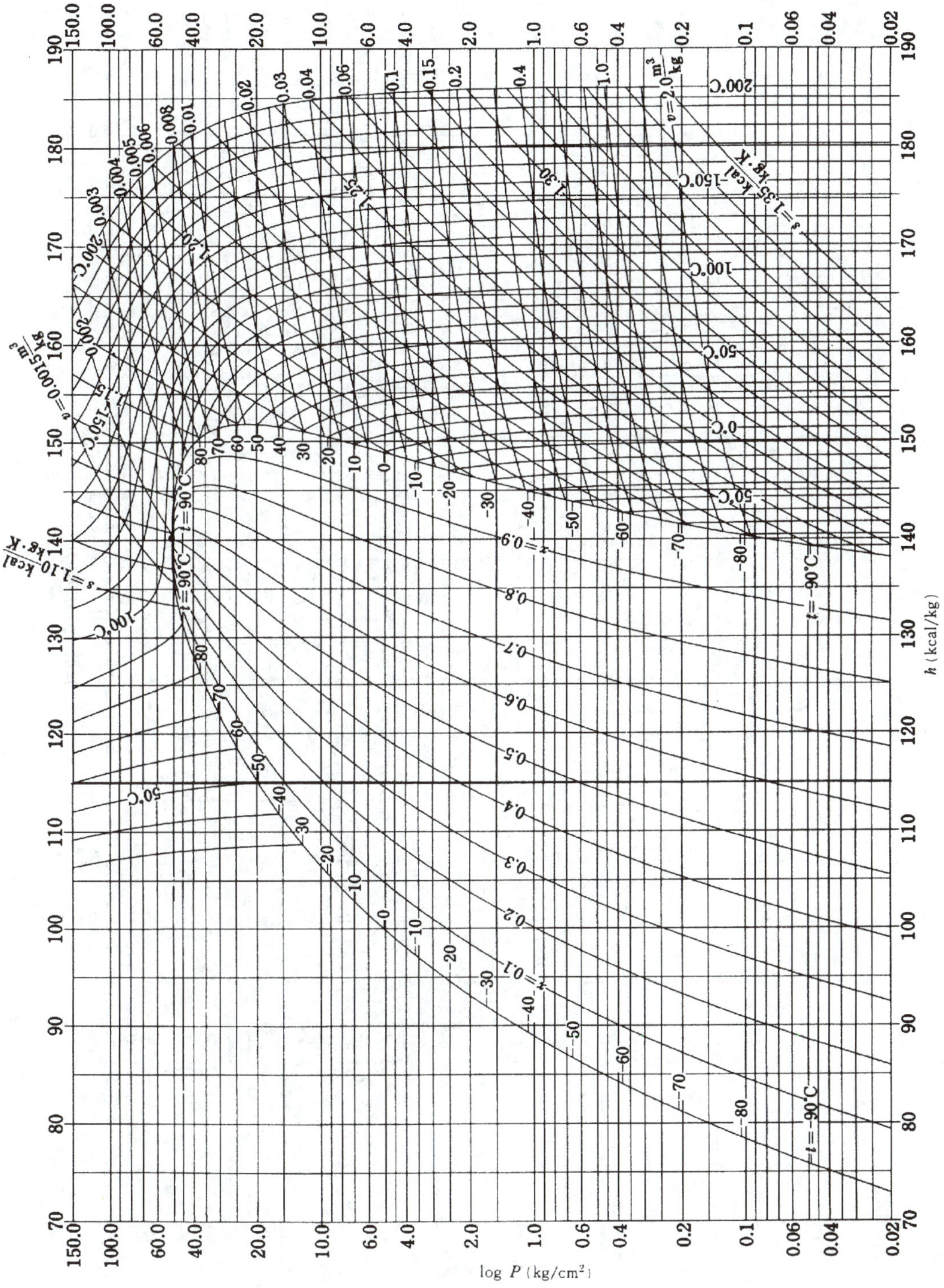

6 R-22 몰리에르 선도(SI단위)

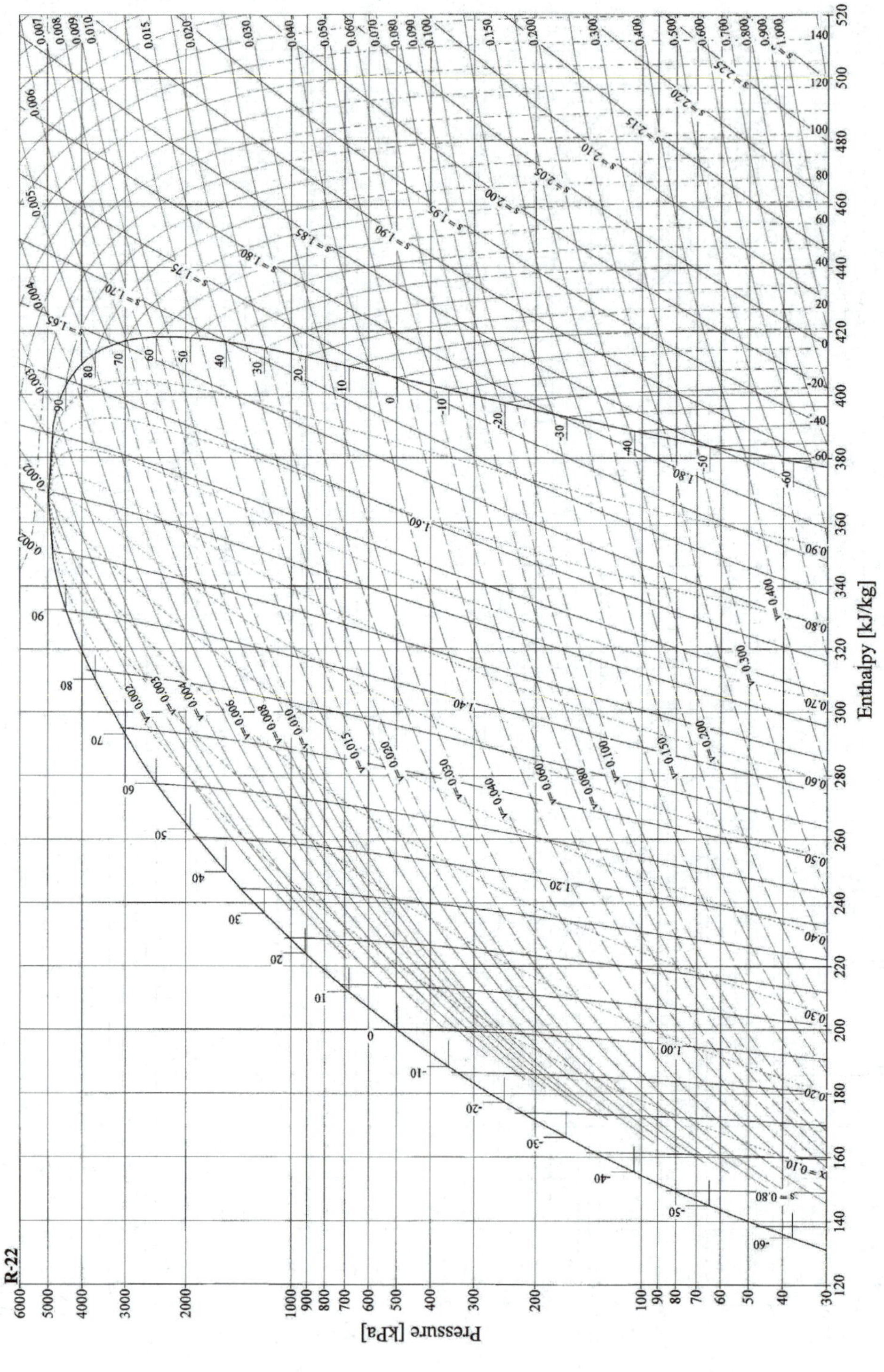

⑤ R-22 몰리에르 선도(공학단위)

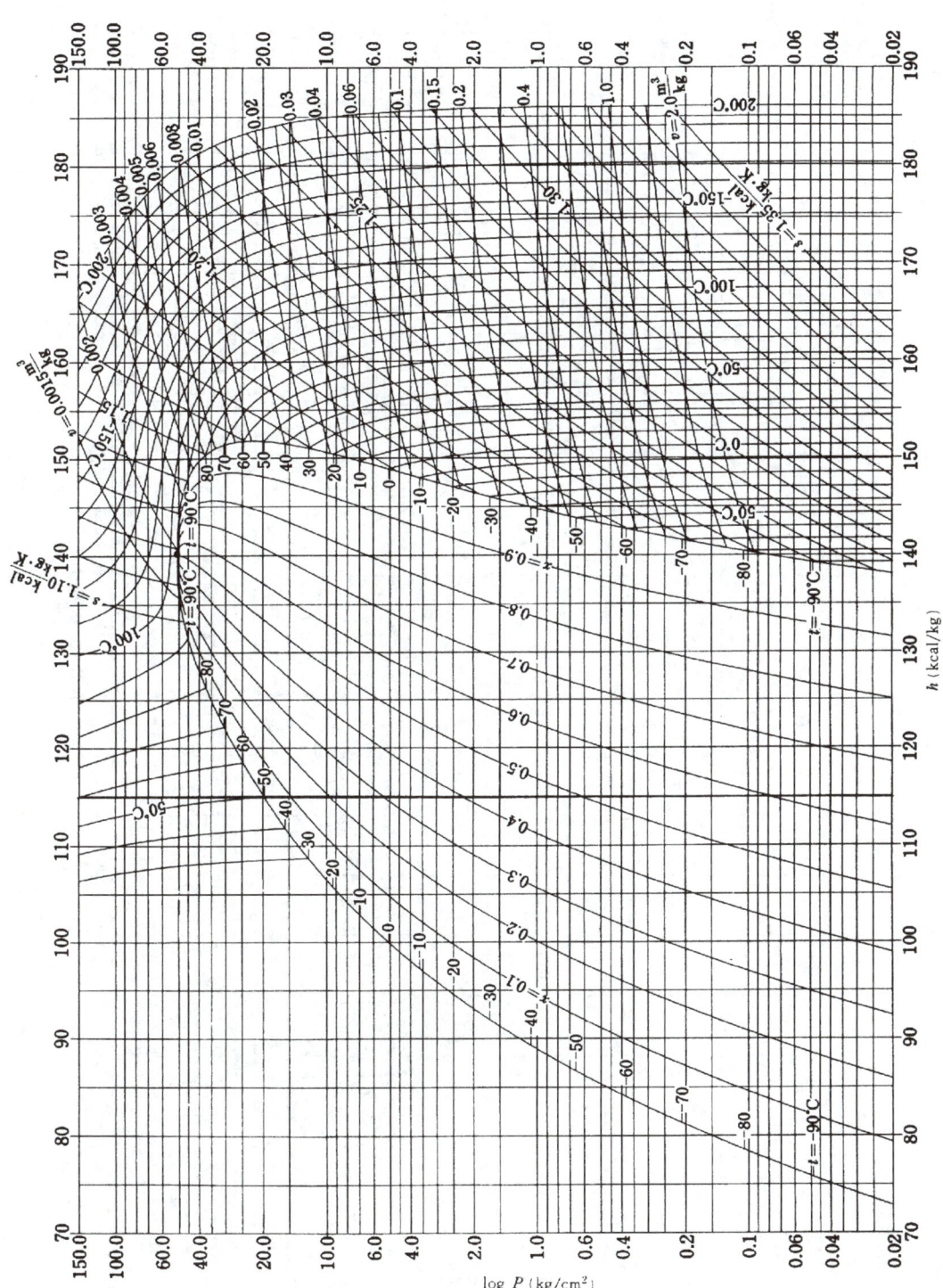

6. R-22 몰리에르 선도(SI단위)

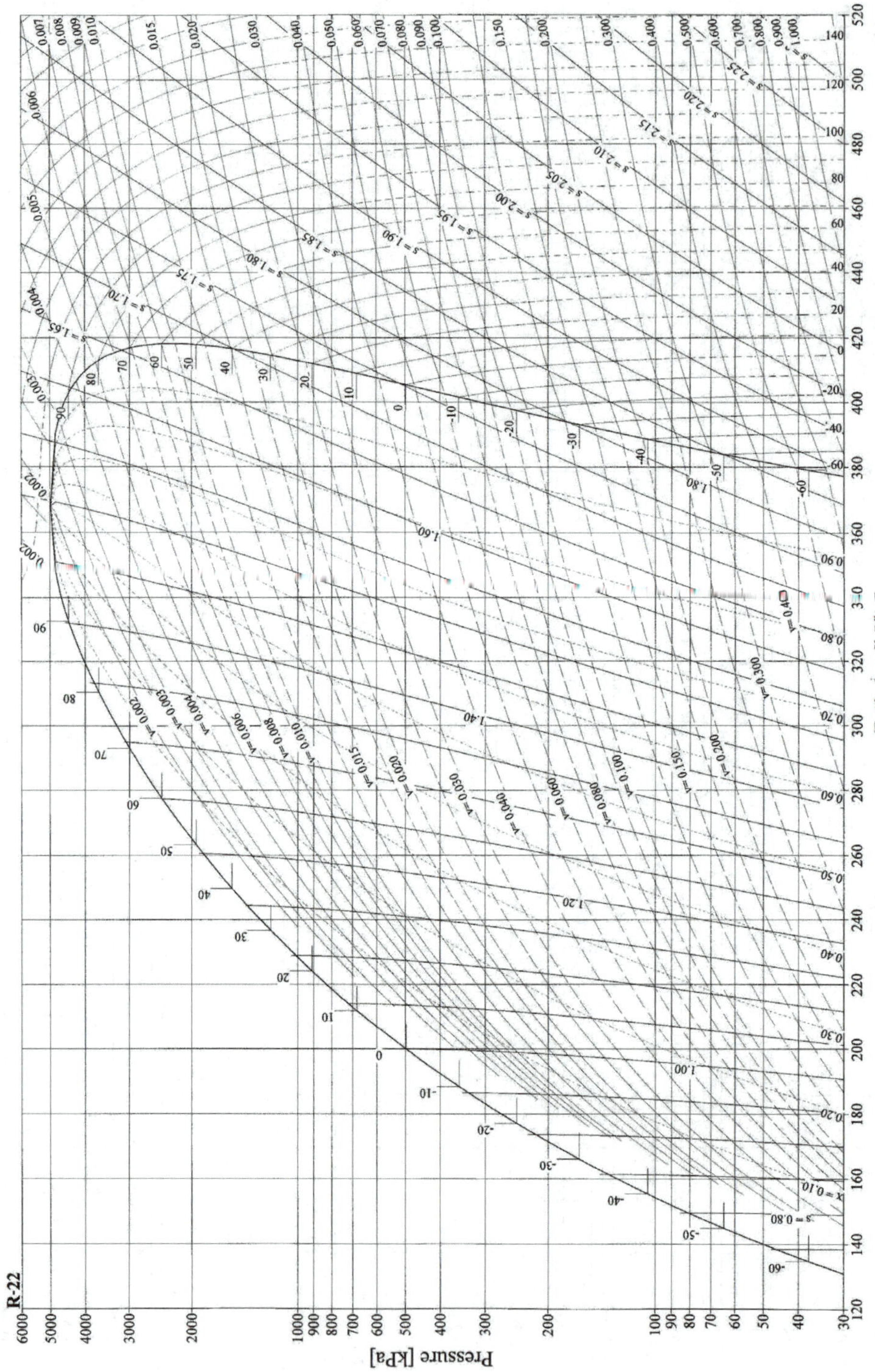

7 습공기 선도(공학단위)

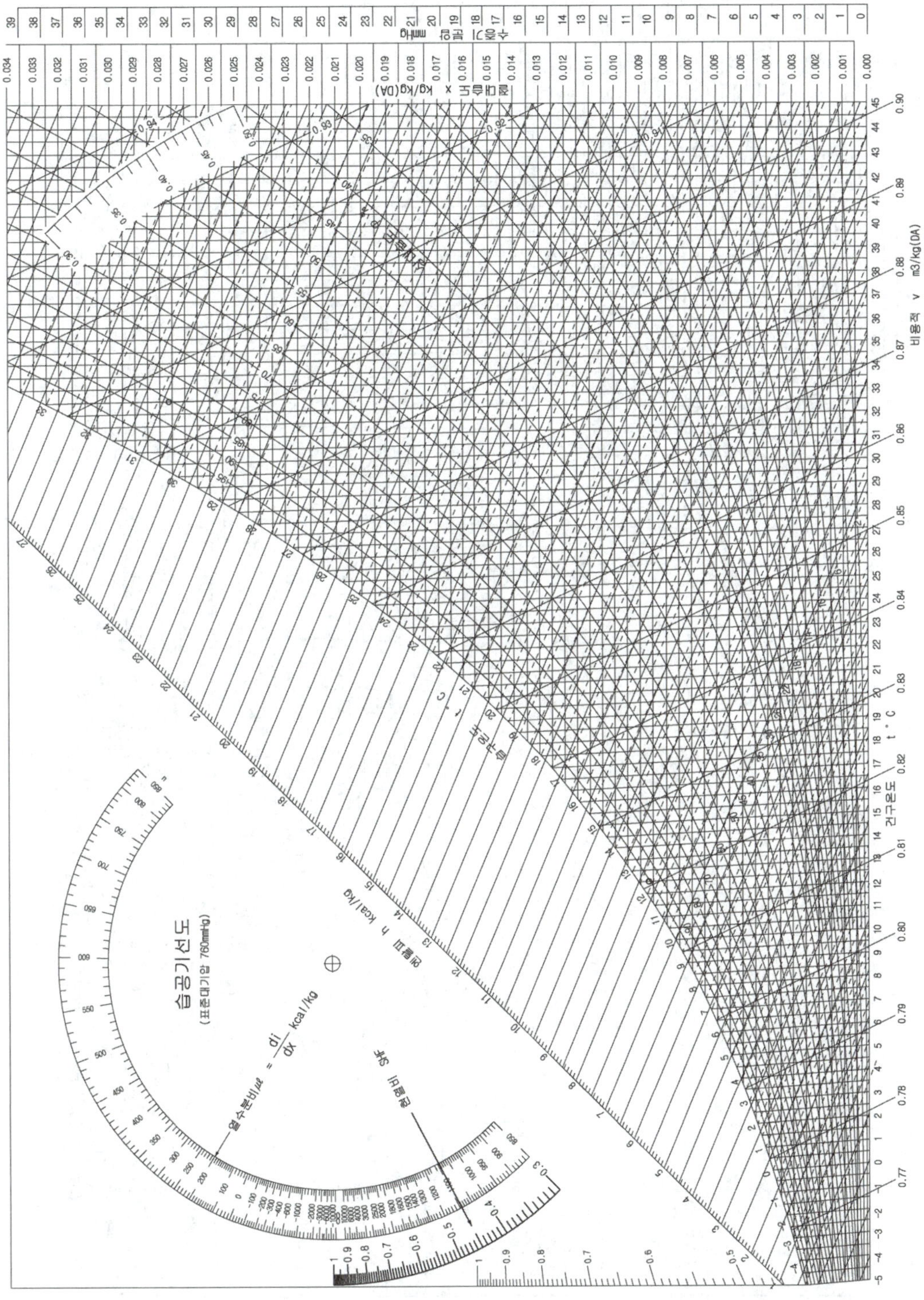

습공기선도
(표준대기압 760mmHg)
열수분비 u = di/dx kcal/kg
현열비 SHF
엔탈피 h kcal/kg
건구온도 t °C
비용적 v m3/kg(DA)
절대습도 x kg/kg(DA)
수증기 분압 mmHg

8 습공기 선도(SI단위)

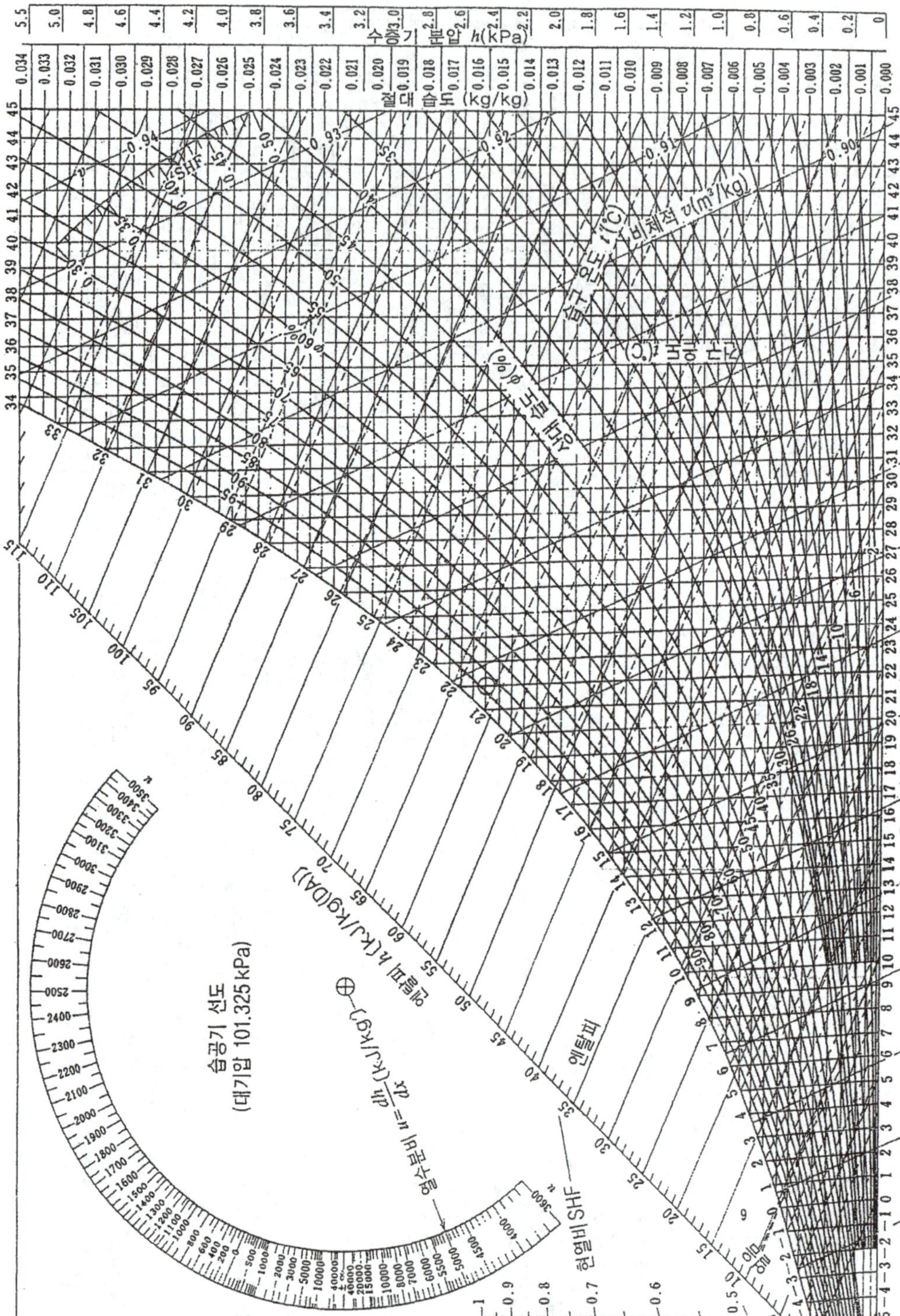
습공기 선도
(대기압 101.325 kPa)
수증기 분압 h(kPa)
절대 습도 (kg/kg)
비체적 v(m³/kg)
건구 온도 t(℃)
상대 습도 φ(%)
엔탈피 h(kJ/kg(DA))
엔탈피
온도 t(℃)
현열비 SHF
열수분비 u

부록 2

CBT 검정 기출 660제

제 1 회 CBT 검정 기출문제
제 2 회 CBT 검정 기출문제
제 3 회 CBT 검정 기출문제
제 4 회 CBT 검정 기출문제
제 5 회 CBT 검정 기출문제
제 6 회 CBT 검정 기출문제
제 7 회 CBT 검정 기출문제
제 8 회 CBT 검정 기출문제
제 9 회 CBT 검정 기출문제
제10회 CBT 검정 기출문제
제11회 CBT 검정 기출문제

제1회 CBT 검정 기출문제

01 보일러 점화 직전 운전원이 반드시 제일 먼저 점검해야 할 사항은?
① 공기온도 측정
② 보일러 수위 확인
③ 연료의 발열량 측정
④ 연소실의 잔류가스 측정

> **해설**
> 보일러 점화 직전에는 제일 먼저 보일러 수위를 확인하여야 한다.

02 소화효과의 원리가 아닌 것은?
① 질식 효과　② 제거 효과
③ 희석 효과　④ 단열 효과

> **해설**
> 소화방법 : 냉각소화, 질식소화, 제거소화, 희석소화, 화학소화(부촉매 효과)

03 드릴작업 시 주의사항으로 틀린 것은?
① 드릴회전 중에는 칩을 입으로 불어서는 안 된다.
② 작업에 임할 때는 복장을 단정히 한다.
③ 가공 중 드릴 끝이 마모되어 이상한 소리가 나면 즉시 바꾸어 사용한다.
④ 이송레버에 파이프를 끼워 걸고 재빨리 돌린다.

> **해설**
> 드릴작업 시 이송레버를 파이프에 걸고 무리하게 돌리지 않는다.

04 안전관리 관리 감독자의 업무가 아닌 것은?
① 안전작업에 관한 교육훈련
② 작업 전후 안전점검 실시
③ 작업의 감독 및 지시
④ 재해 보고서 작성

> **해설**
> 안전관리 관리 감독자는 작업 전 안전점검을 실시한다.

05 물체가 떨어지거나 날아올 위험 또는 근로자가 추락할 위험이 있는 작업 시에 착용할 보호구로 적당한 것은?
① 안전모　② 안전벨트
③ 방열복　④ 보안면

> **해설**
> 안전모 : 물체가 떨어지거나 날아올 위험 또는 근로자가 감전되거나 추락할 위험이 있는 작업

06 전기 사고 중 감전의 위험 인자에 대한 설명으로 옳지 않은 것은?
① 전류량이 클수록 위험하다.
② 통전시간이 길수록 위험하다.
③ 심장에 가까운 곳에서 통전되면 위험하다.
④ 인체에 습기가 없으면 저항이 감소하여 위험하다.

> **해설**
> 인체에 습기가 많으면 저항이 감소하여 위험하다.

📎 **참고** 감전에 영향을 미치는 요소
㉠ 통전전류의 크기 : 많은 전류가 인체에 흐를수록 위험도 증가
㉡ 통전경로 : 같은 크기의 전류도 심장을 통과할 경우 위험
㉢ 통전시간 : 오랜 시간 감전 시 위험도 증가
㉣ 전원의 종류 : 직류보다 교류가 훨씬 위험
㉤ 감전된 사람의 습기상태
㉥ 계절에 따라 : 고온다습한 여름철이 더 위험

[정답] 01 ② 02 ④ 03 ④ 04 ② 05 ① 06 ④

07 산소 용기 취급 시 주의사항으로 옳지 않은 것은?

① 용기를 운반 시 밸브를 닫고 캡을 씌워서 이동할 것
② 용기는 전도, 충돌, 충격을 주지 말 것
③ 용기는 통풍이 안 되고 직사광선이 드는 곳에 보관할 것
④ 용기는 기름이 묻은 손으로 취급하지 말 것

해설
통풍이 잘 되고 직사광선을 피하는 장소에 보관할 것

08 용기의 파열사고 원인에 해당하지 않는 것은?

① 용기의 용접불량
② 용기 내부압력의 상승
③ 용기 내에서 폭발성 혼합가스에 의한 발화
④ 안전밸브의 작동

해설
안전밸브가 작동되면 용기의 파열사고를 사전에 방지할 수 있다.

09 냉동시스템에서 액 햄머링의 원인이 아닌 것은?

① 부하가 감소했을 때
② 팽창밸브의 열림이 너무 적을 때
③ 만액식 증발기의 경우 부하변동이 심할 때
④ 증발기 코일에 유막이나 서리(霜)가 끼었을 때

해설
팽창밸브의 열림이 너무 클 때 액 햄머가 발생될 수 있다.

10 냉동설비의 설치공사 후 기밀시험 시 사용되는 가스로 적합하지 않은 것은?

① 공기
② 산소
③ 질소
④ 아르곤

해설
냉동설비의 설치공사 또는 변경공사가 완공된 때에는 산소 외의 가스를 사용하여 시운전 또는 기밀시험을 실시(공기를 사용하는 때에는 미리 냉매설비 중의 가연성 가스를 방출한 후에 실시)하여 정상인 것을 확인한 후에 사용할 것

11 교류 용접기의 규격란에 AW200이라고 표시되어 있을 200이 나타내는 값은?

① 정격 1차 전류값
② 정격 2차 전류값
③ 1차 전류 최댓값
④ 2차 전류 최댓값

해설
AW200 : 정격 2차 전류값

12 가스용접 작업 중에 발생되는 재해가 아닌 것은?

① 전격
② 화재
③ 가스폭발
④ 가스중독

해설
전격(감전)은 전기용접 작업에서 일어나는 재해이다.

13 크레인(crane)의 방호장치에 해당하지 않는 것은?

① 권과방지장치
② 과부하방지장치
③ 비상정지장치
④ 과속방지장치

해설
크레인에 과부하방지장치·권과방지장치·비상정지장치 및 브레이크장치 등 방호장치를 부착하고 유효하게 작동될 수 있도록 미리 조정하여 두어야 한다.

참고
① 권과방지장치 : 크레인이 지정거리에서 권상을 정지시키는 방호장치
② 과부하방지장치 : 크레인 사용 시 하중이 초과할 경우 리미트 스위치에 의해 권상을 정지시키는 장치

[정답] 07 ③ 08 ④ 09 ② 10 ② 11 ② 12 ① 13 ④

14 해머 작업 시 지켜야 할 사항 중 적절하지 못한 것은?

① 녹슨 것을 때릴 때 주의하도록 한다.
② 해머는 처음부터 힘을 주어 때리도록 한다.
③ 작업 시에는 타격하려는 곳에 눈을 집중시킨다.
④ 열처리된 것은 해머로 때리지 않도록 한다.

> **해설**
> 해머는 처음부터 힘을 주어 때리지 않도록 한다.

15 산소가 결핍되어 있는 장소에서 사용되는 마스크는?

① 송기 마스크   ② 방진 마스크
③ 방독 마스크   ④ 전안면 방독 마스크

> **해설**
> 송기(송풍) 마스크 : 산소가 결핍된 곳이나 유해물의 농도가 짙은 곳에서 사용

16 다음 그림이 나타내는 관의 결합방식으로 맞는 것은?

① 용접식   ② 플랜지식
③ 소켓식   ④ 유니언식

> **해설**
> 소켓(턱걸이) 이음의 도시기호이다.

17 냉매와 화학 분자식이 옳게 짝지어진 것은?

① R113 : CCl_3F_3
② R114 : CCl_2F_4
③ R500 : $CCl_2F_2 + CH_2CHF_2$
④ R502 : $CHClF_2 + C_2ClF_5$

> **해설**
> ① R-113 : $C_2Cl_3F_3$
> ② R-114 : $C_2Cl_2F_4$
> ③ R-500 : R-12(CCl_2F_2) + R-152($C_2H_4F_2$)
> ④ R-502 : R-22($CHClF_2$) + R-115(C_2ClF_5)

18 탄산마그네슘 보온재에 대한 설명 중 옳지 않은 것은?

① 열전도율이 적고 300~320℃ 정도에서 열분해한다.
② 방습 가공한 것은 습기가 많아 옥외 배관에 적합하다.
③ 250℃ 이하의 파이프, 탱크의 보냉용으로 사용된다.
④ 유기질 보온재의 일종이다.

> **해설**
> 탄산마그네슘 보온재는 무기질 보온재이다.

19 냉매 R-22의 분자식으로 옳은 것은?

① CCl_4 ② CCl_3F
③ $CHCl_2F$ ④ $CHClF_2$

> **해설**
> ① R-10 ② R-11
> ③ R-21 ④ R-22

20 다음 중 브라인(brine)의 구비조건으로 옳지 않은 것은?

① 응고점이 낮을 것   ② 전열이 좋을 것
③ 열용량이 작을 것   ④ 점성이 작을 것

> **해설**
> 브라인은 열용량(비열)이 크고, 전열(열통과율)이 양호할 것

[정답] 14 ② 15 ① 16 ③ 17 ④ 18 ④ 19 ④ 20 ③

21 암모니아 냉매의 성질에서 압력이 상승할 때 성질변화에 대한 것으로 맞는 것은?
① 증발잠열은 커지고 증기의 비체적은 작아진다.
② 증발잠열은 작아지고 증기의 비체적은 커진다.
③ 증발잠열은 작아지고 증기의 비체적도 작아진다.
④ 증발잠열은 커지고 증기의 비체적도 커진다.

해설
압력이 상승하면 온도는 상승하고 증발잠열과 비체적은 작아진다.

22 동력나사 절삭기의 종류가 아닌 것은?
① 오스터식
② 다이 헤드식
③ 로터리식
④ 호브(hob)식

해설
동력나사 절삭기의 종류: 오스터식, 다이 헤드식, 호브식

23 저온을 얻기 위해 2단 압축을 했을 때의 장점은?
① 성적계수가 향상된다.
② 설비비가 적게 된다.
③ 체적효율이 저하한다.
④ 증발압력이 높아진다.

해설
2단 압축 시 성적계수는 향상된다.

24 지수식 응축기라고도 하며 나선 모양의 관에 냉매를 통과시키고 이 나선관을 구형 또는 원형의 수조에 담그고 순환시켜 냉매를 응축시키는 응축기는?
① 쉘 앤 코일식 응축기
② 증발식 응축기
③ 공랭식 응축기
④ 대기식 응축기

해설
쉘 앤 코일식 응축기(지수식 응축기)
나선 모양의 관에 냉매를 통과시키고 이 나선관을 구형 또는 원형의 수조에 담그고 순환시켜 냉매를 응축시키는 응축기

25 유분리기의 종류에 해당하지 않는 것은?
① 배플형
② 어큐뮬레이터형
③ 원심분리형
④ 철망형

해설
유분리기의 종류
원심분리형, 가스충돌형, 유속 감소형(배플형, 원심분리형, 철망형, 사이클론형 등)

26 기체의 비열에 관한 설명 중 옳지 않은 것은?
① 비열은 보통 압력에 따라 다르다.
② 비열이 큰 물질일수록 가열이나 냉각하기가 어렵다.
③ 일반적으로 기체의 정적비열은 정압비열보다 크다.
④ 비열에 따라 물체를 가열, 냉각하는 데 필요한 열량을 계산할 수 있다.

해설
기체의 정적비열은 정압비열보다 작다.

27 다음 냉매 중 대기압 하에서 냉동력이 가장 큰 냉매는?
① R-11
② R-12
③ R-21
④ R-717

해설
기준 냉동사이클에서의 냉동효과(냉동력, kcal/kg)
① R-11 : 38.57
② R-12 : 29.52
③ R-21 : 50.94
④ R-717 : 269

[정답] 21 ③ 22 ③ 23 ① 24 ① 25 ② 26 ③ 27 ④

28 냉동장치 배관 설치 시 주의사항으로 틀린 것은?
① 냉매의 종류, 온도 등에 따라 배관재료를 선택한다.
② 온도변화에 의한 배관의 신축을 고려한다.
③ 기기 조작, 보수, 점검에 지장이 없도록 한다.
④ 굴곡부는 가능한 적게 하고 곡률반경을 작게 한다.

> **해설**
> 굴곡부는 가능한 적게 하고 곡률반경을 크게 한다.

29 1초 동안에 76kgf·m의 일을 할 경우 시간당 발생하는 열량은 약 몇 kcal/h인가?
① 641kcal/h   ② 860kcal/h
③ 2257kJ/h   ④ 3600kJ/h

> **해설**
> 1kW = 102kgf·m/sec = 860kcal/h = 3600kJ/h
> 1HP = 76kgf·m/sec = 641kcal/h
> 1PS = 75kgf·m/sec = 632kcal/h

30 증기를 단열 압축할 때 엔트로피의 변화는?
① 감소한다.   ② 증가한다.
③ 일정하다.   ④ 감소하다가 증가한다.

> **해설**
> 단열 압축과정 : 엔탈피, 온도, 압력은 상승하며 엔트로피는 일정하다.

31 냉동장치의 계통도에서 팽창 밸브에 대한 설명으로 옳은 것은?
① 압축 증대장치로 압력을 높이고 냉각시킨다.
② 액봉이 쉽게 일어나고 있는 곳이다.
③ 냉동부하에 따른 냉매액의 유량을 조절한다.
④ 플래시 가스가 발생하지 않는 곳이며, 일명 냉각 장치라 부른다.

> **해설**
> 팽창밸브는 일반적으로 부하변동에 따라 자동적으로 냉매 유량을 조절한다.(정압식은 반대)

32 브롬화리튬(LiBr) 수용액이 필요한 냉동장치는?
① 증기 압축식 냉동장치
② 흡수식 냉동장치
③ 증기 분사식 냉동장치
④ 전자 냉동장치

> **해설**
> 흡수식 냉동장치: 냉매-물(H_2O), 흡수제-브롬화리튬(LiBr)

33 표준사이클을 유지하고 암모니아의 순환량을 186kg/h로 운전했을 때의 소요동력(kW)은 약 얼마인가? (단, NH_3 1kg을 압축하는 데 필요한 열량은 모리엘 선도상에서는 56kcal/kg이라 한다.)
① 12.1   ② 24.2
③ 28.6   ④ 36.4

> **해설**
> $kW = \dfrac{G \times Aw}{860} = \dfrac{186 \times 56}{860} = 12.1 kW$

34 강관의 이음에서 지름이 서로 다른 관을 연결하는 데 사용하는 이음쇠는?
① 캡(cap)   ② 유니언(union)
③ 리듀서(reducer)   ④ 플러그(plug)

> **해설**
> 지름이 서로 다른 관을 연결할 때 사용하는 부품
> 리듀서(이경소켓), 부싱

[정답] 28 ④　29 ①　30 ③　31 ③　32 ②　33 ①　34 ③

35 압축기의 흡입 및 토출밸브의 구비조건으로 적당하지 않은 것은?

① 밸브의 작동이 확실하고, 개폐하는 데 큰 압력이 필요하지 않을 것
② 밸브의 관성력이 크고, 냉매의 유동에 저항을 많이 주는 구조일 것
③ 밸브가 닫혔을 때 냉매의 누설이 없을 것
④ 밸브가 마모와 파손에 강할 것

> **해설**
> 밸브의 관성력이 작고, 냉매의 유동에 저항을 많이 주지 않을 것

36 전자밸브에 대한 설명 중 틀린 것은?

① 전자코일에 전류가 흐르면 밸브는 닫힌다.
② 밸브의 전자코일을 상부로 하고 수직으로 설치한다.
③ 일반적으로 소용량에는 직동식, 대용량에는 파일롯트 전자밸브를 사용한다.
④ 전압과 용량에 맞게 설치한다.

> **해설**
> 전자코일에 전기가 통하면 플런저가 상승하여 열리고, 전기가 통하지 않으면 닫힌다.

37 온수난방의 배관 시공 시 적당한 구배로 맞는 것은?

① 1/100 이상
② 1/150 이상
③ 1/200 이상
④ 1/250 이상

> **해설**
> 온수난방배관은 일반적으로 팽창탱크를 향해 상향구배로 하며 일반적으로 1/250 이상 비교적 완만한 경사도를 갖는다.

38 냉동장치에 사용하는 브라인(Brine)의 산성도(pH)로 가장 적당한 것은?

① 9.2 ~ 9.5
② 7.5 ~ 8.2
③ 6.5 ~ 7.0
④ 5.5 ~ 6.0

> **해설**
> 브라인의 적정 수소이온농도(pH): 7.5~8.2(약알칼리성)

39 가용전(fusible plug)에 대한 설명으로 틀린 것은?

① 불의의 사고(화재 등) 시 일정온도에서 녹아 냉동장치의 파손을 방지하는 역할을 한다.
② 용융점은 냉동기에서 68~75℃ 이하로 한다.
③ 구성 성분은 주석, 구리, 납으로 되어 있다.
④ 토출가스의 영향을 직접 받지 않는 곳에 설치해야 한다.

> **해설**
> 가용합금의 성분은 납(Pb), 주석(Sn), 안티몬(Sb), 카드뮴(Cd), 비스무트(Bi) 등으로 구리는 사용하지 않는다.

40 압축기 용량제어의 목적이 아닌 것은?

① 경제적 운전을 하기 위하여
② 일정한 증발온도를 유지하기 위하여
③ 경부하 운전을 하기 위하여
④ 응축압력을 일정하게 유지하기 위하여

> **해설**
> 응축압력을 일정하게 유지하기 위해서는 별도의 응축압력 제어장치(FCS 등)가 필요하다.

41 전력의 단위로 맞는 것은?

① C
② A
③ V
④ W

> **해설**
> ① C : 전하량
> ② A : 전류
> ③ V : 전압
> ④ W : 전력

[정답] 35 ② 36 ① 37 ④ 38 ② 39 ③ 40 ④ 41 ④

42 증발 온도가 낮을 때 미치는 영향 중 틀린 것은?
① 냉동능력 감소
② 소요동력 증대
③ 압축비 증대로 인한 실린더 과열
④ 성적계수 증가

> **해설**
> 증발 온도가 낮아지면 압축비가 증가하고, 토출가스온도가 상승하며, 냉동효과 및 냉동능력이 감소하므로 성적계수도 감소한다.

43 1분간에 25℃의 순수한 물 100L를 3℃로 냉각하기 위하여 필요한 냉동기의 냉동톤은 약 얼마인가?
① 0.66 RT ② 39.76 RT
③ 37.67 RT ④ 45.18 RT

> **해설**
> $RT = \dfrac{Q_2}{3,320} = \dfrac{100 \times 1 \times (25-3) \times 60}{3,320}$
> $= 39.76 RT$

44 다음 P-h 선도는 NH₃를 냉매로 하는 냉동장치의 운전상태를 냉동사이클로 표시한 것이다. 이 냉동장치의 부하가 45,000kJ/h일 때 NH₃의 냉매 순환량은 약 얼마인가?

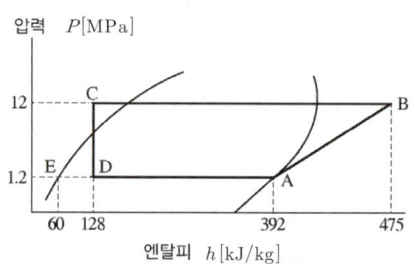

① 189.4 kg/h ② 602.4 kg/h
③ 170.5 kg/h ④ 120.5 kg/h

> **해설**
> 냉매 순환량 $G = \dfrac{Q_2}{q_2} = \dfrac{45,000}{(392-128)} = 170.5 kg/h$

45 냉동 부속장치 중 응축기와 팽창밸브 사이의 고압관에 설치하며 증발기의 부하 변동에 대응하여 냉매 공급을 원활하게 하는 것은?
① 유분리기 ② 수액기
③ 액분리기 ④ 중간 냉각기

> **해설**
> (고압) 수액기 : 응축기와 팽창밸브 사이의 고압측에 설치하여 냉매를 저장하는 장치

46 다음 중 개별제어 방식이 아닌 것은?
① 유인 유닛 방식
② 패키지 유닛 방식
③ 단일덕트 정풍량 방식
④ 단일덕트 변풍량 방식

> **해설**
> 단일덕트 정풍량 방식은 중앙식으로 중앙에서 제어하는 방식이다.

47 공조방식의 분류에서 2중덕트 방식은 어느 방식에 속하는가?
① 물-공기 방식 ② 전수 방식
③ 전공기 방식 ④ 냉매 방식

> **해설**
> 공조방식의 분류
>
> | 구분 | 열매체에 의한 분류 | 방식 |
> |---|---|---|
> | 중앙식 | 전공기 방식 | 단일덕트 방식(정풍량, 변풍량) |
> | | | 2중덕트 방식 |
> | | | 각층 유닛 방식 |
> | | 수-공기 방식 (공기-수방식) | 팬코일 유닛 방식(덕트병용) |
> | | | 유인(인덕션) 유닛 방식 |
> | | | 복사냉난방 방식 |
> | | 수방식 | 팬코일 유닛 방식 |
> | 개별식 | 냉매방식 | 룸 쿨러(룸 에어컨) |
> | | | 패키지 유닛 방식 |
> | | | 멀티 유닛 등 |

[정답] 42 ④ 43 ② 44 ③ 45 ② 46 ③ 47 ③

48 공기가 노점온도보다 낮은 냉각코일을 통과하였을 때의 상태를 기술한 것 중 틀린 것은?

① 상대습도 감소 ② 절대습도 감소
③ 비체적 감소 ④ 건구온도 저하

해설
공기의 노점온도보다 낮은 냉각코일(습코일)을 공기가 통과하면 건구온도, 비체적, 절대습도는 저하하고 상대습도는 높아진다.

49 덕트 설계 시 주의사항으로 올바르지 않은 것은?

① 고속 덕트를 이용하여 소음을 줄인다.
② 덕트 재료는 가능하면 압력손실이 적은 것을 사용한다.
③ 덕트 단면은 장방형이 좋으나 그것이 어려울 경우 공기 이동이 원활하고 덕트 재료도 적게 들도록 한다.
④ 각 덕트가 분기되는 지점에 댐퍼를 설치하여 압력이 평형을 유지할 수 있도록 한다.

해설
고속덕트를 이용하면 소음이 더 발생한다.

50 난방부하에서 손실열량의 요인으로 볼 수 없는 것은?

① 조명기구의 발열 ② 벽 및 천장의 전도열
③ 문틈의 틈새바람 ④ 환기용 도입 외기

해설
난방부하 계산 시 인체발생부하와 조명기구부하 등은 실내에서 발생하는 부하로 손실열량의 요인이 아니다.

51 공기조화설비의 구성요소 중에서 열원장치에 속하지 않는 것은?

① 보일러 ② 냉동기
③ 공기 여과기 ④ 열펌프

해설
열원장치 : 냉동기, 흡수식냉온수기, 빙축열냉동기, 보일러, 냉각탑 등

52 실내 냉방부하 중에서 현열부하가 2,500W, 잠열부하가 500W일 때 현열비는 약 얼마인가?

① 0.21 ② 0.83
③ 1.2 ④ 1.85

해설
$$SHF = \frac{현열}{현열 + 잠열} = \frac{2,500}{2,500 + 500} = 0.83$$

53 송풍기의 풍량을 증가시키기 위해 회전속도를 변화시킬 때 송풍기의 법칙에 대한 설명 중 옳은 것은?

① 축동력은 회전수의 제곱에 반비례하여 변화한다.
② 축동력은 회전수의 3제곱에 비례하여 변화한다.
③ 압력은 회전수의 3제곱에 비례하여 변화한다.
④ 압력은 회전수의 제곱에 반비례하여 변화한다.

해설
송풍기의 상사법칙 : 회전수의 변화비에 따라 풍량은 정비례하고 정압은 2제곱에 비례하고 소요동력(kW)은 3제곱에 비례한다.

54 1보일러 마력은 약 몇 kcal/h의 증발량에 상당하는가?

① 7,205 kcal/h ② 8,435 kcal/h
③ 9,600 kcal/h ④ 10,800 kcal/h

해설
보일러 마력(B-HP)
㉮ 표준대기압에서 100℃의 포화수 15.65kg을 1시간에 100℃의 건조포화증기로 바꿀 수 있는 능력
㉯ 상당증발량이 15.65kg인 보일러의 능력
㉰ 정격출력으로 8,435kcal/h인 보일러의 능력

[정답] 48 ① 49 ① 50 ① 51 ③ 52 ② 53 ② 54 ②

55 겨울철 창문의 창면을 따라서 존재하는 냉기가 토출기류에 의하여 밀려 내려와서 바닥을 따라 거주구역으로 흘러들어와 인체의 과도한 차가움을 느끼는 현상을 무엇이라 하는가?
① 쇼크 현상 ② 콜드 드래프트
③ 도달거리   ④ 확산 반경

> **해설**
> 콜드 드래프트(Draft) : 실내기류와 온도에 따라서 인체의 어떠한 부분에 차가움이나 과도한 뜨거움을 느끼게 되는 현상

56 증기배관 설계 시 고려사항으로 잘못된 것은?
① 증기의 압력은 기기에서 요구되는 온도조건에 따라 결정하도록 한다.
② 배관관경, 부속기기는 부분부하나 예열부하 시의 과열부하도 고려해야 한다.
③ 배관에는 적당한 구배를 주어 응축수가 고이지 않도록 해야 한다.
④ 증기배관은 가동 시나 정지 시 온도 차이가 없으므로 온도변화에 따른 열응력을 고려할 필요가 없다.

> **해설**
> 증기배관은 온도차가 있으므로 온도변화에 따른 열응력을 고려하여야 한다.

57 팬코일 유닛 방식의 특징으로 옳지 않은 것은?
① 외기 송풍량을 크게 할 수 없다.
② 수 배관으로 인한 누수의 염려가 있다.
③ 유닛별로 단독운전이 불가능하므로 개별 제어도 불가능하다.
④ 부분적인 팬코일 유닛만의 운전으로 에너지 소비가 적은 운전이 가능하다.

> **해설**
> 팬코일 유닛 방식은 수방식으로 외기를 도입할 수 없어 외기 송풍량을 크게 할 수 없으며 수배관을 해야 하고 팬코일의 부분적인 운전이 가능하여 개별제어 가능하다.

58 보일러의 부속장치에서 댐퍼의 설치목적으로 틀린 것은?
① 통풍력을 조절한다.
② 연료의 분무를 조절한다.
③ 주연도와 부연도가 있을 경우 가스흐름을 전환한다.
④ 배기가스의 흐름을 조절한다.

> **해설**
> 보일러 댐퍼의 설치목적
> ㉠ 배기가스의 흐름을 조절
> ㉡ 통풍력을 조절
> ㉢ 주연도와 부연도가 있을 경우 가스흐름을 전환

59 코일의 열수 계산 시 계산항목에 해당하지 않는 것은?
① 코일의 열관류율
② 코일의 정면면적
③ 대수평균온도차
④ 코일 내를 흐르는 유체의 유속

> **해설**
> $$N = \frac{q_{cc}}{K \times A \times MTD \times C_{ws}}$$
> 여기서, q_{cc} : 냉각코일부하(W) A : 코일의 정면면적(m²)
> K : 열관류율(W/m²K) MTD : 대수평균온도차(℃)
> C_{ws} : 습윤면 보정계수

60 방열기의 EDR이란 무엇을 뜻하는가?
① 최대방열면적   ② 표준방열면적
③ 상당방열면적   ④ 최소방열면적

> **해설**
> $$상당방열면적(EDR) = \frac{난방부하(방열기\ 전\ 방열량)}{방열기\ 방열량}$$

[정답] 55 ② 56 ④ 57 ③ 58 ② 59 ④ 60 ③

제2회 CBT 검정 기출문제

01 와이어로프를 양중기에 사용해서는 아니 되는 기준으로 잘못된 것은?
① 열과 전기충격에 의해 손상된 것
② 지름의 감소가 공칭지름의 7%를 초과하는 것
③ 심하게 변형 또는 부식된 것
④ 이음매가 없는 것

해설
와이어로프를 양중기에 사용해서는 아니 되는 기준
㉠ 이음매가 있는 것
㉡ 와이어로프의 한 꼬임에서 끊어진 소선(素線)의 수가 10% 이상인 것
㉢ 지름의 감소가 공칭지름의 7%를 초과하는 것
㉣ 꼬인 것
㉤ 심하게 변형되거나 부식된 것
㉥ 열과 전기충격에 의해 손상된 것

02 응축압력이 높을 때의 대책이라 볼 수 없는 것은?
① 가스 퍼저(gas purger)를 점검하고 불응축가스를 배출시킬 것
② 설계 수량을 검토하고 막힌 곳이 없는가를 조사 후 수리할 것
③ 냉매를 과충전하여 부하를 감소시킬 것
④ 냉각면적에 대한 설계계산을 검토하여 냉각면적을 추가할 것

해설
냉매를 과충전하면 응축압력은 상승하게 된다.

03 아세틸렌 용접기에서 가스가 새어 나올 경우 적당한 검사방법은?
① 촛불로 검사한다.
② 기름을 칠해 본다.
③ 성냥불로 검사한다.
④ 비눗물을 칠해 검사한다.

해설
아세틸렌 가스의 누설검사는 비눗물을 칠해 검사한다.

04 전기기계·기구의 퓨즈 사용 목적으로 가장 적합한 것은?
① 기동 전류차단   ② 과전류 차단
③ 과전압 차단   ④ 누설 전류차단

해설
퓨즈(fuse) : 일정한 값 이상의 과전류가 흐를 경우 전류에 의해 발생하는 열로 퓨즈가 녹아서 끊어져 회로 및 기기기를 보호한다.

05 안전표시를 하는 목적이 아닌 것은?
① 작업환경을 통제하여 예상되는 재해를 사전에 예방함
② 시각적 자극으로 주의력을 키움
③ 불안전한 행동을 배제하고 재해를 예방함
④ 사업장의 경계를 구분하기 위해 실시함

해설
안전표시는 사업장의 경계구분을 위한 목적이 아니다.

06 수공구인 망치(hammer)의 안전 작업수칙으로 올바르지 못한 것은?
① 작업 중 해머 상태를 확인할 것
② 담금질한 것은 처음부터 힘을 주어 두들길 것
③ 장갑이나 기름 묻은 손으로 자루를 잡지 않는다.
④ 해머의 공동 작업 시에는 서로 호흡을 맞출 것

해설
담금질한 것은 함부로 두들겨서는 안 된다.

[정답] 01 ④ 02 ③ 03 ④ 04 ② 05 ④ 06 ②

07 안전사고 발생의 심리적 요인에 해당하는 것은?

① 감정
② 극도의 피로감
③ 육체적 능력의 초과
④ 신경계통의 이상

> **해설**
> 신체적 요인
> ㉠ 극도의 피로감 ㉡ 육체적 능력의 초과
> ㉢ 신경계통의 이상

08 다음 중 C급 화재에 적합한 소화기는?

① 건조사
② 포말 소화기
③ 물 소화기
④ 분말 소화기와 CO_2 소화기

> **해설**
> C급(전기) 화재의 적응 소화약제
> ㉠ 분말 소화기 ㉡ CO_2 소화기
> ㉢ 할론 소화기 등

09 상용주파수(60Hz)에서 전류의 흐름을 느낄 수 있는 최소전류값으로 옳은 것은?

① 1mA
② 5mA
③ 10mA
④ 20mA

> **해설**
> 전류의 흐름을 느낄 수 있는 최소전류 값(최소감지전류)
> 1~2 mA

10 연삭기의 받침대와 숫돌차의 중심 높이에 대한 내용으로 적합한 것은?

① 서로 같게 한다.
② 받침대를 높게 한다.
③ 받침대를 낮게 한다.
④ 받침대가 높든 낮든 관계없다.

> **해설**
> 연삭기의 받침대와 숫돌차의 중심 높이는 서로 같게 한다.

11 동력에 의해 운전되는 컨베이어 등에 근로자의 신체의 일부가 말려드는 등 근로자에게 위험을 미칠 우려가 있을 때는 설치해야 할 장치는 무엇인가?

① 권과방지장치
② 비상정지장치
③ 해지장치
④ 이탈 및 역주행 방지장치

> **해설**
> 비상정지장치 : 컨베이어 등에 근로자의 신체의 일부가 말려드는 등 근로자에게 위험을 미칠 우려가 있는 때 및 비상시에는 즉시 컨베이어 등의 운전을 정지시킬 수 있는 장치

12 산소의 저장설비 주위 몇 m 이내에는 화기를 취급해서는 안 되는가?

① 5m
② 6m
③ 7m
④ 8m

> **해설**
> 산소 저장설비 주위 화기와의 거리 : 5m

13 안전사고 예방을 위하여 신는 작업용 안전화의 설명으로 틀린 것은?

① 중량물을 취급하는 작업장에서는 앞 발가락 부분이 고무로 된 신발을 착용한다.
② 용접공은 구두창에 쇠붙이가 없는 부도체의 안전화를 신어야 한다.
③ 부식성 약품 사용 시에는 고무제품 장화를 착용한다.
④ 작거나 헐거운 안전화는 신지 말아야 한다.

> **해설**
> 중량물을 취급하는 작업장에서 앞 발가락 부분이 강제선심으로 된 안전화를 착용하여야 한다.

[정답] 07 ① 08 ④ 09 ① 10 ① 11 ② 12 ① 13 ①

14 보일러 휴지 시 보존방법에 관한 내용 중 틀린 것은?

① 휴지 기간이 6개월 이상인 경우에는 건조보존법을 택한다.
② 휴지 기간이 3개월 이내인 경우에는 만수보존법을 택한다.
③ 만수보존 시의 pH 값은 4~5 정도로 유지하는 것이 좋다.
④ 건조보존 시에는 보일러를 청소하고 완전히 건조시킨다.

> **해설**
> 만수보존(단기보존) 시 pH 값 : 11 정도 유지

15 보일러에 사용하는 안전밸브의 필요조건이 아닌 것은?

① 분출압력에 대한 작동이 정확할 것
② 안전밸브의 크기는 보일러의 정격용량 이상을 분출할 것
③ 밸브의 개폐동작이 완만할 것
④ 분출 전·후에 증기가 새지 않을 것

> **해설**
> 안전밸브의 개폐동작은 신속하여야 한다.

16 절대 압력과 게이지 압력과의 관계식으로 옳은 것은?

① 절대압력 = 대기압력 + 게이지압력
② 절대압력 = 대기압력 − 게이지압력
③ 절대압력 = 대기압력 × 게이지압력
④ 절대압력 = 대기압력 ÷ 게이지압력

> **해설**
> 절대압력 = 게이지압력 + 대기압력

17 제빙 장치에서 브라인의 온도가 −10℃이고, 결빙소요시간이 48시간일 때 얼음의 두께는 약 몇 mm인가? (단, 결빙계수는 0.56이다.)

① 253 mm ② 273 mm
③ 293 mm ④ 313 mm

> **해설**
> 얼음의 두께
> $$t = \sqrt{\frac{H \times (-t_b)}{0.56}} = \sqrt{\frac{48 \times 10}{0.56}} = 29.28\text{cm} = 293\text{mm}$$

18 2단 압축장치의 구성 기기에 속하지 않는 것은?

① 증발기   ② 팽창밸브
③ 고단 압축기 ④ 캐스케이드 응축기

> **해설**
> 캐스케이드 응축기는 2원 냉동장치의 구성 기기이다.

19 수평배관을 서로 직선 연결할 때 사용되는 이음쇠는?

① 캡   ② 티
③ 유니온   ④ 엘보우

> **해설**
> 수평배관의 직선 연결이음쇠 : 소켓, 니플, 유니온, 플랜지

20 냉동기의 보수계획을 세우기 전에 실행하여야 할 사항으로 옳지 않은 것은?

① 인사기록철의 완비
② 설비 운전기록의 완비
③ 보수용 부품 명세의 기록 완비
④ 설비 인·허가에 관한 서류 및 기록 등의 보존

> **해설**
> 냉동기 보수계획과 인사기록철의 완비는 관계가 없다.

[정답] 14 ③ 15 ③ 16 ① 17 ③ 18 ④ 19 ③ 20 ①

21 온도식 자동팽창 밸브에 관한 설명으로 옳은 것은?

① 냉매의 유량은 증발기 입구의 냉매가스 과열도에 의해 제어된다.
② R-12에 사용하는 팽창밸브를 R-22 냉동기에 그대로 사용해도 된다.
③ 팽창밸브가 지나치게 적으면 압축기 흡입가스의 과열도는 크게 된다.
④ 증발기가 너무 길어 증발기의 출구에서 압력강하가 커지는 경우에는 내부균압형을 사용한다.

해설
팽창밸브가 지나치게 적으면 냉매공급량이 적어 압축기 흡입가스의 과열도는 크게 된다.

22 냉매에 관한 설명으로 옳은 것은?

① 비열비가 큰 것이 유리하다.
② 응고온도가 낮을수록 유리하다.
③ 임계온도가 낮을수록 유리하다.
④ 증발온도에서의 압력은 대기압보다 약간 낮은 것이 유리하다.

해설
냉매는 응고온도가 낮을수록 유리하다.

23 2원 냉동장치에 사용하는 저온측 냉매로서 옳은 것은?

① R-717   ② R-718
③ R-14   ④ R-22

해설
2원 냉동장치에 사용하는 냉매
㉠ 고온측 냉매 : R-12, R-22 등
㉡ 저온측 냉매 : R-13, R-14, 메탄, 에탄, 에틸렌 등

24 회로망 중의 한 점에서의 전류의 흐름이 그림과 같을 때 전류 I는 얼마인가?

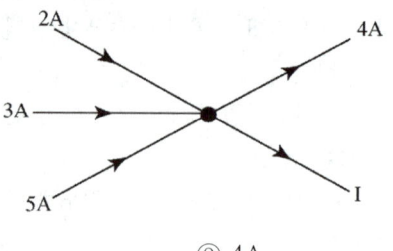

① 2A   ② 4A
③ 6A   ④ 8A

해설
키르히호프 제1법칙에 의해 들어오는 전류와 나가는 전류와의 합은 0이다.
$I = (2+3+5) - 4 = 6A$

25 냉동 효과의 증대 및 플래쉬(flash) 가스 방지에 적당한 사이클은?

① 건조 압축 사이클   ② 과열 압축 사이클
③ 습압축 사이클   ④ 과냉각 사이클

해설
과냉각 사이클 : 냉동효과 증대 및 플래쉬 가스 방지에 적당하다.

26 수액기 취급 시 주의 사항으로 옳은 것은?

① 직사광선을 받아도 무방하다.
② 안전밸브를 설치할 필요가 없다.
③ 균압관은 지름이 작은 것을 사용한다.
④ 저장 냉매액을 3/4 이상 채우지 말아야 한다.

해설
① 직사광선을 받으면 냉매의 증발로 폭발의 우려가 있다.
② 안전밸브를 설치하여 수액기의 폭발을 방지한다.
③ 응축기와 수액기 상부간의 균압관의 지름은 충분한 것으로 하여야 한다.
④ 수액기의 냉매액 저장량은 3/4(75%) 이상을 채우지 말아야 한다.

[정답] 21 ③ 22 ② 23 ③ 24 ③ 25 ④ 26 ④

27 15℃의 1ton의 물을 0℃의 얼음으로 만드는 데 제거해야 할 열량은? (단, 물의 비열 4.2 kJ/kg·K, 응고잠열 334 kJ/kg이다.)

① 63,000 kJ   ② 271,600 kJ
③ 334,000 kJ   ④ 397,000 kJ

해설

15℃물 $\xrightarrow{①}$ 0℃물 $\xrightarrow{②}$ 0℃얼음

$Q_1 = G \cdot C \cdot \Delta t = 1,000 \times 4.2 \times (15-0)$
$\quad = 63,000 kJ$
$Q_2 = G \cdot r = 1,000 \times 334 = 334,000 kJ$
$Q_T = Q_1 + Q_2 = 63,000 + 334,000 = 397,000 kJ$

28 다음 중 브라인의 동파방지책으로 옳지 않은 것은?

① 부동액을 첨가한다.
② 단수릴레이를 설치한다.
③ 흡입압력조절밸브를 설치한다.
④ 브라인 순환펌프와 압축기 모터를 인터록 한다.

해설

브라인의 동파방지대책
㉠ 증발압력조정밸브(EPR)를 설치
㉡ 동결방지용 TC를 설치
㉢ 단수릴레이 설치
㉣ Brine에 부동액 첨가
㉤ 냉수순환펌프와 압축기 모터를 인터록시킴

29 다음 중 수소, 염소, 불소, 탄소로 구성된 냉매계열은?

① HFC계   ② HCFC계
③ CFC계   ④ 할론계

해설

HCFC(Hydro Chloro Fluoro Carbon)계 냉매
수소(H), 염소(Cl), 불소(F), 탄소(C)로 구성된 냉매로 염소가 포함되어 있어도 공기 중에서 쉽게 분해되지 않아 오존층에 대한 영향이 적음(R-22, R-123, R-124, R-141b 등)

30 15A 강관을 45°로 구부릴 때 곡관부의 길이(mm)는? (단, 굽힘 반지름은 100 mm이다.)

① 78.5   ② 90.5
③ 157   ④ 209

해설

곡관부의 길이

$l = 2\pi r \dfrac{\theta}{360} = 2 \times 3.14 \times 100 \times \dfrac{45}{360} = 78.5 mm$

31 유니언 나사 이음의 도시기호로 옳은 것은?

① ─╫─   ② ─┼─
③ ─╫─   ④ ─✕─

해설

① 플랜지 이음 ② 나사 이음 ③ 유니언 이음 ④ 용접 이음

32 탱크형 증발기에 관한 설명으로 옳지 않은 것은?

① 만액식에 속한다.
② 주로 암모니아용으로 제빙용에 사용된다.
③ 상부에는 가스헤드, 하부에는 액헤드가 존재한다.
④ 브라인의 유동속도가 늦어도 능력에는 변화가 없다.

해설

브라인의 유동속도가 너무 느리면 열전달능력이 떨어져 냉동능력은 감소한다.

33 증발식 응축기 설계 시 1RT당 전열면적은? (단, 응축온도는 43℃로 한다.)

① 1.2 m²/RT   ② 3.5 m²/RT
③ 6.5 m²/RT   ④ 7.5 m²/RT

해설

증발식 응축기의 1RT당 전열면적
㉠ 응축온도 43℃ : 1.2 m²/RT
㉡ 응축온도 35℃ : 2.8 m²/RT

[정답] 27 ④ 28 ③ 29 ② 30 ① 31 ③ 32 ④ 33 ①

34 회전식과 비교한 왕복동식 압축기의 특징으로 옳지 않은 것은?

① 진동이 크다.
② 압축능력이 적다.
③ 압축이 단속적이다.
④ 크랭크 케이스 내부압력이 저압이다.

> 해설
> 회전식 압축기보다 왕복동 압축기의 압축능력이 크다.

35 증발열을 이용한 냉동법이 아닌 것은?

① 증기분사식 냉동법
② 압축 기체 팽창 냉동법
③ 흡수식 냉동법
④ 증기 압축식 냉동법

> 해설
> 압축 기체 팽창 냉동법
> 압축기에서 고온고압으로 압축된 공기는 냉각기에서 냉각되어 팽창기로 들어가 압력과 온도가 저하하게 되며 이러한 저온의 공기를 냉동에 이용하는 냉동법(엔진용 압축기를 이용할 수 있는 항공기 등에서 사용)

36 다음 그림(P-h 선도)에서 응축부하를 구하는 식으로 맞는 것은?

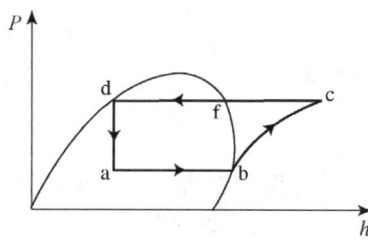

① $h_c - h_d$　　② $h_c - h_b$
③ $h_b - h_a$　　④ $h_d - h_a$

> 해설
> ㉠ 응축부하 $q_1 = h_b - h_d$
> ㉡ 냉동효과 $q_2 = h_a - h_d$
> ㉢ 압축열량 $Aw = h_b - h_a$

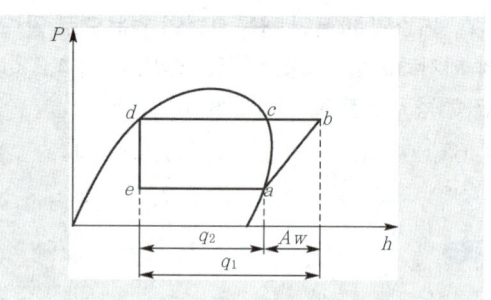

37 동관을 용접 이음하려고 한다. 다음 중 가장 적당한 것은?

① 가스 용접　　② 스폿 용접
③ 테르밋 용접　　④ 프라즈마 용접

> 해설
> 동관 용접 이음은 가스 용접하여 이음한다.

38 최대값이 I_m인 사인파 교류전류가 있다. 이 전류의 파고율은?

① 1.11　　② 1.414
③ 1.71　　④ 3.14

> 해설
> 파고율 = 최댓값/실횻값 = $\sqrt{2}$ = 1.414

39 4방밸브를 이용하여 겨울에는 고온부 방출열로 난방을 행하고, 여름에는 저온부로 열을 흡수하여 냉방을 행하는 장치는?

① 열펌프
② 열전 냉동기
③ 증기분사 냉동기
④ 공기사이클 냉동기

> 해설
> 열펌프(히트펌프)에 대한 설명이다.

[정답] 34 ② 35 ② 36 ① 37 ① 38 ② 39 ①

40 압축방식에 의한 분류 중 체적 압축식 압축기에 속하지 않는 것은?

① 왕복동식 압축기   ② 회전식 압축기
③ 스크류식 압축기   ④ 흡수식 압축기

> **해설**
> 체적(용적)식 압축기 : 왕복동식, 회전식, 스크류식, 터보식

41 다음 중 입력신호가 0이면 출력이 1이 되고 반대로 입력신호가 1이면 출력이 0이 되는 회로는?

① NAND 회로   ② OR 회로
③ NOR 회로   ④ NOT 회로

> **해설**
> NOT 회로 : 입력신호가 0이면 출력은 1, 입력이 1이면 출력이 0이 되는 회로

42 다음의 역 카르노 사이클에서 냉동장치의 각 기기에 해당되는 구간이 바르게 연결된 것은?

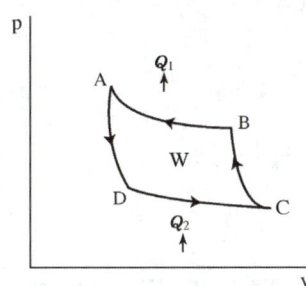

① B→A : 응축기, C→B : 팽창변, D→C : 증발기, A→D : 압축기
② B→A : 증발기, C→B : 압축기, D→C : 응축기, A→D : 팽창변
③ B→A : 응축기, C→B : 압축기, D→C : 증발기, A→D : 팽창변
④ B→A : 압축기, C→B : 응축기, D→C : 증발기, A→D : 팽창변

> **해설**
> ㉠ C→B : 압축기(단열압축)
> ㉡ B→A : 응축기(등온압축)
> ㉢ A→D : 팽창밸브(단열팽창)
> ㉣ D→C : 증발기(등온팽창)

43 냉동기 오일에 관한 설명으로 옳지 않은 것은?

① 윤활 방식에는 비말식과 강제급유식이 있다.
② 사용 오일은 응고점이 높고 인화점이 낮아야 한다.
③ 수분의 함유량이 적고 장기간 사용하여도 변질이 적어야 한다.
④ 일반적으로 고속다기통 압축기의 경우 윤활유의 온도는 50~60℃ 정도이다.

> **해설**
> 냉동기 오일은 응고점이 낮고 인화점은 높을수록 좋다.

44 다음 중 냉동장치에서 전자밸브의 사용 목적과 가장 거리가 먼 것은?

① 온도 제어
② 습도 제어
③ 냉매, 브라인의 흐름 제어
④ 리키드 백(Liquid back) 방지

> **해설**
> 전자밸브의 사용 목적
> ㉠ 액압축(liquid back) 방지 ㉡ 냉매 브라인의 흐름 제어
> ㉢ 온도 제어

45 수증기를 열원으로 하여 냉방에 적용시킬 수 있는 냉동기는?

① 원심식 냉동기   ② 왕복식 냉동기
③ 흡수식 냉동기   ④ 터보식 냉동기

> **해설**
> 수증기를 열원으로 하여 냉방할 수 있는 냉동기 : 흡수식 냉동기

[정답] 40 ④ 41 ④ 42 ③ 43 ② 44 ② 45 ③

46 터보형 펌프의 종류에 해당하지 않는 것은?
① 볼류트 펌프 ② 터빈 펌프
③ 축류 펌프 ④ 수격 펌프

해설
수격 펌프는 특수형 펌프에 해당한다.

참고 터보형 펌프 : 원심(볼류트, 터빈), 사류, 축류 펌프 등

47 벌집모양의 로터를 회전시키면서 윗부분으로 외기를 아래쪽으로 실내배기를 통과하면서 외기와 배기의 온도 및 습도를 교환하는 열교환기는?
① 고정식 전열교환기 ② 현열교환기
③ 히트 파이프 ④ 회전식 전열교환기

해설
회전식 전열교환기: 벌집모양의 로터를 회전시키면서 윗부분으로 외기가 통하고 아래쪽으로 배기가 통하면서 외기와 배기의 온도 및 습도(현열 및 잠열)를 교환하는 열교환기

48 공기조화 설비의 구성은 열원장치, 공기조화기, 열 운반장치 등으로 구분하는데, 이중 공기조화기에 해당하지 않는 것은?
① 여과기 ② 제습기
③ 가열기 ④ 송풍기

해설
공기조화기의 구성요소 : 공기여과기, 냉각코일(제습기), 가열코일, 공기세정기(가습기)

49 수 – 공기 방식의 팬코일 유닛(fan coil unit) 방식의 장점으로 옳지 않은 것은?
① 개별제어가 가능하다.
② 부하변경에 따른 증설이 비교적 간단하다.
③ 전공기 방식에 비해 이송동력이 적다.
④ 부분 부하 시 도입 외기량이 많아 실내공기의 오염이 적다.

해설
부분 부하 시 도입 외기량이 적어 실내 공기의 오염이 크다.

50 습공기 선도에서 표시되어 있지 않은 값은?
① 건구온도 ② 습구온도
③ 엔탈피 ④ 엔트로피

해설
엔트로피는 습공기선도에서 알 수 없으며, 냉매의 몰리엘선도에 나타나 있다.

51 송풍기의 정압에 대한 내용으로 옳은 것은?
① 정압=정압×전압 ② 정압=동압÷전압
③ 정압=전압－동압 ④ 정압=전압＋동압

해설
전압 = 정압 + 동압에서 정압 = 전압 - 동압

52 보일러의 증발량이 20ton/h이고 본체 전열면적이 400 m²일 때, 이 보일러의 증발률은 얼마인가?
① 30kg/m²h ② 40kg/m²h
③ 50kg/m²h ④ 60kg/m²h

해설
$$전열면 증발율 = \frac{실제\ 증발량(G_a)}{전열면적(A)} = \frac{20 \times 1,000}{400}$$
$$= 50 kg/m^2 h$$

53 적당한 위치에 배기구를 설치하고 송풍기에 의하여 외기를 강제적으로 도입하여 배기는 배기구에서 자연적으로 환기되도록 하는 환기법은?
① 제1종 환기 ② 제2종 환기
③ 제3종 환기 ④ 제4종 환기

해설
기계 환기
㉠ 제1종 환기 : 강제급기 + 강제배기
㉡ 제2종 환기 : 강제급기 + 자연배기(배기구)
㉢ 제3종 환기 : 자연급기(급기구) + 강제배기

[정답] 46 ④ 47 ④ 48 ① 49 ④ 50 ④ 51 ③ 52 ③ 53 ②

54 냉방부하 계산 시 현열부하에만 속하는 것은?
① 인체에서의 발생열 ② 실내 기구에서의 발생열
③ 송풍기의 동력열   ④ 틈새바람에 의한 열

해설
덕트 및 송풍기의 동력 발생열은 현열부하만 존재한다.

55 온풍난방의 특징에 대한 설명으로 옳은 것은?
① 예열시간이 짧아 간헐운전이 가능하다.
② 온·습도 조정을 할 수 없다.
③ 실내 상하온도차가 적어 쾌적성이 좋다.
④ 공기를 공급하므로 소음발생이 적다.

해설
온풍난방은 예열시간이 짧아 간헐 운전이 가능하다.

56 콜드 드래프트(cold draft) 현상의 원인에 해당하지 않는 것은?
① 주위 벽면의 온도가 낮을 때
② 동절기 창문의 극간풍이 없을 때
③ 기류의 속도가 클 때
④ 주위 공기의 습도가 낮을 때

해설
콜드 드래프트의 원인
㉠ 인체 주위의 공기온도가 너무 낮을 때
㉡ 기류 속도가 너무 빠를 때
㉢ 습도가 낮을 때
㉣ 벽면의 온도가 너무 낮을 때
㉤ 극간풍이 많을 때

57 공기조화기용 코일의 배열방식에 따른 분류에 해당하지 않는 것은?
① 풀 서킷 코일   ② 더블 서킷 코일
③ 슬릿 핀 서킷 코일 ④ 하프 서킷 코일

해설
슬릿 핀 코일은 슬릿 핀을 관 외부에 부착한 코일로 핀의 종류에 따른 분류에 해당된다.

참고
공기조화용 코일의 배열방식(코일수로 형식)에 따른 분류 : 풀 서킷, 더블 서킷, 하프 서킷

58 온도, 습도, 기류를 1개의 지수로 나타낸 것으로 상대습도 100%, 풍속 0m/s인 경우의 온도는?
① 복사온도   ② 유효온도
③ 불쾌온도   ④ 효과온도

해설
유효온도(ET)
㉠ 감각온도라 한다.
㉡ 결정조건 : 온도, 습도, 기류속도
㉢ 상대습도 100%, 기류 0m/s인 경우의 기온 값
㉣ 어떤 온·습도하에서 방에서 느끼는 쾌감과 동일한 쾌감을 얻을 수 있는 온도

59 독립계통으로 운전이 자유롭고 냉수 배관이나 복잡한 덕트 등이 없기 때문에 소규모 상점이나 사무실 등에서 사용되는 경제적인 공조방식은?
① 중앙식 공조방식
② 복사 냉난방 공조방식
③ 유인유닛 공조방식
④ 패키지 유닛 공조방식

해설
패키지 유닛 공조 방식 : 개별식으로 냉동기 및 냉각코일, 송풍기 등이 내장되어 있는 유닛을 실내에 설치하여 공조하는 방식으로 운전이 자유롭고 냉수배관이나 복잡한 덕트 등이 없어 소규모 상점이나 사무실 등에서 사용

60 다익형 송풍기의 임펠러 지름이 450mm인 경우 이 송풍기의 번호는 몇 번인가?
① NO 2   ② NO 3
③ NO 4   ④ NO 5

해설
송풍기 번호(다익형)
$$No = \frac{임펠러의\ 지름(mm)}{150} = \frac{450}{150} = 3$$

[정답] 54 ③ 55 ① 56 ② 57 ③ 58 ② 59 ④ 60 ②

제3회 CBT 검정 기출문제

01 고압가스 냉동제조 시설에서 압축기의 최종단에 설치한 안전장치의 작동 점검기준으로 옳은 것은? (단, 액체의 열팽창으로 인한 배관의 파열방지용 안전밸브는 제외한다.)
① 3개월에 1회 이상
② 6개월에 1회 이상
③ 1년에 1회 이상
④ 2년에 1회 이상

해설
고압가스 안전관리법 시행규칙 [별표 7] 고압가스 냉동제조의 시설·기술·검사 기준 : 안전장치(액체의 열팽창으로 인한 배관의 파열방지용 안전밸브는 제외) 중 압축기의 최종단에 설치한 안전장치는 1년에 1회 이상, 그 밖의 안전밸브는 2년에 1회 이상 조정을 하여 고압가스설비가 파손되지 않도록 적절한 압력 이하에서 작동이 되도록 할 것

02 산업재해의 직접적인 원인에 해당하지 않는 것은?
① 안전장치의 기능 상실
② 불안전한 자세와 동작
③ 위험물의 취급 부주의
④ 기계장치 등의 설계불량

해설
- ①, ②, ③항 : 불안전한 행동에 따른 인적원인으로 직접적인 원인에 해당한다.
- ④항 : 기계장치 등의 설계불량은 기술적인 원인으로 간접적인 원인에 해당한다.

참고 산업재해의 원인
㉠ 직접적인 원인 : 불안전 행동(인적 원인)과 불안전한 상태(물적 원인)
㉡ 간접적인 원인 : 관리적인 원인(기술적, 교육적, 신체적, 정신적, 작업관리상 원인)

03 작업조건에 따라 착용하여야 하는 보호구의 연결로 틀린 것은?
① 고열에 의한 화상 등의 위험이 있는 작업 - 안전대
② 근로자가 추락할 위험이 있는 작업 - 안전모
③ 물체가 흩날릴 위험이 있는 작업 - 보안경
④ 감전의 위험이 있는 작업 - 절연용 보호구

해설
높이 또는 깊이 2m 이상의 추락할 위험이 있는 장소에서의 작업 : 안전대

참고 고열에 의한 화상 등의 위험이 있는 작업
방열복

04 피로의 원인 중 외부인자로 볼 수 있는 것은?
① 경험
② 책임감
③ 생활조건
④ 신체적 특성

해설
생활조건은 피로의 외부인자에 해당한다.

05 전기용접 작업할 때 안전관리 사항 중 적합하지 않은 것은?
① 피용접물은 완전히 접지시킨다.
② 우천 시에는 옥외작업을 하지 않는다.
③ 용접봉은 홀더로부터 빠지지 않도록 정확히 끼운다.
④ 옥외용접 시에는 헬멧이나 핸드실드를 사용하지 않는다.

해설
옥외용접 작업 시에도 헬멧이나 핸드실드를 사용하여야 한다.

[정답] 01 ③ 02 ④ 03 ① 04 ③ 05 ④

06 압축기 운전 중 이상음이 발생하는 원인으로 가장 거리가 먼 것은?

① 기초 볼트의 이완
② 피스톤 하부에 오일이 고임
③ 토출밸브, 흡입밸브의 파손
④ 크랭크 샤프트 및 피스톤 핀의 마모

> **해설**
> 피스톤 하부에는 오일이 있어 압축기의 윤활이 양호하므로 이상음이 발생하지 않는다.

07 보일러 파열사고의 원인으로 가장 거리가 먼 것은?

① 역화의 발생 ② 강도 부족
③ 취급 불량   ④ 계기류의 고장

> **해설**
> 역화의 발생보다 가스누설 등에 의한 폭발에 따라 보일러 파열사고가 일어날 수 있다.

08 작업장에서 계단을 설치할 때 계단의 폭은 최소 얼마 이상으로 하여야 하는가? (단, 급유용·보수용·비상용 계단 및 나선형 계단이 아닌 경우)

① 0.5m ② 1m
③ 2m   ④ 5m

> **해설**
> 계단의 폭
> ㉠ 사업주는 계단을 설치하는 경우 그 폭을 1m 이상으로 하여야 한다.(단, 급유용·보수용·비상용 계단 및 나선형 계단인 경우에는 예외)
> ㉡ 사업주는 계단에 손잡이 외의 다른 물건 등을 설치하거나 쌓아 두어서는 아니 된다.

09 다음의 안전·보건표지가 의미하는 것은?

① 사용금지
② 보행금지
③ 탑승금지
④ 출입금지

> **해설**

10 가스용접 작업의 안전사항으로 틀린 것은?

① 기름 묻은 옷은 인화의 위험이 있으므로 입지 않도록 한다.
② 역화하였을 때에는 산소밸브를 조금 더 연다.
③ 역화의 위험을 방지하기 위하여 역화 방지기를 사용하도록 한다.
④ 밸브를 열 때는 용기 앞에서 몸을 피하도록 한다.

> **해설**
> 역화하였을 때에는 산소밸브를 잠그도록 한다.

11 드릴로 뚫어진 구멍의 내벽이나 절단한 관의 내벽을 다듬어서 구멍의 치수를 정확하게 하고, 구멍 내면을 다듬는 구멍 수정용 공구는?

① 평줄   ② 리머
③ 드릴   ④ 렌치

> **해설**
> 구멍 내면을 다듬는 공구 : 리머

[정답] 06 ② 07 ① 08 ② 09 ① 10 ② 11 ②

12 드릴링 머신의 작업 시 일감의 고정 방법에 관한 설명으로 틀린 것은?

① 일감이 작을 때 – 바이스로 고정
② 일감이 클 때 – 볼트와 고정구(클램프) 사용
③ 일감이 복잡할 때 – 볼트와 고정구(클램프) 사용
④ 대량생산과 정밀도를 요구할 때 – 이동식 바이스 사용

해설
대량생산과 정밀도를 요구할 때 : 고정식 바이스 사용

13 목재 화재 시에는 물을 소화제로 이용하는데, 주된 소화 효과는?

① 제거 효과　② 질식 효과
③ 냉각 효과　④ 억제 효과

해설
물은 증발잠열이 커 냉각소화에 적당하다.

14 냉동장치 내에 공기가 유입되었을 경우 나타나는 현상으로 가장 거리가 먼 것은?

① 응축압력이 높아진다.
② 압축비가 높게 되어 체적 효율이 증가된다.
③ 냉매와 증발관과의 열전달을 방해하여 냉동능력이 감소된다.
④ 공기침입 시 수분도 혼입되어 프레온 냉동장치에서 부식이 일어난다.

해설
공기침입 시 압축비가 높게 되어 체적효율은 감소한다.

15 보호구 사용 시 유의사항으로 틀린 것은?

① 작업에 적절한 보호구를 선정한다.
② 작업장에는 필요한 수량의 보호구를 비치한다.
③ 보호구는 사용하는 데 불편이 없도록 관리를 철저히 한다.
④ 작업을 할 때 개인에 따라 보호구는 사용 안 해도 된다.

해설
작업을 할 때 개인에 따라 필요한 보호구를 반드시 사용하여야 한다.

16 강관의 보온재료로 가장 거리가 먼 것은?

① 규조토　② 유리면
③ 기포성 수지　④ 광명단

해설
광명단 : 부식방지용 도료

17 이론상의 표준 냉동사이클에서 냉매가 팽창밸브를 통과할 때 변하는 것은?

① 엔탈피와 압력　② 온도와 엔탈피
③ 압력과 온도　④ 엔탈피와 비체적

해설
냉매가 팽창밸브 통과 시 : 압력과 온도가 저하되나, 엔탈피는 일정하고 비체적은 증가한다.

18 냉동장치에서 자동제어를 위해 사용되는 전자밸브(Solenoide valve)의 역할로 가장 거리가 먼 것은?

① 액압축 방지
② 냉매 및 브라인 흐름 제어
③ 용량 및 액면 제어
④ 고수위 경보

해설
고수위 경보용 전자밸브는 보일러의 제어장치이다.

[정답] 12 ④　13 ③　14 ②　15 ④　16 ④　17 ③　18 ④

19 강관의 나사식 이음쇠 중 벤드의 종류에 해당하지 않는 것은?

① 암수 롱 벤드　② 45° 롱 벤드
③ 리턴 벤드　　　④ 크로스 벤드

> **해설**
> 크로스는 벤드(엘보)에 해당되지 않는다.

20 압축기 종류에 따른 정상적인 유압이 아닌 것은?

① 터보=정상 저압+6kg/cm²
② 입형저속=정상 저압+0.5～1.5bar
③ 소형=정상 저압+0.5kg/cm²
④ 고속다기통=정상 저압+6MPa

> **해설**
> 고속다기통 압축기의 유압 = 정상 저압 + 1.5~3 kg/cm²

21 암모니아 냉동장치에서 실린더 직경 150mm, 행정이 90mm, 회전수 1170rpm, 기통수 6기통일 때, 법정 냉동능력(RT)은? (단, 냉매상수는 8.4이다.)

① 약 98.2　② 약 79.7
③ 약 59.2　④ 약 38.9

> **해설**
> 냉동능력 산정
> $R = \dfrac{V}{C} = \dfrac{669.55}{8.4} = 79.7 \text{RT}$
> 여기서, 피스톤 압출량은
> $V = \dfrac{\pi}{4} D^2 \cdot l \cdot N \cdot R \times 60$
> $\quad = \dfrac{\pi}{4} \times 0.15^2 \times 0.09 \times 6 \times 1{,}170 \times 60$
> $\quad = 669.55 \text{m}^3/\text{h}$

22 동결장치 상부에 냉각코일을 집중적으로 설치하고 공기를 유동시켜 피냉각물체를 동결시키는 장치는?

① 송풍 동결장치　② 공기 동결장치
③ 접촉 동결장치　④ 브라인 동결장치

> **해설**
> 송풍 동결장치 : 동결실의 상부에 냉각코일을 집중 설치하고 송풍기를 사용하여 공기를 3m/s로 유동시켜 정지공기 냉각보다 2~4배의 동결속도를 얻을 수 있다.

> **참고** 침지식 동결장치
> 피동결물을 냉각한 부동액 중에 침지시켜 동결시키는 장치

23 건포화증기를 압축기에서 압축시킬 경우 토출되는 증기의 상태는?

① 과열증기　② 포화증기
③ 포화액　　④ 습증기

> **해설**
> 건포화증기를 압축하면 과열증기가 된다.

24 냉동기용 전동기의 시동릴레이는 전동기 정격속도의 얼마에 달할 때까지 시동권선에 전류를 흐르게 하는가?

① 1/2　② 2/3
③ 1/4　④ 1/5

> **해설**
> 냉동기용 전동기의 시동릴레이는 전동기 정격속도가 2/3에 도달할 때까지 시동권선에 전류를 흐르게 한다.

25 열전달률에 대한 설명 중 옳은 것은?

① 열이 관벽 또는 브라인(Brine) 등의 재질 내에서의 이동을 나타내며, 단위는 W/m·℃이다.
② 액체면과 기체면 사이의 열의 이동을 나타내며, 단위는 W/m·K이다.
③ 유체와 고체 사이의 열의 이동을 나타내며, 단위는 W/m²·℃이다.
④ 유체와 기체 사이의 한정된 열의 이동을 나타내며, 단위는 kJ/m³·h·℃이다.

[정답] 19 ④　20 ④　21 ②　22 ①　23 ①　24 ②　25 ③

> **해설**
> 열전달률 : 유체와 고체 사이의 열의 이동
> (단위 : kcal/m²·h·℃, W/m²·K, W/m²·℃)

26 표준 냉동사이클의 증발과정 동안 압력과 온도는 어떻게 변화 하는가?

① 압력과 온도가 모두 상승한다.
② 압력과 온도가 모두 일정하다.
③ 압력은 상승하고, 온도는 일정하다.
④ 압력은 일정하고, 온도는 상승한다.

> **해설**
> 증발과정에서는 압력과 온도 모두 일정하고, 냉매증기가 과열되면 온도는 상승한다.

27 흡수식 냉동장치에서 냉매로 암모니아를 사용할 때, 흡수제로 가장 적당한 것은?

① LiBr   ② CaCl₂
③ LiCl   ④ H₂O

> **해설**
> 흡수식 냉동기의 냉매에 따른 흡수제
>
> | 냉매 | 흡수제 |
> |---|---|
> | 암모니아 | 물 |
> | 물 | 취화리튬 |
> | 염화메틸 | 사염화에틸 |
> | 톨루엔 | 파라핀유 |

28 냉동장치에서 다단 압축을 하는 목적으로 옳은 것은?

① 압축비 증가와 체적효율 감소
② 압축비와 체적효율 증가
③ 압축비와 체적효율 감소
④ 압축비 감소와 체적효율 증가

> **해설**
> 다단 압축의 목적은 압축기의 압축비 및 소요동력 감소와 체적효율을 증가시키기 위해서다.

29 동력의 단위 중 값이 큰 순서대로 바르게 나열된 것은?

① 1 kW 〉 1 PS 〉 1 kgf·m/sec 〉 1 kcal/h
② 1 kW 〉 1 kcal/h 〉 1 kgf·m/sec 〉 1 PS
③ 1 PS 〉 1 kgf·m/sec 〉 1 kcal/h 〉 1 kW
④ 1 PS 〉 1 kgf·m/sec 〉 1 kW 〉 1 kcal/h

> **해설**
> 1kW 〉 1PS 〉 1kg·m/sec 〉 1kcal/h

> **참고**
> ㉠ 1kW = 860kcal/h = 3600kJ/h
> ㉡ 1PS = 632kcal/h = 2650kJ/h
> ㉢ 1kg·m/s = 8.4kcal/h
> ㉣ 1kcal/h = 4.19kJ/h

30 암모니아 냉동장치에 대한 설명 중 틀린 것은?

① 윤활유에는 잘 용해되나, 수분과의 용해성이 극히 작다.
② 연소성, 폭발성, 독성 및 악취가 있다.
③ 전열 성능이 양호하다.
④ 프레온 냉동장치에 비해 비열비가 크다.

> **해설**
> 암모니아는 수분에는 잘 용해되나, 윤활유에는 용해성이 적다.

31 온도식 자동팽창 밸브에서 감온통의 부착 위치는?

① 응축기 출구   ② 증발기 입구
③ 증발기 출구   ④ 수액기 출구

> **해설**
> 온도식 자동팽창 밸브에서 감온통의 부착 위치 : 증발기 출구

[정답] 26 ② 27 ④ 28 ④ 29 ① 30 ① 31 ③

32 냉동장치 운전에 관한 설명으로 옳은 것은?

① 흡입압력이 저하되면 토출가스 온도가 저하된다.
② 냉각수온이 높으면 응축압력이 저하된다.
③ 냉매가 부족하면 증발압력이 상승한다.
④ 응축압력이 상승되면 소요동력이 증가한다.

> **해설**
> 응축압력이 상승하거나 증발압력이 낮아지면 압축기 소요동력은 증가한다.

33 다음 보기 중 브라인의 구비조건으로 적절한 것은?

[보기]
(가) 비열과 열전도율이 클 것
(나) 끓는점이 높고, 불연성일 것
(다) 동결온도가 높을 것
(라) 점성이 크고 부식성이 클 것

① (가), (나)   ② (가), (다)
③ (나), (다)   ④ (가), (라)

> **해설**
> 브라인의 구비조건
> ⊙ 열용량(비열)이 크고 열전달이 양호할 것
> ⓒ 비등점이 높고 불연성일 것
> ⓒ 점성이 적고 부식성이 없을 것
> ⓔ 공정점과 동결온도가 낮을 것
> ⓜ 냉장물품에 누설 시 손상이 없을 것
> ⓑ 가격이 싸고 구입이 용이할 것
> ⓢ pH값이 적당할 것(7.5~8.2 정도)

34 냉동능력이 5냉동톤(한국냉동톤)이며, 압축기의 소요동력이 5마력(PS)일 때 응축기에서 제거하여야 할 열량(kJ/h)은?

① 약 82,990Watt   ② 약 82,990kJ/h
③ 약 19,760kJ/h   ④ 약 23Watt

> **해설**
> 응축부하 = 냉동능력 + 압축열량
> $Q_1 = Q_2 + AW = (5 \times 3,320) + (5 \times 632)$
> $= 19,760 kcal/h = 82,992 kJ/h = 23kW$

35 동일한 증발온도일 경우 간접 팽창식과 비교하여 직접 팽창식 냉동장치에 대한 설명으로 틀린 것은?

① 소요동력이 적다.
② 냉동톤(RT)당 냉매 순환량이 적다.
③ 감열에 의해 냉각시키는 방법이다.
④ 냉매 증발온도가 높다.

> **해설**
> 직접 팽창식은 1차 냉매를 사용하는 것으로 잠열에 의해 냉각시킨다.

참고 직접 팽창식과 간접 팽창식의 비교

조건	직접 팽창식	간접 팽창식
열의 운반	잠열	감열
증발 온도	높음	낮음
냉매 순환량	적음	많음
냉매 충전량	많음	적음
냉동 능력	적음	많음
소용 동력	적음	많음
설비의 복잡성	간단	복잡

36 증발기에 대한 설명으로 옳은 것은?

① 증발기 입구 냉매온도는 출구 냉매온도보다 높다.
② 탱크형 냉각기는 주로 제빙용에 쓰인다.
③ 1차 냉매는 감열로 열을 운반한다.
④ 브라인은 무기질이 유기질보다 부식성이 작다.

> **해설**
> 헤링본식(탱크형) 증발기 : 제빙장치의 브라인냉각용 증발기로 사용

[정답] 32 ④ 33 ① 34 ② 35 ③ 36 ②

37 냉동기의 스크류 압축기(screw compressor)에 대한 특징으로 틀린 것은?

① 암·수나사 2개의 로터나사의 맞물림에 의해 냉매가스를 압축한다.
② 왕복동식 압축기와 동일하게 흡입, 압축, 토출의 3행정으로 이루어진다.
③ 액격 및 유격이 비교적 크다.
④ 흡입·토출 밸브가 없다.

> 해설
> 스크류 압축기는 액격(액햄머) 및 유격(오일햄머)이 적다.

38 증발식 응축기에 대한 설명 중 옳은 것은?

① 냉각수의 사용량이 많아 증발량도 커진다.
② 응축능력은 냉각관 표면의 온도와 외기 건구온도차에 비례한다.
③ 냉각수량이 부족한 곳에 적합하다.
④ 냉매의 압력강하가 작다.

> 해설
> 증발식 응축기의 특징
> ㉠ 물의 증발잠열을 이용하므로 냉각수 소비량이 적어 냉각수량이 부족한 곳에 적합하다.
> ㉡ 외기의 습구온도 영향을 많이 받는다.
> ㉢ 관이 가늘고 길기 때문에 냉매의 압력강하가 크다.
> ㉣ 겨울철에는 공랭식으로도 사용이 가능하다.
> ㉤ 펌프(pump), 팬(fan), 노즐(nozzle) 등의 부속설비가 많다.

39 시간적으로 변화하지 않는 일정한 입력신호를 단속신호로 변환하는 회로로서 경보용 부저 신호에 많이 사용하는 것은?

① 선택 회로
② 플리커 회로
③ 인터로크 회로
④ 자기유지 회로

> 해설
> 플리커 회로 : 시간적으로 변화하지 않는 일정한 입력 신호를 단속신호로 변환하는 회로로서 경보용 부저신호 발생 등에 사용한다.

40 저압 차단 스위치의 작동에 의해 장치가 정지 되었을 때, 행하는 점검사항 중 가장 거리가 먼 것은?

① 응축기의 냉각수 단수 여부 확인
② 압축기의 용량제어 장치의 고장 여부 확인
③ 저압측 적상 유무 확인
④ 팽창밸브의 개도 점검

> 해설
> 응축기의 냉각수 단수 여부는 고압 차단 스위치 작동 시 점검 사항이다.

41 왕복동 압축기와 비교하여 원심 압축기의 장점으로 틀린 것은?

① 흡입밸브, 토출밸브 등의 마찰부분이 없으므로 고장이 적다.
② 마찰에 의한 손상이 적어서 성능저하가 적다.
③ 저온장치에는 압축단수를 1단으로 가능하다.
④ 왕복동 압축기에 비해 구조가 간단하다.

> 해설
> 원심 압축기를 저온장치에 사용 시 1단 압축으로는 어렵다.

42 냉동장치에서 응축기나 수액기 등 고압부에 이상이 생겨 점검 및 수리를 위해 고압측 냉매를 저압측으로 회수하는 작업은?

① 펌프아웃(pump out)
② 펌프다운(pump down)
③ 바이패스아웃(bypass out)
④ 바이패스다운(bypass down)

> 해설
> 펌프아웃(pump out) : 고압측의 냉매를 저압측으로 회수하는 작업

[정답] 37 ③ 38 ③ 39 ② 40 ① 41 ③ 42 ①

43 응축 온도가 13℃이고, 증발온도가 −13℃인 이론적 냉동사이클에서 냉동기의 성적계수는?

① 0.5
② 2
③ 5
④ 10

해설

$$COP = \frac{T_2}{T_1 - T_2}$$
$$= \frac{(-13+273)}{(13+273)-(-13+273)} = 10$$

44 입형 셸 앤 튜브식 응축기의 특징으로 가장 거리가 먼 것은?

① 옥외 설치가 가능하다.
② 액냉매의 과냉각이 쉽다.
③ 과부하에 잘 견딘다.
④ 운전 중 청소가 가능하다.

해설
입형 셸 앤 튜브식 응축기에서는 냉매가스와 냉각수의 흐름이 병류이므로 과냉각이 어렵다.

45 동관을 구부릴 때 사용되는 동관 전용 벤더의 최소 곡률 반지름은 관지름의 약 몇 배인가?

① 약 1~2배
② 약 4~5배
③ 약 7~8배
④ 약 10~11배

해설
동관 벤딩 시 곡률 반지름은 지름의 4~5배 정도로 하며 관지름이 20mm 이하인 관을 구부릴 때는 동관 전용 벤더를 사용한다.

참고 최소곡률 반지름
㉠ 강관 : 3~4배 정도
㉡ 동관 : 4~5배 정도

46 사무실의 공기조화를 행할 경우, 다음 중 전체 열부하에서 가장 큰 비중을 차지하는 항목은?

① 바닥에서 침입하는 열과 재실자로부터의 발생열
② 문을 열 때 들어오는 열과 문틈으로 들어오는 열
③ 재실자로부터의 발생열과 조명기구로부터의 발생열
④ 벽, 창, 천장 등에서 침입하는 열과 일사에 의해 유리창을 투과하여 침입하는 열

해설
공조부하 중 비중이 가장 큰 부하
㉠ 벽, 천장, 바닥, 창을 통한 침입열량
㉡ 유리창을 통한 일사열량

47 실내의 오염된 공기를 신선한 공기로 희석 또는 교환하는 것을 무엇이라고 하는가?

① 환기
② 배기
③ 취기
④ 송기

해설
환기 : 실내의 오염된 공기를 신선한 공기로 희석 또는 교환하는 것

48 보일러 스케일 방지책으로 적절하지 않은 것은?

① 청정제를 사용한다.
② 보일러 판을 미끄럽게 한다.
③ 급수 중의 불순물을 제거한다.
④ 수질분석을 통한 급수의 한계 값을 유지한다.

해설
보일러 판을 미끄럽게 하는 것은 스케일 생성방지 대책에 해당하지 않는다.

[정답] 43 ④ 44 ② 45 ② 46 ④ 47 ① 48 ②

49 냉방부하 계산 시 인체로부터의 취득열량에 대한 설명으로 틀린 것은?

① 인체 발열부하는 작업 상태와 관계없다.
② 땀의 증발, 호흡 등을 잠열이라 할 수 있다.
③ 인체의 발열량은 재실 인원수와 현열량과 잠열량으로 구한다.
④ 인체 표면에서 대류 및 복사에 의해 방사되는 열은 현열이다.

> **해설**
> 인체 발열부하는 활동 상태 및 작업 상태에 따라 달라진다.

50 보일러 송기장치의 종류로 가장 거리가 먼 것은?

① 비수방지관　　② 주증기밸브
③ 증기헤더　　　④ 화염검출기

> **해설**
> 송기장치 : 보일러에서 발생한 증기를 부하측에 공급하는 장치(비수방지관, 주증기밸브, 주증기관, 증기헤더 등)

51 건물 내 장소에 따라 부하변동의 상황이 달라질 경우, 구역 구분을 통해 구역마다 공조기를 설치하여 부하처리를 하는 방식은?

① 단일덕트 재열방식
② 단일덕트 변풍량방식
③ 단일덕트 정풍량방식
④ 단일덕트 각층 유닛방식

> **해설**
> 단일덕트 정풍량방식 : 중앙기계실에 공조기를 설치하여 중앙식의 단일덕트 방식을 채용하는 경우와 각층 및 장소에 따라 부하변동이 달라질 경우 구역 구분을 통해 구역마다 공조기를 설치하여 부하를 처리하는 각 존별로 공조기를 설치하는 분산방식 등이 있다.

52 복사난방에 대한 설명으로 틀린 것은?

① 설비비가 적게 든다.
② 매립 코일이 고장나면 수리가 어렵다.
③ 외기침입이 있는 곳에도 난방감을 얻을 수 있다.
④ 실내의 벽, 바닥 등을 가열하여 평균복사온도를 상승시키는 방법이다.

> **해설**
> 복사난방은 바닥에 온수코일을 매립하여야 하므로 설비비가 많이 든다.

53 다음 설명에 알맞은 취출구의 종류는?

> • 취출 기류의 방향 조정이 가능하다.
> • 댐퍼가 있어 풍량 조절이 가능하다.
> • 공기저항이 크다.
> • 공장, 주방 등의 국소 냉방에 사용된다.

① 다공판형　　② 베인격자형
③ 펑커루버형　④ 아네모스탯형

> **해설**
> 펑커루버형 : 취출 기류의 방향 조정이 가능하고 댐퍼가 있어 풍량 조절이 가능하나 공기저항이 크며 공장, 주방 등의 국소 냉방에 적합한 취출구

54 공기조화용 에어필터의 여과효율을 측정하는 방법으로 가장 거리가 먼 것은?

① 중량법　　② 비색법
③ 계수법　　④ 용적법

> **해설**
> 여과효율 측정하는 방법
> ㉠ 중량법
> ㉡ 비색법(변색도법)
> ㉢ 계수법(DOP법)

55 열원이 분산된 개별공조방식에 대한 설명으로 틀린 것은?
① 써모스탯이 내장되어 개별제어가 가능하다.
② 외기냉방이 가능하여 중간기에는 에너지 절약형이다.
③ 유닛에 냉동기를 내장하고 있어 부분 운전이 가능하다.
④ 장래의 부하증가, 증축 등에 대해 쉽게 대응할 수 있다.

> **해설**
> 개별공조방식은 냉매방식으로 외기도입이 어려워 외기냉방이 어렵다.

56 실내에서 폐기되는 공기 중의 열을 이용하여 외기 공기를 예열하는 열 회수방식은?
① 열펌프 방식   ② 팬코일 방식
③ 열파이프 방식 ④ 런 어라운드 방식

> **해설**
> 런 어라운드(run around) 방식 : 실내에서 폐기되는 공기 중의 열을 이용하여 외기 공기를 예열하는 열 회수방식

57 유체의 속도가 15m/s일 때, 이 유체의 속도수두는?
① 약 5.1m
② 약 11.5m
③ 약 15.5m
④ 약 20.4m

> **해설**
> 속도수두
> $H = \dfrac{V^2}{2g} = \dfrac{15^2}{2 \times 9.8} = 11.5m$

58 흡수식 감습장치에 주로 사용하는 흡수제는?
① 실리카겔   ② 염화리튬
③ 아드 소울   ④ 활성 알루미나

> **해설**
> • 흡수식 감습장치(액체 제습제) : 염화리튬, 트리에틸렌글리콜
> • 흡착식 감습장치(고체 제습제) : 실리카겔, 활성 알루미나, 몰레큘러시브

59 습공기의 엔탈피에 대한 설명으로 틀린 것은?
① 습공기가 가열되면 엔탈피가 증가된다.
② 습공기 중에 수증기가 많아지면 엔탈피는 증가한다.
③ 습공기의 엔탈피는 온도, 압력, 풍속의 함수로 결정된다.
④ 습공기 중의 건공기 엔탈피와 수증기 엔탈피의 합과 같다.

> **해설**
> 습공기의 엔탈피는 온도, 습도 등의 함수로 결정된다.

60 공기조화기의 자동제어 시 제어요소가 바르게 나열된 것은?
① 온도제어 – 습도제어 – 환기제어
② 온도제어 – 습도제어 – 압력제어
③ 온도제어 – 차압제어 – 환기제어
④ 온도제어 – 수위제어 – 환기제어

> **해설**
> 공기조화기의 제어요소: 온도제어 – 습도제어 – 환기제어

[정답] 55 ② 56 ④ 57 ② 58 ② 59 ③ 60 ①

제4회 CBT 검정 기출문제

01 전기용접 작업의 안전사항으로 옳은 것은?
① 홀더는 파손되어도 사용에는 관계없다.
② 물기가 있거나 땀에 젖은 손으로 작업해서는 안 된다.
③ 작업장은 환기를 시키지 않아도 무방하다.
④ 용접봉을 갈아 끼울 때는 홀더의 충전부가 몸에 닿도록 한다.

> **해설**
> 전기용접 작업 중에는 물기가 있거나 젖은 손으로 작업 시 감전의 우려가 있다.

02 고압 전선이 단선된 것을 발견하였을 때 조치로 가장 적절한 것은?
① 위험하다는 표시를 하고 돌아온다.
② 사고사항을 기록하고 다음 장소의 순찰을 계속한다.
③ 발견 즉시 회사로 돌아와 보고한다.
④ 일반인의 접근 및 통행을 막고 주변을 감시한다.

> **해설**
> 전선 단선 시 사고를 예방하기 위하여 일반인의 접근 및 통행을 막고 주변을 감시하고 사고처리를 한다.

03 다음 중 감전사고 예방을 위한 방법으로 틀린 것은?
① 전기 설비의 점검을 철저히 한다.
② 전기기기에 위험 표시를 해 둔다.
③ 설비의 필요 부분에는 보호 접지를 한다.
④ 전기기계 기구의 조작은 필요시 아무나 할 수 있게 한다.

> **해설**
> 전기기계 기구의 조작은 관련 기술자가 하여야 한다.

04 연삭숫돌을 교체한 후 시험운전 시 최소 몇 분 이상 공회전을 시켜야 하는가?
① 1분 이상　　② 3분 이상
③ 5분 이상　　④ 10분 이상

> **해설**
> 연삭숫돌을 사용하는 작업에 있어서 작업을 시작하기 전에 1분 이상, 연삭숫돌을 교체한 후에 3분 이상 시운전을 하고, 당해 기계에 이상이 있는지의 여부를 확인하여야 한다.

05 아세틸렌–산소를 사용하는 가스용접장치를 사용할 때 조정기로 압력 조정 후 점화순서로 옳은 것은?
① 아세틸렌과 산소 밸브를 동시에 열어 조연성 가스를 많이 혼합 후 점화시킨다.
② 아세틸렌 밸브를 열어 점화시킨 후 불꽃 상태를 보면서 산소밸브를 열어 조정한다.
③ 먼저 산소 밸브를 연 다음 아세틸렌 밸브를 열어 점화시킨다.
④ 먼저 아세틸렌 밸브를 연 다음 산소 밸브를 열어 적정하게 혼합한 후 점화시킨다.

> **해설**
> 가스용접기는 아세틸렌 밸브를 연 다음 산소 밸브를 열어 적정하게 혼합한 후 점화시켜 사용한다.

06 압축기의 탑 클리어런스(top clearance)가 클 경우에 일어나는 현상으로 틀린 것은?
① 체적효율 감소　　② 토출가스온도 감소
③ 냉동능력 감소　　④ 윤활유의 열화

> **해설**
> 탑 클리어런스(틈새) 증가 시 현상
> 체적효율 감소, 토출가스온도 상승, 윤활유 열화, 냉동능력 감소 등

[정답] 01 ② 02 ④ 03 ④ 04 ② 05 ④ 06 ②

07 위험을 예방하기 위하여 사업주가 취해야 할 안전상의 조치로 틀린 것은?

① 시설에 대한 안전조치
② 기계에 대한 안전조치
③ 근로수당에 대한 안전조치
④ 작업방법에 대한 안전조치

> **해설**
> 근로수당에 대한 조치는 위험을 예방하기 위하여 사업주가 취해야 할 안전상 조치에 해당하지 않는다.

08 유류 화재 시 사용하는 소화기로 가장 적합한 것은?

① 무상수 소화기　② 봉상수 소화기
③ 분말 소화기　　④ 방화수

> **해설**
> 유류 화재 시 적합한 소화기
> ① 포말 소화기
> ② 분말 소화기
> ③ 강화액 소화기
> ④ CO_2 소화기
> ⑤ 할론 소화기

09 냉동설비에 설치된 수액기의 방류둑 용량에 관한 설명으로 옳은 것은?

① 방류둑 용량은 설치된 수액기 내용적의 90% 이상으로 할 것
② 방류둑 용량은 설치된 수액기 내용적의 80% 이상으로 할 것
③ 방류둑 용량은 설치된 수액기 내용적의 70% 이상으로 할 것
④ 방류둑 용량은 설치된 수액기 내용적의 60% 이상으로 할 것

> **해설**
> 방류둑의 용량
> ㉠ 액화산소의 저장탱크 : 저장능력 상당용적의 60%
> ㉡ 2기 이상의 저장탱크를 집합 방류둑 내에 설치한 저장탱크 : 저장탱크 중 최대저장탱크의 저장 능력 상당용적에 잔여 저장탱크 총 저장능력 상당용적의 10% 용적을 가산
> ㉢ 냉동설비 수액기 : 방류둑 내에 설치된 수액기 내용적의 90% 이상의 용적일 것

10 보일러 운전상의 장애로 인한 역화(back fire) 방지 대책으로 틀린 것은?

① 점화 방법이 좋아야 하므로 착화를 느리게 한다.
② 공기를 노 내에 먼저 공급하고 다음에 연료를 공급한다.
③ 노 및 연도 내에 미연소 가스가 발생하지 않도록 취급에 유의한다.
④ 점화 시 댐퍼를 열고 미연소 가스를 배출시킨 뒤 점화한다.

> **해설**
> 역화는 연소실에 미연소 가스가 체류하여 폭발하는 현상으로, 점화 시 착화를 빨리하여야 한다.

11 다음 산업안전대책 중 기술적인 대책이 아닌 것은?

① 안전설계　　　② 근로의욕의 향상
③ 작업행정의 개선　④ 점검보전의 확립

> **해설**
> 근로의욕의 향상은 기술적인 대책에 해당하지 않는다.

12 공장 설비 계획에 관하여 기계 설비의 배치와 안전의 유의사항으로 틀린 것은?

① 기계설비의 주위에는 충분한 공간을 둔다.
② 공장 내외에는 안전 통로를 설정한다.
③ 원료나 제품의 보관 장소는 충분히 설정한다.
④ 기계 배치는 안전과 운반에 관계없이 가능한 가깝게 설치한다.

> **해설**
> 기계 배치는 안전과 운반을 고려하여 가능한 충분히 공간을 확보한다.

[정답] 07 ③　08 ③　09 ①　10 ①　11 ②　12 ④

13 화물을 벨트, 롤러 등을 이용하여 연속적으로 운반하는 컨베이어의 방호장치에 해당하지 않는 것은?

① 이탈 및 역주행 방지장치
② 비상 정지 장치
③ 덮개 또는 울
④ 권과방지장치

해설
권과방지장치 : 크레인이 지정거리에서 권상을 정지시키는 방호장치

참고 권과방지(卷過防止)장치
훅·버킷 등 달기구의 윗면이 드럼·상부도르래·트롤리프레임 등 권상장치의 아랫면과 접촉할 우려가 있는 때에는 그 간격이 0.25m 이상[직동식(直動式) 권과방지장치는 0.05m 이상]이 되도록 조정하여야 한다.

14 가스용접 또는 가스절단 시 토치 관리의 잘못으로 인한 가스누출 부위로 타당하지 않는 것은?

① 산소밸브, 아세틸렌 밸브의 접속 부분
② 팁과 본체의 접속 부분
③ 절단기의 산소관과 본체의 접속 부분
④ 용접기와 안전홀더 및 어스선 연결 부분

해설
④번은 전기용접기 사용 시 점검사항에 해당한다.

15 보일러 사고원인 중 제작상의 원인이 아닌 것은?

① 재료불량
② 설계불량
③ 급수처리불량
④ 구조불량

해설
보일러 사고의 원인별 구분
㉠ 제작상 원인 : 재료불량, 구조 및 설계불량, 강도불량, 용접불량, 부속장비 미비 등
㉡ 취급상 원인 : 압력초과, 저수위, 급수처리 불량, 과열, 역화, 부식 등

16 동관의 이음방식이 아닌 것은?

① 플레어 이음
② 빅토릭 이음
③ 납땜 이음
④ 플랜지 이음

해설
동관의 이음방식
㉠ 납땜 이음   ㉡ 용접 이음
㉢ 플레어 이음(압축이음)   ㉣ 플랜지 이음

참고 주철관 접합법
소켓 이음, 플랜지 이음, 빅토릭 이음, 메카니컬(기계적) 이음 등

17 다음과 같은 냉동장치의 $P-h$ 선도에서 이론 성적계수는?

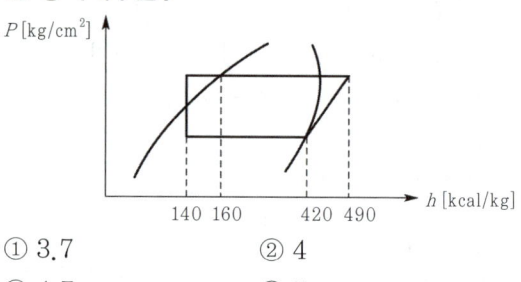

① 3.7
② 4
③ 4.7
④ 5

해설
이론적 성적계수
$$COP = \frac{q_2}{A_W} = \frac{420-140}{490-420} = 4$$

18 브라인에 대한 설명 중 옳은 것은?

① 브라인은 잠열 형태로 열을 운반한다.
② 에틸렌글리콜, 프로필렌글리콜, 염화칼슘 용액은 유기질 브라인이다.
③ 염화칼슘 브라인은 그중에 용해되고 있는 산소량이 많을수록 부식성이 적다.
④ 프로필렌글리콜은 부식성이 적고, 독성이 없어 냉동식품의 동결용으로 사용된다.

해설
프로필렌글리콜(유기질 브라인) : 물보다 약간 무거우며 점성이 크고 무색이며, 독성과 부식성이 거의 없어 냉동식품의 동결용 브라인으로 많이 사용된다.

19 프레온 냉매 액관을 시공할 때 플래시 가스 발생 방지 조치로서 틀린 것은?

① 열교환기를 설치한다.
② 지나친 입상을 방지한다.
③ 액관을 방열한다.
④ 응축 설계온도를 낮게 한다.

해설
플래시 가스(flash gas)의 발생원인
㉠ 액관이 현저하게 입상되었거나 길 때
㉡ 스트레이너, 드라이어 등이 막힌 경우
㉢ 액관 구경이 현저하게 가늘 경우
㉣ 전자밸브, 스톱밸브, 드라이어, 스트레이너 등의 구경이 적은 경우
㉤ 수액기나 액관이 직사광선에 노출된 경우
㉥ 액관을 보온 없이 고온 장소에 통과시킨 경우
㉦ 과도하게 응축온도가 낮아진 경우

20 다음 냉매 중 물에 용해성이 좋아서 흡수식 냉동기의 냉매로 가장 적합한 것은?

① R-502   ② 황산
③ 암모니아 ④ R-22

해설
흡수식 냉동기의 냉매에 따른 흡수제

냉매	흡수제
암모니아	물
물	브롬화리튬(LiBr)
염화메틸	사염화에틸
톨루엔	파라핀유

21 완전 기체에서 단열압축 과정 동안 나타나는 현상은?

① 비체적이 커진다.   ② 전열량의 변화가 없다.
③ 엔탈피가 증가한다. ④ 온도가 낮아진다.

해설
단열압축 시 엔탈피는 증가한다.

22 팽창밸브를 적게 열었을 때 일어나는 현상으로 옳은 것은?

① 증발압력 상승   ② 토출온도 상승
③ 증발온도 상승   ④ 냉동능력 상승

해설
팽창밸브를 적게 열면 증발압력 및 증발온도는 저하하여 압축비가 상승하게 되므로 압축기 토출가스 온도는 상승하게 된다.

23 프레온 누설 검사 중 헬라이드 토치 시험에서 냉매가 다량으로 누설될 때 변화된 불꽃의 색깔은?

① 청색   ② 녹색
③ 노랑   ④ 자색

해설
헬라이드 토치에서의 불꽃의 변화
① 누설이 없을 때 : 청색   ② 소량 누설 시 : 녹색
③ 다량 누설 시 : 자색   ④ 과량 누설 시 : 꺼짐

24 교류주기가 0.004sec일 때 주파수는?

① 400 Hz   ② 450 Hz
③ 200 Hz   ④ 250 Hz

해설
$$주파수(f) = \frac{1}{주기(T)} = \frac{1}{0.004} = 250 Hz$$

25 다음의 기호가 표시하는 밸브로 옳은 것은?

① 볼 밸브
② 게이트 밸브
③ 수동 밸브
④ 앵글 밸브

해설
앵글 밸브 : 유체의 흐름을 직각으로 바꿔 주는 동시에 유량을 조절하는 밸브

[정답] 19 ④ 20 ③ 21 ③ 22 ② 23 ④ 24 ④ 25 ④

26 다음 그림은 2단압축 2단팽창 이론 냉동사이클이다. 이론 성적계수를 구하는 공식으로 옳은 것은? (단, G_L 및 G_H는 각각 저단, 고단 냉매순환량이다.)

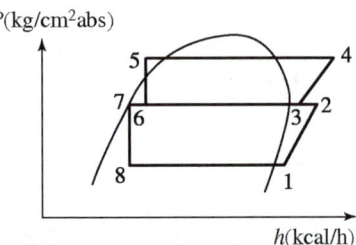

① $COP = \dfrac{G_L \times (h_1 - h_8)}{(G_L + G_H) \times (h_4 - h_1)}$

② $COP = \dfrac{G_L \times (h_1 - h_8)}{(G_L - G_H) \times (h_4 - h_1)}$

③ $COP = \dfrac{G_H \times (h_1 - h_8)}{G_L \times (h_2 - h_1) + G_H \times (h_4 - h_3)}$

④ $COP = \dfrac{G_L \times (h_1 - h_8)}{G_L \times (h_2 - h_1) + G_H \times (h_4 - h_3)}$

해설
2단압축 2단팽창 냉동사이클에서의 성적계수

$COP = \dfrac{Q_2}{AW} = \dfrac{G_L(h_1 - h_8)}{G_L(h_2 - h_1) + G_H(h_4 - h_3)}$

27 프레온 응축기(수냉식)에서 냉각수량이 시간당 18,000L, 응축기 냉각관의 전열면적 20m², 냉각수 입구온도 30℃, 출구온도 34℃인 응축기의 열통과율 900kcal/m²·h·℃라고 할 때 응축온도는? (단, 냉매와 냉각수와의 평균온도차는 산술평균치로 하고 열손실은 없는 것으로 한다.)

① 32℃   ② 34℃
③ 36℃   ④ 38℃

해설
응축열량 = 냉각수가 흡수하는 열량 = 열통과에 의한 열량
$Q_1 = w \cdot c \cdot (tw_2 - tw_1) = K \cdot A \cdot \Delta t_m$ 이므로

$\Delta t_m = \dfrac{w \cdot c \cdot (tw_2 - tw_1)}{K \cdot A}$

$= \dfrac{18{,}000 \times 1 \times (34 - 30)}{900 \times 20} = 4℃$

$\Delta t_m = t_1 - \dfrac{(tw_1 + tw_2)}{2}$ 에서

$t_1 = \Delta t_m + \dfrac{tw_1 + tw_2}{2} = 4 + \dfrac{30 + 34}{2} = 36℃$

28 열의 이동에 관한 설명으로 틀린 것은?

① 열에너지가 중간물질과 관계없이 열선의 형태를 갖고 전달되는 전열형식을 복사라 한다.
② 대류는 기체나 액체 운동에 의한 열의 이동현상을 말한다.
③ 온도가 다른 두 물체가 접촉할 때 고온에서 저온으로 열이 이동하는 것을 전도라 한다.
④ 물체 내부를 열이 이동할 때 전열량은 온도차에 반비례하고, 도달거리에 비례한다.

해설
물체 내부를 열이 이동할 때 전열량은 온도차에 비례하고 거리에 반비례한다.

참고 열전도열량

$Q = \dfrac{\lambda \cdot A \cdot \Delta t}{l}$

29 광명단 도료에 대한 설명 중 틀린 것은?

① 밀착력이 강하고 도막도 단단하여 풍화에 강하다.
② 연단에 아마인유를 배합한 것이다.
③ 기계류의 도장 밑칠에 널리 사용된다.
④ 은분이라고도 하며, 방청효과가 매우 좋다.

해설
은분은 알루미늄 도료이다.

[정답] 26 ④ 27 ③ 28 ④ 29 ④

30 압축기의 축봉장치에 대한 설명으로 옳은 것은?
① 냉매나 윤활유가 외부로 새는 것을 방지한다.
② 축의 회전을 원활하게 하는 베어링 역할을 한다.
③ 축이 빠지는 것을 막아주는 역할을 한다.
④ 윤활유를 냉각하는 장치이다.

해설
축봉장치(shaft seal) : 압축기 크랭크 케이스의 크랭크축이 관통하는 부분에서 냉매나 오일이 누설방지나 진공운전으로 인한 외기가 침입되지 않도록 기밀을 유지하기 위해 축을 봉해주는 장치이다.

31 강관 이음법 중 용접 이음에 대한 설명으로 틀린 것은?
① 유체의 마찰손실이 적다.
② 관의 해체와 교환이 쉽다.
③ 접합부 강도가 강하며, 누수의 염려가 적다.
④ 중량이 가볍고 시설의 보수 유지비가 절감된다.

해설
용접 이음은 관의 해체와 교환이 어렵고, 플랜지 이음이 해체 및 교환이 용이하다.

32 냉동장치의 장기간 정지 시 운전자의 조치사항으로 틀린 것은?
① 냉각수는 그 다음 사용 시 필요하므로 누설되지 않게 밸브 및 플러그의 잠김 상태를 확인하여 잘 잠가 둔다.
② 저압측 냉매를 전부 수액기에 회수하고, 수액기에 전부 회수할 수 없을 때에는 냉매통에 회수한다.
③ 냉매 계통 전체의 누설을 검사하여 누설 가스를 발견했을 때에는 수리해 둔다.
④ 압축기의 축봉장치에서 냉매가 누설될 수 있으므로 압력을 걸어 둔 상태로 방치해서는 안 된다.

해설
냉동장치를 장기간 정지 시 냉각수는 드레인 밸브 또는 플러그를 풀러 완전하게 배출시켜야 하며, 특히 겨울철에 동결에 의한 파손에 충분히 대비하여야 한다.

33 암모니아 냉매에 대한 설명으로 틀린 것은?
① 가연성, 독성, 자극적인 냄새가 있다.
② 전기 절연도가 떨어져 밀폐식 압축기에는 부적합하다.
③ 냉동효과와 증발잠열이 크다.
④ 철, 강을 부식시키므로 냉매배관은 동관을 사용해야 한다.

해설
암모니아는 동 또는 동을 62% 이상 함유한 동합금을 부식시키므로 동관을 사용하지 않는다.

34 다음과 같은 P-h선도에서 온도가 가장 높은 곳은?
① A
② B
③ C
④ D

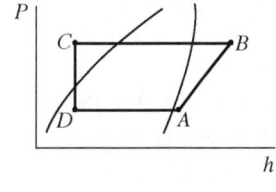

해설
압축기 출구의 토출가스온도가 가장 높으므로 B가 된다.
(B 〉 C 〉 A 〉 D)

35 냉동장치 내에 냉매가 부족할 때 일어나는 현상으로 가장 거리가 먼 것은?
① 냉동능력이 감소한다.
② 고압측 압력이 상승한다.
③ 흡입관에 상(霜)이 붙지 않는다.
④ 흡입가스가 과열된다.

해설
냉매가 부족하면 고압측 압력과 저압측 압력이 낮아진다.

[정답] 30 ① 31 ② 32 ① 33 ④ 34 ② 35 ②

36 고속 다기통 압축기의 흡입 및 토출밸브에 주로 사용하는 것은?

① 포핏 밸브
② 플레이트 밸브
③ 리이드 밸브
④ 와샤 밸브

해설
㉠ 포핏 밸브 : NH_3 입형 저속 압축기에 사용
㉡ 링플레이트 밸브 : 고속 다기통 압축기의 흡입 및 토출 밸브에 사용

37 표준 냉동사이클의 온도조건으로 틀린 것은?

① 증발온도 : -15℃
② 응축온도 : 30℃
③ 팽창밸브 입구에서의 냉매액 온도 : 25℃
④ 압축기 흡입가스 온도 : 0℃

해설
기준 냉동사이클
① 증발온도 : -15℃
② 응축온도 : 30℃
③ 팽창밸브 직전의 냉매액의 온도 : 25℃
④ 압축기 흡입가스 온도 : -15℃의 건포화증기

38 냉동장치의 냉각기에 적상이 심할 때 미치는 영향이 아닌 것은?

① 냉동능력 감소
② 냉장고 내 온도 저하
③ 냉동 능력당 소요동력 증대
④ 리키드 백(Liquid back) 발생

해설
냉각기에 적상 : 전열불량으로 냉장고 내 온도는 상승된다.

39 냉매배관에 사용되는 저온용 단열재에 요구되는 성질로 틀린 것은?

① 열전도율이 작을 것
② 투습 저항이 크고 흡습성이 작을 것
③ 팽창 계수가 클 것
④ 불연성 또는 난연성일 것

해설
단열재는 팽창 계수가 작아야 한다.

40 아래의 기호에 대한 설명으로 적절한 것은?

① 누르고 있는 동안만 접점이 열린다.
② 누르고 있는 동안만 접점이 닫힌다.
③ 누름/안누름 상관없이 언제나 접점이 열린다.
④ 누름/안누름 상관없이 언제나 접점이 닫힌다.

해설
b접점(NC 접점) : 버튼을 누르고 있는 동안만 접점이 열려 전기가 통하지 않는 접점

참고 전기접점의 종류
㉠ a접점 : 버튼을 누르면 전기가 통하는 접점(NO 접점)
㉡ b접점 : 버튼을 누르면 전기가 통하지 않는 접점(NC 접점)
㉢ c접점 : 가동접점부를 공유하는 a+b 접점을 조합한 접점

41 건포화 증기를 흡입하는 압축기가 있다. 고압이 일정한 상태에서 저압이 내려가면 이 압축기의 냉동 능력은 어떻게 되는가?

① 증대한다.
② 변하지 않는다.
③ 감소한다.
④ 감소하다가 점차 증대한다.

해설
저압이 내려가면 냉동효과가 감소하므로 냉동능력이 감소한다.

[정답] 36 ② 37 ④ 38 ② 39 ③ 40 ① 41 ③

42 압축기의 토출가스 압력의 상승 원인이 아닌 것은?
① 냉각수온의 상승   ② 냉각수량의 감소
③ 불응축가스의 부족   ④ 냉매의 과충전

해설
불응축가스가 존재하면 압축기 토출가스 압력은 상승한다.

참고 불응축 가스 존재시 장치에 미치는 악영향
㉠ 응축압력 상승으로 압축비 증대
㉡ 압축기 소요동력 증대 등
㉢ 압축기 과열로 토출가스 온도 상승
㉣ 냉동능력 및 성적계수 감소

43 유기질 브라인으로 부식성이 적고, 독성이 없으므로 주로 식품냉동의 동결용에 사용되는 브라인은?
① 염화마그네슘   ② 염화칼슘
③ 에틸렌글리콜   ④ 프로필렌글리콜

해설
프로필렌글리콜(유기질 브라인)은 부식성이 적고 독성이 없어 주로 식품냉동의 동결용으로 사용된다.

44 2원 냉동사이클에 대한 설명으로 가장 거리가 먼 것은?
① 각각 독립적으로 작동하는 저온측 냉동사이클과 고온측 냉동사이클로 구성된다.
② 저온측의 응축기 방열량을 고온측의 증발기로 흡수하도록 만든 냉동사이클이다.
③ 보통 저온측 냉매는 임계점이 낮은 냉매, 고온측은 임계점이 높은 냉매를 사용한다.
④ 일반적으로 -180℃ 이하의 저온을 얻고자 할 때 이용하는 냉동사이클이다.

해설
2원 냉동사이클 : 비등점이 각각 다른 2개의 냉동사이클을 병렬로 형성시켜 -70℃ 정도 이하의 초저온 냉동장치에 주로 사용된다.

45 개방식 냉각탑의 종류로 가장 거리가 먼 것은?
① 대기식 냉각탑
② 자연 통풍식 냉각탑
③ 강제 통풍식 냉각탑
④ 증발식 냉각탑

해설
냉각탑의 종류
① 개방식 : 대기식, 자연통풍식, 기계(강제)통풍식
② 밀폐식 : 건식, 증발식

참고 열전달 방법에 따른 냉각탑의 구분
㉠ 개방형 : 냉각수와 공기가 직접 접촉하며 냉각수의 증발이 수반되어 열을 교환하는 형태
㉡ 밀폐형 : 냉각수와 공기가 간접 접촉하여 열을 교환하는 형태

46 건물의 바닥, 벽, 천장 등에 온수코일을 매설하고 열원에 의해 패널을 직접 가열하여 실내를 난방하는 방식은?
① 온수난방   ② 열펌프난방
③ 온풍난방   ④ 복사난방

해설
복사난방 : 건물의 바닥, 천장, 벽 등에 온수관을 매설하여 방열면으로 사용하며 아파트, 주택 등에 많이 사용하는 난방방식

47 보일러에서 연도로 배출되는 배기열을 이용하여 보일러 급수를 예열하는 부속장치는?
① 과열기   ② 연소실
③ 절탄기   ④ 공기예열기

해설
절탄기(급수예열기, Economizer) : 보일러 배기가스의 폐열을 이용하여 급수를 예열하는 장치

[정답] 42 ③ 43 ④ 44 ④ 45 ④ 46 ④ 47 ③

48 환기에 대한 설명으로 틀린 것은?

① 환기는 배기에 의해서만 이루어진다.
② 환기는 급기, 배기의 양자를 모두 사용하기도 한다.
③ 공기를 교환해서 실내 공기 중의 오염물 농도를 희석하는 방식은 전체환기라고 한다.
④ 오염물이 발생하는 곳과 주변의 국부적인 공간에 대해서 처리하는 방식을 국소환기라고 한다.

> **해설**
> 환기는 급기, 배기 모두를 사용한다.

49 캐비테이션(공동현상)의 방지대책으로 틀린 것은?

① 펌프의 흡입양정을 짧게 한다.
② 펌프의 회전수를 적게 한다.
③ 양흡입 펌프를 단흡입 펌프로 바꾼다.
④ 흡입관경은 크게 하며 굽힘을 적게 한다.

> **해설**
> 캐비테이션(공동현상) 방지대책
> ㉠ 흡입측의 손실수두(흡입양정)를 작게 한다.
> ㉡ 펌프의 설치 위치를 낮춘다.
> ㉢ 펌프 회전수를 낮춘다.
> ㉣ 양흡입 펌프를 사용한다.
> ㉤ 펌프의 회전차를 수중에 완전히 잠기게 한다.

50 공기조화기의 가열코일에서 건구온도 3℃의 공기 2,500kg/h를 25℃까지 가열하였을 때 가열 열량은?(단, 공기의 비열은 1.01kJ/kg·℃이다.)

① 7,200 kcal/h
② 8,700 kcal/h
③ 13,200 kJ/h
④ 55,550 kJ/h

> **해설**
> 공기의 가열량
> $q_s = G \cdot C \cdot \Delta t = 2,500 \times 0.24 \times (25-3)$
> $= 13,200 \text{kcal/h} ≒ 55,440 \text{kJ/h}$
> 또는, $q_s = 2,500 \times 1.01 \times (25-3) = 55,550 \text{kJ/h}$

51 공기 중의 미세먼지 제거 및 클린룸에 사용되는 필터는?

① 여과식 필터
② 활성탄 필터
③ 초고성능 필터
④ 자동감기용 필터

> **해설**
> 초고성능 필터(ULPA Filter) : 공기 중의 미세먼지 제거 및 클린룸에 사용되는 필터

52 덕트 보온 시공 시 주의사항으로 틀린 것은?

① 보온재를 붙이는 면은 깨끗하게 한 후 붙인다.
② 보온재의 두께가 50 mm 이상인 경우는 두 층으로 나누어 시공한다.
③ 보의 관통부 등은 반드시 보온 공사를 실시한다.
④ 보온재를 다층으로 시공할 때는 종횡의 이음이 한 곳에 합쳐지도록 한다.

> **해설**
> 보온재를 다층으로 시공할 때는 종횡의 이음이 두 곳에서 합쳐지지 않도록 보온한다.

53 다음 공조방식 중 개별 공기조화 방식에 해당하는 것은?

① 팬코일 유닛 방식
② 2중덕트 방식
③ 복사·냉난방 방식
④ 패키지 유닛 방식

> **해설**
> 개별식 공조방식 : 패키지 방식, 룸 쿨러, 멀티 쿨러 방식 등

54 원심식 송풍기의 종류에 속하지 않는 것은?

① 터보형 송풍기
② 다익형 송풍기
③ 플레이트형 송풍기
④ 프로펠러형 송풍기

> **해설**
> 송풍기의 종류
> ㉠ 원심식 송풍기 : 다익형, 터보형, 익형 등
> ㉡ 축류형 송풍기 : 프로펠러형

[정답] 48 ① 49 ③ 50 ④ 51 ③ 52 ④ 53 ④ 54 ④

55 공기조화에서 시설 내 일산화탄소의 허용되는 오염기준은 시간당 평균 얼마인가?

① 25ppm 이하　② 30ppm 이하
③ 35ppm 이하　④ 40ppm 이하

해설
실내 일산화탄소(CO) 함유량은 일반적으로 10ppm (0.001%) 이하로 한다.

참고 다중이용시설 등의 실내공기질관리법 시행규칙에 따른 실내 공기질 유지기준 [개정 2014.3.20.]

오염물질 항목 다중이용시설	미세먼지 (μg/m³)	이산화탄소 (ppm)	폼알데하이드 (μg/m³)	총부유세균 (CFU/m³)	일산화탄소 (ppm)
지하역사, 지하도상가, 여객자동차터미널의 대합실, 철도역사의 대합실, 공항시설 중 여객터미널, 항만시설 중 대합실, 도서관·박물관 및 미술관, 장례식장, 목욕장, 대규모점포, 영화상영관, 학원, 전시시설, 인터넷컴퓨터게임시설제공업 영업시설	150 이하	1,000 이하	100 이하		10 이하
의료기관, 어린이집, 노인요양시설, 산후조리원	100 이하			800 이하	
실내주차장	200 이하				25 이하

[비고] 도서관, 영화상영관, 학원, 인터넷컴퓨터게임시설제공업 영업시설 중 자연환기가 불가능하여 자연환기설비 또는 기계환기설비를 이용하는 경우에는 이산화탄소의 기준을 1,500ppm 이하로 한다.

56 복사난방에 대한 설명으로 틀린 것은?

① 실내의 쾌감도가 높다.
② 실내온도 분포가 균등하다.
③ 외기 온도의 급변에 대한 방열량 조절이 용이하다.
④ 시공, 수리, 개조가 불편하다.

해설
복사난방은 외기 온도의 급변에 대한 방열량 조절은 어렵다.

57 온풍난방에 대한 설명으로 틀린 것은?

① 예열시간이 짧다.
② 송풍온도가 고온이므로 덕트가 대형이다.
③ 설치가 간단하며 설비비가 싸다.
④ 별도의 가습기를 부착하여 습도조절이 가능하다.

해설
온풍난방은 송풍온도가 고온이므로 덕트가 소형이다.

58 난방부하를 줄일 수 있는 요인으로 가장 거리가 먼 것은?

① 천장을 통한 전도열　② 태양열에 의한 복사열
③ 사람에서의 발생열　④ 기계의 발생열

해설
난방부하를 줄일 수 있는 요소
① 태양에 의한 복사열
② 인체 발생열
③ 조명, 기계의 발생열

59 열의 운반을 위한 방법 중 공기방식이 아닌 것은?

① 단일덕트 방식　② 이중덕트 방식
③ 멀티존유닛 방식　④ 패키지유닛 방식

해설
개별식(냉매방식) 공조방식 : 패키지 방식, 룸쿨러, 멀티쿨러 방식 등

60 30℃인 습공기를 80℃ 온수로 가열가습한 경우 상태변화로 틀린 것은?

① 절대습도가 증가한다.
② 건구온도가 감소한다.
③ 엔탈피가 증가한다.
④ 노점온도가 증가한다.

해설
가열가습 시에는 건구온도는 상승한다.

[정답] 55 ① 56 ③ 57 ② 58 ① 59 ④ 60 ②

제5회 CBT 검정 기출문제

01 다음 중 정전기 방전의 종류가 아닌 것은?
① 불꽃 방전 ② 연면 방전
③ 분기 방전 ④ 코로나 방전

> **해설**
> 정전기 방전의 종류
> ㉠ 코로나 방전 : 대전된 부도체와 가는 선상의 도체 또는 뾰족한 선단을 가진 도체와의 사이에서 발생하는 미약한 발광과 소리를 수반하는 방전
> ㉡ 불꽃 방전 : 도체가 대전되었을 때 접지된 도체와의 사이에서 발생하는 강한 발광과 파괴음을 수반하는 방전
> ㉢ 연면 방전 : 대전이 큰 얇은 층상의 부도체를 박리할 때 또는 얇은 층상의 대전된 부도체의 뒷면에 밀접한 접지체가 있을 때 표면에 연한 복수의 수지상(樹枝狀)의 발광을 수반하여 발생하는 방전
> ㉣ 스트리머 방전 : 대전량이 많은 부도체와 비교적 곡률반경이 큰 선단을 가진 도체와의 사이에서 발생하는 수지상의 발광과 펄스상의 파괴음을 수반하는 방전
> ㉤ 뇌상 방전 : 공기 중의 뇌상으로 부유하는 대전입자의 규모가 커졌을 때 대전운에게 번개형의 발광을 수반하여 발생하는 방전

02 보일러 운전 중 과열에 의한 사고를 방지하기 위한 사항으로 틀린 것은?
① 보일러의 수위가 안전저수면 이하가 되지 않도록 한다.
② 보일러수의 순환을 교란시키지 말아야 한다.
③ 보일러 전열면을 국부적으로 과열하여 운전한다.
④ 보일러수가 농축되지 않게 운전한다.

> **해설**
> 보일러 전열면을 국부적으로 과열하여 운전하면 과열사고의 우려가 크다.

> **참고** 보일러 과열에 의한 사고의 원인
> ㉠ 보일러 저수위 시
> ㉡ 동내면에 스케일 생성 시
> ㉢ 보일러수가 농축되어 있을 때
> ㉣ 보일러수의 순환이 불량할 때
> ㉤ 전열면에 국부적인 열을 받았을 때

03 보일러의 수압시험을 하는 목적으로 가장 거리가 먼 것은?
① 균열의 유무를 조사
② 각종 덮개를 장치한 후의 기밀도 확인
③ 이음부의 누설 정도 확인
④ 각종 스테이의 효력을 조사

> **해설**
> 수압시험으로는 각종 스테이의 효력을 조사할 수 없다.

> **참고**
> 보일러 수압시험의 목적 : 균열과 기밀도 및 누설 정도 확인

04 응축압력이 지나치게 내려가는 것을 방지하기 위한 조치방법 중 틀린 것은?
① 송풍기의 풍량을 조절한다.
② 송풍기 출구에 댐퍼를 설치하여 풍량을 조절한다.
③ 수냉식일 경우 냉각수의 공급을 증가시킨다.
④ 수냉식일 경우 냉각수의 온도를 높게 유지한다.

> **해설**
> 수냉식 응축기에서 냉각수의 공급을 증가시키면 응축압력은 내려간다.

05 작업 시 사용하는 해머의 조건으로 적절한 것은?
① 쐐기가 없는 것 ② 타격면에 홈이 있는 것
③ 타격면이 평탄한 것 ④ 머리가 깨어진 것

> **해설**
> 해머는 타격면이 평탄하여야 한다.

[정답] 01 ③ 02 ③ 03 ④ 04 ④ 05 ③

06 팽창밸브가 냉동 용량에 비하여 너무 작을 때 일어나는 현상은?

① 증발압력 상승
② 압축기 소요동력 감소
③ 소요전류 증대
④ 압축기 흡입가스 과열

해설
팽창밸브의 용량이 너무 작으면 냉매 순환량이 감소하여 압축기 흡입가스는 과열된다.

07 보일러의 운전 중 파열사고의 원인으로 가장 거리가 먼 것은?

① 수위상승
② 강도의 부족
③ 취급의 불량
④ 계기류의 고장

해설
보일러의 파열사고는 강도 부족, 취급불량(증기압력 초과, 저수위, 스케일에 의한 과열 등), 계측기의 고장 등에 의하여 파열될 수 있으나, 수위상승 시에는 고수위 사고가 발생한다.

08 전기화재의 원인으로 고압선과 저압선이 나란히 설치된 경우, 변압기의 1, 2차 코일의 절연파괴로 인하여 발생하는 것은?

① 단락
② 지락
③ 혼촉
④ 누전

해설
① 단락 : 2개 이상의 전선이 서로 접촉하여 열이 발생하여 녹아 버리는 현상
② 지락 : 누전전류의 일부가 대지로 흐르게 되는 것
③ 혼촉 : 고압선과 저압선이 나란히 설치된 경우, 변압기의 1, 2차 코일의 절연파괴로 인하여 발생
④ 누전 : 전류가 설계된 부분 이외의 곳에 흐르는 현상

09 기계 작업 시 일반적인 안전에 대한 설명 중 틀린 것은?

① 취급자나 보조자 이외에는 사용하지 않도록 한다.
② 칩이나 절삭된 물품에 손을 대지 않는다.
③ 사용법을 확실히 모르면 손으로 움직여 본다.
④ 기계는 사용 전에 점검한다.

해설
기계 작업 시 기계의 사용법을 확실히 파악하고 작동시켜야 한다.

10 보호구의 적절한 선정 및 사용 방법에 대한 설명 중 틀린 것은?

① 작업에 적절한 보호구를 선정한다.
② 작업장에는 필요한 수량의 보호구를 비치한다.
③ 보호구는 방호 성능이 없어도 품질이 양호해야 한다.
④ 보호구는 착용이 간편해야 한다.

해설
보호구는 충분한 방호 성능이 있어야 하며 품질이 양호해야 한다.

11 냉동기를 운전하기 전에 준비해야 할 사항으로 틀린 것은?

① 압축기 유면 및 냉매량을 확인한다.
② 응축기, 유냉각기의 냉각수 입출구 밸브를 연다.
③ 냉각수 펌프를 운전하여 응축기 및 실린더 자켓의 통수를 확인한다.
④ 암모니아 냉동기의 경우는 오일 히터를 기동 30~60분 전에 통전한다.

해설
프레온 냉동기의 경우는 오일포밍현상을 방지하기 위하여 오일 히터를 압축기 기동 30~60분 전에 통전한다.

[정답] 06 ④ 07 ① 08 ③ 09 ③ 10 ③ 11 ④

12 냉동기 검사에 합격한 냉동기 용기에 반드시 각인해야 할 사항은?
① 제조업체의 전화번호
② 용기의 번호
③ 제조업체의 등록번호
④ 제조업체의 주소

> **해설**
> 합격 용기에 대한 각인 표시
> ㉠ 용기제조업자의 명칭 또는 약호
> ㉡ 충전하는 가스의 명칭
> ㉢ 용기의 번호
> ㉣ 내용적(기초 : V, 단위 : L)
> ㉤ 초저온 용기 외의 용기는 밸브 및 부속품을 포함하지 아니한 용기의 질량(기호 : W, 단위 : kg)
> ㉥ 아세틸렌가스 충전용기는 ㉤의 질량에 용기의 다공물질·용제 및 밸브의 질량을 합한 질량(기호 : TW, 단위 : kg)
> ㉦ 내압시험에 합격한 연월
> ㉧ 내압시험압력(기호 : TP, 단위 : MPa)
> ㉨ 최고충전압력(기호 : FP, 단위 : MPa)
> ㉩ 내용적이 500L를 초과하는 용기에는 동판의 두께(기호 : t, 단위 : mm)
> ㉪ 충전량(g) (납붙임 또는 접합용기에 한정)

13 가스용접 작업 시 주의사항이 아닌 것은?
① 용기밸브는 서서히 열고 닫는다.
② 용접 전에 소화기 및 방화사를 준비한다.
③ 용접 전에 전격방지기 설치 유무를 확인한다.
④ 역화방지를 위하여 안전기를 사용한다.

> **해설**
> 전격방지기는 전기용접기에 설치하여 전격(감전)을 방지한다.

14 전기기기의 방폭구조의 형태가 아닌 것은?
① 내압 방폭구조   ② 안전증 방폭구조
③ 유입 방폭구조   ④ 차동 방폭구조

> **해설**
> 방폭구조(폭발방지구조)의 종류
> ㉠ 내압 방폭구조   ㉡ 유입 방폭구조
> ㉢ 압력 방폭구조   ㉣ 안전증 방폭구조
> ㉤ 본질안전증 방폭구조 ㉥ 특수 방폭구조

15 수공구 사용에 대한 안전사항 중 틀린 것은?
① 공구함에 정리를 하면서 사용한다.
② 결함이 없는 완전한 공구를 사용한다.
③ 작업완료 시 공구의 수량과 훼손 유무를 확인한다.
④ 불량공구는 사용자가 임시 조치하여 사용한다.

> **해설**
> 불량공구는 사용하지 않도록 한다.

16 표준 냉동사이클로 운전될 경우, 다음 왕복동 압축기용 냉매 중 토출가스 온도가 제일 높은 것은?
① 암모니아   ② R-22
③ R-12   ④ R-500

> **해설**
> 표준 냉동사이클에서의 압축기 토출가스온도
> ① 암모니아 : 98℃   ② R-22 : 55℃
> ③ R-12 : 37.8℃   ④ R-500 : 40℃

17 증기압축식 냉동사이클의 압축과정 동안 냉매의 상태변화로 틀린 것은?
① 압력 상승   ② 온도 상승
③ 엔탈피 증가   ④ 비체적 증가

> **해설**
> 압축과정 동안 압력, 온도, 엔탈피는 증가하고 비체적은 감소하고 엔트로피는 일정하다.

[정답] 12 ② 13 ③ 14 ④ 15 ④ 16 ① 17 ④

18 다음 중 동관작업용 공구가 아닌 것은?

① 익스팬더 ② 티뽑기
③ 플레어링 툴 ④ 클립

해설
클립 : 주철관 소켓(HUB) 이음에 필요한 공구

19 유체의 입구와 출구의 각이 직각이며, 주로 방열기의 입구 연결 밸브나 보일러 주증기 밸브로 사용되는 밸브는?

① 슬루스밸브(Sluice valve)
② 체크밸브(Check valve)
③ 앵글밸브(Angle valve)
④ 게이트밸브(Gate valve)

해설
앵글밸브(Angle valve)
유체의 흐름을 직각으로 바꿔 주는 동시에 유량을 조절하는 밸브로 주로 방열기의 입구 연결 밸브나 보일러 주증기 밸브로 사용된다.

20 횡형 쉘 앤 튜브(Horizental shell and tube)식 응축기에 부착되지 않는 것은?

① 역지 밸브 ② 공기배출구
③ 물 드레인 밸브 ④ 냉각수 배관 출·입구

해설
횡형 쉘 앤 튜브식 응축기에는 역류방지밸브인 역지밸브는 부착하지 않는다.

참고 횡형 쉘 앤 튜브식 응축기의 구조

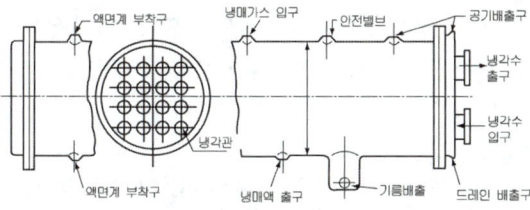

21 냉동장치의 냉매배관에서 흡입관의 시공상 주의점으로 틀린 것은?

① 두 개의 흐름이 합류하는 곳은 T이음으로 연결한다.
② 압축기가 증발기보다 밑에 있는 경우, 흡입관은 증발기 상부보다 높은 위치까지 올린 후 압축기로 가게 한다.
③ 흡입관의 입상이 매우 길 때는 약 10m마다 중간에 트랩을 설치한다.
④ 각각의 증발기에서 흡인 주관으로 들어가는 관은 주관 위에서 접속한다.

해설
두 개의 흐름이 합류하는 곳은 T이음으로 하지 말고 Y이음으로 연결한다.

22 압축기의 상부간격(Top Clearance)이 크면 냉동 장치에 어떤 영향을 주는가?

① 토출가스 온도가 낮아진다.
② 체적 효율이 상승한다.
③ 윤활유가 열화되기 쉽다.
④ 냉동능력이 증가한다.

해설
상부간격(Top Clearance)가 크면
㉠ 압축기 토출가스 온도 상승
㉡ 압축기 과열에 따른 윤활유의 열화 및 탄화
㉢ 압축기 체적 효율 저하
㉣ 냉매순환량 감소로 냉동능력 저하

23 200V, 300W의 전열기를 100V 전압에서 사용할 경우 소비전력은?

① 약 50kW ② 약 75kW
③ 약 100kW ④ 약 150kW

해설
$P = VI = V\dfrac{V}{R} = \dfrac{V^2}{R}$ 에서 $300 : 200^2 = x : 100^2$
∴ $x = 75\text{kW}$

[정답] 18 ④ 19 ③ 20 ① 21 ① 22 ③ 23 ②

24 흡수식 냉동기에 사용되는 흡수제의 구비조건으로 틀린 것은?
① 용액의 증기압이 낮을 것
② 농도변화에 의한 증기압의 변화가 클 것
③ 재생에 많은 열량을 필요로 하지 않을 것
④ 점도가 높지 않을 것

> **해설**
> 흡수제의 구비조건
> ㉠ 용액의 증기압이 낮을 것
> ㉡ 농도변화에 따른 증기압의 변화가 적을 것
> ㉢ 냉매와의 증발온도 차가 클 것(동일 압력에서)
> ㉣ 재생기와 흡수기에서의 용해도 차가 클 것
> ㉤ 재생에 많은 열량을 필요로 하지 않을 것
> ㉥ 점성이 작고 결정이 잘 되지 않을 것
> ㉦ 부식성이 없을 것

25 냉동장치의 능력을 나타내는 단위로서 냉동톤(RT)이 있다. 1냉동톤에 대한 설명으로 옳은 것은?
① 0℃의 물 1kg을 24시간에 0℃의 얼음으로 만드는 데 필요한 열량
② 0℃의 물 1ton을 24시간에 0℃의 얼음으로 만드는 데 필요한 열량
③ 0℃의 물 1kg을 1시간에 0℃의 얼음으로 만드는 데 필요한 열량
④ 0℃의 물 1ton을 1시간에 0℃의 얼음으로 만드는 데 필요한 열량

> **해설**
> 1냉동톤(1RT=3,320kcal/h=3.86kW)
> 0℃의 물 1ton을 24시간에 0℃의 얼음으로 만드는 데 필요한 열량

26 암모니아 냉매의 특성으로 틀린 것은?
① 물에 잘 용해된다.
② 밀폐형 압축기에 적합한 냉매이다.
③ 다른 냉매보다 냉동효과가 크다.
④ 가연성으로 폭발의 위험이 있다.

> **해설**
> 암모니아는 전기 절연물을 열화 및 침식시키므로 밀폐형 압축기에 부적합한 냉매이다.

27 동관에 관한 설명 중 틀린 것은?
① 전기 및 열전도율이 좋다.
② 가볍고 가공이 용이하며 일반적으로 동파에 강하다.
③ 산성에는 내식성이 강하고 알칼리성에는 심하게 침식된다.
④ 전연성이 풍부하고 마찰저항이 적다.

> **해설**
> 동관은 알카리에 강하고 산성에는 약하다.

28 회전 날개형 압축기에서 회전 날개의 부착은?
① 스프링 힘에 의하여 실린더에 부착한다.
② 원심력에 의하여 실린더에 부착한다.
③ 고압에 의하여 실린더에 부착한다.
④ 무게에 의하여 실린더에 부착한다.

> **해설**
> 회전 날개형 : 원심력에 의하여 실린더에 부착한다.

참고 고정 날개형
스프링 힘에 의하여 실린더에 부착한다.

29 회전식 압축기의 특징에 관한 설명으로 틀린 것은?
① 조립이나 조정에 있어서 고도의 정밀도가 요구된다.
② 대형 압축기와 저온용 압축기에 많이 사용한다.
③ 왕복동식보다 부품수가 적으며 흡입밸브가 없다.
④ 압축이 연속적으로 이루어져 진공펌프로도 사용된다.

> **해설**
> 회전식 압축기는 소형의 룸에어컨이나 자동차에어컨, 쇼케이스, 전기냉장고 등에 주로 사용한다.

[정답] 24 ② 25 ② 26 ② 27 ③ 28 ② 29 ②

30 고체 냉각식 동결장치가 아닌 것은?

① 스파이럴식 동결장치
② 배치식 콘택트 프리져 동결장치
③ 연속식 싱글 스틸 벨트 프리져 동결장치
④ 드럼 프리져 동결장치

> 해설
> 고체 냉각식 동결장치(접촉식 동결장치)
> ㉠ 배치식 콘택트 프리져 ㉡ 연속식 싱글 스틸 벨트 프리져
> ㉢ 연속식 콘택트 프리져 ㉣ 드럼 프리져

31 흡수식 냉동장치의 주요구성 요소가 아닌 것은?

① 재생기   ② 흡수기
③ 이젝터   ④ 용액펌프

> 해설
> 흡수식 냉동장치의 4대 사이클
> 흡수기(용액펌프) → 발생기(재생기) → 응축기 → 증발기

32 단단 증기압축식 냉동사이클에서 건조압축과 비교하여 과열압축이 일어날 경우 나타나는 현상으로 틀린 것은?

① 압축기 소비동력이 커진다.
② 비체적이 커진다.
③ 냉매 순환량이 증가한다.
④ 토출가스의 온도가 높아진다.

> 해설
> 과열압축 시 흡입냉매가스의 비체적이 커지므로 냉매 순환량은 감소한다.

33 다음 P-h선도(Mollier Diagram)에서 등온선을 나타낸 것은?

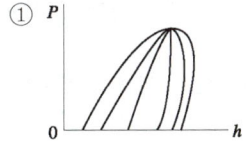   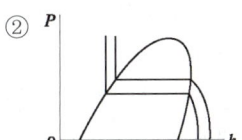

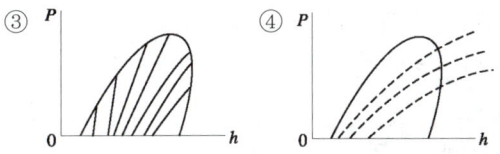

> 해설
> ① 등건조도선 ② 등온선 ③ 등엔트로피선 ④ 등비체적선

34 냉동기의 2차 냉매인 브라인의 구비조건으로 틀린 것은?

① 낮은 응고점으로 낮은 온도에서도 동결되지 않을 것
② 비중이 적당하고 점도가 낮을 것
③ 비열이 크고 열전달 특성이 좋을 것
④ 증발이 쉽게 되고 잠열이 클 것

> 해설
> 2차 냉매(브라인, 간접냉매)는 감열을 이용하므로 열용량(비열)이 커야 한다.

35 두 전하 사이에 작용하는 힘의 크기는 두 전하 세기의 곱에 비례하고, 두 전하 사이의 거리의 제곱에 반비례하는 법칙은?

① 옴의 법칙   ② 쿨롱의 법칙
③ 패러데이의 법칙 ④ 키르히호프의 법칙

> 해설
> 쿨롱의 법칙 : 두 전하 사이에 작용하는 힘의 크기는 두 전하 세기의 곱에 비례하고, 두 전하 사이의 거리의 제곱에 반비례하는 법칙

36 2단압축 1단팽창 사이클에서 중간냉각기 주위에 연결되는 장치로 적당하지 않은 것은?

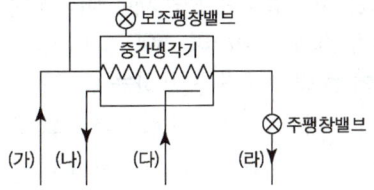

① (가) : 수액기　　② (나) : 고단측압축기
③ (다) : 응축기　　④ (라) : 증발기

해설
(다) : 저단측압축기

37 지열을 이용하는 열펌프(Heat Pump)의 종류로 가장 거리가 먼 것은?
① 엔진 구동 열펌프　② 지하수 이용 열펌프
③ 지표수 이용 열펌프　④ 토양 이용 열펌프

해설
지열을 이용하는 열펌프 : 지하수 이용 열펌프, 지표수 이용 열펌프, 지중열(토양) 이용 열펌프

38 냉동사이클에서 응축온도는 일정하게 하고 증발온도를 저하시키면 일어나는 현상으로 틀린 것은?
① 냉동능력이 감소한다.
② 성능계수가 저하한다.
③ 압축기의 토출온도가 감소한다.
④ 압축비가 증가한다.

해설
증발온도의 변화에 따른 영향

구분	증발온도 저하	증발온도 상승
압축비	증가	감소
냉동능력	감소	증가
소요동력	증가	감소
토출가스온도	상승	저하
성적계수	감소	증가

39 점토 또는 탄산마그네슘을 가하여 형틀에 압축 성형한 것으로 다른 보온재에 비해 단열효과가 떨어져 두껍게 시공하며, 500℃ 이하의 파이프, 탱크노벽 등의 보온에 사용하는 것은?
① 규조토　　　　② 합성수지 패킹
③ 석면　　　　　④ 오일시일 패킹

해설
규조토 : 점토 또는 탄산마그네슘을 가하여 형틀에 압축 성형한 것으로 다른 보온재에 비해 단열효과가 떨어져 두껍게 시공하며, 500℃ 이하의 파이프, 탱크노벽 등의 보온에 사용하는 무기질 보온재

40 액체가 기체로 변할 때의 열은?
① 승화열　　② 응축열
③ 증발열　　④ 융해열

해설
액체가 기체로 변할 때의 열 : 증발열(기화열)

41 다음 그림과 같이 15A 강관을 45° 엘보에 동일부속 나사 연결할 때 관의 실제 소요길이는? (단, 엘보중심 길이 21mm, 나사물림 길이 11mm이다.)
① 약 255.8mm
② 약 258.8mm
③ 약 274.8mm
④ 약 262.8mm

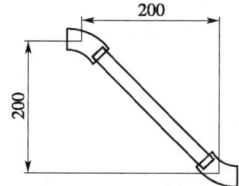

해설
배관의 실제 소요길이
$l = L - 2(A-a) = 282.84 - \{2 \times (21-11)\}$
$= 262.8mm$
여기서, 45° 배관의 전체(중심)길이 :
$L = 200 \times \sqrt{2} = 200 \times 1.414 = 282.84mm$

42 기준 냉동사이클에 의해 작동되는 냉동장치의 운전상태에 대한 설명 중 옳은 것은?
① 증발기 내의 액냉매는 피냉각 물체로부터 열을 흡수함으로써 증발기 내를 흘러감에 따라 온도가 상승한다.
② 응축온도는 냉각수 입구온도보다 높다.
③ 팽창과정 동안 냉매는 단열팽창하므로 엔탈피가 증가한다.
④ 압축기 토출 직후의 증기온도는 응축과정 중의 냉매 온도보다 낮다.

[정답] 37 ① 38 ③ 39 ① 40 ③ 41 ④ 42 ②

> [해설]
> ① 증발기 내의 액냉매는 열을 흡수함으로써 증발되며 증발온도는 일정하다.
> ② 팽창과정 동안 냉매는 단열팽창하므로 엔탈피는 일정하다.
> ③ 압축기 토출 직후의 증기온도는 냉동장치 중 가장 높다.

43 표준 냉동사이클의 P-h(압력-엔탈피)선도에 대한 설명으로 틀린 것은?
① 응축과정에서는 압력이 일정하다.
② 압축과정에서는 엔트로피가 일정하다.
③ 증발과정에서는 온도와 압력이 일정하다.
④ 팽창과정에서는 엔탈피와 압력이 일정하다.

> [해설]
> 팽창과정에서는 엔탈피가 일정하고 압력은 저하한다.

44 냉동장치의 압축기에서 가장 이상적인 압축과정은?
① 등온 압축 ② 등엔트로피 압축
③ 등압 압축 ④ 등엔탈피 압축

> [해설]
> 압축기에서 가장 이상적인 압축과정 : 등엔트로피 압축

45 다음은 NH_3 표준 냉동사이클의 P-h선도이다. 플래시 가스 열량(kcal/kg)은 얼마인가?

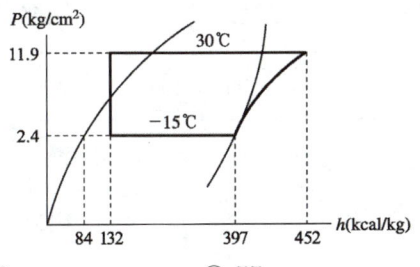

① 48 ② 55
③ 313 ④ 368

> [해설]
> 플래시 가스 열량 $Fg = 132 - 84 = 48\,kcal/kg$

46 15℃의 공기 15kg과 30℃의 공기 5kg을 혼합할 때 혼합 후의 공기온도는?
① 약 22.5℃ ② 약 20℃
③ 약 19.2℃ ④ 약 18.7℃

> [해설]
> 혼합공기의 온도
> $$t_3 = \frac{G_1 t_1 + G_2 t_2}{G_1 + G_2} = \frac{(15 \times 15)+(5 \times 30)}{15+5}$$
> $= 18.75℃$

47 동절기의 가열코일의 동결방지 방법으로 틀린 것은?
① 온수코일은 야간 운전정지 중 순환펌프를 운전한다.
② 운전 중에는 전열교환기를 사용하여 외기를 예열하여 도입한다.
③ 외기와 환기가 혼합되지 않도록 별도의 통로를 만든다.
④ 증기코일의 경우 $0.5kg/cm^2$ 이상의 증기를 사용하고 코일 내에 응축수가 고이지 않도록 한다.

> [해설]
> 외기와 환기가 충분히 혼합되도록 한다.

48 송풍기의 효율을 표시하는 데 사용되는 정압효율에 대한 정의로 옳은 것은?
① 팬의 축 동력에 대한 공기의 저항력
② 팬의 축 동력에 대한 공기의 정압 동력
③ 공기의 저항력에 대한 팬의 축 동력
④ 공기의 정압 동력에 대한 팬의 축 동력

> [해설]
> 축동력 = $\frac{정압동력}{정압효율}$에서 정압효율 = $\frac{정압동력}{축동력}$

[정답] 43 ④ 44 ② 45 ① 46 ④ 47 ③ 48 ②

49 노통 연관 보일러에 대한 설명으로 틀린 것은?
① 노통 보일러와 연관 보일러의 장점을 혼합한 보일러이다.
② 보유수량에 비해 보일러 열효율이 80~85% 정도로 좋다.
③ 형체에 비해 전열면적이 크다.
④ 구조상 고압, 대용량에 적합하다.

> [해설]
> 구조상 고압, 대용량에 적합한 보일러는 수관식 보일러이다.

50 공기조화에 사용되는 온도 중 사람이 느끼는 감각에 대한 온도, 습도, 기류의 영향을 하나로 모아 만든 쾌감의 지표는?
① 유효온도(effective temperature : ET)
② 흑구온도(globe temperature : GT)
③ 평균복사온도(mean radiant temperature : MRT)
④ 작용온도(operation temperature : OT)

> [해설]
> 유효온도(ET : Effective Temperature)
> 사람이 느끼는 감각에 대한 온도, 습도, 기류의 영향을 하나로 모아 만든 쾌감의 지표

51 핀(fin)이 붙은 튜브형 코일을 강판형 박스에 넣은 것으로 대류를 이용한 방열기는?
① 콘벡터(convector)
② 팬코일 유닛(fan coil unit)
③ 유닛 히터(unit heater)
④ 라디에이터(radiator)

> [해설]
> 콘벡터(convector) : 핀(fin)이 붙은 튜브형 코일을 강판형 박스에 넣은 것으로 대류를 이용한 방열기
>

52 단일 덕트 방식의 특징으로 틀린 것은?
① 단일 덕트 스페이스가 비교적 크게 된다.
② 외기 냉방운전이 가능하다.
③ 고성능 공기정화장치의 설치가 불가능하다.
④ 공조기가 집중되어 있으므로 보수관리가 용이하다.

> [해설]
> 단일 덕트 방식은 공조기의 고성능 공기정화장치의 설치가 가능하다.

53 건축물에서 외기와 접하지 않는 내벽, 내창, 천장 등에서의 손실열량을 계산할 때 관계없는 것은?
① 열관류율   ② 면적
③ 인접실과 온도차   ④ 방위계수

> [해설]
> 난방부하 중 벽체(내벽)를 통한 열손실
> $q = K \cdot A \cdot \Delta t$
> 여기서, q : 벽체를 통한 열량(W), K : 열관류율(W/m²K)
> A : 벽체 면적(m²), Δt : 인접실과 온도차(℃, K)

54 다음 그림에서 설명하고 있는 냉방부하의 변화 요인은?

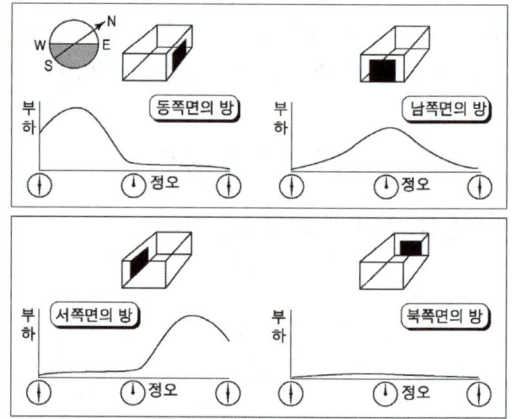

① 방의 크기   ② 방의 방위
③ 단열재의 두께   ④ 단열재의 종류

[정답] 49 ④ 50 ① 51 ① 52 ③ 53 ④ 54 ②

> **해설**
> 동서남북의 방위별 일사에 따른 냉방부하의 변화를 나타낸다.

55 공기조화방식 중에서 외기도입을 하지 않아 덕트 설비가 필요 없는 방식은?

① 팬코일 유닛방식   ② 유인 유닛방식
③ 각층 유닛방식   ④ 멀티존 방식

> **해설**
> 팬코일 유닛방식 : 수방식으로 외기도입이 되지 않는다.

56 개별 공조방식이 아닌 것은?

① 패키지 방식   ② 룸쿨러 방식
③ 멀티 유닛방식   ④ 팬코일 유닛방식

> **해설**
> 개별 공조방식 : 룸쿨러 방식, 패키지 방식, 멀티 유닛방식 등

57 판형 열교환기에 관한 설명 중 틀린 것은?

① 열전달 효율이 높아 온도차가 작은 유체 간의 열교환에 매우 효과적이다.
② 전열판에 요철 형태를 성형시켜 사용하므로 유체의 압력손실이 크다.
③ 셸튜브형에 비해 열관류율이 매우 높으므로 전열면적을 줄일 수 있다.
④ 다수의 전열판을 겹쳐 놓고 볼트로 고정시키므로 전열면의 점검 및 청소가 불편하다.

> **해설**
> 다수의 전열판을 겹쳐 놓고 볼트로 고정시키므로 전열면의 점검 및 청소가 용이하다.

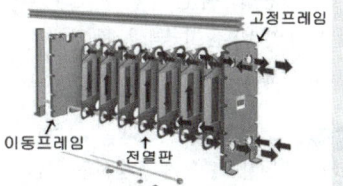

58 난방방식의 분류에서 간접 난방에 해당하는 것은?

① 온수난방   ② 증기난방
③ 복사난방   ④ 히트펌프난방

> **해설**
> 간접 난방방식 : 공기조화, 온풍난방, 열펌프난방 등

59 다음의 공기선도에서 (2)에서 (1)로 냉각, 감습을 할 때 현열비(SHF)의 값을 식으로 나타낸 것 중 옳은 것은?

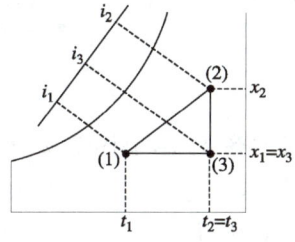

① $\dfrac{i_2 - i_3}{i_2 - i_1}$ ② $\dfrac{i_3 - i_1}{i_2 - i_1}$

③ $\dfrac{i_2 - i_1}{i_3 - i_1}$ ④ $\dfrac{i_3 + i_2}{i_2 + i_1}$

> **해설**
> 현열비 = $\dfrac{현열량}{전열량}$ = $\dfrac{현열}{현열 + 잠열}$
> = $\dfrac{i_3 - i_1}{i_2 - i_1}$ = $\dfrac{i_3 - i_1}{(i_3 - i_1) + (i_2 - i_3)}$

60 덕트 속에 흐르는 공기의 평균 유속 10m/s, 공기의 비중량 1.2kgf/m³, 중력가속도가 9.8m/s² 일 때 동압은?

① 약 3mmAq   ② 약 4mmAq
③ 약 5mmAq   ④ 약 6mmAq

> **해설**
> 동압, $P_v = \dfrac{v^2}{2g} \cdot \gamma = \dfrac{10^2}{2 \times 9.8} \times 1.2 = 6.12$mmAq

[정답] 55 ① 56 ④ 57 ④ 58 ④ 59 ② 60 ④

제6회 CBT 검정 기출문제

01 전기스위치 조작 시 오른손으로 하기를 권장하는 이유로 가장 적당한 것은?
① 심장에 전류가 직접 흐르지 않도록 하기 위하여
② 작업을 손쉽게 하기 위하여
③ 스위치 개폐를 신속히 하기 위하여
④ 스위치 조작 시 많은 힘이 필요하므로

> **해설**
> 심장은 가슴 정중앙 왼쪽으로 살짝 치우쳐 있으므로 심장에 전류가 직접 흐르지 않도록 하기 위하여 전기스위치 조작 시 오른손으로 하기를 권장한다.

02 작업복 선정 시 유의사항으로 틀린 것은?
① 작업복의 스타일은 착용자의 연령, 성별 등은 고려할 필요가 없다.
② 화기사용 작업자는 방염성, 불연성의 작업복을 착용한다.
③ 작업복은 항상 깨끗이 하여야 한다.
④ 작업복은 몸에 맞고 동작이 편하며, 상의 끝이나 바지자락 등이 기계에 말려 들어갈 위험이 없도록 한다.

> **해설**
> 작업복의 스타일은 착용자의 연령, 성별 등을 고려하여 선정한다.

03 다음 중 저속 왕복동 냉동장치의 운전 순서로 옳은 것은?

> 1. 압축기를 시동한다.
> 2. 흡입측 스톱밸브를 천천히 연다.
> 3. 냉각수 펌프를 운전한다.
> 4. 응축기의 액면계 등으로 냉매량을 확인한다.
> 5. 압축기의 유면을 확인한다.

① 1 – 2 – 3 – 4 – 5
② 5 – 4 – 3 – 2 – 1
③ 5 – 4 – 3 – 1 – 2
④ 1 – 2 – 5 – 3 – 4

> **해설**
> 저속 왕복동 냉동장치의 운전 순서
> ① 압축기의 유면을 확인한다.
> ② 응축기의 액면계 등으로 냉매량을 확인한다.
> ③ 냉각수 펌프를 운전한다.
> ④ 압축기를 시동한다.
> ⑤ 흡입측 스톱밸브를 천천히 연다.

04 소화기 보관상의 주의사항으로 틀린 것은?
① 겨울철에는 얼지 않도록 보온에 유의한다.
② 소화기 뚜껑은 조금 열어놓고 봉인하지 않고 보관한다.
③ 습기가 적고 서늘한 곳에 둔다.
④ 가스를 채워 넣는 소화기는 가스를 채울 때 반드시 제조업자에게 의뢰 하도록 한다.

> **해설**
> 소화기 뚜껑은 봉인하여 공기와의 접촉을 막아 굳는 것을 방지하여야 한다.

05 왕복펌프의 보수관리 시 점검사항으로 틀린 것은?
① 윤활유 작동 확인
② 축수 온도 확인
③ 스터핑 박스의 누설 확인
④ 다단 펌프에 있어서 프라이밍 누설 확인

> **해설**
> 프라이밍 누설 확인은 초기 운전 전 점검사항이다.

[정답] 01 ① 02 ① 03 ③ 04 ② 05 ④

06 가스집합용접장치의 배관을 하는 경우 주관, 분기관에 안전기를 설치하는데, 이는 하나의 취관에 몇 개 이상의 안전기를 설치해야 하는가?

① 1 　　　　② 2
③ 3 　　　　④ 4

해설
가스집합용접장치의 배관(산업안전보건기준에 관한 규칙)
㉠ 플랜지·밸브·콕 등의 접합부에는 개스킷을 사용하고 접합면을 상호 밀착시키는 등의 조치를 할 것이다.
㉡ 주관 및 분기관에는 안전기를 설치할 것. 이 경우 하나의 취관에 2개 이상의 안전기를 설치하여야 한다.

07 안전보건관리책임자의 직무에 가장 거리가 먼 것은?
① 산업재해의 원인 조사 및 재발 방지대책수립에 관한 사항
② 안전에 관한 조직편성 및 예산책정에 관한 사항
③ 안전·보건과 관련된 안전장치 및 보호구 구입 시의 적격품 여부 확인에 관한 사항
④ 근로자의 안전·보건교육에 관한 사항

해설
안전보건관리책임자의 직무
㉠ 산업재해 예방계획의 수립에 관한 사항
㉡ 안전보건관리규정의 작성 및 변경에 관한 사항
㉢ 근로자의 안전·보건교육에 관한 사항
㉣ 작업환경측정 등 작업환경의 점검 및 개선에 관한 사항
㉤ 따른 근로자의 건강진단 등 건강관리에 관한 사항
㉥ 산업재해의 원인 조사 및 재발 방지대책수립에 관한 사항
㉦ 산업재해에 관한 통계의 기록 및 유지에 관한 사항
㉧ 안전·보건과 관련된 안전장치 및 보호구 구입 시의 적격품 여부 확인에 관한 사항
㉨ 그 밖에 근로자의 유해·위험 예방조치에 관한 사항으로서 고용노동부령으로 정하는 사항

08 전기 용접 시 전격을 방지하는 방법으로 틀린 것은?

① 용접기의 절연 및 접지상태를 확실히 점검할 것
② 가급적 개로 전압이 높은 교류용접기를 사용할 것
③ 장시간 작업 중지 때는 반드시 스위치를 차단시킬 것
④ 반드시 주어진 보호구와 복장을 착용할 것

해설
전기 용접 시 전격을 방지하기 위하여 전격 개로 전압을 필요 이상 높지 않게 하고, 자동 전격방지기를 설치할 것

09 다음 중 점화원으로 볼 수 없는 것은?
① 전기 불꽃
② 기화열
③ 정전기
④ 못을 박을 때 튀는 불꽃

해설
기화열(증발잠열)은 연소에 필요한 점화원이 될 수 없다.

10 스패너 사용 시 주의 사항으로 틀린 것은?
① 스패너가 벗겨지거나 미끄러짐에 주의한다.
② 스패너의 입이 너트 폭과 잘 맞는 것을 사용한다.
③ 스패너 길이가 짧은 경우에는 파이프를 끼어서 사용한다.
④ 무리하게 힘을 주지 말고 조심스럽게 사용한다.

해설
스패너 길이가 짧은 경우에는 파이프를 끼어서 사용하지 않는다.

11 보일러의 과열 원인으로 적절하지 못한 것은?
① 보일러 수의 수위가 높을 때
② 보일러 내 스케일이 생성되었을 때
③ 보일러 수의 순환이 불량할 때
④ 전열면에 국부적인 열을 받았을 때

[정답] 06 ② 07 ② 08 ② 09 ② 10 ③ 11 ①

> **해설**
> 보일러 과열에 의한 사고의 원인
> ㉠ 보일러 저 수위 시
> ㉡ 동내면에 스케일 생성 시
> ㉢ 보일러 수가 농축되어 있을 때
> ㉣ 보일러 수의 순환이 불량할 때
> ㉤ 전열면에 국부적인 열을 받았을 때

12 다음 중 위생보호구에 해당되는 것은?
① 안전모   ② 귀마개
③ 안전화   ④ 안전대

> **해설**
> 위생보호구는 눈, 귀, 호흡, 피부보호구가 있으며 귀마개는 귀 보호구에 해당되고 나머지는 안전보호구이다.

13 근로자가 안전하게 통행할 수 있도록 통로에는 몇 럭스 이상의 조명시설을 해야 하는가?
① 10   ② 30
③ 45   ④ 75

> **해설**
> 근로자가 안전하게 통행할 수 있도록 통로에 75럭스 이상의 채광 또는 조명시설을 하여야 한다.

14 교류 아크 용접기 사용 시 안전 유의사항으로 틀린 것은?
① 용접변압기의 1차측 전로는 하나의 용접기에 대해서 2개의 개폐기로 할 것
② 2차측 전로는 용접봉 케이블 또는 캡타이어 케이블을 사용할 것
③ 용접기의 외함은 접지하고 누전차단기를 설치할 것
④ 일정 조건하에서 용접기를 사용할 때는 자동전격방지 장치를 사용할 것

> **해설**
> 용접변압기의 1차측 전로에는 용접변압기에 가까운 곳에 쉽게 개폐할 수 있는 1개의 개폐기를 시설할 것

15 전동공구 사용상의 안전수칙이 아닌 것은?
① 전기 드릴로 아주 작은 물건이나 긴 물건에 작업할 때에는 지그를 사용한다.
② 전기 그라인더나 샌더가 회전하고 있을 때 작업대 위에 공구를 놓아서는 안 된다.
③ 수직 휴대용 연삭기의 숫돌의 노출각도는 90°까지 허용된다.
④ 이동식 전기 드릴 작업 시 장갑을 끼지 말아야 한다.

> **해설**
> 수직 휴대용 연삭기의 숫돌은 180°까지 노출이 허용된다. 만약 최대 노출각도가 180° 이상이 되면 위쪽으로 조각이 튀어 오르면서 작업자의 머리 또는 안면부를 강타하는 치명상을 입히게 된다.

16 글랜드 패킹의 종류가 아닌 것은?
① 오일시일 패킹   ② 석면 야안 패킹
③ 아마존 패킹   ④ 몰드 패킹

> **해설**
> 글랜드 패킹의 종류 : 석면 각형 패킹, 석면 야안 패킹, 아마존 패킹, 몰드 패킹

17 냉동사이클에서 증발온도가 −15℃이고 과열도가 5℃일 경우 압축기 흡입가스온도는?
① 5℃   ② −10℃
③ −15℃   ④ −20℃

> **해설**
> 과열도 = 압축기 흡입가스온도 − 증발온도에서
> 압축기 흡입가스온도 = 과열도 + 증발온도
> = 5 − 15 = −10℃

[정답] 12 ② 13 ④ 14 ① 15 ③ 16 ① 17 ②

18 열에 관한 설명으로 틀린 것은?
① 승화열은 고체가 기체로 되면서 주위에서 빼앗는 열량이다.
② 잠열은 물체의 상태를 바꾸는 작용을 하는 열이다.
③ 현열은 상태변화 없이 온도변화에 필요한 열이다.
④ 융해열은 현열의 일종이며, 고체를 액체로 바꾸는 데 필요한 열이다.

> **해설**
> 융해열은 고체가 액체로 상태변화하는 데 필요한 잠열이다.

19 2,000W의 전기가 1시간 일한 양을 열량으로 표현하면 얼마인가?
① 172kJ/h
② 860kcal/h
③ 17,200kcal/h
④ 7,224kJ/h

> **해설**
> $2kW \times 860 = 1,720 kcal/h = 7,224 kJ/h$

20 왕복동식 압축기와 비교하여 스크류 압축기의 특징이 아닌 것은?
① 흡입·토출밸브가 없으므로 마모 부분이 없어 고장이 적다.
② 냉매의 압력 손실이 크다.
③ 무단계 용량제어가 가능하며 연속적으로 행할 수 있다.
④ 체적효율이 좋다.

> **해설**
> 스크류 압축기에는 밸브가 없어 냉매의 압력 손실이 적어 효율의 저하가 적다.

21 2원 냉동장치에 대한 설명 중 틀린 것은?
① 냉매는 주로 저온용과 고온용을 1 : 1로 섞어서 사용한다.
② 고온측 냉매로는 비등점이 높은 냉매를 주로 사용한다.
③ 저온측 냉매로는 비등점이 낮은 냉매를 주로 사용한다.
④ $-80 \sim -70°C$ 정도 이하의 초저온 냉동장치에 주로 사용된다.

> **해설**
> 2원 냉동장치에서는 저온용 냉매와 고온용 냉매를 별도로 사용한다.

22 흡수식 냉동장치의 적용대상으로 가장 거리가 먼 것은?
① 백화점 공조용   ② 산업 공조용
③ 제빙공장용   ④ 냉난방장치용

> **해설**
> 흡수식 냉동장치(물-취화리튬)는 냉매로 물을 사용하므로 0°C 이하의 제빙용으로 사용이 부적당하다.

23 냉매의 특징에 관한 설명으로 옳은 것은?
① NH_3는 물과 기름에 잘 녹는다.
② R-12는 기름과 잘 용해하나 물에는 잘 녹지 않는다.
③ R-12는 NH_3보다 전열이 양호하다.
④ NH_3의 포화증기의 비중은 R-12보다 작지만 R-22보다 크다.

> **해설**
> ① NH_3는 물에 잘 녹는다.
> ② R-12는 기름과 잘 용해하나 물에는 잘 녹지 않는다.
> ③ 전열이 양호한 순서 : $NH_3 >$ $H_2O >$ Freon $>$ Air
> ④ 포화증기의 비중 : $NH_3(0.905) <$ R-12(6.26) $<$ R-22(4.8)

[정답] 18 ④ 19 ④ 20 ② 21 ① 22 ③ 23 ②

24 컨덕턴스는 무엇을 뜻하는가?
① 전류의 흐름을 방해하는 정도를 나타낸 것이다.
② 전류가 잘 흐르는 정도를 나타낸 것이다.
③ 전위차를 얼마나 적게 나타내느냐의 정도를 나타낸 것이다.
④ 전위차를 얼마나 크게 나타내느냐의 정도를 나타낸 것이다.

> **해설**
> 컨덕턴스(℧)는 저항(Ω)의 역수로 전류가 잘 흐르는 정도를 나타낸 것이다.

25 다음 중 2단압축 2단팽창 냉동사이클에서 주로 사용되는 중간 냉각기의 형식은?
① 플래시형
② 액냉각형
③ 직접 팽창식
④ 저압 수액기식

> **해설**
> 중간 냉각기의 종류
> ① 플래시형 : 2단압축 2단팽창에 이용
> ② 액냉각형, 직접 팽창식 : 2단압축 1단팽창에 이용

26 암모니아 냉매 배관을 설치할 때 시공방법으로 틀린 것은?
① 관이음 패킹재료는 천연고무를 사용한다.
② 흡입관에는 U트랩을 설치한다.
③ 토출관의 합류는 Y접속으로 한다.
④ 액관의 트랩부에는 오일 드레인 밸브를 설치한다.

> **해설**
> 암모니아 냉매 배관의 흡입관에서는 액압축의 방지를 위해 불필요한 굴곡부 및 트랩을 설치하지 않는다.

27 엔탈피의 단위로 옳은 것은?
① kJ/kg
② kcal/h
③ kJ/kg·℃
④ kW/m²·℃

> **해설**
> 엔탈피의 단위 : kcal/kg, kJ/kg

28 냉방능력 1냉동톤인 응축기에 10L/min의 냉각수가 사용되었다. 냉각수 입구의 온도가 32℃이면 출구 온도는? (단, 방열계수는 1.2로 한다.)
① 12.5℃
② 22.6℃
③ 38.6℃
④ 49.5℃

> **해설**
> $Q_1 = w \cdot c \cdot (t_{w2} - t_{w1})$
> $t_{w2} = \dfrac{Q_2 \cdot C}{w \cdot c} + t_{w1} = \dfrac{3,320 \times 1.2}{10 \times 1 \times 60} + 32 = 38.64℃$

29 다음 중 등온변화에 대한 설명으로 틀린 것은?
① 압력과 부피의 곱은 항상 일정하다.
② 내부에너지는 증가한다.
③ 가해진 열량과 한 일이 같다.
④ 변화 전과 후의 내부에너지의 값이 같아진다.

> **해설**
> 등온변화($dT = 0$) 시 내부에너지 $dU = C_v \cdot dT$이므로 내부에너지 변화는 0이 된다.

30 열역학 제1법칙을 설명한 것으로 옳은 것은?
① 밀폐계가 변화할 때 엔트로피의 증가를 나타낸다.
② 밀폐계에 가해 준 열량과 내부에너지의 변화량의 합은 일정하다.
③ 밀폐계에 전달된 열량은 내부에너지 증가와 계가 한 일의 합과 같다.
④ 밀폐계의 운동에너지와 위치에너지의 합은 일정하다.

> **해설**
> 열역학 제1법칙은 에너지보존의 법칙으로 밀폐계에 전달된 열량은 내부에너지 증가와 계가 한 일의 합과 같다.

[정답] 24 ② 25 ① 26 ② 27 ① 28 ③ 29 ② 30 ③

31 팽창밸브 직후의 냉매 건조도를 0.23, 증발잠열이 52kJ/kg이라 할 때, 이 냉매의 냉동효과는?

① 226kcal/kg　② 40kJ/kg
③ 38kcal/kg　④ 12kJ/kg

> **해설**
> 냉동효과
> $q_2 = (1-x) \cdot r = (1-0.23) \times 52 = 40 kJ/kg$

32 터보 냉동기의 운전 중 서징(surging)현상이 발생하였다. 그 원인으로 틀린 것은?

① 흡입가이드 베인을 너무 조일 때
② 가스 유량이 감소될 때
③ 냉각수온이 너무 낮을 때
④ 너무 낮은 가스유량으로 운전할 때

> **해설**
> 터보 냉동기의 압축기는 일정 한계 이하의 유량으로 운전 시 서징 현상이 발생한다.

33 2단압축 냉동장치에서 각각 다른 2대의 압축기를 사용하지 않고 1대의 압축기가 2대의 압축기 역할을 할 수 있는 압축기는?

① 부스터 압축기
② 캐스케이드 압축기
③ 콤파운드 압축기
④ 보조 압축기

> **해설**
> 콤파운드 압축기 : 2단압축에서 각각 다른 2대의 압축기를 사용하지 않고 1대의 압축기가 2대의 압축기 역할을 할 수 있는 압축기

34 역 카르노 사이클은 어떤 상태변화 과정으로 이루어져 있는가?

① 1개의 등온과정, 1개의 등압과정
② 2개의 등압과정, 2개의 교축작용
③ 1개의 단열과정, 2개의 교축과정
④ 2개의 단열과정, 2개의 등온과정

> **해설**
> 역 카르노 사이클 : 단열압축 → 등온압축 → 단열팽창 → 등온팽창

35 팽창밸브 본체와 온도센서 및 전자제어부를 조립함으로써 과열도 제어를 하는 특징을 가지며, 바이메탈과 전열기가 조립된 부분과 니들밸브 부분으로 구성된 팽창밸브는?

① 온도식 자동 팽창밸브
② 정압식 자동 팽창밸브
③ 열전식 팽창밸브
④ 플로트식 팽창밸브

> **해설**
> 열전식 팽창밸브 : 팽창밸브 본체와 온도센서 및 전자제어부를 조립함으로써 과열도 제어를 하는 특징을 가지며, 바이메탈과 전열기가 조립된 부분과 니들밸브 부분으로 구성된 팽창밸브

36 회전식 압축기의 특징에 관한 설명으로 틀린 것은?

① 용량제어가 없고 분해조립 및 정비에 특수한 기술이 필요하다.
② 대형 압축기와 저온용 압축기로 사용하기 적당하다.
③ 왕복동식처럼 격간이 없어 체적효율, 성능계수가 양호하다.
④ 소형이고 설치면적이 적다.

> **해설**
> 회전식 압축기는 소형의 룸에어컨이나 자동차에어컨, 쇼케이스, 전기냉장고 등에 주로 사용한다.

[정답] 31 ② 32 ③ 33 ③ 34 ④ 35 ③ 36 ②

37 다음 중 흡수식 냉동기의 용량제어 방법이 아닌 것은?

① 구동열원 입구제어
② 증기토출 제어
③ 발생기 공급 용액량 조절
④ 증발기 압력제어

> **해설**
> 흡수식 냉동기의 용량제어 방법
> ㉠ 발생기 공급 용액량 조절법
> ㉡ 응축수량 조절법
> ㉢ 발생기(재생기)의 공급 증기 및 온수량 조절법

38 동관 공작용 작업 공구가 아닌 것은?

① 익스팬더　　② 사이징 툴
③ 튜브 벤더　　④ 봄볼

> **해설**
> 봄볼 : 연관의 구멍을 뚫을 때 사용하는 공구

39 유량이 적거나 고압일 때 유량조절을 한 층 더 엄밀하게 행할 목적으로 사용되는 것은?

① 콕　　　　　② 안전밸브
③ 글로브 밸브　④ 앵글밸브

> **해설**
> 글로브 밸브 : 유량 조절을 행할 목적으로 사용하는 밸브

40 다음 중 압축기 효율과 가장 거리가 먼 것은?

① 체적효율　　② 기계효율
③ 압축효율　　④ 팽창효율

> **해설**
> 압축기 효율에는 체적효율, 기계효율, 압축효율이 있다.

41 -15℃에서 건조도가 0인 암모니아 가스를 교축 팽창시켰을 때 변화가 없는 것은?

① 비체적　　② 압력
③ 엔탈피　　④ 온도

> **해설**
> 교축 팽창 시에는 엔탈피는 일정하다.

42 다음 수냉식 응축기에 관한 설명으로 옳은 것은?

① 수온이 일정한 경우 유막 물때가 두껍게 부착하여도 수량을 증가하면 응축압력에는 영향이 없다.
② 응축부하가 크게 증가하면 응축압력 상승에 영향을 준다.
③ 냉각수량이 풍부한 경우에는 불응축 가스의 혼입 영향이 없다.
④ 냉각수량이 일정한 경우에는 수온에 의한 영향은 없다.

> **해설**
> 응축부하가 크게 증가하면 응축압력은 상승하게 된다.

43 증발압력 조정밸브를 부착하는 주요 목적은?

① 흡입압력을 저하시켜 전동기의 기동 전류를 적게 한다.
② 증발기 내의 압력이 일정 압력 이하가 되는 것을 방지한다.
③ 냉매의 증발온도를 일정치 이하로 내리게 한다.
④ 응축압력을 항상 일정하게 유지한다.

> **해설**
> 증발압력 조정밸브(EPR) : 운전 중 증발압력이 일정 이하가 되어 압축비 상승 및 냉수나 브라인 등의 동결을 방지하는 것으로 증발기 출구에 설치한다.

[정답] 37 ④　38 ④　39 ③　40 ④　41 ③　42 ②　43 ②

44 주로 저압증기나 온수배관에서 호칭지름이 작은 분기관에 이용되며, 굴곡부에서 압력강하가 생기는 이음쇠는?

① 슬리브형　② 스위블형
③ 루프형　　④ 벨로즈형

> **해설**
> 스위블 이음 : 2개 이상의 나사엘보를 사용하여 배관의 신축을 흡수하는 것으로 주로 온수 또는 저압 증기나 온수배관에서 호칭지름이 작은 분기관에 이용되며 굴곡부에서 압력강하가 발생하는 신축이음쇠

45 시퀀스 제어에 속하지 않는 것은?

① 자동 전기밥솥　② 전기세탁기
③ 가정용 전기냉장고　④ 네온사인

> **해설**
> 가정용 전기냉장고 : 피드백(Feeb-back) 제어

46 개별 공조방식에서 성적계수에 관한 설명으로 옳은 것은?

① 히트펌프의 경우 축열조를 사용하면 성적계수가 낮다.
② 히트펌프 시스템의 경우 성적계수는 1보다 적다.
③ 냉방 시스템은 냉동효과가 동일한 경우에는 압축일이 클수록 성적계수는 낮아진다.
④ 히트펌프의 난방 운전 시 성적계수는 냉방운전 시 성적계수보다 낮다.

> **해설**
> 냉방 시스템은 냉동효과가 동일한 경우에는 압축일이 클수록 성적계수는 낮아진다.

47 복사난방에 관한 설명 중 틀린 것은?

① 바닥면의 이용도가 높고 열손실이 적다.
② 단열층 공사비가 많이 들고 배관의 고장 발견이 어렵다.
③ 대류 난방에 비하여 설비비가 많이 든다.
④ 방열체의 열용량이 적으므로 외기온도에 따라 방열량의 조절이 쉽다.

> **해설**
> 방열체의 열용량이 크며 외기온도에 따라 방열량의 조절이 어렵다.

48 환기에 대한 설명으로 틀린 것은?

① 기계환기법에는 풍압과 온도차를 이용하는 방식이 있다.
② 제품이나 기기 등의 성능을 보전하는 것도 환기의 목적이다.
③ 자연환기는 공기의 온도에 따른 비중차를 이용한 환기이다.
④ 실내에서 발생하는 열이나 수증기도 제거한다.

> **해설**
> 자연환기법에는 풍압과 온도차를 이용하는 방식이 있다.

49 다음의 습공기선도에 대하여 바르게 설명한 것은?

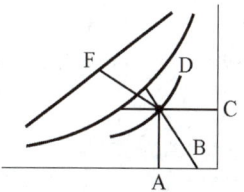

① F점은 습공기의 습구온도를 나타낸다.
② C점은 습공기의 노점온도를 나타낸다.
③ A점은 습공기의 절대습도를 나타낸다.
④ B점은 습공기의 비체적을 나타낸다.

> **해설**
> A : 건구온도, B : 비체적, C : 절대습도(수증기 분압), D : 상대습도, F : 엔탈피

[정답] 44 ② 45 ③ 46 ③ 47 ④ 48 ① 49 ④

50 공기의 감습방법에 해당되지 않는 것은?

① 흡수식　　② 흡착식
③ 냉각식　　④ 가열식

> **해설**
> 공기의 감습방법 : 냉각식, 흡수식, 흡착식, 압축식

51 냉방부하에서 틈새 바람으로 손실되는 열량을 보호하기 위하여 극간풍을 방지하는 방법으로 틀린 것은?

① 회전문을 설치한다.
② 충분한 간격을 두고 이중문을 설치한다.
③ 실내의 압력을 외부압력보다 낮게 유지한다.
④ 에어 커튼(air curtain)을 사용한다.

> **해설**
> 극간풍(틈새 바람)을 방지하는 방법
> ㉠ 회전문을 설치한다.
> ㉡ 2중문을 설치한다.(내측 문은 수동식)
> ㉢ 2중문의 중간에 컨벡터를 설치한다.
> ㉣ 에어 커튼을 설치한다.

52 체감을 나타내는 척도로 사용되는 유효온도와 관계있는 것은?

① 습도와 복사열　　② 온도와 습도
③ 온도와 기압　　　④ 온도와 복사열

> **해설**
> 유효온도(ET) : 인체가 느끼는 쾌적온도의 지표(온도, 습도, 기류속도)

53 기계배기와 적당한 자연급기에 의한 환기방식으로서, 화장실, 탕비실, 소규모 조리장의 환기설비에 적당한 환기법은?

① 제1종 환기법　　② 제2종 환기법
③ 제3종 환기법　　④ 제4종 환기법

> **해설**
> 기계환기방식
> ① 제1종 환기법 : 급기휀+배기휀(보일러실, 병원 수술실 등)
> ② 제2종 환기법 : 급기휀(반도체 무균실, 소규모 변전실, 창고 등)
> ③ 제3종 환기법 : 배기휀(화장실, 탕비실, 소규모 조리장, 차고 등)

54 난방부하에 대한 설명으로 틀린 것은?

① 건물의 난방 시에 재실자 또는 기구의 발생 열량은 난방 개시 시간을 고려하여 일반적으로 무시해도 좋다.
② 외기부하 계산은 냉방부하 계산과 마찬가지로 현열부하와 잠열부하로 나누어 계산해야 한다.
③ 덕트면의 열통과에 의한 손실 열량은 작으므로 일반적으로 무시해도 좋다.
④ 건물의 벽체는 바람을 통하지 못하게 하므로 건물 벽체에 의한 손실 열량은 무시해도 좋다.

> **해설**
> 난방부하 계산 시 실내·외 온도차에 따른 건물 벽체를 통한 손실열량이 발생하므로 부하 계산 시 반드시 고려하여야 한다.

55 온수난방에 대한 설명 중 틀린 것은?

① 일반적으로 고온수식과 저온수식의 기준온도는 100℃이다.
② 개방형은 방열기보다 1m 이상 높게 설치하고, 밀폐형은 가능한 보일러로부터 멀리 설치한다.
③ 중력 순환식 온수난방 방법은 소규모 주택에 사용된다.
④ 온수난방 배관의 주재료는 내열성을 고려해서 선택해야 한다.

> **해설**
> 개방형 팽창탱크는 최고위의 방열기보다 1m 이상 높게 설치하고, 밀폐형은 가능한 보일러로부터 가까이에 설치한다.

[정답] 50 ④　51 ③　52 ②　53 ③　54 ④　55 ②

56 2중덕트 방식의 특징이 아닌 것은?

① 설비비가 저렴하다.
② 각실 각존의 개별 온습도의 제어가 가능하다.
③ 용도가 다른 존 수가 많은 대규모 건물에 적합하다.
④ 다른 방식에 비해 덕트 공간이 크다.

> **해설**
> 2중덕트 방식 : 공조기로부터 냉풍과 온풍을 동시에 만들어 각각 별개의 덕트로 공급되어 각 실에 설치된 혼합상자 (mixing chamber)에 의해 혼합한 후 송풍하여 공조하는 방식으로 개별제어가 가능하나 설비비와 에너지 손실이 크다.

57 실내의 현열부하를 3,200kJ/h, 잠열부하를 600kJ/h일 때, 현열비는?

① 0.16 ② 6.25
③ 1.20 ④ 0.84

> **해설**
> 현열비(SHF) = 현열 / (현열 + 잠열)
> = 3,200 / (3,200 + 600) = 0.84

58 흡수식 냉동기의 특징으로 틀린 것은?

① 전력 사용량이 적다.
② 압축식 냉동기보다 소음, 진동이 크다.
③ 용량제어 범위가 넓다.
④ 부분 부하에 대한 대응성이 좋다.

> **해설**
> 흡수식 냉동기는 압축기 대신 흡수기와 발생기를 사용하므로 소음, 진동이 적다.

59 다음은 덕트 내의 공기압력을 측정하는 방법이다. 그림 중 정압을 측정하는 방법은?

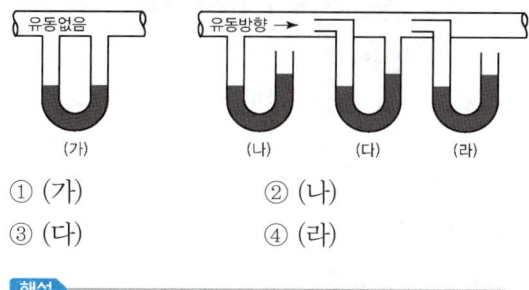

① (가) ② (나)
③ (다) ④ (라)

> **해설**
> (가) : 무압, (나) : 정압, (다) : 동압, (라) : 전압

60 건구온도 33℃, 상대습도 50%인 습공기 500 m³/h를 냉각 코일에 의하여 냉각한다. 코일의 장치노점온도는 9℃이고 바이패스 팩터가 0.1이라면, 냉각된 공기의 온도는?

① 9.5℃ ② 10.2℃
③ 11.4℃ ④ 12.6℃

> **해설**
> $BF = \dfrac{t_x - t_2}{t_1 - t_2}$ 에서 $t_x = \{BF(t_1 - t_2)\} + t_2$
> $= \{0.1 \times (33 - 9)\} + 9 = 11.4℃$

[정답] 56 ① 57 ④ 58 ② 59 ② 60 ③

제7회 CBT 검정 기출문제

01 아크 용접의 안전 사항으로 틀린 것은?
① 홀더가 신체에 접촉되지 않도록 한다.
② 절연 부분이 균열이나 파손되었으면 교체한다.
③ 장시간 용접기를 사용하지 않을 때는 반드시 스위치를 차단시킨다.
④ 1차 코드는 벗겨진 것을 사용해도 좋다.

해설
1차 코드 및 2차 코드는 벗겨진 것을 사용하면 안전사고의 발생 우려가 있다.

02 연삭작업의 안전수칙으로 틀린 것은?
① 작업 도중 진동이나 마찰면에서의 파열이 심하면 곧 작업을 중지한다.
② 숫돌차에 편심이 생기거나 원주면의 메짐이 심하면 드레싱을 한다.
③ 작업 시 반드시 숫돌의 정면에 서서 작업한다.
④ 축과 구멍에는 틈새가 없어야 한다.

해설
작업 시에는 숫돌차의 측면에서 서서히 연삭해야 한다.

03 전체 산업 재해의 원인 중 가장 큰 비중을 차지하는 것은?
① 설비의 미비   ② 정돈상태의 불량
③ 계측공구의 미비   ④ 작업자의 실수

해설
안전사고 발생의 큰 원인 : 작업자의 실수

04 가스용접 시 역화를 방지하기 위하여 사용하는 수봉식 안전기에 대한 내용 중 틀린 것은?
① 하루에 1회 이상 수봉식 안전기의 수위를 점검할 것
② 안전기는 확실한 점검을 위하여 수직으로 부착할 것
③ 1개의 안전기에는 3개 이하의 토치만 사용할 것
④ 동결 시 화기를 사용하지 말고 온수를 사용할 것

해설
1개의 안전기에는 1개 이하의 토치만 사용할 것

05 보일러의 역화(back fire)의 원인이 아닌 것은?
① 점화 시 착화를 빨리한 경우
② 점화 시 공기보다 연료를 먼저 노 내에 공급하였을 경우
③ 노 내의 미연소가스가 충만해 있을 때 점화하였을 경우
④ 연료 밸브를 급개하여 과다한 양을 노 내에 공급하였을 경우

해설
버너 점화 시 공기보다 연료를 먼저 공급하면 미리 공급된 연료가 연소실 내에 체류하여 점화 시 역화가 발생하게 된다.

06 산업안전보건기준에 따른 작업장의 출입구 설치기준으로 틀린 것은?
① 출입구의 위치·수 및 크기가 작업장의 용도와 특성에 맞도록 할 것
② 출입구에 문을 설치하는 경우에는 근로자가 쉽게 열고 닫을 수 있도록 할 것
③ 주된 목적이 하역운반기계용인 출입구에는 보행자용 출입구를 따로 설치하지 말 것
④ 계단이 출입구와 바로 연결된 경우에는 작업자의 안전한 통행을 위하여 그 사이에 충분한 거리를 둘 것

해설
주된 목적이 하역운반기계용인 출입구에는 보행자용 출입구를 따로 설치하여야 한다.

[정답] 01 ④ 02 ③ 03 ④ 04 ③ 05 ① 06 ③

07 크레인을 사용하여 작업을 하고자 한다. 작업 시작 전의 점검사항으로 틀린 것은?

① 권과방지장치·브레이크·클러치 및 운전장치의 기능
② 주행로의 상측 및 트롤리가 횡행(橫行)하는 레일의 상태
③ 와이어로프가 통하고 있는 곳의 상태
④ 압력방출장치의 기능

해설
④는 압력방출장치의 기능은 보일러의 점검사항이다.

08 냉동장치 안전운전을 위한 주의사항 중 틀린 것은?

① 압축기와 응축기 간에 스톱밸브가 닫혀 있는 것을 확인한 후 압축기를 가동할 것
② 주기적으로 유압을 체크할 것
③ 동절기(휴지기)에는 응축기 및 수배관의 물을 완전히 뺄 것
④ 압축기를 처음 가동 시에는 정상으로 가동되는 가를 확인할 것

해설
압축기와 응축기 간의 스톱밸브가 닫혀 있으면 압축기를 가동시키지 않아야 한다.

09 차량계 하역운반기계의 종류로 가장 거리가 먼 것은?

① 지게차   ② 화물 자동차
③ 구내 운반차   ④ 크레인

해설
크레인은 차량계 하역운반기계에 해당되지 않는다.

10 공기압축기를 가동할 때, 시작 전 점검사항에 해당되지 않는 것은?

① 공기저항 압력용기의 외관 상태
② 드레인 밸브의 조작 및 배수
③ 압력방출장치의 기능
④ 비상정지장치 및 비상하강방지장치 기능의 이상 유무

해설
공기압축기 가동전 점검사항
㉠ 공기저항 압력용기의 외관 상태
㉡ 드레인 밸브의 조작 및 배수
㉢ 압력방출장치의 기능
㉣ 언로드 밸브의 기능
㉤ 윤활유의 상태
㉥ 회전부의 덮개 또는 울
㉦ 기타 연결 부위의 이상 유무

11 수공구 사용방법 중 옳은 것은?

① 스패너에 너트를 깊이 물리고 바깥쪽으로 밀면서 풀고 죈다.
② 정 작업 시 끝날 무렵에는 힘을 빼고 천천히 타격한다.
③ 쇠톱 작업 시 톱날을 고정한 후에는 재조정을 하지 않는다.
④ 장갑을 낀 손이나 기름 묻은 손으로 해머를 잡고 작업해도 된다.

해설
정 작업 시 끝날 무렵에는 힘을 빼고 천천히 타격한다.

12 각 작업조건에 맞는 보호구의 연결로 틀린 것은?

① 물체가 떨어지거나 날아올 위험이 있는 작업 : 안전모
② 고열에 의한 화상 등의 위험이 있는 작업 : 방열복
③ 선창 등에서 분진이 심하게 발생하는 하역작업 : 방한복
④ 높이 또는 깊이 2미터 이상의 추락할 위험이 있는 장소에서 하는 작업 : 안전대

[정답] 07 ④ 08 ① 09 ④ 10 ④ 11 ② 12 ③

> **해설**
> 선창 등에서 분진(粉塵)이 심하게 발생하는 하역작업 : 방진 마스크

13 화재 시 소화제로 물을 사용하는 이유로 가장 적당한 것은?
① 산소를 잘 흡수하기 때문에
② 증발잠열이 크기 때문에
③ 연소하지 않기 때문에
④ 산소공급을 차단하기 때문에

> **해설**
> 물은 증발잠열이 커 냉각소화에 적당하다.

14 보일러의 폭발사고 예방을 위하여 그 기능이 정상적으로 작동할 수 있도록 유지 관리해야 하는 장치로 가장 거리가 먼 것은?
① 압력방출장치 ② 감압밸브
③ 화염검출기 ④ 압력 제한 스위치

> **해설**
> 감압밸브 : 고압의 증기를 저압으로 저하시키는 것으로서 보일러의 안전장치가 아니다.

15 보일러의 휴지보존법 중 장기보존법에 해당되지 않는 것은?
① 석회밀폐건조법 ② 질소가스봉입법
③ 소다만수보존법 ④ 가열건조법

> **해설**
> 보일러 보존법
> ㉠ 건식 보존법(석회밀폐건조법)
> ㉡ 만수 보존법(소다만수보존법)
> ㉢ 질소 보존법(질소가스봉입법)

16 다음 중 불응축 가스가 주로 모이는 곳은?
① 증발기 ② 액분리기
③ 압축기 ④ 응축기

> **해설**
> 불응축 가스가 주로 모이는 곳 : 응축기나 수액기 상부

17 어떤 물질의 산성, 알칼리성 여부를 측정하는 단위는?
① CHU ② USRT
③ pH ④ Therm

> **해설**
> 산성, 알칼리성의 여부 측정 : 수소이온농도(pH)

18 1PS는 1시간당 약 몇 kcal에 해당되는가?
① 860 ② 550
③ 632 ④ 427

> **해설**
> 1PS = 75kg·m/sec = 632kcal/h

19 강관용 공구가 아닌 것은?
① 파이프 바이스 ② 파이프 커터
③ 드레서 ④ 동력 나사 절삭기

> **해설**
> 드레서 : 연관의 산화피막을 제거하는 공구

20 냉동기에서 압축기의 기능으로 가장 거리가 먼 것은?
① 냉매를 순환시킨다.
② 응축기에 냉각수를 순환시킨다.
③ 냉매의 응축을 돕는다.
④ 저압을 고압으로 상승시킨다.

> **해설**
> 응축기에서의 냉각수 순환 : 냉각수 펌프

[정답] 13 ② 14 ② 15 ④ 16 ④ 17 ③ 18 ③ 19 ③ 20 ②

21 냉동장치 운전 중 유압이 너무 높을 때 원인으로 가장 거리가 먼 것은?

① 유압계가 불량일 때
② 유배관이 막혔을 때
③ 유온이 낮을 때
④ 유압조정 밸브 개도가 과다하게 열렸을 때

해설
유압조정 밸브 개도가 과다하게 열리면 유압은 낮아진다.

22 원심식 압축기에 대한 설명으로 옳은 것은?

① 임펠러의 원심력을 이용하여 속도에너지를 압력에너지로 바꾼다.
② 임펠러 속도가 빠르면 유량 흐름이 감소한다.
③ 1단으로 압축비를 크게 할 수 있어 단단압축방식을 주로 채택한다.
④ 압축비는 원주 속도의 3제곱에 비례한다.

해설
원심식 압축기 : 임펠러의 원심력을 이용하여 속도에너지를 압력에너지로 바꾸는 압축기

23 파이프 내의 압력이 높아지면 고무링은 더욱 파이프 벽에 밀착되어 누설을 방지하는 접합방법은?

① 기계적 접합   ② 플랜지 접합
③ 빅토릭 접합   ④ 소켓 접합

해설
빅토릭 이음 : 특수 모양으로 된 주철관의 끝에 고무링과 가단 주철재의 칼라(collar)를 죄어 이음하는 방법으로, 배관 내의 압력이 높아지면 더욱 밀착되어 누설을 방지한다.

24 양측의 표면 열전달률이 $3,000 W/m^2 \cdot ℃$인 수냉식 응축기의 열관류율은? (단, 냉각관의 두께는 3mm이고, 냉각관 재질의 열전도율은 $40W/m \cdot ℃$이며, 부착 물때의 두께는 0.2mm, 물때의 열전도율은 $0.8W/m \cdot ℃$이다.)

① $978 W/m^2 \cdot ℃$ ② $988 W/m^2 \cdot ℃$
③ $998 W/m^2 \cdot ℃$ ④ $1,008 W/m^2 \cdot ℃$

해설
$$K = \cfrac{1}{\cfrac{1}{\alpha_1} + \cfrac{l_1}{\lambda_1} + \cfrac{l_2}{\lambda_2} + \cfrac{1}{\alpha_2}}$$
$$= \cfrac{1}{\cfrac{1}{3,000} + \cfrac{0.003}{40} + \cfrac{0.0002}{0.8} + \cfrac{1}{3,000}}$$
$$= 1,008 W/m^2 \cdot ℃$$

25 온도 작동식 자동팽창 밸브에 대한 설명으로 옳은 것은?

① 실온을 써모스탯에 의하여 감지하고, 밸브의 개도를 조정한다.
② 팽창밸브 직전의 냉매온도에 의하여 자동적으로 개도를 조정한다.
③ 증발기 출구의 냉매온도에 의하여 자동적으로 개도를 조정한다.
④ 압축기의 토출 냉매온도에 의하여 자동적으로 개도를 조정한다.

해설
온도 작동식 자동팽창 밸브는 증발기 출구의 냉매온도(과열도)에 의하여 자동적으로 개도를 조정한다.

26 표준 냉동사이클에서 과냉각도는 얼마인가?

① 45℃   ② 30℃
③ 15℃   ④ 5℃

해설
표준 냉동사이클에서 과냉각도 : 5℃

참고 표준 냉동사이클에서 과열도 : 0℃

27 빙점 이하의 온도에 사용하며 냉동기 배관, LPG 탱크용 배관 등에 많이 사용하는 강관은?

① 고압배관용 탄소강관
② 저온배관용 강관
③ 라이닝강관
④ 압력배관용 탄소강관

[정답] 21 ④ 22 ① 23 ③ 24 ④ 25 ③ 26 ④ 27 ②

> **해설**
> 저온배관용 강관(SPLT) : 빙점 이하의 온도에 사용하며 냉동기 배관, LPG 탱크용 배관 등에 많이 사용하는 강관

28 소요 냉각수량 120L/min, 냉각수 입·출구 온도차 6℃인 수냉 응축기의 응축부하는?

① 50W
② 43,200kJ/h
③ 181,440kcal/h
④ 181,440kJ/h

> **해설**
> 응축부하
> $Q_1 = w \cdot C \cdot \Delta t = 120 \times 60 \times 1 \times 6$
> $= 43,200 \, kcal/h \times 4.2 = 181,440 \, kJ/h = 50kW$

29 고열원 온도 T_1, 저열원 온도 T_2인 카르노 사이클의 열효율은?

① $\dfrac{T_2 - T_1}{T_1}$
② $\dfrac{T_1 - T_2}{T_2}$
③ $\dfrac{T_2}{T_1 - T_2}$
④ $\dfrac{T_1 - T_2}{T_1}$

> **해설**
> 카르노 사이클에서의 열효율(η)
> $\eta = \dfrac{AW}{Q_1} = \dfrac{Q_1 - Q_2}{Q_1} = \dfrac{T_1 - T_2}{T_1} = 1 - \dfrac{T_2}{T_1}$

30 제빙장치 중 결빙한 얼음을 제빙관에서 떼어낼 때 관 내의 얼음 표면을 녹이기 위해 사용하는 기기는?

① 주수조
② 양빙기
③ 저빙고
④ 용빙조

> **해설**
> 용빙조 : 결빙한 얼음을 제빙관에서 떼어낼 때 관 내의 얼음 표면을 녹이기 위해서 상온수 또는 온수로 따뜻하게 하여 탈빙하기 쉽도록 하는 기기

31 2개 이상의 엘보를 사용하여 배관의 신축을 흡수하는 신축이음은?

① 루프형 이음
② 벨로즈형 이음
③ 슬리브형 이음
④ 스위블형 이음

> **해설**
> 스위블형 이음 : 2개 이상의 나사엘보를 사용하여 배관의 신축을 흡수하는 신축이음

32 냉동장치에서 압축기의 이상적인 압축 과정은?

① 등엔트로피 변화
② 정압 변화
③ 등온 변화
④ 정적 변화

> **해설**
> 이상적인 압축 과정 : 등엔트로피 변화

33 다음 온도-엔트로피 선도에서 a → b 과정은 어떤 과정인가?

① 압축 과정
② 응축 과정
③ 팽창 과정
④ 증발 과정

> **해설**
> ① 압축 과정 : a → b
> ② 응축 과정 : b → c → d
> ③ 팽창 과정 : d → e
> ④ 증발 과정 : e → a

34 다음에 해당하는 법칙은?

> 회로망 중 임의의 한 점에서 흘러 들어오는 전류와 나가는 전류의 대수합은 0이다.

① 쿨롱의 법칙
② 옴의 법칙
③ 키르히호프의 제1법칙
④ 키르히호프의 제2법칙

[정답] 28 ④ 29 ④ 30 ④ 31 ④ 32 ① 33 ① 34 ③

35 시퀀스 제어장치의 구성으로 가장 거리가 먼 것은?

① 검출부　　② 조절부
③ 피드백부　④ 조작부

> **해설**
> 시퀀스 제어장치의 구성
> 설정부 – 비교대상 – 조절부 – 조작부 – 검출부

36 서로 다른 지름의 관을 이을 때 사용되는 것은?

① 소켓　　② 유니온
③ 플러그　④ 부싱

> **해설**
> 서로 다른 지름의 관을 이을 때 사용하는 부속: 레듀셔, 부싱, 이경소켓

37 NH_3, R-12, R-22 냉매의 기름과 물에 대한 용해도를 설명한 것으로 옳은 것은?

> ㉠ 물에 대한 용해도는 R-12가 가장 크다.
> ㉡ 기름에 대한 용해도는 R-12가 가장 크다.
> ㉢ R-22는 물에 대한 용해도와 기름에 대한 용해도가 모두 암모니아보다 크다.

① ㉠, ㉡, ㉢　　② ㉡, ㉢
③ ㉡　　　　　④ ㉢

> **해설**
> ㉠ 물과의 용해도는 암모니아가 좋다.
> ㉢ 윤활유와 용해도가 큰 냉매
> 　R-11 > R-12 > R-21 > R-113

38 식품을 냉각된 부동액에 넣어 직접 접촉시켜서 동결시키는 것으로 살포식과 침지식으로 구분하는 동결장치는?

① 접촉식 동결장치　② 공기 동결장치
③ 브라인 동결장치　④ 송풍식 동결장치

> **해설**
> 브라인 동결장치 : 식품을 냉각된 부동액에 넣어 직접 접촉시켜서 동결시키는 것으로 살포식과 침지식으로 구분하는 동결장치

39 -10℃ 얼음 5kg을 20℃ 물로 만드는 데 필요한 열량은? (단, 물의 융해잠열은 80kcal/kg으로 한다.)

① 25kcal　　② 125kcal
③ 325kcal　④ 525kcal

> **해설**
> $-10℃ 얼음 \xrightarrow{①} 0℃ 얼음 \xrightarrow{②} 0℃ 물 \xrightarrow{③} 20℃ 물$
> $Q_1 = G \cdot C \cdot \Delta t = 5 \times 0.5 \times \{0-(-10)\} = 25\,kcal$
> $Q_2 = G \cdot r = 5 \times 80 = 400\,kcal$
> $Q_3 = G \cdot C \cdot \Delta t = 5 \times 1 \times (20-0) = 100\,kcal$
> $Q_T = Q_1 + Q_2 + Q_3 = 25 + 400 + 100 = 525\,kcal$
> 　　$= 2,205\,kJ/h = 613W$

40 2단압축 1단팽창 냉동장치에 대한 설명 중 옳은 것은?

① 단단 압축시스템에서 압축비가 작을 때 사용된다.
② 냉동부하가 감소하면 중간냉각기는 필요 없다.
③ 단단 압축시스템보다 응축능력을 크게 하기 위해 사용된다.
④ -30℃ 이하의 비교적 낮은 증발온도를 요하는 곳에 주로 사용된다.

> **해설**
> -30℃ 이하의 비교적 낮은 증발온도를 요하는 곳에는 압축비가 상승하므로 2단압축 냉동장치를 사용한다.

41 단수 릴레이의 종류로 가장 거리가 먼 것은?

① 단압식 릴레이　② 차압식 릴레이
③ 수류식 릴레이　④ 비례식 릴레이

[정답] 35 ③　36 ④　37 ③　38 ③　39 ④　40 ④　41 ④

> **해설**
> 단수 릴레이의 종류 :
> 차압식 릴레이, 단압식 릴레이, 수류식 릴레이

42 냉동에 대한 설명으로 가장 적합한 것은?
① 물질의 온도를 인위적으로 주위의 온도보다 낮게 하는 것을 말한다.
② 열이 높은 데서 낮은 곳으로 흐르는 것을 말한다.
③ 물체 자체의 열을 이용하여 일정한 온도를 유지하는 것을 말한다.
④ 기체가 액체로 변화할 때의 기화열에 의한 것을 말한다.

> **해설**
> 냉동 : 인위적으로 열을 제거하여 주위의 온도보다 낮게 하는 것

43 회전식(rotary) 압축기에 대한 설명으로 틀린 것은?
① 흡입 밸브가 없다.
② 압축이 연속적이다.
③ 회전 압축으로 인한 진동이 심하다.
④ 왕복동에 비해 구조가 간단하다.

> **해설**
> 회전식 압축기는 회전 압축으로 인한 진동이 적다.

44 도선에 전류가 흐를 때 발생하는 열량으로 옳은 것은?
① 전류의 세기에 반비례한다.
② 전류의 세기의 제곱에 비례한다.
③ 전류의 세기의 제곱에 반비례한다.
④ 열량은 전류의 세기와 무관한다.

> **해설**
> 도선에 전류가 흐를 때 발생하는 열량은 전류세기의 제곱에 비례한다($H = I^2 RT$).

45 운전 중에 있는 냉동기의 압축기 압력계가 고압은 8kg/cm^2, 저압은 진공도 100mmHg를 나타낼 때 압축기의 압축비는?
① 약 6   ② 약 8
③ 약 10   ④ 약 12

> **해설**
> 압축비 $P_r = \dfrac{P_1}{P_2} = \dfrac{(8+1.033)}{1.033 \times \left(1 - \dfrac{100}{760}\right)} = 10$

46 공기에서 수분을 제거하여 습도를 낮추기 위해서는 어떻게 하여야 하는가?
① 공기의 유로 중에 가열코일을 설치한다.
② 공기의 유로 중에 공기의 노점온도보다 높은 온도의 코일을 설치한다.
③ 공기의 유로 중에 공기의 노점온도와 같은 온도의 코일을 설치한다.
④ 공기의 유로 중에 공기의 노점온도보다 낮은 온도의 코일을 설치한다.

> **해설**
> 공기 중의 수분을 제거하여 습도를 낮추기 위해서는 공기의 유로 중에 공기의 노점온도보다 낮은 온도의 코일을 설치하여 제습한다.

47 온수난방의 장점이 아닌 것은?
① 관 부식은 증기난방보다 적고 수명이 길다.
② 증기난방에 비해 배관지름이 작으므로 설비비가 적게 든다.
③ 보일러 취급이 용이하고 안전하며 배관 열손실이 적다.
④ 온수 때문에 보일러의 연소를 정지해도 여열이 있어 실온이 급변하지 않는다.

> **해설**
> 온수난방은 증기난방에 비해 배관지름이 커지므로 설비비가 많이 든다.

[정답] 42 ① 43 ③ 44 ② 45 ③ 46 ④ 47 ②

48 송풍기의 상사법칙으로 틀린 것은?

① 송풍기의 날개 직경이 일정할 때 송풍압력은 회전수 변화의 2승에 비례한다.
② 송풍기의 날개 직경이 일정할 때 송풍동력은 회전수 변화의 3승에 비례한다.
③ 송풍기의 회전수가 일정할 때 송풍압력은 날개 직경 변화의 2승에 비례한다.
④ 송풍기의 회전수가 일정할 때 송풍동력은 날개 직경 변화의 3승에 비례한다.

해설
송풍기의 상사법칙
㉠ 회전수 변화에 따른 송풍량은 1승, 송풍압력은 2승, 송풍동력은 3승에 비례한다.
㉡ 날개직경 변화에 따른 송풍량은 3승, 송풍압력은 2승, 송풍동력은 5승에 비례한다.

49 온풍난방에 대한 설명 중 옳은 것은?

① 설비비는 다른 난방에 비하여 고가이다.
② 예열부하가 크므로 예열시간이 길다.
③ 습도조절이 불가능하다.
④ 신선한 외기도입이 가능하여 환기가 가능하다.

해설
온풍난방은 덕트 설치로 신선한 외기도입이 가능하여 환기가 가능하다.

50 이중덕트 변풍량 방식의 특징으로 틀린 것은?

① 각 실내의 온도제어가 용이하다.
② 설비비가 높고 에너지 손실이 크다.
③ 냉풍과 온풍을 혼합하여 공급한다.
④ 단일덕트 방식에 비해 덕트 스페이스가 작다.

해설
이중덕트 방식 : 공기조화기에서 나온 냉풍과 온풍을 각각 별개의 덕트를 통해 나온 냉온풍을 혼합상자에서 혼합된 후 취출하여 에너지 손실이 크고 단일덕트 방식에 비해 덕트 스페이스가 크다.

51 다음 중 제2종 환기법으로 송풍기만 설치하여 강제 급기하는 방식은?

① 병용식   ② 압입식
③ 흡출식   ④ 자연식

해설
제2종 환기법 : 송풍기만 설치하여 강제 급기하는 방식(강제급기+자연배기)

52 물과 공기의 접촉면적을 크게 하기 위해 증발포를 사용하여 수분을 자연스럽게 증발시키는 가습방식은?

① 초음파식   ② 가열식
③ 원심분리식   ④ 기화식

해설
증발식(기화식) : 흡습 및 건조성이 높은 소재를 물로 적시고 표면에 바람을 불어 수분을 증발시켜 가습하는 원리

53 다음 장치 중 신축이음 장치의 종류로 가장 거리가 먼 것은?

① 스위블 조인트   ② 볼 조인트
③ 루프형   ④ 버켓형

해설
신축이음 장치의 종류 : 루프형, 슬리브형, 벨로우즈형, 스위블형, 볼조인트 등

54 수분무식 가습장치의 종류가 아닌 것은?

① 모세관식   ② 초음파식
③ 분무식   ④ 원심식

해설
수분무식 : 원심식, 초음파식, 분무식

[정답] 48 ④ 49 ④ 50 ④ 51 ② 52 ④ 53 ④ 54 ①

55 온수난방에 이용되는 밀폐형 팽창탱크에 관한 설명으로 틀린 것은?

① 공기층의 용적을 작게 할수록 압력의 변동은 감소한다.
② 개방형에 비해 용적은 크다.
③ 통상 보일러 근처에 설치되므로 동결의 염려가 없다.
④ 개방형에 비해 보수점검이 유리하고 가압실이 필요하다.

해설
밀폐형 팽창탱크는 공기층의 용적을 크게 할수록 압력의 변동은 감소한다.

56 공기의 냉각, 가열코일의 선정 시 유의사항에 대한 내용 중 가장 거리가 먼 것은?

① 냉각코일 내에 흐르는 물의 속도는 통상 약 1m/s 정도로 하는 것이 좋다.
② 증기코일을 통과하는 풍속은 통상 약 3~5m/s 정도로 하는 것이 좋다.
③ 냉각코일의 입·출구온도차는 통상 약 5℃ 정도로 하는 것이 좋다.
④ 공기 흐름과 물의 흐름은 평행류로 하여 전열을 증대시킨다.

해설
공기 흐름과 물의 흐름은 대향류로 하여 전열을 증대시킨다.

57 단일덕트 정풍량 방식에 대한 설명으로 틀린 것은?

① 실내부하가 감소될 경우에 송풍량을 줄여도 실내공기가 오염되지 않는다.
② 고성능 필터의 사용이 가능하다.
③ 기계실에 기기류가 집중설치되므로 운전보수 관리가 용이하다.
④ 각 실이나 존의 부하변동이 서로 다른 건물에서는 온습도에 불균형이 생기기 쉽다.

해설
단일덕트 정풍량 방식은 실내부하의 감소에도 송풍량은 변화되지 않아 실내공기의 오염이 적다.

58 100℃ 물의 증발잠열은 약 몇 kJ/kg인가?

① 539 ② 2257
③ 2501 ④ 3320

해설
100℃ 물의 증발잠열 : 539kcal/kg=2,257kJ/kg

참고 0℃ 물의 증발잠열
597.5kcal/kg=2,501kJ/kg

59 난방방식 중 방열체가 필요 없는 것은?

① 온수난방 ② 증기난방
③ 복사난방 ④ 온풍난방

해설
① 온수난방 : 온수방열기
② 증기난방 : 증기방열기
③ 복사난방 : 바닥코일

60 어떤 사무실 동쪽 유리면이 50m²이고 안쪽은 베니션 블라인드가 설치되어 있을 때, 동쪽 유리면에서 실내에 침입하는 냉방부하는? (단, 유리 통과율은 6.2W/m²·K, 복사량은 512W/m², 차폐계수는 0.56, 실내외 온도차는 10℃이다.)

① 3,100 W ② 14,336 W
③ 17,436 W ④ 15,886 W

해설
$Q = (512 \times 50 \times 0.56) + (6.2 \times 50 \times 10)$
$= 17,436 W$

참고 유리창 취득부하
㉠ 유리창의 일사부하 $q_{GR} = I_{GR} \times A_g \times k_s$
㉡ 유리창의 통과열량 $q = K \times A_g \times \Delta t$

[정답] 55 ① 56 ④ 57 ① 58 ② 59 ④ 60 ③

제8회 CBT 검정 기출문제

01 냉동제조의 시설 중 안전유지를 위한 기술기준에 관한 설명으로 틀린 것은?
① 안전 밸브에 설치된 스톱밸브는 특별한 수리 등 특별한 경우 외에는 항상 열어둔다.
② 냉동설비의 설치공사가 완공되면 시운전할 때 산소가스를 사용한다.
③ 가연성 가스의 냉동설비 부근에는 작업에 필요한 양 이상의 연소물질을 두지 않는다.
④ 냉동설비의 변경공사가 완공되어 기밀시험 시 공기를 사용할 때에는 미리 냉매 설비 중의 가연성 가스를 방출한 후 실시한다.

해설
냉동설비의 설치공사가 완공되면 시운전할 때 질소가스를 사용하며, 이때 질소가스 누설에 따른 질식사고에 유의하여야 한다.

02 줄 작업 시 안전관리 사항으로 틀린 것은?
① 칩은 브러시로 제거한다.
② 줄의 균열 유무를 확인한다.
③ 손잡이가 줄에 튼튼하게 고정되어 있는가 확인한 다음에 사용한다.
④ 줄 작업의 높이는 작업자의 어깨 높이로 하는 것이 좋다.

해설
줄 작업의 높이는 작업자의 팔꿈치 높이로 하여야 무리가 가지 않는다.

03 암모니아의 누설 검지 방법이 아닌 것은?
① 심한 자극성 냄새를 가지고 있으므로, 냄새로 확인이 가능하다.
② 적색 리트머스 시험지에 물을 적셔 누설 부위에 가까이 하면 누설 시 청색으로 변한다.
③ 백색 페놀프탈레인 용지에 물을 적셔 누설부위에 가까이 하면 누설 시 적색으로 변한다.
④ 황을 묻힌 심지에 불을 붙여 누설 부위에 가져가면 누설 시 홍색으로 변한다.

해설
암모니아 누설 검사법
㉠ 불쾌한 냄새(악취)가 난다.
㉡ 적색 리트머스 시험지 접촉 시 청색으로 변색한다.
㉢ 페놀프탈레인 시험지 접촉 시 적색(홍색)으로 변색한다.
㉣ 유황초(황산, 염산)를 태워 누설 개소에 접촉 시 백색 연기가 발생한다.
㉤ 물이나 브라인에 용해되었을 경우에는 네슬러시약을 적하하면 변색한다.(소량누설 : 황색, 다량누설 : 자색)

04 위험물 취급 및 저장 시의 안전조치 사항 중 틀린 것은?
① 위험물은 작업장과 별도의 장소에 보관하여야 한다.
② 위험물을 취급하는 작업장에는 너비 0.3m 이상, 높이 2m 이상의 비상구를 설치하여야 한다.
③ 작업장 내부에는 위험물을 작업에 필요한 양만큼만 두어야 한다.
④ 위험물을 취급하는 작업장의 비상구 문은 피난 방향으로 열리도록 한다.

해설
비상구의 설치 : 사업주는 위험물질을 제조·취급하는 작업장과 그 작업장이 있는 건축물에 입구 외에 안전한 장소로 대피할 수 있는 비상구 1개 이상을 다음 각 호의 기준에 맞는 구조로 설치하여야 한다.
㉠ 출입구와 같은 방향에 있지 아니하고 출입구로부터 3m 이상 떨어져 있을 것
㉡ 작업장의 각 부분으로부터 하나의 비상구 또는 출입구까지의 수평거리가 50m 이하가 되도록 할 것
㉢ 비상구의 너비는 0.75m 이상으로 하고 높이는 1.5m 이상으로 할 것
㉣ 비상구의 문은 피난 방향으로 열리도록 하고, 실내에서 항상 열 수 있는 구조로 할 것

[정답] 01 ② 02 ④ 03 ④ 04 ②

05 다음 중 압축기가 시동되지 않는 이유로 가장 거리가 먼 것은?
① 전압이 너무 낮다.
② 오버로드가 작동하였다.
③ 유압보호 스위치가 리셋되어 있지 않다.
④ 온도조절기 감온통의 가스가 빠져 있다.

> **해설**
> 온도조절기 감온통의 가스가 빠진 경우라도 압축기의 시동은 될 수 있다.

06 산소용접 중 역화현상이 일어났을 때 조치 방법으로 가장 적합한 것은?
① 아세틸렌 밸브를 즉시 닫는다.
② 토치 속의 공기를 배출한다.
③ 아세틸렌 압력을 높인다.
④ 산소압력을 용접조건에 맞춘다.

> **해설**
> 역화 시에는 산소용기의 밸브를 먼저 닫은 후 아세틸렌 밸브를 즉시 닫는다.

07 드릴 작업 중 유의할 사항으로 틀린 것은?
① 작은 공작물이라도 바이스나 크랩을 사용하여 장착한다.
② 드릴이나 소켓을 척에서 해체시킬 때에는 해머를 사용한다.
③ 가공 중 드릴 절삭 부분에 이상음이 들리면 작업을 중지하고 드릴 날을 바꾼다.
④ 드릴의 탈착은 회전이 완전히 멈춘 후에 한다.

> **해설**
>  드릴이나 소켓을 드릴척에서 해체시킬 때에는 드릴척 핸들을 이용한다.

08 안전장치의 취급에 관한 사항으로 틀린 것은?
① 안전장치는 반드시 작업 전에 점검한다.
② 안전장치는 구조상의 결함 유무를 항상 점검한다.
③ 안전장치가 불량할 때에는 즉시 수정한 다음 작업한다.
④ 안전장치는 작업 형편상 부득이한 경우에는 일시 제거해도 좋다.

> **해설**
> 안전장치는 일시 제거하여 사용하지 않는다.

09 전기용접 작업 시 전격에 의한 사고를 예방할 수 있는 사항으로 틀린 것은?
① 절연 홀더의 절연 부분이 파손되었으면 바로 보수하거나 교체한다.
② 용접봉의 심선은 손에 접촉되지 않게 한다.
③ 용접용 케이블은 2차 접속단자에 접촉한다.
④ 용접기는 무부하 전압이 필요 이상 높지 않은 것을 사용한다.

> **해설**
> 용접용 케이블은 2차 접속단자에 접속하며 전격 사고를 예방하는 사항에는 해당되지 않는다.

참고 전격 방지 장치
교류아크용접기의 출력측 무부하 전압이 1.5초 이내에 30V 이하가 되도록 교류아크용접기에 장착하는 감전방지용 안전장치이다.

10 산업안전보건법의 제정 목적과 가장 거리가 먼 것은?
① 산업재해 예방
② 쾌적한 작업환경 조성
③ 산업안전에 관한 정책수립
④ 근로자의 안전과 보건을 유지·증진

> **해설**
> 산업안전보건법의 제정 목적
> 이 법은 산업안전·보건에 관한 기준을 확립하고 그 책임의 소재를 명확하게 하여 산업재해를 예방하고 쾌적한 작업환경을 조성함으로써 근로자의 안전과 보건을 유지·증진함을 목적으로 한다.

11 다음 중 용융온도가 비교적 높아 전기 기구에 사용하는 퓨즈(Fuse)의 재료로 가장 부적당한 것은?

① 납　　　　　② 주석
③ 아연　　　　④ 구리

> **해설**
> 구리는 용융온도가 높아 퓨즈의 재료로는 부적당하다.

12 가스용접법의 특징으로 틀린 것은?

① 응용 범위가 넓다.
② 아크용접에 비해 불꽃의 온도가 높다.
③ 아크용접에 비해 유해 광선의 발생이 적다.
④ 열량조절이 비교적 자유로워 박판용접에 적당하다.

> **해설**
> 가스용접은 아크용접에 비해서 불꽃의 온도가 낮다.

13 크레인의 방호장치로서 와이어 로프가 후크에서 이탈하는 것을 방지하는 장치는?

① 과부하방지 장치　　② 권과방지 장치
③ 비상정지 장치　　　④ 해지 장치

> **해설**
> 해지 장치 : 와이어 로프가 후크에서 이탈하는 것을 방지하는 장치

14 일반적인 컨베이어의 안전장치로 가장 거리가 먼 것은?

① 역회전방지 장치　　② 비상정지 장치
③ 과속방지 장치　　　④ 이탈방지 장치

> **해설**
> 컨베이어의 안전장치
> ㉠ 이탈 및 역주행(역회전)방지 장치
> ㉡ 비상정지 장치
> ㉢ 덮개 또는 울을 설치

15 가스용접 작업 중 일어나기 쉬운 재해로 가장 거리가 먼 것은?

① 화재　　　　② 누전
③ 가스중독　　④ 가스폭발

> **해설**
> 누전은 전기용접 작업에서 발생된다.

16 액백(Liquid back)의 원인으로 가장 거리가 먼 것은?

① 팽창밸브의 개도가 너무 클 때
② 냉매가 과충전되었을 때
③ 액분리기가 불량일 때
④ 증발기 용량이 너무 클 때

> **해설**
> 액압축(Liquid Back)의 원인
> ㉠ 팽창 밸브의 개도가 너무 클 때
> ㉡ 증발기 냉각관의 유막 및 적상과대
> ㉢ 급격한 부하의 변동(부하 감소)
> ㉣ 냉매 과충전
> ㉤ 흡입관에 트랩 등과 같은 액이 고이는 장소가 있을 때
> ㉥ 액분리기의 기능 불량
> ㉦ 기동 시 흡입 밸브를 갑자기 급개 했을 때
> ㉧ 압축기 용량과대 및 증발기 용량 부족

[정답] 11 ④ 12 ② 13 ④ 14 ③ 15 ② 16 ④

17 다음 표의 ( ) 안에 들어갈 말로 옳은 것은?

> 압축기의 체적효율은 격간(clearance)의 증대에 의하여 (가)하며, 압축비가 클수록 (나)하게 된다.

① 가 : 감소, 나 : 감소
② 가 : 증가, 나 : 감소
③ 가 : 감소, 나 : 증가
④ 가 : 증가, 나 : 증가

해설
압축기의 체적효율은 격간(틈새)의 증대에 의하여 감소하며, 압축비가 클수록 감소하게 된다.

18 다음 설명 중 옳은 것은?
① 1kW는 3.6kJ/h이다.
② 증발열, 응축열, 승화열은 잠열이다.
③ 1kg의 얼음의 융해열은 3600kJ이다.
④ 상대습도란 포화증기압을 증기압으로 나눈 것이다.

해설
승화열, 증발열(응축열), 융해열(응고열)은 모두 잠열이다.

19 다음 냉동장치에 대한 설명 중 옳은 것은?
① 고압차단스위치는 조정 설정 압력보다 벨로스에 가해진 압력이 낮을 때 접점이 떨어지는 장치이다.
② 온도식 자동팽창 밸브의 감온통은 증발기의 입구 측에 붙인다.
③ 가용전은 프레온 냉동장치의 응축기나 수액기 등을 보호하기 위하여 사용된다.
④ 파열판은 암모니아 왕복동 냉동장치에만 사용된다.

해설
① 고압차단스위치(HPS)는 설정 압력보다 벨로스에 가해진 압력이 높을 때 접점이 떨어져 전원을 차단하는 장치이다.
② 온도식 자동팽창 밸브(TEV)의 감온통은 증발기 출구 측에 붙인다.
③ 가용전은 프레온 냉동장치의 응축기나 수액기를 보호한다.
④ 파열판은 주로 터보 냉동장치에 사용한다.

20 가열원이 필요하며 압축기가 필요 없는 냉동기는?
① 터보 냉동기
② 흡수식 냉동기
③ 회전식 냉동기
④ 왕복동식 냉동기

해설
흡수식 냉동기 : 가열원(온수, 증기 등)이 필요하며 압축기가 필요 없는 냉동기

21 다음 그림에서 고압 액관은 어느 부분인가?

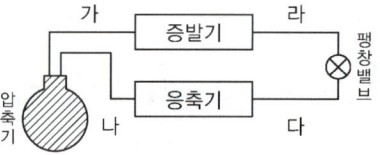

① 가 ② 나
③ 다 ④ 라

해설
가 : 저압의 가스관
나 : 고압의 가스관
다 : 고압의 액관
라 : 저압의 액관

참고
고압 액관 : 응축기 출구에서 팽창밸브 사이

[정답] 17 ① 18 ② 19 ③ 20 ② 21 ③

22 왕복 압축기에서 이론적 피스톤 압출량 (m³/h)의 산출 식으로 옳은 것은? (단, 기통수 N, 실린더 내경 D[m], 회전수 R[rpm], 피스톤 행정 L[m]이다.)

① $V = D \cdot L \cdot R \cdot N \cdot 60$
② $V = \dfrac{\pi}{4} D \cdot L \cdot R \cdot N$
③ $V = \dfrac{\pi}{4} D \cdot L \cdot R \cdot N \cdot 60$
④ $V = \dfrac{\pi}{4} D^2 \cdot L \cdot N \cdot R \cdot 60$

> **해설**
> 왕복동 압축기의 이론 피스톤 압출량
> $V_a = \dfrac{\pi}{4} D^2 \cdot L \cdot N \cdot R \times 60 \, [\text{m}^3/\text{h}]$

23 다음 중 모세관의 압력 강하가 가장 큰 것은?

① 직경이 작고 길이가 길수록
② 직경이 크고 길이가 짧을수록
③ 직경이 작고 길이가 짧을수록
④ 직경이 크고 길이가 길수록

> **해설**
> 모세관의 압력 강하는 모세관의 직경이 작고 길이가 길수록 크다.

24 다음 중 압력 자동급수 밸브의 주된 역할은?

① 냉각수온을 제어한다.
② 증발온도를 제어한다.
③ 과열도 유지를 위해 증발압력을 제어한다.
④ 부하변동에 대응하여 냉각수량을 제어한다.

> **해설**
> 압력 작동 자동 급수조절 밸브(절수 밸브)
> 수냉식 응축기에서 응축부하 변동에 따른 응축기의 냉각수량을 제어하여 응축압력을 일정하게 유지하고 냉각수를 절약하기 위하여 설치

25 탄성이 부족하여 석면, 고무, 금속 등과 조합하여 사용되며, 내열범위는 −260~260℃ 정도로 기름에 침식되지 않는 패킹은?

① 고무 패킹
② 석면조인트 시트
③ 합성수지 패킹
④ 오일실 패킹

> **해설**
> 합성수지 패킹 : 기름이나 약품에도 침식되지 않으나 탄성이 부족하여 석면, 고무, 파형 금속판 등으로 표면 처리하여 사용되며, 내열범위는 −260~260℃ 정도이다.

26 NH_3 냉매를 사용하는 냉동장치에서 일반적으로 압축기를 수냉식으로 냉각하는 주된 이유는?

① 냉매의 응축압력이 낮기 때문에
② 냉매의 증발압력이 낮기 때문에
③ 냉매의 비열비 값이 크기 때문에
④ 냉매의 임계점이 높기 때문에

> **해설**
> 암모니아 냉매가스의 비열비가 커 압축기 토출가스온도가 높으므로 압축기를 수냉식으로 냉각하여야 한다.

27 냉동기유에 대한 설명으로 옳은 것은?

① 암모니아는 냉동기유에 쉽게 용해되어 윤활불량의 원인이 된다.
② 냉동기유는 저온에서 쉽게 응고되지 않고 고온에서 쉽게 탄화되지 않아야 한다.
③ 냉동기유의 탄화현상은 일반적으로 암모니아보다 프레온 냉동장치에서 자주 발생한다.
④ 냉동기유는 증발하기 쉽고, 열전도율 및 점도가 커야 한다.

> **해설**
> 냉동기유는 쉽게 증발하지 않고 적당한 점도를 유지하여야 한다.

[정답] 22 ④ 23 ① 24 ④ 25 ③ 26 ③ 27 ②

28 열펌프(heat pump)의 구성요소가 아닌 것은?

① 압축기 ② 열교환기
③ 4방밸브 ④ 보조 냉방기

[해설]
열펌프의 구성요소 : 압축기, 응축기, 팽창밸브, 증발기, 4방밸브

29 10A의 전류를 5분간 도체에 흘렸을 때 도선 단면을 지나는 전기량은?

① 3C ② 50C
③ 3000C ④ 5000C

[해설]
전기량
$Q = I \cdot t = 10 \times 5 \times 60 = 3,000 [C]$
여기서, I : 전류(A), Q : 전기량(C), t : 시간(sec)

30 동관접합 중 동관의 끝을 넓혀 압축이음쇠로 접합하는 접합방법을 무엇이라고 표현하는가?

① 플랜지 접합 ② 플레어 접합
③ 플라스턴 접합 ④ 빅토릭 접합

[해설]
플레어 접합 : 동관 끝을 넓혀 압축접합하는 방식으로 20mm 이하의 동관에 사용한다.

31 저항이 50Ω인 도체에 100V의 전압을 가할 때 그 도체에 흐르는 전류는?

① 0.5A ② 2A
③ 5A ④ 5,000A

[해설]
$I = \dfrac{V}{R} = \dfrac{100}{50} = 2A$

32 왕복동식 냉동기와 비교하여 터보식 냉동기의 특징으로 옳은 것은?

① 회전수가 매우 빠르므로 동적 밸런스를 잡기 어렵고 진동이 크다.
② 일반적으로 고압 냉매를 사용하므로 취급이 어렵다.
③ 소용량의 냉동기에 적용하기에는 경제적이지 못하다.
④ 저온장치에서도 압축단수가 적어지므로 사용도가 넓다.

[해설]
터보 냉동기는 소용량에 한계가 있고 생산 단가가 비싸 일반적으로 100RT 이상의 대용량에 적합하다.

33 다음 그림과 같은 건조 증기 압축 냉동사이클의 성적계수는? (단, 엔탈피 a=133.8kcal/kg, b=397.1kcal/kg, c=452.2kcal/kg이다.)

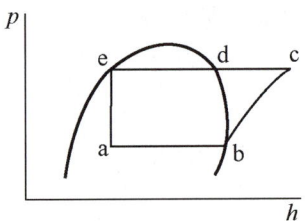

① 5.37 ② 5.11
③ 4.78 ④ 3.83

[해설]
증기 압축식 냉동사이클의 성적계수
$COP = \dfrac{q_2}{A_w} = \dfrac{397.1 - 133.8}{452.2 - 397.1} = 4.78$

[정답] 28 ④ 29 ③ 30 ② 31 ② 32 ③ 33 ③

34 2단압축 2단팽창 냉동사이클을 모리엘 선도에 표시한 것이다. 각 상태에 대해 옳게 연결한 것은?

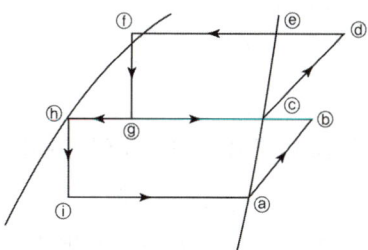

① 중간 냉각기의 냉동 효과 : ⓒ – ⓖ
② 증발기의 냉동 효과 : ⓑ – ⓘ
③ 팽창변 통과 직후의 냉매 위치 : ⓔ, ⓕ
④ 응축기의 방출 열량 : ⓗ – ⓑ

> **해설**
> ① 중간 냉각기의 냉동효과 : ⓒ – ⓖ
> ② 증발기의 냉동효과 : ⓐ – ⓘ
> ③ 팽창밸브 통과 직후의 냉매위치 : ⓖ, ⓘ
> ④ 응축기의 방출열량 : ⓔ – ⓕ

35 다음 설명 중 옳은 것은?
① 냉각탑의 입구수온은 출구수온보다 낮다.
② 응축기 냉각수 출구온도는 입구온도보다 낮다.
③ 응축기에서의 방출열량은 증발기에서 흡수하는 열량과 같다.
④ 증발기의 흡수열량은 응축열량에서 압축일량을 뺀 값과 같다.

> **해설**
> ① 냉각탑은 냉각수를 냉각시키므로 입구수온은 높고 출구수온은 낮다.
> ② 응축기에서 냉각수는 열을 흡수하므로 냉각수 입구수온보다 출구수온이 높다.
> ③ 응축기 방열량(Q_1) = 압축열량(AW) + 증발열량(Q_2)
> ④ 증발열량(Q_2) = 응축열량(Q_1) – 압축열량(AW)

36 1냉동톤(한국 RT)이란?
① 1.65RT   ② 3.86W
③ 13,900kJ/hr   ④ 79,680kJ/day

> **해설**
> 냉동톤
> • 1RT(한국 냉동톤) = 3,320kcal/hr = 13,900kJ/hr
>   = 3.86kW
> • 1USRT(미국 냉동톤) = 3,024kcal/hr

37 유기질 보온재인 코르크에 대한 설명으로 틀린 것은?
① 액체, 기체의 침투를 방지하는 작용을 한다.
② 입상(粒狀), 판상(版狀) 및 원통 등으로 가공되어 있다.
③ 굽힘성이 좋아 곡면시공에 사용해도 균열이 생기지 않는다.
④ 냉수·냉매배관, 냉각기, 펌프 등의 보냉용에 사용된다.

> **해설**
> 코르크는 재질이 여리고 굽힘성이 없어 곡면에 사용하면 균열이 생기기 쉽다.

38 수냉식 응축기의 능력은 냉각수 온도와 냉각수량에 의해 결정이 되는데, 응축기의 응축능력을 증대시키는 방법으로 가장 거리가 먼 것은?
① 냉각수량을 줄인다.
② 냉각수의 온도를 낮춘다.
③ 응축기의 냉각관을 세척한다.
④ 냉각수 유속을 적절히 조절한다.

> **해설**
> 냉각수 온도가 낮고 냉각수량이 증가할수록 응축기의 응축능력은 증가한다.

[정답] 34 ① 35 ④ 36 ③ 37 ③ 38 ①

39 혼합원료를 일정량씩 동결시키도록 하는 장치인 배치(batch)식 동결장치의 종류로 가장 거리가 먼 것은?

① 수평형   ② 수직형
③ 연속형   ④ 브라인식

해설
연속형은 배치식 동결장치에 해당되지 않는다.

40 브라인 부식방지처리에 관한 설명으로 틀린 것은?

① 공기와 접촉하면 부식성이 증대하므로 가능한 공기와 접촉하지 않도록 한다.
② $CaCl_2$ 브라인 1L에는 중크롬산소다 1.6g을 첨가하고 중크롬산소다 100g마다 가성소다 27g의 비율로 혼합한다.
③ 브라인은 산성을 띠게 되면 부식성이 커지므로 pH 7.5~8.2 정도로 유지되도록 한다.
④ NaCl 브라인 1L에 대하여 중크롬산소다 0.9g을 첨가하고 중크롬산소다 100g마다 가성소다 1.3g씩 첨가한다.

해설
염화나트륨(NaCl) 브라인의 부식방지 : 브라인 1L당 중크롬산소다 3.2g을 첨가하고, 중크롬산소다 100g당 가성소다 27g씩 첨가한다.

41 피스톤링이 과대 마모되었을 때 일어나는 현상으로 옳은 것은?

① 실린더 냉각
② 냉동능력 상승
③ 체적효율 감소
④ 크랭크 케이스 내 압력 감소

해설
피스톤링의 마모 시 장치에 미치는 영향
㉠ 크랭크 케이스 내(저압) 압력이 상승
㉡ 압축기에서 오일부족을 초래
㉢ 응축기 및 증발기에서 전열이 불량
㉣ 체적효율 및 냉동능력 감소
㉤ 냉동능력당 소요동력 증가
㉥ 압축기 과열

42 다음 중 플랜지 패킹류가 아닌 것은?

① 석면 조인트 시트   ② 고무 패킹
③ 글랜드 패킹   ④ 합성수지 패킹

해설
플랜지 패킹의 종류 : 고무 패킹, 석면 조인트 패킹, 합성수지 패킹, 금속 패킹, 오일시일 패킹 등

43 프레온 냉매(할로겐화 탄화수소)의 호칭기호 결정과 관계없는 성분은?

① 수소   ② 탄소
③ 산소   ④ 불소

해설
프레온 냉매(할로겐화 탄화수소)의 호칭기호 결정요소
수소(H), 염소(C), 불소(F), 탄소(C) : HCFC
예) R-22(HCFC 22) : $CHClF_2$

44 압축비에 대한 설명으로 옳은 것은?

① 압축비는 고압 압력계가 나타내는 압력을 저압 압력계가 나타내는 압력으로 나눈 값에 1을 더한 값이다.
② 흡입압력이 동일할 때 압축비가 클수록 토출가스 온도는 저하된다.
③ 압축비가 적어지면 소요 동력이 증가한다.
④ 응축압력이 동일할 때 압축비가 커지면 냉동능력이 감소한다.

해설
압축비가 커지면 체적효율, 냉동능력, 성적계수는 저하하고, 소요동력이 증가한다.

[정답] 39 ③   40 ④   41 ③   42 ③   43 ③   44 ④

45 실제 증기압축 냉동사이클에 관한 설명으로 틀린 것은?

① 실제 냉동사이클은 이론 냉동사이클보다 열손실이 크다.
② 압축기를 제외한 시스템의 모든 부분에서 냉매배관의 마찰저항 때문에 냉매유동의 압력강하가 존재한다.
③ 실제 냉동사이클의 압축과정에서 소요되는 일량은 이론 냉동사이클보다 감소하게 된다.
④ 사이클의 작동유체는 순수물질이 아니라 냉매와 오일의 혼합물로 구성되어 있다.

해설 실제 냉동사이클의 압축과정에서의 소요일량은 이론 증기압축 사이클보다 증가한다.

46 개별공조방식의 특징에 관한 설명으로 틀린 것은?

① 설치 및 철거가 간편하다.
② 개별제어가 어렵다.
③ 히트 펌프식은 냉·난방을 겸할 수 있다.
④ 실내 유닛이 분리되어 있지 않은 경우는 소음과 진동이 있다.

해설 개별공조방식은 개별제어가 용이하다.

47 실내의 현열부하가 52kW이고, 잠열부하가 25kW일 때 현열비(SHF)는?

① 0.72   ② 0.68
③ 0.38   ④ 0.25

해설 현열비
$$SHF = \frac{현열}{현열 + 잠열} = \frac{52,000}{52,000 + 25,000} = 0.68$$

48 다음 설명 중 틀린 것은?

① 지구상에 존재하는 모든 공기는 건조공기로 취급된다.
② 공기 중에 수증기가 많이 함유될수록 상대 습도는 높아진다.
③ 지구상의 공기는 질소, 산소, 아르곤, 이산화탄소 등으로 이루어졌다.
④ 공기 중에 함유될 수 있는 수증기의 한계는 온도에 따라 달라진다.

해설 지구상의 자연적으로 존재하는 모든 공기는 습공기이다.

49 건축물의 벽이나 지붕을 통하여 실내로 침입하는 열량을 계산할 때 필요한 요소로 가장 거리가 먼 것은?

① 구조체의 면적   ② 구조체의 열관류율
③ 상당외기 온도차   ④ 차폐계수

해설 차폐계수는 유리창을 통한 일사부하 계산 시 적용한다.

50 공기조화용 덕트 부속기기의 댐퍼 중 주로 소형 덕트의 개폐용으로 사용되며 구조가 간단하고 완전히 닫았을 때 공기의 누설이 적으나 운전 중 개폐 조작에 큰 힘을 필요로 하며 날개가 중간 정도 열렸을 때 와류가 생겨 유량 조절용으로 부적당한 댐퍼는?

① 버터플라이 댐퍼   ② 평행익형 댐퍼
③ 대향익형 댐퍼   ④ 스플릿 댐퍼

해설 소형 덕트의 풍량 조절용으로는 버터플라이(단익) 댐퍼를 사용한다.

[정답] 45 ③ 46 ② 47 ② 48 ① 49 ④ 50 ①

51 온풍난방기 설치 시 유의사항으로 틀린 것은?
① 기기점검, 수리에 필요한 공간을 확보한다.
② 인화성 물질을 취급하는 실내에는 설치하지 않는다.
③ 실내의 공기온도 분포를 좋게 하기 위하여 창의 위치 등을 고려하여 설치한다.
④ 배기통식 온풍난방기를 설치하는 실내에는 바닥 가까이에 환기구, 천장 가까이에는 연소공기 흡입구를 설치한다.

> **해설**
> 배기통식 온풍난방기를 설치하는 실내에는 바닥 가까이에 연소공기 흡입구를, 천장 가까이는 환기구를 설치한다.

52 공조용 전열교환기에 관한 설명으로 옳은 것은?
① 배열회수에 이용하는 배기는 탕비실, 주방 등을 포함한 모든 공간의 배기를 포함한다.
② 회전형 전열교환기의 로터 구동 모터와 급배기 팬은 반드시 연동 운전할 필요가 없다.
③ 중간기 외기냉방을 행하는 공조시스템의 경우에도 별도의 덕트 없이 이용할 수 있다.
④ 외기량과 배기량의 밸런스를 조정할 때 배기량은 외기량의 40% 이상을 확보해야 한다.

> **해설**
> 공조용 전열교환기에서 외기량과 배기량의 밸런스를 조정할 때 배기량은 외기량의 40% 이상을 확보해야 한다.

53 일정 풍량을 이용한 전공기 방식으로 부하변동의 대응이 어려워 정밀한 온습도를 요구하지 않는 극장, 공장 등의 대규모 공간에 적합한 공기 조화 방식은?
① 정풍량 단일덕트 방식
② 정풍량 2중덕트 방식
③ 변풍량 단일덕트 방식
④ 변풍량 2중덕트 방식

> **해설**
> 정풍량 단일덕트 방식에 대한 설명이다.

54 공조용 취출구 종류 중 원형 또는 원추형 팬을 매달아 여기에 토출기류를 부딪치게 하여 천장면을 따라서 수평 방향으로 공기를 취출하는 것으로 유인비 및 소음 발생이 적은 것은?
① 팬형 취출구
② 웨이형 취출구
③ 라인형 취출구
④ 아네모스탯형 취출구

> **해설**
> 팬형 취출구 : 원형 또는 원추형 팬을 매달아 여기에 토출기류를 부딪치게 하여 천장면을 따라서 수평판 사이로 공기를 내보내는 구조로서 천장형이며 복류형이다.

55 난방 설비에 대한 설명으로 옳은 것은?
① 상향 공급식이란 송주주관보다 방열기가 낮을 때 상향 분기한 배관이다.
② 배관방법 중 복관식은 증기관과 응축수관이 동일관으로 사용되는 것이다.
③ 리프트 이음은 진공펌프에 의해 응축수를 원활히 끌어올리기 위해 펌프 입구 쪽에 설치한다.
④ 하트포트 접속은 고압증기 난방과 증기관과 환수관 사이에 저수위 사고를 방지하기 위한 균형관을 포함한 배관방법이다.

> **해설**
> 진공펌프를 이용하는 진공환수식은 펌프 입구에 리프트이음을 설치하여 응축수를 위쪽으로 끌어올리는 것이 가능하다.

[정답] 51 ④ 52 ④ 53 ① 54 ① 55 ③

56 드럼 없이 수관만으로 되어 있으며 가동시간이 짧고 과열되어 파손되어도 비교적 안전한 보일러는?

① 주철제 보일러
② 관류 보일러
③ 원통형 보일러
④ 노통연관식 보일러

해설
관류 보일러 : 초임계 압력하에서 증기를 얻을 수 있는 보일러로서 하나의 긴 관으로 구성되며 드럼이 없고 보유수량이 적어 증기발생이 빠른 보일러

57 표준 대기압 상태에서 100℃의 포화수 2kg을 100℃의 건포화증기로 만드는 데 필요한 열량은?

① 1,078kJ   ② 1,250kJ
③ 4,514kJ   ④ 5,002kJ

해설
$q_L = G \cdot r = 2 \times 539 = 1,078 \text{kcal} = 4,517 \text{kJ}$
$q_L = 2 \times 2,257 = 4,514 \text{kJ} = 1,254 \text{W}$

58 1차 공조기로부터 보내온 고속공기가 노즐속을 통과할 때의 유인력에 의하여 2차 공기를 유인하여 냉각 또는 가열하는 방식은?

① 패키지유닛방식
② 유인유닛방식
③ 팬코일유닛방식
④ 바이패스방식

해설
유인유닛방식
1차 공조기로부터 보내온 고속공기가 노즐속을 통과할 때의 유인력에 의하여 2차 공기를 유인하여 냉각 또는 가열하는 방식

59 다음 내용의 (   ) 안에 들어갈 용어로서 모두 옳은 것은?

> 송풍기 송풍량은 (㉮)이나 기기취득부하에 의해 구해지며 (㉯)는(은) 이들 열 부하 외에 외기부하나 재열부하를 합해서 얻어진다.

① ㉮ 실내취득열량   ㉯ 냉동기용량
② ㉮ 냉각탑방출열량 ㉯ 배관부하
③ ㉮ 실내취득열량   ㉯ 냉각코일용량
④ ㉮ 냉각탑방출열량 ㉯ 송풍기부하

해설
㉠ 송풍기 송풍량은 실내 취득 현열부하와 기기 취득부하에 의해 구해지며, 냉각코일용량은 이들 열부하 외에 외기부하나 재열부하를 합하여 얻어진다.
㉡ 공조기부하(냉각코일부하) = 실내취득 현열부하 + 기기취득부하 + 재열부하 + 외기부하

60 송풍기의 종류 중 전곡형과 후곡형 날개 형태가 있으며 다익 송풍기, 터보 송풍기 등으로 분류되는 송풍기는?

① 원심 송풍기   ② 축류 송풍기
③ 사류 송풍기   ④ 관류 송풍기

해설
송풍기의 종류
㉠ 원심식 : 다익형(시로코형), 터보형, 리밋로드형, 익형
㉡ 축류식 : 프로펠러형

[정답] 56 ② 57 ③ 58 ② 59 ③ 60 ①

제9회 CBT 검정 기출문제

01 가연성 가스가 있는 고압가스 저장실은 그 외면으로부터 화기를 취급하는 장소까지 몇 m 이상의 우회거리를 유지해야 하는가?
① 1m ② 2m
③ 7m ④ 8m

해설 고압가스 저장의 시설·기술·검사·안전성 평가 기준(KGS FU111) : 가스설비 및 저장설비 외면으로부터 화기를 취급하는 장소 사이에 유지해야 하는 거리는 우회거리 2m(가연성 가스 및 산소의 가스설비 또는 저장설비는 8m) 이상으로 한다.

02 가연성 냉매가스 중 냉매설비의 전기설비를 방폭구조로 하지 않아도 되는 것은?
① 에탄 ② 노말부탄
③ 암모니아 ④ 염화메탄

해설 방폭구조로 하지 않아도 되는 가스 : 암모니아, 브롬화메탄

03 일반 공구의 안전한 취급 방법이 아닌 것은?
① 공구는 작업에 적합한 것을 사용한다.
② 공구는 사용 전 점검하여 불안전한 공구는 사용하지 않는다.
③ 공구는 옆 사람에게 넘겨줄 때에는 일의 능률 향상을 위하여 던져 신속하게 전달한다.
④ 손이나 공구에 기름이 묻었을 때에는 완전히 닦은 후 사용한다.

해설 공구를 옆 사람에게 넘겨줄 때는 던져 주어서는 안 된다.

04 사고 발생의 원인 중 정신적 요인에 해당되는 항목으로 맞는 것은?

① 불안과 초조
② 수면부족 및 피로
③ 이해부족 및 훈련미숙
④ 안전수칙의 미 제정

해설 정신적 원인
㉠ 안전지식의 부족
㉡ 주의력 부족
㉢ 방심 및 공상
㉣ 개성적 결함 요소
㉤ 판단력 부족 또는 그릇된 판단

참고 신체적 원인
㉠ 피로, 수면 부족 ㉡ 시력 및 청각기능 이상
㉢ 근육운동의 부적합 ㉣ 육체적 능력초과

05 프레온 누설 검지에는 할라이드(halide) 토치를 이용한다. 이때, 프레온 냉매의 누설량에 따른 불꽃의 색깔 변화로 옳은 것은? (단, '정상' – '소량 누설' – '다량 누설' 순으로 한다.)
① 청색 – 녹색 – 자색 ② 자색 – 녹색 – 청색
③ 청색 – 자색 – 녹색 ④ 자색 – 청색 – 녹색

해설 halide 토치에서의 불꽃 변화
㉠ 누설이 없을 때 : 청색 ㉡ 소량 누설 시 : 녹색
㉢ 다량 누설 시 : 자색 ㉣ 과량 누설 시 : 꺼짐

06 가스용접 장치에서 산소와 아세틸렌가스를 혼합 분출시켜 연소시키는 장치는?
① 토치 ② 안전기
③ 안전밸브 ④ 압력 조정기

해설 토치 : 산소와 아세틸렌 가스를 혼합 분출시켜 연소시키는 장치

[정답] 01 ④ 02 ③ 03 ③ 04 ① 05 ① 06 ①

07 휘발유 등 화기의 취급을 주의해야 하는 물질이 있는 장소에 설치하는 인화성물질 경고표지의 바탕은 무슨 색으로 표시하는가?
① 흰색 ② 노란색
③ 적색 ④ 흑색

해설
인화성물질 경고표지
바탕은 노랑색, 관련 부호 및 그림은 검정색

08 양중기의 종류 중 동력을 사용하여 중량물을 매달아 상하 및 좌우로 운반하는 기계장치는?
① 크레인 ② 리프트
③ 곤돌라 ④ 승강기

해설
크레인 : 동력을 사용하여 중량물을 매달아 상하 및 좌우로 운반하는 기계장치

09 다음 중 보일러에서 점화 전에 운전원이 점검 확인하여야 할 사항은?
① 증기압력관리
② 집진장치의 매진처리
③ 노내 여열로 인한 압력상승
④ 연소실 내 잔류가스 측정

해설
보일러 점화 전에 반드시 연소실 내 잔류가스의 유무를 확인하여야 한다.

10 최신 자동화 설비는 능률적인 만큼 재해를 일으키는 위험성도 그만큼 높아지는 게 사실이다. 자동화 설비를 구입, 사용하고자 할 때 검토해야 할 사항으로 가장 거리가 먼 것은?
① 단락 또는 스위치나 릴레이 고장 시 오동작
② 밸브 계통의 고장에 따른 오동작
③ 전압 강하 및 정전에 따른 오동작
④ 운전 미숙으로 인한 기계설비의 오동작

해설
운전 미숙으로 인한 기계설비의 오동작은 자동화 설비 구입 시 검토대상과는 거리가 멀다.

11 안전관리의 목적으로 가장 적합한 것은?
① 사회적 안정을 기하기 위하여
② 우수한 물건을 생산하기 위하여
③ 최고 경영자의 경영관리를 위하여
④ 생산성 향상과 생산원가를 낮추기 위하여

해설
안전관리의 목적 : 근로자의 안전과 능률 향상

참고
안전관리 : 인간 생활의 복지 향상을 위하여 재해로부터 인간의 생명과 재산을 보호하기 위한 계획적이고 체계적인 제반 활동

12 기계 운전 시 기본적인 안전수칙에 대한 설명으로 틀린 것은?
① 작업 중에는 작업 범위 외의 어떤 기계도 사용할 수 있다.
② 방호장치는 허가 없이 무단으로 떼어놓지 않는다.
③ 기계 운전 중에는 기계에서 함부로 이탈할 수 없다.
④ 기계 고장 시는 정지, 고장표시를 반드시 기계에 부착해야 한다.

해설
작업 중에는 작업 범위 외의 어떤 기계도 사용하지 않도록 한다.

[정답] 07 ② 08 ① 09 ④ 10 ④ 11 ④ 12 ①

13 산업재해 예방을 위한 필요한 사항을 지켜야 하며, 사업주나 그 밖의 관련 단체에서 실시하는 산업재해 방지에 관한 조치를 따라야 하는 의무자는?

① 근로자
② 관리감독자
③ 안전관리자
④ 안전보건관리책임자

> **해설**
> 근로자는 산업재해 예방을 위한 필요한 사항을 지켜야 하며, 사업주나 그 밖의 관련 단체에서 실시하는 사업재해 방지에 관한 조치를 따라야 한다.

14 신규 검사에 합격된 냉동용 특정설비의 각인 사항과 그 기호의 연결이 올바르게 된 것은?

① 내용적 : TV
② 용기의 질량 : TM
③ 최고 사용 압력 : FT
④ 내압 시험 압력 : TP

> **해설**
> • 내압 시험 압력 : TP
> • 최고 충전 압력 : FP

15 다음 기계 작업 중 반드시 운전을 정지하고 해야 할 작업의 종류가 아닌 것은?

① 공작기계 정비 작업
② 냉동기 누설검사 작업
③ 기계의 날 부분 청소 작업
④ 원심기에서 내용물을 꺼내는 작업

> **해설**
> 냉동기 누설검사는 반드시 운전을 정지하고 해야 할 작업에 해당되지 않는다.

16 브라인에 관한 설명으로 틀린 것은?

① 무기질 브라인 중 염화나트륨이 염화칼슘보다 금속에 대한 부식성이 더 크다.
② 염화칼슘 브라인은 공정점이 낮아 제빙, 냉장 등으로 사용된다.
③ 브라인 냉매의 pH값은 7.5~8.2(약 알칼리)로 유지하는 것이 좋다.
④ 브라인은 유기질과 무기질로 구분되며 유기질 브라인의 금속에 대한 부식성이 더 크다.

> **해설**
> 브라인은 무기질이 유기질보다 부식성이 크다.

17 수동나사 절삭 방법으로 틀린 것은?

① 관 끝은 절삭날이 쉽게 들어갈 수 있도록 약간의 모따기를 한다.
② 관을 파이프 바이스에서 약 150mm 정도 나오게 하고 관이 찌그러지지 않게 주의하면서 단단히 물린다.
③ 나사가 완성되면 편심 핸들을 급히 풀고 절삭기를 뺀다.
④ 나사 절삭기를 관에 끼우고 래칫을 조정한 다음 약 30°씩 회전시킨다.

> **해설**
> 나사가 완성되면 편심 핸들을 천천히 푼다.

18 냉동장치에서 압력과 온도를 낮추고 동시에 증발기로 유입되는 냉매량을 조절해 주는 장치는?

① 수액기　　② 압축기
③ 응축기　　④ 팽창밸브

> **해설**
> 팽창밸브 : 압력과 온도를 낮추고 동시에 증발기로 유입되는 냉매량을 조절해 주는 장치

[정답] 13 ① 14 ④ 15 ② 16 ④ 17 ③ 18 ④

19 냉동능력이 34.86kW인 냉동장치에서 응축기의 냉각수 온도가 입구온도 32℃, 출구온도 37℃일 때, 냉각수 수량이 120L/min이라고 하면 이 냉동기의 축동력은? (단, 열손실은 없는 것으로 가정한다.)

① 5kW
② 6kW
③ 7kW
④ 8kW

해설
압축열량(AW) = 응축열량(Q_1) - 냉동능력(Q_2)

$$kW = \frac{AW}{860} = \frac{Q_1 - Q_2}{860} = \frac{(w \cdot C \cdot \Delta t) - Q_2}{860}$$

$$= \frac{\{120 \times 60 \times 1 \times (37-32)\} - (34.86 \times 860)}{860}$$

$$= 7kW$$

20 2원 냉동장치에 대한 설명으로 틀린 것은?

① 주로 약 -80℃ 정도의 극저온을 얻는 데 사용된다.
② 비등점이 높은 냉매는 고온 측 냉동기에 사용된다.
③ 저온부 응축기는 고온부 증발기와 열교환을 한다.
④ 중간 냉각기를 설치하여 고온 측과 저온 측을 열교환 시킨다.

해설
2원 냉동장치에서 캐스케이드 응축기를 설치하여 고온 측과 저온 측을 열교환시킨다.

21 강관에서 나타내는 스케줄 번호(schedule number)에 대한 설명으로 틀린 것은?

① 관의 두께를 나타내는 호칭이다.
② 유체의 사용 압력에 비례하고 배관의 허용응력에 반비례 한다.
③ 번호가 클수록 관 두께가 두꺼워 진다.
④ 호칭지름이 같은 관은 스케줄 번호가 같다.

해설
호칭지름이 같은 관이라도 스케줄 번호가 다를 수 있다.

22 2단 압축 냉동사이클에서 중간냉각을 행하는 목적이 아닌 것은?

① 고단 압축기가 과열되는 것을 방지한다.
② 고압 냉매액을 과냉시켜 냉동효과를 증대시킨다.
③ 고압 측 압축기의 흡입가스 중 액을 분리시킨다.
④ 저단 측 압축기의 토출가스를 과열시켜 체적효율을 증대시킨다.

해설
2단 압축 냉동사이클에서의 중간 냉각기 역할
저단 측 압축기의 토출가스 과열을 제거하여 고단 압축기가 과열되는 것을 방지한다.

23 기체의 용해도에 대한 설명으로 옳은 것은?

① 고온·고압일수록 용해도가 커진다.
② 저온·저압일수록 용해도가 커진다.
③ 저온·고압일수록 용해도가 커진다.
④ 고온·저압일수록 용해도가 커진다.

해설
기체의 용해도는 저온·고압일수록 용해도가 커진다.

24 전류계의 측정범위를 넓히는 데 사용되는 것은?

① 배율기
② 분류기
③ 역률기
④ 용량분압기

해설
분류기와 배율기
㉠ 분류기 : 전류계의 측정범위를 넓히는 데 사용
㉡ 배율기 : 전압계의 측정범위를 넓히는 데 사용

[정답] 19 ③ 20 ④ 21 ④ 22 ④ 23 ③ 24 ②

25 어떤 회로에 220V의 교류전압으로 10A의 전류를 통과시켜 1.8kW의 전력을 소비하였다면 이 회로의 역률은?

① 0.72
② 0.81
③ 0.96
④ 1.35

해설

$$역률 = \frac{유효전력}{피상전력} = \frac{W}{VI} = \frac{1,800}{220 \times 10} = 0.81$$

참고
역률 : 실제 공급된 피상전력에 대한 유효전력의 비

26 유분리기의 설치 위치로서 적당한 곳은?

① 압축기와 응축기 사이
② 응축기와 수액기 사이
③ 수액기와 증발기 사이
④ 증발기와 압축기 사이

해설
유분리기의 설치 위치 : 압축기와 응축기 사이에 설치하여 토출가스 중의 오일을 분리하는 기기

27 강관의 전기용접 접합 시의 특징(가스용접에 비해)으로 옳은 것은?

① 유해 광선의 발생이 적다.
② 용접속도가 빠르고 변형이 적다.
③ 박판용접에 적당하다.
④ 열량조절이 비교적 자유롭다.

해설
전기용접은 가스용접에 비해 용접속도가 빠르고 변형이 적다.

28 다음 중 공비혼합물 냉매는?

① R-11
② R-123
③ R-717
④ R-500

해설
공비혼합냉매는 프레온 냉매를 혼합한 것으로 R-500번 단위로 시작한다.

29 관의 지름이 다를 때 사용하는 이음쇠가 아닌 것은?

① 부싱
② 레듀셔
③ 리턴 밴드
④ 편심 이경 소켓

해설
관의 지름이 다를 때 사용하는 이음쇠
레듀셔(이경소켓), 부싱, 이경엘보, 이경티

30 KS규격에서 SPPW는 무엇을 나타내는가?

① 배관용 탄소강 강관
② 압력배관용 탄소강 강관
③ 수도용 아연도금 강관
④ 일반구조용 탄소강 강관

해설
① 배관용 탄소강 강관 : SPP
② 압력배관용 탄소강 강관 : SPPS
③ 수도용 아연도금 강관 : SPPW
④ 일반구조용 탄소강 강관 : SPS

31 다음 냉동장치의 제어장치 중 온도제어장치에 해당되는 것은?

① T.C
② L.P.S
③ E.P.R
④ O.P.S

해설
① T.C : 온도제어장치
② L.P.S : 저압차단스위치
③ E.P.R : 증발압력조정밸브
④ O.P.S : 유압보호스위치

[정답] 25 ② 26 ① 27 ② 28 ④ 29 ③ 30 ③ 31 ①

32 공기 냉각용 증발기로서 주로 벽 코일 동결실의 선반으로 사용되는 증발기의 형식은?

① 만액식 쉘 앤 튜브식 증발기
② 보데로 증발기
③ 탱크식 증발기
④ 캐스케이드식 증발기

해설
벽 코일 동결실의 선반으로 사용되는 증발기
캐스케이드식 증발기

33 CA냉장고의 주된 용도는?

① 제빙용　　　② 청과물보관용
③ 공조용　　　④ 해산물보관용

해설
CA냉장고 : 청과물 저장 시보다 좋은 저장성을 확보하기 위해 청과물의 호흡을 억제하여 신선도를 유지하기 위한 냉장고

34 전기장의 세기를 나타내는 것은?

① 유전속 밀도　　② 전하 밀도
③ 정전력　　　　④ 전기력선 밀도

해설
전기장의 세기 : 전기력선 밀도

35 고속 다기통 압축기에 관한 설명으로 틀린 것은?

① 고속이므로 냉동능력에 비하여 소형경량이다.
② 다른 압축기에 비하여 체적효율이 양호하며, 각 부품 교환이 간단하다.
③ 동적 밸런스가 양호하여 진동이 적어 운전 중 소음이 적다.
④ 용량제어가 타기에 비하여 용이하고, 자동운전 및 무부하 기동이 가능하다.

해설
고속 다기통 압축기는 고속회전하므로 상부공극 증가로 체적효율은 떨어진다.

참고 고속 다기통 압축기의 장·단점

장점	단점
① 고속으로 능력에 비해 소형이다.	① 체적효율이 낮고 고진공으로 하기가 어렵다.
② 동적·정적 밸런스가 양호하여 진동이 적다.	② 고속으로 윤활유 소비량이 많다.
③ 용량제어(무부하 기동)가 가능하다.	③ 윤활유의 열화 및 탄화가 쉽다.
④ 부품의 호환성이 좋다.	④ 마찰이 커 베어링의 마모가 심하다.
⑤ 강제 급유식을 채택, 윤활이 용이하다.	⑤ 음향으로 고장 발견이 어렵다.

36 논리곱 회로라고 하며 입력신호 A, B가 있을 때 A, B 모두가 "1" 신호로 됐을 때만 출력 C가 "1" 신호로 되는 회로는? (단, 논리식은 A·B=C이다.)

① OR 회로　　　② NOT 회로
③ AND 회로　　④ NOR 회로

해설
논리곱 회로(AND 회로, A·B = C)
입력신호 A, B가 있을 때 A, B 모두가 "1" 신호로 됐을 때만 출력 C가 "1" 신호로 되는 회로

37 30℃에서 2Ω의 동선이 온도 70℃로 상승하였을 때, 저항은 얼마가 되는가? (단, 동선의 저항온도계수는 0.0042이다.)

① 2.3Ω　　　② 3.3Ω
③ 5.3Ω　　　④ 6.3Ω

해설
$$R_2 = R_1\{1+\alpha(t_2-t_1)\}$$
$$= 2\times[1+\{0.0042\times(70-30)\}]$$
$$= 2.34\Omega$$

참고 온도상승에 따른 저항
$$R_2 = R_1 + \alpha R_1(t_2-t_1) = R_1\{1+\alpha(t_2-t_1)\}$$

여기서, α : t_1에서의 온도계수　t_1 : 처음 온도
　　　　t_2 : 변화 후 온도　　　　R_1 : 처음 저항
　　　　R_2 : 변화 후 저항

[정답] 32 ④　33 ②　34 ④　35 ②　36 ③　37 ①

38 단열압축, 등온압축, 폴리트로픽 압축에 관한 사항 중 틀린 것은?

① 압축일량은 등온압축이 제일 작다.
② 압축일량은 단열압축이 제일 크다.
③ 압축가스 온도는 폴리트로픽 압축이 제일 높다.
④ 실제 냉동기의 압축방식은 폴리트로픽 압축이다.

> **해설**
> 압축가스 온도는 단열압축이 제일 높다.

📝 **참고** 압축일량의 크기 및 압축기 토출가스온도
단열압축 > 폴리트로픽압축 > 등온압축(k > n > 1)

39 다음 설명 중 틀린 것은?

① 냉동능력 2kW는 약 0.52 냉동톤(RT)이다.
② 냉동능력 10kW, 압축기 동력 4kW인 냉동장치의 응축부하는 14kW이다.
③ 냉매증기를 단열 압축하면 온도는 높아지지 않는다.
④ 진공계의 지시값이 10cmHg인 경우, 절대 압력은 약 0.9kgf/cm²이다.

> **해설**
> 냉매증기를 단열 압축하면 압축기 토출가스 온도는 높아진다.

40 P-h선도의 등건조도선에 대한 설명으로 틀린 것은?

① 습증기 구역 내에서만 존재하는 선이다.
② 건도가 0.2는 습증기 중 20%는 액체, 80%는 건조포화증기를 의미한다.
③ 포화액의 건도는 0이고 건조포화증기의 건도는 1이다.
④ 등건조도선을 이용하여 팽창밸브 통과 후 발생한 플래시 가스량을 알 수 있다.

> **해설**
> 건도가 0.2는 습증기 중 20%는 증기, 80%는 액체를 의미한다.

41 펌프의 캐비테이션 방지대책으로 틀린 것은?

① 양흡입 펌프를 사용한다.
② 흡입관경을 크게 하고 길이를 짧게 한다.
③ 펌프의 설치 위치를 낮춘다.
④ 펌프 회전수를 빠르게 한다.

> **해설**
> 펌프의 회전수를 빠르게 하면 흡입관의 마찰손실이 증가하여 캐비테이션이 발생하게 된다.

📝 **참고** 캐비테이션(공동) 현상 방지법
㉠ 흡입측의 손실수두를 작게 한다.
㉡ 펌프의 흡입양정을 짧게 한다.
㉢ 펌프의 회전수를 적게 한다.
㉣ 양흡입 펌프를 사용한다.
㉤ 펌프의 회전차를 수중에 완전히 잠기게 한다.

42 왕복동식과 비교하여 회전식 압축기에 관한 설명으로 틀린 것은?

① 잔류가스의 재팽창에 의한 체적효율의 감소가 적다.
② 직결구동이 용이하며 왕복동에 비해 부품 수가 적고 구조가 간단하다.
③ 회전식 압축기는 조립이나 조정에 있어 정밀도가 요구되지 않는다.
④ 왕복동식에 비해 진동과 소음이 적다.

> **해설**
> 회전식 및 스크류 압축기 등은 조립이나 조정에 있어 정밀도가 요구된다.

[정답] 38 ③ 39 ③ 40 ② 41 ④ 42 ③

43 원심식 냉동기의 서징 현상에 대한 설명 중 옳지 않은 것은?

① 흡입가스 유량이 증가되어 냉매가 어느 한계치 이상으로 운전될 때 주로 발생한다.
② 서징 현상 발생 시 전류계의 지침이 심하게 움직인다.
③ 운전 중 고·저압의 차가 증가하여 냉매가 임펠러를 통과할 때 역류하는 현상이다.
④ 소음과 진동을 수반하고 베어링 등 운동 부분에서 급격한 마모현상이 발생한다.

> 해설
> 원심식 냉동기에서 흡입가스 유량이 감소하여 어느 한계치 이하로 운전될 때 서징(맥동) 현상이 발생할 수 있으며, 이때 고압이 저하하고 저압이 상승하여 압력계 및 전류계의 지침이 심하게 흔들리고 심한 소음과 진동이 발생한다.

44 다음 중 응축기와 관계가 없는 것은?

① 스월(swirl)
② 쉘 앤 튜브(shell and tube)
③ 로핀 튜브(low finned tube)
④ 감온통(thermo sensing bulb)

> 해설
> 감온통은 온도조절식 팽창밸브에 사용된다.

45 흡수식 냉동장치에 설치되는 안전장치의 설치 목적으로 가장 거리가 먼 것은?

① 냉수 동결방지
② 흡수액 결정방지
③ 압력상승방지
④ 압축기 보호

> 해설
> 흡수식 냉동장치에는 압축기를 사용하지 않는다.

46 다음 중 효율은 그다지 높지 않고 풍량과 동력의 변화가 비교적 많으며 환기·공조 저속덕트용으로 주로 사용되는 송풍기는?

① 시로코 팬
② 축류 송풍기
③ 에어 포일팬
④ 프로펠러형 송풍기

> 해설
> 환기·공조 저속덕트용으로 주로 사용되는 송풍기 다익형 팬(시로코 팬)

47 히트펌프 방식에서 냉·난방 절환을 위해 필요한 밸브는?

① 감압밸브
② 2방밸브
③ 4방밸브
④ 전동밸브

> 해설
> 4방밸브 : 히트펌프방식에서 냉·난방 절환을 위해 필요한 밸브

48 실내 취득 감열량이 41kW이고, 실내로 유입되는 송풍량이 9,000m³/h일 때 실내의 온도를 25℃로 유지 하려면 실내로 유입되는 공기의 온도를 약 몇 ℃로 해야 되는가? (단, 공기의 밀도는 1.29kg/m³, 공기의 비열은 1.01kJ/kg·K로 한다.)

① 9.5℃
② 10.6℃
③ 12.4℃
④ 14.8℃

> 해설
> $q_s = \rho Q C \times (t_r - t_d)$에서
> $t_d = t_r - \dfrac{q_s}{\rho Q C}$
> $= 25 - \dfrac{41 \times 3{,}600}{1.29 \times 9{,}000 \times 1.01} = 12.4℃$

[정답] 43 ① 44 ④ 45 ④ 46 ① 47 ③ 48 ③

49 냉각코일의 종류 중 증발관 내에 냉매를 팽창시켜 그 냉매의 증발잠열을 이용하여 공기를 냉각시키는 것은?

① 건코일　　② 냉수코일
③ 간접 팽창코일　　④ 직접 팽창코일

해설
냉매의 증발잠열을 이용하여 공기를 냉각시키는 코일
직접 팽창코일(DX 코일)

50 다음 중 상대습도를 맞게 표시한 것은?

① $\phi = \dfrac{습공기수증기분압}{포화수증기압} \times 100$

② $\phi = \dfrac{포화수증기압}{습공기수증기분압} \times 100$

③ $\phi = \dfrac{습공기수증기중량}{포화수증기압} \times 100$

④ $\phi = \dfrac{포화수증기중량}{습공기수증기중량} \times 100$

해설
상대습도 : 습공기의 수증기압과 동일 온도에 있어서 포화 수증기압과의 비
$\phi = \dfrac{습공기\ 수증기\ 분압}{동일\ 온도의\ 포화\ 수증기압} \times 100(\%)$

51 팬형 가습기에 대한 설명으로 틀린 것은?

① 가습의 응답속도가 느리다.
② 팬 속의 물을 강제적으로 증발시켜 가습한다.
③ 패키지형의 소형 공조기에 많이 사용한다.
④ 가습장치 중 효율이 가장 우수하며, 가습량을 자유로이 변화시킬 수 있다.

해설
팬형 가습기는 가습장치 중 효율이 가장 우수하며, 가습량을 자유로이 변화시킬 수 있는 것은 증기노즐식 가습기이다.

52 건물의 바닥, 천장, 벽 등에 온수를 통하는 관을 구조체에 매설하고 아파트, 주택 등에 주로 사용되는 난방방법은?

① 복사난방　　② 증기난방
③ 온풍난방　　④ 전기히터난방

해설
복사난방(패널난방) : 건물의 바닥, 천장, 벽 등에 온수를 통하는 관을 구조체에 매설하고 아파트, 주택 등에 주로 사용되는 난방

53 어떤 방의 체적이 $2 \times 3 \times 2.5$m이고, 실내온도를 21℃로 유지하기 위하여 실외온도 5℃의 공기를 3회/h로 도입할 때 환기에 의한 손실열량은? (단, 공기의 비열은 1.01kJ/kg·℃, 밀도는 1.2kg/m³이다.)

① 242W　　② 242kJ/h
③ 873kJ/h　　④ 873W

해설
$q_s = \rho Q C \Delta t = 1.2 \times 45 \times 1.01 \times (21-5)$
$= 872.64$kJ/h $= 242$W $= 0.242$kW
여기서, $Q = nV = 3 \times (2 \times 3 \times 2.5) = 45$m³/h

54 환수주관을 보일러 수면보다 높은 위치에 배관하는 것은?

① 강제순환식　　② 건식환수관식
③ 습식환수관식　　④ 진공환수관식

해설
증기난방의 환수관 배관 방식
㉠ 건식 환수식 : 응축수 환수주관이 보일러 수면보다 높은 위치
㉡ 습식 환수식 : 응축수 환수주관이 보일러 수면보다 낮은 위치

[정답] 49 ④　50 ①　51 ④　52 ①　53 ①　54 ②

55 온풍난방에 사용되는 온풍로의 배치에 대한 설명으로 틀린 것은?

① 덕트 배관은 짧게 한다.
② 굴뚝의 위치가 되도록이면 가까워야 한다.
③ 온풍로의 후면(방문쪽)은 벽에 붙여 고정한다.
④ 습기와 먼지가 적은 장소를 선택한다.

> **해설**
> 온풍로의 후면(방문쪽)은 화재 예방상 벽에서 일정한 거리를 유지한다.

56 공기조화 방식의 중앙식 공조방식에서 수-공기방식에 해당되지 않는 것은?

① 이중덕트 방식
② 유인 유닛 방식
③ 팬코일 유닛 방식(덕트병용)
④ 복사 냉난방 방식(덕트병용)

> **해설**
> 이중덕트 방식 : 전공기방식

57 다음 중 대기압 이하의 열매증기를 방출하는 구조로 되어 있는 보일러는?

① 무압 온수보일러
② 콘덴싱 보일러
③ 유동층 연소보일러
④ 진공식 온수보일러

> **해설**
> 대기압 이하의 열매증기를 방출하는 구조로 되어 있는 보일러 : 진공식 온수보일러

58 실내오염 공기의 유입을 방지해야 하는 곳에 적합한 환기법은?

① 자연환기법　② 제1종 환기법
③ 제2종 환기법　④ 제3종 환기법

> **해설**
> 제2종 환기법 : 실내를 +압으로 유지하여 실내오염 공기의 유입을 방지해야 하는 곳에 적합

59 배관 및 덕트에 사용되는 보온 단열재가 갖추어야 할 조건이 아닌 것은?

① 열전도율이 클 것
② 안전사용온도 범위에 적합할 것
③ 불연성 재료로서 흡습성이 작을 것
④ 물리·화학적 강도가 크고 시공이 용이할 것

> **해설**
> 보온 단열재는 열전도율이 작아야 한다.

60 냉열원기기에서 열교환기를 설치하는 목적으로 틀린 것은?

① 압축기 흡입가스를 과열시켜 액 압축을 방지시킨다.
② 프레온 냉동장치에서 액을 과냉각시켜 냉동효과를 증대시킨다.
③ 플래시가스 발생을 최소화한다.
④ 증발기에서의 냉매 순환량을 증가시킨다.

> **해설**
> 냉동장치에서의 열교환기의 역할
> ㉠ 응축기 출구의 고압 액냉매를 과냉각시켜 플래시가스 감소 및 냉동효과, 성적계수 증대
> ㉡ 압축기 흡입되는 냉매를 과열시켜 압축기에서의 액압축 방지

[정답] 55 ③　56 ①　57 ④　58 ③　59 ①　60 ④

제10회 CBT 검정 기출문제

01 용접기 취급상 주의사항으로 틀린 것은?
① 용접기는 환기가 잘되는 곳에 두어야 한다.
② 2차측 단자의 한쪽 및 용접기의 외통은 접지를 확실히 해 둔다.
③ 용접기는 지표보다 약간 낮게 두어 습기의 침입을 막아 주어야 한다.
④ 감전의 우려가 있는 곳에서는 반드시 전격방지기를 설치한 용접기를 사용한다.

> **해설**
> 용접기는 지표보다 약간 높게 두어 습기의 침입을 막아 주어야 한다.

02 냉동기 검사에 합격 한 냉동기에는 다음 사항을 명확히 각인한 금속박판을 부착하여야 한다. 각인할 내용에 해당되지 않는 것은?
① 냉매가스의 종류
② 냉동능력(RT)
③ 냉동기 제조자의 명칭 또는 약호
④ 냉동기 운전조건(주위온도)

> **해설**
> 냉동기의 제조자 또는 수입자는 금속박판에 각인하여 부착해야 할 사항
> ㉠ 냉동기제조자의 명칭 또는 약호
> ㉡ 냉매가스의 종류
> ㉢ 냉동능력(단위 : RT)
> ㉣ 원동기소요전력 및 전류(단위 : kW, A)
> ㉤ 제조번호
> ㉥ 내압시험에 합격한 연월일
> ㉦ 내압시험압력(기호 : TP, 단위 : MPa)
> ㉧ 최고사용압력(기호 : DP, 단위 : MPa)

03 냉동장치를 정상적으로 운전하기 위한 유의사항이 아닌 것은?
① 이상 고압이 되지 않도록 주의한다.
② 냉매 부족이 없도록 한다.
③ 습 압축이 되도록 한다.
④ 각 부의 가스 누설이 없도록 유의한다.

> **해설**
> 냉동장치의 압축기는 습 압축이 되지 않도록 한다.

04 전동공구 작업 시 감전의 위험성을 방지하기 위해 해야 하는 조치는?
① 단전   ② 감지
③ 단락   ④ 접지

> **해설**
> 감전의 위험성을 방지하기 위해 해야 하는 조치로서 접지를 한다.

05 냉동장치를 설비 후 운전할 때 (보기)의 작업 순서로 올바르게 나열된 것은?

[보기]
㉠ 냉각운전 ㉡ 냉매충전 ㉢ 누설시험
㉣ 진공시험 ㉤ 배관의 방열공사

① ㉢ → ㉣ → ㉡ → ㉤ → ㉠
② ㉣ → ㉤ → ㉢ → ㉡ → ㉠
③ ㉢ → ㉤ → ㉣ → ㉡ → ㉠
④ ㉣ → ㉡ → ㉢ → ㉤ → ㉠

> **해설**
> 냉동장치 설비 후 작업순서 : 누설검사 → 진공시험 → 냉매충전 → 배관 방열공사 → 냉각운전

[정답] 01 ③ 02 ④ 03 ③ 04 ④ 05 ①

06 배관 작업 시 공구 사용에 대한 주의사항으로 틀린 것은?

① 파이프 리머를 사용하여 관 안쪽에 생기는 거스러미 제거 시 손가락에 상처를 입을 수 있으므로 주의해야 한다.
② 스패너 사용 시 볼트에 적합한 것을 사용해야 한다.
③ 쇠톱 절단 시 당기면서 절단한다.
④ 리드형 나사절삭기 사용 시 조(jaw) 부분을 고정시킨 다음 작업에 임한다.

> **해설**
> 쇠톱 절단 시 밀면서 절단한다.

07 다음 중 소화방법으로 건조사를 이용하는 화재는?

① A급   ② B급
③ C급   ④ D급

> **해설**
> D급화재인 금속화재의 소화방법으로 건조사를 사용한다.

08 해머 작업 시 안전수칙으로 틀린 것은?

① 사용 전에 반드시 주위를 살핀다.
② 장갑을 끼고 작업하지 않는다.
③ 담금질 된 재료는 강하게 친다.
④ 공동해머 사용 시 호흡을 잘 맞춘다.

> **해설**
> 담금질된 재료는 강하게 치지 않도록 한다.

09 기계설비의 본질적 안전화를 위해 추구해야 할 사항으로 가장 거리가 먼 것은?

① 풀 프루프(fool proof)의 기능을 가져야 한다.
② 안전 기능이 기계설비에 내장되어 있지 않도록 한다.
③ 조작상 위험이 가능한 없도록 한다.
④ 페일 세이프(fail safe)의 기능을 가져야 한다.

> **해설**
> 안전 기능이 기계설비에 내장되어 있도록 한다.

> **참고** 풀 프루프와 페일 세이프
> ㉠ 풀 프루프(fool proof) : 인간이 위험장소에 접근하지 못하게 하는 것으로 기계, 기구의 격리, 시건장치, 기계화 등의 조치를 하는 것
> ㉡ 페일 세이프(fail safe) : 인간 또는 기계에 과오나 동작상의 실수가 있더라도 사고가 발생하지 않도록 2중, 3중으로 통제를 가하는 것

10 산업안전보건기준에 관한 규칙에 의하면 작업장의 계단의 폭은 얼마 이상으로 하여야 하는가?

① 50cm   ② 100cm
③ 150cm ④ 200cm

> **해설**
> 산업안전보건기준에 관한 규칙(계단의 폭)
> 사업주는 계단을 설치하는 때에는 그 폭을 1m(100cm) 이상으로 하여야 한다.

11 안전모와 안전대의 용도로 적당한 것은?

① 물체 비산 방지용이다.
② 추락재해 방지용이다.
③ 전도 방지용이다.
④ 용접작업 보호용이다.

> **해설**
> 안전모와 안전대(벨트)는 추락에 의한 재해를 방지한다.

[정답] 06 ③ 07 ④ 08 ③ 09 ② 10 ② 11 ②

12 공구의 취급에 관한 설명으로 틀린 것은?

① 드라이버에 망치질을 하여 충격을 가할 때에는 관통 드라이버를 사용하여야 한다.
② 손 망치는 타격의 세기에 따라 적당한 무게의 것을 골라서 사용하여야 한다.
③ 나사 다이스는 구멍에 암나사를 내는 데 쓰고, 핸드 탭은 수나사를 내는 데 사용한다.
④ 파이프 렌치의 알에는 이가 있어 상처를 주기 쉬우므로 연질 배관에는 사용하지 않는다.

해설
나사 다이스는 구멍에 수나사를 내는 데 쓰고, 핸드 탭은 암나사를 내는 데 사용한다.

13 가스보일러의 점화 시 착화가 실패하여 연소실의 환기가 필요한 경우, 연소실 용적의 약 몇 배 이상 공기량을 보내어 환기를 행해야 하는가?

① 2 ② 4
③ 8 ④ 10

해설
가스보일러를 점화하기 전에는 반드시 연소실 용적의 약 4배 이상의 공기로 충분히 환기한 후 점화하도록 한다.

14 컨베이어 등을 사용하여 작업할 때 작업시작 전 점검사항으로 해당되지 않는 것은?

① 원동기 및 풀리 기능의 이상 유무
② 이탈 등의 방지장치 기능의 이상 유무
③ 비상정지장치 기능의 이상 유무
④ 작업면의 기울기 또는 요철 유무

해설
컨베이어 등을 사용하여 작업을 하는 때
㉠ 원동기 및 풀리 기능의 이상 유무
㉡ 이탈 등의 방지장치 기능의 이상 유무
㉢ 비상정지장치 기능의 이상 유무
㉣ 원동기·회전축·기어 및 풀리 등의 덮개 또는 울 등의 이상 유무

참고 고소 작업대를 사용하여 작업을 하는 때
㉠ 비상정지장치 및 비상하강방지장치 기능의 이상 유무
㉡ 과부하방지장치의 작동유무(와이어로프 또는 체인구동방식의 경우)
㉢ 아웃트리거 또는 바퀴의 이상 유무
㉣ 작업면의 기울기 또는 요철 유무

15 산소 압력 조정기의 취급에 대한 설명으로 틀린 것은?

① 조정기를 견고하게 설치한 다음 가스누설 여부를 비눗물로 점검한다.
② 조정기는 정밀하므로 충격이 가해지지 않도록 한다.
③ 조정기는 사용 후에 조정나사를 늦추어서 다시 사용할 때 가스가 한꺼번에 흘러나오는 것을 방지한다.
④ 조정기의 각부에 작동이 원활하도록 기름을 친다.

해설
산소 압력 조정기에는 인화성 물질인 기름 등을 치지 않아야 한다.

16 1kg 기체가 압력 200kPa, 체적 $0.5m^3$ 상태로부터 압력 600kPa, 체적 $1.5m^3$로 상태변화 하였다. 이 변화에서 기체 내부의 에너지 변화가 없다고 하면 엔탈피의 변화는?

① 500kJ만큼 증가
② 600kJ만큼 증가
③ 700kJ만큼 증가
④ 800kJ만큼 증가

해설
$$\Delta h = P_2 V_2 - P_1 V_1$$
$$= (600 \times 1.5) - (200 \times 0.5)$$
$$= 800kJ$$

[정답] 12 ③ 13 ② 14 ④ 15 ④ 16 ④

17 냉동장치의 냉매배관의 시공상 주의점으로 틀린 것은?

① 흡입관에서 두 개의 흐름이 합류하는 곳은 T이음으로 연결한다.
② 압축기와 응축기가 같은 위치에 있는 경우 토출관은 일단 세워 올려 하향구배로 한다.
③ 흡입관의 입상이 매우 길 때는 약 10m마다 중간에 트랩을 설치한다.
④ 2대 이상의 압축기가 각각 독립된 응축기에 연결된 경우 토출관 내부에 가능한 응축기 입구 가까이에 균압관을 설치한다.

> **해설**
> 두 개의 흐름이 합류하는 곳은 T이음으로 하지 말고 Y이음으로 연결한다.

18 냉동장치의 냉매계통 중에 수분이 침입하였을 때 일어나는 현상을 열거한 것으로 틀린 것은?

① 프레온 냉매는 수분에 용해되지 않으므로 팽창밸브를 동결 폐쇄시킨다.
② 침입한 수분이 냉매나 금속과 화학반응을 일으켜 냉매계통의 부식, 윤활유의 열화 등을 일으킨다.
③ 암모니아는 물에 잘 녹으므로 침입한 수분이 동결하는 장애가 적은 편이다.
④ R-12는 R-22보다 많은 수분을 용해하므로, 팽창밸브 등에서의 수분동결의 현상이 적게 일어난다.

> **해설**
> R-12와 R-22 모두 수분을 용해하지 않으므로 팽창밸브 등에서의 수분동결의 현상이 일어난다.

19 프레온계 냉매의 특성에 관한 설명으로 틀린 것은?

① 열에 대한 안정성이 좋다.
② 수분의 용해성이 극히 크다.
③ 무색, 무취로 누설 시 발견이 어렵다.
④ 전기절연성이 우수하므로 밀폐형 압축기에 적합하다.

> **해설**
> 프레온계 냉매는 수분의 용해성이 극히 적다.

20 만액식 증발기에서 냉매측 전열을 좋게 하는 조건으로 틀린 것은?

① 냉각관이 냉매에 잠겨 있거나 접촉해 있을 것
② 열전달 증가를 위해 관 간격이 넓을 것
③ 유막이 존재하지 않을 것
④ 평균 온도차가 클 것

> **해설**
> 만액식 증발기에서 냉매측의 전열을 좋게 하는 방법
> ㉠ 관이 냉매액과 접촉하거나 잠겨 있을 것
> ㉡ 관경이 작고 관 간격이 좁을 것
> ㉢ 관면이 거칠거나 핀(fin)을 부착할 것
> ㉣ 평균 온도차가 크고 유속이 적당할 것
> ㉤ 오일이 체류하지 않을 것

21 냉동장치의 배관설치 시 주의사항으로 틀린 것은?

① 냉매의 종류, 온도 등에 따라 배관재료를 선택한다.
② 온도변화에 의한 배관의 신축을 고려한다.
③ 기기 조작, 보수, 점검에 지장이 없도록 한다.
④ 굴곡부는 가능한 적게 하고 곡률 반경을 작게 한다.

> **해설**
> 굴곡부는 가능한 적게 하고 곡률 반경을 되도록 크게 한다.

[정답] 17 ① 18 ④ 19 ② 20 ② 21 ④

22 흡입배관에서 압력손실이 발생하면 나타나는 현상이 아닌 것은?
① 흡입압력의 저하   ② 토출가스 온도의 상승
③ 비체적 감소   ④ 체적효율 저하

> **해설**
> 압력손실이 크면 비체적은 증가한다.

23 흡수식 냉동사이클에서 흡수기와 재생기는 증기 압축식 냉동사이클의 무엇과 같은 역할을 하는가?
① 증발기   ② 응축기
③ 압축기   ④ 팽창밸브

> **해설**
> 흡수기와 재생기의 역할 : 압축기

24 어떤 저항 R에 100V의 전압을 인가해서 10A의 전류가 1분간 흘렀다면 저항 R에 발생한 에너지는?
① 70,000J   ② 60,000J
③ 50,000J   ④ 40,000J

> **해설**
> 주울의 법칙
> $H = I^2RT = I^2\left(\dfrac{V}{I}\right)T = 10^2 \times \left(\dfrac{100}{10}\right) \times 60$
> $= 60,000J$

25 임계점에 대한 설명으로 옳은 것은?
① 어느 압력 이상에서 포화액이 증발이 시작됨과 동시에 건포화 증기로 변하게 되는데, 포화액선과 건포화 증기선이 만나는 점
② 포화온도 하에서 증발이 시작되어 모두 증발하기까지의 온도
③ 물이 어느 온도에 도달하면 온도는 더 이상 상승하지 않고 증발이 시작하는 온도
④ 일정한 압력하에서 물체의 온도가 변화하지 않고 상(相)이 변화하는 점

> **해설**
> 임계점 : 어느 압력 이상에서 포화액이 증발이 시작됨과 동시에 건포화 증기로 변하게 되는데, 포화액선과 건포화증기선이 만나는 점

> **참고**
> 임계점 : 증발잠열이 0으로 증발현상이 없고 액체와 기체의 구별이 없어져 액체와 증기가 서로 평형으로 공존할 수 없는 상태의 점

26 관의 직경이 크거나 기계적 강도가 문제될 때 유니온 대용으로 결합하여 쓸 수 있는 것은?
① 이경 소켓   ② 플랜지
③ 니플   ④ 부싱

> **해설**
> 유니온 이음 : 50A 이하의 나사배관의 보수, 점검 시 사용하나, 직경이 크거나 기계적 강도가 문제가 될 때에는 플랜지를 사용한다.

27 동관 작업 시 사용되는 공구와 용도에 관한 설명으로 틀린 것은?
① 플레어링 툴 세트 – 관을 압축 접합할 때 사용
② 튜브벤더 – 관을 구부릴 때 사용
③ 익스팬더 – 관 끝을 오므릴 때 사용
④ 사이징 툴 – 관을 원형으로 정형할 때 사용

> **해설**
> 익스팬더(확관기) : 관 끝을 넓혀 확관할 때 사용

[정답] 22 ③ 23 ③ 24 ② 25 ① 26 ② 27 ③

28 액 순환식 증발기에 대한 설명으로 옳은 것은?

① 오일이 체류할 우려가 크고 제상 자동화가 어렵다.
② 냉매량이 적게 소요되며 액펌프, 저압 수액기 등 설비가 간단하다.
③ 증발기 출구에서 액은 80% 정도이고, 기체는 20% 정도 차지한다.
④ 증발기가 하나라도 여러 개의 팽창밸브가 필요하다.

해설
액 순환식 증발기 : 증발기 출구에서 액이 80% 정도이고 기체가 20% 정도로 주로 액체냉각용으로서 다른 증발기에 비해 전열작용이 20% 정도 양호하다.

29 팽창밸브에 대한 설명으로 옳은 것은?

① 압축 증대장치로 압력을 높이고 냉각시킨다.
② 액봉이 쉽게 일어나고 있는 곳이다.
③ 냉동부하에 따른 냉매액의 유량을 조절한다.
④ 플래시 가스가 발생하지 않는 곳이며, 일명 냉각장치라 부른다.

해설
팽창밸브의 역할 : 고온·고압의 냉매액을 증발기에서 증발하기 쉽도록 교축작용에 의하여 단열팽창시켜 저온저압으로 낮추어 주는 동시에 냉동부하 변동에 대응하여 냉매량을 조절한다.

30 증기 압축식 냉동장치의 냉동원리에 관한 설명으로 가장 적합한 것은?

① 냉매의 팽창열을 이용한다.
② 냉매의 증발잠열을 이용한다.
③ 고체의 승화열을 이용한다.
④ 기체의 온도차에 의한 현열변화를 이용한다.

해설
증기 압축식 냉동법 : 냉매액의 증발잠열을 이용

31 정현파 교류에서 전압의 실효값(V)을 나타내는 식으로 옳은 것은? (단, 전압의 최대값을 V_m, 평균값을 V_a라고 한다.)

① $V = \dfrac{V_a}{\sqrt{2}}$ ② $V = \dfrac{V_m}{\sqrt{2}}$

③ $V = \dfrac{\sqrt{2}}{V_m}$ ④ $V = \dfrac{\sqrt{2}}{V_a}$

해설
정현파 교류에서 전압의 실효값(V)

$V = \dfrac{V_m}{\sqrt{2}}$

32 용적형 압축기에 대한 설명으로 틀린 것은?

① 압축실 내의 체적을 감소시켜 냉매의 압력을 증가시킨다.
② 압축기의 성능은 냉동능력, 소비동력, 소음, 진동값 및 수명 등 종합적인 평가가 요구된다.
③ 압축기의 성능을 측정하는 유용한 두 가지 방법은 성능계수와 단위 냉동능력당 소비동력을 측정하는 것이다.
④ 개방형 압축기의 성능계수는 전동기와 압축기의 운전효율을 포함하는 반면, 밀폐형 압축기의 성능계수에는 전동기효율이 포함되지 않는다.

해설
밀폐형 압축기의 성능계수에는 전동기효율을 포함한다.

[정답] 28 ③ 29 ③ 30 ② 31 ② 32 ④

33 냉매 건조기(dryer)에 관한 설명으로 옳은 것은?

① 암모니아 가스관에 설치하여 수분을 제거한다.
② 압축기와 응축기 사이에 설치한다.
③ 프레온은 수분에 잘 용해되지 않으므로 팽창밸브에서의 동결을 방지하기 위하여 설치한다.
④ 건조제로는 황산, 염화칼슘 등의 물질을 사용한다.

> **해설**
> 드라이어(건조기)
> 프레온 냉매는 수분과 잘 용해되지 않으므로 팽창밸브 출구에서 수분이 동결되어 팽창밸브 출구를 폐쇄시킬 수 있으므로 팽창밸브 직전에 반드시 드라이어를 설치하여야 한다.

34 스윙(swing)형 체크밸브에 관한 설명으로 틀린 것은?

① 호칭치수가 큰 관에 사용된다.
② 유체의 저항이 리프트(lift)형보다 적다.
③ 수평배관에만 사용할 수 있다.
④ 핀을 축으로 하여 회전시켜 개폐한다.

> **해설**
> 스윙(swing)형 체크밸브는 수평·수직배관 모두 사용할 수 있다.

35 냉동사이클 내를 순환하는 동작유체로서 잠열에 의해 열을 운반하는 냉매로 가장 거리가 먼 것은?

① 1차 냉매   ② 암모니아(NH_3)
③ 프레온(freon)   ④ 브라인(brine)

> **해설**
> 1차 냉매(암모니아, 프레온) : 냉동사이클 내를 순환하는 동작유체로서 잠열에 의해 열을 운반하는 냉매

36 직접 식품에 브라인을 접촉시키는 것이 아니고 얇은 금속판 내에 브라인이나 냉매를 통하게 하여 금속판의 외면과 식품을 접촉시켜 동결하는 장치는?

① 접촉식 동결장치
② 터널식 공기 동결장치
③ 브라인 동결장치
④ 송풍 동결장치

> **해설**
> 접촉식 동결장치 : 냉각된 금속판 외면과 피동결품을 접촉시켜 동결시키는 장치

> **참고**
> 침지식 동결장치 : 피동결물을 냉각한 부동액 중에 침지시켜 동결시키는 장치

37 냉동 부속 장치 중 응축기와 팽창밸브 사이의 고압관에 설치하며, 증발기의 부하 변동에 대응하여 냉매 공급을 원활하게 하는 것은?

① 유분리기   ② 수액기
③ 액분리기   ④ 중간 냉각기

> **해설**
> 고압 수액기
> 응축기와 팽창밸브 사이의 고압관에 설치하여 증발기부하 변동에 대응하여 냉매액을 일시 저장하여 냉매의 공급을 원활하게 하는 고압 용기

38 냉매의 구비조건으로 틀린 것은?

① 증발잠열이 클 것
② 표면장력이 작을 것
③ 임계온도가 상온보다 높을 것
④ 증발압력이 대기압보다 낮을 것

> **해설**
> 냉매는 증발압력이 대기압보다 높아야 한다.

[정답] 33 ③ 34 ③ 35 ④ 36 ① 37 ② 38 ④

39 비열비를 나타내는 공식으로 옳은 것은?

① 정적비열 / 비중
② 정압비열 / 비중
③ 정압비열 / 정적비열
④ 정적비열 / 정압비열

해설
비열비 = 정압비열/정적비열 ($k = C_p/C_v$)

40 LNG 냉열이용 동결장치의 특징으로 틀린 것은?

① 식품과 직접 접촉하여 급속 동결이 가능하다.
② 외기가 흡입되는 것을 방지한다.
③ 공기에 분산되어 있는 먼지를 철저히 제거하여 장치 내부에 눈이 생기는 것을 방지한다.
④ 저온공기의 풍속을 일정하게 확보함으로써 식품과의 열전달계수를 저하시킨다.

해설
LNG 냉열이용 동결 : 저온의 LNG(-162℃)로부터 중간 냉매를 통하여 식품과 직접 접촉하는 저온공기로 만들어 식품을 동결하는 장치로서 외기가 흡입되는 것을 방지하고 공기에 분산되어 있는 먼지를 철저히 제거하여 장치 내부에 눈이 생기는 것을 방지하며, 또한 저온 공기의 풍속을 일정하게 확보함으로써 식품과의 열전달계수를 향상시켜 액체질소 동결장치와 동등한 급속동결을 가능하게 한 것이다.

41 열에너지를 효율적으로 이용할 수 있는 방법 중 하나인 축열장치의 특징에 관한 설명으로 틀린 것은?

① 저속 연속운전에 의한 고효율 정격운전이 가능하다.
② 냉동기 및 열원설비의 용량을 감소할 수 있다.
③ 열회수 시스템의 적용이 가능하다.
④ 수질관리 및 소음관리가 필요 없다.

해설
축열장치는 수질관리 및 소음관리가 필요하다.

42 암모니아 냉동장치에서 팽창밸브 직전의 온도가 25℃, 흡입가스의 온도가 -10℃인 건조포화증기인 경우, 냉매 1kg당 냉동효과가 350kcal이고, 냉동능력 15RT가 요구될 때의 냉매순환량은?

① 139kg/h
② 142kg/h
③ 188kg/h
④ 176kg/h

해설
냉매순환량
$$G = \frac{냉동능력(Q_2)}{냉동효과(q_2)} = \frac{15 \times 3,320}{350} = 142 kg/h$$

43 흡수식 냉동기에서 냉매순환과정을 바르게 나타낸 것은?

① 재생(발생)기→응축기→냉각(증발)기→흡수기
② 재생(발생)기→냉각(증발)기→흡수기→응축기
③ 응축기→재생(발생)기→냉각(증발)기→흡수기
④ 냉각(증발)기→응축기→흡수기→재생(발생)기

해설
흡수식 냉동기의 냉매 순환과정
재생기(발생기) → 응축기 → 증발기(냉각기) → 흡수기

참고 흡수식 냉동기의 흡수제 순환과정
재생기(발생기) → 열교환기 → 흡수기

44 증발기 내의 압력에 의해서 작동하는 팽창밸브는?

① 저압측 플로트 밸브
② 정압식 자동 팽창밸브
③ 온도식 자동 팽창밸브
④ 수동 팽창밸브

해설
정압식 자동 팽창밸브(AEV)
증발압력에 의해 작동하므로 증발압력이 항상 일정하게 유지되어 냉수나 브라인의 동결을 방지할 수 있으나 냉동부하에 따른 냉매량 조절은 어렵다.

[정답] 39 ③ 40 ④ 41 ④ 42 ② 43 ① 44 ②

45 2단압축 냉동사이클에서 중간냉각기가 하는 역할로 틀린 것은?

① 저단 압축기의 토출가스 온도를 낮춘다.
② 냉매가스를 과냉각시켜 압축비를 상승시킨다.
③ 고단 압축기로의 냉매액 흡입을 방지한다.
④ 냉매액을 과냉각시켜 냉동효과를 증대시킨다.

> **해설**
> 중간냉각기(inter cooler) 역할
> ① 증발기 공급액을 과냉각시켜 냉동효과 증대
> ② 저단 압축기의 토출가스의 과열을 제거
> ③ 고단 압축기에서의 액압축 방지

46 어떤 상태의 공기가 노점온도보다 낮은 냉각 코일을 통과 하였을 때 상태변화를 설명한 것으로 틀린 것은?

① 절대습도 저하   ② 상대습도 저하
③ 비체적 저하   ④ 건구온도 저하

> **해설**
> 공기의 노점온도보다 낮은 냉각코일(습코일)을 공기가 통과하면 건구온도, 비체적, 절대습도는 저하하고 상대습도는 높아진다.

47 팬의 효율을 표시하는 데 있어서 사용되는 전압효율에 대한 올바른 정의는?

① $\dfrac{축동력}{공기동력}$ ② $\dfrac{공기동력}{축동력}$

③ $\dfrac{회전속도}{송풍기 크기}$ ④ $\dfrac{송풍기 크기}{회전속도}$

> **해설**
> 축동력 = $\dfrac{공기동력}{전압효율}$ 에서 전압효율 = $\dfrac{공기동력}{축동력}$

48 다음 중 일반적으로 실내공기의 오염정도를 알아보는 지표로 사용하는 것은?

① CO_2 농도   ② CO 농도
③ PM 농도   ④ H 농도

> **해설**
> CO_2 농도는 일반적으로 실내공기의 오염 정도를 알아보는 지표로 사용한다.

49 덕트에서 사용되는 댐퍼의 사용 목적에 관한 설명으로 틀린 것은?

① 풍량조절 댐퍼 – 공기량을 조절하는 댐퍼
② 배연 댐퍼 – 배연덕트에서 사용되는 댐퍼
③ 방화 댐퍼 – 화재 시에 연기를 배출하기 위한 댐퍼
④ 모터 댐퍼 – 자동 제어장치에 의해 풍량조절을 위해 모터로 구동되는 댐퍼

> **해설**
> 배연 댐퍼 : 화재 시에 연기를 배출하기 위하여 배연덕트에서 사용되는 댐퍼

> **참고** 방화 댐퍼와 방연 댐퍼
> ㉠ 방화 댐퍼(FD) : 화염이 덕트를 통하여 다른 실로 전달되는 것을 차단하는 댐퍼
> ㉡ 방연 댐퍼(SD) : 실내의 화재 시 발생한 연기가 다른 구역으로 이동하는 것을 방지하는 댐퍼

50 실내 현열 손실량이 5.8W일 때, 실내온도를 20℃로 유지하기 위해 36℃ 공기 몇 m³/h를 실내로 송풍해야 하는가? (단, 공기의 밀도는 1.2kg/m³, 정압비열은 1.01kJ/kg·℃이다.)

① $0.3 m^3/h$ ② $1077 m^3/h$
③ $1250 m^3/h$ ④ $1350 m^3/h$

> **해설**
> 송풍량, $Q = \dfrac{q_s}{\rho C \Delta t}$ [m³/h], $G = \dfrac{q_s}{C \Delta t}$ [kg/h],
> $Q = \dfrac{q_s}{\rho C \Delta t} = \dfrac{5.8 \times 3.6}{1.2 \times 1.01 \times (36-20)} = 1{,}077 m^3/h$
> $G = \dfrac{5.8 \times 3.6}{1.01 \times (36-20)} = 1{,}292 kg/h = 1{,}077 m^3/h$

[정답] 45 ② 46 ② 47 ② 48 ① 49 ③ 50 ②

51 공기세정기에서 유입되는 공기를 정류시키기 위해 설치하는 것은?
① 루버 ② 댐퍼
③ 분무 노즐 ④ 엘리미네이터

> **해설**
> 루버(Louver) : 유입되는 공기의 흐름을 균일하게 정류하여 물방울과의 접촉효율을 향상시킴

52 단일덕트 정풍량 방식의 특징으로 옳은 것은?
① 각 실마다 부하변동에 대응하기가 곤란하다.
② 외기도입을 충분히 할 수 없다.
③ 냉풍과 온풍을 동시에 공급할 수가 있다.
④ 변풍량에 비하여 에너지 소비가 적다.

> **해설**
> 단일덕트 정풍량 방식은 중앙제어방식으로 각 실마다 부하변동에 대응하기가 곤란하다.

📝**참고** 단일덕트 정풍량 방식(CAV 방식)
실내 취출구를 통하여 일정한 풍량으로 송풍온도 및 습도를 변화시켜 부하에 대응하는 방식
㉠ 급기량이 일정하여 실내가 쾌적하다.
㉡ 변풍량에 비하여 에너지 소비가 크다.
㉢ 각 실의 개별제어가 어렵다.
㉣ 존의 수가 적은 규모에서는 타 방식에 비해 설비비가 싸다.

53 보일러에서 배기가스의 현열을 이용하여 급수를 예열하는 장치는?
① 절탄기 ② 재열기
③ 증기 과열기 ④ 공기 가열기

> **해설**
> 절탄기(급수예열기, economizer)
> 보일러에서 배기가스의 현열을 이용하여 급수를 예열하는 장치

54 감습장치에 대한 설명으로 옳은 것은?
① 냉각식 감습장치는 감습만을 목적으로 사용하는 경우 경제적이다.
② 압축식 감습장치는 감습만을 목적으로 하면 소요동력이 커서 비경제적이다.
③ 흡착식 감습장치는 액체에 의한 감습보다 효율이 좋으나 낮은 노점까지 감습이 어려워 주로 큰 용량의 것에 적합하다.
④ 흡수식 감습장치는 흡착식에 비해 감습효율이 떨어져 소규모 용량에만 적합하다.

> **해설**
> 압축식 감습장치는 공기를 압축하여 감습시켜야 하므로 설비비와 소요동력이 커 일반적으로 사용하지 않는다.

55 실내 상태점을 통과하는 현열비선과 포화곡선과의 교점을 나타내는 온도로서 취출 공기가 실내 잠열부하에 상당하는 수분을 제거하는 데 필요한 코일표면온도를 무엇이라 하는가?
① 혼합온도
② 바이패스 온도
③ 실내 장치노점온도
④ 설계온도

> **해설**
> 실내의 장치노점온도
> 실내 상태점을 통과하는 현열비선과 포화곡선의 교점으로 취출공기가 실내의 잠열부하를 실내 잠열부하에 상당하는 수분을 제거하기 위한 공기 선도상의 노점온도

📝**참고** 장치의 장치노점온도
공기가 냉각코일이나 에어와셔에 유입되면 건구온도와 절대습도가 내려가 최종적으로 공기는 코일의 표면온도와 일치하게 되는 냉각 코일 표면의 온도로 유효 현열비를 사용하면 실내의 장치노점온도와 코일의 장치노점온도가 일치하게 된다.

[정답] 51 ① 52 ① 53 ① 54 ② 55 ③

56 다음 개별식 공조방식에 해당되는 것은?
① 팬코일 유닛 방식(덕트 병용)
② 유인 유닛 방식
③ 패키지 유닛 방식
④ 단일덕트 방식

> **해설**
> 개별식 공조방식 : 패키지 유닛 방식, 룸쿨러 방식, 멀티 쿨러 방식 등

57 증기난방에 사용되는 부속기기인 감압밸브를 설치하는 데 있어서 주의사항으로 틀린 것은?
① 감압밸브는 가능한 사용개소에 가까운 곳에 설치한다.
② 감압밸브로 응축수를 제거한 증기가 들어오지 않도록 한다.
③ 감압밸브 앞에는 반드시 스트레이너를 설치하도록 한다.
④ 바이패스는 수평 또는 위로 설치하고, 감압밸브의 구경과 동일한 구경으로 하거나 1차측 배관지름보다 한 치수 적은 것으로 한다.

> **해설**
> 감압밸브에는 응축수를 제거한 증기만 들어오도록 한다(감압밸브 전에 기수분리기 설치).

58 회전식 전열교환기의 특징에 관한 설명으로 틀린 것은?
① 로터의 상부에 외기공기를 통과하고 하부에 실내공기가 통과한다.
② 열교환은 현열뿐 아니라 잠열도 동시에 이루어진다.
③ 로터를 회전시키면서 실내공기의 배기공기와 외기공기를 열교환한다.
④ 배기공기는 오염물질이 포함되지 않으므로 필터를 설치할 필요가 없다.

> **해설**
> 실내 배기공기는 오염물질이 포함되므로 필터를 설치할 필요가 있다.

59 온풍난방에 대한 장점이 아닌 것은?
① 예열시간이 짧다.
② 실내 온습도 조절이 비교적 용이하다.
③ 기기설치 장소의 선정이 자유롭다.
④ 단열 및 기밀성이 좋지 않은 건물에 적합하다.

> **해설**
> 난방 시 열손실 방지를 위해 단열 및 기밀성은 좋아야 한다.

60 다음 설명 중 틀린 것은?
① 대기압에서 0℃ 물의 증발잠열은 약 2501 kJ/kg이다.
② 대기압에서 0℃ 공기의 정압비열은 약 0.24 kJ/kg·K이다.
③ 대기압에서 20℃의 공기 밀도는 약 1.2 kg/m³이다.
④ 공기의 평균 분자량은 약 28.96kg/kmol이다.

> **해설**
> 공기의 정압비열
> $C = 0.24 kcal/kg·℃ = 1.01 kJ/kg·K$

참고
물의 정압비열 = 1kcal/kg℃ = 4.2kJ/kg·K
수증기의 정압비열 = 0.441kcal/kg℃ = 1.85kJ/kg·K

[정답] 56 ③ 57 ② 58 ④ 59 ④ 60 ②

제11회 CBT 검정 기출문제

01 보일러 운전 중 수위가 저하되었을 때 위해를 방지하기 위한 장치는?
① 화염 검출기 ② 압력차단기
③ 방폭문 ④ 저수위 경보장치

해설
저수위 경보장치
보일러 운전 중 수위가 저하되었을 때 저수위에 따른 위해를 방지하기 위한 경보장치

02 보호구를 선택 시 유의사항으로 적절하지 않은 것은?
① 용도에 알맞아야 한다.
② 품질이 보증된 것이어야 한다.
③ 쓰기 쉽고 취급이 쉬워야 한다.
④ 겉모양이 호화스러워야 한다.

해설
겉모양보다 안전성능이 우수하여야 한다.

03 보일러 취급 시 주의사항으로 틀린 것은?
① 보일러의 수면계 수위는 중간위치를 기준 수위로 한다.
② 점화 전에 미연소가스를 방출시킨다.
③ 연료계통의 누설 여부를 수시로 확인한다.
④ 보일러 저부의 침전물 배출은 부하가 가장 클 때 하는 것이 좋다.

해설
보일러 저부의 침전물 배출은 부하가 가장 작을 때 한다.

04 보일러 취급 부주의로 작업자가 화상을 입었을 때 응급처치 방법으로 적당하지 않은 것은?
① 냉수를 이용하여 화상부의 화기를 빼도록 한다.
② 물집이 생겼으면 터뜨리지 않고 상처 부위를 보호한다.
③ 기계유나 변압기유를 바른다.
④ 상처 부위를 깨끗이 소독한 다음 상처를 보호한다.

해설
물집은 터트리지 말고 화상부를 냉수에 담구어 화기를 뺀 후 소독한 다음 상처를 보호한다.

05 가스용접 작업 시 유의사항이다. 적절하지 못한 것은?
① 산소병은 60℃ 이하 온도에서 보관하고 직사광선을 피해야 한다.
② 작업자의 눈을 보호하기 위해 차광안경을 착용해야 한다.
③ 가스누설의 점검을 수시로 해야 하며 점검은 비눗물로 한다.
④ 가스용접장치는 화기로부터 일정거리 이상 떨어진 곳에 설치해야 한다.

해설
산소병은 40℃ 이하의 온도에서 보관하고 직사광선을 피해야 한다.

06 발화온도가 낮아지는 조건 중 옳은 것은?
① 발열량이 높을수록
② 압력이 낮을수록
③ 산소농도가 낮을수록
④ 열전도도가 낮을수록

해설
발열량이 높을수록 발화온도는 낮아진다.

참고 발화온도(발화점)
가연성물질이 공기 중에서 점화원이 없이 스스로 연소를 개시할 수 있는 최저온도

[정답] 01 ④ 02 ④ 03 ④ 04 ③ 05 ① 06 ①

07 산소-아세틸렌 용접 시 역화의 원인으로 틀린 것은?

① 토치 팁이 과열되었을 때
② 토치에 절연장치가 없을 때
③ 사용가스의 압력이 부적당할 때
④ 토치 팁 끝이 이물질로 막혔을 때

> **해설**
> 가스 용접 토치는 절연장치를 하지 않는다.

08 안전사고의 원인으로 불안전한 행동(인적 원인)에 해당하는 것은?

① 불안전한 상태 방치 ② 구조재료의 부적합
③ 작업환경의 결함   ④ 복장 보호구의 결함

> **해설**
> 불안전한 상태 방치는 불안전 행동(인적 원인)에 해당한다.

📝**참고** 물(物)적 원인(불안전한 상태, 설비 및 환경 등의 불량)
㉠ 물(物) 자체의 결함   ㉡ 안전, 방호장치의 결함
㉢ 복장, 보호구의 결함 ㉣ 물(物)의 배치 및 작업장소 결함
㉤ 작업환경의 결함   ㉥ 생산공정의 결함
㉦ 경계표지, 설비의 결함

09 기계설비에서 일어나는 사고의 위험요소로 가장 거리가 먼 것은?

① 협착점   ② 끼임점
③ 고정점   ④ 절단점

> **해설**
> 기계설비에서 일어나는 사고의 위험요소들의 위험점 : 협착점, 끼임점, 절단점, 물림점, 접선 물림점, 회전 말림점

10 줄 작업 시 안전사항으로 틀린 것은?

① 줄의 균열 유무를 확인한다.
② 부러진 줄은 용접하여 사용한다.
③ 줄은 손잡이가 정상인 것만을 사용한다.
④ 줄 작업에서 생긴 가루는 입으로 불지 않는다.

> **해설**
> 부러진 줄은 재사용하지 않는다.

11 해머(hammer)의 사용에 관한 유의사항으로 거리가 가장 먼 것은?

① 쐐기를 박아서 손잡이가 튼튼하게 박힌 것을 사용한다.
② 열간 작업 시에는 식히는 작업을 하지 않아도 계속해서 작업할 수 있다.
③ 타격면이 닳아 경사진 것은 사용하지 않는다.
④ 장갑을 끼지 않고 작업을 진행한다.

> **해설**
> 해머의 열간 작업 시에는 작업 도중 식힌 후 작업하여야 한다.

12 재해예방의 4가지 기본원칙에 해당되지 않는 것은?

① 대책선정의 원칙   ② 손실우연의 원칙
③ 예방가능의 원칙   ④ 재해통계의 원칙

> **해설**
> 산업재해예방의 4원칙
> ㉠ 예방가능의 원칙 : 천재지변을 제외한 모든 인재는 예방이 가능하다.
> ㉡ 손실우연의 원칙 : 사고 결과 손실의 유무나 대소는 사고 당시의 조건에 따라 우연적으로 발생한다.
> ㉢ 원인연계의 원칙 : 사고에는 반드시 원인이 있고 원인은 대부분 복합적 연계 원인이다.
> ㉣ 대책선정의 원칙 : 사고의 원인이나 불안전 요소가 발견되며 반드시 대책이 선정 실시되어야 하며, 대책 선정이 가능하다.

13 아크용접작업 기구 중 보호구와 관계없는 것은?

① 용접용 보안면   ② 용접용 앞치마
③ 용접용 홀더   ④ 용접용 장갑

> **해설**
> 아크용접작업 시 보호구 : 용접면, 용접장갑, 용접앞치마, 용접조끼, 안전화 등

[정답] 07 ② 08 ① 09 ③ 10 ② 11 ② 12 ④ 13 ③

14 안전관리 관리감독자의 업무가 아닌 것은?

① 작업 전·후 안전점검 실시
② 안전작업에 관한 교육훈련
③ 작업의 감독 및 지시
④ 재해 보고서 작성

해설
관리감독자의 업무 내용(산업안전보건법 시행령)
① 사업장 내 관리감독자가 지휘·감독하는 작업과 관련된 기계·기구 또는 설비의 안전·보건 점검 및 이상 유무의 확인
② 관리감독자에게 소속된 근로자의 작업복·보호구 및 방호장치의 점검과 그 착용·사용에 관한 교육·지도
③ 해당 작업에서 발생한 산업재해에 관한 보고 및 이에 대한 응급조치
④ 해당 작업의 작업장 정리·정돈 및 통로확보에 대한 확인·감독
⑤ 해당 사업장의 산업보건의, 안전관리자 및 보건관리자의 지도·조언에 대한 협조
⑥ 위험성 평가를 위한 업무에 기인하는 유해·위험요인의 파악 및 그 결과에 따른 개선조치의 시행
⑦ 그 밖에 해당 작업의 안전·보건에 관한 사항으로서 고용노동부령으로 정하는 사항

15 정(chisel)의 사용 시 안전관리에 적합하지 않은 것은?

① 비산 방지판을 세운다.
② 올바른 치수와 형태의 것을 사용한다.
③ 칩이 끊어져 나갈 무렵에는 힘주어서 때린다.
④ 담금질한 재료는 정으로 작업하지 않는다.

해설
정 작업 시 칩이 끊어져 나갈 무렵에는 힘을 빼고 천천히 타격한다.

16 저항이 250Ω이고 40W인 전구가 있다. 점등 시 전구에 흐르는 전류는?

① 0.1A   ② 0.4A
③ 2.5A   ④ 6.2A

해설
전력 $P = VI = I^2R$ 에서 $I = \sqrt{\dfrac{P}{R}} = \sqrt{\dfrac{40}{250}} = 0.4A$

17 바깥지름 54mm, 길이 2.66m, 냉각관 수 28개로 된 응축기가 있다. 입구 냉각수온 22℃, 출구 냉각수온 28℃이며 응축온도는 30℃이다. 이때 응축부하는? (단, 냉각관의 열통과율 900W/m²·℃이고, 온도차는 산술평균온도차를 이용한다.)

① 25,300W   ② 43,700W
③ 56,858W   ④ 79,682W

해설
$Q_1 = K \cdot A \cdot \Delta t_m = 900 \times 12.635 \times 5$
$= 56,858W$
여기서, $A = \pi \cdot D \cdot l \cdot N = \pi \times 0.054 \times 2.66 \times 28$
$= 12.635 m^2$
$\Delta t_m = $ 응축온도 $- \left(\dfrac{냉각수\ 입구온도 + 출구온도}{2}\right)$
$= 30 - \left(\dfrac{22+28}{2}\right) = 5℃$

18 관 절단 후 절단부에 생기는 거스러미를 제거하는 공구로 가장 적절한 것은?

① 클립   ② 사이징 투울
③ 파이프 리머 ④ 쇠톱

해설
파이프 리머 : 관 절단부 안에 생기는 거스러미(burr)를 제거하는 공구

19 암모니아(NH₃) 냉매에 대한 설명으로 틀린 것은?

① 수분에 잘 용해된다.
② 윤활유에 잘 용해된다.
③ 독성, 가연성, 폭발성이 있다.
④ 전열 성능이 양호하다.

[정답] 14 ① 15 ③ 16 ② 17 ③ 18 ③ 19 ②

> **해설**
> 암모니아 냉매는 수분에 잘 용해된다.

20 자기유지(self holding)에 관한 설명으로 옳은 것은?
① 계전기 코일에 전류를 흘려서 여자시키는 것
② 계전기 코일에 전류를 차단하여 자화 성질을 잃게 되는 것
③ 기기의 미소 시간 동작을 위해 동작되는 것
④ 계전기가 여자된 후에도 동작 기능이 계속해서 유지되는 것

> **해설**
> 자기유지 회로 : 계전기(릴레이)가 여자된 후에도 기능이 계속해서 유지되는 회로

21 냉동기에서 열교환기는 고온유체와 저온유체를 직접혼합 또는 원형동관으로 유체를 분리하여 열교환하는데 다음 설명 중 옳은 것은?
① 동관 내부를 흐르는 유체는 전도에 의한 열전달이 된다.
② 동관 내벽에서 외벽으로 통과할 때는 복사에 의한 열전달이 된다.
③ 동관 외벽에서는 대류에 의한 열전달이 된다.
④ 동관 내부에서 외벽까지 복사, 전도, 대류의 열전달이 된다.

> **해설**
> 동관 외벽에서는 대류에 의해 열전달이 된다.

22 증발열을 이용한 냉동법이 아닌 것은?
① 압축 기체 팽창 냉동법
② 증기분사식 냉동법
③ 증기압축식 냉동법
④ 흡수식 냉동법

> **해설**
> 압축 기체 팽창 냉동법 : 압축기에서 고온·고압으로 압축된 공기는 냉각기에서 냉각되어 팽창기로 들어가 압력과 온도가 저하되며 이러한 저온의 공기를 냉동에 이용하는 냉동법(엔진용 압축기를 이용할 수 있는 항공기 등에서 사용)

23 열전 냉동법의 특징에 관한 설명으로 틀린 것은?
① 운전부분으로 인해 소음과 진동이 생긴다.
② 냉매가 필요 없으므로 냉매 누설로 인한 환경오염이 없다.
③ 성적계수가 증기 압축식에 비하여 월등히 떨어진다.
④ 열전소자의 크기가 작고 가벼워 냉동기를 소형, 경량으로 만들 수 있다.

> **해설**
> 열전 냉동은 반도체를 이용한 전자 냉동기로 운전부분이 없어 소음과 진동이 거의 없다.

24 왕복식 압축기 크랭크축이 관통하는 부분에 냉매나 오일이 누설되는 것을 방지하는 것은?
① 오일링
② 압축링
③ 축봉장치
④ 실린더 재킷

> **해설**
> 축봉장치(shaft seal) : 압축기 크랭크 케이스의 크랭크축이 관통하는 부분에서 냉매나 오일이 누설방지나 진공운전으로 인한 외기가 침입되지 않도록 기밀을 유지하기 위해 축을 봉해주는 장치

25 냉동장치에 사용하는 윤활유인 냉동기유와 구비조건으로 틀린 것은?
① 응고점이 낮아 저온에서도 유동성이 좋을 것
② 인화점이 높을 것
③ 냉매와 분리성이 좋을 것
④ 왁스(wax) 성분이 많을 것

[정답] 20 ④ 21 ③ 22 ① 23 ① 24 ③ 25 ④

> **해설**
> 윤활유의 구비조건
> ㉠ 응고점 및 유동점이 낮을 것
> ㉡ 인화점이 높고 점도가 적당할 것
> ㉢ 항 유화성이 있을 것
> ㉣ 불순물이 적고 절연내력이 클 것
> ㉤ 방청능력 및 냉매와의 용해성이 적을 것
> ㉥ 왁스성분이 적고 저온에서 왁스(wax) 성분이 분리되지 않을 것
> ㉦ 금속이나 패킹류를 부식시키지 않을 것

26 불연속 제어에 속하는 것은?
① ON-OFF 제어 ② 비례 제어
③ 미분 제어 ④ 적분 제어

> **해설**
> 불연속 제어 : ON-OFF(2위치) 제어, 다위치 제어, 불연속 속도 제어

27 다음의 P-h(모리엘) 선도는 현재 상태를 나타내는 사이클인가?

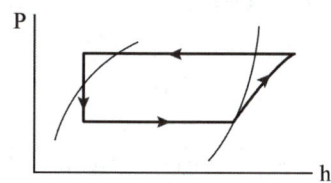

① 습냉각 ② 과열냉각
③ 습압축 ④ 과냉각

> **해설**
> 과냉각 건조압축 상태의 사이클이다.

28 냉동기에 냉매를 충전하는 방법으로 틀린 것은?
① 액관으로 충전한다.
② 수액기로 충전한다.
③ 유분리기로 충전한다.
④ 압축기 흡입 측에 냉매를 기화시켜 충전한다.

> **해설**
> 냉매 충전방법
> ㉠ 압축기 흡입 측으로 가스 충전하는 방법
> ㉡ 압축기 토출 측으로 가스 충전하는 방법
> ㉢ 수액기로 액 충전하는 방법
> ㉣ 액관으로 액 충전하는 방법

29 브라인을 사용할 때 금속의 부식방지법으로 틀린 것은?
① 브라인 pH를 7.5~8.2 정도로 유지한다.
② 공기와 접촉시키고, 산소를 용입시킨다.
③ 산성이 강하면 가성소다로 중화시킨다.
④ 방청제를 첨가한다.

> **해설**
> 브라인의 부식방지
> ㉠ 공기와의 접촉을 피하고
> ㉡ 브라인의 pH를 7.5~8.2로 유지하고
> ㉢ 수분과의 접촉을 피한다.

30 흡수식 냉동기에 관한 설명으로 틀린 것은?
① 압축식에 비해 소음과 진동이 적다.
② 증기, 온수 등 배열을 이용할 수 있다.
③ 압축식에 비해 설치면적 및 중량이 크다.
④ 흡수식은 냉매를 기계적으로 압축하는 방식이며, 열적(熱的)으로 압축하는 방식은 증기압축식이다.

> **해설**
> 냉매를 기계적으로 압축하는 방식은 증기압축식이다.

31 주파수가 60Hz인 상용 교류에서 각속도는?
① 141rad/s ② 171rad/s
③ 377rad/s ④ 623rad/s

> **해설**
> $\omega = 2\pi f = 2 \times 3.14 \times 60 = 377\,rad/sec$

[정답] 26 ① 27 ④ 28 ③ 29 ② 30 ④ 31 ③

32 흡입압력 조정밸브(SPR)에 대한 설명으로 틀린 것은?

① 흡입압력이 일정 압력 이하가 되는 것을 방지한다.
② 저전압에서 높은 압력으로 운전될 때 사용된다.
③ 종류에는 직동식, 내부 파이롯트, 작동식, 외부 파이롯드 작동식 등이 있다.
④ 흡입압력의 변동이 많은 경우에 사용한다.

> **해설**
> 흡입압력 조정밸브(SPR) : 흡입압력이 일정 이상 되었을 때 과부하로 인한 전동기 소손을 방지
> ㉠ 흡입압력의 변화가 많은 장치일 경우
> ㉡ 높은 흡입압력으로 장시간 기동 및 운전되는 경우
> ㉢ 저전압에서 높은 흡입압력으로 운전해야 하는 경우
> ㉣ 고압가스 제상으로 흡입압력이 높아지는 경우

33 다음 중 제빙장치의 주요 기기에 해당되지 않는 것은?

① 교반기 ② 양빙기
③ 송풍기 ④ 탈빙기

> **해설**
> 제빙장치의 주요 기기
> ㉠ 제빙탱크   ㉡ 브라인 교반기
> ㉢ 빙관   ㉣ 공기교반장치
> ㉤ 양빙기   ㉥ 용빙기
> ㉦ 탈빙기   ㉧ 자동 주수조

34 다음 중 프로세스 제어에 속하는 것은?

① 전압 ② 전류
③ 유량 ④ 속도

> **해설**
> 프로세스(process) 제어 : 온도, 압력, 유량, 습도 등의 상태량을 제어

35 배관의 신축 이음쇠의 종류로 가장 거리가 먼 것은?

① 스위블형 ② 루프형
③ 트랩형   ④ 벨로즈형

> **해설**
> 신축이음장치의 종류 : 루프형, 슬리브형, 벨로즈형, 스위블형, 볼조인트 등

36 증기분사 냉동법 설명으로 가장 옳은 것은?

① 융해열을 이용하는 방법
② 승화열을 이용하는 방법
③ 증발열을 이용하는 방법
④ 펠티어 효과를 이용하는 방법

> **해설**
> 증발열을 이용하는 냉동법 : 증기압축식, 증기분사식, 흡수식 등

37 냉동장치에 수분이 침입되었을 때 에멀전 현상이 일어나는 냉매는?

① 황산   ② R-12
③ R-22   ④ NH_3

> **해설**
> 유탁액(에멀존) 현상 : 암모니아에 다량의 수분 함유 시 윤활유가 우유빛으로 변하는 현상

38 역카르노 사이클에 대한 설명 중 옳은 것은?

① 2개의 압축과정과 2개의 증발과정으로 이루어져 있다.
② 2개의 압축과정과 2개의 응축과정으로 이루어져 있다.
③ 2개의 단열과정과 2개의 등온과정으로 이루어져 있다.
④ 2개의 증발과정과 2개의 응축과정으로 이루어져 있다.

[정답] 32 ① 33 ③ 34 ③ 35 ③ 36 ③ 37 ④ 38 ③

해설

역카르노 사이클 : 2개의 단열과정과 2개의 등온과정으로 구성
① A → B : 단열압축
② B → C : 등온압축
③ C → D : 단열팽창
④ D → A : 등온팽창

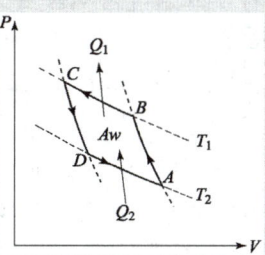

① 압축과정 : 압력 상승, 온도 상승
② 응축과정 : 압력 일정, 온도 저하
③ 팽창과정 : 압력 저하, 온도 저하
④ 증발과정 : 압력 일정, 온도 일정

참고 냉동사이클에서의 냉매 상태변화

구분	압력	온도	비체적	엔탈피
압축과정	상승	상승	감소	상승
응축과정	일정	감소	감소	감소
팽창과정	감소	감소	상승	일정
증발과정	일정	일정	상승	상승

39 프레온 냉동장치의 배관에 사용되는 재료로 가장 거리가 먼 것은?
① 배관용 탄소강 강관
② 배관용 스테인리스 강관
③ 이음매 없는 동관
④ 탈산 동관

해설

냉동장치의 배관재료

명칭	적용 여부		
	암모니아	메틸클로라이드	프레온
배관용 탄소강관	○	○	○
압력배관용 탄소강관	○	○	○
배관용 스테인리스강관	○	○	○
저온배관용 강관	○	○	○
이음매 없는 동관	×	○	○
탈산 동관	×	○	○
이음매 없는 알루미늄	−	×	○

41 냉동 장치에서 가스 퍼저(purger)를 설치할 경우, 가스의 인입선은 어디에 설치해야 하는가?
① 응축기와 증발기 사이에 한다.
② 수액기와 팽창밸브 사이에 한다.
③ 응축기와 수액기의 균압관에 한다.
④ 압축기의 토출관으로부터 응축기의 3/4되는 곳에 한다.

해설

불응축 가스 퍼저의 불응축가스의 인입은 응축기와 수액기의 균압관에서 한다.

42 배관의 중간이나 밸브, 각종 기기의 접속 및 보수점검을 위하여 관의 해체 또는 교환 시 필요한 부속품은?
① 플랜지   ② 소켓
③ 밴드   ④ 바이패스관

해설

기기의 접속 및 관의 해체 또는 교환 시 필요한 부속품 : 플랜지

40 표준 냉동사이클의 모리엘(P-h) 선도에서 압력이 일정하고, 온도가 저하되는 과정은?
① 압축과정   ② 응축과정
③ 팽창과정   ④ 증발과정

해설

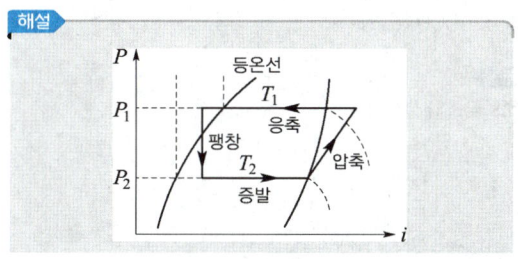

43 저단측 토출가스의 온도를 냉각시켜 고단측 압축기가 과열되는 것을 방지하는 것은?
① 부스터   ② 인터쿨러
③ 팽창탱크   ④ 콤파운드 압축기

[정답] 39 전항정답(공단답①) 40 ② 41 ③ 42 ① 43 ②

> **해설**
> 2단압축에서의 중간냉각기(인터쿨러)의 역할
> ① 증발기로 공급되는 냉매액을 과냉각시켜 냉동효과 및 성적계수 증대
> ② 저단측 압축기(booster) 토출가스의 온도를 저하하여 고단 압축기에서의 과열방지
> ③ 고단 압축기 흡입가스 중의 액을 분리시켜 액압축을 방지

44 축봉장치(shaft seal)의 역할로 가장 거리가 먼 것은?
① 냉매 누설 방지 ② 오일 누설 방지
③ 외기 침입 방지 ④ 전동기의 슬립(slip)방지

> **해설**
> 축봉장치는 전동기의 슬립방지와는 관계가 없다.

> 📝 **참고** 축봉장치(shaft seal)
> 압축기 크랭크 케이스의 크랭크축이 관통하는 부분에서 냉매나 오일이 누설방지나 진공운전으로 인한 외기가 침입되지 않도록 기밀을 유지하기 위해 축을 봉해주는 장치이다.

45 냉동사이클에서 증발온도를 일정하게 하고 응축온도를 상승시켰을 경우의 상태변화로 옳은 것은?
① 소요동력 감소 ② 냉동능력 증대
③ 성적계수 증대 ④ 토출가스 온도상승

> **해설**
> 응축온도가 상승하면 응축압력이 올라가 압축비가 상승하여 압축기 소요동력 증가에 따라 압축기 토출가스온도는 상승한다.

46 개별 공조방식의 특징이 아닌 것은?
① 취급이 간단하다.
② 외기 냉방을 할 수 있다.
③ 국소적인 운전이 자유롭다.
④ 중앙방식에 비해 소음과 진동이 크다.

> **해설**
> 개별 공조방식은 냉매방식으로 외기 도입이 어려워 외기 냉방이 어렵다.

47 공조방식 중 각층 유닛방식의 특징으로 틀린 것은?
① 각 층의 공조기 설치로 소음과 진동의 발생이 없다.
② 각 층별로 부분 부하운전이 가능하다.
③ 중앙기계실의 면적을 적게 차지하고 송풍기 동력도 적게 든다.
④ 각층 슬래브의 관통 덕트가 없게 되므로 방재상 유리하다.

> **해설**
> 각층 유닛방식은 각 층의 유닛(공조기) 설치로 소음과 진동이 발생한다.

48 환기방법 중 제1종 환기법으로 옳은 것은?
① 자연급기와 강제배기
② 강제급기와 자연배기
③ 강제급기와 강제배기
④ 자연급기와 자연배기

> **해설**
> 기계 환기
> ㉠ 제1종 환기 : 강제급기+강제배기
> ㉡ 제2종 환기 : 강제급기+자연배기
> ㉢ 제3종 환기 : 자연급기+자연배기

49 외기온도 -5℃일 때 공급 공기를 18℃로 유지하는 열펌프로 난방을 한다. 방의 총 열손실이 50,000kJ/h일 때 외기로부터 얻은 열량은?
① 43,500kJ/h ② 46,047kJ/h
③ 50,000kJ/h ④ 53,255kJ/h

> **해설**
> 히트펌프의 성적계수
> $$\varepsilon = \frac{T_1}{T_1 - T_2} = \frac{(18+273)}{(18+273)-(-5+273)} = 12.65$$
> $$\varepsilon = \frac{Q_1}{Q_1 - Q_2} \text{에서 } \varepsilon(Q_1 - Q_2) = Q_1$$

[정답] 44 ④ 45 ④ 46 ② 47 ① 48 ③ 49 ②

$$\varepsilon Q_1 - \varepsilon Q_2 = Q_1, \quad \varepsilon Q_1 - Q_1 = \varepsilon Q_2$$
$$Q_1(\varepsilon - 1) = \varepsilon Q_2$$
$$Q_2 = \frac{Q_1(\varepsilon - 1)}{\varepsilon} = \frac{50,000 \times (12.65 - 1)}{12.65} = 46,047 \text{kJ/h}$$

50 외기온도가 32.3℃, 실내온도가 26℃이고, 일사를 받은 벽의 상당온도차가 22.5℃, 벽체의 열관류율이 3kJ/m²·h·℃일 때, 벽체의 단위 면적당 이동하는 열량은?

① 18.9kJ/m²·h ② 67.5kJ/m²·h
③ 96.9kJ/m²·h ④ 101.8kJ/m²·h

해설
$q = K \cdot A \cdot \Delta t_e = 3 \times 1 \times 22.5 = 67.5 \text{kJ/m}^2 \cdot h$

51 프로펠러의 회전에 의하여 축방향으로 공기를 흐르게 하는 송풍기는?

① 관류 송풍기 ② 축류 송풍기
③ 터보 송풍기 ④ 크로스 플로우 송풍기

해설
축류 송풍기 : 프로펠러의 회전에 의하여 축 방향으로 공기가 흐르는 송풍기

52 (가), (나), (다)와 같은 관로의 국부저항계수(전압기준)가 큰 것부터 작은 순서로 나열한 것은?

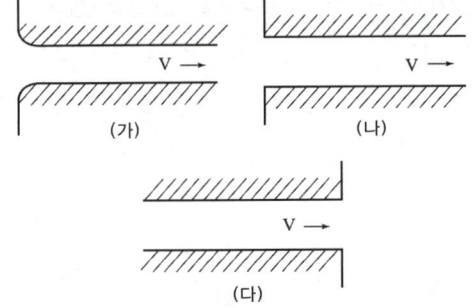

① (가) > (나) > (다) ② (가) > (다) > (나)
③ (나) > (다) > (가) ④ (다) > (나) > (가)

해설
국부저항 계수가 큰 순서 : (다) > (나) > (가)

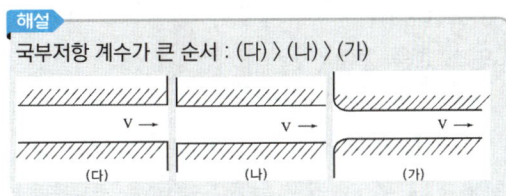

53 다음 중 건조 공기의 구성요소가 아닌 것은?

① 산소 ② 질소
③ 수증기 ④ 이산화탄소

해설
건조 공기의 구성 : 질소, 산소, 아르곤, 이산화탄소, 헬륨 등

54 쉘 앤 튜브(shell & tube)형 열교환기에 관한 설명으로 옳은 것은?

① 전열관 내 유속은 내식성이나 내마모성을 고려하여 약 1.8m/s 이하가 되도록 하는 것이 바람직하다.
② 동관을 전열관으로 사용할 경우 유체 온도는 200℃ 이상이 좋다.
③ 증기와 온수의 흐름은 열교환 측면에서 병행류가 바람직하다.
④ 열관류율은 재료와 유체의 종류에 상관없이 거의 일정하다.

해설
① 전열관 내 유속이 1.8m/s 이상이 되면 동관의 내식성이나 내마모성에 영향을 미치므로 1.8m/s 이하가 되도록 하는 것이 바람직하다.
② 유체의 온도가 150℃ 이상이 되면 동관의 강도가 서서히 저하 되므로 150℃ 이하의 유체를 이용하는 것이 좋다.
③ 증기와 온수의 흐름은 열교환 측면에서 흐름 방향을 반대로 하여 대향류가 바람직하다.
④ 열관류율은 재료와 유체의 종류에 따라 600~2,000 kcal/m²h℃ 정도이다.

[정답] 50 ② 51 ② 52 ④ 53 ③ 54 ①

55 보일러에서 공기예열기 사용에 따라 나타나는 현상으로 틀린 것은?

① 열효율 증가
② 연소 효율 증대
③ 저질탄 연소 가능
④ 노내 연소속도 감소

> **해설**
> 공기예열기 : 보일러 배기가스의 폐열을 이용하여 연소용 공기를 예열하여 폐열을 회수하는 장치로서 연소효율이 좋아 노내 온도가 상승하고 저질탄 연소가 가능하며 열효율이 증대한다.

56 공기조화시스템의 열원장치 중 보일러에 부착되는 안전장치가 아닌 것은?

① 감압밸브
② 안전밸브
③ 화염검출기
④ 저수위 경보장치

> **해설**
> 감압밸브 : 보일러에서 발생한 고압의 증기를 저압으로 저하시키는 것으로서 보일러의 안전장치가 아니다.

57 가습방식에 따른 분류로 수분무식 가습기가 아닌 것은?

① 원심식
② 초음파식
③ 모세관식
④ 분무식

> **해설**
> 수분무식 가습기의 종류 : 원심식. 초음파식, 분무식

58 물질의 상태는 변화하지 않고, 온도만 변화시키는 열을 무엇이라고 하는가?

① 현열
② 잠열
③ 비열
④ 융해열

> **해설**
> 현열(감열) : 물질의 상태변화 없이 온도변화만 일으켜 온도계에 온도변화로 나타나는 열

59 축류형 송풍기의 크기는 송풍기의 번호로 나타내는데 회전날개의 지름(mm)을 얼마로 나눈 것을 번호(NO)로 나타내는가?

① 100
② 150
③ 175
④ 200

> **해설**
> 축류형 송풍기의 번호 = $\dfrac{\text{임펠러(깃)의 지름(mm)}}{100}$
>
> **참고** 원심 송풍기의 번호
> = $\dfrac{\text{임펠러(깃)의 지름(mm)}}{150}$

60 송풍기의 풍량 제어 방식에 대한 설명으로 옳은 것은?

① 토출댐퍼 제어 방식에서 토출댐퍼를 조이면 송풍량은 감소하나 출구압력이 증가한다.
② 흡입 베인 제어 방식에서 흡입측 베인을 조금씩 닫으면 송풍량 및 출구압력이 모두 증가한다.
③ 흡입댐퍼 제어방식에서 흡입댐퍼를 조이면 송풍량 및 송풍압력이 모두 증가한다.
④ 가변피치 제어방식에서 피치각도를 증가시키면 송풍량은 증가하지만 압력은 감소한다.

> **해설**
> ① 토출댐퍼를 조이면 송풍량은 감소하나 출구압력은 증가한다.
> ② 흡입측 베인을 조금씩 닫으면 송풍량 및 출구압력이 모두 감소한다.
> ③ 흡입댐퍼를 조이면 송풍량 및 송풍압력이 모두 감소한다.
> ④ 날개의 피치각도를 증가시키면 송풍량 및 송풍압력이 모두 감소한다.

[정답] 55 ④ 56 ① 57 ③ 58 ① 59 ① 60 ①

공조냉동기계기능사 필기

정가 | 27,000원

지은이 | 이 정 근
펴낸이 | 차 승 녀
펴낸곳 | 도서출판 건기원

2023년 7월 25일 제1판 제1쇄 인쇄발행
2025년 3월 5일 제2판 제1쇄 인쇄발행

주소 | 경기도 파주시 연다산길 244(연다산동 186-16)
전화 | (02)2662-1874~5
팩스 | (02)2665-8281
등록 | 제11-162호, 1998. 11. 24

• 건기원은 여러분을 책의 주인공으로 만들어 드리며 출판 윤리 강령을 준수합니다.
• 본 수험서를 복제·변형하여 판매·배포·전송하는 일체의 행위를 금하며, 이를 위반할 경우 저작권법 등에 따라 처벌받을 수 있습니다.

ISBN 979-11-5767-882-2 13550

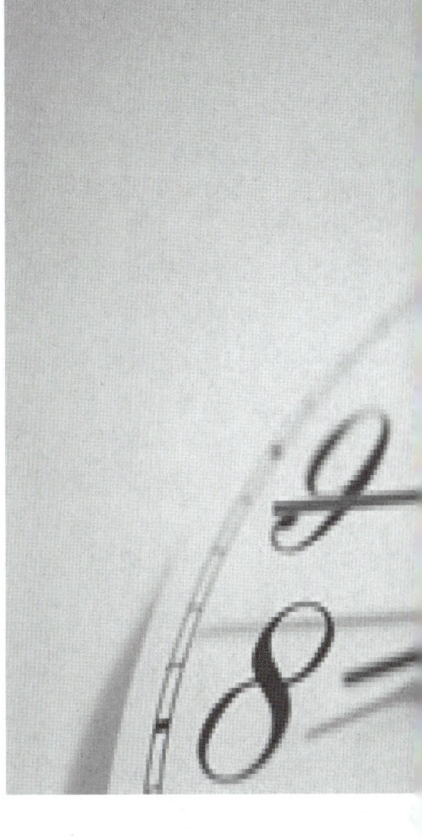

합격을 위한 길잡이!
최신 출제 경향에 맞춘 **최고의 수험서**

국가기술자격시험 한 권으로 끝내기

필답형 실기 + 배관 작업
공조냉동기계기능사

최신 기출문제 수록

공학박사 · 공조냉동기계기술사 **이정근** 저

실기시험 완벽대비
실무능력 향상
값 28,000원

본 교재의 특징

- 2023년 3회부터 변경된 필답형 최근 기출문제 수록
- 최신 출제기준에 의한 필답형+작업형+기출문제 수록
- 2018~2022년 동영상 주관식 기출문제 수록
- 단원별 상세한 이론과 핵심 예상문제 수록
- 실기시험 준비 및 현장실무에 도움이 될 수 있도록 구성

본서의 구성

1. 냉동기계　　2. 공기조화
3. 전기 자동제어　　4. 동관배관 작업형
5. **부록**: 기출문제(실기 주관식)
   - 2018년 4회~2024년 3회까지 수록

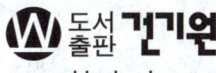
www.kkwbooks.com